KB143426

국토교통부 제정

구조물기초설계기준 해설

2018. 3

(사) 한국지반공학회

제2판 머리말

이번 『구조물기초설계기준 해설』의 제2판 출판은 2014년 5월 개정된 〈구조물기초설계기준〉의 해설서입니다. 이 책의 내용은 설계자가 준수해야 할 최소한의 요구조건을 선정하고 구조물설계분야 기술자의 독창성과 기술적 판단에 기여하고 설계자의 창의성이나 재량을 반영하여 사용상 편의를 도모하고자 집필하였습니다.

2015년 3월 『구조물기초설계기준 해설』을 출판한 후 3년이 지났습니다. 그동안에 지반공학 분야에도 많은 기술발전이 있었고, 유관분야의 여러 설계기준개정에 따른 내용조정 등 〈구조물기초설계기준〉의 내용을 수정해야 하는 필요성이 대두되었습니다. 금번 2018년 3월의 『구조물기초설계기준 해설』에서는 설계기준의 내용에 대한 자세한 설명과 이에 관련된 이론적 배경 그리고 설계정보를 수록하였고 설계자의 수정요청 사항과 부분적인 오자와 탈자들을 수정하여 이번 제2판 출판에 반영하였습니다. 한편, 국토교통부에서는 2016년 6월부터 국내 설계기준 및 시방서를 통합하여 통합된 설계기준을 제정하게 되었으며 이러한 국가건설기준 체계가 단일코드로 개편되어 사용하고 있으나 현재의 〈구조물기초설계기준 및 해설〉은 그대로 존속되어 사용이 가능하게 됩니다.

이번 『구조물기초설계기준 해설』의 제2판 작성에 도움을 주신 유남재 집필위원장을 비롯한 한국지반공학회 집필진 여러분에게 감사를 드리며, 『구조물기초설계기준 해설』이 구조물기초설계 기술자의 기술발전에 도움이 되기를 바랍니다.

2018년 3월

(사)한국지반공학회 회장 정 상 섬

제1판 머리말

2008년 『구조물 기초 설계기준』 개정판을 출판한 후 7년이 지났습니다. 그동안에 지반공학 분야에도 많은 기술발전이 있었고, 유관 분야의 여러 설계기준개정에 따른 내용조정 등 구조물 기초 설계기준의 개정 필요성이 대두되었습니다. 국토교통부의 요청과 협조로 2013년 개정 작업을 시작하여 집필위원이 집필한 내용에 대하여 자문위원이 면밀히 검토하고, 국내 유관단체의 의견 수렴과 국토교통부 중앙건설기술심의위원회의 심의를 거쳐 구조물 기초 설계기준이 2014년 5월 개정 출판한 바 있습니다.

금번 출판된 『구조물기초설계기준 해설』은 2014년 5월 개정된 구조물 기초 설계기준에 맞게 설계자가 준수해야 할 최소한의 요구조건을 선정하고 구조물 설계 분야 기술자의 독창성과 기술적 판단이 가장 크게 요구되는 특성을 고려하여, 설계자의 창의성이나 재량을 반영하도록 하고 설계자의 사용상 편의를 도모하여 집필하였습니다. 구조물 기초 설계기준 해설에서는 설계기준의 내용에 대한 자세한 설명과 이에 관련된 이론적 배경, 그리고 설계정보를 수록하여 설계자에게 도움이 되도록 하였습니다. 그러나 이 해설서의 해설내용은 설계기준과 같은 구속력을 가지는 것은 아님을 밝혀둡니다.

기준에 사용된 단위체계는 국제표준단위인 미터법과 SI단위로 통일하였으며, 구조물 기초 설계의 핵심용어를 선정하여 용어의 정의를 수록하였습니다. 최근 기술개발과 글로벌 경쟁력 확보를 위하여 국가건설기준 체계가 단일코드로 개편되고 있습니다만 현재의 구조물 기초 설계기준 및 해설은 존속되어 사용됩니다.

이번 『구조물기초설계기준 해설』 작성에 도움을 주신 유남재 집필위원장을 비롯한 한국지반공학회 집필진, 그리고 자문위원 여러분에게 감사를 드리며, 『구조물기초설계기준 해설』이 구조물 기초 설계의 품질 향상에 보탬이 되기를 바랍니다.

2015년 3월

(사) 한국지반공학회 회장 이 승 호

목 차

제1장 총 칙

제2장 설계일반

제3장 지반조사

제4장 얕은기초

제5장 깊은기초

제6장 옹 벽

제7장 가설 흙막이구조물

제8장 댐과 제방

제9장 항만구조물 기초

제10장 내진설계

제11장 진동기계기초

제1장 총 칙

1.1 적용범위

1.1.1 이 설계기준은 토목구조물, 건축구조물, 기계 등 지반에 축조되는 각종 구조물의 기초와 가설 흙막이 구조물, 옹벽, 지하구조물의 외벽 등 설계를 위한 일반적이고 기본적인 기준을 제시한 것이다.
1.1.2 이 기준에 기술되지 않은 사항에 대해서는 국가 기준으로 제정된 타 기준을 적용할 수 있으며 국제적으로 검증되어 통용되는 기준도 발주자의 승인을 얻어 준용할 수 있다.
1.1.3 특수여건에 대하여 별도의 기준을 정하여야 할 경우에는 발주자의 승인을 얻어 별도의 기준을 정하여 사용할 수 있다.
1.1.4 이 기준에는 설계를 수행하기 위해 실시하는 기본적인 지반조사 관련사항도 포함하고 있으며 여기에서 기술하지 않는 사항에 대해서는 발주자와 협의된 별도의 기준을 사용할 수 있다.

해설

1.1.1 이 설계기준은 사회기반시설인 교량, 댐, 항만시설물 등의 토목구조물, 건축구조물 또는 기계 등 지반 위에 건설되거나 설치되는 모든 시설물들의 기초와 이러한 기초를 시공하기 위해 필요로 하는 가설 흙막이 구조물, 토압에 안전하게 저항함으로써 소요의 공간을 확보해주고 지반의 붕괴를 막아주는 옹벽, 지하에 설치되어 토압을 받게 되는 각종 벽체 등과 같이 지반과 접촉되는 구조물들의 설계에 필요한 일반적이고 기본적인 기준을 제시한 것이다.

1.1.2 이 기준은 기술 내용의 성격상 기본적인 사항만을 다루고 있기 때문에 이 기준에서 다루고 있지 않는 사항에 대해서는 국가 기준으로 제정된 다른 기준들을 적용할 수 있으며, 국제적으로 이미 검증되어 널리 사용되고 있는 기준인 경우에도 사업의 발주자와 상호 협의를 거쳐 적용이 가능하다고 판단될 경우에는 그러한 국제 기준도 구조물 설계기준과 동일하게 취급되어 적용할 수 있다. 여기서 발주자라 함은 그 사업의 시행자를 말한다.

1.1.3 제반 여건(특이한 지반조건 또는 기상조건, 특수 목적 구조물의 설계 등)상 이 설계기준에서 정한 사항 이상으로 강화하거나, 그 이하로 완화된 기준을 정하여야 할 경우에는 발주자의 승인을 얻어 별도의 설계기준을 정하여 설계에 적용할 수 있다.

1.1.4 이 설계기준은 설계를 위해 수행하여야 할 지반조사에 대한 기본적인 사항도 제3장에 수록하고 있으며, 이 설계기준에 포함되어야 할 사항으로서 언급되어 있지 않는 사항에 대해서는 발주자와 협의하여 별도의 기준으로 정하여 사용할 수 있다. 따라서 이 구조물 기초 설계기준은 기술된 내용이나 범위 등에서 한계성이 있음을 인정하고 있으며 이 기준으로 인해 양질의 기술력 발휘가 통제되거나 제한받지 않도록 배려하고 있다.

1.2 용어의 정의

(1) 가설 흙막이 구조물 : 지반굴착을 위해 설치하는 공사용 임시 토류 구조물의 총칭이다.

(2) 간극수 : 토립자 사이의 간극에 존재하는 물을 말하며, 넓은 의미로는 중력수, 모관수, 흡착수를 포함한 통칭이며, 좁은 의미로는 간극수압과 투수 등에 직접 관계가 되는 모관수와 중력수를 간극수라 한다.

(3) 강성기초 : 기초지반에 비하여 기초판의 강성이 커서 기초판의 변형을 고려하지 않는 기초로서 기초의 변위 및 안정 계산 시 기초 자체의 탄성변형을 무시할 수 있는 기초를 말한다.

(4) 견인력 : 계류되어 있는 선박이 계류 구조물로부터 떨어지려 할 때 계선주에 작용하는 인장력을 말한다. 또는 차량과 중장비 등이 노면을 주행할 때 노면과 평행한 진행방향으로 발휘할 수 있는 힘을 말한다.

(5) 계측 : 구조물이나 지반에 나타나는 현상을 측정하는 작업으로서, 온도, 응력, 변형, 압력, 침하, 이동, 기울기, 진동, 지하수위, 간극수압 등의 측정을 포함한다.

(6) 고정하중 : 구조물의 자중과 같이 시간에 따라 변화가 없는 영구하중을 말한다.

(7) 과압밀비 : 현재 받고 있는 유효 연직응력에 대한 선행압밀응력의 비를 말한다.

(8) 과압밀 지반 : 현재의 유효 연직응력보다 큰 선행압밀응력의 재하이력을 가진 지반을 말한다.

(9) 과잉간극수압 : 지반의 응력조건 변화와 변형에 따라 정수압에 추가하여 발생하는 간극수압을 말한다.

(10) 관입시험 : 지중에 저항체를 관입시키면서 흙의 강도, 변형 등의 지반 특성을 판단하고 성층상태를 파악하는 시험의 총칭이며 표준관입시험, 콘관입시험 등이 있다.

(11) 관측 설계법 : 현장 계측을 통하여, 설계에 사용한 설계 지반정수가 타당하였는지를 검증하고, 공사 중 또는 공사 후의 안정성을 확인하며, 필요에 따라 설계 과정에서 추정하였던 설계 지반정수들을 수정하거나 설계를 변경하여 공사를 수행하는 기법을 말한다.

(12) 국부전단파괴 : 기초지반에 전체적인 활동 파괴면이 발생하지 않고 지반응력이 파괴응력에 도달한 부분에서 국부적으로 전단파괴가 발생하는 지반의 파괴형태를 말한다.

(13) 극한 지지력 : 구조물을 지지할 수 있는 지반의 최대 저항력으로 지반의 전단파괴 시 발생하는 단위면적당 하중을 말한다.

(14) 극한한계상태 : 구조물에 붕괴나 주요 손상을 초래하는 한계기준을 말하며, 부재의 파괴나 큰 변형 등에 의해, 안정성이 손상되지 않고 구조물 내외의 인명에 대한 안전등을 확보할 수 있는 한계 상태를 말한다.

(15) 기성말뚝 : 공장에서 제작된 말뚝으로서 우리나라에는 RC말뚝(KS F 4301), PC말뚝(KS F 4303), PHC말뚝(KS F 4306), 강관말뚝(KS F 4602) 및 H형강말뚝(KS F 4603) 등이 사용되고 있으며 이외 상부 강관말뚝과 하부 기성콘크리트 말뚝을 이음 연결한 합성말뚝 등을 포함한다.

(16) 기초 : 상부 구조물의 하중을 지반에 전달하여 구조물의 안정성, 사용성과 기능성을 유지하는 기능을 갖는 하부 구조물을 말한다. 넓은 의미에서 하부 구조물에 영향을 주는 권역 안의 지반도 기초에 포함된다.

(17) 기초 지반 : 구조물이 축조되고 그 안정성, 사용성과 기능을 유지하는 데 필요한 지표면 아래의 지반을 말하며 흙과 암반으로 구성된다.

(18) 깊은기초 : 기초가 지지하는 구조물의 저면으로부터 구조물을 지지하는 지지층까지의 깊이가 기초의 최소 폭에 비하여 비교적 큰 기초형식을 말하며 말뚝, 케이슨 기초 등이 있다.

(19) 내진 설계 : 지진 시에도 구조물이 안정성을 유지하도록 하중과 지반거동에 지진의 영향을 고려하는 설계를 말한다.

(20) 널말뚝벽 : 널말뚝과 같이 단면 두께가 얇은 부재를 연속으로 지중에 매설하여 측방토압을 지지하는 연성 흙막이 구조물을 말하며 벽체 변형에 따라 복잡한 토압 분포를 가질 수 있다.

(21) 다짐도 : 실내다짐시험으로 얻은 최대 건조밀도에 대한 현장 건조밀도의 비를 말한다.

(22) 대규격 제방 : 계획홍수량 초과 홍수에 의한 제방붕괴 방지와 주택, 빌딩, 도로, 공원 등 단지 이용을 위하여 하천의 특정구간에 일반제방구간 및 단지제방구간으로 구성된 폭이 넓은 제방을 말한다.

(23) 동수압 : 액체가 구조물에 접하고 있는 경우에 지진 등의 동적 요인에 의해 구조물에 작용하는 액체의 동적 압력을 말한다.

(24) 동결 깊이 : 동절기에 지반의 온도가 영하로 유지될 때 지반 내 지중수의 동결층과 비동결층의 경계면의 깊이를 말한다.

(25) 동재하시험 : 말뚝머리 부분에 가속도계와 변형률계를 부착하고 타격력을 가하여 말뚝-지반의 상호작용을 파악하고 말뚝의 지지력 및 건전도를 측정하는 시험법을 말한다.

(26) 딜라토미터(dilatometer)시험 : 납작한 판형 시험기구를 지중에 삽입하고 시험기구 속으로 압력을 가하여 강막(steel membrane)을 팽창시켜 지반의 공학적 특성을 측정하는 시험을 말하며 지반의 전단강도와 변형 특성 등을 결정하는 인자를 측정할 수 있다.

(27) 띠장 : 흙막이벽 지지재의 일부로서 버팀력을 분포시킬 목적으로 적합한 깊이마다 벽면에 수평으로 설치한 휨부재를 말한다.

(28) 록볼트(rock bolt) : 암반 중에 관입 정착되어 암반을 보강하는 목적으로 설치하는 강재 또는 기타 재질의 봉형 보강부재를 말한다.

(29) 록앵커(rock anchor) : 인장력을 발현시켜 압력을 암반 내부에 전달하는 구조체로서, 그라우트에 의해 암반에 조성된 정착부, 인장부, 앵커머리부로 구성되며 임시앵커와 영구앵커가 있다.

(30) 말뚝기초 : 말뚝을 지중에 삽입하여 하중을 지반 속 깊은 곳의 지지층으로 전달하는 깊은기초의 대표적인 기초형식을 말한다.

(31) 무리말뚝 : 두 개 이상의 말뚝을 인접 시공하여 하나의 기초를 구성하는 말뚝의 설치형태를 말한다.

(32) 배수강도정수 : 과잉간극수압이 영인 상태를 유지하며 지반이나 시험편을 압축, 인장 및 전단하였을 때 얻어지는 강도정수를 말한다.

(33) 배수조건 : 지반의 응력이 변화할 때 지반의 투수성과 응력변화 속도에 따라 발생하는 지반 내부의 지하수 상태를 나타내는 것으로 과잉간극수압이 발생하면 비배수조건, 과잉간극수압이 발생하지 않으면 배수조건으로 구분한다.

(34) 버팀보 : 흙막이 벽에 작용하는 횡방향 지반압력을 지지하기 위하여 경사 또는 수평으로 설치하는 압축부재를 말한다.

(35) 벽기초 : 벽체를 지중으로 연장한 기초로서 길이 방향으로 긴 기초를 말한다.

(36) 복합말뚝 : 말뚝의 축방향으로 이종재료(예, 강관과 콘크리트말뚝이 상하로 연결된 말뚝)를 조합하여 구성한 기성말뚝을 말한다.

(37) 부등침하 : 지반이나 기초의 지점 간 침하량이 다르게 발생하는 침하현상을 말한다.

(38) 부(주면)마찰력 : 말뚝 침하량보다 큰 지반 침하가 발생하는 구간에서 말뚝 주면에 발생하는 하향의 마찰력을 말한다.

(39) 부분안전율 : 지반의 전단강도 정수인 점착력(c)과 마찰계수($\tan\phi$)에 각각 적용하는 안전율을 말한다.

(40) 비배수전단강도 : 투수성이 낮은 지반에 재하하였을 경우 지반에 과잉간극수압이 발생한 상태인 지반의 전단강도 값을 말한다. c_u(또는 s_u)와 ϕ_u로 나타낸다.

(41) 사용한계상태 : 구조물의 국부적 손상 또는 기능장애를 초래할 수 있는 침하를 한계기준으로 하며, 구조물의 기능이 확보되는 한계상태를 말한다.

(42) 사운딩 : 지반에 시험기구를 삽입, 회전, 인발하면서 그 저항치를 측정하여 지반의 특성을 조사하는 원위치 지반 조사법을 통칭한다.

(43) 상대 밀도 : 모래의 다짐 정도를 나타내는 지수로서 다음 식으로 구하며 백분율로 나타내기도 한다.

$$\text{상대밀도 } D_r = \frac{e_{\max} - e}{e_{\max} - e_{\min}} \times 100(\%)$$

여기서, e는 현재의 간극비, $e_{\max}$는 최대 간극비, $e_{\min}$는 최소 간극비이다.

(44) 상부 구조물 : 기초가 지지하고 있는 구조물을 통칭한다.
(45) 샌드매트 : 시공장비 주행성과 지중수 배수를 위한 통수단면 확보를 목적으로 연약지반 위에 포설하는 모래층을 말한다.
(46) 선단 지지력 : 깊은기초의 선단부 지반의 전단저항력에 의해 발현되는 지지력을 말한다.
(47) 선행압밀응력 : 지반이 현재까지 경험한 최대 유효응력을 말한다.
(48) 세굴 방지공 : 파랑과 유수에 의하여 구조물 기초지반이 세굴되는 것을 방지하기 위하여 설치하는 쇄석매트, 합성수지매트, 아스팔트매트, 콘크리트블록 등을 말한다.
(49) 소단 : 비탈면의 안정성을 높이고 유지관리의 편의를 위하여 비탈면 중간에 설치한 좁은 폭의 수평면을 일컫는다.
(50) 소일(흙) 시멘트 : 흙에 시멘트를 첨가하여 흙 입자를 서로 결합시키는 안정처리토를 말한다.
(51) 슬라임 : 시추, 현장타설말뚝, 지중연속벽 등의 시공을 위한 지반굴착 시 지상으로 배출되지 않고 공내수에 부유해 있거나 굴착저면에 침전된 굴착 찌꺼기를 말한다.
(52) 슬레이킹－내구성 지수(slaking－durability index) : 건조와 침수 상태의 반복에 대한 암석의 저항 척도를 나타내는 지수를 말하며 슬레이킹 내구 시험을 통해 구한다.
(53) 시간경과효과 : 말뚝 설치시점으로부터 시간이 경과함에 따라 지지력이 변화하는 현상을 말한다.
(54) 아터버그 한계 : 함수비에 따라 다르게 나타나는 흙의 특성을 구분하기 위하여 적용되는 함수비를 기준으로 한 값들로서 특히 흙의 소성적 거동에 대한 함수비 범위를 정의하는 데 사용한다. 일반적으로 액성한계, 소성한계, 수축한계를 말한다.
(55) 안내벽 : 지하 연속벽 시공 시 굴착작업 전에 굴착구 양측에 설치하는 콘크리트 가설벽을 말하며, 굴착입구 지반의 붕괴를 방지하고 굴착기계와 철근망 삽입의 정확한 위치 유도를 목적으로 설치한다.

(56) 안정액(slurry) : 지중 연속벽이나 현장타설말뚝 등의 지반굴착 시 공벽의 붕괴 방지를 목적으로 사용하는 현탁액을 말하며 주로 소듐몬모릴로나이트(sodium－montmorillonite)를 사용한다.

(57) 암반 : 암석으로 구성된 자연지반으로 여러 가지 불연속면을 포함한 암체를 뜻한다.

(58) 암반의 불연속면 : 균열 없는 견고한 암석과 비교하여 특성에 차이가 나는 면 또는 부분들을 총칭하며, 절리(joint), 벽개(cleavage), 편리(schistosity), 층리(bedding), 단층(fault), 파쇄대(fracture zone) 등을 포함한다.

(59) 암석 : 여러 광물의 단단한 결합체를 말하며 생성요인에 따라 화성암, 퇴적암, 변성암으로 구분한다. 또는 다양한 고결 혹은 결합에 의한 광물의 집합체로 불연속면을 가지지 않는 암반부분의 지반재료를 의미하기도 한다.

(60) 압밀 : 시간경과에 따라 점성토 지반의 물이 배수되면서 장기간에 걸쳐 점진적인 체적변화로 압축되는 현상을 말한다.

(61) 압밀도 : 압밀의 진행정도를 나타내는 지수로서 예상 최종 압밀침하량에 대하여 한 시점의 압밀침하량의 비 또는 최초 발생 과잉간극수압에 대한 소산된 과잉간극수압의 비로 정의한다.

(62) 압밀정수 : 포화된 점성토 지반에 하중이 재하될 때 시간에 따른 과잉간극수압 소산에 따라 나타나는 압축속도와 압축량에 관련되는 정수를 말하며, 압축지수, 재압축지수, 선행압밀응력, 체적압축계수 및 압밀계수 등이 있다.

(63) 액상화 : 포화된 느슨한 모래나 실트층이 충격이나 진동을 받아 순간적으로 발생한 과잉간극수압에 의해 전단강도를 잃고 액체처럼 거동하는 현상을 말한다.

(64) 앵커블럭 : 부피가 큰 강성체를 지중에 매설하여 횡력이나 인발력에 저항하는 앵커구조물을 말한다.

(65) 앵커판 : 판형 부재를 지중에 매설하여 횡력에 저항하는 앵커 구조물을 말한다.

(66) 양압력 : 중력 반대방향으로 작용하는 연직 성분의 수압을 말하며 구조물의 저면에 작용하여 구조물의 안정성에 영향을 준다.

(67) 얕은기초 : 상부 구조물의 하중을 기초저면을 통해 지반에 직접 전달시키는 기초형식을 말하며 지표면으로부터 기초 바닥까지의 깊이가 기초 바닥면의 너비에 비하여 크지 않은 확대기초, 복합 확대기초, 벽기초, 전면기초 등이 있다.

(68) 엄지말뚝 : 굴착 경계면을 따라 연직으로 설치되는 말뚝으로서 흙막이판과 함께 흙막이 벽체를 이루어 배면의 토압과 수압을 직접 지지하는 연직 휨 부재를 말한다.

(69) 연성기초 : 지반강성에 비하여 기초판의 강성이 상대적으로 작아서 지반 반력이 등분포로 작용하는 기초를 말한다.

(70) 오거보링 : 오거를 이용하여 지반을 시추하는 것을 말하며, 주로 토사 지반의 시추에 사용된다.

(71) 옹벽 : 강성이 커서 구조물 자체의 변형이 거의 없이 일체로 거동하는 흙막이 구조물을 말하며 중력식, 반중력식 및 캔틸레버식 등이 있다. 최근에는 전면판, 뒷채움재 및 보강재를 이용하여 시공하는 보강토옹벽도 있다.

(72) 외말뚝 : 말뚝 주변에 영향을 미치는 다른 말뚝이 없는 상태인 한 개의 말뚝을 말한다.

(73) 용출수 : 지표면으로 솟아오르는 지하수 또는 터널이나 터파기 공사 등을 할 때 굴착면에서 솟아나는 지하수를 말한다.

(74) 유기물 함량 : 흙에 들어 있는 유기물의 양을 말하며 통상 유기물의 질량과 흙의 노건조 질량의 비를 백분율로 나타낸다. 고유기질토에서는 강열감량시험으로 구하며, 그 밖의 흙에서는 유기물 함유량 시험으로 구한다.

(75) 응력해방 : 시료채취에 의하여 시료가 원위치인 지중에서 받던 응력이 해방되는 것을 말한다.

(76) 이차압밀(압축)침하 : 외부하중에 의하여 발생한 과잉간극수압 소산과 무관하게 발생하는 시간 의존적 침하를 말한다.

(77) 일축압축강도 : 일축압축시험에서 구한 공시체의 최대 압축저항력을 말하며 포화 점토에서는 비배수전단강도의 2배의 값이 된다.

(78) 자료조사 : 기초 설계에 필요한 지형도, 지질도, 기존 공사보고서, 인접 구조물 관련 자료, 지역 관련 자료 등 각종 자료와 정보를 수집하는 행위를 말한다.

(79) 저항계수 : 하중에 작용하는 저항의 불확실성을 평가하고 이를 보정하기 위하여 곱해주는 계수를 말한다.

(80) 저항편향계수 : 저항편향치에 대한 통계학적 분석을 통하여 산정되는 값으로, 저항값을 예측하는 이론식의 정확성을 정량적으로 나타내는 계수를 말한다.

(81) 전단강도 : 지반이 전단응력을 받아 현저한 전단변형을 일으키거나, 활동면을 따라 전단활동을 일으킨 경우 지반이 전단파괴 되었다고 말하며, 이때 활동면상의 최대 전단저항력을 전단강도라 부르고 τ_f로 표시한다.

(82) 전단 저항력 : 전단 파괴면에서 전단변형에 반대 방향으로 발생하는 저항력을 말한다.

(83) 전도 : 강성이 큰 기초 또는 옹벽 등의 구조물이 한 점을 중심으로 회전하는 파괴유형을 말한다.

(84) 전면기초 : 상부 구조물의 여러 개의 기둥을 하나의 넓은 기초 슬래브로 지지시킨 기초형식을 말한다.

(85) 전반전단파괴 : 기초지반 전체에 걸쳐 뚜렷한 전단 파괴면을 형성하면서 파괴되는 파괴형태를 말한다.

(86) 전체 안전율 : 파괴력이나 파괴모멘트에 대한 전체 저항력 또는 저항 모멘트의 비율을 말하며 기초의 지지력이나 비탈면의 안전율 계산에 적용된다.

(87) 절리 : 암반 자체의 수축과 외력에 의하여 암반에 나타나는 불연속면으로서 틈이 밀착되어 있고 상대적인 변위가 일어나지 않은 것을 말한다.

(88) 접안 충격력 : 선박접안 시 또는 접안 선박의 동요 등에 의해 계류 구조물에 가해지는 외력을 말한다.

(89) 접지압 : 기초저면과 지반 사이에 작용하는 압력을 말한다.

(90) 정규압밀지반 : 지반이 경험한 최대압밀응력이 현재의 유효연직응력과 같은 흙을 말한다.

(91) 정재하시험 : 정적하중에 대한 말뚝의 지지능력을 하중－침하량의 관계로부터 구하는 시험을 말하며 적재하중이나 마찰말뚝 또는 지반앵커의 반력 등을 통해 재하 하중을 얻는다.

(92) 주면마찰력 : 말뚝의 표면과 지반과의 마찰력에 의해 발현되는 저항력을 말한다.

(93) 즉시침하(탄성침하) : 지반에 하중이 작용함과 동시에 발생하는 (탄성)침하를 말한다.

(94) 지구물리탐사(물리탐사, 물리지하탐사) : 물리적 방법으로 지반의 층상 구조 및 각 지층의 공학적 특성을 조사하는 방법을 말하며 탄성파 탐사, 전기 탐사, 중력 탐사, 자기 탐사, 방사능 탐사 등이 있다.

(95) 지반앵커 : 선단부를 지반 속에 형성된 앵커체에 고정시키고, 이 앵커체에서 발현되는 반력을 이용하여 흙막이벽 등의 구조물을 지탱시키는 케이블식 인장 구조체를 말하며, 그라우팅 등으로 형성되는 앵커체, 인장부, 앵커머리로 구성된다. 어스앵커라고도 하며 영구앵커와 임시앵커로 구분한다.

(96) 지반조사 : 기초 설계에 필요한 지반정보를 획득하기 위한 지표조사, 시추, 사운딩, 시료채취, 원위치 시험, 실내시험, 물리탐사 등을 총칭하여 일컫는 말이다.

(97) 지지력 계수 : 기초의 극한지지력을 산정하는 데 사용되는 계수를 말하며 무차원이며 전단저항각의 함수이다.

(98) 지하외벽 : 지하에 묻히는 건물의 외측 벽을 말하며 외측에 측방 토압과 수압을 받는다.

(99) 축방향 허용지지력 : 축방향 극한 지지력을 소정의 안전율로 나눈 값과 상부 구조물의 허용 변위량으로 결정되는 지지력 중 작은 값을 말한다.

(100) 측방유동 : 연약지반에 횡방향 응력 불균형에 의하여 발생하는 수평방향의 소성유동을 말하며 연약지반에 시공되는 교대나 흙막이벽과 같은 구조물 파괴의 원인이 된다.

(101) 층리 : 퇴적암이 생성될 때 퇴적 조건이 변함에 따라 퇴적물에 생기는 층을 이루는 구조를 말하는 것으로 성층(成層)이라고도 한다.

(102) 침하 : 지반 응력의 변화나 지반 내의 간극수압의 변화에 의하여 발생하는 기초나 지반의 연직변위를 말한다.

(103) 케이슨기초 : 지상에서 제작하거나 지반을 굴착하고 원위치에서 제작한 콘크리트 통에 속채움을 하는 깊은 기초형식을 말한다.

(104) 타이백 앵커 : 구조물 배면지반에 앵커체를 형성하고 이 앵커체에 강봉이나 케이블을 연결하여 구조물을 고정시킴으로써 안정을 도모하는 앵커형식을 말한다.

(105) 탄산염 함량 : 흙이나 암반에 들어 있는 탄산염의 양을 말하며, 탄산염은 탄산의 수소원자가 금속원자와 치환되어 생성된 화합물로서 탄산칼륨, 탄산나트륨 등이 있다.

(106) 토압계수 : 지중의 한 점에서 연직응력에 대한 수평응력의 비를 말하며 지반변위의 발생 양상에 따라 정지토압계수, 주동토압계수와 수동토압계수로 구분한다.

(107) 투수계수(수리전도도) : 흙, 암반 또는 기타의 다공성 매체에 대한 물의 투과 특성을 속도의 단위로 표시한 값을 말한다.

(108) 파동이론분석 : 말뚝조건, 지반조건 및 항타장비 조건을 수치로 입력하고 말뚝타격 시 발생하는 응력파의 전달현상을 파동방정식을 이용하여 모사하는 해석법을 말한다.

(109) 팽창(팽윤) : 점토광물의 결정 층 사이로 물이 흡수되어 체적이 증가하는 현상을 말한다.

(110) 평균압밀도 : 압밀대상 층 전체에 대한 평균적인 압밀도를 말한다.

(111) 포졸란 반응 : 자체 수경성이 없는 규산염물질이 소석회와 반응하여 규산석회수화물, 알루민산석회수화물 등의 생성에 의해 응결, 경화하는 반응을 말한다.

(112) 표준관입시험(SPT) : 외경 51mm, 내경 35mm, 길이 810mm의 분리형 샘플러를 무게 623N(63.5kgf) 해머로, 자유낙하고 760mm를 유지하며, 타격하여 300mm 관입하는 데 소요되는 타격횟수를 구하는 시험을 말하며 이때 얻어진 타격횟수를 표준관입시험의 N값이라 한다.

(113) 프레셔미터시험 : 시추공에 원주형의 팽창성 측정장비를 삽입하고 가압하여 방사방향으로 지반에 압력을 가하고 지반의 변형특성을 구하는 공내재하시험(토사층, 암반층 등 지반의 굳기에 따라 적용 장비 선정)을 말한다.

(114) 피압수(피압 지하수) : 불투수층 사이에 끼여 있는 투수층에서 대기압보다 높은 압력을 받고 있는 지하수면을 갖지 않는 지하수를 말한다.

(115) 하부 구조물 : 상부구조의 하중을 지반에 전달하는 기능을 수행하는 구조물을 말한다.

(116) 하중계수 : 산정된 하중의 불확실성을 보상하기 위하여 하중에 곱해주는 계수를 말한다.

(117) 합성말뚝 : 말뚝의 축직각 방향으로 이종재료(예, 강관내에 콘크리트를 채운 말뚝)를 조합하여 구성한 말뚝을 말한다.

(118) 항타공법 : 기성말뚝을 해머로 타격하여 지지층까지 관입시키는 말뚝 시공 방법을 말한다.

(119) 항타공식 : 기성말뚝을 항타하면서 타격당 관입량과 리바운드 측정 결과를 이용하여 말뚝의 지지력을 계산하는 공식을 말한다.

(120) 허용 변위량 : 상하부 구조의 기능과 안정성을 유지하면서 허용할 수 있는 변위량을 말한다.

(121) 허용 지지력 : 구조물의 중요성, 설계지반정수의 정확도, 흙의 특성을 고려하여 지반의 극한 지지력을 적정의 안전율로 나눈 값을 말한다.

(122) 현장 원위치시험 : 현장지반의 공학적 특성을 파악하기 위하여 현장에서 대상 지반을 상대로 시행하는 시험을 말하며 시료를 채취하여 실험실에서 시행하는 시험과 비교하여 정의된다.

(123) 현장타설 콘크리트말뚝 : 지반에 천공하고 콘크리트를 타설하여 완성하는 말뚝을 말한다.

(124) 확대기초 : 기초 저면의 단면을 확대한 기초를 말하며 얕은기초에 속한다.

(125) 활동파괴 : 기초 구조물 또는 기초지반이 활동면을 따라 미끄럼 파괴가 발생하는 파괴 유형을 말한다.

(126) 활하중 : 건축물을 점유·사용함으로써 발생하는 하중, 교통하중이나 장비하중 또는 시공 중에 발생하는 상재하중, 가동하중 등과 같이 시간에 따라 하중의 크기나 위치가 변하는 하중을 말한다.

(127) 흙막이 구조물 : 옹벽, 석축, 널말뚝벽 등과 같이 측방토압을 지지하여 굴착면 배면의 지반, 깎기 또는 쌓기 비탈면의 안정을 유지시키기 위하여 설치하는 구조물을 말하며 임시 구조물인 가설 흙막이 구조물과 구별된다.

(128) 흙의 강성 : 흙의 하중－변형률 특성을 정의하는 것으로서, 탄성계수 또는 전단탄성계수로 그 값의 크기를 나타낸다.

해설

이 설계기준의 일부인 128개 용어에 대해 알기 쉽도록 정의한 것이다.

제 2 장　설계일반

2.1 일반사항

2.1.1 구조물기초는 다음과 같은 조건을 만족하도록 설계하여야 한다.

(1) 기초지반에 발생하는 응력은 지반의 전단강도와 비교할 때 소요의 안전율을 확보하는 응력 이하가 되도록 한다.

(2) 기초의 전체침하량과 부등침하량은 구조물의 안정성과 사용성에 무해한 정도라야 한다.

(3) 기초는 지진, 폭풍우, 홍수, 파랑, 한파 등 재해요인에 대하여 안전하여야 한다.

(4) 기초는 구조물의 전도, 활동, 회전, 부상에 대하여 안전하여야 한다.

(5) 기초는 부식과 변질 등의 열화작용에 대하여 소요의 내구성을 지녀야 한다.

(6) 기초의 깊이는 지반의 동결 깊이보다 깊어야 한다.

(7) 기초는 지표침식, 세굴, 굴착 등 지반조건 변화 가능성을 고려하여 최소 1m 이상의 깊이를 갖도록 하여야 한다.

(8) 기초는 함수비와 지하수위의 계절적 변동에 의한 지반융기 또는 침하에 대하여 안전하여야 한다.

(9) 기초시공이 인접 구조물이나 시설물의 안전에 해를 주는 변위 또는 진동을 발생시켜서는 안 된다.

(10) 기초시공이 보존대상 수목의 생육과 기존의 수문체계에 유해한 영향을 주어서는 안 된다.

(11) 기초시공이 환경기준을 초과하는 소음, 진동, 지반오염 등을 발생시켜서는 안 된다.

(12) 기초는 시공성과 경제성을 갖추도록 한다.

해설

2.1.1 구조물기초는 다음과 같은 조건을 만족할 수 있도록 설계하여야 한다.

이 조항은 구조물기초가 갖추어야 할 기본적인 조건에 관한 사항으로 모두 12개 항의 일반적인 조건이 제시되어 있는데 이를 크게 4그룹으로 구분하면 다음과 같다.

가. (1)~(4)항은 구조물의 기초는 상부 구조물이 붕괴되지 않고 안전하게 지지되도록 설계하여야 하며, 비록 붕괴는 되지 않더라도 과도한 침하 또는 변위를 일으켜 구조물의 사용성이 보장되지 않는 경우가 발생되지 않도록 설계하여야 한다는 규정이다.
나. (5)~(8)항은 기초구조물이 시공된 후에 변화가 심한 제반 기상조건을 맞이하더라도 구조물 수명기간 동안 그 기능이 안전하게 유지될 수 있도록 설계하여야 한다는 규정이다.
다. (9)~(11)항은 구조물이 설치되는 주변의 시설물이나 환경에 피해를 주지 않도록 설계하여야 한다는 규정이다.
라. (12)항은 상기의 모든 조건을 만족하는 전제하에 기초구조물 설계 시에는 시공이 가능하면서도 가장 경제적인 기초가 되도록 설계하여야 한다는 규정이다.

2.1.1항에 언급된 12가지의 조건들이 초점을 맞추고 있는 것은 안전성, 경제성 및 환경성이 보장되도록 기초를 설계하여야 한다는 것이다.

2.1.2 구조물은 중요도에 따라 1등급, 2등급, 3등급으로 다음 같이 구분한다.
(1) 1등급 구조물 : 지반공학적으로 중요도 1등급에 포함되는 구조물은 대규모 구조물, 매우 큰 위험성을 내포한 구조물, 매우 다루기 힘든 지반 또는 하중조건, 지진 빈도가 높은 지역에서 시공되는 구조물 등이 있다.
(2) 2등급 구조물 : 지반공학적으로 중요도 2등급에 포함되는 구조물은 특별한 위험성이 없고 특수한 지반 및 재하 조건이 없는 일반적인 토목구조물, 건축구조물의 기초를 말하며 다음의 구조물들이 포함된다.
① 확대기초
② 전면기초
③ 말뚝기초
④ 복합기초
⑤ 옹벽 또는 차수벽체
⑥ 교량의 교각과 교대
⑦ 소규모 댐 및 제방(해안 및 해상제방 포함)
⑧ 앵커 구조물
⑨ 비교적 큰 규모의 터파기

(3) 3등급 구조물 : 소규모이고 상대적으로 단순한 구조물 또는 이에 준하는 규모의 구조물로서 인명과 재산 손괴의 가능성이 적은 다음의 구조물이 포함된다.

① 소규모 확대기초 또는 말뚝기초로 시공되며, 최대설계하중이 기둥에서는 250kN 이하, 벽체에서는 100kN/m 이하인 단순한 1~2층 건물

② 높이가 2m를 넘지 않는 옹벽과 토류시설

③ 관망 등과 같은 배수시설을 위한 소규모 굴착에서 지하수위 하부 굴착이 없거나, 지하수위 하부 굴착이 예정되었다 하더라도 경험적으로 쉽게 시공할 수 있는 경우

2.1.3 구조물 기초설계를 위한 지반조사는 구조물의 중요도에 따라 조사항목과 수량을 다르게 할 수 있으며 등급별 지반조사 관련 세부사항은 제3장에서 정하는 바를 따른다.

해설

2.1.2 구조물은 중요도에 따라 1등급, 2등급, 3등급으로 다음 같이 구분한다. 이렇게 구조물을 등급으로 구분한 이유는 구조물 기초를 설계함에 있어서 지반조건과 구조물의 종류에 따라 실시하는 지반조사의 상세 정도(종류, 수량 등)를 달리하여 구조물 기초설계를 위한 지반조사의 경제성과 합리성을 얻고자 함이다. 이 항의 등급 구분은 유로코드의 등급 구분을 원용한 것이다.

2.1.3 구조물 기초설계를 위한 조사는 2.1.2항에 구분된 등급에 의해 조사항목과 수량을 달리할 수 있다. 따라서 설계자가 조사계획을 수립함에 있어서 해당구조물의 상위 등급에 해당하는 조사를 시행할 수 있다. 등급별 지반조사에 대한 세부사항은 제3장에 수록되어 있다.

2.2 기초의 구분

2.2.1 구조물 기초는 지지하중과 하중 전달방식에 따라 얕은기초, 깊은기초, 댐 또는 제방기초 등으로 구분한다.

2.2.2 얕은기초는 상부 구조물의 하중을 기초저면을 통하여 지반에 직접 전달하는 기초형식으로 확대기초, 연속기초, 복합확대기초, 전면기초 등이 있다.
2.2.3 깊은기초는 상부 구조물의 하중을 기초의 선단과 주면을 통하여 지반 속에 전달하며 선단지지력과 주면마찰력으로 상부 구조물 하중을 지지한다. 일반적으로 말뚝기초, 케이슨기초 등이 있다.
2.2.4 댐과 제방의 기초는 상부 구조물 하중이 구조체 저면 전면을 통하여 지반에 전달되는 기초형식이다.
2.2.5 기초시공의 부대시설로는 가설흙막이 구조물 등이 있다.

해설

2.2.1 구조물 기초는 지지하는 하중과 이 하중을 지반에 전달시키는 방식에 따라서 얕은기초, 깊은기초, 댐기초, 제방기초 등으로 구분한다. 여기서 댐이나 제방의 기초는 동일한 기초형식에 속한다. 세부사항은 제4장 얕은기초, 제5장 깊은기초, 제8장 댐과 제방에 수록되어 있다. 기초의 심도가 기초의 최소 폭(B)과 최소 폭의 4배($4B$) 사이인 경우에는 얕은기초와 깊은기초의 성질을 모두 가질 수 있으므로 두 기초형식에 대해 검토한 후 구조물의 안전에 유리한 쪽의 기초형식을 택하는 것이 바람직하다.

2.2.2 얕은기초는 상부 구조물의 하중을 기초저면을 통하여 지반에 직접 전달하는 형식이며 기초의 깊이 D_f 가 기초의 최소 폭 B보다 크지 않은 기초로서, 주로 양질의 지지층이 지표면 근처에 있는 경우에 채택하는 기초형식 이다. 이 기초형식은 다음과 같이 세분된다.

가. 확대기초 : 기초 저면의 단면을 확대한 기초를 말하며 형태에 따라 원형, 정방형, 장방형 등으로 구분
나. 연속기초 : 벽체 하부의 기초와 같은 띠(줄)형의 확대기초 형식
다. 복합확대기초 : 보통 2~3개의 확대기초를 횡 방향으로 결합
라. 전면기초 : 상부 구조물의 여러 개의 기둥을 하나의 넓은 기초 슬래브로지지

2.2.3 깊은기초는 상부 구조물의 하중을 기초의 선단과 주면을 통하여 지반 속에 전달하며 지지층이 지반 깊은 곳(보통 기초의 깊이 D_f가 기초의 최소 폭 B의 4배보다 큰 경우)에 위치하는 경우에 적용된다. 이 기초형식은 선단지지력과 주면마찰력으로 상부 구조물 하중을 지지하며 다음과 같이 세분된다.

가. 말뚝기초 : 기성말뚝(재질에 따라 콘크리트말뚝, 강관말뚝 등), 현장타설말뚝
나. 케이슨기초 : 박스케이슨, 오픈케이슨, 공기케이슨 등

2.2.4 댐과 제방의 기초는 상부 구조물 하중이 구조체 저면 전면을 통하여 지반에 전달되는 기초형식이다. 이 항에서는 댐이나 제방을 구조물로 규정한 것이며 이 구조물을 안전하게 지지하기 위해 하부의 기초가 갖추어야 할 세부사항에 대해서는 제8장 댐과 제방에 수록되어 있다.

2.2.5 기초시공의 부대시설로는 가설흙막이 구조물 등이 있다. 가시흙막이 구조물은 기초형식은 아니다. 그러나 기초시공을 위해서는 부대시설로 가설흙막이 구조물이 종종 사용되기 때문에 기초의 부대시설로 설계하여야 할 경우가 발생되고 있기 때문에 여기에 포함한 것이다. 가설흙막이 구조물의 형식을 다음과 같이 구분할 수 있으며 이것들을 설계할 경우에 고려하여야 할 세부사항은 제9장에 수록되어 있다.

가. 강성 흙막이 구조물 : 지중연속벽 등
나. 연성 흙막이 구조물 : 강 널말뚝, PC 콘크리트 널말뚝, 나무 널말뚝, 엄지말뚝, 벽, 보강토 벽－패널식, 블록식 등

2.3 관련조사

2.3.1 기초 설계에 필요한 각종 자료와 정보를 얻기 위하여 설계와 관련된 조사를 실시하며, 문헌 및 자료조사, 지형조사, 지반조사 및 시험 등이 있다.

2.3.2 지반조사는 예비조사, 본조사, 추가조사로 구분하며 이들에 대한 구분은 다음과 같으며 세부사항은 제3장에서 정하는 바를 따른다.

(1) 예비조사는 기초공법을 설정하고 본조사 계획을 세우기 위하여 시행한다.
(2) 본조사는 기초 설계 및 시공에 필요한 제반 지반정보를 얻기 위하여 실시하며, 지층구성, 지지력과 침하 및 기초시공에 영향을 주는 범위를 대상으로 한다.
(3) 추가조사는 본조사의 결과를 토대로 추가의 지반조사를 시행할 필요가 있을 때 실시하는 조사이며 시공 중에 필요에 따라 실시하는 조사를 포함한다.

해설

2.3.1 기초 설계에 필요한 각종의 자료와 정보를 얻기 위하여 조사를 실시한다. 조사의 종류에는 문헌 및 자료조사, 지형조사, 지반조사 및 시험 등이 있다. 문헌 및 자료조사에는 기초를 시공하여야 하는 지역 또는 인근지역을 대상으로 시행된 기존의 자료로서 공사와 관련되는 각종 법규 또는 규제기준, 현장지도, 민원요인과 대책, 시공이 완료되었거나 시공 중에 있는 각종 구조물의 설계 및 조사 보고서, 설계도면 등이 포함된다. 지형조사는 대상지역의 지표지형의 구조 및 구성상의 특징 등을 조사하는 것으로 지형측량이 대표적이다. 지반조사는 대상지역의 지표하부 지반의 지반상태(지층의 성상과 지층별 특성)를 조사하는 것으로서 물리탐사, 시추조사 등을 시행한다. 지층의 지반공학적 특성을 알기 위해서 여러 종류의 시험을 실시하게 되는 시험의 종류에는 원위치시험(현장시험)과 실내시험이 있다. 세부사항들은 제3장 지반조사에 수록되어 있다.

2.3.2 지반조사는 예비조사, 본조사, 추가조사로 구분하며 이들에 대한 구분은 다음과 같으며 세부사항은 제3장에서 정하는 바를 따른다.

(1) 예비조사는 기초공법을 설정하고 본조사 계획을 세우기 위하여 시행한다.
(2) 본조사는 기초 설계 및 시공에 필요한 제반 지반정보를 얻기 위하여 실시하며, 지층구성, 지지력과 침하 및 기초시공에 영향을 주는 범위를 대상으로 한다.
(3) 추가조사는 본조사의 결과를 토대로 추가의 지반조사를 시행할 필요가 있을 때 실시하는 조사이며, 시공 중에 필요에 따라 실시하는 조사를 포함한다.

지반조사를 예비조사, 본조사, 추가조사로 구분하여 실시하는 것은 조사를 시행하는 절차상 번거로움이 있지만, 지반은 그 변화의 양상이 매우 불규칙하기 때문에 가장 합리적이고 경제적인 조사를 하기 위해 구분하여 시행하는 것이 바람직하다.

2.4 기초계획

2.4.1 기초 계획에서는 먼저 기초에 전달되는 최대하중을 정확하게 파악한다.
2.4.2 지반조사 결과를 토대로 기초가 놓이게 될 지반에 대한 지층의 성상과 각 지층별 공학적 특성을 분석하여 상부 구조물 하중을 안전하게 지지할 수 있는 지층을 파악한다.

2.4.3 기초형식은 지반의 지지력과 침하의 측면에서 상부 구조물의 요구조건을 만족시키는 형식으로 하되 얕은기초 형식부터 검토하고 얕은기초로 처리하기 어려운 조건일 때에 깊은기초를 검토하는 순서를 따른다.
2.4.4 상부 구조물의 기능과 중요도, 지반조건, 시공여건, 환경기준, 문화재 및 천연기념물의 존재 여부, 공사비와 공사기간 등을 고려하여 안전하고 경제적인 기초공법을 선정한다.
2.4.5 기초 하부지역의 지반을 보강하여야 할 경우에는 상부 구조물의 내구연한 동안 필요한 안정성을 확보할 수 있으며 허용치 이하의 침하량을 보장해주는 보강공법을 계획한다.
2.4.6 동일한 상부 구조물에 대해서는 한 종류의 기초형식을 적용하는 것을 기본으로 하되, 이것이 불가한 경우에는 다른 종류의 기초형식을 조합하여 계획한다.
2.4.7 기초공학적으로 확인되고 입증되는 모든 방법을 활용하여 기초형식별 지내력을 산정하여 기초형식 선정에 적극 반영한다. 특수한 기초형식 또는 공법을 계획한 경우에는 해당 공법이 요구하는 조건대로 시공할 수 있도록 설계서를 작성한다.

해설

2.4.1 기초에 구비되어야 할 제일의 목적은 상부 구조물을 안전하게 지지시키는 것이다. 따라서 기초를 계획할 때에는 먼저 기초가 지지하여야 할 최대의 하중을 정확하게 파악하는 것이 선행되어야 한다.

2.4.2 지반조사 결과를 토대로 기초가 놓이게 될 지반에 대한 지층의 종류와 분포상태, 지층의 두께와 변화상태 등과 각 지층별 공학적 특성을 분석하여 상부 구조물 하중을 안전하게 지지할 수 있는 지층을 파악한다. 여기서 안전하게 지지할 수 있는 지층이란 상부 구조물의 하중이 작용하게 될 경우 상부 구조물을 손상시키거나 사용성을 크게 저하시킬 정도의 지반침하를 발생시키지 않으며 동시에 전단파괴도 발생하지 않은 지층을 말한다.

2.4.3 기초형식은 지반의 지지력과 침하의 측면에서 상부 구조물의 요구조건을 만족시키는 형식으로 선정하되, 일반적으로 얕은기초 형식은 깊은기초 형식에 비하여 불확실성이 적고, 공사비 및 공사기간 측면에서도 유리하기 때문에 얕은기초 형식을 적용할 수 있는

지를 먼저 검토하고 얕은기초로 처리하기 어려운 조건일 때에 깊은기초를 검토하는 순서를 따른다.

2.4.4 상부 구조물의 특성상 허용할 수 있는 침하량이 매우 적고 장기간 동안 침하나 안정에 대해 엄격하게 관리하여야 하거나 구조물 자체가 매우 중요한 구조물일 경우에는 그러한 조건을 만족시키는 기초형식을 선정하여야 한다. 기초는 궁극적으로 지반에 의해 지지되기 때문에 지반조건이 기초의 목적을 실현시킬 수 있는지를 확인하여야 하며, 또한 시공이 가능한 형식이 되어야 한다. 근래에는 자연환경과 생활환경의 보호에 대한 요구가 심화되고 있기 때문에 이러한 기준들도 만족할 수 있도록 계획하는 것이 필요하다. 특히 기초를 시공하여야 하는 위치에 인접하여 문화재나 천연기념물 등이 존재할 경우에는 이것들에 피해를 발생시키지 않도록 계획하여야 한다. 아울러 공사비와 공사기간 등을 고려하여 안전하고 가장 경제적인 기초공법을 계획한다.

2.4.5 기초 하부지역의 지반을 보강하는 것이 필요하다고 판단되어 지반을 보강하는 경우에는 보강된 지반이 상부 구조물의 내구연한 동안 요구되는 안정성을 보장할 수 있도록 보강하여야 하며 침하량도 허용치 이하로 유지할 수 있도록 보강공법을 계획한다.

2.4.6 기초형식별로 지지구조계의 특성이 다르기 때문에 동일한 상부 구조물에 대해서는 한 종류의 기초형식을 적용하는 것을 기본으로 하되, 이것이 불가한 경우에는 서로 다른 종류의 기초형식을 조합하여 계획한다.

2.4.7 기초에 부과할 수 있는 허용하중을 산정하는 것은 매우 중요한 사안인 반면 지반의 특성상 또는 지내력 평가기법 상 불확실한 요소를 완전히 배제시킬 수 없기 때문에 기초공학적으로 확인되고 입증되는 모든 방법을 활용하여 기초형식별 지내력을 산정하여 기초형식 선정에 적극 활용하는 것이 필요하다. 특수한 기초형식 또는 공법을 계획한 경우에는 해당 공법이 요구하는 조건대로 시공할 수 있도록 공사시방서를 설계서에 포함하여 작성한다.

2.5 기초 설계방법

2.5.1 기초 설계방법으로는 허용응력법, 한계상태법 또는 관측설계법을 적용할 수 있으며 발주자 또는 설계자가 해당 기초의 설계방법을 정한다.

2.5.2 허용응력법으로 설계할 경우에는 기초가 지반에 전달하는 압력이 지반의 전단파괴를 일으키는 파괴응력을 전체안전율(lumped factor of safety)로 나눈 허용지지력 값보다 크지 않도록 설계한다. 기초의 지지력에 대한 전체 안전율로는 일반적으로 3을 적용하지만, 구조물의 중요도, 하중조건, 지반정보의 신뢰성 등을 감안하여 적합하게 조정할 수 있다.

해설

2.5.1 기초 설계방법으로는 허용응력법, 한계상태법 또는 관측설계법을 적용할 수 있으며 발주자 또는 설계자가 해당 기초의 설계방법을 정한다. 이 구조물 기초설계기준은 설계자 또는 발주자가 현장여건이나 기타의 요인을 감안하여 전술한 바의 3가지의 설계방법 중 각종 여건을 최대한 만족시킬 수 있는 설계법을 선택할 수 있도록 함으로써 기술력 발휘의 폭을 확대한 것이다. 각 방법에 대한 구체적인 내용은 2.5.2항 이하에 기술되어 있다.

2.5.2 허용응력법으로 설계할 경우에는 기초가 지반에 전달하는 압력이 지반의 전단파괴를 일으키는 파괴응력을 전체안전율(lumped factor of safety)로 나눈 허용지지력 값보다 크지 않도록 설계한다. 기초의 지지력에 대한 전체 안전율로는 일반적으로 3을 적용하지만, 구조물의 중요도, 하중조건, 지반정보의 신뢰성 등을 감안하여 적합하게 조정할 수 있다.

전체안전율은 구조물 하중, 지층의 조건과 각 지층에 대한 각종 공학적특성치들의 불확실성과 기초와 지반과의 상호거동 해석상의 미비점을 보상해줌으로써 기초지반이 파괴되지 않을 뿐만 아니라 기초구조물에도 과도한 침하가 발생하지 않도록 해주는 역할을 한다.

허용지지력을 결정할 경우에는 반드시 기초에 발생하는 침하량을 계산하여 허용침하량(기초에 허용할 수 있는 최대침하량)을 발생시키는 접지압과 파괴에 대해 안전한 지반의 허용지지력 중에서 작은 값을 지반의 설계허용지지력으로 정한다. 다시 말하면 지반은 파괴되지 않는 동시에 발생되는 침하량도 허용 값 이하가 되도록 하여야 한다는 것이다. 일반적으로 구조물의 중요도가 크거나 하중이나 지반에 대한 각종 정보의 신뢰도가 떨어지는 경우에는 안전율을 키워서 설계하는 것이 바람직하다.

이 설계방법은 오랜 기간 동안 널리 사용되어온 방법으로서 설계자들에게 익숙한 방법이라는 장점이 있다. 그러나 점성토와 사질토에 대해 산정한 지반특성치에 대하여 그 신뢰성들이 각각 다르고 그 값들이 기초의 안정성에 미치는 비중 또한 다르기 때문에 각 영향계수별로 안전율을 다르게 정하는 이른바 부분안전율을 적용하는 한계상태법이 제안되었다.

2.5.3 한계상태법으로 설계할 경우에는 다음의 사항을 검토하되 각종 자료의 신뢰성을 중시한다.

(1) 기초는 예상되는 한계상태(limit state) 조건들에 대한 요구조건들을 만족하도록 설계한다. 극한상태(ultimate limit state)는 구조물에 붕괴나 주요 손상을 초래하는 한계기준을 말하며 사용한계상태(serviceable limit state)는 구조물의 국부적 손상 또는 기능장애를 초래할 수 있는 침하를 그 한계기준으로 한다.

(2) 한계상태법에서는 전단강도정수에 부분안전율(partial factor of safety)을 적용하고 고정하중과 활하중에는 하중계수(load factor)를 곱하여 설계에 반영한다. 단, 발주처와 협의한 경우에는 하중저항계수설계법(LRFD : Load and Resistance Factor Design)을 적용할 수 있다. 설계에서 검토할 한계상태는 다음과 같다.

① 지지층의 지지력 부족에 의한 지지력 파괴
② 지지층 내부의 깊은 활동 파괴
③ 경사하중에 의하여 발생하는 기초의 활동 파괴
④ 과도한 침하나 융기
⑤ 기초 부재의 구조적 파괴 또는 지반과 구조물의 복합적 파괴
⑥ 지반의 액상화

2.5.4 기초설계방법에서 적용하는 안전율과 하중계수는 설계기준의 엄격성에 관련된 문제이며, 구조물의 중요도, 손상피해의 심각성, 설계에 사용한 각종 계수와 지반 모델링의 정확성, 해석기법의 정확성, 시공조건(수중이나 해상공사, 극지 또는 오지, 그리고 기타 시공환경이나 조건이 열악한 경우에는 일반적인 안전율보다 큰 안전율 적용)과 시공자의 능력(예상되는 시공오차) 등을 감안하여 신중하게 채택한다.

해설

2.5.3 한계상태법으로 설계할 경우에는 다음의 사항을 검토하되 각종 자료의 신뢰성을 중시한다. 한계상태법은 이론적으로는 허용응력법보다 더 합리적이라 할 수 있다. 그러나 부분안전율로 제시된 값들이 제시자(Craig, 1997; Hansen, 1967; Meyerhof, 1970)에 따라 서로 다르고 그 범위나 편차도 크기 때문에 부분안전율의 선택과 적용에 있어서는 각별한 신중함이 요구된다.

(1) 기초는 예상되는 한계상태(limit state) 조건들에 대한 요구조건들을 만족하도록 설계한다. 극한상태(ultimate limit state)는 구조물에 붕괴나 주요 손상을 초래하는 한계기준을 말하며 사용한계상태(serviceable limit state)는 구조물의 국부적 손상 또는 기능장애를 초래할 수 있는 침하를 그 한계기준으로 한다.
(2) 한계상태법에서는 전단강도정수에 부분안전율(partial factor of safety)을 적용하고 고정하중과 활하중에는 하중계수(load factor)를 곱하여 설계에 반영한다. 단, 발주처와 협의한 경우에는 하중저항계수설계법(LRFD : Load and Resistance Factor Design)을 적용할 수 있다. 설계에서 검토할 한계상태는 다음과 같다.

① 지지층의 지지력 부족에 의한 지지력 파괴
② 지지층 내부의 깊은 활동 파괴
③ 경사하중에 의하여 발생하는 기초의 활동 파괴
④ 과도한 침하나 융기
⑤ 기초 부재의 구조적 파괴 또는 지반과 구조물의 복합적 파괴
⑥ 지반의 액상화

이 설계법으로 모든 구조물기초를 설계하는 데는 아직도 연구하고 극복하여야 할 과제가 남아 있다. 따라서 구조물기초 형식별로(예 : 제4장 얕은기초, 제5장 깊은기초 등) 해당 장에서 적용 가능한 구조물기초의 한계상태설계법에 대해 기술하도록 한다.

2.5.4 기초설계방법에서 적용하는 안전율과 하중계수는 설계기준의 엄격성에 관련된 문제이며, 구조물의 중요도, 손상피해의 심각성, 설계에 사용한 각종 계수와 지반 모델링의 정확성, 해석기법의 정확성, 시공조건(수중이나 해상공사, 극지 또는 오지, 그리고 기타 시공환경이나 조건이 열악한 경우에는 일반적인 안전율보다 큰 안전율 적용)과 시공자의 능력(예상되는 시공오차) 등을 감안하여 신중하게 채택한다.

2.5.5 지반의 거동을 추정하는 것이 어려울 때는, 공사 중에 실시한 계측 결과로부터 설계정수를 재평가하고 설계를 재검토하는 관측설계법을 적용할 수 있다.

2.5.6 관측설계법을 적용할 경우에는 다음 사항을 검토하여야 한다.

(1) 허용할 수 있는 거동의 범위
(2) 실제 발생할 거동의 확률이 허용치 이내에 있는지 여부
(3) 실제의 거동이 허용치 이내인지를 확인할 수 있는 계측계획(계측위치, 빈도 등)
(4) 계측결과의 신속한 분석체계
(5) 이상 거동발생 시를 대비한 대처방안

2.5.7 관측설계법에 포함되는 계측설계는 다음사항을 포함하여야 한다.

(1) 계측의 위치와 목적
(2) 계측의 항목, 수량, 측정빈도
(3) 계측항목별 관리기준치
(4) 계측기기의 구비조건
(5) 계측시스템

해설

2.5.5 지반의 거동을 정확하게 추정하여 가장 합리적인 설계를 수행하는 것이 어려울 때는, 공사 중에 실시한 계측 결과로부터 설계정수를 재평가하고 설계를 재검토하는 관측설계법을 적용할 수 있다. 관측설계방법(observational method)은 현장계측결과에 바탕을 둔 설계, 시공관리 기법으로서 Terzaghi(1948)에 의해 제안되었으며 이 기법의 기본은 해설 그림 2.5.1과 같다.

지반 위에 건설되는 구조물을 설계함에 있어서, 문제가 전혀 발생되지 않을 것이라는 확신을 주는 설계법이 존재하지 않기 때문에 설계는 일반적으로 최악의 가정조건을 기준으로 수행되게 된다. 최악의 조건을 대비한 설계는 경제성이 많이 떨어진 설계가 되는 경우가 많게 된다. 그러나 시공하는 과정에서 설계내용을 변경할 수 있다면 최악의 조건에 대해 설계하지 않고 가장 가능할 것으로 예상되는 조건에 대하여 설계함으로써 공사비를 절감하고 공사기간도 단축할 수 있게 된다. 이렇게 최악의 조건이 아니라 최적의 조건으로 설계한 후에 시공과정에서 관측되는 각종 데이터를 분석하고 반영하여 설계를 수정하고 보완하는 설계법이 이른바 '관측설계법'이다.

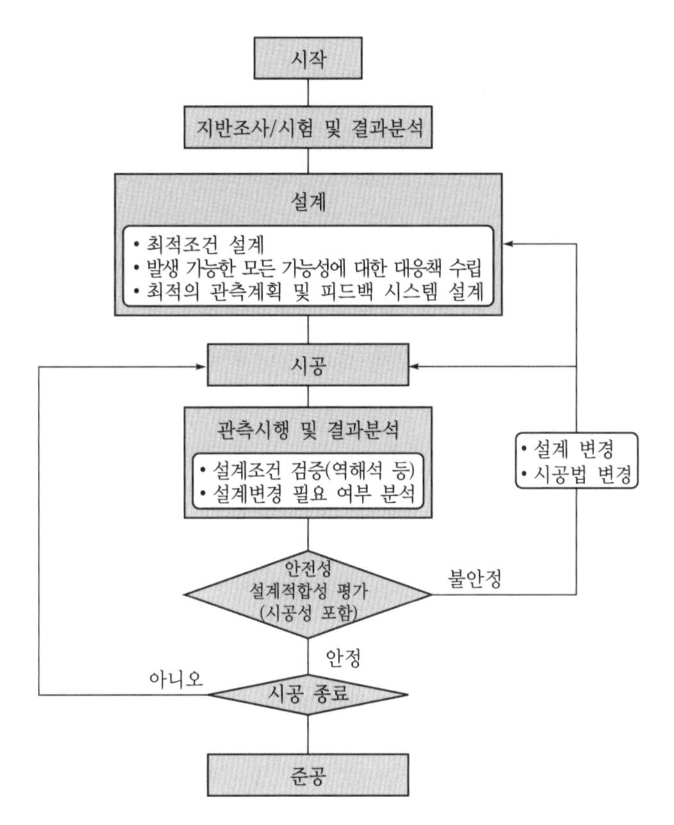

해설 그림 2.5.1 관측설계법의 흐름

관측설계법은 영구(최종)구조물의 설계가 시공 전에 완성되고 예상치 못한 일련의 문제가 구조물의 준공 전에는 발생하지 않게 됨을 전제로 하는 통상의 일반설계법과는 설계개념과 그 수행과정 면에서 차이가 있다. 즉, 관측설계법은 시공과정의 관측을 설계에 반영하면서 설계를 보완하고 수정하며 종국에 확정설계를 이루어내는 일련의 과정이 되는 것이다. 이런 관점에서 보면 단순히 불확실성에 대한 안전관리 차원의 시공관리계측과는 출발점이 다르다고 할 수 있다. 그러나 지반의 재료적 특성의 불확실성을 감안하고 이를 시공하면서 대비하고자 하는 측면에서는 이 둘을 서로 다른 기능의 기법으로 구분하기가 어렵게 된다. 그럼에도 불구하고 설계라는 입장으로 바라본다면 단순히 시공관리를 위해 시행하는 계측을 설계법이라고 지칭하는 것도 무리가 된다.

관측설계법의 설계자는 관측을 시행하기 전까지는 아직 알 수 없는 상태에 있지만, 최악의 조건을 포함하여 발생 가능한 모든 지반의 거동조건에 대하여 해법을 강구하고 이에 대한 적합한 대응책을 사전에 수립해두어야 한다. 만약 그렇게 하지 못하였다면 관측설계법을 실제에 적용하는 것은 삼가야 한다. 왜냐하면 예측하지 못했던 상황이 돌발적으로 발생하게 되면 적합한 대책을 수립하는 것도 용이하지 않을 뿐만 아니라 시간적으로도 대책 수립이 불가능할 수 있기 때문이다. 만약 예상되는 문제에 대한 대응책이 마땅치 않을 경우에는, 비록 그러한 상황의 발생확률이 매우 낮다고 할지라도, 관측설계법을 적용하는 것을 지양하고 최악의 조건을 가정한 설계를 수행하는 것이 바람직하다.

관측설계법에서는 첫째, 철저한 지반조사와 각종 시험을 통하여 연약한 지층이나 압축성이 큰 지층의 존재 유무와 그 층에 대한 공학적인 특성을 시공 전에 면밀히 분석하여야 하고, 둘째, 관측결과는 신뢰성이 좋아야 하며 지반거동을 정확하게 관측할 수 있도록 하여야 한다. 관측설계법은 안전을 유지하면서 시간과 경비를 절감하는 것에 궁극적인 가치를 둔다. 관측설계법을 성공적으로 수행하기 위해서는 흙과 지하수와의 상호작용을 확실하게 이해하여야 하고 이들에 대한 정보를 정확하게 관측할 수 있어야 한다. 이를 위해서는 간극수압, 수두, 하중, 응력, 수평 및 연직 변위, 구조물의 각변위, 침투수량 등을 측정하여야 한다.

2.5.6 관측설계법을 적용할 경우에는 다음 사항을 검토하여야 한다.

(1) 허용할 수 있는 거동의 범위
(2) 실제 발생할 거동의 확률이 허용치 이내에 있는지 여부
(3) 실제의 거동이 허용치 이내인지를 확인할 수 있는 계측계획(계측위치, 빈도 등)
(4) 계측결과의 신속한 분석체계
(5) 이상 거동발생 시를 대비한 대처방안

관측설계법은 목적 구조물에 따라 취급하는 비중이 다를 수 있으며, 관측설계법을 적용함에 있어서 참고가 되는 역해석기법의 개요를 기술하면 다음과 같다.

가. 계측치를 이용한 역해석 기법

역해석은 목적함수인 현장계측치와 계산치의 차이를 최소화하는 설계변수들을 구하는 것이다. 목적함수는 일반적으로 해설 식(2.5.1)과 같이 계측치와 계산치와의 차이에 대한 제곱의 합으로 정의한다.

$$F(x) = \sum_{i=1}^{n} (D_i^* - D_i)^2 \quad \rightarrow \quad \text{최소화} \qquad \text{해설 (2.5.1)}$$

여기서, D_i^*는 계측치, D_i는 계산치이며, x는 최적화 기법을 사용하여 최적화하고자 하는 설계변수의 벡터로서 토압계수, 압밀계수 등이며, 변위, 침하량, 지보부

재의 축방향력 등은 이 설계변수의 결과로 얻어지는 응답변수이다.

$$x = \begin{cases} x_1 \\ x_2 \\ \cdot \\ \cdot \\ \cdot \\ x_n \end{cases} \qquad \text{해설 (2.5.2)}$$

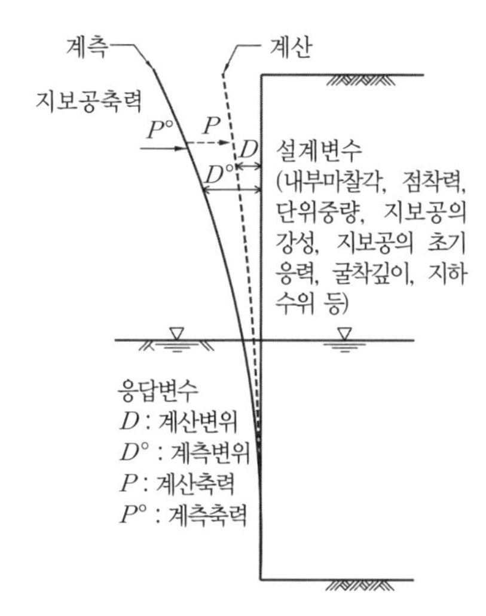

해설 그림 2.5.2 터파기에서의 계산치와 계측치 예시

일반적으로 역해석기법은 정해석에 사용한 방정식을 그대로 사용하여, 설계변수를 가정하여 입력하고 응답변수를 계산한 다음, 그 응답변수와 계측치의 차이를 구하고 그 차이가 최소화되도록 설계변수를 수정하여 다시 계산하는 반복과정을 거쳐 최적의 설계변수를 구한다. 반복과정을 최소로 하면서 효율적으로 설계변수를 구하는 최적화 방법들이 개발되어 있다. 초기공사 단계에서의 계측치를 이용하여 역해석에 의하여 설계변수들을 재산정한 다음 잔여공사 단계에서의 거동을 신뢰성이 높게 예측할 수 있게 된다.

2.5.7 관측설계법에 포함되는 계측설계는 다음사항을 포함하여야 한다.

(1) 계측의 위치와 목적

(2) 계측의 항목, 수량, 측정빈도

(3) 계측항목별 관리기준치

(4) 계측기기의 구비조건

(5) 계측시스템

가. 계측의 목적과 위치선정

관측설계를 위한 계측계획에는 계측항목별로 확실한 목적이 수립되어야 한다. 계측의 흐름을 그림으로 살펴보면 해설 그림 2.5.3과 같다.

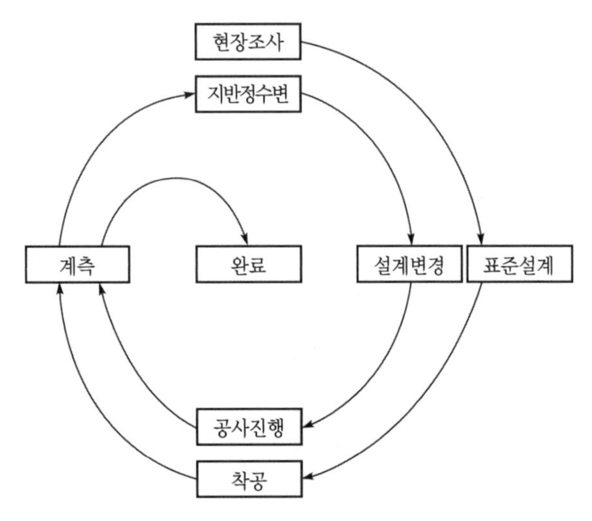

해설 그림 2.5.3 설계, 시공과 계측의 상관성

합리적인 시공과 안전관리를 위한 정보를 정확하고 신속하게 수집하기 위한 체계적인 계측관리계획의 3가지 기본조건은 다음과 같다.

(1) 계측의 목적과 계측을 필요로 하는 지반공학적 문제를 정확히 파악하고 이해하여야 한다. 목적이 분명치 않은 계측계획은 시간과 인력의 낭비를 초래한다.
(2) 공사 중 발생할 수 있는 문제에 포함된 모든 값을 정확하게 관찰하고 측정할 수 있도록 이해하기 쉽고 신중하게 계획하여야 한다.
(3) 수집된 자료는 편리하고 간편한 양식으로 정리하고 정확하게 분석된 결과는 긍정적이든 부정적이든 지체 없이 담당자에게 전달될 수 있도록 '자료의 측정→수집→분석→보고'의 체제가 확립되어 있어야 한다.

위의 기본조건을 염두에 두고 계획단계에서 검토할 사항은 다음과 같다.

① 공사개요 및 규모
② 지반여건 및 주위환경
③ 계측의 목적
④ 계측범위와 계측위치
⑤ 계기의 종류와 수량
⑥ 계기의 설치 및 유지방법
⑦ 계측인원의 확보
⑧ 계측결과의 수집, 보관 및 분류양식
⑨ 계측결과의 해석방법
⑩ 계측결과를 시공에 반영할 수 있는 체제

계측기는 여건이 허락하면 안전상, 현장관리상 또는 연구목적상 부합되는 모든 위치에 설치하는 것이 좋겠지만 실제로는 그렇지 못하므로 계측위치는 공사전체를 종합적으로 고려하여 계측효율이 가장 좋고 큰 변형이 예측되는 대표단면을 선정하여야 한다. 대표단면 선정 시 일반적으로 고려되는 사항은 다음과 같다.

(1) 보링 등으로 지반조건이 충분히 파악되는 장소
(2) 구조물을 대표하는 장소
(3) 조기에 설치할 수 있고, 계측결과를 피드백(feed back)할 수 있는 장소
(4) 인접부근에 중요 구조물이 있는 장소
(5) 구조물이나 지반에 특수한 조건이 있어서 그것이 공사에 영향을 미칠 것으로 예상되는 장소

즉, 제반조건을 파악하여 안전성이 가장 취약하고 굴착에 따른 토압, 변형 및 응력 등이 가장 많이 발생하는 대표적인 위치에 계측기를 설치한다. 계측빈도는 계측의 중요성, 목적, 공사의 진척 정도, 계측방법, 공사 중 발생하는 변위량의 크기 및 증가속도 등에 따라 결정하여야 한다.

나. 계측치를 이용한 안전관리 기법

안전관리를 위한 계측관리 방법으로는 절대치관리와 예측관리로 나눌 수 있다. 절대치관리란 시공 전에 미리 설정한 관리기준치와 실측치를 비교·검토하여 그 시점에서 공사의 안정성을 평가하는 방법이며, 예측관리는 이전 단계의 실측치에 의하여 예측한 다음 추후 단계의 예측치와 관리기준치를 대비하여 안정성 여부를 판정하는 기법이다.

절대치관리방법은 계측결과에 대해서 신속하게 대처할 수 있어서 현장에서의 단순관리에 많이 이용하고 있다. 이에 반하여 예측관리는 조기에 구조물의 거동을 시뮬레이션하여 추정하므로 보다 합리적인 관리를 할 수 있으나 계측시스템이 대규모가 되어 경제적인 면에서 부담이 크므로 이 방법은 대규모 공사나 중요한 계측에 이용된다.

(1) 절대치관리방법

(가) 계측관리 기준치

계측관리 기준치 설정에 있어서 가장 기본이 되는 변위 및 응력의 관리기준은 지질조건, 단면의 크기 및 형상, 굴착공법, 주변 구조물 및 환경조건 등에 따라 각각 달라지므로 일정한 기준을 적용하는 것은 곤란한 일이지만, 각종 이론식에 의한 기준치, 유사지질 및 단면에서의 계측결과를 토대로 한 경험적 기준치에 의하여 정하게 된다. 계측치와 비교하는 기준치로는 다음과 같이 두 가지로 나눌 수 있다.

- 관리치 I : 부재력, 건물의 허용침하량 등 허용치에서 설정되는 기준치
- 관리치 II : 흙막이벽의 토압, 변위, 부재력, 침하량 등과 같이 설계 시 예측한 값으로부터 설정되는 기준치

계측치와 관리기준치를 비교하여 정상시공, 주의시공, 공사 중단 후 대책 수립 등의 판단을 하게 된다. 경우에 따라서는 계측치는 관리기준치 이하일지라도 값의 변화속도가 클 때는 위험에 다다를 수도 있으므로 계측치의 변화속도가 안전관리 기준이 될 때가 있다.

① 토압계

설계 시에 사용한 토압분포에는 토압, 수압, 상재하중 및 기타 외력이 포함된다. 이때의 토압분포는 최댓값을 기준으로 하여 부재단면을 결정하게 된다. 따라서 설계 시 사용한 토압분포의 최댓값 P_{max}가 기준이 되어 실측에 의한 토압이 한계치를 어느 정도 넘어서면 부재가 위험하게 된다. 흙막이 벽체의 경우에 대한 관리기준은 해설 표 2.5.1과 같으며 $P_{max}/1.2$ 값이 실측에 의한 토압보다 클 때 불안정해진다.

해설 표 2.5.1 계측토압의 관리기준치

안정	실측치 $< \frac{P_{max}}{1.2}$
주의	$\frac{P_{max}}{1.2} \ll$ 실측치 $< \frac{P_{max}}{0.8}$
위험	$\frac{P_{max}}{0.8} \ll$ 실측치

② 지하수위계 및 간극 수압계

지하수위에 대해서는 설계 시에 고려된 지하수위를 기준으로 하여 실측된 지하수위가 설계수위보다 높을 경우가 안전에 대한 주위대상이 되어, 실측 토압과의 관계로부터 위험 여부를 판정하게 된다. 투수성지반에서 지하수위보다 깊게 굴착할 경우 굴착면과 배면 측의 정수두차로 인한 침투수압에 의해 보일링 현상이 발생될 수 있다. 보일링에 대한 관리기준치로서 유출부의 최대동수경사 i_{exit}는 해설 표 2.5.2와 같다.

해설 표 2.5.2 보일링에 대한 관리기준치

안정	$i_{exit} < 0.25$
주의	$0.25 \ll i_{exit} < 0.57$
위험	$0.57 \ll i_{exit}$

③ 하중계

지보부재에 작용하는 하중은 하중계에 의해 측정이 된다. 또 설계 시에 사용되는 토압분포에 의해 각 지보재마다의 지보하중이 산정되고, 지보 종류에 따라 지보단면이 결정된다. 따라서 사용되는 지보재의 종류에 따른 허용축력이나 허용인장력과 실측된 지보하중을 비교하여 해설 표 2.5.3과 같이 관리할 수 있다.

해설 표 2.5.3 버팀보의 관리기준치

안정	실측치 $< \frac{\text{부재의 허용축력}}{1.2}$
주의	$\frac{\text{부재의 허용축력}}{1.2} \ll$ 실측치 $< \frac{\text{부재의 허용축력}}{0.7}$
위험	$\frac{\text{부재의 허용축력}}{0.7} \ll$ 실측치

그러나 어스앵커의 경우 실측된 하중이 감소 또는 증가하는 경우가 있다. 만일 실측된 값이 안정되지 않고 계속해서 감소 및 증가하는 경우는 안전에 문제가 있으므로 주위의 다른 계측항목과 함께 종합적으로 고려하며, 정착구, 자유장 및 정착장의 이상 유무를 검토하여야 한다.

④ 응력계

흙막이 벽체나 엄지말뚝, 그리고 띠장에 발생하는 응력을 측정하기 위해서 응력계(strain gauge)를 사용한다. 흙막이 벽체의 안정이 응력계로 측정된 응력에 의해 검토될 때에는 해설 표 2.5.4에 나타난 바와 같이 흙막이 벽체나 엄지말뚝 및 띠장의 종류에 따른 허용휨응력을 기준으로 평가할 수 있다.

해설 표 2.5.4 흙막이 벽체, 엄지말뚝 및 띠장응력 관리기준치

안정	$\text{실측응력} < \dfrac{\text{허용휨응력}}{1.2}$
주의	$\dfrac{\text{허용휨응력}}{1.2} \ll \text{실측응력} < \dfrac{\text{허용휨응력}}{0.8}$
위험	$\dfrac{\text{허용휨응력}}{0.8} \ll \text{실측응력}$

⑤ 경사계

수평변위량과 발생심도 및 방향을 측정하기 위하여 사용하는 경사계의 계측관리기준은 수직거리에 대한 수평변위인 경사도가 1/200로 하는 경우가 일반적이지만, 이 값 외에 상호연관이 되는 부재의 응력, 주변지반 침하량 및 인접구조물의 경사도에 대한 계측치를 상호 비교하여 검토하고 주변도로, 지하철 또는 주변구조물 등의 관리자와 협의하여 최종 결정한다.

해설 표 2.5.5 구조물의 손상한계(Skepmton, 1956)

기준		독립기초	확대기초
각변위(δ/L)		1/300(L : 임의의 기둥간격, δ : 부등침하량)	
최대부등침하량	점토	44mm(38mm)	
	사질토	32mm(25mm)	
최대침하량	점토	76mm(64mm)	76~127mm(64mm)
	사질토	51mm	51~76mm(38~64mm)

주) 1) ( ) 내의 값은 추천되는 최댓값임
2) 최대부등침하량은 인접 기둥간의 침하 차이임

⑥ 건물경사계

인접구조물의 경사 및 변형상태를 측정하기 위하여 사용하는 건물경사계의 계측관리기준치는 해설 그림 2.5.3과 같이 구조물에 미치는 영향에 대한 각 변위(경사도)의 한계를 기준으로 한다. 기초의 종류에 따른 구조물의 손상 한계는 해설 그림 2.5.4와 같고 구조물의 종류에 따른 허용침하량은 해설 표 2.5.6과 같다.

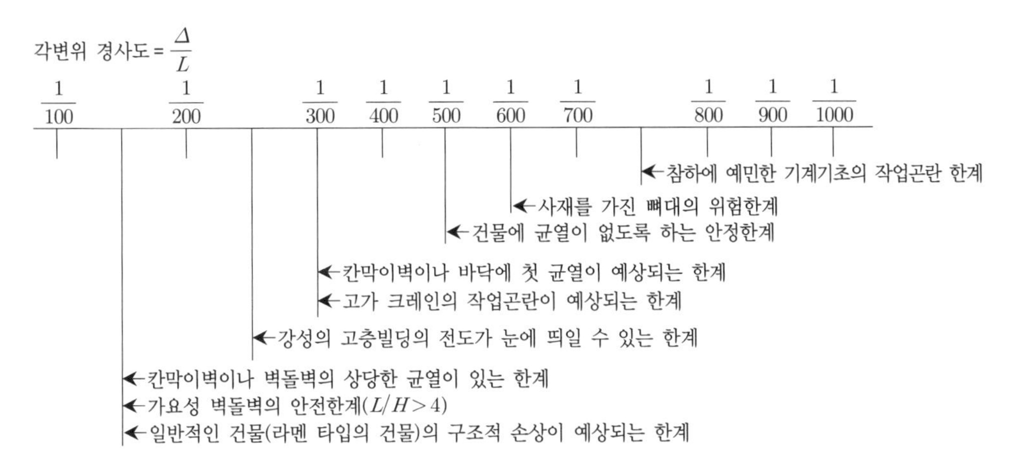

해설 그림 2.5.4 Bjerrum(1963)이 제안한 각 변위 한계(L : 임의의 기둥간격, δ : 부등침하량)

해설 표 2.5.6 구조물의 종류에 따른 허용침하량(Sowers, 1962)

침하형태	구조물의 종류	최대 허용침하량
전체침하	배수시설 출입구 부등침하의 가능성 석적 및 조적구조 뼈대구조 굴뚝, 사이로, 매트	15.0~30.0cm 30.0~60.0cm 2.5~5.0cm 5.0~10.0cm
전도	탑, 말뚝 물품적재 크레인 레일 빌딩의 조적벽체	0.004 S 0.01 S 0.003 S
부등침하	철근콘크리트 뼈대구조 강 뼈대구조(연속) 강 뼈대구조(단순)	0.003 S 0.002 S 0.005 S

주) 여기서, S : 기둥 사이의 간격 또는 임의의 두 점 사이의 거리

⑦ 지표침하계

예측한 침하량이 인접도로, 지하철 및 매설물 등의 각종 구조물과 인접건물의 손상한계 및 허용침하량을 넘지 않도록 관리한다.

(나) 절대치관리방법 기준

현장에서의 관리기법으로 효과적인 이 기법은 가장 어려운 것이 관리기준치를 어떻게 설정할 것인가이다. 절대관리치를 설정한 후 측정을 계속하여 측정결과치가 절대관리치에 접근하면 계측빈도를 높이는 등의 감시체제를 강화하고, 측정치가 더욱 증가하는 경향을 나타내면 시공을 중단해서라도 그 발생 원인을 찾아내 그 대책을 강구해야 한다. 이 방법은 경험이 적은 기술자라도 안전성의 판단이 어느 정도 가능하다는 장점이 있으나, 이상 징후의 발견 시 대응이 늦어질 우려가 있다. 따라서 굴착심도가 얕은 흙막이 공법에 적합한 기법이다.

(2) 예측관리방법

예측관리방법에 의한 계측관리 시스템은 각 굴착단계에서 얻은 계측결과를 토대로 전술한 절대치관리방법에 의한 계측관리 시스템에 의해 현 단계의 안정성 유무를 분석한 후 안전하다고 판단되었을 때 역해석을 수행하여 다음 굴착 시 발생하게 될 변위량을 예측함으로써 차후 계획된 시공단계에서의 안정성 유무를 합리적이고 체계적으로 관리하는 것이다.

특히, 절대치관리방법에 의한 계측관리 시스템이 현 단계의 굴착 시 발생한 변위(계측치)를 계측관리 시스템에 의해 안정성 유무를 판단하는 데 비해 예측관리방법에 의한 계측관리 시스템은 전단계의 변위량을 토대로 역해석 기법을 도입하여 가정된 지반의 공학적 특성치를 재산정하고 다시 이를 바탕으로 차기 굴착단계 시 발생할 변위를 계산하는 등의 일련의 복잡한 과정을 갖는다. 따라서 이처럼 복잡하고 다양한 수행과정을 거치는 예측관리방법에 의한 계측관리 시스템을 절대치관리방법에 의한 계측관리 시스템과 연계하여 신속하고 정확하게 현장 시공관리를 할 수 있다.

다. 계측기의 구비조건

계측기의 종류는 측정하고자하는 계측항목에 적하하여야 하며, 다음 조건을 만족하여야 한다.

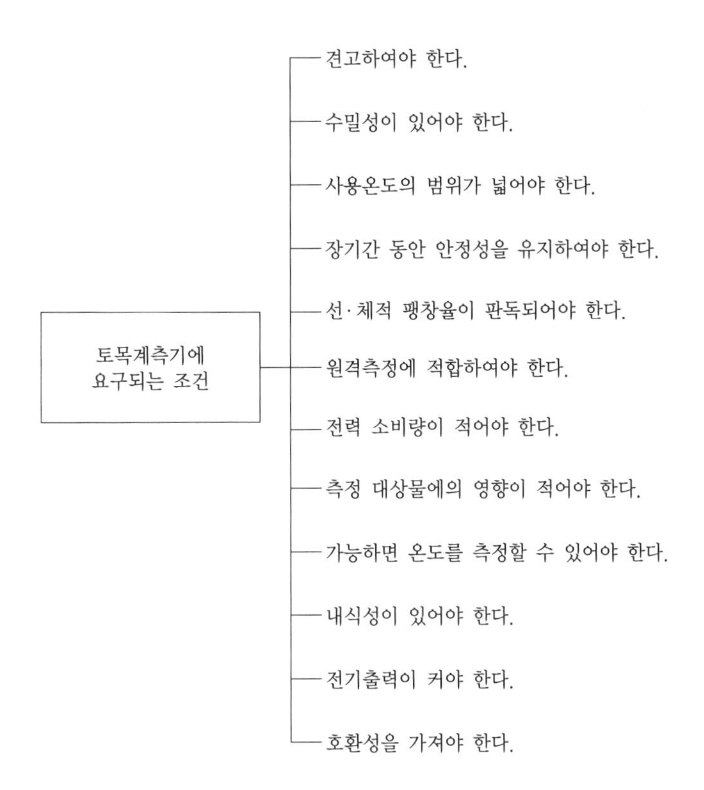

라. 계측관리 시스템

현장계측 시스템의 구성은 센서, 전환기, 측정기, 컴퓨터, 프린터 등이 조합되어 일련의 계측작업이 가능하도록 하며 그 구성도는 해설 그림 2.5.5와 같다. (a)는 수동측정 방식으로서 지시계를 이용하여 사람이 직접 전기량을 읽고 컴퓨터에 의한 처리로 정보화한다. 계측개소와 계측빈도가 적은 경우에는 수동계측이 유리하다. 측정개소가 많지는 않지만 광역매립공사와 같이 측정위치가 분산되어 있거나 계측빈도가 그다지 많지 않을 경우는 (b)의 반자동 방식이 편리하다. 이 방식은 데이터 수집기(logger)에 계측값을 수집, 기억해 놓았다가 컴퓨터에 입력·처리하여 정보화시킨다. 수동계측에 비하여 계측작업에 드는 인력을 대폭 줄일 수 있다. (c)는 센서와 기기를 연결하여 자동측정을 함으로써 자료처리 및 정보화를 자동으로 가능하게 한 방식이다. 흙막이벽 굴착공사 등과 같이 계측점 수가 많고 위치적으로 비교적 집중되거나 야간에도 감시가 필요한 경우에는 이 방식이 채용된다.

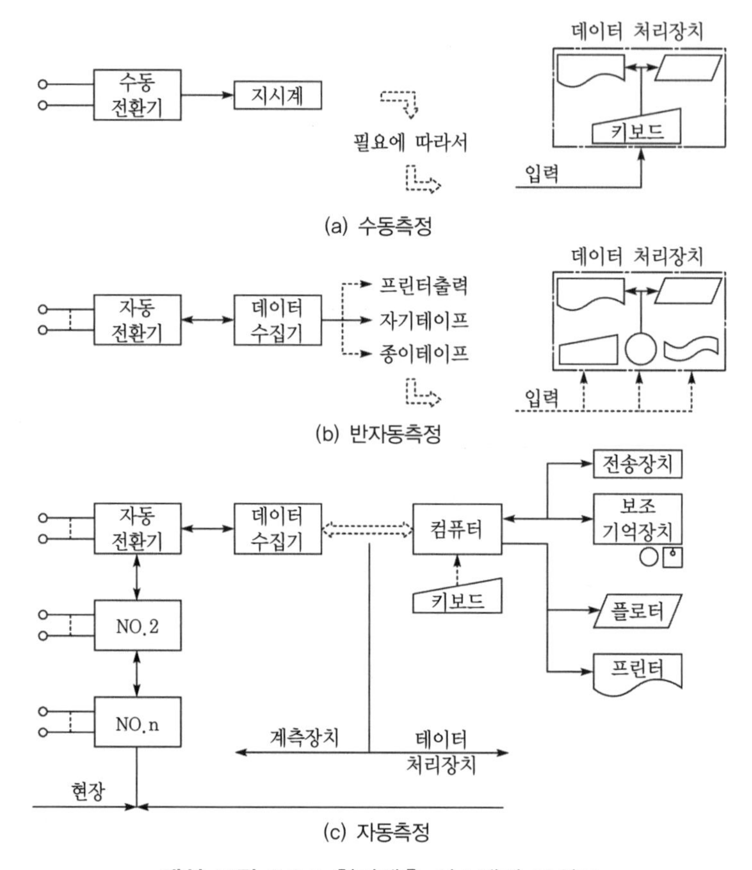

해설 그림 2.5.5 현장계측 시스템의 구성도

2.6 기초지반의 공학적 특성치

2.6.1 기초설계에 적용하는 지반의 공학적 특성치는 지반조사 결과분석, 현장 및 실내시험, 각종 경험식을 통한 추산, 현장계측 결과를 이용한 역해석 등을 활용하여 결정한다.

2.6.2 지반조사 및 시험결과를 이용하여 설계를 위한 지반의 공학적 특성치를 결정할 경우에는 한 지점에서 같은 지층에 대해서 얻은 시험결과의 평균치를 기준으로 결정한다. 이 경우 사용되는 조사 및 시험결과 들은 신뢰성이 인정되는 것이어야 한다.

2.6.3 조사한 지반의 공학적 특성치들 간의 편차가 심할 때는 식(2.6.1)에 의하여 대표 지반공학적 특성치를 결정한다.

$$\text{대표 지반공학적 특성치} = (\text{평균치}) \pm (\text{표준편차}) \tag{2.6.1}$$

여기서, ±는 계산결과가 안전측이 되는 부호로 선택한다.

2.6.4 식(2.6.1)은 동일 지층에 대하여 적용하는 것이며 지층이 다를 경우에는 각 지층별로 대표 지반공학적 특성치를 결정한다.

2.6.5 동일 지층이라도 공학적 특성치가 일정한 경향을 가지고 변화하는 경우에는 그 경향에 따라 지층을 세분하고 세분된 구역별로 대표 공학적 특성치를 결정한다. 이 지층에 대해 동일 규격의 기초를 설계할 경우에는 그들 중 가장 불리한 값을 사용한다.

2.6.6 지반의 공학적 특성치는 지반의 포화도, 투수성, 재하조건과 배수조건에 따라 배수조건의 공학적 특성치와 비배수조건의 공학적 특성치로 구분하여 결정한다.

해설

2.6.1 기초설계에 적용하는 지반의 공학적 특성치는 지반조사 결과분석, 현장 및 실내시험, 각종 경험식을 통한 추산, 현장계측 결과를 이용한 역해석 등을 활용하여 결정한다.

구조물 기초설계에 사용되는 지반의 공학적 특성치들은 물리적 특성치와 역학적 특성치로 구분할 수 있다. 물리적 특성치에는 비중, 함수비, 밀도나 단위중량, 애터버그한계, 입도분포 등이 있으며 주로 흐트러진 시료를 사용한 시험으로 측정하거나 여러 가지 사운딩 결과를 이용한 간접적 추정으로 결정할 수 있다. 그러나 역학적 특성치인 전단강도특성, 투수특성, 압밀특성, 동역학적특성 등은 흐트러지지 않은 시료를 이용한 시험결과를 이용하여 측정하는 것이 가장 좋다. 다만, 흐트러지지 않는 시료채취가 어려운 모래나 자갈에 대해서는 실험실에서 밀도를 재현한 재성형 시료를 사용하여 시험하거나 여러 가지 사운딩 결과로부터 간접적으로 특성치를 추정한다.

현장에서 정밀한 계측이 이루어졌거나 파괴가 발생한 사면 등에 대해서는 계측결과와 파괴 활동면을 이용한 역해석(back analysis)을 수행하여 지반의 공학적 특성치를 정확하게 산정할 수 있다. 이 경우 지반의 거동상태를 사전에 예측할 수 없다는 단점이 있다.

2.6.2 지반조사 및 시험결과를 이용하여 설계를 위한 지반의 공학적 특성치를 결정할 경

우에는 한 지점에서 같은 지층에 대해서 얻은 시험결과의 평균치를 기준으로 결정한다. 이 경우 사용되는 조사 및 시험결과 들은 신뢰성이 인정되는 것이어야 한다.

지반은 위치와 깊이에 따라 각각 다른 공학적 특성치를 가지고 있는 것이 대부분이고 시험자, 시험도구와 방법 등에 의해서도 측정되는 결과가 다를 수 있으므로 동일한 위치의 동일한 심도에 대하여 최소한 신뢰성이 있는 2회 이상의 측정결과를 평균하여 그 층의 대표 공학적 특성치로 정하는 것이 바람직하다. 이때 심도가 같다고 하여 위치가 다른 지점의 측정치들을 합하여 평균하거나 신뢰성이 현저히 떨어지는 결과들이 대표 공학적 특성치 산정에 사용되지 않도록 유의하여야 한다.

2.6.3 조사한 지반의 공학적 특성치들 간의 편차가 심할 때는 식(2.6.1)에 의하여 대표 지반공학적 특성치를 결정한다.

$$\text{대표 지반공학적 특성치} = (\text{평균치}) \pm (\text{표준편차}) \qquad \text{해설 (2.6.1)}$$

여기서, ±는 계산결과가 안전측이 되는 부호로 선택한다. 안전측이란 활동력, 침하량 등은 커지는 쪽, 저항력, 지지력 등은 작아지는 쪽을 뜻한다.

2.6.4 해설 식(2.6.1)은 동일 지층에 대하여 적용하는 것이며 지층이 다를 경우에는 각 지층별로 대표 지반공학적 특성치를 결정한다. 이것은 지반의 공학적 특성치들이 지층별로 도일한 지층에 대해서도 위치별로 다를 수 있음을 반영하여야 함을 의미한다.

2.6.5 동일 지층이라도 공학적 특성치가 일정한 경향을 가지고 변화하는 경우에는 그 경향에 따라 지층을 세분하고 세분된 구역별로 대표 공학적 특성치를 결정한다. 이 지층에 대해 동일 규격의 기초를 설계할 경우에는 그들 중 가장 불리한 값을 사용한다. 동일 지층에서 위치에 따라 특성치가 뚜렷이 다른 경향을 나타낼 경우에는 이를 구분하여 설계특성치로 정하며, 깊이에 따라 특성치가 일정한 경향으로 증가, 또는 감소할 때에는 이 증가율 또는 감소율을 사용한 수식으로 나타낼 수 있다.

2.6.6 지반의 공학적 특성치는 지반의 포화도, 투수성, 재하조건과 배수조건에 따라 배수조건의 공학적 특성치와 비배수조건의 공학적 특성치로 구분하여 결정한다.

투수성이 좋은 지반의 특성치는 배수조건(drained condition)의 특성치를 설계에 사용하며 유효응력 해석법으로 해석한다. 투수성이 좋지 않은 지반이 포화되어 있을 때에는 단기간 해석일 경우에는 비배수조건(undrained condition)의 특성치를 사용하여 전응력

해석법이나 간극수압 발생을 고려한 유효응력 해석법으로 해석한다. 이 경우에도, 장기간 해석일 경우에는 배수조건의 특성치를 사용한 유효응력 해석법을 적용해야 한다. 투수성이 좋지 않은 불포화 지반은 간극수압 예측이 어려우므로 전응력 해석법으로 해석하되 이때에는 불포화 시료에 대한 시험 결과를 설계 특성치로 사용한다.

2.7 하중

2.7.1 기초설계에 적용하는 하중은 고정하중과 시공 중이나 완공 후에 작용하는 활하중과 풍하중, 파력, 조류력, 설하중, 장비하중, 지진하중 등과 같은 일시하중이 있으며, 구조물의 종류와 설계조건에 따라 기초의 자중, 기초 구조에 포함된 흙의 무게, 토압, 수압 등도 하중에 포함한다.

2.7.2 침하하는 지층에 설치한 말뚝은 지층과 말뚝의 상대침하량 차이에서 기인한 부마찰력을 하중으로 고려한다.

2.7.3 흙막이구조물에 작용하는 토압은 흙막이구조물과 지반의 상호거동에 적합한 토압계수를 적용하여 결정한다.

2.7.4 기초의 지지력과 안정성 검토에는 고정하중과 활하중, 일시하중을 작용하중으로 하되, 침하량 검토에는 침하에 영향을 미치는 하중조건(활하중, 고정하중)을 작용하중으로 한다.

2.7.5 콘크리트 기초구조물 설계는 콘크리트구조기준에 제시된 하중계수와 하중조합을 고려하여 설계한다.

해설

2.7.1 기초설계에 적용하는 하중은 고정하중과 시공 중이나 완공 후에 작용하는 활하중과 바람에 의한 풍하중, 해안구조물에 밀려오는 파도에 의한 파력, 조류의 흐름에서 기인하는 조류력, 눈이나 얼음하중인 설하중, 시공장비에 의한 장비하중, 지진하중 등과 같은 일시하중이 있으며, 구조물의 종류와 설계조건에 따라 기초의 자중, 기초 구조에 포함된 흙의 무게, 토압, 수압 등도 하중에 포함한다.

2.7.2 침하하는 지층에 설치한 말뚝은 지층과 말뚝의 상대침하량 차이에서 기인한 부마찰력을 하중으로 고려한다. 지반 속에 설치된 말뚝은 선단의 저항력이나 말뚝표면에 접

촉되어 있는 지반의 마찰저항을 받게 된다. 이 저항력이 말뚝의 하중(관입력)보다 크게 되면 말뚝은 더 이상 침하하지 않게 된다. 그러나 말뚝표면과 접촉되어 있는 지반이 말뚝 보다 더 많이 침하하게 되는 경우에는 말뚝표면에는 지반침하에 따른 하향의 마찰력이 발생하게 된다. 이 부의마찰력은 말뚝에 하중으로 작용한다. 따라서 부의마찰력은 말뚝보다 지반의 침하가 크게 발생할 때에만 나타나는 현상이므로 말뚝 주변지반에 침하가 발생할 경우에는 그 침하가 말뚝에 부의마찰력으로 작용하는 영역을 산정하는 것이 중요하다. 이에 대한 상세한 내용은 제5장 깊은기초에 기술되어 있다.

2.7.3 흙막이구조물에 작용하는 토압은 흙막이구조물과 지반의 상호거동에 적합한 토압계수를 적용하여 결정한다. 여기서 지반과 구조물의 상호거동에 적합한 토압을 적용한다는 것은 흙막이구조물이 변위를 일으키는 양상과 변위량에 따라 흙막이구조물에 작용하는 토압이 달라지기 때문에 이 현상을 감안하여 토압을 산정하여야 한다는 것을 의미한다. 흙막이구조물에 작용하는 토압산정의 상세내용은 제7장 가설 흙막이구조물에 기술되어 있다.

2.7.4 기초의 지지력과 안정성 검토에는 고정하중과 활하중, 일시하중을 작용하중으로 하되, 압밀침하량 검토에는 침하에 영향을 미치는 하중조건(활하중, 고정하중)을 작용하중으로 한다. 일시하중은 압밀침하를 유발하는데 크게 기여하지 않는 것으로 간주함을 내포하고 있다.

2.7.5 콘크리트 기초구조물 설계는 콘크리트구조기준에 제시된 하중계수와 하중조합을 모두 고려하여 해당구조물에 작용하는 최대 소요강도에 대하여 만족하도록 설계한다.

콘크리트구조기준에 제시된 하중조합과 하중계수는 다음과 같다. 여기에서 제시하고 있는 총 8개의 하중조합은 하중의 변경, 구조해석 시의 가정과 계산의 단순화로 인해 야기될지 모르는 초과하중의 영향과 하중조합에 따른 영향을 감안한 것이다. 하중계수가 작아질수록 소요강도는 작아지게 된다.

① $U = 1.4(D + F)$
② $U = 1.2(D + F + T) + 1.6(L + \alpha_H H_v + H_h) + 0.5(L_r$ 또는 S 또는 $R)$
③ $U = 1.2D + 1.6(L_r$ 또는 S 또는 $R) + (1.0L$ 또는 $0.65W)$
④ $U = 1.2D + 1.3W + 1.0L + 0.5(L_r$ 또는 S 또는 $R)$
⑤ $U = 1.2(D + H_v) + 1.0E + 1.0L + 0.2S + (1.0H_h$ 또는 $0.5H_h)$
⑥ $U = 1.2(D + F + T) + 1.6(L + \alpha_H H_v) + 0.8H_h + 0.5(L_r$ 또는 S 또는 $R)$

⑦ $U = 0.9(D + H_v) + 1.3W + (1.6H_h$ 또는 $0.8H_h)$

⑧ $U = 0.9(D + H_v) + 1.0E + (1.0H_h$ 또는 $0.5H_h)$

여기서, D=고정하중, E=지진하중, F=유체압력에 의한 하중

다만, α_H는 연직방향 하중 H_v에 대한 보정계수로서, $h \leq 2\text{m}$에 대해서 $\alpha_H = 1.0$이며, $h > 2\text{m}$에 대해서 $\alpha_H = 1.05 - 0.025h \geq 0.875$,

H_h=흙, 지하수 등에 의한 수평방향 하중

H_v=흙, 지하수 등에 의한 연직방향 하중, L=활하중, L_r=지붕활하중

R=강우하중, S=적설하중, T=온도하중, W=풍하중

차고, 공공집회 장소 및 L이 5.0kN/m^2 이상인 모든 장소 이외에는 위 식 ③, ④ 및 ⑤에서 활하중 L에 대한 하중계수를 0.5로 감소시킬 수 있다. 구조물에 충격의 영향이 있는 경우 활하중(L)을 충격효과(I)가 포함된 ($L+I$)로 대체하여 상기 식들을 적용하여야 한다.

| 참 고 문 헌 |

1. 한국콘크리트학회(2012), 콘크리트구조기준· 해설
2. Bjerrum, L.(1963), Allowable Settlement of Structures, Proc. of the 3rd European Conference on Soil Mechanics and Foundation Engineering, Wiesbaden, 2, pp.135–137.
3. Craig, R.F.(1997), Soil Mechanics, 6th. ed. E & FN SPON, London, pp.303–304.
4. Hansen(1967), Meyerhof(1970)은 Bowles, J.B.(1996), Foundation Analysis and Design, 5th. ed., The MacGraw–Hill Companies, Inc., p.276 (재인용).
5. Peck, R.B., C.E. and D.C.E.,(1969), Advantages and Limitations of the Observational Method in Applied Soil Mechanics, Geotechnique 19, No. 2., pp.171–187.
6. Skempton, A.W. and MacDonald, D.H.(1956), Allowable Settlement of Buildings, Proc. of the Institute of Civil Engineering, Vol.7, No.4, pp.168–178.
7. Sowers, G.F.(1962), Shallow Foundations, Foundation Engineering, ed. G.A. Leonards, McGraw–Hill Book Co., New York, N.Y., pp.525–632.

제3장 지반조사

3.1 일반사항

3.1.1 이 장은 구조물 기초의 설계 및 시공에 필요한 지반정보를 얻기 위해서 실시하는 지반조사에 적용하고 특정목적에 필요한 사항은 별도로 정한다.
3.1.2 현장조사와 실내시험은 국내에서 공인된 기준에 맞도록 수행한다. 국내 기준이 없는 경우에는 국제적으로 공인된 방법을 따른다. 이 외에 표준적인 방법에서 벗어난 사항과 추가되는 시험조건이 있을 경우 이를 발주처에 보고하고 승인을 받아야 한다.
3.1.3 지반조사 계획은 각 설계단계에 부합되는 정도의 지반정보를 얻을 수 있도록 합리적이고 경제적으로 수립한다.

해설

3.1.1 지반조사는 건설공사 대상 지역의 지질구조 및 지반상태, 토질 등에 관한 종합적인 정보를 파악해 건설공사의 계획·설계·시공·감리·유지·관리업무 등의 수행에 필요한 자료를 제공하기 위한 것으로 공사의 기본이 된다. 이 장은 구조물 기초의 설계 및 시공에 필요한 지반정보를 얻기 위해 실시하는 지반조사에 적용한다. 지반정보란 지층의 구성 상태, 지반의 성질 등을 나타내는 정보로 건설공사 현장의 지반상태를 판단하기 위한 자료를 의미한다. 일반적으로 사용되는 지반조사기법 외에 구조물의 변형이나 손상이 예상되거나 주변 환경 변화로 구조물의 안전에 문제가 있다고 판단되는 경우 그 원인을 규명하고 보수 및 보강대책을 수립하기 위한 목적으로 특정한 지반조사를 수행할 수 있다.

(1) 지반정보를 얻기 위하여 수행하는 조사 및 시험은 기존자료조사, 현장답사, 시험굴조사, 물리탐사, 사운딩, 시추조사, 원위치시험, 실내시험 등이 있다. 지반정보에는 지층의 구성 상태(매립토, 풍화토, 풍화암 등), 층별 상세정보, 표준관입시험 정보 등이 포함되어 있는 현장시험정보와 지반의 투수계수, 비중, 점착력과 내부마찰각, 압축지수 등을 포함하고 있는 실내시험정보 등이 있다.

(2) 지반조사는 건설공사에 수반되는 지반의 공학적인 특성을 규명하고 계획입안자, 설

계자, 시공자, 감리 및 감독자에게 지반정보를 제공하여 안전하고 경제적인 공사를 수행하도록 하는 데 있다. 지반조사는 공사비 증가나 공기의 지연 등에 매우 큰 영향을 미치기 때문에 충분한 지반조사를 통해 신뢰성 있는 정보를 확보해야 한다. 일반적으로 지반조사는 다음 사항에 필요한 정보를 얻기 위하여 실시한다.

- 구조물 위치선정
- 구조물 설계계산
- 기초 혹은 토공설계(지하구조물 포함)
- 가설구조물 설계
- 환경영향평가(인접구조물, 지반조건 및 환경변화 등)
- 시공계획, 관리 및 확인
- 지반사고 및 대책 수립
- 토공재료의 적합성 및 양
- 장기성능 확인, 안전진단 및 평가(구조물, 자연사면, 관측)
- 유지관리(사고나 구조물 손상원인 규명 및 대책수립)
- 기타(설계의 확인, 연구목적, 법적분규 등)

3.1.2 지반조사와 토질시험은 원칙적으로 한국산업표준규격(KS F)에 제시된 시험방법에 따라 수행되어야 한다. 이 장에 명시되지 않은 사항은 국내 혹은 국제적으로 널리 적용되어 실효성이 인정된 제반 조사·시험지침·규정 등에 제시된 사항을 준용할 수 있다. 국제적으로 널리 통용되는 대표적인 시험기준에는 미국의 AASHTO, ASTM, 일본의 JIS, 영국의 BS, 그리고 독일의 DIN 등이 있다.

(1) 지반조사에서 일반적으로 사용되고 있는 현장 및 실내시험에 대한 시험기준은 다음 해설 표 3.1.2에 준하여 실시한다. 암석시험은 채취된 암석시료로 공시체를 제작, 시험하여 암석의 공학적 특성과 설계정수를 구하기 위하여 수행된다. 시료의 성형 및 시험방법은 국제적으로 공인된 방법을 적용해야 한다. 암석시험에 대한 한국산업표준규격이 없는 경우, 국제암반역학회에서 권장하는 시험방법에 준하여 시험을 수행한다. 지반조사에서 일반적으로 사용되고 있는 현장 및 실내시험에 대한 시험기준은 다음 해설 표 3.1.1에 준하여 실시한다.
(2) 국제 공인규정으로 명시되지 않은 조사나 시험 등에 관한 신기술은 전문가의 입회하에 수행한 현장 적용시험으로 합리성이 인정되거나 논문 등 다수의 외국적용 사례가 입증된 경우에 한하여 조사 및 시험방법의 대용으로 사용할 수 있다.

해설 표 3.1.1 실내 및 현장 시험 기준

시험 항목		기준	비고
시추 조사	시추조사	ASTM D 420	발주 기관별 관련기준 참조
	흐트러지지 않은 시료채취	KS F 2317	
현장 시험	표준관입시험	KS F 2318	
	공내재하시험(Menard PT)	ASTM D4719	
	DMT(Flat dilatometer test)	ASTM D 6635	
	시추공전단시험(BST)	–	
	베인전단시험	KS F 2342	
	Piezocone관입시험	ASTM D 3441	
물리검층	Suspension PS검층	–	
물리	입도분석	KS F 2302	
	액성한계	KS F 2303	
	소성한계	KS F 2304	
	함수비	KS F 2306	
	비중	KS F 2308	
	투수	KS F 2322	
역학	일축압축	KS F 2314	
	직접전단	KS F 2343	
	삼축 UU	KS F 2346	
	상대밀도	KS F 2345	
	삼축 CU	KS F 2346	
	삼축 CD	KS F 2346	
압밀	표준압밀	KS F 2316	
	Rowe Cell	BS 1377	

해설 표 3.1.2 암석의 시험 기준

시험 항목	시험 기준			비고
	KS F	ISRM	ASTM	
비중시험	2518 (석재)	○		
밀도시험	〃	○		
흡수율시험	〃	○		
탄성파속도시험	–	○	D 2845	
슬레이크시험	–	○	D 4644	
일축압축시험	2519 (석재)	○	D 2938 D 3148	
삼축압축시험	–	○	D 2664	
점하중 강도시험	–	○		
압열인장시험	KS E 3032	○	D 3967	
절리면전단시험	–	○		
크리프 시험	–	○	D 4405 D 4406 D 4341	
경도시험	–	○		
마모시험	–	○		

주) ○ : 제안된 시험법임

3.1.3 지반조사 계획은 각 설계단계에 부합되는 정밀도의 지반정보를 얻을 수 있도록 합리성과 경제성을 고려하여 수립하여야 한다. 따라서 각 단계에 대응한 조사·시험의 계획안이 요구되며 이 계획은 건설하고자 하는 구조물의 특징이나 공사 내용을 충분히 반영하여 각 단계에서 필요로 하는 정보를 획득할 수 있도록 수립되어야 한다.

(1) 대표적인 지반관련 구조물인 도로, 교량기초, 비탈면 등은 각각 다른 입지적 환경적 특징을 가지며 구조물의 규모·구조·사용목적 등도 다르므로 각 구조물에 적합한 계획안을 필요로 한다.
(2) 다양한 구조물을 포함하는 대형 프로젝트의 경우 개별 구조물의 특성에 따라 지반공학적 중요도 등급을 구분하여 설정할 수 있다. 프로젝트 내의 모든 구조물을 가장 높은 등급을 갖는 구조물과 동일한 수준으로 분류할 필요는 없다. 다만 높은 단계의 등급을 사용하는 것이 적절하다고 판단될 때에는 높은 단계의 등급에 따라 조사와 설계를 수행할 수 있다.

3.1.4 지반조사 각 단계에 대응한 조사·시험의 계획은 구조물의 특징이나 공사 내용을 충분히 이해하고 각 단계에서 필요로 하는 정보를 획득할 수 있도록 수립한다.
3.1.5 지반의 자료 수집, 기록, 분석은 주의 깊게 수행하며, 지질 구조, 지형구조, 지진활동, 수문학적 정보, 대상지역의 과거기록 등을 포함하여야 한다. 지반의 변화가 심할 것으로 판단되면 이를 반드시 기록, 보고하여야 한다.
3.1.6 지반조사로부터 시공현장과 그 주변의 지반 및 지하수 상태와 관련된 모든 자료를 얻을 수 있어야 한다.
3.1.7 대상 구조물의 시공 중 필요사항과 성능요구조건을 고려하여 지반조사 계획을 세워야 한다. 지반조사 중 새로운 정보가 얻어지는 경우 조사범위를 재검토한다.

해설

3.1.4 지반 조사는 예비조사, 본조사, 추가조사의 3단계로 구분하여 실시한다. 구조물 기초설계에 필요한 지반정보를 얻기 위하여 각 단계별로 필요한 지반조사의 양과 수행계획을 수립해야 한다. 각 조사단계별 세부사항은 3.3~3.5절에 수록되어 있다.

(1) 예비조사는 부지선정, 노선이나 구조물 위치결정을 위하여 넓은 범위를 대상으로 수행한다. 기존자료조사, 현장답사, 지형조사, 수문조사(특히 개략적인 지하수위), 지질도 및 관련 지도와 기록, 현장 부근에 대한 기존 현장 조사자료 및 시공경험, 물리탐사, 시추 및 시험굴 등에 관한 조사를 실시하여 개략적인 지반특성을 파악하는 것이 목적이다.
(2) 본조사는 개략조사와 정밀조사로 구분되며 부지나 노선 또는 구조물의 위치가 결정된 후 지층의 분포, 공학적인 특성 등 설계정수를 파악하기 위하여 수행하는 조사로서 지표지질조사, 물리탐사, 시추조사 및 현장시험, 실내시험 등이 포함된다. 공사의 목적이나 구조물의 종류에 따라 조사 및 시험의 진행방법이나 중점 조사사항이 달라지며 각기 특징이 있음을 인식하여야 한다.
(3) 추가조사는 시공 중 관찰되는 노출 지반의 상태를 분석하여 예기치 않았던 지반 변화나 시공 중의 계측결과가 이상치를 보일 경우 반드시 필요한 추가조사 및 시험을 실시한다. 설계단계에서 정밀하게 본조사가 수행되더라도 지반의 상태를 정확히 파악하는 데 한계성이 있다. 따라서 시공단계의 굴착 시 노출되는 지반을 관찰하여 필요하다고 판단되는 경우 보완조사를 수행하여 설계의 적정성을 확인하여야 한다.
(4) 시험의 양은 현장에 대한 기존 자료의 질과 현장 지반의 특성에 대한 사전정보의 범위와 관련되어 결정된다. 경험이 많은 곳에서는 최소한의 시험이 요구되지만 정보가 부족하거나 지층이 복잡하다고 예상되는 곳에서는 기준보다 더 많은 수량의 시험이 요구된다.

3.1.5 지반의 자료 수집, 기록, 분석은 주의 깊게 수행하며 지질구조, 지형구조, 지진활동, 수문학적 정보, 대상지역의 과거기록 등이 포함되어야 한다. 그리고 현장의 데이터나 관찰된 특이사항들을 누락 없이 기록하여야 한다. 지반이나 지층의 변화가 심할 것으로 예상되는 지역은 반드시 기록하고 보고하여 실내시험에 반영해야 한다.

3.1.6 시공현장과 그 주변지반의 지반상태를 정확히 조사하여 지지력이나 침하, 변형 등에 대한 안전성과 시공성을 검토하고 구조물의 위치를 비롯하여 합리적인 기초형식이나 형상, 치수 등을 결정하기 위한 자료를 제공하여야 한다.

3.1.7 성능요구조건은 구조물이 구조적 성능에 관한 목적을 달성할 수 있도록 구조물에 요구되는 필요한 기능을 의미한다. 이러한 성능요구조건을 고려하여 지반조사 계획을 수립해야 한다. 구조적 성능은 구조물의 구조적 강도, 안정성, 변형성 및 내구성 등에 의해 규정된다. 구조물에 요구되는 성능요구조건들은 다음과 같다.

(1) 설계 공용수명 동안 작용하는 다양한 크기와 빈도의 하중에 대하여 구조물은 안전성, 보수가능성, 사용성 등의 모든 성능요구조건을 만족해야 한다. 구조물은 설계 공용수명 동안 설계 시 고려된 다양한 환경에서도 거주자나 구조물 인접 사람들에게 심각한 피해가 발생하지 않게 안전하게 설계되어야 한다.
(2) 구조물은 구조물의 중요도에 기초하여 사업자 또는 발주자의 판단에 의해 설계되어야 한다. 구조물은 설계 공용수명 동안에 가해지는 다양한 하중환경에서도 정상적인 기능을 유지할 수 있어야 하며 파괴가 발생하는 경우에도 허용범위에서 발생하도록 설계되어야 한다.
(3) 사업자 또는 발주자의 판단에 의하여 상기의 언급된 내용 이외에도 추가적인 성능요구사항을 지정할 수 있다.
(4) 지반조사 중 새로운 정보가 얻어지는 경우, 감독기관과 협의하여 타당성이 인정되는 경우 지반조사 범위를 재검토하여 반영할 수 있다.

3.1.8 지반조사에 사용하는 장비와 기구는 정기적으로 검정 및 교정을 해야 한다.
3.1.9 시료 채취, 운반 및 보관은 국내 표준을 우선하고, 없는 경우 국제적인 공인 절차에 따라 수행하며 그 내용을 반드시 지반조사 결과보고서에 기록한다. 실내 및 현장시험에서 구체적인 품질관리계획을 수립하고 조사 및 평가단계에서 품질보증이 이루어질 수 있도록 한다.
3.1.10 예비조사 단계에서 국토교통부에서 구축된 데이터베이스 또는 활용 가능한 자료가 있는 경우 이를 이용할 수 있으며, 이때는 자료의 출처를 명기하도록 한다.

해설

3.1.8 숙련된 기술자가 실시한 조사나 시험이라도 잘못된 장비 또는 기구를 사용한다면 그 결과는 신뢰성이 결여된다. 현장시험장비나 시험기구의 검·교정이 정기적으로 이루어지지 않는 경우 신뢰도가 떨어지는 원인이 된다. 응력이나 변형을 측정하는 센서들은 정기적으로 검·교정을 실시하여야 한다. 현장시험이나 실내시험을 실시하기 전에 보유장비에 대한 검·교정 여부를 확인하고 이를 의무화하여 시험결과의 신뢰성을 높여야 한다. 또한 지반조사 보고서 제출 시 시험 장비의 검·교정 확인서를 제출해야 한다.

3.1.9 시료의 채취와 운반 및 취급은 현장을 대표하는 시료의 획득과 이 시료가 흐트러

지지 않도록 최선의 절차를 준수하여야 한다. 이를 위해서 공인된 절차를 따르고 이에 상응한 결과를 기록하고 유지한다. 또한 실내 및 현장시험에서 구체적인 품질관리계획을 수립하고 조사 및 평가단계에서 품질보증이 이루어질 수 있도록 한다.

시료채취는 크게 흐트러지지 않은 시료 채취와 흐트러진 시료채취로 구분한다. 흐트러지지 않는 시료의 채취와 운반 및 취급에 대한 내용은 다음의 (1)~(3)과 같다.

(1) 시료 채취

조사지역 내에 분포하는 연약 점성토의 동전단강도, 정전단강도, 압밀상태, 투수계수 등의 물리적인 특성을 파악하기 위한 대표적인 시료채취 방법으로 KS F 2317에 규정된 방법을 사용하여 불교란 시료를 채취한다.

(2) 시료의 운반 및 보관

시료의 운반은 흐트러지지 않은 시료를 채취한 후 완충 재료로 포장 후 차량의 좌석에 적당히 뉘여서 시험실로 운반하는 경우가 대부분이다. 이러한 경우 시료는 원상태의 중력 방향과는 달리 직각 방향의 중력을 받게 되며 이에 따라 응력상태가 변화하게 된다. 따라서 시료가 흐트러지는 영향을 최소화하기 위하여 시료를 연직으로 세워서 운반하고 운반된 시료는 연직으로 세워서 현장여건과 유사한 조건에서 보관해야 한다.

(3) 시료의 추출

채취된 시료의 저면을 추출기의 축과 직각이 되도록 잘 정리한 후 시료 추출 시의 오차가 최소화되도록 일정한 속도로 천천히 추출한다. 시료 추출의 시기는 채취 후 장기간 방치하지 말고 가급적 빠른 시간 내에 실시하여야 한다.

3.1.10 예비조사 단계에서 국토교통부에서 구축된 데이터베이스 또는 활용 가능한 자료가 있는 경우 이를 이용할 수 있다.

(1) 국토교통부 및 지방자치단체의 장은 국토이용정보체계를 이용하여 필지별로 지역·지구 등의 지정 여부 및 행위제한내용을 일반 국민에게 제공하여야 한다. 이에 따른 지형도면은 국토이용정보체계상에 구축되어 있는 지적이 표시된 지형도의 데이터베이스를 사용하여야 한다.

국토이용정보체계를 통하여 관리되는 정보의 내용은 다음과 같다.

- 필지별 지역·지구 등의 지정내용, 지역·지구 등 안에서의 행위제한 내용, 규제안내서 등 토지이용규제에 관한 정보

- 국토의 계획 및 이용에 관한 법률에 따른 도시계획에 관한 정보
- 지적, 지형 등 토지의 공간 및 속성정보
- 그 밖에 국토의 이용, 개발 및 보전에 관련된 정보

(2) 국토지반포털시스템은 전 국토의 건설현장에서 생산되는 시추보링성과를 DB화하여 통합관리하고 대국민 정보서비스로 지반시추성과 정보를 제공하고 있다. 지반조사성과 전산화 및 활용지침에 따라 건설현장에서 발생하는 지반시추성과와 관련된 각종 조사, 관측자료와 시험자료의 효율적인 수집, 관리 및 활용을 위한 DB를 구축하였으며 예비조사 시 이를 활용할 수 있다.

(3) 국토교통부 외에도, 서울시, LH공사, 수자원 공사 등 국가기관에서 수집된 자료는 그 신뢰성을 확인하여 예비조사 단계에서 활용할 수 있다.

3.1.11 지반조사 시 관련법에 따라 별도의 인허가 관련규정이 있는 경우 이에 따른 절차를 준수한다.
3.1.12 지반조사와 시험에 참여하는 기술자는 시험의 목적과 과정을 이해하고 소요되는 품질을 얻을 수 있는 자격을 가진 자라야 한다.

해설

3.1.11 지반조사 시 지하에 전력 및 통신 케이블 및 상하수도관 등 중요 구조물이 있는지 반드시 확인하고 필요한 경우 계약자와 협의하여 관련기관에 인허가를 받은 후에 지반조사를 수행해야 한다. 지반조사 분야는 중소기업제품 구매촉진 및 판로지원에 관한 법률 제9조에 의한 직접생산확인증명서를 소지한 자로서 엔지니어링산업진흥법 제21조 및 같은법 시행령 제33조에 따라 산업통상자원부장관에게 등록하고 건설부분의 토질 지질분야 신고를 필한 업체이어야 한다. 지반조사 시 지하수법시행규칙(2012)에 의한 지하수에 영향을 미치는 굴착행위 신고나 도로법 제38조 제1항에 의한 도로점용(굴착)허가 신청 등 인허가 규정에 따른 절차와 관련법에 어긋나지 않도록 한다.

3.1.12 설계의 기초자료인 지반조사 결과는 현장에서 직접 시추장비를 운용하는 시추자와 현장책임자, 그리고 현장 및 실내에서 시험에 임하는 기술자에 의해 좌우된다. 따라서 지반조사에 참여하는 기술자는 다음의 (1)항에 기술된 대상구조물의 특성과 필요한

조사내용의 원리 등을 잘 인지하고 이해하여야 한다. 이 중, 실내에서 수행되는 시험은 대부분 규격에 명시되어 있고 시험조건이 거의 일정하기에 오차의 발생 요인이 비교적 적으나 현장에서 수행되는 시추나 시추공을 이용하는 현장시험들은 시추의 품질에 따라 큰 편차를 나타낼 수도 있다.

이는 직접 시추를 수행하는 시추자의 과업에 대한 이해도, 장비의 취급 능력, 숙련도 등에 따라 달라지며 지반공학에 관한 기초 지식의 습득 유무에도 영향을 받는다. 지반조사기술자에 의한 영향은 다음의 (2)~(4)항과 같다.

(1) 구조물의 종류와 규모, 중요성 및 입지조건에 따라 적합한 조사계획을 수립해야 한다. 해설 표 3.1.3에는 대상구조물에 따라 일반적으로 수행하는 조사 착안사항과 조사항목을 나타내었다.

해설 표 3.1.3 대상구조물에 따른 조사항목

구분	조사 착안사항	조사항목
구조물 기초 (건축물, 교량, 옹벽 등)	지지층 판단, 지지력, 침하검토, 지하수위, 공동 유무, 기초형식, 지반반력계수, 말뚝기초의 경우 부마찰력	보링조사, 표준관입시험, 공내물리검층, 공내재하시험, 평판재하시험, 물성시험, 일축압축시험, 삼축압축시험, 압밀시험
도로, 철도	성토재 유용성 및 다짐 특성, 포장두께 산정, 동결심도, 깍기비탈면의 사면안정, 용출수, 토량변화율, 깍기의 리퍼빌리티, 절토부의 암유용성	오거보링, 시굴조사, 지표지질조사, 보링조사, 표준관입시험, 물리탐사, 물성시험, 직접전단시험, 삼축압축시험, 다짐시험, CBR 시험, 들밀도시험, 골재품질시험
호안, 방파제	강제치환깊이 산정, 지반개량 검토, 압밀침하 및 침하시간, 사면안정, 전단강도 특성	보링조사, 표준관입시험, 물리탐사, 더치콘관입시험, 베인시험, 물성시험, 일축압축시험, 삼축압축시험, 압밀시험
댐, 저수지	지층분포와 지지층 판단, 기초지반의 투수성, 그라우팅 계획, 파이핑검토, 성토재 유용성 및 다짐 특징, 제체의 침투, 제체의 사면안정, 침식	보링조사, 표준관입시험, 물리탐사, 수압시험, 물성시험, 다짐시험, 삼축압축시험, 직접전단시험, 투수시험
가설흙막이	흙막이벽 형식, 차수계획, 토압계산, 수압분포, 파이핑 및 히빙 검토, 지하수 유입 및 배수	보링조사, 표준관입시험, 공내물리검층, 공내재하시험, 물성시험, 일축압축시험, 투수시험, 직접전단시험, 삼축압축시험, 실내암석시험
연약 지반	연약층 두께, 범위, 연약정도, 압밀침하 및 침하소요시간, 단계성 토고, 사면안정, 지반처리계획, 장비진입성, 압밀이력상태, 강도증가율	보링조사, 표준관입시험, 더치콘관입시험, 베인시험, 물성시험, 일축압축시험, 삼축압축시험, 압밀시험
액상화 지반	액상화 발생 가능지반 판단, 지하수위, 액상화 안전율, 액상화 대책 검토	보링조사, 표준관입시험, 물성시험, 상대밀도시험, 현장밀도시험, 반복삼축압축시험, 반복단순전단시험, 지진응답해석

(2) 작업자가 지질 및 지반공학에 관한 지식이 부족한 경우

작업자가 지질 및 지반공학에 관한 지식이 부족하여 토층이나 암반에 대한 판단을 잘못

하는 경우에는 큰 오류가 발생할 수 있다. 또한 암종 및 불연속면에 대한 잘못된 판단으로 위험한 결과를 초래하거나 사면의 과도한 보강을 제시하는 경우도 있다.

(3) 과업에 대한 이해 부족의 경우

지반조건에 따라 적절한 시추장비와 시험법이 선정되어야 하며 구조물 기초의 형식에 따라 적합한 현장시험이 선정되어야 한다. 일반적인 기초의 연직지지력을 확인하는 경우에는 별 문제가 없지만 옹벽이나 교대 등과 같이 수평하중을 받는 구조물을 단지 표준관입시험 결과만을 이용하여 설계하는 것은 적합하지 않다.

(4) 장비 취급 능력이 부족하거나 숙달되지 못한 경우

장비의 성능을 충분히 이해하지 못하거나 사용에 숙달되지 못한 경우, 조사 결과에 대하여 신뢰를 주지 못한다. 또한 시추공이 제대로 형성하지 못하는 경우 현장시험구한 설계정수의 신뢰도가 떨어질 수 있다.

상기와 같은 요인으로 발생할 수 있는 오류를 미연에 방지하기 위해서는 자격을 갖춘 자가 지반조사에 종사하는 것이 바람직하다. 유로코드(Eurocode) 등에서는 작업자의 자격 요건에 대하여 규정하고 있다. 따라서 국내에서도 자격을 갖춘 자가 지반조사에 참여할 수 있도록 해야 한다. 지반조사 기술자가 갖추어야 할 기본적은 능력은 해설 표 3.1.4와 같다.

해설 표 3.1.4 지반조사 기술자가 갖추어야 할 능력

대상자	요구되는 능력
현장 책임자	– 현장 실무 경력이 충분할 것 – 관련 법률 지식이 있을 것 – 조사 수행 절차에 충분히 익숙할 것 – 조사의 기술적인 내용과 각종 기준에 대하여 충분한 지식과 경험이 있을 것 – 안전수칙 등을 준수하며 현장에서의 돌발 사태에 응급조치가 가능할 것 – 기타
시추기술자	– 목적을 충분히 이해하고 목적에 따른 조사가 가능할 것 – 흙의 육안판별, 지하수 시험, 공내 현장 시험, 시료채취, 운반, 보관 등 기초적인 토질 및 암반의 분류가 가능할 것 – 지하수에 대한 이해가 있을 것 – 각종 현장 시험에 대한 지식이 충분히 숙달될 것 – 사용 장비 및 각종 시험에 대하여도 충분히 숙달될 것 – 기타

3.2 구조물 중요도 등급분류에 따른 지반조사

3.2.1 지반조사 계획 시 2.1.2항에 따라 구조물의 등급을 정하고 지반조사의 구성 내용과 범위를 결정한다.

3.2.2 구조물의 등급 결정에 영향을 줄 수 있는 지반조건은 조사단계에서 결정한다.

해설

3.2.1 구조물은 중요도에 따라 다음과 같이 1등급, 2등급, 3등급으로 구분한다.

(1) 중요도 1등급에 포함되는 구조물은 대규모 구조물, 매우 큰 위험성을 가진 구조물, 공학적으로 신중하게 취급하여야 할 지반 또는 하중조건, 그리고 지진 빈도가 높은 지역에 시공되는 구조물이 포함된다.

(2) 중요도 2등급에 포함되는 구조물은 특별한 위험성이 없고 특수한 지반 및 재하 조건이 없는 일반적인 토목이나 건축구조물의 기초들이 포함된다.

(3) 중요도 3등급에 포함되는 구조물은 소규모이고 상대적으로 단순한 구조물 또는 이에 준하는 규모의 구조물로서 인명과 재산 피해의 가능성이 적은 구조물이 포함된다.

3.2.2 제2장 2.1.2절의 구조물의 등급지정사유에 의하면 2등급 구조물은 특수한 지반 및 재하조건이 없는 토목구조물과 건축구조물의 기초로 정의한다. 따라서 지반조사단계에서 신중하게 취급하여야 할 지반으로 판명되는 경우 구조물의 등급 변경이 가능하며, 이를 지반조사 단계에서 결정할 수 있다.

3.2.3 중요도 1등급 구조물의 지반조사 계획에는 본 설계기준과 함께 특별기준을 정하여 사용하여야 한다.

3.2.4 중요도 1등급 구조물의 조사에는 다음 사항을 고려한다.

(1) 지반 특성의 특수성을 밝히고 설계에 필요한 정확한 자료를 얻기 위하여 중요도 2등급 구조물에 필요한 지반조사 항목 외에 추가로 지반조사를 실시할 수 있다.

(2) 특수한 시험이 적용될 경우 시험 방법 및 해석 방법은 국제적으로 인정을 받은 기술이어야 하며, 반드시 발주처에 문서로 보고하고 관련 참고문헌을 밝혀야 한다.

해설

3.2.3 중요도 1등급에 포함되는 구조물에는 대규모 구조물, 매우 큰 위험성이 내포된 구조물, 매우 다루기 힘든 지반 또는 하중 조건, 그리고 지진 빈도가 높은 지역에 시공되는 구조물 등이 있다. 이 등급에 해당되는 구조물의 지반조사 계획 시 본 설계기준과 함께 특별기준을 정하여 사용하여야 한다.

3.2.4 중요도 1등급 구조물 조사 시 고려사항을 설명하면 다음과 같다.

(1) 중요도 1등급에 해당되는 구조물은 대규모 구조물(예 : 서해대교, 인천대교 등), 매우 큰 위험성을 내포한 구조물(예 : 원자력 발전소), 매우 다루기 힘든 지반 또는 하중조건(예 : 초연약지반 위에 계획된 대형 항만구조물 등), 지진빈도가 높은 지역에서 시공되는 구조물 등이다. 해당되는 구조물의 상태와 지반조건에 따라 상세 지반조사 항목이 추가될 수 있다.

(2) 한국산업표준규격(KS F)이나 국제적으로 공인된 시험법에 아닌 새로운 시험방법이나 해석방법을 적용하는 경우에는 국제적으로 인정을 받은 기술이어야 하며, 반드시 발주처에 문서로 보고하고 관련 참고문헌을 밝혀야 한다. 중요도가 높은 구조물은 손상이나 파괴 시 인명과 재산상의 피해가 큰 만큼 설계와 시공과정의 절차가 철저히 검증되어야 한다.

> **3.2.5** 중요도 2등급 구조물의 지반조사는 해당 구조물에 대한 하부지반 영향 범위를 포괄하여야 하며, 설계에 필요한 모든 정량적인 지반조사 자료를 제공할 수 있도록 수행한다. 지반조사는 숙련된 기술자에 의해서 국내 또는 국제적으로 공인된 시험기, 방법 및 절차에 따라 수행하며, 검증된 방법에 따라 해석한다.

해설

3.2.5 중요도 2등급에 포함되는 구조물에는 특별한 위험이 없고 특수한 지반 및 재하 조건이 없는 일반적인 토목구조물이나 건축구조물의 기초가 포함된다. 다음은 중요도 2등급 해당하는 토목구조뉼의 예이다.

- 확대기초
- 전면기초
- 말뚝기초
- 옹벽 또는 차수벽체
- 굴착공
- 교량 교각과 교대

– 제방과 토공 – 앵커 구조물

3.2.6 구조물 중요도 3등급의 경우, 시공 현장의 육안 조사 또는 얕은 깊이의 시험굴조사를 실시하며, 필요할 경우에는 관입시험 또는 시추조사를 실시한다.

해설

3.2.6 인명 피해 및 재산 피해의 가능성이 적은 구조물은 3등급으로 분류하며 다음과 같은 구조물이 해당된다.

(1) 소규모 확대기초 또는 말뚝기초로 시공되며, 최대설계하중이 기둥에서는 250kN 이하, 벽체에서는 100kN/m 이하인 단순한 1~2층 건물
(2) 벽체 높이가 2m를 넘지 않는 옹벽과 굴착 지보공
(3) 관망 등과 같은 배수시설을 위한 소규모 굴착에서 지하수위 하부굴착 작업이 없거나, 지하수위 하부 굴착작업을 하더라도 경험적으로 충분히 시공이 가능하다고 판단되었을 경우에는 3등급의 적용이 가능하다.

상기 구조물의 경우는 기초지반에 큰 하중을 작용하지 아니하거나 파괴 시에도 인명이나 경제적 피해가 적은 경우이다. 따라서 시공 현장의 육안 조사나 얕은 깊이의 시험굴 조사만을 실시하여 판단할 수 있다. 그러나 하부 지반의 사전조사 내용이 부족하여 파괴 시 인명이나 경제적 피해가 클 것으로 예상되는 경우, 관입시험이나 시추조사를 실시하도록 한다.

3.2.7 구조물의 중요도 1등급과 2등급에 대한 지반조사는 다음의 세 단계로 수행한다. 각 단계의 조사 내용들은 중복될 수 있으며 소규모 과업의 경우 예비조사와 본조사를 구분하지 않고 수행할 수 있다.
(1) 예비조사
(2) 본조사
(3) 추가조사

해설

3.2.7 구조물의 중요도 1등급과 2등급에 대한 기준은 제2장 2.1.2절을 참조한다. 지반조사는 예비조사, 본조사, 추가조사의 세 단계로 수행한다. 각 조사단계별 세부사항은 3.3~3.5절에 수록되어 있다.

3.3 예비조사

3.3.1 예비조사에서는 적절한 구조물의 위치 선정, 인접구조물에 발생 가능한 영향평가, 적용 가능한 기초 및 지반개량공법을 고려할 수 있어야 한다.
3.3.2 예비조사의 목적은 다음과 같다.
(1) 구조물 입지의 적합성 평가
(2) 대안 부지가 있는 경우, 대안 부지의 적합성 비교 검토
(3) 구조물 시공으로 발생될 변화 예측
(4) 구조물의 거동에 중요한 영향을 미치는 지반의 범위
(5) 상기 조사를 근거로 한 본조사 및 정밀조사 계획
(6) 토취장이 필요한 경우 토취장 확인

해설

3.3.1 예비조사에서는 과거 공사자료, 지형도, 지질관련자료, 항공사진, 위성영상사진 등의 자료를 수집한다. 현장답사는 자료조사 결과를 현장에서 확인하고, 과업부지 인근의 용출수, 지하수위, 배수상태, 수로 및 하천의 상태, 현 구조물의 유지상태, 지하구조물 현황을 조사하고 현지 주민으로부터 역사적인 재해와 환경의 변화, 과거 공사에 대한 증언들을 청취하여 참고한다. 특별한 경우, 지구물리학적인 방법이 사용될 수 있으며 예비조사계획을 수립하는 데 참고로 한다.

3.3.2 예비조사는 자료조사 및 현장답사 결과를 근거로 하여 구조물이 요구하는 제반사항을 파악하는 조사로서, 이를 통해 대상지반의 적합성을 평가하고 지반이 적합하지 않은 경우, 대체지역을 선정하여 비교 검토해야 한다. 또한 공사 시 발생할 수 있는 변화를 추정하고 구조물 거동에 큰 영향을 주는 지반이 예측되는 경우, 설계계획이나 지반조사 계획을 조정한다. 구조물 시공으로 인한 인접건물 및 지역에 발생 가능한 영향을 평

가하고 적용 가능 기초를 설정하며 지반개량이 필요한 경우 지반개량을 고려한다. 그리고 굴착 등으로 유용토가 발생이 예상되는 경우, 사토장 부지를 확보한다.

3.3.3 예비조사는 다음 사항들을 포함한다.

(1) 기존 자료조사

① 지형도, 지질도 및 고지형도

② 지진이력

③ 인공위성 및 항공사진

④ 현장 부근의 기존 조사자료 및 시공 경험

⑤ 지구물리탐사에 의한 지반의 개략특성 파악

⑥ 기타

(2) 현장 예비답사

(3) 수문조사, 특히 개략적인 지하수위 조사

(4) 인접 구조물 및 굴착현장 조사

(5) 지장물 현황조사

해설

3.3.3 예비조사에 포함된 사항을 설명하면 다음과 같다.

(1) 기존자료조사

기존자료조사는 주로 항공사진, 지형도, 고지형도, 지질도, 토양도, 지하매설물도, 인접지역 조사자료 등 기존의 자료를 중심으로 사업계획지역의 개략적인 여건과 지형 및 지반정보를 얻기 위하여 수행한다. 기존 조사 자료에서 얻을 수 있는 지반정보는 해설 표 3.3.1과 같다.

(2) 현장 예비답사

현장 예비답사는 현장을 직접 방문하여 지형이나 지반상태를 확인하거나 지역 주민들의 청문을 통하여 과거의 지형변화 등에 대한 정보를 입수하고 후속 조사수행에 영향을 줄 수 있는 제반 현장여건을 확인하여 원활한 본조사 계획을 수립하는 데 있다.

가. 현장 예비답사는 경험 있는 토질 및 지질 기술자는 물론 사업을 총괄하는 감독요

원이 함께 수행하는 것이 바람직하다.

나. 현장 예비답사 중 유의사항은 계획된 기초 및 구조물의 위치를 확인하여 불량한 지반에 위치하였을 경우 이를 양호한 지반으로 이동을 시키거나 설계자로 하여금 구조물의 형태 및 규모 등을 조정할 수 있도록 하여야 한다.

해설 표 3.3.1 기존자료조사 내용

조사 대상	조사 내용	자료구입처
기존 구조물	기존구조물의 배치, 설계도면, 시공관련자료, 현 상태 등을 검토함으로써 개략적인 주변 지반조건, 지지력 등을 추정	현장답사 사용주 탐문
인접지역 조사자료	인접지역 조사 자료를 활용하여 조사지역의 지반의 종류 및 조건, 지하수 분포상태 등을 파악	구·군청 인접구조물의 소유자·설계자
지형도 항공사진 고지형도	지형도상의 지형상태를 관찰하여 개략적인 지반 및 지질조건 분포상태를 추정할 수 있으며 시추, 골재원, 토취장, 혹은 채석장 등의 조사에 활용하고 차후 현장조사시의 시추의 위치, 시추장비의 진입 가능성 및 시추 용수의 취득 가능성 등을 파악 항공사진 및 고지형도를 이용하여 과거의 지형상태를 조사하여 지반상태를 추정	국립지리원 산림청 중앙지도문화사
지질도	구조물에 직접적인 영향을 주는 지질구조선(단층, 습곡, 절리, 선구조, 공동등)의 발달 유무를 확인하고 조사 위치나 심도 등 조사계획 수립에 반영	한국지질자원 연구원
토양도	토양도는 주로 표토의 영농자료만 제공하나 토양의 비옥도나 수분상태등의 성질로부터 흙의 물리화학적 및 공학적 특성 추정 가능	농림축산식품부 농어촌공사
착정기록	지하수 개발을 위한 착정기록 등은 지하수 발달상태, 정확한 지하수위 등을 기술하고 있어서 지하수 특성파악 가능	농어촌공사 우물소유주

다. 지표지반의 성질을 삽, 핸드오거 등 간단한 굴착기구를 사용하여 지역 전반에 걸친 지반조건을 개략적으로 관찰할 수 있으며 실내에서 작성된 시추계획이 타당한 것인가를 확인할 수 있다. 현장답사 시 관찰할 사항은 해설 표 3.3.2와 같다.

해설 표 3.3.2 현장답사 시 관찰할 사항

대상구분	주요 관찰사항
지형변화	옛 제방흔적과 구하도, 용수로의 부설 등 옛 토공의 흔적(깎기, 성토, 매립)과 그 상태, 시추나 사태지형을 표시하는 지역에서는 미끌림이나 붕괴 흔적과 그 범위
지표수·지하수	용수, 우물에 대한 지하수위와 그의 계절적 변동, 피압지하수의 유무, 호우, 강설 시 등의 저수, 배수의 상태
인근 구조물 유지상태	도로, 철도의 성토, 제방과 교대, 교각, 기타의 중요 구조물에서 보이는 침하균열이나 경사도, 굴곡 등
지하 매설물	상하수도, 가스관 파이프라인, 통신관계 매설관, 지하철, 지하도, 공사현장 부근에 있는 경우는 그 영향의 정도, 매설 기초 등
수송통로	트럭, 중차량의 출입의 제한유무, 도로의 교통상황, 진동소음, 공해 등

(3) 수문조사, 특히 개략적인 지하수위 조사

지하수위는 일반적으로 시추 조사 시 그 높이가 결정된다. 지하수위는 계절적으로 변화하므로 언제 조사되었는가를 자세히 파악할 필요가 있으며 폭우 시 급작스럽게 상승되는 임시 지하수위의 높이도 예상해두어야 한다. 지하수위의 높이는 보통 시추 주상도에 기록되지만 토질의 안정문제를 취급하는 데 대단히 중요하므로 소홀히 취급해서는 안 된다.

(4) 인접 구조물 및 굴착현장 조사

인접구조물의 조사 및 검토는 크게 2가지로 분류할 수 있다. 하나는 주로 민가, 학교, 병원 등 민간의 건축물을 포함한 건축구조물이며 하나는 교대, 교각, 옹벽 등의 기설구조물이다. 민가, 학교, 병원 등의 건축구조물에 인접하여 시공하는 경우, 건축구조물의 기초 및 하부지반에 대한 조사가 필요하다. 흙막이구조물 시공 중이나 시공 후에 문제가 생기지 않도록 대처하는 동시에 문제가 생긴 경우에도 원인이 파악될 수 있도록 조사나 검토가 필요하다. 교대 등 인접구조물에 근접하여 시공하는 경우, 인접구조물이 어떻게 설계되고 시공되어 현재 어떠한 상태인가를 조사한다. 또한 흙막이구조물이 인접구조물에 어떤 영향을 주는가에 대해서 고려해야 한다. 기본적으로 조사하여야 하는 내용은 다음과 같다.

- 기초의 근입 깊이
- 기초 형식
- 흙막이구조물과 기설구조물 간격 등의 상호관계
- 하중의 상호 영향
- 흙막이구조물의 안정에 영향을 주는 것으로 생각되는 범위의 지반성질
- 공사에 따라 지하수위 저하가 예상되는 경우에는 지하수위 저하에 의한 인접 지반의 압밀침하의 정도

(5) 지장물 현황조사

지장물은 공공사업용지 내의 토지에 있는 건물·공작물·시설·농작물 기타 물건 중에서 당해 공공사업의 수행을 위하여 직접 필요치 않은 물건을 말한다. 예를 들어 새로운 도로, 하천공사를 하게 되면 기존의 건물(집, 담장, 장독대, 나무 등)을 부득이하게 철거를 해야 될 때가 있는데, 이를 지장물이라 한다. 이러한 지장물의 지상 및 지하부분에 대한 규모 및 추가되는 공사로 인한 영향 등에 대한 현황을 조사한다.

3.4 본조사

> **3.4.1** 본조사는 기초 설계를 위한 지반공학적 정보 제공, 시공 계획 수립에 필요한 정보 제공, 시공 중 나타날 수 있는 문제점 확인 등을 위하여 실시한다.
>
> **3.4.2** 본조사에서는 구조물과 시공으로 영향을 받을 수 있는 관련된 모든 지반 특성값을 신뢰할 수 있는 방법으로 파악한다.
>
> **3.4.3** 구조물의 기능에 영향을 주는 변수들은 구조물의 성능기준을 만족할 수 있도록 최종 설계 전에 확정하여야 한다.

해설

3.4.1 본조사에서는 예비조사에서 개략적인 지층의 구성을 파악하고 예상되는 지반공학적 문제점을 해결하기 위하여 조사의 방법, 위치 및 수량을 계획하고 실시한다. 이 단계에서는 지반조사, 암반조사, 시추 및 물리탐사 등에 의하여 지층의 구성 상태를 파악하고 원위치시험과 채취시료에 대한 실내시험을 실시하여 지반의 특성을 판단한 후 이를 이용하여 지반의 상태를 종합적으로 판단한다.

3.4.2 지반의 특성값은 흙의 전단강도와 같이 흙의 특성을 나타내는 데 사용된다. 특성값은 다루어야 할 설계문제나 지형적인 문제에 의해 크게 좌우된다. 한계상태 설계법 또는 하중감소계수 설계법에서 흙의 특성값은 항상 저항계수 또는 부분계수와 함께 사용된다. 어떤 표준서는 특성값과 설계치를 둘 다 언급하여 계수값으로 두 기준을 구별한다. 그러나 경우에 따라 둘 중 하나만을 표준으로 선택하기도 한다. 설계값 결정 시 항상 계수값이 곱해져야 하는 것은 아니다. 경우에 따라 특성값과 설계값이 동일하게 사용되기도 한다. 그러므로 설계기준을 적용하기 전에 계수값의 사용 유무를 확인해야 한다. 또한 지반의 특성값을 결정하는 데 사용된 가정과 불확실성이 무엇인지를 파악해야 한다.

3.4.3 구조물의 기능에 영향을 주는 변수들은 구조물의 성능기준을 만족할 수 있도록 최종 설계 전에 확정하여야 한다. 구조물의 성능기준은 구조물의 설계공용수명을 고려하고 한계상태 및 설계환경 등을 조합하여 결정한다. 성능기준을 결정할 때에는 구조물의 중요도가 고려되어야 하며 성능기준을 지정할 때 성능기준의 목적, 즉 성능요구조건을 설계자에게 명확히 전달하여 설계에 반영될 수 있도록 한다.

(1) 설계공용수명(design working life)

구조물의 설계공용수명은 사업자나 발주자에 의해 결정된다.

가. 구조물의 설계공용수명은 생애주기비용, 내구성, 열화 및 기능수명을 포함한 다양한 인자들을 고려하여 결정한다. 각 한계상태에 도입된 안전여유, 즉 신뢰성이 구조물의 설계공용수명에 가장 밀접하게 관계된다.
나. 구조물의 설계공용수명은 보통 건축물은 50년, 토목구조물은 100년이다.

(2) 한계상태(limit state)
구조물의 구조적 성능기준은 그 발생빈도에 기초하여 분류되는 하중수준에 따른 몇 가지 한계상태를 기준으로 다음과 같이 구분된다.

가. 사용한계상태(serviceability limit state)는 구조물에 손상은 발생되나 구조적인 내구성에 영향을 끼치지 않는 수준으로서 구조물의 전반적인 기능은 유지되고 있는 상태이다. 보수작업 없이 구조물의 일상적인 사용이 가능하며 기초에 과도한 변위나 변형이 발생되지 않은 상태이다.
나. 보수한계상태(repairability limit state)는 구조물에 손상이 발생되고 내구성에 영향을 끼칠 수 있는 한계상태이다. 그러나 경제적으로 유효한 보수작업이 수행된다면 구조물을 제한된 범위에서 정상적으로 이용할 수 있고 전반적인 기능수행은 가능하다. 또한 보수한계상태는 대규모 지진과 같은 이례적인 사고가 발생한 후에도 구조물 내부에서의 구조작업이 가능한 상태를 가리킨다.
다. 극한한계상태(ultimate limit state)는 구조물이 심각한 손상에도 견딜 수 있는 한계상태로서 파괴에 도달하여 불안정하거나 붕괴 또는 심각한 피해가 발생하여 인명손실을 일으키기 이전의 한계상태이다. 또한 기초부재에 손상이 발생하여 연직하중을 지지하기에는 불안정하지만 취성파괴를 일으킬 정도는 아닌 한계상태를 말한다.

(3) 하중과 설계조건
하중은 영구, 변동, 우발 및 임시하중 등으로 분류된다.

가. 영구하중은 구조물의 설계공용수명 동안의 평균하중과 비교하여 매우 작은 변동성을 가진 영구적으로 작용하는 하중이다. 영구적 하중은 자중, 고정하중(사하중), 정적토압, 수압 등을 포함한다.
나. 변동하중은 활하중, 온도변화, 지진, 파(wave), 바람, 눈, 얼음과 구조물 자체나 부재의 열화(deterioration) 등을 포함한다.
다. 우발하중은 구조물에 심각한 충격은 가해지지만 설계공용수명 동안 발생기회가 상대적으로 적은 하중이다. 우발하중은 충돌, 폭발, 화재 및 지진 등이 포함된다.

라. 임시하중은 구조물의 시공, 보수나 폭발동안 발생하는 하중이다. 시공 중의 상태는 시공 후의 상태와 다를 수 있으므로 이와 같은 상태변화가 고려되어야 한다.

(4) 구조물의 중요도와 그 성능기준

가. 구조물 설계 시 구조물의 중요도 수준을 결정하기 위해 사업자나 발주자가 고려해야 할 점은 구조물의 손상에 의한 인명피해 및 인명손실, 재건설 사업뿐 아니라 긴급구조작업 중 구조물의 역할과 구조물 자산가치의 보장을 포함한다.

나. 필요시 사업자나 발주자는 구조물의 중요도에 따라 적절한 하중조합과 한계상태를 채택함으로써 성능기준을 정의할 수 있다.

다. 구조물은 적절한 수준의 신뢰도를 가져야 하며 지속적인 환경변화에 대해서도 사용한계상태를 만족하도록 설계해야 한다.

라. 구조물은 적절한 수준의 신뢰도를 가져야 하며 위험상황에 대해서도 사용성, 보수성 및 극한한계상태를 유지하도록 설계해야 한다.

3.4.4 본조사는 다음의 사항을 포함한다.

(1) 지반 성층 상태
(2) 지반의 강도 특성
(3) 지반의 변형 특성
(4) 지하수위 및 각 지층의 간극수압 분포
(5) 투수 조건
(6) 지반의 잠재적 불안정성
(7) 지반의 다짐 특성
(8) 지반개량 가능성
(9) 동결 가능성

해설

3.4.4 본조사는 프로젝트의 성패를 좌우하는 조사의 핵심사항을 수행하는 단계이다. 지층의 공학적인 특성은 정해진 대상지역 내에서도 위치 또는 심도에 따라 다르기 때문에 이러한 공간 의존적 지반특성치가 잘 파악될 수 있도록 계획하고 시행하여야 한다. 본조사에서 파악하여야 할 조사사항은 다음의 (1)~(9)와 같다.

(1) 지반의 성층상태

지층이란 암석이나 토사가 퇴적된 층이다. 각 층은 일반적으로 서로 평행하게 놓여 있으며 자연적인 힘에 의해서 쌓인 것이다. 어떤 지층은 수백에서 수천 킬로미터나 뻗어 있기도 한다. 지층은 보통 서로 색이나 구조가 다른 암석들이 교호하며 쌓여 있는 줄무늬로 보이며 각 줄무늬의 두께는 몇 밀리미터에서 수 킬로미터 이상에 이르기도 한다. 이러한 지반의 성층상태를 정확하게 파악해야 경제적인 설계 및 시공을 할 수 있다.

(2) 지반의 강도특성

지반의 강도란 지반이 그 기능을 유지하면서 받을 수 있는 최대응력 또는 최대강도를 의미하며 크게 인장강도, 압축강도, 그리고 전단강도로 구분된다. 파괴 후에도 강도가 잔류하는 경우 그 최종 값을 잔류강도라 한다. 지반이나 흙구조물의 파괴는 점토사면의 비탈머리 부근에서 볼 수 있는 인장균열을 제외하고는 대부분 전단파괴로 나타나며, 따라서 지반의 파괴에 가장 크게 영향을 미치는 강도요소는 전단강도이다.

(3) 지반의 변형특성

지반의 변형특성은 크게 변형계수 및 탄성계수로 구분하는데, 지반의 종류에 따라 변형특성이 달라진다. 일축 또는 삼축압축시험에서 구한 응력-변형곡선의 기울기를 변형계수라 한다. 변형계수는 성토의 즉시침하량 및 횡방향 지반반력계수를 구하는 데 이용된다. 탄성계수는 지반이 탄성변형을 한다는 가정 하에 구한 응력과 변형의 비를 의미한다. 지반을 탄성체로 보는 것은 실제 흙의 복잡한 역학적 성질을 단순화시킨 것이지만 지반에 발생하는 응력이 흙이 파괴에 대하여 충분히 안전하면 이와 같은 단순화가 허용되는 경우가 많다.

(4) 지하수위 및 각 지층의 간극수압 분포

지하수위 조사는 지하수위의 변동과 그 분포 및 지하수의 상황을 파악하기 위한 조사를 총칭한다. 지하 수위계를 이용, 지하수의 변동사항을 측정하고 설계에 적용된 수위와 비교 검토하여 수압으로 인한 하중증가 요인을 파악할 수 있다. 간극수압은 흙의 간극에 있는 물의 압력, 정수압과 과잉간극수압을 총칭하여 말한다. 지반 내부 여러 지점의 간극수압을 조사하여 유선망을 작도하고 침투수량을 계산할 수 있다. 간극수압을 알면 유효응력에 따른 전단강도를 계산할 수 있어 사면의 안정계산 자료로도 활용할 수 있다. 또한 성토 시 지하에서 발생되는 과잉 간극수압을 측정하여 안정성 검토 및 시공속도 조절 등의 시공관리에 활용할 수 있다.

(5) 투수조건

지반의 투수조건은 흙의 종류에 따라 변화폭이 매우 크다. 투수계수는 침투유속 및 침투유량과 비례관계에 있다. 흙의 투수성이 방향에 따라 달라지는 것도 있는데, 이것을 이방성이라 부른다. 퇴적토는 층상으로 되어 있는 것이 많기 때문에 일반적으로 수평방향의 투수성이 연직방향의 투수성보다 크다.

(6) 지반의 잠재적 불안정성

지반구조물 해석 시 하부 연약지반의 존재, 피압대수층의 존재, 지층 상태의 부정확한 파악 등 지반의 잠재적 불안정성을 정확히 파악하지 못하면 시공완료 후 침하나 사면붕괴 등 예기치 못한 상황이 발생할 수 있다. 따라서 본조사시 정확한 지질 및 지반의 특이한 변화를 파악할 수 있어야 한다.

(7) 지반의 다짐 특성

다짐이란 느슨한 상태의 흙을 전압, 충격, 진동 등의 하중을 가하여 흙속에 있는 공기를 빼내고 단위중량을 높여 외력에 저항하는 힘을 증대시키는 것을 말한다. 다짐된 흙은 입자의 간격이 좁아져서 투수성이 낮아지고 입자간의 맞물림에 의한 마찰 저항력이나 점착력이 커지기 때문에 압축에 의한 변형도 작고 안정된 흙이 된다. 흙의 종류에 따라 다짐효과가 다르며 일반적으로 조립토는 세립토보다 다짐효과가 더 좋다.

(8) 지반개량 가능성

자연지반의 공학적 성질을 인위적으로 개선하여 안정시키는 것을 지반개량이라 한다. 본조사 시 지반의 상태를 정확히 파악하여 지반개량의 가능성을 판정해야 한다. 지반을 개량하는 대표적인 방법에는 흙의 밀도를 증대시키는 방법, 고결하는 방법, 보강하는 방법, 양질토로 치환하는 방법 등이 있다.

(9) 동결 가능성

동결은 기온이 영하로 되어 흙 속의 물이 어는 작용이며 모관작용 등에 의하여 연속적으로 지하수가 상승하여 얼음층을 형성하는 현상이다. 흙 속의 온도분포는 동상에 큰 영향을 주며 지표면의 온도, 지하수의 온도, 흙의 열적성질, 함수비, 흙 입자의 크기, 모관작용, 투수성 등에 따라 다르다. 실트질이 많은 흙에서 동상이 많이 생기며 동상이 생기기 어려운 토질은 GW, GP, SW 및 SP 등이다. 암석에서는 이암, 혈암 등이 동상을 일으키는 경우가 있다. 동상의 3요소는 토질, 온도, 토중수이며 동상방지대책은 지하수위저하, 비동상성 토질로 치환, 지하수위상부에 조립토에 의한 차단층 설치 등이 있다. 한냉지에서는 동상(frost heave)에 의하여 지반, 도로의 노면, 구조물 등이 솟아오르는 경우가 있다.

3.4.5 본조사에는 구조물 기초 설치를 위한 굴착으로 인한 굴착영향 범위까지 다음과 같은 지질 및 지반공학적 특성을 고려한다.

(1) 자연적인 또는 인공적인 공동
(2) 암, 흙 또는 매립 재료의 풍화와 연화
(3) 수문지질학적 영향
(4) 단층, 절리 등 불연속면
(5) 토체와 암반의 크리프
(6) 팽창성 또는 붕괴성 지반
(7) 폐기물 또는 인공 재료의 존재
(8) 지반의 지진동 특성
(9) 시공 시 용출수 및 지하수위 측정 등을 통하여 주변 지하수 변동 조사
(10) 근접구조물 및 매설물(상하수도관, 송유관, 통신 및 전력 케이블, 도시가스관, 기타 지중구조물 등)에 대하여 각 시설의 관리 주체 및 관리대장, 노후도, 장래확장 계획 여부를 조사하고 누수 등으로 인하여 지반함몰이 예상되는 경우에는 조사를 시행하여 설계 시 기초자료로 활용

해설

3.4.5 본조사에서 고려하여야 할 지질학적 특성을 설명하면 다음과 같다.

(1) 자연적 또는 인공적인 공동

구조물 하부에 자연적 또는 인공적인 공동이 존재하는 경우, 상부구조물의 안정성에 큰 영향을 미칠 수 있다. 특히 기초 하부에 공동이 있는 경우, 공동의 규모와 특성을 파악할 수 있도록 상세한 지반조사를 수행해야 한다.

(2) 암, 흙 또는 매립 재료의 풍화와 연화

가. 풍화현상

지표 부근의 기상, 기후적인 환경 속에서 물리적, 화학적 또는 생물학적으로 암석이 변화를 받아 파쇄, 변질, 약화되는 현상을 총칭한다. 암석은 온도차에 의한 팽창수축 등의 기계적 파쇄인 물리적인 풍화에 의하여 부서지고 산화, 탄산화, 수화 등의 작용

을 받아 화학조성이 변화하는 화학적 풍화에 의하여 점토광물이 생성되는 현상 등이 포함된다. 암석은 풍화에 의해 분해되어 균열이 많아지면서 최종적으로 흙이 된다. 이외에 생물에 의한 풍화는 물리적, 화학적 풍화를 동시에 동반한다.

나. 연화현상

기온이 상승하면 동결된 지반은 지표와 동결층 하부가 녹기 시작하는데, 녹는 속도가 지반의 배수속도보다 빠르면 지표부근에 과잉수분이 존재하게 되므로 지반이 연화되어 전단강도가 감소되는 현상이다. 배수가 불량하면 연화현상이 촉진되며 실트질흙에서 많이 발생한다.

(3) 수문지질학적 영향

지반조사 지역의 수문지질학적인 지표수 및 지하수 특성도 구조물의 설계 및 시공 시 반드시 고려해야 할 사항으로 지반조사를 통하여 정확히 조사하고 평가해야 한다.

(4) 단층, 절리 등 불연속면

암반의 불연속면은 여러 가지 종류와 규모의 약한 면의 총칭이다. 이와 같이 약한 면을 이루는 것에는 절리, 층리, 편리 등이 있으며 지각응력에 의한 파괴면, 즉 단층과 파쇄대가 있다. 이들의 지질학적인 형성과정이 다르므로 분포상태, 규모, 그리고 그 역학적 성질에 있어 각기 다른 특징을 가지고 있다. 불연속면이 암체 중에 단일면으로 존재하는 경우는 드물며 서로 평행성이 있는 무리의 면으로 된 것이 보통이다. 암반의 강도, 변형성, 투수성 등 역학적 성질은 암반 내의 불연속면의 존재에 크게 의존한다. 불연속면은 방향성, 분포의 빈도, 연속성, 표면의 상태 내지 조도, 불연속면 사이의 틈, 충진물의 성질 등에 따라 그 특성이 달라진다.

(5) 토체와 암반의 크리프

응력이 일정해도 시간의 경과에 따라 변형이 증가하는 현상이다. 이는 흙의 점·탄성 내지는 점·소성적인 성질에 기인한다. 크리프 파괴는 점성토지반이나 사면안정에 관해서 문제가 되며 지속전단응력과 파괴까지의 시간관계를 조사하면 사면활동파괴를 예측할 수 있다.

(6) 팽창성 또는 붕괴성 지반

터널과 같이 굴착할 때 팽창하여 문제를 일으키는 지반으로 공기 또는 물과 접촉하여 화학반응을 일으키거나 흡수팽창 또는 팽윤현상 등에 의하여 팽창되는 지반을 말한다. 이러한 지반은 물을 흡수하여 부피가 팽창하면서 석고(gypsum)가 되는 경석고(anhydrite), 산화되기 쉬운 광물 및 팽윤성이 있는 점토광물을 함유하는 경우가 많다.

(7) 폐기물 또는 인공 재료의 존재

기초지반 하부에 매립된 폐기물이나 인공재료는 지반환경오염문제를 유발시키며 특히 지반침하 및 지지력 부족 등의 문제를 발생시켜 상부기초에 유해한 영향을 미칠 수 있으므로 폐기물 또는 인공재료의 존재 유무를 정확하게 파악해야 한다.

(8) 지반의 지진동 특성

지진에 의해 발생된 지진파는 지반을 통해 전파되며 지진 시 구조물 거동은 기초지반의 특성에 많은 영향을 받는다. 지진에 의한 지반운동은 지반의 특성에 따라 달라지므로 국지적인 지질조건 등을 고려한 지반의 특성을 반영할 수 있도록 한다.

3.4.6 지반공학적 특징을 규명하기 위해서는 통상적인 조사 기법들을 사용한다. 이러한 조사 기법은 표준화된 장비 및 절차에 따라 수행하며, 표준 또는 기준이 없는 경우 발주자의 승인을 받아야 한다.

3.4.7 통상적인 조사는 현장 원위치시험, 시추, 물리탐사, 실내시험을 포함하며, 물리탐사 등 간접적인 방법들이 사용될 경우, 시험 대상 지반을 확인하기 위해 시추가 필요하다. 또한 내진설계가 필요한 경우 지반조건에 적합한 물리탐사 및 물리검층, 실내시험 항목을 선정하여 수행한다.

해설

3.4.6 지반의 공학적 특징을 규명하기 위하여 여러 가지 현장 및 실내시험들이 실시되고 있으나 시험기준이 미흡하거나 명확하지 않은 경우가 있다. 연약지반 설계의 경우, 압밀비배수 삼축압축시험, 피에조콘 관입시험, 이중관식 베인시험, 로우셀, 일정변형 압밀시험, 장기압밀시험 등의 시험을 거의 필수적으로 채택하고 있으나 이에 대한 국내 기준이 없어 국외 기준에 준하여 시행하고 있다. 지반조사 결과 보고 시 표준화된 장비 및 절차에 따라 시험을 수행하였는지에 대한 자료 제출이 필요하며 발주자는 이를 확인해야 한다.

3.4.7 통상적인 조사에 대하여 설명하면 다음과 같다.

(1) 현장 원위치시험

현장 원위치시험은 지층 구성이나 거시적 지반정보와 원지반 상태의 각종 지반정보를 얻는 것이 특징이다. 흐트러지지 않은 시료를 채취하기 어려운 구간에서는 현장 원위치시험을 실시하여 지반특성을 측정한다. 실내시험은 시료채취, 운반, 보관, 시료성형, 시험기의 조작 등에서 지반특성에 영향을 미치는 인위적인 오류가 많으나 원위치시험은 간편하고 시험공정이 적기 때문에 비교적 정확하게 지반정보를 얻을 수 있는 장점이 있다. 그러나 원위치시험에서 얻어지는 지반정보는 조사시점의 현장 상태에 한정된 조건의 정보이며 굴착이나 재하, 압밀후의 변화된 상태의 지반정보를 얻기는 어렵다.

가. 원위치시험의 종류와 적용

원위치시험에는 시추공을 이용한 시험과 시추공을 이용하지 않는 시험이 있다. 시추공을 이용한 시험에는 시추공 저면을 이용하는 것과 시추공벽을 이용하는 것이 있다. 시험목적으로 분류하면 원위치 지반의 강도와 변형계수 등의 역학적 정보를 얻기 위한 것과 지하수 정보나 물리정보를 얻기 위한 것이 있다. 원위치시험은 해설 표 3.4.1과 같이 분류되며 시험목적별 세부시험 종류는 해설 표 3.4.2 및 해설 표 3.4.3과 같다.

나. 원위치시험공의 조건

1. 시추공의 적합조건은 시험의 종류에 따라 다르지만 원칙적으로 다음의 조건이 필요하다.
   - 시험에 적합한 공경의 천공(소요 공경과 허용오차 및 평활성의 유지)
   - 시험공축의 직선성 유지(공경에 의한 축의 어긋남이 허용오차 이내일 것)
   - 적절한 시험공을 유지(공벽붕괴방지, 측정목적에 적절한 시추공 유지방법일 것)
   - 시험 목적에 적합한 공저 지반의 흐트러짐을 억제할 것
   - 슬라임이나 붕괴토를 접촉하지 않게 할 것
   - 공벽이나 공저지반의 투수계수 등의 특성치가 변화되지 않을 것
2. 시추공 저면를 이용하는 원위치시험에서 시험공의 가장 중요한 조건은 시추공 저면 지반이 흐트러지지 않게 하는 것이며 흐트러짐의 주요한 원인은 다음과 같다.
   가) 공저의 슬라임을 신속히 제거하려고 순환 유체를 과잉 송수하거나 공경이 클수록, 그리고 송수량이 클수록 흐트러지기 쉽다.
   나) 굴삭기구 등의 올림과 내림을 급속히 하여 공내수압 변동이 크거나 코어베럴 등을 급속히 끌어올려 부압이 발생하면 공저지반이 흐트러지게 된다. 미고결입상 지반에서는 흐트러짐이 현저하다.
3. 공벽을 이용하는 원위치시험에서 시험공의 유지 및 공벽의 흐트러짐 방지는 매우 중요하다. 특히 붕괴하기 쉬운 지반에서 시험공을 유지하는 것은 매우 중요하다. 시험공을 유지하는 방법으로 이수를 사용하는 방법과 파이프를 압입하는 방법 등이 있다. 또한 공벽지반의 흐트러짐을 작게 하여 측정법에 맞는 공경이

유지되도록 천공하여야 한다.

해설 표 3.4.1 원위치시험의 분류

시험 구분		시험 방법	세부시험 방법
시추공내 원위치시험	시추공 저면 원위치시험	동적 원위치시험 정적 원위치시험	표준관입시험, 대형관입시험 심층재하시험, 베인시험
	시추공 벽면 원위치시험	정적 원위치시험	공내 수평재하시험, 공내 전단시험, 주변마찰측정시험, 공내 콘관입시험, 지중응력측정시험
	물리검층	탄성파속도검층 전기검층 방사능검층	P파 검층, PS검층 비저항검층, 마이크로저항검층, 자연전위검층, 자연방사능검층, 밀도검층, 중성자검층
		공경검층, 온도검층, 지하수검층, 시추공 영상, 지오토모그라피	
		기타 검층	경사도 측정, 공휨도 측정, 연직자기탐사
	지하수 조사	수위, 수압측정 현장투수시험 양수시험 암반지하수시험 기타	공내수위측정, 간극수압측정 오거법, 튜브법, 피에조메타 단정법, 관측정법 용수압시험, 류전시험 수질조사, 유향유속조사
시추공 없는 직접 원위치시험		정적관입시험 동적관입시험	화란식 이중관 콘관입시험, 휴대형 콘관입시험, 다성분 콘관입시험 스웨덴식 사운딩

해설 표 3.4.2 원위치 토질시험

구분		시험 종류	목적	제한 조건
기본적 특성		감마선검층	밀도를 연속적으로 측정	밀도 측정
		중성자검층	함수비를 연속적으로 측정	습도 측정
		고무막시험	토층밀도 측정	토층밀도 측정
		밀도·습도측정기	토층밀도 및 습도 측정	토층밀도 및 습도
투수 계수		정수위시험	투수성이 양호한 층이나 시험굴에서 투수계수 측정	배수가 자유롭고 지표면이 포화되어 있어야 함
		수위강하시험	투수성이 불량한 층이나 지하수위 하부 구간	배수가 늦거나 지하수위 하부 구간
		수위회복시험	수위강하시험과 유사함	수위강하시험과 유사함
		양수시험	포화되고 균질한 토층의 지하수정에서 k_{mean} 측정	층리가 발달한 지층에서는 측정값이 대표치가 아님
전단강도	직접법	베인전단시험	연약 점성토층의 비배수강도 s_u 및 흐트러진강도 s_r 측정	모래층이나 아주 단단한 점성토층에서는 불가
		포켓관입시험기	점성토층 시험굴에서 채취한 튜브형 시료의 개략 U_c값 측정	사질토에서는 부적합
		토우베인 (Torvane)	튜브형 시료와 시험굴에서 비배수강도 s_u 측정	모래층이나 아주 단단한 점성토층에 부적합

해설 표 3.4.2 원위치 토질시험(계속)

구분		시험 종류	목적	제한 조건
전단강도	간접법	정적콘관입시험	콘관입저항은 점토에서는 s_u와 모래에서는 ϕ와 대비	단단한 토층에는 부적합
		프레셔미터	비배수강도 측정	토층의 이방성에 상당히 영향을 받음
		표준관입시험	사질토에서는 D_r, ϕ, E, 허용지내력을, 점성토에서는 연경도 추정, 시료채취 가능	관계식은 모두 경험식이며 점성토에서는 추정 신뢰도가 낮음
		동적콘관입시험	관입저항을 연속 측정하여 선단지지력, 주면마찰력 결정 SPT와 유사한 방법으로 제반정수 추정	시료채취 불가하므로 지반상태를 평가하기 위해서는 별도 조사 필요
변형계수		프레셔미터	변형계수 E값 측정	선형거동을 일으키는 경우에만 탄성계수로 사용
		평판재하시험	지반반력계수 측정, 지표에서 실시	평판직경의 두 배 이내의 범위에만 응력이 작용
		수평말뚝재하시험	수평방향의 지반반력계수 측정	말뚝직경의 두 배 되는 범위에만 응력이 작용
		심층재하시험	심부에서 지지력 및 변형계수 E값 측정	비용과 시간이 많이 소모됨
동적특성		직접탄성파시험	시추공에서 P파 및 S파를 측정하여 E_d, G_d, K 산정	변형정도가 작아서 정탄성계수보다 커짐
		진동측정	진동의 최대 입자속도나 주파수, 가속도, 변위량 측정	지표에서 에너지 방출량을 작게 하여 실시

해설 표 3.4.3 원위치 암석 및 암반시험

구분	시험 방법	목적	제한 조건
기본특성	감마선 검층	밀도를 연속적으로 측정	밀도 측정
	중성자 검층	습도를 연속적으로 측정	습도 측정
	시추조사	RQD 측정	시추장비와 기능정도에 차이 있음
	탄성파 탐사	P파속도로 굴착난이도 판단	리핑효율은 사용 장비에 따라 다름
투수계수	정수위시험	절리가 심한 암반에 굴진한 시추공에서 투수계수 측정	포화된 배수층에서 사용
	수위강하 시험	절리가 발달한 암반에 굴진한 시추공에서 투수계수 측정	배수속도가 늦은 층이나 지하수면 하부에서 실시
	수위회복시험	수위강하시험과 동일	수위강하시험과 동일
	양수시험	포화되고 균등한 지층에 설치한 지하수정에서 k_{mean} 측정	층리가 심한 경우 대푯값을 얻을 수 없음. 전구간의 평균 투수계수 측정
	수압시험	연직시추공에서 연직방향 투수계수 측정	압력을 가할 경우 절리틈이 벌어지든가 세립토 충진으로 절리면 폐쇄

해설 표 3.4.3 원위치 암석 및 암반시험(계속)

구분	시험 방법	목적	제한 조건
전단강도	직접전단시험	암괴의 약선면을 따라 강도정수 측정	분리된 암괴를 원상태로 만들어 시험을 실시하므로 비용 과다
	삼축압축시험 일축압축시험	삼축 및 일축 압축강도 측정	직접전단 시험과 동일
	딜라토 미터, Goodman Jack	시추공내에서 한계압력 PL 측정	암반강도에 제한을 받음
변형계수	딜라토 미터, Goodman Jack	수평방향 E값 측정	하중-변형량 곡선의 직선구간에서만 변형계수가 유효
	심층재하시험	현장타설말뚝이나 기초하부의 E값 측정. 현장타설말뚝의 주변마찰력 측정	비용과 시간이 많이 소요됨
	Plate-Jack Test	E값 측정. 주로 터널이나 하중이 큰 구조물에서 사용	굴착 또는 반력장치 필요. 응력을 받는 구간은 평판주변부에 한정되며 준비과정에서 흐트러질 수 있음
	Flat-Jack Test	암반에 slot를 뚫어 E값이나 잔류응력 측정	응력을 받는 구간은 평판주변부에 한정되며 준비과정에서 흐트러질 수 있음. 건설과정에서 작용하는 응력방향과 같게 응력을 작용시켜야 함
	Radial Jacking Test (압력터널)	터널에서 E값 측정. 현장시험으로 얻을 수 있는 값 중 대푯값에 해당하며 측정한 E값 중 신뢰도가 가장 높음	상당한 시간과 비용이 소요되며 결과 해석이 어려움. 시험을 준비하는 과정에서 암반이 흐트러질 수 있음
	삼축압축시험	암괴의 E값 측정	비용 및 시간 과다 소요, 시험준비 중 지반의 흐트러짐이 가능
동적특성	직접탄성파시험	공내에서 탄성파를 측정하여 E, G, K, ν 산출	변형정도가 작아서 정탄성계수보다 값이 커짐
	삼축속도측정	P파속도와 S파 속도를 측정하여 동탄성계수 산출	P파나 S파는 시추공 주변부만 통과
	진동측정	진동의 최대 입자속도나 주파수, 가속도, 변위 측정	저 에너지수준의 지표진동만 측정

4. 지하수 조사에서 이수의 부착, 침투, 퇴적 등에 의해 측정 지반이 메워져 침투성이 나빠지는 것을 방지해야 한다.

다. 원위치시험 기록보고

1. 현장측정에서 얻어지는 지반정보는 전체의 극히 일부분이고 측정관계자의 경험에서 얻어지는 지식, 노하우(know-how), 이미 체계화되어 있는 법칙과의 상관성, 기술자의 상식에서 얻어지는 경우가 빈번하다.
2. 시험자는 그 목적에 부합되는 시험을 계획·실행하고 그 결과를 올바르게 이용자에게 전달하여야 한다. 현장에서의 데이터나 상황을 불완전한 메모나 애매한 기억에 의존하는 일이 없도록 미리 그 시험에 적합한 기록 용지를 만들어 현장에서 가능한 누락 없이 기록하여야 한다.

3. 이상치가 측정되거나 환경조건이 변화한 경우, 관련 데이터를 특별히 기록하고 측정 조건을 검토하여 바르게 재 측정하는 등의 조치를 강구하여야 한다.
4. 보고서는 성과품의 중심을 이루는 것이므로 내용이 올바르고 이용자가 읽고 이해하고 이용하기에 쉬워야 한다.

(2) 물리탐사

물리탐사는 지층의 분포특성 및 역학적 특성의 파악이나 지하수 및 환경문제 해결에 효과적이다. 물리탐사는 지반특성을 연속적으로 보여준다는 점에서 시추나 다른 지반조사 방법들과 크게 구별된다. 해설 표 3.4.4는 조사대상 지질특성에 따른 물리탐사 기술의 적용성에 대해 정리한 것이다.

가. 물리탐사는 보링에 비하여 넓은 지역을 빠른 시간 내 경제적으로 조사할 수 있다는 점이다. 보링에서는 1개의 지점에 대해 제한된 연직 분포를 알 수 있으나 지구물리탐사는 지역 내 동일지층의 평균적인 상태를 알 수 있다. 해설 표 3.4.5는 지반조사를 위한 대표적인 물리탐사 방법들에 대하여 활용법 및 적용 분야를 나타낸 것이다.

나. 물리탐사는 지층간의 경계를 설정할 수는 있으나 지반의 특성에 대하여는 개략치만을 보여주며, 탐사 및 해석 시에는 숙련된 조작자와 전문기술자가 필요하다. 구조물의 조사위치별 탐사방법은 해설 표 3.4.6과 같다.

해설 표 3.4.4 지질특성에 따른 물리탐사 기술의 적용성표

물리탐사 방법(적용)	지질특성								
	1	2	3	4	5	6	7	8	9
탄성파탐사(굴절법)		○	●		○			●	○
탄성파탐사(반사법)		○	●	○	●	●		○	○
전기비저항 탐사		○	●	○	●	○	○		
전자탐사(지표)		○	●	●	●	○	○		
GPR 탐사(지표/시추공)		○	●	○	●	●	○	●	
다운홀 탐사(시추공)		○	●	○	●	○		○	○
크로스홀 탐사(시추공)		○	●	●	●	○	○	●	○
탄성파 토모그래피 탐사(시추공)		○	●	●	●	○	○	●	○
물리검층(시추공)	○	○	●	●	●	●	○	●	●
시추공 영상촬영	○	●	●	●	●	●	○	●	○

주) 탐사 대상 지질특성
1. 광물종류 및 특성 2. 암석종류 및 특성 3. 불균질대의 위치 4. 불균질대의 방향
5. 불균질대의 크기 6. 불균질대의 간격 7. 불균질대의 조성물질 8. 암질 9. 밀도
●: 물리탐사 방법이 직접적으로 적용되는 대상 특성
○: 2차적으로 적용 가능하거나 특수한 환경에서 적용 가능한 대상 특성

해설 표 3.4.5 지반조사를 위한 대표적 물리탐사법

탐사장소	분류	대표적 탐사방법	대비물성 (이용되는 현상)	결과의 활용	적용분야
지표탐사	탄성파 탐사	• 굴절법 • 반사법 • TSP(Tunnel Seismic Prediction)	탄성파속도(탄성파의 반사 및 굴절)	• 지층층서 확인 및 연약 파악 • 굴착 난이도에 따른 토공량 산정 • 암반분류 및 지보패턴 결정	산악터널, 절토사면, 댐, 대규모 암반 공동
	전기탐사	• 수평탐사(prefiling) • 연직탐사(sounding)	전기비저항(겉보기 전기 비저항의 변화)	• 지반의 연약대 및 파쇄대 파악 • 단층 및 지층분포 파악 • 암반 분류 및 지보패턴 결정	산악터널, 절토사면, 대규모 암반공동, 석회암 지대 교량기초 하부
	전자탐사	인공송신원자기지전류(Controlled Source MagneTotelluric, CSMT) 탐사	전기전도도(전자기장의 진폭, 위상변화)	• 지반의 연약대 및 파쇄대 파악 • 단층 및 지층분포 파악 • 암반분류 및 지보패턴 결정	산악터널, 댐, 대규모 암반공동
	GPR 탐사	반사법	유전율(전자기파의 반사)	• 천부지층구조 및 파쇄대 파악 • 지장물 조사 및 천부공동 확인	도심구간 지장물 조사, 교량기초, 하부공동 조사
시추공탐사	단일 시추공 탐사	• 다운홀(PS) • 레이더 반사법	탄성파속도(탄성파의 전파유전율) 유전율(전자기파의 반사)	• 동탄성계수 산출 및 내진 설계 시 활용 • 갱구 안정성 해석에 반영 • 연약대 및 파쇄대 파악	터널 입·출구부, 절토사면, 교량기초
	시추공간 탄성파 탐사	크로스홀	탄성파속도(탄성파의 전파)	• 동탄성계수 산출 • 암반분류 및 갱구 안정성 해석에 반영	터널 입·출구부, 댐, 대규모 암반공동
	시추공간 토모그래피	• 탄성파 • 비저항 • 레이다	탄성파속도 전기비저항 유전율	• 시추공간 정밀 지반경계 파악 • 갱문 위치 선정에 활용 • 공동(cavity) 및 연약대 위치 파악	터널 입·출구부, 댐, 교량기초 하부 정밀조사
	물리검층	전기검층 • 전기비저항 • 자연전위	전기전도도	• 지층의 경계면 및 파쇄대 폭 파악 • 지하수 상태 파악(간극률, 포화도(물)	산악터널, 댐, 대규모 암반공동
		밀도검층 • 자연감마 • 감마-감마(밀도)	방사능원소의 함량(γ선 활동)	• 현지 지반의 밀도 파악으로 탄성계수 산출 • 지질 경계면(암상변화) 및 파쇄대 파악	산악터널, 댐, 대규모 암반공동
		음파검층 (sonnic logging)	탄성파속도(탄성파의 전파)	• 동탄성계수 산출 • 지층구분 및 암반분류에 활용	산악터널, 댐, 항만, 대규모 암반공동
	시추공 영상 촬영법	• 텔레뷰어 • 시추공카메라(BIPS)	공벽의 영상 및 강도(광파 및 초음파의 반사)	• 불연속면 발달상태(주향, 경사, 간격) 파악 • 절리대 충진물 유무 파악 • 안정성 해석의 자료로 활용	산악터널, 절토사면, 댐, 대규모 암반공동

해설 표 3.4.6 구조물 위치별 물리탐사 방법

조사 위치		방법	목적	비고
성토부	일반구간	굴절법 탄성파 탐사	지층상태 파악 (기반암 심도)	(지오폰 간격조절)
		전기비저항 탐사	지층상태 파악 (연약대, 파쇄대)	전극 간격 조절
		서스펜션 PS 검층	수직적인 지반상태 파악	
		GPR 탐사	지장물조사	
	연약지반	전기비저항 탐사	연약대 범위 파악	
		서스펜션 PS 검층	연약대 정밀 조사	
		밀도검층	연약대 정밀 조사	
절토부		굴절법 탄성파탐사	리퍼빌리티 평가	
		시추공카메라(BIPS)	불연속면 정보 추출	
구조물부	교량부	전기비저항 탐사	공동 등 연약대 조사	석회암지대
		토모그래피탐사	연약대 정밀조사	
		굴절법 탄성파탐사 반사법 탄성파탐사	기반암 심도 조사	하상탐사
	터널부	전기비저항 탐사	지층상태 파악	가탐심도 200m 내외 연약대 및 시·종점부 횡단 포함
		굴절법 탄성파탐사	지층상태 파악	가탐심도 50m 내외 시·종점부 횡단 포함
		토모그래피 탐사	갱구부 정밀조사	
		다운홀 탐사 크로스홀 탐사	시·종점부 동탄성계수 산출	가탐심도 100m 이내
		물리검층	지층상태 정밀조사 동탄성계수 산출	장심도 가능
		전자탐사	지층상태 파악	장심도 가능
		텔레뷰어, 시추공카메라	불연속면 정보추출	

3.5 추가조사

3.5.1 본조사 이후에도 기초설계를 위해 추가의 자료가 필요할 경우에는 구조물이 위치한 지역에 대한 추가 조사를 실시하여야 한다.

3.5.2 시공 중 본조사를 통하여 발견하지 못한 지반특성이 발견되고, 이것이 향후 계획 구조물에 지반공학적 위험을 가져올 수 있다고 판단되는 경우에는 추가조사를 실시한다. 또한 구조물 완성 이후에도 위험한 징후가 발견될 경우 그 원인 규명과 대책마련을 위하여 추가조사를 실시할 수 있다.

3.5.3 본조사 시에 민원 및 장비 진입 불가에 의하여 조사가 불가능한 경우에는 시공 시에 확인조사를 실시한다.
3.5.4 추가조사의 범위와 방법은 본조사의 결과와 현장 상황 등을 고려하여 결정한다.

해설

3.5.1 본조사 이후에도 기초설계를 위해 추가 자료가 필요할 경우, 추가조사를 실시하여야 한다. 예비조사나 본조사를 통해서도 지반정보가 부족하여 지반상태를 정확히 파악하는 데 어려움이 있다. 지반정보의 부족에는 조사지점수의 부족, 조사심도의 부족, 조사항목의 부족 등이 있다. 이와 같은 문제를 해결하기 위해서는 예비조사, 본조사, 추가조사 등 몇 단계로 나누어 조사하는 것이 바람직하다. 또한 지반조사 시험결과에 따라 필요한 경우 조사내용을 변경할 수 있다.

3.5.2 시공 중 본조사를 통하여 발견하지 못한 지반특성이 시공 중에 발견된 경우, 즉 이상 지층, 공동, 파쇄대, 단층 등 지층의 변화가 심한 경우나 연약지반이 국부적으로 발견된 경우에는 추가조사를 통해 지반특성을 정확히 파악해야 한다.

3.5.3 개인소유의 토지로 소유주의 허락을 받을 수 없는 경우, 국가 중요 기간산업 부지인 경우, 높은 산악지역을 통과하는 장대 터널을 시공할 경우 등과 같이 민원이나 장비 진입 불가로 조사가 불가능한 경우에는 시공 시에 확인조사를 실시할 수 있다.

3.6 오염지반조사

3.6.1 기초 하부에 폐기물이나 오염물이 예상되는 지역에서는 3.4.7항의 통상적인 지반조사 외에 다음과 같은 조사를 설계목적에 따라 추가로 실시할 수 있다.
(1) 현장조사
① 추적자 시험
② 환경공학 관입시험(전기비저항, pH, 온도, 산화환원전위 등)

(2) 실내시험

① 토양성분 : 화학성분, 이온, 광물성분, 유기물

② 토양오염 : 유류, 비소, 수은, 납, 페놀, 구리 등

③ 수질분석 : 대장균, 염소이온, 수은 등 유해물질

④ 콘크리트 부식성분 : 황산염 등 부식 유발물질

해설

3.6.1 폐기물 매립지나 토양오염이 예상되는 지점에서는 동 매체를 통한 오염물의 이동경로를 추적하기 위하여 추적자시험(tracer test)을 실시하기도 한다. 또한 콘관입시험장치에 전기비저항, pH, 온도 등을 측정할 수 있는 다양한 센서를 부착할 수 있으며 이를 오염된 지반에서 관입시험을 하여 오염물의 종류와 농도, 범위 등을 추정할 수 있다.

(1) 토양오염이 되어 있다고 추정되는 지역에서는 토양성분과 토양오염 성분을 평가할 수 있는 실내시험을 별도로 수행할 수 있다. 현재 토양환경보전법에 지정되어 있는 토양오염물질은 해설 표 3.6.1과 같다(환경부, 2011).

(2) 토양오염의 판단기준은 토양오염대책기준과 토양오염우려기준으로 구분하여 설정하고 대상지역은 비오염지역인 1지역(농경지·학교용지·공원·사적지·묘지 지역과 어린이놀이시설), 2지역(임야·염전·창고용지·하천·체육용지·유원지·종교용지 및 잡종지)와 오염우려지역인 3지역(공장용지·주차장·주유소용지·도로·철도용지·국방 및 군사시설 부지 등)으로 구분한다.

(3) 토양오염기준은 토양의 자연 보유량보다 높은 수치의 대상오염물이 인위적인 오염으로 존재할 때 적용한다. 토양오염 우려기준은 오염 정도가 인간의 건강과 동식물의 생육장애를 초래할 우려가 있어 오염의 심화되는 것을 막기 위한 기준이다. 토양오염우려기준을 초과한 지역에 대해서는 시도지사가 오염원인자로 하여금 토양 관련 전문기관으로부터 토양정밀조사를 받도록 하며 정밀조사 결과 기준을 초과하는 경우는 원인자에게 정화사업을 명하도록 되어 있다. 토양오염에 대한 복구는 오염원인자가 부담하는 것이 원칙이나 오염원인자가 불확실하거나 복구부담능력이 없는 경우에는 지방자치단체에서 복구사업을 실시한다.

(4) 토양오염 대책기준은 토양오염의 정도가 기준을 초과하여 민간의 건강 및 재산과 동식물의 생육에 지장을 주어 대책이 필요한 경우 적용한다. 이 경우 해당 토양보존대책지역은 환경부 장관이 지정하여 토지이용 및 토양오염유발시설이 제한되고 개선사업이 시행된다.

(5) 이 외에도 대상지역의 지하수를 음용수 용도로 사용할 목적이 있을 경우 대장균, 염소이온, 수은 등 유해물질의 농도를 분석하는 수질분석, 대상지역의 콘크리트로 시공된 얕은기초나 파일기초 등에 심한 부식을 초래할 수 있는 황산염 등이 포함되어 있을 것으로 추정되는 경우에는 콘크리트 부식성분에 대한 실내시험을 실시하여 사전 대책을 마련하도록 한다.

해설 표 3.6.1 토양오염 우려 및 대책 기준(환경부, 2011) (단위 : mg/kg)

물질	토양오염 우려기준 (제1조의5 관련 별표 3)			토양오염 대책기준 (제20조 관련 별표 7)		
	1지역	2지역	3지역	1지역	2지역	3지역
카드뮴	4	10	60	12	30	180
구리	150	500	2,000	450	1,500	6,000
비소	25	50	200	75	150	600
수은	4	10	20	12	30	60
납	200	400	700	600	1,200	2,100
6가크롬	5	15	40	15	45	120
아연	300	600	2,000	900	1,800	5,000
니켈	100	200	500	300	600	1,500
불소	400	400	800	800	800	2,000
유기인화합물	10	10	30	–	–	–
폴리클로리네이티드비페닐	1	4	12	3	12	36
시안	2	2	120	5	5	300
페놀	4	4	20	10	10	50
벤젠	1	1	3	3	3	9
톨루엔	20	20	60	60	60	180
에틸벤젠	50	50	340	150	150	1,020
크실렌	15	15	45	45	45	135
석유계총탄화수소(TPH)	500	800	2,000	2,000	2,400	6,000
트리클로로에틸렌(TCE)	8	8	40	24	24	120
테트라클로로에틸렌(PCE)	4	4	25	12	12	75
벤조(a)피렌	0.7	2	7	2	6	21

※ 비고

1. 1지역 : 지목이 전·답·과수원·목장용지·광천지·대(「측량·수로조사 및 지적에 관한 법률 시행령」 제58조제8호가목 중 주거의 용도로 사용되는 부지만 해당한다)·학교용지·구거(溝渠)·양어장·공원·사적지·묘지인 지역과 「어린이놀이시설 안전관리법」 제2조제2호에 따른 어린이 놀이시설(실외에 설치된 경우에만 적용한다) 부지
2. 2지역 : 지목이 임야·염전·대(1지역에 해당하는 부지 외의 모든 대를 말한다)·창고용지·하천·유지·수도용지·체육용지·유원지·종교용지 및 잡종지(「측량·수로조사 및 지적에 관한 법률 시행」 제58조제28호가목 또는 다목에 해당하는 부지만 해당한다)인 지역
3. 3지역 : 지목이 공장용지·주차장·주유소용지·도로·철도용지·제방·잡종지(2지역에 해당하는 부지 외의 모든 잡종지를 말한다)인 지역과 「국방·군사시설 사업에 관한 법률」 제2조제1항제1호부터 제5호까지에서 규정한 국방·군사시설 부지
4. 벤조(a)피렌 항목은 유독물의 제조 및 저장시설과 폐침목을 사용한 지역(예 : 철도용지, 공원, 공장용지 및 하천 등)에만 적용한다.

3.6.2 폐기물 매립지 및 오염지반 정화를 위한 지반조사 시에는 다음 사항을 고려하여야 한다.

(1) 차수 시스템이 설치된 사용종료 폐기물 매립지에 대한 조사 시에는 차수층의 파손으로 인한 주변지반이 오염되지 않도록 주의하여야 한다.

(2) 폐기물 지반의 안정성을 확보하기 위하여 폐기물의 입도, 침출수위 등을 조사하여야 한다.

(3) 오염지반 정화를 위한 지반조사 시에는 불포화토층과 포화토층을 구분하여 실시하고, 필요시 흙, 지하수, 공기를 구분하여 채취한다.

(4) 오염 대책지역으로 지정된 지역은 지반정화를 위한 종합적 대책을 수립할 수 있는 지반조사를 시행한다.

해설

3.6.2 폐기물 매립지 및 오염지반 정화를 위한 지반조사 고려사항을 다음과 같이 설명하였다.

(1) 차수 시스템이 설치된 사용종료 폐기물 매립지에 대한 조사 시에는 차수층의 파손으로 인해 주변지반이 오염되지 않도록 주의하여야 한다. 사용이 종료된 매립지의 경우 시간경과 후 교량 통과나 건축물 기초로 사용되는 등 다양한 건설부지로의 활용이 검토될 수 있다. 이 경우 선택되는 기초의 종류에 따라(예 : 파일기초, 피어기초, 케이슨기초 등) 매립장 조성 당시 시공한 차수층을 관통하여 설치하는 경우가 발생하게 된다. 이 경우 목적한 공사로 인하여 매립지 내 폐기물로부터 발생한 침출수의 확산이 이루어지지 않도록 충분한 지반조사와 대책공법이 선행되어야 한다.

(2) 폐기물 지반의 안정성을 확보하기 위하여 폐기물의 입도, 침출수위 등을 조사하여야 한다. 폐기물 지반위에 기초를 설계 시공할 경우에도 폐기물의 강도, 압축성, 투수성 등 기본 지반 특성을 평가하게 된다. 폐기물은 일반 토사나 암반과 달리 구성성분의 입도가 불규칙하며 매립기간이 경과함에 따라 지반 특성이 지속적으로 변화하게 된다. 또한 매립지 내부에는 침출수로 인한 높은 수위가 형성되지 않도록 설계되어 있음에도 불구하고 실제 매립이 수행되거나 완료된 폐기물 매립지에는 매립지의 높이에 비례하여(예 : 0.3H(H는 매립지 높이)) 형성되어 있는 경우가 있다. 이 경우 건설부지로 활용 시 예상되지 않았던 침출수위는 건설구조물이 시공됨으로서 구조적인 측면에서 불안정성을 증가시키게 되므로 유의하여야 한다. 또한 매립지 내의 높은 침출수위는 차수막이 파손된 경우 인근 지반으로의 침출수의 확산을 촉진시키기도 한다.

(3) 오염지반 정화를 위한 지반조사 시에는 불포화토층과 포화토층을 구분하여 실시하고, 필요시 흙, 지하수, 공기를 구분하여 채취한다. 통상의 건설공사에 필요한 지반조사에서는 지하수위를 측정하고 지하수위의 위치를 고려하여 기초의 지지력 및 침하 특성을 평가하므로 공기로 인한 지반정수의 변화는 무시한다. 그러나 토양오염 평가와 복구를 위한 지반조사 시에는 오염물의 종류에 따라 휘발성과 용해도 등이 다양하며 지하수위 상부의 불포화층과 하부의 포화층에 오염물의 농도가 달라진다. 오염지반의 복구 필요성에 대한 판단과 정화 방법의 선택을 위해서는 오염물의 종류, 기체상과 액상, 고체상에 잔존하는 오염물의 양과 농도를 구분하여 분석해둘 필요가 있다. 최근 오염된 토양에서는 지반 강도와 압축성, 투수성이 오염물의 종류와 농도에 따라 달라진다는 내용을 발표한 연구도 있다. 따라서 오염지반 정화를 위한 지반조사 시에는 불포화토층과 포화토층을 구분하여 실시하고, 필요시 흙, 지하수, 공기를 구분하여 채취할 필요가 있다.

(4) 오염 대책지역으로 지정된 지역은 지반정화를 위한 종합적 대책을 수립할 수 있는 지반조사를 시행한다. 1995년 수립된 토양환경보전법에는 오염지반 복구 여부의 판단과 지반정화를 위한 종합대책 수립을 위한 지반조사 기준을 다음과 같이 제시하고 있다. 오염된 토양을 복원하기 위해서는 먼저 오염지역에 대한 평가가 이루어져야 하며 그 평가방법 및 절차는 2001년 12월에 고시된 환경부 환경평가 지침, 환경부 고시 제 2001-201호에 제시된 1단계 기초조사와 2단계 정밀조사로 구분하여 실시한다. 오염토양의 환경적 평가가 끝나 대상 부지가 오염토양일 경우 복원계획을 수립하고 토양정화를 실시한다.

가. 토양환경평가

토양환경보전법 제10조의 2 토양환경 평가지침에 의거하여 토양오염유발시설이 설치되어 있거나 설치되어 있었던 부지 및 그 주변지역에 대하여 토양환경평가와 관련한 조사를 기초조사, 개황조사와 정밀조사로 나누어 실시하도록 되어 있다. 1단계 기초조사는 대상 부지의 토양환경과 관련된 자료조사, 방문조사, 청취조사 등을 통하여 토양오염의 개연성 여부를 평가하고, 오염의 개연성이 인정될 경우 개황조사를 실시하여 오염개연성이 확인된 지역의 오염물질의 종류 및 오염범위를 추정하는 조사이다. 개황조사에는 시료채취 및 분석을 포함한다(환경부, 2011). 대상 부지의 2단계 개황조사를 통하여 오염되었음이 판명되면(지반오염이 토양오염우려기준을 초과하였으면) 3단계의 정밀조사를 실시한다. 3단계 정밀조사 시에는 토양에 대한 오염도(오염물질의 종류, 오염범위 등)를 분석·평가하여 토양 오염도를 최종 평가한다. 필요한 경우 대상 부지 내의 지하수 오염도도 조사·분석할 수 있다. 위와 같은 단계별 오염부지 특성조사를 실시하여 오염물질의 분포 및 거동해석, 오염규모 및 오염량을 확정한 후 필요시(해당 부지의 오염규모가 토양환경오염 대책기준을 초과한 경우) 오염토양의 복원방법을 분석하여 정화를 실시한다.

나. 오염토양의 복원

대상 부지가 오염토양으로 판별되었을 경우 다음과 같은 사항을 고려하여 오염정화계획을 수립한다.

1. 정화대상 부지의 특성과 목표 설정

부지의 입지 및 주변 환경 여건 등 지형학적 특성과 토양 및 지하수와 관련한 수리·지질학적 특성, 오염물질의 종류, 농도 및 오염범위 등을 파악한 후 오염물질 정화 또는 저감 목표치 설정하고 복원기간 및 소요비용을 산출한다.

2. 복원기술의 선정

오염물질 정화 또는 저감 목표치 달성 가능성과 복원기간 및 소요비용의 충족 여부, 대상기술의 적용이 토양환경에 미치는 영향, 대상기술의 상업화 정도를 검토하여 복원기술을 선정한다. 복원 후 복원 정도를 점검하는 사후 모니터링 방안과 복원 중 복원 정확도를 관리할 수 있는 품질보증 및 관리방안(QA/QC)을 수립한다.

3. 복원방법은 처리장소와 처리기술에 따라 다음과 같이 분류한다.

가) 처리장소에 따른 정화방법

1) 현장 내 처리(on site)는 오염장소에서 오염토양을 직접 처리하는 방법이다. 이 중 In-situ는 오염토양을 수거치 아니하고 현 위치에서 처리하는 방법으로 오염 토양의 운반에 사용하는 비용이 절감된다. 그러나 현장의 주어진 지질, 토양 등의 환경조건하에 처리가 이루어지므로 처리공정제어가 어렵다. Ex-situ는 오염토양을 수거하여 부지 내 다른 장소에서 처리하는 방법이다.
2) 현장 외 처리(off site)는 오염토양을 부지 밖으로 옮겨 처리하는 방법이다.
3) 현장 내와 외부처리의 선택은 토양의 용도, 법규, 지역의 특이성, 토지 소유자의 요구, 위해성, 처리기간 및 비용 등에 따라 결정한다.

나) 처리기술별 오염토양 정화방법

처리기술별로는 생물학적, 물리화학적, 그리고 열적처리 원리에 따라 분류한다.

1) 생물학적 처리 방법
   - 생물학적 분해법(biodegradation)
   - 생물학적 통풍법(bioventing)
   - 생물학적 통기법(biosparging)
   - 토양경작법(landfarming)
   - 퇴비화법(composting)
2) 물리·화학적 처리방법
   - 토양 세정법(soil flushing)
   - 토양 세척법(soil washing)
   - 용제추출법(solvent extraction)
   - 토양 증기추출법(soil vapor extraction)
   - 고형화 / 안정화법(solidification / stabilization)
3) 열적 처리 방법
   - 열탈착법(thermal desorption)
   - 소각법(incineration)
   - 유리화법(vitrification)
4) 기타 처리 기법
   - 자연분해법(natural attenuation)
   - 식물재배 정화법(phyto-remediation)

3.7 시추 및 조사범위

3.7.1 시추조사 시에는 다음의 사항을 고려하여야 한다.

(1) 시추조사 위치는 지장물 준공도를 참조하여 결정하고 시추 전 유관기관과 협의 후 반드시 인력 터파기나 탐사방법 등을 이용하여 지하 매설물의 유무를 확인한다.

(2) 시추는 원칙적으로 NX규격 이중코아배럴을 사용하여 연직으로 실시하며 풍화대나 파쇄대 등에서는 삼중코아배럴 등을 사용하여 코아의 회수율을 높인다.

(3) 조사는 대상 구조물에 영향을 주는 깊이보다 깊게 실시한다.

(4) 조사지점 간격과 조사깊이는 해당 지역의 지질상태, 지반조건, 현장의 크기, 구조물의 종류와 중요도에 근거하여 결정한다.

해설

3.7.1 시추조사는 시추기를 사용하여 지반을 천공하며 채취된 시료관찰에 의하여 지반의 구성 상태, 지층의 두께와 심도, 층서, 지반구조 등을 조사하는 것이 주 목적이다. 시추조사는 지반상태를 직접 관찰할 수 있을 뿐만 아니라 시료채취 및 시추공을 이용하여 다양한 현장시험을 수행할 수 있기 때문에 가장 보편적으로 적용되는 지반조사법이다.

(1) 시추조사 위치는 지장물 준공도를 참조하여 결정하며 시추 전 유관기관과 협의 후 반드시 인력 터파기나 탐사방법 등을 이용하여 지하 매설물의 유무를 확인하며 공사 중 전력구, 상·하수도관, 광케이블 등이 파손되지 않도록 주의해야 한다.

(2) 시추방법분류

시추방식에 따라 해설 표 3.7.1과 같이 변위식 시추, 수세식 시추, 충격식 시추, 회전식 시추, 오거식 시추 등으로 분류된다. 회전식 시추공을 이용한 원위치시험의 종류 및 적용지반을 해설 표 3.7.2에 나타내었다.

해설 표 3.7.1 시추방식의 분류

시추 종류	특징	굴진 방법	지층판정 방법	적용 토질	용도
배토식 시추 (displacement boring)	가장 단순한 시추로 케이싱을 사용하지 않음	선단을 폐쇄한 샘플러를 동적 혹은 정적으로 관입, 샘플링 시는 선단을 개방하여 관입	관입량에 대한 타격수 또는 압입하중 측정	공벽이 붕괴되지 않는 점성토 및 사질토	개략조사 및 정밀조사
수세식 시추 (washing boring)	장치가 간단하고 경제적	경량비트의 회전 및 시추수의 분사로 굴진, 슬라임은 순환수로 배제	관입 또는 비트 회전저항, 순환 배제토 확인	매우 연약한 점토 및 세립~중립의 사질토	개략, 정밀, 보충조사 및 지하수조사
충격식 시추 (percussion boring)	깊은 시추공법 중에서 가장 긴 역사를 가짐	중량비트를 낙하하여 파쇄굴진, 슬라임은 베일러 또는 샌드펌프로 주기적으로 배제	굴진속도 또는 배제토, 일반적으로 지층경계판정 곤란	토사 및 균열이 심한 암반, 연약점토 및 느슨한 사질토는 부적당	일반적인 지하수개발, 전석·자갈층의 관통, 흐트러지지 않은 시료 채취는 부적합
회전식 시추 (rotary boring)	굴착이수 사용, 지반의 흐트러짐이 적음, 코어채취 가능, 신속	비트회전으로 지반을 분쇄하여 굴진, 이수에 의한 공벽안정, 슬라임은 순환이수로 배제, 코어채취 가능	굴진속도 또는 순환 배제토, 수동식의 경우는 레버감각	토사 및 암반등 거의 모든 지층	정밀, 보완조사, 암석코어 채취에 최적
오거식 시추 (auger boring)	인력 및 기계방식, 가장 간편한 시추, 시료가 흐트러짐	오거를 회전하면서 지중에 압입굴진, 주기적으로 오거를 인발하여 샘플링	채취된 시료의 관찰	공벽붕괴가 없는 지반, 연약하지 않는 점성토 및 점착성이 다소 있는 토사	얇은 지층의 개략·정밀조사, 동력식은 보충조사에 적합

해설 표 3.7.2 회전식 시추공을 이용한 원위치시험

원위치시험명	적용 지반				측정치	비고
	점토	사질토	역질토	암 반		
표준관입시험	○	○	△	×	N값, 시료 채취	
지하수위측정	○	○	○	○	지하수위	
현장투수시험	×	○	○	○	투수계수, 간극수압	
간극수압 측정	○	○	○	△	간극수압	
베인전단시험	○	×	×	×	전단강도	○ : 최적
수평재하시험	○	○	△	○	수평방향 K값, E값	△ : 가능
심층재하시험	○	○	○	○	지반반력계수, 극한하중	× : 부적
지하수 채취	△	○	○	△	수질분석치	
흐트러지지 않은 시료 채취	○	△	×	○	실내시험치	
각종 물리 검층	△	△	△	○	검층측정치	

(3) 국내에서 사용되는 케이싱 및 비트의 종류와 규격은 해설 표 3.7.3과 같다.

해설 표 3.7.3 케이싱 및 비트의 종류와 규격(DCDMA 표준)

구분	비트규격(mm)		케이싱 규격(mm)		코어직경 (mm)
	내경	외경	내경	외경	
EX	21.5	37.7	41.3	46.0	22.2
AX	30.0	48.0	50.8	57.2	28.6
BX	42.0	59.9	65.1	73.0	41.3
NX	54.7	75.7	81.0	83.9	54.0
HX	68.3	98.4	104.8	114.3	67.5

(4) 시추 깊이에 대한 명확한 기준은 없으나 구조물의 하중으로 인하여 발생하는 지중응력증분이 흙의 압축에 영향을 미치지 않는 깊이까지로 한다. 지중응력증분이 흙의 압축에 영향을 미치지 않는 깊이는 다소 주관적이고 경험적인 경향이 있으므로 일반적으로 구조물의 하중으로 인한 지중응력증분이 접지압의 10% 이하가 되는 깊이까지 시추하는 것을 원칙으로 한다. 그러나 토층이 연약하거나 압축성이 큰 경우에는 견고한 토층이나 암반층까지 시추를 해야 한다. 미국 토목학회에서는 구조물의 하중으로 인해서 발생하는 지중응력증분이 흙의 자중에 의한 연직유효응력의 5% 이하로 되는 깊이까지 시추하도록 권장하고 있다. 중량의 구조물인 경우에는 암반층까지 시추를 실시해야 하고 깊은기초로 지지되는 구조물은 기초의 선단하부까지 시추 깊이가 연장되어야 한다. 굴착심도가 깊은 경우 시추 깊이는 굴착심도의 1.5배 이상이 되어야 하고 기초에 작용하는 하중을 기반암층으로 전달하는 경우에는 기반암으로부

터 3m 이상의 깊이에서 암석코어를 채취한다. 기반암이 불규칙하게 분포하거나 풍화되어 있는 경우에는 암석코어를 채취하는 깊이가 더 깊어져야 한다.

(5) 조사 지점 간격과 조사 깊이는 해당 지역의 지질상태, 지반조건, 현장의 크기, 구조물의 종류와 중요도에 근거하여 결정한다. 조사 간격은 공사 종류 및 토층 상태에 따라 다르게 적용한다. 시추위치 선정을 위한 지침은 해설 표 3.7.4에 나타나 있으며 구조물의 종류와 조사하고자 하는 내용에 따라서 기술되어 있다. 시추공 배치는 계획하는 부지에 대하여 지층 단면도가 얻어질 수 있도록 하여야 한다. 해설 표 3.4.10에서 지층상태가 복잡한 경우는 기준을 1/2 축소하여 실시토록 하고 기준에 없는 경우는 유사한 경우를 참조하여 판단한다. 그리고 토피가 얕은 터널, 충적층과 암반의 경계부분을 지나는 터널, 연약지반에서 과거에 수로였던 지점, 사면에서 단층이나 파쇄대 주변은 필요에 따라 추가하여 계획한다.

해설 표 3.7.4 시추공의 배치간격

조사 대상	배치 간격	비고
단지조성, 매립지, 공항 등 광역부지	• 깎기 : 100~200m 간격 • 연약지반쌓기 : 200~300m 간격 • 호안, 방파제등 : 100m 간격 • 구조물 : 해당구조물 배치기준에 따름	대절토, 대형단면 등과 같이 횡단방향의 지층구성 파악이 필요한 경우 횡방향 보링을 실시함
지하철	• 개착구간 : 100m 간격 • 터널구간 : 50~100m 간격 • 고가, 교량 등 : 교대 및 교각에 1개소씩	상동
고속전철, 도로	• 깎기 : 깎기고 20m 이상에 대해 150~200m 간격 • 연약지반 쌓기 : 100~200m 간격 • 교량 : 교대 및 교각에 1개소씩	상동
건축물, 정차장, 하수처리장 등	사방 30~50m 간격, 최소한 2~3개소	

시추공의 깊이는 건설 예정 구조물의 형태와 특성에 따라 결정되어야 하며, 구조물에 따라 일반적으로 사용되는 시추공의 깊이는 해설 표 3.4.11과 같다. 이때 지하에 분포하는 지층의 특성과 층두께도 충분히 감안되어야 한다. 해설 표 3.7.5에서 별도의 조사목적이 있는 경우는 기술자 판단에 따라 깊이를 조정하여 실시토록 하며 기반암은 연암 또는 경암을 의미한다. 조사 깊이는 기초 지반에 응력이 작용하는 범위까지 시추를 실시하며 독립기초, 전면기초, 마찰말뚝 기초 등 기초의 형식에 따라 시추심도가 달라진다. 중요 구조물 공사의 시추인 경우 충분한 지지층이 나올 때까지 시추를 실시하고 지지층에서 암반이 나와도 1~2m 정도를 확인 시추를 하는 것이 보통이다.

해설 표 3.7.5 시추공의 깊이

조사 대상	깊이	비고
단지조성, 매립지, 공항등 광역부지	• 절토 : 계획고하 2m • 연약지반성토 : 연약지반 확인 후 견고한 지반 3~5m • 호안, 방파제 등 : 풍화암 3~5m • 구조물 : 해당구조물 깊이기준에 따름	절토에서 기반암이 확인이 안 된 경우는 기반암 2m 확인, 조사공 수 및 배치에 따라 부분적으로 계획고 도달 전이라도 기반암 2m를 확인하고 종료할 수 있음
지하철	• 개착구간 : 계획고하 2m • 터널구간 : 계획고하 0.5~1.0D • 고가, 교량 등 : 기반암하 2m	개착, 터널구간에서 기반암이 확인 안 된 경우는 기반암 2m 확인
고속전철, 도로	• 절토 : 계획고하 2m • 연약지반성토 : 연약지반 확인 후 견고한 지반 3~5m • 교량 : 기반암하 2m • 터널(산악) : 계획고하 0.5~1.0D	절토, 터널에서 기반암이 확인 안 된 경우는 기반암 2m 확인
건축물, 정차장, 하수처리장 등	지지층 및 터파기 심도 아래 2m	터파기 심도 아래 2m까지 기반암이 확인 안 된 경우는 일부 조사공에 대해 기반암 2m 확인

3.7.2 중요도 2등급에 해당하는 구조물에 대한 지반조사 시추공의 간격과 깊이는 다음 사항을 참고하여 결정하며, 구체적인 사항은 각 발주처의 기준에 따라 발주처와 협의하여 결정한다.

(1) 넓은 지역에 걸친 구조물인 경우 조사 지점을 격자 형태로 배치한다.

(2) 흙쌓기, 흙깎기에 따라 구분하여 간격 및 깊이를 결정하며, 깎기작업은 암종, 붕괴이력 등을 감안하여 조사빈도를 결정한다.

(3) 연약지반의 경우 연약지반 하부 견고한 지반까지 조사하는 것을 원칙으로 한다.

(4) 확대기초와 연속기초의 경우, 기초 폭의 1~3배 깊이까지 실시한다. 침하 조건과 지하수로 인한 문제점 등을 평가하기 위해 일부 조사 지점에서는 이보다 깊은 깊이까지 실시한다.

(5) 전면기초의 경우, 기초 폭보다 깊은 깊이까지 실시한다.

(6) 매립지와 제방의 경우, 최소 조사 깊이는 침하에 중요한 영향을 미칠 수 있는 모든 압축성 지반을 포함할 수 있는 깊이로 한다.

(7) 깊은기초의 경우 선단 지지력의 안정성을 확인할 수 있는 깊이까지 수행하여야 한다. 또한 깊은기초 선단깊이에서 주된 기초기능을 발휘하는 무리말뚝인 경우 선단으로부터 조사깊이가 무리말뚝을 둘러싼 직사각형 변 중 작은 변의 길이보다 깊어야 한다.

(8) 대상 구조물 기초의 영향깊이보다 얕은 깊이에 기반암이 위치한 경우 조사심도는 기반암 하부 2m 이상으로 한다.

3.7.3 지반조사의 간격 및 깊이는 구조물의 종류와 규모뿐만 아니라 현장에서 예상되는 지질변화를 고려하여 결정한다. 반드시 공사특성 및 지반조건을 고려하여 예비조사 단계에서 결정한 기준에 따라 최소 요구조건 이상으로 본조사를 계획, 수행한다.

해설

3.7.2 시추공의 간격에 대한 일반 기준과 시추공 위치선정을 위한 일반적인 지침은 3.7.1절의 해설 표 3.7.4와 같다. 계획하는 부지에 대하여 지층 단면도가 얻어질 수 있도록 시추공의 위치를 배치해야 한다.

(1) 지층상태가 복잡한 경우는 기준을 1/2로 축소하여 실시토록 하고 기준에 없는 경우는 유사한 경우를 참조하여 판단한다.
(2) 흙깎기의 경우 일률적으로 조사빈도 결정하면 지층변화기 심한 암종(특히 퇴적암계열)에 대한 지반정보 부족으로 비탈면 붕괴사고가 우려되므로 암종과 붕괴이력 등을 감안하여 조사빈도를 결정한다.
(3) 토피가 얕은 터널, 충적층과 암반의 경계부분을 지나는 터널, 연약지반에서 과거에 수로였던 지점, 사면에서 단층이나 파쇄대 주변은 필요에 따라 추가하여 계획한다.
(4) 시추 깊이는 건설 예정 구조물의 형태와 특성에 따라 결정되어야 한다. 또 지하에 분포하는 지층의 특성과 층두께도 충분히 고려되어야 한다.

3.7.3 지반조사 간격 및 깊이는 지층상태, 구조물의 규모에 따라 정하고 조사위치는 주변지역의 대표적인 곳을 선정해야 하며 지반조건 변화에 따라 조사위치 조정이 필요하다. 지층상태가 복잡한 경우에는 기조사한 간격사이에 보완조사를 실시한다. 기초지반에 따른 시추 방법에 대한 세부사항은 다음과 같다.

(1) 기초지반으로 부적합한 토층분포 시

압밀되지 않은 매립토, 늪지, 유기질이 많은 재료, 연약한 세립토, 그리고 느슨한 조립토 등과 같이 기초지반으로 부적합한 층은 관통하여 단단하거나 치밀한 재료에 도달하도록 시행한다.

(2) 세립토층

압축성 세립토의 두께가 두꺼울 때 시추 깊이는 상부하중으로 인한 응력이 대단히 작게 되어 그로 인한 압밀이 지표면의 침하에 거의 영향을 주지 않는 깊이까지 시행한다.

(3) 치밀한 지반

치밀하거나 굳은 지반이 얕은 심도에 분포할 때 시추 깊이는 토층을 관통하여 그 하부에 있는 연약한 토층이 안정성과 침하에 영향을 주지 않을 정도까지 시행한다.

(4) 기반암 표면

기반암의 표면에 도달하였고 암반의 특성과 위치가 알려져 있을 때는 일부의 시추는 풍화되지 않은 신선한 암반 2m 깊이까지 시행한다. 암반의 위치와 특성이 알려져 있지 않은 경우, 전석이 있는 경우 또는 지질학적으로 불규칙한 풍화대가 있을 수 있는 경우에는 암반 내까지 근입하는 시추공수를 증가시킨다.

(5) 공동이 있는 석회암

유로 또는 공동이 있다고 의심이 되는 석회암 지역에서는 구조물의 각 기둥 위치마다 시추나 탐사를 시행한다. 대규모 구조물에서는 각 기둥위치와 중심에 가까운 위치에서의 시추나 탐사, 항공사진에 의한 간접적인 방법이 사용된다. 항공사진 판독은 경험 있는 관련기술자에 의해 함몰의 발견이나 오래된 사진과 최근의 사진을 비교함으로써 공동형성의 진행 상태를 판단하는 데 유용하게 사용된다. 물리탐사법은 지하의 전기비저항, 중력, 자기장 또는 탄성파 속도가 비정상적인가를 탐지하고 비정상 상태와 공동의 존재와의 관계를 밝히는 데 사용된다. 대표적인 탐사법은 탄성파 또는 전기비저항 토모그래피가 있다.

(6) 확인 시추

잘 알려지지 않은 지역에서는 최소한 1개소의 시추는 충분한 깊이까지 시행되어 깊은 지점에서 연약하거나 파쇄대 등의 존재 유무를 확인한다.

(7) 하천제방의 시추조사(국토해양부, 2009)

본조사는 지반을 구성하고 있는 토층의 종류, 층의 두께, 깊이 방향에 따른 강도의 변화, 지지층의 심도 및 그 개략적 강도 등을 알기 위한 것으로 시추조사, 표준관입시험 및 사운딩 시험, 물리탐사와 토질시험을 실시한다. 보완조사는 예비조사 및 현지답사, 본조사 등에서 개략적으로 판정된 연약지반 및 투수성지반에 대하여 추가적으로 실시한다.

가. 제방의 계획선을 따라 200m 간격으로 1개소씩 실시한다. 시추조사의 깊이는 지표면에서 계획제방고까지의 높이의 3배 이상을 표준으로 최소 10m 이상의 깊이까지 함을 원칙으로 하며 동일제방에서 최소 1개소는 풍화암까지 확인을 하여야 한다. 다만, 풍화암 이상의 지지층이 나타날 경우에는 시추조사를 종료하여도 무방하다. 시추조사에서는 지층구성을 확인하고 표준관입시험에 의한 N값을 구하며 채취한 시료는 토질판별을 위하여 실내시험을 실시한다.

나. 연약지반조사는 점토지반, 사질지반 등의 지반상황 및 연약지반의 규모에 따라 시추조사의 경우 100m 간격으로 1개소, 사운딩 조사의 경우 20~50m 간격으로 1개소 실시함을 원칙으로 하며 이때 심도는 제방의 침하나 안정에 영향을 미치는 깊이까지로 한다.

다. 투수성조사는 계획노선을 따라 100m 간격으로 횡단방향 2개소에 대하여 실시하며 깊이는 불투수층까지를 기준으로 한다.

3.7.4 지하수 및 간극수압에 관한 조사는 다음의 사항을 고려하여야 한다.

(1) 간극수압 분포 조사는 수위, 시간에 따른 변화, 수문학적 정보를 포함한다.

(2) 만약 피압수나 용출수가 있다면 보고서에 기록하여야 하고, 피압수두의 측정이 가능하다면 그 크기를 측정하여야 한다.

(3) 현장 근처에 지하수 양수정(pumping well)이 있으면 그 위치 및 용량을 확인하여야 한다.

(4) 양압력을 받는 굴착 문제를 평가하기 위해서는 굴착 저면에서 조사를 시행할 깊이가 지하수위 면에서 굴착 저면까지의 거리 이상이어야 한다. 상부층의 단위중량이 작은 경우 전술한 조사깊이보다 더 깊어야 한다.

해설

3.7.4 지하수 및 간극수압측정, 피압수, 양수정에 대하여 설명하면 다음과 같다.

(1) 지하수위는 시추 종료 후 안정된 상태에서 측정되어야 한다. 수위측정은 추, 면 또는 강철제 줄자를 사용한다. 작은 구경의 관에서는 전기식 감지기를 사용하여 10mm 이내의 정밀도로 측정한다. 지하수위는 계절적 변동 사항이 중요하므로 필요시에는 시추공에 스탠드파이프 피에조미터를 설치하여 장기적으로 측정한다. 최근에는 공기압식 또는 전기식 등과 같은 피에조미터가 사용되기도 한다. 피에조미터의 종류별 특성은 해설 표 3.7.6과 같다. 점성토 등 투수성이 낮은 층의 간극수압분포는 유효

응력의 산정에 필요할 뿐만 아니라 압밀상태의 판정에도 중요한 정보가 된다. 간극수압의 측정방법은 해설 표 3.7.7과 같다.

해설 표 3.7.6 지하수위 측정장치

측정장치	장점	단점
스탠드 파이프 피에조미터 웰포인트	• 간단하고 신뢰도 있음 • 정교한 팁이 필요치 않음	• 설치 후 측정하기까지 시간이 걸림 • 동절기에 얼 수가 있음
압축공기식 피에조미터	설치 후 측정까지 시간이 짧음	습한 공기가 튜브에 들어가지 못하게 해야 함
전기식 피에조미터	• 설치 후 측정까지 시간이 짧고 고감도임 • 자동측정에 적합함	• 비싸고 온도보정이 필요할 수 있음 • 영점조정에 따라 오차 발생될 수 있음

해설 표 3.7.7 간극수압의 측정방법과 특징

<table>
<tr><th colspan="4">측정방법의 종류</th><th>특징</th></tr>
<tr><td rowspan="2">직접법</td><td colspan="2" rowspan="2">수위식
Casagrande식</td><td rowspan="2">케이싱식
Casagrande식</td><td>가장 간편한 방법으로 투수성이 좋은 지반에만 적용</td></tr>
<tr><td>투수성이 다소 나쁜 지반에도 적용 가능</td></tr>
<tr><td rowspan="8">간접법
(압력
변환법)</td><td rowspan="4">지
상
감
지
형</td><td rowspan="2">수은
Manometer</td><td>개방식</td><td>정밀도, 안정성은 좋으나 시간이 걸리며 수위가 낮은 경우는 불가</td></tr>
<tr><td>비개방식</td><td>정밀도, 안정성은 좋으며 수위가 낮은 경우도 가능</td></tr>
<tr><td rowspan="2">기타 변환 방식</td><td>Bourdon관식</td><td>간편한 방법이지만 수위가 낮은 경우는 불가</td></tr>
<tr><td>전기변환식</td><td>자동측정이 가능하지만 수위가 낮은 경우에는 측정 불가</td></tr>
<tr><td rowspan="3">지
중
감
지
형</td><td rowspan="2">Balance 식</td><td>전기접점식</td><td>압력은 Buldon관 사용</td></tr>
<tr><td>평형변식</td><td>자동측정은 곤란</td></tr>
<tr><td>전기
변환식</td><td>Carlson식
변형계식
차동트란스식
진동현식 등</td><td>장기 안정성에는 다소 문제가 있지만 자동계측이 용이하여 최근에 이용이 증가</td></tr>
</table>

(2) 피압수는 상부와 하부가 불투수층으로 되어 있는 대수층속의 지하수를 의미한다. 피압수는 터파기 공사 시 용출현상을 유발시키고 시추 시 공벽을 붕괴시키며 구조물 기초 저면에 부력을 발생시키는 요인으로 작용한다.

(3) 양수에 의한 현장 투수시험

원위치 투수시험으로 현장상태의 투수계수를 측정한다. 현장시험에서 측정된 투수계수는 지반공학에서 사용되는 어떤 토질특성보다 변동성이 크다. 투수성의 측정은 자연조건과 시험조건에 매우 민감하게 영향을 받는다. 현장투수시험이 가지고 있는 어려움은 오차의 원인을 줄이고 정확한 결과를 얻기 위하여 많은 주의를 기울여야 한다. 단일 시추공에서 시행하는 대표적인 현장 투수시험에는 정수위시험, 변수위시험, 양수법, 패커에 의한 수압시험법 등이 있으며 현장의 지반조건을 고려하여 투수시험법을 적용해야 한다. 대규모 침투수 조사 시 대수층시험 또는 양수시험은 비용이 비싸지만 타 시험과 비교하여 유용한 자료를 제공하기 때문에 사용된다.

(4) 구조물 시공 중에 지하수에 의한 부력 및 양압력을 받는 경우 지하수위면 하부 측 구조체면에 연직방향으로 수압이 작용하게 되는데, 이를 양압력(uplift pressure) 또는 부력이라 한다. 양압력을 받는 굴착 문제를 평가하기 위해서는 굴착 저면에서 조사를 시행할 깊이가 지하수위 면에서 굴착 저면까지의 거리 이상이어야 한다. 상부층이 작은 단위중량을 가지는 경우, 조사 깊이는 이보다 더 깊어야 한다. 현장에서는 지반조사 주상도나 주변 지하수위를 파악하여 시공단계 및 완성구조물의 부력에 대한 사전 안정성 검토를 해야 한다.

3.7.5 기초 하부에 공동이 예상되는 지역 및 직접기초로 예상되는 지역의 지지층 깊이 변화가 큰 경우에는 시추조사 및 물리탐사를 이용하여 공동 및 지지층의 분포를 확인할 수 있다.
3.7.6 기초가 비탈면에 위치하거나 터파기로 인하여 비탈면붕괴가 우려되는 경우 비탈면 안정검토를 할 수 있도록 시추공 영상촬영 등을 수행할 수 있다.
3.7.7 시추가 완료된 시추공은 시멘트풀이나 시멘트 모르터 등으로 폐쇄하여 지하수 유동으로 인한 오염의 확산을 방지해야 한다.

해설

3.7.5 기초하부에 공동이 있는 경우, 기초구조물에 큰 영향을 미치므로 기초하부에 공동이 예상되는 과거 광산지역이나 석회암 지역 등에서 공사를 수행하는 경우 시추조사 및 물리탐사를 실시하여 공동 및 지지층의 분포를 확인한다. 물리탐사를 실시하는 곳에서 확인 시추조사를 실시하여 물리탐사의 신뢰성을 높일 수 있다.

3.7.6 기초가 비탈면에 위치하거나 터파기로 인하여 비탈면붕괴가 우려되는 경우, 지형 및 지질상황을 충분히 파악하여 안정성을 유지해야 한다. 지층의 상태를 파악하기 위해 시추조사가 가장 일반적으로 활용되지만 시추조사는 전체 조사지역의 일부 국한된 아주 작은 영역만을 대표하는 자료로 한계성이 있다. 따라서 정밀한 지층상태의 파악이 필요

한 경우, 지반상태를 육안으로 확인할 수 있는 시추공 영상촬영 등의 물리탐사 기법을 이용할 수 있다.

3.7.7 지반조사 수행 시 굴착한 시추공을 방치할 경우 오염된 지표수의 유입이나 지층 내에 시추공과 교차하는 오염된 대수층으로부터 오염된 지하수가 인접한 비오염 대수층으로 확산될 수 있다. 이를 방지하기 위하여 시추가 완료된 시추공은 시멘트 풀이나 시멘트 모르터를 이용하여 폐공하여야 한다.

3.8 지반의 분류

3.8.1 흙은 다음 항목을 기준으로 그 목적에 맞도록 판별하고 분류한다.

(1) 입도 분포

(2) 입자 형상

(3) 입자 표면 거칠기

(4) 상대밀도

(5) 단위중량

(6) 자연 함수비

(7) 액성·소성 한계

(8) 탄산염(carbonate) 함량

(9) 유기질 함량

(10) 비중

해설

3.8.1 흙의 분류는 주로 통일분류법(USCS)과 AASHTO 분류법을 이용하여 판별하고 분류한다. 흙을 판별하고 분류하는 데 필요한 항목들은 다음과 같다.

(1) 입도분포

흙 입자를 입경에 따라 구분한 것을 입경분포 또는 입도분포라 한다. 입도곡선의 기울기가 완만하며 입경이 다른 입자가 넓은 범위에 걸쳐 있는 경우, 입도가 양호하다(well graded)고 하며 기울기가 급하고 특정 입경에 집중된 흙은 입도불량(poorly graded) 또는 균등

입도(uniformly graded)의 흙이라 한다.

(2) 입자형상

입자의 형상은 일반적으로 입상형(bulky), 판형(flaky), 바늘형(needle shaped)으로 구분할 수 있다. 입상형 입자의 대부분은 암석과 광물들의 기계적인 풍화에 의해 형성된 것으로서 입자의 모양에 따라 모난(angular), 약간 모난(subangular), 둥근(rounded), 약간 둥근(subrounded) 형상으로 구분한다. 판형입자들은 얇은 조각모양의 형상을 가지고 있으며 입자의 크기는 보통 0.01mm 또는 이보다 작다. 바늘형 입자들은 다른 두 입자들의 형상과 같이 흔하지는 않다. 바늘형 입자가 함유된 흙으로 산호침전 점토와 애터펄자이트 점토가 있다.

(3) 입자 표면 거칠기

토립자의 표면 거칠기는 흙의 전단저항이나 흙과 구조물 사이의 전단저항을 좌우하는 요소이다.

(4) 상대밀도

상대밀도는 백분율로 나타내며 모래지반의 다짐정도를 파악하고 모래의 내부마찰각을 추정하여 지지력을 계산하는 데 이용된다.

(5) 단위중량

흙의 단위부피에 대한 중량을 의미하는 것으로 습윤단위중량, 건조단위중량, 포화단위중량, 수중단위중량으로 구분된다. 단위중량은 토압, 지지력, 지반침하, 사면안정 등의 해석 시 흙의 자중계산에 사용된다.

(6) 자연 함수비

자연상태의 흙이 지니고 있는 함수비로 토질, 지하수위의 상대위치 등에 따라 건조상태에서 부터 포화상태까지 넓은 범위로 변화한다. 점성토는 사질토보다 비교적 함수비가 많으며 점토는 강도와 압축성이 함수비와 밀접한 관계가 있다. 충적점토의 자연함수비는 보통 액성한계에 가깝고 과압밀점토에서는 소성한계에 가깝다.

(7) 액성·소성 한계

액·소성한계는 반죽한 흙에 대한 액성상태와 소성상태 경계의 함수비를 의미한다.

가. 액성한계는 점토광물의 종류와 양에 따라 다르며 일반적으로 점토함유량이 많으면 액성한계가 크고 유기질함유량 증가에 따라 증가한다. 액성한계는 소성지수와 함께 세립토의 분류에 이용된다.

나. 소성한계는 점토함유량 증가와 함께 증가하며 점토광물 차이에 따른 변화폭은 액성한계보다 매우 작다. 일반적으로 세립토의 분류에 이용된다.

(8) 탄산염(carbonate) 함량

탄산염암은 탄산기(CO_3)를 포함한 광물로 구성된 암석으로서 주로 퇴적암에서 많이 나타난다. 대표적인 탄산염 광물에는 석회석(limestone), 방해석(calcite), 백운석(dolomite) 등이 있다.

(9) 유기질 함량

흙이 함유하고 있는 유기물의 양을 지칭한다. 흙의 건조 질량에 대한 유기물질량의 비를 백분율로 나타내며 유기물을 함유한 흙의 개략적인 성질을 파악하는 데 이용된다. 유기물 함유량은 비중, 컨시스턴시 특성 등 흙의 물리적 성질, 압축성, 전단강도 등의 역학적 성질과 흙의 보수력, 흡수성, 팽윤성, 그리고 열적성질에도 영향을 미친다. 흙의 안정처리에서 유기물함유량이 2~4% 이상이면 화학반응에 영향을 주어 좋은 결과를 얻지 못한다.

(10) 비중

흙의 비중은 흙입자의 비중이라 부르는 것이 일반적이며 그 값은 무기질토가 2.6~2.8의 범위이나 화산회 등의 다공질 흙은 이보다 작다. 유기물함유량이 많을수록 비중이 작아지고 이탄 등의 고유기질토에서는 1.2 정도의 값을 나타낸다. 흙입자의 비중은 간극비 등 흙의 기본량을 구하거나 유기질토의 유기물함유량, 화산자갈의 내부 간극량 등의 추정에 이용된다.

공학적으로 흙을 판별하는 것은 구성성분, 모양 및 역학적 특성과 조밀도나 컨시스턴시 등에 따르며 해설 표 3.8.1과 같이 입자 크기, 입도와 소성 특성에 따른 육안관찰에 의하여 흙을 판별할 수도 있다.

가. 세립토

입자의 반 이상이 No.200체를 통과하는 경우 세립토로 분류한다. 세립토는 육안으로 실트와 점토를 구분할 수 없고 소성특성에 의해 구별할 수 있다.

1. 점토와 실트의 일반적 특성

가) 점토

건조되면 큰 강도를 나타내고 실과 같이 둥글게 밀어 모양을 만들면 끈기가 있다. 손바닥 위에 흙을 놓고 흔들면 물이 약간 스며 나오는 경우가 있다.

나) 실트

건조강도가 작고 거칠기(toughness)가 작으며 끈기가 없다. 손에 놓고 흔들면 쉽게 팽창하여 흙 표면에 물기가 나타난다.

다) 유기질토

어두운 색깔을 띠며 썩은 냄새가 나고 푹신푹신하고 섬유조직이 보이며 식물질이 보인다.

해설 표 3.8.1 흙에 대한 육안 판별(NAVFAC, 1986)

구분	표시(또는 기술)	판별 기준
입자 크기	호박돌(boulder) 조약돌(cobble) 자갈(gravel)	직경 300mm 이상 직경 75~300mm 조립 20~75mm 세립 No.4~20mm
	모래(sand)	조립 No.10~No.4 중립 No.40~No.10 세립 No.200~No.40
	세립토(실트, 점토)	No.200체 통과 입자
조립토, 세립토의 혼성 비율	조금(trace) 약간(little) ~ 섞인(some) ~과, 및(and)	1~10% 10~20% 20~35% 35~50%
세립토	호상의(alternating) 두꺼운(thick) 얇은(thin) 세부 표시 씸(seam) 층(layer) 지층(또는 토층, stratum) 호상 점토(varved clay) 포켓상(pocket) 렌즈상(lens) 가끔(occasional) 빈번함(frequent)	 1.5~13mm 두께 13~300mm 두께 두께 300mm 이상 모래, 실트와 점토의 씸 또는 층이 교호됨 보통 두께 300mm 이하의 작고 표류적 퇴적 렌즈모양의 퇴적 두께 300mm당 1회 이하 두께 300mm당 1회 이상

2. 컨시스턴시

흙의 컨시스턴시는 해설 표 3.8.2와 같이 기술한다. 현장에서 컨시스턴시를 파악하기 위해 휴대용 관입시험기(pocket penetrometer)나 베인 전단 시험기가 사용될 수 있다.

3. 흙에 대한 기술 예
- 매우 단단한 갈색의 실트질 점토(CL), 습윤
- 단단한 갈색의 점토질 실트(ML), 습윤
- 연약한 암갈색의 유기질 점토(OH), 포화 등

해설 표 3.8.2 세립토의 컨시스턴시(Terzaghi and Peck, 1948)

N치	컨시스턴시	일축압축강도 (kN/m²)	비고
0~2	대단히 연약(very soft)	25 이하	손으로 누르면 손가락 사이로 흙이 삐져나옴
2~4	연약(soft)	25~50	엄지손가락이 쉽게 관입
4~8	보통(medium)	50~100	엄지손가락이 힘들게 관입
8~15	단단함(stiff)	100~200	엄지손가락이 매우 힘들게 관입
15~30	대단히 단단함(very stiff)	200~400	엄지손가락의 손톱으로 쉽게 자국이 남
30 이상	견고(hard)	400 이상	엄지손가락의 손톱으로 힘들게 자국이 남

나. 조립토

75mm보다 큰 입자를 제외한 전체 시료중량의 1/2 이상을 육안으로 볼 수 있는 흙이다. 육안 구분 가능한 최소 입자크기는 개략 No.200체의 체눈 크기 정도이며 구체적으로 흙을 파악하기 위해서는 입자크기, 색깔, 조밀한 정도를 알아야 한다(해설 표 3.8.3).

해설 표 3.8.3 조립토의 상대밀도 표시(Terzaghi and Peck, 1948)

N_{60}	상태	상대밀도(%)
0~4	대단히 느슨(very loose)	0~20
4~10	느슨(loose)	20~40
10~30	보통(medium)	40~60
30~50	조밀(dense)	60~80
>50	대단히 조밀(very dense)	80~100

다. 흙을 분류에 이용되는 통일분류법(USCS)은 해설 표 3.8.4와 같이 조립토와 세립토를 구분한다. 통일분류법에 의한 흙의 분류는 알파벳을 2문자씩 조합하여 표시하는데, 제1문자는 흙의 종류를 제2문자는 흙의 입도, 소성, 압축성을 나타내고 있다.

① 자갈과 모래 : 모래는 No.4체보다 작은 입경이며 자갈은 No.4체보다 큰 입경, 조약돌은 75mm보다 큰 입경이다.

② 실트와 점토 : 세립토는 애터버그 한계시험에서 파악된 소성특성에 따라 분류되며 해설 표 3.8.5-①의 소성도표에 나타나 있다.

③ 유기질토 : 식물질이 포함된 이 흙은 비교적 비중이 적고, 고함수비이며 가스가 많고 감열감량이 크다. 노건조시료의 액성한계와 공기건조시료의 액성한계의 비가 3/4보다 작으면 유기질토로 간주된다. 유기질토의 상세한 분류는 해설 표 3.8.5-⑤와 같으며 미 공병단(NAVFAC, 1986)에서 제시한 유기질토의 세부적 분류표는 해설 표 3.8.6과 같다.

해설 표 3.8.4 통일분류법에 의한 흙의 분류(ASTM D-2487)

<table>
<tr><th rowspan="2">구분</th><th colspan="2">제1문자</th><th colspan="2">제2문자</th><th rowspan="2">비고</th></tr>
<tr><th>기호</th><th>설명</th><th>기호</th><th>설명</th></tr>
<tr><td rowspan="4">조립토</td><td rowspan="2">G</td><td rowspan="2">자갈</td><td>W</td><td>입도분포 양호</td><td rowspan="4"></td></tr>
<tr><td>P</td><td>입도분포 불량</td></tr>
<tr><td rowspan="2">S</td><td rowspan="2">모래</td><td>M</td><td>실트질 혼합토</td></tr>
<tr><td>C</td><td>점토질 혼합토</td></tr>
<tr><td rowspan="4">세립토</td><td>M</td><td>무기질 실트</td><td>L</td><td>점성이 작은 흙</td><td rowspan="4"></td></tr>
<tr><td>C</td><td>무기질 점토</td><td rowspan="2">H</td><td rowspan="2">점성이 큰 흙</td></tr>
<tr><td>O</td><td>유기질 실트 및 점토</td></tr>
<tr><td>P_t</td><td>이탄 및 고유기질토</td><td>-</td><td>-</td></tr>
</table>

해설 표 3.8.5-① 흙의 통일분류법(ASTM D-2487)

<table>
<tr><th colspan="3">주요 구분</th><th>기호</th><th>대표적인 흙</th><th colspan="3">분류기준</th></tr>
<tr><td rowspan="4">조립토
(Coarse Grained Soils)

시료의 50% 이상이 75μm 체에 남는 흙</td><td rowspan="4">자갈
(gravel)

조립토의 50% 이상이 4.75mm 체에 남는 흙</td><td rowspan="2">세립분이 거의 없는 깨끗한 자갈</td><td>GW</td><td>입도분포가 양호한 자갈
자갈·모래의 혼합토
세립분이 거의 없음</td><td>세립분의 함유율에 의한 분류</td><td colspan="2">Cu>4, Cu=D60/D10
1<Cc<3, Cc=(D30)2/(D10×D60)</td></tr>
<tr><td>GP</td><td>입도분포가 불량한 자갈
자갈·모래의 혼합토
세립분이 거의 없음</td><td rowspan="2">200번체 통과율 5% 이하인 경우
GW, GP, SW, SP</td><td colspan="2">Cu 및 Cc가 GW의 조건에 만족되지 않을 때</td></tr>
<tr><td rowspan="2">세립분을 함유한 자갈</td><td>GM</td><td>실트질 자갈
자갈·모래·실트 혼합토</td><td>Atterberg 한계가 A선 밑에 있거나 소성지수가 4 이하</td><td rowspan="2">소성지수가 4~7이면서 Atterberg 한계가 A선 위에 존재할 때는 2중기호로 표시</td></tr>
<tr><td>GC</td><td>점도질 자갈
자갈·모래·점토 혼합토</td><td>200번체 통과율 12% 이상인 경우
GM, GC, SM, SC</td><td>Atterberg 한계가 A선 위에 있거나 소성지수가 7 이상</td></tr>
</table>

해설 표 3.8.5-① 흙의 통일분류법(ASTM D-2487)(계속)

주요 구분			기호	대표적인 흙	분류기준		
	모래(sand) 조립토의 50% 이상이 4.75mm 체를 통과하는 흙	세립분이 거의 없는 모래	SW	입도분포가 양호한 모래, 자갈질 모래	200번체 통과율 5~12%인 경우 2중 기호로 표시	Cu>6 1<Cc<3	
			SP	입도분포가 불량한 모래, 자갈질 모래		Cu 및 Cc가 SW의 조건에 만족되지 않을 때	
		세립분을 상당량 함유한 모래	SM	실트질 모래 모래·실트 혼합토		Atterberg 한계가 A선 밑에 있거나 소성지수가 5 이하	소성지수가 4~7이면서 Atterberg 한계가 A선 위에 존재할 때는 2중 기호(CL-ML)로 표시
			SC	점토질 모래 모래·점토의 혼합토		Atterberg 한계가 A선 위에 있거나 소성지수가 7 이상	
세립토(Fine Grained Soils) 시료의 50% 이상이 75μm 체를 통과하는 흙	저소성 실트 및 점토(low plastic silt & clay) 액성한계 50% 이하인 저소성의 흙		ML	무기질 실트, 매우 가는 모래, 암분, 저소성의 실트질 또는 점토질의 세립모래	소성도(plasticity chart)는 조립토에 함유된 세립분이나 세립토를 자세하게 분류하기 위하여 사용되며 소성도의 빗금 친 부분은 2중기호(CL-ML)로 표기해야 하는 부분임		
			CL	소성이 중간치 이하인 무기질 점토, 자갈질 점토, 모래질 점토, 실트질 점토,	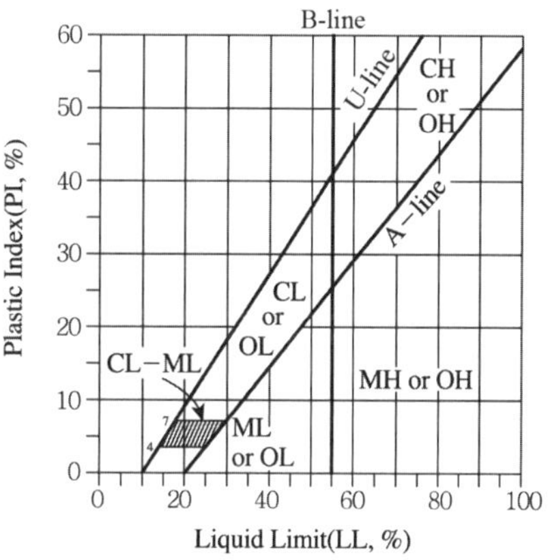B-line U-line A-line CH or OH CL or OL CL-ML MH or OH ML or OL Plastic Index(PI, %) Liquid Limit(LL, %) 0 10 20 30 40 50 60 0 20 40 60 80 100 7 4		
			OL	소성이 작은 유기질 실트 및 유기질 실트·점토			
	고소성 실트 및 점토(high plastic silt & clay) 액성한계 50% 이상인 고소성의 흙		MH	무기질 실트, 운모질 또는 규소질의 세립모래 또는 실트질 흙, 탄성이 큰 실트			
			CH	소성이 큰 무기질 점토 소성이 큰 점토			
			OH	소성이 중간치 이상인 유기질 점토			
유기질 흙			P_t	이탄토(peat) 유기질을 많이 함유한 흙	소성도표 A-Line 관계식 : PI=0.73(LL-20)		

해설 표 3.8.5-② 흙의 통일분류(ASTM D-2487)

구분		분류 방법		기호
조립토 F<50%	자갈질 흙 $F_1 < \frac{100-F}{2}$	No.200체 통과량<5%	Cu≥4이고 1<Cg<3	GW
		No.200체 통과량<5%	GW 조건을 만족 못 함	GP
		No.200체 통과량>12%	PI<4 또는 소성도의 A-선 아래	GM
		No.200체 통과량>12%	PI>7이고 소성도의 A-선 위	GC
		No.200체 통과량>12%	소성도의 'CL-ML' 부분	GC-GM
		5≤No.200체 통과량≤12%	GW와 GM 조건을 만족함	GW-GM
		5≤No.200체 통과량≤12%	GW와 GC 조건을 만족함	GW-GC
		5≤No.200체 통과량≤12%	GP와 GM 조건을 만족함	GP-GM
		5≤No.200체 통과량≤12%	GP와 GC 조건을 만족함	GP-GC
	모래질 흙 $F_1 \geq \frac{100-F}{2}$	No.200체 통과량<5%	Cu≥6이고 1<Cg<3	SW
		No.200체 통과량<5%	SW 조건을 만족 못 함	SP
		No.200체 통과량>12%	PI<4 또는 소성도의 A-선 아래	SM
		No.200체 통과량>12%	PI>7이고 소성도의 A-선 위	SC
		No.200체 통과량>12%	소성도의 'CL-ML' 부분	SC-SM
		5≤No.200체 통과량≤12% 소성도의 A-선 아래	SW와 SM 조건을 만족함	SW-SM
		5≤No.200체 통과량≤12% 소성도의 A-선상 또는 위	SW와 SC 조건을 만족함	SW-SC
		5≤No.200체 통과량≤12% 소성도의 A-선 아래	SP와 SM 조건을 만족함	SP-SM
		5≤No.200체 통과량≤12% 소성도의 A-선상 또는 위	SP와 SC 조건을 만족함	SP-SC
무기질 세립토 F≥50%	LL<50%	PI<4 또는 소성도의 A-선 아래		ML
		PI>7이고 소성도의 A-선 위		CL
		4≤PI≤7, 소성도의 'CL-ML' 부분		CL-ML
	LL≥50%	소성도의 A-선 아래		MH
		소성도의 A-선 위		CH
유기질 세립토 F≥50%	LL<50%	$\frac{\text{노건조시료 액성한계}}{\text{공기건조시료 액성한계}} < 0.75$		OL
	LL≥50%			OH

주) ① F : No. 200체 통과량(%)
② F_1 : No. 4체를 통과하고 No.200체에 남은 흙의 양(%)

해설 표 3.8.5-③ 조립토에 대한 토질명

기호	자갈(%)	모래(%)	토질명
GW		<15	입도 양호한 자갈
		≥15	모래 섞인 입도 양호한 자갈
GP		<15	입도 불량한 자갈
		≥15	모래 섞인 입도 불량한 자갈
GM		<15	실트질 자갈
		≥15	모래 섞인 실트질 자갈
GC		<15	점토질 자갈
		≥15	모래 섞인 점토질 자갈
GC-GM		<15	실트질, 점토질 자갈
		≥15	모래 섞인 실트질, 점토질 자갈
GW-GM		<15	실트 섞인 입도 양호한 자갈
		≥15	실트 및 모래 섞인 입도 양호한 자갈
GW-GC		<15	점토 섞인 입도 양호한 자갈
		≥15	점토 및 모래 섞인 입도 양호한 자갈
GP-GM		<15	실트 섞인 입도 불량한 자갈
		≥15	실트 및 모래 섞인 입도 불량한 자갈
GP-GC		<15	점토 섞인 입도 불량한 자갈
		≥15	점토 및 모래 섞인 입도 불량한 자갈
SW	<15		입도 양호한 모래
	≥15		자갈 섞인 입도 양호한 모래
SP	<15		입도 불량한 모래
	≥15		자갈 섞인 입도 불량한 모래
SM	<15		실트질 모래
	≥15		자갈 섞인 실트질 모래
SC	<15		점토질 모래
	≥15		자갈 섞인 점토질 모래
SC-SM	<15		실트질, 점토질 모래
	≥15		자갈 섞인 실트질, 점토질 모래
SW-SM	<15		실트 섞인 입도 양호한 모래
	≥15		실트 및 자갈 섞인 입도 양호한 모래
SW-SC	<15		점토 섞인 입도 양호한 모래
	≥15		점토 및 자갈 섞인 입도 양호한 모래
SP-SM	<15		실트 섞인 입도 불량한 모래
	≥15		실트 및 자갈 섞인 입도 불량한 모래
SP-SC	<15		점토 섞인 입도 불량한 모래
	≥15		점토 및 자갈 섞인 입도 불량한 모래

주) ① 자갈 : 75mm체를 통과하고 No.4체에 남는 양. 즉, No.4체 잔류량
② 모래 : No.4체를 통과하고 No.200체에 남는 양. 즉, No.200체 잔류량에서 No.4체 잔류량을 뺀 값

해설 표 3.8.5-④ 세립토에 대한 토질명

기호	No.200체 잔류량(%)	자갈에 대한 모래의 비	자갈(%)	모래(%)	토질명
	<15				저소성 점토
	15~29	≥1			모래 섞인 저소성 점토
		<1			자갈 섞인 저소성 점토
CL	≥30	≥1	<15		모래질 저소성 점토
		≥1	≥15		자갈 섞인 모래질 저소성 점토
		<1		<15	자갈질 저소성 점토
		<1		≥15	모래 섞인 자갈질 저소성 점토
	<15				실트
	15~29	≥1			모래 섞인 실트
		<1			자갈 섞인 실트
ML	≥30	≥1	<15		모래질 실트
		≥1	≥15		자갈 섞인 모래질 실트
		<1		<15	자갈질 실트
		<1		≥15	모래 섞인 자갈질 실트
	<15				실트질 점토
	15~29	≥1			모래 섞인 실트질 점토
		<1			자갈 섞인 실트질 점토
CL-ML	≥30	≥1	<15		모래질, 실트질 점토
		≥1	≥15		자갈 섞인 모래질, 실트질 점토
		<1		<15	자갈질 및 실트질 점토
		<1		≥15	모래 섞인 자갈질 및 실트질 점토
	<15				고소성 점토
	15~29	≥1			모래 섞인 고소성 점토
		<1			자갈 섞인 고소성 점토
CH	≥30	≥1	<15		모래질 고소성 점토
		≥1	≥15		자갈 섞인 모래질 고소성 점토
		<1		<15	자갈질 고소성 점토
		<1		≥15	모래 섞인 자갈질 고소성 점토
	<15				탄성이 있는 실트
	15~29	≥1			모래 섞인 탄성 실트
		<1			자갈 섞인 탄성 실트
MH	≥30	≥1	<15		모래질 탄성 실트
		≥1	≥15		자갈 섞인 모래질 탄성 실트
		<1		<15	자갈질 탄성 실트
		<1		≥15	모래 섞인 자갈질 탄성 실트

해설 표 3.8.5-⑤ 유기질토에 대한 토질명

기호	소성 특성	No.200체 잔류량(%)	자갈에 대한 모래의 비	자갈(%)	모래(%)	토질명
OL	PI≥4이고 A-선상 또는 위	<15				유기질 점토
		15~29	≥1			모래 섞인 유기질 점토
			<1			자갈 섞인 유기질 점토
		≥30	≥1	<15		모래질 유기질 점토
			≥1	≥15		자갈 섞인 모래질 유기질 점토
			<1		<15	자갈질 유기질 점토
			<1		≥15	모래 섞인 자갈질 유기질 점토
	PI<4이고 A-선상 아래	<15				유기질 실트
		15~29	≥1			모래 섞인 유기질 실트
			<1			자갈 섞인 유기질 실트
		≥30	≥1	<15		모래질 유기질 실트
			≥1	≥15		자갈 섞인 모래질 유기질 실트
			<1		<15	자갈질 유기질 실트
			<1		≥15	모래 섞인 자갈질 유기질 실트
OH	A-선상 또는 위	<15				유기질 점토
		15~29	≥1			모래 섞인 유기질 점토
			<1			자갈 섞인 유기질 점토
		≥30	≥1	<15		모래질 유기질 점토
			≥1	≥15		자갈 섞인 모래질 유기질 점토
			<1		<15	자갈질 유기질 점토
			<1		≥15	모래 섞인 자갈질 유기질 점토
	A-선상 아래	<15				유기질 실트
		15~29	≥1			모래 섞인 유기질 실트
			<1			자갈 섞인 유기질 실트
		≥30	≥1	<15		모래질 유기질 실트
			≥1	≥15		자갈 섞인 모래질 유기질 실트
			<1		<15	자갈질 유기질 실트
			<1		≥15	모래 섞인 자갈질 유기질 실트

해설 표 3.8.6 유기질토의 세부적 분류(NAVFAC, 1986)

구분	명칭	유기물 함량 (중량비, %)	기호	특징	토성치
유기물질	섬유질 이탄	75~100	Pt	• 가볍고 푹신하여 종종 자연함수비보다 적은 함수비에서 탄성적임 • 공기건조 시 수축이 크며 시료를 짜내면 물이 많이 나옴	W_n=500~1,200% γ_t=0.96~1.12tf/m^3 G_s=1.2~1.8 $\frac{C_c}{1+e}$=0.4 이상
	세립의 이탄 (비결정질)			위와 같음 단, 자연함수비보다 적은 함수비에서 탄성적이지 않음	W_n=400~800% W_l=400~900% I_p=200~500% γ_t=0.96~1.12ft/m^3 G_s=1.2~1.8 $\frac{C_c}{1+e}$=0.35~0.4 이상

해설 표 3.8.6 유기질토의 세부적 분류(NAVFAC, 1986)(계속)

구분	명칭	유기물 함량(중량비, %)	기호	특징	토성치
고유기질토	실트질 이탄	30~75	P_t	• 비교적 가볍고 푹신푹신함 • 실처럼 가늘게 만들면 약하고 소성한계 근처에서 스펀지 같음 • 공기건조 시 수축되며 건조강도가 보통임 • 쉽게 물기를 짜낼 수 있음	W_n=250~500% W_l=250~600% I_p=150~350% γ_t=1.04~1.44tf/m³ G_s=1.8~2.3 $\frac{C_c}{1+e}$=0.3~0.4
	모래질 이탄			• 모래가 육안으로 관찰됨 • 실처럼 가늘게 만들면 약하고 소성한계 근처에서 부서지기 쉬움 • 공기건조 시 수축되며 건조강도는 약함 • 쉽게 물기를 짜낼 수 있음	W_n=100~400% W_l=150~300% (A선 아래에 표시됨) I_p=50~150% γ_t=1.12~1.60tf/m³ G_s=1.8~2.4 $\frac{C_c}{1+e}$=0.2~0.3
유기질토	점토질 유기질토	5~30	OH	• H_2S의 냄새가 종종 심함 • 실처럼 가늘게 만들면 점토입자에 따라 끈기가 있음 • 건조강도는 보통	W_n=65~200% W_l=65~150% (A선 근처에 표시됨) I_p=50~150% γ_t=1.2~1.60tf/m³ G_s=2.3~2.6 $\frac{C_c}{1+e}$=0.2~0.35
	유기질모래 또는 실트		OL	• 실처럼 가늘게 만들기가 어려움 • 건조강도는 작음	W_n=30~125% W_l=30~100% (A선 아래에 표시됨) I_p=NP~40% γ_t=1.44~1.76tf/m³ G_s=2.4~2.6 $\frac{C_c}{1+e}$=0.1~0.25
유기질이 적은 흙	토립자와 유기질 약간	5 이내	무기질에 의존	무기질의 특성에 지배됨	무기질의 특성에 지배됨

라. 흙을 분류에 이용되는 AASHTO 분류법은 해설 표 3.8.7과 같다. AASHTO 분류법은 입도, 액성한계, 소성지수 및 군지수에 따라 흙을 A-1에서 A-7의 군으로 나누는 것으로 도로 또는 활주로의 노상토 재료의 직부를 판단하기 위하여 사용한다. AASHTO 분류법에서 사용하는 군지수(group index)는 해설 식(3.8.1)로 표시한다.

$$GI = 0.2a + 0.005ac + 0.01bd \quad \text{해설 (3.8.1)}$$

여기서, a : No.200체 통과율에서 35를 뺀 값으로, 단 통과율이 75%를 넘는 때에는 75%로 하여 0~40의 정수로 나타낸다.

b : No.200체 통과율에서 15를 뺀 값으로, 단 통과율이 55%를 넘는 때에는 55%로 하여 0~40의 정수로 나타낸다.

c : 액성한계에서 40을 뺀 값으로, 단 액성한계가 60%를 넘는 경우에는 60%로 하여 0~20의 정수로 나타낸다.

d : 소성지수에서 10을 뺀 값으로, 단 소선지수가 30%를 넘는 경우에는 30%로 하여 0~20의 정수로 나타낸다.

군지수 값이 클수록 흙입자가 작으며 팽창수축이 크므로 노상토로 부적당하다는 것을 나타내며 군지수가 20 이상이면 노상토로 부적당하다. AASHTO 분류법은 먼저 75μm 통과율이 35%보다 적으면 입상토, 35%보다 많으면 세립토로 분류한 후 액성한계, 소성지수, 군지수에 따라 흙을 세부적으로 분류한다.

해설 표 3.8.7 AASHTO 분류법(AASHTO, 1988)

일반적 분류	입상토 (75μm 통과율이 35% 이하)							실트-점토 (75μm 통과율이 36% 이상)			
분류기호	A-1		A-3	A-2				A-4	A-5	A-6	A-7 A-7-5 A-7-6
	A-1-a	A-1-b		A-2-4	A-2-5	A-2-6	A-2-7				
체분석, 통과량의 % No.10체 No.40체 No.200체	50 이하 30 이하 15 이하	50 이하 25 이하	51 이상 10 이하	35 이하	35 이하	35 이하	35 이하	36 이상	36 이상	36 이상	36 이상
No.40체 통과분의 성질 액성한계 소성지수	6 이하		N.P	40 이하 10 이하	41 이상 10 이하	40 이하 11 이상	41 이상 11 이상	40 이하 10 이하	41 이상 10 이하	40 이하 11 이상	41 이상 11 이상
군지수	0		0	0		4 이하		8 이하	12 이하	16 이하	20 이하
주요구성 재료	암편, 자갈, 모래		세사	자갈 실트질 또는 점토질 모래				실트질 흙		점토질 흙	
노상토로서 일반적등급	우수 또는 양호							가능 또는 불가능			

주) A-7-5군은 $PI \leq WL-30$, A-7-6군은 $PI > WL-30$, N.P는 비소성(nonplastic)을 의미함

마. Hough(1969)가 제안한 흙의 종류별 토성치는 해설 표 3.8.8과 같다.

해설 표 3.8.8 흙의 종류별 일반적인 토성치(Hough, 1969)

흙의 종류	입경 (mm)		D10 (mm)	균등계수 C_u	간극비		간극률		건조단위중량 (tf/m^3)			습윤단위중량 (tf/m^3)		수중단위중량 (tf/m^3)	
	D_{max}	D_{min}			e_{max}	e_{min}	n_{max}	n_{min}	최소	다짐 100%	최대	최소	최대	최소	최대
조립토															
(1) 균등한 흙															
균질하고 균등한 모래 (세립 또는 중립)	–	–	–	1.2~2.0	1.0	0.4	50	29	1.33	1.84	1.89	1.35	2.17	0.83	1.17
균등한 무기질 실트	0.05	0.005	0.012	1.2~2.0	1.1	0.4	52	29	1.28	–	1.89	1.30	2.17	0.82	1.17
(2) 입도가 양호한 흙															
실트질 모래	2.0	0.005	0.02	5~10	0.9	0.3	47	23	1.39	1.95	1.95	1.41	2.27	0.87	1.27
균질한 세립 내지 조립모래	2.0	0.05	0.09	4~6	0.95	0.2	49	17	1.36	2.11	2.21	1.38	2.38	0.85	1.38
운모질 모래	–	–	–	–	1.2	0.4	55	29	1.22	–	1.92	1.23	2.22	0.77	1.22
실트질 모래와 자갈	100	0.005	0.02	15~300	0.85	0.14	46	12	1.43	–	2.34	1.44	2.47	0.90	1.47
혼합토															
모래질 또는 실트질 점토	2.0	0.001	0.003	10~30	1.8	0.25	64	20	0.96	2.08	2.16	1.60	2.35	0.61	1.35
자갈 또는 암편 섞인 실트질 점토	250	0.001	–	–	1.0	0.20	50	17	1.35	–	2.24	1.84	2.42	0.85	1.42
입도가 양호한 자갈, 모래, 실트와 점토 혼합토	250	0.001	0.002	25~1,000	0.7	0.13	41	11	1.60	2.24	2.37	2.00	2.50	0.99	1.50
점질토															
점토 (점토 30~50%)	0.05	0.5μ	0.001	–	2.4	0.50	71	33	0.80	1.68	1.79	1.51	2.13	0.50	1.13
콜로이드 점토 (2μ 이하 50%)	0.01	10Å	–	–	12	0.60	92	37	0.21	1.44	1.70	1.14	2.05	0.13	1.05
유기질토															
유기질 실트	–	–	–	–	3.0	0.55	75	35	0.64	–	1.76	1.39	2.10	0.40	1.10
유기질 점토 (점토 30~50%)	–	–	–	–	4.4	0.70	81	41	0.48	–	1.60	1.29	2.00	0.29	1.00

주) ① 간극비 : 조립토의 e_{max} 상태는 건조되거나 약간 축축할 때 될 수 있음. 점토의 e_{max} 상태는 완전히 포화되었을 때 될 수 있음
② 조립토의 최소 단위중량은 e_{max}일 때이고 모든 포화된 흙의 수중단위중량은 포화단위중량에서 물의 단위중량을 뺀 값임
③ 위 표는 조립토의 비중을 2.65, 점토는 2.7, 유기질토는 2.6으로 가정한 것임

3.8.2 암석은 다음 항목을 기준하여 판별하고 분류한다.

(1) 구성 광물

(2) 암종

(3) 함수비

(4) 단위중량

(5) 간극률

(6) 음파 속도

(7) 급속 수분 흡수능
(8) 팽창성
(9) 슬레이크-내구성 지수
(10) 일축 압축강도 또는 점하중 강도

해설

3.8.2 암석의 공학적 의미는 암반을 구성하는 소재로서 일반적으로 균열은 있지만 지질적 불연속면이 없는 암편을 의미한다. 암반은 토목공사의 대상이 될 정도의 공간적 크기를 갖는 자연암석의 집합체로서 지질학적 분리면 또는 암반 불연속면을 갖는 불균질성 및 이방성의 암체를 말한다. 암반에 가장 일반적으로 나타나는 불연속면은 절리(joint)와 단층(fault)이다. 지질학적인 관점에서 암석은 성인에 따라서 화성암, 퇴적암, 변성암으로 분류된다.

암석은 토목공학적인 관점에서 풍화정도에 따라 극경암, 경암, 보통암, 연암, 풍화암, 토층 등으로 분류된다.

(1) 구성광물

암석을 구성하고 있는 광물을 조암광물이라고 한다. 주요 조암광물로는 석영, 장석, 운모, 각섬석, 휘석, 감람석이 있다. 주요 조암광물들은 모두 규소와 산소를 포함하기 때문에 규산염 광물이라 하며 전체 광물의 약 92%를 차지한다. 이중, 석영과 장석은 무색광물이며 나머지는 유색광물에 속한다. 산성암인 화강암의 경우 유색광물이 적어 밝게 빛나며 현무암의 경우 반대로 유색광물의 함량이 많아 어둡게 보인다. 사암은 모래가 퇴적되어 굳어진 퇴적암이다.

(2) 암석의 종류

암석은 크게 화성암, 퇴적암, 그리고 변성암으로 구분된다. 화성암은 지하 깊은 곳에서 암석 성분이 녹아서 된 마그마가 지표로 분출하거나 땅 속에서 서서히 식으면서 다시 굳어져서 된 암석을 말하며 퇴적암은 빗물이나 강물 및 바람 등에 의해서 돌이 부스러지고 물에 의해서 운반된 다음 퇴적된 돌, 부스러기나 침전물 및 조개와 같은 생물의 유해 등이 쌓여 만들어진 암석을 말한다. 변성암은 이미 만들어진 암석이 열이나 압력 또는 그 밖의 다른 작용을 받아 그 성질이 변화된 암석을 가리킨다.

가. 암석의 분류방법

1. 색깔과 입자크기

암석의 색상은 3개의 요소(밝기, 보조색, 색)에 의해 양적으로 표현된다(해설 표 3.8.9). 색은 기본 색상 또는 기본 색상의 혼합이고 보조색은 색상의 명도나 농도이다. 그리고 밝기는 색상의 밝기이다. 색상 분포가 일정하지 않은 경우에는 부가적인 어구가 3개의 기본 용어에 결합되어 사용되어야 한다.

해설 표 3.8.9 색상 표기 예

밝기	보조색	색
옅은	갈색의	핑크색
진한	노란색의	빨간색

입자크기는 다음과 같이 성인별 암종에 따라 구분되며 판별을 위해서 필요시 배율 10의 돋보기를 사용한다.

① 화성암과 변성암

- 조립질 : 입경이 5mm 이상
- 중립질 : 입경이 1~5mm
- 세립질 : 입경이 1mm 이하
- 현정질(aphanitic) : 육안으로 판단하기에 너무 작은 입경
- 유리질(glassy) : 입자의 형태가 없는 것

② 퇴적암

- 조립질 : 입경이 2mm 이상
- 중립질 : 입경이 0.06~2mm
- 세립질 : 입경이 0.002~0.06mm
- 극세립질 : 입경이 0.002mm 이하

2. 탄성파속도와 일축압축강도에 의한 분류

해설 표 3.8.10은 건설표준품셈에 있는 암종의 분류기준이다. 암종은 해설 표 3.8.11과 같이 2가지로 구분하고 탄성파속도와 암편의 강도를 기준으로 암을 구분한다. 해설 표 3.8.12는 균열이 없는 신선한 암(intact rock)에 대한 범위를 나타낸다.

해설 표 3.8.10 건설표준품셈에 의한 분류

암종	그룹	자연상태의 탄성파속도 V(km/s)	암편탄성파 속도 Vc(km/s)	암편내압강도 (MPa)	비고
풍화암	A	0.7~1.2	2.0~2.7	30~70	내압강도 1. 시편 : 5cm 입방체 2. 노건조 : 24h 3. 수중침윤 : 2일 4. 내압시험 5. 시험방향(가압방향) Z축(결면에 수직) (탄성파 속도가 가장 느린 방향) 암편 탄성파 속도 1. 시편 : 두께 150~200mm 상하면이 평행면 2. 측정방향 X축(탄성파속도가 가장 빠른 방향) (평면에 평행)
	B	1.0~1.8	2.5~3.0	10~20	
연암	A	1.2~1.9	2.7~3.7	70~100	
	B	1.8~2.8	3.0~4.3	20~50	
보통암	A	1.9~2.9	3.7~4.7	100~130	
	B	2.8~4.1	4.3~5.7	50~80	
경암	A	2.9~4.2	4.7~5.8	130~160	
	B	4.1 이상	5.7 이상	80 이상	
극경암	A	4.2 이상	5.3 이상	180 이상	

해설 표 3.8.11 건설표준품셈에 의한 암종 구분

구분	A	B
대표적 암명	편마암, 사질편암, 녹색편암, 각암, 석회암, 사암, 휘록응회암, 역암, 화강암, 섬록암, 감람암, 사교암, 유교암, 현암, 안산암	흑색편암, 녹색편암, 휘록응회암, 혈암, 니암, 응회암, 점괴암
함유물 등에 의한 시각 판정	사질분, 석영분을 다량 함유하고 암질이 단단한 것, 결정도가 높은 것	사질분, 석영분이 거의 없고 융회분이 거의 없는 것, 천매상의 것
500~1,000g 해머의 타격에 의한 판정	타격점의 암은 작은 평평한 암편으로 되어 비산되나 거의 암분을 남기지 않는 것	타격점의 암 자신이 부서지지 않고 분상이 되어 남으며 암편이 별로 비산되지 않는 것

해설 표 3.8.12 강도에 의한 분류(ISRM, 1978)

분류	상태	일축압축강도 (Mpa)
극히 강함(extremely strong)	여러 번의 해머 타격으로도 잘 깨지지 않음	250 이상
매우 강함(very strong)	여러 번의 해머 타격으로 깨짐	100~250
강함(strong)	1회 이상의 타격으로 깨짐	50~100
보통 강함(moderately strong)	해머의 1회 타격으로 깨지는 정도. 휴대용 칼로 긁어지지 않음	25~50
약함(weak)	해머의 끝으로 타격해 자국이 남는 정도. 휴대용 칼로 약간 긁어짐	5~25
매우 약함(very weak)	해머의 끝으로 타격해 부서지는 정도. 휴대용 칼로 쉽게 긁어짐	1~5
극히 약함(extremely weak)	엄지손톱으로 자국이 나는 정도	0.25~1

3. 암석강도와 탄성계수에 의한 분류(Deer and Miller, 1996)

일축압축강도는 탄성계수와 높은 상관성을 가지고 있다. 두 요소에 의한 암석분류 방법은 다음 해설 표 3.8.13과 같다.

해설 표 3.8.13 암석강도와 탄성계수에 의한 암석분류

① 강도

등급	분류	일축압축강도(Mpa)
A	극경암(very high strength)	225 이상
B	경암(high strength)	112.5~225
C	보통암(medium strength)	56~112.5
D	연암(low strength)	28~56
E	극연암(very low strength)	28 이하

② 탄성계수비

등급	분류	탄성계수비(E/σ_c)
H	고 탄성비(high modulus ratio)	500 이상
M	중 탄성비(medium modulus ratio)	200~500
L	저 탄성비(low modulus ratio)	200 이하

나. 암반의 분류방법

1. 지질학적 분류

화성암, 퇴적암, 변성암을 지질학적으로 분류하면 해설 표 3.8.14~3.8.16과 같다.

해설 표 3.8.14 화성암의 지질학적인 암명 분류

<table>
<tr><th colspan="2" rowspan="2">색</th><th colspan="6">← 밝은색 — 검은색 →</th></tr>
<tr><th>산성암</th><th colspan="3">중성암</th><th>염기성암</th><th>초염기성암</th></tr>
<tr><th colspan="2">SiO_2(%)</th><th>>65</th><th>65~60</th><th>60±</th><th>55±</th><th>52~45</th><th>40±</th></tr>
<tr><td colspan="2">광물성분</td><td>석영
정장석
흑운모
백운모
각섬석</td><td>정장석
사장석
석영, 흑운모
각섬석,
백운모</td><td>정장석
흑운모
백운모
각섬석</td><td>사장석
각섬석
흑운모</td><td>사장석
휘석
감람석</td><td>감람석
휘석
자철석
크롬철석</td></tr>
<tr><td colspan="2">심성암</td><td>화강암</td><td>화강섬록암</td><td>섬장암</td><td>섬록암</td><td>반려암</td><td>감람암
듀나이트</td></tr>
<tr><td colspan="2">반심성암</td><td>화강반암
석영반암</td><td>화강섬록반암</td><td>섬장반암
반암</td><td>섬록반암
반암</td><td>반려반암
조립현무암</td><td rowspan="6"></td></tr>
<tr><td colspan="2">화산암</td><td>유문암
석영조면암</td><td>석영안산암</td><td>조면암</td><td>안산암</td><td>현무암</td></tr>
<tr><td colspan="2">비현정질암맥</td><td colspan="4">← 규장암 →</td><td>← 현무암</td></tr>
<tr><td rowspan="3">유리질</td><td>유리질</td><td colspan="4">← 흑요암 →</td><td rowspan="3">분석
다공상
행인상
현무암</td></tr>
<tr><td>다공상
구조</td><td colspan="3">← 부석 →</td><td rowspan="2"></td></tr>
<tr><td>행인상
구조</td><td colspan="3">← 행인상부석 →</td></tr>
</table>

해설 표 3.8.15 변성암의 지질학적인 암명 분류

조직	구조	
	엽리구조	괴상구조
조립의 결정질	편마암	변성규암
중립의 결정질	편암 (견운모) (운모) (활석) (녹니석)	대리석 규암 사문암 활석
세립 또는 미결정질	천매암 스레이트	호온펠스 무연탄

해설 표 3.8.16 퇴적암의 지질학적인 암명 분류

조직	성인	구성물질		퇴적암
쇄설성 퇴적암	육성쇄설물 (주로 유수에 의하여 운반퇴적)	쇄설물의 명칭	입자의 직경(mm)	
		호박돌(대력)	256 이상	역암 (boulder)
		왕자갈	256~64	역암 (cobble)
		자갈	64~4	역암 (pebble)
		잔자갈	4~2	역암 (granule gravel)
		모래	2~1/16	사암 (sand)
		실트(silt, 뻘)	1/16~1/256	실트암 (siltstone, 이암)
		점토	1/256 미만	셰일(shale, 점토암)
	화산쇄설암 (화산분출물이 운반, 퇴적)	화산암괴 화산력 화산재 화산진	32 이상 32~4 4~1/4 1/4 미만	각역암 (breccia)
비쇄설성 퇴적암	유기적 퇴적암 (생물유해의 집합)	석회질 생물체 규질생물체 식물체(탄질) 동물체(아스팔트질)		
	화학적 퇴적암 (화학적 침전물의 집합)	탄산칼슘($CaCO_3$, 방해석) 돌로마이트($CaMg(CO_3)_2$) 염화나트륨($NaCl$) 황산칼슘($CaSO_4 \cdot 2H_2O$) 질산나트륨($NaNO_3$)		

(3) 함수비

암석의 함수량이란 자연상태에 있는 암석 중에 존재하는 수분량을 나타내는 것이며 이것을 정량적으로 표현하는 데 함수비가 사용된다. 암편을 사용해서 함수비를 구하는 경우 KS F 2306 흙의 함수량 시험방법을 준용하여 사용할 수가 있다.

(4) 단위중량

암석의 중량이란 암석의 단위체적당 중량을 뜻하며 실질부분의 중량과 간극 내 물의 중량을 합쳐서 취급할 경우(습윤, 강제습윤)와 실질부분의 중량만을 취급할 경우(강제건조)가 있다. 통상, 전자를 습윤중량 및 포화습윤중량이라 하고 후자를 건조중량이라 한다.

(5) 간극률

암석에 존재하는 간극은 열, 가스, 지하수의 유동에 큰 영향을 미치며 간극수압을 작용시켜 강도를 저하시킨다. 간극률이란 암석 전체의 체적에 대한 간극의 비로써 백분율로 표시하면 해설 식(3.8.2)와 같다.

$$n = \frac{V - V_{true}}{V} \times 100 \qquad \text{해설 (3.8.2)}$$

여기서, V_{true}는 암석 고체부분만의 체적이다.

(6) 음파속도

암석의 음파속도를 구하기 위한 탄성파 전파속도 측정시험은 시험편에 탄성파 통과시간을 측정하여 압축파(P파, 종파)와 전단파(S파, 횡파)의 전파속도를 구하는 비파괴시험이다. 해설 식(3.8.3)과 (3.8.4)와 같이 동적탄성계수와 동적포아송비를 구할 수 있다.

$$\text{동적탄성계수 } E_d = \rho v_p^2 \frac{(1+\nu_d)(1-2\nu_d)}{(1-\nu_d)} = 2\rho Vs^2(1+\nu_d) \qquad \text{해설 (3.8.3)}$$

$$\text{동적포아송비 } \nu_d = \frac{\frac{1}{2}\left(\frac{v_p}{v_s}\right)^2 - 1}{\left(\frac{v_p}{v_s}\right)^2 - 2} \qquad \text{해설 (3.8.4)}$$

여기서, v_p는 압축파(P파)속도이고 v_s는 전단파(S파)속도이다. ρ와 ν_d는 암석의 밀도

(mass density)와 동적포아송비이다.

(7) 급속 수분 흡수능

흡수율이란 암석 내 유효간극율의 정도를 나타내는 물리적 특성으로 암석시료가 흡수할 수 있는 물의 최대중량과 시료의 중량비로 나타낸다(해설 식 3.8.5). 시험방법은 진공챔버에 물을 채운 후 시료를 물속에 넣고 진공펌프를 이용하여 시료 내의 간극이나 균열을 물로 포화시킨다. 포화된 시료 표면을 물을 촉촉한 수건으로 닦은 후 저울에서 물로 포화된 시료의 중량을 측정(M_{sat})한 후 시료를 105°C 오븐에서 12시간 이상 완전 건조시킨 후 시료의 건조중량을 측정(M_{dry})한다.

$$흡수율 = \frac{M_{sat} - M_{dry}}{M_{dry}} \times 100\% \qquad 해설\ (3.8.5)$$

(8) 팽창성

점토질 광물을 포함하고 있는 암석은 함수비가 증가하면 부피가 팽창하는 특성을 보인다. 팽창성 시험에는 팽창압을 측정하는 방법과 팽창 변형률을 측정하는 방법이 있으나 일반적으로 팽창 변형률을 측정하는 방법이 사용된다.

(9) 슬레이크 내구성 지수

암석이 대기에 노출되어 침수와 건조 상태를 반복하게 열화하게 된다. 특히 셰일이나 풍화된 화성암의 경우 열화현상이 심하게 나타난다. 침수와 건조상태의 반복에 대한 암석의 저항 척도를 나타내기 위해 슬레이크 내구성 지수(slake durability index)를 사용한다. 암석의 슬레이크 내구성 지수 결정을 위한 시험법은 ISRM Suggested Method(1977)와 ASTM D 4644-04 방법이 국제적으로 사용되고 있다. 국내에서는 한국암반공학회(2007)에서 암석의 슬레이크 내구성 지수 결정 표준시험법을 제시하였다. Franklin and Chandra(1972)는 해설 표 3.8.17과 같이 슬레이크 내구성 지수에 의한 암석의 분류기준을 제시하였다.

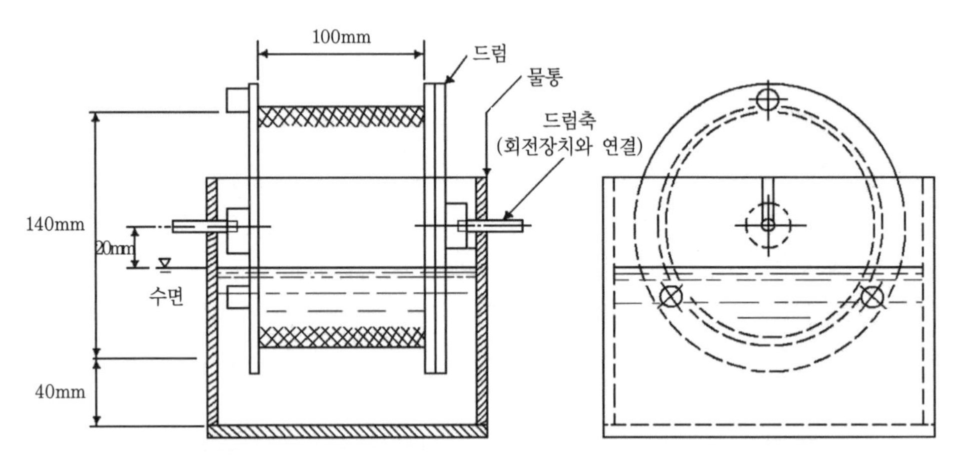

해설 그림 3.8.1 슬레이크 내구성 시험장치(한국암반공학회, 2007)

해설 표 3.8.17 Franklin의 슬레이크 내구성 분류(Franklin et al., 1972)

슬레이크 내구성(I_{d2}, %)	분류
0~25	매우 불량
25~50	불량
50~75	보통
75~90	우수
90~95	매우 우수
95~100	극히 우수

(10) 일축 압축강도 또는 점하중 강도

가. 일축압축시험

암석의 일축압축시험은 시험편의 축방향으로 압축력을 가하고 파괴될 때의 하중을 측정하여 암석의 강도를 구하는 시험이다. 시험편의 변형률을 측정하여 탄성계수와 포아송비를 구할 수 있다. 시험편의 형태는 KS F 2519에서는 각주 또는 원주형으로 되어 있으나 ASTM에서는 원주형만을 권하고 있다. 시험편의 크기는 국내의 경우, 직경에 대한 높이의 비를 1.0으로 하고 있으나 일본의 JIS M 0302에서는 2.0, ASTM 또는 ISRM에서는 2.0~3.0을 규정하고 있어 외국 시험결과와의 비교 시 주의하여야 한다. 일축압축 강도는 해설 식(3.8.6)을 이용하여 구한다.

$$\sigma_c = \frac{P}{A} \qquad \text{해설 (3.8.6)}$$

여기서, σ_c는 일축압축강도, P는 파괴하중, 그리고 A는 시험편의 단면적이다.

나. 인장강도 시험

암석의 인장강도 시험은 시험편에 인장력을 가하여 파괴 시 강도를 측정하는 방법으로 직접인장강도 시험과 간접인장강도 시험으로 구분한다. 암석의 직접인장강도 시험은 ASTM D 2936 또는 한국암반공학회(2006)에서 제시한 암석의 직접인장강도 표준시험법을 따른다. 암석의 간접인장강도는 ASTM D 3967 또는 한국암반공학회(2006)의 압열시험에 의한 암석의 간접인장강도 표준시험법을 따른다. 암석의 인장강도를 구하기 위해 가장 일반적으로 사용되는 압열인장강도(S_t)는 해설 식(3.8.7)을 이용하여 구하며 시험기구는 해설 그림 3.8.2에 나타내었다.

$$S_t = \frac{2P}{\pi DL} \qquad \text{해설 (3.8.7)}$$

여기서, P는 파괴하중, D는 시험편의 직경, 그리고 L는 시험편의 길이(두께)이다.

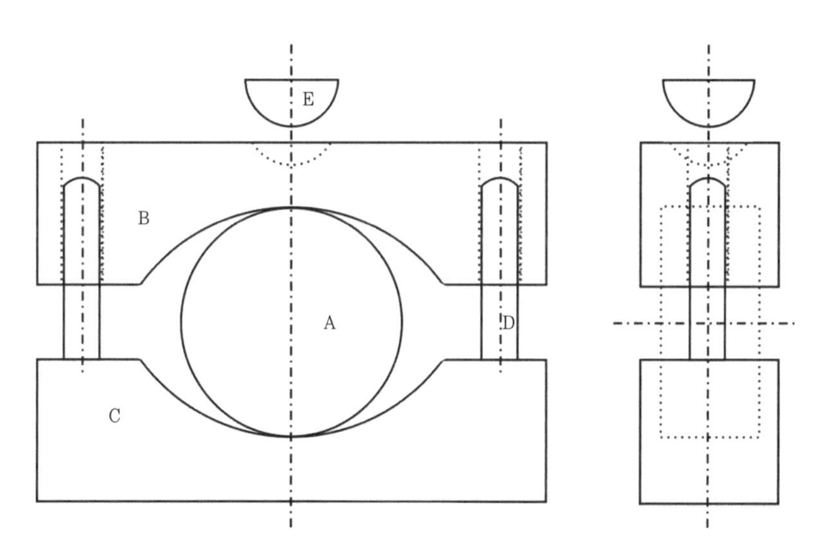

해설 그림 3.8.2 압열시험 기구(한국 암반공학회, 2006)

다. 점하중 강도시험

점하중 강도시험은 암석편에 점하중을 가하여 파괴 시의 하중을 측정한 후 해설 식(3.8.8)을 이용하여 점하중 강도지수 I_s 를 구하고 일축압축강도와 상관관계로부터 암석의 일축압축강도를 구하는 데 사용한다. 암석의 점하중 강도시험은 ASTM D 5731-05 또는 한국암반공학회(2006)에서 제시한 암석의 점하중강도 표준시험법을 따른다.

$$I_s = \frac{P}{D_e^2} \qquad \text{해설 (3.8.9)}$$

여기서, D_e는 등가직경($D_e^2 = (4A)/\pi$), P는 파괴하중, A는 점하중이 가해지는 축을 포함하는 최소단면의 크기이다.

3.9 토사지반의 정수 평가

3.9.1 실제 지반의 특성과 조사결과로부터 얻는 지반정수 사이에는 차이가 있을 수 있으므로 다음 사항을 고려하여 지반정수를 평가한다.

(1) 응력수준과 변형형태 등

(2) 흙의 구조

(3) 시간효과

(4) 흡착수로 인한 강도 약화

(5) 동적 거동에 의한 약화

(6) 지반구조물 설치방법

(7) 인위적으로 조성하는 지반 또는 개량지반에서 기능공의 숙련도의 영향

해설

3.9.1 지반정수를 평가할 때 고려할 사항은 다음과 같다.

(1) 응력수준과 변형형태 등

기초지반의 응력 변형특성은 지반의 성질이 비등방성이고 비균질한 탄-소성체이기 때문에 매우 복잡하다. 지반의 응력-변형특성을 정확히 파악하기 위해서는 지반의 비선형성, 시간의존성을 고려해야 한다. 기초지반은 구조물의 자중이나 하중에 의한 외력, 성토나 굴착 등에 의한 평형상태의 파괴, 지진이나 공해진동, 지하수 등에 의해 응력상태의 변화를 받게 되며 이로 인해 지반 변형이 발생하고 역학적 성질이 달라진다. 이러한 응력상태의 변화로 변형이 항복한계(yield limit)를 초과하는 경우 기초지반자체의 파괴 및 구조물 파괴 등의 문제를 일으킬 수 있다.

(2) 흙의 구조

흙 입자의 배열상태를 의미하는 것으로 일반적으로 단립구조, 봉소구조, 면모구조로 분류된다. 단립구조는 모래와 자갈에서 볼 수 있는 단순한 배열로서 입자가 서로 접촉되어 쌓인 것이다. 봉소구조는 가는 모래와 실트가 아치 형태를 이루면서 연속적으로 연결된 구조로 충격에 약한 성질을 가지고 있다. 면모구조(flocculated structure)의 흙은 전기력의 작용으로 인한 입자간 인력 작용으로 같은 간극비의 분산구조(dispersed structure)를 갖는 흙보다 더 높은 강도와 낮은 압축성을 갖는다. 면모구조 흙의 투수성은 공극이 분산구조의 흙보다 큰 관계로 상대적으로 크다.

(3) 시간효과

일정한 유효압력 조건에서 시간경과와 함께 흙의 강도가 증가하는 현상이다. 이것은 이차압축 및 고결화 등에 의한 것이다. 시간효과(aging effect) 때문에 오래된 홍적점토 등에서는 선행압밀응력보다도 큰 압밀항복응력을 가지는 경우가 있다. 이러한 경우 시간효과에 의한 결과인지 검토할 필요가 있다.

(4) 흡착수로 인한 강도 약화

물리화학적 작용에 의하여 점토입자 표면에 흡착되어 있는 물 또는 응집력에 의하여 광물입자 표면에 흡착되어 있는 물을 흡착수라 한다. 흡착수는 일반적으로 음(−)으로 대전되어 있는 점토입자에 전기적으로 흡인되어 있는 물 분자와 입자표면의 산소원자와 수소원자가 결합되어 있는 물 분자로 구성되며 토중수의 일부로 있으나 액상으로 이동하기는 곤란한 물이다. 흡착수의 성질은 흙의 컨시스턴시, 동토, 팽윤량, 전단저항, 투수성 및 기타 흙의 공학적 성질에 영향을 주며 지반의 강도를 약화시키는 요인으로 작용할 수 있다.

(5) 동적 거동에 의한 약화

느슨한 사질토 지반에서는 표준관입시험기를 이용하여 시험을 하는 경우 지반의 동적거동에 의해 간극수압이 상승하여 유효응력이 감소하는 현상이 일어날 수 있다. 그 결과 실제 지반의 강도특성과 다른 결과가 나타날 수 있으므로 이를 고려하여 해석을 해야 한다.

(6) 지반구조물 설치방법

지반구조물의 종류, 기초의 종류, 시공방법 등에 따라 필요한 지반 정수가 달라진다. 따라서 설치되는 구조물의 종류와 목적 등에 적합한 지반 특성을 파악해야 한다.

(7) 자연 지반이나 인공 지반 특히 개량지반의 지반 특성을 파악할 때 시험을 수행하는 기술자의 숙련도에 따라 데이터의 신뢰도가 달라질 수 있다. 따라서 지반조사는 일정 수준이상의 숙련된 기술자에 의하여 수행되어야 한다.

3.9.2 신뢰할 수 있는 지반정수를 얻기 위해서는 다음의 항목을 고려한다.
(1) 유사한 지반 조건에서 실시한 시험들에 대한 문헌정보
(2) 설계정수들의 편차 파악에 필요한 조사 및 시험의 수량
(3) 관련 문헌의 값, 일반적인 경험치 및 지역적인 경험치, 정수 간의 상관관계
(4) 현장 시험으로부터 얻은 결과와 실제 시공현장에서 측정한 계측 결과
(5) 두 종류 이상의 시험을 했을 경우 얻은 결과들의 상관관계
(6) 내진설계를 위한 동적특성치

해설

3.9.2 신뢰할 수 있는 지반정수를 얻기 위하여 고려해야 할 항목은 다음과 같다.

(1) 유사한 지반조건에서 실시한 시험들에 대한 문헌정보와 인접지역의 지층구조 및 흙의 공학적 성질의 파악을 통해서 대상지역의 지반특성을 보다 신뢰성 있게 평가할 수 있다.
(2) 지반은 다른 토목재료와는 달리 불연속체로 되어 있으며 구성 물질이 고체, 액체 기체의 삼상으로 되어 있다. 그리고 재료의 거동은 탄소성거동을 할 뿐만 아니라 특성면에서도 비균질, 비등방이고 시간과 환경에도 영향을 받으므로 고유값을 갖기 어렵다. 즉, 지반재료는 현장조건에 따라 재료의 특성치가 달라지므로 현장의 대푯값을 얻기 위해서는 시험수량과 항목이 충분해야 한다.
(3) 지반설계정수는 시험결과와 경험치, 이론적인 상관관계 등으로부터 구할 수 있다. 즉, 설계대상에 따라 국부적인 평균치, 전체적인 평균치, 평균치±안전치 등 어떤 것을 선택하여야 할지 신중하게 검토해야 한다. 경험치와 이론적 상관관계로부터 구하는 지반정수는 유사한 지반조건에서 실시한 시험들에 대한 문헌정보, 일반적인 경험치 및 지역적인 경험치, 정수간의 상관관계로부터 얻을 수 있다. 또한 확률 통계기법을 적용하여 지반구조물의 설계 파라메타를 구하는 경우가 많은데, 이때 가장 어려운 문제 중 하나는 데이터의 부족이다. 대부분의 통계이론은 충분한 수의 데이터가 있는 경우 어느 정도 신뢰도 있는 통계적 특성을 추정할 수 있다. 그러나 대부분

의 경우, 지반구조물 설계 시 필요한 만큼의 충분한 데이터를 얻기가 매우 어렵다. 따라서 확률 통계기법을 적용하여 설계파라메타를 결정하는 경우, 데이터의 수가 충분한지 데이터가 신뢰성이 있는지를 검토해서 사용해야 한다.

(4) 설계 당시의 실내 및 현장시험으로부터 얻은 결과로부터 예측한 지반정수를 실제 시공현장에서 측정한 계측 결과와 비교하여 보정 후 사용할 수 있다.

(5) 두 종류 이상의 시험을 했을 경우, 얻은 결과들의 상관관계를 살펴보고 이들로부터 현장에 적합한 지반정수를 도출할 필요가 있다.

(6) 내진설계를 위한 동적특성치는 해설 제10장 내진설계편을 참조한다.

3.9.3 흙의 단위중량은 흐트러지지 않은 시료로부터 구한다. 흐트러지지 않은 시료를 채취할 수 없을 때는 현장 들밀도시험이나 현장 원위치시험 결과와의 상관관계로부터 구할 수 있다.

3.9.4 다짐도는 실내 최대 건조 밀도에 대한 현장 건조 밀도의 비로써 정의하며 다음 항목을 고려하여 결정한다.

(1) 흙의 종류

(2) 입도분포

(3) 입자 형상

(4) 재료의 불균질성

(5) 포화도 혹은 함수비

(6) 다짐장비의 종류

3.9.5 상대밀도는 현장에서 측정된 단위중량과 표준시험으로 구한 실내 단위중량을 비교하여 직접 결정하거나 관입시험을 통해 간접적으로 산정할 수 있다.

해설

3.9.3 현장의 지반조건을 정확하게 반영하기 위하여 흙의 단위중량도 가능한 흐트러지지 않은 상태에서 구할 필요가 있다. 들밀도시험은 현장에서 흙의 단위중량을 구하기 위하여 실시하는 시험이다. 특히 현장 다짐작업 시 다진 흙이 규정된 단위중량에 도달했는지를 측정하기 위해서 많이 시행된다.

3.9.4 다짐은 공학적인 의미로 흙의 밀도를 증가시키고 간극속의 공기를 제거하는 과정이다. 이때 토립자의 크기는 변화하지 않으며 간극속의 물도 제거되지 않는다. 다짐은

흙의 강도 및 강성을 개선할 목적으로 이루어진다. 따라서 다짐을 통해 전단강도 증가에 따른 지지력 증가, 강성도 증가에 따른 침하 감소, 간극비 감소에 따른 투수계수 감소 및 동결융해 가능성 감소 등의 효과를 얻을 수 있다. 국내 다짐시험은 해설 표 3.9.1과 같이 KS F 2312의 방법에 준하여 실시하며 국제적으로는 미국의 표준다짐시험법(ASTM D 698)과 수정다짐시험법(ASTM D 1557)이 많이 사용되고 있다.

해설 표 3.9.1 다짐 방법의 종류(KS F 2312)

다짐 방법		래머		몰드 내경 (mm)	다지기		허용 최대입경 (mm)
		무게(kgf)	낙하고(mm)		층수	낙하횟수	
표준	A	2.5	300	100	3	25	19
	B	2.5	300	150	3	55	37.5
수정	C	2.5	450	100	5	25	19
	D	4.5	450	150	5	55	19
	E	4.5	450	150	3	92	37.5

(1) 흙의 종류

조립토일수록 최적함수비는 감소하고 최대건조단위중량은 증가하며 세립토일수록 최적함수비는 증가하고 최대건조단위중량은 감소한다. 다짐곡선의 형태는 조립토일수록 급경사로 나타내며 세립토일수록 완경사로 나타낸다. 흙의 종류 및 입도분포에 따른 다짐곡선을 해설 그림 3.9.1에 나타내었다.

(2) 입도분포

조립토의 경우, 양입도에서는 최대건조단위중량이 빈입도보다 크며 세립토의 경우, 소성이 증가할수록 최대건조단위중량이 감소한다.

(3) 입자 형상

입경이 균등한 깨끗한 모래나 모래 섞인 자갈의 다짐 곡선은 일반적인 형태의 다짐곡선과는 다른 형태를 보일 수 있다.

(4) 재료의 불균질성

다짐 시 재료가 불균질한 경우 다짐이 불량하게 되어 부등침하 등을 유발할 수 있으므로, 다짐 시에는 시방규정에 규정된 크기와 종류의 재료를 이용하여 다짐을 해야 한다.

(5) 포화도 혹은 함수비

포화도에 따른 건조단위중량과 함수비 관계는 해설 식(3.9.1)에 의하여 구한다. 다짐곡선상에서 최대건조밀도(γ_{dmax}), 최적함수비(OMC)를 구한다.

$$\gamma_d = \frac{G_s}{1+e}\gamma_w = \frac{G_s\gamma_w}{1+w\dfrac{G_s}{S}} = \frac{\gamma_w}{\dfrac{1}{G_s}+\dfrac{w}{S}} \qquad \text{해설 (3.9.1)}$$

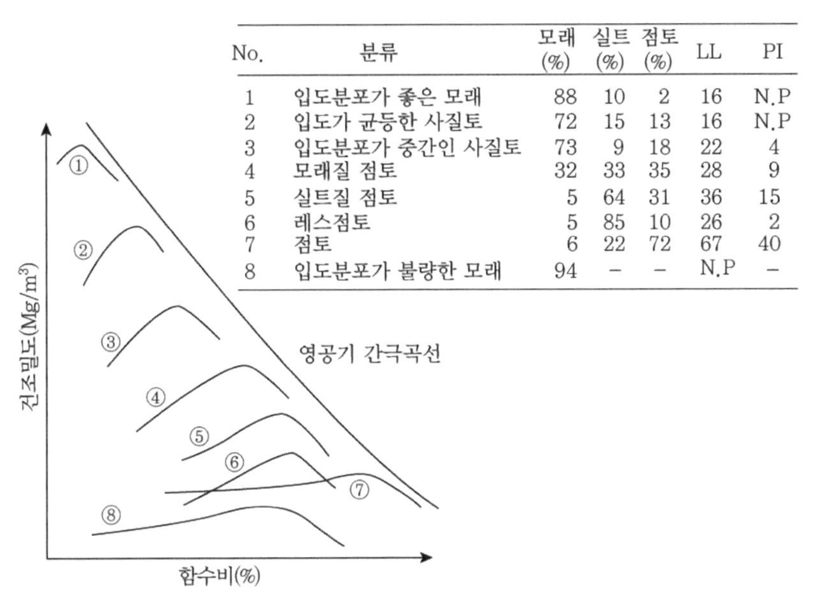

No.	분류	모래 (%)	실트 (%)	점토 (%)	LL	PI
1	입도분포가 좋은 모래	88	10	2	16	N.P
2	입도가 균등한 사질토	72	15	13	16	N.P
3	입도분포가 중간인 사질토	73	9	18	22	4
4	모래질 점토	32	33	35	28	9
5	실트질 점토	5	64	31	36	15
6	레스점토	5	85	10	26	2
7	점토	6	22	72	67	40
8	입도분포가 불량한 모래	94	–	–	N.P	–

해설 그림 3.9.1 흙의 종류 및 입도분포에 따른 다짐곡선(Johnson and Sallberg, 1960)

(6) 다짐장비의 종류

현장에서 사용되는 다짐장비에는 여러 가지 종류가 있다. 도로의 경우 일반적으로 휠 롤러나 진동롤러가 사용된다. 다짐기계는 다짐 깊이가 낮기 때문에 깊은 다짐효과를 얻기 위해서는 진동말뚝이나 동다짐 장비가 사용된다. 현장에서 다짐에 사용되는 장비는 해설 표 3.9.2와 같이 흙의 종류에 따라 달라진다.

해설 표 3.9.2 다짐기계와 흙의 종류(NAVFAC, 1986)

다짐장비	흙의 종류	적용 작업	가장 부적합한 흙
스므스 휠 롤러 (정적 또는 진동)	양입도의 모래-자갈, 파쇄암석, 아스팔트	도로 노반 아스팔트 포장	균등한 모래
고무타이어 롤러	약간의 세립토가 포함된 조립질 흙	도로 노반	균등한 조립질 흙 또는 암석
그리드 롤러	풍화암, 입도가 양호한 조립토	도로 노반 및 노상	점토, 실트질 점토, 균등한 재료
양족롤러 (정적)	세립질 흙	댐, 제방, 도로 노반	조립토
양족롤러 (진동)	모래-자갈이 혼합된 세립질 흙	노상 및 노반	-
바이브로 플레이트	조립토(세립토 4~8%)	협소한 지역	점토 또는 실트
탬퍼, 래머	모든 종류의 흙	큰 장비의 접근이 어려운 곳	
충격식 롤러	습윤질 흙		건조된 모래나 자갈

3.9.5 상대밀도(D_r)는 조립토의 조밀한 정도를 판단하는 기준으로 사용되며 해설 식 (3.9.2)와 같이 정의한다.

$$D_r = \frac{e_{\max} - e}{e_{\max} - e_{\min}} \times 100(\%) \qquad \text{해설 (3.9.2)}$$

여기서, $e_{\min}$는 가장 조밀한 상태에서의 간극비이며 $e_{\max}$는 가장 느슨한 상태에서의 간극비, e는 자연 상태의 간극비를 의미한다.

(1) 상대밀도 시험방법

상대밀도시험은 흙의 가장 촘촘할 때와 느슨할 때의 밀도를 측정하는 시험으로 구성된다. 입자를 파쇄시키지 않고 가능한 가장 촘촘한 상태와 느슨한 상태를 구하는 것이기 때문에 표준적인 방법이 제시되어 있지는 않다. 다만 일반적으로 사용되는 방법으로 최대 건조 단위중량은 표준형틀에 여러 층으로 나누어 모래를 채우고, 상부를 구속시킨 상태에서 8~10분 진동시키거나 망치 등으로 충격을 가하여 촘촘해진 흙의 무게와 부피로 구함으로써 얻어진다. 최소 건조 단위중량은 깔때기를 통해 낙하고를 최소화하여 조심스럽게 시료를 낙하시켜 표준형틀에 채워진 느슨해진 흙으로부터 구한다. 상대밀도에 대한 시험법은 KS F 2345에 제시되어 있다.

(2) 해설 표 3.9.3과 같이 표준관입시험에서 얻은 N값을 이용하여 상대밀도를 간접적으로 구할 수 있다.

해설 표 3.9.3 N값과 모래의 상대밀도(Terzaghi and Peck, 1948)

N	상대밀도(D_r, %)
0~4	0.0~15
4~10	15~35
10~30	35~65
30~50	65~85
>50	85~100

3.9.6 점성토의 전단강도는 배수조건에 따라 비배수 전단강도와 배수 전단강도로 구분하고 다음의 영향요소를 고려하여 결정한다.
(1) 현장과 실내시험의 응력상태 차이
(2) 시료의 교란이 미치는 영향
(3) 강도의 이방성
(4) 단단한 점성토의 균열
(5) 변형속도 영향
(6) 시간 영향
(7) 시료의 불균질성
(8) 포화도
(9) 시험결과로부터 전단강도를 구하는 이론의 신뢰도(특히 현장시험의 경우)

해설

3.9.6 점성토의 전단강도를 구하는 시험에는 일축압축시험, 삼축압축시험, 현장베인시험 등이 있다. 점성토의 전단강도는 배수조건에 따라 비배수 전단강도와 배수 전단강도로 구분하고 다음 (1)~(9)의 영향요소를 고려하여 결정한다.

(1) 현장과 실내시험의 응력상태 차이
점성토의 강도정수 측정을 위한 실내시험에서의 응력 범위는 현장에서 구조물이 시공되었을 경우 경험하게 될 응력의 크기를 고려하여 결정해야 한다.

(2) 시료의 흐트러짐이 미치는 영향

가. 강도특성에 미치는 영향

시료의 흐트러짐은 보통 비배수 전단강도와 압축성에 영향을 미친다. 또한 화학변화는 시료의 소성과 예민도에 영향을 미칠 수도 있다.

나. 압밀특성에 미치는 영향

일반적으로 시료의 흐트러짐이 압밀특성에 미치는 영향은 다음과 같다.

1. 압밀곡선이 완만하게 되어 선행압밀응력을 구하기 힘들거나 작아지는 경우가 많다.
2. 원위치 유효응력에 해당하는 응력까지 압밀시켰을 때 체적변형률이 커진다.
3. 선행압밀응력 이전의 압축지수는 커지고 그 이후의 압축지수는 작아진다.
4. 선행압밀응력 이전의 압밀계수와 투수계수는 작아지고 압밀하중보다 큰 응력에 대한 영향이 적어진다.
5. 압밀응력 이하에서는 2차 압축계수가 커지며 그 이후의 응력에서는 2차 압축계수의 차이가 작아진다.

(3) 강도의 이방성

점성토는 현장에서 퇴적조건에 따라 강도와 투수계수 등의 지반특성이 이방성을 나타내는 경우가 많다. 이러한 경우 시험 시 파괴면의 위치에 따라 이방성을 고려하여 시료를 성형하고 강도를 산출할 수도 있다.

(4) 단단한 점성토의 균열

일반적으로 단단한 점성토는 지표부에서의 건습효과, 경년효과 등 다양한 요인에 의하여 형성되며 이러한 경우 균열을 포함하는 경우가 많다. 과압밀 점토는 구조물 시공 후 불투수가 아닌 배수조건이 형성이 되는 경우 주변의 지하수를 흡수하여 강도가 저하되는 경우가 발생하므로 유의하여야 한다.

(5) 변형속도의 영향

점성토의 실내강도시험에서 시료파괴를 위한 변형속도가 클수록 강도정수가 크게 산출되므로 재하속도는 이를 고려하여 합리적으로 결정한다.

(6) 시간의 영향

흙은 퇴적된 후 입재 재배열과 입자 사이에 규소, 석고, 방해석 등이 주변 지하수로부터 유입되어 모체(matrix)의 고결현상이 발생하여 강도가 늘어나는 현상이 발생한다. 반면 강도시험 시 파괴강도에 이르지 않은 상태에서 지속적인 응력이 작용할 경우 크리프(creep) 현상에 의한 시간 의존적 파괴가 발생하기도 하므로 현장의 상황에 따라 이를 고려할 필요가 있다.

(7) 시료의 불균질성

실내시험에서 사용되는 시료는 적은 체적의 양만을 이용하므로 비교적 균질하지만 현장 시료는 샌드씸(sand seam)등 불균질층이 포함되어 있으므로 이에 대한 영향을 고려할 필요가 있다.

(8) 포화도

점성토는 완전포화시보다 불포화 시 부의 간극수압 효과에 의해 강도가 크게 산출되므로 실내시험 시 현장구조물 기초의 생애주기를 고려하여 완전포화 상태에서 시험을 수행한다.

(9) 시험결과로부터 전단강도를 구하는 이론의 신뢰도(특히 현장시험의 경우)

실내시험에 의한 강도정수는 시료의 채취와 운반, 추출, 트리밍하는 과정 등 다양한 원인에 의하여 흐트러짐이 발생하므로 원지반의 강도정수와 오차를 갖게 된다. 또한 표준관입시험, 콘관입시험, 베인시험 등 현장 사운딩시험의 경우, 산출된 강도의 정확도가 각각 다르다. 현장시험 결과로부터 강도정수를 산출하는 다양한 경험식이 제안되어 있으나 이들은 산출된 배경과 방법이 달라 현장의 지반특성에 따라 각각 다른 예측 값을 주게 된다. 따라서 현장 시험에서 유추된 경험식을 사용하는 경우, 현장의 지반 특성에 적정한지 여부를 검토할 필요가 있다.

점성토의 전단강도를 구하기 위한 대표적인 시험법 및 해석방법은 다음과 같다.

가. 일축압축시험(KS F 2314)

일축압축시험은 원통형의 시료에 연직방향으로 압축하중을 가하면서 하중-변위관계를 측정하는 방식으로 수행된다. 하중재하는 응력조절 또는 변형률 조절방식으로 이루어지며 간극수압은 측정하지 않는다. 일축압축강도는 최대 압축하중을 단면적으로 나눈 값으로 계산되며 비배수 전단강도(c_u)는 일축압축강도의 1/2로 본다. 일축압축시험의 초기상태는 현장상태와는 상당한 차이가 있으므로 평가된 비배수 전단강도는 근사적인 값으로서만 의미를 가진다. 일축압축시험은 불교란시료와 재성형시료의 일축압축 강도 비로 정의되는 점성토의 예민비(sensitivity) 평가에도 널리 활용된다.

나. 직접전단시험(KS F 2343)

직접전단시험은 지반의 강도특성을 파악하기 위해 수행되는 비교적 간편한 시험방법이다. 직접전단시험은 해설 그림 3.9.2와 같이 2개로 분리된 전단 상자에 시료를 넣고 연직하중(V)을 가한 후 수평하중(H)을 증가시켜 시료를 전단시키는 방식으로 수행된다. 전단 시에는 수평하중과 수평변위(Δl) 및 연직변위(Δh)를 측정한다.

1. 시험방법

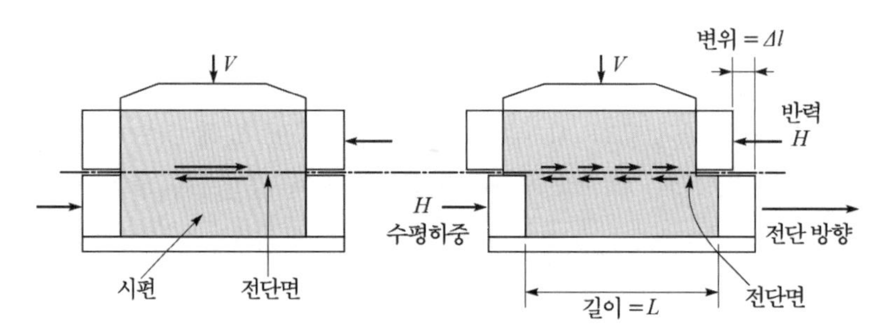

해설 그림 3.9.2 직접전단시험

포화된 점성토의 배수강도정수(c', ϕ')를 평가하는 경우에는 연직하중을 재하한 후 시간에 따른 연직방향 변위를 측정하여 압밀이 완료되었음을 확인해야 한다. 전단과정에서는 시료 내부에 과잉간극수압이 발생하지 않도록 전단속도를 충분히 느리게 유지해야 한다.

2. 결과해석

배수강도정수(c', ϕ')를 구하기 위해서는 연직하중을 달리하여 최소 3회 이상 수행한다. 각 시험으로부터 파괴 시의 연직응력($\sigma_n' = V/A$, A =시료단면적)과 수평전단응력($\tau_f = H_{\max}/A$, $H_{\max}$ =최대수평하중)을 구하여 이를 선형회귀 분석하여 강도정수를 평가한다(해설 그림 3.9.3). 직접전단시험에서는 전단이 진행됨에 따라 전단면의 면적이 감소하므로 이에 대한 적절한 보정이 필요하다.

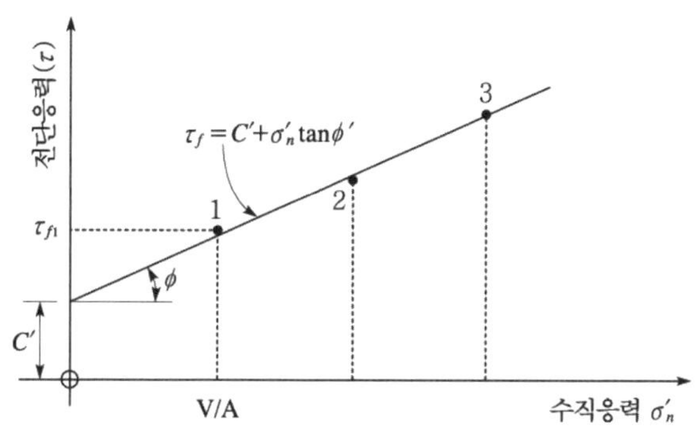

해설 그림 3.9.3 직접전단시험 결과해석

3. 제한사항

직접전단 시험은 시료 내의 가장 취약한 부분이 아니라 미리 정해진 파괴면을 따라 파괴가 발생하므로 파괴면에서의 응력분포 역시 균일하지 않다. 따라서 평가된 강도에는 다소의 오차가 포함될 가능성이 높다.

다. 삼축압축시험

점성토의 전단강도를 구하기 위한 삼축압축시험에는 비압밀-비배수시험(UU), 압밀-비배수시험(CU), 그리고 압밀-배수시험(CD)이 있다.

1. 비압밀-비배수시험(UU 시험) (KS F 2346, ASTM D 2850)

비압밀-비배수시험은 일축압축시험과 같이 점성토의 비배수 전단강도를 파악하기 위해 수행된다. 시험은 멤브레인으로 둘러싸인 원통형의 시료에 비배수상태에서 등방의 구속압(σ_3)을 가한 후, 연직방향의 축차응력(σ_d)을 증가시켜 하중-변위관계를 측정하는 방식으로 수행된다. 비배수 전단강도는 최대축차응력($\sigma_{d\max}$)의 1/2로 계산되며 일반적으로 간극수압은 측정하지 않는다. 따라서 얻어진 결과는 전응력 해석에 활용할 수 있다. 비배수조건에서 포화시료에 가해지는 구속압은 시료의 유효응력상태에 전혀 영향을 미치지 못한다. 비압밀-비배수시험에서 평가되는 비배수 전단강도는 이론적으로 등방 구속압의 크기에 관계없이 일정하게 나타난다($\phi_u = 0$ 개념, 해설 그림 3.9.4). 단, 부분포화시료의 경우, 구속압의 일부가 유효응력으로 전달되므로 구속압이 증가함에 따라 강도가 비선형적으로 증가한다. 일축압축시험과 마찬가지로 비압밀-비배수시험의 초기상태 역시 실제 현장상태와는 상당한 차이가 있다. 비압밀-비배수시험에서 평가된 비배수 전단강도 역시 근사적인 값으로서만 의미를 가진다.

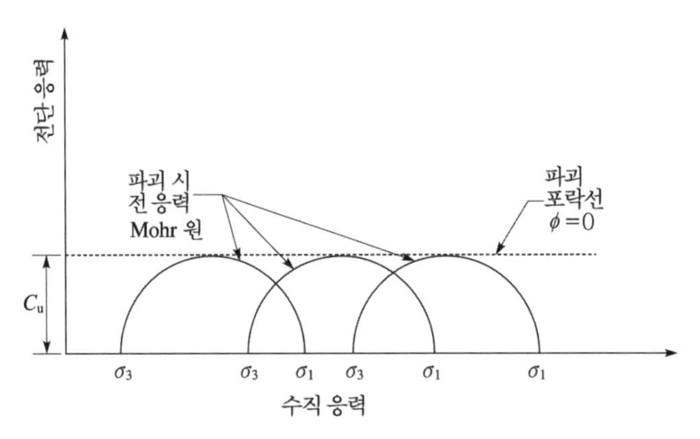

해설 그림 3.9.4 비압밀-비배수시험의 파괴포락선

2. 압밀-비배수시험(CU test) (ASTM D 4767)

압밀-비배수시험은 점성토의 비배수 전단강도와 응력-변형률 관계를 파악하기 위해 수행되며 간극수압의 측정을 통해 유효응력개념의 강도정수(c', ϕ')를 평가할 수 있다. 즉, 압밀-비배수시험의 결과는 전응력해석과 유효응력해석에 모두 활용될 수 있다. 시험은 배수상태에서 구속압을 가하여 시료를 압밀시킨 후, 비배수상태에서 축차응력(σ_d)을 증가시키면서 하중-변위 관계와 간극수압을 측정하는 방식으로 이루어진다.

압밀-비배수시험에서는 압밀과정에 앞서 시료의 포화상태를 구현하기 위해 배압포화과정(back pressure saturation process)을 적용한다. 배압포화과정은 시료 내부에 가해지는 배압을 서서히 증가시키면서 외부에 가해지는 압력을 동시에 증가시키는 방식으로 수행된다. 이때 시료 외부에 가해지는 압력은 시료의 팽창이 발생하지 않도록 배압에 비해 약간 크게 유지한다. 시료의 포화도는 비배수 상태에서 등방압을 가했을 때 발생하는 간극수압의 비율, 즉 간극수압계수 B값을 측정하여 확인한다. 압밀과정은 일반적으로 연직방향과 수평방향으로 동일한 크기의 압밀압($\sigma_{vi}' = \sigma_{hi}'$)을 가하는 등방압밀방식으로 수행된다. 그러나 이론적으로는 횡변형이 없는 K_o 응력상태($\sigma_{hi}' = K_o\sigma_{vi}'$)로 압밀압을 가하는 방식이 보다 합리적이다. K_o 압밀은 연직방향의 압밀압을 서서히 증가시키면서 연직변형과 체적변형이 동일하게 발생하도록 수평방향 압밀압을 조절하는 방식으로 수행된다. 압밀-비배수시험에서는 간극수압의 측정을 통해 유효응력개념의 강도정수(c', ϕ')를 평가할 수 있다. 강도정수는 각 시험에서 파악된 파괴상태의 유효응력 Mohr 원들을 $\sigma' - \tau$ 평면상에 도시한 후 접선을 구해 평가할 수 있다(해설 그림 3.9.5).

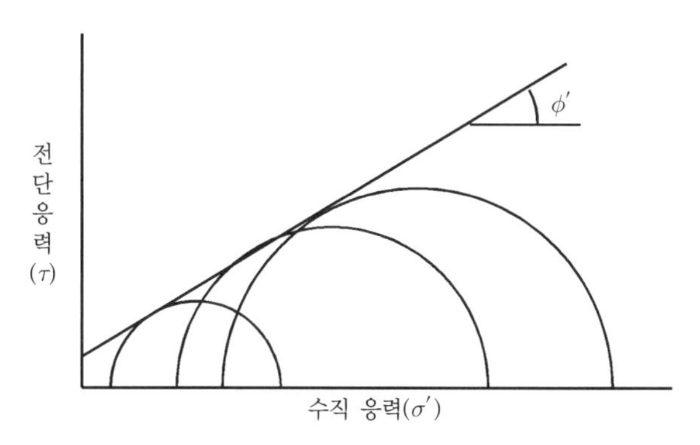

해설 그림 3.9.5 강도정수의 평가(CU test)

3. 압밀-배수시험

압밀-배수시험은 배수조건에서의 강도(c', ϕ') 및 응력-변형률 관계를 직접적으로 평가하기 위해 수행된다. 시험은 구속압을 가하여 시료를 압밀시킨 후, 배수조건에서 축차응력을 증가시키면서 하중-변위 관계를 측정하는 방식으로 이루어진다. 포화된 시료이거나 필요한 경우 부피변화량도 측정할 수 있다. 현장지반이 포화상태인 경우에는 압밀-비배수시험과 마찬가지로 배압포화과정을 적용하는 것이 바람직하며 K_o 압밀 또는 등방압밀을 적용한다. 강도정수의 평가는 압밀-비배수시험과 동일한 방식으로 이루어진다. 다만 압밀-배수시험에서는 과잉간극수압이 발생하지 않으므로 강도정수를 보다 직접적으로 평가할 수 있다.

라. 현장베인전단시험(KS F 2342)

현장베인전단시험은 연약하고 포화된 점성토 지반의 비배수 전단강도를 구하기 위해 실시한다. 본 시험에서는 4개의 날개가 있는 베인을 자연 지반에 꽂아서 표면으로부터 회전시키면서 베인에 의한 원주형 표면에 전단 파괴가 일어나도록 하며 이때 소요되는 회전력을 측정한다. 이 힘은 원주형 표면의 단위 전단 저항으로 환산되며 이 값이 측정된 비배수 전단강도이다.

1. 시험장치

해설 그림 3.9.6과 같이 베인은 4개의 날개로 이루어져 있으며 두께는 약 1.6~3.2mm이다. 각 날개는 일반적으로 직사각형이며 높이는 지름의 2배이며 대표적인 치수는 해설 표 3.9.4와 같다.

해설 표 3.9.4 현장베인의 추천하는 치수

케이싱 크기	지름(mm)	높이(mm)	날개의 두께(mm)	베인롯드의 지름(mm)
AX	38.1	76.2	1.6	12.7
BX	50.8	101.6	1.6	12.7
NX	63.5	127.0	3.2	12.7
101.6mm(안지름)	92.1	184.1	3.2	12.7

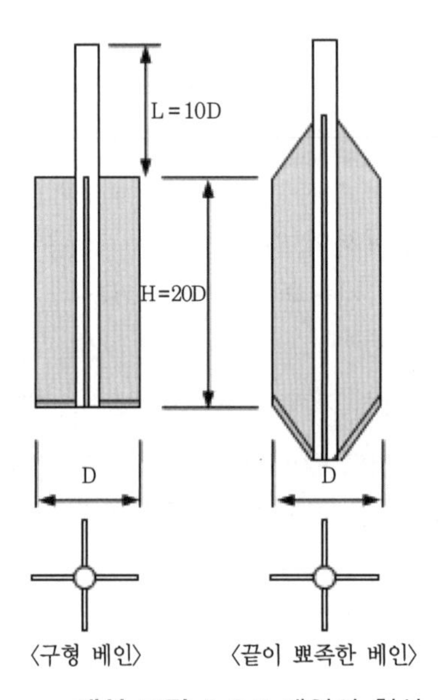

해설 그림 3.9.6 베인의 형상

2. 결과 해석 및 적용

현장베인전단시험에서 비배수 전단강도는 측정된 회전력(T)를 전단되는 면적을 고려하여 얻을 수 있는 베인 상수(K)로 나누어 구할 수 있다.

$$s_u = \frac{T}{K} \qquad \text{해설 (3.9.3)}$$

직사각형 베인 날개가 사용되는 경우 K값은 베인 회전 시 전단 응력이 원통 파괴면의 단부와 주변에 균등하게 분포된다는 가정 하에 다음 식과 같이 계산된다.

$$K = \frac{\pi}{10^6} \times \frac{D^2 H}{2} \times \left(1 + \frac{D}{3H}\right) \qquad \text{해설 (3.9.4)}$$

여기서, D는 베인의 지름(cm), H는 베인의 높이(cm)이다.

3.9.7 흙의 강성은 변형계수와 전단탄성계수로 나타내며 다음사항을 고려하여 측정한다.

(1) 주요 고려사항

① 배수조건

② 초기 유효응력 수준

③ 전단 변형률 또는 발생한 전단 응력 수준

④ 응력이력

(2) 기타 고려사항

① 압밀 주응력 방향에 대한 재하 방향

② 시간과 변형률 속도

③ 입자 크기에 대한 시료의 크기와 흙의 거시적 구조

(3) 응력-변형률 관계를 선형 혹은 대수 선형 관계로 가정할 수 있으나 이 경우 실제 흙은 일반적으로 비선형 거동을 보이므로 주의하여야 한다.

해설

3.9.7 3.9.6절에서 설명한 응력-변형률 관계로부터 흙의 강성을 구할 수 있다. 일반적으로 삼축압축시험 등에서 얻은 강성은 상당히 큰 변형률 수준에 대한 값이므로 보다 작은 변형률 수준에 대한 강성을 측정하기 위해서는 특별한 실험장치가 요구된다. 다양한 응력 상태에 대한 강성을 측정하기 위해서는 삼축압축시험기 이외의 시험기가 필요하다. 공진주 시험기와 같은 동적인 시험법을 이용하면 작은 변형률 수준에 대한 전단강성을 측정할 수 있다. 흙의 강성을 나타내는 변형계수와 전단탄성계수에 대한 기본적인 설명은 다음과 같다.

(1) 변형계수(modulus of deformation)

변형계수는 일축 또는 삼축압축시험으로 구한 응력-변형곡선의 기울기에서 구한다. 등방탄성체의 측면이 구속되지 않은 상태에서 축방향으로 압축 또는 인장을 할 경우 응력-

변형률은 비례하는데, 이때의 비례정수를 변형계수라 한다.

(2) 전단탄성계수(shear modulus)

전단탄성계수는 전단변형에 대한 전단응력의 비로 나타낸다. 전단탄성계수는 강성률(modulus of rigidity) G로 표현하는데, 등방재료인 경우 탄성계수 E, 포아송비 ν 사이에 해설 식(3.9.5)와 같은 관계가 있다.

$$G = \frac{E}{2(1+\nu)} \qquad \text{해설 (3.9.5)}$$

동적전단탄성계수는 S파속도 V_s와 밀도 ρ와 해설 식(3.9.6)과 같은 관계를 가지고 있다.

$$G = \rho V_s^2 \qquad \text{해설 (3.9.6)}$$

가. 전단탄성계수와 같은 지반의 동적물성치는 전단변형률, 유효구속응력, 응력이력, 동하중의 주파수 특성, 흙의 지반공학적 특성 등 여러 변수에 의해 영향을 받기 때문에 지반 동적 물성치를 측정할 때 이에 대한 고려가 이루어져야 한다. 측정된 지반동적 물성치를 내진해석, 진동영향평가 등에 활용할 때에는 영향인자와 지반의 동적특성을 명확하게 인지한 후 적용하는 것이 요구된다.

나. 흙의 역학적 거동은 정하중 하에서도 그렇지만 동하중, 지진하중 하에서는 매우 복잡하여 여러 가지 인자에 의해서 영향을 받게 된다. 지반은 단순히 응력 및 전단변형률 조건에 관계없이 하나의 선형-탄성 재료로 거동하기보다는 응력-전단변형률 조건에 따라 거동을 달리하는 비선형 재료라고 할 수 있다. 일반적인 삼축시험장치 외에 흙의 강성을 구하기 위한 특수한 시험장치에 대하여 간략히 기술하면 다음과 같다.

(3) 특수한 강성 시험장치

가. 미소변형률 측정을 위한 삼축시험 장치

사용하중상태에서의 침하량평가와 관련하여 미소변형률 수준의 변형특성에 대한 중요성이 강조되면서, 최근에는 $10^{-3}\%$ 이하의 미소변형률 측정이 가능한 삼축시험장비들이 개발되고 있다. 이와 함께 변형률 또는 하중평가에 포함될 수 있는 오차요인들을 최대한 배제하기 위해 계측기를 삼축셀 내부에 설치하는 방식이 널리 활용되고 있으며 필요에 따라 국부 변형률 측정을 수행하기도 한다.

나. 단순전단시험(simple shear test)

단순전단시험은 강성 멤브레인 내에 거치된 원통형의 시료에 연직방향의 구속압을 가하여 초기 K_o 응력상태를 구현한 후, 수평방향의 전단력을 증가시키면서 전단응력과 전단변형의 관계를 직접적으로 평가하는 시험방법이다. 단순전단시험은 특히 지진 시 흙 요소가 경험하는 응력상태와 변형상태를 나타내는 데 효과적으로 활용할 수 있다.

다. 평면변형률시험(plain strain test)

평면변형률조건은 도로성토, 띠기초, 토류구조물 등의 지반구조물 시공현장에서 매우 빈번하게 접하게 된다. 평면변형률조건과 일반적인 삼축시험조건(축대칭조건)에서 평가된 강도 및 변형특성 간에는 상당한 차이가 있을 수 있다. 평면변형률시험은 이러한 측면을 고려하여 평변변형률 조건에서의 실제 강도 및 변형특성을 파악하기 위해 사용된다.

라. 중공원통시험(hollow cylinder test)

중공원통시험은 중앙이 비어 있는 원통형의 시료에 축하중과 비틈전단력을 동시에 재하할 수 있도록 개발된 시험기법이다. 다양한 하중조합을 통해 기존 시험기법으로는 모사가 불가능했던 응력경로들에 대해 강도 및 변형특성을 실험적으로 파악할 수 있다는 장점이 있으며, 지반의 구성방정식을 개발하거나 검증하는 데 일부 활용되고 있다.

마. 진삼축시험(true triaxial test)

진삼축시험장비는 입방체 시료의 삼면에 작용하는 연직하중들(주응력들)을 독립적으로 조절하여 임의의 응력경로에 대해 강도 및 변형특성을 파악할 수 있도록 개발된 시험장비이다. 하중재하장치는 각 방향의 하중을 정확하게 재하하면서 동시에 시료의 변형을 억제하지 않는 형태로 사용되고 있으며 중공원통시험과 마찬가지로 연구목적에서 지반의 구성방정식을 개발하거나 검증하는 데 주로 활용되고 있다.

바. 공진주시험

공진주시험에서는 탄성계수(E_s) 또는 전단탄성계수(G)를 구하기 위해서 시료에 압축파나 전단파를 전파시킨다. 감쇠비(D)는 공진진동수에서 진동을 제거하고 진동의 쇠퇴를 기록하여 결정한다. 공진주 시험기를 이용하면 작은 변형률 수준에 대한 전단강성을 측정할 수 있다.

3.9.8 압밀정수와 투수계수는 지반의 비균질성, 이방성, 균열이나 단층, 계획 하중 하에서 응력 변화를 고려하여 산정한다.
3.9.9 실내시험에서 측정한 투수계수 값은 현장의 상태를 대표하지 못할 수도 있으므로 현장상태보다 크게 유효응력이 증가하는 경우의 투수계수 변화 가능성을 고려하여야 한다. 투수계수는 입경과 입도분포에 의해서 산정될 수도 있다.

해설

3.9.8 압밀정수와 투수계수도 지반의 비균질성, 이방성, 균열이나 단층, 응력 변화에 의하여 영향을 받으므로 이를 고려하여 산정한다.

(1) 압밀정수
압밀정수는 일반적으로 표준압밀시험을 통해 구한다. 이외에도 몇 가지 특수한 압밀시험 기법들을 통해 압밀정수를 구할 수 있다. 압밀실험을 통해 압축지수, 선행압밀하중, 압축계수, 이차압축지수 등의 압밀정수를 구할 수 있다. 지반의 비균질성, 이방성, 균열이나 단층, 응력변화 이외에도 실내시험 시 공시체 주면마찰, 시료의 교란, 시험온도, 재하시간과 공시체 높이, 하중증분비 등의 영향을 고려하여 압밀정수를 산정해야 한다. 특수한 압밀실험에는 급속 압밀시험, 일정 변형률 압밀시험, 일정 하중률 압밀시험, 자중압밀시험, 침투압밀시험 등이 있다.

(2) 투수계수
투수계수를 구하기 위한 실내시험은 크게 정수두 투수시험과 변수두 투수시험으로 구분된다. 비교적 투수계수가 큰 사질토의 경우, 정수두시험을 하고 투수계수가 작은 실트질이나 점토질 흙에서는 변수두시험을 한다. 이외에도 삼축시험장치나 압밀시험결과를 이용하여 투수계수를 산정할 수 있으며 경험식을 이용하는 경우도 있다. 투수계수 k값은 흙의 투수성, 침투수량 계산 등에 이용되며 다음과 같은 문제를 해결하는 데 사용된다.

- 필댐, 하천, 해안제방 등 제체나 이들 기초지반에서 누수량 평가
- 지하수위 이하 굴착 시 배수량, 용수량 또는 차수 필요성의 판단
- 사면의 안정에 영향을 주는 침투류의 검토
- 지하수위 저하공법을 사용하는 경우 물의 양수량 측정

일반적으로 실험을 통해 얻은 투수계수값은 신뢰성이 떨어지는데, 그 이유를 들면 다음과 같다.

가. 일반적으로 현장토는 수평층을 이루고 있으며 실내시험에서 현장조건을 재현하기는 어렵다. 보통 수평방향 투수계수 k_h가 필요하지만 샘플링한 시료를 이용하는 경우, 연직방향 투수계수 k_v를 얻는다.
나. 모래의 경우, 흙의 퇴적층형성에서의 침전과정으로 인하여 k_v와 k_h($=10\sim1,000$ k_v)가 꽤 다른 값으로 나타난다. 특히 사질토는 불교란 시료의 채취가 거의 불가능하며 실내시험 시 현장 흙의 구조가 변화한다.
다. 시료가 작기 때문에 시험셀의 면이 윤활면과 같은 경계조건의 효과를 가지고 있다.
라. 실내시험의 경우 대부분 포화상태로 실험을 하나 지하수 흐름은 불포화토에서 생긴다. 또한 점토와 세립실트와 같이 투수계수가 매우 작은 경우, 정류상태가 얻어질 때를 결정하는 일은 매우 어렵다.
마. 실내 투수계수시험 시, 실험실의 수두경사($i = \Delta h/L$)는 5 또는 그 이상이지만 현장에서의 실제적인 값은 0.1~2 미만이다.

1. 점토에서는 2~4의 초기 수두경사 i값이 흐름을 발생시키는 데 필요할 수도 있다. 따라서 현장의 수두경사가 초기 경사만큼 크지 않다면 전체적으로 비현실적인 흐름이 발생할 수도 있다.
2. 모래의 경우, 비현실적으로 큰 수두경사 i로 인하여 흐름조건이 실제로는 층류상태인 현장의 수두경사 i값보다 크게 되어 난류조건이 발생할 수도 있다.
3. 비현실적으로 높은 수두경사 i값으로 인해 현장과는 다른 시료 다져짐 및 간극비가 형성될 수 있다. 이는 느슨한 모래를 시험할 때 매우 중요한 사항이 될 수도 있다.

3.9.9 현장의 지반은 불균질하며 퇴적되는 상태에 따라 이방성을 갖는 경우도 많아 실내시험에서 측정한 투수계수 값은 현장의 상태를 대표하지 못하는 경우가 대부분이다. 또한 지표부에 구조물의 시공으로 인하여 구조물이 시공되기 전 초기의 현장상태보다 크게 유효응력이 증가하는 경우에는 투수계수의 변화 가능성도 고려할 필요성이 있다. 일반적으로 투수계수는 실내시험보다 현장의 양수시험 등에서 구한 값의 정확도가 높으나 비용이 비싸 현장 간이시험들로 대체되는 경우가 많다. 투수계수는 입경과 입도분포에 의해서도 산정될 수 있는데, 이렇게 구한 투수계수는 투수시험자료가 없는 설계 초기의 개략투수계수값으로 사용하는 등 용도의 제한이 필요하다.

3.10 암반지반의 정수 평가

3.10.1 암반지반의 정수 평가 시 고려사항은 다음과 같다.

(1) 암석 및 암반의 특성을 평가하는 경우 코어 시료에서 측정되는 암석의 거동과 구조적인 불연속면을 가지는 훨씬 큰 암반의 거동차이를 구분하여야 한다. 구조적 불연속면은 층리면, 절리, 파쇄대, 용해공동을 포함한다. 절리에 대해서 다음의 요소를 고려하여야 한다.

① 간격(spacing)

② 방향성(orientation)

③ 틈(aperture)

④ 연속성(persistence, continuity)

⑤ 치밀성(tightness)

⑥ 절리면 거칠기(roughness)

⑦ 절리 틈새 채움(filling)

⑧ 강도(strength)

⑨ 지하수 특성(groundwater characteristics)

⑩ 블록의 크기(block size)

(2) 암석 및 암반의 특성을 평가하는 데 있어서 필요시 다음의 사항을 고려하여야 한다.

① 현장 초기응력

② 수압

③ 암층 사이의 특성 변화

④ 풍화 환경에서 다공질 연암의 연화현상

⑤ 용해도가 높은 암반에서 수로, 공동, 함몰공

⑥ 점토광물이 함유된 팽창성 암반

(3) 공학적 목적의 암반 평가 시 RQD를 이용하여 암질을 평가할 수 있다.

(4) 기후에 따른 암의 민감도, 응력 변화, 화학적 연화 등도 고려한다.

해설

3.10.1 암석 및 암반의 특성을 평가하는 경우 코어 시료에서 측정되는 암석의 거동과 구조적인 불연속면을 가지는 암반의 거동차이를 구분하고 층리면, 절리, 파쇄대, 용해공동을 포함 구조적 불연속면의 영향을 고려하여야 한다.

(1) 절리에 대해서 고려하여야 할 요소는 다음과 같다.

가. 간격(spacing)

이웃하는 불연속면 사이의 최단거리로 표시되고 간격이 조밀할수록 암반강도는 크게 감소된다. 주로 절리(joint set)의 평균 간격을 의미한다.

해설 표 3.10.1 불연속면의 간격(ISRM, 1978)

간격	불연속면에 대한 기술
6.0m 이상	극히 넓은(extremely wide)
2.0~6.0m	매우 넓은(very wide)
0.6~2.0m	넓은(wide)
0.2~0.6m	보통(moderate)
0.06~0.2m	좁은(close)
0.02~0.06m	매우 좁은(very close)
0.02m 이하	극히 좁은(extremely close)

나. 방향성(orientation)

불연속면의 방향성은 주향(strike)과 경사각(dip angle)으로 나타낸다. 주향은 경사진 지층면과 수평면과의 교차선을 북을 기준으로 한 방향이고, 경사각은 주향에 직교하는 방향의 지층 기울기로 경사면과 수평면이 이루는 각을 의미한다.

다. 틈(aperture)

불연속면을 기준으로 인접한 두 암반(rock wall) 사이의 연직거리이며 공기, 물, 광물질 및 토사로 채워져 있다.

해설 표 3.10.2 틈 간격(ISRM, 1978)

틈(aperture)	설명	
<0.1mm	very tight	closed features
0.1~0.25mm	tight	
0.25~0.5mm	partly open	
0.5~2.50mm	open	capped features
2.5~10.0mm	moderately wide	
>10mm	wide	
10~100mm	very wide	open features
100~1,000mm	extremely wide	
>1,000mm	cavernous	

라. 연속성(persistence, continuity)

연속성이란 노두에서 관찰된 불연속면의 추적길이(trace length)를 의미한다.

해설 표 3.10.3 불연속면의 연속성(ISRM, 1978)

연속성	길이(m)
매우 낮은 연속성(very low persistence)	<1
낮은 연속성(low persistence)	1~3
중간 연속성(medium persistence)	3~10
높은 연속성(high persistence)	10~20
매우 높은 연속성(very high persistence)	>20

마. 치밀성(tightness)

암반의 치밀성은 암석을 구성하는 광물, 생성이력 등에 영향을 받는다. 일반적으로 단단하고 치밀한 암반은 비중이나 밀도가 크며 연암, 미고결층이나 홍적층, 충적층 등은 비중이나 밀도가 작으므로 구조적으로 치밀하지 않다. 암반에 절리가 있는 경우 절리면의 치밀성도 암반의 거동에 영향을 주는 요소이다.

바. 절리면 거칠기(roughness)

절리면의 거칠기는 전단강도에 주요한 영향을 미치는데, 전단강도는 유효응력과 마찰각, 그리고 큰 규모의 굴곡도(waveness)에 영향을 받는다.

사. 절리 틈새 채움(filling)

절리 틈새의 충진물 특성에 따라 암반의 강도 특성이 달라지는데, 불연속면의 물리적 특성에 영향을 주는 요인으로 다음과 같은 사항들이 있다.

- 충진물질의 광물구성
- 입도 또는 입자의 크기
- 과압밀비
- 함수비, 투수성
- 선행(previous) 전단변위
- 절리면 거칠기
- 절리면의 폭
- 충진물질의 최대 최소 폭

아. 강도(strength)

암석에 가해지는 응력이 일정 한계값을 초과하면 파괴가 일어나는데, 이때의 값을 암석의 강도라 한다. 즉, 암석이 지탱할 수 있는 응력의 크기를 말하는 것으로 파괴응력이라고도 한다.

1. 취성파괴

암석의 하중을 지지하는 능력이 암석변형의 증가에 따라 감소할 때 일어난다. 이러한 취성파괴는 보통 파괴 전에 영구변형을 거의 동반하지 않는다.

2. 연성파괴

암석이 가해지는 응력(하중)에 대한 지지력을 잃지 않고 영구변형을 계속할 수 있는 경우를 의미한다.

자. 지하수 특성

불연속면을 따라 유출되는 물의 상태를 기재하며 건조, 습윤, 젖어 있음, 누수 등으로 표현한다. 누수가 심한 경우에는 단위시간당 누출량을 기재한다.

차. 블록의 크기

블록의 모양과 크기는 절리간격, 절리의 연속성, 그리고 절리의 개수에 의해 결정된다. 블록의 크기는 매우 큰 것은 $>8m^3$부터 매우 작은 것은 $<0.0002m^3$까지 있다.

(2) 암석 및 암반의 특성을 평가하는 데 고려할 사항은 다음과 같다.

가. 현장 초기응력

지하에 공동을 굴착하기 이전에 암반이 받고 있는 응력상태를 초기지압, 초기응력, 또는 1차지압, 지산응력이라 한다. 초기지압상태에 영향을 미치는 인자로서는 그 지점으로부터 지표까지의 암반 자중을 들 수가 있지만 지각구조에 관계된 힘이나 암반이 과거에 받은 지각변동 등의 요인 등에도 영향을 받는다. 특히 초기지압의 크기는 터널 등의 굴착공사 등에 큰 영향을 미친다. 대표적인 초기지압 측정방법에는 응력해방법(over coring), 수압파쇄법(hydraulic fracturing), AE법 등이 있다.

나. 수압

불연속면을 통해 작용하는 수압은 불연속면의 강도를 감소시키거나 풍화를 촉진시켜 암반의 강도를 저하시키는 요소로 작용한다. 특히 절리면에 수압이 발생하면 절리면의 마찰각은 크게 감소한다.

다. 암층 사이의 특성 변화

암층사이의 충진 물질, 지하수위 영향, 절리간격, 거칠기, 풍화정도 등의 다양한 요소에 의해 암반의 강도가 영향을 받는다.

라. 풍화 환경에서 다공질 연암의 연화현상

풍화연암은 암석이 붕괴되어 흙이 되는 과정으로 아직 완전히 붕괴되어 있지 않은 암석이다. 특히 암체 점이대의 성질이 불균질성이나 암체의 느슨함을 야기한다.

마. 점토광물이 함유된 팽창성 암반

몬모릴로나이트와 경석고(anhydrite) 등의 팽윤성 광물이 많이 포함되면, 상당히 가벼운 암석에서도 슬레이킹에 의해서 붕괴되는 경우가 있다. 즉, 건조에 의한 수분변화를 받은 후 다시 흡수시키면 조직이 파괴되고 점토화된다. 또 이와 같은 암석은 팽창성이 강하다. 이 팽창성은 건조후의 흡수에 의해서도 일어나지만, 수분작용이 없어도 얼마간의 기계작용에 의한 파쇄를 받은 후 수분에 접하면 흡수 팽창한다. 슬레이킹과 팽창(팽윤)을 나타내는 암석에는 이암, 혈암, 화산성 변질암 등의 연암이 많다.

(3) 코어회수율(Total Core Recovery, TCR) 및 RQD(Rock Quality Designation)는 NX 크기 시료에 적용하는 지수로 TCR은 전체 코어길이의 합을 시추 길이로 나누어 백분율로 표시하며 RQD는 전체 코어길이에 대한 100mm 이상 코어길이의 합을 전체 시추 길이로 나누어 계산하여 백분율로 표시한다. 본래부터 있던 균열과 시추나 시료 채취과정에서 생긴 균열은 구분되어야 하며, 신선하고 불규칙하게 깨진 틈은 무시하고 계산에 반영한다(해설 그림 3.10.1).

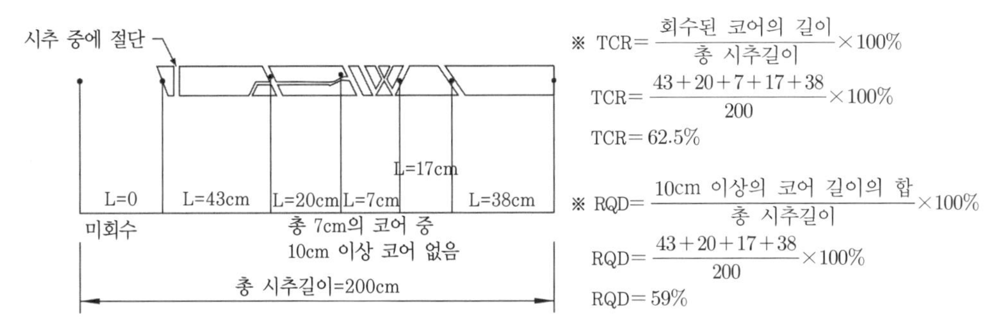

해설 그림 3.10.1 TCR과 RQD의 측정과 계산과정

가. 엽리나 층리 같은 이방성이 큰 면에서의 깨진 틈은 자연적으로 생긴 파쇄로 간주할 수 있다. RQD를 결정하기 위하여 국제 암반역학회(ISRM)는 더블튜브와 다이아몬드 비트를 사용한 NX크기의 코어배럴을 추천하고 있다. 시추코어의 절리로부터 전체 암반에 대한 절리의 분포를 측정하고자 할 때는 절리의 경사각에 따라 발생 확률을 보정하여야 한다.

나. 속도지수는 실험실의 압축파속도(v_l)에 대한 현장압축파속도(v_f) 비의 제곱 $(v_f/v_l)^2$으로 정의되며 지구물리 조사를 이용해 암질을 판단하는 데 사용된다. 한편, 셰일과 이암과 같이 암에 대한 단기적인 풍화는 암석의 공학적 성질에 영향을 주며 이런 암은 풍화하기가 극히 쉬워 대기 중에 노출되는 경우 건조-수침 반복조건에서 내구성에 대한 시험(ASTM D 4644)을 하여 더 상세한 특성이 조사되어야 한다. 건조-수침 반복시험에서 셰일이 입자화된다면 공기 중에 노출되었을 때 빠르게 쪼개지며 침식이 예상된다. RQD, 속도지수와 암질에 대한 관계는 해설 표 3.10.4에 제시되어 있다.

해설 표 3.10.4 RQD, 속도지수와 암질분류(ISRM, 1978)

RQD, %	속도 지수	암질
90~100	0.8~1.0	매우 우수
75~90	0.6~0.8	양호
50~75	0.4~0.6	보통
25~50	0.2~0.4	불량
0~25	0~0.2	매우 불량

3.10.2 일축압축강도와 변형계수는 신선한 암석의 특성평가와 분류에 주로 이용되며 암석의 일축압축강도와 변형특성을 평가하는 데 있어서 고려사항은 다음과 같다.

① 시료의 이방성에 대한 재하 축의 방향, 예) 층리면, 엽리 등
② 시료채취 방법, 보관 기간 및 환경
③ 시험된 시료의 수
④ 시험된 시료의 형상
⑤ 시험 시 함수비와 포화도
⑥ 시험 수행 시간과 재하 속도
⑦ 변형계수 결정 방법과 이때 적용된 축응력의 수준

3.10.3 암반의 전단면은 일반적으로 절리, 층리, 편리, 벽개 등을 따라 형성된다. 암석의 전단강도 평가 시 다음 사항을 고려한다.

(1) 암체에 작용하는 응력에 대한 시험 시료의 방향
(2) 전단 시험에서 시료의 전단 방향
(3) 시험된 시료의 수
(4) 전단 절리면의 치수, 간극수압의 상태

해설

3.10.2 암석의 강도시험을 위해 원위치의 암반을 구성하고 있는 암석을 대표할 수 있는 장소에서 시료를 채취해야 한다. 시료를 채취할 때는 5개 이상의 동질한 시험편을 제작할 수 있도록 채취하는 것을 원칙으로 하며, 원위치 암반의 상태 등으로 인하여 시료의 채취가 어려울 경우에는 최소한 3개 이상의 시험편을 제작할 수 있어야 한다. 암석을 시추한 후 얻은 코아를 시료로 하고자 할 경우에는 5개 이상의 시험편을 제작할 수 있어야 하나 시료가 부족할 경우에는 최소 3개 이상의 시험편을 제작할 수 있어야 한다.

암석의 일축압축시험은 KS E 3033을 따르며, ASTM D 2938과 ISRM에 제시된 방법을 참조하여 수행한다. 암석의 일축압축강도와 변형계수는 신선한 암석의 특성평가와 분류에 주로 이용된다. 일축압축강도시험 결과 보고서에는 시험한 시료의 수, 전단, 축방향 균열과 같은 파괴 형태, 시편 각각의 일축압축강도 및 평균(MPa단위)값이 반드시 표기되어야 하며 암석의 암석학적 설명, 층리 및 엽리와 같은 시편의 이방성에 대한 하중축의 방향, 시료 채취위치, 깊이, 방향 시료채취 날짜와 방법, 시료가 채취된 시간과 환경, 시료의 직경과 높이 등이 표시되어야 한다.

3.10.3 암석의 전단강도를 구하기 위한 대표적인 시험에는 직접 전단시험과 삼축압축시험을 사용하며 절리면의 전단특성을 파악하기 위한 전리면 전단시험이 있다.

(1) 직접 전단시험

암석의 직접전단시험에 사용되는 시험편은 한국암반공학회 표준암석시험법 “암석의 시료채취와 시험편제작 표준법”에 따라 준비하며, 원주형, 직육면체, 불규칙한 형태 등의 시험편을 사용할 수 있다(해설 그림 3.10.2). 절리면을 가진 시험편은 실험 전까지 절리면이 손상되지 않도록 주의하여야 한다. 시험편의 개수는 5개 이상을 원칙으로 하되 최소 3개 이상을 준비한다. 시험편의 크기는 암석의 최대입자 크기의 10배 이상이 되어야 하며, 그림 1과 같이 전단상자 내에서 시험편 길이(L)의 0.2배 이상을 고정재로 몰딩하여야 한다. 이때 시험편의 전단면은 고정재로부터 5mm 이상 노출되어야 한다. 시험편 전단면의 면적은 1,900mm^2 이상이어야 한다.

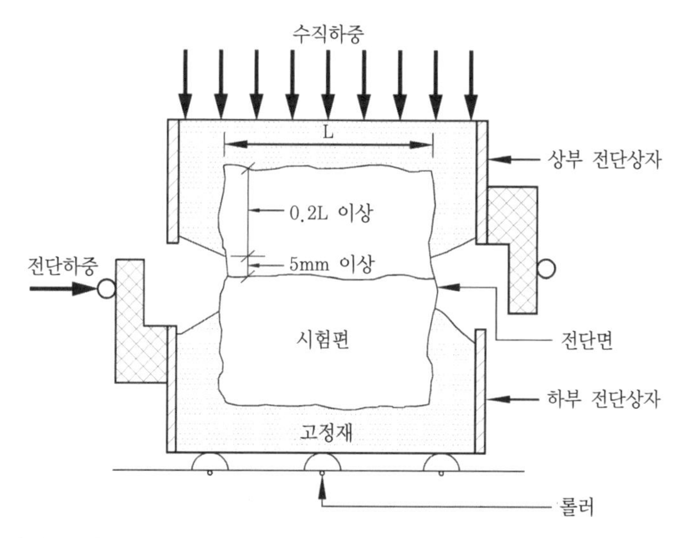

해설 그림 3.10.2 직접전단시험 상자 모식도(한국암반공학회, 2005)

(2) 삼축압축시험

한국암반공학회 표준암석시험법에 따라 성형하며, 시험편의 개수는 5개 이상을 원칙으로 하되 최소 3개 이상의 시험편에 대하여 시험을 실시하여야 한다. 시험 후 결과보고서에는 다음 사항들이 반드시 포함되어야 한다.

1) 시험한 시험편의 개수
2) 구속압에 따른 최대압축강도 측정결과(MPa 단위로 표기)

3) Mohr 응력원 및 파괴포락선
4) 내부마찰각과 점착력

(3) 절리면 전단시험
지하에 존재하는 암반은 단층이나 절리, 균열 등을 포함하고 있다. 특히 단층이나 절리는 터널과 같은 암반구조물의 안정성에 결정적인 영향을 미친다.
절리면 전단시험은 이러한 영향을 고려하기 위해 절리면을 포함한 시험편에 대해 직접 전단시험을 실시하여 최대전단강도, 잔류전단강도, 전단강성, 팽창특성 등을 알아보는 시험이다.

3.11 현장시험에서의 지반정수

3.11.1 콘관입시험으로부터 콘선단저항, 주면 마찰, 간극수압을 측정하여 흙의 분류, 전단강도, 투수 및 횡방향 압밀계수, 상대밀도 등을 산출할 수 있다. 콘관입시험 시에는 다음 사항을 고려하여야 한다.
(1) 신뢰성 있는 결과를 얻기 위해 충분한 수의 관입시험 및 과잉 간극수압소산시험 실시와 필요에 따라 시추조사 병행
(2) 지하수와 상재압의 영향을 고려하여 해석
(3) 분산이 심한 결과가 나타나는 불균질한 흙에서는 현장 조건을 대표할 수 있는 측정값들을 선택
(4) 다른 종류의 시험결과와 상관관계

해설

3.11.1 콘관입시험은 원추모양의 콘 프로브(cone probe)를 지반에 일정한 속도로 관입하면서 발생하는 콘선단저항, 주면마찰, 간극수압을 측정하여 흙의 분류, 전단강도, 투수 및 횡방향 압밀계수, 상대밀도 등을 산출할 수 있다. 콘관입시험으로부터 신뢰성 있는 결과를 얻기 위하여 충분한 수의 관입시험 및 과잉간극소산시험을 실시할 필요가 있으며 경우에 따라 시추조사를 병행할 수 있다.

(1) 콘관입시험은 콘을 강재로 이루어진 롯드 하단에 연결하여 유압식 관입기에 의해 지중에 관입시키면서 지반심도에 따라 연속적으로 지반의 저항력을 측정하는 지반조사

방법으로서(해설 그림 3.11.1(a)), 대개 연약 점성토나 실트층 또는 세립질의 사질토 지반에 주로 사용된다. 콘 관입시험에 대한 절차는 ASTM D 5778에 제시된 규정에 준하여 실시한다.

(2) 콘관입시험기는 크게 기계식과 전자식으로 나눌 수 있으며 기계식 콘은 일반적으로 마찰맨틀콘이라고 불리는 것으로 원추와 마찰슬리브가 이중관으로 분리되어 있다. 기계식 콘은 경제적인 점에서는 유리하지만 단속적으로 측정이 되고, 내부관의 마찰 등 시험 시 오차 유발요인이 많다. 해설 그림 3.11.1(b)와 같은 전자식 콘은 연속적 자동측정이 가능하고 간극수압을 측정할 수 있는 장점 때문에 현재 가장 널리 사용되고 있다. 최근에는 수소이온농도 및 산화환원전위를 측정할 수 있는 환경 콘(environmental cone), 수진기(geophone)를 내장하여 탄성파를 감지하는 탄성파 콘(seismic cone), 소형 카메라를 내장한 영상 콘(visual cone) 등도 사용한다.

가. 시험 장치

피에조콘 관입시험 장비는 크게 피에조콘, 롯드, 관입 시스템, 데이터 측정 시스템으로 구성되어 있으며 해설 그림 3.7.7(a)와 같이 효율적인 이동을 위해 트럭 등에 시험 장치를 탑재하여 실험을 수행하기도 한다. 피에조콘은 원추관입 저항력과 주면마찰력, 그리고 콘의 관입 때 발생하는 간극수압을 측정할 수 있는 장치로 이루어져 있다. 대표적인 피에조콘의 외관과 구조는 해설 그림 3.11.1(b)와 같으며 선단각이 60도, 원추 저면적이 10cm^2, 주면의 표면적이 150cm^{2}인 콘을 표준형으로 채택하고 있다. 간극수압을 측정하기 위한 필터의 위치는 피에조콘의 선단과 선단면, 선단 위 또는 주면에 위치하는 4가지가 있으나 필터가 콘의 선단 바로 위에 위치하는 콘이 가장 일반적으로 사용되고 있다.

나. 시험 방법

피에조콘 관입시험의 시험방법은 간극수압을 측정하는 센서 및 이를 둘러싼 다공질 필터를 완전히 포화시킨 후 피에조콘을 롯드와 연결하고 유압식 관입 시스템에 의해 원추 모양의 콘을 2cm/s의 일정한 속도로 지중에 압입하면서 깊이별로 원추관입저항력, 주면마찰력 등 관입저항력과 간극수압을 연속적으로 측정하는 원위치시험으로서, 지반을 분류하고, 제반 공학적 특성을 파악한다. 콘 관입 도중 간극수압 소산시험을 실시할 수 있다.

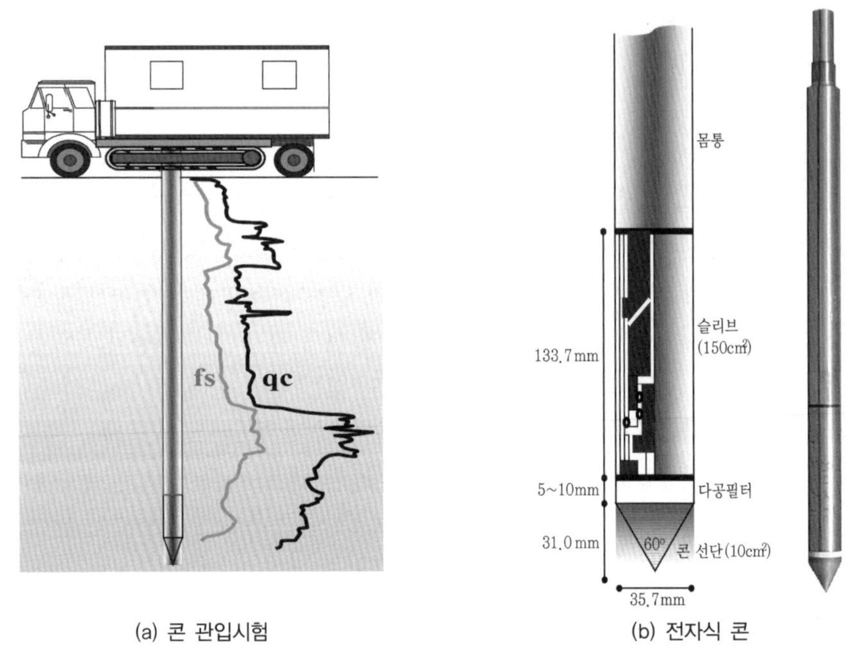

(a) 콘 관입시험 (b) 전자식 콘

해설 그림 3.11.1 콘관입시험(한국지반공학회, 2004)

다. 결과 해석 및 적용

1. 피에조콘 관입시험의 결과

피에조콘 관입시험에서는 원추 관입 저항력(q_c), 주면마찰력(f_s), 그리고 콘이 관입될 때의 간극수압(u_{bT})을 측정한다. 피에조콘의 경우 시험기 내부로 관입된 필터의 사용으로 인하여 원추 관입 저항력이 영향을 받기 때문에 해설 식(3.11.1)을 이용하여 측정된 값을 보정한 원추 관입 저항력(q_T)를 사용한다.

$$q_T = q_c + (1-a)u_{bT} \qquad \text{해설 (3.11.1)}$$

여기서, a는 부등 단면적비로서 롯드의 단면적을 원추 저면적으로 나눈 값이며, 일반적으로 0.15~0.30 정도의 값을 갖는다. 단, 필터가 없는 일반 콘의 경우 a가 1이므로 q_T는 측정치 q_c와 같다.

2. 흙의 분류

흙의 분류는 원추 관입 저항력에 대한 마찰율(R_f) 또는 간극수압계수(B_q)의 상관관계 도표를 이용하여 이루어진다. 해설 그림 3.11.2는 Robertson et al.(1986)이 제안한 대표적인 흙의 분류도표이다. 마찰률은 해설 식(3.11.2)와 같이 원추 관입 저항력에 대한 주면마찰력(f_s) 비의 백분율로 정의된다.

$$R_f(\%) = \frac{f_s}{q_T} \times 100 \qquad \text{해설 (3.11.2)}$$

한편, 간극수압계수(B_q)는 해설 식(3.11.3)과 같이 정의된다.

$$B_q = \frac{u_{bT} - u_0}{q_T - \sigma_{v0}} \qquad \text{해설 (3.11.3)}$$

여기서, σ_{v0}는 연직 전응력, u_0는 정수압을 나타낸다.

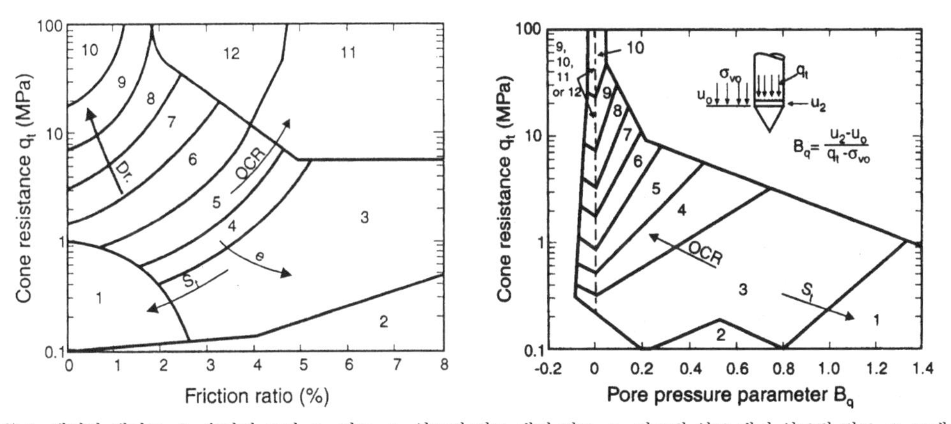

주) 1. 예민한 세립토 2. 유기질 토질 3. 점토 4. 실트질 점토 내지 점토 5. 점토질 실트 내지 실트질 점토 6. 모래질 실트 내지 점토질 실트 7. 실트질 모래 내지 모래질 실트 8. 모래 내지 실트질 모래 9. 모래 10. 자갈질 모래 내지 모래 11. 매우 굳은 세립토 12. 모래 내지 모래질 점토

해설 그림 3.11.2 마찰율과 간극수압계수를 이용한 흙의 분류도표(Robertson et al., 1986)

3. 비배수 전단강도

피에조콘 관입시험으로부터 점성토의 비배수 전단강도(s_u)를 산정하기 위한 여러 가지 방법이 발표된 바 있다. 이들 중 가장 보편적으로 사용되는 방법은 Schmertmann(1978)이 제시한 피에조콘 계수 N_{kT}를 토대로 한 해설 식(3.11.4)를 이용하는 방법이다.

$$s_u = (q_T - \sigma_{vo}) / N_{kT} \qquad \text{해설 (3.11.4)}$$

여기서, N_{kT}는 흙의 특성에 따라 다르게 나타나며, 대략 5~30의 값을 가진다. 대표적인 값들은 해설 표 3.11.1에 제시되어 있다.

해설 표 3.11.1 경험적 방법에 의한 피에조콘 계수

지역	기준 s_u 측정방법	피에조콘 계수	비고
북해	CIUC	N_{kT}=17	Kjekstad et al.(1978)
영국 북부	CIUC	N_{kT}=12~20	Nash and Duffin(1982)
노르웨이 일부지역	FVT	N_{kT}=12~19	Lacasse and Lunne(1982)
이탈리아	FVT	N_{kT}=8~16	Jamiolkovski et al.(1982)
	CKoUC	N_{kT}=8~10	
캐나다 밴쿠버	FVT	N_{kT}=8~10	Konrad et al.(1985)
	SBPT		
브라질 전역	FVT CIUC	N_{kT}=13.5~15.5	Rocha-Filho and Alencar (1985)
호주 뉴캐슬	FVT	N_{kT}=13.7	Jones(1995)
일본	UCT	N_{kT}=8~16	Tanaka(1995)
	FVT	N_{kT}=9~14	Tanaka(1995)

주) FVT : 현장 베인전단시험, CIUC : 등방압밀 비배수 삼축압축시험, PLT : 평판재하시험,
CAUC : 이방압밀 비배수 삼축압축시험, SBPT : 자가굴착식 공내재하시험, UCT : 일축압축시험,
UU : 비압밀 비배수 삼축압축시험, CK0UC : K0 압밀 비배수 삼축압축시험

4. 사질토의 내부마찰각

해설 표 3.11.2는 조밀한 정도에 따른 사질토의 내부마찰각과 원추 관입 저항력과의 근사적 상관관계를 지반의 연직응력(σ_{v_0}) 영향을 고려하여 제시한 것이다.

해설 표 3.11.2 콘관입 저항력과 사질토의 내부마찰각의 관계(Skempton, 1986)

q_T/σ_{v0}'	조밀한 상태	근사적 ϕ'
<20	매우 느슨	<30
20~40	느슨	30~35
40~120	중간	35~40
120~200	조밀	40~45
>200	매우 조밀	>45

또한 ϕ'은 Robertson and Campanella(1983)가 제안한 해설 식(3.11.5)을 이용하여 평가할 수 있다.

$$\phi' = \tan^{-1}\left[0.1 + 0.38\log\left(\frac{q_T}{\sigma'_{v0}}\right)\right] \qquad \text{해설 (3.11.5)}$$

5. 압밀계수

피에조콘의 관입을 멈추었을 때 시간에 따른 과잉간극수압의 변화로부터 간극수압 소산곡선을 얻을 수 있다. 이로부터 점성토 지반의 압밀계수를 산정할 수 있다. 압밀계수 산정법에는 Torstensson(1975), Baligh and Levadoux(1986)가 제시한 방법 또는 Teh and Houlsby(1991)가 강성지수 개념을 이용하여 제시한 방법 등이 있다.

6. 기타 적용 사항

콘관입시험의 결과는 위의 사항 이외에도 과압밀비, 변형계수, 점성토의 예민비를 구하는 데 사용할 수 있으며, 액상화 가능성이나 얕은기초나 깊은기초의 지지력을 구하는 데 이용될 수 있다.

3.11.2 표준관입 시험 시 타격에너지를 측정하거나 해머의 종류와 리프팅 방법에 따른 타격 에너지를 추정하여 N값을 이론적 에너지의 60%에 대하여 보정하고 로드의 길이, 시추공 직경, 샘플러 케이싱의 영향도 보정한다. 필요한 경우 배수조건, 상재하중의 영향 등에 대하여 N값을 보정할 수 있으며 자갈이나 자갈질 모래 지반에서의 시험결과는 주의하여 평가한다.

해설

3.11.2 표준관입시험결과는 해머의 종류와 리프팅 방법에 따라 타격에너지를 추정하여 보정하고 로드의 길이, 시추공 직경, 샘플러 케이싱의 영향도 보정한다. 필요한 경우 배수조건, 상재하중의 영향 등에 대하여 N값을 보정할 수 있으며 자갈이나 자갈질 모래 지반에서의 시험결과는 주의하여 평가할 필요가 있다.

(1) 표준관입시험의 개요

표준관입시험(SPT, Standard Penetration Test)은 63.5kgf의 해머를 750mm 높이에서 자유낙하시켜 정해진 규격의 원통 분리형 시료채취기(split barrel sampler)를 시추공 내에서 300mm 관입시키는 데 필요한 해머 타격 횟수(N값)를 측정하여 그 결과로 지반을 분류하거나 연경도를 평가한다. 나아가 지반 강도, 상대밀도, 내부마찰각 등 지반정수를 추정하며, 또한 흐트러진 상태의 시료를 얻어 육안으로 확인한다. 해설 그림 3.11.3는 표준관입 시험장치에 대한 그림과 구성장치를 보여주고 있다.

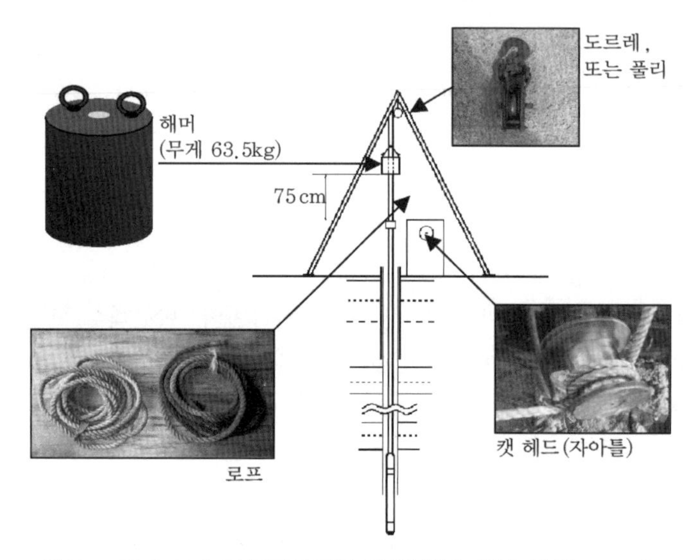

해설 그림 3.11.3 표준관입시험 장치(한국지반공학회, 2004)

국내에서는 모든 종류의 흙, 심지어는 암석(암반) 일부에까지도 관행적으로 표준관입시험을 적용하고 있으나, 이 시험은 원칙적으로 사질토에 한정하여 적용하여야 한다. 따라서 점성토, 또는 자갈질 흙, 암석층(암반)에서 이 시험을 실시하고 그때의 N값을 설계에 적용하는 것은 매우 주의하여야 한다. 표준관입시험의 일반적인 시험방법은 KS F 2307에 규정되어 있으며 국제적으로로 ASTM D1586이나 BS 1377기준이 많이 사용되고 있다.

(2) N값의 보정

현장에서 측정한 표준관입시험 결과는 해머의 효율, 로드길이, 굴착공의 직경, 샘플러의 종류 및 유효응력 등에 따라 영향을 받게 되어 보정 없이 사용할 경우 지지력 산정 시 일관성이 결여될 수 있으므로 국제표준규격인 해머효율의 60%인 $(N_1)_{60}$으로 보정할 경우 해설 식(3.11.6)을 이용한다.

$$(N_1)_{60} = C_N \cdot C_E \cdot C_B \cdot C_S \cdot C_R \cdot N \qquad \text{해설 (3.11.6)}$$

여기서, C_N : 유효응력에 대한 보정계수

C_E : 해머의 에너지효율에 대한 보정계수

C_B : 공경에 대한 보정계수

C_S : 샘플러 종류에 대한 보정계수

C_R : 로드길이에 대한 보정계수

N : 현장표준관입시험결과

가. 해머의 효율

에너지 효율은 해설 그림 3.11.4에 제시된 해머의 종류와 낙하 방식에 따라 에너지 효율이 다르게 나타나므로 기준이 되는 에너지 효율을 정하고 이를 토대로 사용되는 장비의 에너지 효율을 고려하여 N값을 보정해야 한다. 이를 위하여 제안된 기준 에너지 효율은 일반적으로 60%이며, 따라서 에너지 효율에 대하여 보정된 N값은 해설 식 (3.11.7)로부터 구할 수 있다.

$$N_{60} = \frac{ER_r}{60} \cdot N = C_E \cdot N \qquad \text{해설 (3.11.7)}$$

여기서, N_{60}은 해머의 낙하 에너지효율 60%를 기준으로 보정된 N값이고, ER_r은 해머마다 제공된 값을 사용한다.

사용되는 에너지 효율(ER_r)은 제작된 장비의 특성에 따라 해설 표 3.7.7에 제시된 것과 같이 크게 다르게 나타날 수 있다. 따라서 사용하는 장비의 에너지 효율을 직접 측정하고 이를 토대로 보정하여 N값을 결정하는 것이 바람직하며, 실험결과 보고서 상에 에너지 효율을 반드시 기입하여야 한다.

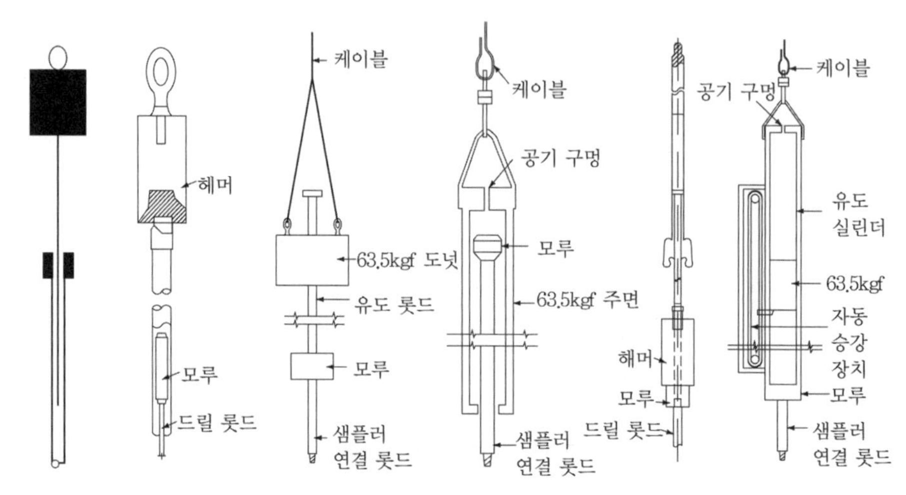

해설 그림 3.11.4 해머의 종류(Riggs, 1986)

해설 표 3.11.3 해머의 효율(Skempton, 1986)

국가	해머 종류	해머타격방법	ER_r(%)
미국	안전해머 도우넛해머	캣헤드(cathead) 캣헤드(cathead)	55~60 45
일본	도우넛해머 도우넛해머	톰비 트리거(tombi trigger) 캣헤드(cathead)	78~85 65~67
영국	자동해머	트립(trip)	73
중국	자동해머 도우넛해머	트립(trip) 캣헤드(cathead)	60 55

나. 유효응력(C_N)에 대한 보정

사질토지반에서 수행한 표준관입시험의 N값은 유효연직응력에 의해 좌우되기 때문에 이에 대한 보정을 실시하여야 한다. 즉, 같은 지반이라도 시험 깊이가 깊을수록 N값이 크게 나오기 때문에 상재하중 보정계수를 사용하여 유효연직응력이 100kPa일 때를 기준으로 보정을 실시한다. Liao and Whitman(1986)은 해설 식(3.11.8)와 같이 간략한 경험식을 제안하였다.

$$C_N = \left(\frac{p_a}{\sigma_v} \right)^{0.5} \leq 2 \qquad \text{해설 (3.11.8)}$$

여기서, p_a=100kPa, $\overline{\sigma_v}$: 시험위치에서의 유효응력이다.

Skempton(1986)은 흙의 응력이력과 입경에 따라 해설 식(3.11.9)~(3.11.11)과 같이 보정계수 C_N을 제안하였다.

$$\text{중간 정도의 세립질 모래,}\ C_N = \frac{2}{1+\sigma'_v/\sigma_r} \qquad \text{해설 (3.11.9)}$$

$$\text{조밀한 조립질 모래,}\ C_N = \frac{3}{2+\sigma'_v/\sigma_r} \qquad \text{해설 (3.11.10)}$$

$$\text{과압밀된 세립질 모래,}\ C_N = \frac{1.7}{0.7+\sigma'_v/\sigma_r} \qquad \text{해설 (3.11.11)}$$

여기서, σ_v는 시험 깊이에서의 유효연직응력이고 σ_r은 100kPa이다.

다. 롯드길이에 대한 보정

롯드길이는 엔빌(anvil) 아래의 길이를 나타내며 해설 표 3.11.4와 같이 보정을 한다.

해설 표 3.11.4 롯드길이에 대한 보정계수(Skempton, 1986)

로드길이에 따른 보정계수, C_R	
롯드길이	C_R
>10m	1.00
6~10m	0.95
4~6m	0.85
3~4m	0.75

라. 샘플링방법에 대한 보정

샘플러에 라이너(liner)의 부착여부에 대한 보정계수는 해설 표 3.11.5와 같다.

해설 표 3.11.5 샘플링 방법에 대한 보정계수(Skempton, 1986)

라이너 유무에 따른 보정계수, C_S	
종류	C_S
라이너가 있는 표준 샘플러	1.00
라이너가 없는 경우	1.20

마. 시추공의 직경에 따른 보정

시추공의 직경에 따라 해설 표 3.11.6과 같이 보정을 한다.

해설 표 3.11.6 시추공 직경에 대한 보정계수(Skempton, 1986)

시추공 직경에 따른 보정계수, C_B	
공벽직경	C_B
60~115mm	1.00
150mm	1.05
200mm	1.15

(3) N값의 이용

해설 표 3.11.7과 같이 표준관입시험에서 얻은 N값은 경험적 상관관계로부터 지반정수를 추정하거나 계산식에 직접 입력하는 방식으로, 지반공학적 설계 및 해석에 필요한 설계 정수를 산정할 수 있다.

해설 표 3.11.7 N값으로 파악되는 지반공학적 특성(서울특별시, 1996)

구분		판정 및 추정사항
조사결과로 판정 가능한 사항		지반 분류, 지하수위, 깊이별 강도 변화 경향(N값의 그래프) 연약층의 두께, 개략적 압축성, 지지층 위치
N값으로 추정할 수 있는 사항	사질토	상대밀도, 내부마찰각의 범위, 지지력, 액상화 가능성
	점성토	연경도, 일축압축강도 또는 점착력, 지지력
	일반 사항	지반의 극한지지력, 말뚝의 지지력, 지반반력계수, 횡파속도

가. N값과 지반정수의 경험적 상관관계

Terzaghi and Peck(1948)은 N값을 이용하여 점토와 모래에 대한 연경도, 일축압축강도(q_u), 상대밀도를 해설 표 3.11.8과 같이 제시하였으며 지반분류와 연약지반 판정 등 다양한 목적으로 활용하고 있다. 여기서 N값은 에너지효율이 약 60%일 때의 값이다.

해설 표 3.11.8 N값과 연경도 관계(Terzaghi and Peck, 1948)

점토			모래	
연경도	N	q_u(kPa)	상대밀도	N
매우 연약	<2	<25	매우 느슨	0~4
연약	2~4	25~50	느슨	4~10
보통	4~8	50~100	보통	10~30
굳음	8~15	100~200	조밀	30~50
매우 굳음	15~30	200~400	매우 조밀	>50
단단함	>30	>400		

해설 표 3.11.9는 Terzaghi and Peck(1948)이 제시한 N값과 모래의 상대밀도 및 내부마찰각과의 관계를 보여주고 있다. 해설 표 3.11.10은 Dunham(1954)에 의해 제시된 모래의 모양과 입도분포에 따른 N값과 마찰각과의 관계이다.

해설 표 3.11.9 N값과 모래의 상대밀도 및 내부마찰각 관계(Terzaghi and Peck, 1948)

N	연경도	상대밀도(D_r, %)	내부마찰각(ϕ)	
			Peck	Meyerhof
0~4	매우 느슨	0.0~15	28.5 이하	30 이하
4~10	느슨	15~35	28.5~30.0	30~35
10~30	중간	35~65	30.0~36.0	35~40
30~50	조밀	65~85	36.0~41.0	40~45
50 이상	매우 조밀	85~100	41.0 이상	45 이상

해설 표 3.11.10 모래의 상태에 따른 N값과 마찰각의 관계식(Dunham, 1954)

모래의 상태	관계식	N=10	N=30
입자가 둥글고 입도분포가 균등한 모래	$\phi=\sqrt{12N}+15$	26	34
입자가 둥글고 입도분포가 좋은 모래, 또는 입자가 모나고 입도분포가 균등한 모래	$\phi=\sqrt{12N}+20$	31	39
입자가 모나고 입도분포가 좋은 모래	$\phi=\sqrt{12N}+25$	36	44

점토층에서 N값과 일축압축강도(q_u)의 관계 역시 해설 표 3.11.11과 같이 연구자별로 다양하게 제안되었는데, 점토층에서는 표준관입시험 결과의 신뢰성이 낮아 N값의 적용에 신중해야 한다.

해설 표 3.11.11 N값과 점토층의 일축압축강도(q_u)와 관계

제안자	일축압축강도(kgf/cm^2)
Terzaghi and Peck(1948)	$q_u=\frac{1}{8}N$
Peck	$q_u=\frac{1}{6}N$
Dunham(1954)	$q_u=\frac{1}{7.7}N$

나. N값과 기초의 지지력

N값을 이용하여 얕은기초의 극한지지력(q_u)을 구하는 경험식들 중 가장 일반적으로 사용되는 Meyerhof(1956)의 지지력 공식은 해설 식(3.11.12)와 같다.

$$q_u = 3NB\left(1+\frac{D_f}{B}\right)(\mathrm{tf/m^2}) \qquad \text{해설 (3.11.12)}$$

여기서, D_f : 기초의 근입심도(m)

B : 기초의 폭(m)

$\overline{N}$: 기초 바닥면 아래 0.75B 심도까지 평균 N값

국내의 경우, 깊은기초의 극한 지지력을 구하기 위한 식들 중에서 Meyerhof(1956)가 제안한 해설 식(3.11.13)을 가장 많이 사용한다.

$$R_u = R_p + R_f = 40 \cdot N \cdot A_p + \left(\frac{\overline{N}}{5}\right) \cdot A_s \qquad \text{해설 (3.11.13)}$$

여기서, R_u : 말뚝의 극한지지력(tf)

R_p : 말뚝의 선단지지력(tf)

R_f : 말뚝의 주면지지력(tf)

A_p, A_s : 말뚝선단, 주면면적($\mathrm{m^2}$)

N : 말뚝선단부의 N값

$\overline{N}$: 지표에서 말뚝 근입 깊이까지의 평균 N값

다. 액상화 예측

Seed et al.(1983)은 N값을 이용하여 액상화를 예측하는 간편법을 제안하였다. 액상화에 대한 안전율은 지진 시 발생하는 지중의 한 점에서 지진력을 나타내는 지진(진동)전단응력비(τ_d/σ'_v)와 저항전단응력비(τ_1/σ'_v)를 비교하여 구할 수 있다. 지반의 구체적인 액상화 평가는 제10장 10.7절을 참고한다.

3.11.3 프레셔미터 시험은 선굴착과 자가굴착으로 구분되며 프레셔미터 곡선으로부터 흙의 현장 수평응력, 전단탄성계수, 비배수 진단강도 등을 결정할 수 있다. 전단탄성계수 산정 시에는 필요시 제하-재재하를 실시한다. 시험 중 한계압에 도달하지 않는 경우, 보수적인 외삽법을 사용하여 그 값을 추정할 수 있다.

해설

3.11.3 프레셔미터 시험(PMT, Pressuremeter Test)은 지중 내 설치된 프루브를 통해 지반에 압력을 가하여 지반의 변형특성을 평가하는 시험 방법으로, 주로 경험적인 상관관계를 통하여 지반의 변형계수를 평가하는 여타의 현장 시험방법들과 달리 하중에 따른 변위 곡선에 기초하여 지반의 변형특성을 평가할 수 있는 시험 방법이다 시험을 통하여 수평지반의 반력계수, 변형계수, 탄성계수, 정지토압계수를 구할 수 있으며 시험값은 터널, 기초 및 토류벽 변형해석 등에 이용된다.

(1) 시험장비

프레셔미터는 그 구조와 가압방식에 따라 몇 가지 종류로 구분되는데, 시험방법과 지반조건에 따라 적용하는 기준은 차이가 있으며 설치방법과 시험대상 지반의 종류, 제조업체에 따라 다양한 종류로 구분된다. 프레셔미터 시험기의 공통적인 구성품은 프로브, 압력-변형률 제어장치 및 재하장치, 관입장치, 유압식 모터, 질소공급장치, 데이터 기록장치 등으로 구성되어 있다.

(2) 프로브의 종류

프로브는 설치방법에 따라 시추장비에 의해 미리 형성된 시험공에 시험 기구를 삽입하여 시험을 수행하는 선굴착식(pre-bored type), 시험기구의 선단에 굴삭기계가 장착되어 스스로 시험공을 천공한 후 시험을 수행하는 자가굴착식(self-boring type), 그리고 시험기구를 시험위치에 압입한 후 시험을 수행하는 압입식(push-in type)으로 구분한다.

(3) 시험 시 주의사항

프레셔미터의 시험방법에 대한 규정은 지반조건과 제작사에 따라 사용방법과 제원이 차이가 있다. 시추조사 방법에 따라서도 그 결과의 영향은 크므로 정량적 방법으로 기준을 설명하는 것은 곤란하다. 그러나 일반적으로 프레셔미터 시험은 ASTM D 4719의 방법을 따른다. PMT 시험결과에 가장 큰 영향을 주는 시험공 시추에 대한 사항들은 다음과 같다.

가. 시험공 프로브에 적당한 크기로 시추해야 하며 시추공의 크기가 너무 작으면 프로브가 삽입되지 않고, 반대로 너무 크면 측정결과의 신뢰도가 떨어지며 심하면 프로브가 손상될 우려가 있다.
나. 시험에 사용할 프로브의 크기는 시추공의 크기 보다는 1.1배 이상 되어야 최대압력을 측정할 수 있다. 암반에서는 시험공벽의 변형량이 작아 시험공의 크기가 다소 커도 크게 문제가 되지 않을 수도 있으나 토사지반에서는 시험공의 크기가 클

경우 최대압력을 측정할 수 없는 경우도 발생할 수 있다.

다. 시험에 적합한 시험공을 시추하기 위해서는 프로브의 크기에 맞는 시추드릴을 선택하여 시추공의 단면크기의 변화가 없도록 세심한 주의가 필요하다.

라. 시험공의 굴착으로 주변지반 및 시추공 공벽의 지반이 흐트러지지 않도록 주의하여 시추해야 하며 이를 위하여 비트보다 작은 직경의 로드를 사용해야 한다.

(4) 시험결과

해설 그림 3.11.5는 프레셔미터 시험원리와 대표적인 시험결과를 나타낸 것이다. 프레셔미터 시험은 고무 멤브레인으로 둘러싸인 프레셔미터 프루브를 지반 내 임의 깊이에 연직으로 설치하고 지상의 압력조절장치를 통해 멤브레인을 팽창시켜 지반에 수평방향의 압력을 가함으로써 이루어진다. 프루브 팽창 시 유입된 유체의 압력과 부피(또는 방사방향 변위)를 측정하여 압력-부피변형률 관계를(또는 압력-방사변형률 관계 곡선) 나타내는 프레셔미터 곡선을 얻을 수 있으며 지반의 여러 가지 공학적 성질을 추정할 수 있다.

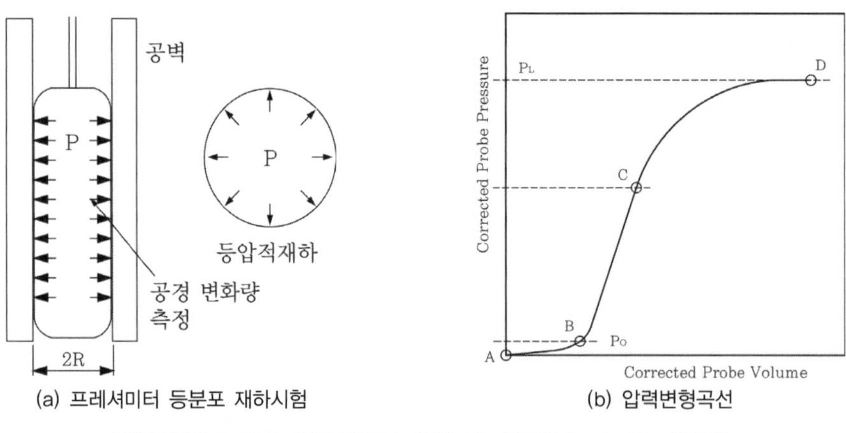

해설 그림 3.11.5 프레셔미터 시험 및 결과(Marchetti, 1980)

(5) 시험결과

가. 전단탄성계수(shear modulus, G)

지반이 초기 상태에서 탄성적으로 거동한다고 가정을 하면 전단탄성계수(G)는 해설 그림 3.7.11의 프레셔미터 곡선의 시험결과를 해설 식(3.11.14)에 적용하여 구할 수 있다.

$$G = V\frac{dp}{dV} = \frac{1}{2}\frac{a}{a_0}\frac{dp}{d\epsilon_c} \qquad \text{해설 (3.11.14)}$$

여기서, a, a_0는 각각 프루브의 팽창 전·후의 공동의 반경을 나타내고, p는 가해진 압력, ϵ_c는 프루브의 방사방향 변형률, 그리고 V는 프루브의 부피를 나타낸다.

나. 정지토압계수(K_0)

프레셔미터 시험곡선에서 곡률이 최대가 되는 점으로부터 현장수평응력을 구하여 정지토압 계수를 구할 수 있다(해설 식 3.11.15).

$$K_0 = \frac{\sigma_{oh} - u_0}{\sigma_{ov} - u_0} \qquad \text{해설 (3.11.15)}$$

여기서, σ_{oh} : P−V 곡선에서 읽은 값

σ_{ov} : 측정위치에서의 연직응력

u_o : 측정위치에서의 간극수압

다. 지반의 변형계수(pressuremeter modulus, E_m)

지반의 변형계수(E_m)은 공벽 주변지반의 변형특성을 일정한 계수로서 나타낸 값으로, 시험곡선에서 직선부의 기울기를 나타낸다.

(6) 설계적용

프레셔미터 시험에서 얻은 시험결과를 이용하여 사질토의 내부마찰각을 구하거나, 프레셔미터 프루브에 간극수압 측정장치가 부착되어 있는 경우 점성토의 압밀계수를 결정할 수 있다. 또한 흙의 분류, 응력이력, 지반반력계수, 유효 내부마찰각, 사질토의 침하량 산정, 그리고 얕은기초나 깊은기초의 지지력을 추정하는 데 사용할 수 있다.

3.11.4 딜라토미터는 블레이드를 이용하여 가스압에 의한 팽창과 수축에 의한 압력변형에 의해 지반특성을 파악하며 흙의 분류, 점성토의 비배수 전단강도, 과압밀비, 수평 압밀계수 등의 토질 정수를 산정하는 데 사용한다.

해설

3.11.4 딜라토미터(Flat Dilatometer Test, DMT)는 해설 그림 3.11.6과 같이 멤브레인

이 설치되어 있는 날(blade)을 지중에 관입시켜 수평방향으로 압력을 가하여 지층의 특성을 파악하는 현장 원위치 조사 장비이다. 시험방법은 일반적으로 ASTM D 6635 기준을 따른다.

(1) 시험 방법

넓적한 판 모양의 블레이드(딜라토미터)를 시험 깊이까지 지중에 압입한 후, 블레이드의 중앙부에 위치한 지름 60mm의 원형 멤브레인에 공기(질소)압을 가해서 멤브레인이 0.05mm 팽창 시 압력(A), 1.10mm 팽창 시 압력(B)을 측정하고, 공기압을 감소시켜 멤브레인이 수축되면서 팽창두께가 다시 0.05mm에 도달하는 압력(C)을 측정하는 시험으로서, 지반의 공학적 특성을 파악할 수 있다. 시험은 임의 깊이에 삽입한 블레이드에 질소가스를 공급하여 시작한다. 멤브레인이 팽창하면서 그 높이가 초기보다 0.05mm 팽창한 위치에 도달하면 부저가 멈춘다. 이때의 압력이 A값이므로 기록하고, 가스를 다시 천천히 공급한다. 멤브레인의 팽창 높이가 1.10mm가 되면 다시 부저가 울린다. 이때의 압력이 B값이므로 기록한다. 이제 가스를 조금씩 배출시키며, 멤브레인의 팽창 높이를 줄인다. 팽창 높이가 1.10mm보다 작아지면서 부저가 멈춘다. 계속 가스를 배출하면서 멤브레인의 팽창 높이가 0.05mm를 회복하는 순간 부저가 울리므로 이때의 압력인 C를 기록한다. 흙의 종류에 따라 변위가 원래대로 회복되지 않아 C값을 알 수 없는 경우도 있다. 제어장치의 부저는 멤브레인의 팽창 두께가 0.05mm 이하이거나, 또는 1.10mm 이상인 경우에 울린다.

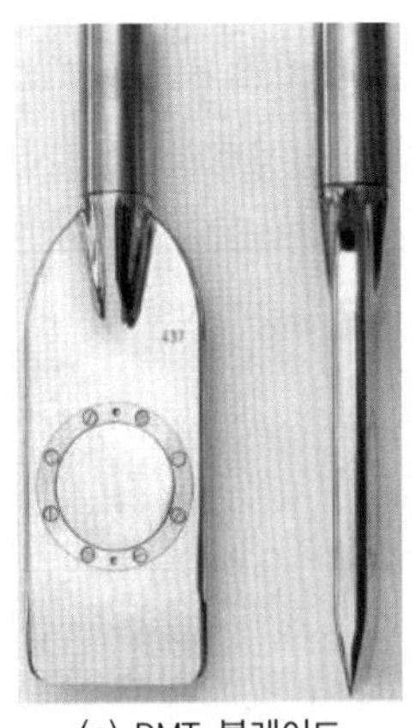

(a) DMT 블레이드

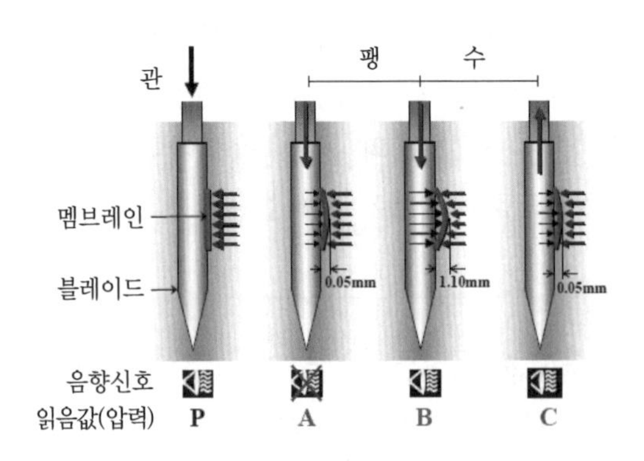

(b) 시험과정 개념

해설 그림 3.11.6 DMT 시험(Baldi et al., 1986)

현장에서 측정된 A와 B값들은 멤브레인 보정과 영점보정을 통해 해설 식(3.11.16)~(3.11.17)의 p_0와 p_1값을 얻는 데 이용된다.

$$p_0 = 1.05(A - Z_M + \Delta A) - 0.05(B - Z_M - \Delta B) \qquad \text{해설 (3.11.16)}$$

$$p_1 = B - Z_M - \Delta B \qquad \text{해설 (3.11.17)}$$

여기서, ΔA, ΔB는 멤브레인 보정값이고 Z_M은 측정기기의 영점보정값이다.

(2) 시험결과의 적용

딜라토미터시험은 매우 신속하게 간편하고 경제적으로 시험을 수행할 수 있으며 시험자의 영향을 거의 받지 않고 신뢰성 있는 결과를 얻을 수 있다. Marchetti(1980)는 재료지수(material index, I_L), 수평응력지수(horizontal stress index, K_L), 딜라토미터계수(dilatometer modulus, E_L)를 제안하고, 이들 세 변수값을 이용하여 통상적인 지반설계변수들과의 상관관계를 제안하였다. 이들 딜라토미터 측정자료에서 얻을 수 있는 설계변수들은 다음과 같다.

- 연직 배수 구속 변형계수, M(모든 지반)
- 비배수 전단강도, s_u(점성토 지반)
- 현장 수평 정지토압계수, K_o(점성토 지반)
- 과압밀비, OCR(점성토 지반)
- 수평압밀계수, c_h(점성토 지반)
- 수평투수계수, k_h(점성토 지반)
- 마찰각, Φ(모래 지반)
- 단위중량, γ 및 흙의 종류(모든 지반)
- 평형 간극 수압, u_o(모래 지반)

(4) 시험결과의 적용

가. 흙의 분류

I_D를 이용하여 Marchetti(1980)가 제시한 해설 표 3.1.12를 이용하거나 Lutenegger and Kabir(1988)가 제시한 해설 그림 3.11.7을 토대로 I_D와 함께 E_D를 이용하여 흙을 분류할 수 있다.

해설 표 3.11.12 I_D를 이용한 흙의 분류

I_D	흙의 종류
<0.1	연약 점성토, 유기질토
0.1~0.35	점성토
0.35~0.6	실트질 점토
0.6~0.9	점토질 실트
0.9~1.2	모래질 실트
1.2~1.8	실트질 모래
>3.3	모래

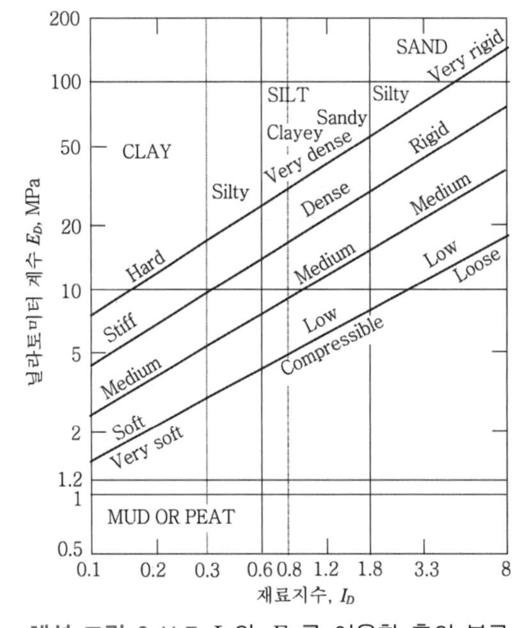

해설 그림 3.11.7 I_D와 E_D를 이용한 흙의 분류

나. 정지토압계수 K_o

Marchetti(1980)가 제안한 수평응력지수(K_D)를 이용한 해설 식(3.11.18)로부터 정지토압계수 K_o를 구할 수 있다.

$$K_o = \left(\frac{K_D}{1.5}\right)^{0.47} - 0.6 \qquad \text{해설 (3.11.18)}$$

이 식은 지반지수(I_D)가 2 이하인 점성토 지반에 적합하다.

다. 탄성계수

탄성계수(E_s)는 E_D와의 관계로 정의되는 해설 식(3.11.19)에서 구할 수 있다.

$$E_s = (1-\nu^2)E_D \qquad \text{해설 (3.11.19)}$$

라. 비배수 전단강도

점성토의 비배수 전단강도(s_u)는 현장베인시험, 삼축압축시험, 일축압축시험 등의 결과와 비교를 통하여 Marchetti(1980)가 제안한 해설 식(3.11.20)을 이용하여 구할 수 있다.

$$s_u = 0.22\sigma_{v0}'(0.5K_D)^{1.25} \qquad \text{해설 (3.11.20)}$$

마. 기타 적용 사항

이 외에도 딜라토미터 시험 결과를 이용하여 점성토의 과압밀비, 압밀계수 등을 결정할 수 있으며 체적압축계수, 모래의 마찰각 및 상대밀도, 현장 정수압, 액상화 가능성, 단위중량 등을 평가하는 데 이용할 수 있다. 딜라토미터 시험결과를 이용하여 얻어지는 기본적인 자료 및 상관관계식들은 해설 표 3.11.13과 같다.

해설 표 3.11.13 기본적인 DMT 자료 및 상관관계식(Marchetti, 1980)

기호	표현	기본 DMT 보정 공식	
p_0	초기 보정값	$p_0 = 1.05(A - Z_M + \Delta A) - 0.05(B - Z_M - \Delta B)$	Z_M : 측정기기의 영점보정값
p_1	2차 보정값	$p_1 = B - Z_M - \Delta B$	
I_D	재료지수	$I_D = (p_1 - p_0)/(p_0 - u_0)$	u_0 : 관입 전 현장간극수압
K_D	수평응력지수	$K_D = (p_0 - u_0)/\sigma'_{vo}$	σ'_{vo} : 관입 전 현장유효응력
E_D	딜라토미터 계수	$E_D = 34.7(p_1 - p_0)$	Young계수 E가 아님
K_0	현장정지토압	$K_{o,DMT} = (K_D/1.5)^{0.47} - 0.6$	I_D<1.2인 경우
OCR	과압밀비	$OCR_{DMT} = (0.5K_D)^{1.56}$	I_D<1.2인 경우
c_u	비배수 전단강도	$c_{u,DMT} = 0.22\sigma'_{vo}(0.5K_D 28^o)^{1.25}$	I_D<1.2인 경우
ϕ	마찰각	$\phi_{safe,DMT} = 28^0 + 14.6^0\log K_D - 2.1^0\log^2 K_D$	I_D<1.8인 경우
c_h	압밀계수	$c_{h,DMTA} \approx 7cm^2/t_{flex}$	t_{flex}는 A−logt 소산곡선
k_h	투수계수	$k_h = c_h\gamma_w/M_h(M_h \approx K_0 M_{DMT})$	

해설 표 3.11.13 기본적인 DMT 자료 및 상관관계식(Marchetti, 1980)(계속)

기호	표현	기본 DMT 보정 공식	
M	연직배수 구속계수	$M_{DMT}=R_M E_D$ 만약, $I_D \leq 0.6$, $R_M=0.14+2.36\log K_D$ 만약, $I_D \geq 3$, $R_M=0.5+2\log K_D$ 만약, $0.6 < I_D < 3$ $R_M=R_{M,o}+(2.5-R_{M,0})\log K_D$ $R_{M,o}=0.14+0.15(I_D-0.6)$ 만약, $K_D > 10$ $R_M=0.32+2.18\log K_D$ 만약, $R_M < 0.85$, $R_M=0.85$	
u_0	평형간극수압	$u_o=p_2=C-Z_M+\Delta A$	자유배수

3.12 지반조사 보고서

3.12.1 지반조사 보고서에는 지반의 지질학적 특성 및 모든 지반의 정보, 지반공학적 평가, 시험결과 해석 시 사용된 가정들을 포함한다.

3.12.2 지반조사 보고서에는 시험에 사용된 방법들과 과정, 예비조사, 시추, 지하수 측정, 실내 및 현장시험에서 얻은 결과들을 기록해야 한다.

해설

3.12.1 지반조사 보고서는 지질학적 특징 및 관련된 자료가 포함된 사용 가능한 모든 지반정보의 제출 및 기록, 제출된 정보의 지반공학적 평가, 시험결과 해석 시 사용된 가정으로 구성한다. 현장과 지형, 특히 지하수의 흔적, 불안정한 지역, 굴착 난이도, 조사지역의 경험에 대한 정확한 설명이 수반되어야 한다.

3.12.2 지반조사 보고서는 기하학적 구조, 물리적 특성, 강도 및 변형 특성, 지하공동 및 불연속면들과 같은 지질 이상대에 대한 설명이 포함된 모든 지층에 대한 상세설명과 현장 및 실내시험의 검토, 그리고 그 평가결과를 제시할 것을 요구한다. 현장 및 실내시험결과들은 지하수, 지반의 종류, 샘플링, 시추코어의 취급, 운반 및 시료준비와 같은 다양한 요소들을 설명할 수 있도록 기록되고 해석되어야 한다.

3.12.3 지반조사 보고서는 다음과 같은 관련 정보를 포함한다.

(1) 지반 조사의 목적 및 범위
(2) 과업 개요, 과업지역의 크기와 지형, 예상되는 하중, 구조물의 형태, 재료원 등에 대한 정보
(3) 토사 및 암반 지반정수
(4) 지반범주 분류
(5) 현장시험과 실내시험이 실시된 날짜
(6) 시료채취, 운반, 보관의 절차
(7) 사용된 현장 시험장비의 종류
(8) 측량 자료
(9) 모든 지반 조사자와 도급자의 이름
(10) 사업 예정지에 대한 일반적인 현장 예비조사에 따른 육안 조사 결과(특히 지하수의 존재, 주변 구조물의 거동, 단층, 채석장 및 토취장의 위치)
(11) 현장 및 실내 작업수량 집계표
(12) 현장 작업 중의 시추공 혹은 현장 작업이 끝난 후의 피에조미터에서 나타난 시간에 따른 지하수위의 변동 자료
(13) 현장에서 기록한 결과를 기준으로 한 하부 지반 성층상태에 대한 기록과 코어의 사진을 포함하는 시추 주상도 설명
(14) 부록에 정리된 현장 및 실내 시험 결과

해설

3.12.3 지반조사 보고서에는 지반의 기하학적 구조, 물리적 특성, 강도 및 변형 특성, 지하공동 및 불연속면들과 같은 지질 이상대에 대한 설명이 포함된 모든 지층에 대한 상세 설명 등 현장 및 실내시험의 검토와 평가 결과를 제시해야 한다.

지반조사 보고서 작성 시 다음에 예시된 지반조사의 목적 및 범위 등 다양한 관련 정보를 포함하여야 한다.

(1) 보고서에 수록되는 상세항목은 다음과 같으며 업무 분야별로 책임기술자 및 참여기술자가 별도 서명 날인하여 조사 및 분석 등 성과품에 대한 책임을 진다.

가. 조사명
나. 조사시행자명
다. 제출문 : 수급자의 대표 및 책임기술자의 서명 날인
라. 조사의 개요
마. 조사 세부내용
바. 조사성과 분석(토질 및 암석의 성질에 따른 경제적이고 합리적인 설계 자료와 토공, 기초, 가시설, 지반보강, 지하수 처리공법 등 제시)
사. 조사위치도 : 축척 1/5,000의 평면도
자. 지층단면도
  - 축척 : 종단면도(1/200), 횡단면도(1/5,000, 조사위치도와 동일 축척)
  - 조사위치도 하단부에 작성
차. 시추주상도 : 시추공별 작성하며 작성기준은 지반조사 편람에 의함
카. 시험성과표(시험계산서 포함)

(2) 현장조사 및 실내시험 완료 후 그 성과는 전문기술자가 확인하여 종합 분석하고 구조물 건설을 위한 가장 안전하고 경제적이며 합리적인 설계 자료로 활용할 수 있는 정보를 제공해야 한다. 조사 성과 분석내용에는 다음의 사항이 포함되어야 한다.

가. 조사지 주변의 지형·지질의 검토
나. 조사결과에 기초한 지반정수의 설정
다. 지반의 공학적 성질 검토와 지지지반의 설정
라. 지반의 투수성 검토(현장투수시험과 입도시험 등이 실시되고 있는 경우)
마. 조사결과에 기초한 기초형식의 검토
바. 설계·시공 상의 유의점 검토

3.12.4 지반조사 보고서에는 필요에 따라 다음과 같은 사항을 추가한다.
(1) 불안정한 영역
(2) 시추 또는 굴착 조사 시 어려운 점
(3) 현장 부지에 대한 역사 기록
(4) 단층을 포함한 현장의 지질구조
(5) 항공사진 정보

(6) 대상 지역에 대한 경험
(7) 대상 지역의 지진 정보

3.12.5 지반정보에 대한 평가에는 다음의 사항을 포함한다.

(1) 현장과 실내 작업 재검토 : 만약 자료가 불충분하거나 정확하지 않으면, 이러한 점을 지적하고 적절하게 설명하여야 한다. 시료 채취, 이동, 보관 과정은 시험결과를 해석할 때 고려되어야 한다. 특히 예상과 다른 결과가 나왔을 경우에는 결과가 실제 현상을 나타내는 것인지 주의 깊게 고찰하여 기술한다.
(2) 필요하다면 추가적인 현장 및 실내 작업에 대한 제안서를 제출한다. 이러한 제안서는 추가적인 조사에 대한 자세한 내용을 기술한다.

3.12.6 위의 사항에 추가하여, 지반조사 자료 평가에는 필요시 다음 항목을 포함한다.

(1) 과업의 요구조건과 관련된 현장 및 실내 시험 결과를 그림과 표로 정리하여 제시한다. 필요하다면 중요한 자료들의 범위와 분산도를 평가 제시한다.
(2) 지하수위와 계절적 변동 및 수압을 제시한다.
(3) 지층 구성과 각 지층의 변화와 연속성을 보여주는 지반의 종단면도를 제시한다. 각 층 내부에 존재하는 공동 등의 불규칙성에 대하여 기술한다.
(4) 각 층에 대한 지반조사 자료를 그 범위에 따라 분류하고 그 결과를 설계 시 가장 적절한 지반 정수를 선택할 수 있도록 제시한다.

해설

3.12.4 지반조사 보고서에는 필요에 따라서 불안정한 영역, 시추 또는 굴착 조사 시 어려운 점, 현장 부지에 대한 역사 기록, 단층을 포함한 현장의 지질구조, 항공사진 정보, 대상 지역에 대한 경험, 대상 지역의 지진 정보 등을 추가하여 보다 정확한 조사를 위한 자료로 활용할 수 있도록 해야 한다. 교량기초 등의 시공에는 시공 중 지반조사를 추가 수행할 수 있다(한국도로공사, 2008).

3.12.5 지반조사 보고서에 제시된 정보가 불충분하거나 정확하지 않으면, 이러한 점을 지적하고 적절하게 설명하여야 한다. 시료 채취, 이동, 보관 과정은 시험결과를 해석할 때 고려되어야 한다. 특히 예상과 다른 결과가 나왔을 경우에는 결과가 실제 현상을 나타내는 것인지 주의 깊게 고찰하여 기술한다. 필요하다면 추가적인 현장 및 실내 작업에 대한

제안서를 제출한다. 이러한 제안서는 추가적인 조사에 대한 자세한 내용을 기술한다.

3.12.6 지반조사 자료 평가에서 필요한 경우, 과업의 요구조건과 관련된 현장 및 실내 시험 결과를 그림과 표로 정리하여 제시한다. 필요하다면 중요한 자료들의 범위와 분산도를 평가 제시한다. 지하수위와 계절적 변동 및 수압을 제시한다. 지층 구성과 각 지층의 변화와 연속성을 보여주는 지반의 종단면도를 제시한다. 각 층 내부에 존재하는 공동 등의 불규칙성에 대하여 기술한다. 각 층에 대한 지반조사 자료를 그 범위에 따라 분류하고 그 결과를 설계 시 가장 적절한 지반 정수를 선택할 수 있도록 제시한다.

| 참 고 문 헌 |

1. 국토해양부(2009), 하천설계기준.
2. 서울특별시(1996, 2006), 지반조사 편람.
3. 윤길림, 이규환, 채광석(2004), 확률 및 신뢰성 개념을 도입한 지반설계 사례연구, 한국지반공학회 지반조사위원회 특별 세미나.
4. 윤지선 역(1991), 암석·암반의 조사와 시험, 구미서관.
5. 이규환 외 7인(2013), 지반설계를 위한 유로코드 7 해설서, 씨아이알.
6. 장연수, 이광렬(2000), 지반환경공학, 구미서관.
7. 지반공학용어사전 연구회(2003), 지반공학용어사전, 구미서관.
8. 최인걸, 박영목(2006), 현장 기술자를 위한 지반공학, pp.3−101, 구미서관.
9. 한국도로공사(2008), 고속도로 설계실무지침서.
10. 한국지반공학회(2008), 구조물 기초설계기준, 구미서관.
11. 한국지반공학회(2003), 지반조사 결과의 해석 및 이용, 구미서관.
12. 한국지반공학회(2004), 지반조사 e−강좌.
13. 한국지반공학회 지반조사 위원회(2002), 국내 지반조사의 현황, 문제점, 그리고 개선방향, pp.16−25.
14. 환경부(2001), 토양환경평가지침.
15. 환경부(2007), 토양환경보전법.
16. 환경부(2008), 토양환경보전법 시행규칙.
17. ASTM(1997), Annual Book of ASTM Standards. American Society for Testing and Materials, Philadelphia, Penn.
18. American Association of State Highway and Transportation Officials (AASHTO) (1988). Manual on Subsurface Investigations, Developed by the Subcommittee on Materials, Washington, D.C.
19. Baligh, M. M. and Levadoux, J N.(1986), Consolidation after Undrained Piezocone penetration. Massachusetts Institute of Technology, Department of Civil Engineering, Cambridge, Mass., Report R80−11.
20. CEN(2004), EN 1997−1 Eurocode 7 Geotechnical Design Part 1 General Rules.
21. Deer, D. U. and Deere, D. W.(1988), The Rock Quality Designation(RQD) Index in Practice. Rock Classification Systems for Engineering Purposes, ASTM Special Publication 984, pp.91−101.
22. Deere, D. U. and Miller, R. P.(1966), Engineering classification and index properties for intact rock, Technical Report, No. AFWL−TR−65−115, Air Force Weapons Labs.,

Kirtland Air Base, New Mexico.
23. Duncan, J. M.(2000), Factors of Safety and Reliability in Geotechnical Engineering. Journal of Geotechnical and Geoenvironmental Engineering, Vol. 126, No. 4, pp.307-316.
24. Dunham, J. W.(1954), Pile Foundation for Buildings, Proc. ASCE, Soil Mechanics and Foundations Division, Vol. 80, No.285.
25. Franklin, J. A and Chandra, A.(1972), Slake-Durability Test, Int. Journal of Rock Mechinics and Mining Science, Vol.9, pp.325-341.
26. Goodman, R. E.(1970), The Deformability of Joints. In Determination of the In-Situ Modulus of Deformation of Rock. ASTM, Special Technical Publication, No. 477, pp.174-196.
27. Head, K. H.(1986), Manual of Soil Laboratory Testing, Vol. 3 : Effective Stress Tests. John Wiley & Sons, New York, NY.
28. Hoek, E., and Bray, J. W.(1977), Rock Slope Engineering. Institution of Mining and Metallurgy, London, U.K.
29. Hough, B. K.(1969), Basic Soils Engineering, Ronald Press, New York.
30. ISRM(1978), Suggested Methods for the Quantitative Description of Discontinuities in Rock Masses. Pergamon Press, UK.
31. Johnson, A.W and Sallberg, J.R.(1960), Factors that Influence Field Compaction of Soils, Bulletin 272, Highway Research Board, p.206.
32. Kulhawy, F.H., and Mayne, P.W.(1990), Manual on Estimating Soil Properties for Foundation Design, Final Report (EL-6800) submitted to Electric Power Research Institute (EPRI), Palo Alto, Calif.
33. Liao, S. S. C. and Whitman, R. V.,(1986), Overburden Correction Factors for SPT in Sand : Journal of Geotechnical Engineering, Vol. 112, No. 3, pp.373-377.
34. Lutenegger, A. J. and Kabir(1988), "Current status of the Marchetti Dilatometer test," Proceedings of the 1st International Symposium on Penetration Testing, ISOPT-1, Orlando, Florida, Vol. 1, pp.137-155.
35. Marchetti, S..(1980), In Situ Tests by Flat Dilatometer, Journal of Geotechnical Engineering, ASCE, Vol. 106, pp.299-321.
36. Meyerhof, G.. C.(1956), Penetration Tests and Bearing Capacity of Cohesionless Soils. ASCE, Journal of Soil Mechanics and Foundation Engineering, Vol. 82, SM1, pp.1-9.
37. NAVFAC(1986), Design Manual : Soil Mechanics, Foundations and Earth Structures, DM-7, U.S. Department of Navy, Washington, D.C.
38. Peck P.. B., Hanson, W.E., and Thornburn, T. H.(1974), Foundation Engineering, John Wiley, New York.
39. Riggs, Charles O.(1986), North American Standard Penetration Test Practice : An

Essay, Use of In Situ Tests in Geotechnical Engineering, Samuel P. Clemence, Ed., Geotechnical Special Publication No. 6, American Society of Civil Engineers, New York, NY, pp.949–967.

40. Robertson, P.K. and Campanella, R. G.(1983), Interpretation of Cone Penetration Tests. Part II : Clay, Canadian Geotechnical Journal, Vol.20, pp.734–745.
41. Robertson, P.K., Campanella, R.G., Gillespie, D., and Greig, J.(1986), Use of Piezomenter Cone Data, Use of In–Situ Tests in Geotechnical Engineering. ASCE Geotechnical Special Publication No. 6, pp.1263–1280.
42. Schmertmann, J. H.(1978), Guidelines for using CPT, CPTu and Marchetti DMT for Geotechnical Design, U.S. Department of Transportation, Federal Highway Administration, Office of Research and Special Studies, Report No. FHWA–PA–87–023+24, Vol. 3–4.
43. Seed, H. B., Idriss, I. M., and Arango, I..(1983), Evaluation of Liquefaction Potential Using Field Performance Data, Journal of Geotechnical Engineering, American Society of Civil Engineers, New York, NY, Vol 109, No. 3, pp.458–482.
44. Skempton, A. W..(1986), Standard Penetration Test, Procedures and Effects in Sands of Overburden, Relative Density, Particle Size, Aging and Over–consolidation. Geotechnique, Vol. 36, No.3, pp.425–427.
45. Teh, C. I. and Houlsby, G. T.(1991), An Analytical Study of the Cone Penetration Test in Clay. Geotechnique, Vol. 41 (1), pp.17–34.
46. Terzaghi, K. and Peck, R. B..(1948), Soil Mechanics in Engineering Practice, John Wiley and Sons, Inc., New York, NY.
47. Torstensson, B. A..(1975), Pore Pressure Sounding Instrument, Proceedings of ASCE Specialty Conference on In Situ Measurement of Soil Properties, Raleigh, North Carolina, 2, pp.48–54.

제 4 장 얕은기초

4.1 일반사항

4.1.1 이 장은 기초의 근입깊이가 작고 상부 구조물의 하중을 기초하부 지반에 직접 전달하는 확대기초, 복합확대기초, 벽기초 및 전면기초에 적용한다.

해설

4.1.1 얕은기초(shallow foundation)는 상부 구조물의 하중을 기초하부 지반에 직접 전달시켜주는 근입깊이가 작은 기초로써 압축성이 큰 지층이 없을 때 지반에 직접 설치하는 것을 직접기초라 하며, 하중전달기둥의 하부를 넓힌 형식은 확대기초라고 한다. 얕은기초는 기초의 최소폭(B)과 근입깊이(D_f)의 비가 대체로 1.0 이하($D_f/B \leq 1.0$)인 경우를 말하나 그 비가 3.0~4.0 이하인 경우에도 얕은기초의 범주에 속한다. 얕은기초는 형식과 기능에 따라 확대기초, 복합확대기초, 벽기초 및 전면기초로 분류된다. 확대기초는 한 개의 기둥만을 지지하는 독립확대기초, 2개 이상의 기둥을 지지하는 복합확대기초, 지중으로 연장된 긴 벽체로 하중이 전달되는 벽기초로 나눌 수 있으며, 전면기초는 지지토층 위에 상부구조의 전단면을 단일 슬래브형식으로 가지는 기초를 말한다.

4.1.2 얕은기초의 설계는 다음 사항을 검토하여야 한다.

(1) 기초지반이 전단파괴에 대하여 안전하도록 한다.

(2) 과도한 침하나 부등침하가 발생하지 않도록 한다.

(3) 기초가 경사진 지반에 설치될 경우 기초하중에 의한 비탈면 활동 및 지지력의 감소가 발생하지 않도록 한다.

해설

4.1.2 얕은기초는 지표면 가까운 곳에 적당한 지지층이 존재하고 그 아래 압축성이 큰 토층이 존재하지 않아 침하량이 허용치를 초과할 가능성이 없을 때 사용한다. 지지층 아래 압축성이 큰 토층이 있다면 깊은기초를 선택하거나 지반개량을 전제로 한 얕은기초

를 고려해보아야 한다. 또한, 기초가 경사진 지반에 설치될 경우에는 지반의 경사도를 고려한 지지력 검토뿐만 아니라 기초하중을 고려한 비탈면 활동을 검토해야 한다.

4.1.3 기초구조물에 작용하는 하중은 그 지속시간에 따라 지속하중과 일시하중으로 구분하며, 지속하중은 구조물 자중, 지속적으로 작용하는 토압 및 수압(침투압 포함) 등을 포함하고, 일시하중은 변화가 가능한 토압, 수압, 빙압 등을 포함한다. 시공 중 발생하는 하중, 재하중의 변화 또는 지하수위 강하에 의해 발생되는 하중은 지속시간에 따라 지속하중 또는 일시하중으로 구분한다.
4.1.4 기초의 지지력 및 침하량 계산 시, 기초구조물 상부에 작용하는 연직하중, 기초구조물의 자중, 기초구조물 바닥면에 작용하는 수압, 수평하중, 측벽의 수동토압 및 수압 등을 고려한다.

해설

4.1.3 기초구조물에 작용하는 하중은 그 지속시간에 따라 지속하중과 일시하중으로 구분할 수 있으며, 각각의 하중은 지반조건 및 구조물 특성에 따라 기초에 각기 다르게 적용될 수 있으므로 다음과 같은 하중을 고려하여 설계대상 기초구조물에 작용하는 하중을 결정한다.

① 지속하중 : 기초의 공용기간 중 기초에 지속적으로 작용하는 하중을 의미하며, 구조물의 자중, 지속적으로 작용하는 토압과 수압(침투압 포함) 등을 포함한다.
② 일시하중 : 구조물에 일시적으로 작용하는 하중을 의미하며, 변화가 가능한 토압, 수압, 빙압 등을 포함한다. 여기서, 빙압은 기온이 낮아져 물이 얼음으로 변할 때 발생하는 부피팽창에 의해 구조물에 작용하는 압력을 의미한다.
③ 시공 중 발생하는 하중이나 재하중의 변화 또는 지하수위 강하에 의해 발생되는 하중은 기초의 공용기간, 중요도 및 하중지속시간에 따라 지속하중 또는 일시하중으로 구분된다.

4.1.4 기초에 작용하는 하중을 계산할 경우에는 다음의 하중을 적용하며, 상부 구조체에 의한 하중 전이를 고려할 수 있다. 이러한 하중을 적용할 경우에는 하중계수를 적용하지 않고 산정한 하중을 적용해야 한다.

① 기초체 상부에 작용하는 연직하중을 고려하여 전단파괴와 침하 등을 검토한다.
② 기초체의 자중도 기초의 안정성 검토 하중에 포함해야 한다.
③ 기초체 바닥면에 작용하는 수압을 고려하여 기초작용 하중을 결정해야 한다.
④ 수평하중을 고려하여 기초의 활동에 대한 안정성을 검토해야 한다.
⑤ 측벽의 수동토압 및 수압 등을 수평하중에 포함시켜야 한다.

4.1.5 기초의 안정성 평가를 위해서는 지반의 전단파괴, 침하, 전도, 활동, 비탈면 활동 및 기초 본체에 대하여 검토해야 하며, 각 검토항목에 대해 소정의 안전율 및 허용기준을 만족해야 한다.

(1) 기초의 폭, 근입깊이, 지반의 전단강도, 하중의 경사, 편심, 지하수위 등을 고려하여 지반의 전단파괴에 대한 안정성을 검토한다.
(2) 기초지반에 과도한 침하나 부등침하가 발생하여 구조물이 손상되지 않도록 침하에 대한 안전성을 확보한다. 특히 응력전이, 불균등한 지층상태, 불균질한 지반상태, 불규칙한 기초 형상, 근입깊이의 차이, 편심하중 등에 의한 영향을 검토한다.
(3) 기초에 가해진 하중에 의하여 기초와 구조물이 전도되지 않도록 안정성을 확보한다.
(4) 기초의 바닥에서 활동이 일어나지 않도록 안정성을 확보한다. 활동에 대한 안정성 검토 시 지반의 수동저항이 발현될 것으로 판단될 경우에는 이를 반영할 수 있다. 한편으로 기초바닥에 근접하여 연약지층이 있을 경우에는 연약층을 따라 활동면의 발생 가능성을 검토한다.
(5) 기초 본체의 설계는 콘크리트구조설계기준에서 정하는 바를 따른다.
(6) 기초를 경사진 지반에 계획할 경우 작용하중과 지반의 특성을 고려하여 비탈면 활동 가능성을 검토한다. 또한 경사진 지반의 기초 침하량 산정 시 탄성침하 공식만으로는 불충분하므로 수치해석을 이용하여 보완 검토한다.

해설

(1) 지반의 전단파괴

기초에 과도한 하중이 작용하여 지중 전단응력이 지반의 전단강도보다 크면 지반에 전단파괴가 발생한다. 따라서 기초의 폭, 근입깊이, 경사, 지반의 전단강도, 하중의 경사, 편심, 지하수위 등을 고려하여 지반의 전단파괴에 대한 안정성을 검토해야 한다. 점성토에서 재하속도가 빠른 경우에는 과잉간극수압의 발생을 고려한다.

(2) 침하

기초에 과도한 침하나 부등침하가 발생하여 구조물이 손상되지 않도록 침하에 대한 안전성을 검토해야 한다. 특히 응력전이, 불균등한 지층상태, 불균질한 지반상태, 불규칙한 기초 형상, 근입깊이의 차이, 편심하중 등에 의해 과도한 부등침하가 발생되는지 확인해야 한다. 또한, 침하량 산정 시에는 극한지지력이 발현될 가능성이 있는 침하량 이상으로 산정되었는가를 확인해야 한다. 즉, 작용하중이 극한하중보다 작으나 침하량이 극한하중에서 발생 가능한 침하량보다 크게 계산될 경우에는 지반정수를 검토하여 침하량 및 지지력을 재산정해야 한다.

(3) 전도

기초에 가해진 하중에 의하여 기초와 구조물이 전도되지 않도록 안전성을 검토해야 한다.

(4) 활동

기초 바닥에서의 수평저항능력보다 더 큰 수평력이 작용하게 되어 기초 바닥이 미끄러지지 않도록 활동에 대한 안전성을 검토해야 한다. 근입깊이가 충분히 깊은 경우에는 지반의 수동저항을 이용할 수 있다. 기초 바닥에 근접하여 연약 지층이 있을 경우에는 연약층을 따라 활동면의 발생 가능성을 검토해야 한다.

(5) 기초 본체의 안전성

기초 본체의 안전성은 콘크리트구조설계기준 또는 그와 관련된 설계기준에 따라서 검토한다.

(6) 기초가 시공된 비탈면의 안전성

기초가 비탈면에 계획될 경우에는 지지력이 감소할 뿐만 아니라 기초하중의 영향으로 비탈면 활동이 발생할 가능성이 존재한다. 따라서 기초를 경사진 지반에 계획할 경우 작용하중 및 지반특성을 고려하여 비탈면 활동 가능성을 검토한다. 비탈면 활동 검토 시에는 토사와 암반 비탈면에 적합한 방법을 적용해야 한다. 또한 경사진 지반의 기초 침하량 산정 시 탄성침하 공식만으로는 불충분하므로 수치해석을 이용하여 보완 검토한다.
이와 같이 경사진 지반에 기초를 설치할 경우 경사 저부로 향하는 수평력으로 인해 지지력이 감소되므로 지지층의 공학적 특성, 굴착지반의 저면경사 등을 고려하여 이론식 및 경험식에 의하여 산정된 침하량과 수치해석 결과를 비교하여 적정성을 판단하고 수치해석적 방법은 해설 그림 4.1.1.과 같이 범용수치해석프로그램을 활용하여 불연속체 특성 고려한 개별요소해석과 연속체 해석을 수행하여 비교 검토할 수 있다.

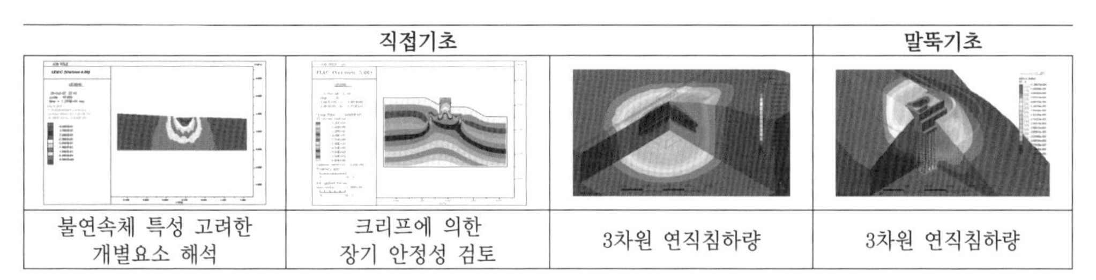

직접기초			말뚝기초
불연속체 특성 고려한 개별요소 해석	크리프에 의한 장기 안정성 검토	3차원 연직침하량	3차원 연직침하량

해설 그림 4.1.1 경사진 지반의 기초 침하량 산정 시 수치해석 방법 사례

4.2 지지력 산정

> **4.2.1** 기초설계 시 시추조사, 현장 및 실내시험을 통하여 지반 특성을 파악한 후 지지력을 산정한다. 그러나 상재하중이 작은 구조물 또는 가설구조물의 기초는 인근 구조물의 경험값, 기초설계 및 시공성과, 현장시험 자료를 통하여 지지력을 추정할 수 있다.

해설

4.2.1 '지지력'은 넓은 의미로는 기초지반의 전단파괴와 침하를 모두 고려한 하중 지지능력을 뜻하고 좁은 의미로는 전단파괴에 대한 지반의 하중 지지능력을 뜻한다. 여기에서는 후자의 의미로 사용한다. 중요도가 높은 구조물의 기초설계에서는 상세한 시추조사와 실내 및 현장시험 결과를 토대로 이론적인 지지력을 산정해야 하며, 소규모 구조물이나 가설 구조물의 기초설계는 인근 구조물의 기초시공 성과를 참고하거나 경험값으로부터 지지력을 추정할 수 있다.

> **4.2.2** 얕은기초의 허용지지력은 극한지지력을 소정의 안전율로 나누어 결정한다.

해설

4.2.2 얕은기초의 허용지지력은 해설 식(4.2.1)과 같이 극한지지력을 안전율로 나누어 계산한다.

$$q_{all} = \frac{q_{ult}}{F_S} \qquad \text{해설 (4.2.1)}$$

여기서, q_{all} : 허용지지력

q_{ult} : 극한지지력

F_S : 안전율

(1) 안전율은 사하중과 최대 활하중에 대해서는 3.0을 적용하고, 활하중의 일부가 일시적으로 작용할 때(지진, 눈, 바람 등)는 2.0을 적용한다.
(2) 사하중을 계산할 경우 푸팅의 유효하중과 푸팅 위의 흙의 무게를 설계에 포함시켜야 하며, 푸팅의 유효하중은 푸팅의 무게와 푸팅에 의해 치환된 흙 무게의 차이, 즉 $(\gamma_{con'c} - \gamma_{soil})$×(푸팅체적)이다.

4.2.3 이론적인 극한지지력은 지반조건, 하중조건(경사하중, 편심하중), 기초형상, 근입깊이, 지반경사, 지하수 영향 등을 고려하여 산정하며, 지지력 계산 방법에 따라 서로 다른 지지력이 계산될 경우에는 설계자의 판단에 의하여 적용방법을 선택한다.
(1) 구조물의 하중이 기초의 형상 도심에 연직으로 작용하고 지반의 각 지층이 균질하며 기초의 근입깊이가 기초의 폭보다 작고 기초 바닥이 수평이며, 기초를 강체로 간주할 수 있을 경우에는 기존의 이론식으로 연직지지력을 구한다.
(2) 이외에 소성이론에 의한 계산결과나 재하시험 또는 모델시험의 결과를 이용하여 지지력을 구할 수 있다.
(3) 기초의 영향범위에 여러 지층이 포함된 경우 이러한 층상의 영향을 고려하여 지지력을 산정한다.

해설

(1) 극한지지력은 지반이 전단파괴가 일어날 때까지 저항할 수 있는 최대하중지지능력을 말한다. 지반조건, 기초의 활동파괴면의 가정과 파괴모드, 하중조건, 형상조건, 근입깊이 영향, 지하수의 영향 등을 고려하여 Terzaghi(1943), Meyerhof(1955), Hansen(1970) 등이 이론적 극한지지력산정 방법을 제시하였다. 그러나 각각 상이한 파괴 메커니즘을 적용하였기 때문에 상이한 지지력이 계산될 경우가 많다. 따라서 이 경우에는 토질 전문가의 공학적 판단에 의하여 적용방법을 선택한다. 기초의 극한지지력은 전단파괴 양상을 고려하여 산정해야 하며, 기초지반의 전단파괴는 전반전단파괴(general

shear failure), 국부전단파괴(local shear failure)와 관입전단파괴(punching shear failure)로 구분할 수 있다(Vesic, 1973). 전반전단파괴는 조밀한 모래나 단단한 점성토와 같이 압축성이 작은 지반에서 발생하며, 파괴 양상은 해설 그림 4.2.1(a)와 같다. 이러한 지반에 설치한 연속기초에서는 작용하중이 커지면 기초의 침하도 증가하고, 하중이 어느 단계에 도달하면 기초를 지지하는 흙에서 갑작스러운 파괴가 발생하게 된다. 흙의 파괴면은 지표면에까지 확장되며 기초 지반에 융기가 일어난다. 국부전단파괴는 중간정도 다짐상태의 모래나 점성토에서 발생하며, 파괴 양상은 해설 그림 4.2.1(b)와 같다. 이러한 지반 위에 설치한 기초에 작용하는 하중이 어느 정도 커지면 침하가 크게 증가하지만 뚜렷한 정점은 나타나지 않는다. 이 경우에는 기초의 침하량이 상당히 크게 발생되어야 흙의 파괴면이 지표면에까지 확장될 수 있다. 관입전단파괴는 매우 느슨한 지반에서 발생하며, 파괴 양상은 해설 그림 4.2.1(c)와 같다. 이러한 흙 위에 놓인 기초의 하중-침하량 곡선은 경사가 급하게 되어 직선에 가깝게 된다. 이 경우 흙의 파괴면은 지표면에까지 확산되지는 않는다.

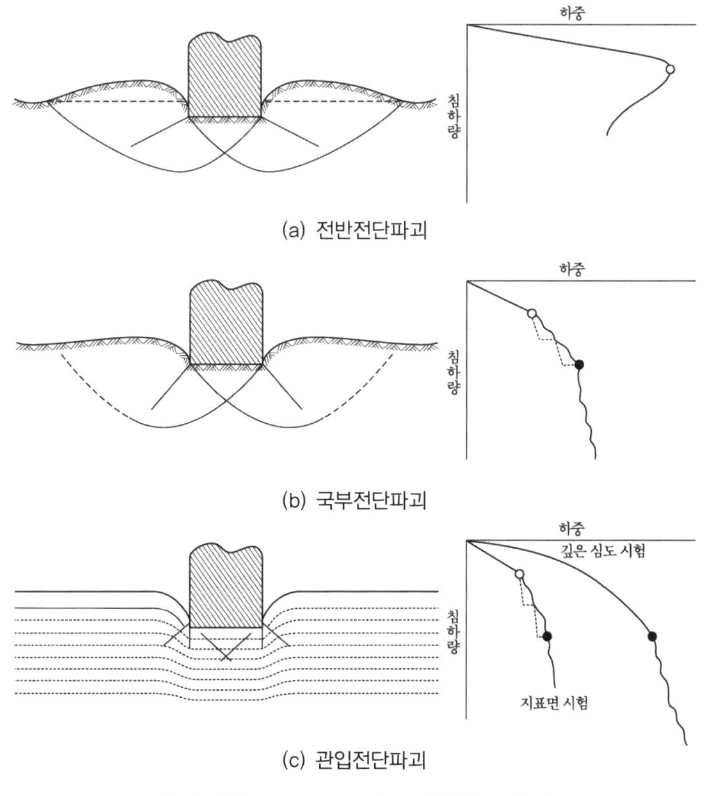

해설 그림 4.2.1 기초의 전단파괴 양상

기초의 극한지지력을 산정할 경우에는 전술한 바와 같이 전단파괴 양상을 고려하여 적합한 산정방법을 적용해야 하고, 전단파괴 양상은 지반의 밀도, 기초의 근입깊이, 기초 형상에 영향을 받으며, 해설 그림 4.2.2와 같은 도표를 이용하여 파괴양상을 파악할 수 있다(Vesic, 1973).

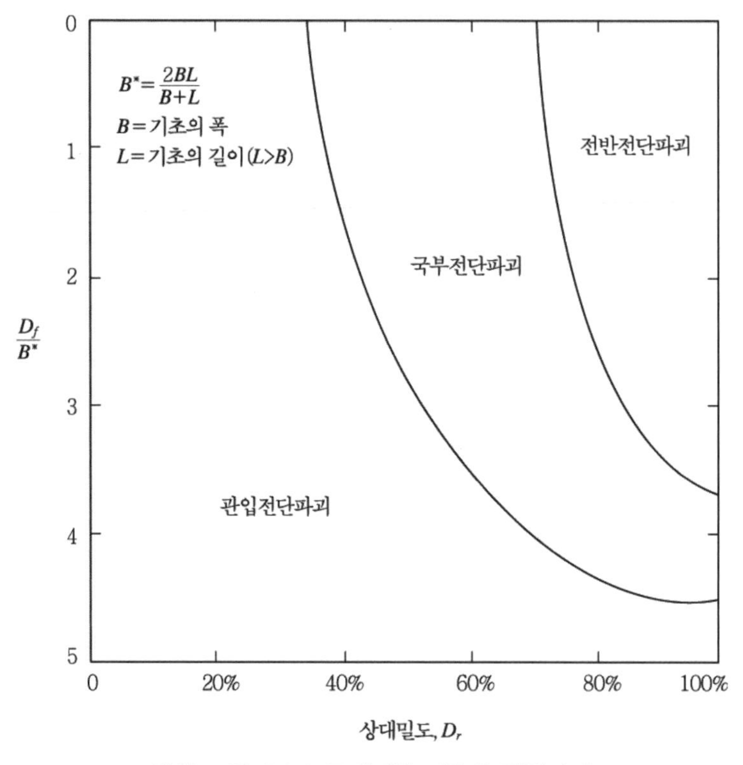

해설 그림 4.2.2 모래지반 기초의 전단파괴

가. 이론적 지지력 공식

1. Terzaghi의 극한지지력

1943년 제안된 Terzaghi 지지력공식은 편심이 아닌 수평기초에 한하며, 경사하중이나 편심하중에 의하여 모멘트가 작용하는 기둥이나 경사기초 등에는 적합하지 않다. 그러나 극한지지력 산정 결과가 매우 안전측이며 계산이나 도표이용이 용이하므로 현재까지 널리 이용되고 있으며, 근입깊이와 기초폭의 비(D_f/B)가 1 이하인 얕은기초가 점착력이 큰 지반에 설치된 경우에 주로 적용된다. Terzaghi(1943)는 기초에 의한 지반파괴의 형상을 해설 그림 4.2.3과 같이 직선과 대수 나선의 결합으로 보고, Prandtl(1920)의 개념을 확장하여 기초저면 위쪽 흙의 자중을 고려할 수 있는 극한지지력공식을 유도하였다. Terzaghi가 제시한 기초의 지지력공식은 해설 식(4.2.2)와 같이 3개의 항으로 구성되며, 이에 대하여 다음과 같은 가정이 필요하다.

- $D_f \leq B$
- 거칠고 수평인 기초 저면
- 평면 변형률 조건
- 연직하중이 푸팅 도심에 작용
- 등방의 균질한 지반
- 수평의 지표면

이러한 기본 가정과 상이한 경우에는 지지력 공식에 대한 보정을 실시하여 사용해야 한다. Terzaghi는 해설 그림 4.2.3과 같이 기초 저면보다 위쪽에 있는 두께 D_f인 지반의 전단저항은 무시하였으며, 기초저면 상부 지반을 단순히 상재하중($q=\gamma D_f$)으로 간주하여 지지력을 산정하였다. Terzaghi는 기초의 전단파괴를 전반전단파괴(general shear failure)와 국부전단파괴(local shear failure)로 구분하였으며, 각각의 경우에 대한 지지력 산정 방법은 다음과 같다.

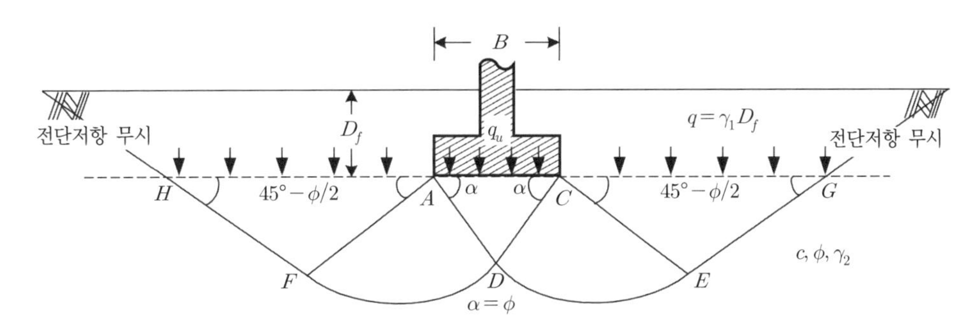

해설 그림 4.2.3 Terzaghi의 전반전단파괴 모델

가) 전반전단파괴(general shear failure)

전반전단파괴의 경우에 극한지지력 q_{ult}는 해설 식(4.2.2)로 계산할 수 있으며, 첫 번째 항은 지반의 점착력 c, 두 번째 항은 푸팅근입깊이 D_f에 따른 상재하중의 영향, 세 번째 항은 기초폭 B에 의한 파괴체 크기를 나타낸다.

$$q_{ult} = \alpha c N_c + q N_q + \beta \gamma_2 B N_\gamma \qquad \text{해설 (4.2.2)}$$

여기서, γ_1 : 기초저면 상부 지반의 단위중량

γ_2 : 기초저면 하부 지반의 단위중량

q : $\gamma_1 D_f$

α, β : 형상계수(shape factor)(해설 표 4.2.1 참조)

해설 표 4.2.1 Terzaghi의 기초형상계수

형상계수	연속기초	원형기초	정사각형기초	직사각형기초
α	1.0	1.3	1.3	1+0.3B/L
β	0.5	0.3	0.4	0.5−0.1B/L

주) B는 푸팅의 폭, L은 푸팅의 길이

여기서, N_c, N_q, N_γ는 전반전단파괴에 대한 지지력계수로 해설 식(4.2.3)으로 계산하거나 해설 표 4.2.2, 해설 그림 4.2.4의 그래프로부터 구할 수 있다.

$$N_c = \cot\phi\left[\frac{e^{2(3\pi/4-\phi/2)\tan\phi}}{2\cos^2\left(45+\dfrac{\phi}{2}\right)} - 1\right] = \cot\phi(N_q - 1) \qquad \text{해설 (4.2.3a)}$$

$$N_q = \frac{e^{2(3\pi/4-\phi/2)\tan\phi}}{2\cos^2(45+\phi/2)} \qquad \text{해설 (4.2.3b)}$$

$$N_\gamma = \frac{1}{2}\left[\frac{K_{p\gamma}}{\cos^2\phi} - 1\right]\tan\phi \approx \frac{2(N_q+1)\tan\phi}{1+0.4\sin(4\phi)} \qquad \text{해설 (4.2.3c)}$$

여기서, $K_{p\gamma}$는 수동토압계수(passive pressure coefficient)와 유사하나 그 자체는 아니며, Terzaghi 조차도 확실히 정의하지 않은 값으로 해설 표 4.2.2와 같다. Coduto(1994), Kumbhojkar(1993) 등은 Terzaghi가 제안한 N_γ 식은 $K_{p\gamma}$을 고려해야 하는 불편함을 내재하고 있기 때문에 $K_{p\gamma}$를 고려하지 않고 N_γ를 구하는 식을 제시하고 있다. 이러한 식은 Terzaghi가 제안한 N_γ 식과 약 10% 이내의 오차를 보이고 있으나 자동화된 프로그램 등에서 실용적으로 사용될 수 있다고 판단되며, Coduto(1994)가 제시한 N_γ는 해설 식(4.2.3c)의 오른쪽 항과 같다.

나) 국부전단파괴(local shear failure)

국부전단파괴에 대한 극한지지력 산정식이 제시되어 있지 않으므로 전반전단파괴에 대한 극한지지력 산정식을 해설 식(4.2.4)와 같이 변형시킨 후 국부전단파괴에 대한 극한지지력을 산정한다.

$$q_{ult} = \alpha c' N_c' + q N_q' + \beta \gamma_2 B N_\gamma' \qquad \text{해설 (4.2.4)}$$

해설 식(4.2.4)에서 c', ϕ'을 각각 점착력 및 내부마찰각의 감소강도정수라고 하며, 해설 식(4.2.5)와 같이 산정한다. 국부전단파괴에 대한 지지력계수 N_c', N_q', N_γ'은 해설 식(4.2.5b)을 이용하여 내부마찰각을 감소시킨 후 이 감소된 내부마찰각을 전반전단파괴에 대한 지지력계수 산정 방법인 해설 식(4.2.3)에 대입하여 구한다. 이러한 방법으로 산정한 국부전단파괴의 지지력계수 N_c', N_q', N_γ'은 해설 표 4.2.2 및 해설 그림 4.2.4와 같다.

$$\text{감소점착력} : c' = \frac{2}{3}c \qquad \text{해설 (4.2.5a)}$$

$$\text{감소내부마찰각} : \phi' = \tan^{-1}\left(\frac{2}{3}\tan\phi\right) \qquad \text{해설 (4.2.5b)}$$

해설 표 4.2.2 Terzaghi의 지지력계수(전반전단파괴/국부전단파괴)

내부마찰각(°)	N_c / N_c'	N_q / N_q'	N_γ / N_γ'	$K_{p\gamma}$
0	5.7/5.7	1.0/1.0	0.0/0.0	10.8
5	7.3/6.7	1.6/1.4	0.5/0.2	12.2
10	9.6/8.0	2.7/1.9	1.2/0.5	14.7
15	12.9/9.7	4.5/2.7	2.5/0.9	18.6
20	17.7/11.8	7.4/3.9	4.0/1.7	25.0
25	25.1/14.8	12.7/5.6	9.7/3.2	35.0
30	37.2/19.0	22.5/8.3	19.7/5.7	52.0
35	57.8/25.2	41.4/12.6	42.5/10.1	82.0
40	95.7/34.9	81.3/20.5	100.4/18.8	141.0
45	172.3/51.2	173.3/35.1	297.5/37.7	298.0
48	258.3/66.8	287.9/50.5	780.1/60.4	–
50	347.5/81.3	415.1/65.6	1153.2/87.1	800.0

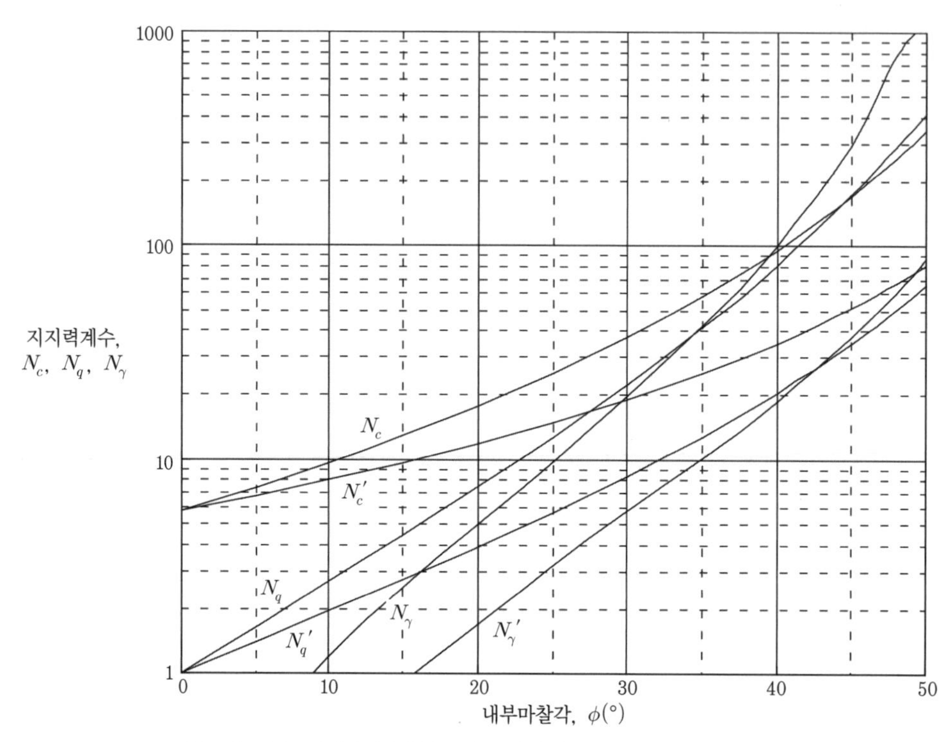

해설 그림 4.2.4 Terzaghi의 지지력 계수(전반전단파괴/국부전단파괴)

다) Terzaghi 수정지지력계수

Terzaghi 지지력 산정 식에서는 지지력계수가 전반전단파괴와 국부전단파괴에 대해 각기 다르게 주어져 있으나, 실제의 파괴가 내부마찰각의 크기에 따라 어떤 형태로 일어나는지는 예측하기가 어렵다. 즉, 내부마찰각이 몇 도에서는 전반전단파괴가 일어나고 몇 도에서는 국부전단파괴가 일어나는지 명확히 구분할 수 없다. 따라서 두 가지 파괴형태를 모두 수용할 수 있도록 내부마찰각이 작을 때에는 국부전단파괴에 대한 식이 적용되고 내부마찰각이 어느 값에 이르면 전반전단파괴식이 적용되도록 합성된 실용적인 Terzaghi의 수정지지력 산정 식(modified formula of bearing capacity)이 제시되어 있다. Terzaghi의 수정지지력계수 N_c'', N_q'', N_γ''은 해설 그림 4.2.5 및 해설 표 4.2.3과 같다.

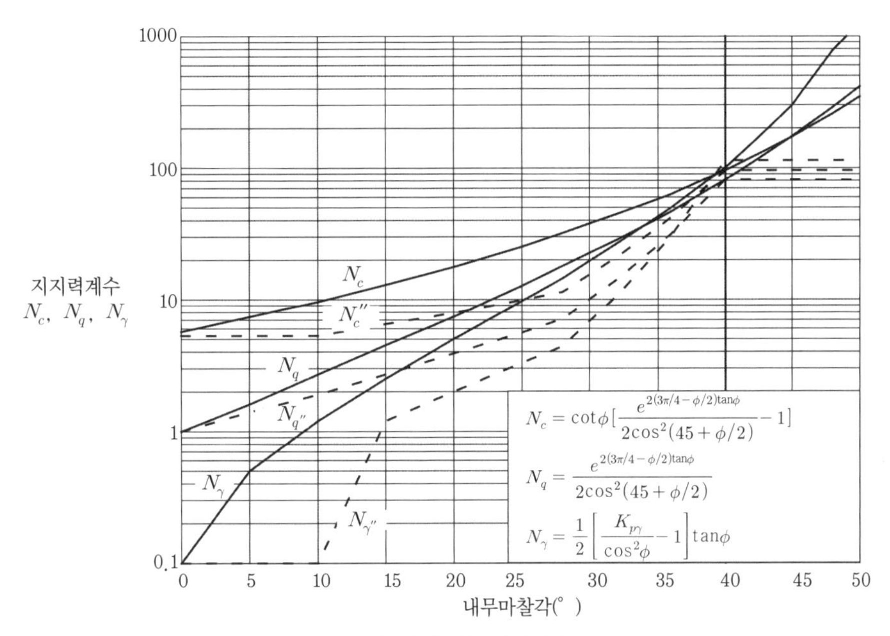

N_c, N_q, N_γ : 전반전단파괴에 대한 지지력계수
N_c'', N_q'', N_γ'' : 수정지지력계수

해설 그림 4.2.5 Terzaghi의 수정지지력계수

해설 표 4.2.3 Terzaghi의 수정지지력계수

지지력계수	ϕ=0	5	10	15	20	25	28	32	36	40 이상
N_c''	5.3	5.3	5.3	6.5	7.9	9.9	11.4	20.9	42.2	95.7
N_q''	1.0	1.4	1.9	2.7	3.9	5.6	7.1	14.1	31.6	81.2
N_γ''	0	0	0	1.2	2.0	3.3	4.4	10.6	30.5	114.0

2. Meyerhof의 극한지지력

Meyerhof는 해설 그림 4.2.6과 같이 전단파괴를 가정하고 해설 식(4.2.6)과 같은 극한지지력 공식을 유도하였다. 이 유도과정에서 가정된 조건은 아래와 같다.

- $D_f \leq B$
- 균질한 지반
- 지하수위가 d_0보다 깊음
- 연직하중이 푸팅 도심에 작용
- 푸팅 측면의 부착력과 마찰력 무시

- 기초지반의 토질 정수는 c, ϕ, γ

여기서, D_f는 근입깊이, B는 푸팅 최소폭(원형기초의 지름), d_0는 기초저면 아래 전단 파괴면의 최대깊이를 의미한다.

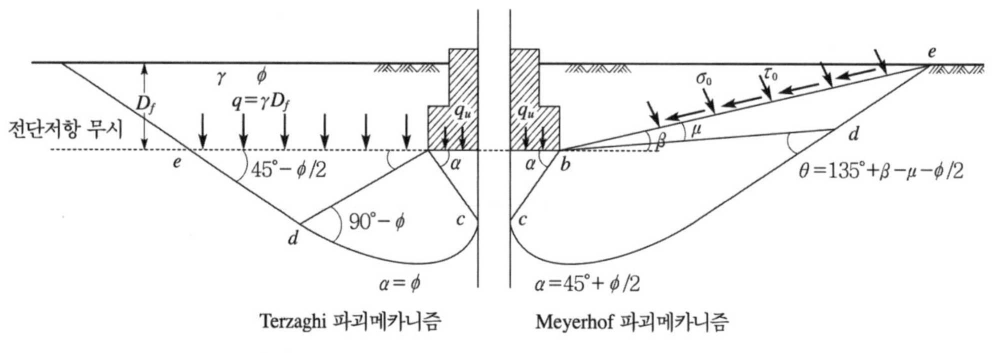

해설 그림 4.2.6 Meyerhof의 전단파괴 메커니즘

Meyerhof(1965)는 Terzaghi의 파괴메커니즘과 유사하지만, 기초바닥 바로 아래에는 쐐기형 파괴체이면서 대수나선과 직선으로 교차하여 지표면까지 연장된 파괴형상을 가정하여 극한지지력공식을 유도하였다. 기초바닥아래의 쐐기형 파괴체에 대해서 Terzaghi는 각도 $\alpha=\phi$로 하였으나 Meyerhof는 $\alpha=45°+\phi/2$로 하였다. 그리고 Terzaghi는 기초저면보다 위쪽에 있는 지반의 전단저항을 무시하고 단순히 상재하중으로 처리하였으나, Meyerhof는 기초저면보다 위쪽에 있는 지반의 전단저항을 고려하였다. 해설 그림 4.2.6에서 $\overline{be}$면의 전단응력은 $\tau_0=m(c+\sigma_0\tan\phi)$가 되며, 여기에서 m은 전단강도의 활용도(degree of mobilization of shear strength)로 $0\leq m\leq 1$이고, 각도 μ와 θ는 m에 따라 결정된다. 즉, $m=0$이면 $\mu=45°-\phi/2$, $\theta=90°+\beta$이고, $m=1$이면 $\mu=0$, $\theta=135°+\beta-\phi/2$가 된다. Meyerhof는 극한지지력공식을 해설 식(4.2.6)과 같이 제시하였다(Bowles, 1996).

연직하중 작용 시 : $q_{ult}=cN_cs_cd_c+\gamma_1D_fN_qs_qd_q+\frac{1}{2}\gamma_2BN_\gamma s_\gamma d_\gamma$ 해설 (4.2.6a)

경사하중 작용 시 : $q_{ult}=cN_cd_ci_c+\gamma_1D_fN_qd_qi_q+\frac{1}{2}\gamma_2B'N_\gamma d_\gamma i_\gamma$ 해설 (4.2.6b)

여기서, Meyerhof의 지지력계수, N_c, N_q, N_γ는 해설 식(4.2.7)로 구할 수 있으며, 산정 결과는 해설 그림 4.2.7 및 해설 표 4.2.4와 같다.

$$N_c = (N_q - 1)\cot\phi \text{ (단, } \phi = 0\text{일 때, } N_c = 5.14) \quad \text{해설 (4.2.7a)}$$

$$N_q = e^{\pi \tan\phi}\tan^2\left(45 + \frac{\phi}{2}\right) \quad \text{해설 (4.2.7b)}$$

$$N_\gamma = (N_q - 1)\tan(1.4\phi) \quad \text{해설 (4.2.7c)}$$

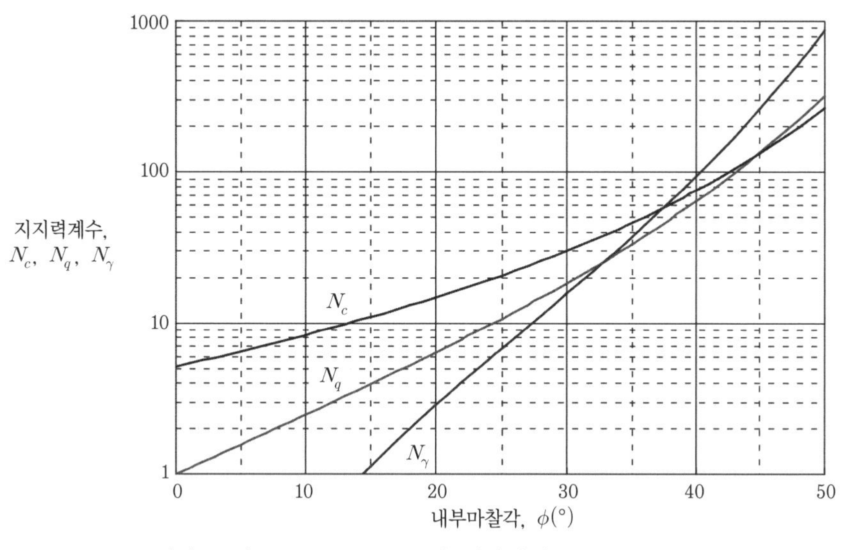

해설 그림 4.2.7 Meyerhof의 지지력계수, N_c, N_q, N_γ

해설 표 4.2.4 Meyerhof의 지지력계수(단, $m=0$, $\beta=0$)

지지력계수	$\phi=0$	5	10	15	20	25	30	35	40	45
N_c	5.1	6.5	8.3	11.0	14.8	20.7	30.1	46.1	75.3	133.9
N_q	1.0	1.6	2.5	3.9	6.4	10.7	18.4	33.3	64.2	134.9
N_γ	0.0	0.1	0.4	1.1	2.9	6.8	15.7	37.2	93.7	262.7

주) 위의 값은 해설 식(4.2.7)로 직접 구한 값임

전술한 바와 같이 Meyerhof는 형상계수, 근입깊이 계수, 경사계수를 도입하여 극한 지지력을 산정하도록 제시하였다. Meyerhof는 기초 폭 B와 길이 L의 비(B/L), 내부마찰각의 크기에 따라서 형상계수를 제시하고 있으며, 해설 식(4.2.8)과 같이 산정할 수 있다.

$$s_c = 1 + 0.2N_\phi \frac{B}{L}, \text{ 모든 } \phi\text{에 대하여 적용} \qquad \text{해설 (4.2.8a)}$$

$$s_q = s_\gamma = 1, \ \phi = 0°\text{일 경우에 대하여 적용} \qquad \text{해설 (4.2.8b)}$$

$$s_q = s_\gamma = 1 + 0.1N_\phi \frac{B}{L}, \ \phi > 10°\text{인 경우에 대하여 적용} \qquad \text{해설 (4.2.8c)}$$

해설 식(4.2.8)에서 $N_\phi = \tan^2(45 + \phi/2)$이다. 근입깊이 증가에 따라 극한지지력이 증가하므로 Meyerhof는 근입깊이 D_f와 기초 폭 B의 비(D_f/B), 내부마찰각의 크기를 고려한 해설 식(4.2.9)와 같은 근입깊이 계수를 제시하였다.

$$d_c = 1 + 0.2\sqrt{N_\phi}\frac{D_f}{B}, \text{ 모든 } \phi\text{에 대하여 적용} \qquad \text{해설 (4.2.9a)}$$

$$d_q = d_\gamma = 1, \ \phi = 0°\text{일 경우에 대하여 적용} \qquad \text{해설 (4.2.9b)}$$

$$d_q = d_\gamma = 1 + 0.1\sqrt{N_\phi}\frac{D_f}{B}, \ \phi > 10°\text{인 경우에 대하여 적용} \qquad \text{해설 (4.2.9c)}$$

기초에 경사하중이 작용할 경우에는 경사계수를 적용하여 경사하중의 영향을 고려한 극한지지력을 계산해야 한다. Meyerhof는 연직방향과 하중 작용방향 사이의 각도 α와 내부마찰각 ϕ를 고려하여 해설 식(4.2.10)과 같은 하중경사계수를 제시하였다.

$$i_c = i_q = \left(1 - \frac{\alpha}{90}\right)^2, \text{ 모든 } \phi\text{에 대하여 적용} \qquad \text{해설 (4.2.10a)}$$

$$i_\gamma = \left(1 - \frac{\alpha}{\phi}\right)^2, \ \phi > 0°\text{일 경우에 대하여 적용} \qquad \text{해설 (4.2.10b)}$$

$$i_\gamma = 0, \ \alpha > 0°, \ \phi = 0°\text{일 경우에 대하여 적용} \qquad \text{해설 (4.2.10c)}$$

Meyerhof는 경사하중이 작용할 경우에는 기초 폭 B 대신 유효 기초 폭 B'과 경사하중이 작용할 경우의 해설 식(4.2.6b)를 사용하도록 제안하고 있다.

3. Hansen 및 Vesic의 극한지지력

Hansen(1970)은 형상계수, 근입깊이 계수뿐만 아니라 경사계수, 지반계수를 고려하는 해설 식(4.2.11)과 같은 지지력공식을 제시하였다(Hansen, 1970; Bowles, 1996).

$$q_{ult} = cN_c s_c d_c i_c g_c b_c + \bar{q} N_q s_q d_q i_q g_q b_q + 0.5\gamma B' N_\gamma s_\gamma d_\gamma i_\gamma g_\gamma b_\gamma \qquad \text{해설 (4.2.11)}$$

$\phi = 0$일 때는 해설 식(4.2.12)로 구한다.

$$q_{ult} = 5.14 s_u (1 + s'_c + d'_c - i'_c - b'_c - g'_c) + \bar{q} \qquad \text{해설 (4.2.12)}$$

Hansen 공식은 다양한 하중 및 지반조건에 대하여 적용할 수 있으나 식이 복잡한 단점이 있다. Hansen은 지지력계수 N_c, N_q를 계산할 때 Prandtl의 공식을 사용하도록 추천하고 있으며, 이는 Meyerhof가 제안한 지지력계수 N_c, N_q와 일치한다. 기초하부 파괴면의 형상이 약간만 달라져도 지지력계수 N_γ는 상대적으로 큰 차이를 보일 수 있다. 이러한 경향은 특히 내부마찰각이 큰 지반에서 발생한다. Hansen은 해설 식(4.2.13)을 사용하여 지지력계수 N_c, N_q, N_γ를 계산하도록 제안하고 있다.

$$N_c = (N_q - 1)\cot\phi, \text{ Meyerhof의 값과 같음} \qquad \text{해설 (4.2.13a)}$$

$$N_q = e^{\pi \tan\phi} \tan^2\left(45 + \frac{\phi}{2}\right), \text{ Meyerhof의 값과 같음} \qquad \text{해설 (4.2.13b)}$$

$$N_\gamma = 1.5(N_q - 1)\tan\phi \qquad \text{해설 (4.2.13c)}$$

해설 식(4.2.13)을 이용하여 내부마찰각에 따른 지지력계수를 산정한 결과를 해설 표 4.2.5에 나타내었으며, 표에 제시하지 않은 값은 해설 식(4.2.13)으로 쉽게 구할 수 있다.

해설 표 4.2.5 Hansen(1970)과 Vesic(1973)의 지지력 계수

ϕ	N_c	N_q	$N_{\gamma(H)}$	$N_{\gamma(V)}$	$N_{\gamma(M)}$*	N_q/N_c	$2\tan\phi(1-\sin\phi)^2$
0	5.14	1.0	0	0	0	0.19	0
5	6.5	1.6	0.1	0.4	0.1	0.24	0.15
10	8.3	2.5	0.4	1.2	0.4	0.30	0.24
15	11.0	3.9	1.2	2.6	1.1	0.36	0.29
20	14.8	6.4	2.9	5.4	2.9	0.43	0.32
25	20.7	10.7	6.8	10.9	6.8	0.51	0.31
30	30.1	18.4	15.1	22.4	15.7	0.61	0.29
35	46.1	33.3	33.9	48.0	37.2	0.72	0.25
40	75.3	64.2	79.5	109.4	93.7	0.85	0.21
45	133.9	134.9	200.8	271.7	262.7	1.01	0.17
50	266.9	319.1	568.6	762.9	873.9	1.20	0.13

주) 1) 해설 식(4.2.13), (4.2.20)으로 직접 구한 값임
2) $N_{\gamma(H)}$=Hansen의 값, $N_{\gamma(V)}$=Vesic의 값, $N_{\gamma(M)}$= Meyerhof의 값

Hansen 역시 다양한 기초 형상을 고려하기 위하여 기초 폭과 길이의 비를 고려한 형상계수를 도입하였으며, 해설 식(4.2.14)로 산정할 수 있다(Bowles, 1996).

$$s_c = 0.2\frac{B'}{L'},\ \phi = 0° \text{일 경우 적용} \qquad \text{해설 (4.2.14a)}$$

$$s_c = 1 + \frac{N_q}{N_c}\frac{B'}{L'},\ \phi > 0° \text{일 경우 적용} \qquad \text{해설 (4.2.14b)}$$

$$s_q = 1 + \frac{B'}{L'}\sin\phi \qquad \text{해설 (4.2.14c)}$$

$$s_\gamma = 1 - 0.4\frac{B'}{L'} \geq 0.6 \qquad \text{해설 (4.2.14d)}$$

해설 식(4.2.14)에서 볼 수 있듯이 Hansen(1970)은 형상계수를 산정할 경우 실제 기초 폭을 사용하지 않고 유효 기초 폭 B'을 사용하였으며, 반면에 Vesic(1973)은 단순하게 실제 기초 폭을 사용하였다. Hansen(1970)은 근입깊이 계수를 근입깊이와 기초폭의 비를 고려하여 계산할 수 있는 식을 해설 식(4.2.15), (4.2.16)과 같이 제안하였다.

① $D_f/B \le 1$인 경우

$$d_c = 0.4\frac{D_f}{B},\ \phi = 0°\text{일 경우 적용} \qquad \text{해설 (4.2.15a)}$$

$$d_c = 1 + 0.4\frac{D_f}{B},\ \phi > 0°\text{일 경우 적용} \qquad \text{해설 (4.2.15b)}$$

$$d_q = 1 + 2\tan\phi(1-\sin\phi)^2\frac{D_f}{B} \qquad \text{해설 (4.2.15c)}$$

$$d_\gamma = 1.0,\ \text{모든 }\phi\text{에 대하여 적용} \qquad \text{해설 (4.2.15d)}$$

② $D_f/B > 1$인 경우

$$d_c = 0.4\tan^{-1}\left(\frac{D_f}{B}\right),\ \phi = 0°\text{일 경우 적용} \qquad \text{해설 (4.2.16a)}$$

$$d_c = 1 + 0.4\tan^{-1}\left(\frac{D_f}{B}\right),\ \phi > 0°\text{일 경우 적용} \qquad \text{해설 (4.2.16b)}$$

$$d_q = 1 + 2\tan\phi(1-\sin\phi)^2\tan^{-1}\left(\frac{D_f}{B}\right) \qquad \text{해설 (4.2.16c)}$$

$$d_\gamma = 1.0,\ \text{모든 }\phi\text{에 대하여 적용} \qquad \text{해설 (4.2.16d)}$$

Hansen(1970)은 연직방향과 하중방향 사이의 각도를 고려하기 위하여 해설 식 (4.2.17)과 같은 경사계수를 제시하였다. 경사계수는 기초의 폭과 길이 방향으로 작용하는 하중에 따라 값이 달라지므로 하중의 방향을 고려해야 한다.

$$i_c = 0.5 - \sqrt{1 - \frac{H_i}{A_f c_a}},\ \phi = 0°\text{일 경우 적용} \qquad \text{해설 (4.2.17a)}$$

$$i_c = i_q - \frac{1 - i_q}{N_q - 1},\ \phi > 0°\text{일 경우 적용} \qquad \text{해설 (4.2.17b)}$$

$$i_q = \left(1 - \frac{0.5H_i}{V + A_f c_a \cot\phi}\right)^5 \qquad \text{해설 (4.2.17c)}$$

$$i_\gamma = \left(1 - \frac{0.7H_i}{V + A_f c_a \cot\phi}\right)^5,\ \text{수평지반인 경우 적용} \qquad \text{해설 (4.2.17d)}$$

$$i_\gamma = \left(1 - \frac{(0.7 - \eta°/450°)H_i}{V + A_f c_a \cot\phi}\right)^5,\ \text{경사지반인 경우 적용} \qquad \text{해설 (4.2.17e)}$$

지반이 경사져 있을 경우, 해설 식(4.2.18)의 지반경사계수를 적용하여 지지력을 수정해야 한다.

$g_c = \psi°/147°$, $\phi = 0°$인 경우 적용 해설 (4.2.18a)

$g_c = 1 - \psi°/147°$, $\phi > 0°$인 경우 적용 해설 (4.2.18b)

$g_q = g_\gamma = (1 - 0.5\tan\psi)^5$ 해설 (4.2.18c)

하중방향의 경사뿐만 아니라 기초의 경사에 대한 보정계수, 즉 기초경사계수를 제시하였으며, 해설 식(4.2.19)를 이용하여 산정할 수 있다.

$b_c = \eta°/147°$, $\phi = 0°$인 경우 적용 해설 (4.2.19a)

$b_c = 1 - \eta°/147°$, $\phi > 0°$인 경우 적용 해설 (4.2.19b)

$b_q = \exp(-2\eta\tan\phi)$, $\eta = \text{radians}$ 해설 (4.2.19c)

$b_\gamma = \exp(-2.7\eta\tan\phi)$, $\eta = \text{radians}$ 해설 (4.2.19d)

Vesic(1973, 1975)은 Hansen의 지지력계수 N_γ와 상이한 식을 제시하고 있으며, 이 수정된 지지력계수를 이용하여 극한지지력을 산정하였다. Vesic이 제안한 지지력계수 N_γ는 해설 식(4.2.20)과 같으며, 내부마찰각에 따라 계산한 결과는 해설 표 4.2.5와 같다.

$$N_\gamma = 2(N_q + 1)\tan\phi \quad \text{해설 (4.2.20)}$$

Vesic(1973)은 Hansen의 계수와 상이한 형상계수, 하중경사계수, 기초경사계수, 지반경사계수를 제시하였으며, 근입깊이계수는 동일한 값을 사용하였다. 먼저, Vesic은 Hansen과 달리 형상계수 산정 시 유효 기초 폭 및 길이를 사용하지 않고 실제 기초 폭과 길이를 직접적으로 사용하였으며, Vesic이 제안한 형상계수 산정 식은 해설 식(4.2.21)과 같다(Bowles, 1996).

$$s_c = 1 + \frac{N_q}{N_c}\frac{B}{L} \quad \text{해설 (4.2.21a)}$$

$$s_q = 1 + \frac{B}{L}\tan\phi \qquad \text{해설 (4.2.21b)}$$

$$s_\gamma = 1 - 0.4\frac{B}{L} \qquad \text{해설 (4.2.21c)}$$

Vesic은 하중경사계수를 해설 식(4.2.22)와 같이 제시하였으며, 기초의 폭과 길이방향에 대한 수평하중을 고려하였다(Hunt, 1986; Bowles, 1996).

$$i_c = 1 - \frac{mH_i}{A_f c_a N_c},\ \phi = 0°\text{일 경우 적용} \qquad \text{해설 (4.2.22a)}$$

$$i_c = i_q - \frac{1 - i_q}{N_c \tan\phi},\ \phi > 0°\text{일 경우 적용} \qquad \text{해설 (4.2.22b)}$$

$$i_q = \left(1 - \frac{H_i}{V + A_f c_a \cot\phi}\right)^m \qquad \text{해설 (4.2.22c)}$$

$$i_\gamma = \left(1 - \frac{H_i}{V + A_f c_a \cot\phi}\right)^{m+1} \qquad \text{해설 (4.2.22d)}$$

해설 식(4.2.22)에서 기초 폭 방향의 하중 H_B와 길이 방향의 하중 H_L이 동시에 작용하지 않을 경우에는 m은 해설 식(4.2.23a), (4.2.23b)와 같이 산정할 수 있다. 만약 하중 H_B와 H_L이 동시에 작용할 경우에는 m은 H_B와 H_L을 동시에 고려하여 계산해야 하며, 해설 식(4.2.23c)로 계산한다.

$$m = m_B = \frac{2 + B/L}{1 + B/L},\ H_i = H_B\text{일 경우 적용} \qquad \text{해설 (4.2.23a)}$$

$$m = m_L = \frac{2 + L/B}{1 + L/B},\ H_i = H_L\text{일 경우 적용} \qquad \text{해설 (4.2.23b)}$$

$$m = \sqrt{m_B^2 + m_L^2},\ H_B\text{와 } H_L\text{가 동시에 작용하는 경우} \qquad \text{해설 (4.2.23c)}$$

지반이 경사져 있을 경우에는 해설 식(4.2.24)의 지반경사계수를 적용하여 지지력을 수정하도록 제안하고 있다(Fang, 1991; Hunt, 1986).

$$g_c = 1 - \frac{2\psi}{\pi + 2},\ \psi = radians,\ \phi = 0°\text{인 경우 적용} \qquad \text{해설 (4.2.24a)}$$

$$g_c = g_q - \frac{1-g_q}{N_c \tan\phi},\ \phi > 0° \text{인 경우 적용} \qquad \text{해설 (4.2.24b)}$$

$$g_q = g_\gamma = (1-\tan\psi)^2,\ \phi > 0° \text{인 경우 적용} \qquad \text{해설 (4.2.24c)}$$

Vesic 역시 하중방향의 경사뿐만 아니라 기초의 경사에 대한 보정계수, 즉 기초경사계수를 제시하였으며, 해설 식(4.2.25)와 같이 산정할 수 있다(Fang, 1991; Hunt, 1986).

$$b_c = 1 - \frac{2\eta}{\pi+2},\ \eta = radians,\ \phi = 0° \text{인 경우 적용} \qquad \text{해설 (4.2.25a)}$$

$$b_c = b_q - \frac{1-b_q}{N_c \tan\phi},\ \phi > 0° \text{인 경우 적용} \qquad \text{해설 (4.2.25b)}$$

$$b_q = b_\gamma = (1-\eta\tan\phi)^2 \qquad \text{해설 (4.2.25c)}$$

앞의 식들에서

A_f : 유효접촉면적 $B'L'$ 　　L' : 푸팅유효길이
B' : 푸팅유효폭 　　D_f : 근입깊이
e_1, e_2 : 편심거리 　　c : 지반의 점착력
ϕ : 흙의 내부마찰각 　　c_a : 푸팅과 지반의 부착력
H, V : 기초에 평행한 하중성분과 수직한 하중성분
$\tan\delta$: 푸팅과 지반과의 마찰계수 : 지반에 콘크리트를 타설할 경우 $\delta = \phi$
η, ψ : (+)의 방향으로 구한 각(해설 그림 4.2.8 참조)

주) 1) 형상계수와 경사계수는 같이 사용하지 말 것
2) 삼축압축시험에 의한 ϕ값을 평면변형에 쓸 때는 $\phi_{ps} = \phi_{triaxial} \times 1.1$을 쓸 것
3) 적용한계 : $H \leq V\tan\delta + c_a A_f$, i_q, $i_\gamma > 0$, $\psi \leq \phi$, $\eta + \psi \leq 90°$

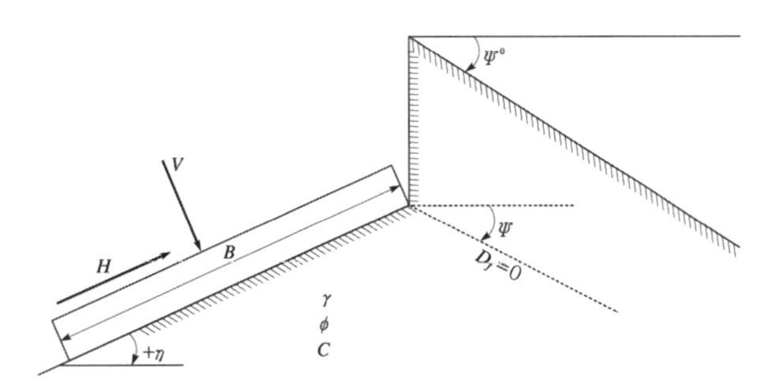

해설 그림 4.2.8 하중방향 및 지반조건

나. 지하수위 영향

1. 지하수위 위치에 따른 지지력공식의 수정

지하수위의 변동은 지반의 강도정수인 점착력과 내부마찰각뿐만 아니라 단위중량에도 큰 영향을 미친다. 점착력의 경우, 포화도(함수비)에 따라서 깊이별로 다른 값을 보이므로 정확한 지지력 산정을 위해서는 주어진 지반에 대하여 점착력을 시험을 통하여 산정해야 한다. 내부마찰각은 점착력에 비하여 지하수위에 큰 영향을 받지 않는 것으로 알려져 있으므로 점착력이 없는 모래지반의 지지력을 산정할 경우에는 단위중량을 수정하여 사용하면 된다. 지하수위 위치를 해설 그림 4.2.9와 같이 세 가지 경우로 구분할 수 있으며, 지하수위 위치에 따른 단위중량은 다음과 같이 산정할 수 있다.

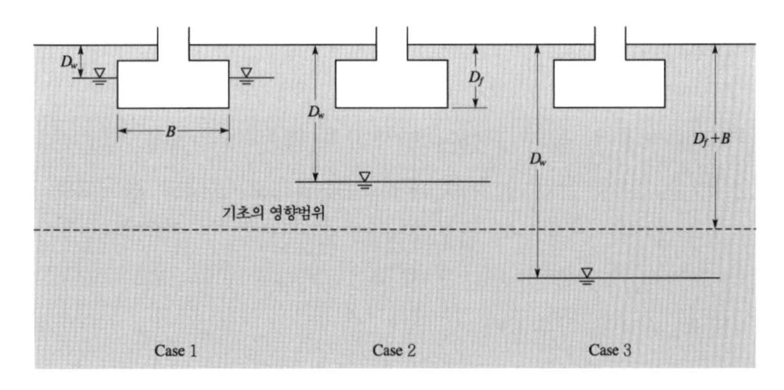

해설 그림 4.2.9 지하수위 위치에 따른 지지력공식의 수정

가) CASE 1($D_w \le D_f$인 경우)

기초바닥이 지하수위 아래에 위치할 경우에는 지하수위 위쪽 지반의 단위중량은 습윤단위중량 γ_t를 사용하고, 지하수위 아래쪽 지반의 단위중량은 포화단위중량 γ_{sat}에서 물의 단위중량 γ_w를 뺀 유효단위중량 $\gamma'(=\gamma_{sat}-\gamma_w)$을 사용하

여 극한지지력을 산정한다.

$$q_{ult} = cN_c + [\gamma_t D_w + \gamma'(D_f - D_w)]N_q + \frac{1}{2}\gamma' BN_\gamma \qquad \text{해설 (4.2.26)}$$

해설 식(4.2.26)에서 볼 수 있듯이 단위중량은 지하수위 위치에 따라서 쉽게 계산할 수 있으나, 점착력의 경우에는 직접 시험을 통하여 결정해야 한다. 이러한 내용은 모든 경우에 적용됨을 유의해야 한다.

나) CASE 2($D_f < D_w \le D_f + B$인 경우)
지하수위가 기초바닥과 기초의 영향 범위($D_f + B$) 사이에 위치할 경우에는 해설 식(4.2.27)을 사용하여 극한지지력을 산정한다.

$$q_{ult} = cN_c + \gamma_t D_f N_q + \frac{1}{2}[\{\gamma_t(D_w - D_f) + \gamma'(D_f + B - D_w)\}/B]BN_\gamma$$
해설 (4.2.27)

다) CASE 3($D_w > D_f + B$인 경우)
지하수위가 기초의 영향범위($D_f + B$)보다 깊게 위치할 경우에는 지하수위에 대한 영향을 고려할 필요 없다. 이 경우에는 습윤단위중량 γ_t를 사용하여 지지력을 산정한다.

위에서 기술한 내용은 물의 흐름이 발생하지 않는 정수압을 받고 있는 지반의 경우에 적용할 수 있다. 만약 물의 흐름이 지속적으로 발생할 경우에는 파괴영역에서 발생하는 동수경사를 적용하여 단위중량을 보정한 후 극한지지력을 산정해야 한다.

2. Meyerhof(1955)의 연구결과
가) 완전 포화된 경우
포화된 모래지반의 지지력에 관한 영향 분석은 Terzaghi(1925)에 의하여 처음으로 수행되었다. Terzaghi는 고정된 지하수위 아래에 존재하는 완전 포화된 모래지반에 놓여 있는 기초의 극한지지력을 해설 식(4.2.28)과 같이 제시하였다.

$$q_{ult} = \gamma' \frac{B}{2} N_\gamma \qquad \text{해설 (4.2.28)}$$

해설 식(4.2.28)에서 γ'은 유효단위중량이다. Meyerhof(1955)는 지반을 통하여 물의 흐름이 존재하고 기초가 지표면에서 D_t만큼 근입되어 있을 경우에 해설 식(4.2.29)와 같은 지지력공식을 제안하였다.

$$q_{ult} = (\gamma' - \gamma_w i)\frac{B}{2}N_{\gamma q} + \gamma_w D_f \qquad \text{해설 (4.2.29)}$$

해설 식(4.2.29)에서 γ_w는 물의 단위중량이고, i는 파괴영역 내의 연직방향 평균동수경사로 상방향의 동수경사가 양의 값이다. 이 식에서는 물이 상방향으로 흐를 경우 해설 식(4.2.28)에서 추가적인 단위중량 감소가 발생하므로 이를 고려하여 지지력을 구하도록 제시하고 있다.

나) 부분적으로 포화된 경우

지하수위가 지표면 아래에 위치할 경우의 지지력은 지하수위를 고려하지 않고 계산한 지지력과 해설 식(4.2.28)로 계산한 지지력 사이에 위치할 것이다. Meyerhof(1955)는 지하수위가 기초의 지지력에 미치는 영향에 대하여 해설 그림 4.2.10과 같이 d_0 이내에 있을 때 수정된 단위중량을 사용한 연속기초의 지지력공식을 제시하였다. 연속기초가 아닌 사각형 기초와 원형기초는 형상계수를 사용하여 보정해야 한다.

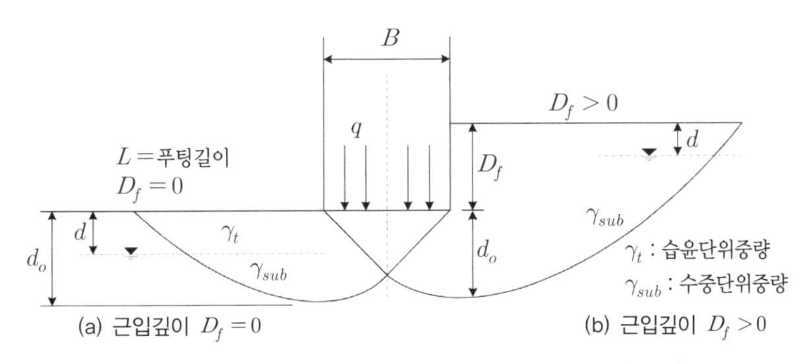

해설 그림 4.2.10 지하수위에 의한 단위중량 수정

1) 기초가 지표면에 위치할 경우($D_f = 0$)

$$q_{ult} = [\gamma' + F(\gamma_t - \gamma')]\frac{B}{2}N_\gamma \qquad \text{해설 (4.2.30)}$$

2) 기초가 지반에 근입된 경우($D_f/B \leq 1$)

① 지하수위가 지표면과 기초바닥 사이에 위치할 경우($d \leq D_f$)

$$q_{ult} = \frac{\gamma' B}{2} N_\gamma + [\gamma' D_f + (\gamma_t - \gamma') d] N_q + \gamma_w (D_f - d) \qquad \text{해설 (4.2.31)}$$

② 지하수위가 기초바닥과 파괴영역 사이에 위치할 경우($D_f < d \leq D_f + d_0$)

$$q_{ult} = [\gamma' + F(\gamma_t - \gamma')] \frac{B}{2} N_\gamma + \gamma_t D_f N_q \qquad \text{해설 (4.2.32)}$$

3) $D_f/B > 1$, 지하수위가 지표면과 파괴영역 사이에 위치할 경우 ($0 < d \leq D_f + d_0$)

$$q_{ult} = \left[\gamma' + \frac{(\gamma_t - \gamma')d}{D_f + d_0}\right] \frac{B}{2} N_{\gamma q} + \gamma_w (D_f - d) \qquad \text{해설 (4.2.33)}$$

여기서, F와 d_0는 해설 그림 4.2.11에서 구한다.

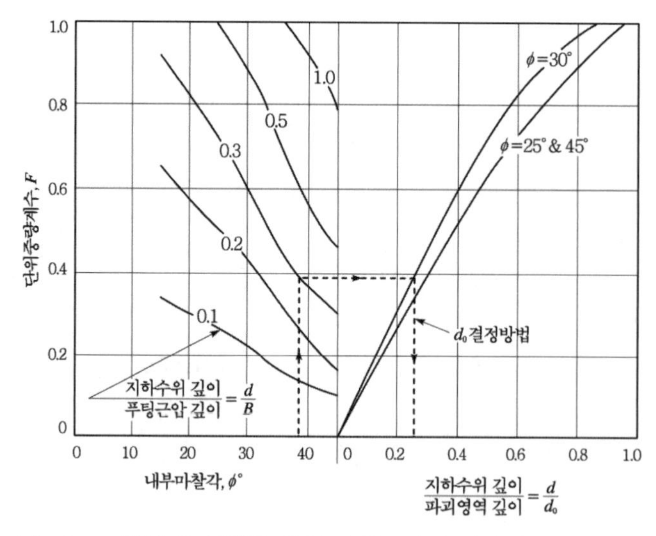

해설 그림 4.2.11 지하수위 영향을 위한 단위중량계수(F)와 파괴영역깊이(d_0)
(U. S. NAVY, 1971; Meyerhof, 1955)

다. 하중 경사의 영향

Meyerhof(1953)는 자신의 발표한 지지력공식을 수정하여 경사하중이 작용하는 연속기초의 지지력 공식을 해설 식(4.2.34)와 같이 제시하였다.

$$q_{ult} = cN_{cq} + \frac{\gamma B}{2} N_{\gamma q} \qquad \text{해설 (4.2.34)}$$

여기서, N_{cq}, $N_{\gamma q}$는 하중의 경사각도, 근입깊이와 기초폭의 비(D_f/B), 내부마찰각 및 기초의 경사에 영향을 받으며 해설 그림 4.2.12에서 구할 수 있다.

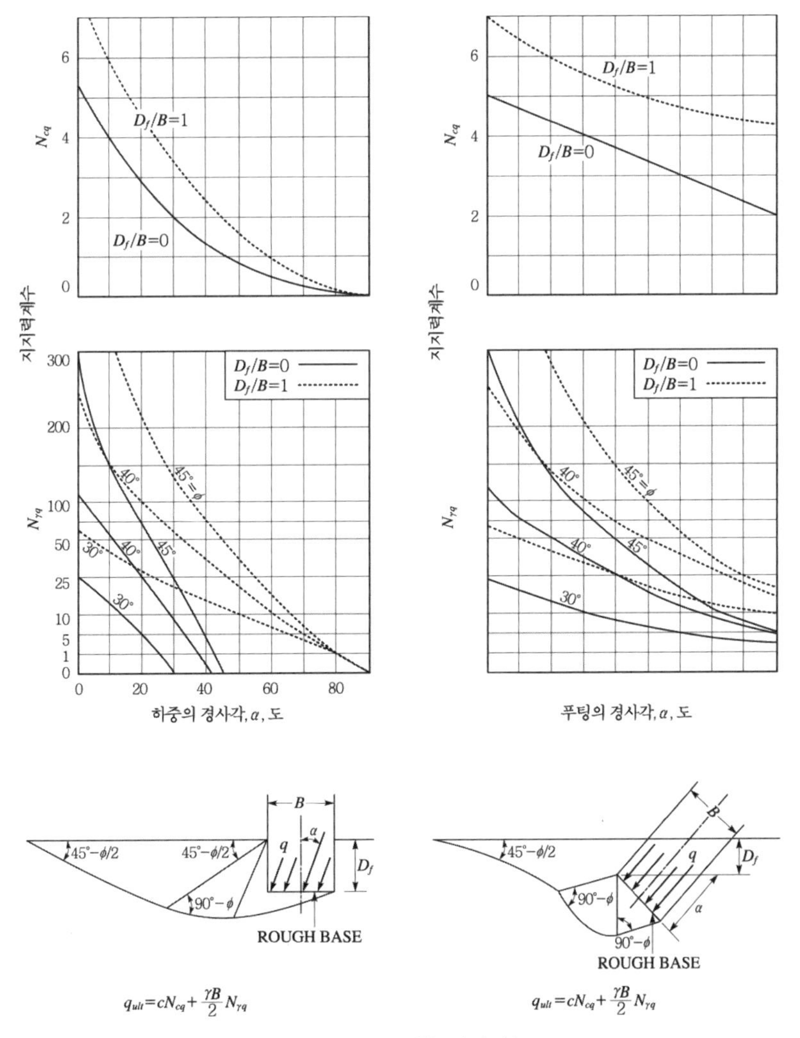

해설 그림 4.2.12 경사하중을 받는 연속기초의 극한 지지력(U. S. NAVY, 1971; Meyerhof, 1953)

라. 편심하중에 대한 보정

해설 그림 4.2.13과 같이 기초에 편심하중이 작용할 경우, 지지력 공식의 B와 L을 유효 폭과 길이 B'와 L'로 대체하여 사용한다. 푸팅에 모멘트가 작용할 때 등가의 수직하중과 편심거리는 해설 그림 4.2.13과 같이 구한다.

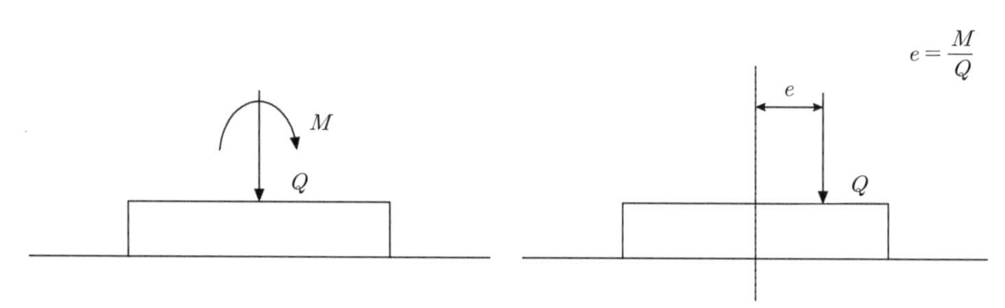

해설 그림 4.2.13 등가하중과 편심거리

유효폭 B'와 L' 및 감소된 유효면적은 해설 그림 4.2.14에서 구할 수 있다.

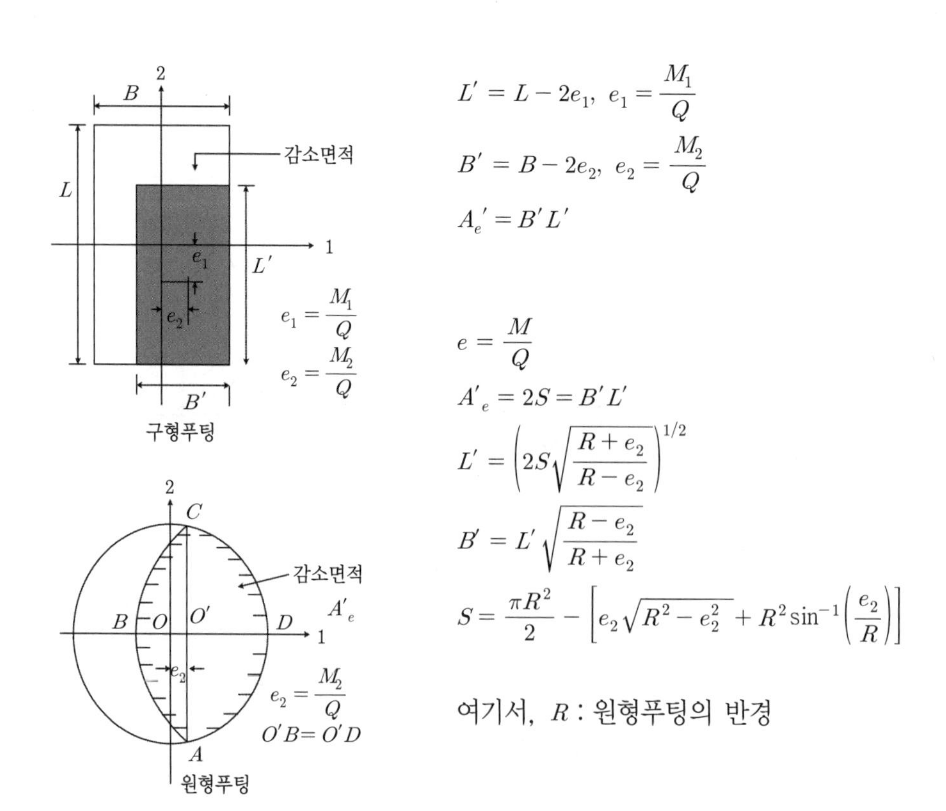

해설 그림 4.2.14 편심하중에 의한 유효폭과 감소된 면적

마. 비탈면에 인접한 기초

비탈면에 인접한 기초는 전단저항면과 토피압의 감소로 인해 지지력이 저감된다. 이러한 점을 감안해 해설 식(4.2.35)와 같이 수정된 지지력 공식을 이용한다(Meyerhof, 1957; Shields et al., 1977).

1. 비탈면 정상부에 인접한 연속기초

해설 그림 4.2.15와 같은 연속기초의 파괴모델에서 지하수위 위치별 지지력 공식은 해설 식(4.2.35)와 같다.

– 지하수위가 파괴영역깊이(d_0) 아래이며 기초폭(B)보다 깊을 때($d_0 \geq B$)

$$q_{ult} = cN_{cq} + \gamma_t \frac{B}{2} N_{\gamma q} \qquad \text{해설 (4.2.35a)}$$

– 지하수위가 지표면에 있을 때

$$q_{ult} = cN_{cq} + \gamma_{sub} \frac{B}{2} N_{\gamma q} \qquad \text{해설 (4.2.35b)}$$

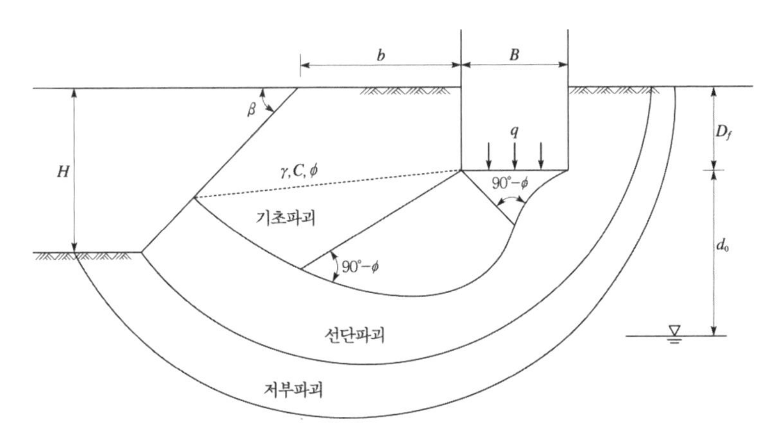

해설 그림 4.2.15 비탈면 정상부에 인접한 기초의 파괴 모델

기초폭이 비탈면의 높이보다 작은 경우($B \leq H$)에는 해설 그림 4.2.16에서 비탈면 안정계수(slope stability factor) $N_0 = 0$일 때의 지지력 계수, N_{cq}를 구한다. 기초폭 대 근입깊이의 비(D_f/B)가 0과 1 사이일 때는 보간법을 적용한다. 또한 지하수위가 지표면과 d_0 사이에 있을 경우 해설 식(4.2.35a)와 해설 식(4.2.35b)에서 구한 지지력으로부터 보간법을 적용하여 결정한다. 반면에 기초폭이 비탈면 높이보다 클 때($B > H$)는 비탈면 안정계수를 $N_0 = \gamma H / c$로 구한 후 해설 그림 4.2.16에서 N_{cq}를 구한다. 이때 $0 < D_f / B < 1$과 $0 < N_0 < 1$에 대해서는 각각 보간법을 적용한다. 만약 N_0가 1 이상일 때($N_0 \geq 1$)는 기초의 전단파괴보다 비탈면의 안정성이 기초의 지지력을 좌우하게 된다. 지하수위가 지표면과 d_0 사이에 있을 경우, 해설 식(4.2.35a)와 (4.2.35b)의 지지력을 각각 구해 보간법을 적용한다. 이때 지하수위가 지표면으로부터 급강하할 경우에는 해설 식(4.2.36)과 같이 수정한 ϕ'를 사용하여 해설 식(4.2.35b)의 공식을 적용하여 지지력을 구한다.

$$\phi' = \tan^{-1}\left(\frac{\gamma_{sub}}{\gamma_t}\tan\phi\right) \qquad \text{해설 (4.2.36)}$$

점성토($\phi = 0$)인 경우에는 해설 식(4.2.35a)와 (4.2.35b)의 $B/2$를 D_f로, $N_{\gamma q} = 1$을 사용하여 계산한다. 정방형(정사각형), 구형(직사각형) 및 원형기초의 지지력은 해설 식(4.2.37)과 같이 구한다.

$$q_{ult} = [\text{위에서 구한 연속기초의 } q_{ult}] \times \left[\frac{\text{이론적 지지력공식에서 구한 구형이나 원형기초의 } q_{ult}}{\text{이론적 지지력공식에서 구한 연속기초의 } q_{ult}}\right] \qquad \text{해설 (4.2.37)}$$

2. 비탈면 내의 연속기초

그림 4.2.17과 같은 비탈면내의 연속기초에 대한 지지력은 비탈면 정상부에 인접한 기초의 지지력을 구하는 방법과 동일하고, 다만 N_{cq}와 $N_{\gamma q}$를 구할 때 해설 그림 4.2.18을 사용하는 것만이 다르다.

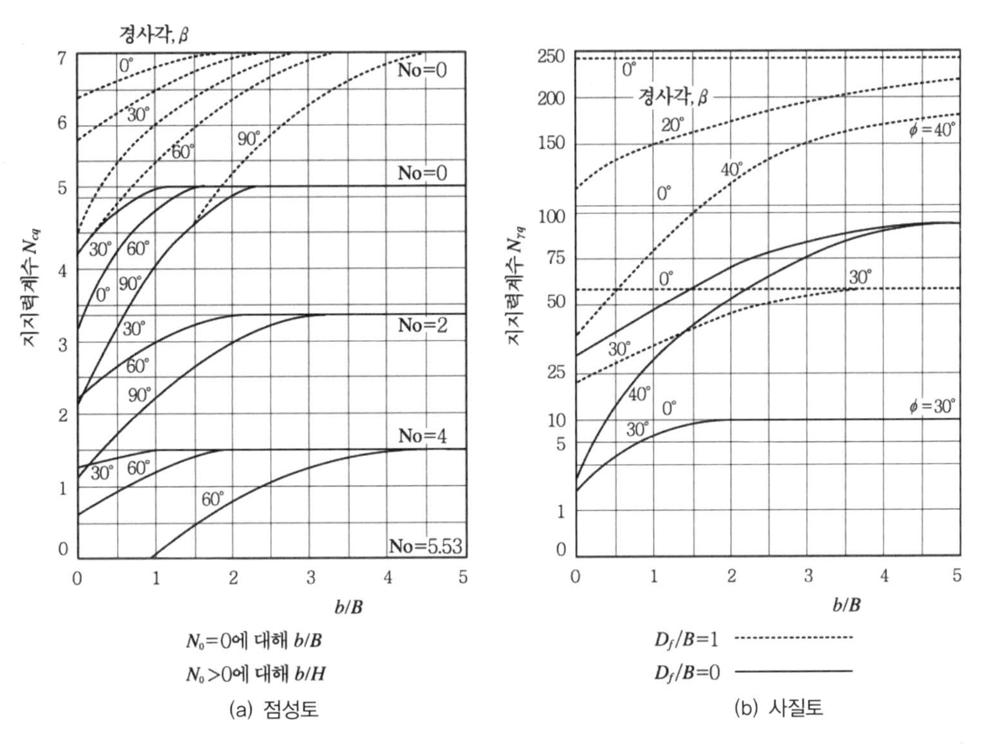

해설 그림 4.2.16 비탈면에 인접한 기초의 지지력 계수(U. S. NAVY, 1971; Meyerhof, 1957)

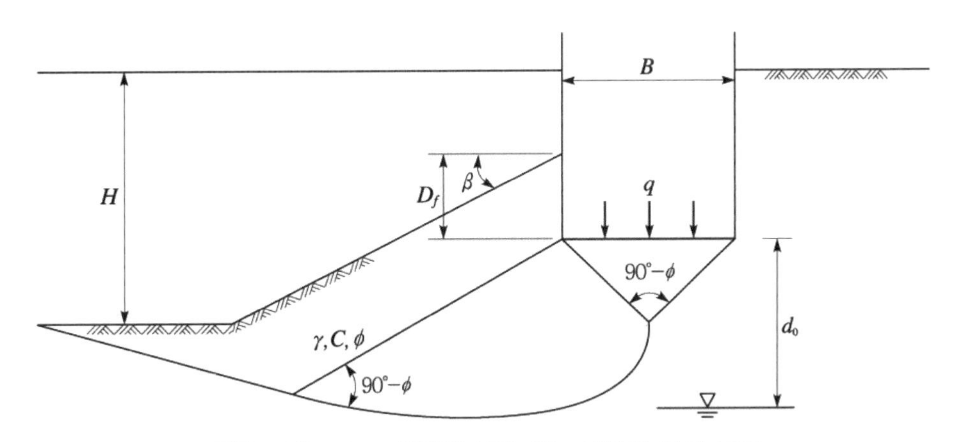

해설 그림 4.2.17 비탈면 내에 있는 기초의 파괴 모델

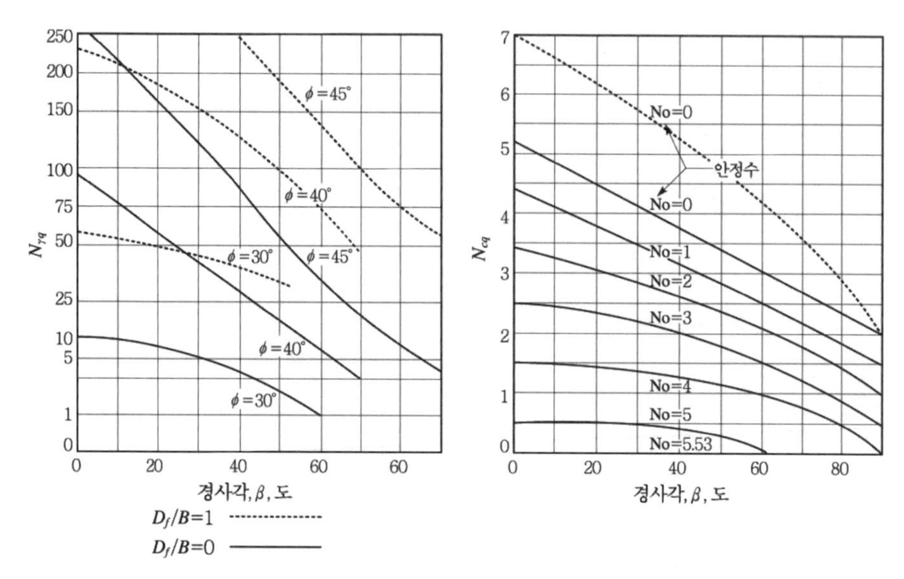

해설 그림 4.2.18 비탈면 내 기초의 지지력 계수(U. S. NAVY, 1971; Meyerhof, 1957)

지지력 계산에 적용하는 토질정수는 지지력계산에 직접적으로 사용되므로 신중을 기하여 결정해야 한다. 따라서 점성토, 사질토 등의 지반특성에 적합한 시험방법으로 결정해야 한다. 투수성이 나쁜 점성토 등의 세립토에서는 일반적으로 전응력 강도정수를 사용한다. 점착력은 실내압축시험, 베인시험, 비배수 삼축압축시험 등으로 구한다. 또한, 콘관입시험과 전단강도의 상관관계로부터 추정할 수도 있다. 배수가 자유롭게 일어나는 사질토에서는 유효응력 강도정수($\overline{\phi}$)를 사용하며, 현장시험(표준관입시험, 콘관입시험)이 강도 추정에 주로 사용되고 있다. 시공 중 부분배수가 예상될 때는(예; 다짐성토) 배수와 비배수 조건의 지지력을 각각 산정하여 안전 측으로 두 지지력 중 작은 값을 사용한다.

(2) 탄성이론을 기본으로 유도한 식은 소성거동을 보이는 지반의 실제거동과는 상이할 가능성이 내재되어 있다. 따라서 소성거동을 보일 것으로 예상되는 지반에서는 탄성이론 이외에 소성이론에 의한 계산결과나 재하시험 또는 모델시험의 결과를 이용하여 지지력을 구할 수 있다.

(3) 여러 개의 지층으로 이루어진 지반에서 각 층의 내부마찰각이 평균내부마찰각과 5° 이내의 편차를 나타낼 때에는 토질정수 γ, c, ϕ를 근사적으로 평균한 값을 적용하여 지지력을 계산할 수 있다. 만약, 각각의 토층들의 단위중량, 점착력, 내부마찰각 중 어느 하나가 큰 차이를 보일 경우에는 지반의 층상을 고려할 수 있는 방법을 사

용하여 극한지지력을 산정해야 한다. Button(1953)은 기초 지반이 두 개의 점토층으로 구성된 경우에 대하여 해설 식(4.2.38)과 같은 극한지지력 공식을 제안하였다.

– 연속 기초

$$q_{ult} = c_1 N_{CD} + \gamma D_f \qquad \text{해설 (4.2.38a)}$$

– 구형 기초

$$q_{ult} = c_1 N_{CR} + \gamma D_f \qquad \text{해설 (4.2.38b)}$$

$$N_{CR} = N_{CD}\left[1 + 0.2\left(\frac{B}{L}\right)\right]$$

해설 식(4.2.38)에서 D_f는 근입깊이, N_C는 $D_f = 0$일 때 연속기초의 지지력 계수, N_{CD}는 근입깊이 $D_f > 0$일 때 연속기초의 지지력계수, N_{CR}은 근입깊이 $D_f = 0$일 경우의 사각형기초의 지지력계수이다. N_C는 깊이에 따른 강도변화특성에 따라 해설 그림 4.2.19나 해설 그림 4.2.20에서 각각 구한다. 근입깊이를 고려한 지지력계수 N_{CD}는 해설 표 4.2.6에서 구한다. Button(1953)이 제시한 방법 이외에도 Meyerhof and Hanna(1978), Meyerhof(1974) 등이 제시한 방법들도 있으므로 지지력을 구하고자 하는 현장조건에 적합한 방법을 선택하여 층상 지반에서의 지지력을 구해야 한다.

해설 표 4.2.6 근입깊이를 고려한 지지력계수

D_f/B	N_{CD}/N_C
0	1.00
0.5	1.15
1	1.24
2	1.36
3	1.43
4	1.46

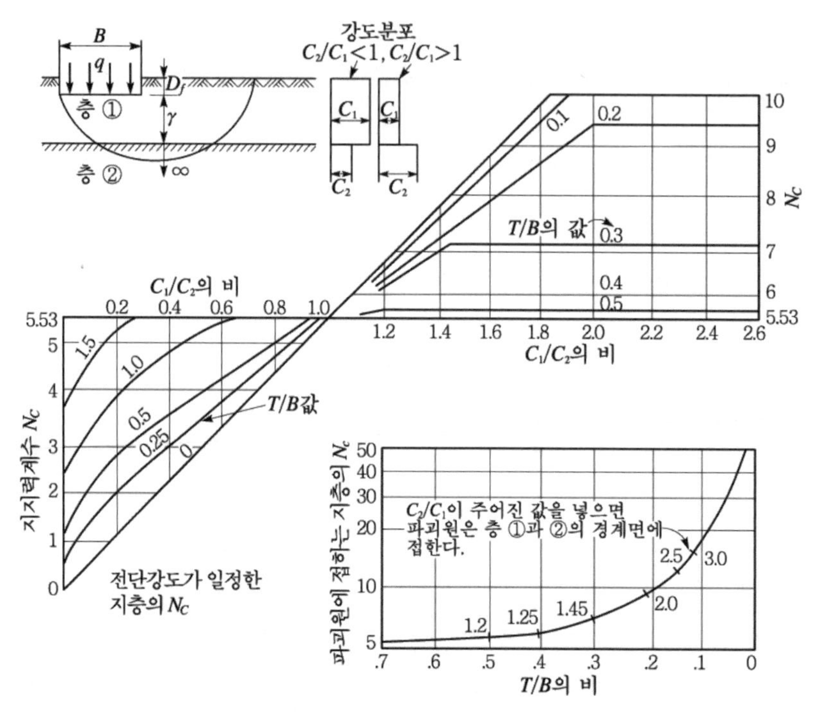

해설 그림 4.2.19 전단강도가 일정한 두 층으로 된 점성토지반($\phi=0$)의 지지력 계수

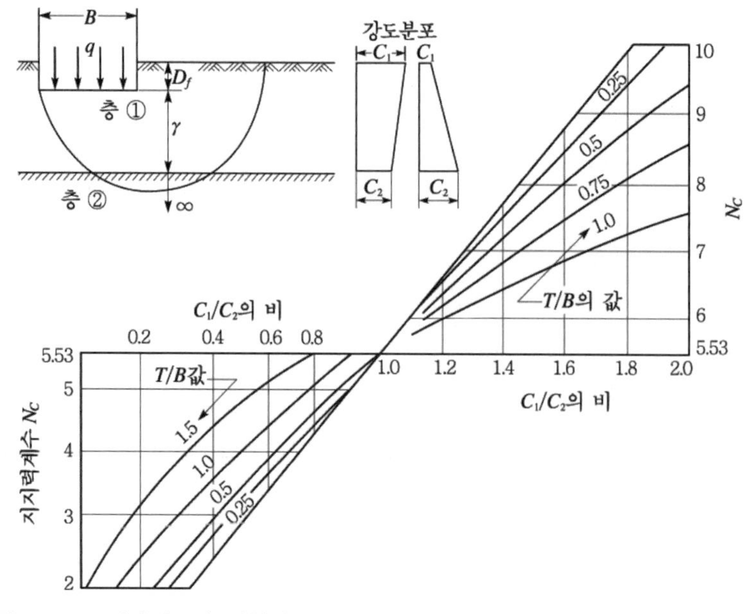

해설 그림 4.2.20 전단강도가 선형적으로 변하는 두 층의 점성토 지반($\phi=0$)의 지지력계수

(4) 계산 예

가. 점성토

1. 연직하중을 받는 연속기초

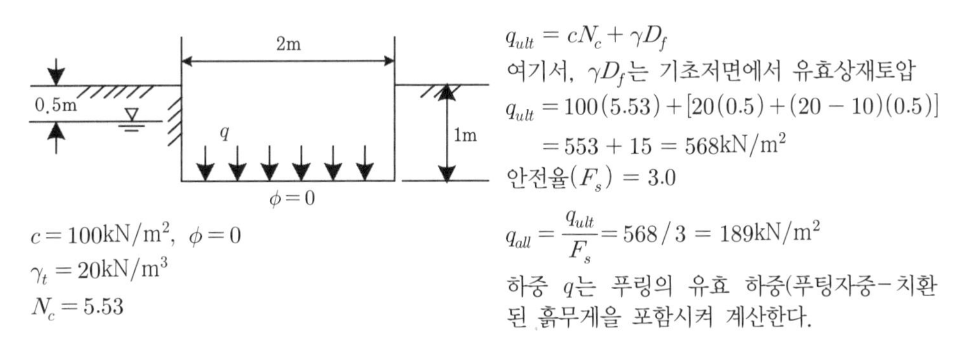

해설 그림 4.2.21 연직하중을 받는 연속기초 계산 예

2. 경사하중을 받는 연속기초

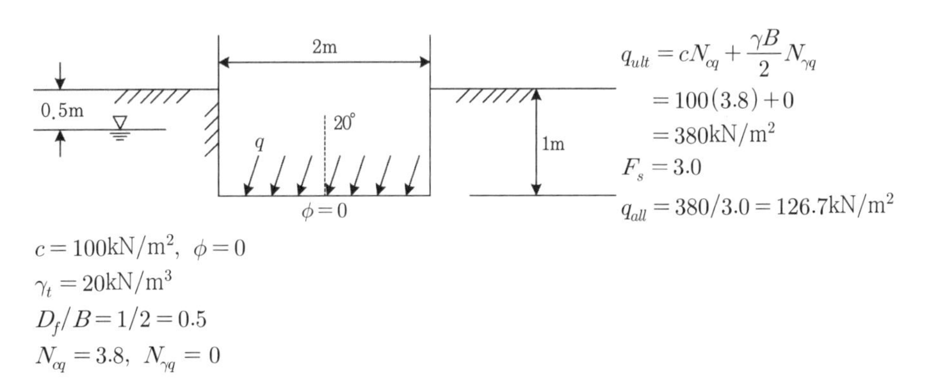

그림 4.2.22 경사하중을 받는 연속기초 계산 예

3. 비탈면에 놓인 연속기초

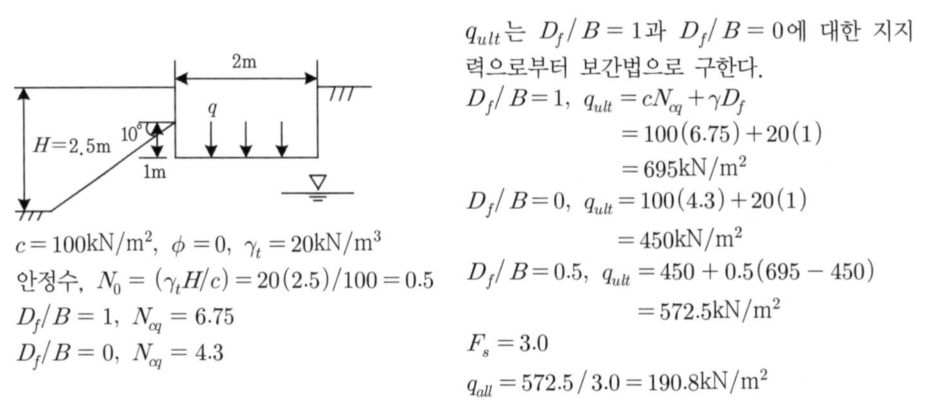

해설 그림 4.2.23 비탈면에 놓인 연속기초 계산 예

4. 2층 기초지반 위의 연속기초

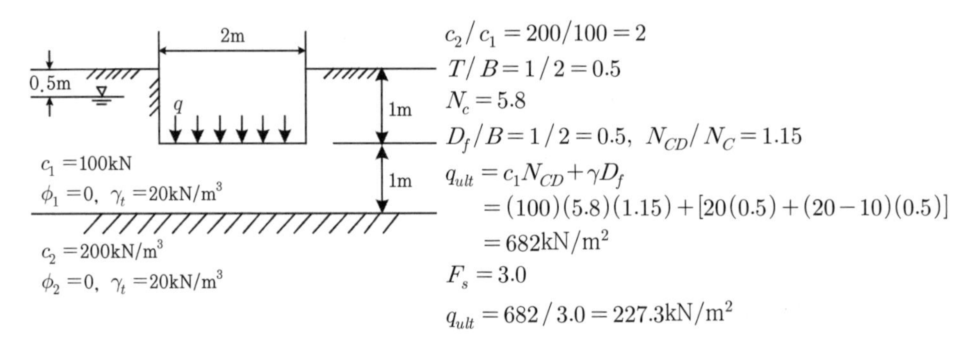

해설 그림 4.2.24 2층 기초지반 위의 연속기초 계산 예

나. 사질토

1. 연직하중을 받는 연속기초

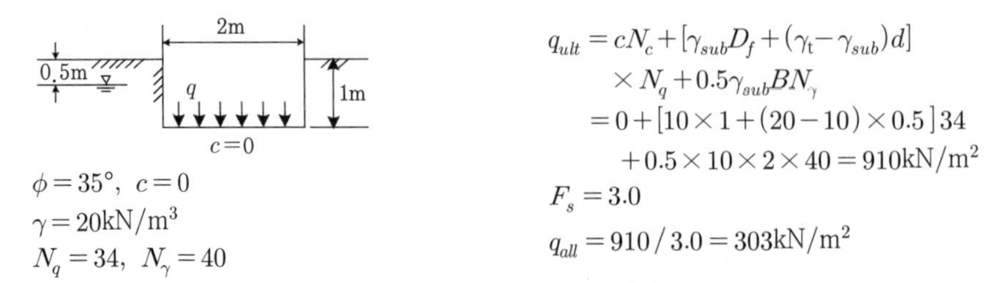

해설 그림 4.2.25 연직하중을 받는 연속기초 계산 예

2. 경사 하중을 받는 경사 기초저면인 연속기초

지하수위는 기초저면 아래 깊게 있는 것으로 가정

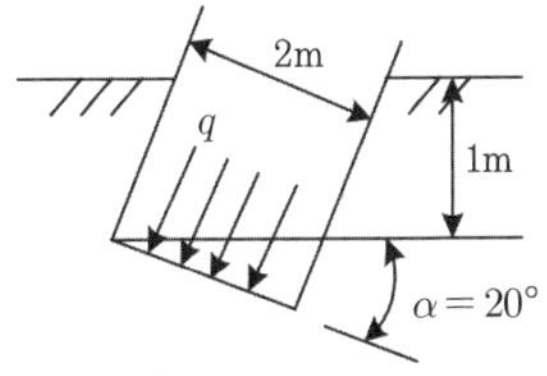

$$q_{ult} = cN_{cq} + \frac{\gamma B}{2} N_{rq}$$
$$= 0 + 20 \times 2 / 2 \times 60$$
$$= 1{,}200\text{kN/m}^2$$
$$F_s = 3.0$$
$$q_{all} = 1{,}200 / 3.0 = 400\text{kN/m}^2$$

$\phi = 35°$, $c = 0$
$\gamma_t = 20\text{kN/m}^3$, $N_{\gamma q} = 60$
$D_f / B = 1/2 = 0.5$

해설 그림 4.2.26 경사 하중을 받는 경사 기초저면인 연속기초 계산 예

3. 비탈면 정상부에 놓인 연속기초

지하수위는 매우 깊은 곳에 있는 것으로 가정

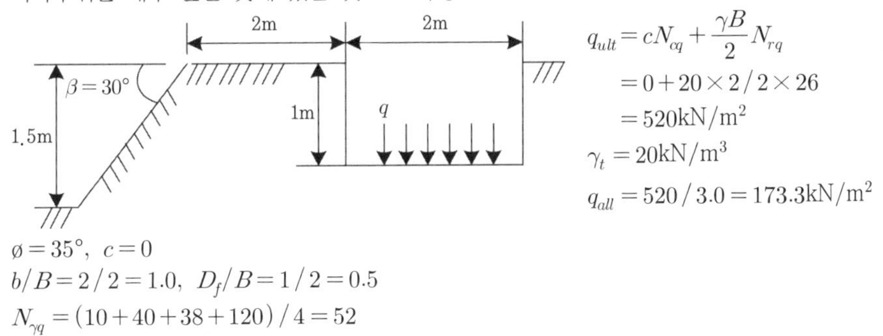

$$q_{ult} = cN_{cq} + \frac{\gamma B}{2} N_{rq}$$
$$= 0 + 20 \times 2 / 2 \times 26$$
$$= 520\text{kN/m}^2$$
$$\gamma_t = 20\text{kN/m}^3$$
$$q_{all} = 520 / 3.0 = 173.3\text{kN/m}^2$$

$\varnothing = 35°$, $c = 0$
$b/B = 2/2 = 1.0$, $D_f/B = 1/2 = 0.5$
$N_{\gamma q} = (10 + 40 + 38 + 120) / 4 = 52$

해설 그림 4.2.27 비탈면 정상부에 놓인 연속기초 계산 예

4.2.4 경험적 지지력 산정방법의 적용조건과 주의사항은 다음과 같다.

(1) 경험적인 지지력 산정방법은 다음 조건을 충족하는 경우 적용한다.

① 기초바닥면 이하의 지반이 기초폭의 2배까지 거의 균질한 경우

② 지표와 지층경계면이 거의 수평인 경우

③ 기초의 크기가 큰 경우

④ 규칙적인 동하중을 받지 않는 경우

⑤ 개략적인 지지력 예측이 필요한 경우

⑥ 정밀한 조사가 불가능한 경우

(2) 경험적인 지지력 공식은 신중하게 적용하여야 하며, 불가피하게 외국의 경험적 지지력 공식을 적용할 때에는 적용성을 확인한 후 사용한다.
(3) 경험적 지지력은 기초의 크기, 근입깊이, 지하수위 등에 따라 수정하여 적용한다.

해설

(1) 개략적인 지지력 예측이 필요하거나 정밀한 지반조사를 시행할 수 없는 경우, 해설 표 4.2.7과 같이 경험에 의한 지지력을 이용할 수 있다. 이 경험값은 전단파괴에 대한 적합한 안전율과 과도한 침하에 의한 피해를 방지하도록 제시된 것이다. 부등침하가 엄격히 규제되어야 할 경우, 지반조사를 통한 이론적 지지력 산정이 필요하다. 여기 제시된 경험값은 신중히 사용해야 하며, 가능한 인근 구조물 기초 성과를 참작하여 검토되어야 한다.

(2) 경험적 지지력으로 U. S. NAVY(1982)에서 제시한 해설 표 4.2.7을 사용할 수 있으며, 설계대상 지반의 특성을 고려하여 그 적용성을 확인한 후 사용한다.

(3) 푸팅의 크기, 근입깊이에 따라 경험값을 아래 순서에 따라 수정하여 사용한다. 매우 연약한 점토로부터 중간 정도 굳은 세립토의 지지력 경험값은 신뢰도가 떨어져 이론적 지지력 산정을 통해 검토하여야 한다. 지지층 아래 연약하고 압축성이 큰 지층이 있으면 기초 전반의 압밀 침하 검토가 필요하다.

① 기초설계의 초기단계에 강도시험을 수행할 여건이 안 될 경우, 해설 표 4.2.7에 제시된 경험값을 이용하여 기초 크기를 설계 및 조정할 수 있다. 아래와 같은 항목에 따라 해설 표 4.2.7에 제시된 공칭 경험값을 수정하여 사용한다.
② 일반 활하중 및 영구 횡하중을 포함한 편심하중에 의한 푸팅의 최대 접지압력이 표 4.2.7의 공칭 경험값을 초과해서는 안 된다.
③ 바람이나 지진과 같은 일시적 하중에 의한 접지압은 공칭 경험값의 1/3을 초과할 수 있다. 이 경우 허용지지력은 공칭 경험값에 1/3을 할증하여 사용한다.
④ 연암이나 토사 지반에서 기초는 인접 최저 지표고에서 최소 0.5m는 근입되어야 한다.
⑤ 연암이나 사질토 지반에서는 ④에서 규정한 최소 근입깊이(0.5m)로부터 근입깊이가 0.3m 증가할 때마다 공칭 경험값의 5%를 할증하여 사용한다.
⑥ 해설 표 4.2.7의 경질 또는 중간 정도 경질인 암에서는 기초가 암 표면에 놓일 경

우 해설 표 4.2.7에 제시된 경험값을 사용하고, 근입깊이가 암 표면으로부터 0.3m 증가할 때마다 공칭경험값의 10%를 할증한다.

⑦ 푸팅 최소폭이 1m 이하인 경우, 허용지지력은 공칭 경험값의 100분의 1에 cm 단위의 최소폭을 곱한 값이 된다.

⑧ 지지층 아래 연약한 층이 있을 때, 허용지지력은 해설 식(4.2.39)와 같이 결정한다. 해설 그림 4.2.28에 도시한 바와 같이 한 푸팅의 하중확산면적(30°로 확산)과 다른 인접 푸팅의 하중확산면적이 서로 간섭을 일으키면 안 된다.

해설 표 4.2.7 확대기초의 지지력 경험치(U. S. Navy, 1982)

지지층	현장 연경도 상태	허용 지지력(kN/m^2)	
		범위	추천값
괴상의 결정질 화강암, 변성암 : 화강암, 섬록암, 현무암, 완전히 고결된 역암	경질의 신선한 암	6,000~10,000	8,000
엽리성의 변성암 : 슬레이트, 편암	중간 경질의 신선한 암	3,000~4,000	3,500
퇴적암 : 시멘트화된 경질의 셰일, 실트암, 사암, 공동이 없는 석회암	중간 경질의 신선한 암	1,500~2,500	2,000
풍화되거나 파쇄된 모암, 이질암(셰일) 이외의 모든 암, RQD<25	연암	800~1,200	1,000
컴팩션 셰일(compaction shale)이나 신선한 이질암	연암	800~1,200	1,000
입도분포가 양호한 세립토 모래자갈의 혼합물 : 빙하퇴적물, 하드팬(hardpan), 점성토 섞인 자갈(GW-GC, GC, SC)	매우 조밀함	800~1,200	1,000
자갈, 자갈-모래 혼합물, 호박돌-자갈 혼합물(GW, GP, SW, SP)	매우 조밀함 중간 정도 조밀 느슨함	600~1,000 400~700 200~600	700 500 300
입자가 굵거나 중간 정도의 모래, 자갈이 약간 섞인 모래(SW, SP)	매우 조밀함 중간 정도 조밀 느슨함	400~600 200~400 100~300	400 300 150
가는 모래, 실트질이나 점토질 중간 정도 입도가 굵은 모래(SW, SM, SC)	매우 조밀함 중간 정도 조밀 느슨함	300~500 200~400 100~200	300 250 150
균질한 점토, 모래질이나 실트질, 점토	굳음 중간 정도 굳음 느슨함	300~600 100~300 50~100	400 200 50
실트, 모래질 실트, 점토질 실트, 교호된(varved) 실트-점토-세사층	매우 굳음 중간 정도 굳음 연함	200~400 100~300 50~100	300 150 50

유의 사항
1. 푸팅의 크기, 깊이와 배열을 감안한 허용지지력은 4.2.4 (3)항과 같이 수정한다.
2. 함수비, 밀도, 성토고를 관리하여 다진 성토층의 지지력은 동일한 연경도를 갖는 자연지반의 지지력과 동등한 것으로 간주한다.
3. 압축성이 큰 세립토의 허용접지압력은 구조물의 총침하량을 고려하여 제한한다.
4. 유기질 지반이나 다짐을 하지 않은 성토층의 허용지지력은 각 경우에 따라 별도 조사하며 결정한다.
5. 해설 표 4.2.7에 추천된 암반의 허용지지력이 암시편의 일축압축강도를 초과하면, 일축압축강도를 허용지지력으로 취한다.

$$\frac{Q}{(B+1.15H)(L+1.15H)} \leq \text{허용지지력의 공칭 값} \qquad \text{해설 (4.2.39)}$$

여기서, Q : 기초의 자중을 포함하지 않은 기초 작용하중

L : 기초길이

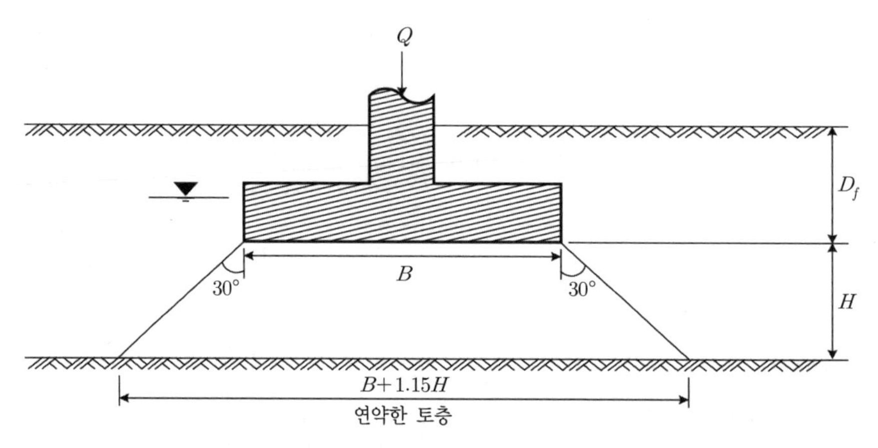

해설 그림 4.2.28 지지층 아래 연약한 층이 있는 경우

⑨ 푸팅이 지속적인 양압력을 받을 때 양압력에 대한 극한저항은 다음과 같이 계산하며, 자세한 해석방법은 Bowles(1977)를 참조하기 바란다.

Q : 양압력에 의한 상향하중

W : 기초저면과 두 연직면 내의 흙과 콘크리트의 총유효중량

안전율$=\dfrac{W}{Q} \geq 2$

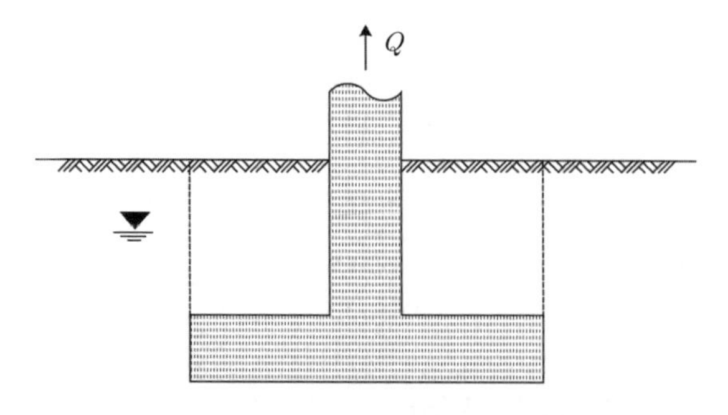

해설 그림 4.2.29 푸팅이 양압력을 받는 경우

4.2.5 현장시험으로부터 다음과 같이 지반의 지지력을 산정할 수 있으며, 허용지지력은 지반상태, 경계조건, 시험특성을 고려하여 결정한다.

(1) 기초지반에 대한 평판재하시험에서 얻은 하중-침하 곡선으로부터 허용지지력을 구하고 기초의 크기효과를 고려하여 설계지지력을 산정한다.

(2) 표준관입시험의 결과를 이용하여 기초의 허용지지력을 산정할 수 있으며, 유효상재하중, 롯드길이 등에 대한 *N*값의 보정은 필요한 경우에만 적용한다.

(3) 콘관입시험 결과로부터 기초의 허용지지력을 추정할 수 있으며, 조밀한 지반이나 자갈이 섞여 있는 지반에서는 주의하여 적용한다.

(4) 점토지반에서는 현장베인시험 결과로부터 지반의 비배수전단강도를 구하고 이를 보정하여 기초의 지지력을 추정할 수 있다.

(5) 공내재하시험 결과로부터 기초의 허용지지력을 추정할 수 있으며, 다른 종류의 현장시험이 어려운 모래, 자갈 등에 적용할 수 있다.

해설

(1) 평판재하시험의 결과를 이용하여 하중-침하곡선, 시간-하중곡선, 시간-침하량곡선을 얻을 수 있으며, 이들 곡선으로부터 지지력을 산정할 수 있다(해설 그림 4.2.30).

가. 극한하중의 결정

원칙적으로 하중-침하곡선의 최대 곡률점을 찾아서 극한지지력을 구한다(해설 그림 4.2.31). 재하판에 인접한 지반에 설치한 변위계의 측정치가 수렴하거나, 처음에는 침하하다가 융기되면서 초기치에 도달하는 순간이 극한하중이 된다. 그러나 대개의 시험에서는 최대곡률점이 쉽게 찾아지지 않으며 재하량이 부족하여 극한지지력이 구해지지 않는 경우가 있는데, 이때에는 측정치를 침하-대수시간(S-log t), 하중-대수침하속도(P-dS/d(log t)), 대수하중-대수침하(log P-log S) 등으로 곡선을 그려서 이들 곡선의 꺾이는 부분을 항복하중으로 하고 항복하중의 1.5배를 취하여 극한하중으로 하거나 재하판 직경의 10%, 즉 0.1B의 하중강도를 극한하중으로 한다.

나. 허용지지력의 결정

일반적으로 기초의 지지력을 구할 때에 장기허용지지력과 단기허용지지력으로 구분하며 허용지지력은 극한하중을 안전율로 나누어서 구한다. 보통 단기허용지지력은 항복하중강도로 하며 장기허용지지력은 항복하중강도를 안전율 2로 나눈 값과 극한지지력을 안전율

3으로 나눈 값을 비교하여 작은 값을 취한다. 구조물 기초폭의 2배에 해당하는 깊이까지 균질한 지반인 경우에는 다음과 같이 지지력을 구할 수 있다.

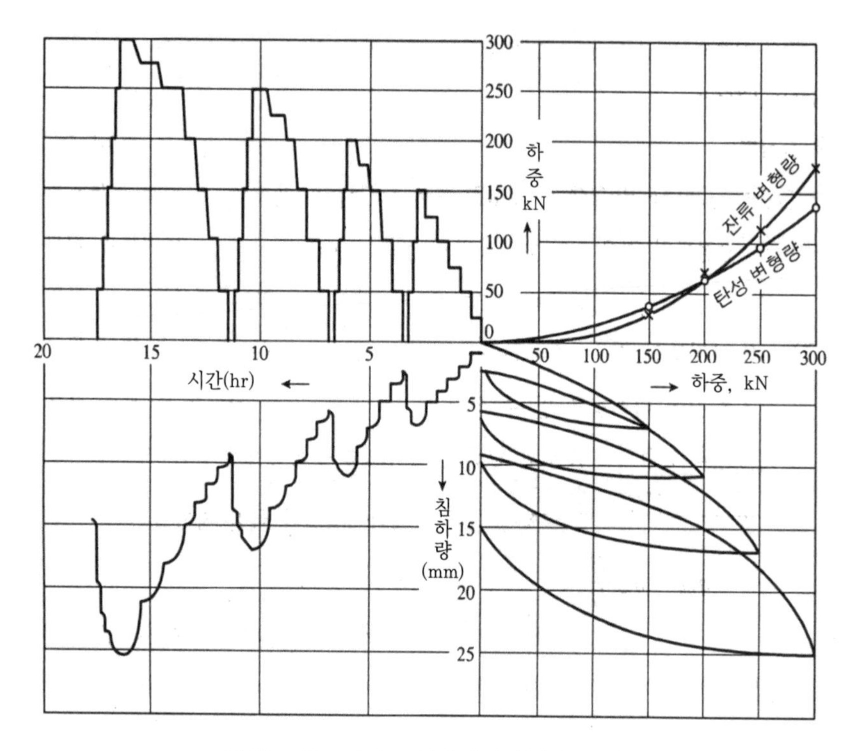

해설 그림 4.2.30 평판재하시험의 결과

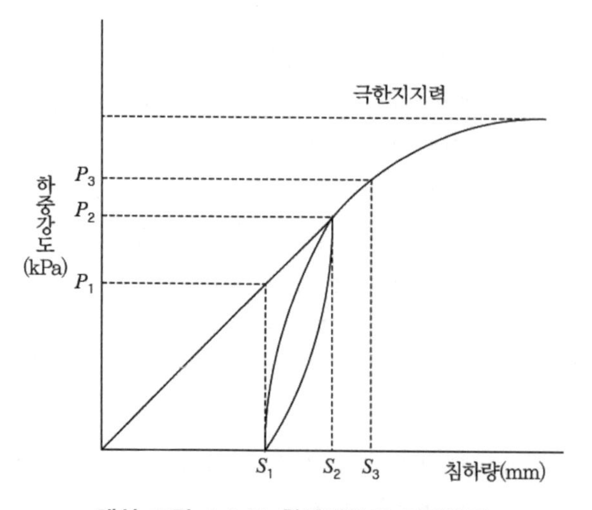

해설 그림 4.2.31 항복하중의 결정방법

1. 건물

가) 장기허용지지력

극한지지력의 1/3 또는 항복하중의 1/2 중에서 작은 값을 P라고 하면

$$q_a = P + \frac{1}{3} N_q' \cdot \gamma \cdot D_f \qquad \text{해설 (4.2.40)}$$

나) 단기허용지지력

극한지지력의 2/3 또는 항복하중 중에서 작은 값을 P'이라 하면

$$q_a = P' + \frac{1}{3} N_q' \cdot \gamma \cdot D_f \qquad \text{해설 (4.2.41)}$$

2. 토목구조물

가) 상시 허용지지력

극한지지력의 1/3(단, 수평력이 작을 경우)

나) 지진 시 허용지지력

극한지지력의 1/2(단, 수평력이 작을 경우)

침하를 기준으로 장기허용지지력을 정할 경우에는 침하량 20mm 또는 25mm에 해당하는 하중의 절반값을 장기허용지지력으로 정한다. 또한 앞에서 구한 장기허용지지력과 침하를 기준으로 정한 장기허용지지력을 비교하여 작은 값을 취하여 허용지지력(allowable bearing capacity)을 정한다.

다. 평판재하시험 결과 적용 시 유의사항

지반의 지지력은 지반의 성질 이외에도 기초의 근입깊이와 형상, 폭, 길이 및 지하수위 등에 의해 영향을 받으므로 실제기초보다 크기가 작은 재하판으로 행한 평판재하시험의 결과를 실제 기초에 그대로 적용하기가 어려우며 다음의 영향에 유의한다.

1. 재하판의 크기

재하판의 크기에 따라 지반 내 응력변화 범위가 다르므로 재하판의 영향이 미치지 않는 깊이에 연약지반이 있으면 재하시험에서는 그 영향이 나타나지 않으나 실제

기초에서는 그의 영향으로 기초침하가 예상보다 크게 발생할 수 있다. 따라서 연약층의 전단 및 압축특성을 파악한 후에 실제기초의 지지력을 산출한다.

2. 지하수위

지하수위가 지표에 가까운 지반에서 지하수위가 상승하면 지반의 지지력이 대략 반감하므로 이를 고려하여 기초의 지지력을 판정한다.

3. 기초의 크기효과(scale effect)

기초구조에 의하여 지중응력이 증가되는 범위는 대체로 기초구조폭의 2배 깊이므로 재하시험에서 재하판의 크기에 의한 영향을 크게 받는다. 따라서 기초폭의 2배 깊이의 지반성상은 지반조사를 통하여 파악하고 있어야 한다. 그런데 평판재하시험은 실제보다 작은 크기의 규격화된 재하판으로 실시하므로 실제기초의 지지력은 기초의 크기에 의한 영향을 고려하여 시험치를 보정해야 한다.

(2) 표준관입시험의 결과를 이용하여 기초의 허용지지력을 산정할 수 있으며 유효상재하중, 롯드길이 등에 대한 N값의 보정은 필요한 경우에만 적용한다. 표준관입시험을 이용한 방법에는 Terzaghi and Peck 방법, 수정 Meyerhof 방법, N값으로 구한 내부마찰각을 이용하는 방법 등이 있다.

가. Terzaghi and Peck 방법

사질토 지반의 허용지지력(최대침하량 25mm를 전제로 한 것임), q_{all}는 표준관입시험 결과로부터 해설 그림 4.2.32와 같이 표준관입시험 N값과 푸팅 폭과의 관계로부터 추정할 수 있다. 이와 같이 결정한 q_{all}값은 지하수위가 기초저면아래 매우 깊은 곳에 위치하는 경우의 허용지지력이다. 만약 지하수위가 기초저면까지 상승한다면 해설 그림 4.2.32에서 얻은 허용지지력의 50%를 사용한다. 이 방법의 자세한 내용은 Peck et al.(1974)을 참조하기 바란다.

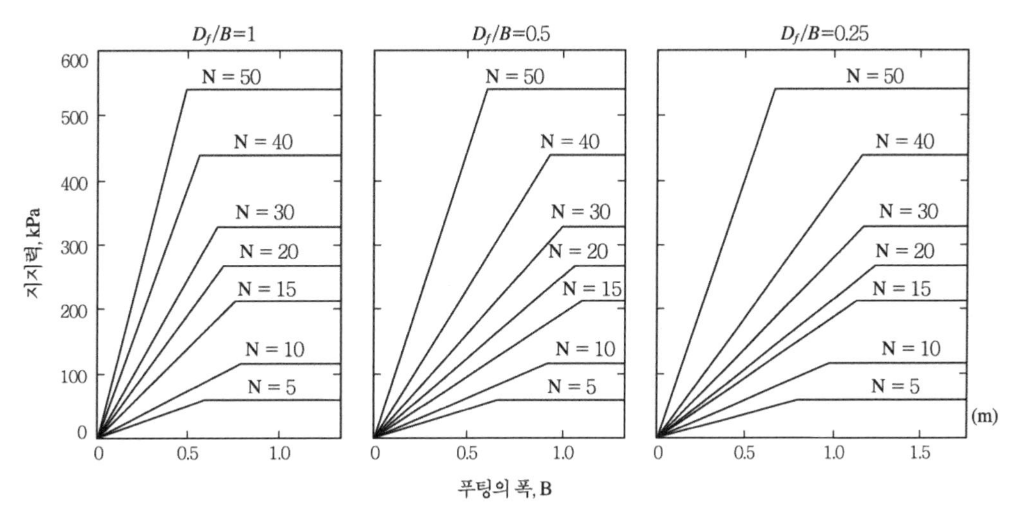

해설 그림 4.2.32 사질토 위의 푸팅 설계표(Peck et al., 1974)

나. 수정 Meyerhof 방법

Meyerhof(1965)는 해설 식(4.2.42)와 같이 표준관입시험 N값으로부터 최대침하량 25mm를 전제로 한 허용지지력을 추정하는 공식을 제시하였다.

$$q_{all} = 19NK_d \quad , \qquad B < 1.2\text{m 인 경우} \qquad \text{해설 (4.2.42a)}$$

$$q_{all} = 12NK_d\left(\frac{B+0.3}{B}\right)^2, \quad B \geq 1.2\text{m 인 경우} \qquad \text{해설 (4.2.42b)}$$

여기서, N : SPT 관입치

K_d : 깊이 계수(depth coefficient)

$$K_d = 1 + 0.33\,D_f/B \leq 1.33 \qquad \text{해설 (4.2.42c)}$$

q_{all}의 단위는 kPa이고 D_f는 근입깊이(m), B는 푸팅의 최소폭(m)이다.

다. N값으로 구한 내부마찰각을 이용하는 방법

기초 저판 아래 기초폭만큼의 깊이 이내에서 평균한 N'값으로 해설 표 4.2.8에서 $\overline{\phi}$를 추정하고 지지력 공식을 사용하여 지지력을 계산한다.

해설 표 4.2.8 평균 N'값을 사용한 $\overline{\phi}$의 추정

N'	$\overline{\phi}$
5	28
10	30
20	33
40	39
60	43

N값을 이용하여 $\overline{\phi}$를 추정하는 방법으로는 위의 값뿐만 아니라 Peck et al.(1974)과 Meyerhof(1956) 등이 제시한 값들이 있으므로 이들의 문헌을 참고할 수 있다.

라. 적용 시 유의사항

표준관입시험은 많은 오류를 수반하므로 N값의 신뢰도가 높지 못하다. N값과 내부마찰각의 상관관계가 우수하지 못한 이유가 여기에 있다. 그러므로 신중을 기하여 N값으로부터 허용지지력을 추정하여야 한다. 현재 N값으로 기초를 설계하고 있는 실정인데, N값뿐만 아니라 시추 주상도를 참조하여 보다 신뢰할 수 있는 공학적 판단을 내려 기초 설계에 임해야 한다. N값은 점성토 지반의 지지력 추정에는 적합한 방법이 아니다.

(3) 콘관입시험 결과로부터 기초의 허용지지력을 추정할 수 있으며, 조밀한 지반이나 자갈이 섞여 있는 지반에서는 주의하여 적용한다. 사용하는 표준 콘은 단면적이 $10cm^2$이고 콘의 각도는 60°이다. 근입깊이 1m의 얕은기초에서, 허용지지력은 해설 식 (4.2.43)과 같은 관계에서 추정할 수 있다.

$$q_{all} = 0.1 q_{cone} \qquad \text{해설 (4.2.43)}$$

여기서, q_{all} : 허용지지력

q_{cone} : 콘의 전단저항

해설 식(4.2.43)은 신중하게 사용하여야 하고 간단한 경우에만 사용한다. 그 밖의 다른 경우에는 해설 그림 4.2.33에서 추정한다. 정적콘관입시험 결과는 표준관입시험만큼 오차가 크지는 않다. 콘관입시험은 깊은 세립토층에 사용하도록 개발되었기 때문에 느슨하고 균질한 비점성 지반에서 효과적이며 신뢰성 높은 결과를 얻을 수 있으나, 조밀하고 혼합된 토질에서는 시험에 어려움이 있다.

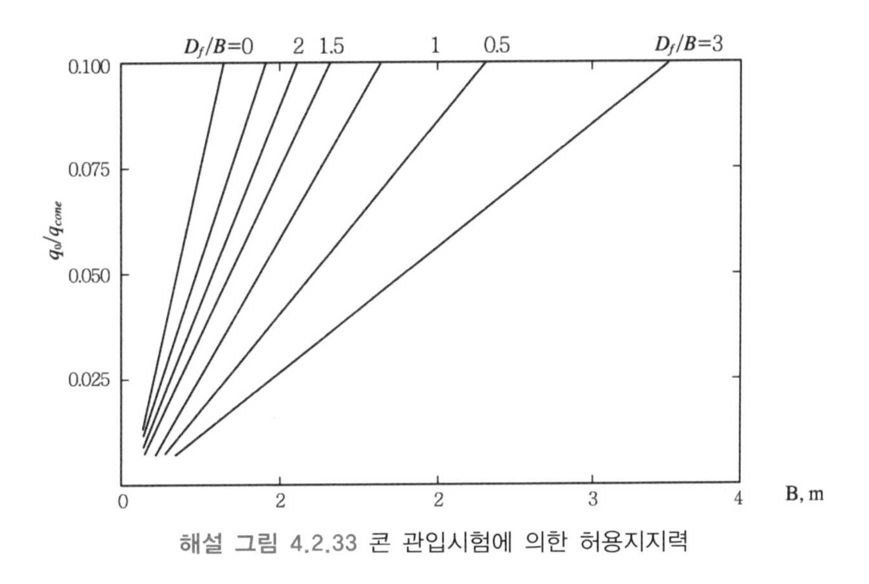

해설 그림 4.2.33 콘 관입시험에 의한 허용지지력

(4) 점토지반에서는 현장베인시험 결과로부터 지반의 비배수전단강도를 구하고 이를 보정하여 기초의 지지력을 추정할 수 있다. 점토지반에서는 지지력이 단기안정조건(short-term stability conditions)에 의해 좌우된다. 이 조건에 적합한 비배수강도, τ_u는 현장베인시험으로 측정할 수 있다. 지지력은 해설 식(4.2.44)를 이용하여 구한다.

$$q_{ult} = 5\mu\tau_u\left(1+0.2\frac{D_f}{B}\right)\left(1+0.2\frac{B}{L}\right)+\sigma_0 \qquad \text{해설 (4.2.44)}$$

여기서, q_{ult} : 극한지지력

μ : 베인강도 저감계수(해설 그림 4.2.34 참조)

σ_0 : 기초 저판의 깊이에서 전체 상재하중

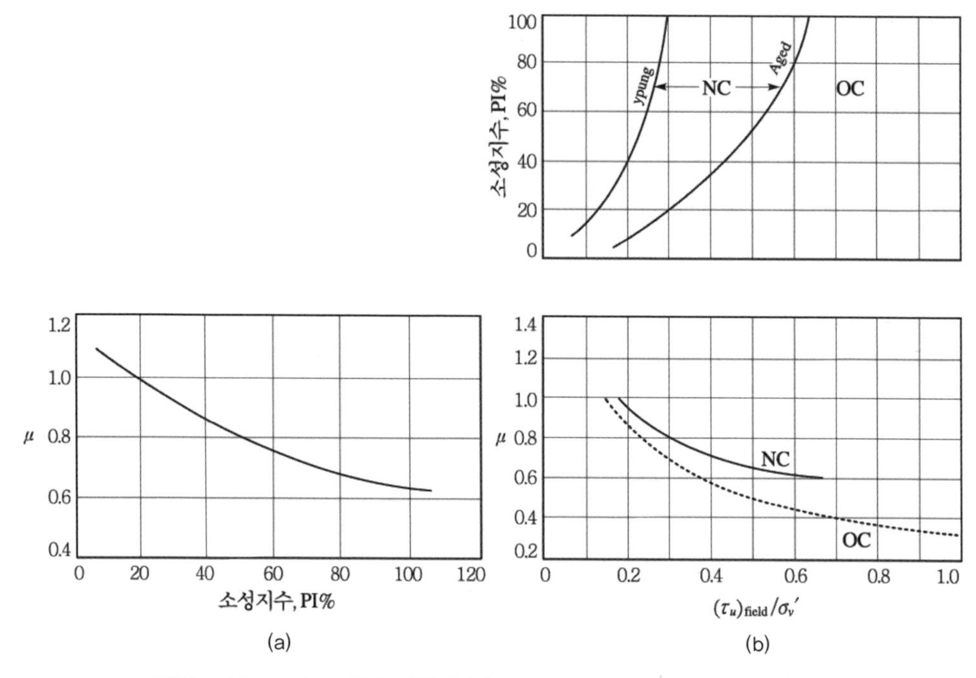

해설 그림 4.2.34 베인 저감계수(Bjerrum, 1972; Aas et al., 1986)

(5) 현장시험이 어려운 모래 자갈지반에서는 공내재하시험 결과로부터 기초의 허용지지력을 추정할 수 있으며, 실제 크기(full scale model)시험 결과로부터 설계방법이 정립되었다(Menard, 1965; Baguelin et al., 1978). 극한지지력은 해설 식(4.2.45)와 같이 한계압력(limit pressure) P_L과 비례한다.

$$q_{ult} = K_g(P_L - P_0) + \sigma_0 \qquad \text{해설 (4.2.45)}$$

여기서, q_{ult} : 극한지지력

P_L : 프레셔미터 한계압력(pressuremeter limit pressure, 기초바닥의 아래위로 푸팅 폭의 1.5배 범위의 값)

P_0 : 전체수평압력(기초 위치에서 측정한 값)

K_g : 지지력 계수(기초형상과 토질 종류의 함수)

σ_0 : 기초 위치의 전체 상재하중

해설 식(4.2.45)에서 $(P_L - P_0)$항은 순한계압력(net limit pressure)이라 부른다. 보통 $K_g(P_L - P_0)$에 안전율 3 이상 적용하여 허용지지력을 구한다.

가. 등가한계압력(equivalent limit pressure)

강도가 변하는 지반위에 기초가 놓일 때, 등가의 순한계 압력, $P_{\leq}$를 허용 지지력 공식에 사용하여야 한다.

$$P_{\leq} = \sqrt[3]{P_{L1} \cdot P_{L2} \cdot P_{L3}} \qquad \text{해설 (4.2.46)}$$

여기서, P_{L1}, P_{L2}, P_{L3}는 각각 기초면 위쪽 B되는 곳, 기초면, 그리고 기초면 아래쪽 B되는 곳의 한계압력(net limit pressure)이다. 순한계압력은 각 위치에서 측정한 전체한계압력에서 전체수평압력을 뺀 값이다.

나. 기초 깊이(depth of the foundation)

기초 깊이는 보통 기초 저판의 근입깊이로 한다. 그러나 지반의 강도가 깊이에 따라 변하고 등가한계압력을 사용하면 해설 식(4.2.27)과 같은 등가기초깊이(equivalent depth of the foundation)를 사용하여야 한다.

$$d_e = \frac{1}{P_{Le}} \int_0^{D_f} P_L(z)dz \qquad \text{해설 (4.2.47)}$$

다. 지지력 계수

지지력 계수, K_g는 기초의 기하학적 제원(폭, 길이, 깊이)과 지반의 종류에 따라 다르다. 해설 그림 4.2.35에서 4종으로 분류한 지반조건과 두 푸팅형상(연속과 정사각형 푸팅)에 대한 K_g를 구할 수 있다. 구형 푸팅은 K_g가 B/L에 일차적으로 비례한다고 가정하여, 보간법으로 지지력 계수를 결정한다. 4종의 지반분류는 해설 표 4.2.9와 같다.

라. 주의사항

프레셔미터 시험은 특수 장비를 사용하므로 시험결과는 시추공의 상태에 따라 매우 다르다. 토질전문가가 이 시험을 수행하고 결과를 검토해야 한다. 이 시험은 다른 현장시험으로 불가능한 지반(모래, 자갈, 빙하 퇴적층)에 적용이 가능한 장점이 있다.

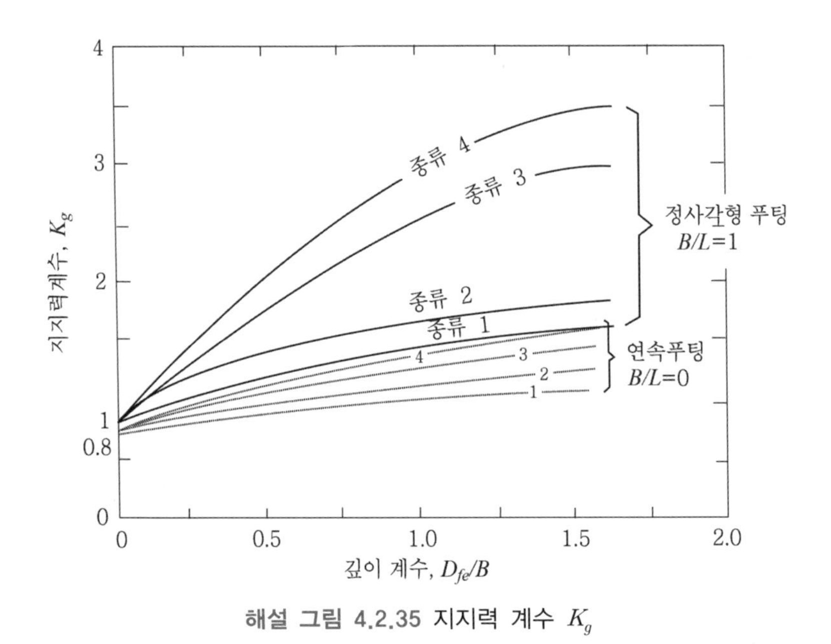

해설 그림 4.2.35 지지력 계수 K_g

해설 표 4.2.9 지반 분류

종류(번호)	지반	순한계압력(kPa)
1	연약한 정도로부터 중간 정도 굳은 점성토	0~1,200
	실트	0~700
2	굳은 점성토	1,800~4,000
	조밀한 실트	1,200~3,000
	느슨한 모래	400~800
	매우 약한 강도의 암반	1,000~3,000
3	모래와 자갈	1,000~2,000
	약한 암반	3,000~6,000
4	매우 조밀한 모래와 자갈	3,000~6,000
	중간부터 높은 강도의 암반	6,000~10,000 이상

4.2.6 암반에 기초를 설계할 때에는 암석의 강도, 불연속면의 간격 및 방향, 불연속면의 틈새, RQD, 풍화정도, 충전물질, 지하수 등을 고려하여 다음과 같이 암반의 지지력을 산정한다.

(1) 강도가 크고 불연속면의 간격이 넓으며 틈새가 작은 암반일 경우에는 양호한 암반으로 판정하고 기초의 지지력을 산정한다.

(2) 강도가 작고 불연속면의 간격이 매우 좁으며 풍화상태가 심하거나 세편상태인 암반은 불량한 암반으로 판정하고 기초의 지지력을 산정한다.

(3) 암반의 상태를 정량적으로 등급화하고 그에 따라 등급별로 암반의 극한지지력을 정하여 기초를 설계할 수 있다.

(4) 암반 판정이 모호한 경우, 지질학적으로 해명이 안 되는 경우, 암석이 심하게 교란된 경우, 절리나 층리가 지표의 경사와 유사한 경우, 암의 표면이 30° 이상 경사진 경우에는 암반의 지지력 결정에 유의해야 한다.

해설

(1) 암반은 보통 가장 좋은 기초지반으로 생각되나 설계자는 불량한 암반조건과 연계된 위험성을 숙지하여야 한다. 왜냐하면 암반의 과도한 응력 부하는 과도한 침하나 갑작스러운 파괴를 초래할 수 있기 때문이다. 암반 위의 기초도 토사 위의 기초만큼 신중히 설계하여야 한다. 암반의 허용지지력은 해설 표 4.2.10과 같이 암반의 상태에 따라 여러 가지 방법을 적용하여 추정한다(Canadian Geotechnical Society, 1992).

해설 표 4.2.10 암반의 허용지지력 결정 방법

허용지지력 결정법	암반상태
기술된 암반상태로 추정 (대략 추정은 해설 표 4.2.7 참조)	신선한 암반, 불연속면 간격이 넓거나 매우 넓음
시편 강도로 추정 ((3)항 참조)	불연속면 틈새가 완전히 닫힌 상태에서 보통 닫힌 상태의 암반, 불연속면 간격이 넓거나 매우 넓은 상태의 암반
프레셔미터시험으로 추정	암의 강도가 약하거나 매우 약함; 불연속면 간격이 좁거나 매우 좁음
토사와 같이 적용	암의 강도가 매우 약함; 불연속면 간격이 매우 좁음

주) 밑줄 친 부분의 상세내용은 해설 표 4.2.11, 4.2.12 참조

해설 표 4.2.11 암의 불연속면 간격

간격 분류	간격(m)
극히 좁음	<0.02
매우 좁음	0.02~0.06
좁음	0.06~0.2
비교적 좁음	0.2~0.6
넓음	0.6~2.0
매우 넓음	2.0~6.0
극히 넓음	>6.0

해설 표 4.2.12 강도에 의한 암분류

강도의 기술	연경	일축압축강도(kPa)
극히 약함	손톱으로 긁힘	1,000
매우 약함	지질 망치의 강한 타격에 부서짐 주머니칼로 껍질 깎듯이 벗길 수 있음	1,000~5,000
약함	주머니칼로 벗기기가 조금 어려움 지질망치로 강한 타격을 가해 약간의 흠집을 낼 수 있음	5,000~25,000

불연속면 간격이 0.3m 이상(비교적 좁음)이면 양호한 암반으로 분류한다. 이 분류는 강도가 매우 약한(일축압축강도 1,000~5,000kPa) 암반에도 적용된다. 양호한 암반의 불연속면 틈새가 치밀하고, 불연속 방향도 하중 방향에 유리한 쪽으로 발달된 경우, 보통 암반의 강도는 설계 조건을 만족시킨다. 그러므로 다음과 같은 기초 공학적 측면에 역점을 두어 지반조사를 하여야 한다.

① 불연속면의 틈새를 포함한 기초의 영향권 내의 암반의 모든 불연속면을 분류하고 표시한다.
② 마찰저항, 압축성, 충진물 강도와 같은 불연속면의 역학적 특성을 조사한다.
③ 암의 강도 실험

이러한 조사는 이 분야의 전문가가 하여야 한다. 암반의 허용지지력은 불연속면이 기초의 거동에 미치는 영향을 해석한 결과에 따라 결정할 수 있다. 지침의 일환으로, 암반이 유리한 조건일 때(즉, 암반 표면이 하중 방향과 수직이고 암 표면 접선 방향과 일치하는 하중분력이 없고, 불연속면의 틈새가 치밀함 등) 허용지지력은 해설 식 (4.2.48)과 같은 간략한 관계로부터 추정할 수 있다.

$$q_{all} = K_{sp} \cdot q_{u-core} \qquad \text{해설 (4.2.48)}$$

여기서, q_{all} : 허용지지력

q_{u-core} : 코어의 평균 일축압축강도

K_{sp} : 안전율 3을 포함한 경험적 계수, 범위는 0.1~0.4

계수 K_{sp}에 영향을 주는 인자는 해설 그림 4.2.36과 같다. 이 관계는 불연속면 간격이 0.3m 이상이고 틈새가 5mm 이내(또는 충진물이 있을 경우 25mm 이내)이며 기초폭이 0.3m 이상일 때 유효하다. 지지력 계수, K_{sp}는 푸팅크기와 불연속면의 영향을 고려하고 기초 암반의 허용지지력 하한치에 안전율 3을 적용한 값이다. 그러므로 전반전단파괴에 대한 안전율은 10 이상일 수 있다. 자세한 설명은 Ladanyi and Roy(1971), Ladanyi et al.(1974), Franklin and Gruspier(1983)를 참조한다.

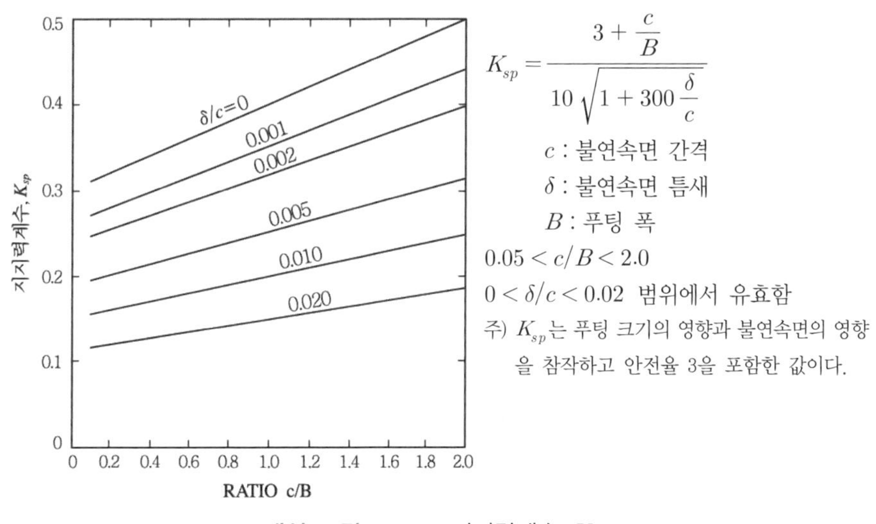

해설 그림 4.2.36 지지력계수 K_{sp}

해설 표 4.2.13 안전율 3을 포함한 경험적 계수 K_{sp}의 값

불연속면 간격	K_{sp}	간격(m)
비교적 좁음	0.1	0.3 ~1
넓음	0.25	1~3
매우 넓음	0.4	>3

(2) 암이 연약하고, 불연속면 간격이 매우 좁고, 풍화되거나 조각조각 세편화된 지반을 자주 접하게 된다. 이런 경우 일반적으로 암반을 토사로 간주하여 기초를 설계한다. 그러나 필요한 강도 정수 추정에 어려움이 있다. 암반의 강도와 변형 특성에 대한 자세한 설명은 Barton et al.(1974), Bieniawski(1976), Hoek and Brown(1980) 등을 참조하기 바란다.

(3) 암반등급분류법에 의해 암반의 상태를 정량적으로 평가한 경우, 암반의 극한지지력 q_{ult}은 해설 식(4.2.49)를 사용하여 산정할 수 있으며, 최소 안전율을 3으로 한다(AASHTO, 1996).

$$q_{ult} = N_{ms} \cdot q_{u-core} \qquad \text{해설 (4.2.49)}$$

여기서, 계수 N_{ms}는 해설 표 4.2.14에서 구할 수 있으며, q_{u-core}의 값은 기초바닥면으로부터 기초폭의 2배 깊이 이내에서 채취한 암석코아에 대한 실내시험결과(일축압축강도)이어야 하며, 이 구간에서 강도의 변화가 있을 경우 최솟값을 사용하여 극한지지력을 구하여야 한다. 예비설계단계에서는 해설 표 4.2.15을 참조하여 q_{u-core}값을 사용할 수 있다. 암석의 강도가 매우 약하며, 불연속면의 간격 또한 매우 좁고, 풍화되어 쪼개진 암석으로 이루어진 암반으로서 매우 불량한 암질로 분류되는 경우의 극한지지력은 암반을 사질토로 취급하여 일반적인 토질역학의 극한지지력공식을 사용하여 구한다.

해설 표 4.2.14 파쇄나 절리가 발달한 암반에 놓인 기초의 극한지지력 산정을 위한 N_{ms} 계수, Hoek(1983)의 자료 수정

암반등급	일반 사항	RMR 등급[1]	NGI 등급[2]	RQD (%)[3]	N_{ms}[4]				
					A	B	C	D	E
우수	절리간격 3m 이상의 신선암	100	500	95~100	3.8	4.3	5.0	5.2	6.1
매우 양호	절리간격 0.9~3m이며, 절리면이 거칠며 치밀하게 밀착되어 있고 풍화되어 있지 않음	85	100	90~95	1.4	1.6	1.9	2.0	2.3
양호	절리간격 0.9~3m이며, 절리면이 약간 교란되고 풍화된 신선암	65	10	75~90	0.28	0.32	0.38	0.40	0.46
보통	절리간격 0.3~0.9m의 여러 세트의 적당히 풍화된 절리를 가진 암석	44	1	50~75	0.049	0.056	0.066	0.069	0.081
불량	절리간격 0.02~0.5m의 약간의 충전물이 있으며 풍화된 절리를 가진 암석	23	0.1	25~50	0.015	0.016	0.019	0.020	0.024
매우 불량	0.05m보다 작은 간격의 수없이 많은 풍화된 절리를 가진 암석	3	0.01	<25	상응하는 사질토의 극한지지력을 사용				

주) 1) Geomechanics Rock Mass Rating System(Bieniawski, 1989)
2) Norwegian Geotechnical Institute Rock Mass Classification System(Barton et al., 1974)
3) Rock Quality Designation
4) N_{ms}는 암석의 종류에 따라 정해지는 값으로 해설 표 4.2.15를 따른다.

해설 표 4.2.15 암석의 종류에 따른 일축압축강도의 대표적인 범위

암석 분류	일반 사항	암석명	q_{u-core} MPa
A	잘 발달된 결정질 벽개를 가진 탄산염암	돌로마이트	33.6~315
		석회암	24.5~294
		대리석	38.5~245
B	점토질암	규질점토암	29.4~147
		점토암	1.4~8.4
		이회암	53.2~196
		천매암	24.5~245
		미사암	9.8~119
		셰일	7~35.7
		점판암	147~210
C	강한 결정과 약한 벽개를 가진 사질 암석	역암	33.6~224
		사암	67.9~175
		규암	63~385
D	세립질의 화성암 결정질 암석	안산암	98~182
		휘록암	21.7~581
E	조립질의 화성암과 변성암의 결정질 암석	각섬암	119~280
		반려암	126~315
		편마암	24.5~315
		화강암	14.7~343
		석영섬록암	9.8~98
		편암	9.8~147
		섬장암	182~434

(4) 암반의 상태를 정량적으로 평가할 수 있을 경우에는 앞에서 설명한 방법으로 지지력을 산정할 수 있으나 그렇지 못한 경우에는 지지력 결정 시 유의해야 한다. 즉, 암반 판정이 모호한 경우, 지질학적으로 해명이 안 되는 경우, 암석이 심하게 교란된 경우, 절리나 층리가 지표의 경사와 유사한 경우, 암의 표면이 30° 이상 경사진 경우에는 암반의 지지력 결정에 유의해야 한다.

4.3 침하량 산정

4.3.1 얕은기초의 침하는 즉시침하, 일차압밀침하, 이차압밀침하를 합한 것을 말하며, 기초하중에 의해 발생된 지중응력의 증가량이 초기응력에 비해 상대적으로 작지 않은 영향깊이 내 지반을 대상으로 침하를 계산한다. 성토층에 놓이는 구조물은 성토층 자체의 장기침하량(creep 침하)을 고려해야 한다.

해설

(1) 구조물의 침하는 일정한 전응력(total stress)을 받고 있는 지지층의 변형에 의한 것이다. 유효응력(effective stress) 증가 없이 일어나는 변형을 크립(creep)이라 부르고 일정한 전응력에서 일어나는 변형을 변위라고 한다. 이러한 변위는 다음과 같은 요인에 기인한다.

① 탄성변형
② 함수비 감소에 의한 체적 변화(압밀)
③ 전단 변위
④ 씽크-홀(sinkhole) 구조대의 붕괴, 광산 함몰, 시공 불량 등 기타 요인

탄성변형은 하중재하 후 즉시 발생하고 크기도 미소하나 설계 과업에 따라 설계허용한계를 초과할 수도 있다. 함수비 감소로 인해 일어나는 체적 감소는 압밀이라 부르며 예측 및 계측이 가능하다. 이 압밀현상은 모든 흙에서 일어난다. 조립토에서는 압밀이 빠르게 진행되고 탄성변형과 크게 구별되지 않는다. 점토와 같은 세립토에서는 압밀이 장시간에 걸쳐 일어난다.

가. 조립토
모래와 자갈지반은 투수성이 매우 크기 때문에 시공 중에 압밀이 종료된다. 입자의 재배치가 모래와 자갈 지반 침하의 주요인이고, 느슨한 상태에서 침하량이 크다. 설계상 필요한 지지력이 커도 침수나 발파, 기계진동, 지진에 의한 진동에 의해 상당한 침하가 일어날 수 있다.

나. 세립토
점토나 실트는 투수성이 작아서 침하가 느리게 진행되며, 침하량 크기와 침하속도의 예측이 매우 중요하다.

(2) 구조물의 침하는 재하순간에 지반이 탄성적으로 압축되어 일어나는 즉시침하 S_i와 시간이 지남에 따라 지반 내 간극의 물이 빠져나가면서 간극의 부피가 감소하여 일어나는 압밀침하 S_c의 합이다. 유기질토나 점성토에서 여기에 이차압축침하 S_s가 추가된다(해설 그림 4.3.1).

$$S = S_i + S_c + S_s \qquad \text{해설 (4.3.1)}$$

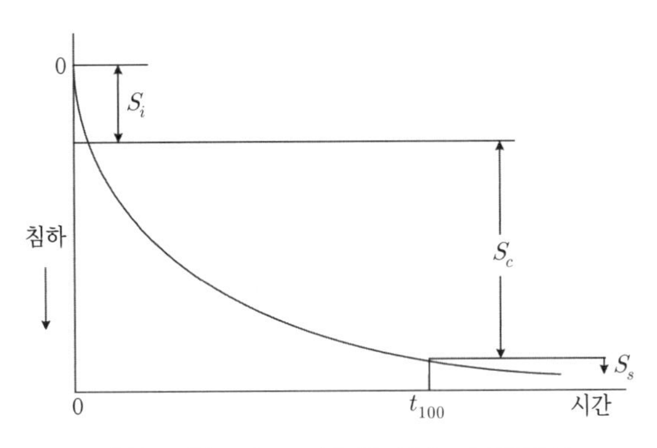

해설 그림 4.3.1 기초의 시간-침하곡선

실제로 하중-침하거동은 선형관계가 아니므로 위와 같은 중첩의 원리가 적용되지 않는다. 그러나 경험적으로 볼 때에 중첩하여 계산해도 근사한 결과를 얻을 수 있다. 즉시침하는 재하 즉시 발생하여 지반의 형상 변화에 기인하는 경우가 많으며 엄밀히 말해 탄성적으로 일어나지 않으나 점성토에서는 Hooke의 법칙이 근사적으로 맞는다. 포화도가 낮거나 점성이 없는 흙에서는 전체침하의 대부분을 즉시침하가 차지한다. 조립토에서는 재하 순간에 간극의 물이 빠져나가므로 압밀침하가 재하순간에 완료된다. 조립토의 침하는 재하에 의하여 흙입자가 재배치되어 일어나며, 지진이나 기계진동 및 흡수나 침수에 의하여 입자가 재배치되어서 일어날 수도 있다.
압밀침하는 하중에 의한 과잉간극수압(excess pore water pressure)이 간극을 통해 소산되어 일어나므로 침하속도가 배수에 의하여 좌우되지만 과잉간극수압이 완전히 소산되었다 하더라도 계속적인 침하가 일어나는데, 이를 이차압축침하라고 한다. 압밀침하에서 이차압축침하로 변하는 시간은 보통 과잉간극수압이 0이 되는 시점을 기준으로 한다.
구조물의 침하는 대개 다음의 원인들에 의하여 발생한다.

- 외부하중에 의한 지반의 압축(지반의 탄소성변형)
- 지하수위 강하에 의해 지반의 자중이 증가하여 발생하는 압축
- 점성토 지반의 건조에 의한 건조수축
- 지하수의 배수에 의한 지반의 부피 변화(압밀)
- 함수비의 증가로 지반의 지지력이 부분적으로 약화되어 발생되는 지반 변형
- 기초파괴에 의한 지반의 변형
- 지하매설관 등 지중공간의 압축이나 붕괴
- 동상 후의 연화작용으로 지지력이 약화되어 발생되는 지반의 변형

– 지반을 이루는 특정성분의 용해 등에 의한 압축성 증가로 인한 지반의 압축

(3) 한계깊이 : 압축성 지반이 충분히 두껍고 변형계수가 일정한 반무한 탄소성체인 경우에 상재하중에 의해 발생된 지반 내 응력(σ_{zp})이 지반의 자중에 의한 지반 내 응력(σ_{zg})의 20%가 되는 깊이를 해설 그림 4.3.2에 나타낸 바와 같이 한계깊이 z_{cr}(critical depth)라고 하며 $\sigma_{zp} \geq 0.2\sigma_{zg}$인 범위의 지반에 대하여 침하를 계산한다. 암반과 같은 비압축성 지반이 한계깊이 이내에서 시작되면, 한계깊이는 비압축성 지반이 시작되는 깊이가 된다. 압축성이 아주 큰 연약한 지층이 한계깊이 위치에 분포할 경우는 한계깊이 이하에 있는 연약한 지층의 침하를 계산해야 한다.

한계깊이는 대개 $B \leq z_{cr} \leq 2B$ 사이에 있으며, 등분포접지압에서는 접지압이 커질수록 깊어진다. 지하수위가 높아서 부력이 작용하는 지반에서는 한계깊이가 커진다. 전면기초에서는 한계깊이가 $z_{cr} < B$일 수 있고, 큰 하중이 작용하는 폭이 좁은 연속기초에서는 $z_{cr} > 2B$일 수 있다. 인접상재하중의 영향에 의한 지반 내 응력 증가량을 고려하며, 굴착깊이가 깊어서 기초에 작용하는 평균압력(σ_{om})이 굴착하중(γD_f)보다 작을 때에는 굴착하중을 고려하지 않고 기초바닥에서부터의 지반자중에 의한 지반 내 응력을 적용하여 한계깊이를 정한다. 한계깊이는 평균압력이 자중에 의한 응력보다 클 때에만 적용하며 지반의 변형계수가 일정하지 않고 깊이에 따라 증가하는 경우에는 적용하지 않는다.

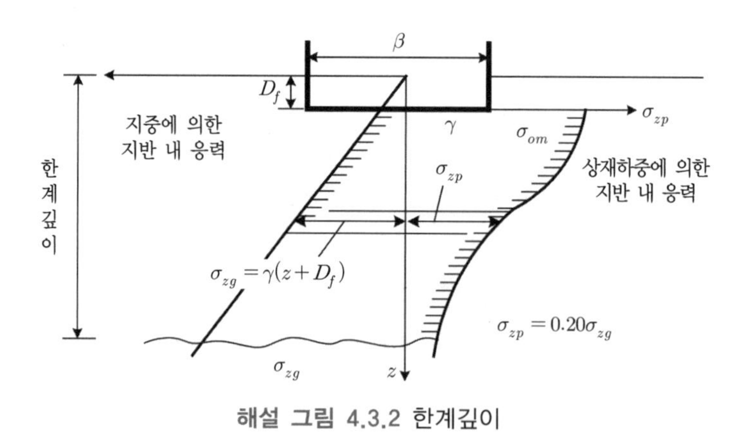

해설 그림 4.3.2 한계깊이

4.3.2 기초에 작용하는 하중에 의해 지반 내에 발생되는 지중응력의 증가량은 지반이 균질하고 등방성인 탄성체라고 가정하고 기초형상과 하중의 분포형태에 따라 제시된 계산식(Boussinesq 식 등)을 적용하여 구한다. 그러나 이 경우 다음과 같은 사항에 주의하여야 한다.

(1) 지반이 선형 탄성적으로 변형되는 하중범위에서는 비교적 잘 적용될 수 있으나 파괴직전 하중에서는 계산결과가 실제값과 많은 오차를 보일 수 있다.

(2) 층상지반 또는 서로 인접한 지층의 강도가 큰 차이를 나타내는 경우 계산결과가 실제와 상이할 수 있으므로 지층의 성상을 고려하여 지중응력의 증가량을 구한다.

해설

(1) 기초에 전달되는 상부구조물 하중 또는 성토하중은 지반 내 응력을 증가시켜 지반침하가 발생한다. 기초하중에 의한 지중응력분포에 관한 계산은 많은 이론식(Boussinesq, Frohlich, Westergaard, Burmister 등) 중에서 Boussinesq 식에서 발전한 영향계수(influence factor)를 도입한 방법이 많이 사용되어 왔다. 최근에는 유한요소 및 유한차분법 등의 수치해석을 이용하여 지반의 강성과 층상이 일정하지 않고 하중 형태가 복잡할 경우에도 지반 내 응력을 구할 수 있다. Boussinesq 식은 균질, 등방성의 반무한 탄성체에 작용하는 연성기초에 의한 지중응력 산정을 가정하여 유도되었다. 지반 변형특성을 선형탄성적으로 근사화할 수 있는 하중 범위에서는 비교적 정확한 결과를 기대할 수 있다. 통상 적용되는 안전율에 의해 결정된 설계하중에서는 이 방법이 타당성 있다고 평가된다. 그러나 파괴직전 하중이나, 심한 비선형 응력-변형률 관계나 비등방성을 보이거나 불균한 다층 지층에서는 이 방법을 사용할 수 없다. 작은 안전율로 설계·시공된 구조물(예 : 제방)에서 국부적 지반파괴가 예상되는 경우에는, 적합한 비선형탄성 또는 탄소성 구성 모델을 적용한 수치해석법에 의한 응력 검토가 추천된다. 일반적으로 얕은기초의 형태는 구형이나 원형이므로, 구형과 원형등분포하중에 의한 응력증가 계산방법만 소개한다.

가. 구형하중에 의한 응력 증가

구형등분포하중에서, 꼭짓점 아래 깊이, z에서 연직응력 증가는 해설 식(4.3.2)와 같다.

$$\sigma_z = q_0 \cdot I \qquad \text{해설 (4.3.2)}$$

여기서, σ_z는 꼭짓점 아래 임의의 깊이(z)에서 연직응력 증가이고, q_0는 등분포하중강도이고 I는 영향계수이다. 영향계수 I는 해설 식(4.3.3)과 같지만, 해설 그림 4.3.3에서 구할 수 있다.

$$I = \frac{1}{4\pi}\left(\frac{2mn\sqrt{m^2+n^2+1}}{m^2+n^2+m^2n^2+1} \cdot \frac{m^2+n^2+2}{m^2+n^2+1} + \tan^{-1}\frac{2mn\sqrt{m^2+n^2+1}}{m^2+n^2+1-m^2n^2}\right)$$

해설 (4.3.3)

여기서, $m = B/z$, $n = L/z$은 구형면적의 폭(B)과 길이(L)를 깊이(z)로 무차원화한 계수이다. 여기서 주의할 점은 해설 식(4.3.2)에서 산정하는 응력증가는 구형등분포면적의 꼭짓점 아래 깊이, z에서 연직응력 증가라는 것이다. 재하면적 안과 바깥점 아래의 응력 계산은 해설 그림 4.3.4와 같이 응력중첩법을 적용하여 그 점이 꼭짓점이 되도록 재하면적을 작은 구형면적으로 분할하여 각 구형의 꼭짓점 아래에서 응력 증가를 구하여 더한다.

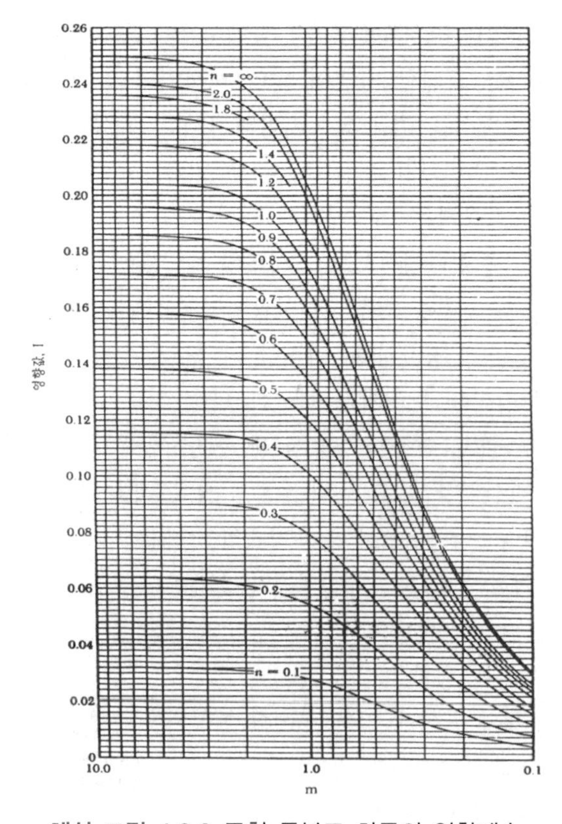

해설 그림 4.3.3 구형 등분포 하중의 영향계수

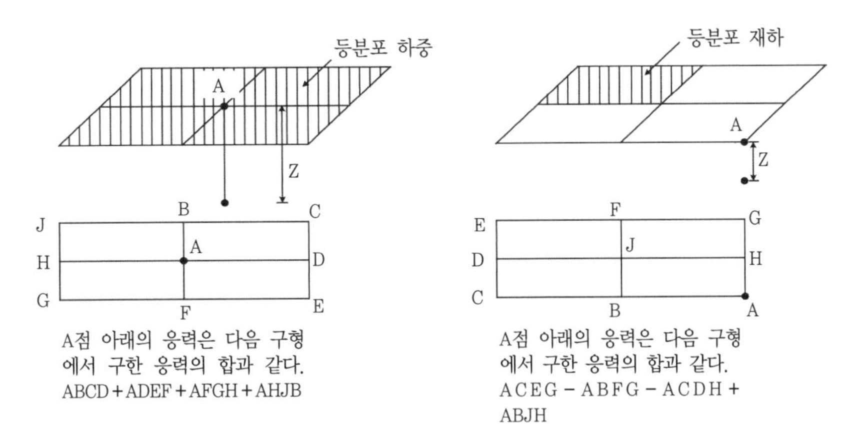

해설 그림 4.3.4 연직응력 계산을 위한 구형 분할법

나. 원형등분포하중에 의한 응력 증가

원형등분포일 때의 연직응력 증가는 해설 식(4.3.4)와 같으며, R은 원형면적의 반경이다. 또한 해설 그림 4.3.5와 같이 σ_z/q_0와 z/R 관계에서 연직응력을 산출할 수 있다.

$$\sigma_z = q_0 \cdot I, \ I = \left\{1 - \frac{1}{\left[1+\left(\frac{R}{Z}\right)^2\right]^{3/2}}\right\} \qquad \text{해설 (4.3.4)}$$

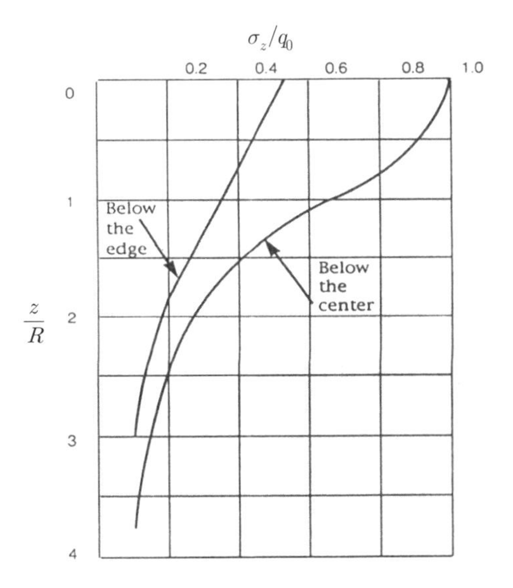

해설 그림 4.3.5 원형등분포하중에 의한 응력 증가

다. 임의의 하중분포에 의한 응력 증가

원형과 구형 외의 불규칙한 임의의 단면에 작용하는 기초하중에 의한 지중 내 연직응력분포는 Newmark의 영향원법 사용을 추천한다. 삼각형 하중, 경사하중, 층하중 등 선형적으로 증가하는 하중 강도 분포 또는 제방하중 분포는 Osterberg 도표나 관련 도서(U. S. NAVY, 1982; Dept. of Civil Engr, 1965)를 참조하여 산정할 것을 추천한다.

임의 형태의 하중이 작용하는 경우 연성기초 아래의 연직 응력 증가는 Newmark(1942)의 영향 도표를 사용하여 쉽게 결정할 수 있다. 이 도표는 원형으로 재하될 경우 중앙 하부의 연직응력증가를 산정하는 공식을 이용하여 작성된 것이다.

원형면적 재하 시 중앙점 하부의 연직응력 증가는 해설 식(4.3.5)와 같다.

$$\Delta p = q_0\left\{1 - \frac{1}{\left[1+\left(\frac{B}{2z}\right)^2\right]^{3/2}}\right\} \qquad \text{해설 (4.3.5)}$$

여기서, $B/2$: 재하 면적의 반경(R)

해설 식(4.3.5)는 해설 식(4.3.6)과 같이 나타낼 수 있다.

$$\frac{R}{z} = \left[\left(1-\frac{\Delta p}{q_0}\right)^{-2/3} - 1\right]^{1/2} \qquad \text{해설 (4.3.6)}$$

R/z의 상응하는 값을 구하기 위해 해설 식(4.3.6)에 $\Delta p/q_0$의 여러 가지 값을 대입할 수 있다. 해설 표 4.3.1은 $\Delta p/q_0$ =0, 0.1, 0.2, …, 1일 때 R/z의 값을 계산한 것이다.

해설 표 4.3.1 $\Delta p/q_0$의 여러 값에 대한 R/z의 값

구분	0	1	2	3	4	5	6	7	8	9	
$\Delta p/q_0$	0	0.1	0.2	0.3	0.4	0.5	0.6	0.7	0.8	0.9	1.0
R/z	0.0000	0.2693	0.4005	0.5181	0.6370	0.7664	0.9176	1.1097	1.3871	1.9083	∞
방사선 간격	18°씩										
망수	20개씩										

해설 표 4.3.1에 나타난 무차원 값 R/z를 이용하면, R/z와 같은 반지름을 갖는 동심원을 작도할 수 있다(해설 그림 4.3.6). 해설 그림 4.3.6에서 거리 AB는 1이다. 첫 번째 원은 반경 0인 점이며, 둘째 원은 AB의 0.2698배의 반경을 갖는 원이고, 마지막 원은 무한대의 반경을 갖는 원이다. 이 원들은 똑같은 면적이 되도록 반지름 방향의 직선으로 분할된다. 이것을 Newmark 도표라 하고, 이 도표의 영향값(IV)은 해설 식 (4.3.7)과 같다.

$$IV = \frac{1}{\text{도표상의 요소의수}} \quad \text{해설 (4.3.7)}$$

해설 그림 4.3.6에 나타낸 도표의 경우 $IV=1/200=0.005$

Newmark 도표를 이용하여 임의 형상을 가진 재하 면적 아래의 연직응력을 결정하는 과정은 다음과 같다.

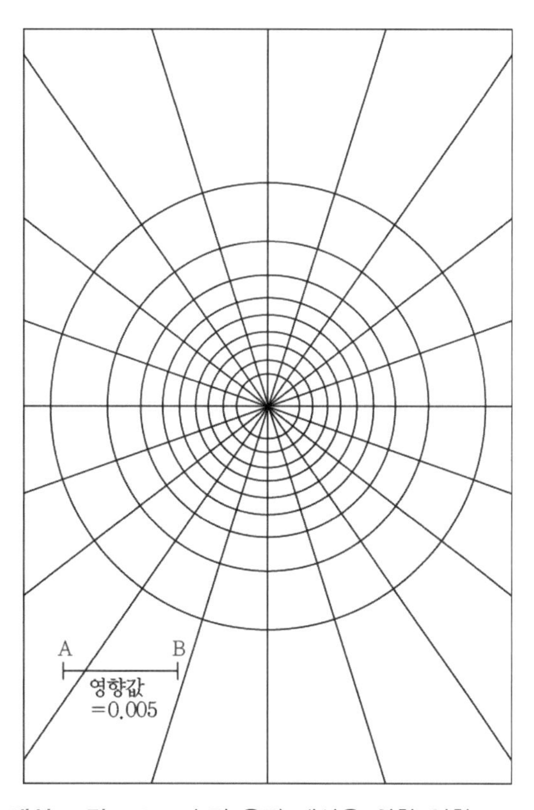

해설 그림 4.3.6 수직 응력 계산을 위한 영향 도표

① 응력산정 깊이 z를 결정한다.
② $Z = AB$(즉, Newmark 도표에 따른 단위 길이)의 척도를 선정한다.
③ 단계 2에서 선정한 척도에 따라 재하 면적의 평면도를 그린다.
④ 응력을 결정할 점이 도표의 중앙에 위치하도록 Newmark 도표 상에 단계 3에서 그린 평면도를 올려놓는다.
⑤ 평면도 내에 있는 도표의 요소의 개수를 세어 N이라 한다.
⑥ 응력 증가는 해설 식(4.3.8)과 같다.

$$\Delta p = (IV)(N)(q_0) \qquad \text{해설 (4.3.8)}$$

여기서, q_0 =재하 면적 상의 단위 면적당 하중

라. 근사법

구형하중 또는 연속하중이 깊이에 따라 균일하게 확산된다고 가정하여 응력 증가를 근사적으로 계산한다. 2:1 응력분포법에 의하여 연속 하중과 구형하중의 응력증가는 해설 식(4.3.9)와 같다.

$$\sigma_z = q_0 \frac{B}{(B+Z)} \quad \text{: 연속하중}$$
$$\sigma_z = q_0 \frac{BL}{(B+Z)(L+Z)} \quad \text{: 구형하중} \qquad \text{해설 (4.3.9)}$$

여기서, B와 L은 각각 구형하중 기초폭과 길이이고, z는 깊이이다.

(2) 연약층과 단단한 층이 교대로 구성된 지층, 즉 연약한 점토층 사이에 수평방향으로 강성이 큰 모래 또는 실트층이 협재되어 있는 경우에는 Westergaard 식(U.S. Navy, 1982; Duncan and Buchingnani, 1976)을 적용할 것을 추천한다. Westergaard 해석결과는 Boussinesq 해석법보다 응력을 작게 평가하는 경향이 있다. 탄성계수가 상이한 2층으로 되어 있는 지층에서, 상부지반의 강성이 하부지반보다 큰 경우에는 상부지반에서 응력이 분산되어 하부지반에 전달되는 응력은 Boussinesq 해석법에 의한 값보다 작게 산정된다. 하부지반 강성이 상부지반보다 큰 경우에는 상·하부층의 연직응력이 Boussinesq 해석법에 의한 값보다 크다.

유한차분, 유한요소법 등의 수치해석을 이용하면 다층지반, 이방성 지반, 지표면의

형상이 불규칙한 지반 등에서 임의의 형태를 가지는 하중에 대하여 지반 내 임의의 위치에 대한 응력과 변위를 구할 수 있다. 따라서 앞에서 제시한 방법을 이용하여 지반 내 응력의 증가량을 계산할 수 없을 경우에는 수치해석을 이용하여 응력의 증가량을 계산할 수 있다.

4.3.3 기초하중에 의한 지반의 즉시침하는 기초의 강성과 형상 및 지반의 특성을 고려하여 다음과 같이 산정한다.

(1) 지반을 단위면적의 흙기둥으로 간주하고 탄성이론으로 기초의 즉시침하를 계산한다.

(2) 평판재하시험을 실시하여 구한 재하판의 하중-침하량 관계로부터 지층의 구성과 지반의 종류를 고려하여 실제기초의 침하량을 추정한다. 평판재하시험의 결과 값은 지층전체의 변형특성을 대표할 수 없으므로 유의하여 사용한다.

해설

(1) 지반을 단위면적의 흙기둥으로 간주하고 탄성이론으로 기초의 침하를 계산한다. 기초의 침하량을 산정할 경우에는 기초의 형상 및 강성 등을 고려해야 한다.

가. 탄성이론에 의한 침하량 산정

탄성 침하는 기초의 강성과 형태에 따라 해설 식(4.3.10)과 같이 계산할 수 있으며, 이 식은 기초가 지표면에 설치되어 있고($D_f = 0$) 기초하부 침하발생 지반의 두께가 매우 클 경우에 적용할 수 있다.

$$S_e = qB\frac{1-\nu^2}{E}I_s \qquad \text{해설 (4.3.10)}$$

여기서, S_e : 기초의 탄성침하량(근입깊이 $D_f = 0$, 기초하부 지반 층두께 $H = \infty$ 일 경우)

q : 기초작용 하중

B : 기초 폭

E : 지반의 탄성계수

ν : 지반의 포아송 비(Poisson's ratio)

I_s : 탄성침하의 영향계수(해설 표 4.3.2 또는 해설 그림 4.3.7에서 구함)

해설 표 4.3.2 탄성침하의 영향계수 I_S

구분		강성기초	연성기초				비고
			중심점	외변의 중점	모서리점	평 균	
원형기초		0.79	1.00	0.64	–	0.85	연성기초의 중심점의 영향치는 모서리점의 영향치의 2배임. 즉, 중심점의 침하량은 모서리점의 침하량의 2배임
정방형기초		0.88	1.12	0.76	0.56	0.95	
구형기초	$L/B=2$	1.12	1.53	1.12	0.76	1.30	
	$L/B=5$	1.60	2.10	1.68	1.05	1.82	
	$L/B=10$	2.00	2.56	2.10	1.28	2.24	

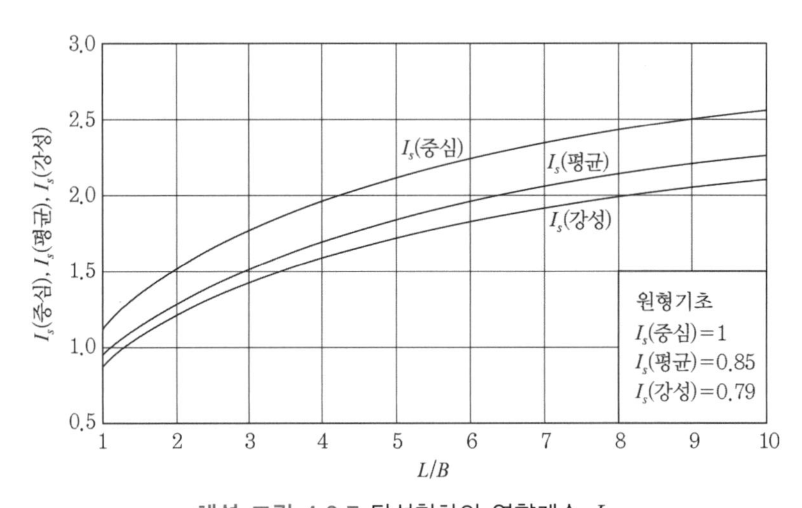

해설 그림 4.3.7 탄성침하의 영향계수 I_S

해설 식(4.3.10)은 모래, 실트질 지반 및 배수가 원활하게 이루어지는 지반의 탄성침하량을 구하는 데 적합하다. 기초하부의 균질한 지반이 무한한 깊이까지 있다고 가정하고 임의 점의 변형률을 $z=0$에서부터 $z=\infty$까지 적분하여 구할 수 있다. 암석과 같이 탄성계수가 큰 층이 기초하부에 인접하여 위치할 경우에는 실제 침하량은 해설 식(4.3.10)으로 구한 값보다 작게 평가될 것이다. 기초가 지반에 근입될 경우에는 해설 식(4.3.10)을 해설 식(4.3.11)과 같이 수정계수 F(해설 그림 4.3.8 참조)를 이용하여 기초의 침하량 S_f를 산정해야 한다.

$$S_f = S_e \times F \qquad \text{해설 (4.3.11)}$$

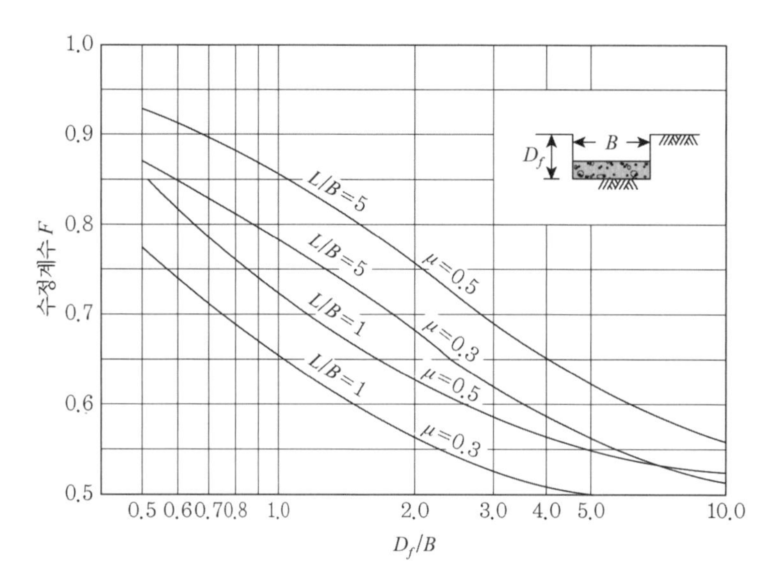

해설 그림 4.3.8 기초깊이에 따른 수정계수 F

기초체가 강성(rigid)또는 연성(flexible)에 따라 침하의 형태는 해설 그림 4.3.9와 같다. 그러나 모래의 경우 연성기초의 탄성침하 형태는 탄성이론과 다른 양상을 보이고 있다.

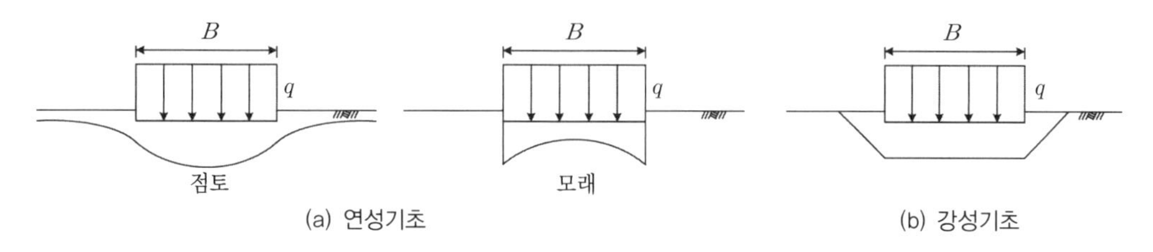

해설 그림 4.3.9 탄성침하의 형태

연성 구형기초에 대하여 임의의 점에서의 탄성침하량은 구형분할법(중첩의 원리)을 이용하여 구할 수 있다. 이 방법의 요령은 침하량을 구하려는 점을 모서리로 하는 구형으로 분할하고 각 구형에 의한 침하량을 합하여 실제 침하량을 구하는 것이다. 해설 그림 4.3.10은 구형분할법의 일례이다. 즉, A점의 탄성침하량은 해설 식(4.3.12)와 같이 산정된다.

$$S_{iA} = q\frac{1-\nu^2}{E}(B_I I_{sI} + B_{II} I_{sII} + B_{III} I_{sIII} + B_{IV} I_{sIV}) \qquad \text{해설 (4.3.12)}$$

탄성이론으로 침하량을 산정하기 위해서는 탄성계수와 포아송 비를 알아야 한다. 그런데 이 2가지 토질정수를 정확히 파악하는 것은 대단히 어려우므로 해설 표 4.3.3과 같은 근사치를 사용한다. 우선 포아송 비의 근사치로는 다음 값이 타당하다고 생각된다.

비점성토 : ν=0.25
점성토 : ν=0.33

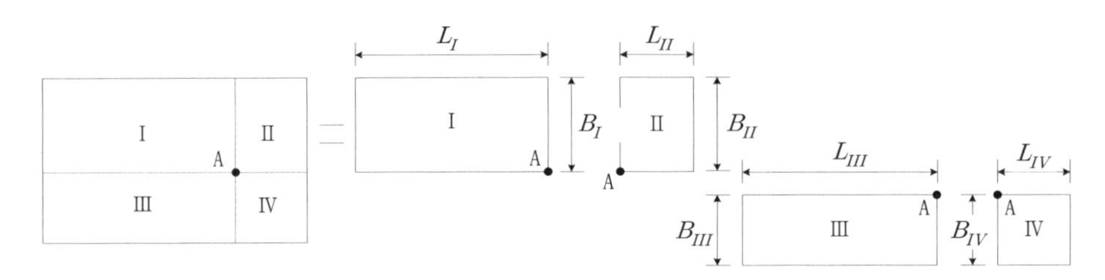

해설 그림 4.3.10 구형분할법

특히 포화점토의 경우 ν=0.5, 포화에 가까운 점토의 경우 ν=0.4~0.5이며, 모래의 경우 ν=0.25~0.45이나 밀도가 증가하면 커지는 경향이다. 탄성계수의 근사치는 해설 표 4.3.3에 표시되어 있다. 또한 표준관입시험의 N치 또는, 콘관입저항 q_c와 탄성계수 E_s 사이의 관계가 해설 표 4.3.4에 정리되어 있다.

해설 표 4.3.3 각종 흙의 탄성계수와 포아송 비(Das, 1995)

흙의 종류	탄성계수(kPa)	포아송 비
느슨한 모래	10,000~24,000	0.20~0.40
중간정도 촘촘한 모래	17,000~28,000	0.25~0.40
촘촘한 모래	35,000~55,000	0.30~0.45
실트질 모래	10,000~17,000	0.20~0.40
모래 및 자갈	69,000~172,000	0.15~0.35
연약한 점토	2,000~5,000	-
중간 점토	5,000~10,000	0.20~0.50
견고한 점토	10,000~24,000	-

해설 표 4.3.4 현장시험결과와 탄성계수(E_s, q_c는 kPa)

시험 종류 / 지반 종류	SPT	CPT
모래	$E_s = 766N$ $E_s = 500(N+15)$ $E_s = 18000 + 750N$ $E_s = (15200 \sim 22000)\ln N$	$E_s = (2 \sim 4)q_c$ $E_s = 2(1 + Dr^2)q_c$
점토질 모래	$E_s = 320(N+15)$	$E_s = (3 \sim 6)q_c$
실트질 모래	$E_s = 300(N+6)$	$E_s = (1 \sim 2)q_c$
자갈 섞인 모래	$E_s = 1200(N+6)$	–
연약점토	–	$E_s = (6 \sim 8)q_c$
점토 (S_u : 비배수전단강도)	$I_p > 30$, 또는 유기질 $I_p < 30$, 또는 단단함 $1 < OCR < 2$ $OCR > 2$	$E_s = (100 \sim 500)S_u$ $E_s = (500 \sim 1500)S_u$ $E_s = (800 \sim 1200)S_u$ $E_s = (1500 \sim 2000)S_u$

특히 모래지반에 대하여 해설 식(4.3.13)과 같은 관계가 잘 알려져 있다.

$$E_s(\mathrm{kN/m^2}) = 766N(\mathrm{SPT}) \quad \text{해설 (4.3.13a)}$$

$$E_s = 2q_c(\mathrm{CPT}) \quad \text{해설 (4.3.13b)}$$

또한 점착력(비배수)과 탄성계수 사이에는 해설 식(4.3.14)와 같은 관계가 있다.

$$\text{정규압밀점토} : E_s = (750 \sim 1000)c \quad \text{해설 (4.3.14a)}$$

$$\text{과압밀점토} : E_s = (250 \sim 500)c \quad \text{해설 (4.3.14b)}$$

나. 포화점성토 상의 기초의 탄성침하량 산정

Janbu et al.(1956)은 포화점성토 상의 연성기초 평균 침하량 산정 식을 탄성이론을 기초로 해설 식(4.3.15)와 같이 제시하였다.

$$S_e = A_1 A_2 \frac{q_o B}{E_u} \quad \text{해설 (4.3.15)}$$

여기서, S_e : 기초의 탄성침하량

q_o : 기초작용 하중

B : 기초 폭

E_u : 비배수탄성계수(undrained modulus of elasticity of soil)

A_1 : 침하 가능 층두께를 고려한 영향계수(해설 그림 4.3.11 참조)

A_2 : 근입깊이를 고려한 영향계수(해설 그림 4.3.11 참조)

다. 변형영향계수를 이용한 사질토에서의 탄성침하량 산정

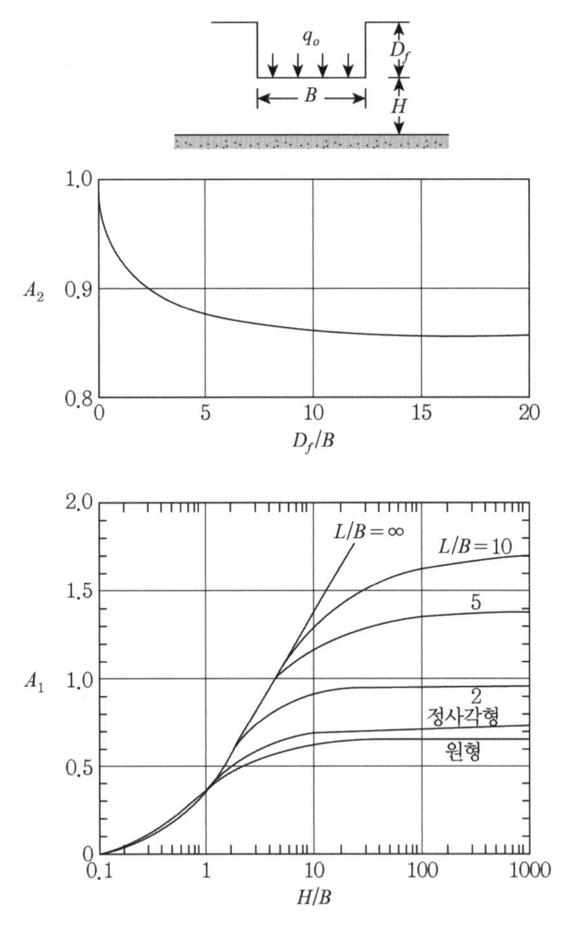

해설 그림 4.3.11 영향계수 A_1, A_2(Christian and Carrier, 1978)

Schmertmann and Hartman(1978)은 사질토 지반의 탄성침하를 구할 수 있는 변형영향계수(strain influence factor)를 제안하였다. 이것은 지반 내의 연직응력분포 형태와 유사하게 변형분포를 경험적으로 근사화시킨 것이다. 해설 그림 4.3.12는 연속기초($L/B \geq 10$)와 정방형(원형)기초에 대한 변형영향계수를 보이고 있다. $1 < L/B < 10$인

경우에는 보간법을 사용한다. 이 방법에서는 CPT에서 얻어진 콘관입저항치, q_c를 이용하여 지반의 탄성계수 분포를 결정한다. 따라서 이 방법은 불균질한 지반에도 적용이 가능하다. Schmertmann and Hartman(1978)이 제안한 침하량 산정 순서는 다음과 같다.

1. 지반의 탄성계수 산정
현장에 적합한 시험방법을 이용하여 사질토의 탄성계수를 구한다. 가장 신뢰도가 높은 시험방법은 콘관입시험으로 많은 연구자들이 탄성계수 E와 q_c와의 상관관계를 제시하고 있으며, 이러한 상관관계를 사용하여 탄성계수를 결정할 수 있다. Schmertmann and Hartman(1978)은 사질토의 탄성계수로 정방형 기초에서는 $2.5q_c$, 연속기초에서는 $3.5q_c$를 사용할 것을 제안하였다.

2. 하중에 의한 침하발생 범위 산정
기초하중에 의하여 침하가 발생하는 최대영향심도, z_{f0}를 해설 식(4.3.16)과 같은 방법으로 산정한 후 최대영향심도까지의 지반을 분할하여 각 지층의 탄성계수 E 값을 결정한다.

$$z_{f0} = 2B,\ L/B = 1 \text{일 경우} \qquad \text{해설 (4.3.16a)}$$

$$z_{f0} = 4B,\ L/B = 10 \text{일 경우} \qquad \text{해설 (4.3.16b)}$$

$$\frac{z_{f0}}{B} = 2 + 0.222\left(\frac{L}{B} - 1\right),\ 1 < L/B < 10 \text{일 경우} \qquad \text{해설 (4.3.16c)}$$

3. 변형영향계수 분포 결정
변형영향계수는 기초하부에서 0.1과 0.2 사이의 값에서 시작해 최대영향심도 z_{f0}의 1/4에서 최댓값을 보이고 심도가 깊어짐에 따라 감소해 z_{f0}에서 0이 되는 분포를 보인다. 완전한 변형영향계수 분포를 결정하기 위해서는 기초바닥에서의 영향계수 I_{z0}, 최대 변형영향계수 I_{zp}와 최대 변형영향계수 심도 z_{fp}를 산정해야 하며, 산정 방법은 해설 식(4.3.17), (4.3.18), (4.3.19)와 같다.

– 기초바닥에서의 영향계수 I_{z0}

$$I_{z0} = 0.1 + 0.0111\left(\frac{L}{B} - 1\right) \qquad \text{해설 (4.3.17)}$$

– 최대 변형영향계수 심도 z_{fp}

$$\frac{z_{fp}}{B} = 0.5 + 0.0555\left(\frac{L}{B} - 1\right) \qquad \text{해설 (4.3.18)}$$

– 최대 변형영향계수값

$$I_{zp} = 0.5 + 0.1\sqrt{\frac{q'}{\sigma_{vp}{}'}} \qquad \text{해설 (4.3.19)}$$

여기서, I_{zp} : 최대 변형영향계수(peak strain influence factor)

q' : 기초 순하중(net footing pressure), $q_b - \sigma_{v0}{}'$

q_b : 기초 저면 접지압

$\sigma_{v0}{}'$: 기초근입깊이에서의 유효응력, $\gamma' D_f$

$\sigma_{vp}{}'$: 최대 변형영향계수 심도에서의 유효응력

– 정방형기초, $L/B = 1$: $D_f + 0.5B$에서의 유효응력

– 연속기초, $L/B = 10$: $D_f + B$에서의 유효응력

D_f : 근입깊이

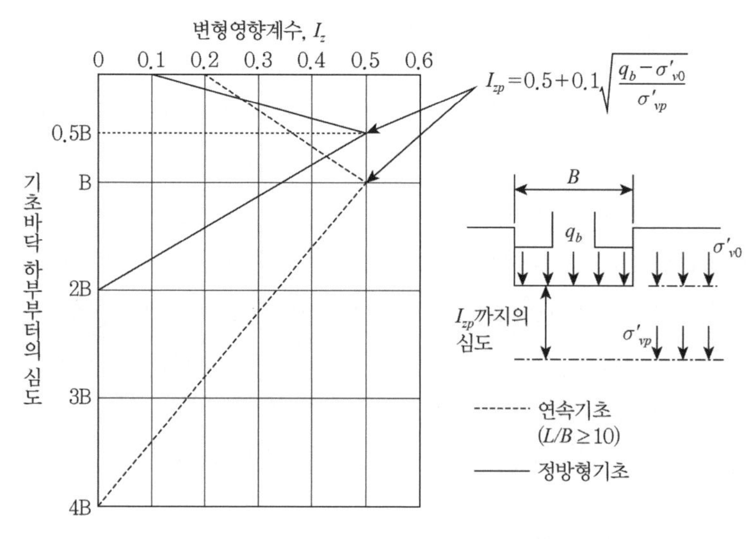

해설 그림 4.3.12 기초형상에 따른 변형영향계수 분포

Schmertmann and Hartman(1978)은 변형영향계수를 기초에 작용하는 기초 순하중(net footing pressure)이 증가함에 따라 변형영향계수의 최댓값 I_{zp}가 0.5 이

상 증가하도록 제안하였다.

4. 탄성침하 산정

탄성침하를 계산하기 위해서는 탄성계수의 변화에 따라 토층을 해설 그림 4.3.13과 같이 구분하여 해설 식(4.3.20)의 S_i 산정식에 대입하면 된다.

$$S_i = C_1 C_2 (q_b - \sigma_{vo}') \sum_{1}^{n} \frac{I_{zi}}{E_i} \Delta z_i \qquad \text{해설 (4.3.20)}$$

여기서, S_i : 기초의 침하량

C_1 : 기초의 근입깊이에 대한 보정계수

- $C_1 = 1 - 0.5[\sigma_{v0}'/(q_b - \sigma_{v0}')]$ 단, $C_1 > 0.5$

C_2 : 모래의 크립(creep)에 대한 보정계수

- $C_2 = 1 + 0.2\log(t/0.1)$

σ_{v0}' : 기초 근입깊이에서의 유효응력, $\gamma' D_f$

q_b : 기초저면의 접지압

t : 시간(년), $t \geq 0.1$년

n : 토층 개수

I_{zi} : 토층 i의 중심에서의 변형영향계수

E_i : 토층 i의 탄성계수

Δz_i : 토층 i의 두께

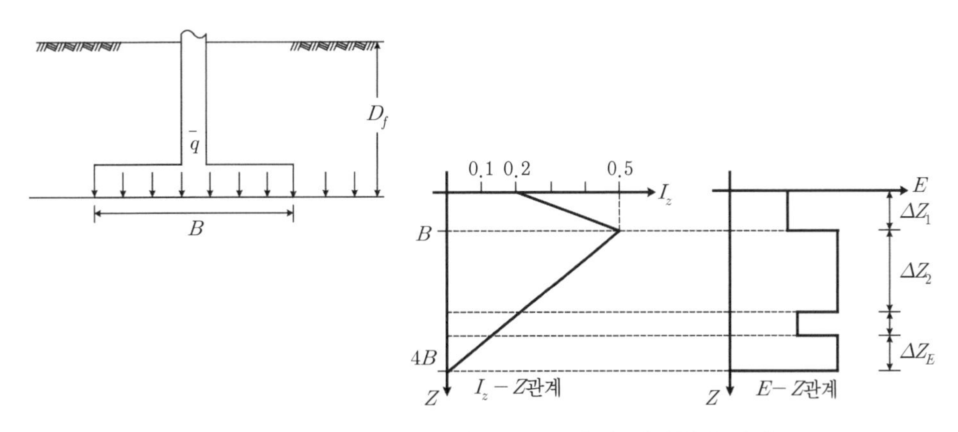

해설 그림 4.3.13 변형영향계수를 사용한 탄성침하 산정

이 방법을 사용할 때에는 다음 사항을 유의해야 한다.

① creep에 대한 보정계수 C_2는 모래의 경우 과대한 값임
② $E = \alpha q_c$로 가정하는데, α의 변화폭은 1~8로 대단히 넓음
③ B가 큰 경우 S_i가 대단히 크게 산정됨

(2) 평판재하시험을 실시하여 구한 재하판의 하중－침하량 관계로부터 지층의 구성과 지반의 종류를 고려하여 실제기초의 침하량을 추정한다. 평판재하시험은 보통 조립토에서 시행하는데, 직경 0.3m 재하판에서 측정한 침하량으로 푸팅의 침하량을 예측한다. Terzaghi and Peck(1967)은 해설 식(4.3.21)과 같은 상관관계를 제시하였다.

$$S_2 = S_1 \left(\frac{2}{1 + B_1 / B_2} \right)^2 \qquad \text{해설 (4.3.21)}$$

여기서, S_1 : 기초의 설계하중 강도와 동일한 하중에서 직경 0.3m(B_1) 재하판의 침하량
S_2 : 기초폭 B_2인 기초의 침하량

Meyerhof(1965)는 직경 0.3m 재하판의 침하량과 표준관입시험치(N)의 관계를 해설 식(4.3.22)와 같이 제시하였다.

$$S_1 = 2 \frac{q_a}{N} \qquad \text{해설 (4.3.22)}$$

여기서, q_a : 재하판에 가한 하중강도(kN/m²)
S_1 : 침하량(mm)

Bond(1961)가 제시한 관계식은 해설 식(4.3.23)과 같다.

$$S_2 = S_1 (B_2 / B_1)^{n+1} \qquad \text{해설 (4.3.23)}$$

여기서, S_1과 S_2의 정의는 해설 식(4.3.21)과 같고, 무차원량의 계수 n은 흙의 종류에 따

라 다르다. n 은 둘 이상의 크기가 다른 재하판의 침하를 측정하여 해설 식(4.3.23)에서 결정할 수 있다. Bond가 제시한 n 값의 범위는 해설 표 4.3.5와 같다.

해설 표 4.3.5 n 값의 범위(Bond, 1961)

흙의 종류	n
느슨한~중간 정도 조밀한 모래	0.2~0.4
조밀한 모래	0.4~0.5

상기 방법은 압밀침하가 예상되지 않은 조립토의 침하를 추정할 때 쓰인다. 직경 0.3m 크기의 재하판으로 시행한 평판재하시험 결과치는 하중을 지지하는 토층 전체의 변형특성을 대표할 수 없다는 사실에 유의하여야 한다. 특히 연약한 층이 지표층 아래에 있을 때에는 각별한 주의를 요하게 된다. 지반의 토층 변화가 현저하면 토층 깊이별로 평판재하시험을 시행하여 깊이별 변형 특성을 구하여야 한다. 직경 0.5m 이상의 재하판을 사용하면 이 방법의 신뢰도를 높일 수 있다.

평판재하시험 이외에 메나드 프레셔미터(Menard pressuremeter) 시험 결과로부터 비교적 정확한 침하예측이 가능하다는 것이 이론 및 실험연구에 의해 입증되었다. 이 방법은 특히 조립토에서 신뢰성이 있는 것으로 알려졌다. 그러나 시험 및 결과분석, 침하량 산정에는 상당한 지식과 경험을 겸비한 기술자가 필요하다. 푸팅의 침하는 해설 식(4.3.24)와 같다.

$$S = \frac{4}{9E_M} q_a B_0 \left[\lambda_2 \frac{B}{B_0} \right] \alpha_p + \frac{\alpha_p}{9E_M} q_a \lambda_3 B \qquad \text{해설 (4.3.24)}$$

여기서, S : 침하량

E_M : 메나드 프레셔미터 탄성계수(pressuremeter modulus)

q_a : 허용지지력

B_0 : 기초폭의 기준 값으로 0.6m

B : 기초폭

λ_2, λ_3 : 해설 그림 4.3.14에 제시된 형상계수(shape factor)

α_p : 해설 표 4.3.6에 제시된 흙의 종류별 구조계수(structure factor)

첫 번째 항은 전단응력에 의한 침하량이고, 두 번째 항은 구속응력 증가에 의한 침하량을 나타낸다. 이 방법은 지지층이 기초폭에 비해 두꺼우며, 지지층의 예민비가 작은 흙에는 모두 적용될 수 있다. 연약한 점성토나 프레셔미터 탄성계수(E_M)가 3,000kPa 이하인 흙에서는, 이 방법으로 구한 침하량은 압밀이론에 의한 침하량으로 비교 검토되어야 한다. 여기서, E_M은 메나드 탄성계수(Menard modulus)이고, P_L은 메나드 한계압력(Menard limit pressure)이다.

해설 표 4.3.6 지반 종류별 구조계수(α_p)(Canadian Geotechnical Society, 1992)

지반종류 / 상태	피이트	점토		실트		모래		모래자갈		암반
	α_p	E_m/P_L	α_p	E_m/P_L	α_p	E_m/P_L	α_p	E_m/P_L	α_p	α_p
과압밀 또는 매우 조밀	–	>16	1	>4	0.67	>12	0.50	>10	0.33	
정규압밀 또는 조밀	1	9~16	0.67	8~14	0.50	7~12	0.33	6~10	0.25	
불완전압밀 또는 느슨	–	7~9	0.50	6	0.50	6	0.50	–	–	
불연속면간격 넓음										0.67
불연속면간격 비교적 좁음										0.50
불연속면간격 좁음										0.33
매우 좁은 불연속면간격 : 매우 낮은 강도										0.67

다층지반, 이방성 지반, 지표면의 형상이 불규칙한 지반, 복잡한 하중이 작용하는 지반의 침하량 산정 시에 앞에서 제시한 방법으로 침하량을 정확하게 산정할 수 없을 경우 수치해석을 이용하여 침하량을 산정할 수 있다.

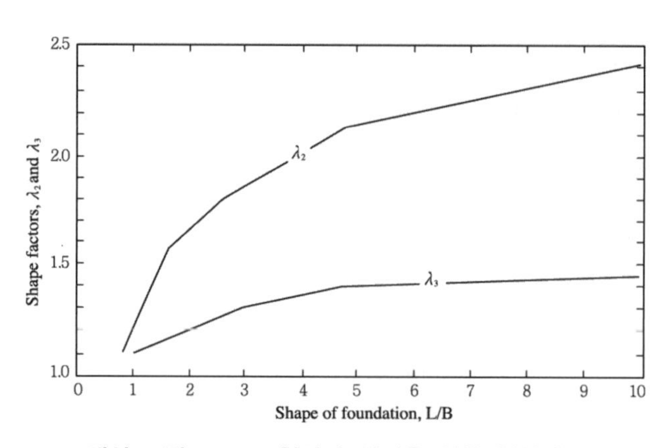

해설 그림 4.3.14 침하량 산정을 위한 형상계수

4.3.4 일차 압밀침하량은 지반의 압축특성, 유효응력변화, 지반의 투수성, 경계조건 등을 고려하여 계산하며, 압밀층이 두꺼울 경우에는 지반을 여러 개의 수평지층으로 나누고 각 층에 대해 기초하중에 의한 응력증가량을 적용하여 다음과 같이 침하량을 산정한다.

(1) 일차압밀에 의한 최종 침하량은 압밀시험을 실시해서 구한 압축지수나 체적변화계수 등을 적용하여 계산하며, 정규압밀상태와 과압밀 상태로 구분하여 계산한다.

(2) 일차압밀이 종료되기 전 압밀진행정도(압밀도)에 따른 압밀침하속도는 침하량-시간 관계로부터 구한다.

해설

(1) 일차 압밀침하량은 지반의 압축특성, 유효응력변화, 지반의 투수성, 경계조건 등을 고려하여 계산한다. 압밀층이 두꺼운 지반에서 하나의 지층으로 침하량을 계산할 경우 침하량을 과소평가할 가능성이 크므로 지반을 여러 개의 수평지층으로 나누어 침하량을 계산한다. 점성토의 압밀침하특성은 다음의 두 가지 중요한 현상에 달려있다.

- 압밀침하량의 크기는 선행압밀(preconsolidation)로 정의되는 토층의 지질학적 이력(geological history)에 의한 흙의 압축특성과 유효응력 변화에 의해 결정된다.
- 토층의 투수성은 압밀침하속도에 영향을 주는 가장 중요한 특성이다.

점성토의 응력-변형률 관계는 간극비-유효응력($e-\log p$)곡선으로 보통 나타낸다. 실내압밀시험에서 얻은 $e-\log p$곡선을 시료 교란에 의한 영향을 고려하여 해설 그림 4.3.15와 같이 현장 $e-\log p$곡선을 추정한다. 점성토의 압밀침하량은 다음 순서로 계산한다.

1. Casagrande(1936)가 제시한 작도법으로부터 선행압밀응력(p_c)을 결정한다. (일반 토질역학 교과서 참조)

2. 현재의 유효상재압(effective overburden pressure, p_0)과 p_c를 비교하여 과압밀비(OCR)를 구한다.

$$OCR = \frac{p_c}{p_0} \quad \text{해설 (4.3.25)}$$

이때, OCR=1이면 정규압밀이라 하고, 현재 유효상재압이 지금까지 받아왔던 최대응력이다. OCR>1이면 과압밀이라 부르며, 현재 유효상재압보다 큰 압력으로 과거에 이미 압밀이 일어났음을 말한다. OCR은 토층의 응력이력(stress history)을 나타내는 토질정수이다.

3. 현재의 유효응력(p_0), 현재의 간극비(e_0), 선행압밀응력(p_c), 실내 $e-\log p$ 곡선으로부터 해설 그림 4.3.15와 같이 현장 $e-\log p$ 곡선을 추정한다. 이때, 현장의 처녀압밀곡선은 실험실 $e-\log p$ 곡선의 $e=0.4e_0$에 대응하는 점을 통과한다(Terzaghi and Peck, 1967).

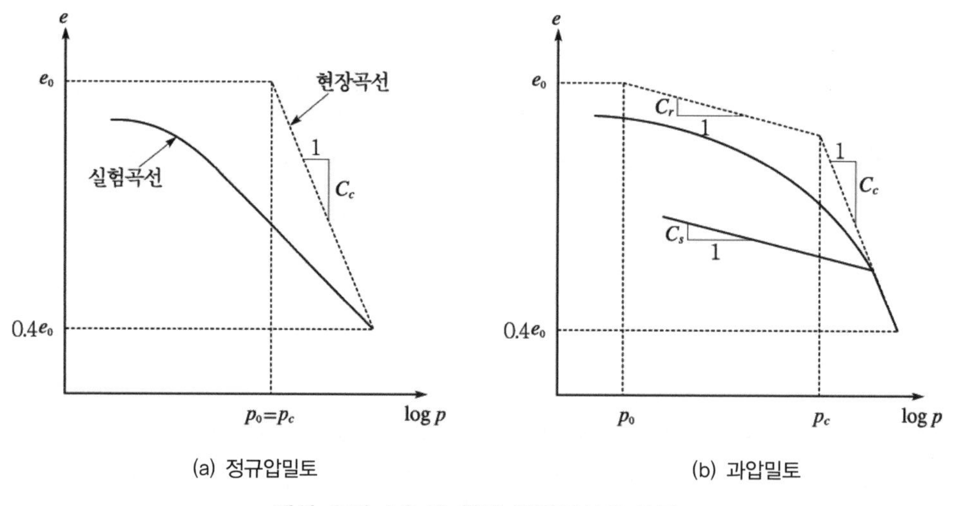

(a) 정규압밀토 (b) 과압밀토

해설 그림 4.3.15 현장 압밀곡선의 추정

4. 현장곡선은 p_c점을 경계로 반대수 좌표에서 두 직선으로 나타내진다. 이때 p_c 왼편의 직선의 기울기를 재압축지수(C_r)이라 부르며 팽창지수(C_s)와 근사하다. p_c 오른편의 직선의 기울기는 압축지수(C_c)라고 한다. 토층의 압축성을 나타내는 지수(C_c와 C_r)는 경험적으로 해설 식(4.3.26)과 같다.

$$C_c = 0.007(LL-10) : \text{재성형 점토} \quad \text{해설 (4.3.26a)}$$

$C_c = 0.009(LL-10)$: 무기질 흙, 예민비>4 해설 (4.3.26b)

$C_c = 0.0115 w_n$: 유기질 흙, 이탄토 해설 (4.3.26c)

$C_c = 1.15(e_0 - 0.35)$: 모든 점토 해설 (4.3.26d)

여기서, LL은 액성한계이고, w_n은 자연 함수비, e_0는 초기간극비이다. 또한 C_r은 대략 $(0.1 \sim 0.2)C_c$인 관계에 있다.

5. 현장의 압밀침하량은 실험실의 변형률로부터 해설 식(4.3.27)과 같이 추정한다.

$$\frac{S_c}{H}(\text{현장}) = \frac{\Delta e}{1+e_0} \quad \text{해설 (4.3.27)}$$

여기서, S_c : 압밀침하량
e_0 : 현재의 간극비(압밀 전)
Δe : 응력 증가에 의한 간극비 변화
H : 압밀층 두께

이때 Δe는 p_0, p_c, Δp의 상대적 크기에 따라 계산하는 방법이 다르다.

① 정규압밀점토($p_0 = p_c$)

$$S_c = \frac{C_c}{1+e_0} H \cdot \log \frac{p_0 + \Delta p}{p_0} \quad \text{해설 (4.3.28)}$$

② 과압밀점토($p_0 < p_c$)

– $p_0 + \Delta p < p_c$인 경우

$$S_c = \frac{C_r}{1+e_0} H \log \frac{p_0 + \Delta p}{p_0} \quad \text{해설 (4.3.29)}$$

– $p_0 + \Delta p > p_c$인 경우

$$S_c = \frac{C_r}{1+e_0} H \log \frac{p_c}{p_0} + \frac{C_c}{1+e_0} H \log \frac{p_0 + \Delta p}{p_c} \qquad \text{해설 (4.3.30)}$$

푸팅에 작용하는 하중에 의한 기초지반 내의 응력 증가는 깊이에 따라 변하므로 깊이에 따라 변형률이 다르다. 따라서 푸팅과 같이 유한한 분포하중을 받는 점성토 지반에 대한 침하량 계산 시에는 토층을 여러 층으로 나누어 각 토층의 압밀침하량을 구하여 더한다. 각 토층의 중점에서 e_0, p_o, p_c, Δp, C_c, C_r을 구하여 앞에 제시된 계산식으로부터 침하량을 구한다. 대개 최소 4~6층 정도로 층을 나누어 계산한다.

6. 푸팅 중심의 압밀침하량 계산 예

가) 한 층으로 계산

– 층의 중심, $z = 4.5\text{m}$

– 층 중심에서의 유효응력 $p_o = 8.4 \times 4.5 = 37.8\,\text{kN/m}^2$

– $m = n = \dfrac{1.5}{4.5} = 0.33$

– 해설 그림 4.3.16에서 $I = (4)(0.045) = 0.18$이므로

응력증가량 $\Delta p = (0.18)(50) = 9\text{kN/m}^2$

– 압밀침하량 $S_c = \dfrac{1.0}{1+1.5}(9.0)\log\dfrac{37.8+9}{37.8} = 0.334\,\text{m}$

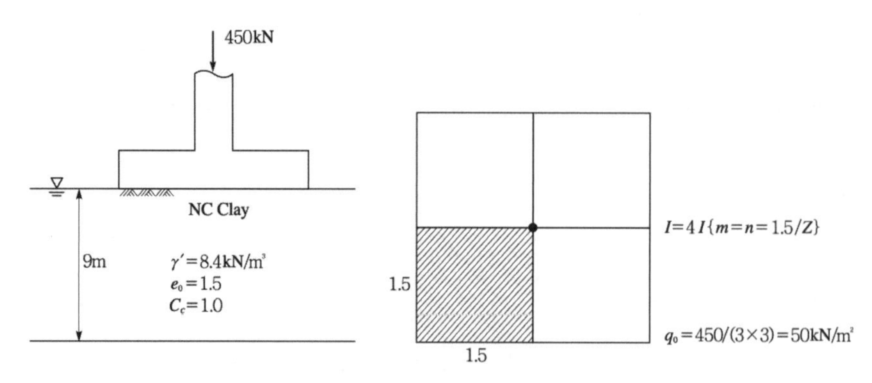

해설 그림 4.3.16 압밀침하량 계산

나) 두 층으로 나누어 계산

① 첫 번째층(0～4.5m)

- 층의 중심, $z=2.25\text{m}$
- 층 중심에서의 유효응력 $p_0=(8.4)(2.25)=18.9\text{kN/m}^2$
- $m=n=1.5/2.25=0.67$
- 해설 그림 4.3.16에서 같은 방법으로 구하면 $I=0.49$이므로 응력증가량 $\Delta p=(0.49)(50)=24.5\text{kN/m}^2$

② 두 번째층 (4.5～9m)

- 층의 중심, $z=6.75\text{m}$
- 층 중심에서의 유효응력 $p_0=(8.4)(6.75)=56.7\text{kN/m}^2$
- $m=n=1.5/6.75=0.22$, $I=0.09$
- 응력증가량 $\Delta p=(0.09)(50)=4.5\text{kN/m}^2$
- $S_c=\dfrac{1.0}{1+1.5}(4.5)\log\dfrac{18.9+24.5}{18.9}+\dfrac{1.0}{1+1.5}(4.5)\log\dfrac{56.7+4.5}{56.7}$

$$=0.65+0.06$$
$$=0.71\text{m}$$

③ 3층으로 나누어 계산하면

$S_c=0.69+0.11+0.03=0.83\text{m}$

④ 6층으로 나누어 계산하면 침하량은 좀 더 크게 계산된다.

$S_c=0.55+0.21+0.09+0.04+0.02+0.01=0.92\text{m}$

이상에서 알 수 있듯이 한 층으로 침하량을 계산하면 침하량을 과소평가하게 되므로 기초하중의 10% 정도보다 큰 하중이 전달되는 유효깊이에서는 가능한 세분하여 침하량을 계산한다. 대부분의 침하량은 정방형 기초인 경우 기초 아래 2B 깊이 이내에서 거의 일어난다.

(2) 점성토의 투수계수는 매우 작아 침하는 장시간에 걸쳐 일어난다. 침하량-시간 관계의 전형적인 관계는 해설 그림 4.3.17과 같다. 일차압밀이 종료되거나, 일차압밀의 일부분(압밀도, U)이 일어나는 데 필요한 시간은 해설 식(4.3.31)과 같다.

$$t = T_v \frac{H_d^2}{c_v} \qquad \text{해설 (4.3.31)}$$

여기서, H_d는 최대 배수거리이고, T_v는 시간계수, c_v는 압밀계수이고, U(압밀도)는 어느 시점의 압밀량의 1차 압밀량에 대한 백분율이다.

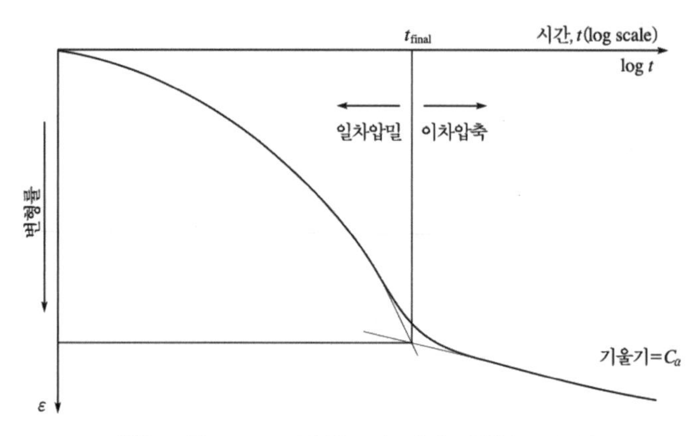

해설 그림 4.3.17 점성토의 시간-변형도 곡선

초기과잉간극수압 분포가 일정한 경우 T_v 와 U의 관계는 해설 표 4.3.7 및 해설 그림 4.3.18과 같거나, 해설 식(4.3.32), (4.3.33)과 같은 간략식으로 표현된다.

$$T_v = \frac{\pi}{4}\left(\frac{U\%}{100}\right)^2, \quad U \leq 60\%\text{인 경우} \qquad \text{해설 (4.3.32)}$$

$$T_v = 1.781 - 0.933\log(100 - U\%), \quad U > 60\%\text{인 경우} \qquad \text{해설 (4.3.33)}$$

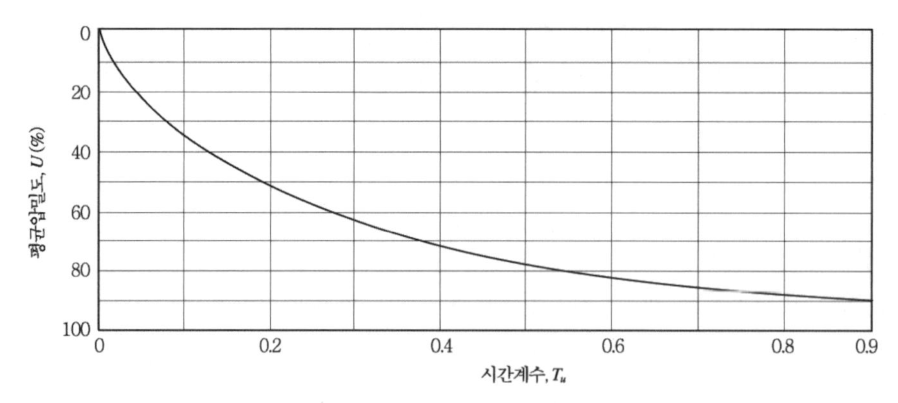

해설 그림 4.3.18 시간계수와 압밀도 곡선

해설 표 4.3.7 시간계수–압밀도

T_v	U	T_v	U	T_v	U
0.0010	0.03751	0.0400	0.22568	0.7000	0.85589
0.0015	0.04458	0.0450	0.23937	0.7500	0.87262
0.0020	0.05090	0.0500	0.25331	0.8000	0.88740
0.0025	0.05665	0.0550	0.26463	0.8500	0.90047
0.0030	0.06193	0.0600	0.27640	0.9000	0.91202
0.0035	0.06682	0.0650	0.28786	0.9500	0.92223
0.0040	0.07140	0.0700	0.29854	1.0000	0.93216
0.0045	0.07571	0.0750	0.30902	1.5000	0.99417
0.0050	0.07980	0.0800	0.31915	2.0000	0.99830
0.0055	0.08369	0.0850	0.32898	2.5000	0.99951
0.0060	0.08741	0.0900	0.33851	3.0000	0.99986
0.0065	0.09097	0.0950	0.34779	3.5000	0.99996
0.0070	0.09441	0.1000	0.35682	4.0000	0.99999
0.0075	0.09772	0.1500	0.43695	4.5000	1.00000
0.0080	0.10093	0.2000	0.50409	5.0000	1.00000
0.0085	0.10403	0.2500	0.56223	5.5000	1.00000
0.0090	0.10705	0.3000	0.61324	6.0000	1.00000
0.0095	0.10998	0.3500	0.65819	6.5000	1.00000
0.0100	0.11284	0.4000	0.69788	7.0000	1.00000
0.0150	0.13520	0.4500	0.73295	7.5000	1.00000
0.0200	0.15958	0.5000	0.76395	8.0000	1.00000
0.0250	0.17841	0.5500	0.79135	8.5000	1.00000
0.0300	0.19544	0.6000	0.81556	9.0000	1.00000
0.0350	0.21110	0.6500	1.83697	9.5000	1.00000

U	T_v
0	0
5	0.0020
10	0.0078
15	0.0177
20	0.0314
25	0.0491
30	0.0707
35	0.0962
40	0.126
45	0.159
50	0.197
55	0.239
60	0.286
65	0.342
70	0.403
75	0.477
80	0.567
85	0.684
90	0.848
95	0.129
100	∞

시간–침하량 관계를 구하는 순서는 다음과 같다.

① 최종 압밀침하량, S_c 계산
② 시간 t일 때 시간계수 T_v 결정
③ T_v와 U의 관계에서 압밀도(U) 결정
④ 시간 t일 때 압밀침하량, $S_c(\mathrm{t})=(U/100)S_c$를 계산

또한 해설 그림 4.3.19에서 표시한 바와 같이 압밀계수가 c_{v1}, c_{v2}, c_{v3}, …인 여러 층의 점성토층이 겹쳐 있을 경우에는, 압밀계수 c_{vo}를 가진 가상지반의 층두께 2D'을 해설 식(4.3.34)와 같이 계산할 수 있다.

$$D' = D_1\sqrt{\frac{c_{vo}}{c_{v1}}} + D_2\sqrt{\frac{c_{vo}}{c_{v2}}} + \cdots + D_n\sqrt{\frac{c_{vo}}{c_{vn}}} \qquad \text{해설 (4.3.34)}$$

여기서, D' : 환산지층의 최대 배수거리
D_1, D_2, ⋯, D_n : 각 층의 최대 배수거리
c_{v1}, c_{v2}, ⋯, c_n : 각 층의 압밀계수
c_{vo} : 각 층 중에서 대표로 뽑은 임의의 압밀계수

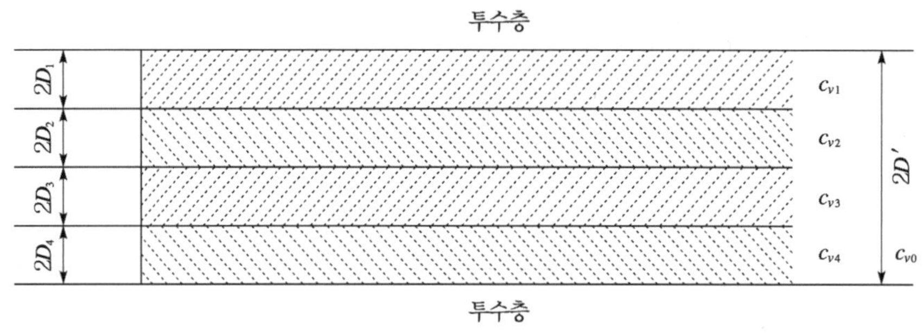

해설 그림 4.3.19 c_v가 다른 압밀층인 경우

다층지반, 이방성 지반, 복잡한 하중이 작용하는 지반에서는 앞에서 설명한 방법으로 압밀침하량, 압밀침하속도, 간극수압분포 등을 정확하게 산정하기 어렵다. 따라서 이러한 경우에는 수치해석을 이용하여 압밀침하량, 압밀침하속도, 간극수압분포 등을 계산할 수 있다.

> **4.3.5** 이차압축침하는 1차압밀 완료 후의 시간－침하관계 곡선의 기울기를 적용하여 계산한다.

해설

4.3.5 이차압축침하는 일차압밀완료 후 흙구조의 소성적 재배열로 인하여 장기간에 걸쳐 일어나는 침하이다. 이차압축량의 크기는 현장함수비, 압축지수, 소성지수, 유기질함유량 등에 따라 변화되는 것으로 알려졌으나(Mesri, 1973), 실용적으로 중요하지 않은 경우가 많다. 유기질점토와 압축성이 큰 점토와 같은 연약지반은 이차압축침하가 크지만 구조물축조를 위한 설계와 시공 시에는 지반을 개량하거나 말뚝 등 깊은기초를 사용하게 된다.

이차압축계수 C_α는 해설 식(4.3.35)와 같이 정의된다(해설 그림 4.3.17 참조).

$$C_\alpha = \frac{\Delta e}{\log t_2 - \log t_1} = \frac{\Delta e}{\log(t_2/t_1)} \qquad \text{해설 (4.3.35)}$$

이차압축침하량 S_s는 해설 식(4.3.36)과 같이 산정한다.

$$S_s = \frac{C_\alpha}{1+e_p} H \log \frac{t_2}{t_1} \qquad \text{해설 (4.3.36)}$$

여기서, e_p : 일차압밀 종료 후의 간극비
t_1 : 일차압밀 종료 시간이나 시공종료 시간
t_2 : 구조물의 수명
H : 압밀층의 두께

4.3.6 허용침하량은 균등침하, 부등침하, 각변위 등으로 규정할 수 있으며 구조물의 종류, 형태, 기능에 따라 별도로 정한다. 별도의 기준이 없는 경우에는 국제적으로 통용되는 기준을 준용할 수 있다.

해설

(1) 구조물의 기능이나 안정성 및 미관이 해치지 않을 정도로 미소하여, 허용되는 절대침하량을 허용침하(allowable settlement)라고 한다. 구조물에 손상이 발생하는 절대침하량은 정하기가 쉽지 않으나 Skempton and McDonald(1956)는 경험적으로 독립기초일 경우의 허용절대침하량을 점성토에서는 60mm, 사질토에서는 40~60mm로 하였다. 구조물에 발생한 균열을 관찰하면 구조물의 거동을 알 수 있으므로 균열부분에 크랙게이지(crack gauge)를 설치하거나 석고를 띠모양으로 바르고 날짜를 기록하여 균열의 진전 및 확장 여부를 확인해야 한다. 그러나 구조물에서는 지반의 침하와 함몰뿐만 아니라 구조물의 변형과 과재하에 의하여도 균열이 발생될 수 있다. 해설 그림 4.3.20과 같이 균열 모양으로부터 처짐의 방향을 식별할 수 있다.

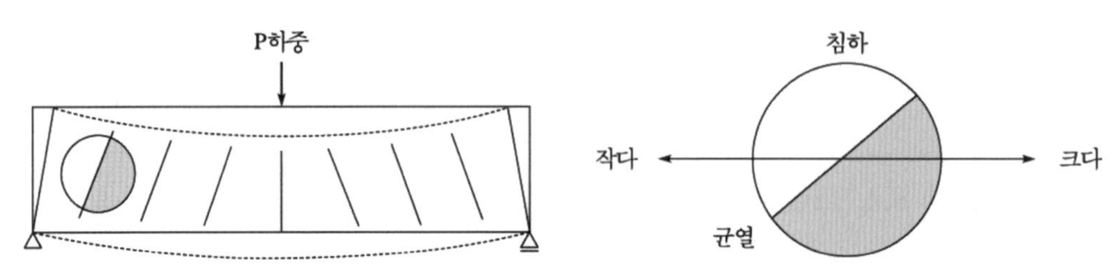

해설 그림 4.3.20 단순지지보의 처짐과 균열발달

일반적으로 지반의 침하거동은 특정지점에 대한 자료로부터 예측하게 되므로 예측치를 실제에 적용하는 데에는 한계성이 있기 때문에 현장측정을 통해서 확인하여야 한다. 사질토와 과압밀 점성토에서는 지층의 압축성을 판정하기가 어렵기 때문에 계산된 침하량이 실제보다 항상 크다. 또한 침하가 주로 일어나는 지층이 두꺼울수록 침하량의 계산치와 실제의 침하량이 차이가 커진다.

(2) 구조물에 하중이 가해져서 침하가 균등하게 발생하는 경우에는 구조물이 손상되기보다는 구조물의 기능이 문제가 된다. 그러나 침하가 균등하지 않으면 이로 인한 힘이 구조물에 추가로 작용하게 되어 구조물이 손상되는 수가 있다. 이러한 부등침하(differential settlement)로 인한 구조물의 손상은 구조물과 지반의 상대적인 강성도에 따라 다르므로 일반화하여 수치로 나타내기가 어렵기 때문에 허용부등침하(allowable differential settlement)는 대개 경험적으로 정한다. 부등침하는 해설 그림 4.3.21에서 정의된 바와 같이 처짐각으로 관리한다. 구조부재에서 거리가 l인 두 점 간의 부등침하가 Δs일 때에 그 처짐각($\Delta s/l$)이 $\Delta s/l<1/500$이면 구조물이 손상되지 않으며, $\Delta s/l>1/300$이면 건물의 기능과 외형상 문제가 발생하고, $\Delta s/l>1/150$이면 구조적인 손상이 발생된다. 철근콘크리트는 $\Delta s/l>1/50$이면 균열이 발생한다.

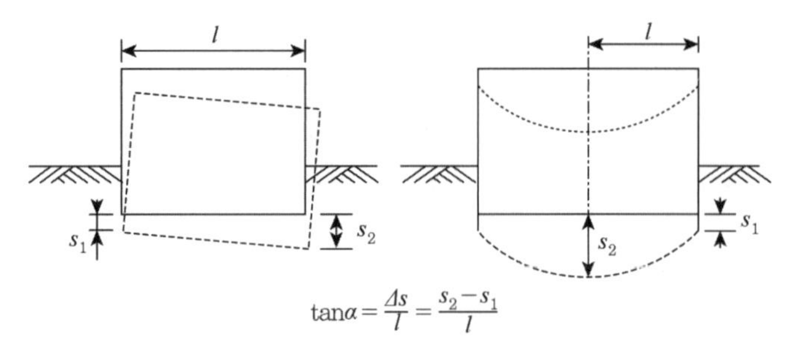

해설 그림 4.3.21 처짐각의 정의

해설 그림 4.3.22는 Bjerrum(1963)이 조사한 구조물의 허용부등침하(처짐각)한계를 나타낸다.

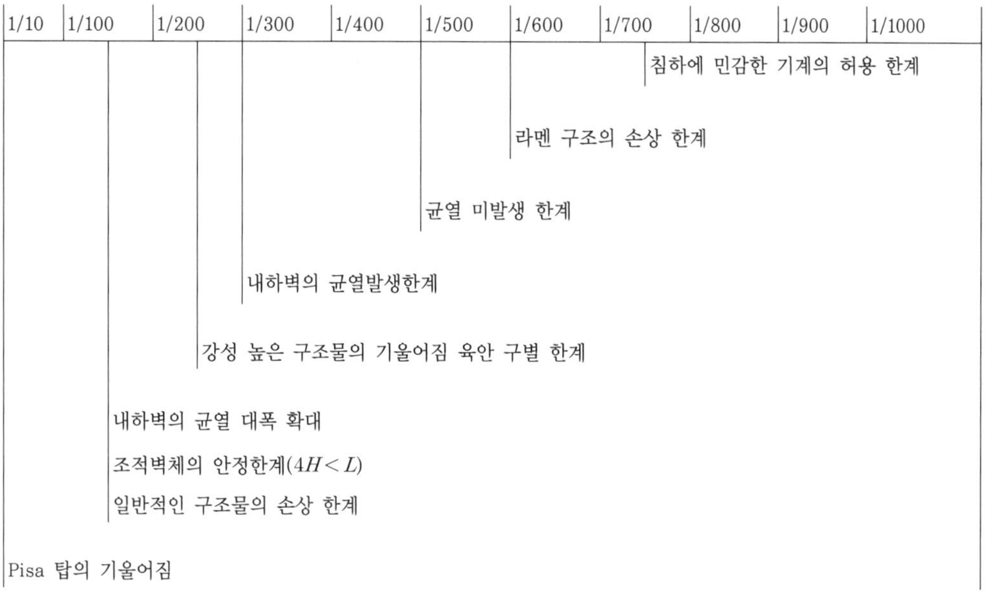

1/10 1/100 1/200 1/300 1/400 1/500 1/600 1/700 1/800 1/900 1/1000

침하에 민감한 기계의 허용 한계

라멘 구조의 손상 한계

균열 미발생 한계

내하벽의 균열발생한계

강성 높은 구조물의 기울어짐 육안 구별 한계

내하벽의 균열 대폭 확대

조적벽체의 안정한계($4H < L$)

일반적인 구조물의 손상 한계

Pisa 탑의 기울어짐

해설 그림 4.3.22 구조물의 허용부등침하(처짐각)(Bjerrum, 1963)

4.3.7 사용하중상태에서 침하속도 및 침하량이 예측값과 부합되는지를 판단하고 대책이 요구되는 경우 구조물 준공 후 일정 기간 동안 침하를 관측한다.

해설

(1) 침하량을 계산한 지반 또는 구조물에서는 구조물 준공 후에도 중요한 위치에서 침하 상태를 관측해서 부등침하 등의 침하에 의한 구조물 손상을 방지해야 한다. 실측값과 계산값을 비교분석한 결과를 바탕으로 대책을 마련해야 침하 방지 기술의 발전을 기대할 수 있다.

(2) 침하관측 목적 : 침하관측은 기존 또는 신축 구조물에 대해 시행하며, 침하관측을 통하여 다음의 내용을 알 수 있다.

- 차기 공정의 시점을 정할 수 있다.
- 근접시공, 지하수위 강하, 언더피닝 등에 의한 기존 구조물 손상 원인을 밝힐 수 있다.
- 해당 지반의 거동을 파악할 수 있다.
- 향후 침하 거동을 예측할 수 있다.

(3) 침하를 관측하는 측점은 현장 여건에 따라 기초형상, 상부구조물 형태, 기초형태, 구조물의 강성도 및 하중분포 등을 고려하여 정하며, 작용하중이 급변하는 곳에서는 측점을 조밀하게, 죠인트부에서는 양측에 조밀하게 정한다. 휨을 측정할 때에는 해당 측선상에서 3개 이상의 측점을 선정하며, 부등침하가 예상되는 곳에서는 조밀하게 측점을 선정한다.

(4) 구조물과 지반 침하의 측정 정밀도는 측정목적과 예상침하량에 따라 정하며, 해설 표 4.3.8을 참조한다.

(5) 전체침하량은 최초측정치를 기준으로 하며, 최초 침하측정은 가능한 하중이 작을 때 실시해야 한다. 건설공정이 일정하게 반복될 때에는 전체하중의 25%, 50%, 75%, 100%가 작용할 때 측정하며, 점성토와 유기질 지반에서는 구조물 완성 후에 침하가 더 많이 발생할 수 있으므로 이에 유념하여 측정시기를 정한다.

해설 표 4.3.8 침하 측정의 정밀도

분류	측정 목적	소요 정밀도	평균오차	측정방법
I	침하>30mm인 경우	낮음	최종침하량의 10%	레벨, 수평계
II	일상적인 고층건물·지하구조물	중간	±3mm	레벨, 수평계
III	침하<30mm인 민감한 구조물	높음	±0.5mm	정밀레벨, 정밀수평계
IV	휨성이 작은 지층상에 축조된 휨과 부등침하에 민감한 구조물	특별히 높음	±0.3mm	정밀레벨
			±0.1mm	정밀수평계

주) 1) I, II, III의 높이변화수치는 고정측점에 기준한 것이고 IV의 수치는 인접측점에 대한 상대적인 것이다.
2) 위의 수치는 두 개의 측정시간에 대한 것이므로 측정 평균오차에 $\sqrt{2}$ 배하여 적용한다.
3) 정밀도 검토가 필요한 모든 측선에 측점을 설치해야 한다.

(6) 측정결과는 시간-하중곡선과 시간-침하곡선을 그려서 나타내며, 시간-침하곡선에서 기울기, 즉 침하속도를 구하여 시간-침하속도 관계를 그리면, 전체적인 침하 발달 상황을 예측하는 데 도움이 된다.

해설 그림 4.3.23은 총 10회의 침하계측 결과를 순서대로 정리한 예를 나타낸다.

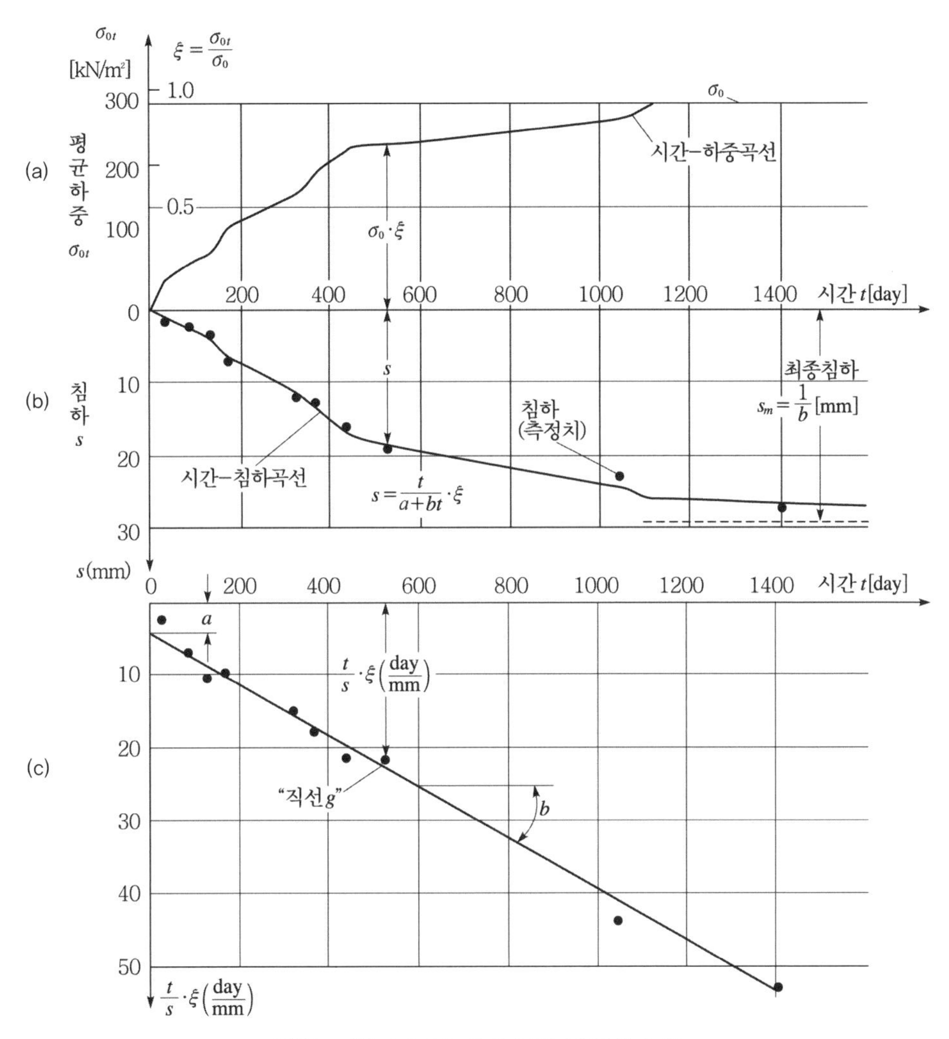

해설 그림 4.3.23 침하측정 결과정리 예

① 측정치를 이용하여 시간 t(day)−하중 σ_{0t} 관계를 그린다(해설 그림 4.3.23(a) : 시간−하중곡선).

② 시간 t−침하 s 관계를 점으로 표시한다(해설 그림 4.3.23(b) : 시간−침하곡선).

③ 각 침하측정 시의 하중 σ_0에 대해서 현재 하중 σ_{0t}의 비, 즉 $\xi = \sigma_{0t}/\sigma_0$를 구한다.

④ 각 침하 측정치에 대해서 $\xi \cdot t/s$를 구하여 $t - \xi \cdot t/s$ 관계를 해설 그림 4.3.23(c)와 같이 표시한다.

⑤ 해설 그림 4.3.23(c)에서 '직선 g'를 구하여 그 절편 a와 기울기 b를 구한다.

⑥ 시간-침하관계 곡선을 구하여 표시한다($s = \frac{t}{a+bt} \cdot \xi$).

4.4 전면기초

4.4.1 전면기초는 여러 개의 기둥들을 지지하는 커다란 콘크리트 슬래브이며, 근입깊이는 건물 외측을 기준으로 하고 합력의 작용위치는 각각 기둥들의 위치와 작용 하중의 크기에 따라 결정한다.

해설

4.4.1 전면기초는 여러 개의 기둥들을 지지하는 커다란 콘크리트 슬래브로 구조물의 바닥면적과 같은 크기의 확대기초이고 큰 저장탱크, 산업설비, 굴뚝 및 타워(tower) 구조물 등을 지지하는 데 적용한다. 전면기초는 다음의 경우에 적용한다.

① 상부구조물의 하중이 매우 크거나 지반의 지지력이 작아서 독립기초로 설계하면 기초 바닥 면적의 합이 구조물 전체 바닥면적의 50%를 초과하여, 전면기초로 하는 것이 더 경제적이거나 시공이 용이한 경우
② 지지층이 압축성 렌즈층이나 공동 등 불량지층을 국부적으로 포함하거나 지반상태가 매우 복잡하여 위치별로 부등침하가 크게 일어나기 쉬운 조건 또는 지반의 팽창성이 커서 부등한 지반융기가 발생될 조건인 경우
③ 상부구조물 하중의 크기가 위치별로 심하게 달라서 위치별로 과도한 부등침하가 예상되는 경우
④ 수평하중이 부등하게 작용하여 위치별로 수평변위가 다르게 일어날 수 있는 경우
⑤ 상부구조물의 하중에 비하여 상향하중이 매우 커서 추가 하중을 가해야 하는 경우
⑥ 구조물 바닥이 지하수위 아래에 위치하여 방수가 용이하지 않은 경우

4.4.2 전면기초의 허용지지력은 상부구조-기초판-지반의 상대적 거동을 고려하여 강성법, 연성법, 혼합법, 수치해석법 등으로 구할 수 있으며, 계산방법의 선택과 그 결과의 활용은 설계자의 판단에 따른다.

해설

(1) 전면기초의 지지력은 독립기초와 같은 방법으로 결정한다. 다만 전면기초가 대개 직사각형이므로 직사각형에 대한 형상계수를 적용하며 합력의 작용위치는 각각의 기둥의 위치와 작용하는 하중의 크기에 따라 결정된다. 전면기초의 근입깊이는 건물내측이 아닌 외측을 기준한다. 일반적으로 안전율을 3.0 이상으로 하며 점성토에서는 안전율이 최소 1.75 이상 유지되어야 한다.

전면기초의 설계는 사용되는 가정에 따라 다음의 방법을 적용한다.

① 강성법(rigid method)
② 연성법(flexible method or Winkler method)
③ 수치해석법(numerical analysis)

가. 강성법에 의한 전면기초의 설계

1. 개요

강성법에서는 전면기초가 강체이며, 지반이 선형탄성체이고, 기초저면의 접지압분포가 선형이고, 그 접지압의 중심과 기둥하중의 합력의 작용선이 일치한다고 가정한다. 그러나 실제기초는 강체가 아니므로 기둥위치에서 가장 큰 침하가 발생하여 접지압이 선형이 아닌 경우가 많다.

2. 전면기초의 접지압력

강성법에서는 기초가 강체이며 기초 아래의 압력은 직선분포라고 가정한다. 기둥하중에 의하여 전면기초 아래에 생기는 접지압력(contact pressure)은 다음과 같이 구한다(해설 그림 4.4.1).

① 전면기초의 크기는 $B \times L$이고, 기둥하중이 Q_1, Q_2, Q_3, …일 때, 전체 기둥하중 Q를 구한다.

$$Q = Q_1 + Q_2 + Q_3 \cdots \qquad \text{해설 (4.4.1)}$$

② 기초 아래 A, B, C, D, … 점에서의 접지압력은 해설 식(4.4.2)로 구한다.

$$q = \frac{Q}{A} \pm \frac{M_y}{I_y} x \pm \frac{M_x}{I_x} y \qquad \text{해설 (4.4.2)}$$

여기서, $A = B \times L$: 기초의 면적

$I_x = BL^3/12$: 기초의 x축에 대한 단면 2차 모멘트

$I_y = LB^3/12$: 기초의 y축에 대한 단면 2차 모멘트

$M_x = Q \cdot e_y$: x축에 대한 기둥하중에 의한 모멘트

$M_y = Q \cdot e_x$: y축에 대한 기둥하중에 의한 모멘트

e_x : x 방향으로의 하중 Q의 편심거리

e_y : y 방향으로의 하중 Q의 편심거리

e_x, e_y는 x, y 방향으로의 하중 편심거리이다. 이것은 x', y' 축을 사용해서 해설 식(4.4.3)과 같이 구한다.

$$X' = \frac{Q_1 x_1{}' + Q_2 x_2{}' + Q_3 x_3{}' + \cdots}{Q} \quad \text{해설 (4.4.3a)}$$

$$e_x = X' - \frac{B}{2} \quad \text{해설 (4.4.3b)}$$

$$Y' = \frac{Q_1 y_1{}' + Q_2 y_2{}' + Q_3 y_3{}' + \cdots}{Q} \quad \text{해설 (4.4.3c)}$$

$$e_y = Y' - \frac{L}{2} \quad \text{해설 (4.4.3d)}$$

3. 강성법에 의한 전면기초의 설계

전면기초에 작용하는 모멘트와 전단력을 다음과 같이 구하여 기초의 두께와 철근량을 산정한다.

① 전면 기초를 x, y 방향으로 몇 개의 띠(strip)로 분할한다(해설 그림 4.4.1). 각 띠의 폭을 B_1이라고 한다.

② x, y 방향으로의 각각의 띠에 대해서 다음과 같은 방법으로 전단력도와 모멘트도를 그린다.

− x 방향의 가장 아래쪽 띠에서, 평균 접지압력 q_{av}는 해설 식(4.4.4)와 같다.

$$q_{av} = \frac{q_I + q_F}{2} \quad \text{해설 (4.4.4)}$$

여기서, $q_I,\ q_F = I,\ F$점에서의 접지압력

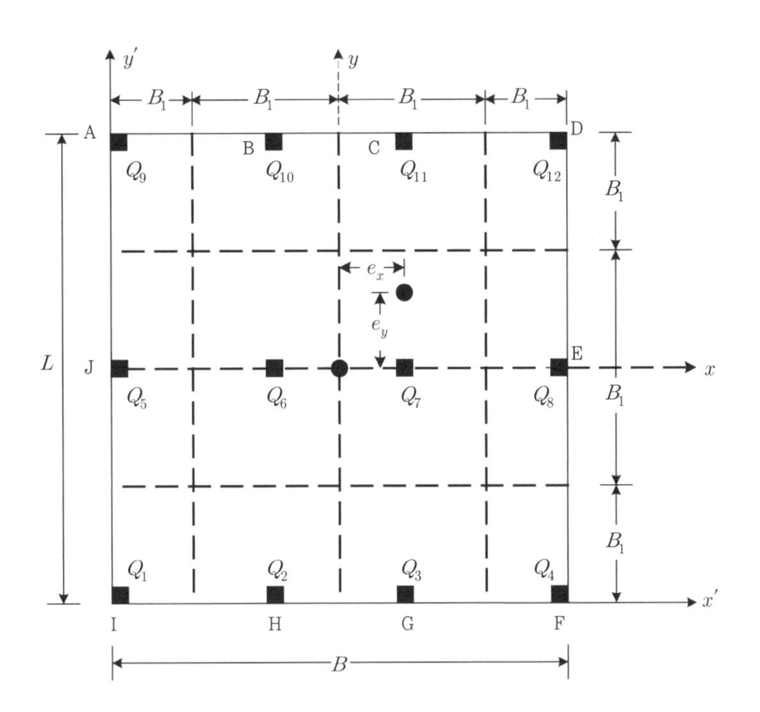

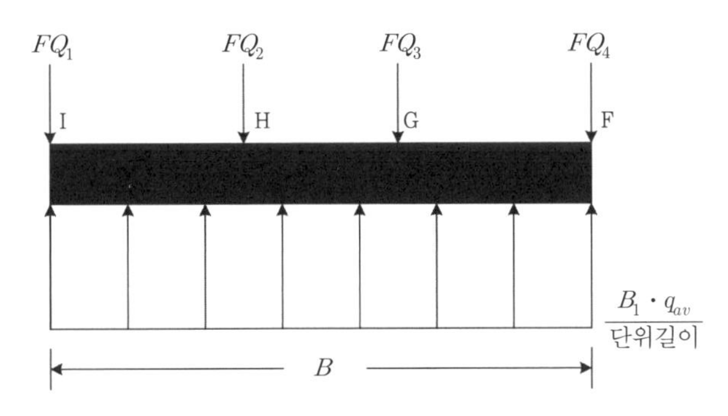

해설 그림 4.4.1 강성법에 의한 전면기초 설계

- 전체 접지압력은 $q_{av}B_1B$이며, 띠에 작용하는 기둥하중의 합은 $Q_1 + Q_2 + Q_3 + Q_4$이다. 그러나 인접한 띠 사이의 전단력을 고려하지 않기 때문에 띠에 작용하는 기둥 하중의 합이 $q_{av}B_1B$와 같지 않다. 따라서 접지압력과 기둥하중을 다음과 같이 수정한다.

→ 수정된 접지압력 q_{av}'는 해설 식(4.4.5)와 같다.

$$q_{av}' = q_{av}\left(\frac{\text{평균하중}}{q_{av}B_1B}\right) \qquad \text{해설 (4.4.5)}$$

$$\text{평균하중} = \frac{q_{av}B_1B + (Q_1 + Q_2 + Q_3 + Q_4)}{2} \qquad \text{해설 (4.4.6)}$$

→기둥하중의 수정계수 F는 해설 식(4.4.7)과 같다.

$$F = \frac{\text{평균하중}}{Q_1 + Q_2 + Q_3 + Q_4} \qquad \text{해설 (4.4.7)}$$

수정된 기둥하중은 FQ_1, FQ_2, FQ_3, FQ_4이다.

- 수정된 접지압력과 기둥하중을 이용하여 전단력도와 모멘트도를 그린다.
- x, y 방향의 모든 띠에 대하여 위와 같은 과정을 반복한다.

③ 최대전단력에 대하여 전면기초의 깊이 h를 구한다.
④ 최대모멘트에 대하여 철근량을 산정한다.

나. 연성법에 의한 전면기초의 설계

1. 설계개요

연성법(flexible method)은 Winkler의 이론을 기초로 하기 때문에 Winkler 방법(Winkler method)이라고도 하며, 지반을 탄성스프링으로 대체하고, 기초판이 무한 개의 스프링으로 지지된 것으로 가정한다(해설 그림 4.4.2a). 가정한 스프링의 탄성계수를 지반반력계수(coefficient of subgrade reaction) k라고 한다. 해설 그림 4.4.2b와 같이 길이가 무한대이고 폭이 B_1이며 집중하중 Q를 받고 있는 보를 가정하면, 임의 단면에서의 모멘트 M은 해설 식(4.4.8)과 같다.

$$M = E_F I_F \frac{d^2 z}{dx^2} \qquad \text{해설 (4.4.8)}$$

여기서, E_F : 보의 탄성계수

$I_F = B_1 h^3 / 12$: 보의 단면 2차 모멘트

전단력 S와 지반반력 q는 각각 해설 식(4.4.9), (4.4.10)과 같다.

$$S = \frac{dM}{dx} \qquad \text{해설 (4.4.9)}$$

$$q = \frac{dS}{dx} = \frac{d^2M}{dx^2} \qquad \text{해설 (4.4.10)}$$

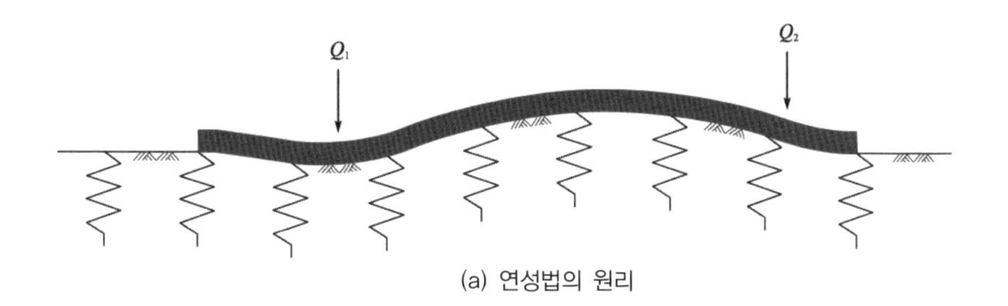

(a) 연성법의 원리

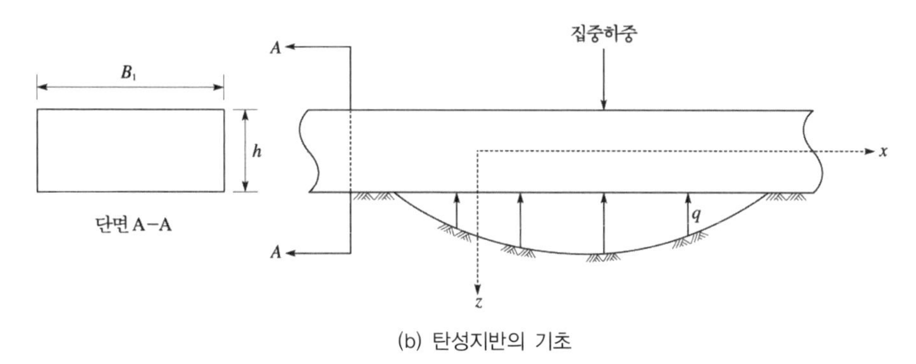

(b) 탄성지반의 기초

해설 그림 4.4.2 Winkler 모델

지반반력 q는 해설 식(4.4.11)과 같다.

$$q = E_F I_F \frac{d^4 z}{dx^4} \qquad \text{해설 (4.4.11)}$$

그런데 지반반력계수 k의 정의로부터 지반반력 q는 해설 식(4.4.12)와 같다.

$$q = -zk' \qquad \text{해설 (4.4.12)}$$

여기서, z : 처짐량, $k' = kB_1$이다.

따라서 연성기초의 처짐 지배방정식을 해설 식(4.4.13)과 같이 나타낼 수 있다.

$$E_F I_F \frac{d^4 z}{dx^4} = -zkB_1 \qquad \text{해설 (4.4.13)}$$

해설 식(4.4.13)의 해는 해설 식(4.4.14)와 같다.

$$z = e^{-ax}(A'\cos\beta x + A''\sin\beta x) \qquad \text{해설 (4.4.14)}$$

여기에서, A'와 A''는 적분상수이며, β는 해설 식(4.4.15)와 같이 정의되는 값이다.

$$\beta = 4\sqrt{\frac{B_1 k}{4E_F I_F}} \qquad \text{해설 (4.4.15)}$$

이것은 전면기초를 강성법으로 설계해야 할지, 또는 연성법으로 설계해야 할지를 결정하는 기준이 되는 값이다. 강성법을 적용하기 위해서는 기둥의 간격이 규칙적이며 기둥간격이 $1.75/\beta$보다 작고 인접 기둥간격이 20% 이상 차이가 나지 않아야 한다. 이 조건들을 만족되지 않을 경우에는 연성법으로 설계하여야 한다(ACI Committee 436, 1966).

2. 지반반력계수

가) 정의

지반반력계수(coefficient of subgrade reaction)는 전면기초나 고속도로 또는 비행장의 포장설계에 중요한 자료이며 대개 평판재하시험이나 표준관입시험을 실시하여 실험적으로 구하거나 계산식을 이용하여 구한다. 폭 B의 기초에 단위면적당 하중 q가 작용하여 δ만큼의 침하가 일어날 때, 지반반력계수 k는 해설 식(4.4.16)과 같이 정의한다(해설 그림 4.4.3).

$$k = q/\delta \qquad \text{해설 (4.4.16)}$$

k의 단위는 kN/m^3이며, 지반반력계수의 값은 주어진 흙에 대한 상수가 아니

고, 침하량에 따라 달라지며, 기초의 길이 L, 폭 B, 기초의 깊이 등 여러 가지 요소의 영향을 받는다.

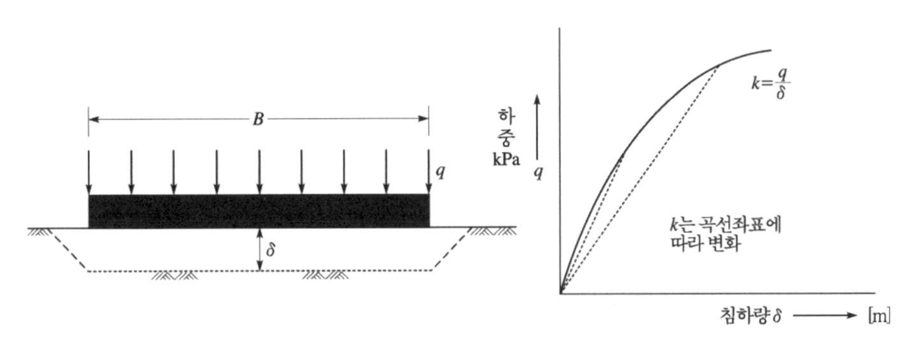

해설 그림 4.4.3 지반반력계수의 결정

나) 지반반력계수 구하는 법

1) 평판재하시험

$k_{0.3}$값은 현장에서 정사각형 평판 (0.3m×0.3m)으로 재하시험을 행하여 결정할 수 있으며, 이 $k_{0.3}$값으로부터 큰 평판의 k값을 구할 수 있다. 지반반력계수 k는 기초폭에 따라 감소한다.

① 사질토 지반의 기초

$$k_{BB} = k_{0.3}\left(\frac{B+0.3}{2B}\right)^2 \qquad \text{해설 (4.4.17)}$$

여기서, $k_{0.3}$: 0.3m×0.3m 크기의 기초의 지반반력계수(kN/m^3)

k_{BB} : B(m)×B(m) 크기의 기초의 지반반력계수(kN/m^3)

② 점성토 지반의 기초

$$k_{BB} = k_{0.3}\left(\frac{0.3}{B}\right) \qquad \text{해설 (4.4.18)}$$

③ 직사각형 기초(폭 : B, 길이 : L)

$$k_{BL} = \frac{k_{BB}\left(1 + 0.5\frac{B}{L}\right)}{1.5} \qquad \text{해설 (4.4.19)}$$

여기서, k_{BL} : $B \times L$ 크기의 직사각형 기초의 지반반력계수
(길이가 매우 긴 기초($B/L=0$)의 경우, $k_{BL} = 0.67k_{BB}$)

사질토의 탄성계수는 깊이에 따라 증가하고, 기초의 침하량은 탄성계수에 따라 달라지기 때문에, 지반반력계수는 기초 근입깊이가 깊어질수록 증가한다. 해설 표 4.4.1은 사질토와 점성토의 지반반력계수 $k_{0.3}$의 대략적인 범위이다.

2) 표준관입시험

사질토 지반의 $k_{0.3}$의 값은 수정한 표준관입시험치 N으로부터 해설 식(4.4.20)과 같이 구할 수 있다(Scott, 1981).

$$k_{0.3}(\text{MN/m}^3) = 1.8N \qquad \text{해설 (4.4.20)}$$

해설 표 4.4.1 사질토와 점성토의 지반반력계수 $k_{0.3}$(q_u = 일축압축강도)

구분		지반반력계수
건조하거나 젖은 모래	느슨한(loose) 모래	8,000~25,000kN/m^3
	중간(medium) 모래	25,000~125,000kN/m^3
	조밀한(dense) 모래	125,000~375,000kN/m^3
포화된 모래	느슨한(loose) 모래	10,000~15,000kN/m^3
	중간(medium) 모래	35,000~40,000kN/m^3
	조밀한(dense) 모래	130,000~150,000kN/m^3
굳은 점토(q_u=100~200kPa)		12,000~25,000kN/m^3
매우 굳은 점토(q_u=200~400kPa)		25,000~50,000kN/m^3
단단한 점토(q_u>400kPa)		50,000kN/m^3 이상

3) 변형계수로부터 계산

지반반력계수는 지반의 탄성계수 E_s와 포아송비 v로부터 해설 식(4.4.21a)와 같이 구할 수 있다(Vesic, 1961).

$$k_{0.3} = 0.65^{12}\sqrt{\frac{E_s B^4}{E_F I_F}}\frac{E_s}{B(1-\nu^2)} \qquad \text{해설 (4.4.21a)}$$

해설 식(4.4.21a)는 근사적으로 해설 식(4.4.21b)와 같이 된다.

$$k_{0.3} = \frac{E_s}{B(1-\nu^2)} \qquad \text{해설 (4.4.21b)}$$

여기서, E_F : 기초의 탄성계수

I_F : 기초의 단면 2차 모멘트

4) 허용지지력으로부터 계산

지반의 탄성변형률 E_s를 구할 수 없거나 평판재하시험을 실시할 수 없는 경우에 지반반력계수는 해설 식(4.4.22)와 같이 구할 수 있다(Bowles, 1996).

$$k_{0.3} = 40F q_a (\mathrm{kN/m^3}) \qquad \text{해설 (4.4.22)}$$

여기서, q_a는 침하량 25.4mm일 때의 지반의 극한지지력을 안전율 F로 나눈 허용지지력이다.

5) 침하해석으로부터 계산

지반반력계수는 침하해석으로부터 역으로 계산하여 얻을 수 있다. 즉, 전면기초에서 침하는 등분포접지압을 가정하여 평균침하를 구한 후에 접지압을 평균침하로 나누어 지반반력계수를 구할 수 있다.

$$k_{0.3} = \frac{P}{\Delta H_{avg}} \qquad \text{해설 (4.4.23)}$$

여기서, ΔH_{avg} = 전면기초의 평균침하 (계산된 값)

완전탄성체에 놓여진 연성원형전면 기초의 평균침하 ΔH_{avg}는 중앙침하의 0.85배이다.

다) 지반반력계수의 제한성

평판재하시험으로부터 결정된 지반반력계수는 주의해서 판단하여 이용하여야 한다. 평판재하시험의 재하판과 실제 전면기초의 크기가 다르기 때문에 평판재하시험에서는 깊은 지반에서 일어나는 변형을 반영하지 못한다. 또한 불포화점토나 완전포화점토에서는 평판재하시험의 재하시간이 점토의 압밀이 완료되기에 충분하지 못하기 때문에 그 결과를 신뢰할 수 없을 수도 있다.

3. 연성법에 의한 전면기초의 설계

전면기초를 설계하기 위한 연성법은 주로 평판이론에 근거한 것으로 다음과 같은 순서로 진행하며(ACI Committee 436, 1966), 기둥하중에 의해 발생하는 모멘트, 전단력, 처짐을 구할 수 있고, 두 개 이상의 기둥이 영향을 미치는 곳에서는 중첩의 원리를 적용하여 모멘트, 전단력, 처짐을 구할 수 있다.

① 기초의 폭 b에 대한 지반반력계수를 결정한다.

점성토 : $k_b = k_v / b$ 해설 (4.4.24a)

사질토 : $k_b = k_v / \left(\frac{b+l}{2b}\right)^2$ 해설 (4.4.24b)

② 위험단면에서 전단력에 대한 전면기초의 두께 h를 앞의 강성법에 의하여 산정한다.

③ 전면기초의 탄성계수 E_F값과 포아송비 υ_F를 결정한다.

④ 전면기초의 휨강성 R(flexural rigidity)을 구한다.

$$R = \frac{E_F h^3}{12(1-v_F^2)} \qquad \text{해설 (4.4.25)}$$

⑤ 유효강성반경(radius of effective stiffness) L'를 지반반력계수 k와 휨강성 R로부터 구하며, 개별절점하중, 즉 기둥하중의 영향권은 $(3\sim4)L'$이다.

$$L' = \sqrt[4]{\frac{R}{k}} \qquad \text{해설 (4.4.26)}$$

⑥ 기둥하중에 의하여 임의 점에 발생하는 접선모멘트(tangential moment) M_t와 방사방향 모멘트(radial moment) M_r를 해설 식(4.4.27)로부터 구한다.

$$M_r = -\frac{Q}{4}\left[A_1 - \frac{(1-v_F)A_2}{\frac{r}{L'}}\right] \qquad \text{해설 (4.4.27a)}$$

$$M_t = -\frac{Q}{4}\left[v_F A_1 + \frac{(1-v_F)A_2}{\frac{r}{L'}}\right] \qquad \text{해설 (4.4.27b)}$$

여기서, r = 하중작용점으로부터의 방사상 거리
Q = 기둥하중
A_1, A_2는 r/L'의 함수(해설 그림 4.4.5)

직교좌표계에서의 모멘트는 해설 식(4.4.28)과 같다(해설 그림 4.4.4).

$$M_x = M_t \sin^2\alpha + M_r \cos^2\alpha \qquad \text{해설 (4.4.28a)}$$

$$M_y = M_t \cos^2\alpha + M_r \sin^2\alpha \qquad \text{해설 (4.4.28b)}$$

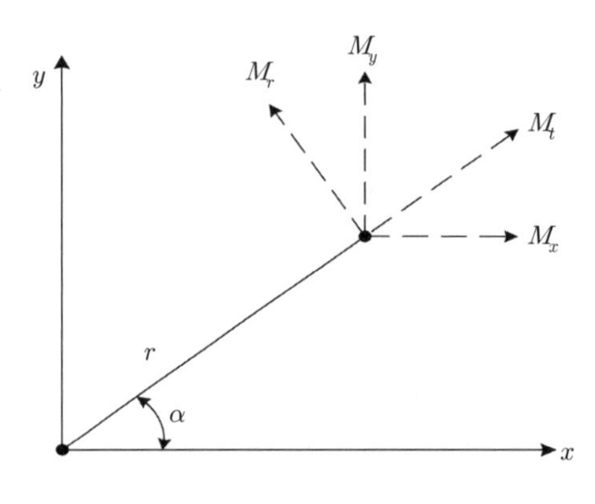

해설 그림 4.4.4 직교 좌표계 전환

⑦ 기둥하중에 의한 전면기초의 단위폭당 전단력 S와 처짐 z를 각각 해설 식 (4.4.29), (4.4.30)과 같이 구한다.

$$S = -\frac{Q}{4L'}A_3 \qquad \text{해설 (4.4.29)}$$

$$z = \frac{QL'^2}{4R}A_4 \qquad \text{해설 (4.4.30)}$$

여기서, A_3, A_4는 r/L'의 함수(해설 그림 4.4.5)

⑧ 전면기초의 가장자리가 기둥의 영향권에 있을 경우에는, 전면기초가 연속되어 있는 것으로 가정하고 모멘트와 전단력을 구하여 부호를 반대로 한다.

⑨ 내부 절점하중에 의한 모멘트나 처짐을 구하기 위해서 각 절점하중의 효과를 구하여 중첩시킨다.

⑩ 각 절점하중의 영향 반경 안에 전면기초의 끝이 위치할 때에는 아래사항들을 적용하여 수정한다.

- 무한히 큰 전면기초 공식에서 단부의 위치를 해석하여 절점 하중의 영향 반경 안에시 전면기초 끝에 수직으로 작용하는 모멘트와 전단력을 계산한다.
- 전면기초의 단부에서의 반대부호의 임의 모멘트와 전단력을 적용한다. 기초 단부에 수직으로 탄성기초상에 위치한 일련의 보를 해석하여 전면

기초의 모멘트와 전단력을 결정한다. 전면 기초내부에 큰 공동이 있는 경우에도 비슷한 순서를 적용한다. ⑨ 단계에서 계산된 모멘트에 이들 모멘트들을 중첩시킨다.

⑪ 상부구조물 하중이 깊은 기초벽을 따라 분배될 때에는 아래 순서를 따른다.

- 상부구조물의 하중을 벽체를 따라 선하중으로 가정해서 평가한다.
- 전면기초를 단부에 선하중이 작용하고 기초벽에 수직이며 단위폭을 갖는 띠로 나눈다. 탄성기초위에 있는 보로 간주하여 띠를 해석한다.
- 위의 해석에서 구한 모멘트와 전단력을 내부하중으로부터 구한 모멘트와 전단력에 중첩시킨다.

(2) 지반을 반무한 연속탄성체로 모델화하고 상부구조물의 강성도를 고려하여 전면기초를 해석할 수 있다. 지반은 선형탄성, 비선형탄성, 탄소성 등과 같이 다양한 구성관계를 적용할 수가 있다. 특히 유한요소법은 이러한 문제들에 적합하며 다양한 컴퓨터 프로그램들이 개발되어 있다.

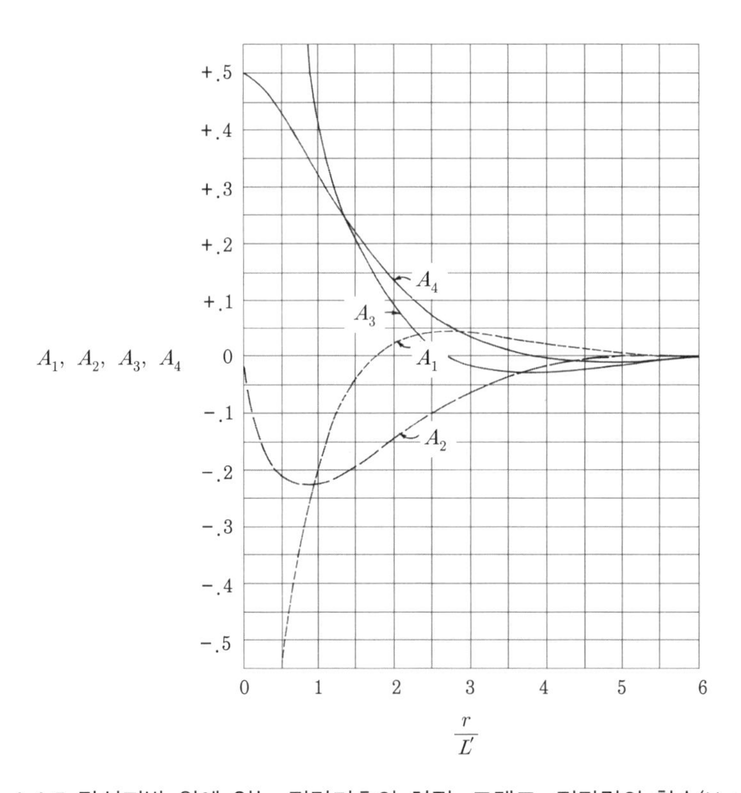

해설 그림 4.4.5 탄성지반 위에 있는 전면기초의 처짐, 모멘트, 전단력의 함수(Hetenyi, 1946)

4.4.3 전면기초는 하부지반에 국부적으로 존재하는 연약지층 등의 특성보다는 지반의 전체적인 특성을 적용하여 침하를 계산하여야 하며, 전체침하와 부등침하가 과도하게 발생하지 않아야 한다.
4.4.4 전면기초의 침하는 지반과 상부구조물의 강성에 따라서 기둥의 위치별로 다르게 발생할 수 있으며 이로 인해 상부구조물 및 기초판에 손상이 발생하는지 여부를 검토한다.

해설

4.4.3 전면기초는 독립기초보다 폭이 크기 때문에 하부지반에서 기초에 의한 영향권이 크므로 침하가 크게 발생한다. 그러나 전면기초 하부지반에 국부적으로 존재하는 연약지층의 압축에 의한 부등침하는 작게 발생한다. 따라서 전면기초의 침하계산 시에는 하부지반의 국부적인 특성보다는 지반 전체의 특성이 중요하다.

(1) 사질토에서 전면기초의 근입깊이가 작으면 (D_f/B< 3) 전면기초의 중앙보다 가장자리에서 침하가 크게 발생한다. 그러나 근입깊이가 크면 (D_f/B≥3) 침하는 대체로 균등하게 발생한다. 점토에서 전면기초에 등분포 재하중이 작용하는 경우에는 침하량이 중앙에서는 크고 가장자리에서는 작으므로 침하구덩이가 생긴다. 접지압이 균등하지 않으면 부등침하가 커지므로 상부구조물의 강성을 증가시키거나 말뚝기초를 설치하거나 근입깊이를 다르게 하여 부등침하를 줄인다. 전면기초에서는 부등침하가 전체침하에 비하여 작게 일어나며 부등침하/전체침하의 비는 독립기초의 절반정도가 된다. 따라서 허용부등침하가 같은 경우에는 전체허용침하량이 독립기초보다 2배가 된다.
(2) 전면기초는 다른 종류의 기초와 마찬가지로 전체 전단파괴에 대해 충분한 안전율을 가져야 하고 과도한 침하가 일어나지 않아야 한다. 전면기초는 단지 큰 기초이므로 주요한 지지개념은 일반적인 얕은기초의 내용을 적용할 수 있다. 조립토에 설치한 전면기초의 극한지지력은 일반적으로 매우 크므로 침하에 의하여 설계가 좌우된다. 점성토에 설치한 전면기초에서는 심부 지층에서의 전단파괴에 대한 안전율을 확인할 수 있도록 깊은 지층의 전단강도를 알아야 한다.

4.4.4 전면기초의 침하는 지반과 상부구조물의 강성에 따라서 기둥의 위치별로 다르게 발생할 수 있으며, 이로 인한 상부구조물 및 기초판의 손상유무는 4.4.2절의 연성법이나 수치해석법 등을 사용하여 검토할 수 있다.

| 참 고 문 헌 |

1. 대한토질공학회(1986). 건설부제정 구조물 기초설계기준 해설, 제3장 얕은기초.
2. 한국지반공학회(1992). 구조물 기초설계기준, 제3장 얕은기초, 구미서관.
3. 한국지반공학회(2003). 구조물 기초설계기준 해설, 제4장 얕은기초, 구미서관.
4. 대한토목학회(2001). 도로교설계기준 해설 (하부구조편).
5. ○○ 고속도로 설계보고서(2012), ○○ 고속도로 설계보고서, pp.69-78.
6. Aas, G., Lacasse, S., Lunne, T., and Hoeg, K.(1986), Use of In Situ Tests for Foundation Design in Clay, Proceedings, In Situ '86, American Society of Civil Engineers, pp.1-30.
7. AASHTO(1996), Standard Specifications for Highway Bridges, 16th Ed., American Associate of State and Highway Transportation Officials, Washington D. C.
8. AASHTO(2002), Standard Specifications for Highway Bridges, 17th Ed., American Associate of State and Highway Transportation Officials, Washington D. C.
9. American Concrete Institute Committee 436(1966), Suggested Design Procedures for Combined Footings and Mats, Journal of American Concrete Institute, Vol. 63, No.10, pp.1041-1057.
10. Baguelin, F., Je'ze'quel, J.F. and Shields, D.H.(1978), The Pressuremeter and Foundation Engineering, Trans Tech publications, pp.617.
11. Barton, N.R., Lien, R. and Lunde, J.(1974), Engineering Classification of Rock Masses for the Design of Tunnel Support. Rock Mech. Vol.6, No.4, pp.189-236.
12. Bieniawski, Z.T.(1989), Engineering Rock Mass Classification, John Wiley & Sons Inc. New York, pp.51-72.
13. Bjerrum, L.(1963), Allowable Settlement of Structures, Proceedings 3rd European Conference on Soil Mechanics and Foundation Engineering, Weisbaden, Vol.3, pp.135-137.
14. Bjerrum, L.(1972), Embankments on Soft Ground, Proceedings ASCE Speciality Conference on Performance of Earth and Earth-Supported Structures, Layfayette, Vol. 2, pp.1-54.
15. Bond, D.W.(1961), Influence of Foundation Size on Settlement, Geotechnique, Vol. 11, No.2, pp.121-143.
16. Bowles, J.E.(1977), Foundation Analysis and Design, McGraw Hill Book Co., New York, pp.137-139.
17. Bowles, J.E.(1996), Foundation Analysis and Design, McGraw Hill Book Co., New York, pp.219-280.

18. Burland J., Broms, B.B. and DeMello, V.F.B.(1977), Behaviour of Foundations and Structures, Proceedings 9th ICSMFE, Tokyo, Vol. 2, pp.495–546.
19. Button, S. J.(1953), The Bearing Capacity of Footings on a Two – Layer Cohesive Subsoil, Proceedings, 3rd International Conference on Soil Mechanics and Foundation Engineering, Zurich, pp.332–335.
20. Canadian Geotechnical Society(1985), Canadian Foundation Engineering Manual, 2nd Ed., Canadian Geotechnical Society, pp.141–144.
21. Canadian Geotechnical Society(1992), Shallow Foundations, Canadian Foundation Engineering Manual, Montreal, Canada, Part 2.
22. Canadian Geotechnical Society(2007), Canadian Foundation Engineering Manual, 4th Ed., Canadian Geotechnical Society, pp.141–144.
23. Christian, J.T. and Carrier, W.D. III(1978), Janbu, Bjerrum and Kjaernsli's Chart Reinterpreted, Canadian Geotechnical Journal, Vol.15, No.1, pp.123–128.
24. Coduto, D.P.(1994), Foundation Design : Principles and Practices, Prentice Hall, Inc., pp.142–245.
25. D'Appolonia, D.J., D'Appolonia, E., and Brisette, R.F.(1968), Settlements on Spread Footings on Sand, American Society of Civil Engineers, ASCE, Journal of Soil Mechanics and Foundation Engineering, Vol. 94, SM3, pp.735–760.
26. Das, B.M.(1995), Principles of Foundation Engineering, Third Ed. PWS, Div. of Inter. Thompson Pub. Inc.
27. Department of Civil Engineering, Institute of Transportation and Traffic Engineering(1965), Stresses and Deflections in Foundation and Pavements, University of California, Berkeley.
28. Duncan, J.M., and Buchingnani, A.L.(1976), An Engineering Manual for Settlement Studies, Department of Civil Engineering, University of California, Berkeley.
29. Fang, H.Y.(1991), Foundation Engineering Handbook, Second Edition, Van Nostrand Reinhold, New York, pp.145–221.
30. Feld, J.(1965), Tolerance of Structures to Settlement, American Society of Civil Engineers, ASCE, Journal for Soil Mechanics and Foundation Engineering, Vol. 91, SM3, pp.63–67.
31. Franklin, J.A., and Gruspier, J.E.(1983), Evaluation of Shales for Construction Projects, Ontario Ministry of Transportation and Communications, Research and Development Branch, pp.98.
32. Hansen, J.B.(1970). A Revised and Extended Formula for Bearing Capacity, Danish Geotechnical Institute, Bulletin 28, Copenhagen.
33. Hetenyi, M.(1946). Beams of Elastic Foundations, University of Michigan Press, Ann Arbor.

34. Hoek, E.(1983), Strength of Jointed Rock Masses, 23rd Rankine Lecture, Geote-chnique Vol. 33(3), pp.187-223.
35. Hoek, E., and Brown, E.T.(1980) Underground Excavations in Rock, Instn. Min. Metall., London.
36. Hunt, R.E.(1986), Geotechnical Engineering Analysis and Evaluation, McGraw-Hill Book Company, pp.266-330.
37. Janbu, N., Bjerrum, L., and Kjaernsli, B.(1956), Veiledning ved losning av fundamenteringsoppgaver, Norweigian Geotechnical Institute Publication 16, A. A. Balkema, Rotterdam, pp.57-153.
38. Kumbhojkar, A.S.(1993), Numerical evaluation of Terzaghi's N_γ, Journal of Geotechnical Engineering, Vol. 119, No. 3, pp.598-607.
39. Ladanyi, B. and Roy, A.(1971), Some Aspects of Bearing Capacity of Rock Mass, Proceedings, 7th Canadian Symposium on Rock Mechanics, Edmonton, pp.161-190.
40. Ladanyi, B., Dufour, R., Larocque, G.S., Samson, L., and Scott, J.S.(1974), Report of the Subcommittee on Foundations and Near Surface Structures to the Canadian Advisory Committee on Rock Mechanics, p.55.
41. Menard, L.(1965), Regle pour le Calcul de la Force Portante et du Tassement des Foundations en Fonction des Resultats Pressiometri ques, Proceedings 6th ICSMFE, Montreal, Vol 2., p.295-299.
42. Mesri, G.(1973). Coefficient of Secondary Compression, American Society of Civil Engineers, ASCE, Journal for Soil Mechanics and Foundation Engineering, Vol. 99, SM1, pp.122-137.
43. Meyerhof, G.G.(1953), The Bearing Capacity of Foundations under Eccentric and Inclined Loads, Proceedings, Third International Conference on Soil Mechanics and Foundation Engineering, Zurich.
44. Meyerhof, G.G.(1955), Influence of Roughness of Base and Ground Water Condition on the Ultimate Bearing Capacity of Foundations, Geotechnique. 5:227.
45. Meyerhof, G.G.(1956), Penetration Tests and Bearing Capacity of Cohesionless Soil, American Society of Civil Engineers, ASCE, Journal for Soil Mechanics and Foundation Engineering, Vol. 82, SM1, pp.1-19.
46. Meyerhof, G.G.(1957), The Ultimate Bearing Capacity of Foundations on Slopes, Proceedings, Fourth International Conference on Soil Mechanics and Foundation Engineering, London.
47. Meyerhof, G.G.(1957), Some Recent Research on the Bearing Capacity of Foundations, Canadian Geotechnical Journal, Vol. 1, No. 1, pp.16-26.
48. Meyerhof, G.G.(1965), Shallow Foundations, American Society of Civil Engineers, ASCE,

Journal for Soil Mechanics and Foundation Engineering, Vol. 91, SM2, pp.21-31.
49. Meyerhof, G.G.(1974), Ultimate bearing capacity of footing on sand layer overlying clay, Canadian Geotechnical Journal, 11, pp.223-229.
50. Meyerhof, G.G., and Hanna, A.M.(1978), Ultimate bearing capacity of foundation on layered soils under inclined load, Canadian Geotechnical Journal, 15, pp.565-572.
51. Newmark, N.M.(1942), Influence Charts for Computation of Stresses in Elastic Foundations, University of Illinois, Engineering Experiment Station, Bulletin 338, pp.28.
52. Peck, R.B., Hanson, W.E., and Thornburn, T.H.(1974), Foundation Engineering; Second Edition, John Wiley and Sons.
53. Prandtl, L.(1920), Uber die Harte plastischer Korper(On the Hardness of Plastic Bodies), Nachr. Kgl. Ges Wiss Gottingen, Math-Phys. Kl., pp.74 (in German).
54. Schmertmann, J.H., and Hartman, J.P.(1978), Improved Strain Influence Factor Diagrams, Journal of the Geotechnical Engineering Division, American Society of Civil Engineers, Vol. 104, No. GT8, pp.1131-1135.
55. Scott, R.F.(1981). Foundation Analysis, Prentice-Hall, Englewood Cliffs, N.J.
56. Shields, D.H., Scott, J.D., Bauer, G.E., Deschenes, J.H., and Barsvary, A.K.(1977), Bearing Capacity of Foundations Near Slopes, Proceedings 9th ICSMFE, Tokyo, Vol. 2, pp.715-720.
57. Skempton, A.W., and McDonald, D.H.(1956), Allowable Settlement of Buildings, Proceedings, Institute of Civil Engineers, Vol. 3, No. 5, pp.727-768.
58. Terzaghi, K.(1925), Erdbaumechanik auf bodenphysikalischer Grundlage (Soil Mechanics on soil physics basis), F. Deuticke, Vienna.
59. Terzaghi, K.(1943), Theoretical Soil Mechanics, Wiley, New York.
60. U.S. NAVY(1971), Soil Mechanics, Foundations and Earth Structures, NAVFAC Design Manual 7, Washington, D.C.
61. U.S. NAVY(1982), Soil Mechanics, NAVFAC Design Manual 7.1, Naval Facilities Engineering Command, Arlington, VA.
62. U.S. NAVY(1982), Foundations and Earth Structures, NAVFAC Design Manual 7.2, Naval Facilities Engineering Command, Arlington, VA.
63. Vesic, A.S.(1961), Bending of Beams Resting on Isotropic Elastic Solid, ASCE Journal of the Engineering Mechanics Division, Vol. 87, No. EM2, pp.35-53.
64. Vesic, A.S.(1973), Analysis of ultimate loads of shallow foundations, Journal of the Soil Mechanics and Foundation Division, ASCE, Vol. 99, No. SM1, pp.45-73.
65. Vesic, A.S.(1975), Bearing Capacity of Shallow Foundations, Foundation Engineering Handbook, 1st Ed., pp.121-147, Winterkorn, Hans F. and Fang, Hsai-Yang, eds., Van Nostrand Reinhold, New York.

제 5 장 깊은기초

5.1 일반사항

5.1.1 이 장은 건물, 교량, 기계기초, 옹벽 등 각종 건축물과 토목구조물에 적용되는 말뚝기초와 케이슨기초설계에 적용한다.

해설

5.1.1 각종 건축구조물과 토목구조물의 기초구조물 중 깊은기초로 정의되는 기초 설계에 적용된다. 깊은기초의 종류에는 기성말뚝(기성콘크리트말뚝, 강재말뚝, 합성말뚝 등)이나 현장타설말뚝을 사용하는 말뚝기초와 오픈케이슨, 박스케이슨, 공기케이슨 등으로 설계되는 케이슨기초로 대별된다. 본 장에서 다루는 깊은기초의 종류를 해설 그림 5.1.1에 나타내며, 상세한 시공방법 설명은 5.4.1절 (8)항에 기술한다.

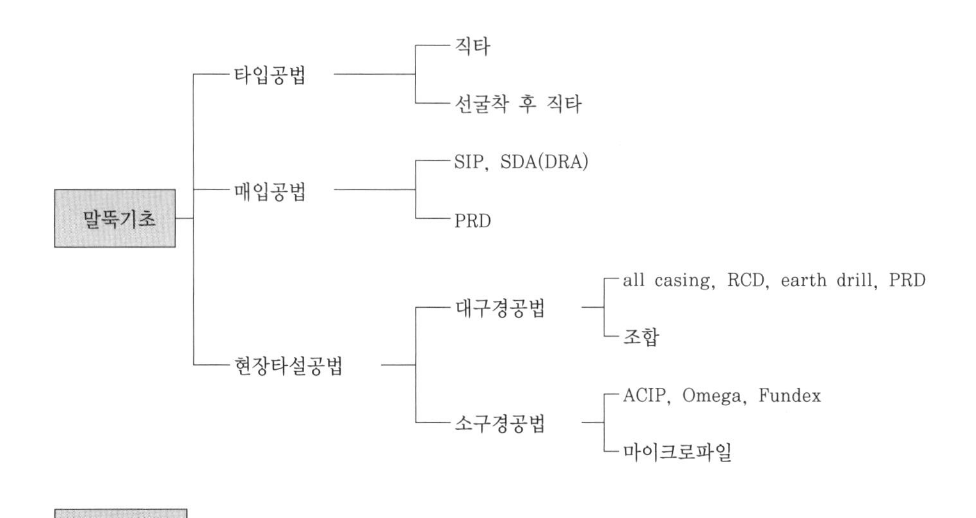

주) SIP(Soil－cement Injected precast Pile), SDA(Separated Doughnut Auger), DRA(Dual Respective Auger), PRD(Percussion Rotary Drill), RCD(Reverse Circulation Drill), ACIP(Auger Cast In－situ Pile)

해설 그림 5.1.1 깊은기초의 종류

5.1.2 깊은기초의 설계는 다음 사항을 검토하여 결정한다.
(1) 기초의 지지력은 작용하중에 대해 충분한 안전율을 확보하여야 한다.
(2) 기초의 변위는 상부 구조물에 유해한 영향을 주지 않아야 한다.
5.1.3 기초의 설계 시는 안정성 외에 경제성, 시공성, 환경영향 등을 검토한다.

해설

5.1.2 깊은기초를 설계할 때에는 기초의 지지력이 작용하중에 대해 충분한 안전율을 확보하도록 검토하여야 하며, 동시에 기초의 변위로 인해 상부 구조물에 유해한 기능상의 영향을 주지 않도록 검토하여 설계하여야 한다. 안전율에 대해서는 5.2.3절 (2)항에 설명한다.

5.1.3 상부 구조물로부터 기초구조물에 전달되는 하중과 변위에 대한 안정성을 확보하는 것이 기초설계의 기본목표이다. 그러나 설계의 이론과 기법은 실무적 현실성을 갖추어야 하므로 설계 시에는 가장 경제적이면서 시공여건까지 고려한 합리적인 설계가 되어야 한다. 아울러 설계 기술자는 기초구조물 시공에 따른 소음·진동, 지반오염이나 생태학적 영향 여부 등 환경적 요구사항을 충족시키는 설계가 되도록 종합적으로 검토하여야 한다.

5.2 말뚝의 축방향 지지력과 변위

5.2.1 말뚝의 축방향 허용지지력은 말뚝본체의 허용압축하중과 지반의 허용지지력 중 작은 값 이하로 한다. 말뚝의 축방향 변위는 상부 구조물의 허용변위량 이내로 한다.

해설

5.2.1 말뚝의 축방향 허용지지력은 지반의 허용지지력과 말뚝재료의 허용하중을 비교하여 작은 값으로 결정한다. 선진 외국에서는 말뚝재료의 허용하중에 상당하는 지반조건까지 말뚝을 시공하여 말뚝재료를 최대한 활용하는 최적 설계기법을 적용하는 경우도 있다. 반면, 국내의 경우 과거에는 말뚝이 설치되는 지반의 허용지지력은 말뚝 시공상의

한계 때문에 말뚝재료의 허용하중과 비교하여 낮은 것이 보통이었으며, 이에 따라 말뚝의 축방향 허용지지력은 지반의 허용지지력에 의하여 결정되는 경우가 대부분이었다. 그러나 말뚝 시공기술과 관리기술의 지속적인 향상에 힘입어 점차 설계에 적용하는 지반의 허용지지력은 증가하는 추세이다.

말뚝기초의 축방향 허용지지력은 외말뚝의 축방향 극한지지력을 소정의 안전율로 나눈 값을 기준으로 하고, 다음 각 항목을 고려하여 판정한다.

- 말뚝재료의 압축응력
- 이음에 의한 감소
- 장경비(長徑比)에 의한 감소
- 부주면마찰력
- 무리말뚝작용(말뚝간격 고려)
- 말뚝 침하량

외말뚝의 축방향 지지력을 결정하는 방법으로는

- 정역학적 지지력공식
- 현장시험 결과에 의한 경험공식
- 파동방정식
- 동역학적 항타공식
- 정적, 동적 재하시험
- 기존자료에 의한 추정법

등이 이용되고 있으며 이들 각 방법들은 축방향 지지력 결정의 목적, 현장여건 등에 따라 선택적으로 적용된다.

5.2.2 말뚝본체의 허용압축하중은 다음 사항을 고려하여 결정한다.

(1) 강말뚝

① 강말뚝 본체의 허용압축하중은 강재의 허용압축응력에 본체의 유효단면적을 곱한 값에 장경비(말뚝 직경에 대한 길이의 비) 및 말뚝이음에 의한 지지하중 감소를 고려하여 결정한다.

② 강말뚝 본체의 유효단면적은 구조물 사용기간 중의 부식을 공제한 값으로 하되, 부식을 공제할 때에는 육상말뚝과 해상말뚝으로 구분하여 고려한다.

③ 지하수에 의해 부식이 우려되는 경우에는 강재부식 방지공을 검토하고 이 조건을 고려하여 강말뚝 본체의 허용압축하중을 결정한다.

(2) 기성콘크리트말뚝

① RC말뚝 본체의 허용압축하중은 콘크리트의 허용압축응력에 콘크리트의 단면적을 곱한 값에 장경비 및 말뚝이음에 의한 지지하중 감소를 고려하여 결정한다.

② PC말뚝 및 PHC말뚝 본체의 허용압축하중은 콘크리트의 허용압축응력에 콘크리트의 단면적을 곱한 값에 프리스트레싱의 영향을 고려하고 장경비 및 말뚝이음에 의한 지지하중 감소를 고려하여 결정한다.

③ 지하수에 의해 부식이 우려되는 경우에는 부식방지공을 검토하여야 하며, 이 조건을 고려하여 말뚝 본체의 허용압축하중을 결정한다.

(3) 현장타설 콘크리트말뚝

① 현장타설 콘크리트말뚝 본체의 허용압축하중은 콘크리트와 보강재로 구분하여 허용압축하중을 각각 산정한 다음 이 두 값을 합하여 결정한다.

② 콘크리트의 허용압축하중은 콘크리트의 허용압축응력에 콘크리트의 단면적을 곱한 값으로 한다.

③ 보강재의 허용압축하중은 보강재의 허용압축응력에 보강재의 단면적을 곱한 값으로 한다.

④ 지하수에 의해 부식이 우려되는 경우에는 부식방지공을 고려하여 말뚝 본체의 허용압축하중을 결정한다.

(4) 기타 종류의 말뚝

합성말뚝 본체의 허용압축하중은 해당 재료에 대해 필요한 구조계산을 실시하여 결정한다.

해설

5.2.2 말뚝의 구조재로서의 장기 허용압축하중은 말뚝재료의 허용압축응력에 말뚝의 유효단면적을 곱한 값을 기본으로 한다. 그러나 실제 말뚝재료별 장기 허용압축응력은 재료의 특성에 따라 산정 방법이 상이하기 때문에 일률적으로 취급할 수는 없으므로 말뚝재료별로 구분하여 나타낸다. 여기에 이음 시공하는 경우에는 말뚝이음에 의한 허용하중

감소를 고려하여야 하며 말뚝 길이 대 말뚝 직경비로 정의되는 장경비를 동시에 고려하여 말뚝의 허용압축하중을 결정해야 하므로 말뚝재료별 공통사항으로 기술한다.

(1) 강말뚝

현재 국내에서는 SKK400 및 SKK490의 두 가지 종류의 강재가 말뚝재료로 사용되고 있다. 이들 강재의 허용압축응력은 각각 140MPa과 190MPa이다. 강말뚝 재료의 허용압축하중은 이 값에 강재의 유효단면적을 곱한 값으로 한다. 또한 근래 국내에서 개발된 초고강도 강재(SKK590)의 허용압축응력은 235MPa이다. 강관 말뚝 제작에 요구되는 기본적인 재료적 특성은 한국산업표준(KS F 4602)에서 정하는 바에 따른다. 말뚝재료의 유효단면적은 구조물의 내용년수 동안의 부식을 공제한 값으로 한다. 강말뚝의 부식은 흙의 구성, 지하수위 위치, 흙의 전기비저항, 산화환원전위(SHE), 함수비, pH, 황산염 함유량, 황화물과 황화수소의 존재 유무 등에 따라 상이하게 나타난다. 따라서 말뚝이 설치되는 지역조건 및 환경조건에 따른 부식두께(내용년수 100년 고려)는 다음과 같다.

1) 해상조건의 말뚝인 경우, 2mm보다 큰 부식두께를 적용한다.
2) 육상(내륙)조건인 경우, 부식 영향인자에 대한 지반환경평가를 실시하여 다음과 같은 평가기준을 만족하는 경우 1mm의 부식두께를 적용한다.
   - 산화환원전위 (SHE) : 200mV 이상((社)腐蝕防食協會, 1986; AASHTO, 2007)
   - 전기비저항 : 5000ohm·cm 이상(AASHTO, 2007; DIN, 1985)
   - pH : 4.0~8.5(ANSI, 1972)
   - 황산염 함유량 : 200ppm 이하(AASHTO, 2007)
   - 유화물 유무 : 유화물 흔적 없음(ANSI, 1972)

(2) 기성콘크리트말뚝

기성콘크리트말뚝 중 RC말뚝은 원칙적으로 콘크리트 압축강도의 최대 25%까지를 말뚝재료의 장기 허용압축응력으로 한다. 기성콘크리트말뚝은 일반적인 지반조건의 경우 부식이 거의 문제되지 않으며, 따라서 재료 단면적을 100% 사용할 수 있지만 특히 부식성이 높은 지하수 조건일 경우에는 부식방지공을 검토하여야 한다. 현재 국내에서 사용되는 기성콘크리트말뚝은 거의 대부분 PC 또는 PHC말뚝으로서 프리스트레싱 방식으로 제작되고 있다. 프리스트레싱이 기성콘크리트 말뚝재료의 장기 허용압축응력에 미치는 영향에 대하여는 여러 가지 제안들이 있지만 아직까지 분명한 이론이 정립되지 못하였다. 따라서 PC 또는 PHC말뚝의 장기 허용압축하중은 경험적 방법으로 결정할 수밖에 없는 실정이다. 해설 표 5.2.1은 국내에서 가장 보편적으로 적용되는 기성 콘크리트말뚝 중 고강도 콘크리트말뚝(PHC)의 장기 허용압축하중의 예이며, PHC말뚝 제작에 요구되는 기본적인 재료적 특성은 한국산업표준(KS F 4306)에서 정하는 바에 따라야 한다. 한편 최근에는 콘크리트 압축강도가 110MPa 이상인 초고강도 PHC말뚝이 개발되어 사용되는 사례가 보고되고 있는데 사용실적과 설계사례가 아직 충분하지 않으므로 적용 시에는 면밀한 검토가 요구된다.

해설 표 5.2.1 PHC말뚝의 장기 허용압축하중(한국원심력콘크리트공업협동조합, 2008)

직경 (mm)	두께 (mm)	단면적 (m^2)	구분	유효 프리스트레싱 (MPa)	허용 축하중 (kN)	비고
350	60	0.0547	A종	4.2	900	
			B종	7.8	920	
			C종	9.9	910	
400	65	0.0684	A종	4.2	1,120	
			B종	7.9	1,150	
			C종	10.4	1,130	
450	70	0.0836	A종	4.2	1,370	콘크리트 압축강도(MPa) : A종 : 80 B·C종 : 85
			B종	8.2	1,410	
			C종	10.4	1,380	
500	80	0.1056	A종	4.2	1,730	
			B종	7.8	1,780	
			C종	10.0	1,750	콘크리트 허용압축응력 (MPa): A종 : 20 B·C종 : 21.3
600	90	0.1442	A종	4.1	2,360	
			B종	7.9	2,430	
			C종	10.2	2,390	
700	100	0.1885	A종	4.2	3,090	
			B종	8.2	3,180	
			C종	10.3	3,120	
800	110	0.2385	A종	4.2	3,910	
			B종	8.2	4,020	
			C종	10.4	3,950	

(3) 현장타설 콘크리트말뚝

현장타설 콘크리트말뚝 재료의 허용하중은 콘크리트 부위와 보강재 부위로 구분하여 두 부분의 허용하중을 각각 산정한 다음 이 두 값을 합하여 결정한다.

가. 콘크리트부위

현장타설 콘크리트말뚝의 재료는 땅 속에서 타설되기 때문에 기성콘크리트말뚝보다 품질면에서 열악할 수밖에 없으므로 말뚝재료의 장기 허용압축응력을 산정하는 데에는 정밀한 품질관리 실시가 전제된다. 현장타설 콘크리트말뚝의 재료 강도 산정 시 장기 허용압축응력은 콘크리트 타설시 정밀한 품질관리를 전제로 콘크리트 압축강도의 최대 25%(≤8.5MPa)까지 적용할 수 있다. 다만, 콘크리트타설 조건상 지하수가 존재하는 상태에서 이 값을 적용하기 위해서는 수중타설 콘크리트에 대한 조치를 취할 경우에 한한다.

나. 보강재부위

보강재의 장기 허용압축응력은 항복강도의 40%로 한다.

다. 기타

일반적인 지하수조건일 경우 현장타설 콘크리트말뚝에서 부식은 거의 문제시되지 않는다. 그러나 특히 부식성이 높은 지하수조건일 경우에는 부식방지공을 검토하여야 한다.

(4) 기타 종류의 말뚝

기타 종류의 말뚝으로는 합성말뚝, 복합말뚝, 마이크로파일 등이 있다. 합성말뚝에는 강관 내부에 콘크리트가 채워진 말뚝, 현장타설 콘크리트말뚝에서 보강재로써 철근 이외의 강재가 사용된 말뚝, PHC 내부에 전단키를 두고 콘크리트를 충전하는 말뚝 등이 있다. 또한 복합말뚝에는 지표면에서 비교적 얕은 깊이까지 작용하는 횡방향 하중 및 모멘트를 지지하기 위해 상부는 강재말뚝, 그리고 하부는 기성콘크리트말뚝을 이음연결하여 시공하는 말뚝 등이 있다.

합성말뚝 본체의 허용압축하중은 보편적으로 사용되는 설계방법에 따라 해당 재료에 대해 필요한 구조계산을 실시하여 결정한다.

기성제품을 사용하여 상하로 조합한 복합말뚝의 경우 본체의 허용압축하중은 각각의 허용압축응력에 유효단면적을 곱한 값 중 작은 값으로 한다.

마이크로파일의 허용압축하중은 그라우트와 강봉의 허용압축하중을 합하여 계산한다. 그라우트의 허용압축하중은 그라우트 압축강도의 40%에 유효단면적을 곱하여 산정하고, 강봉의 허용압축하중은 항복강도의 47%(인장의 경우 55%)(FHWA, 2005)에 유효단면적을 곱하여 산정한다. 축하중 보강을 목적으로 설치하는 것과 같은 특수한 경우를 제외하고는 마이크로파일의 재료하중에서 케이싱의 역할은 무시한다.

(5) 공통사항

가. 말뚝이음에 의한 지지하중 감소

말뚝을 이음시공하면, ① 이음이 없는 말뚝과 비교했을 때 이음부의 위, 아래 말뚝의 접촉면이 고르지 않고 재질의 변화에 의한 응력집중의 가능성, 말뚝이음에 사용한 철물의 부식, 휨강성의 감소 및 이음부에서의 휨의 발생이 가능하며 ② 말뚝을 항타하는 동안에 이음부 재료의 피로, 이음부의 갈라짐이나 단면훼손, 볼트 이음의 경우 볼트가 풀릴 가능성 등이 있다.

이러한 현상은 말뚝의 종류, 이음방법, 이음수, 말뚝의 크기와 모양, 지반 및 지층조건, 말뚝시공법 등에 따라 다를 것이다. 말뚝의 허용지지하중 감소율은 이러한 여러 요소들의 복합적인 원인에 의하여 야기되는 강도감소를 정량적으로 종합한 것이므로 특정한 수치로 표시하기 어려운 실정이다. 이음에 대한 감소율을 해설 표 5.2.2에 제시하였으나 이 값들은 절대적인 것이 아니므로 현장조건을 감안하여 감소율을 정하여야 한다.

해설 표 5.2.2 말뚝이음에 의한 허용하중 감소율

이음방법	용접이음	볼트식이음	비고
감소율	5%/개소	10%/개소	매입말뚝인 경우에는 이음부 손상이 거의 없으므로 이음방법별 감소율을 절반으로 적용

나. 장경비에 의한 지지하중 감소

긴말뚝은 연직으로 곧게 세우기 어려워서 편심이 발생하거나 휨이 일어날 가능성이 많다. 또한 긴말뚝을 박으려면 타격에너지가 크게 되어 말뚝재질에 손상을 입히기 쉬우며, 현장타설 콘크리트말뚝은 말뚝이 길면 콘크리트 단면 및 품질의 균질성을 유지하기 어려운 점 등 여러 요인이 말뚝의 허용응력의 감소요인이 된다. 이러한 감소요인은 말뚝길이가 같을 경우 직경이 작을수록 더 큰 감소량을 나타낼 것이므로 감소율은 장경비 L/d에 비례한다. 따라서 장경비가 큰 말뚝은 해설 식(5.2.1)을 적용하여 말뚝재료의 허용응력을 감소시켜 적용한다.

$$\mu = \left[\frac{L}{d} - n\right] \qquad \text{해설 (5.2.1)}$$

여기서, μ : 장경비에 의한 말뚝의 허용응력 감소율(%)

L/d : 말뚝길이/말뚝직경=장경비

n : 허용응력을 감소시키지 않아도 되는 L/d의 상한 값(해설 표 5.2.3 참조)

해설 표 5.2.3 장경비에 의한 허용응력 감소의 한계치

말뚝 종류	n	장경비의 상한계[1]
RC말뚝	70	90
PC말뚝	80	105
PHC말뚝	85	110
강관말뚝	100	130
현장타설 콘크리트말뚝	60	80

주) 1) 장경비에 의한 말뚝재료의 허용응력 감소를 감안하더라도, 장경비의 상한계 이상의 긴말뚝은 설계하지 않는 것이 좋다.

다. 장경비가 크며 이음부가 있는 경우

장경비가 큰 말뚝으로서 이음부가 있는 경우에는 이음과 장경비에 의한 각각의 감소율의 합을 허용응력의 감소율로 본다.

5.2.3 지반의 축방향 허용압축지지력은 다음 사항을 고려하여 결정한다.

(1) 외말뚝 조건에서 지반의 축방향 허용압축지지력은 축방향 극한압축지지력을 소정의 안전율로 나눈 값으로 한다.

(2) 안전율은 축방향 극한압축지지력을 산정하는 방법의 신뢰도에 따라 적절한 값을 적용한다.

(3) 말뚝의 축방향 압축지지력은 다음과 같이 결정한다.

① 일정규모 이상의 공사에서는 시험말뚝을 설치하고 압축재하시험을 실시하여 지반의 축방향 극한압축지지력을 확인한다.

② 공사 규모가 작거나 제반 여건상 시험말뚝 시공과 압축재하시험이 곤란한 경우에는 지반조사와 토질시험 결과를 이용한 정역학적 지지력공식을 이용하거나 표준관입시험, 정적관입시험, 공내재하시험 등과 같은 원위치시험 결과를 이용한 경험식에 의하여 축방향 극한압축지지력을 계산할 수 있다. 그러나 이들 방법의 신뢰도는 극히 낮기 때문에 공사 초기에 실제 말뚝을 대상으로 압축재하시험을 실시하여 축방향 허용압축지지력을 확인한다.

(4) 항타공법으로 말뚝을 시공하는 경우에는 파동이론분석을 실시하여 항타장비 선정, 항타시공 관입성 및 지반의 축방향 극한압축지지력 등을 검토하되 시험말뚝 시공 시 동적거동측정을 실시하여 이를 확인한다.

해설

5.2.3 지반의 축방향 허용압축지지력을 산정하는 방법에는 실제로 말뚝을 시험시공하지 않는 경우 정역학적 지지력 산정공식을 이용하는 방법, 원위치 시험결과를 이용하는 방법, 경험식에 의하는 방법, 파동이론분석에 의하는 방법 등 다양한 방법들이 있다. 그러나 이들 방법은 어떤 것을 사용하더라도 그 신뢰도는 재하시험을 통하여 얻는 경우에 비해 상대적으로 낮으며 실제 말뚝기초의 지지력과는 차이가 있다. 각종 말뚝지지력 산정방법의 신뢰도가 낮은 이유는 아래와 같이 요약할 수 있다.

- 기초설계를 위하여 실시되는 지반조사는 한정된 위치에 한정된 수량만 시행되기 때문에 실제 말뚝이 시공되는 위치의 지반조건과는 차이가 있을 수 있다. 또 지반조사 방법 자체가 갖고 있는 한계에 의해서도 실제 말뚝의 조건과는 차이가 있을 수 있다.
- 지금까지 말뚝지지력 산정을 위하여 개발된 각종 이론적, 경험적 방법들은 무수히 많이 존재하고 있다. 그러나 이들 많은 지지력 산정식들 중 모든 지반조건에 사용할 수 있는 범용성이 확보된 방법은 없는 실정이다.
- 말뚝을 타입공법으로 시공하는 경우, 말뚝재료-지반-시공장비의 3가지 조건으로 결정되는 항타시공 관입성(driveability)이 필수적으로 고려되어야 하는데 파동이론 분석을 제외한 나머지 방법에서는 이를 고려할 수 없으며 따라서 실제 말뚝의 지지력과는 차이가 있을 수밖에 없다.
- 매입말뚝 공법의 경우 굴착방법, 주입방법, 굴착공벽 붕괴여부, 시멘트풀 주입효과 등에 따라 선단지지력 및 주면마찰력의 크기와 변화정도에 영향을 받으므로 실제 지반에 대한 시험시공을 실시하여 예측하는 것이 가장 바람직하다.
- 현장타설 콘크리트말뚝에서 암반 소켓팅(rock socket)부의 주면마찰력 산정에 관한 각종 제안식 및 선단지지력 산정공식들은 현장의 특성이 충분히 반영되지 않아 공식에 따라 그 변화폭이 10배 이상 차이가 나는 등 실제 말뚝지지력과는 큰 차이가 있다.

우리나라 말뚝기초 설계의 경우 구 기준(구조물 기초설계기준, 2002; 구조물 기초설계기준 및 해설, 2003)이 마련되는 시점까지는 거의 대부분 시험시공을 실시하지 않고 앞서 언급한 방법들에 의해 말뚝지지력을 산정해 오고 있었다. 그러나 2003년도 개정 후 금번 개정시점까지의 설계 경향은 시험시공을 통한 설계확정 작업이 상당부분 진전되어 오고 있다. 특히 기성말뚝을 사용하는 타입공법이나 매입말뚝 공법 등에 대한 설계의 경우는 유관 정부기관의 엄격해진 시방조건 및 설계 기술자의 경험축적을 통해 최적 설계가 이루어지고 있다. 그 결과 설계하중은 5.2.2절에서 예시한 말뚝본체 허용압축하중의 40~60% 정도만을 설계에서 활용하던 상황에서 근래에는 80%를 상회하는 수준까지 향상되고 있는 실정이다.

이에 금번 「구조물 기초 설계기준」에서는 2003년 「구조물 기초 설계기준 및 해설」에서 도입하기 시작하였던 시험시공 성과에 의한 설계를 보다 더 적극적으로 유도하기 위해 5.2.3절 (3)항에 규정한 바와 같이 일정규모 이상의 공사에서 설계를 위한 시험말뚝 설치 및 압축재하시험의 실시를 적극적으로 권장하고 있다. 이때 말뚝의 축방향 극한압축지지력을 확인할 수 있는 재하시험계획이 요구되며 말뚝재하시험을 실시할 때에는 시간경과효과 등 후술하는 제반 조건들에 부합되도록 하는 것이 바람직하다.

(1) 외말뚝의 기준 축방향 허용압축지지력

외말뚝(single pile)은 말뚝이 단독으로 설치되는 경우나 주변에 무리를 형성하여 설치되더라도 후술하는 무리말뚝효과(5.2.6절)에 의한 지지력 감소현상을 고려할 필요가 없는 말뚝을 말한다. 외말뚝 조건에서 지반의 축방향 허용압축지지력은 지반조사 성과로부터 획득되는 실내 및 현장시험결과를 이용하는 방법과, 기존 실적을 토대로 경험식에 의한 방법, 그리고 가장 신뢰도가 높은 재하시험을 통하여 결정하는 방법 등이 있다. 외말뚝 조건의 축방향 지반허용지지력은 이들 산정방법을 이용하여 구한 지반의 극한압축지지력에 허용응력설계법에 근간을 둔 안전율을 적용하여 구하되 안전율은 지지력 산정방법에 따라 구분하여 적용한다.

(2) 허용지지력 산정을 위한 적절한 안전율 적용

가. 안전율의 적용

외말뚝 조건에서 지반의 기준 축방향 허용압축지지력은 원칙적으로 축방향 극한압축지지력을 안전율 3.0으로 나눈 값이다. 그러나 지반의 극한압축지지력은 앞서 언급한 바와 같이 산정하는 방법에 따라 신뢰도에 차이가 있으므로 허용지지력을 결정하기 위한 안전율 적용에 이를 고려하는 것이 합리적 설계의 근간이 되며 아래와 같이 안전율 적용의 기본원칙을 요약한다.

- 지반조사와 토질시험 결과를 바탕으로 정역학적 지지력공식을 이용하여 극한지지력을 계산한 경우에는 안전율 3.0 이상을 적용한다.
- 지반조사와 표준관입시험 결과를 이용한 경험공식을 이용할 때에는 안전율 3.0 이상을 적용한다.
- 실제 시공에 앞서 시험시공된 말뚝의 재하시험 결과로부터 기준 축방향 허용지지력을 결정할 경우에는 원칙적으로 극한지지력을 안전율 3.0으로 나눈

값으로 한다. 이것은 지반의 극한파괴현상에 대해서 안전율을 3.0으로 본다는 뜻으로 항복 현상에 대해서는 2.0 정도의 안전율이 될 것이다.

- 구조물 기초로 실제 시공된 말뚝기초의 설계 축방향 허용압축지지력을 재하시험을 실시하여 확인하는 경우에는 시험의 현장 대표성과 시험결과인 하중-침하량 관계를 검토하여 적절한 안전율을 적용하도록 한다. 말뚝재하시험이 실시되는 말뚝의 현장 대표성은 재하시험 횟수와 관계된다. 재하시험실시 횟수는 5.4.4절을 기준으로 하는데, 정재하시험의 경우 일반적으로 지반조건이 비교적 큰 변화가 없으며 동일 구조물에 많은 말뚝이 시공되는 경우에는 전체말뚝 개수의 1% 이상 비율로 말뚝재하시험을 실시한다. 동일 구조물에서도 지반조건이 변화하는 경우에는 각 지반조건별로 1회 실시하며, 지반조건이 유사한 경우에도 구조물별로 최소 1회 말뚝재하시험을 실시한다. 이와 같은 경우에 말뚝의 축방향 허용압축지지력은 원칙적으로 극한지지력을 안전율 3.0으로 나눈 값으로 한다. 동재하시험의 실시횟수도 5.4.4절을 기준으로 한다. 그러나 말뚝재하시험 횟수가 일반적 기준보다 많이 실시되었고 지반조건이 큰 변화가 없는 동일 현장에서 많은 횟수의 시험이 실시되는 경우에는 지반공학 전문가의 판단을 얻어 안전율을 3.0보다 작게 적용할 수도 있다.

나. 하중저항계수설계법 개념

제2장 2.5.3절에서 기술한 바와 같이 발주처와 협의된 경우 설계기술자는 하중저항계수설계법(LRFD : Load and Resistance Factor Design)을 적용하여 설계할 수 있다. 하중저항계수설계법은 미국과 캐나다 등 북미지역을 중심으로 연구, 개발, 정비된 한계상태설계법으로서 유럽을 중심으로 채택된 유로코드(Eurocode)와 달리 신뢰성분석을 통해 구조물에 작용하는 하중조건과 지반-기초의 저항력과 관련된 다양한 불확실성을 정량적으로 평가하여 산정된 하중계수와 저항계수를 적용하여 각 구조물별 파괴확률 및 요구 안전성에 적합한 설계가 가능하도록 하는 설계법이다. 하중저항계수설계법의 기본 설계조건은 해설 식(5.2.2)와 같이 공칭하중에 하중계수를 곱한 설계하중이 공칭저항에 저항계수를 곱한 설계지지력을 초과하지 않도록 하는 것이며, 이러한 조건은 가능한 하중조합 및 한계상태에 대해서 모두 만족하도록 하고 있다. 일반적으로 저항계수는 1.0보다 작고 하중계수는 1.0보다 크다.

$$\phi Q_n \geq \Sigma \gamma_i L_i \qquad \text{해설 (5.2.2)}$$

여기서, ϕ : 저항계수(resistance factor)
Q_n : 공칭저항(nominal resistance)
γ_i : 하중계수(load factor)
L_i : 공칭하중(nominal load)

하중계수는 지역적 가변성이 작고 구조물 재료 자체의 변이성 역시 인위적 노력에 의해 제어가 가능한 것으로 인식되고 있기 때문에 지역적인 구분 없이 이를 준용하여 사용하는 것이 일반적이다(Withiam et al., 1998; Goble, 1999). AASHTO LRFD 교량설계 시방서(2010)의 사하중계수 및 활하중계수는 각각 1.25, 1.75이다. 말뚝기초의 저항계수 산정에 적용되는 목표신뢰도지수는 파괴확률과 대비되는 개념의 값으로서 구조물에 대해서 요구되는 수준의 확률적 안전성을 나타내며, 기초구조물의 신뢰성 수준과 구조물의 중요도, 설계·시공 실무현황, 무리말뚝 시공성 및 하중조건 등 다양한 요인에 의해 결정된다. 미국의 AASHTO LRFD 교량설계 시방서(2010)는 타입말뚝과 현장타설 콘크리트말뚝에 대한 저항계수를 각각 해설 표 5.2.4 및 5.2.5와 같이 제안하고 있으며, 설계방법과 하중의 특성(압축력, 인발력, 횡력), 파괴양상 등에 따라 상이한 계수를 적용하도록 하고 있다. 이때 적용된 목표신뢰도지수는 타입말뚝의 경우 2.3(≃파괴확률 1%), 현장타설 콘크리트말뚝의 경우 3.0(≃파괴확률 0.1%)이다. 표에 제시된 값은 말뚝의 중요도 및 시공조건 등을 고려한 것으로서, 타입말뚝의 경우 무리말뚝으로 시공되는 경우가 많으므로 기초설계의 여유가 상대적으로 많고, 현장타설 콘크리트말뚝의 경우 중요도가 높은 구조물에 적용되고 대구경으로서 상대적으로 기초설계의 여유가 적은 것을 반영하고 있다. 그러나 타입말뚝이 무리말뚝 효과를 기대할 수 없고 기초설계의 여유가 작을 경우나 현장타설 콘크리트말뚝이 무리말뚝 효과를 기대할 수 있고 기초설계의 여유가 많을 경우 각각 해설 표 5.2.4 및 5.2.5에서 제시하고 있는 저항계수의 값을 20% 감소 또는 증가시켜 적용하도록 하고 있다.
국내에서도 시기적인 필요성을 바탕으로 국내 지반특성 및 시공 현황을 고려한 기초구조물의 하중저항계수설계법 개발연구가 최근 수행되었고 타입강관말뚝과 현장타설 콘크리트말뚝에 대한 축방향 외말뚝기초의 지지력공식별 저항계수가 제안(한국건설교통기술평가원, 2008)된 바 있다.

해설 표 5.2.4 축하중을 받는 타입말뚝의 저항계수(AASHTO, 2010)

구분		저항계수
말뚝의 동역학적 축방향 압축지지력	파동방정식	0.50
	수정 Gates 공식(FHWA)	0.40
	Engineering News Record 공식	0.10
말뚝의 정역학적 축방향 압축지지력	점성토 또는 혼합토 지반	
	α방법	0.35
	β방법	0.25
	λ방법	0.40
	사질토 지반	
	Nordlund/Thurman 방법(Hannigan et al., 2005)	0.45
	SPT(Meyerhof)	0.30
	CPT(Schmertmann)	0.50
	암반 선단지지(Canadian Geotechnical Society, 2006)	0.45
블록파괴	점성토	0.60
말뚝의 인발저항력	Nordlund 방법	0.35
	α방법	0.25
	β방법	0.20
	λ방법	0.30
	SPT	0.25
	CPT	0.40
무리말뚝의 인발저항력	사질토 및 점성토 지반	0.50
말뚝의 횡방향 지지력	모든 토사 및 암반	1.00

해설 표 5.2.5 축하중을 받는 현장타설 콘크리트말뚝의 저항계수(AASHTO, 2010)

구분			저항계수
말뚝의 정역학적 축방향 압축지지력	점성토지반 주면마찰력	α방법(O'Neill and Reese, 1999)	0.45
	점성토지반 선단지지력	전응력법(O'Neill and Reese, 1999)	0.40
	사질토지반 주면마찰력	β방법(O'Neill and Reese, 1999)	0.55
	사질토지반 선단지지력	O'Neill and Reese(1999)	0.50
	IGM[1]지반 주면마찰력	O'Neill and Reese(1999)	0.60
	IGM지반 선단지지력	O'Neill and Reese(1999)	0.55
	암반 주면마찰력	Horvath and Kenney(1979) O'Neill and Reese(1999)	0.55
		Carter and Kulhawy(1988)	0.50
	암반 선단지지력	Canadian Geotechnical Society(2006) Pressuremeter 방법 (Canadian Geotechnical Society, 2006) O'Neill and Reese(1999)	0.50
블록피괴	점성토지반		0.55
인발저항력	점성토지반	α방법(O'Neill and Reese, 1999)	0.35
	사질토지반	β방법(O'Neill and Reese, 1999)	0.45
	암반	Horvath and Kenney(1979) Carter and Kulhawy(1988)	0.40

해설 표 5.2.5 축하중을 받는 현장타설 콘크리트말뚝의 저항계수(AASHTO, 2010)(계속)

구분		저항계수
무리말뚝 인발저항력	점성토 및 사질토 지반	0.45
말뚝의 횡방향 지지력	모든 토사 및 암반	1.0
축방향 압축정재하시험	모든 토사 및 암반	0.70 이하
축방향 인발정재하시험	모든 토사 및 암반	0.60

주) 1) IGM (Intermediate GeoMaterial)

(3) 축방향 압축지지력 산정방법

가. 압축재하시험에 의한 방법

지반의 축방향 극한압축지지력을 구하는 가장 신뢰도 높은 방법은 설계대상 말뚝에 대한 시험시공을 실시하고 말뚝재하시험을 수행하여 지반지지력의 파괴하중을 확인하여 소정의 안전율을 적용하여 구하는 것이 가장 바람직하다. 그러나 공사규모가 일정규모 이상이고 구조물의 중요도에 따라 실행 여부가 결정되는 것이 일반적이므로 설계기술자는 이러한 사항을 면밀히 검토하여 결정하여야 한다.

말뚝재하시험에 대한 사항은 5.2.4절에서 상세히 다루어지므로 이를 참고하여 계획하되, 말뚝재하시험에 의해 극한압축지지력을 구하기 위해서는 별도의 시험말뚝을 시공하고 기 시행된 지반조사 성과 및 각종 실험결과, 재하시험 방법 등과 연계된 분석을 수행하여 지반지지력을 평가하여야 한다.

말뚝재하시험에는 설계허용지지력을 구하고자 수행하는 설계목적의 재하시험(preliminary pile load test)과 사용할 말뚝에 대한 설계지지력 확인·검증 목적의 재하시험(proof pile load test)으로 구분된다. 극한압축지지력은 설계목적 재하시험에 의해 산정하는 것이 요구되며 재하시험 방법은 하중전이해석(analysis of load transfer mechanism)이 가능하도록 계측말뚝(instrumented pile)을 계획하여 지반조건에 따른 주면마찰력과 선단지지력을 구분하여 가장 정밀하게 측정할 수 있는 정적압축재하시험(양방향재하시험 포함)을 수행하는 것이 바람직하다.

나. 재하시험 외의 축방향 극한압축지지력 추정방법

1. 정역학적 지지력공식에 의한 축방향 극한압축지지력 추정

가) 일반

외말뚝의 축방향 극한압축지지력(Q_u)을 추정하는 정역학적 지지력공식은 해설 식(5.2.3)과 같다.

$$Q_u = Q_p + Q_s = q_p A_p + \Sigma f_s A_s \qquad \text{해설 (5.2.3)}$$

여기서, Q_p : 극한선단지지력
Q_s : 극한주면마찰력
A_p : 말뚝선단 지지면적
A_s : 말뚝 주면적
q_p : 단위면적당 극한선단지지력
f_s : 단위면적당 극한주면마찰력

해설 식(5.2.3)의 단위면적당 극한선단지지력 및 극한주면마찰력은 해설 식(5.2.4) 및 (5.2.5)와 같다.

$$q_p = \sigma'_v N_q + c N_c \qquad \text{해설 (5.2.4)}$$

$$f_s = c_a + K_s \overline{\sigma'_v} \tan\delta \qquad \text{해설 (5.2.5)}$$

여기서, σ'_v : 말뚝선단 깊이의 유효상재압
N_q, N_c : 깊은기초의 지지력계수
c : 말뚝지지층의 점착력
c_a : 말뚝과 주변 흙 사이의 부착력
K_s : 말뚝면에 작용하는 법선토압계수
$\overline{\sigma'_v}$: 말뚝주변 지층의 평균 유효상재압
δ : 말뚝과 주변 흙 사이의 마찰각

나) 선단지지력

1) 사질토지반

사질토지반의 경우 c=0이므로 해설 식(5.2.4)로 표시되는 이론적 단위면적당 극한선단지지력은 해설 식(5.2.6)과 같이 간략화된다.

$$q_p = \sigma'_v N_q \qquad \text{해설 (5.2.6)}$$

해설 식(5.2.6)에 의하면 균질한 사질토지반의 경우 말뚝의 관입깊이가 깊

어지면 말뚝 선단부 위치에서의 유효상재압 σ'_v는 직선적으로 증가하므로 단위면적당 극한선단지지력도 직선적으로 증가하여야 한다. 그러나 Vesic(1970)과 Meyerhof(1976)에 의하면 말뚝의 실제 극한선단지지력은 관입깊이가 깊어짐에 따라, 초기에는 직선 증가 구간이 나타나지만 어느 정도의 깊이가 되면 그 값이 한계에 도달하고 그 이상의 깊이가 되어도 더 이상 증가하지 않는다는 소위 말뚝의 극한선단지지력 도달에 필요한 최소관입깊이를 한계관입깊이(critical depth of penetration)라고 정의하여 발표한 바 있다. 이 이론은 여러 기준이나 교재 등에 주면마찰력에 대해서도 동일하게 소개되어 적용되기도 하였으나 Fellenius(1995), Altaee(1993), Canadian Foundation Engineering Manual (2006), 일본건축학회의 건축기초구조설계지침(2004) 등에서는 그 배경에 대한 분석 및 개선점 등 연구결과를 바탕으로 한계관입깊이 개념적용이 적절치 않음을 제시하고 있다. 그 주된 이유 중의 하나는 말뚝 관입과정에서 발생하는 잔류응력(residual stress)을 고려치 않고 재하시험결과를 해석함으로써 주면마찰력의 크기 및 분포가 실제와 차이를 유발하여 선단지지력이나 주면마찰력발휘에 한계값이 있는 것으로 잘못 분석될 수 있다는 점이라고 설명하고 있다. 따라서 국내의 설계기술자도 여건에 따라 설계단계나 시공초기에 시행하는 재하시험결과 분석 시 잔류응력 분석 등에 대한 추가적인 해석을 수행하여 보다 신뢰도 높은 설계개념을 적용할 것을 제안하며, 현재의 기술수준에서는 해설 식(5.2.14) 및 해설 표 5.2.9에서 제시하는 한계값(주면마찰력도 동일)에 준하여 설계하는 것을 추천한다. 해설 표 5.2.6에는 타입말뚝과 현장타설 콘크리트말뚝에 적용할 수 있는 지지력계수를 제시하였다. 그리고 허용지지력을 계산할 때는 3.0 이상의 안전율을 적용하며 추후 시험시공 또는 실제 시공 시에 말뚝재하시험을 실시하여 설계지지력을 확인하여야 한다.

해설 표 5.2.6 내부마찰각(ϕ)과 지지력계수(N_q)의 관계(NAVFAC, 1982)

ϕ(°)	26	28	30	31	32	33	34	35	36	37	38	39	40
N_q(타입말뚝)	10	15	21	24	29	35	42	50	62	77	86	120	145
N_q(현장타설말뚝)	5	8	10	12	14	17	21	25	30	38	43	60	72

2) 점성토지반($\phi_u=0$인 경우)

비배수 조건의 포화 점성토지반에서는 $\phi_u=0$이므로 해설 식(5.2.4)는 해설 식(5.2.7)과 같이 간략화된다.

$$q_p = c_u N_c \qquad \text{해설 (5.2.7)}$$

지지력계수 N_c의 값은 기초의 폭, 형태 및 관입비에 영향을 받는다. 해설 그림 5.2.1은 Skempton(1951)이 제안한 N_c 값인데, 말뚝기초의 경우 일반적으로 정방형 또는 원형단면이며 관입비 또한 4이상이므로, N_c=9를 적용할 수 있다.

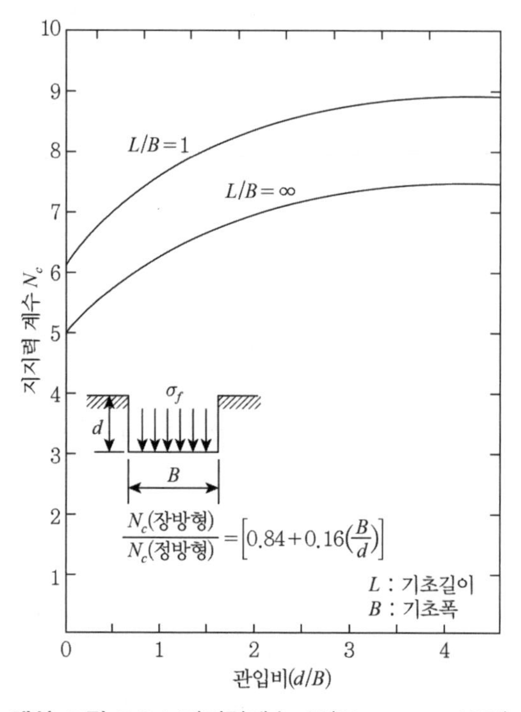

해설 그림 5.2.1 지지력계수 N_c(Skempton, 1951)

3) c와 ϕ를 모두 고려하는 경우(배수조건)

해설 식(5.2.4)에 N_c 및 N_q 값을 대입하여 계산하되 $\phi \leq 30°$를 적용하는 것이 보통이다.

다) 주면마찰력

1) 사질토($c=0$)

해설 식(5.2.5)에서 c_a=0이므로

$$f_s = K_s \overline{\sigma'_v} \tan\delta \qquad \text{해설 (5.2.8)}$$

여기서, K_s는 말뚝측면에 작용하는 법선토압계수로서 해설 표 5.2.7에 추천한 값을 사용한다. δ는 말뚝과 흙 사이의 마찰각으로서 해설 표 5.2.8의 Aas(1966)의 추천치를 사용한다(표 내의 ϕ는 내부마찰각). 그리고 $\overline{\sigma'_v}$는 말뚝측면 흙의 평균 유효상재압이다.

해설 표 5.2.7 말뚝주면마찰력 산정을 위한 토압계수 K_s

말뚝 형태	K_s	
	느슨한 모래	촘촘한 모래
타입 H말뚝	0.5	1.0
타입치환말뚝	1.0	1.5
타입치환 쐐기형말뚝	1.5	2.0
타입사수말뚝	0.4	0.9
굴착말뚝($B \leq$1500mm)	0.7	

해설 표 5.2.8 말뚝표면과 흙의 마찰각 δ(Aas, 1966)

말뚝 재료	δ
강말뚝	20°
콘크리트말뚝	(3/4)ϕ
나무말뚝	(3/4)ϕ

2) 점성토

(가) α방법(비배수 조건)

말뚝이 포화 점토층에 박혀있을 때 비배수 조건에서는 ϕ_u=0이므로 따라서 δ=0이 된다. 이때 해설 식(5.2.5)의 주면마찰력은 흙과 말뚝의 부착력만으로 표시된다. 즉,

$$f_s = c_a = \alpha c_u \qquad \text{해설 (5.2.9)}$$

여기서, c_a : 부착력

c_u : 비배수 점착력

α : 부착력 계수

α 값은 점토층의 굳기와 말뚝종류, 크기, 시공법, 지층상태 등에 따라 그 값이 달라진다. 해설 그림 5.2.2에는 α 계수와 비배수 점착력 c_u의 관계를 나타낸 몇 개의 곡선이 제시되어 있다. 육상말뚝에 대해서는 Woodward(1961)의 곡선을, 해상구조물을 위한 긴 강관말뚝에 대해서는 API의 곡선을 사용한다(Hunt, 1986).

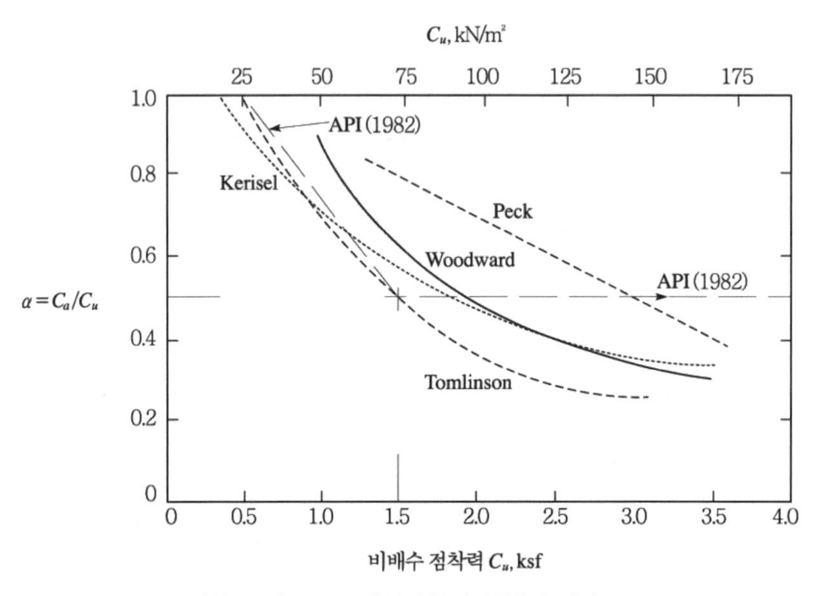

해설 그림 5.2.2 타입말뚝의 부착력 계수 α

(나) β방법(유효응력 해석법)

말뚝 관입에 의하여 말뚝 주위 지반이 교란되며 과잉간극수압이 발생되지만 어느 정도 시간이 경과하면 과잉간극수압이 소산되면서 흐트러졌던 지반이 재압밀된다. 말뚝시공 후 과잉간극수압이 소산된 다음에 하중이 재하된다면 말뚝의 주면에 발생하는 마찰력은 주변 지반의 배수전단강도로 표시된다. 따라서,

$$f_s = c'_r + K\overline{\sigma'_v}\tan\phi'_r \qquad \text{해설 (5.2.10)}$$

여기서, c'_r : 교란된 점토가 재압밀된 후의 점착력

ϕ'_r : 교란된 점토가 재압밀된 후의 배수전단저항각

$\overline{\sigma'_v}$: 마찰력이 작용하는 지층의 평균 유효상재압

$$K = K_0 = 1 - \sin\phi'_r \text{(정규 압밀 점토), 또는} \qquad \text{해설 (5.2.11)}$$
$$= (1 - \sin\phi'_r)\sqrt{OCR} \text{(과입밀 점토)}$$

OCR : 과압밀비

해설 식(5.2.10)에서 c'_r값은 일반적으로 0이므로

$$f_s = K\overline{\sigma'_v}\tan\phi'_r = \beta\overline{\sigma'_v} \qquad \text{해설 (5.2.12)}$$

$$\beta = K\tan\phi'_r \qquad \text{해설 (5.2.13)}$$

라) 강말뚝의 선단지지면적 및 주변장의 결정법

선단에 슈(shoe)가 없는 개단말뚝이라도 말뚝이 지지층 속으로 5D(D : 말뚝의 직경) 이상 관입한 경우에는 강말뚝의 선단지지면적으로서 해설 그림 5.2.3에 보이는 바와 같이 폐쇄면적을 취한다. 따라서 주면장으로서는 폐쇄면적의 외주만을 취한다. 그러나 지지층 내(L_B) 근입비(L_B/D)가 말뚝직경의 5배 이하인 경우에는 해설 그림 5.2.4를 참고하여 감소 적용하여야 한다.

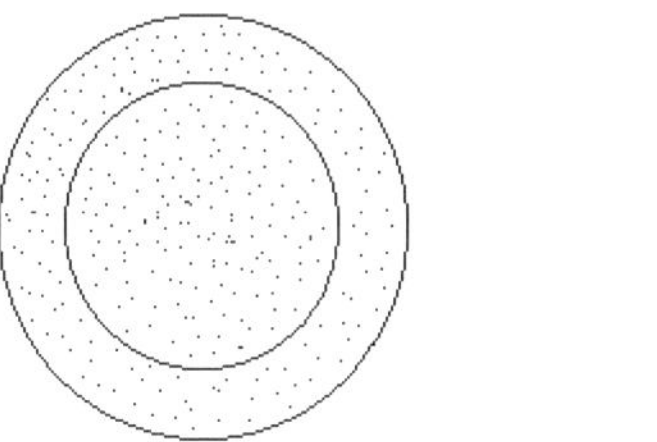
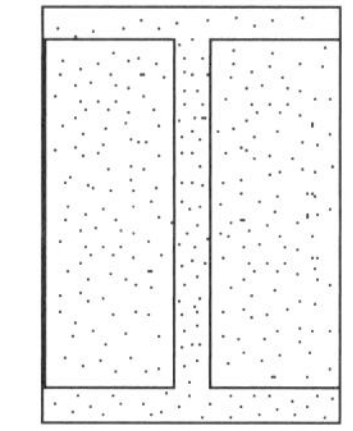

해설 그림 5.2.3 강말뚝의 선단지지 면적

2. 현장시험결과를 이용한 말뚝지지력 추정

가) 표준관입시험(SPT)

사질토지반에 설치된 말뚝의 지지력을 표준관입시험의 N값을 이용하여 추정하는 데는 Meyerhof(1976)가 제안한 해설 식(5.2.14)가 이용된다.

$$Q_u = mN_{60}A_p + n\overline{N_{60}}A_s \qquad \text{해설 (5.2.14)}$$

여기서, Q_u : 말뚝의 극한지지력(kN)

m : 극한선단지지력을 결정하는 계수
n : 극한주면마찰력을 결정하는 계수
A_p : 말뚝선단면적(m^2)
A_s : 사질토지반에 묻힌 말뚝의 겉면적(m^2)
N_{60} : 말뚝선단부 부근의 N값(표준관입시험에서 해머의 타격에너지효율을 실측하여 60%로 보정한 N값)
$\overline{N_{60}}$: 말뚝주면부 사질토지반의 평균 N값(표준관입시험에서 해머의 타격에너지 효율을 실측하여 60%로 보정한 N값)

1) 타입말뚝

$$m = 60\left(\frac{L_B}{D}\right) \le 300,\ \text{여기서}\ mN_{60} \le 15{,}000\mathrm{kPa} \qquad \text{해설 (5.2.15)}$$

$$n = 2,\ \text{여기서,}\ n\overline{N_{60}} \le 100\mathrm{kPa} \qquad \text{해설 (5.2.16)}$$

표준관입시험결과 N값을 사용하여 개단강관말뚝의 극한선단지지력을 산정할 때는 폐색효과를 감안하여 해설 식(5.2.14)의 계산값을 보정한다. 실무에서 이를 고려할 때는 해설 그림 5.2.4에 나타낸 것과 같이 말뚝선단부가 지지층 내에 근입된 깊이를 결정하여 극한선단지지력을 보정하도록 한다.

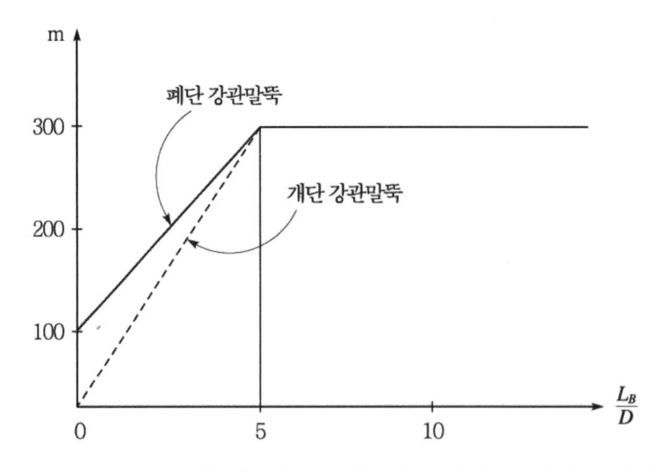

해설 그림 5.2.4 지지층 내의 근입비와 극한선단지지력의 관계

2) 매입말뚝

매입말뚝(선굴착말뚝, 선굴착기성말뚝 등의 통칭이며 이후 매입말뚝으로 통일함)의 지지력을 타입말뚝에 대하여 제시한 식을 이용하여 계산할 때에는 선굴착 직경, 주면고정 및 선단부 고정을 위한 시멘트풀 주입여부, 최종 항타의 정도 등에 따라 상이한 계수 m, n이 사용되고 있다. 매입말뚝에 대한 보다 상세한 해설은 5.4.1절 (8) 나. 항을 참고할 수 있다. 타입말뚝 시공이 어려운 지반조건이나 건설공해(지반진동 및 소음)가 우려되는 시공조건에서 주로 적용되는 매입말뚝의 선단지지력과 주면마찰력을 표준관입시험 N값을 이용하여 산정할 때에는 도로교설계기준해설(2008), 건축기초구조설계기준(2005) 및 대한주택공사 말뚝기초설계 개선지침(2008) 등에 제시되어 있는 해설 표 5.2.9의 범위에서 참고하여 산정할 수 있다.

3) 현장타설 콘크리트말뚝

현장타설 콘크리트말뚝은 지반을 굴착하여 만든 연직 구멍 속에 콘크리트를 타설하여 만든 기초형식이므로 말뚝주변과 선단지반을 이완시키는 경향이 있다. 그러므로 타격에 의해 지반을 다지면서 시공되는 말뚝기초와 비교하면 하중-침하곡선의 강성도 낮고 지지력도 저하되는 경향이 있다.

따라서 일정규모 이상의 공사에서 현장타설 콘크리트말뚝의 허용지지력은 말뚝부재의 허용축력 이하로 하되 시험시공 및 재하시험을 실시하여 최종 허용지지력을 결정하여야 한다. 공사규모가 작으며 제반여건상 시험시공과 재하시험이 곤란한 경우에는 현장 토질조사와 시험에서 측정된 각종 토질상수를 사용하여 5.2.3절에 기술한 말뚝의 허용지지력을 구하는 정역학적 지지력 공식이나 SPT 결과를 이용한 식으로 허용지지력을 산정할 수 있다. 그러나 이 경우에도 공사초기에 시험시공 및 재하시험을 실시하여 허용지지력을 확인하도록 한다.

말뚝재료의 허용압축응력은 5.2.2절의 현장타설 콘크리트말뚝의 규정에 따르도록 한 것으로서 일반적인 시공법에 따른 경우이므로 기성콘크리트말뚝과 같은 큰 타격응력을 시공 중에는 받지 않는다. 일반적으로 땅속은 온도가 일정하고, 항상 습윤 상태를 유지하므로 좋은 양생조건이 되어 높은 압축강도를 얻을 수 있다. 그러나 항상 품질관리에 유의하여야 하며, 특히 지하수의 흐름이 빨라 아직 굳지 않은 콘크리트를 침식할 우려가 있는 투수층을 관통하는 경우에는 그 영향을 고려하여야 한다.

또한 실제로 콘크리트를 타설 시 공벽이 붕괴되어 주변 토사가 콘크리트에 흡입되는 등의 원인으로 콘크리트 강도의 편차가 크게 나타나고 있으므로 콘크리트의 허용압축강도를 상부구조에 비해 작은 값을 사용한다. 콘크리트를 지하수 또는 공벽안정용 슬러리(slurry)중에 트레미(tremie)를 사용하여 타설하는 경우에는 품질관리의 어려움이 있으므로 일반적으로 허용압축응력으로서 기준강도(또는 콘크리트 압축강도)의 20% 값을 취하는 것이 안전하다. 그러나 지하수 또는 공벽안정용 슬러리 중에 콘크리트를 타설하더라도 재료분리 및 슬라임 처리 등에 대한 수중타설콘크리트에 대한 조치가 있는 경우, 그리고 지하수나 슬러리가 없는 상태에서는 기준강도의 25%(≤8.5MPa) 값을 허용압축응력으로 취할 수 있다.

표준관입시험 N값을 기준으로 현장타설 콘크리트말뚝의 지지력을 산정할 때는 해설 표 5.2.9를 이용한다. 해설 식(5.2.14) 및 해설 표 5.2.9를 이용하여 허용지지력을 구할 때는 안전율 3.0 이상을 사용한다.

해설 표 5.2.9 매입말뚝 및 현장타설 콘크리트말뚝의 지지력 산정방법

구분	단위면적당 극한선단지지력 q_p(kN/m^2)	단위면적당 극한주면마찰력 f_s(kN/m^2)	비고
매입말뚝	$200N(\le 12,000)$(사질토) $6c_u(\le 12,000)$(점성토)	$2.5N(N\le 50)$(사질토) $0.8c_u(c_u \le 125)$(점성토)	도로교설계기준해설(2008) 및 건축기초구조설계기준(2005)
	$250N(N\le 60)$	$2.0N_s$(사질토) $5.0q_u$(점성토)	주택공사, 말뚝기초 설계개선지침(2008)
현장타설 콘크리트 말뚝	$57.4N$(미보정 $N\le 75$) 4309.2(미보정 $N>75$) (극한값 또는 선단 직경의 5% 침하량에서의 값)	$f_s=\beta\sigma_v'$ (미보정 $N\ge 15$) $\beta=1.5-0.245\sqrt{Z}$, $0.25<\beta<1.20$ Z, σ_v'은 각각 임의토층 중앙부 위치의 깊이 및 유효응력, f_s의 한계값은 200kPa	O'Neill & Reese(1999)
	$q_p=100\overline{N}$(사질토) $\overline{N}$: 말뚝선단에서 아래로 D, 위로 D 사이의 평균 N값 (D: 말뚝지름) $q_p=6c_u$(점성토)	$f_s=3.3N$ (상한 N=50)(사질토) $f_c=c_u$ (상한 c_u=1000)(점성토)	건축기초 구조설계지침 (일본건축학회, 2004)
	N: SPT N값, c_u : 비배수전단강도(kPa), q_u : 일축압축강도(kPa)		

나) 정적콘관입시험(CPT)

정적콘관입시험은 그 시험원리가 하중을 받는 말뚝의 거동과 유사하므로 말뚝지지력 추정에 가장 적당한 현장시험법이라 할 수 있다. 적용지반은 대단히 치밀한 사질토층이나 자갈층을 제외한 대부분의 사질토지반 및 점성토지반에 적용한다. 정적콘관입시험 결과를 이용한 타입말뚝의 단위면적당 선단지지력과 주면마찰력은 각각 해설 식(5.2.17), (5.2.18)로 구한다. 허용지지력은 안전율 3.0을 적용하여 구한다.

$$q_p = q_c(\leq 15,000\text{kPa}) \qquad \text{해설 (5.2.17)}$$

$$f_s = f_c(\leq 100\text{kPa}) \qquad \text{해설 (5.2.18)}$$

여기서, q_c : 콘지수

f_c : 콘마찰저항치

다) 프레셔미터시험(PMT)

프레셔미터시험은 시료채취가 곤란한 사질토층, 연암층, 잔류토층, 빙하 퇴적토층 등에 적용하면 편리하다. Menard(1975)에 의하면 단위면적당 선단지지력(q_p)은 해설 식(5.2.19)와 같다.

$$q_p = \overline{P_{oh}} + k_g(P_L - \overline{P_{oh}}) \qquad \text{해설 (5.2.19)}$$

여기서, $\overline{P_{oh}}$: 정지상태의 수평응력(시험에서 측정)

P_L : 극한 또는 한계압(시험에서 측정)

k_g : 지지력계수로서 깊은기초에서는 1.8~9.0의 범위에서 지반조건과 말뚝형태에 의하여 결정된다(해설 표 5.2.10 참조).

극한주면마찰력은 해설 그림 5.2.5에 의해 프레셔미터 한계압 P_L을 이용하여 구한다. 그림에서 변위말뚝(displacement pile)은 타입말뚝과 같이 말뚝의 관입도중 지반을 다지거나 횡방향 변위를 발생시키면서 설치되는 형식의 말뚝을 일컬으며 이와는 반대로 지반을 천공하여 배출시킨 후 말뚝을 설치하는 형식을 비변위말뚝(non-displacement pile)이라고 한다.

해설 표 5.2.10 프레셔미터 지지력계수 k_g(깊은기초)(Hunt, 1986)

지반 조건	구분	P_{Ln}* (MPa)	지지력계수 k_g**	
			타입말뚝	매입말뚝
연약 내지 중간 점토	1	0~2.0	2.0	1.8
느슨한 점토		0~0.7		
느슨한 모래	2	0.4~0.8	3.6	3.2
조밀한 실트		1.2~3.0		
굳은 점토		1.8~4.0		
연약하고 잘 부스러지는 풍화암		1.0~3.0		
중밀의 모래자갈	3	1.0~2.0	5.8	5.2
중간굳기의 풍화암		4.0~10.0		
매우 조밀한 모래자갈	4	3.0~6.0	9.0	7.1
중간내지 굳은암		6.0~10.0		

주) * : 순한계압 P_{Ln} : $P_L - \overline{P_{oh}}$

** : $Z_{tip}/B \geq 10$인 관입깊이에서는 k_g는 표의 값보다 작은 값이다.

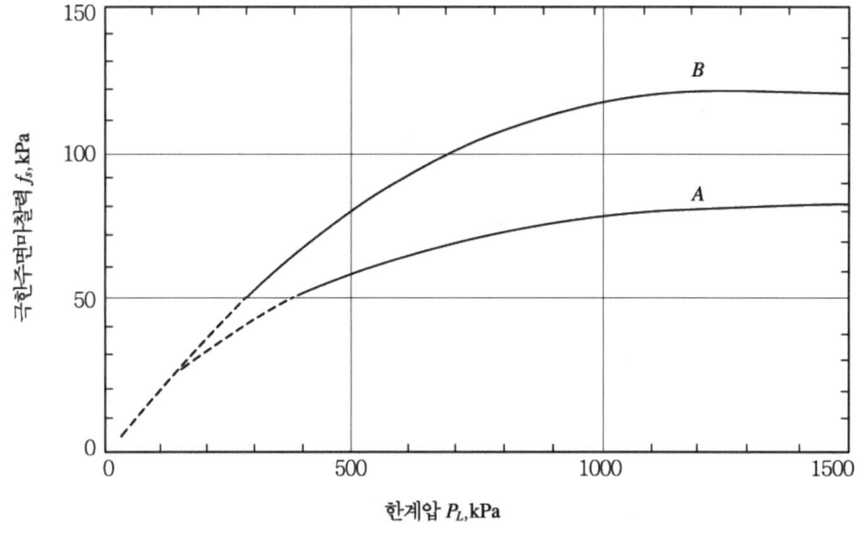

(1) 사질토 : 비변위말뚝(무치환 콘크리트 말뚝, 치환 강말뚝) – 곡선 A

변위말뚝(치환 콘크리트 말뚝) – 곡선 B

(2) 점성토 : 콘크리트말뚝, 나무말뚝 – 곡선 A, 강 말뚝 – 곡선 A의 75%

해설 그림 5.2.5 프레셔미터 시험의 한계압 P_L과 단위면적당 극한주면마찰력 f_s의 관계

3. 연암반($q_u \leq 10,000$ kPa)에 근입된 강관말뚝의 선단지지력

연암반에 근입된 강관말뚝의 극한선단지지력 산정에는 아래와 같은 경험식을 사용한다.

$$P_u = 443q_u^{1/2} \cdot A_t^{2/5} \cdot A_i^{1/3}$$ 해설 (5.2.20)

여기서, P_u : 강관말뚝의 극한선단지지력(kN)
q_u : 암반의 일축압축강도(kPa)($q_u \leq 10,000\,\text{kPa}$)
A_t : 강관말뚝의 선단부 순단면적(m^2)(해설 그림 5.2.6 참조)
A_i : 강관말뚝의 두께를 제외한 선단폐색면적(m^2)
(해설 그림 5.2.6 참조)

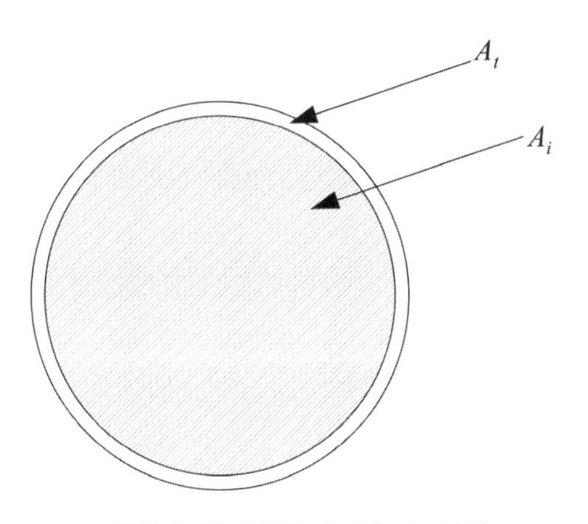

해설 그림 5.2.6 A_t 및 A_i 산정

해설 식(5.2.20)은 강관말뚝이 암반에 말뚝직경 정도 근입되는 조건이 만족되는 경우에 적용할 수 있으며, 계산된 극한선단지지력은 암반근입부의 주면마찰력까지를 포함한 값이다.

4. 암반에 근입된 현장타설 콘크리트말뚝의 지지력
기초 암반 위 또는 암반 속으로 근입하여 설치한 현장타설 콘크리트말뚝은 고층빌딩이나 중요 산업시설 및 교량과 같이 큰 하중을 받는 경우에 보편적이고 효과적인 기초형식이다.
현장타설 콘크리트말뚝의 극한지지력은 일축압축강도를 토대로 제안된 경험식인 해설 표 5.2.11의 단위면적당 선단지지력과 주면마찰력을 추정하여 앞에서 기술한 말뚝의 정역학적 지지력공식으로 극한지지력을 산정할 수 있다.
지지층 암반의 일축압축강도를 구할 수 있을 때는 일축압축강도의 20%를 최대 허용지지력으로 볼 수 있다. 실제로 지중의 암반의 강도는 현장에서 채취한 작은 직경의 암코아를 사용하여 실험실에서 측정한 값과는 상당한 차이를 보이고 있으므로 압축시험결과 측정한 강도는 암반의 균열, 절리 및 구조적인 불연속성 등에 따른 영향을 반영하기 위하여 소정의 감소율을 곱하여 사용하여야 한다. 즉, 암코아의 일축압축 시험강도의 1/5 내지 1/8을 허용지지력으로 본다. 그러나 실제 설계 시에 가장 합리적인 감소율을 선정하는 일은 고도의 전문지식과 경험을 요하는 부분이다. 현장타설 콘크리트말뚝을 암반속으로 관입시켰을 때에는 주면마찰력을 고려할 수 있으나, 현장시험에 의하지 않을 경우에는 신빙성 있는 허용부착응력(f_s)을 구하기가 어렵다.

특히 주면마찰력은 암반 굴착면의 거칠기에 따라 크게 차이가 나는 것으로 많은 국내외 연구결과(Kodikara et al., 1992; O'Neill and Hassan, 1994; 조천환 등, 2004; Jeong et al., 2008)에서 보고하고 있으며 FHWA(1999), Canadian Foundation Engineering Manual(2006)의 국외 기준에는 마찰계수(μ)를 암반 소켓면의 거칠기 상태에 따라 0.63~1.90 정도를 달리 적용하고 있다. 암반 굴착면 거칠기를 지지력에 반영하기 위해서는 불규칙적으로 분포된 암반 굴착면 거칠기를 일정한 값으로 대표되는 정량화된 값으로 나타내야 하는데 여러 통계적 방법들(Barton and Choubey, 1977; Pell et al., 1980; Horvath et al., 1983; Seidel and Haberfield, 1995)이 제안되었으나 아직 확립된 방법은 없는 상태이다.

이들 산정식의 국내 암반 적용성 검토를 수행하여 보고된 연구 결과, 암반과 현장타설 콘크리트말뚝 주면의 단위면적당 극한주면마찰력 산정을 위해 여러 제안식 중에서 FHWA(1999)에서 제안한 식이 적합한 것으로 평가된다.

해설 표 5.2.11 암반에 근입된 현장타설 콘크리트말뚝의 극한지지력

구분	제안자	경험식
단위 면적당 선단 지지력	Rowe and Armitage(1987)	$q_p = 2.7q_u$
	Zhang and Einstein(1998)	$q_p = 4.83q_u^{0.51}(\mathrm{MPa})$
	Canadian Foundation Engineering Manual (2006)	$q_p = 3q_u K_{sp} d$ $K_{sp} = \dfrac{3+s_d/D}{10\sqrt{1+300t_d/s_d}}$ 공내재하시험의 한계압 이용 $q_p = K_b(p_l - p_0) + \sigma_v$

주) q_u : 암석의 일축압축강도, p_a : 대기압, $f_w{}'$: 암석과 콘크리트의 일축압축강도 중 작은 값,
$f_c{}'$: 콘크리트 28일 압축 강도, μ : 마찰계수(매끈한 소켓=0.63, 중간 소켓=1.42, 거친소켓=1.9)

해설 표 5.2.11 암반에 근입된 현장타설 콘크리트말뚝의 극한지지력(계속)

구분	제안자	경험식
단위 면적당 주면 마찰력	NAVFAC(1982)	$f_s(\text{kPa}) = (6.0-7.9)f_w{'}^{0.5}$: 말뚝직경 > 400mm $f_s(\text{kPa}) = (7.9-10.5)f_w{'}^{0.5}$: 말뚝직경 < 400mm
	FHWA(1999)	$f_s = 0.65p_a\left(\frac{q_u}{p_a}\right)^{0.5} \le 0.65p_a\left(\frac{f_c{'}}{p_a}\right)^{0.5}$: 매끈한 소켓 $f_s = 0.8\left[\frac{\Delta r}{r}\left(\frac{L'}{L}\right)\right]^{0.45} q_u$: 거친 소켓 L′=Distance along socket L r Δr Centerline
	Canadian Foundation Engineering Manual (2006)	$f_s = \mu p_a\left(\frac{q_u}{p_a}\right)^{0.5}$, $f_s = 0.05f_c{'}$

주) q_u : 암석의 일축압축강도, p_a : 대기압, $f_w{'}$: 암석과 콘크리트의 일축압축강도 중 작은 값,
$f_c{'}$: 콘크리트 28일 압축 강도, μ : 마찰계수(매끈한 소켓=0.63, 중간 소켓=1.42, 거친소켓=1.9)

다. 말뚝의 축방향지지력 추정식 적용의 한계

정역학적 공식 또는 현장시험결과를 이용한 말뚝의 축방향지지력 추정방법을 적용하더라도 실제 시공을 하지 않고는 알 수 없는 부분들이 많기 때문에 시공되는 말뚝 조건과는 차이가 있을 수밖에 없다. 여러 가지 요인들 중에서 특히 아래의 내용들은 말뚝의 축방향지지력에 미치는 영향이 크기 때문에 설계하중 결정에 필히 고려하여야 한다.

- 말뚝의 축방향지지력은 말뚝이 설치되는 지반조건(말뚝 선단부 및 주면부의 지반조건)에 따라 결정된다. 정역학적 공식 또는 현장시험결과를 이용한 축방향지지력 추정방법은 근본적으로 말뚝이 지표면으로부터 얼마나 깊은 위치까지(견고한 지지층까지) 관입될 수 있는지에 대한 판단을 전제로 하고 있다. 즉, 말뚝의 축방향지지력 결정에 가장 핵심적인 관입깊이는 설계기술자가 판단하여야 한다. 타입말뚝에 대한 시공관입성(driveability)은 말뚝재

료 특성, 시공장비 특성 및 지반조건에 의해 결정되는 것으로 이를 기술자의 경험에 의존하기에는 한계가 있다. 따라서 타입말뚝 설계를 위해서는 컴퓨터 프로그램에 의한 시공관입성 분석(파동방정식 해석)이 실시되어야 하며 설계의 신뢰도를 높이기 위해서는 설계단계에서의 시험시공이 실시되어야 한다.

- 토질역학 이론에 의하면 말뚝의 축방향지지력은 지반의 유효응력의 함수로 표시된다. 지반의 유효응력은 간극수압에 영향을 받기 때문에 점성토에서의 말뚝의 축방향지지력은 말뚝을 시공한 후 경과한 시간에 따라 변화하는 것으로 해석된다. 사질토에 있어서는 말뚝 시공으로 인한 간극수압 변화가 극히 짧은 시간 내에 해소되기 때문에 시간경과에 따른 말뚝지지력 변화는 없는 것으로 해석되어 왔다. 그러나 국내외의 연구에 의하면 사질토에서도 말뚝을 타입 시공한 후 경과한 시간에 따라 주면마찰력이 크게 증가하는 경우들이 확인되고 있다. 이와는 상이한 현상이지만 시간이 경과함에 따라 말뚝의 선단지지력이 감소하는 지반조건도 존재하는 것으로 보고되고 있다. 이와 같은 시간 경과에 따른 말뚝지지력 변화는 현재의 기술수준으로는 사전에 확인할 수 있는 방안이 없는 실정이다. 따라서 시간경과에 따른 말뚝지지력 변화에 효율적으로 대처하고 설계 및 시공의 부실을 방지하기 위해서는 설계단계에서 시험시공을 실시하는 것이 가장 바람직하다.
- 암반에 대한 경험적, 정역학적 지지력 산정식들은 대부분 외국의 방법들이며, 편마암, 화강암, 안산암 등 국내 주요 암반의 경우에는 암석의 강도는 높으나 풍화 및 절리 등이 많이 발달하여 이들 산정식의 국내 적용 시 많은 주의가 필요하다.

(4) 항타공법 적용 시의 동적거동 평가

가. 파동방정식 해석

말뚝의 시공관입성 문제는 말뚝의 설계하중 결정 및 물량산출에 지대한 영향을 미친다. 종래에는 이 주제에 대하여 설계 기술자들의 개인적인 경험에 의존하였지만 실제와 큰 차이를 발생시키는 경우가 많아 구조물의 안전이나 공사 진행에 큰 지장을 초래하기도 하였다. 말뚝의 파동방정식 해석은 말뚝조건, 지반조건 및 타격장비조건을 컴퓨터에 수치로 입력한 다음 프로그램을 이용하여 말뚝 관입을 재현하는 방법이다. 파동방정식의 해석에서는 해머와 쿠션 그리고 말뚝을 스프링과 완충기로 구성된 여러 개의 요소로 나누어 유한차분법이나 유한요소법 등의 수치해석기법을 이용한다. 지반의 특성은 정적저항(quake)과 동적저항(damping) 그리고 저항력 분포형태 등으로 대표되는데 이들 모두 일상적인 토질조사나 시험으로 구할 수 있는 것이 아니라는 데 어려움이 있다. 파동방정식 해석에서는 다음과 같은 내용들을 검토함으로써 설계의 신뢰도를 제고할 수 있다.

- 해당 지반조건에 대하여 여러 종류의 해머, 쿠션, 말뚝을 조합하여 최적 조합으로 설계
- 지지력 검토(bearing analysis)를 실시하여 말뚝에 발생하는 항타응력이 말뚝재료의 허용범위(해설 표 5.2.12)를 초과하지 않아야 하며 타격당 최종관입량이 실제로 시공 가능한 범위가 되는 두 가지 조건을 모두 만족시키는 지지력으로부터 설계하중을 결정
- 관입성 검토(driveability analysis)를 실시하여 관입깊이별 항타응력 및 관입저항을 분석하여 말뚝의 시공관입 가능성 검토

해설 표 5.2.12 말뚝 재료별 허용 항타응력

구분	말뚝종류	허용 항타응력
허용압축항타응력	강말뚝	강재의 항복강도×90%
	기성콘크리트말뚝	콘크리트의 압축강도×60%
허용인장항타응력	강말뚝	강재의 항복강도×90%
	기성콘크리트말뚝	프리스트레싱값(MPa)$+0.25\sqrt{f_c}$ (f_c : 콘크리트의 압축강도, MPa)

나. 동적거동 측정관리법(dynamic monitoring)

파동방정식 해석은 말뚝재료, 지반조건 및 항타장비 조건을 컴퓨터에 입력하여 실제로 말뚝을 시공하지 않고서도 말뚝이 관입되는 깊이를 예측할 수 있으며 그 결과에 따라 설계하중을 결정하고 더 나아가 시공관리 기준까지도 추정할 수 있는 것으로 알려져 있다. 즉, 많은 시간과 비용을 투입하지 않고도 말뚝을 현장조건에서 시공해보는 것과 유사한 효과를 얻을 수 있기 때문에 타입말뚝 설계에서는 필수적으로 검토하여야 한다. 그러나 실제로 파동방정식 해석은 설계단계에서의 시뮬레이션 과정이므로 만능이 될 수는 없다. 전산 프로그램 해석의 한계인 입력자료의 신뢰도 정도가 분석결과에 가장 큰 영향을 미치게 된다. 즉, 항타장비 특성에 대한 현실성 차이, 지반자료의 대표성, 타입말뚝 지지력의 시간경과효과(set-up 또는 relaxation) 반영 여부 그리고 해석기술자의 능력 등에 따라 영향을 받으므로 설계 시 이러한 사항을 면밀하게 고려하여 판단하여야 한다.

파동방정식 해석은 말뚝의 항타 시 거동을 재현하는 것이기 때문에 위에서 언급한 내용들이 해소되어 신뢰성을 확보한다고 할지라도 항타 시 응력 검토, 항타 시 지지력, 항타 시공 관입성 등은 신뢰할 수 있으나, 그 결과로부터 말뚝의 설계하중을 결정하는 것은 바람직하지 않다. 파동방정식 해석의 한계를 극복하기 위해서는 설계단계에서 시험시공을 실시하고 시공 시 동적거동측정을 실시하는 방안이 있다.

동적거동측정이란 동재하시험이라고 통칭되고 있는 재하시험의 한 종류로서 말뚝머리 부근에 변형률계(strain transducer)와 가속도계(accelerometer)를 부착하고 타격에너지를 가하면서 항타 중에 말뚝머리에 발생하는 응력과 변형률 그리고 가속도를 측정하는 방법이다(KS F 2591). 이 방법은 기존의 정재하시험보다 훨씬 간편 신속하고 저렴한 비용으로 시험을 할 수 있기 때문에 위에서 설명한 파동방정식 해석의 여러 가지 한계를 극복하고 신뢰도 높은 설계를 할 수 있다. 특히 시간경과에 따른 말뚝지지력 변화를 확인하는 방법으로는 거의 유일한 방안이 된다.

동적거동측정은 말뚝지지력 측정뿐만 아니라 항타 중에 말뚝에 발생하는 응력과 항타에너지를 결정하고 해머 효율을 관리하며 말뚝결함을 확인할 수 있는 장점을 갖고 있기 때문에 말뚝의 시공관리에 필수적이다. 그러나 이 시험법을 이용할 때에는 파동방정식 이론 및 동적거동측정 시험법에 숙달된 기술자의 참여가 바람직하며, 입력자료와 해석결과는 현장의 여타 토질특성을 고려하여 검토가 이루어져야 한다.

5.2.4 재하시험으로 축방향 허용압축지지력을 결정할 경우에는 다음 사항을 고려한다.

(1) 말뚝 압축재하시험은 고정하중, 지반앵커의 인발저항력 또는 반력말뚝의 마찰력을 이용한 정재하시험, 말뚝본체에 미리 설치된 가압셀(또는 가압잭)을 이용한 정재하시험, 동재하시험 방법으로 실시할 수 있다.

(2) 말뚝 압축재하시험 실시 수량은 구조물의 중요도, 지반조건, 공사규모를 고려하여 결정한다.

(3) 말뚝의 압축지지력은 지반조건에 따라 말뚝을 시공한 후 경과한 시간에 따라 변화한다. 이를 확인하기 위하여 동일한 말뚝에 대하여 시공시점과 일정한 시간이 경과한 후 압축재하시험을 실시한다.

(4) 동재하시험은 실시 기술자의 자질에 따라 그 신뢰도가 크게 영향을 받으므로 이러한 문제를 해결할 수 있도록 계획되어야 한다. 필요한 경우에는 동일한 말뚝에 대해 수행된 정재하시험 결과와 비교 평가함으로써 동재하시험의 신뢰도를 확인하는 절차를 거치도록 한다.

해설

5.2.4 재하시험으로 말뚝의 축방향 허용압축지지력을 결정할 때에는 다음 사항을 고려하여야 한다.

(1) 말뚝 재하시험은 일종의 실물시험으로서 말뚝에 실제 하중을 가하여 실제 상부 구조물이 건설되었을 때를 재현하므로 여러 가지 말뚝지지력 추정방법들 중 가장 신뢰도가 높은 예측이 가능하다. 재하시험을 통하여 말뚝의 축방향 압축지지력을 측정하는 방법에는 고정하중, 지반앵커의 인발저항력 또는 주변에 시공된 반력말뚝의 마찰력을 이용하여 재하하는 정재하시험방법이 가장 일반적이며 지반공학분야의 말뚝기초와 관련된 문헌 및 KS F 2445 등에 상세하게 제시되어 있으므로 여기서는 생략한다. 그러나 재하시험에 있어서도 한 개의 말뚝에 대한 시험이라는 점과 재하가 비교적 단시간에 이루어지는 점 등, 실제와는 다른 조건이 있다는 점에 유의하지 않으면 안 된다. 또한 말뚝이 연약층을 통과하고 있을 때는 연약층의 압밀에 의해 주면마찰의 방향이 반대로 되는(부주면마찰) 염려가 있다. 이와 같을 때에는 선단지지력과 주면마찰력을 분리하여 측정하는 것이 요구된다. 그 방법으로서는 정재하시험(말뚝본체에 미리 설치한 가압장치를 이용한 양방향 재하시험 포함)을 실시할 때 스트레인 게이지(strain gage)를 부착하고 계측하여 말뚝의 변형분포를 측정하든가 또는 이중관식재하법을 취하는 것을 생각할 수 있다. 소규모 기성말뚝에 대해서는 동재하시험을 실시하면 이러한 특수 계측장치 없이 선단지지력과 주면마찰력을 분리 측정할 수 있음은 물론 주면마찰력의 분포를 알 수 있기 때문에 유용하다. 가장 보편적으로 활용중인 동재하시험 방법은 PDA(Pile Driving Analyser)를 이용한 방법이다.

(2) 말뚝 압축재하시험의 실시 수량은 구조물의 중요도, 지반조건, 공사규모 등을 고려하여 결정하여야 하며 이에 대해서는 5.4.4절을 참조한다.

(3) 합리적인 설계 및 설계 검증을 위한 재하시험 자료를 확보하기 위해서는 재하시험을 실시하는 시점을 적절하게 선정하는 것이 중요하다. 보통의 점토지반에서는 말뚝이

타입되면 주변의 지반이 흐트러져서 그 강도가 일시적으로 감소한다. 따라서 타입직 후에 재하시험을 하면 대단히 낮은 지지력 밖에 얻을 수 없다. 그러나 시간의 경과와 함께 틱소트로피(thixotropy) 현상 또는 점토의 압밀효과에 의해 지지력은 서서히 회복된다. 매우 굳은 점토지반에서는 말뚝 설치 후 시간이 경과하면 지지력이 오히려 낮아지는 경우도 발생하는데 이는 간극수압의 변화에 기인하는 것이다.

사질토지반에서 말뚝의 지지력은 말뚝 설치 후 경과한 시간과는 무관한 것으로 알려져 왔다. 그러나 최근의 수많은 현장시험 결과에 의하면 사질토지반에서도 점토지반과 같이 시간이 경과함에 따라 지지력이 변화하는 것이 확인되었다.

이상의 내용들은 모두 주면마찰력에 대한 내용이며 많은 경우 말뚝 설치로부터 시간이 경과함에 따라 지지력이 증가하는 것이 확인되었다. 또 많은 경우에는 시간이 경과하더라도 주면마찰력이 변화하지 않는 것 또한 확인되었다.

선단지지력은 일반적으로 말뚝 설치로부터 경과한 시간의 영향을 받지 않는다. 그러나 지반조건에 따라서는 말뚝을 설치한 후 시간이 경과함에 따라 선단지지력이 감소하는 것이 확인되기도 한다.

시간경과에 따른 말뚝지지력 변화는 구조물의 안전 및 공사비에 지대한 영향을 미치는 요소가 될 수 있다. 시간이 경과함에 따라 지지력이 증가하는 지반조건에서, 시공 시 설계하중조건을 만족시켜야 한다는 재래식 시공관리 개념을 적용할 경우 과잉시공으로 인하여 말뚝재료를 낭비하거나 재료의 손상을 야기할 수 있다. 반대로 시간이 경과함에 따라 지지력이 감소하는 것을 확인하지 않고 시공 시 설계하중조건을 만족하는 것만을 확인하는 경우 심각한 안전사고를 피할 수 없다. 따라서 구조물의 안전을 위하여 모든 경우에 대하여 시공시점과 일정한 시간이 경과한 후의 지지력 확인이 필요하다.

시간경과에 따른 말뚝지지력 변화는 현재의 기술로는 사전에 예측이 불가능하다. 따라서 모든 경우 시공되는 말뚝들 중 일부에 대해서는 동일한 말뚝에 대하여 ① 말뚝 설치 시와 ② 말뚝 설치 후 일정한 시간(가급적이면 긴 시간이 좋지만 최소 1~2주일 후)이 경과한 후의 두 차례에 걸쳐 말뚝재하시험을 실시하여 시간경과 효과를 확인하여야 한다. 시간경과 효과를 확인한 다음에는 시공관리 목적에 따라 설치 시 또는 일정한 시간이 경과한 후의 말뚝재하시험을 조절하여 실시한다.

(4) 우리나라에 동재하시험 기법이 도입된 것은 1994년이었다. 동재하시험은 정재하시험에 비하여 시험이 간편하기 때문에 재하시험에 소요되는 비용과 시간측면에서 유리하며 따라서 기성말뚝을 시공하는 타입공법을 중심으로 급속히 적용이 확대되었으며 현재 타입공법 및 매입공법에 대한 가장 보편적인 시공관리 및 품질확인 기법으로

활용 중이다.

동재하시험의 활성화는 단순히 재하시험에 소요되는 비용과 시간의 절감이라는 이점 외에 과거 정재하시험 실시만으로는 확인할 수 없었던 시간경과에 따른 말뚝지지력 변화, 항타장비의 적합성, 항타장비의 효율, 선단지지력과 주면마찰력의 크기 및 분포, 말뚝재료의 건전도, 무리말뚝 시공으로 인한 말뚝 솟아오름의 영향, 지반조건의 특이성 등 말뚝기초와 관련한 모든 정보를 확인할 수 있게 되며 말뚝기초 기술수준을 향상할 수 있는 직접적인 계기가 되었다. 동재하시험은 말뚝에 타격력을 가하여 말뚝머리에 발생하는 응력과 변형률 그리고 가속도를 측정하고 그 결과를 해석함으로써 여러 가지 정보를 확인할 수 있는 시험법이다. 따라서 동재하시험 실시 및 해석을 위해서는 파동이론에 대한 이론을 이해하여야 함은 물론 국내의 말뚝재료특성, 지반특성 및 말뚝기초 시공에 대한 경험도 요구된다.

그러나 동재하시험이 우리나라에 도입된 이래 활용과정에서 부정적인 측면도 간과할 수 없다. 단순히 비용이 저렴하다는 이유만으로 동재하시험의 원리를 이해하지 못하거나 말뚝기초에 대한 경험이나 지식이 결여된 기술자에 의해 동재하시험이 시행되는 경우에는 지지력이 부족한 말뚝이 안전한 것으로 판정되기도 하고 지지력이 충분한 말뚝에 대하여 보강공사를 계획하기도 한다. 또 재료가 파손되도록 과잉시공을 하기도 하며 시간이 경과함에 따라 지지력이 감소하는 현상을 간과하고 후속공정을 추진하기도 한다. 이러한 현상은 동재하시험 실시 기술자의 경험과 지식의 미비에서 초래될 수 있는 사항이므로 동재하시험의 올바른 적용을 위해서는 다음과 같은 과정을 거치는 것이 바람직하다.

① 동재하시험을 실시할 계획이 있는 경우에는 시험말뚝을 시공하고 그 말뚝에 대하여 동재하시험을 먼저 실시한다.
② 동재하시험 실시 기술자는 시험결과를 해석하여 그 보고서를 제출하도록 한다. 시험결과 해석은 반드시 정밀분석(예를 들면 CAPWAP(CAse Pile Wave Analysis Program) 분석)을 하도록 하고 보고서에는 지지력 외에 하중-침하량 관계까지 포함하도록 한다.
③ 동재하시험결과의 객관성을 확보하기 위하여 보고서 제출 시에는 동재하시험을 실시할 때 측정한 원 데이터(raw data)도 제출하도록 한다.
④ 동재하시험 보고서가 제출된 다음 동재하시험이 실시된 말뚝에 대하여 정재하시험을 실시하고 그 결과(하중-침하량 관계)를 비교하여 동재하시험 성과를 평가한다.

이상과 같이 동재하시험 성과를 검증하더라도 동재하시험과 정재하시험 실시시점을 일치시킬 수 없기 때문에 그로 인한 차이가 발생할 수 있다. 때로는 이러한 차이를 규명하기 위하여 추가(정재하시험 실시 후)로 동재하시험을 실시할 필요가 있을 수도 있다. 또 정재하시험에 사용되는 유압잭 또는 하중계로 인하여 차이가 발생할 수도 있으므로 반드시 이들 계기에 대한 검증도 확인할 필요가 있다.

5.2.5 항타공식에 의해 축방향 허용압축지지력을 결정할 경우에는 다음 사항을 고려한다.

(1) 항타공식을 사용한 압축지지력 추정은 사용 해머의 효율에 크게 영향을 받으므로 동재하시험으로 해머의 효율을 주기적으로 실측한 값을 반영한다.

(2) 항타공식 계산 결과는 항타 시의 말뚝의 압축지지력이므로 시간경과효과를 추가로 고려한다.

(3) 동재하시험으로 얻은 실측 해머 효율과 시간경과효과를 고려하는 경우에도 항타공식 계산 결과는 시공관리 목적으로만 사용한다.

해설

5.2.5 항타공식에 의한 축방향 허용압축지지력을 결정할 때에는 다음 사항을 고려한다.

(1) 항타공식은 말뚝을 시공하기 위해 가하는 에너지(타격력)와 그 에너지로 한 일이 같다는 에너지 보존법칙을 토대로 하고 있다. 말뚝을 시공하기 위해서 말뚝에 가하는 에너지는 해머의 낙하추(램)의 무게에 낙하고를 곱한 이론적인 자유낙하 에너지에 해머의 효율을 곱하여 계산한다. 과거에는 해머의 종류별로 해머의 효율이 큰 차이가 없는 것으로 가정하였지만 근래 보급되는 각종 계측장비를 사용하여 조사한 연구결과에 의하면 각 해머별로 효율은 큰 차이가 있는 것으로 밝혀지고 있다. 특히 말뚝에 전달되어 말뚝 관입에 사용되는 에너지는 해머 쿠션 및 말뚝 쿠션을 통과하게 되는데 해머 종류 및 말뚝 종류에 따라 이 과정에서의 에너지 손실은 매우 큰 차이를 나타내준다. 실측 사례에 의하면 같은 종류의 해머에서도 수 배까지 차이를 보이는 경우도 드물지 않다. 따라서 해머의 종류별로 일정한 효율을 가정하도록 되어 있는 기존의 방법으로 항타공식을 적용하면 실제 말뚝의 지지력과는 큰 차이가 있을 수밖에 없다. 그러므로 동재하시험의 수행성과 중 국내 항타용 해머에 대한 자료화된 해머효율 값이나 해당 공사에서 사용되는 해머에 대한 효율측정결과를 반영하여 항타공식을 적용하여야 한다.

(2) 항타공식은 항타 시 말뚝의 거동에 대한 것이기 때문에 시간경과효과를 고려할 수 없다는 문제가 있다. 최근의 국내외 연구 결과에 의하면 지반조건에 따라 나타나는 시간경과효과는 상이하며 또 사전에 예측할 수도 없다. 따라서 항타하는 시공시점의 거동을 토대로 하여 계산된 항타공식 계산 결과를 말뚝의 지지력으로 볼 수는 없다. 결국 항타공식의 계산 결과를 말뚝지지력으로 이용하기 위해서는 시간경과효과를 추가로 고려해야하는 문제가 있다.

(3) 항타공식은 원칙적으로 사용하지 않도록 한다. 다만 동일 현장에서 실시한 여러 개 말뚝에 대한 항타 시 동재하시험 결과와 항타공식 계산 결과를 비교하여 일정한 관계식이 성립하는 경우에는 시공관리의 목적으로 사용할 수 있다.

5.2.6 무리말뚝의 축방향 압축지지력은 외말뚝의 축방향 압축지지력에 말뚝 및 지반조건에 따라 적합한 무리말뚝효과를 고려하여 산정한다.

해설

5.2.6 무리말뚝의 축방향 압축지지력을 산정할 때에는 다음과 같이 무리말뚝효율, 지반조건(사질토, 점성토, 암반 등)을 고려한다.

가. 무리말뚝효율

말뚝기초에서는 일반적으로 여러 개의 말뚝을 인접해서 설치하게 되므로 각 말뚝에 의하여 지반에 전달되는 응력이 중복되는 경우가 많다. 따라서 무리말뚝의 지지력과 침하거동은 외말뚝과 달라진다. 무리말뚝의 지지력 추정방법에는 두 가지가 있는데, 하나는 외말뚝의 지지력을 합한 값에 무리말뚝 효율을 곱하여 구하는 법이고 다른 하나는 무리말뚝의 바깥을 연결한 가상케이슨의 지지력을 구하는 방법이다. 이때, 무리말뚝 효율은 다음과 같이 정의된다.

$$\eta = \frac{Q_{g(u)}}{\sum Q_u} \qquad \text{해설 (5.2.21)}$$

여기서, η : 무리말뚝효율

$Q_{g(u)}$: 무리말뚝의 극한지지력

ΣQ_u : 외말뚝들의 지지력 합

나. 사질토지반의 무리말뚝

모래 자갈층에 타입된 선단지지 말뚝의 경우에는 지지층 내의 응력집중이 크게 문제될 것이 없으므로 무리말뚝의 효과를 고려하지 않으며 모래층에 타입된 마찰말뚝의 경우에는 말뚝관입 시에 주변 모래를 다져서 전단강도를 증가시키게 되는데, 이렇게 증가한 지지력과 무리말뚝 효과에 의하여 감소되는 지지력이 상쇄되어 역시 무리말뚝 효과를 고려하지 않는 경우도 있다.

다. 점성토지반의 무리말뚝

점성토지반에서 무리말뚝의 지지력은 외말뚝 지지력의 합(ΣQ_u)과 말뚝무리의 바깥면을 연결한 가상케이슨의 극한지지력($Q_{g(u)}$)을 구하여 그 중 작은 쪽을 택한다. 이 가상 케이슨의 지지력은 케이슨 바닥면에서의 극한지지력과 케이슨 벽면 마찰저항력의 합으로 구한다. 즉,

$$Q_{g(u)} = q_p A_g + \overline{f_s} A_s \qquad \text{해설 (5.2.22)}$$

여기서, $Q_{g(u)}$: 무리말뚝을 케이슨으로 간주했을 때의 극한지지력

q_p : 케이슨 바닥면의 단위면적당 극한선단지지력

A_g : 케이슨 바닥면의 면적(해설 그림 5.2.7에서 $a \times b$)

$\overline{f_s}$: 평균 단위면적당 극한주면마찰력

A_s : 가상케이슨의 주면적[해설 그림 5.2.7에서 2(a+b)L]

라. 암반의 무리말뚝

경사진 암반에 무리말뚝이 시공된 경우에는 기초저면 암반의 활동파괴에 대한 검토가 필요하며 지지력에 대해서는 무리말뚝 효율을 고려하지 않는다.

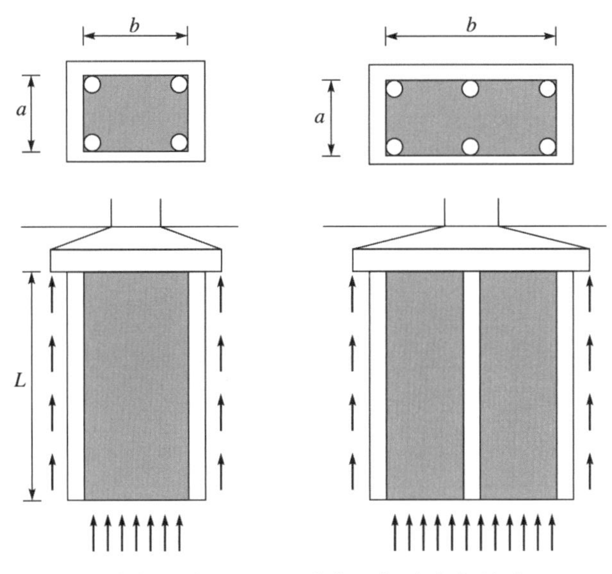

해설 그림 5.2.7 무리말뚝의 지지력 산정

5.2.7 침하 가능성이 있는 지반에 설치되는 말뚝의 부주면마찰력을 고려하는 경우에는 다음 사항을 반영한다.

(1) 부주면마찰력의 크기는 중립면의 위치, 침하지반의 특성, 말뚝재료의 특성을 고려하여 산정한다.

(2) 무리말뚝에 대해서는 무리말뚝효과를 고려한 부주면마찰력을 적용할 수 있다.

(3) 부주면마찰력이 발생하는 지반조건에서는 선단지지력의 크기, 주면마찰력의 크기 및 분포를 판단할 수 있는 압축재하시험을 실시하여 축방향 허용압축지지력을 결정할 수 있다.

(4) 부주면마찰력이 큰 경우에는 부주면마찰력 감소방법을 적용할 수 있다.

해설

5.2.7 말뚝이 포화된 점토층을 관통하여 지지되어 있는 경우에는 포화된 점토층 위에 새로운 성토를 하거나 지하수위가 저하되면 점토층에 압밀 침하가 발생하고 침하하는 지층은 말뚝에 대해서 하향의 마찰력을 유발시키게 된다. 이러한 마찰력은 상향의 주면마찰력과는 반대로 말뚝에 재하되는 하중으로 작용하게 되며 이를 부주면마찰력이라 한다. 부주면마찰력은 말뚝의 지지력에 관한 문제라기보다는 말뚝과 주변지반 간의 상대변위 발생으로 인하여 말뚝에 작용하는 최대하중의 크기와 작용위치가 달라지는 문제로 취급되어야 한다. 따라서 부주면마찰력의 크기는 말뚝과 지반의 상대침하량, 중립점(면)의 위치를 고려하여 산정하고, 부주면마찰력을 받는 말뚝은 말뚝재료의 허용하중, 지반의 허용지지력, 말뚝의 허용침하량을 모두 만족하여야 한다.

(1) 말뚝주면 압밀침하량은 지표면에서 최대이고 깊이에 따라 점차 감소하여 압밀층 최하단에서는 영이 된다. 따라서 압밀층 내의 한 면에서는 지반침하와 말뚝의 침하가 같아서 상대적 변위가 없는 중립면이 있고 부주면마찰력은 이 중립면 위에서만 발생한다. 중립면의 위치는 말뚝이 박혀 있는 지지층의 굳기와 주변 지반의 침하량에 따라 달라진다. 부주면마찰력이 발생하면 말뚝에 작용하는 최대하중은 중립면에 위치하므로 말뚝이 손상될 가능성은 항상 중립면 부근에서 존재한다. 따라서 무엇보다도 중립면의 결정이 선행되어야 한다. 중립면의 깊이는 다음 중 한 방법으로 결정한다.

- 말뚝의 근입깊이에 따른 말뚝과 주변지반과의 침하해석(Canadian Geotechnical Society, 2006)
- 부주면마찰력에 의한 말뚝두부로부터의 축하중 곡선과 정주면마찰력을 고려한 지지력 곡선의 교차점 결정(해설 그림 5.2.8 참조)
- 경험식의 적용(H : 압밀층의 두께)
  마찰말뚝이나 불완전지지말뚝의 경우 : 0.8H
  보통의 모래, 모래자갈층에 지지된 경우 : 0.9H
  암반이나 굳은 지층에 완전 지지된 경우 : 1.0H

가. 외말뚝의 부주면마찰력

외말뚝에 작용하는 부주면마찰력의 크기는 해설 식(5.2.23)으로 구한다.

$$Q_{ns} = f_n A_s \qquad \text{해설 (5.2.23)}$$

여기서, Q_{ns} : 부주면마찰력

A_s : 부주면마찰력이 작용하는 부분의 말뚝 주면적

f_n : 단위면적당 부주면마찰력으로서 점토와 점토질 실트의 단기거동 해석에는 α계수법을, 점토와 사질토의 장기거동 해석에는 β계수법(해설 표 5.2.13)으로 구한다.

해설 표 5.2.13 β값의 대표치

토질	β
점토	0.20~0.25
실트	0.25~0.35
모래	0.35~0.50

나. 부주면마찰력 작용 시 말뚝의 축방향 허용지지력

부주면마찰력은 말뚝에 하중이 재하되었을 때 하중으로 인한 말뚝의 침하량과 주변지반의 압밀침하를 비교하여 지반의 침하량이 말뚝의 침하량보다 큰 구간에서 발생한다. 지반의 압밀침하는 성토 또는 지하수위 저하로 인한 과잉간극수압의 소산을 동반한 1차 압밀 외에 2차 압밀로도 발생하게 되며, 이 경우에도 상당히 큰 부주면마찰력의 발생이 보고된 바 있다. 또 항타로 말뚝 주변지반의 극심한 교란과 급격한 과잉간극수압 발생 및 소산에 의해서도 부주면마찰력이 발생된다. Johannessen과 Bjerrum(1965)은 성토매립 후 70년 된 지반에서 항타로 인한 지반교란으로 부주면마찰력이 발생하였음을 보고한 바 있다. 부주면마찰력이 작용하는 지반에서 축방향 허용지지력(Q_a)을 계산하는 기존방법은 해설 식(5.2.24)와 (5.2.25) 중에서 택일하여 사용할 수 있다. 해설 식(5.2.24)는 암반층에 근입된 대구경의 강성 말뚝과 같이 구조물에 의한 상재하중으로 발생되는 말뚝의 침하가 작을 경우에 안전측으로 허용하중을 산정하는 방법이며, 해설 식(5.2.25)는 구조물에 의한 상재하중으로 말뚝의 침하가 어느 정도 예상될 때 사용하는 방법으로, 상부 구조물에 손상이 발생하지 않는 허용침하량 이내로 침하가 예상될 경우 사용된다.

$$Q_a = \frac{Q_p + Q_{ps}}{\mathrm{FS}} - Q_{ns} \quad \text{해설 (5.2.24)}$$

$$Q_a = \frac{Q_p + Q_{ps} - Q_{ns}}{\mathrm{FS}} \quad \text{해설 (5.2.25)}$$

여기서, Q_a : 허용지지력

Q_p : 말뚝의 극한 선단지지력

Q_{ps} : 중립면 하부에서 저항하는 극한 정주면마찰력

Q_{ns} : 중립면 상부에 작용하는 극한 부주면마찰력

FS : 안전율(극한지지력에 대하여는 3.0, 항복지지력에 대하여는 2.0을 적용)

한편, 부주면마찰력이 하중으로 작용하여 허용지지력을 감소시킨다는 기존방법과는 달리 부주면마찰력은 침하와 재료성능 문제이지 허용지지력을 감소시키지 않는다는 이론(Fellenius, 1989)을 토대로 제안된 해설 식(5.2.26)과 (5.2.27)을 사용할 수도 있다(해설 그림 5.2.8 참조). 부주면마찰력을 말뚝지지력의 극한상태에서 고려하는 것이 아니라 사용하중(service load)조건에서 고려하는 것이 이 이론의 근간이다. 이 이론에서는 단기하중 작용 시 부주면마찰력이 작용하지 않으며, 그 결과 해설 식(5.2.26)을 만족하여야 하며, 장기하중 작용 시 부주면마찰력 발생과 함께 중립면을 중심으로 힘의 평형이 이루어지며 해설 식(5.2.27)을 만족하여야 한다는 것이다. 따라서 식에 나타난 바와 같이 허용지지력이 부주면마찰력에 의해 감소되지 않으며, 후술하는 해설 식 (5.2.28)의 중립면에서 재료응력을 검토하여 말뚝의 허용지지력을 결정하는 방법이다. 이 이론의 가장 중요한 결정사항 중의 하나는 중립면의 위치이며 이는 사용하중의 크기와 지반-말뚝의 침하거동에 따라 변화되고, 무엇보다 지반-말뚝의 침하량해석이나 시험을 통한 말뚝의 하중-지지력산정(해설 그림 5.2.8 참조)이 필요하므로 실무적용 시 기존방법보다 정밀한 분석이 요구됨에 유의하여야 한다. 해설 그림 5.2.8에서 우측 Q_u 곡선은 말뚝지지력의 극한상태에서의 지지력 분포이며 좌측 중립면 및 부주면마찰력을 포함한 지지력 분포곡선은 말뚝에 작용하는 사용하중조건에서의 하중-지지력 관계곡선이다. 이 방법에 대한 보다 상세한 산정과정은 참고문헌(Fellenius, 1989; 이성준 등, 2010)에 제시되어 있다.

$$Q_a = \frac{Q_p + Q_s}{\mathrm{FS}} = \frac{Q_u}{\mathrm{FS}} \geq Q_t + Q_l \qquad \text{해설 (5.2.26)}$$

$$(Q_t + Q_{tns}) = (Q_{tp} + Q_{tps}) \qquad \text{해설 (5.2.27)}$$

여기서, Q_a : 허용지지력

Q_p : 극한 선단지지력

Q_s : 극한 주면마찰력

Q_t : 말뚝에 작용하는 고정하중

Q_l : 말뚝에 작용하는 활하중

Q_{tns} : 고정하중 Q_t에 대한 중립면 상부의 부주면마찰력

Q_{tp} : 고정하중 Q_t에 대한 중립면 하부의 선단지지력

Q_{tps} : 고정하중 Q_t에 대한 중립면 하부의 정주면마찰력

FS : 안전율(극한지지력에 대하여는 3.0, 항복지지력에 대하여는 2.0을 적용)

부주면마찰력 발생이 우려되는 지반에서는 선단지지력과 주면마찰력을 분리 측정할 수 있는 말뚝재하시험을 실시하여 말뚝의 축방향 허용지지력을 추정하는 방법도 고려할 수 있다. 선단지지력과 주면마찰력을 분리 측정하는 말뚝재하시험이 불가능할 경우, 동일 말뚝에 대하여 압축재하시험과 인발시험을 실시하여 이 값들을 추정할 수 있다. 이때 최대시험하중은 말뚝의 극한파괴가 확인될 수 있도록 충분히 계획하여야 한다. 또한 동재하시험을 실시하면 선단지지력과 주면마찰력을 분리할 수 있을 뿐만 아니라 전체 주면마찰력으로부터 부주면마찰력 발생이 예상되는 구간의 주면마찰력도 구분하여 해석할 수 있다.

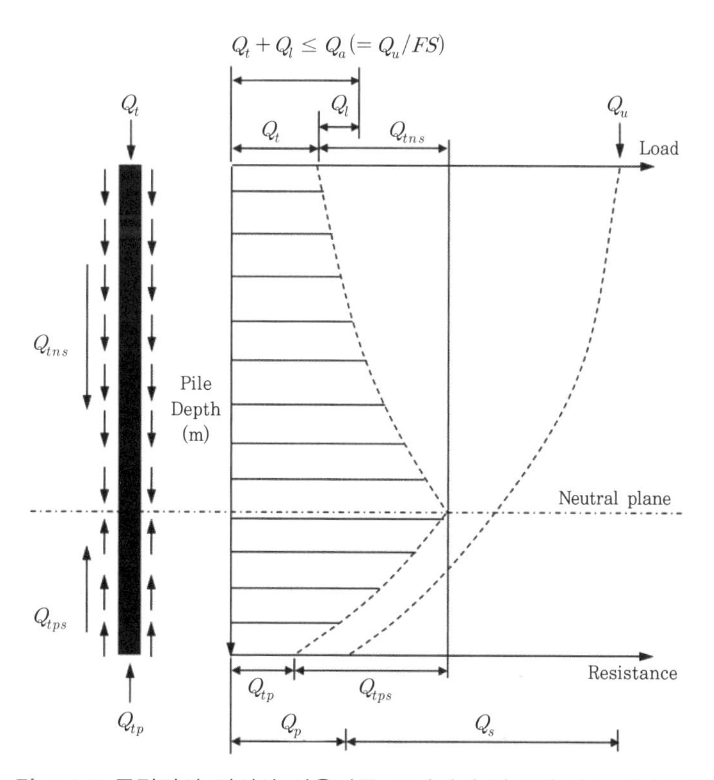

해설 그림 5.2.8 중립면의 정의와 사용하중 조건에서 말뚝의 하중 및 지지력 분포

다. 부주면마찰력 작용 시 말뚝재료의 허용하중

부주면마찰력은 말뚝에 대해 하중으로 작용하므로 말뚝재료의 구조적 손상을 발생시킬 수 있다. 따라서 말뚝재료의 허용압축하중($\sigma_y \cdot A_t$)은 다음을 만족하여야 한다.

$$\sigma_y A_t \geq (Q_t + Q_{ns})\mathrm{FS} \qquad \text{해설 (5.2.28)}$$

여기서, σ_y : 말뚝재료의 항복응력
(강재말뚝은 항복응력, PHC말뚝은 압축강도의 1/2 적용)
A_t : 말뚝의 순단면적
Q_t : 말뚝에 작용하는 고정하중
Q_{ns} : 중립면에 작용하는 극한 부주면마찰력
FS : 안전율(정확한 지반의 강도 및 중립면 산정 시에는 1.0을 적용하며 그 외에는 1.2를 적용)

라. 허용침하량 규정

1. 부주면마찰력은 하중으로 작용하므로 말뚝의 침하량을 증대시킨다. 말뚝의 허용지지력과 말뚝재료의 허용하중이 만족되었더라도 부주면마찰력이 작용할 경우 말뚝침하량은 부주면마찰력이 작용하지 않을 때에 비하여 크게 나타나므로 이를 검토하여야 한다. 부주면마찰력으로 인해 외말뚝의 선단에서 발생하는 침하량은 그 위치에서 계산한 말뚝의 침하량과 지반침하량의 차이가 된다(Canadian Geotechnical Society, 2006). 이때 말뚝머리의 침하량은 앞에서 계산한 침하량 차이에 말뚝의 탄성변위만을 더한 값이 된다. 말뚝의 허용하중은 대부분 말뚝의 허용침하량에 의해 지배된다. 따라서 상부 구조물에 손상을 주지 않는 침하량 이내로 말뚝의 침하가 발생하는지 검토하여야 한다(해설 표 5.2.15 참조).

2. 무리말뚝에 작용하는 총 부주면마찰력은 외말뚝의 부주면마찰력의 합보다 작고 무리말뚝 내에서도 외부말뚝보다는 내부말뚝의 부주면마찰력이 훨씬 작다. 그러나 현재까지 외말뚝에 비하여 무리말뚝 내 개개 말뚝들의 중립면 및 부주면마찰력 산정에 대하여 확립된 기준은 없다. 근사적으로 무리말뚝에 작용하는 부주면마찰력의 최댓값은 무리말뚝으로 둘러싸인 흙덩어리와 그 위의 성토 무게를 합한 것이다.
즉,

$$Q_{ng(\max)} = BL(\gamma'_1 D_1 + \gamma'_2 D_2) \qquad \text{해설 (5.2.29)}$$

여기서, B : 무리말뚝의 폭
L : 무리말뚝의 평면상 길이
γ'_1 : 성토된 흙의 유효단위중량
γ'_2 : 압밀토층의 유효단위중량
D_1 : 성토층의 두께
D_2 : 중립층위 압밀토층의 두께
$Q_{ng(\max)}$: 무리말뚝 부주면마찰력의 상한치

상기와 같이 경험적인 방법으로 무리말뚝의 부주면마찰력 추정이 가능하지만, 충분한 자료가 있어 무리말뚝의 부주면마찰력에 대한 정확한 해석이 가능한 경우에는 그 결과를 적용할 수 있다. 여기서 한 가지 유념해야 할 것은 실제구조물의 시공 중에는 말뚝에 작용하는 고정하중이 증가하므로 부주면마찰력은 점차로 감소한다는 것이다. 따라서 부주면마찰력으로 발생하는 침하는 구조물 완공 후 장기적으로 발생할 수 있는 유지관리상의 문제로 이해해야 한다.

3. 부주면마찰력이 발생하는 지반에서는 스트레인게이지를 부착한 계측말뚝(instrumented pile)을 시공하여 압축정재하시험을 수행하면 선단지지력과 주면마찰력을 분리하여 측정할 수 있다. 이 값을 가지고 부주면마찰력 분포와 크기, 중립면의 위치 등을 결정한 후 설계하중을 결정하면 안전하고 경제적인 설계가 될 수 있다.

4. 부주면마찰력을 감소시키는 방법으로서 다음과 같은 것이 있다.
   - 선행하중을 가해 지반침하를 미리 감소시키는 방법
   - 표면적이 작은 말뚝(예 : H－형 말뚝)을 사용하는 방법
   - 말뚝을 박기 전에 말뚝직경보다 큰 구멍을 뚫고 벤토나이트 등의 슬러리를 채운 후 말뚝을 박아서 마찰력을 감소시키는 방법
   - 말뚝직경보다 약간 큰 케이싱을 박아서 부주면마찰력을 차단하는 방법
   - 말뚝표면에 역청재를 도장하여 부주면마찰력을 감소시키는 방법
   - 무리말뚝의 주변에 하중을 받지 않는 희생말뚝을 시공하는 방법
   - 기타

5.2.8 말뚝의 허용 인발저항력은 다음 사항을 고려하여 결정한다.

(1) 외말뚝의 허용 인발저항력은 지반의 축방향 허용인발저항력에 말뚝의 무게를 더한 값과 말뚝본체의 허용 인발하중 중 작은 값으로 한다.

(2) 지반의 축방향 허용인발저항력은 인발재하시험을 실시하여 판정하는 것이 가장 바람직하다.

(3) 인발정재하시험 결과를 얻을 수 없는 경우에는 압축재하시험 결과로부터 얻어진 극한 압축주면마찰력으로부터 극한 인발저항력을 추정할 수 있다.

(4) 무리말뚝의 허용 인발저항력에 대해서는 무리말뚝의 영향을 고려한다.

해설

5.2.8 말뚝의 허용 인발저항력은 다음 사항을 고려하여 결정한다.

(1) 외말뚝의 허용 인발저항력은 축방향 압축력을 받는 말뚝의 극한주면마찰력에 안전율을 적용하여 허용인발하중을 구한 후 여기에 말뚝의 무게를 더한 값으로 하되 이 값과 말뚝재료의 허용인발하중을 비교하여 작은 값으로 결정한다.

(2) 지반의 축방향 허용인발저항력은 말뚝의 인발정재하시험을 실시하여 극한 인발저항력을 측정하고 여기에 안전율 3.0으로 나눈 값으로 결정하는 것이 가장 바람직하다. 인발정재하시험에 대해서는 5.4.4절에 설명되어 있다.

(3) 외말뚝에 대한 극한 인발저항력을 인발정재하시험으로부터 구할 수 없을 때에는 축방향 압축정재하시험에서 구한 극한주면마찰력을 극한 인발저항력으로 판정할 수 있다. 이때 압축정재하시험에서 극한 주면마찰력을 구하기 위해서는 예상되는 극한주면마찰력을 충분히 발휘시키기 위한 시험계획(재하용량)이 필수적이며 극한 상태를 보다 정확하게 판정하기 위해서는 스트레인게이지가 설치된 말뚝재하시험을 수행하는 것이 바람직하다.

(4) 무리말뚝의 허용인발저항력은 무리말뚝의 영향을 고려하여 지반조건에 따라 다음과 같이 산정한다.

가. 사질토

사질토의 경우에는 아래의 두 가지 중에서 작은 값을 택한다.

① 무리말뚝을 이룬 각 말뚝의 외말뚝으로서의 허용인발저항력
② 해설 그림 5.2.9(a)에 빗금으로 표시된 부분의 무게

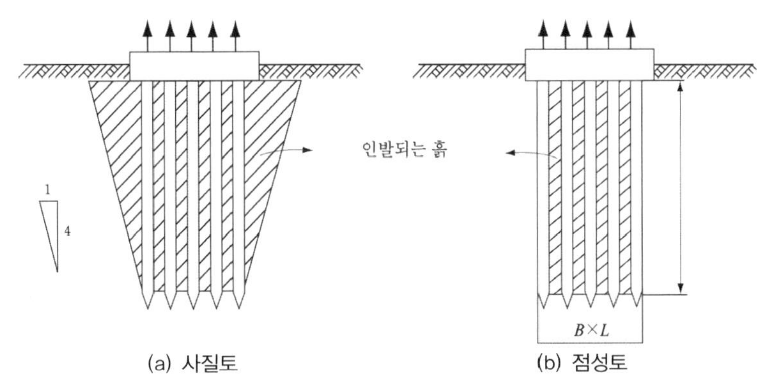

(a) 사질토 (b) 점성토

해설 그림 5.2.9 무리말뚝의 인발저항력 추정

나. 점성토

점성토의 경우에는 다음 두 가지 중에서 작은 값을 택한다.

① 무리말뚝을 이룬 각 말뚝의 외말뚝으로서의 허용인발저항력의 합
② $T_u = H(B+L)\overline{c_u} + W$ 해설 (5.2.30)

여기서, T_u : 무리말뚝의 극한인발저항력
H : 말뚝머리 아래의 무리말뚝 깊이
B : 무리말뚝의 작은 폭
L : 무리말뚝의 큰 폭
$\overline{c_u}$: 점착력의 평균치
W : 말뚝, 말뚝캡, 무리말뚝에 포함된 흙 무게의 합[해설 그림 5.2.9(b)]

허용인발저항력을 구하기 위한 안전율로서는 단기하중일 때 2.0, 장기하중일 때 3.0을 사용한다.

5.2.9 말뚝기초의 침하는 다음 사항을 고려하여 결정한다.

(1) 침하에 의한 구조물의 안정성을 판정할 때에는 외말뚝의 침하량, 무리말뚝의 침하량, 부주면마찰력에 의한 외말뚝의 침하량, 부주면마찰력에 의한 무리말뚝의 침하량 및 부등침하량뿐만 아니라 상부 구조물의 특성도 고려하여야 한다.

(2) 허용침하량은 상부 구조물의 구조형식, 사용재료, 용도, 중요성 및 침하의 시간적 특성 등에 의해 정한다.

(3) 외말뚝의 침하량은 압축 정재하시험을 실시하여 판정하는 것이 가장 바람직하다. 압축 정재하시험 결과를 얻을 수 없는 경우에는 침하량 산정 공식이나 해석적 기법을 이용하여 추정할 수 있다.

해설

5.2.9 말뚝기초의 침하는 다음 사항을 고려하여 결정한다.

(1) 말뚝기초에 설계하중이 재하되었을 때의 침하량은 허용된 범위 이내가 되어야 하므로 허용된 범위의 침하량 안에서 외말뚝의 침하량, 무리말뚝의 침하량 및 부등침하량 값을 상부 구조물의 특성과 연계하여 판정한다. 말뚝의 침하거동에 미치는 영향요인은 매우 다양하므로 외말뚝 또는 무리말뚝의 침하량을 정확하게 예측하는 것은 난해한 문제이다. 일반적으로 말뚝의 주면마찰력은 수 mm 정도의 변위에서 극한상태에 도달되기도 하지만 극한 선단지지력은 말뚝직경의 약 5~10% 정도의 큰 변위에서 발생하므로 지지력 발휘에 소요되는 변위거동이 상이하다. 즉, 말뚝의 하중-침하거동은 지지력 성분의 상대적인 영향정도, 지반조건 및 말뚝시공방법 등에 따라 영향을 받기 때문이다. 그러나 지금까지 보다 신뢰도 높은 말뚝의 침하량을 산정하기 위한 이론적, 경험적 방법들이 다양하게 연구되어 침하거동을 적절히 평가할 수 있는 기법들이 개발되어왔다.

타입말뚝에 대한 대표적 경험식은 Vesic(1970, 1977) 방법이 널리 적용되고 있으며 이론적 예측기법으로서는 탄성 연속체 역학에 근간을 둔 Poulus and Davis(1980) 방법이 선단지지 말뚝 또는 마찰말뚝 등에 적용되고 있다. 여기에 Coyle and Reese(1966)에 의해 발표된 하중전이함수를 적용한 예측방법도 사용되고 있다. 한편 무리말뚝에 대해서도 Poulus and Davis(1980), Randolph(1987)에 의해 이론적 기법이 연구된 바 있으며, 현장타설 콘크리트말뚝에 대해서는 토사지반에 대하여 Reese and O'Neill(1988)이, 암반에 소켓된 현장타설 콘크리트말뚝에 대하여 Pells and Turner(1979)가 산정방법을 발표하였다. 보다 상세한 내용은 참고문헌을 활용할 수 있으며 여기서는 가장 보편적으로 사용되고 있는 침하량 산정 방법을 살펴본다.

가. 외말뚝의 침하량

외말뚝의 말뚝머리 침하량(S)은 말뚝자체의 길이방향 변형(S_s)과 말뚝선단부 침하량의 합이며, 말뚝선단부 침하는 말뚝선단부에 가해지는 하중에 의한 침하량(S_p)과 주면마찰력에 의하여 지반에 전달된 하중에 의한 침하량(S_{ps})의 합으로 아래의 식으로 표시할 수 있다.

$$S_t = S_s + S_p + S_{ps} \qquad \text{해설 (5.2.31)}$$

외말뚝의 말뚝머리 침하량을 구성하고 있는 3가지 성분 S_s, S_p, S_{ps}는 해설 식 (5.2.32), (5.2.33), (5.2.34)와 같은 경험식으로 구할 수 있다. 말뚝 자체의 길이방향 탄성변형은,

$$S_s = (Q_{ps} + \alpha_s Q_{fs})L / A_p E_p \qquad \text{해설 (5.2.32)}$$

여기서, Q_{ps} : 말뚝에 설계하중이 재하되었을 때 말뚝선단부에 전달되는 하중

Q_{fs} : 말뚝에 설계하중이 재하되었을 때 말뚝주면부의 하중

L : 말뚝길이

A_p : 말뚝의 단면적(재료의 순단면적)

E_p : 말뚝의 탄성계수

α_s : 말뚝의 주면마찰력 분포에 따른 계수

Vesic(1977)은 균등 분포 또는 포물선 분포의 주면마찰력의 경우에는 α_s=0.5, 삼각형 분포(지표면에서는 0, 말뚝선단부에서 최대)의 경우에는 α_s=0.67을 적용하도록 권장하고 있다. 실제 주면마찰력 분포는 계측장치가 설치된 말뚝재하시험 결과로부터 얻는 것이 가장 좋지만, 동재하시험결과로부터 유추할 수 있으며 지반조사 결과를 검토하여 유추할 수도 있다. 이는 Sharma and Joshi(1988)의 연구결과에서도 나타난 바와 같이 α_s값은 전체침하량에 큰 영향을 미치지 않으며 따라서 지반조사결과 N값을 이용하여 개략적인 주면마찰력 분포를 추정한 후 α_s=0.5 또는 α_s=0.67을 적용한다. 말뚝선단부의 하중에 의한 침하량은,

$$S_p = C_p Q_{ps} / B q_p \qquad \text{해설 (5.2.33)}$$

여기서, C_p : 흙의 종류와 말뚝시공법에 따른 경험계수(해설 표 5.2.14 참조)
Q_{ps} : 말뚝에 설계하중이 재하되었을 때 말뚝선단부에 전달되는 하중
B : 말뚝의 폭 또는 직경
q_p : 말뚝의 단위면적당 극한선단지지력

해설 표 5.2.14 C_p값

흙의 종류	타입말뚝	굴착말뚝
모래(조밀~느슨)	0.02~0.04	0.09~0.18
점토(굳은~연약)	0.02~0.03	0.03~0.06
실트(조밀~느슨)	0.03~0.05	0.09~0.12

주면마찰력에 의한 말뚝선단부의 침하량은,

$$S_{ps} = C_s Q_{fs} / L_b q_p \qquad \text{해설 (5.2.34)}$$

여기서, $C_s = (0.93 + 0.16\sqrt{L_b/B})C_p$
Q_{fs} : 말뚝에 설계하중이 재하되었을 때 말뚝주면부의 하중
L_b : 말뚝의 근입깊이

위와 같은 계산은 말뚝의 선단지지층이 충분히 깊어 선단부 아래쪽으로 말뚝직경의 10배 이상이 되며 충분히 견고한 경우를 가정한 방법이므로, 선단부 아래쪽의 지반조건이 이와 다를 때는 적용할 수 없다.

나. 무리말뚝의 침하량

1. 사질토의 경우 : Vesic 방법에 의하여 계산

$$S_g = S_0 \sqrt{B_g / B} \qquad \text{해설 (5.2.35)}$$

여기서, S_g : 무리말뚝의 침하량
S_0 : 외말뚝의 침하량
B_g : 말뚝무리의 폭
B : 외말뚝의 직경

2. 점성토의 경우 : Terzaghi and Peck(1967) 방법에 의하여 계산
무리말뚝의 침하량을 구함에 있어서 해설 그림 5.2.10과 같이 말뚝선단 위 $l/3$지점에 가상기초 바닥면을 설정하고 응력의 분포는 2(연직) : 1(수평)로 보고 기초의 침하를 구하는 방법이 널리 사용된다. 그러나 이 방법에 의하여 계산된 침하량은 실제 침하량보다 상당히 크다는 것이 여러 학자들에 의해 문제점으로 제기되고 있다. 이러한 경험식을 바탕으로 한 외말뚝과 무리말뚝의 침하량 산정 방법은 간편하여 널리 사용되고 있으나 여러 가지 제한사항과 문제점으로 인하여, 실제 설계 시에는 유한요소해석과 같은 지반-구조물의 연속성이 고려된 전산 정밀 해석의 침하량 산정방법으로도 검토할 필요가 있다.

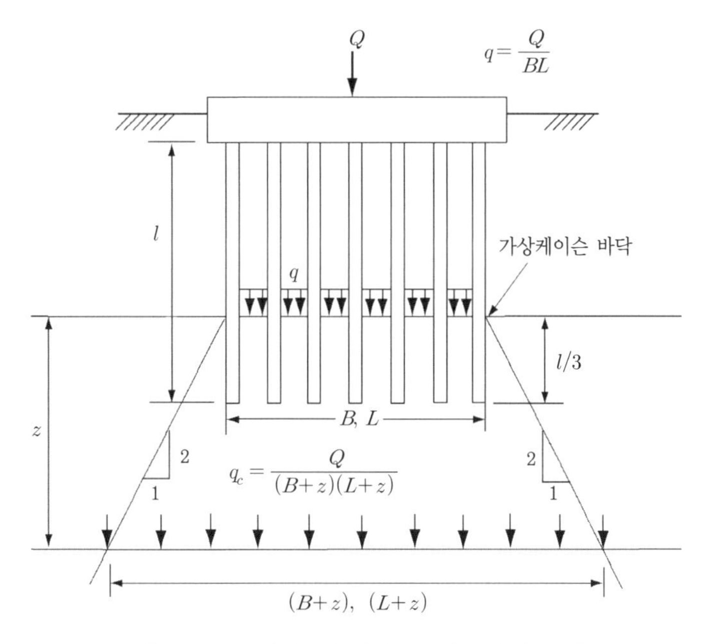

해설 그림 5.2.10 균질점토층에서의 무리말뚝에 의한 지중응력발생 추정(Terzaghi and Peck, 1967)

(2) 침하량 검토란 말뚝머리의 추정침하량과 상부구조에서 결정되는 허용침하량의 비교이다. Skempton이 주로 철근콘크리트 구조의 건축물에 대해서 건축물 속에 발생한 최대의 각변형 $\theta_{\max}$(rad)과 침하량의 최대치 $S_{\max}$(mm)의 관계를 조사한 결과는 아래와 같다.

확대기초에서 : $S_{\max} = 258{,}000\theta_{\max}$

전면기초에서 : $S_{\max} = 40{,}000\theta_{\max}$

허용침하량을 어느 수치로 규정함은 비합리적이고, 상부구조의 구조형식, 사용재료, 용도, 중요성 및 침하의 시간적 성격 등에 의해서 규정되어야 하는 것이다. 그러므로 해설 표 5.2.15는 단순한 참고일 뿐이며 이들 문제에 대해서는 전문기술자의 의견에 따라 설계자가 판단하여야 한다.

해설 표 5.2.15 구조물의 종류와 허용침하량

저자	구조 형식	허용침하량(mm)	허용각변형(rad)
Baumann(1873)	철근콘크리트구조	40	−
Jenny(1885)	철근콘크리트구조	50∼75	−
Purdy(1891)	−	75∼125	−
Simpson(1934)	철근콘크리트구조	100∼125	−
Terzaghi(1934)	철근콘크리트구조	50	−
	연와구조	−	1/280
Terzaghi and Peck(1948)	철근콘크리트구조	50	1/320
Tschebotarioff(1951)	연와구조	50∼75	−
Ward and Green(1952)	연와구조	−	1/480
Meyerhof(1953)	철근콘크리트라멘구조	−	1/300
	철근콘크리트벽식구조	−	1/1000
	연와구조	−	1/600
大山奇(1956)	철근콘크리트구조 블록구조	−	1/600∼1/1000

(3) 외말뚝에 대한 지지력 산정방법에서 살펴본 것과 마찬가지로 침하량의 평가에서도 실물말뚝에 대한 정적 압축재하시험 결과로부터 구한 말뚝머리 하중-침하량 관계를 이용하여 예측하는 것이 가장 신뢰도 높은 방법이다. 재하시험을 수행하여 설계하중에 해당하는 침하량을 구함으로써 실제 말뚝의 발생 가능한 침하량으로 추정할 수 있지만 재하하중의 작용시간이 짧다는 점, 시험말뚝이 지반조건 및 설계조건을 대표할 수 없다는 점, 지반거동 특성에 따라 침하량이 상이하게 나타난다는 점 등을 재하시험결과에 고려하여 침하량을 산정하는 것이 가장 바람직하다. 말뚝에 대한 압축정재하시험 결과를 얻지 못하는 경우 앞서 살펴본 침하량 산정공식이나 해석적 기법을 이용하여 침하량을 추정할 수 있다. 해석적 기법을 적용할 때에는 말뚝의 하중전이특성을 파악하여 반영하여야 신뢰도가 높아진다(Reese and O'Neill, 1988).

다음에는 말뚝형식에 따라 침하의 양상이 어떻게 변하는가를 개략적으로 설명한다.

가. 암반 위의 선단지지말뚝

견고한 암반 위의 지지말뚝에서는 전체적으로 침하가 작고 더구나 침하는 말뚝자체의 탄성변형량이 대부분이며 소성변형량 또는 잔류변형량은 몇 mm를 넘지 않는 것이 보통이다. 무리말뚝일 때는 외말뚝의 침하량보다 약간 큰 침하가 일어난다고 알려져 있으나 침하에 대해서 특별한 고려를 할 필요는 없다. 또 암반이 경사진 때에는 어느 정도 암반 속에 말뚝이 관입되어 있지 않으면 하중이 가해졌을 때 말뚝이 미끄러질 염려가 있다. 암반이 견고하지 않을 때는 코아를 채취하여 압축특성 등을 시험할 필요가 있다.

나. 모래 또는 자갈층에 지지된 선단지지말뚝

지지층의 투수성이 높을 때에는 침하가 급속히 일어난다. 그래서 외말뚝의 침하특성은 재하시험에 의해서 비교적 쉽게 파악된다. 단, 재하시험에서는 지지층 위층의 주면마찰이 상당히 작용하므로 무슨 방법을 쓰더라도 이것을 제거하고, 상재하중 전부가 선단지지력으로 지지되도록 시험할 필요가 있다. 또한 부주면마찰력이 작용할 가능성이 있을 때에는 상재하중에 이것을 추가하여야 한다. 무리말뚝의 경우에는 그 침하량이 외말뚝에 비하여 대단히 크게 된다는 점에 특히 주의해야 한다.

다. 단단한 점토층에 지지된 선단지지말뚝

연약층을 관통하여 단단한 점토층에 지지된 말뚝의 침하특성을 재하시험에서 추정하는 것은 매우 어렵다. 왜냐하면 우선 재하시험에서는 상재하중의 대부분이 주면마찰력에 의해서 지지되지만 실제의 말뚝기초에서는 시간의 경과에 따라 대부분의 하중이 선단지반에 전달되기 때문이며, 다음으로는 선단지반에서의 압밀이 대단히 완만하게 발생되므로 보통의 재하시험 기간 중에는 침하량의 파악이 불가능하기 때문이다. 이와 같은 결점을 보완하기 위하여 이중관으로 된 시험말뚝을 사용하여 주면마찰을 분리하고 시험할 수도 있겠으나 그렇게 하더라도 압밀특성의 파악을 위해서는 수 주간의 재하시험 기간이 요구되므로 실제로 실행하기는 곤란하다. 이와 같은 경우에는 말뚝타입에 의한 지지층의 흐트러짐을 경감하기 위하여 중심간격을 말뚝직경의 3~3.5배 떨어지게 함이 보통이고 이때에는 외말뚝과 무리말뚝과의 사이에 침하특성의 차이는 없는 것으로 생각해도 좋다.

라. 지지말뚝의 지지층 밑에 연약층이 있을 때

이때에는 지지층의 침하뿐 아니라 그 밑 연약층의 압밀침하도 생각해야 한다. 이 경우에는 말뚝기초의 선단면을 하나의 깊은기초 저면으로 보고 그 면에 하중이 균등하게 분포하는 것으로 생각하여 연약층의 압밀계산을 한다. 연약층에서의 응력분포 및 그 응력으로 인한 압밀침하의 계산은 제4장 4.3.4절의 내용을 따른다. 이와 같은 경우에는 말뚝의 선단을 그 밑의 연약층 상면에서 2~3m 이상 떨어지게 하지 않으면 말뚝이 연약층으로 관입, 파괴가 일어날 수도 있으므로 주의해야 한다.

마. 모래층 또는 모래자갈층 속의 마찰말뚝

외말뚝의 침하특성은 재하시험에 의해서 비교적 확실하게 추정할 수가 있다. 무리말뚝의 경우에는 말뚝타입에 의해서 주면의 흙이 다져지므로 무리말뚝 중에서 한 개의 말뚝에 대해 재하시험을 하면 당연히 침하는 작게 일어난다. 그러나 무리말뚝 전체로서의 침하를 생각하면 외말뚝의 침하보다 크게 될 경우도 있다. 마찰말뚝에서는 주면마찰저항과 선단저항의 분담률, 모래층의 다짐정도, 말뚝의 타입방법, 말뚝타입에 의한 다짐이 미치는 범위, 말뚝머리의 일체성, 무리말뚝에 의한 응력전달의 범위 등의 요소에 따라 침하에 대한 효과에 상당한 차이가 있다. 따라서 무리말뚝의 재하시험을 시행할 수 있는 경우를 제외하고는 무리말뚝으로서의 침하는 외말뚝보다도 크다고 보고 설계함이 안전하다. 아무튼 모래층속의 마찰말뚝은 길이가 증가하면 지지력도 급격하게 증가하고, 침하는 감소되므로 긴말뚝을 타입함이 좋다. 또 느슨한 모래층 속에 말뚝을 타입하면 그 진동에 의해 모래층이 다져져서 인접한 기설 구조물에 해를 미칠 수도 있으므로 주의해야 한다.

바. 점성토 속의 마찰말뚝

점성토속의 마찰말뚝에서 외말뚝의 재하시험 결과로부터 말뚝기초의 침하특성을 추정하기는 곤란하다. 실제 기초에서는 재하시간의 효과와 무리말뚝의 효과가 크게 영향을 미치게 되기 때문이다. 외말뚝에 의한 압밀침하량 계산은 상당히 어려우며 또한 실용적이 아니다. 따라서 보통은 무리말뚝기초로서의 침하계산만으로 충분하다. 이 경우 하중작용면을 어디로 선정하느냐가 문제가 된다. 상부구조의 하면, 즉 말뚝머리에 하중작용면이 있다고 생각하는 경우와 말뚝의 선단부에 하중작용면이 있다고 생각하는 양극단의 경우가 있으나 실제로는 그 중간에 있다고 생각되며, 그 위치는 말뚝의 응력전달기구에 따라 결정된다. 현재 보통 시행되는 방법은 말뚝의 선단에서 $l/3$의 곳에 저면을 가진 하나의 깊은기초를 생각하고 그 저면에 하중이 등분포하는 것으로 보아 그보다 밑층의 압밀침하를 계산하고 있으나, 경우에 따라서는 양극단에 대해서도 검토할 필요가 있다. 모래층 속의 마찰말뚝에서 말뚝선단보다 밑에 연약층이 있을 경우의 압밀계산에도 위의 방법을 사용한다. 즉, 모래층 속에 말뚝의 선단에서 $l/3$이 되는 곳에 하중면이 있는 것으로 보아 연약층 속의 응력을 계산한다. 점성토를 뚫고 말뚝을 타입하는 경우에 이미 타입되어 있는 말뚝이 솟아오르는 경향이 있다. 특히 이것이 지지말뚝일 때는 상부구조의 하중에 의해 예기치 않은 침하가 발생하게 된다. 따라서 이와 같은 경우에는 하중이 작용되기 전에 재타입을 하여야 한다.

사. 암반근입 현장타설 콘크리트말뚝의 침하

상부구조에 영향을 주는 암반에 근입된 현장타설 콘크리트말뚝의 침하는 다음과 같은 종류가 있다.

- 현장타설 콘크리트말뚝 본체의 탄성수축
- 현장타설 콘크리트말뚝 선단지반의 침하
- 무리말뚝의 영향으로 말뚝 선단 아래 상당 깊이까지 이르는 지반변형 등

현장타설 콘크리트말뚝을 암반층까지 시공하는 국내의 여건상 현장타설 콘크리트말뚝의 침하가 문제시되는 경우는 거의 나타나지 않는다.

5.3 말뚝의 횡방향 허용지지력

5.3.1 말뚝의 횡방향 지지력은 말뚝에 발생하는 휨응력이 말뚝재료의 허용휨응력 이내가 되는 값이며, 말뚝머리의 횡방향 변위량이 상부구조에서 정해지는 허용변위량을 넘어서지 않는 조건을 만족시키는 가장 큰 값으로 한다.

해설

5.3.1 말뚝이 횡방향력(수평방향 또는 수평에 가까운 외력)을 받을 때에 나타나는 저항을 말뚝의 횡방향 저항이라고 하며, 그 기본적 형식은 해설 그림 5.3.1과 같이 세 가지로 분류할 수 있다.

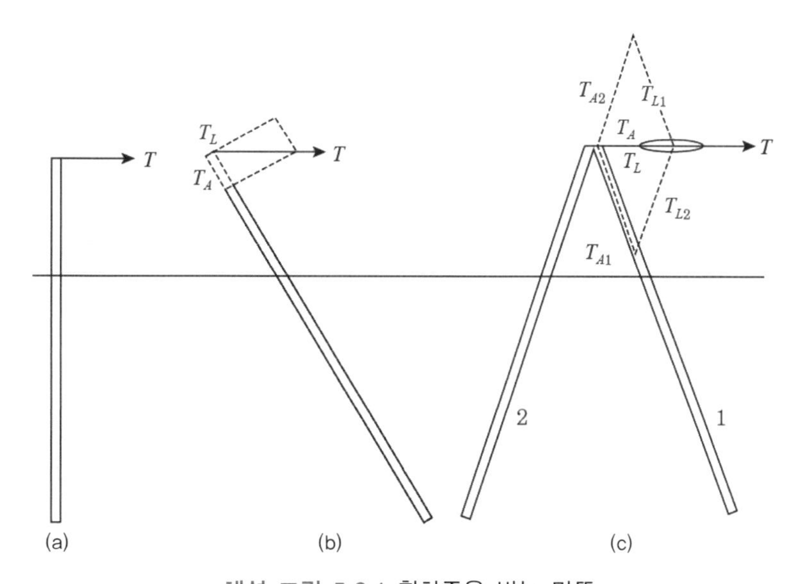

해설 그림 5.3.1 횡하중을 받는 말뚝

(a)의 경우 외력에 대한 말뚝의 저항은 횡방향의 저항만이 작용하고 축방향으로는 작용하지 않는다. 이것이 말뚝의 횡방향 저항의 가장 단순한 형식이고 이것을 좁은 의미에서 말뚝의 횡방향 저항이라 하는 경우가 많다.
축방향의 저항에 의해서 지지된다. 그러나 횡방향의 저항과 축방향의 저항의 분담 비율
(b)의 경우 외력의 일부는 말뚝의 경사각에 따라 결정되므로 그 지지력은 횡방향과 축방향으로 나누어 생각하면 된다.
(c)의 조합말뚝이란 축방향을 달리하는 두 개 이상의 말뚝을 조립한 것으로서 해설 그림 5.3.1(c)는 조합말뚝의 가장 간단한 형식이다. 조합말뚝에서는 외력의 대부분은 각 말뚝의 축방향 저항에 의해서 지지되므로 지지력의 추정은 횡방향의 저항을 무시하고 축방향의 지지력만을 생각하는 것이 보통이며, 조합말뚝의 변위량은 외말뚝에 비하여 훨씬 작으므로 변위량이 문제가 되는 경우는 비교적 드물다.

5.3.2 외말뚝의 횡방향 허용지지력은 다음 사항을 고려하여 결정한다.

(1) 외말뚝의 횡방향 허용지지력은 횡방향재하시험을 실시하여 결정하는 것이 가장 바람직하다.
(2) 횡방향재하시험을 실시할 수 없는 경우에는 탄성보 방법과 극한평형법과 같은 해석적 방법 또는 프레셔미터 결과를 이용한 방법으로 횡방향 허용지지력을 추정할 수 있다.
(3) 말뚝의 횡방향재하시험을 실시하더라도 실제 구조물의 하중조건과 다른 경우에는 그 결과를 적합한 방법으로 해석한다.

해설

5.3.2 축방향 지지력의 경우에는 극한지지력을 안전율로 나누어 허용지지력의 기준치를 구하는 것이지만 횡방향 지지력의 경우에는 극한지지력을 매개로 하지 않고, 직접 말뚝의 거동에 따라 허용지지력을 구한다. 이것은 횡방향 지지력의 특수한 성격을 고려한 것이기 때문이다. 말뚝이 횡방향의 외력을 받을 경우에는 흙의 파괴는 외력이 증대되어 감에 따라 지표면에서 점차적으로 깊은 곳으로 진행하는 성질이 있고, 흙의 파괴하중은 간단히 정할 수가 없다(단, 짧은말뚝일 때는 제외). 따라서 말뚝의 허용지지력은 말뚝자체의 거동에 따라 정해야 한다. 횡방향의 외력을 받을 때 말뚝에는 휨이 생긴다. 이에 따라 말뚝에 휨모멘트가 발생하고 또 말뚝머리에는 변위가 생긴다. 휨모멘트가 커지면 말

뚝이 꺾어지며, 말뚝머리 변위량이 커지면 상부구조에 지장을 주게 된다. 따라서 말뚝의 횡방향 허용지지력은 다음의 두 가지 점을 만족하도록 정해야 한다.

- 말뚝에 발생하는 휨응력이 말뚝재료의 허용휨응력을 초과해서는 안 된다.
- 말뚝머리의 변위량(휨방향 변위량)이 상부구조에서 정해지는 허용변위량을 초과해서는 안 된다.

경우에 따라서는 말뚝에 발생하는 전단응력이나 말뚝머리의 경사량이 문제가 될 수도 있으나 대개는 휨응력과 말뚝머리 변위량만을 고려하면 충분하다. 이와 같이 허용지지력이 말뚝머리 변위와 말뚝의 응력으로 정해지고, 허용지지력 문제와 말뚝설계 문제를 분리시킬 수 없는 점이 횡방향 지지력의 큰 특징이다. 위에서 설명한 것은 근입길이가 충분히 긴 경우이며 근입길이가 짧은 경우에는 다소 상황이 달라진다. 근입길이가 긴말뚝에서는 횡방향 외력을 받더라도 말뚝 밑부분에는 거의 변위가 생기지 않으며 따라서 이 부분에는 지반반력의 변화도 없고, 외력에 대해서도 아무런 저항을 발휘하지 않는다. 근입길이가 긴 말뚝에서 외력에 대해서 유효한 저항을 발휘하고 있는 부분의 길이를 유효길이라 부른다. 긴말뚝의 경우 횡방향 외력에 대한 말뚝의 거동은 말뚝의 실제 근입길이에는 관계가 없으며, 말뚝 하부는 지반 속에 고정된 형태를 갖는다. 말뚝의 강성이 큰데 비하여 길이가 짧은 경우를 짧은말뚝이라고 한다. 짧은말뚝에서는 횡방향 외력에 의한 말뚝의 움직임은 휨보다는 회전에 가까워지며, 극단의 경우에는 어느 하중으로 흙이 전면적인 파괴상태에 들어가 말뚝이 전도하게 된다. 이와 같은 경우에는 흙의 파괴하중에 의해 말뚝의 횡방향 극한지지력을 규정할 수가 있다. 그러므로 짧은말뚝의 횡방향 허용지지력을 정하기 위해서는 휨응력, 말뚝머리 변위량 외에 파괴하중도 고려하지 않으면 안 된다. 짧은말뚝은 긴말뚝에 비해서 말뚝머리 변위가 크게 되고, 전도의 위험도 있다. 또 말뚝머리 변위나 휨모멘트가 근입길이의 영향을 받기 때문에 긴말뚝의 경우보다 이들의 예측이 어렵다. 더구나 짧은말뚝은 일반적으로 크리프나 반복하중에 대해서도 불리하다. 그러므로 횡방향력을 지지하는 말뚝으로서 짧은말뚝을 사용하는 것은 가급적 피하는 것이 좋다.

(1) 재하시험에 의한 말뚝 횡방향지지력의 추정

횡방향재하시험 결과는 말뚝과 하중조건에 따라 크게 달라진다. 그러나 이 점에 대해서는 후술하며, 여기서는 재하시험이 실제의 구조물과 같은 조건으로 시행되었다고 가정하고 재하시험 결과에서 허용지지력을 구하는 방법을 설명한다.

횡방향재하시험에서 하중－말뚝머리변위 곡선은 일반적으로 처음부터 구부러진 형태를 나타내고 짧은말뚝인 경우를 제외하면 명확한 항복하중이나 극한하중이 규명되지 않는 것이 보통이다. 이것은 앞서 설명한 바와 같이 근입길이가 긴 말뚝에서는 흙의 소규모 파괴현상이 점진적으로 발생할 뿐이며, 전면적인 파괴가 일어나지 않기 때문이다. 그러므로 하중－말뚝머리변위 곡선은 항복하중이나 극한하중을 구하기 위한 것이 아니고 말뚝머리 변위량을 제한하기 위하여 사용한다. 말뚝머리 허용 변위량을 결정하면 하중－말뚝머리변위 곡선상의 그 변위에 대해서 다시 휨응력을 고려하여야 한다. 즉, 허용지지력과 같은 하중을 가하였을 때에 말뚝에 발생하는 최대의 휨응력이 말뚝재료의 허용휨응력을 넘어서는 안 된다. 재하시험에서 말뚝의 휨응력의 분포를 알기 위해서는 말뚝에 스트레인게이지를 설치하여야 한다. 그러나 이것은 비용과 시간이 많이 소요되고 또 확실한 측정치를 얻기가 기술적으로 상당히 어려우므로 보통의 재하시험에서는 휨응력의 측정을 하지 않는 것이 일반적이다. 휨응력을 측정하지 않는 경우에는 말뚝머리의 변위를 측정한 결과와 해석적 방법을 조합함으로써 최대 휨응력을 간접적으로 추정할 수 있다.

재하시험에서 재하하중이 매우 클 경우 하중－말뚝머리변위 곡선에서 파괴하중을 추정할 수 있을 때가 있다. 이것은 말뚝의 꺾어짐, 즉 휨파괴를 나타내는 때이다. 이 경우에는 전술한 휨응력 검토 대신에 횡방향 허용지지력이 파괴하중의 1/3을 넘지 않는다는 조건으로 사용한다. 재하시험에 있어서 파괴하중을 얻지 못할 때에는 최대시험하중을 파괴하중으로 보고 휨응력을 검토한다. 짧은말뚝의 횡방향 허용지지력을 구하기 위해서는 이미 설명한 말뚝머리 변위 및 휨응력 검토 외에 말뚝의 전도에 대한 고려가 필요하다. 즉, 허용하중은 전도하중의 1/3을 넘어서는 안 된다. 전도하중이 얻어지지 않을 때는 최대시험하중을 전도하중으로 본다.

(2) 재하시험 외의 말뚝 횡방향 지지력의 추정

재하시험 외의 외말뚝의 횡방향 지지력은 다음 중 어느 한 방법에 의하여 추정할 수 있으며 가능하면 이들 방법을 조합하여 추정하는 것이 좋다.

가. 해석적 방법에 의한 추정

횡방향의 외력을 받는 말뚝의 거동을 해석적으로 추정하는 방법으로는 말뚝을 탄성보로 보고 해석하는 방법과 극한평형법이 있다. 이때에는 해당 지반반력의 성격 및 그 계수를 알아야 한다. 지반반력에 관한 계수는 지반조건에 따라 추정할 수도 있으나 정확한 지반반력에 관한 계수를 파악하려면 그 지점에서 재하시험을 해야 한다.

1. 극한평형법

극한평형법의 대표적인 해법으로 Broms(1964)의 이론을 들 수 있다. Broms는 횡하중을 받는 연직말뚝을 긴말뚝과 짧은말뚝으로 나누어 각각의 파괴형태를 가정하고 말뚝의 응력-변형 및 필요한 근입길이를 구하는 설계방법을 제안하였다. 짧은말뚝과 긴말뚝의 구별은 해설 표 5.3.1과 같다.

해설 표 5.3.1 긴말뚝과 짧은말뚝의 구별

구분	점성토	사질토
짧은말뚝	$\beta L \leq 2.25$	$\eta L < 2.0$
중간말뚝	-	$2.0 \leq \eta L \leq 4.0$
긴말뚝	$\beta L > 2.25$	$\eta L > 4.0$

위 표에서, L : 말뚝의 길이

$$\beta = \left(\frac{k_h D}{4EI}\right)^{\frac{1}{4}} (\mathrm{m}^{-1}) \qquad \text{해설 (5.3.1)}$$

$$\eta = \left(\frac{n_h}{EI}\right)^{\frac{1}{5}} (\mathrm{m}^{-1}) \qquad \text{해설 (5.3.2)}$$

여기서, k_h : 지반반력계수(kN/m^3)

n_h : 지반반력상수(지반반력계수의 깊이방향 증가율에 말뚝직경 D를 곱한 값)(kN/m^3)

Broms의 해법은 말뚝본체와 주변지반의 파괴 가능성을 모두 고려하고 말뚝본체의 휨저항에 의해 설계가 결정되는 긴말뚝의 경우에도 지표면 부근의 지반이 파괴된다는 조건을 고려하고 있다. 또 이 해법은 흙의 전단강도와 토압계수를 사용하기 때문에 실용적이다. 이 방법에서는 지반을 점성토와 사질토지반으로 나누어 각기 다른 형태로 횡방향 저항력을 산정하였다. 해설 표 5.3.2와 해설 표 5.3.3의 Broms의 해석방법에는 말뚝머리가 구속되어 있는 긴말뚝의 경우에 극한상태로서 말뚝본체에 2개의 항복힌지가 발생한 상태가 가정되었다. 해설 표 5.3.4에 의하면 말뚝머리 모멘트 M_0는 말뚝본체에 발생하는 최대모멘트 $M_{\max}$보다 크므로 Broms 해석방법으로는 M_0가 항복에 도달한 후 $M_{\max}$가 항복에 도달할 때까지 말뚝머리 부분의 휨변형을 허용하는 말뚝머리 부분의 변형능력이 필요하게 되는데 이러한 변형능력이 없을 때에는 Broms의 방법을 사용해서는 안 되며 탄성지반반력법을 사용해야 한다.

2. 탄성지반반력법

말뚝을 탄성지반에 지지된 보라고 가정하면 땅속에 묻힌 말뚝의 휨변형에 관한 기본방정식은 해설 식(5.3.3)과 같다.

$$EI\frac{d^4y}{dx^4}+P=0 \qquad \text{해설 (5.3.3)}$$

여기서, x : 말뚝축에 따라 측정한 지표면으로부터의 깊이(m)
y : 말뚝의 수평변위(m)
E : 말뚝재료의 탄성계수(kN/m^2)
I : 말뚝의 단면 2차모멘트(m^4)
P : 수평지반반력(kN/m)
$P=k_hDy$(k_h가 깊이에 따라 일정할 때) 해설 (5.3.4a)
$P=n_hxy$(k_h가 깊이에 따라 선형적으로 증가할 때) 해설 (5.3.4b)
B : 말뚝폭(m)
k_h : 수평지반반력계수(kN/m^3)
n_h : 수평지반반력상수 k_hD/x (kN/m^3)

상기 식의 해는 해석적 방법으로는 k_h가 일정한 경우에만 가능하며 k_h의 분포가 깊이에 따라 다른 경우에는 수치적 방법으로 구할 수 있다. 말뚝의 EI가 일정하고 길이가 충분히 길 때, 해설 식(5.3.4)의 해를 Chang이 구했으며 이를 해설 표 5.3.4에 요약 정리하였다.

해설 표 5.3.2 Broms 방법에 의한 횡방향 지지력 계산(점성토지반)

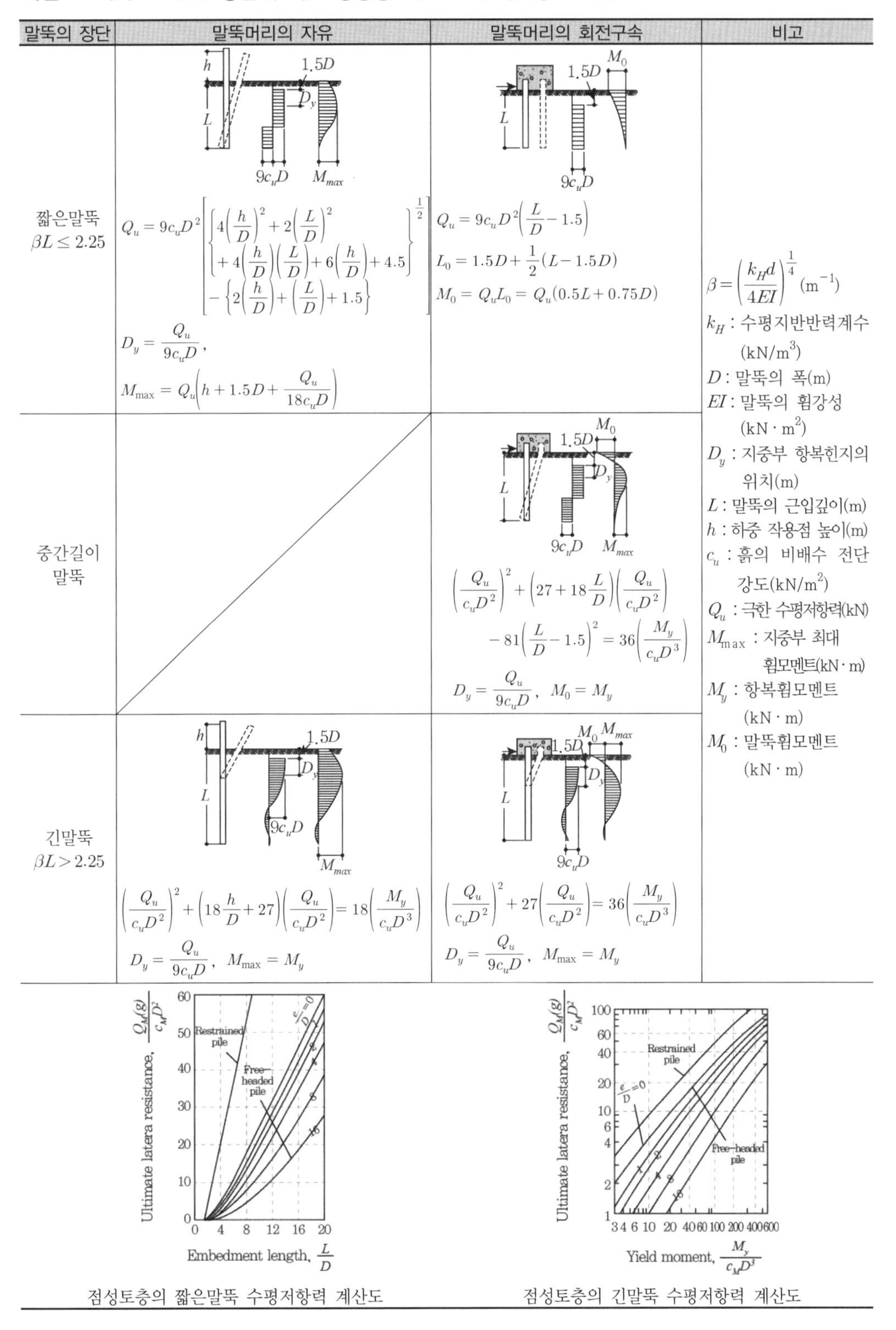

말뚝의 장단	말뚝머리의 자유	말뚝머리의 회전구속	비고
짧은말뚝 $\beta L \le 2.25$	$Q_u = 9c_uD^2\left[\left\{4\left(\frac{h}{D}\right)^2+2\left(\frac{L}{D}\right)^2+4\left(\frac{h}{D}\right)\left(\frac{L}{D}\right)+6\left(\frac{h}{D}\right)+4.5\right\}^{\frac{1}{2}}-\left\{2\left(\frac{h}{D}\right)+\left(\frac{L}{D}\right)+1.5\right\}\right]$ $D_y = \frac{Q_u}{9c_uD}$, $M_{\max} = Q_u\left(h+1.5D+\frac{Q_u}{18c_uD}\right)$	$Q_u = 9c_uD^2\left(\frac{L}{D}-1.5\right)$ $L_0 = 1.5D+\frac{1}{2}(L-1.5D)$ $M_0 = Q_uL_0 = Q_u(0.5L+0.75D)$	$\beta = \left(\frac{k_Hd}{4EI}\right)^{\frac{1}{4}}$ (m^{-1}) k_H : 수평지반반력계수 $(\mathrm{kN/m^3})$ D : 말뚝의 폭(m) EI : 말뚝의 휨강성 $(\mathrm{kN \cdot m^2})$ D_y : 지중부 항복힌지의 위치(m) L : 말뚝의 근입깊이(m) h : 하중 작용점 높이(m) c_u : 흙의 비배수 전단강도$(\mathrm{kN/m^2})$ Q_u : 극한 수평저항력(kN) $M_{\max}$: 지중부 최대 휨모멘트$(\mathrm{kN \cdot m})$ M_y : 항복휨모멘트 $(\mathrm{kN \cdot m})$ M_0 : 말뚝휨모멘트 $(\mathrm{kN \cdot m})$
중간길이 말뚝		$\left(\frac{Q_u}{c_uD^2}\right)^2+\left(27+18\frac{L}{D}\right)\left(\frac{Q_u}{c_uD^2}\right)-81\left(\frac{L}{D}-1.5\right)^2 = 36\left(\frac{M_y}{c_uD^3}\right)$ $D_y = \frac{Q_u}{9c_uD}$, $M_0 = M_y$	
긴말뚝 $\beta L > 2.25$	$\left(\frac{Q_u}{c_uD^2}\right)^2+\left(18\frac{h}{D}+27\right)\left(\frac{Q_u}{c_uD^2}\right) = 18\left(\frac{M_y}{c_uD^3}\right)$ $D_y = \frac{Q_u}{9c_uD}$, $M_{\max} = M_y$	$\left(\frac{Q_u}{c_uD^2}\right)^2+27\left(\frac{Q_u}{c_uD^2}\right) = 36\left(\frac{M_y}{c_uD^3}\right)$ $D_y = \frac{Q_u}{9c_uD}$, $M_{\max} = M_y$	

점성토층의 짧은말뚝 수평저항력 계산도

점성토층의 긴말뚝 수평저항력 계산도

해설 표 5.3.3 Broms 방법에 의한 횡방향 지지력 계산(사질토지반)

말뚝의 장단	말뚝머리의 자유	말뚝머리의 회전구속	비고
짧은말뚝 $\eta L < 2.0$	$Q_u = \dfrac{K_p \gamma D L^2}{2\left(1+\dfrac{h}{L}\right)}$ $D_y = \sqrt{\dfrac{2Q_u}{3K_p \gamma D}}$ $M_{\max} = Q_u\left[h + \dfrac{2L}{3\sqrt{3\{1+(h/L)\}}}\right]$ $= Q_u\left[h + \dfrac{0.385}{\sqrt{1+h/L}}\right]$	$Q_u = \dfrac{3}{2} K_p \gamma D L^2$ $M_0 = \dfrac{2}{3} Q_u L = K_p \gamma D L^3$	$\eta = \left(\dfrac{n_h}{EI}\right)^{\frac{1}{5}} (\mathrm{m}^{-1})$ $n_h = \dfrac{k_H d}{z} (\mathrm{kN/m^3})$ k_H : 수평지반반력계수(kN/m³) D : 말뚝의 폭(m) EI : 말뚝의 휨강성(kN · m²) z : 깊이(m) D_y : 지중부 항복힌지의 위치(m) L : 말뚝의 근입깊이(m) h : 하중 작용점 높이(m) γ : 흙의 단위중량(kN/m³)(지하수면 아래는 수중단위중량) $K_p = \dfrac{1+\sin\phi}{1-\sin\phi}$ Q_u : 극한 수평저항력(kN) $M_{\max}$: 지중부 최대 휨모멘트(kN · m) M_y : 항복휨모멘트(kN · m) M_0 : 말뚝휨모멘트(kN · m)
중간길이 말뚝 $2.0 \le \eta L \le 4.0$		$\left(\dfrac{Q_u}{K_p \gamma D^3}\right)\left(\dfrac{L}{D}\right) - \dfrac{1}{2}\left(\dfrac{L}{D}\right)^3 = \dfrac{M_y}{K_p \gamma D^4}$ $D_y = \sqrt{\dfrac{2Q_u}{3K_p \gamma D}}$ $M_0 = M_y$	
긴말뚝 $\eta L > 4.0$	$\dfrac{Q_u}{K_p \gamma D^3}\left(\dfrac{h}{D} + 0.544\sqrt{\dfrac{Q_u}{K_p \gamma D^2}}\right) = \dfrac{M_y}{K_p \gamma D^4}$ $D_y = \sqrt{\dfrac{2Q_u}{3K_p \gamma D}}$ $M_{\max} = M_y$	$\dfrac{Q_u}{K_p \gamma D^3} = 2.38\left(\dfrac{M_y}{K_p \gamma D^4}\right)^{\frac{2}{3}}$ $D_y = \sqrt{\dfrac{2Q_u}{3K_p \gamma D}}$ $M_0 = M_{\max} = M_y$	

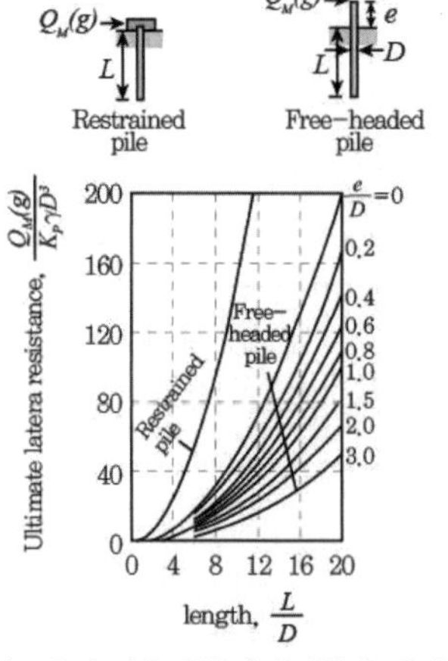

사질토층의 짧은말뚝 수평저항력 계산도

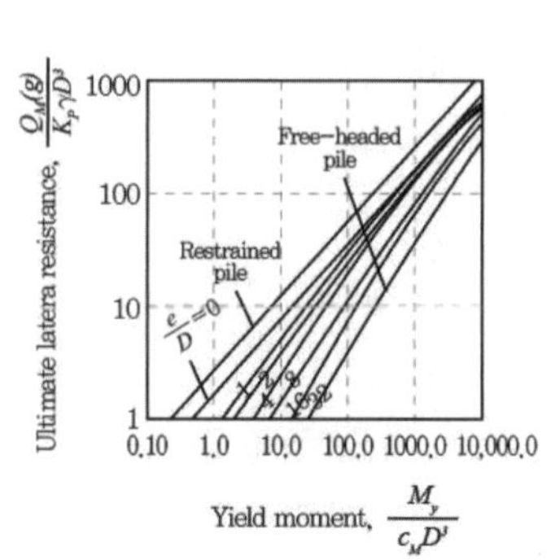

사질토층의 긴말뚝 수평저항력 계산도

해설 표 5.3.4 수평력을 받는 긴말뚝의 응력과 변형의 이론해석

수평지반 반력계수		말뚝머리자유	말뚝머리의 회전구속
깊이에 일정	말뚝머리의 휨모멘트 M_0	0	$\frac{Q}{2\beta}$
	지중부의 최대 휨모멘트 M_{max}	$0.3224\frac{Q}{\beta}$	$0.2079\frac{Q}{2\beta}$
	말뚝머리의 수평변위 y_0	$\frac{Q}{2EI\beta^3}=\frac{2Q\beta}{k_HD}$	$\frac{Q}{4EI\beta^3}=\frac{Q\beta}{k_HD}$
	M_{max}의 발생깊이 L_m	$\frac{\pi}{4\beta}=\frac{0.785}{\beta}$	$\frac{\pi}{2\beta}=\frac{1.571}{\beta}$
	제1부동점 깊이 L_0	$\frac{\pi}{2\beta}=\frac{1.571}{\beta}$	$\frac{3\pi}{4\beta}=\frac{2.356}{\beta}$
깊이에 비례	말뚝머리의 휨모멘트 M_0	0	$0.92\frac{Q}{\eta}$
	지중부의 최대 휨모멘트 M_{max}	$0.78\frac{Q}{\eta}$	$0.26\frac{Q}{\eta}$
	말뚝머리의 수평변위 y_0	$\frac{2.4Q}{EI\eta^3}=\frac{2.4Q\eta^2}{n_h}$	$\frac{0.93Q}{EI\eta^3}=\frac{0.93Q\eta^2}{n_h}$
	M_{max}의 발생깊이 L_m	$\frac{1.32}{\eta}$	$\frac{2.15}{\eta}$
	제1부동점 깊이 L_0	$\frac{2.42}{\eta}$	$\frac{3.10}{\eta}$

3. Broms 해법(1964)과 탄성지반반력법의 적용 구분

Broms 해법과 탄성지반반력법의 적용대상은 다음과 같다.

가) Broms 해법 적용 대상

- 짧은말뚝
- 중간말뚝
- 말뚝머리가 자유로운 말뚝
- 말뚝머리가 구속된 긴말뚝 중에서 지중부 최대휨모멘트가 항복값에 도달

할 때까지 말뚝머리 휨모멘트가 항복값을 유지하며 변형될 수 있는 경우

나) 탄성지반반력법 적용대상 : 위의 가)항에 해당되지 않는 경우

4. k_h와 n_h를 결정하는 방법
사질토 지층이나 정규압밀점토에서는 k_h는 깊이에 따라 비례적으로 증가하고 과압밀점토에서는 k_h는 깊이와 무관하게 일정하다.
k_h와 n_h를 구하는 방법으로는

가) 말뚝 횡방향 재하시험에서 역산하는 방법

나) 지반의 탄성계수를 이용하는 방법

원형단면 말뚝 $k_h D \fallingdotseq 0.56 E_s$ 해설 (5.3.5a)

H형 강말뚝 $k_h D \fallingdotseq 0.49 E_s$ 해설 (5.3.5b)

다) 점성토의 비배수 강도(Davisson, 1970)

$$k_h = 67 c_u / D \qquad \text{해설 (5.3.6)}$$

여기서, c_u : 비배수 점착력
D : 말뚝직경

라) 경험에 의하여 추정된 값을 이용하는 방법
해설 표 5.3.5~해설 표 5.3.7을 참조하여 n_h를 구한다.

마) 축차계산 및 유도식에 의한 방법

$$k_h = k_{h0}\left(\frac{1}{0.3} \times B_H\right)^{-\frac{3}{4}} \qquad \text{해설 (5.3.7)}$$

여기서, k_h : 수평지반반력계수(kN/m^3)

해설 표 5.3.5 각 지반의 k_h

흙의 종류	k_h(kN/m^3)
대단히 유연한 실트 혹은 점토	2,940~14,700
유연한 실트 혹은 점토	14,700~29,400
중위의 점토	29,400~147,000
단단한 점토	147,000 이상
모래(점착력이 없음)	29,400~ 78,400

해설 표 5.3.6 사질토지반의 n_h(kN/m^3)

모래의 상대밀도	느슨함	중밀	조밀
지하수위 위	2,156	6,566	17,640
지하수위 아래	1,274*	4,410	10,780

주) *액상화의 우려가 있으면 0

해설 표 5.3.7 정규압밀점토 지반의 n_h

흙의 종류	n_h(kN/m^3)
유연한 정규압밀점토	196~3,430
정규압밀된 유기질점토	1,078~8,036
피트	29.4~107.8

k_{h0}는 지름 30cm의 강체 원판을 사용하는 평판재하시험에 의한 값에 상당하는 수평지반반력계수(kN/m^3)로서, 각종 토질시험 조사에 의해 구한 변형계수로서 추정하는 경우 다음 식에서 구한다.

$$k_{h0} = \left(\frac{1}{0.3} \cdot \alpha \cdot E_0\right) \qquad \text{해설 (5.3.8)}$$

B_H는 하중 작용 방향에 직교하는 기초의 환산재하폭(m)으로, 해설 표 5.3.8에 표시하는 방법으로 구한다. 일반적으로 탄성체기초의 수평지지력에 관여하는 지반으로는 설계지반면에서 $1/\beta$ 정도까지 고려하면 된다.

해설 표 5.3.8 기초의 환산재하폭, B_H

기초형식	B_H	비고
직접기초	$\sqrt{A_H}$	
케이슨기초	$\sqrt{A_H}$	안정계산, 부재계산
케이슨기초	$\sqrt{D/\beta}$	탄성변위량 계산
말뚝기초	$\sqrt{D/\beta}$	
강관널말뚝기초	$\sqrt{D/\beta}$	

주) A_H : 하중작용방향에 직교하는 기초의 재하면적(m^2)
D : 하중작용방향에 직교하는 기초의 재하폭(m)
$1/\beta$: 수평지지력에 관여하는 지반의 깊이(m)로서 기초의 길이 이하로 한다.
β : 기초의 특성치($\beta = \left(\frac{k_h D}{4EI}\right)^{\frac{1}{4}}$)($m^{-1}$)
E_0 : 지반반력계수 추정에 쓰이는 지반변형계수(kN/m^2)(해설 표 5.3.9 참고)

해설 표 5.3.9 E_0와 α값

다음의 시험방법에 의한 변형계수 E_0(kN/m^2)	α	
	평상시	지진 시
지름 30cm의 강체 원판에 의한 평판재하시험을 반복시킨 곡선에서 구한 변형계수의 1/2	1	2
보링 공내에서 측정한 변형계수	4	8
공시체의 1축 또는 3축 압축시험에서 구한 변형계수	4	8
표준관입시험의 N값에서 $E_0 = 2{,}800N$으로 추정한 변형계수	1	2

k_h값을 구하는 데 있어서 β값을 구하는 식 자체에 k_h항이 들어 있으므로 간단히 구할 수는 없다. 따라서 다음 2가지 방법으로 k_h값을 구한다.

① 축차계산에 의한 방법

a) 먼저 말뚝의 특성치 β를 가정한다.

b) 설계지반면에서 $1/\beta$의 범위의 지반변형계수 E_0를 추정한다.

c) 말뚝의 환산재하폭 B_H를 산정한다.

$$B_H = \sqrt{D/\beta} \qquad \text{해설 (5.3.9)}$$

d) 해설 식(5.3.7)과 해설 식(5.3.8)을 이용하여 k_h를 구한다.

e) β를 산정한다.

$$\beta = \left(\frac{k_h D}{4EI}\right)^{\frac{1}{4}}$$ 해설 (5.3.10)

f) e)의 결과와 a)에서 가정한 값을 비교하여 그 오차가 1% 미만이면 채택하고, 아니면 a)부터 f)까지의 과정을 되풀이 한다.

② 유도식에 의한 방법

$$\begin{aligned} k_h &= k_{h0}(B_H/0.3)^{-3/4} = (1/0.3)\alpha E_0(1/0.3)^{-3/4}(B_H)^{-3/4} \\ &= (1/0.3)^{1/4}\alpha E_0(B_H)^{-3/4} \end{aligned}$$ 해설 (5.3.11)

$$\begin{aligned} &B_H = (D/\beta)^{1/2} = [D/(k_h D/4EI)^{1/4}]^{1/2} = D^{3/8}(4EI/k_h)^{1/8} \\ &\therefore\ k_h = 0.3^{-1/4}(\alpha E_0)(D^{-9/32})(4EI/k_h)^{-3/32} \\ &k_h^{29/32} = 0.3^{-1/4}(4^{-3/32})(\alpha E_0)(D^{-9/32})(EI)^{-3/32} \end{aligned}$$ 해설 (5.3.12)

따라서

$$\begin{aligned} k_h &= 0.3^{-8/29}(4^{-3/29})(\alpha E_0)^{32/29}(D^{-9/29})(EI)^{-3/29} \\ &= 1.208 \cdot (\alpha E_0)^{1.10} \cdot D^{-0.310} \cdot (EI)^{-0.103} \end{aligned}$$ 해설 (5.3.13)

- 말뚝재료의 탄성계수
  말뚝설계에 사용되는 말뚝재료의 탄성계수 E는 일반적으로 해설 표 5.3.10의 값이 사용된다.

해설 표 5.3.10 말뚝재료의 탄성계수

말뚝의 종류	탄성계수 E(kN/m^2)
RC말뚝	3.43×10^7
PC 및 PHC말뚝	3.92×10^7
현장타설 콘크리트말뚝	2.45×10^7
콘크리트 속채움 강관말뚝 :	
콘크리트	3.43×10^7
강관	2.00×10^8
강관말뚝	2.00×10^8

5. p－y 곡선 방법

말뚝의 변위가 커지면 지반반력이 항복에 도달하게 되므로 이러한 지반에서의 말뚝변위와 지반반력 사이의 관계(k_h)는 비선형성(p－y 곡선)을 보이게 된다. 이 방법은 지반의 비선형성, 깊이에 따른 스프링계수의 변화, 지반의 층상 구조를 고려할 수 있는 장점이 있는 반면, 지반을 대표하는 p－y 곡선의 산정이 쉽지 않은 어려움이 있다. 이에 따라 수십 년에 걸쳐 p－y 곡선 산정을 위한 많은 연구가 수행되었으며 지금까지 다양한 지반과 하중조건을 고려한 p－y 곡선이 제안되었다. 현재 제안된 대표적인 p－y 곡선은 해설 표 5.3.11과 같으며, 보다 상세한 해석법 및 기호 정의 등은 참고문헌을 참조할 수 있다.

나. 프레셔미터시험 결과에 의한 추정

말뚝자체의 허용휨응력이 문제되지 않는 짧은말뚝의 경우에는 Menard(1962)에 의하여 고안된 프레셔미터시험 결과를 이용한 말뚝 횡방향 허용지지력 추정방법을 사용할 수 있다.

다. 전산 해석프로그램을 통한 예측

해석적 방법이나 재하시험을 통한 말뚝 거동예측은 여러 가지 제한사항과 가정 등의 문제점이 존재할 수 있다. 따라서 실제 설계 시에는 해설 그림 5.3.2와 같이 FEM 해석과 같은 지반－구조물의 전산 정밀 해석을 수행하여 재하시험이나 해석적 방법에서 고려하지 못하는 부분에 대한 모델링을 바탕으로 횡하중을 받는 말뚝의 거동을 검토할 수 있다.

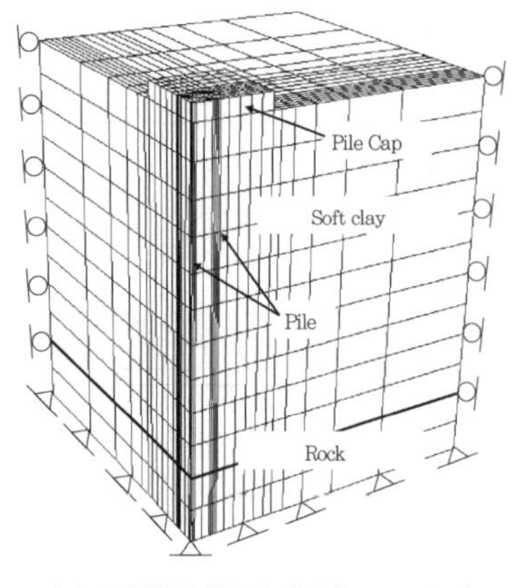

(a) 3차원 유한요소해석(3－D FEM)

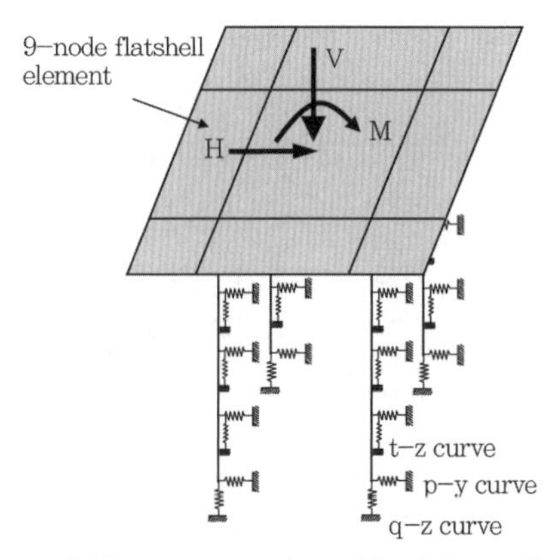

(b) 보－기둥(beam－column) 모델을 기반으로 한 수치해석 모델

해설 그림 5.3.2 전산해석 프로그램을 통한 말뚝의 횡방향 거동예측

해설 표 5.3.11 현재 제안된 대표적인 p-y 해석방법

지반종류와 상태	제안자	제안식	비고
점성토층	O'Neill(1984)	$\frac{p}{p_u}=0.5\left(\frac{y}{y_c}\right)^{0.387}$	점성토 지반의 현장재하시험 결과로부터 역산하여 제안된 p-y 곡선
	Matlock(1970)	$\frac{p}{p_u}=0.5\left(\frac{y}{y_c}\right)^{\frac{1}{3}}$	연약 점성토층을 대상으로 한계깊이와 임계변위를 통한 p-y 곡선
	Reese et al.(1975)	$p_{ut}=2c_aD+\gamma Dx+2.83c_ax$ $p_{ud}=11cD$	견고한 점토층을 대상으로 3개의 직선과 2개의 곡선으로 이루어진 p-y 곡선
사질토층	Cox et al.(1974)	$p_a=k_hy_a\frac{z}{D}$ $p_b=p_u\frac{B}{A}$	사질토 지반의 p-y 곡선으로 Reese의 점성토 p-y 곡선과 유사한 형태를 나타냄
	O'Neill(1983)	$p=\eta Ap_u\tanh\left[\left(\frac{k_h}{A\eta p_u}\right)y\right]$	사질토 지반의 현장재하시험 결과로부터 역산하여 제안된 p-y 곡선
c-ϕ 토체	Evans et al.(1982)	$p_u=[C_{p\phi}\gamma x\tan^2(45+\phi/2)$ $+C_{pc}c\tan(45+\phi/2)]D$	점성토와 사질토 지반의 특성인 $c-\phi$ 값을 적용한 p-y 곡선
암반	Reese(1997)	$p_{ur}=\alpha_rq_{ur}D\left(1+1.4\frac{x}{D}\right)$ $(0\le x\le 3D)$ $p_{ur}=5.2\alpha_rq_{ur}D$ $(x>3D)$	임계변위와 암반의 초기 탄성계수를 통한 연암의 p-y 곡선
Strain Wedge 방법	Ashour(1998)	$p_{ult}=(\Delta\sigma_{hf})\overline{BC}S_1+2(\tau_f)DS_2$	쐐기모양의 3차원적인 지반의 반력 분포 양상을 고려한 비선형 해석기법
지진 하중	NCHRP(2001)	$p_d=p_s\left[\alpha+\beta\alpha^2+\kappa\alpha_0\left(\frac{\bar{\omega}y}{d}\right)^n\right]$	지진하중 주파수를 통한 하중전이 해석법
	일본 도로교 시방서(2002)	$k_{HE}=n_ak_ak_H$ $p_{HU}=n_pa_pp_u$	Bi-linear 곡선을 이용한 상시와 지진 시의 하중전이 해석법

(3) 실제구조물의 하중조건과 다른 경우

가. 말뚝의 거동에 영향을 주는 요소

위에서 재하시험 결과로부터 직접 횡방향 허용지지력을 구하는 방법을 설명하였으나 이것은 재하시험이 실제의 구조물과 같은 조건으로 시행되었을 때에만 성립된다.

말뚝의 거동에 영향을 주는 요소로서는 말뚝의 강성, 말뚝폭, 하중작용 높이, 말뚝머리 고정조건, 지반조건, 하중의 성질, 변단면 유무 등이 있다. 예를 들면 다른 조건이 같고 하중작용 높이만 다른 경우에는 하중작용 높이가 커지면 같은 하중에 대한 말뚝머리 변위가 커지고, 최대휨모멘트도 급격히 커진다. 따라서 하중작용 높이 1m로 시험하여 허용지지력을 구하여 이것을 그대로 하중작용 높이 2m의 말뚝에 적용하면 말뚝머리 변위 및 휨응력이 허용치를 넘게 된다. 이러한 결과는 최근 적용이 증가하고

있는 긴 자유장을 가지는 단일형 현장타설말뚝 구조에서 뚜렷하게 나타난다(해설 그림 5.3.3 및 후술하는 「5.4.1절 (8) 다」 항 참조). 하중작용 높이가 기존 말뚝보다 현저히 높기 때문에 상당히 큰 최대휨응력 및 말뚝머리 변위가 나타나며, 특히 말뚝 중간에 변단면이 존재하는 경우(형식 2), 해설 그림 5.3.3과 같이 구조적 취약부가 최대휨응력 발생지점이 아닌 변단면에서 가장 취약한 것으로 보고되고 있다(CALTRANS, 2006). 따라서 단일형 현장타설말뚝 구조의 설계 시 이러한 구조적 특성을 고려할 필요가 있다. 또한 말뚝의 강성이 커지면 같은 하중에 대한 말뚝머리 변위는 대단히 작아지고 최대휨모멘트는 약간 크게 되는 경향이 있다. 말뚝폭, 지반조건, 하중의 성질 등도 말뚝의 거동에 영향을 미치나 이에 대해서는 다음에서 설명하는 해석적 방법에 의한 추정을 참조하기 바란다. 이와 같이 말뚝의 거동은 여러 가지 요소의 영향을 받는 것이며, 재하시험 결과가 실제의 구조물에서의 말뚝의 거동을 그대로 나타내지 않는 경우가 더 많다. 이와 같은 때에는 재하시험 결과에서 직접 허용지지력을 구하여서는 안 되며 재하시험 결과는 주로 지반반력에 관계되는 계수를 구하는 데 사용하여야 한다. 지반반력에 관한 계수를 알면 해석적 방법에 의해 실제의 구조물에서의 거동도 쉽게 추정할 수가 있다.

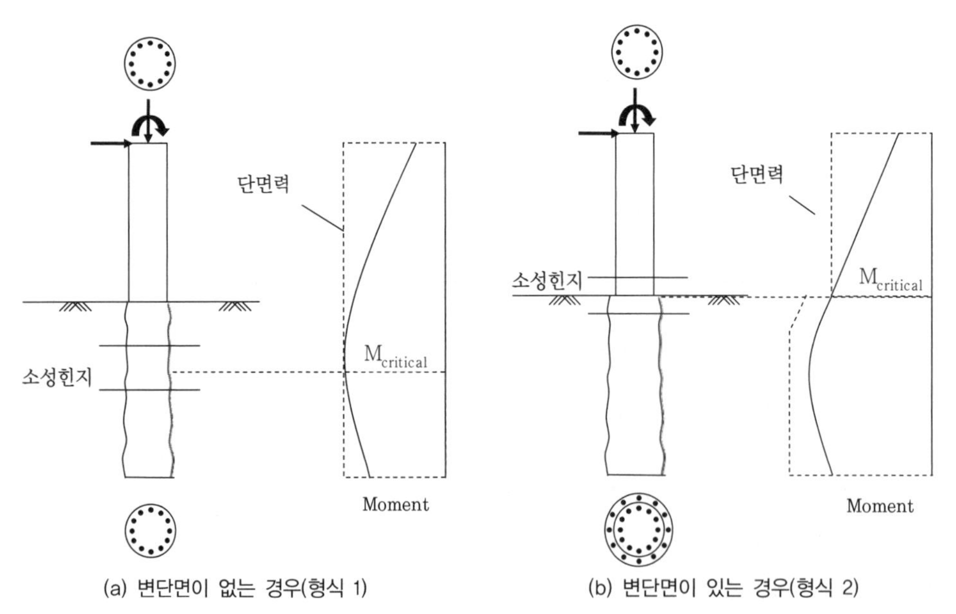

해설 그림 5.3.3 변단면 유무에 따른 단일형 현장타설말뚝의 형식과 구조적 취약부

나. 재하시험 결과의 보완

횡방향 외력을 받는 말뚝의 거동을 추정하기 위한 가장 적절한 방법은 횡방향 재하시

험이다. 재하시험을 하면 말뚝의 하중-변위 특성을 알 수 있고 또 하중을 충분히 크게 하면 말뚝에 휨파괴가 생기는 하중을 확인할 수 있다. 여기서 주의하여야 할 것은 횡방향 재하시험에서는 시험조건에 따라 결과가 크게 달라진다는 사실이다. 그러므로 엄밀하게 말하면 재하시험 결과로부터 실제 구조물에서의 말뚝의 거동을 직접 추정할 수 있으려면 시험조건이 실제 구조물에서의 말뚝의 하중조건을 정확히 재현할 수 있는 경우로 제한된다. 그러나 이와 같은 재하시험을 한다는 것은 쉽지 않다. 그러므로 설혹 횡방향 재하시험을 시행하더라도 얻어진 수치를 그대로 사용한다는 것은 오히려 잘못된 결론을 얻게 되는 경우도 적지 않다. 재하시험을 충분히 활용하기 위해서는 시험결과를 적절한 방법으로 해석하고 그에 따라 시험 시의 말뚝의 거동을 상세히 검토한 후에 실제의 구조물에 사용되는 각 말뚝의 거동을 추정하는 방법을 택해야 한다.

5.3.3 무리말뚝의 횡방향 허용지지력은 다음 사항을 고려하여 결정한다.

(1) 무리말뚝의 횡방향 허용지지력은 말뚝중심 간격에 따른 영향을 고려한다.

(2) 무리말뚝 효과에 대해서는 무리말뚝의 횡방향 재하시험이나 모형시험을 실시할 수 있다.

(3) 무리말뚝의 횡방향 재하시험을 실시할 수 없는 경우에는 해석적 방법으로 추정할 수 있다.

해설

5.3.3 무리말뚝의 횡방향 허용지지력은 다음 사항을 고려하여 결정한다.

(1) 하중이 작용하는 방향의 말뚝중심간 거리가 말뚝직경의 8배 이하일 때에는 무리말뚝 효과를 고려하며, 하중직각방향의 말뚝간 거리가 말뚝직경의 2.5배 이상이면 그 방향의 무리말뚝 효과를 고려하지 않아도 된다.

(2) 횡방향 하중을 받고 있는 무리말뚝의 경우, 일반적으로 여러 개의 말뚝을 인접해서 설치하게 되므로 각 말뚝에 의하여 지반에 전달되는 응력이 중복되는 경우가 발생한다. 현장 재하시험이나 원심모형 시험을 통한 횡방향 지지력 측정치에 따르면 무리말뚝 주변의 지반 저항력은 해설 그림 5.3.4와 같이 지반저항력 발생영역의 중첩으로 인하여 감소하게 되는데 이러한 효과를 그림자 효과(shadow effect) 라고 한다. 그림자 효과를 나타내는 무리말뚝의 횡방향 지지거동은 정량화하기가 쉽지가 않으므로 횡방향 재하시험이나 모형실험을 통하여 확인하는 것이 가장 바람직하다. 그러나

무리말뚝의 횡방향재하시험 역시 현장조건에서 실시하는 것은 쉽지가 않으므로 (3) 항에서 설명하는 해석적 방법으로 추정할 수 있다.

(3) Brown(1988)은 무리말뚝의 횡방향 지지거동을 산정하는 해석적 방법으로 무리말뚝에서 각 열에 따라 주어진 변위에서 지반의 저항력 감소를 설명하기 위해 p-multiplier 이론을 최초로 제안하였다(해설 그림 5.3.5 참조). p-multiplier는 무리말뚝의 원심모형 재하시험과 실물 재하시험으로부터 얻어낸 결과를 토대로 경험적으로 이끌어낸 계수이다. p-multiplier는 지반의 종류, 지반물성, 말뚝간격, 말뚝위치 그리고 말뚝의 두부 고정상태 등에 영향을 받지만 실제 설계에서는 무리말뚝의 geometry(예를 들면 말뚝 중심부 간격, 하중 방향에 대한 말뚝의 위치 등)에 따라 제안된 값이 적용되고 있다. 대표적인 p-multiplier 값은 해설 표 5.3.12와 같다.

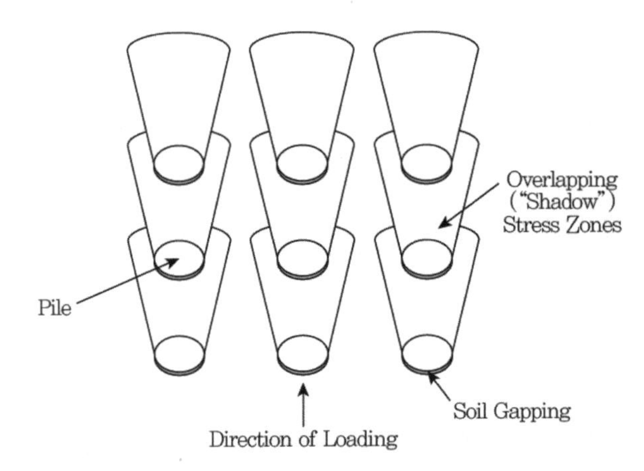

해설 그림 5.3.4 그림자 효과(shadow effect)에 의한 수평방향 지지력 감소 모식도

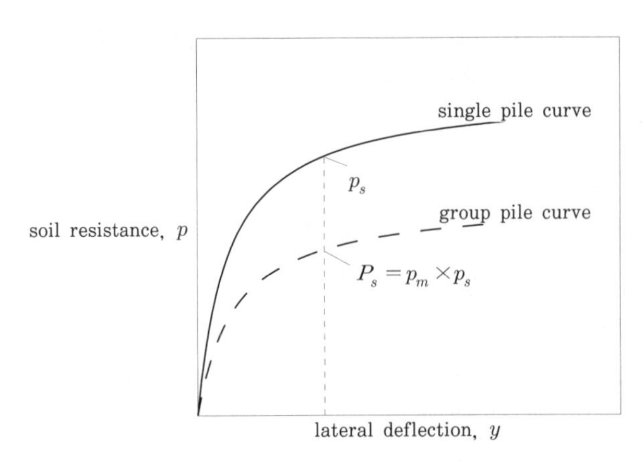

해설 그림 5.3.5 p-multiplier의 개념

해설 표 5.3.12 무리말뚝 효과에 의한 수평지반반력계수의 감소계수

구분	그룹 형상	지반 조건	말뚝 중심 간격	p-multiplier			실험조건
				첫째 열	둘째 열	마지막 열	
Brown et al.(1998)	3×3	사질토	3D	0.8	0.4	0.3	현장시험
O'Neill and Reese (1999)	3×3	사질토 및 점성토	3D	0.9	0.68	0.72	현장시험
Weaver(1997)	3×3	사질토 및 점성토	3D	0.63	0.38	0.43	현장시험
Rollins and Spark (2002)	3×3	사질토 및 점성토	3D	0.82	0.56	0.64	현장시험
McVay et al. (1996, 1998, 2000)	3×3	사질토(조밀)	3D	0.8	0.4	0.3	원심모형시험
	3×3	사질토(중간)	3D	0.8	0.4	0.3	원심모형시험
			5D	1.0	0.85	0.7	원심모형시험
	3×3	사질토(느슨)	3D	0.65	0.45	0.35	원심모형시험
			5D	1.0	0.85	0.7	원심모형시험
Jeong et al.(2003)	2×2	사질토(조밀)	2.5D	0.86	-	0.45	실내모형실험
	2×2	사질토(조밀)	5.0D	0.95	-	0.67	실내모형실험
	2×2	사질토(조밀)	7.5D	1.00	-	0.83	실내모형실험
	3×3	사질토(조밀)	2.5D	0.80	0.30	0.40	실내모형실험
	3×3	사질토(조밀)	5.0D	0.93	0.48	0.60	실내모형실험

5.3.4 주기적으로나 장기적으로 횡방향 하중을 받는 조건에서의 횡방향 허용지지력은 정적인 하중조건으로 결정된 횡방향 허용지지력을 적절히 감소시켜 결정한다.

해설

5.3.4 주기하중 또는 장기하중과 같이 정적인 하중과 다른 성질의 하중을 받게 되면 말뚝의 거동도 달라진다.

주기하중을 받는 말뚝을 해석할 때에는 정적인 하중해석에 사용하는 수평지반반력계수에 감소계수를 곱하여 사용할 수도 있는데, 연약점토나 느슨한 사질토의 경우는 0.25, 굳은점토나 조밀한 사질토에 대해서는 0.5를 적용한다.

장기하중을 받을 경우에도 변위기준으로 해석하여 결정한다.

횡방향 하중을 받는 말뚝의 횡변위 기준은 일반적으로 상부구조 및 말뚝 부재의 안정성이 확보되는 변위까지로 규정하고 있다. 횡방향 변위기준은 해설 표 5.3.13에서 보는 바와 같이 국외의 경우 주로 38mm 이내, 국내의 경우 기초폭의 1% 이내로 규정하고 있으나 각 기관별, 연구자별 수평변위에 대한 구체적인 크기 또는 규정이 모호하며 대부분 상부구조 및 말뚝부재의 안정성이 확보되는 변위까지로 규정하고 있다.

해설 표 5.3.13 국내외 시방서 및 기준서의 허용수평변위 기준

구분	국내 규정
국내설계반영기준	말뚝머리의 수평방향 변위량이 상부구조에서 정해지는 허용변위량을 넘어서지 않는 조건을 만족
	말뚝의 허용수평변위는 기초폭의 1%이며, 최소 15mm, 최대 50mm로 함
구분	**국외 규정**
AASHTO LRFD Bridge Design Specifications(2007)	• 말뚝의 수평변위는 Barker 방법 또는 p-y 해석 절차 적용 • 수평변위는 지반-말뚝 상호작용을 고려하여야 함 • 말뚝의 수평변위는 선택된 허용수평변위 이내 • 수평방향 변위는 38mm로 제한
AASHTO Standard Specification for Highway Bridges(1996)	• 말뚝의 수평변위 기준은 연직변위와 수평변위를 결합시킬 수 있는 경우, 수평변위를 25mm 이하, 연직변위가 작은 경우 수평변위는 50mm 이하로 규정 • 예측 변위가 위의 규정을 초과하였다면, 정밀분석이 필요함
Canadian Foundation Engineering Manual(2006)	• 수평지지력은 3가지 조건에 의해 제한 • 그 중 말뚝머리 변위에 의해 상부 구조의 존립이 가능하여야 함
FHWA-IF-99-025 Drilled Shafts(1999)	교대 수평 변위는 연직변위보다 구조물 손상에 더 큰 영향을 미치며, 사용성 예측에 의해 38mm보다 작아야 함

5.4 말뚝기초 설계 및 시공

5.4.1 말뚝기초의 설계 시 다음 사항을 고려한다.

(1) 말뚝에 작용하는 압축, 인장, 전단, 휨응력이 모두 허용응력 범위 안에 있어야 한다.

(2) 말뚝과 기초 푸팅의 연결부, 말뚝의 이음부 등은 확실하게 시공할 수 있도록 설계한다.

(3) 말뚝의 부식, 풍화, 화학적 침해 등에 대하여 적합한 대책을 강구한다.

(4) 침식, 세굴 또는 인접지반의 굴착, 지하수 변동 등에 대한 검토와 대책을 수립한다.

(5) 말뚝을 소요 지지층까지 관입시킬 수 있는 공법을 선정한다.

(6) 시공 시 발생할 수 있는 소음, 진동 등은 환경기준을 만족하여야 한다.

(7) 지반의 액상화 가능성에 대하여 검토한다.

(8) 말뚝종류 선정, 시공장비 선택, 시공법 선정, 지지층 신정, 시멘트풀 보강 여부, 무리말뚝 시공으로 인한 말뚝 솟아오름 가능성 등에 대하여 검토한다.

해설

5.4.1 말뚝기초의 설계 시에는 다음 사항을 고려하여야 한다.

(1) 말뚝본체의 설계

말뚝머리에 작용하는 반력과 변위가 계산되고 말뚝 개수와 배치 그리고 간격이 결정된 후에는 말뚝본체에 작용하는 응력을 충분히 견딜 수 있도록 말뚝본체를 설계해야 한다. 말뚝본체 설계에서는 말뚝에 작용하는 하중에 의하여 발생하는 응력의 크기를 계산하고 말뚝 재료의 허용응력을 고려하여 소요 말뚝단면을 결정한다. 말뚝에 작용하는 하중은 축압축력, 축인장력, 축직각력(횡력) 그리고 모멘트가 있으며, 또한 이들 힘이 조합되어 작용하는 경우도 많다. 말뚝본체 응력 검토법으로는 허용응력해법과 극한강도해법이 있으나 보편적으로 허용응력해법이 이용되고 있다. 말뚝에 발생하는 최대응력이 결정되면 그 최대응력이 재료의 허용응력을 초과하지 않도록 말뚝단면과 길이를 설계해야 한다.

가. 축압축력에 의한 응력

말뚝에 축방향 압축력이 작용할 때에는 그 하중은 말뚝단면에 다음과 같은 응력을 발생케 한다.

$$\sigma = \frac{P}{A} \qquad \text{해설 (5.4.1)}$$

여기서, σ : 말뚝재료에 발생한 응력
P : 말뚝에 작용한 축압축력
A : 말뚝재료의 단면적

선단지지말뚝에서는 말뚝머리에 재하된 하중의 대부분이 선단지반에 전달되므로 말뚝단면에 발생하는 압축응력의 크기는 말뚝머리에서 선단까지 거의 일정한 값을 갖는다고 볼 수 있으나, 마찰말뚝에서는 깊이에 따라 하중의 일부가 주면마찰력에 의하여 지반에 전달되면서 말뚝 축에 잔류하는 하중이 감소하므로 말뚝단면에 발생하는 압축응력도 깊이의 증가에 따라 감소하게 된다. 이러한 응력크기의 변화 형태는 선단지지력과 주면마찰력의 하중분담률과 주면마찰력의 분포형태에 따라 결정된다. 보통의 건축구조물이나 토목구조물에서 말뚝은 땅 속에 묻혀 있어서 횡방향으로 구속되어 있기 때문에 장경비가 큰 말뚝구조이지만 축하중에 의한 좌굴이 발생하지 않으므로 짧은기둥으로 간주한다. 그러나 해양 또는 항만구조물처럼 말뚝상부의 상당한 부분이 지상에 돌출되거나 아주 연약한 점토층에 묻혀있어서 횡방향으로 구속되지 못할 경우에는 긴 기둥에 발생하는 좌굴에 대한 검토와 대책이 필요하다. 지반에 완전히 매설된 말뚝으로서 해설 표 5.3.1에 의하여 긴말뚝으로 판정된 경우에는 좌굴을 일으키는 임계하중(P_{crit})은 다음 식에 의하여 구할 수 있다(Vesic, 1977).

$$P_{crit} = 0.0078\eta^{-3} \cdot n_h \qquad \text{해설 (5.4.2)}$$

여기서, n_h : 수평지반반력상수(kN/m^3), η : 해설 식(5.3.2) 참조

나. 축인장력에 의한 응력

말뚝에 축방향 인장력이 작용할 때 말뚝에 발생하는 응력은 축압축력의 경우와 같이 계산한다. 다만, 축압축력은 말뚝에 압축응력을 발생시키는 데 반하여 축인장력은 인장응력을 유발하는 점이 다르다. 응력은 해설 식(5.4.1)을 이용하여 계산한다. 말뚝이 박힌 지반의 상대밀도가 비교적 균일할 때에는 축인장력은 깊이에 따라 주면마찰력으로 분산되므로 말뚝머리에서 선단까지 대체로 직선적으로 감소한다고 본다. 말뚝의 일부가 지상에 노출되었거나 매우 연약한 지층에 묻혀 있을 때에는 그 부분에서는 주면마찰력이 없으므로 축인장력은 일정하다고 보아야 한다.

다. 수평(축직각)력과 휨모멘트에 의한 응력

말뚝에 축직각방향 하중과 휨모멘트가 작용할 때 말뚝에 발생하는 최대모멘트는 5.3.2절에서 기술한 방법으로 계산할 수 있다. 이 때 말뚝머리가 자유인 경우에는 말뚝중간에서 최대모멘트가 발생하고 말뚝머리가 고정된 경우에는 말뚝중간에서 발생한 최대모멘트보다 큰 말뚝머리 모멘트가 발생할 수 있다. 말뚝에 발생한 최대모멘트가 계산되면 말뚝에 발생하는 응력은 다음과 같이 계산된다.

$$\sigma = \frac{M_{\max}}{I} r \qquad \text{해설 (5.4.3)}$$

여기서, σ : 모멘트에 의해 발생하는 응력

$M_{\max}$: 지중의 최대모멘트 $M_{\max}$와 말뚝머리 모멘트 M_0 중 큰 것

I : 말뚝의 단면 2차 모멘트

r : 말뚝단면 도심으로부터의 거리

라. 축압축력과 휨모멘트의 조합에 의한 응력

축압축력과 휨모멘트를 동시에 받는 경우에 말뚝에 발생하는 응력은 두 요소응력을 합한 것으로 한다. 즉,

$$\sigma = \frac{P}{A} + \frac{M_{max}}{I} r \qquad \text{해설 (5.4.4)}$$

여기서, 사용된 기호는 해설 식(5.4.1)과 해설 식(5.4.3)과 같다.

마. 운반 시에 대한 검토

- 말뚝 운반 시에는 일반적으로 말뚝을 수평으로 하여 2점내지 4점에서 지지한다. 이 때문에 말뚝의 자중에 의해서 휨모멘트와 전단력이 생긴다.
- KS F 4301에 규정된 PC말뚝 및 KS F 4306에 규정된 PHC말뚝은 운반 중의 응력을 고려하여 설계된 것이므로 보통의 경우에는 문제가 없으나 큰 충격이 가해질 가능성이 있을 경우에 대해서는 별도의 검토가 필요하다.
- 강말뚝은 단면에 비해 자중이 작으므로 일반적으로 운반중의 응력으로 단면이 결정되는 경우는 거의 없다.
- 말뚝시공을 위하여 크레인으로 말뚝을 들어 올릴 때 발생하는 축방향 인장력과 휨모멘트에 대해 검토해야 한다(해설 그림 5.4.1 참조).

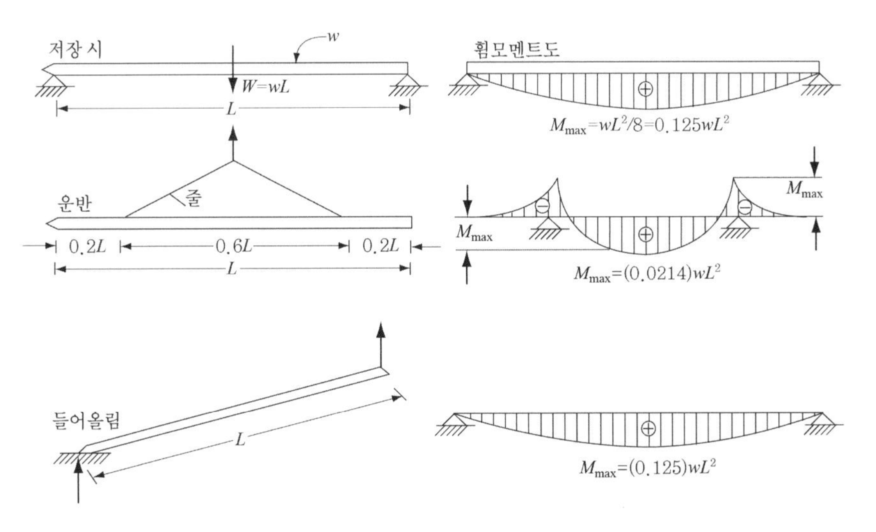

해설 그림 5.4.1 말뚝을 들어올릴 때 발생하는 휨모멘트

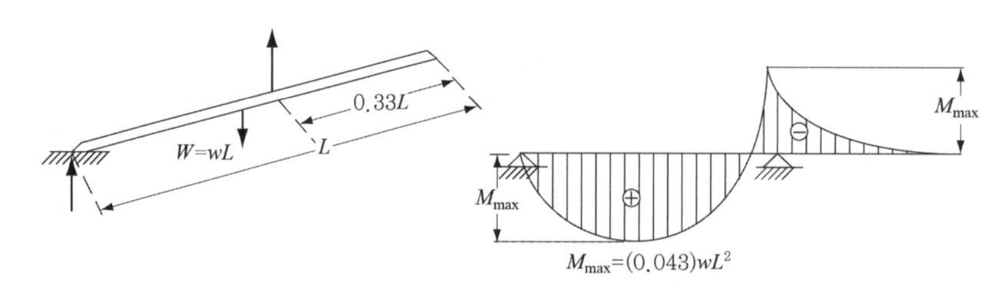

해설 그림 5.4.1 말뚝을 들어올릴 때 발생하는 휨모멘트(계속)

바. 말뚝타입응력 검토

타입말뚝에서는 정적지지력을 결정짓는 말뚝재료의 장기허용응력과 지반의 지지력 외에 말뚝타입 시에 말뚝에 발생하는 충격응력의 크기가 말뚝재료의 항타허용응력의 범위를 넘어서는 안 된다. 말뚝에 가해지는 해머의 타격에너지는 말뚝 축을 따라 전달되면서 말뚝에 압축과 인장응력을 발생케 한다. 이 응력의 크기를 추정하는 데는 파동방정식 해석이 가장 신뢰도가 높다. 특히 지층 중간에 연약층이 존재할 때에는 말뚝에 국부적으로 인장응력이 발생할 수 있는데, 이의 예측은 파동방정식 해석법으로 구할 수 있다. 그러나 파동방정식 해석법은 적용하는 해머의 효율이 실제와 상이할 수 있는 점과 실제 지반조건이 지반조사 자료와 상이할 경우 등의 한계가 있기 때문에 실제 현장조건에서 동재하시험(또는 동적거동모니터링)을 실시하여 말뚝재료에 발생하는 항타응력을 확인하도록 한다. 압축항타응력의 허용범위로서는 콘크리트말뚝에서는 0.6 σ_{ck}, 강말뚝에 대해서는 $0.9\sigma_y$를 적용하는 게 안전하다. 여기서 σ_{ck}는 콘크리트의 28일 압축강도, σ_y는 강재의 항복강도이다. 인장항타응력은 기성콘크리트말뚝에서 문제시 되는데 허용인장항타응력은 해설 표 5.2.12에서 설명하였다.

(2) 말뚝과 확대기초(기초 푸팅)의 연결부, 말뚝의 이음부의 설계

말뚝과 확대기초의 연결방식으로는 일반적으로 강결합과 힌지결합이 있다. 어느 방식을 채용하는가 하는 것은 구조물의 형식과 기능, 확대기초의 형태와 치수, 말뚝의 종류, 지반조건, 시공 난이도 등을 고려하여 결정하여야 한다. 일반적으로 토목구조물은 강결합이 주로 사용되며(대한토목학회, 2008), 건축구조물에서는 특성에 따라 선택적으로 채택된다. 채택된 방식에 대해서는 압입력, 인발력, 수평력 등이 검토되어 소정의 안전율이 확보될 수 있도록 설계한다.

말뚝의 이음부는 구조물이 완성된 후 작용하는 하중에 따른 축방향압축력, 축방향인발력, 수평력은 물론, 시공 시 타입에 따른 하중에 대하여 충분히 안전하도록 설계해야 한다. 그리고 이음구조는 말뚝본체의 강도에 상당하는 강도를 갖는다고 전제한다. 일반적으로 기성말뚝의 이음부 시공에는 현장작업이 따르기 때문에 이음부는 시공관리의 영향

을 받기 쉽다. 따라서 설계에서는 구조적인 안전뿐만 아니라 이음의 시공성에 대하여 고려할 필요가 있다.

(3) 말뚝의 부식, 풍화, 화학적 침해 등에 대한 대책

말뚝의 부식, 풍화, 화학적 침해 등에 대한 대책으로 일반적인 지반조건에서는 강관 말뚝의 부식에 대해서 고려한다. 그러나 특수한 지반조건에서는 강관말뚝은 물론 콘크리트 말뚝에 대해서도 풍화 및 화학적 침해 등에 대책을 강구해야 한다.
일반적인 지반조건에서 강관 말뚝의 부식에 대해서는 5.2.2절을 참고하여 설계한다. 그러나 해수 또는 강재의 부식을 촉진시키는 폐수, 지하수 등의 영향을 받는 부분과 평상시 건조와 습윤을 반복하는 부분은 충분한 방식처리를 실시해야 한다.
방식처리방법에는 도장, 유기질라이닝, 무기질라이닝, 희생철판감기, 전기방식 등이 있으며 이중 현장조건에 따라 한 개 또는 두 개 이상을 조합하여 사용할 수 있다.

(4) 침식, 세굴 또는 인접지반의 굴착, 지하수 변동 등에 대한 검토와 대책

시공 시 조건은 물론 장기적인 조건을 파악하여 기초지반의 침식, 세굴 또는 기초 인접지반의 굴착, 지하수 변동 등에 대한 가능성을 검토하고 필요에 따라서는 대책을 수립하도록 한다.

(5) 소요 지지층까지 말뚝을 관입시킬 수 있는 공법 선정

소요 안정성을 확보할 수 있도록 말뚝을 소정의 지지층까지 완전히 관입시킬 수 있는 공법을 선정하도록 한다. 이를 위해서는 타입말뚝의 경우 항타시공관입성이 검토되어야 하며, 매입말뚝과 현장타설 콘크리트말뚝의 경우 적절한 공법과 장비의 선택이 검토되어야 한다. 항타시공관입성에 대해서는 5.2.3절을 참고하고, 적절한 시공법의 선택에 대해서는 (8)항을 참고한다.

(6) 시공 시 발생할 수 있는 소음, 진동 등의 처리

말뚝 시공 시 발생할 수 있는 소음, 진동 등은 환경기준을 만족하도록 해야 한다. 이를 만족시키기 위해서는 우선적으로 적절한 시공법을 선택하는 것이 중요하다. 최근에는 환경에 대한 인식이 커져 공사 중 발생할 수 있는 소음, 진동 등에 대한 보다 엄격한 처리가 필요하므로 공사에 앞서 이를 줄이기 위한 부가적인 장치 설치, 시공법 개선 등의 노력이 필요하다. 소음 진동을 줄이기 위한 시공법에 대해서는 (8)항을 참고한다.

(7) 지반의 액상화 가능성에 대한 검토

지반의 액상화현상 가능성에 대한 검토는 제10장 10.7절 액상화 평가 방법에 의하고, 이에 따른 지반특성치를 반영하여 기초구조물을 해석하도록 한다.

(8) 말뚝종류 및 시공법의 선정

가. 타입말뚝 시공법 검토

1. 말뚝 해머의 종류

말뚝타입에 사용되는 해머에는 드롭해머, 단동식 증기 또는 공기해머, 복동식 증기 또는 공기해머, 디젤해머, 진동해머 그리고 유압해머 등이 있다.

가) 드롭해머

드롭해머는 타격에너지가 작으므로 소규모 말뚝의 타입과 선굴착 말뚝의 최종 타입에 쓰인다.

나) 단동식 증기/공기 해머

분당 35~60회의 타격속도를 갖고 있다. 단단한 점성토 지반에서는 타격속도가 늦은 단동식 해머가 복동식 해머보다 유리하고, 경사말뚝 타입에는 불리하다.

다) 복동식 증기/공기 해머

타격속도가 단동식의 두 배 정도로 빠르기 때문에 경사말뚝 타입과 연약점토 지반 및 사질토지반에서 단동식보다 유리하다.

라) 디젤해머

디젤해머에는 단동식과 복동식이 있는데 최대 타격속도는 단동식은 분당 35~60회, 복동식은 분당 80~100회이다.

경사말뚝 타입에 적당하고, 보통 내지 단단한 지반에서 작동이 잘되나 연약지반에서는 지반반력의 부족으로 해머의 시동이 꺼지기도 한다.

디젤해머는 작동과정 중 낙하하는 램이 실린더 내부와 계속 마찰하게 되는 등 기계적 효율 손실이 크며 각각의 장비별로 효율이 크게 차이를 나타낸다. 또 지반 반력이 급격히 증가하는 경우 램의 반발을 조절할 수 없어 말뚝재료에 과잉 항타응력을 유발시킬 위험 또한 매우 크다. 이 밖에 디젤해머 시공은 소음, 지반진동 및 매연 등 건설 공해의 발생 때문에 적용에 제약을 받는다.

마) 진동해머

진동해머는 말뚝머리에 무거운 자중을 지닌 해머를 얹고 진동을 발생시킴으로써 말뚝을 관입시키는 것으로서 포화지반이나 배토량이 작은 말뚝에 적합하고 점성토 지반과 배토말뚝에도 사용되고 있으며 말뚝 뽑기에도 많이 쓰인다. 진동해머는 타격해머보다 지반에 발생하는 항타진동, 소음과 말뚝손상이 작으며 타입속도가 빠른 이점이 있다. 그러나 장애물이 있을 때 말뚝관입이 안 되는 단점이 있다.

바) 유압해머

과거 국내에서는 시공속도, 공사비 등의 이유로 디젤해머에 의한 타입공법이 가장 일반적으로 적용되어 왔다. 그러나 디젤해머 항타로 인한 지반진동, 소음, 매연 등 환경문제로 최근에는 유압해머의 적용이 보편화되고 있다. 유압해머는 램(ram)을 유압으로 들어올리며, 낙하 시 유압가속이 가능한 해머도 개발되어 있다. 말뚝의 타입원리는 다른 해머와 동일하며, 말뚝의 관입상황에 따라 인위적으로 낙하고를 조정할 수 있고 타격저항이 낮은 연약지반에서도 계속적인 항타가 용이하다.

2. 기성콘크리트말뚝

콘크리트 말뚝을 타입할 때에 고려해야 할 사항을 요약하면 다음과 같다.

가) 사전검사

말뚝의 품질에 대해서는 한국산업규격의 관련 규정을 이용하여 사용 전에 면밀히 조사해야 한다. 균열, 파손, 재료분리, 부식된 곳 등의 유무를 조사하여야 한다.

나) 말뚝머리

말뚝머리 표면은 말뚝축과 직각이어야 한다. 굳은 지반에 말뚝을 타입하기 위해서는 쿠션과 말뚝 캡을 부착해야 한다. 말뚝머리 표면에는 철근이나 PC강선 긴장재가 돌출되어서는 안 된다.

다) 말뚝선단

말뚝 선단부는 편평한 철판 선단부 및 마밀라(mamilla)형 철판 선단부가 있으며 선단부에 결함이 없어야 한다.

라) 해머

① 해머의 종류 : 드롭해머, 유압해머, 디젤해머 등 모든 형태의 해머를 사용할 수 있으나 진동해머는 말뚝에 인장응력을 발생케 하여 사용이 부적당하다.

② 해머의 용량 : 말뚝에 적절한 해머의 용량을 선택하기 위해서는 파동방정식을 이용하여 항타응력 및 관입성을 검토하고 시험시공을 실시하여 이를 검증한다.

③ 낙하고 및 타격속도 : 연약층이 발달한 지반조건에서 인장응력의 발생에 대비하여 램의 낙하고를 줄이거나 쿠션의 보강 또는 프리스트레싱을 높여주는 등 적절한 조치를 취하여야 한다.

마) 말뚝 캡

① 캡의 크기 : 말뚝 캡(또는 헬멧)은 말뚝에 꼭 끼지도 너무 느슨하지도 않을 정도로서 말뚝 머리에 비틀림이나 휨응력이 발생되지 않도록 해야 한다.

② 캡블록(해머쿠션) : 말뚝 캡 위에 캡블록을 얹어서 해머의 충격이 말뚝머리에 직접 전달되어 말뚝머리가 손상되는 것을 방지한다. 캡블록은 해머별로 적합한 것을 사용하여야 하며 일정시간 사용한 다음에는 교체해주어야 한다. 오랫동안 교체하지 않아 변형된 캡블록은 말뚝재료에 집중하중을 유발하며 말뚝재료 손상의 주된 원인이 된다. 따라서 말뚝시공에 착수하기 전에 캡을 분해하여 캡블록을 확인하는 것이 좋다.

③ 쿠션 : 콘크리트말뚝 머리 손상을 방지하고 항타 시에 말뚝에 발생하는 응력을 조절하기 위하여 캡과 말뚝 사이에 쿠션을 넣는다. 쿠션으로는 보통 합판이 사용된다. 쿠션은 오래 사용하여 변형이 되었거나 마모된 것을 사용해서는 안 된다.

바) 시공상 문제점

① 말뚝 타입 초기에 관입저항이 낮은 지반에서 말뚝표면에 수평 균열이 발생하여 지상부위에서 육안으로 관찰되는 경우는 지중부의 말뚝에 심각한 손상이 발생할 수 있다.

② 굳은 지층 타입 시에는 말뚝선단과 말뚝머리가 과잉타격에 의한 압축응력으로 부스러지는 수가 있다.

③ 무리말뚝타입 시 후속되는 말뚝의 타입으로 인해 기 타입된 말뚝에 솟아오름이 발생 수 있다.

3. H형 강말뚝

H형 강말뚝은 압축과 인장강도가 모두 크기 때문에 운반, 취급은 물론 타입시공도 비교적 용이하다. 그러나 자갈층이나 호박돌이 포함된 지층에 타입할 때에는 선단이 파손되는 경우가 많으므로 주물로 만든 슈(shoe)를 사용하는 것이 좋다. 선단 플랜지의 모서리를 따주는 것도 타입을 돕는 방법이 된다. 말뚝길이가 긴 경우에는 말뚝이 휘거나 뒤틀리는 경향이 있기 때문에 주의가 필요하다. H형 강말뚝 타입에는 모든 종류의 해머가 다 사용될 수 있다. 캡에 대해서는 콘크리트말뚝에서 기술한 사항을 참조하기 바라며 말뚝쿠션은 사용하지 않는다.

4. 강관말뚝

강관말뚝의 타입시공은 콘크리트말뚝보다는 쉽다. 문제는 장애물을 포함한 지층을 관통 시공하거나, 개단강관말뚝을 치밀한 지층에 타입할 때 그리고 얇은 강관말뚝을 타입할 때 발생한다. 전자의 경우에는 말뚝이 휘거나 설계위치에서 벗어나기 쉬우며 후자의 경우에는 말뚝선단이 변형되거나 중간에서 좌굴이 발생할 수 있음을 주의하여야 한다. 강관말뚝을 타입할 때 고려할 사항을 요약하면 다음과 같다.

가) 말뚝선단보호공－폐단말뚝

- 말뚝선단에 두께 10～20mm, 직경(D＋20mm)인 철판을 부착한다.
- 풍화암이나 호박돌층에서는 주철 슈를 사용한다.
- 슈의 필요성을 조사하기 위하여 타입된 말뚝을 뽑아 보거나 동적거동측정관리법(dynamic monitoring)을 이용할 수 있다.

나) 말뚝선단보호공－개단말뚝

- 보통 지반에서는 특별한 보호공이 불필요하다. 필요시 보강밴드를 부착한다.
- 견고한 자갈층과 같은 단단한 지층에 타입할 때에는 강재나 강합금으로 제작한 슈를 사용한다.
- 타입시공 중에 말뚝 속으로 올라오는 흙의 높이를 정기적으로 측정하여 선단부의 폐색여부를 확인한다.
- 말뚝 내부의 흙을 파내면 말뚝 결함이나 말뚝 휨을 조사할 수 있다.

다) 해머와 쿠션

- 모든 형태의 해머가 사용 가능하다.

- 적절한 해머의 선택은 파동방정식 해석법을 이용하여 결정한다.
- 말뚝쿠션은 사용하지 않는다.
- 말뚝머리에 변형이 발생하면 그것이 말뚝쿠션 역할을 하여 타입효율을 저하시킨다. 말뚝 머리 변형의 원인은 말뚝 선형 불량, 편심항타, 그리고 말뚝 캡을 잘못 씌움 등이다.

라) 기타 시공상 문제
- 포화 점성토 지반에서는 큰 과잉간극수압이 말뚝타입 시 발생될 수 있다. 이러한 과잉간극수압이 장경비가 크거나 두께가 얇은 말뚝에 좌굴을 일으키게 할 수 있다.
- 두께가 얇은 강관말뚝은 말뚝이 충분한 하중 지지력을 발휘하기 위한 저항력(임피던스)이 부족하다.
- 이음시공에서 백링(backing ring)을 사용하지 않거나 맞대기용접(buttweld)이 확실하게 되지 않았을 때에는 파열되거나 구멍이 날 수 있다.

5. 타입보조공법

말뚝타입시공 중 지반조건 또는 환경조건 등 여러 가지 원인에 의하여 말뚝타입 시공이 어려워졌을 때 다음과 같은 타입보조공법이 사용된다.

가) 임시케이싱법 : 개단강관말뚝을 타입하고 속을 파낸 후 말뚝을 박고 케이싱을 뽑는 공법
나) 선굴착공법 : 연속 오거로 구멍을 파고 말뚝을 넣은 후 타격하여 관입시키는 방법
다) 천공법 : 폐단강관이나 강봉 등을 타입하여 지반에 구멍을 뚫고 말뚝을 넣은 후 타입하는 공법
라) 분사법 : 물과 공기 또는 그 둘을 혼합한 것을 파이프를 통하여 고압 고속으로 말뚝 선단부위에 분사하여 선단타입저항을 감소시키는 법
마) 속파기공법 : 개단말뚝의 중공부내에 연속오거를 삽입하거나 굴착장치를 사용하고 동시에 말뚝본체를 회전 압입하여 말뚝을 관입시키는 공법

나. 매입말뚝 시공법 검토

매입말뚝공법은 타입말뚝시공 시 발생하는 소음·진동의 문제를 해결하기 위해 개발된 공법으로 여기에는 SIP(Soil-cement Injected precast Pile)공법, SDA (Separated

Doughnut Auger)공법, 속파기(중굴)공법, PRD(Percussion Rotary Drill)공법 등이 있다. SDA공법은 DRA(Dual Respective Auger)공법으로도 불려진다. 이러한 매입말뚝공법은 1994년 소음 및 진동 규제법이 공표되면서 그 이용이 급격히 증가하기 시작하였으며, 최근에는 항타 시 소음·진동으로 인한 민원 문제가 없는 임해지역과 같은 특수한 경우를 제외한 대부분의 현장에서 이용된다.
현재 국내에서 주로 이용되는 매입말뚝공법은 SIP공법, SDA공법, PRD공법이다.

1. SIP공법

SIP공법은 선굴착 시멘트풀 주입 공법으로 불려진다. SIP공법은 최종 경타를 실시하는 것과 실시하지 않는 것이 있다.
해설 그림 5.4.2에는 경타를 실시하는 SIP공법의 시공순서를 나타내었다. 경타를 실시하는 SIP공법은 해설 그림 5.4.2에서와 같이 우선 말뚝직경 보다 100mm 정도 큰 연속 오거로 선굴착하고, 오거 중공부를 통하여 시멘트풀을 굴착공 내에 주입(충전)한다. 그리고 오거를 인발한 후 말뚝을 삽입하고, 해머를 사용하여 최종 경타를 실시한다. 해머는 주로 드롭해머가 사용되지만 유압해머가 사용되기도 한다.

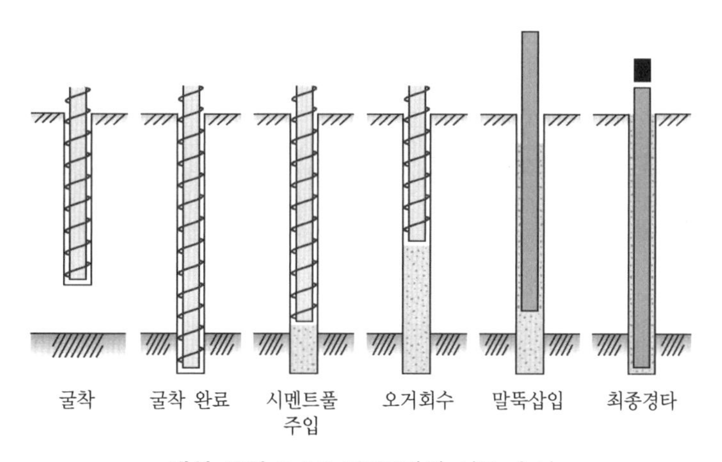

해설 그림 5.4.2 SIP공법의 시공 순서

전술한 경타를 실시하는 SIP공법을 적용하기 위해서는 현장 주변의 환경조건이 최종 경타를 허용할 수 있어야 한다. 그러나 드물게는 주변의 환경조건이 경타를 허용하지 않아 경타 없이 말뚝을 설치하는 SIP공법을 적용하는 경우도 있다. 이 공법은 주면고정액과 선단고정액을 별도로 주입하고 말뚝의 선단을 굴착면 하부로부터 이격시킨다(해설 그림 5.4.3 참조). 따라서 주면고정액과 선단고정액을 교반하는 별도의 장치가 필요하다. 일반적으로 주면고정액은 평균 배합비(w/c=0.83~

1.0) 이하의 빈배합비를, 선단고정액은 부배합비를 적용한다.
경타를 실시하지 않는 SIP공법을 적용하기 위해서는 공법의 원 시방을 제대로 지키는 것이 매우 중요하다. 특히 이 공법에서는 확실한 주면마찰력이 발현되는 조건이 만족되어야 하며, 그렇지 않으면 만족할만한 품질을 기대하기가 어렵다.

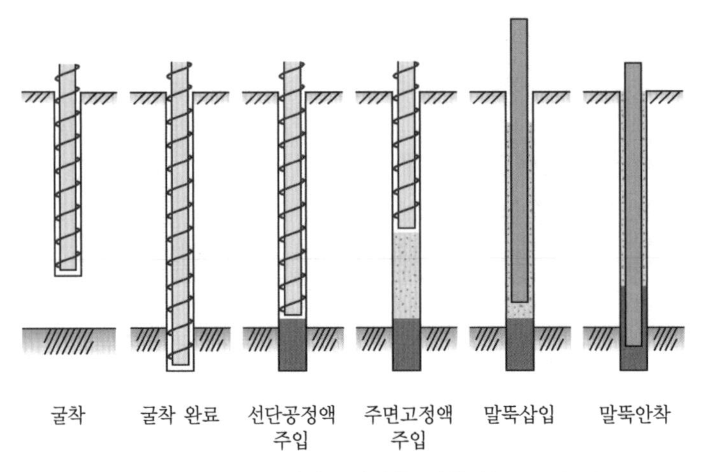

해설 그림 5.4.3 선단고정액을 사용하는 SIP공법

2. SDA(DRA)공법
SDA공법은 이중오거공법으로 불린다. SDA공법은 SIP공법에서 굴착 공벽의 붕괴에 따른 문제와 선단지지층의 확인이 곤란한 점을 개선한 공법이다 SDA공법은 원래 PHC말뚝을 사용하는 공법으로 고안되었으나 강관말뚝을 사용하기도 한다. SDA 공법은 상호 역회전하는 내부 스크류 오거와 외부케이싱 스크류의 독립된 이중 굴진방식을 채택함으로써 굴진 시 서로의 반동 토크를 이용하여 평형상태로 굴착할 수 있다. 일반적으로 외부케이싱은 말뚝직경보다 50~100mm 정도 크다. 굴착된 토사는 오거와 압축공기로 배출되는데, 이때 토사나 암편을 육안으로 관찰하여 각 지층의 확인 및 지지층 결정이 가능하다. 해설 그림 5.4.4는 일반적인 SDA공법의 시공순서를 나타내고 있다.
지반에 조밀한 중간층 또는 전석층 등이 존재하거나 단단한 선단지반을 굴착할 필요가 있는 경우, 오거로 지반을 굴착하기가 어렵게 되므로 오거 로드 끝에 오거 비트 대신에 에어해머(일명 T4)를 부착하여 사용하게 된다. 에어해머의 헤드는 막혀 있어 내부 오거를 통해 시멘트풀을 주입할 수가 없으므로, 별도의 주입 호스(또는 튜브)를 이용한다. 에어해머를 사용하여 굴착할 경우, 지지층을 판단(천공종료 시점 판단)하는 것이 용이하지 않으므로 최종 지지층 결정 시 보다 주의를 기울일 필요가 있다.

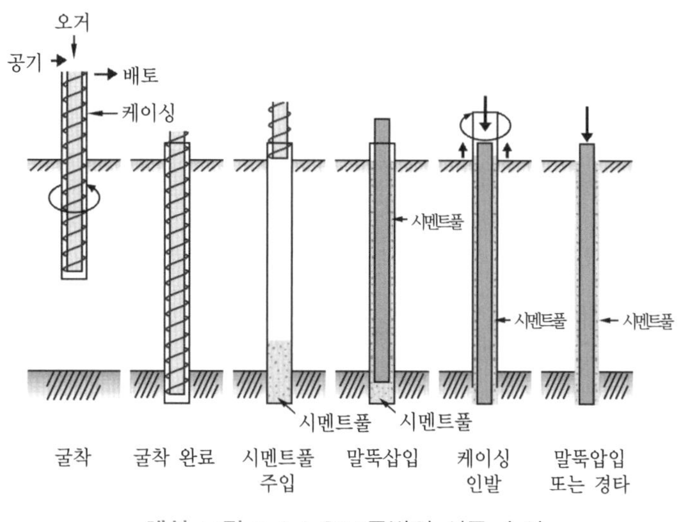

해설 그림 5.4.4 SDA공법의 시공 순서

SDA공법은 원래 최종 경타가 아닌 압입으로 말뚝을 지지층에 안착시킴으로써 경타로 인한 민원을 줄일 수 있는 방법으로 고안되었다. 그러나 현장에서는 굴착능률을 높이기 위해 내부 오거가 케이싱 하부 지반을 선행 굴착함으로써 설치된 말뚝의 선단하부가 교란되는 경우가 발생하고, 또한 경타를 하지 않을 경우 시공 중 별도의 품질확인수단이 없어 최종 경타로 마무리하는 것이 일반적인 방법이다.

3. PRD공법

PRD공법은 에어해머나 바버(barber) 드릴 등 암반 천공장비를 말뚝의 내부에 넣고 말뚝 선단부의 지반을 굴착하면서 말뚝을 회전 관입하는 공법이다. PRD공법은 강관 안에 굴착기를 직접 넣고 천공한다는 점에서 속파기공법의 일종으로 분류할 수 있다. PRD공법은 강관말뚝을 사용하는 공법으로 고안되었다. 따라서 강관말뚝 자체가 케이싱으로 사용되므로 공벽이 붕괴되지 않으며, 특히 지하수위가 높은 지반에서도 동일한 시공성을 유지할 수 있다. 일반적으로 PRD공법은 강관을 단단한 지지층(암반층)까지 설치하기 때문에 지지력은 주로 선단지지력에 의해 발현되며, 단단한 지지층에서 굴착효율을 높이기 위해 강관말뚝의 선단에 링비트를 부착하여 천공한다.
해설 그림 5.4.5는 PRD공법의 시공순서를 나타내고 있다. 그림에서와 같이 PRD 공법은 강관 말뚝 내에 천공기를 삽입하여 굴착하며, 굴착 시에는 천공기로 압축공기를 주입하면서 굴착 토사를 강관말뚝의 두부로 배출시킨다. 소정의 깊이까지 굴착이 완료되면 천공기를 인발하고 작업을 마무리한다.
PRD공법에서는 강관이 풍화된 암반 지지층 위에서 오랜 기간 동안 하중을 받을 경우 침하 문제를 불식시키기 위해 강관말뚝의 선단부를 시멘트풀 또는 몰탈로 충전을 하는 경우도 있다. PRD공법은 원래 경타를 하지 않는 공법으로 고안되었다. 그러나 천공기가 강관 말뚝의 하부를 교란시키는 문제를 해결하고 슬라임의 처리가 충분하지 않을 수 있는 문제를 해소하기 위하여 그리고, 최종 품질확인을 위해 경타로 마무리하기도 한다.

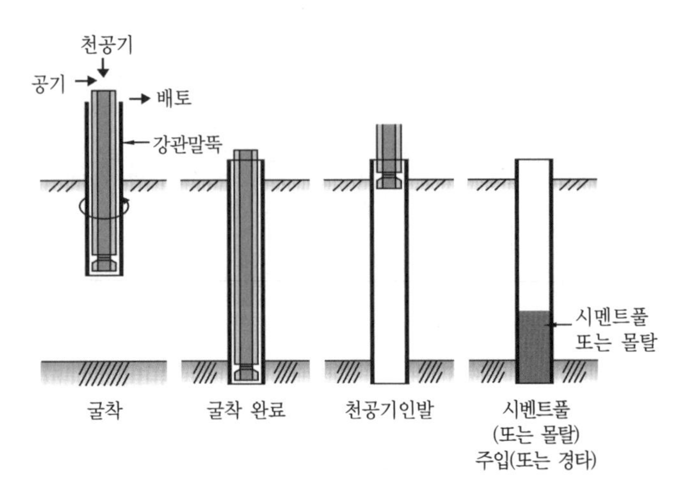

해설 그림 5.4.5 PRD공법의 시공 순서

4. 매입말뚝공법의 선정

해설 표 5.4.1에 전술한 매입말뚝공법들을 비교하여 나타내었다(조천환, 2007). 표에서와 같이 SIP공법을 제외하면 대부분의 매입말뚝공법에서는 공벽붕괴에 대한 대책이 있다. 따라서 SIP공법은 공벽붕괴의 가능성이 있는 현장조건에서 사용이 곤란함을 알 수 있다. SIP공법에서 굴착액을 사용하여 굴착 중 공벽을 보호하려는 시도도 있지만, 시공성 및 효과가 좋지 않아 자주 사용하지는 않는다.

해설 표 5.4.1 매입말뚝공법의 비교

	공벽붕괴 방지책	경타		공기	공사비	품질 관리	사용 빈도	사용말뚝
SIP공법(경타)	없음	선택	실시	빠름	저가	용이	많음	PHC/강관
SIP공법(침설)	없음	미실시	미실시	중간	중간	어려움	적음	PHC/강관
SDA공법	케이싱	미실시	실시	중간	중간	중간	많음	PHC/강관
PRD공법	말뚝본체	미실시	실시	중간	고가	중간	많음	강관
비고	실적용	공법 원리	실적용	상대적 비교	상대적 비교	상대적 비교	상대적 비교	공법원리

매입말뚝공법은 일종의 저소음·저진동 공법이므로 공법의 원리상 SIP공법을 제외한 대부분의 공법에서 경타를 실시하지 않는 것으로 고안되었다. 그러나 매입말뚝공법은 시공관리에 어려움이 있고 시공단계에서 적절한 품질확인 과정이 없다는 점에서 실무적으로는 경타를 실시하는 것이 일반적이다. 환경조건이 민감한 지역에서는 경타에 의해서도 민원이 발생할 수 있으며, 이러한 경우 공법의 원리대로 경타를 실시하지 않는 시공을 할 수밖에 없을 것이다. 따라서 매입말뚝공법에 대한 품질확보 체계와 경험을 정량화하는 것이 중요하다.

매입말뚝공법은 국내에서 가장 보편적으로 사용되는 공법임에도 불구하고 공법의 상세는 해당 시방에도 반영되지 않은 것이 현실이다. 따라서 매입말뚝공법을 적절히 적용하기 위해서는 시험시공이 중요하다. 시험시공 시에는 최종 굴착깊이, 경타기준, 시멘트풀 배합비 등을 정한 후 이에 따라 본시공을 실시하고, 최종적으로 품질확인 시험을 통해 시공을 마무리 하는 절차가 바람직하다.

굴착깊이는 시험시공 시 토질주상도, 오거(또는 에어해머) 장비의 저항치, 배토된 흙 등을 바탕으로 위치별로 결정하고, 최종적으로는 경타기준으로 확인할 수 있도록 한다. 경타기준은 시험시공으로부터 정해지며, 해당해머에 대한 낙하높이와 이에 따른 타격당 관입량으로 표시된다. 따라서 최종 경타 시에는 낙하높이와 타격당 관입량을 확인하는 것이 중요하다. 시멘트풀 배합비는 일반적인 조건에서 평균배합비(w/c=0.83~1.0)를 적용한다. 그러나 마찰력 위주로 시공될 필요가 있는 경우, 또는 지하수에 의해 시멘트풀이 희석되거나 시멘트풀이 유실될 가능성이 있는 경우는 부배합비를 적용하는 것이 필요하다.

매입말뚝공법의 선정에 중요한 영향을 미치는 요소는 공벽붕괴 가능성이다. 따라서 매입말뚝공법을 선정할 경우는 우선 공벽의 붕괴 가능성 유무를 판단하여 이에 대응할 수 있는 공법을 고려하고, 지반조건에 맞는 천공장비를 선택하는 것이 바람직하다. 그리고 민원, 공기, 경제성 등 현장조건을 고려하여 최종적으로 공법을 선정하는 것이 필요하다.

다. 현장타설 콘크리트말뚝 시공법 검토

1. 일반

현장타설 콘크리트말뚝 기초란 구조물 하중을 연약한 토층을 지나 견고한 지지층에 전달시키기 위하여 지반에 굴착한 구멍 속에 현장타설 콘크리트를 채워 설치하는 깊은기초의 일종이다. 현장타설 콘크리트말뚝기초는 기성말뚝기초와 유사한 기능을 가지나 주된 차이점은 시공방법에 있다. 즉, 타입 기성말뚝기초는 지반 내부에 타입하여 주변 지반을 다지면서 설치되나 현장타설 콘크리트말뚝 기초는 지반에 구멍을 파거나 뚫어 그 속을 콘크리트로 채워 설치되므로, 선단지반이나 그 주위의 지반을 다지는 것이 아니라 오히려 팽창시키고 느슨하게 만들어 그 지지력의 값을 감소시키는 경향이 있다.
그러나 시공 중에 굴착된 흙을 직접 눈으로 검사할 수 있고 지지층의 상태를 확인할 수 있으므로 연약한 지층을 지나 견고한 지지층에 기초를 설치하여 비교적 큰 하중을 전달시킬 수 있는 확실한 공법이다. 또한 비교적 큰 직경의 구조물이 되므로 개당 지지력이 클 뿐 아니라 수평력에도 저항력이 크며, 시공 중 소음과 진동이 낮은 공법이다. 따라서 현장타설 콘크리트말뚝공법은 매입말뚝공법과 같이 저소음 저진동 공법으로 분류된다.
현장타설 콘크리트말뚝 저부를 확대시켰을 때에는 더 큰 지지력과 인발저항력을 얻을 수 있다. 현장타설 콘크리트말뚝은 상부구조의 용도, 형상, 작용하중의 크기 및 침하조건 외에도 지반의 성질 등을 고려하여 그 형상과 크기를 결정하여야 할 것이다. 특히 현장타설 콘크리트말뚝기초의 설계와 시공에 커다란 영향을 미치게 되는 지반상태는 사전에 면밀한 계획을 수립하여 상세하게 조사되어야 한다. 이는 지지층의 특성을 충분히 파악함으로써 현장타설 콘크리트말뚝기초의 규격과 깊이를 결정할 수 있을 뿐만 아니라, 지하수 처리와 장애물 제거 등 시공 중에 겪게 될 어려움을 사전에 예측하여 기술적으로 타당하고 경제적인 시공방법을 선정할 수 있기 때문이다.

2. 현장타설 콘크리트말뚝 시공

가) 천공 및 지지층 확인

현장타설 콘크리트말뚝의 구멍을 천공할 때에는 구멍의 수직도 유지가 필요하며 이를 위해서는 케이싱의 초기 수직도 관리가 가장 중요하다. 천공이 끝나면 수직도를 확인하는 장비를 이용하여 수직도를 확인할 수 있다. 현장타설 콘크리트말뚝의 선단부 지반은 설계강도 이상을 갖도록 확인하는 것이 필요하며 이를 위해서 지반조사자료 분석, 확인 시추, 시공 중 발생하는 슬라임의 조사, 시공 시 올라오는 시편의 시험 등을 실시하여 판단할 수 있다.

나) 슬라임 조사 및 처리

현장타설 콘크리트말뚝의 선단지지층이 확인되었다 하더라도 시공 중 선단부에 슬라임이 쌓이면 현장타설 콘크리트말뚝 본체의 품질문제, 지지력 및 침하문제가 발생할 수 있다. 따라서 현장타설 콘크리트말뚝 시공 시에는 슬라임의 제거가 중요하다. 일반적으로 슬라임의 제거는 서징(surging), 에어 리프트(air lifting) 등으로 실시하고 확인은 다림추 등으로 실시한다.

다) 현장타설 콘크리트말뚝의 보강재

현장타설 콘크리트말뚝에는 소정의 필요한 양의 배근이 필요하다. 배근에는 주철근, 띠철근 또는 나선철근, 형상유지 철근 등이 있으며 철근콘크리트 표준시방서에 준하여 실시하며, 주철근의 최소 피복두께도 유지하도록 하여야 한다. 또한 필요 시 콘크리트 타설 중 철근이 떠오르는 것을 방지하는 조치도 취하여야한다. 건축의 톱 다운(top-down) 공법의 경우에는 보강재로 철골이 삽입되기도 하는데 이러한 경우 철골의 수직도 유지가 대단히 중요하다.

라) 콘크리트 타설

현장타설 콘크리트말뚝의 콘크리트 타설은 말뚝 본체의 품질을 좌우하는 중요한 작업이다. 콘크리트 타설 시에는 재료 분리가 발생하지 않도록 조치를 취하고, 또한 타설 중에 트레미 관의 매입깊이, 콘크리트 타설 높이, 케이싱의 깊이 등을 관찰하고 이상이 있을 시는 즉시 적절한 조치를 취하는 것이 중요하다.

마) 기타

현장타설 콘크리트말뚝의 시공 관리 항목에는 공법의 종류 또는 현장에서 사용하는 공법마다 필요한 항목이 있으므로 시공법 선정에 따라 적절한 관리항목을 정하는 것이 필요하다. 최근에는 현장에서 전통적으로 사용해왔던 현장타설 콘크리트말뚝 고유의 시공법을 그대로 사용하는 예는 많지 않고 각 공법의 장비와 시공방식을 현장에 맞게 조합하여 사용하는 경우가 많으므로 이러한 방식의 관리가 더욱 중요하다.

3. 현장타설 콘크리트말뚝공법의 선정

현장타설 콘크리트말뚝공법에는 RCD공법(Reverse Circulation Drill method), 어쓰드릴공법(earth drill method), 올케이싱공법(all casing method), PRD공법(Percussion Rotary Drill method)등이 있다.

현장타설 콘크리트말뚝공법은 각각 특징과 장단점을 뚜렷하게 갖고 있으므로 현장조건에 따라 적절한 공법을 선택하는 것이 매우 중요하다. 일반적으로 암반에서는 RCD공법, PRD공법, 올케이싱공법을 주로 사용하는데, 특히 PRD공법은 암반의 천공능률이 대단히 크다. 토사지반에서는 어쓰드릴공법을 주로 사용한다. 현장타설 콘크리트말뚝은 저소음저진동공법에 속하지만, PRD공법의 시공 시에는 소음과 진동이 기준치를 초과하는 경우가 있으므로 이러한 경우는 천공기교체, 이중굴착 등을 통해서 해결하기도 한다.

현장에서는 전통적으로 사용해왔던 현장타설 콘크리트말뚝 고유의 시공법(RCD공법, 어쓰드릴공법, 올케이싱공법)을 그대로 사용하는 경우는 드물고, 현장조건에 따라 각 공법의 장비와 시공방식을 조합하여 사용하는 경우가 많다. 적절한 장비와 시공방식의 조합을 통해 현장타설 콘크리트말뚝 기초공의 공기와 경제성을 크게 개선하는 것이 가능하다.

4. 특수한 형태의 현장타설말뚝기초－단일형 현장타설말뚝

가) 일반

단일형 현장타설말뚝(Single Column Drilled Pier Foundation, 또는 Pile Bent Structures)공법은 확대기초를 시공하지 않고 직경 약 1.0~3.0m의 철근 콘크리트로 말뚝과 교각을 연속 시공하는 공법으로 개념도는 해설 그림 5.4.6과 같으며, 확대기초시공으로 인한 과다한 지반절취 없이 다양한 지반조건에 적용 가능하다. 횡방향 변위가 크게 발생하는 경우 해설 그림 5.4.6 (b)와 같이 코핑 및 그 하부 기둥에서 π형의 교각을 연결하여 횡방향 강성을 증대시킬 수 있다. 확대기초를 시공하지 않고 말뚝과 교각을 연속 시공하여 기초 터파기, 시공시 소음 및 진동을 최소화하고, 지진 시 확대기초를 시공하는 기초공법에 비하여 교각이 유연한 거동을 보인다.

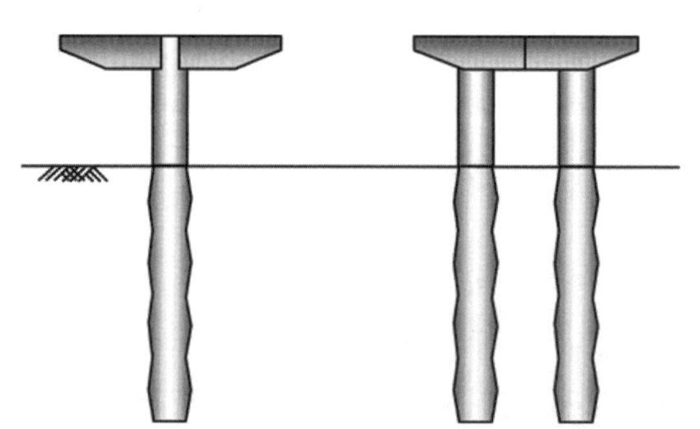

(a) T형 교각에 적용된 경우 (b) π형 교각에 적용된 경우

해설 그림 5.4.6 단일형 현장타설말뚝 개념도

단일형 현장타설말뚝의 형식은 해설 그림 5.3.3과 같이 말뚝단면과 교각단면이 동일한 단면을 가지는 형식(형식 1)과 말뚝단면이나 교각단면이 동일하지 않은 변단면을 가지는 형식(형식 2)으로 구분할 수 있다. 해설 그림 5.3.3 (a)와 같이 말뚝과 교각 단면이 동일한 형식 1의 경우는 철근 시공이음 이외에는 말뚝과 교각의 구분이 없고, 최대 휨모멘트는 일반적으로 지반면 아래 약 1~3D 깊

이에서 발생하며, 기초가 있는 경우 기초 직상부에 모멘트가 집중되는 것과 달리 휨모멘트의 크기 변화가 크지 않다. 다만, 소성힌지가 지반 내부에 생기므로 지진하중 작용 시 지반을 굴착하지 않고서는 소성힌지의 형성 여부를 파악하기 곤란하다. 해설 그림 5.3.3 (b)와 같이 말뚝과 교각 단면이 다른 형식 2의 경우는 지상부 교각 하단에 소성힌지가 생기도록 말뚝의 직경을 증가시킨 것으로서, 형식 1의 경우에 비해 휨모멘트의 집중이 상대적으로 크다. 형식 2의 경우, 직경변화는 연성능력이 감소되어 단면이 동일한 형식에 비해 상대적으로 취성적인 거동이 예상되므로 적정수준의 직경변화를 유지하는 것이 바람직하다.

나) 설계방법

단일형 현장타설말뚝의 설계를 위한 모델링 방법은 다음과 같다.

① 등가 지반스프링 모델

등가 지반스프링 모델의 경우, 해설 그림 5.4.7 (a)와 같이 지반을 탄성스프링으로 모사하여 해석하는 방법으로 하중규모가 작을 경우에는 해석의 정확도가 비교적 높으나 횡방향 하중이 커서 지표면에서 약 25mm 이상으로 횡방향 변위가 크게 발생하는 경우에는 p-y 곡선을 지반의 비선형성을 고려한 설계를 하여야 한다.

② 등가 고정단 모델

등가 고정단 모델은 해설 그림 5.4.7 (b)와 같이 지반 내에 가상의 고정점을 설정하고 하부기초를 가상고정점까지 고려하여 설계하는 근사적인 방법으로서, 해석의 오차범위가 큰 해석방법이다.

③ 등가 지반면 스프링 모델

등가 지반면 스프링 모델은 지반의 비선형을 고려할 수 있는 방법으로서, 해설 그림 5.4.7 (c)와 같이 지표면을 기준으로 지반과 말뚝의 강성을 대표하는 6×6 강성행렬을 적용하는 해석방법이다. 작용하중에 따른 지반강성의 변화와 상부구조와 지반 및 말뚝의 상호작용을 고려하기 위해 반복해석이 필요하다. 이때, 하부기초는 비선형해석을 통해 상부구조-하부기초의 결합부에서의 6×6 강성행렬을 산정하며, 상부구조는 산정된 6×6 강성행렬을 경계조건으로 하여 재해석을 수행한다. 이 과정을 말뚝의 변위 또는 반력이 수렴될 때까지 반복하며, 상부 구조기술자와 하부 지반기술자가 협업을 통해 지반의 비선형성과 하부기초와 상부 구조의 상호작용을 반영할 수 있어 구조물의 실제 거동을 가장 근접하게 모사할 수 있다.

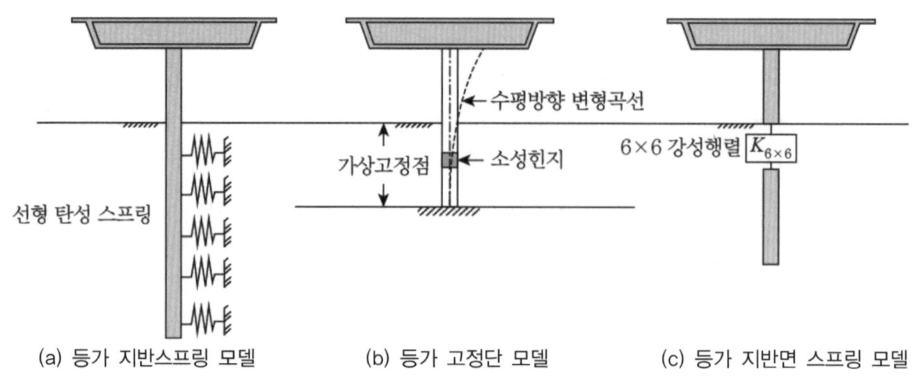

해설 그림 5.4.7 하부구조의 모델링 방법

다) 축방향 및 횡방향 지지력

단일형 현장타설말뚝은 말뚝과 교각의 구분이 명확하지 않으므로 작용하중에 대하여 지중부와 지상부를 동시에 고려하여 설계하여야 하며, 특히 횡방향 지지력 및 변위 예측 시 지반의 횡방향 지지력이 큰 영향을 미치므로 지반 및 횡방향 하중의 특성을 고려하여 지반모델을 선정하여야 한다.

단면 검토방법은 압축력과 휨모멘트를 동시에 받는 압축부재로 고려하여야 하며, 교각과 말뚝의 경계는 지표면을 기준으로 구분하고 세장비(=교각 길이/직경) 6.0 이상인 경우 또는 지진하중 고려 시에는 P-Δ 해석을 수행한다. 또한 변위가 크게 발생하는 경우에도 모멘트 확대법보다는 P-Δ 해석을 수행하는 것이 바람직하다. 모멘트 확대법 적용 시 고정점 산정은 구조해석법에 제시된 방법을 따르는 것으로 한다. 내진 설계 시, 도로교설계기준(한계상태설계법, 2012)에서 제시된 내진 설계기준을 적용하여 소성설계를 수행하고, 응답수정계수(R)를 적용하여 소성설계 효과를 반영할 수 있다. 말뚝의 저항력 검토는 암반에 근입된 현장타설말뚝의 축방향 지지력 산정과 동일한 방법을 적용한다. 교각과 말뚝의 변위 검토는 지표면에서 말뚝의 횡방향 변위를 산정하여 지중부 말뚝의 안정성을 검토하며, 교각의 코핑부에서 변위를 산정하여 적정규모의 교량 받침이 선정될 수 있는 범위 및 구조적 안정성을 갖는 범위로 횡방향 변위가 제한되어야 한다.

라) 침하량 및 횡방향 변위

① 단일형 현장타설말뚝의 침하량 산정은 현장타설말뚝의 침하량 산정방법

을 따르며, 그 이외의 내용은 다음과 같다.

- 단일형 현장타설말뚝에서 교각의 높이가 높은 경우 침하량 산정은 시공 단계를 고려하여 코핑 설치 이후에 발생하는 침하량에 대하여 상부 구조물의 안정성을 검토할 수 있다.
- 암반이 경사진 때에는 어느 정도 암반 속에 말뚝을 근입하지 않으면 하중이 가해졌을 때 말뚝이 미끄러질 염려가 있으므로 하향 경사부에서 발생되는 최소 근입깊이가 암반에 1D 이상 되도록 하는 것이 바람직하다.

② 단일형 현장타설말뚝의 횡방향 변위는 지표면 상부와 하부의 거동을 동시에 고려하여 구조적 안정성이 확보되는 범위 내에서 허용할 수 있으며, P−Δ해석을 수행하여 교좌장치 변위를 예측하는 것이 바람직하다. 이때, 횡방향 변위는 지표면을 기준으로 선형 또는 비선형 해석을 통하여 산정하며, 상부토층이 매우 연약하여 저항력을 무시할 수 있는 경우 변위기준면을 낮출 수 있다.

마) 최소철근비

① 단일형 현장타설말뚝의 최소철근에 대한 규정은 지표면을 기준으로 하여, 상부는 교각의 최소철근비를, 하부는 현장타설말뚝의 최소철근비를 적용한다. 이때, 교각의 최소철근비는 1 % 및 현장타설말뚝의 최소철근비는 0.4 %를 적용할 수 있다(도로교설계기준 해설, 2008).

② 지표면 이하 말뚝길이와 가상고정점($1/\beta$) 길이의 차이가 작은 경우, 시공성을 고려하여 모두 교각으로 간주할 수 있다.

③ 철근 피복두께는 지중부에 대해서는 150mm, 지상부에 대해서는 100mm 이상을 적용한다.

5.4.2 말뚝간격과 말뚝배열은 다음 사항을 고려하여 결정한다.

(1) 말뚝의 배열은 연직하중 작용점에 대하여 가능한 한 대칭을 이루며 각 말뚝의 하중 분담률이 큰 차이가 나지 않도록 한다.

(2) 말뚝 간격은 최소한 말뚝직경의 2.5배 이상, 푸팅측면과 말뚝중심 간의 거리는 최소 말뚝직경의 1.25배 이상으로 한다.

해설

5.4.2 말뚝간격과 말뚝배열은 다음과 같이 결정한다.

(1) 말뚝의 배열

말뚝의 배열은 연직하중 작용점에 대하여 될 수 있는 한 대칭을 이루며 각 말뚝의 하중 분담률이 큰 차이가 나지 않도록 해야 한다. 말뚝개수와 대표적인 배열형태를 해설 그림 5.4.8에 도시하였다. 또한 말뚝지지 전면기초의 경우 푸팅측면에서 부등침하가 최대한 발생하지 않는 배열이 되어야 하며, 말뚝의 배열은 말뚝과 푸팅의 면적비 및 침하기준에 따른 말뚝의 내력과 작용력과의 적정비를 참고하여 결정한다.

(2) 말뚝 간격

말뚝 중심 사이의 간격(S)은 최소한 말뚝직경(D)의 2.5배 이상이며 푸팅측면과 말뚝중심의 간격은 최소한 말뚝직경의 1.25배 이상이어야 한다.

말뚝의 간격을 결정하는 데 고려해야 할 사항은 아래와 같다.

- 설계된 위치에 정확히 시공할 수 있는 간격 : 말뚝간격이 너무 좁으면 말뚝이 서로 밀려 소정의 위치에 말뚝을 시공할 수 없다.
- 말뚝타격 해머 크기 : 해머가 자유롭게 작업할 수 있는 간격을 확보해야 한다.
- 현장타설 콘크리트 말뚝의 경우에는 인접공벽이나 굳지 않은 콘크리트에 영향을 주지 않을 정도의 간격을 유지해야 한다.
- 경제성을 감안한 간격
- 흙의 밀도와 강도 등을 고려한 말뚝간격

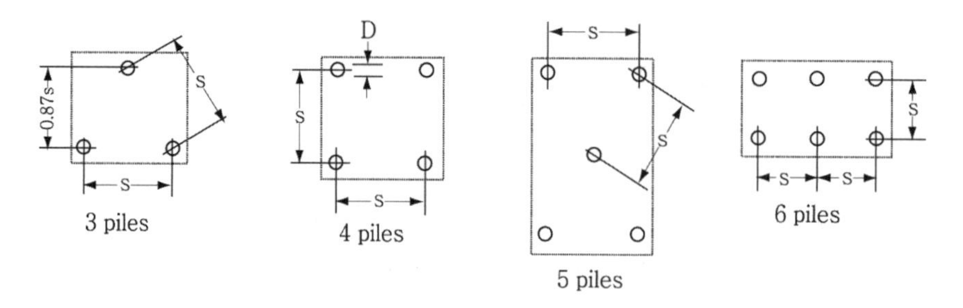

해설 그림 5.4.8 말뚝배치 예

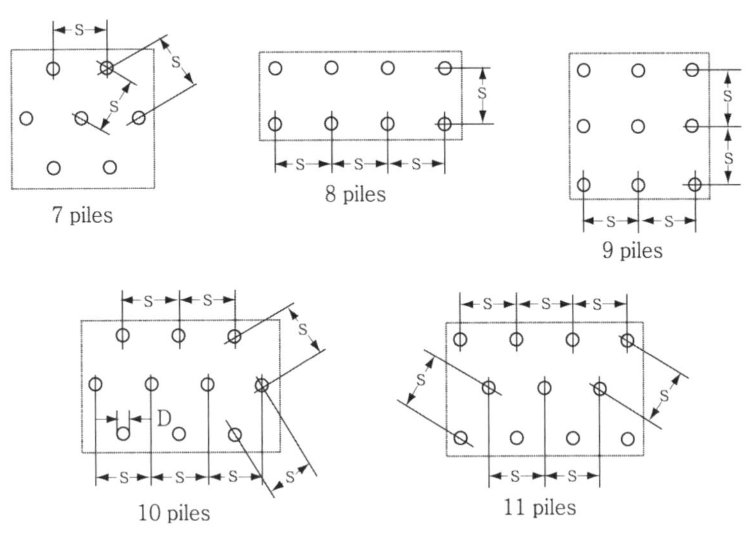

해설 그림 5.4.8 말뚝배치 예(계속)

연직말뚝에서 무리말뚝 효과에 의한 지지력 감소를 방지하기 위해서는 말뚝이 설치되는 지반조건, 말뚝길이, 말뚝의 형태 등을 고려하여야 하며 해설 표 5.4.2에는 몇 가지 경우에 대한 최소 말뚝간격을 추천하였다. 또한 경사말뚝에 대한 말뚝간격은 해설 그림 5.4.9와 5.4.10에 보이는 것과 같이 추천한다.

해설 표 5.4.2 무리말뚝 효과에 의한 지지력 감소 방지를 위한 연직말뚝의 최소간격

말뚝길이	선단지지말뚝 사질토층의 마찰말뚝		점성토층의 마찰말뚝	
	원형	정방형	원형	정방형
10m 이하	3d	3.4B	4d	4.5B
10m~25m	4d	4.5B	5d	4.5B
25m 이상	5d	5.6B	6d	6.8B
모든 경우의 말뚝중심간 거리≥0.8m				

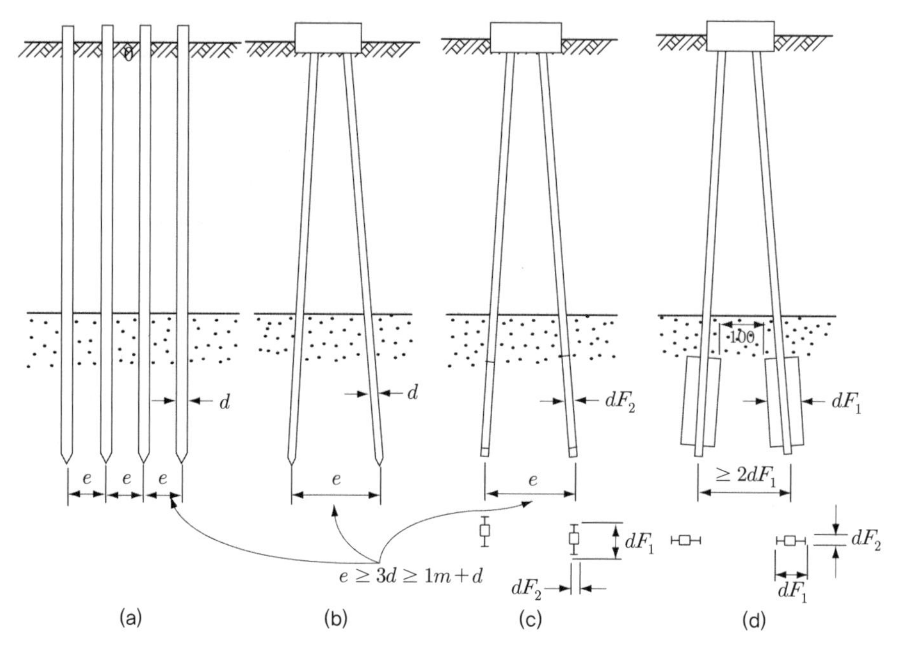

해설 그림 5.4.9 타입경사말뚝 간격

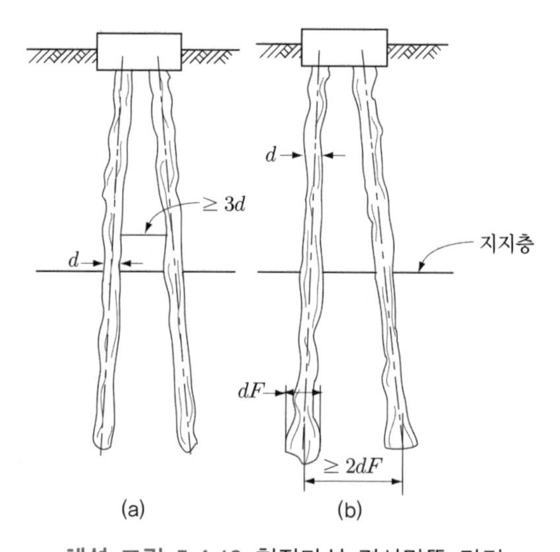

해설 그림 5.4.10 현장타설 경사말뚝 간격

5.4.3 말뚝기초의 반력은 다음 사항을 고려하여 산정한다.

(1) 말뚝기초의 연직하중은 말뚝에 의해서만 지지되는 것으로 간주하며 기초 푸팅의 지지효과는 무시한다. 다만 기초 푸팅의 지지효과에 대하여 충분히 신뢰할 수 있는 경우에는 이를 고려한다.

(2) 말뚝기초의 횡방향 하중은 말뚝에 의해서 지지되는 것으로 한다. 다만 기초의 깊이가 깊고 뒤채움이 잘 다져져서 횡방향 하중을 분담할 수 있다고 판단될 때에는 기초 측면의 횡방향 지지력을 고려할 수 있다.

(3) 기초에 큰 횡방향 하중이 작용할 때에는 경사말뚝을 배치하여 횡방향 하중을 분담하게 할 수 있다.

해설

5.4.3 푸팅에 작용하는 하중의 종류와 크기가 결정되면 푸팅을 지지하는 데 필요한 말뚝개수가 결정된다. 말뚝기초의 연직하중은 말뚝에 의해서만 지지되며 기초 푸팅의 지지효과는 무시하며 또한 횡방향 하중은 말뚝에 의해서 지지되는 것을 원칙으로 한다. 필요한 말뚝개수는 하중의 크기와, 말뚝의 허용지지력 뿐만 아니라 말뚝배치 방법과 그에 따른 반력과 변위량에 의하여 결정해야 한다. 말뚝머리 반력계산은 말뚝배치 간격, 개수 등을 가정하여 실시하며 계산결과가 말뚝의 허용지지력이나 허용 변위량 등을 초과할 때에는 말뚝개수와 배치를 바꾸어 그것이 허용범위 안에 올 때까지 반복해야 한다. 말뚝기초에 작용하는 하중으로서는 연직하중, 수평하중, 그리고 모멘트가 있을 수 있고, 하중 작용 형태로는 영구하중과 일시하중으로 나눌 수 있다.

(1) 연직말뚝으로 이루어진 기초

연직말뚝으로 이루어진 무리말뚝기초에 연직하중 Q가 기초중심에 작용한다면 각 말뚝에는 동일한 하중이 분담된다. 즉,

$$P_p = \frac{Q}{n} \qquad \text{해설 (5.4.5)}$$

여기서, P_p : 말뚝 한 개에 분담되는 하중

Q : 말뚝기초에 작용하는 하중

n : 말뚝개수

기초에 편심하중 또는 수평하중으로 유발된 모멘트가 작용할 때에는,

$$P_p = \frac{Q}{n} \pm \frac{M_y x}{\sum x^2} \pm \frac{M_x y}{\sum y^2} \qquad \text{해설 (5.4.6)}$$

여기서, M_x, M_y : x축과 y축에 대한 모멘트

x, y : y축과 x축으로부터 해당 말뚝까지의 거리

$\sum x^2$, $\sum y^2$: 무리말뚝의 단면 2차 모멘트

말뚝의 허용지지력 결정 시에 안전율 2.0~3.0을 사용했을 때에는,

- 편심하중에 의하여 말뚝에 추가로 부가되는 하중은 말뚝허용하중의 10%까지 허용한다.
- 풍하중과 같은 일시하중에 의하여 추가로 부가되는 하중은 허용하중의 33%까지 허용한다.

무리말뚝의 말뚝반력 결정 방법에는 도해법과 해석적 방법이 있다. 도해법은 모든 말뚝이 축방향력만을 전달한다고 가정하고 작용하중의 합력과 각 말뚝축력으로 이루어진 힘의 다각형이 폐합되도록 하는 방법이다. 해석적 방법은 말뚝은 탄성체로, 지반은 탄성 또는 탄소성체로 가정하여 해석하는 방법으로 각종 컴퓨터 프로그램을 이용한 해법이 많이 이용되고 있다.

전술한 바와 같이 기초의 연직하중은 말뚝에 의해서만 지지되는 것을 원칙으로 한다. 그러나 기초 푸팅의 지지효과에 대하여 충분히 신뢰할 수 있는 조건을 확인하였을 경우에는 말뚝지지 전면기초(piled raft foundation)를 고려할 수 있다(해설 그림 5.4.11 참조). 말뚝지지 전면기초는 전면기초(raft foundation)만으로도 충분한 지지력이 확보되어 전체적인 안정성에는 문제가 없으나, 전체침하와 부등침하를 감소시키기 위한 목적으로 말뚝을 사용하는 기초형식이다. 말뚝지지 전면기초에서 전면기초는 상부 구조물의 하중을 분산시키고 충분한 지지력을 확보하는 역할을 하며, 말뚝은 전면기초의 과도한 침하를 억제시켜 상부 구조물을 지지하는 상호 보완적인 역할을 한다. 이는 상부 구조물의 하중을 전면기초만으로 지지하도록 설계하거나 말뚝기초에 의해서 지지하도록 설계하는 전통적인 설계방법과 비교해볼 때, 경제적인 기초시스템이다. 말뚝지지 전면기초의 장단점을 몇 가지 열거하면 다음과 같다.

1) 말뚝지지 전면기초는 무리말뚝기초와 비교할 때, 소요되는 말뚝의 길이 및 개수를 줄일 수 있다.
2) 말뚝지지 전면기초는 전면기초와 비교할 때, 최대 침하량 및 부등 침하량을 줄임으로써 구조물의 사용성을 향상시킬 수 있다.

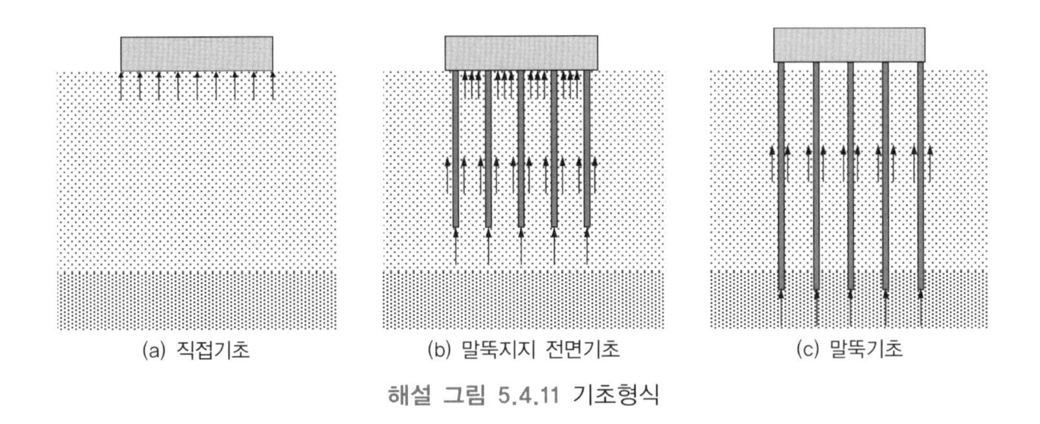

해설 그림 5.4.11 기초형식

3) 말뚝지지 전면기초는 말뚝의 설치위치를 조절하여 전면기초에 발생하는 응력 및 휨모멘트를 최소화할 수 있는 경제적인 기초시스템이다.
4) 말뚝지지 전면기초는 말뚝과 전면기초가 하중을 분담함으로써 기초의 지지력을 향상시킬 수 있다.
5) 굴착 전에 말뚝을 미리 시공함으로써 굴착과정 중에 발생되는 주변지반의 이완을 최소화하여 기초굴착으로 인한 히빙(heaving) 현상을 감소시킬 수 있다.
6) 부등 침하량에 예민한 구조물인 교량 기초로 시공할 때 특히 주의를 요해야 한다.
7) 표층의 지반강도가 작은 경우, 성토 등으로 지반이 압밀 중인 지반에 적용이 곤란할 수 있으며, 말뚝의 지지층이 적정한 심도에 분포할 필요성이 있다.

말뚝지지 전면기초는 상부 구조물의 요구 성능 및 특징, 현장 여건, 지반조건 등을 감안하여 경제성, 공기, 시공성 등의 측면에서 직접기초나 말뚝기초에 비해 합리적인 계획이 가능하다고 판단되는 경우에 선정한다. 해설 그림 5.4.12는 말뚝지지 전면기초의 선정절차를 도시한 것이다.

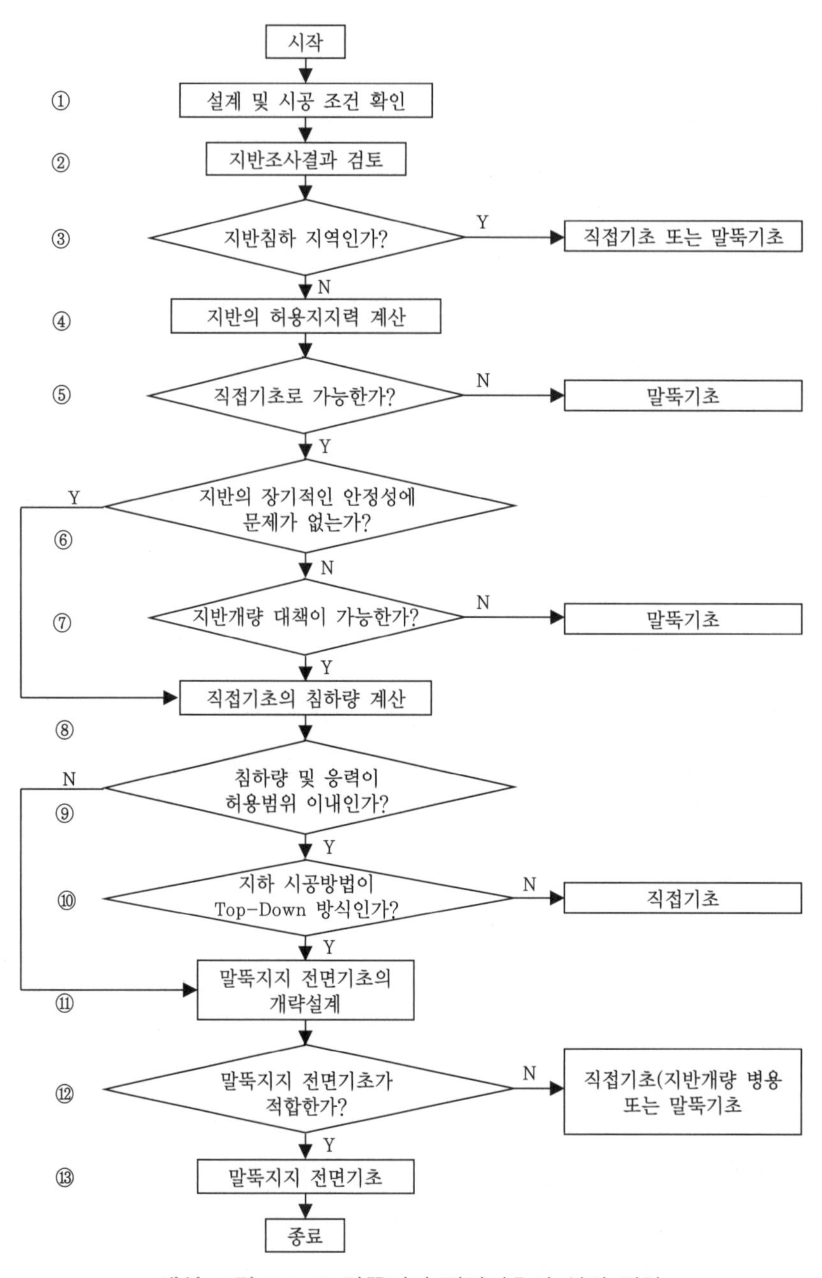

해설 그림 5.4.12 말뚝지지 전면기초의 선정 절차

말뚝지지 전면기초의 설계절차는 해설 그림 5.4.13과 같이 개략설계(단계 1~7)와 세부설계(단계 8~12)로 구분되며, 개략설계 단계에서 기초의 사양(형상, 크기, 배치, 재질, 공법 등)에 대한 설계가 이루어지고 상세설계 단계에서 응력검토를 실시하여 최적의 기초설계를 수행한다.

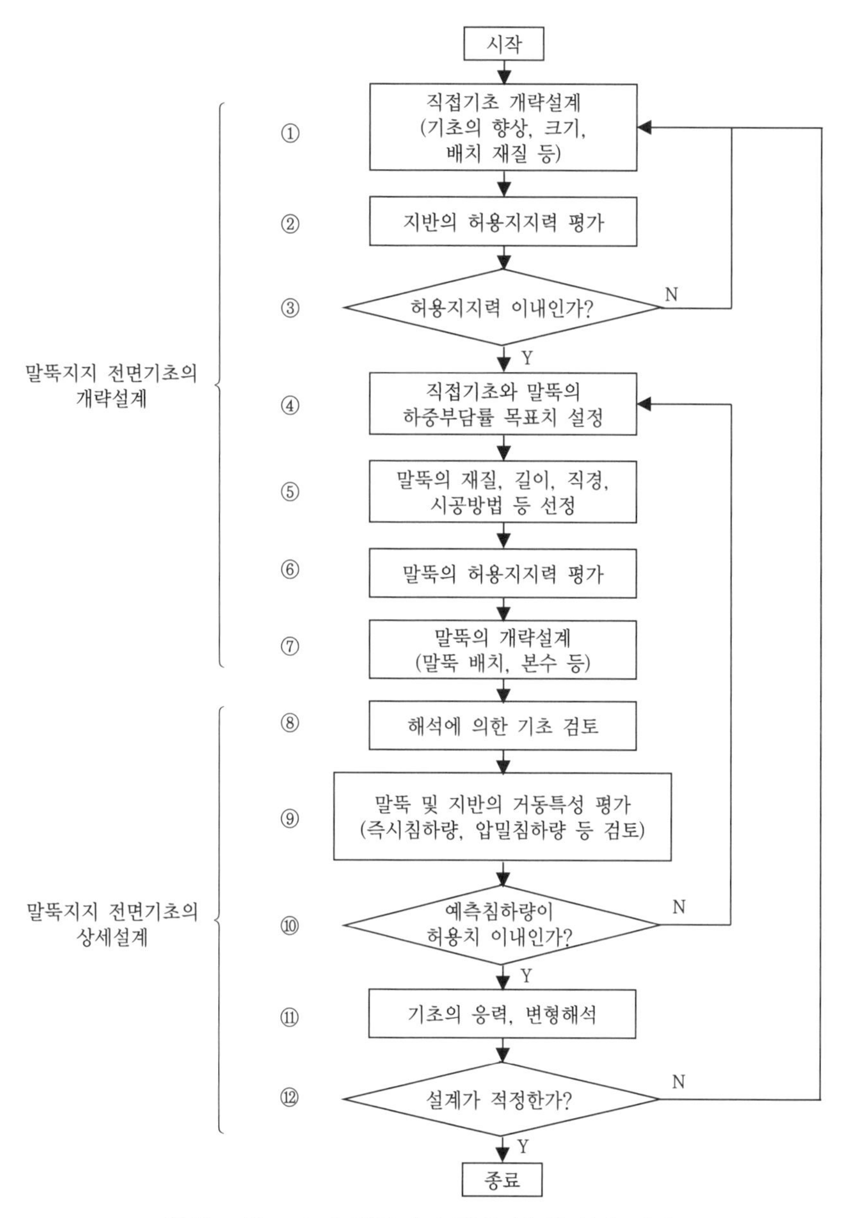

해설 그림 5.4.13 말뚝지지 전면기초의 설계 절차

말뚝지지 전면기초의 해석적 방법에는 첫째로, 간편 해석법으로 근사적 하중-침하 곡선 산정법, 등가 raft 및 등가 pier법, raft의 하중 분담률을 이용한 방법 등이 있다. 두 번째는 근사 해석법으로 지반 및 말뚝을 스프링으로 모사하고 raft는 strip 혹은 plate로 적용하는 방법이다. 그러나 이 방법들은 각 기초요소간의 상호작용을 명확히 나타내지 못한다는 단점이 있다. 이에 따라 세 번째로 좀 더 엄밀한 해석인 탄성해석을 근간으로 경계요소법(BEM, Boundary Element Method)을 이용하거나, 경계요소법(BEM)과 유한요소법(FEM, Finite Element Method)을 조합하는 방법, 2차원 유한요소법(FEM)을 이용한 방법이 있다. 그러나 이 방법 역시 2차원 단면으로 비교적 단순화시켜 해석하므로 각 기초요소 간의 상호작용을 명확히 고려하기 어렵다는 단점이 나타나 최근에는 Poulos(2001)에 의해 3차원 유한요소법(FEM)이 기초의 거동을 비교적 명확히 나타낼 수 있는 방법으로 알려지고 있다. 3차원 유한요소해석 등을 이용한 엄밀해석법은 말뚝지지 전면기초의 거동을 가장 정밀하게 해석할 수 있는 방법이지만, 말뚝지지 전면기초는 많은 설계변수를 가지고 그에 따라 거동이 크게 상이하고 경우의 수가 많기 때문에 해석에 있어 상당한 시간과 노력이 필요하다.

이러한 말뚝지지 전면기초는 침하량을 허용 침하 기준 이내로 제한하면서 말뚝의 개수, 길이, 크기(직경), 간격 및 배열, raft의 두께 등을 최적화하고 말뚝과 raft의 지지 능력이 최대한 발휘되도록 설계가 이루어져야 하므로 각각의 말뚝-말뚝, 말뚝-지반, 말뚝-raft 등 기초요소 간의 상호작용을 명확히 고려할 수 있어야 하며 연약지반의 경우 특히 지반의 비선형성을 반영할 수 있어야 한다(조재연과 정상섬, 2012). 말뚝지지 전면기초는 해당 조건에 따라 크게 다른 결과를 줄 수 있기 때문에 이를 적용하기 위해서는 해당 경우에 대해서 정밀 해석을 실시하고 이를 확인할 수 있도록 계측 등을 계획 수행하는 것이 바람직하다.

(2) 기초의 수평분담

말뚝기초의 횡방향 하중은 말뚝에 의해서 지지되는 것을 원칙으로 한다. 그러나 기초의 깊이가 깊고 뒤채움이 잘 다져져서 수평하중 분담 능력이 있다고 판단될 때는 그 분담 비율을 신중히 결정하여 적용할 수 있다. 기초푸팅 바닥면의 마찰저항은 무시한다.

(3) 경사말뚝을 포함한 말뚝기초

기초에 큰 수평하중이 작용할 때에는 경사말뚝을 배치하여 수평하중을 분담케 할 수 있다. 경사말뚝의 경사도(수평/연직)는 1/12~5/12 정도가 일반적이다. 경사말뚝이 사용되었을 때에는 모든 경사하중은 경사말뚝이 분담하는 것으로 가정한다.

경사말뚝의 거동해석에 대해서는 아직까지 이론적으로 정립된 것이 없으며 다만 모형실험에 의하여 경사말뚝 거동이 극한지지력에 큰 영향을 미친다는 것을 알 수 있다(Petrasovits and Awad,1968).

해설 그림 5.4.14에 Petrasovits and Awad(1968)의 실험결과를 요약하였는데, 경사말뚝에 축하중이 작용하거나 연직말뚝에 작용하는 경사하중의 경우에 연직말뚝에 작용하는 축하중의 경우보다 최대 112~133%의 지지력을 나타낼 수 있으며, 횡하중의 경우에는 하중방향으로 기울어졌을 때는 횡방향 저항력이 연직말뚝보다 작지만 그 반대의 경우에는 연직말뚝보다 훨씬 큰 횡저항력을 나타냄을 알 수 있다. 또한 그림에서 (c)와 (d)를 보면 연직말뚝에 작용하는 경사하중과 경사말뚝에 작용하는 연직하중은 비슷한 지지력을 나타냄을 알 수 있다.

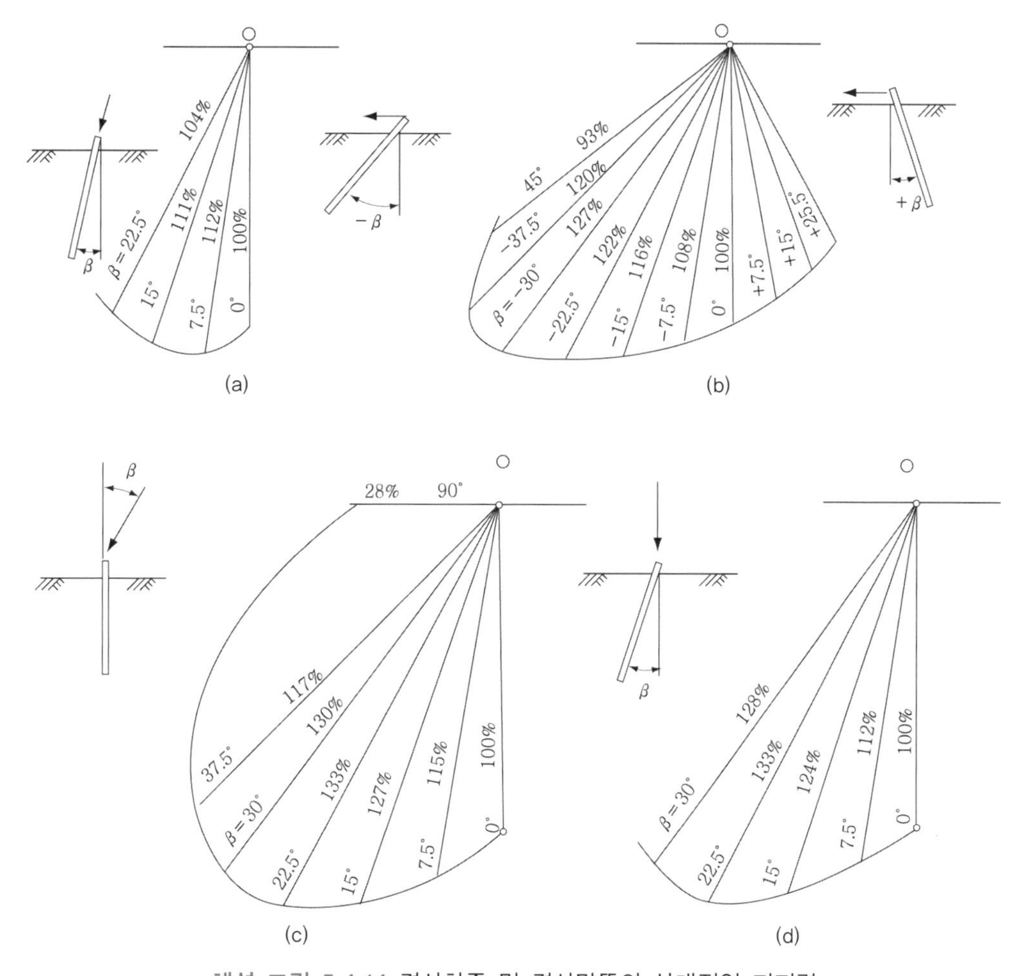

해설 그림 5.4.14 경사하중 및 경사말뚝의 상대적인 지지력

5.4.4 말뚝재하시험에는 압축시험, 인발시험, 횡방향시험 등이 있으며 다음 사항을 고려하여 계획한다.

(1) 말뚝재하시험을 실시하는 방법으로는 정재하시험방법 또는 동재하시험방법 중 하나를 선택적으로 고려할 수 있다. 단, 동재하시험의 신뢰도 확인을 위한 경우는 5.2.4 (4)를 따른다.

(2) 말뚝재하시험은 아래의 사항들을 고려하여 목적에 맞도록 계획한다.

① 관련시험규정

② 지지력

③ 변위량

④ 건전도

⑤ 시공방법과 장비의 적합성

⑥ 시간경과에 따른 말뚝지지력 변화

⑦ 부주면마찰력

⑧ 하중전이 특성

⑨ 시험횟수와 방법

⑩ 시험실시 시기

⑪ 시험 및 결과분석 기술자의 신뢰도

(3) 압축정재하시험의 수량은 지반조건에 큰 변화가 없는 경우 전체 말뚝개수의 1% 이상(말뚝이 100개 미만인 경우에도 최소 1개) 실시하거나 구조물별로 1회 실시하도록 시방서에 명시하여야 하며, 교량기초의 경우 교대 교각을 별도 구조물로 구분하여 수량기준을 적용한다.

(4) 기성말뚝에 대한 동재하시험을 실시할 때에는 다음 사항에 따라 시험방법과 횟수를 정한다.

① 시공 중 동재하시험(end of initial driving test)은 시공장비의 성능 확인, 장비의 적합성 판정, 지반조건 확인, 말뚝의 건전도 판정, 지지력 확인 등을 목적으로 실시한다. 재하시험 수량은 지반조건에 큰 변화가 없는 경우 전체 말뚝 개수의 1% 이상(말뚝이 100개 미만인 경우에도 최소 1개)을 실시하도록 시방서에 명시한다.

② 시공 중 동재하시험이 실시된 말뚝에 대한 시간경과효과 확인을 위하여 지반조건에 따라 시공 후 일정한 시간이 경과한 후 재항타동재하시험(restrike test)을 실시한다. 재항타동재하시험의 빈도는 ①항에서 정한 수량으로 한다.

③ 시공이 완료되면 본시공 말뚝에 대해서 품질 확인 목적으로 재항타동재하시험을 실시하여야 하며 이의 시험빈도는 ①항에서 정한 수량으로 한다.

(5) 교량기초의 경우 교량의 규모, 중요도 및 안정성 등을 검토하여 필요한 경우 구조물별 1회 이상의 횡방향재하시험을 수행하여 안정성을 검증해야 한다.

(6) 지형 및 지반조건, 시공장비, 말뚝종류 등 제반 시공조건이 변경될 때는 시험횟수를 추가하도록 시방서에 명시한다. 또한 중요 구조물일 때에는 시험횟수를 별도로 정할 수 있으며, 필요시 발주자와 협의하여 재하하중의 규모를 증가시킬 수 있다.

해설

5.4.4 말뚝재하시험의 종류로는 압축, 인발, 횡방향재하시험 등이 있으며 다음 사항을 고려하여 적합하게 계획하여야 한다.

(1) 말뚝재하시험의 종류

말뚝재하시험의 종류는 크게 정적인 재하시험과 동적인 재하시험방법으로 구분할 수 있다. 전자는 하중 작용 방향에 따라 압축재하시험(정재하시험으로 칭함), 수평재하시험(횡방향재하시험), 인발재하시험, 양방향재하시험 등으로 구분할 수 있고, 후자에는 동재하시험, 정동재하시험, 가상재하시험 등이 있다. 실무에서는 정적인 재하시험으로 정재하시험과 양방향재하시험이 많이 활용되고 있으며, 다음으로 수평재하시험, 인발재하시험 등이 이용되고 있다. 동적인 재하시험의 경우는 동재하시험이 주로 이용된다.

말뚝재하시험의 실시횟수와 관련된 (3)항 이하의 수량기준 중 압축재하시험은 정재하시험과 동재하시험 방법 중 한 가지를 선택적으로 적용하는 경우에 해당되는 빈도기준이다. 그러나 시험의 목적이나 중요성, 시험현장 여건 및 시험결과의 신뢰도 등을 고려하여 필요에 따라 두 시험방법을 조합하여 적용할 수 있으며 이때 총 시험수량은 각 시험방법별 수량기준에 따라서 결정할 수 있다. 단, 동재하시험을 적용하여 시험품질의 신뢰도를 확인코자 할 경우에는 시험의 특성과 현재의 시험수행 및 분석기술 수준을 고려하여 5.2.4 (4)에 따라 수행하여야 한다.

가. 정적 재하시험

말뚝재하시험은 말뚝의 지지력을 결정함에 있어서 말뚝의 거동을 파악하는 가장 확실한 방법이다. 정재하시험은 KS F 2445규정에 준하여 시행하여야 하며, KS규정에 명시되지 않은 시험은 외국규정[ASTM D 1143(압축), D 3689(인발), D 3966(횡방향 재하)]에 준하여 시행한다. 말뚝재하시험은 시험의 목적에 따라 시험횟수, 시험방법, 재하방법, 최대시험하중, 측정방법 등을 충분히 검토하여 시행한다.

1. 정재하시험

가) 시험횟수

정재하시험 수량은 5.4.4 (3), (6) 항을 참조한다.

나) 시험장치

말뚝재하 시험장치는 KS(또는 ASTM)규정에 준하여 현장조건에 따라 책임기술자의 책임 하에 설치되어야 하며, 특히 공인 기관에 의한 측정장비의 검정이 선행되어야 한다. 하중측정은 검정된 유압잭에 의할 수도 있지만 가급적이면 검정된 로드셀(load cell)을 사용하는 것이 좋다. 그리고 사용할 로드셀은 현장에서 사용하기에 알맞도록 경사, 온도, 편심하중 등에 예민하지 않은 것이 좋다. 해설 그림 5.4.15는 재하시험 장치의 예이다.

다) 재하시험 절차

압축재하시험법은 재하 또는 제하 방법에 따라 완속재하시험법을 포함하여 7개 정도로 나누어지는데(해설 표 5.4.3 및 KS F 2445 참조), 이중에서 완속재하시험법이 많이 채택되고 있다. 압축재하시험방법들은 서로 장단점이 있으며, 또한 각 방법이 서로 의미가 있는 것이므로 재하시험방법을 선택할 때에는 실시목적, 현장상황, 설계개념, 시방기준 등을 고려하여 적절히 선정하여야 한다. 다만 특별한 내용 없이 단순히 검증을 위한 재하시험의 경우는 이러한 목적을 충분히 달성할 수 있는 방법이면 충분하다.

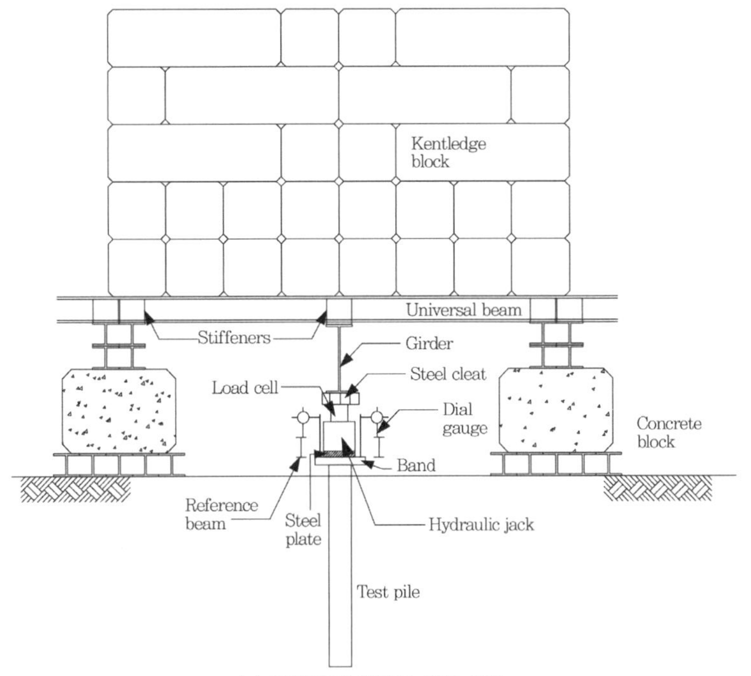

(a) 고정하중(사하중) 이용 방법

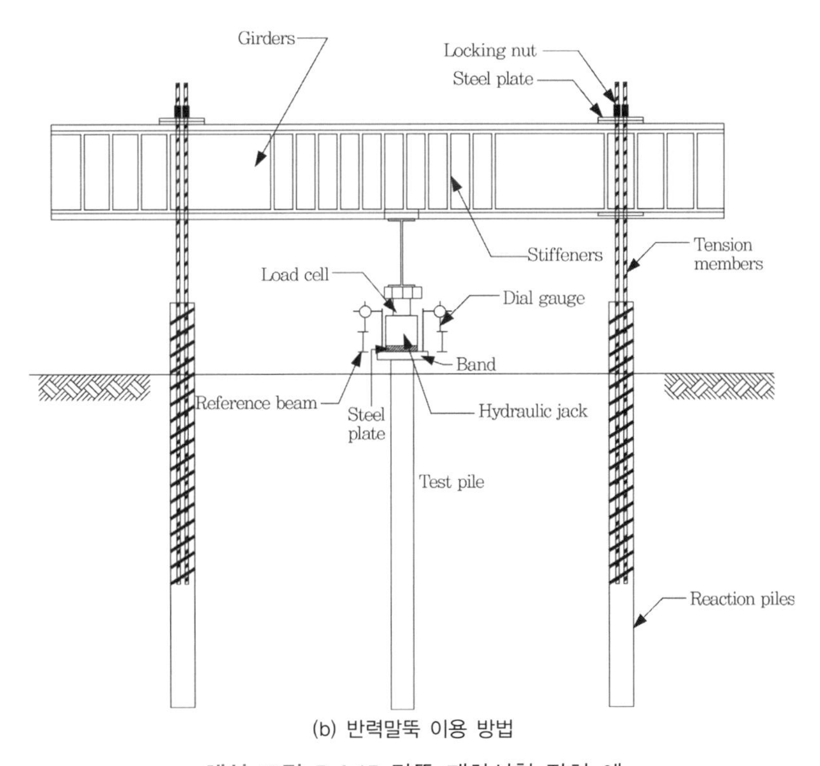

(b) 반력말뚝 이용 방법

해설 그림 5.4.15 말뚝 재하시험 장치 예

해설 표 5.4.3 각종 정적 압축재하시험 절차의 비교

시험법 \ 항목	하중단계	재하하중유지	종료하중	제하하중	관련기준	비고
완속재하 시험법	8단계(설계하중의 25%, 50%, 75%, 100%, 125%, 150%, 175%, 200%)	최소 30분 유지 후 말뚝머리 침하율이 시간당 0.25mm 이하(최대 2시간)	설계하중의 200%에서 침하율이 시간당 0.25mm 이하 시 12시간, 그 이상인 경우 24시간 유지	시험하중의 25%씩 단계별로 1시간씩 간격을 두어 제하	ASTM D 1143	KS F 2445
완속재하 방법의 초과하중재하	완속재하시험까지는 설계하중의 50%씩, 이후 최대시험까지는 설계하중의 10%	완속재하시험의 최대하중까지는 완속재하시험을 따르고 이후 최대시험하중까지는 20분씩	최대 요구하중 또는 파괴(말뚝지름의 15%) 시까지, 파괴 안 될 경우 2시간 유지	시험하중의 25%씩 단계별로 20분씩 간격을 두어 제하	ASTM D 1143	KS F 2445
일정시간간격 재하법	설계하중의 20%씩 8단계 재하	각 하중단계당 1시간씩 유지	설계하중의 200%에서 1시간 유지	설계하중의 20%씩 제하하되 각 단계별 1시간씩 유지	ASTM D 1143 (optional)	KS F 2445
일정침하율 시험법	단계별로 일정침하율(0.25~2.5mm/분내)이 된 후 다음 단계 재하	점성토: 0.25~1.25mm/분 사질토: 0.75~2.5mm/분	최종 시험하중 또는 총 침하량 50~75mm, B의 15%	총 하중제하, 제하 후 1시간 기록	ASTM D 1143 (optional), N. Y. DOT, Swedish Pile Commission	KS F 2445 B는 말뚝의 직경 또는 대각선 길이
일정침하량 시험법	침하량이 B의 1% 정도 되는 하중을 각 단계별 하중으로 결정	소정의 침하량이나 재하하중 변화율이 시간당 총 재하하중의 1% 미만에 이를 때	총 침하량이 B의 10%에 도달할 때 또는 시험하중	4번 정도 나누어 제하하되 각 단계의 리바운드율이 B의 0.3% 이내가 된 후 제하	ASTM D 1143 (optional)	KS F 2445, B는 말뚝의 직경 또는 대각선 길이
반복하중 재하 시험법	완속재하방법과 동일	50, 100, 150% 하중단계에서 1시간씩 하중을 유지시키고 나머지 하중단계에서는 20분 유지하면서 재하하중이 완전히 재하되면 50%씩 단계 제하하되 20분씩 유지하면서 제하	완속재하방법과 동일	완속재하방법과 동일	ASTM D 1143 (optional)	KS F 2445
급속재하 시험법	각 단계의 하중이 설계하중의 10~15%	각 단계별 2.5~15분(보통 5분) 유지하고, 2~4차례 침하량 기록	극한하중 또는 허용범위까지 재하 후 2.5~15분(보통 5분) 유지	4번 정도 나누어 5분씩 유지하면서 제하	New York State DOT, FHWA ASTM D 1143	KS F 2445

라) 시험결과 작성 및 해석

재하시험 결과는 하중-침하량 곡선과 하중단계별 시간-침하곡선으로 작성된다. 지지력의 추정은 하중-시간-침하 곡선 해석으로 이루어진다.

1) 극한지지력이 분명하게 규명되는 경우(극한지지력에 의한 지지력 판정)

극한상태의 정의는 하중의 증가 없이 변위량이 무한대로 되는 상태를 의미한다. 말뚝재하시험결과로부터 얻은 해설 그림 5.4.16과 같은 하중-침하량 곡선에서 극한상태는 세로축과 평행한 직선상태로 표시된다. 그러나 실제로 말뚝재하시험 결과를 분석할 때, 이론적인 극한상태를 규명하기가 곤란한 경우도 있다. 말뚝의 하중-침하량 관계가 이론적인 극한상태인 세로축과 평행한 직선이 되지 않거나, Hansen(1963)의 정의에 의한 극한하중이 판정되지 않을 경우에도 말뚝의 침하량이 말뚝직경의 10%에 도달하면 이를 극한지지력으로 볼 수 있다. 말뚝재하시험 결과로 분명한 극한지지력이 규명되는 경우에는 설계 허용지지력은 원칙적으로 극한하중을 안전율 3.0으로 나눈 값으로 한다. 다만 동일현장에서 여러 개의 말뚝재하시험이 실시되어 충분한 현장 대표성이 인정되고, 하중-침하량 관계가 양호한 경우에는 지반공학 전문가의 판단을 얻어 안전율을 낮출 수도 있다.

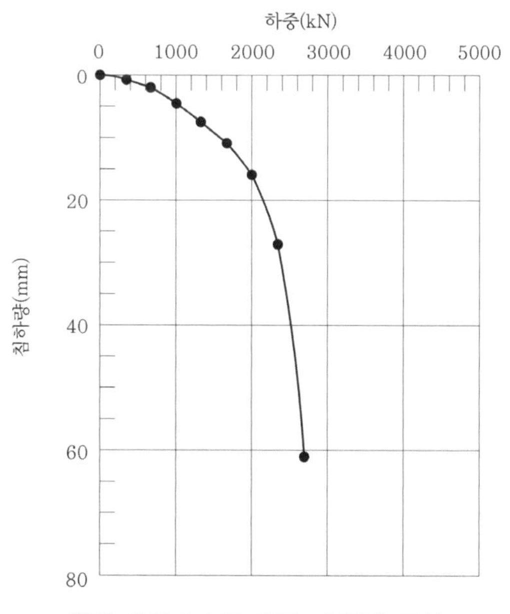

해설 그림 5.4.16 하중-침하량 곡선

2) 극한지지력이 분명하게 규명되지 않는 경우(항복하중에 의한 지지력 판정)
말뚝 재하시험에서 극한하중이 확인되면 문제가 없으나, 시험장치의 문제로 극한하중에 도달할 정도의 큰 하중을 재하하지 못할 때가 많다. 충분한 하중을 재하한 경우에도 지반조건의 특성이나 말뚝설치 방법상의 특성 때문에 분명한 극한지지력이 규명되지 않은 경우도 많이 있다. 이와 같이 극한하중이 규명되지 않을 때에는 말뚝에 하중이 재하되었을 때의 하중(P)－시간(t)－침하량(S) 거동특성에 의하여 항복(yield)하중을 구하여 판정한다. 그러나 항복하중을 판정하는 것은 용이하지 않으며 또한 항복하중이 나타나지 않는 경우도 많이 있다. 따라서 다음의 여러 가지 방법으로 구할 수 있는 값을 참고로 하여 종합적으로 판정할 필요가 있다.

① S－logt 분석법
각 재하단계에 대해 경과시간을 대수 눈금 축에, 말뚝머리의 침하량을 산수 눈금 축에 표시하였을 때 각 하중단계의 관계선이 직선적으로 되지 않는 하중을 항복하중으로 한다(해설 그림 5.4.17 참조).

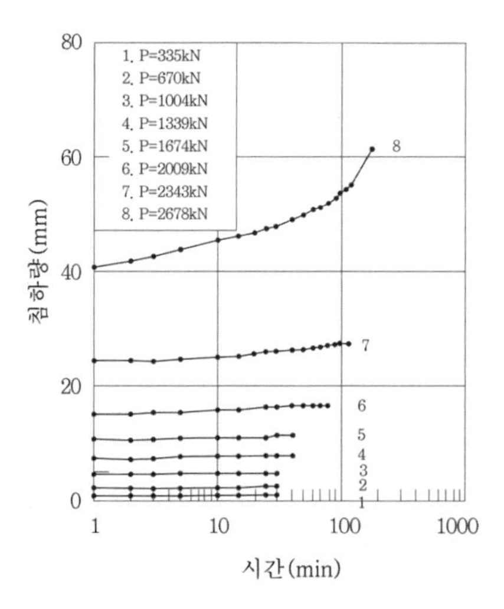

2,343kN의 하중부터 직선이 아닌 선이 나타나므로 2,343kN를 항복하중으로 판정할 수 있다.

해설 그림 5.4.17 S－logt 분석법

② dS/d(logt)－P 분석법
해설 그림 5.4.18에서와 같이 각 하중단계에서 일정시간(10분 이상)당의 대수 침하속도 dS/d(logt), 즉 S－logt 곡선의 경사를 구하고, 이것을 하중에 대하여 표시하여 연결한다. 이와 같이 하여 구한 선이 급격히 구부러지는

점의 하중을 항복하중으로 한다.

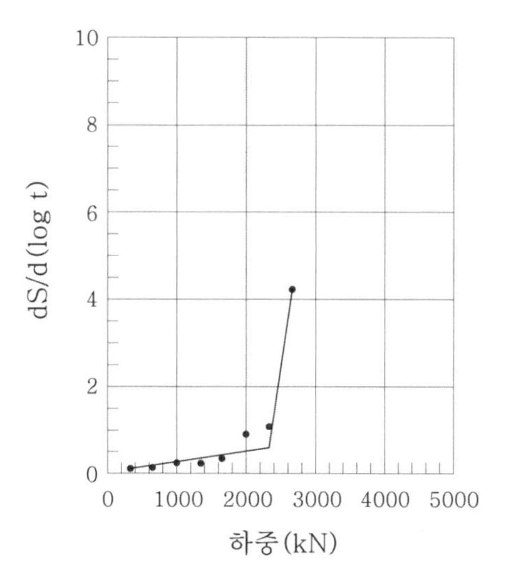

그림에서 표시한 것과 같이 측점을 연결하면 2,340kN 정도에서 직선이 급격히 변하게 된다. 따라서 이 2개의 직선이 교차하는 곳, 즉 2,340kN 정도를 항복하중으로 판정할 수 있다.

해설 그림 5.4.18 dS/d(log t)－P 분석법

③ logP－logS 분석법

하중 P와 말뚝머리의 침하량 S를 양대수 눈금 축에 표시하고, 각 점을 연결하여 얻어지는 선이 꺾어지는 점의 하중을 항복하중으로 한다(해설 그림 5.4.19 참조).

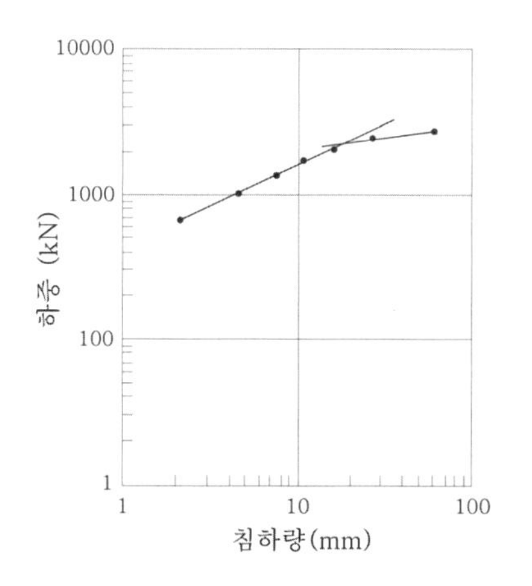

그림과 같이 시험결과를 2개의 직선으로 나타낼 수 있다. 이 2개의 직선이 교차하는 곳 즉, 2,200kN 정도를 항복하중으로 판정할 수 있다.

해설 그림 5.4.19 logP－logS 분석법

④ 잔류침하량에 의한 logP－logS 분석법

사이클방식의 재하시험에서는 하중－잔류침하량 곡선이 얻어진다. logP－logS 분석법에서 말뚝머리의 침하량 대신 잔류침하량을 사용한 항복하중 판정이 용이할 때가 많다. 특히 말뚝 자체의 탄성변형량이 큰 강말뚝의 경우에 이 방법이 적합하다.

상기와 같은 방법으로 분명한 극한지지력이 규명되지 못하여 항복하중 분석에 의하여 말뚝의 허용설계지지력을 결정하는 경우에는 원칙적으로 항복하중을 안전율 2.0으로 나눈 값으로 한다.

⑤ 기타방법

말뚝의 재하시험은 말뚝에 하중을 재하하여 지반의 응력－변형률(stress－strain)관계로부터 지지력을 결정하는 시험이다. 지반의 지지력은 응력이 증가함에 따라 탄성역－탄소성역－소성역으로 응력－변형률 관계가 진행되며 극한지지력은 소성역에서 규명되는 값이다. 따라서 지반의 지지능력은 탄·소성 관계에 의하여 규명하는 것이 가장 바람직하다. 이와 같은 개념에 의한 판정법으로 순침하량(잔류침하량)이 소정의 정해진 값에 도달했을 때의 하중을 극한지지력으로 보아 말뚝의 설계허용지지력을 결정하는 방법이 있다.

- DIN 4026(1975)에서는 말뚝직경의 2.5%에 해당되는 순침하량에 도달하였을 때의 하중을 극한하중으로 하고 여기에 안전율 2.0을 적용하여 설계허용지지력을 결정한다.
- Davisson(1973)의 판정법은 순침하량의 측정 없이 말뚝과 지반의 탄·소성 거동을 판정할 수 있는 해석법으로 최근 서구에서는 가장 합리적인 말뚝의 허용지지력 판정법으로 인정받고 있다. 이 판정법에서는 직경 610mm(24″) 미만 말뚝의 극한지지력을 [말뚝의 탄성압축량＋x, (x＝3.81＋D/120)mm]에 해당하는 하중으로 정의하였고(직경 610mm(24″) 이상 대구경 말뚝의 경우 x＝D/30) 여기에 안전율 2.0을 적용하여 설계지지력을 결정한다. 해설 그림 5.4.20은 직경 610mm(24″) 미만 말뚝에 대한 Davisson의 판정법의 적용 예를 보여주고 있다.
- 정재하시험 시 말뚝의 거동특성은 계측을 실시하여 하중분포를 측정하거나, 선단지지력과 주면마찰력의 분리 재하시험을 통하여 더욱 분명하게 규명할 수 있다. 동재하시험의 경우 지식과 경험이 있는 기술자에 의해

시험이 실시되고 분석되면 선단지지력과 주면마찰력을 분리할 수 있을 뿐만 아니라 주면마찰력의 분포까지도 추정할 수 있기 때문에 보다 신뢰도 높은 설계가 가능하다.

하중-침하량 곡선과 Davisson의 판정기준선이 교차하는 1,600kN을 Davisson의 기준 지지력으로 판단할 수 있다.

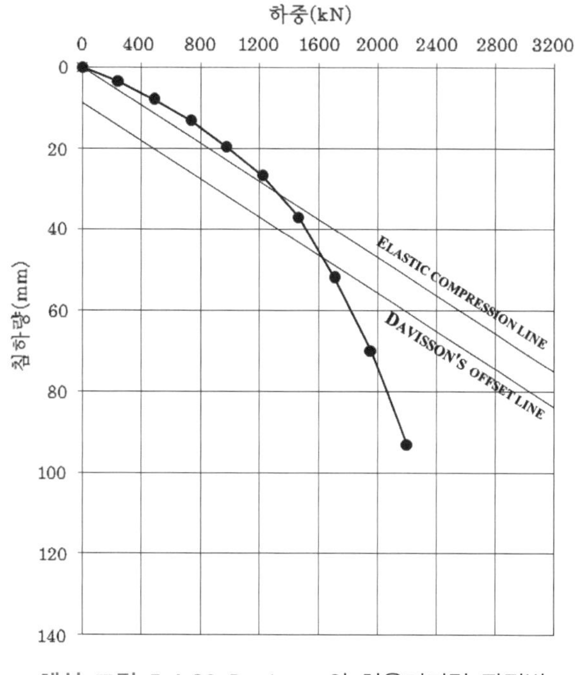

해설 그림 5.4.20 Davisson의 허용지지력 판정법

3) 기준안전율보다 낮은 안전율을 적용할 수 있는 경우

말뚝재하시험 결과로부터 말뚝의 축방향 설계 허용지지력을 결정할 때의 기준 안전율은 극한하중에 대하여는 3.0, 항복하중에 대하여는 2.0으로 한다. 그러나 이와 같은 획일적인 안전율 적용은 비경제적인 경우도 많이 있으며, 이러한 경우 지반공학 전문가는 지반조건, 시공의 정밀도, 말뚝 거동의 특성 및 말뚝재하시험 횟수 등을 감안하여 적절한 폭으로 안전율을 낮추어 구조물의 안전을 판단할 수 있다.

이상의 경우와 같이 안전율을 기준안전율 3.0보다 낮추어 볼 수 있는 경우에도 극한지지력에 대하여 2.0보다 낮은 안전율은 적용하지 않도록 한다. 특히 중요 구조물 기초의 경우에는 기준안전율 3.0 또는 그 이상의 안전율이 확보되도록 할 필요도 있다.

2. 양방향재하시험

최근 구조물기초의 대형화추세에 따라 교량 및 고층빌딩의 말뚝기초로 대구경 현장타설 콘크리트말뚝이 채택되고 있다. 이러한 말뚝기초의 설계지지력은 수천 톤에 이르기 때문에 기존의 압축 정재하방법으로 시험할 경우에는 시험하중조달을 위한 방법(중량물, 반력말뚝, 반력지반앵커 등)과 비용상 제약이 발생하게 된다. 이를 극복하기 위해 개발된 정적 압축재하시험방법이 소위 양방향재하시험(bi-directional pile load test)이라고 일컬어지는 재하시험방법이며 여기에는 Osterberg cell(유압잭의 일종으로서 특수 고안된 재하장치)을 이용한 방식과 일반 유압잭(hydraulic jack)을 이용하여 국내에서 개발된 방식이 있다.

Osterberg cell 또는 유압잭은 기초구조물 내에 매설되어 수압이나 유압으로 작동되는 검정된 하중 장치를 일컫는다. 이 장치는 양방향으로 작용하며, 말뚝의 주면마찰력에 저항하는 상향 재하와 말뚝의 선단지지력에 저항하는 하향 재하로 구성된다. 이 방법은 또한 일반적으로 말뚝내부의 하단에 설치되므로 기존 사하중 또는 반력을 이용한 정재하시험에서 제약사항으로 작용할 수 있는 재하대의 용량이나 하중 전달 구조의 구성 등에 구애 받지 않는 시스템이며, 모든 재하 하중은 지반이나 암반의 지지력으로 전이된다. 이 시험의 기본적인 재하방식은 해설 그림 5.4.21에서 보이는 바와 같이 cell이나 jack이 설치된 위치를 기점으로 하부의 주면 마찰력과 선단지지력이 하중장치 상부의 주면 마찰력 성분에 대한 반력이 되고 반대로 하중장치 상부의 주면지지력이 하중장치 하부의 주면마찰력과 선단지지력의 반력으로 작용되는 측정원리를 갖고 있다.

Osterberg cell 또는 유압잭을 이용한 재하시험은 다음 중 먼저 발생되는 현상이 있을 때까지 수행된다.

- 주면마찰력이 극한에 도달하거나,
- 선단지지력이 극한에 도달하거나,
- 하중장치의 재하용량이나 변위측정 stroke이 초과될 때까지 재하

상기 3가지 조건 중 먼저 발생되는 현상까지 하중을 재하하거나 별도의 시험하중이 주어져 있는 경우엔 그 하중까지 재하하게 된다.

시험에 사용되는 하중장치의 팽창 정도는 선형 진동현식 변위계(LVWDT, Linear Vibrating Wire Displacement Transducer)를 이용하여 측정되며, 말뚝 본체의 변형이나 압축량, 하향 변위 등은 텔테일(telltale)을 이용하여 측정한다. 양방향재하시험은 KS F 7003에 준하여 시행한다.

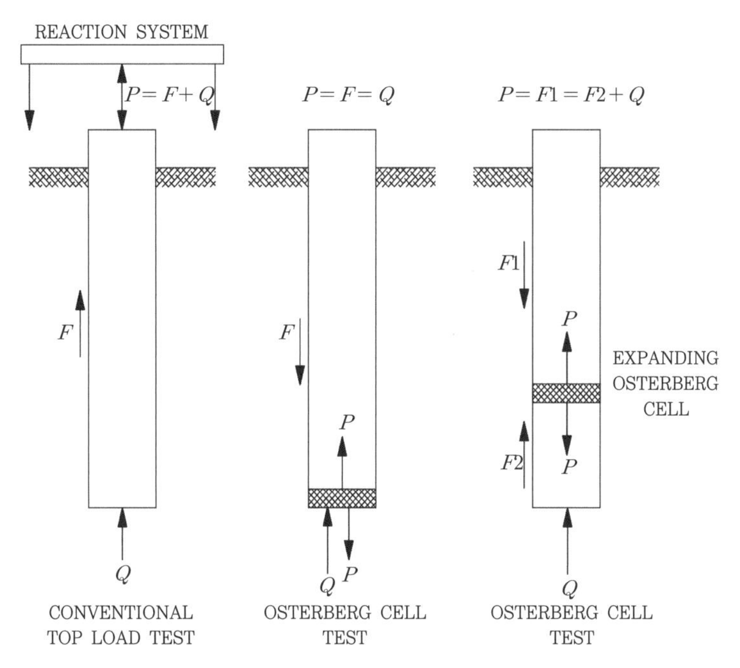

해설 그림 5.4.21 Osterberg cell 방식 양방향재하시험의 기본 개념

3. 인발재하시험

인발재하시험의 시험방법은 재하방향이 반대인 것을 제외하고는 압축시험과 비슷한 방법이다. 인발재하시험은 ASTM D 3689에 준하여 시행한다.

4. 횡방향재하시험

횡방향재하시험은 ASTM D 3966에 준하여 시행한다. 횡방향재하시험의 설계 및 시험과정에서 주의해야 할 사항은 다음과 같다.

- 두 개의 말뚝사이에 잭을 설치하여 밀거나, 사하중을 반력으로 한 개의 말뚝을 잭으로 미는 방법으로 시험을 계획한다.
- 말뚝과 흙 상호작용의 탄성거동을 파악하고 지반의 수평반력계수 k_h를 측정하려면 하중과 말뚝머리의 변위측정으로는 부족하고 말뚝에 측정기를 설치하여 휨모멘트와 휨곡률 또는 길이별 변위량을 측정해야 한다.
- 구조물에 작용하는 횡하중이 반복하중일 경우는 재하시험에서도 반복하중(cyclic loading) 조건을 재현할 필요가 있다.
- 가능한 한 말뚝머리의 구속조건에 맞추어 시험하거나 결과분석 시 이를 고려하여야 한다.

5. 재하시험 시행시기

말뚝이 지층에 타입될 때 주위 지반을 교란하고 특히 점성토 지반에서는 과잉간극수압을 발생시켜서 지반의 강도를 저하시킨다. 그러나 시간이 지남에 따라 과잉간극수압이 소산되면서 강도를 회복해 가는데 결과적으로는 원래의 강도 또는 그 이상의 강도를 갖게 된다. 또한 최근의 연구결과에 의하면 사질토 지반에서도 이러한 현상이 나타나는 것으로 보고되고 있다. 이러한 현상을 시간경과에 따른 말뚝 지지력 변화라 한다. 조밀하고 포화된 가는 모래층과 실트층, 그리고 층상의 퇴적풍화토층(예: 이암층)에 타입된 말뚝의 강도는 타입 후 시간이 경과함에 따라 오히려 감소될 수 있다. 이러한 현상은 말뚝관입에 의하여 다져졌던 말뚝주위의 모래나 실트가 시간이 경과함에 따라 다시 이완되거나 지질적인 문제로 인해 발생하는 것이다.

매입말뚝의 경우 시멘트풀의 양생에 의해 주면 마찰력이 증가하고 아울러 선단지지력은 시간경과 효과를 나타내게 된다. 또한 현장타설 콘크리트말뚝의 경우 콘크리트의 양생에 의해 본체의 강도와 이에 따른 지지력이 달라진다.

따라서 재하시험은 말뚝을 설치한 후 즉시 시행할 수 없으며 충분한 시일이 경과한 후 시험하되 시험일자는 책임기술자가 상황에 따라 결정하여야 한다.

나. 동적 재하시험

1. 동재하시험

말뚝의 동재하시험은 말뚝타격 시에 발생하는 충격파의 전달에 대한 파동방정식을 이론적 근거로 하여 미국 오하이오(Ohio) 주의 케이스 웨스턴(Case Western)대학교에서 1964년에 개발되었다. 이 시험은 말뚝에 변형과 충격파 전달속도를 측정할 수 있는 장치를 한 후에 말뚝이 타격관입되는 과정에서 측정되는 변형과 응력파를 말뚝항타분석기(PDA, Pile Driving Analyzer)로 측정하여 CAPWAP (CAse Pile Wave Analysis Program) 프로그램으로 해석하고 그 결과로부터 말뚝의 지지력, 말뚝에 전달되는 응력분포, 말뚝에 발생하는 압축력과 인장력, 응력파의 전달속도 등의 자료를 얻으며 타격관입 중에 말뚝에 발생하는 이상을 검출해낼 수도 있다. 이외에 네덜란드의 TNO에서도 말뚝의 동재하시험방법을 개발하였으며 이 경우에는 TNO-WAVE프로그램으로 해석된다.

동재하시험은 ASTM D 4945(2000) 또는 KS F 2591(2004)에 준하여 시행한다.

동재하시험의 장점은 다음과 같다.

- 시험 소요시간이 매우 짧다.
- 비용이 비교적 적게 든다.
- 말뚝관입 도중의 어느 시점에서도 말뚝지지력을 알 수 있다.
- 말뚝과 해머의 성능을 동시에 측정할 수 있으므로 합리적 시공관리를 할 수 있다.
- 말뚝타격 시에 발생하는 말뚝의 파괴 여부와 위치를 알 수 있다.
- 깊이별 저항력 분포를 알 수 있다.
- 항타 시와 일정시간이 경과한 후 시간경과에 따른 말뚝지지력 변화를 알 수 있다.
- 동재하시험의 수량은 5.4.4 (4),(6)항을 참조한다.

2. 기타 동적시험

말뚝의 동적 재하시험에는 상기에서 언급한 동재하시험방법 외에 새로운 개념의 동적 말뚝재하시험 방법들이 개발되었다. 여기에는 정·동재하시험(Statnamic), 가상정재하시험(PSPLT, Pseudo Static Pile Loading Test) 등이 있다. 이들 새로운 개념의 말뚝재하시험 방법들은 각 시험법 고유의 장점들이 있어 말뚝재하시험 실시에 필요한 시간-경비 측면에서 유리하며, 지지력 거동의 합리적 해석이 가능하기도 하다. 그러나 이들 새로운 개념의 말뚝재하시험 방법들은 기존의 정재하시험과 하중재하방법, 재하시간 등 상이한 부분이 있으므로, 반드시 해당현장에서 동일한 말뚝에 대한 정재하 시험결과와 비교하는 검증과정을 거친 후 적용하도록 한다.

(2) 말뚝재하시험의 실시목적

말뚝재하시험을 실시하는 목적은 기술자들이 흔히 알고 있는 것과 같이 단순히 지지력을 확인하는 것 외에 다양한 내용들을 확인하기 위함이다. 이들은 대부분 이미 본 해설서에서 설명한 내용들이지만 중요한 항목을 나열하면 다음과 같다.

- 지지력
- 변위량
- 건전도
- 시공방법 및 시공장비의 적합성
- 시간경과에 따른 말뚝 지지력변화
- 부주면마찰력
- 하중전이 특성

(3) 압축정재하시험의 수량

압축정재하시험 방법에 의한 말뚝재하시험 결과의 효용성을 높이려면 지반조건에 큰 변화가 없는 경우 설계위치에 시공된 시항타말뚝 또는 본시공말뚝의 품질확인시험(proof test)으로서, 기성말뚝이나 현장타설 콘크리트말뚝을 적용하는 건축구조물의 기초 또는 토목구조물의 기초말뚝에 대하여 적어도 전체 말뚝개수(공수)의 1% 이상 또는 구조물별로 1회 이상의 시험이 필요하며, 여기서 구조물별로 적용할 경우에는 전체 시공되는 말뚝개수가 100개 미만인 경우에 해당한다.

교량기초에 대해서는 교대와 교각을 별도 구조물로 구분하여 수량기준을 적용하되 이에 해당되는 교량기초는 고속국도 및 일반국도 상의 대형교량을 대상으로 하며 소규모 교량(단지 내 교량 등)인 경우에는 교량전체를 하나의 구조물로 간주하여 수량기준을 적용한다. 또한 단일형 현장타설말뚝으로 시공되는 교량에 대해서는 설계자, 시공자, 감리원 및 발주처 사이의 협의를 통하여 적절한 시험수량을 결정하고 시행토록 한다.

그러나 지반조건에 큰 변화가 있거나 시공방법 또는 제원이 다른 말뚝을 사용할 때는 말뚝재하시험이 추가되어야 한다. 또한 건설되는 구조물이 인명과 관계된 주요 구조물일 경우에는 기준 시험횟수를 별도로 설정하여 안전성을 충분히 확인할 수 있도록 하여야 한다.

(4) 기성말뚝에 대한 동재하시험의 수량

전술한 바와 같이 말뚝의 지지력은 말뚝을 시공한 시점으로부터 시간경과 효과에 의해 경과한 시간에 따라 증가하거나 감소할 수 있다. 또한 매입말뚝의 지지력은 말뚝을 시공한 시점으로부터 양생에 의해 지지력이 달라질 수 있다. 따라서 시공되는 말뚝의 품질을 확인하고 구조물의 안전을 기하기 위해서는 이와 같은 지지력의 변화를 반드시 검증하여야 한다. 시간경과효과 및 양생으로 인한 지지력의 변화를 확인하기 위해서 시공 초기 시항타말뚝에 대한 시공 중 동재하시험(end of initial driving test)이 실시된 말뚝에 대하여 일정한 시간(가급적이면 1~2주일)이 경과한 시점에서 재항타 동재하시험(restrike test)이 이루어져야 한다. 시공 중 동재하시험(①항)의 최소 실시 빈도는 지반조건이 큰 변화가 없는 경우 전체 말뚝개수(공수)의 1% 이상(말뚝이 100개 미만인 경우에도 구조물 별로 최소 1개 수행)이다. 시공 중 동재하시험이 실시된 동일한 말뚝에 대하여 시간경과효과 확인을 위해 지반조건에 따라 일정시간 경과 후 재항타동재하시험(②항)을 실시하며 그 수량은 동일말뚝에 중복해서 수행하므로 시공 중 동재하시험 횟수와 동일하다. 한편, 시공이 완료되면 본시공 말뚝에 대해서 품질확인 목적으로 재항타동재하시험(③항)을 실시하며 실시빈도는 ①항에서 정한 수량으로 실시하도록 한다. 기준 내 ①항과 ②항은 시항타말뚝에 대한 것으로서 각각의 목적에 더하여 본시공말뚝의 시공관리 기준을 설정하는 데 적용된다. 결과적으로 기성말뚝에 대한 동재하시험은 시항타 과정에서 전체 말뚝개수의 2% 이상(횟수는 2% 이상,

말뚝개수는 1% 이상)을 시행하고 본말뚝의 시공품질 평가를 위한 재항타동재하시험(proof test)은 전체 말뚝개수의 1% 이상(100개 미만도 최소 1회)을 실시하여야 하므로 전체 말뚝개수 대비 총 3% 이상(횟수는 3% 이상, 말뚝개수는 2% 이상)의 시험횟수가 적용되어야 한다.
기성말뚝에 대한 재하시험방법으로서 압축정재하시험과 동재하시험 중 한 가지 방법으로 수행하거나 병행하여 적용할 수도 있다. 예를 들어 1000본의 기성말뚝을 시공하는 공동주택현장에서 압축정재하시험만으로 시공품질을 확인할 경우는 10회 이상 수행하여야 하고, 동재하시험만으로 시험(시항타 및 시공품질확인)을 시행할 경우는 30회 이상(20공 이상)을 수행하여야 한다. 그러나 두 시험방법을 병행하는 경우에는 2%의 시항타 동재하시험을 수행한 후, 본시공말뚝에 대한 시공품질 확인시험(1% 이상)에 대해서만 압축정재하시험과 재항타동재하시험을 혼용하여 실시할 수 있다(예; 1%인 총 10회를 시험할 경우 정재하시험 2회 가정 시 재항타동재하시험은 8회).
한편 '시공 중 동재하시험'(①항)만으로 설계지지력이 충족되는 경우라도 말뚝지지력의 시간효과(타입말뚝의 set-up 또는 relaxation, 매입말뚝의 시멘트풀 양생효과)확인을 위한 동일말뚝 재항타시험을 수행하여야 한다. 특히 매입말뚝의 경우 선단지지력만으로 설계지지력이 확보된 경우라도 설계개념에 따라서는 횡하중 저항(내진 저항 포함)등 주입되는 시멘트풀의 채움효과가 반드시 확인 또는 확보되어야 하는 경우가 있다는 점, 선단지지력만으로 설계지지력을 확보코자하는 시공은 과잉시공에 의한 말뚝손상 우려 또는 경제적이고 안전한 설계·시공 개념의 저해원인이 될 수 있다는 점 등이 고려되어야 하므로 동일말뚝 재항타시험(②항)을 수행하는 것이 필요하다. 단 여기서 동일말뚝 재항타시험회수는 1%보다 적게 적용할 수는 있으나, 이러한 경우 품질확인용(③항) 시험횟수를 증가시켜 전체 기준수량인 3% 횟수는 시행되어야 한다.
현장타설말뚝에 대해서도 동재하시험방법이 적용될 수 있으나 시험결과의 신뢰도를 고려하여 5.2.4 (4)항을 검토한 후 적용 여부를 결정하여야 한다.

(5) 교량기초의 횡방향재하시험 수량

건축구조물과는 달리 토목구조물인 교량기초의 말뚝기초는 상대적으로 큰 횡방향하중을 받게 되므로 교량의 규모, 중요도 및 안정성 등을 검토하여 필요한 경우 구조물별 1회 이상의 횡방향재하시험(수평재하시험)을 수행하여 안정성을 확인해야 한다. 교량의 규모나 중요도를 특정하기가 곤란하므로 설계기술자와 발주처간의 기술적 검토를 통하여 횡방향재하시험의 실시 여부 및 수행 빈도를 결정하는 것이 필요하다. 여기서 구조물별이란 압축정재하시험의 수량에서 언급하였듯이 교량기초의 교대와 교각을 별도 구조물로 고려하는 것을 의미한다.

(6) 추가 재하시험 수량

(3), (4), (5)에서 언급한 재하시험수량은 일반적인 조건에서 각각의 경우에 대한 최소한의 시험수량이다. 그러나 전술한 바와 같이 지반조건, 시공장비, 말뚝종류 등 제반 시공조건이 변경될 때는 시험횟수를 추가하도록 시방서에 명시한다. 또한 중요 구조물일 때에는 상기 언급한 최소수량 이상으로 시험횟수를 별도로 정할 수 있다. 그리고 재하하중의 경우 설계하중의 충족여부를 확인하기 위한 단순검증시험일 때에는 통상 설계하중의 최소 2배 이상을 재하하면 충분하지만 필요시 발주자와 협의하여 재하하중의 규모를 증가시킬 수 있다. 여기서 '필요시'는 시험시공 말뚝에 대한 시험일 때 또는 본시공 말뚝의 경우에도 말뚝재료 및 지반지지력의 파괴가 발생하지 않는 범위에서 시험하여 말뚝거동의 하중-변위 관계에 대한 보다 명확하고 의미 있는 시험자료가 요구되는 때를 의미한다.

5.4.5 현장타설말뚝 본체의 건전성을 확인하기 위한 건전도시험을 수행하도록 시방서에 명시한다.

해설

5.4.5 기성말뚝은 KS표준에 의한 공장제조 제품으로써 말뚝본체의 균질성 확보가 용이하고 제작과정에서의 품질시험을 통하여 재료적 품질평가가 원활하게 수행되므로 말뚝본체의 건전도가 확보된 상태에서 사용되지만 현장타설말뚝은 시공방법, 시공관리 방법, 콘크리트 타설 및 관리방법, 지반조건, 지하수 조건 등 다양한 요인에 의해 말뚝본체의 강도와 타설상태, 결함여부 등 건전성 확보에 영향을 받게 되므로 시공품질을 확인하고 평가하기 위한 건전도시험(integrity test)이 필요하다. 실무적으로 활용중인 현장타설말뚝의 건전도시험 방법으로는 다음과 같은 3종류가 일반적이다.

가. 검측공을 이용하는 비파괴 시험인 CSL(Cross-hole Sonic Logging)방법(공대공 탄성파검사 또는 공대공초음파검층이라고도 함. 해설 그림 5.4.22 참조)
나. 저변형률(low-strain) 건전도시험인 충격반향(impact echo, 예로 PIT: Pile Integrity Test®)방법(해설 그림 5.4.23 참조)
다. 말뚝의 내부 및 그 하부지반을 일정 깊이로 코어링(coring)하는 방법

해설 표 5.4.4에는 상기 3가지 방법들에 대한 장단점을 비교하여 요약하였다(조천환, 2010). 표에서 볼 수 있는 바와 같이 CSL방법은 실질적이고 상대적으로 확실한 정보를 주는 장

점이 있지만 모든 말뚝에 시험하지 않고 특정한 말뚝에 시험할 경우에는 미리 검측용 튜브를 설치해야 한다는 점에서 품질확인의 의미가 반감되고 초기 설치비용이 필요하며 조사검측용 튜브들로 이루어지는 외측 공간은 확인할 수 없다는 단점이 있다. 충격반향 방법은 장비가 간단하고 측정이 간편하여 경제적이고 모든 말뚝에 쉽게 적용할 수 있다는 장점이 있으나 시험용 해머의 타격 에너지가 작아 측정할 수 있는 말뚝길이에 제한(≤30D, D는 말뚝직경)이 있으며 시험 및 해석에 상당한 지식과 경험이 필요하다는 단점이 있다. 코어링 방법은 본체를 코어링하여 직접 육안으로 건전도를 확인할 수 있는 방법이지만 앞의 두 가지 방법에 비해 시험비용이 고가이며, 앞의 두 가지 방법 적용이 곤란하거나 불가한 경우(고층건물의 현장타설말뚝에서 철근망 외에 철골을 삽입하는 경우) 또는 두 가지 방법을 보완하여 보다 정확한 정보를 얻기 위해서도 적용하며 말뚝본체의 건전도 확인은 물론 말뚝 선단부에서의 슬라임 상태, 선단부의 암반상태를 종합적으로 판단할 수 있는 특별한 장점이 있다. 코어링 방법에 대한 보다 상세한 내용은 조천환(2010)을 참고할 수 있으며, 본 절에서는 현재 가장 범용으로 적용 중인 공대공탄성파검사(CSL)방법에 대하여 기술한다.

해설 표 5.4.4 각종 건전도 시험의 비교

구분	장점	단점
CSL방법	결과가 비교적 정확함, 다수의 결함부 파악이 가능, 말뚝길이에 제한받지 않음, 주변 토질에 민감하지 않음	타설 전 튜브를 매설해야 함, 튜브 외부 공간은 측정이 안 됨, 탄성파 경로 외에서는 결함부를 찾을 수 없음
충격반향방법	장비가 간단, 시공전 시험준비가 필요 없음, 시험이 간편함, 많은 말뚝에 쉽게 적용이 가능함, 경제적임	결과가 개요적임, 결함부의 평면위치를 찾을 수 없음, 측정 가능한 말뚝의 길이가 제한됨
코어링 방법	결과가 정확함, 결함부의 육안 관측이 가능하고 정량적 판단이 가능함, 건전도 외에 부가적인 정보(슬라임 상태, 암반상태)를 얻을 수 있음	상대적으로 경비와 시간이 소요됨

(1) 공대공탄성파탐사의 개요

공대공탄성파탐사(CSL)는 공대공 초음파 검층이라고도 불리며, 그 기본 원리는 해설 그림 5.4.22에서 보는 바와 같이 현장타설말뚝의 철근망에 미리 설치한 최소 2개 이상의 탐사용 튜브에 물을 채우고 음파 발신센서와 수신센서를 삽입한 후 말뚝하단부터 끌어올리면서 통상 길이방향으로 매 5cm마다 탐사대상이 되는 말뚝본체 단면(탐사경로)에 대하여 음파(탄성파)의 도달시간을 로깅(logging)한다. 탐사용 튜브의 거리(간격)가 일정한 것으로 가정하여 도달시간으로부터 콘크리트의 탄성파전달속도를 산정함으로써 말뚝

본체의 강도와 건전한 콘크리트의 탄성파전달속도와의 관계를 적용하여 측정대상 현장타설말뚝의 상대적인 건전도를 평가하는 방법이다.
건전도시험에 대하여 명시된 주요 시방서(고속도로공사 전문시방서 2012, 철도공사전문시방서 2011 등)를 이용하면 보다 상세한 시험절차, 사용재료, 시험장비, 분석방법, 보고내용 등을 참고할 수 있으며 여기에서는 기준적인 주요 내용에 대하여 살펴본다.

(a) 기본 장비 및 측정 장면

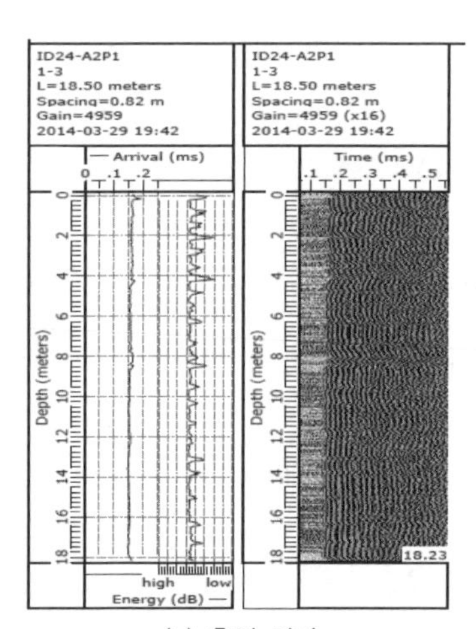

(b) 측정 결과

해설 그림 5.4.22 CSL방법의 장비 및 현장적용 예

(a) 기본 장비

(b) 현장 측정 장면

해설 그림 5.4.23 충격반향방법의 장비 및 현장적용 예

(2) 탐사용 튜브의 개수
탐사용 튜브는 통상적으로 말뚝의 직경에 따라 해설 표 5.4.5와 같은 최소 개수로 설치한다.

해설 표 5.4.5 말뚝크기에 따른 탐사용 튜브의 최소 개수

말뚝의 크기(지름, D)(m)	탐사용 튜브의 개수 (최소)	탐사 경로수	비고
D≤0.6	2	1	탐사용 튜브는 보통 강관을 사용하며 그 직경은 탐사 프루브(probe)가 원활하게 삽입·제거될 수 있는 제원 적용
0.6<D≤1.2	3	3	
1.2<D≤1.5	4	6	
1.5<D≤2.0	5	10	
2.0<D≤2.5	7	21	
2.5<D	8	28	

(3) 공대공탐사방법의 건전도시험 빈도

현장타설말뚝에 대한 CSL방식의 건전도시험은 주로 교량기초에 적용되므로 국내의 주요 시방서에서는 해설 표 5.4.6을 일반적으로 따르고 있다. 고층 또는 초고층 건축구조물에서도 현장타설말뚝 또는 현장타설말뚝 형식의 기초구조물 적용이 일반화되고 있는 추세이므로 이러한 경우에도 최소한의 빈도기준으로 적용될 수 있다고 판단된다. 단, 토목구조물이든 건축구조물이든 시공되는 현장타설말뚝의 전체개수가 적은 경우에는 모든 말뚝에 대하여 시험하는 것이 바람직하다.

해설 표 5.4.6 CSL방식의 건전도시험 수량

평균말뚝길이(m)	시험수량(%)	비고
30 미만	20	수량 : 교각기초(footing)[1)]당 말뚝수량에 대한 백분율(단, 교각기초당 최소 1개소 이상) 건축구조물의 경우는 전체 말뚝개수 대비 비율
30 이상	30	

1) 상·하행선이 분리된 교각기초의 경우는 각각 별도의 교각기초로 간주하여 수량을 결정하며, 단일형 현장타설말뚝의 경우에는 모든 말뚝에 대해 탐사

(4) 건전도 판정

공대공탄성파탐사에 대한 건전도 등급은 해설 표 5.4.7을 기준으로 판정하고, 깊이별, 경로별 등급 분류표를 보고서에 수록한다. 이 때 B, C, D등급 구간이 존재하는 경우 음파 신호 기록에 해당 구간 및 등급을 표시하여 정밀하게 건전도를 판정하는 것이 바람직하다.

해설 표 5.4.7 공대공 탄성파(초음파)탐사 등급 기준

등급	판정기준	비고
A (양호)	• 초음파 주시곡선의 신호 왜곡이 거의 없음 • 속도저감률 10% 미만	$Rd(\%) = (1 - T_0/T) \times 100$ Rd : 결함부 속도저감률 T : 결함부 초음파 최초 도달시간 T_0 : 결함부와 인접한 무결함부 초음파 최초 도달시간
B (결함 의심)	• 초음파 주시곡선의 신호 왜곡이 다소 발견 • 속도저감률 10% 이상, 20% 미만	
C (불량)	• 초음파 주시곡선의 신호 왜곡 정도가 심함 • 속도저감률 20% 이상	
D (중대 결함)	• 초음파 신호가 감지되지 않음 • 전파시간이 초음파 전파속도 1,500m/s에 근접	

주) '초음파 주시곡선의 신호 왜곡'이란 도달시간의 감소, 찌그러짐, 불연속 등과 개별 초음파 파형(waveform)의 비정상적 변화 및 초음파 신호 강도(에너지)의 급감, 소멸 등을 포함

한편, 한국도로공사(고속도로공사 전문시방서, 2012)에서는 아래와 같이 동일 심도별 검측경로별로 점수를 합산하여 검측 경로수로 나눈 평균값을 구하여 판정토록 제안하고 있다.

말뚝심도(단면)평균점수$=(1/n)\sum$(해당심도에서의 검측경로별 프로파일그래프의 점수)(여기서 n은 검측경로의 수)

검측경로별 프로파일그래프의 점수는 해설 표 5.4.7에서 A등급은 0점, B등급은 30점, C등급은 50점, D등급은 100점으로 하여, 전술한 「말뚝심도(단면)평균점수」 0점은 해설 표 5.4.7에서 등급 A, 30점 이하는 등급 B, 30점 초과 50점 이하는 등급 C, 50점 초과 100점까지는 등급 D로 판정하여 현장타설말뚝의 건전도를 판정토록 제안하고 있으며 실무적으로 널리 적용 중에 있다.

(5) 건전도 판정 결과에 따른 결함의 보강

보강이 필요한 것으로 판정된 말뚝이 있는 경우에는 결함위치와 불량원인을 조사하기 위해 해당 말뚝에 대한 코어링(Coring)을 실시할 수 있으며 그 결과에 대해서는 탐사시험 전문가에 의한 원인 파악과 추후 시공하는 말뚝의 시공과정에서 동일한 결함요인이 반복되지 않도록 이를 시공에 반영하는 것이 필요하다.

결함위치에 대한 보강은 기초공학 전문가의 자문을 받아 그라우팅, 마이크로파일, 재시공 등의 적용 가능한 보강 대책을 수립하여 실시하는 것이 바람직하며, 보강이 완료된 말뚝에 대하여 필요한 시험을 실시하고 해당 시험방법에 따른 판정결과를 검토하여 최종적으로 말뚝의 건전도를 평가한다.

> **5.4.6** 현장타설말뚝은 현장조건에 따라 상부 기둥과 하부 말뚝이 일체화된 단일형으로 설계할 수 있다.

해설

현장타설말뚝은 현장조건에 따라 상부 기둥과 하부 말뚝이 일체화된 특수한 형태의 단일형 현장타설말뚝으로 설계할 수 있으며 이에 대해서는 본 장 5.4.2 (8) 다. 4. 나)항을 참조하여 설계한다.

> **5.4.7** 말뚝기초에 대한 내진해석 또는 동적해석은 본 기준 "10.8 기초구조물의 내진해석"을 참조하여 설계한다.

해설

(1) "10.8 기초구조물의 내진해석" 해설에 따르면 말뚝기초의 내진해석은 등가정적해석을 사용한다. 등가정적해석법은 "구조물은 지진 시 지표면과 함께 움직인다."는 가정에 근거하며 구조물의 고유주기(Ts)가 지진의 가진주기(Te)보다 작아야 적용 가능한 해석법이다. Ts<Te의 조건에서 구조물은 지진 시 강체와 가까운 거동을 하며 구조물의 응답가속도는 지반가속도와 거의 동일하다. 이때, 구조물에 작용하는 지진하중은 구조물의 질량(m)에 구조물의 응답가속도 대신에 지반가속도(a)를 곱하여 산정할 수 있으며 이는 또한 구조물의 중량(W=mg)에 지진계수(k=a/g)를 곱하여 산정할 수 있다. 한편, 지진 시 수직방향의 지진하중은 구조물의 거동에 거의 영향을 미치지 못하고 수평방향의 지진하중이 큰 영향을 미치기 때문에 지진하중은 일반적으로 등가수평하중만 고려한다. 결과적으로 등가정적해석법에서 말뚝기초에 작용하는 하중은 구조물의 자중(수직하중)과 추가적인 등가수평하중이다. 이와 같이 말뚝기초의 등가정적해석법은 시간에 따라 변화하는 지진하중 대신 최대지반가속도를 이용한 최대지진하중을 말뚝머리에 정적으로 작용시켜 해석하기 때문에 내진설계를 간편히 수행할 수 있는 장점이 있다. 그러나 Ts≈Te의 경우, 공진 등으로 인해 구조물의 응답가속도는 지반가속도와 차이가 발생하며, 또한 강성이 충분히 하지 못한 구조물의 경우(즉, Ts>Te), 구조물의 응답가속도가 지반가속도보다 크기 때문에 엄밀한 동적해석이 수행되어야 한다.

(2) 말뚝기초의 내진설계를 위한 등가정적해석법은 해설 그림 10.8.2의 흐름도를 이용하며, 이때 다음과 같은 사항을 고려하여야 한다.

① 설계지진하중은 지진구역계수, 위험도계수, 내진등급, 지반계수 등을 고려하여 결정한다(본 기준 해설 10.5절 설계 지반운동 결정과 증폭계수 참조).

② 무리말뚝 해석에서 선정된 외말뚝에 대한 등가정적해석 수행 시 말뚝에 발생되는 부재력과 수평변위 등을 계산하여야 하며, 현장여건 및 시공조건 등을 감안하여 말뚝머리의 고정조건(고정단, 자유단, 반자유단)도 다양하게 변화시켜 해석할 수 있다.

③ 말뚝기초에 대한 등가정적해석 시 말뚝-지반 상호작용을 고려한 해석법은 탄성지반반력법과 지반의 비선형거동을 고려하는 p-y 곡선법이 주로 이용된다. 탄성지반반력법에서 지반의 선형거동을 나타내는 지반반력계수(k_h)는 본 기준 해설 5.3.2절을 참조하여 결정한다. 한편, p-y 곡선법에서는 대상지반에 대한 말뚝의 진동대실험을 통해 얻는 동적 p-y 곡선을 적용할 수 있다. 또는 일본 도로교 시방서(2002)에 제안하는 Bi-linear 형태의 지진 시 p-y 곡선를 이용할 수 있으며, 산정방법은 다음과 같다(해설 그림 5.4.24 참조).

$$k_{HE} = \eta_k \alpha_k k_h \qquad \text{해설 (5.4.7)}$$

$$P_{HU} = \eta_p \alpha_p P_u \qquad \text{해설 (5.4.8)}$$

여기서, k_{HE} : 지진수평지반반력계수(kN/m^3)
P_{HU} : 지진수평토압(kN/m^2)
k_h : 수평지반반력계수(kN/m^3)
P_u : 수동토압(kN/m^2)
α_k : 수평지반반력계수의 수정계수
α_p : 수동토압의 수정계수
η_k, η_p : 군말뚝효과를 고려하는 수정계수
(외말뚝일 경우 1을 사용)

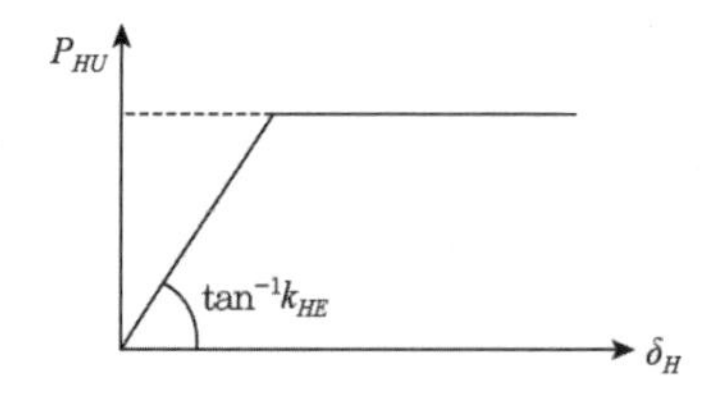

해설 그림 5.4.24 지진 시 수평방향 지반저항특성

P_u는 다음과 같이 계산한다.

$$P_u = (K_{EP})(\gamma z) + 2c\sqrt{K_{EP}} + (K_{EP})(q) \qquad \text{해설 (5.4.9)}$$

$$K_{EP} = \frac{\cos^2\phi}{\cos\delta_E\left(1 - \sqrt{\frac{\sin(\phi-\delta_E)\sin(\phi+\alpha_s)}{\cos\delta_E\cos\alpha_s}}\right)^2} \qquad \text{해설 (5.4.10)}$$

여기서, K_{EP} : 지진수동토압계수
γ : 흙의 단위중량(kN/m^3)
z : 토압이 작용하는 깊이(m)
c : 흙의 점착력(kN/m^2)
q : 지표면의 재하하중(kN/m^2)
δ_E : 지진 시 말뚝과 지반의 마찰각

지반강성과 군말뚝효과를 고려하는 수정계수를 정리하면 해설 표 5.4.8과 같다.

해설 표 5.4.8 수정계수

지반조건	α_k	α_p*	η_k	η_p
사질토	1.5	3.0	2/3	<1.0
점성토	1.5	1.5	2/3	1.0

* : SPT≤2인 경우, 점성토지반의 α_p는 1.0을 사용

(3) 말뚝기초의 동적해석법은 구조물-말뚝기초-지반을 일체화시킨 구조체로 모델링하고 해석대상의 내부 또는 경계면에 시간이력 지진운동을 입력하여 시간에 따라 변화하는 전구조체의 동적응답을 산정한다. 동적해석에 필요한 인자는 지표면 가속도이력곡선과 지반의 비선형 동적물성치이다. 지표면에서의 설계응답스펙트럼이 결정되면 인공지진파 생성 프로그램을 이용하여 설계응답스펙트럼에 부합되는 가속도 시간이력곡선을 산정할 수 있다. 이러한 동적해석법은 등가정적해석 시 고려하는 구조물의 응답가속도에 비례하는 관성력뿐만 아니라 시간경과에 따른 감쇠력을 함께 고려할 수 있으며 구조물의 형상 및 지반조건이 복잡한 경우나 등가정적해석의 결과의 검증 시 적용할 수 있다.

5.5 케이슨기초

5.5.1 케이슨은 상부 구조물의 하중과 토압 및 수압뿐만 아니라 시공 중에 받게 되는 모든 하중조건과 유속에 대하여 안전하도록 설계한다.

해설

5.5.1 케이슨이란 지상에 구체를 구축하거나 지중에 소정의 지지층까지 속파기공법 등에 의하여 구체를 침하시킨 후 그 바닥을 콘크리트로 막고 속을 채우는 중공 대형의 철근콘크리트 구조물로 된 기초형식을 말한다. 지중에 설치하는 케이슨에는 해설 그림 5.5.1에 보인 바와 같이 대기압에서 내부 바닥을 굴착하는 오픈 케이슨(open caisson), 즉 우물통(well 또는 well caisson)과 압축공기를 이용하여 케이슨 내에 침입하는 물을 막으면서 시공하는 공기 케이슨(pneumatic caisson)의 두 가지 종류가 있다.
공기 케이슨은 많은 특수 장비와 전문인력이 필요하고 공사비가 많이 소요되므로 다음과 같은 특수한 경우가 아닌 경우에는 사용하지 않는다.

- 인접구조물의 안정을 위해 기존지반의 교란을 최소화해야 할 경우
- 기존구조물에 인접하여 깊이가 더 깊은 구조물의 기초를 시공해야 할 경우
- 전석층이나 호박돌층 또는 깊게 깔린 풍화암층을 관통해야 할 경우
- 기초 암반이 경사졌거나 불규칙할 경우

공기 케이슨에 비해 오픈 케이슨은 상하부가 모두 열려 있어 우물통이라고 불리며, 연약한 점토, 실트, 모래, 또는 자갈층 등 어느 지반에서나 그 내부로부터 흙을 퍼 올림으로써 침하시킬 수 있으나 전석이나 호박돌이 섞인 지층에는 부적당하다. 또 지지암반이 경사져 있든가 불규칙한 경우에는 케이슨이 암반에 도달한 후에 기울어질 우려가 있으므로 특히 유의하여야 하며, 이와 같은 때에는 시멘트 그라우팅에 의해 암반면과 케이슨 밑부분을 단단하게 밀착시켜야 한다. 케이슨 기초를 설계할 때에는 상부 구조물의 용도, 형상 및 하중 이외에도 지반의 성질 등을 고려하여 케이슨의 형상 및 크기를 결정하여야 하며, 그 각 부분은 준공 후에 작용하는 하중뿐만 아니라 각각의 공법에 따라 시공 중에 받게 되는 모든 하중조건에 대해서도 충분히 검토하여 안전하도록 설계하여야 한다.
시공 중 조건에 대해서는 해설 그림 5.5.2에 보인 바와 같은 침하작업 개시 직후의 케이슨 지지상태와 침하작업 중의 매달림 상태뿐만 아니라 침하작업 종료직전 및 완료 후의 작업실내 공기압의 급격한 감소와 하중 제거후의 케이슨 내부가 중공으로 되는 상

태 등의 여러 가지 상태에 대하여 검토를 하고 또한 작업시의 안전에 대해서도 고려하여야 한다. 일반적으로 케이슨은 여타 기초형식에 비해 비용이 많이 들기 때문에 중요 구조물기초에 제한하여 사용되고 있다.

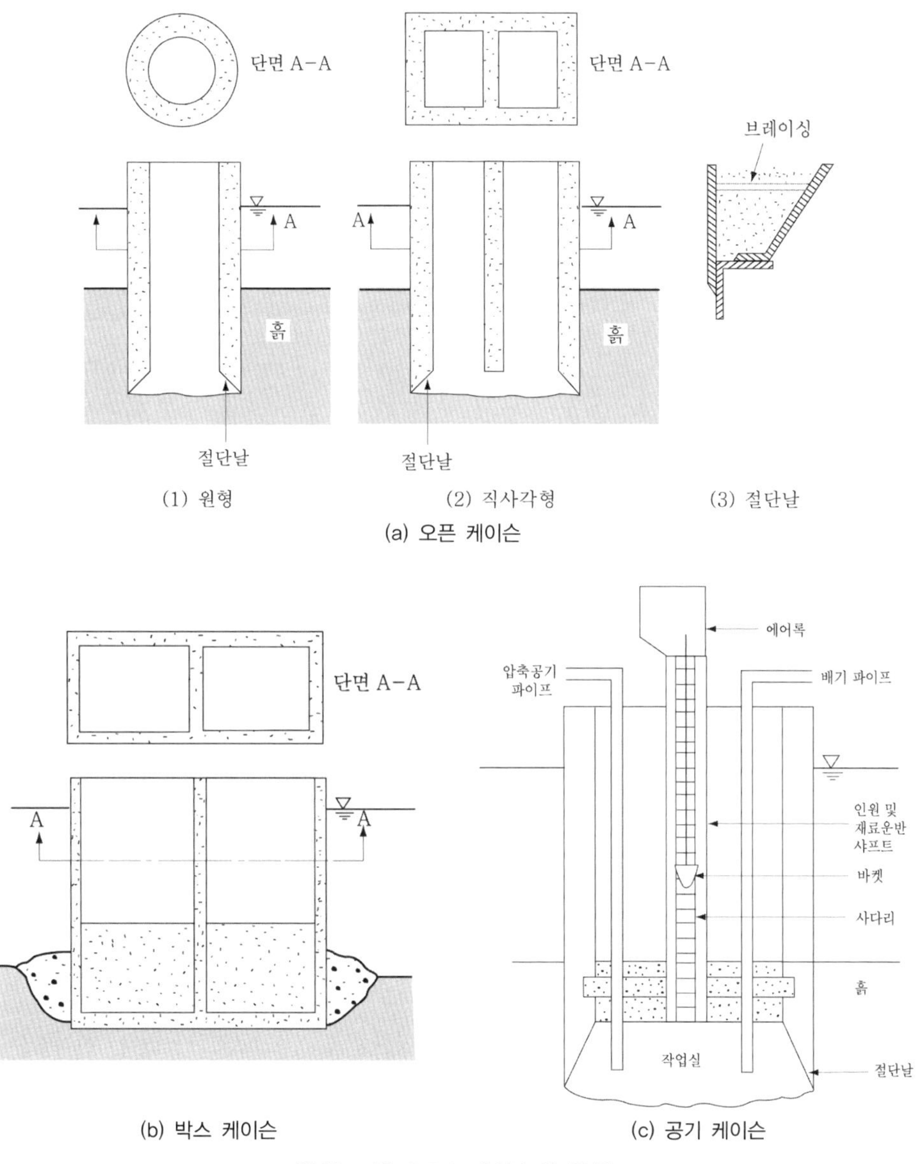

해설 그림 5.5.1 케이슨의 종류

케이슨 기초는 일반적으로 그 단면 형상이 크기 때문에 말뚝기초와 달리 케이슨 주면저항보다는 저면지지력에 의존하는 비율이 높다. 따라서 지지력을 확실하게, 경제적으로 발휘시키기 위하여 견고한 지지층에 충분히 관입시키는 것을 원칙으로 한다. 이는 연약층과 견고한 지지층의 경계면 부근에는 느슨한 층이 있을 우려가 많으므로 견고한 지지층에 조금이라도 더 관입시킴으로써 선단지지력을 증가시킬 수 있기 때문이다. 또한 대부분의 케이슨 기초는 유수의 영향을 받는 경우가 많으므로 케이슨 주변지반의 세굴에 대비하기 위해서도 충분히 관입시키는 것이 좋다.

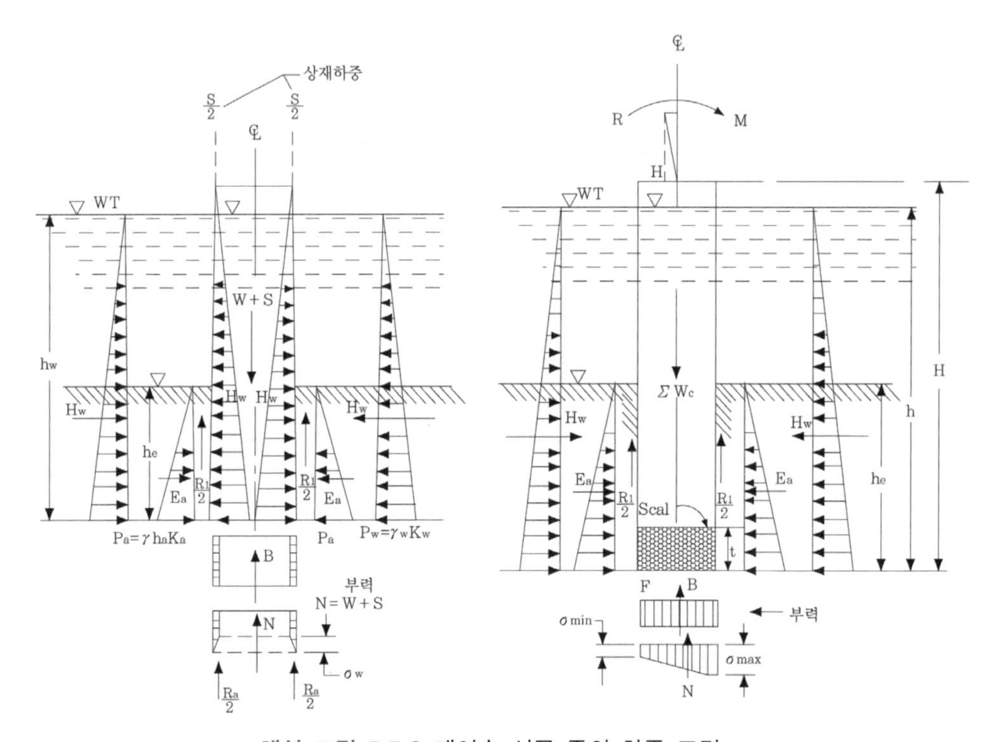

해설 그림 5.5.2 케이슨 시공 중의 하중 조건

> **5.5.2** 케이슨에 작용하는 하중은 연직하중과 수평하중 및 전도모멘트가 있다. 연직하중은 고정하중과 활하중 및 양압력을 합한 것으로 하며, 수평하중은 상부구조로부터 전달되는 수평하중과 케이슨에 직접 작용하는 수압, 토압 및 파압 등을 합한 것으로 한다.

해설

5.5.2 일반적으로 케이슨에 작용하는 연직하중은 상부구조와 하부구조로 된 사하중과 상

부구조를 거쳐 작용하는 활하중이 있으며 지하수위 이하에서는 케이슨 저면에 작용하는 양압력이 있다.

대체적으로 케이슨 기초는 그 자중이 크기 때문에 연직하중 중에서 사하중이 차지하는 비율이 가장 크게 된다. 이미 5.5.1절에서 설명한 바와 같이 케이슨 기초는 원칙적으로 견고한 지지층에 충분히 관입시켜 연직하중을 저면지지력 만으로 지지하게 하므로 주면마찰력은 무시한다.

케이슨에 작용하는 수평하중은 케이슨 저면의 수평전단저항력과 전면의 지반 반력으로 지지하는 것을 원칙으로 하고 측면의 마찰저항에 의한 분담분은 케이슨 전면의 수평방향 지반반력계수에 포함시키도록 한다. 이는 케이슨 수평방향 재하시험 결과에 의해 수평방향 지반반력계수를 산정할 때 20% 정도 증가시키는 방법으로 산정할 수 있다.

5.5.3 연직하중에 대한 케이슨의 안정은 케이슨 저면의 최대지반반력이 지반의 허용지지력을 초과하지 않아야 하며, 케이슨 상단의 침하량이 상부 구조물의 허용침하량보다 작아야 한다.

해설

5.5.3 케이슨에 작용하는 하중은 5.5.2절에 규정한 바와 같이 연직하중, 수평하중 및 전도 모멘트 등이 있으나 수평하중 및 전도 모멘트에 대한 케이슨의 안정은 지진 시를 제외하고는 대부분의 경우 문제가 되지 않는다. 이는 케이슨 기초에서는 연직하중에 비해 수평하중과 전도 모멘트의 값이 작을 뿐만 아니라 그 저항요소인 케이슨 전면지반의 수평지지력과 저면지반의 전단저항력이 충분히 크기 때문이다.

따라서 연직하중에 대해서만 케이슨의 안정을 검토하는 것으로 하고, 이때 저면지반의 지반반력이 5.5.4절에서 구한 지반의 허용연직지지력을 초과하지 않도록 하며, 5.5.5절에서 구한 케이슨 상단에서의 침하량이 상부 구조물의 종류 및 중요도에 따라 결정된 허용침하량을 초과하지 않도록 한다.

단, 교대 등은 편토압에 의한 수평하중이 크게 될 경우에는 수평방향 지반반력이 부족하여 전방으로 기울어지는 경우가 있기 때문에 충분히 주의를 하여야 하며, 근입깊이가 작을 때에는 지반의 활동파괴와 더불어 기초 저면에서 활동하는 일도 있으므로 주의를 요한다.

5.5.4 케이슨 기초지반의 허용연직지지력은 지반조사 및 시험결과를 이용하여 정역학적 공식에 의해 구하거나, 시추조사 결과와 평판재하시험 결과를 반영하고 기초 폭에 의한 크기효과도 고려하여 결정한다.

해설

5.5.4 케이슨 기초 지반의 지지력을 구하기 위하여 재하시험을 하는 경우에는 5.2.4절의 재하시험방법에 따라 허용지지력을 구할 수 있으나 일반적으로 케이슨은 말뚝에 비해 본체의 형상치수가 크므로 직접 재하시험을 실시하기가 대단히 어렵거나 불가능한 경우가 많다. 따라서 토질조사 및 시험결과를 사용하여 정역학적인 공식에 의해 산정하든가 소규모의 재하시험인 평판재하시험을 실시하고 실제 케이슨에 대한 형상치수 효과를 반영하여 허용지지력을 구하는 방법을 사용한다. 대체적으로 케이슨 기초는 주로 연약한 지층 또는 세굴 될 염려가 많은 지반아래에 설치되므로 주면마찰저항은 무시하는 것이 좋으며 또한 단단한 점토층을 관통하는 경우에도 케이슨을 계속 침하시키기 위해 케이슨 슈 밑의 흙을 항상 굴착하게 되므로, 여기에 슬러리(slurry)가 틈을 채우게 되어 주면마찰력을 기대할 수 없으며 조밀한 모래층인 경우에도 케이슨 침하를 위한 굴착 시에 극도로 이완되어 느슨하게 되므로 주면마찰력은 무시된다.

가. 정역학적 공식으로 산정하는 경우

케이슨의 허용연직지지력은 해설 식(5.5.1)에 의하여 구할 수 있다. 이때 안전율은 3.0을 적용하며 케이슨 관입깊이 D_f에 의하여 배제된 흙의 무게에 대해서는 안전율을 고려하지 않았다.

$$q_a = \frac{1}{3}\left[\alpha \cdot c \cdot N_c + \gamma_1 \cdot D_f \cdot (N_q - 1) + \frac{1}{2}\beta \cdot B \cdot \gamma_2 \cdot N_r\right] + \gamma_1 \cdot D_f \quad \text{해설 (5.5.1)}$$

여기서, q_a : 허용지지력(kN/m^2)

α, β : 케이슨 저면형상계수(해설 표 5.5.1)

c : 케이슨 저면 아래 부분 지반의 점착력(kN/m^2)

γ_1 : 케이슨 저면 윗부분 흙의 평균단위중량(kN/m^3)
지하수 이하에는 수중단위중량으로 한다.

γ_2 : 케이슨 저면 아래 부분 흙의 단위중량(kN/m^3)

지하수 이하에는 수중단위중량으로 한다.

D_f : 가정지표면에서 케이슨 관입깊이(m)

B : 케이슨의 최소폭(m), 원형단면의 경우에는 직경

N_c, N_q, N_γ : 지지력계수

해설 표 5.5.1 케이슨 저면의 형상계수

케이슨 저면형상	띠형	정사각형	직사각형	원형
α	1.0	1.3	$1+0.3B/L$	1.3
β	1.0	0.6	$1-0.4B/L$	0.6

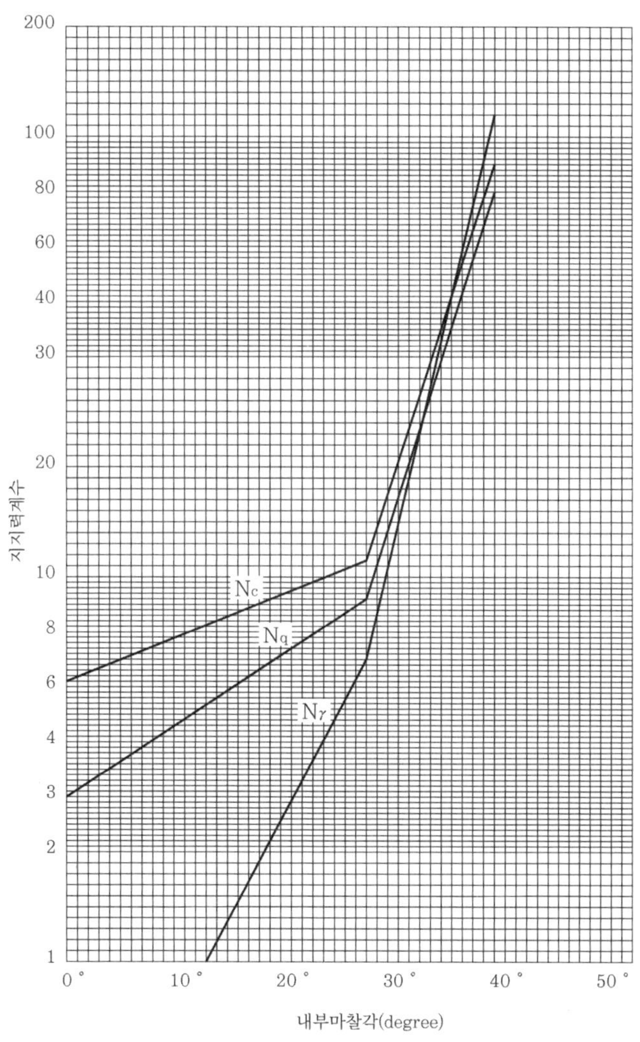

해설 그림 5.5.3 지지력 계수 N_c, N_q, N_γ

해설 식(5.5.1)중에 케이슨 저면까지의 흙의 무게의 영향을 나타내는 $\gamma_1 \cdot D_f$항은 케이슨 깊이가 깊을 경우에 대단히 크게 평가되는 경향이 있어 실제 지지력보다 큰 값을 주게 되어 설계 시에 케이슨 형상치수를 작게 하는 경향이 있다. 따라서 케이슨 시공 시에 침하작업을 어렵게 하고 주변 지반을 크게 교란하여 공사완료 후 케이슨 안정에 나쁜 영향을 미치므로 주의하지 않으면 안 된다. 그러므로 실제 설계 시에는 해설 그림 5.5.3의 지지력계수를 취할 때 오픈 케이슨의 경우에는 $\phi=30°$, 공기 케이슨의 경우에는 $\phi=35°$를 상한으로 제한하는 경우도 있다. 과거에 많은 설계의 예를 보면 지반의 허용지지력은 $q_a=1,000\text{kN/m}^2$ 정도로 억제하여 설계하는 것이 경험적으로 타당하다.

나. 평판재하시험 결과에 의해 산정하는 경우

공기 케이슨의 경우 작업실 내에서 케이슨 자중을 이용하여 평판재하시험을 실시할 수 있으며 그 결과를 사용하여 해설 식(5.5.2)에 의해 지지지반의 허용지지력을 구할 수 있다.

$$q_a = \frac{1}{3}\left[q_t + \gamma_1 \cdot D_f \cdot (N_q - 1)\right] + \gamma_1 \cdot D_f \qquad \text{해설 (5.5.2)}$$

여기서, q_t : 평판재하시험에 의해 추정한 극한지지력(kN/m^2)

그러나 시험 시의 상태는 실제로 케이슨이 지지력을 발휘하는 상태와는 매우 다르기 때문에 적절한 보정을 실시한 후 최종적인 판단을 하여야 한다. 먼저 평판재하시험 결과를 이용하여 지반의 극한지지력(q_t)을 추정하는 방법은 다음 세 가지 값 중에서 가장 작은 값을 취하여야 한다.

- 하중-침하곡선이 침하축에 평행하게 되는 점의 하중강도
- 하중-침하곡선에서 구한 항복하중의 1.5배
- 최대시험하중의 1.5배

일반적으로 지반의 극한지지력은 흙의 점착력에 의한 항과 기초의 관입깊이에 의한 항 및 기초의 재하폭에 의한 항으로 구성되어 있으나, 케이슨 기초는 주로 모래 및 사갈층을 지지층으로 하므로 점착력에 의한 항은 무시된다. 재하폭에 의한 영향도 다음과 같은 이유로 인해 일반적으로 그 보정을 무시하고 있다.

- 실제 케이슨 폭은 재하판 폭(보통 300~750mm)에 비해 거의 10배 이상 크므로 재하시험에서 얻은 지지력의 10배 이상 값을 취할 경우에 일반적인 지지력 값에 비해 너무 과대하다.
- 동일 하중강도에서 기초의 침하량은 기초폭에 비례하여 증가하므로 너무 큰 지지력은 침하량이 크게 되어 위험하다.
- 과거의 재하시험결과를 검토하면 재하폭에 대한 보정은 하지 않는 것이 좋다.

그러므로 평판재하시험에서 구한 극한지지력(q_t)은 관입깊이에 대한 보정만을 가하여 해설 식(5.5.2)를 구한 것이다. 즉, 평판재하시험 결과에 관입깊이에 의한 효과를 가미한 것으로서 이는 다음에 열거한 이유에 의한 것이다.

- 재하시험 경험에 의하면 시험장소가 깊어질수록 지지력이 증대한다.
- 직접기초의 경우 관입깊이의 효과로서 별도의 보정계수 $K_d = (1 + 0.33D_f/B)$를 적용하고 있다.
- 지지력계수 N_q는 본래 $D_f/B < 1$ 정도의 얕은기초를 위한 것이므로 케이슨과 같은 깊은기초의 경우에는 설계에 채용되는 값으로서는 과소한 편이다.

그러므로 보정후의 허용지지력(q_a)을 구하는 해설 식(5.5.2)는 관입깊이에 의한 항을 가산한 형으로 된 것이다.

다. 허용연직지지력의 상한값

일반적으로 재하면적이 증대하면 동일 하중강도에 대한 기초의 침하량은 증대한다. 이 때문에 케이슨 기초와 같이 기초의 치수가 큰 경우 지반이 극한지지력에 도달할 때의 침하량은 기초의 안정계산상 무시할 수 없다. 그러나 지반의 극한지지력은 탄소성이론에 기초하여 전반전단파괴를 가정하였기 때문에 반드시 침하량과 관계시킨 것은 아니다. 따라서 허용연직지지력은 지반의 극한지지력과 기초의 침하량을 고려해서 정하여야 한다.

기초의 침하량과 극한지지력과의 관계는 지지지반의 특성, 기초의 현상, 그리고 크기 등에 따라 다르기 때문에 명확하게 규정하는 것은 어렵다. 따라서 기초의 과대한 침하를 피하기 위해 평상시에 허용연직지지력의 상한값을 해설 그림 5.5.4에 나타내었다. 이는 공기케이슨에서 평판재하시험 결과 및 설계의 실정 등을 고려하고 공학적인 판단을 가미하여 정한 것이다. 지진 시 및 폭풍 시에는 이 값의 1.5배를 허용지지력의 상한값으로 하여도 좋다.

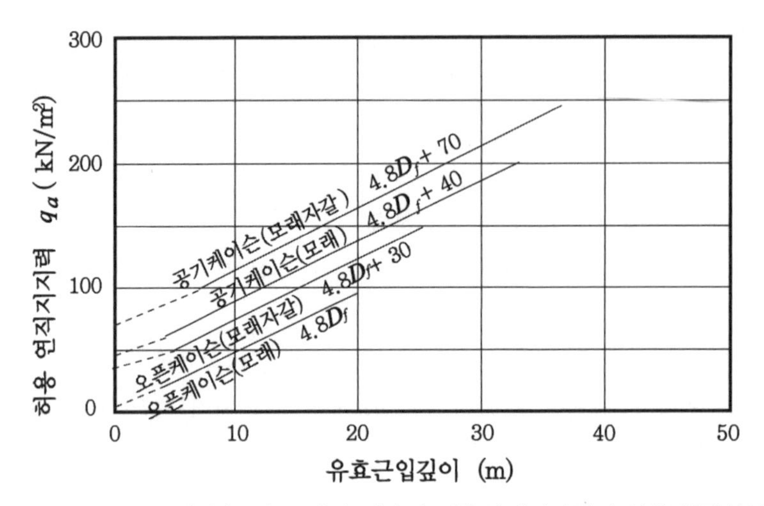

해설 그림 5.5.4 케이슨 기초 저면 지반의 허용연직지지력의 상한값(평상시)

라. 부주면마찰력

압밀침하를 일으킬 우려가 있는 지반을 통과하여 지지층에 도달하는 케이슨 기초는 주면에 작용하는 부주면마찰력에 대하여 검토하여야 한다. 압밀침하를 일으킬 우려가 있는 층을 통과하여 지지층에 도달시킨 케이슨 기초는 지반과 케이슨 사이에 상대적인 침하를 일으키고 케이슨 주면과 지반과의 마찰에 의해 케이슨 기초는 하향의 힘을 받는다. 이와 같은 경우 하향의 주면마찰력은 지지력으로 작용하지 않고 역으로 하중으로서 작용하게 된다. 부주면마찰력을 산정하는 방법은 5.2.7절을 참조한다.

5.5.5 케이슨의 지반반력과 침하량은 다음 사항을 고려하여 결정한다.

(1) 케이슨 기초지반의 연직지반반력은 케이슨을 통하여 지반에 전달되는 모든 연직하중을 케이슨의 저면적으로 나눈 값으로 한다.

(2) 케이슨의 주면마찰력은 일반적으로 고려하지 않는다. 그러나 주면마찰력이 분명하게 발생할 것으로 판단될 때는 그 영향을 고려한다.

(3) 연직하중에 의한 케이슨 상단의 총 침하량은 케이슨 본체의 탄성변위량과 케이슨 기초지반의 침하량을 합한 값으로 한다.

해설

5.5.5 케이슨의 지반반력과 침하량은 다음 사항을 고려하여 결정한다.

(1) 케이슨 연직지반반력

케이슨 저면지반의 연직지반반력은 케이슨을 통하여 저면지반에 전달되는 모든 연직하중을 케이슨 저면적으로 나눈 값과 같다.

$$q_p = \frac{V_p}{A_p} = \frac{1}{A_p}(V + W - U) \qquad \text{해설 (5.5.3)}$$

여기서, q_p : 케이슨 저면의 지반반력(kN/m^2)

A_p : 케이슨 저면적(m^2)

V : 케이슨 상단에 작용하는 연직하중(kN)

V_p : 케이슨 저면지반에 작용하는 연직하중(kN)

W : 케이슨 본체자중(kN)

U : 케이슨 저면에 작용하는 부력 또는 양압력(kN)

(2) 케이슨 주면마찰력

5.5.2절에서 기술한 바와 같이 케이슨에 작용하는 연직하중은 일반적으로 사하중과 활하중 및 양압력으로 구성되어 있다. 그러나 케이슨 주면 지반이 양질이어서 케이슨 시공에 의한 교란이 작은 경우에는 주면 마찰 저항력을 고려하여야 할 것이다. 여기서 양질의 주면지반이란 사질토의 경우 어느 정도 다짐되어 장래 밀도가 변화하지 않는 균일한 지반을 말하며, 점성토의 경우 예민비가 작고, 압밀의 우려가 없는 균일한 지반을 말한다. 주면마찰저항력(R_s)를 고려할 경우에는 케이슨 저면지반에 작용하는 연직하중(V_b)는 다음과 같이 될 것이다.

$$V_b = V + W - U - R_s \qquad \text{해설 (5.5.4)}$$

점성토에서는

$$R_s = f_s A_c \qquad \text{해설 (5.5.5)}$$

사질토에서는

$$R_s = \frac{1}{2} f \cdot K_o \cdot \gamma_1 \cdot D_f \cdot A_s \qquad \text{해설 (5.5.6)}$$

여기서, f_s : 점성토 지반의 허용주면마찰저항력(kN/m^2)

f : 케이슨과 사질토 지반의 마찰계수로서 보통 0.3의 값을 취한다.

K_0 : 정지토압계수

γ_1 : 흙의 단위중량(kN/m^3), 지하수 이하에서는 수중단위중량

A_c : 점성토 지반의 주면면적(m^2)

A_s : 사질토 지반의 주면면적(m^2)

D_f : 케이슨 관입깊이(m)

해설 표 5.5.2 점성토 지반의 허용주면마찰저항력(f_s)

지반의 상태	f_s(kN/m^2)
단단한 점성토	12~25
대단히 단단한 점성토	25~30
고결된 점성토	30 이상

점성토 지반의 허용주면마찰저항력(f_s)은 해설 표 5.5.2의 값을 표준으로 한다. 그러나 케이슨 주면지반의 마찰저항력은 장기지속하중에 대해서 서서히 감소하는 경향이므로 무시하는 것이 설계상 바람직하다.

(3) 케이슨의 침하

연직하중에 의한 케이슨 상단의 총 침하량 S는 원칙적으로 다음 3개 요소에 의해 발생된다.

$$S = S_1 + S_2 + S_3 \qquad \text{해설 (5.5.7)}$$

여기서, S_1 : 케이슨 본체의 탄성변위에 의한 침하량(m)

S_2 : 케이슨 저면지반의 침하량(m)

S_3 : 케이슨 주면마찰력에 의한 침하량(m)

이중 케이슨 주면마찰력에 의한 침하량(S_3)은 다른 두 가지 요소에 비교하여 작을 뿐 아니라 일반적으로 케이슨의 주면마찰저항력은 무시하므로 고려하지 않고, 따라서 침하량은 아래의 식으로 표시할 수 있다.

$$S = S_1 + S_2 \qquad \text{해설 (5.5.8)}$$

가. 케이슨 본체의 탄성변위에 의한 침하량(S_1)

$$S_1 = \frac{L}{A_c \cdot E_c}\left(V + \frac{W}{2} - \frac{U}{2}\right) \qquad \text{해설 (5.5.9)}$$

여기서, L : 케이슨 본체길이(m)
A_c : 케이슨 본체의 콘크리트 단면적(m^2)
E_c : 케이슨 본체의 콘크리트의 탄성계수(kN/m^2)
V : 케이슨 상단에 작용하는 연직하중(kN)
W : 케이슨 본체 자중(kN), 케이슨 본체의 속채움 재료 무게 포함
U : 케이슨에 작용하는 부력(kN)

나. 케이슨 저면지반의 침하량(S_2)
케이슨을 통하여 저면지반에 작용하는 하중(V_p)에 의한 지반의 침하량은 사질토 지반에서는 작용하중과 함께 즉시 일어나는 탄성변위 침하량이 되며, 점성토 지반에는 장기지속하중에 의한 침하가 있다. 따라서 케이슨 저면지반의 침하량 계산은 각종 토질조사 및 시험결과를 종합하여 충분한 검토를 거친 후 지층의 종류에 따라 적절히 산정하여야 한다. 지반의 탄성침하란 케이슨에 작용하는 하중이 허용범위에 있고 지반을 탄성체로 취급할 수 있는 경우에 하중의 작용과 함께 즉시 일어나는 침하를 말하며, 이에 비해 장기지속하중에 의한 침하는 압밀침하와 크리프(creep)변위가 있으나 크리프변위는 작은 것으로 판단되기 때문에 고려하지 않는다.

1. 사질토층의 탄성침하

$$S_2 = q_p B \cdot \frac{1 - v^2}{E_s} I_p \qquad \text{해설 (5.5.10)}$$

여기서, q_p : 케이슨 저면지반반력(kN/m^2)
B : 케이슨의 최소폭 또는 직경(m)
v : 흙의 포아송비(poisson's ratio)
E_s : 흙의 탄성계수(kN/m^2)
I_p : 영향계수(influence factor)

원형케이슨인 경우 $I_p = 0.88$
v, E_s 및 I_p의 값은 제4장 4.3.3절 참조

2. 점토층의 압밀침하

$$S_2 = \frac{C_c}{1+e_0} H \log \frac{p'_0 + \Delta p'}{p'_0} \qquad \text{해설 (5.5.11)}$$

여기서, C_c : 압축지수
e_0 : 초기간극비
H : 압밀토층 두께(m)
p'_0 : 압밀층 중간의 선행응력(kN/m^2)
$\Delta p'$: 압밀층 중간의 지중응력 증가(kN/m^2)

과압밀 점토층의 경우에서는 선행하중을 초과한 하중에 대해서만 압밀침하량을 구하면 된다.

5.5.6 케이슨의 안정계산 시 지반의 지지력과 침하에 대한 상세는 제4장의 얕은 기초에서 정하는 바를 따른다.

해설

5.5.6 케이슨의 안정계산 시 지반의 지지력과 침하에 대한 상세는 제4장의 얕은기초에서 정하는 바에 따라 설계한다.

5.5.7 케이슨의 형상 및 치수는 다음과 같은 사항을 고려하여 설계한다.
(1) 케이슨의 단면형상은 원형, 타원형, 사각형 등으로 구분할 수 있다.
(2) 케이슨의 치수는 충분히 안정한 크기여야 하고 케이슨으로 지지되는 상부 구조물 등의 형상치수에 대하여도 여유를 확보해야 한다.

해설

5.5.7 케이슨의 형상 및 치수는 다음 사항을 고려하여 설계한다.

(1) 케이슨의 형상

케이슨의 형상은 상부 구조물의 형식, 기초저면 지반의 상태 및 공사비 등을 고려하여 결정하여야 한다. 일반적으로 원형은 단면적에 대한 표면적의 비가 최소로 되므로 침하 작업 중 마찰저항이 작게 되며, 외압에 의해 단면에 생기는 휨응력도 작게 된다. 이러한 원형 특유의 이점은 단면적이 클수록 크게 발휘된다. 그러나 시공면에서 보면 사각형에 비해 케이슨 상부의 편심량이 많으며 거푸집 제작 및 조립도 어렵다.

기초지반이 좋아 부등침하의 우려가 없는 교량, 교각기초 등에는 원형 케이슨 2기를 병렬로 설치하는 것이 공비면 에서도 유리하다. 직사각형 단면은 그 종횡치수의 차이가 크게 되면 침하 시의 안정을 나쁘게 할 뿐 아니라 편심되기 쉽다. 케이슨은 한번 기울어지면 고치기가 대단히 어려우므로 편중되기 쉬운 단면은 피하는 것이 좋으며 장단변의 비는 3 : 1 이하로 하는 것이 좋다. 사각형 케이슨은 주로 교량의 교대기초에 적합하다. 유수 중에 설치되는 케이슨은 유수저항을 작게 할 수 있는 타원형이나 소판형 단면을 택하는 것이 좋다.

(2) 케이슨의 치수

많은 시공경험에 의하면 케이슨 침하 완료 시의 중심선의 편심량이 0.2m를 초과하는 경우가 있으므로 케이슨 치수에 0.5m 정도 여유를 두는 것이 좋다. 뿐만 아니라 케이슨 시공의 확실성, 용이성 및 안전성 등을 고려하여 평면치수는 16m 이내로 하며, 이를 초과할 때는 특별한 배려를 하여야 한다. 즉, 단면치수를 크게 하면 벽체에 큰 휨응력이 생기고 구체에 휨비틀림 응력도 생기므로 이를 줄이기 위하여 격벽을 설치하여야 할 것이다. 그러나 실제로 격벽을 설치하는 일은 작업이 어려우므로 가급적 단면을 작게 하는 것이 바람직하다. 보통 격벽은 5~6m 간격으로 설치하는 것이 좋으며 그 두께를 측벽의 두께와 같게 한다. 일반적으로 케이슨의 최소치수는 굴착여유를 고려하여 내부치수를 2.5m이상으로 하며 측벽 및 격벽의 두께는 0.5m 이상 1.0m 이하로 하여 철근조립과 콘크리트치기를 확실하게 하여야 한다.

공기 케이슨의 작업실 내부 높이는 슈 하단에서 1.8m로 하는 것이 표준이다. 케이슨의 속채움은 일반으로 하지 않고 물이 들어 있는 것으로 설계하는 것이 좋으나 지지력이 충분할 때에는 속채움을 하는 것이 유리할 때도 있다.

오픈 케이슨의 경우 케이슨 내부의 물을 배수처리하기 전에 케이슨 저부바닥 콘크리트를 쳐서 바닥에 작용하는 상향의 수압에 견딜 수 있도록 하여야 한다. 이때 바닥 저판

콘크리트의 두께(t)는 탄성이론에 근거하여 Teng(1962)이 제안한 다음 식으로 구할 수 있다.

① 원형케이슨

$$t = 0.59 \cdot D_i \sqrt{\frac{q}{f_c}} \qquad \text{해설 (5.5.12)}$$

② 사각형 케이슨

$$t = 0.866 \cdot B_i \sqrt{\frac{q}{f_c\left[1 + 1.61\left(\frac{L_i}{B_i}\right)\right]}} \qquad \text{해설 (5.5.13)}$$

여기서, D_i : 원형 케이슨의 내경(m)

B_i : 사각형 케이슨의 단변의 내부치수(m)

L_i : 사각형 케이슨의 장변의 내부치수(m)

q : 케이슨 바닥 저판 콘크리트에 작용하는 하중강도(kN/m^2)

f_c : 콘크리트 허용휨응력(kN/m^2)

f_c =(0.1~0.2) f'_c

f'_c =콘크리트 28일 압축강도(kN/m^2)

| 참 고 문 헌 |

1. 국토해양부, 한국건설교통기술평가원 (2008), LRFD 기초구조물 설계를 위한 저항계수 결정 연구, 건설교통 R&D정책 · 인프라사업 최종보고서.
2. 김상규, 한성길 (2012). 부마찰력의 진실 : 부마찰력은 허용지지력을 감소시키지 않는다, 한국지반공학회 논문집, 28권, 7호, pp.18-30.
3. 대한토목학회 (1996), 건설부 제정 도로교표준시방서.
4. 대한토목학회 (2008), 건설교통부 제정 도로교설계기준해설.
5. 대한주택공사 (2008), 말뚝기초설계 개선지침.
6. 사단법인 대한건축학회 (2005), 건축기초구조설계기준.
7. 사단법인 한국지반공학회 (2003), 건설교통부 제정 구조물 기초설계기준 해설, 구미서관.
8. 이명환, 이인모, 이상헌, 윤성진, 박용원, 김대영 (1992), "풍화 잔류토 지반에 타설된 말뚝의 주면마찰 특성 연구," 한국지반공학회지, 제 8권 제 2호, pp.21-29.
9. 이성준, 정상섬, 고준영 (2010). 부주면마찰력을 고려한 단말뚝의 허용지지력 공식 분석, 한국지반공학회 논문집, 26권, 8호, pp.27-37.
10. 정상섬, 이상원, 조성한 (1996), "역청재 도장말뚝의 하향력 해석," 대한토목학회논문집, 제16권 3-5호, pp.445-445.
11. 조재연, 정상섬 (2012), "말뚝지지 전면기초의 3차원 근사해석기법 개발," 한국지반공학회논문집, Vol.28(4), pp.67-78.
12. 조천환, 김홍묵, 김웅규 (2004), "축소모형말뚝을 이용한 현장타설말뚝의 지지력 평가," 한국지반공학회논문집, Vol.20(5), pp.117-127.
13. 조천환 (2007), 매입말뚝공법, 이엔지북.
14. 조천환 (2010), 말뚝기초실무, 이엔지북.
15. 한국도로공사(2012), 고속도로공사 전문시방서.
16. 한국도로교통협회 (2012), 국토해양부 제정 도로교설계기준(한계상태설계법).
17. 지식경제부 기술표준원 (2009), 말뚝의 동적 재하시험 방법, KS F 2591:2004 (2009개정).
18. 산업표준심의회 (2016), 국가기술표준원, 말뚝의 압축 정재하 시험방법, KS F 2445:2016.
19. 산업표준심의회 (2016), 국가기술표준원, 대구경 현장타설말뚝의 재하시험, KS F 7003:2016.
20. 한국철도시설공단, 철도건설공사 전문시방서(노반편)(2011), 국토해양부제정.
21. (社)腐蝕防食協會(1986), 防食技術便覽, 日刊工業新聞社.
22. 日本建築學會 (2004),建築基礎構造設計指針.
23. Aas, G. (1966), 'Baerevne av peleri frisksjonsjordarter'. Norsk Geoteknisk Forening Stipendium (1956-66). Oslo, N.G.I. cited from Simons and Menzies (1977).
24. Altaee, A., Evgin, E., and Fellenius, B. H. (1993), "Load Transfer for Piles in Sand

and the Critical Depth," Canadian Geotechnical Journal, 30(3), pp.455-463.
25. American Association of State Highway and Transportation Official (ASSHTO) (2007), ASSHTO LRFD Bridge Design Specifications Fourth Edition, ASSHTO, Washington, D.C.
26. American Association of State Highway and Transportation Official (ASSHTO) (2010), ASSHTO LRFD Bridge Design Specifications Fifth Edition, ASSHTO, Washington, D.C.
27. American Association of State Highway and Transportation Official (ASSHTO) (1996), Standard Specification for Highway Bridges, ASSHTO, Washington, D.C.
28. ANSI A21.5-72 (AWWA C105-72) (1972), Polyethylene encoverments for ductile iron pipes for water and other liquids.
29. API (1982), Recommended Practice for Planning, Designing, and Constructing Fixed Offshore Platforms, 13th ed, Amer. Petroleum Inst., APT RP 2A, January.
30. ARGEMA (1992), Design guides for offshore structures : Offshore pile design, ED: P. L. Tirant, Editions Technip, Paris, France.
31. Ashour, M., Norris, G., and Pilling, P. (1998). "Lateral Loading of a Pile in Layered Soil Using the Strain Wedge Model," Journal of Geotechnical and Geoenvironmental Engineering, ASCE, Vol. 124, No. 4, pp.303-315.
32. Barton, N. and Choubey, V. (1977), "The Shear Strength of Rock Joints in Theory and Practice," Rock Mechanics, Vol. 10, pp.1-54.
33. Bowles, J. E. (1988) Foundation Analysis and Design, McGraw-Hill Book Co., New York, Chap. 1, 3 and 16.
34. Broms, B. B. (1964), "Lateral Resistance of Piles in Cohesive Soils," Journal of Soil Mechanics and Foundation Engineering, ASCE, Vol. 90, SM2, pp.27-63.
35. Broms, B. B. (1964), "Lateral Resistance of Piles in Cohesionless Soils," Journal of Soil Mechanics and Foundation Engineering, ASCE, Vol. 90, SM3, pp.123-156.
36. Brown, A. A., Morrison, C., and Reese, L. C. (1988). "Lateral Load Behavior of a Pile Group in Sand," Journal of Geotechnical and Geoenvironmental Engineering, Vol.114(11), pp.1261-1276.
37. Burland, J. B., Broms, B. B. and De Mello, V. F. B. (1977), "Behaviour of Foundations and Structures," Proceedings of 9th International Conference on Soil Mechanics and Foundation Engineering, Tokyo, Vol. 2, pp.495-549.
38. California Department of Transportation Division of Engineering Services (2006), Caltrans Seismic Design Criteria, Ver. 1.4.
39. Canadian Geotechnical Society (2006), Canadian Foundation Engineering Manual, 4th Edition, BiTech Publishers, Vancouver, BC.

40. Carter, J. P., and Kulhawy, F. H. (1988), "Analysis and Design of Drilled Shaft Foundations Socketed into Rock," Report EL-5918, Electric Power Research Institute, Palo Alto, California.
41. Coates, D. F. (1967), Rock mechanics principles, Energy Mines and Resources, Ottawa, Canada, Monograph 874.
42. Coyle, H. M., and Reese, L. C. (1966), "Load Transfer for Axially Loaded Piles in Clay," Journal of Soil Mechanics and Foundation Engineering, ASCE, Vol.92(2), pp.1-26.
43. Davisson, M. T. (1970). "Lateral Load Capacity of Piles," Highway Research Record No.333, pp.9-27.
44. Davisson, M. T. (1973), "High Capacity Piles," Department of Civil Engineering, Illinois Institute of Technology, Chicago, Illinois.
45. DIN 4026 (1975), Driven piles : construction procedure and permissible loads.
46. DIN 50923-3 (1985), Corrosion of metals : Probability of corrosion of metallic materials under external corrosion conditions : Pipelines and structural components parts in soil and water.
47. Goble, G. (1999), Geotechnical Related Development and Implementation of Load and Resistance Design (LRFD) Methods, NCHRP Synthesis of Highway Practice 276, TRB, Washington, D.C.
48. Evans, L, T. and Duncan, J. M. (1982), "Simplified Analysis of Laterally Loaded Piles," Report No. UCB/GT/82-04, Geotech. Engineering, Department of Civil Engineering, California Univ., Berkeley.
49. FHWA (1985), Manual on Design and Construction of Driven Piles Foundations, Revison 1, pp.353-360.
50. Fellenius, B. H. (1989), Unified design of piles and pile groups, Transportation Research Record 1169, pp.75-82.
51. FHWA (1999), Drilled Shafts: Construction Procedures and Design Methods, FHWA Publication No. FHWA-IF-99-025. Department of Transportation, Federal Highway Administration, Office of Implementation, McLean, VA.
52. FHWA (2005), Micropile Design and Construction, FHWA Publication No. FHWA-NHI-05-039. Department of Transportation, Federal Highway Administration, Office of Implementation, McLean, VA.
53. Fellenius, B. H., Altaee, A. A. (1995), "Critical Depth: How It Came onto Being and Why It Does Not Exist," Proceedings of the Institute of Civil Engineers, Geotechnical Engineering Journal, London, 113, April, pp.107-111.
54. Hansen, B. J. (1963), "Discussion, Hyperbolic Stress-strain Response, Cohesive Soils," Journal of Soil Mechanics and Foundation Engineering, ASCE, Vol.89, SM

No.4, pp.241−242.

55. Horvath, R. G. and Kenny, T. C. (1979), Shaft Resistance of Rock−socketed Drilled Piers, Drilled Shaft Design and Construction in Florida, Department of Civil Engineering, University of Florida, Gainesville.
56. Horvath, R. G., Kenny. T. C. and Kozicki, P. (1983), "Method of Improving the Performance of Drilled Piers in Weak Rock," Canadian Geotechnical Journal, Vol. 20, pp.758−772.
57. Hunt, R. E. (1986), Geotechnical Engineering Analysis and Evaluation Chap.7 McGraw−Hill Book Co, New York, p.382.
58. Hunt, R. E. (1986), Geotechnical Engineering Analysis and Evaluation McGraw−Hill Book Co, New York, p.371.
59. Japan Road Association (2002). Specification for highway bridges, 2002.
60. Jeong, S., Won, J. and Lee, J. (2003), "Simplified 3D Analysis of Three−Pile Caps," TRB 2003 Annual Meeting CD−ROM.
61. Jeong, S., Seol, H., Cho, C. and You, K. (2008), "Shear Load Transfer for Rock−Socketed Drilled Shafts Based on Borehole Roughness and Geological Strength Index (GSI)," International Journal of Rock Mechanics and Mining Sciences, Elsevier, Vol.45(6), pp.848−861.
62. Johannessen, I. J. and Bjerrum, L. (1965), "Measurement of the Compression of a Steel Pile to Rock due to Settlement of the Surrounding Clay," 6th ICSMFE, Montreal, Vol.2, pp.261−264.
63. Katzenbach, R. Arslan, U. and Moormann, C. (2000), Piled Raft Foundations Projects in Germany, Design applications of raft foundations, Hemsley, J. A. Editor, Thomas Telford, pp.323−392.
64. Kodikara, J. K. and Moore, I. D. (1992), "Nonlinear Interaction of Solids with Rigid Surfaces," Computers and Structures, Vol. 43, No. 1, pp.85−91.
65. Mandolini, A., Russo, G., Viggiani, C. (2005), "Piled Foundations: Experimental Investigations, Analysis and Design," State−of−the−Art Rep. Proc., 16th ICSMGE, Osaka, Japan, Vol. 1, pp.177−213.
66. Matlock, H. (1970), "Correlations for Design of Laterally Loaded Piles in Soft Clay," Paper No. OTC 1204, Proceedings of Second Annual Offshore Technology Conference, Houston, Texas, Vol. 1, pp.577−594.
67. McVay, M. C., Zhang, L., Han, S. and Lai, P. (2000), "Experimental and Numerical Study of Laterally Loaded Pile Groups with Pile Caps at Variable Elevations," Transportaion Research Record 1736, Paper No. 00−1409, pp.12−18.
68. McVay, M. C., Zhang, L., Molnit, T. and Lai, P. (1998), "Centrifuge Testing of Large

Laterally Loaded Pile Groups in Sand," Journal of Geotechnical and Geoenvironmental Engineering, ASCE, Vol. 124(10), pp.1016–1026.

69. McVay, M. C., Shang, T. and Casper, R. (1996), "Centrifuge Testing of Fixed–Head Laterally Loaded Battered and Plumb Pile Groups in Sand," Geotechnical Testing Journal, ASTM, Vol.19, No. 3, pp.41–50.
70. Menard, L. (1962), "Comportment d ne Foundation Profonde So umise a des Efforts de Renversement," Sols–Soils, No.3, pp.9–27.
71. Menard, L. F. (1975), "Interpretation and Application of Pressuremeter Test Results, Sols–Soils," Paris, Vol.26, pp.1–23.
72. Meyerhof, G. (1976), "Bearing Capacity and Settlement of Pile Foundations," Journal of Geotechnical Engineering Division, ASCE, Vol.102, No.3, March, pp.195–228.
73. National Cooperative Highway Research Program (2001), Static and Dynamic Lateral Loading of Pile Groups, NCHRPReport461, Transportation Research Board–National Research Council.
74. NAVFAC (1982), Foundation and Earth Structures (Design Manual 7.2), Department of the Naval Facilities Engineering Command.
75. O'Neill, M. W. and Gazioglu. S, M. (1984), "Evaluation of p–y Relationships in Cohesive Soils," Proceedings of a Analysis and Design of Pile Foundations, ASCE Geotechnical Engineering Division, pp.192–213.
76. O'Neill, M. W. and Hassan, K. M. (1994), "Drilled Shaft : Effects of Construction on Performance and Design Criteria," Proceedings of the International Conference on Design and Construction of Deep Foundations, Federal Highways Administration, Washington D.C., Vol. 1, pp.137–187.
77. O'Neill, M. and Murchison, J. (1983), "An Evaluation of p–y Relationships in Sands," Department of Civil Engineering, University of Houston, Houston, Tex. Report GTDF02–83.
78. O'Neill, M. W. and Reese, L. C. (1999), Drilled Shafts: Construction Procedures and Design Methods, Publication No. FHWA–IF–99–025, U.S. Department of Transportation, Federal Highway Administration.
79. Pells, P. J. N., Rowe, R. K. and Turner, R. M. (1980), "An Experimental Investigation into Side Shears for Socketed Piles in Sandstone," Proceeding of International Conference on Structural foundation on Rock, Sydney Australia, Vol. 1, pp.291–302.
80. Petrasovits, G. and Award, A. (1968), "Considerations on the Bearing Capacity of Vertical and Batter Piles Subjected to Forces Acting in Different Directions," Proceedings 3rd Budapest Conferene on Soil Mechanics and Foundation Engineering, Akademiac Kiado, Budapest, pp.483–497.

81. Poulos, H. G. & Davis, E. H. (1980), Pile Foundation Analysis and Design, John Wiley and son, Inc.
82. Poulos, H. G. (2001), "Piled−raft Foundation; Design and Applications," Geotechnique, Vol. 51, No. 2, pp.95−113.
83. Randolph, M. F. (1987), A Computer Program for the Analysis and Design of Pile Groups, Report Geo 87036, Perth:The University of Western Australia.
84. Randolph, M. F. (1994), "Design Methods for Pile Groups and Piled Rafts," Proceedings of 13th ICSMFE, New Delhi, India, Vol. 5, pp.61−82.
85. Reese, L. C. and Welch, R. C. (1975), "Lateral Loading of Deep Foundations in Stiff Clay," J. Geotech. Eng., 101(7), pp.633−649.
86. Reese, L. C., Cox, W. R. and Koop, F. D. (1974), "Analysis of Laterally Loaded Piles in Sand," Proc., 6th Annual Offshore Technology Conf., Houston.
87. Reese, L. C. (1997), "Analysis of Laterally Loaded Piles in Weak Rock," J. Geotech. Geoenvir. Engrg., ASCE, Vol. 121, No. 7, pp.113−127.
88. Reese, L. C. and O'Neill, M.W. (1988), Drilled Shafts: Construction and Design, FHWA, Publication No. HI−88−042, U.S. Department of Transportation, Federal Highway Administration.
89. Reese, L. C. and Wang, S. T. (1997), Documentation of Computer Program LPILE version 4.0 for windows, Ensoft, Inc., Austin, TX, USA.
90. Rollins, K. and Sparks A. (2002), "Lateral Resistance of Full−scale Pile Cap with Gravel Backfill," Journal of Geotechnical and Geoenvironmental Engineering, ASCE, Vol,128(9), pp.711−723.
91. Rowe, P. K. and Armitage, H. H. (1987), "Theoretical Solutions for Axial Deformation of Drilled Shafts in Rock," Canadian Geotechnical Journal, Vol. 24, pp.114−125.
92. Seidel, J. P. and Harberfield, C. M. (1995), "Towards an Understanding of Joint Roughness," Rock Mechanics and Rock Engineering Journal, Vol. 28(2), pp.69−92.
93. Sharma, H. D. and Joshi, R. C. (1988), "Drilled Pile Behaviour in Granular Deposits," Canadian Geotechnical Journal, Vol.25, No.2, pp.222−232.
94. Skempton, A. W. (1951), "The Bearing Capacity of Clays," Building Research Congress, London, ICE, Division 1 : 180.
95. Teng, W. C. (1962) Foundation Design, Prentice−Hall Inc., Englewood Cliffs, N. J. USA.
96. Terzaghi, K. and Peck, R. B. (1967), Soil Mechanics in Engineering Practice, John, Wiley, New York, 2nd. ed., 371pp.
97. Tomlinson, M. J. (1977), Pile Design and Construction Practice, A Viewpoint Publication, London, p.9.

98. Vesic, A. S. (1977), Design of Pile Foundation, National Cooperative Highway Research Program Synthesis of Practice No.42, Transportation Research Board, Washington, D.C.

99. Weaver, T. J. (1997), "Static and Dynamic Lateral Load Analysis of a Full Scale Pile and Pile Group in Clay," Master's Thesis, Department of Civil and Environmental Engineering, Brigham Young University, Provo, Utha.

100. Whitiam, J. L., Voytko, E., Barker, R., Duncan, M., Kelly, B., Musser, S. and Elias, V. (1998), Load and Resistance Factor Design (LRFD) for Highway Bridge Substructures, FHWA HI-98-032, FHWA.

101. Won, J., Ahn, S., Jeong, S. and Lee, J. (2006), "Nonlinear Three-dimensional Analysis of Pile Group-supported Columns Considering Pile Cap Flexibility," Computers and Geotechnics, Vol.33, pp.355-370.

102. Woodward, R. J., Lundgren, R. and Boitano, J. D. (1961), "Pile Loading Tests in Stiff Clays," 5th ICSMFE, Paris, Vol.2, pp.177-184.

103. Zhang, L. and Einstein, H. (1998), "Estimating the Mean Trace Length of Rock Discontinuities," International Journal of Rock Mechanics and Rock Engineering, Vol.31(4), pp.217-235.

제6장 옹 벽

6.1 일반사항

6.1.1 이 장의 규정은 토압에 저항하는 일반적인 구조물로서 용지의 이용도 제고를 목적으로 하는 옹벽 구조물 설계에 적용한다.

해설

6.1.1 옹벽은 토압에 저항하는 가장 일반적인 구조물로서 도로, 철도, 하천, 운하, 항만, 호안, 방조제, 교대 등 용지의 제한에 따른 토지의 최적이용을 목적으로 주로 사용된다.

6.1.2 옹벽은 활동, 전도, 지지력과 침하 및 전체적인 안정성(사면활동)에 대하여 안전하게 설계한다. 이때 외적 활동 또한 고려하여 안전하게 설계한다.

해설

6.1.2 모든 옹벽은 작용하는 토압에 대해 구조적으로 안전하도록 설계되어야 할 뿐만 아니라 기본적으로 실제 유발될 가능성 있는 여러 파괴형태에 대하여 안전하도록 설계되어야 한다. 옹벽의 경우 유발될 가능성이 많은 파괴형태는 활동파괴, 전도파괴, 지지력 부족으로 인한 파괴, 과도한 침하 및 옹벽구조물을 포함한 사면활동 등이 있다. 따라서 옹벽은 이러한 여러 파괴형태에 대하여 안전하도록 설계되어야 한다. 이에 대한 상세한 규정은 6.3절에 명시되었다.

(1) 옹벽 설계 시 고려되는 제반변수들

해설 그림 6.1.1은 옹벽의 안정 검토 시 고려되는 힘들과 제반 변수들을 나타내고 있다. 해설 그림 6.1.1에 표기된 기호의 의미는 다음과 같다.

R_v : 모든 연직력의 합

R_h : 모든 수평력의 합

B : 옹벽 저판의 폭
H : 옹벽의 높이
W : 옹벽의 무게(캔틸레버식 옹벽에서는 저판 위의 흙까지 포함)
P_A : 주동토압의 합력(P_v, P_h ; 주동토압의 연직, 수평 분력)
a : 옹벽 앞굽에서 W까지의 모멘트 팔길이
d : 옹벽 앞굽에서 P_A까지의 모멘트 팔길이
f : 옹벽 앞굽에서 주동토압(P_A)의 작용점까지의 수평거리
y : 옹벽 앞굽에서 주동토압(P_A)의 작용점까지의 연직거리
e : 편심

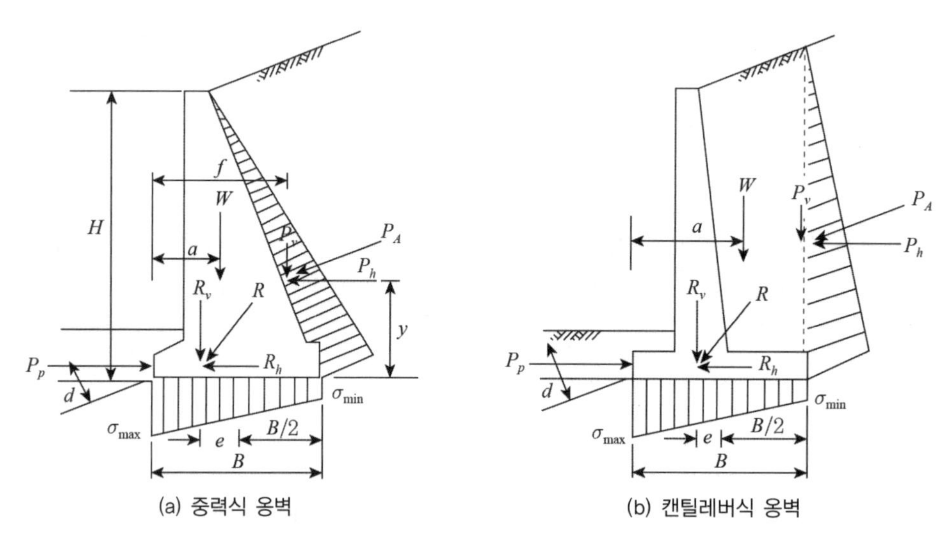

(a) 중력식 옹벽 (b) 캔틸레버식 옹벽

해설 그림 6.1.1 옹벽에 작용하는 힘

(2) 전체적인 안정성 평가

전체적인 안정성이란 옹벽구조물뿐만 아니라 옹벽기초 아래 및 옹벽 벽체 뒤의 지반이 포함된 전체의 안정성을 의미한다. 특히 연약지반상에 구조물이 축조되는 경우 전체 안정성이 문제될 수 있으며 이에 대한 평가를 위해서는 현장에 대한 지반공학적 조사 및 시험과 이를 바탕으로 한 안정성 해석이 필요하다. 전체안정성의 해석에는 수정 Bishop법, Janbu의 간편법, Spencer방법 등이 사용될 수 있다.

전체 안정성이 문제될 수 있는 연약지반의 경우 다음과 같은 현상이 발생할 수 있다.

① 교대나 옹벽 구조물의 하중으로 인한 압밀침하
② 장기간의 경과에 따른 크리프 침하

③ 지반의 측방유동으로 인한 구조물의 수평이동

(3) 전체적인 안정성 평가 방법

해설 그림 6.1.2는 전체 안정성 검토 시 고려해야 하는 여러 가지 파괴 유형의 예를 나타내고 있다. 해설 그림 6.1.2(a)와 (b)는 기초지반과 배면흙(뒤채움 흙이 아닌 자연상태의 흙)이 균질하고 지표면에서 깊어짐에 따라 점차로 전단강도가 증대하는 경우에 일어날 것으로 예상되는 활동이다. 그림 6.1.2(c)는 기초 저면보다 깊은 위치에 전단강도가 강한 층이 있는 경우이며 이 경우에는 활동면이 깊어진다. 그림 6.1.2(d)는 연약층이 얇게 형성되어 있는 경우에 일어나는 활동형상이다.

해설 그림 6.1.2(b)와 같이 옹벽 기초슬래브의 뒤쪽 하단에 돌출부를 설치하였을 경우에는 그 하단을 통과하여 전단 활동면이 형성된다.

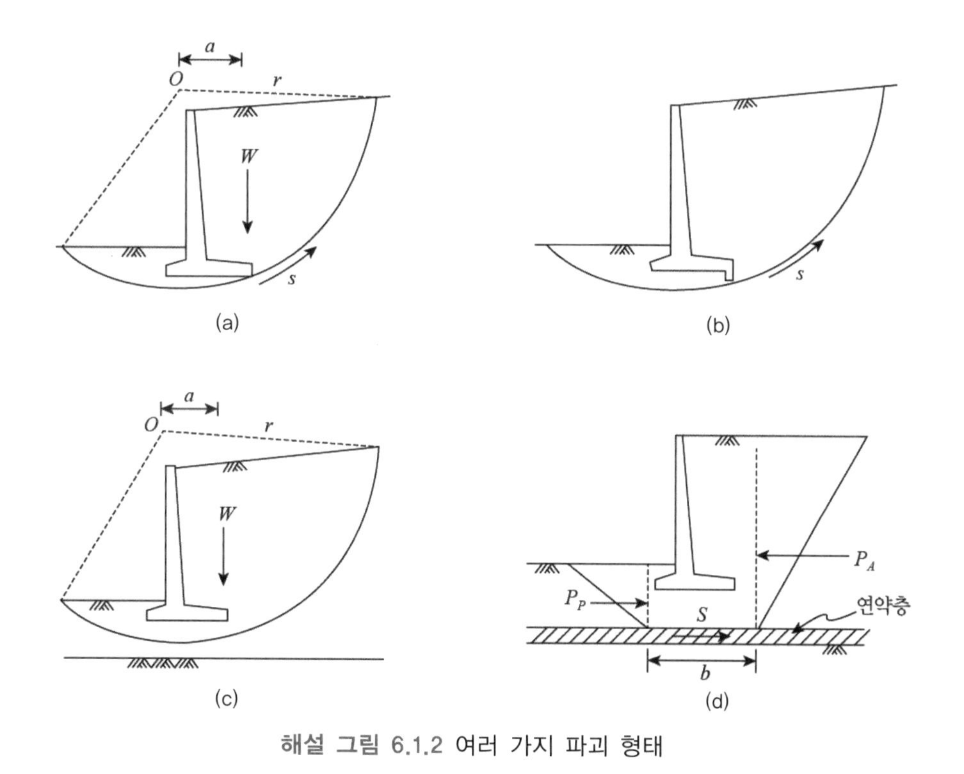

해설 그림 6.1.2 여러 가지 파괴 형태

가. 원호활동에 대한 안정성 평가

해설 그림 6.1.2 (a), (b) 및 (c)의 경우와 같이 활동단면을 원호로 가정하면 다음과 같이 안정성을 평가할 수 있다.

① 활동면을 가정한다(원의 중심 O와 반경 r을 가정).
② 옹벽 중량과 활동면 안에 있는 흙의 중량을 계산하고, 이 중량들의 원중심 O에 대한 활동 모멘트 M_d를 구한다.
③ 가상 활동면상의 흙이 갖는 전단저항력과 반경 r을 사용하여 저항모멘트 M_r을 구한다.
④ 굴착면 전체의 활동에 대한 안전율을 해설 식(6.1.1)로 구한다.

$$F_s = \frac{M_r}{M_d} \qquad \text{해설 (6.1.1)}$$

⑤ 활동원의 중심 및 반경을 바꾸어 활동면을 다시 가정하여 위의 순서를 되풀이한다. 이와 같은 반복을 통해 얻어진 안전율 중 최솟값을 원호활동에 대한 굴착면 전체의 안전율로 정하며 그 값은 최소 1.5 이상이 되어야 한다.

나. 파괴 활동면이 얕은 경우
얕은 파괴 활동면을 고려하게 될 때의 활동원의 중심 위치는 보통의 경우 다음과 같이 구한다. ① 점착력이 무시될 수 있는 흙에서는 해설 그림 6.1.3(a)와 같이 옹벽의 상단에서 그은 수평선과 기초 슬래브 앞굽에서 그은 연직선과의 교점을 활동원의 중심으로 잡는다. ② 내부마찰각이 무시될 수 있는 흙에서는 해설 그림 6.1.3(b)와 같이 옹벽의 전면 벽 상단 위에 중심을 잡는다. ③ 기초 및 뒷면 흙에 대하여 내부마찰각과 점착력을 모두 고려하여야 할 때에는 위의 두 가지 경우의 중간점을 중심점으로 잡는다. 만일 등분포 하중 q가 있을 경우에는 해설 그림 6.1.3(c)와 (d)에 나타낸 바와 같이 활동원의 중심을 등가높이 q/γ만큼 위로 올려야 한다.

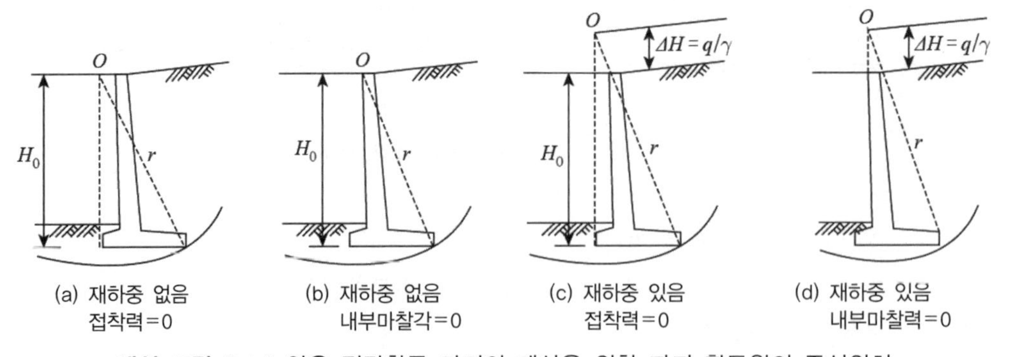

해설 그림 6.1.3 얕은 전단활동 파괴의 계산을 위한 파괴 활동원의 중심위치

다. 지지 지반에 연약토층이 존재하는 경우

해설 그림 6.1.2(d)의 경우에는 다음과 같이 안전율을 구한다.

① 전단저항이 약한 층의 폭 b의 위치와 크기를 가정한다.

② 폭 b의 전후단에서 연직면을 고려하고 이 면에 대한 주동토압(뒷면)과 수동토압을 구한다.

③ 폭 b 부분의 전단저항을 S, 전면 수동토압을 P_P, 뒷면 주동토압을 P_A라 하면 안전율은 해설 식(6.1.2)로 구한다.

$$F_s = \frac{P_P + S}{P_A} \qquad \text{해설 (6.1.2)}$$

여기서, 안전율 F_s는 1.5 이상으로 한다. 그리고 수동토압 P_P는 해설 식(6.1.3)으로 구한다.

$$P_P = \frac{1}{2} K_p \cdot \gamma \cdot h_f^2 \qquad \text{해설 (6.1.3)}$$

여기서, $K_p = \tan^2(45° + \phi/2)$

γ : 흙의 단위중량(kN/m³)

h_f : 수동토압을 고려하는 높이(m)

위의 경우 활동면에서의 전단저항은 해설 식(6.1.4)로 구한다.

$$S = (c + \sigma' \tan\phi) b \qquad \text{해설 (6.1.4)}$$

여기서, b : 활동에 저항하는 연약층의 폭

c : 점착력(kN/m²)

ϕ : 내부마찰각(°)

σ' : 유효수직응력(kN/m²)

단, $\phi = 0$이면

$$S = \frac{q_u}{2} \cdot b \qquad \text{해설 (6.1.5)}$$

여기서, q_u : 일축압축강도

또한, $c \neq 0$인 경우에는 해설 식(6.1.6)과 같이 균열깊이를 고려하여

$$z_c = \frac{2c}{\gamma}\tan\left(45^\circ + \frac{\phi}{2}\right) \qquad \text{해설 (6.1.6)}$$

지표면으로부터 깊이 z_c 내의 전단저항은 무시하고 이 깊이까지의 수압을 횡방향력으로 고려하여야 한다.

라. 옹벽 배면에 비균질 지반이 존재하는 경우

활동면이 생기는 범위의 깊이 또는 위치에 따라 지반이 변하는 경우에는 활동면 내의 지반을 여러 개로 분할하여 각 분할편마다 다음과 같이 전단저항을 구한다(해설 그림 6.1.4 참조).

– 제 n번째의 분할편 ;

점착력에 의한 저항력(kN/m) : $c_n A_n$ 해설 (6.1.7)

내부마찰각에 의한 저항력(kN/m) : $W_n \cdot \cos\beta_n \cdot \tan\phi_n$ 해설 (6.1.8)

여기서, A_n : 분할편 n의 밑면 활동면의 면적(m^2/m)

W_n : 분할편 n의 흙 또는 옹벽을 포함한 중량(kN/m)

β_n : 분할편 n의 활동면과 수평면이 이루는 평균 경사각

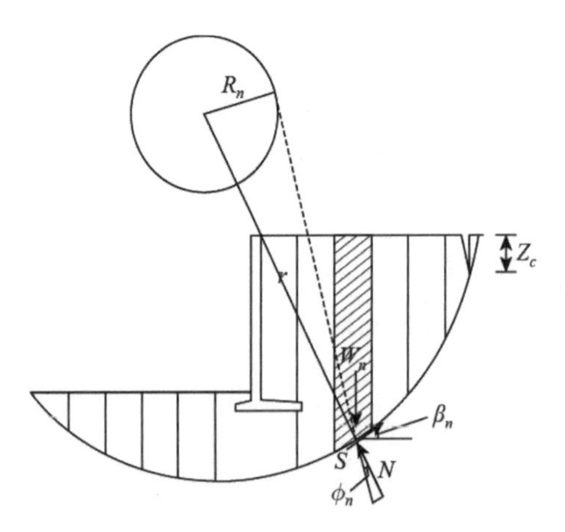

해설 그림 6.1.4 원호활동에 의한 분할편 안정해석

해설 식(6.1.7)과 해설 식(6.1.8)에 의해 구해진 각각의 힘들은 활동면의 접선 방향으로 작용한다고 생각한다. 각 분할편마다 활동원의 중심에 대한 활동을 일으키려는 방향의 모멘트와 활동면상의 전단저항에 의한 모멘트를 구하고 해설 식(6.1.1)으로 안전율 F_s를 구한다.

분할법에 의한 전체 안정성 평가방법은 여러 가지 방법이 제안되어 있으며 이들이 적용된 다양한 컴퓨터 프로그램들이 개발되어 사용되고 있다. 사용되는 주요 사면안정 해석프로그램의 종류와 특성은 지반공학시리즈5 사면안정(한국지반공학회, 1997)을 참조할 수 있다.

마. 전체적인 안정성에 대한 안정 대책

전체적인 안정성에 대한 안전율이 규정된 값 1.5 이상 얻어지지 않는 경우에는 다음의 방법 중 하나로 대책을 강구한다.

① 기초 슬래브 밑으로 돌출부의 깊이를 증가시킨다.
② 기초슬래브 밑면을 더 내린다.
③ 말뚝기초로 보강한다.

위와 같은 방법에 의해서도 안정성을 얻을 수 없는 경우에는 전도 모멘트를 감소시키고 저항 모멘트를 증가시킬 수 있도록 전체 계획을 변경하여야 한다.

6.1.3 옹벽은 상재하중, 자중 및 토압에 견디도록 설계한다.

해설

6.1.3 옹벽은 자중, 상재하중 및 토압에 의해 유발될 수 있는 6.1.2절의 여러 파괴형태에 대하여 안전하게 설계되어야 한다. 이때 적용 가능한 토압 산정 방법은 6.2절에 명시되었다.

6.1.4 옹벽의 형식은 중력식, 반중력식, 켄틸레버식, 부벽식으로 구분하며 이외에 조적식 벽체, 보강토옹벽 등이 있다. 다만, 조적식 벽체 설계는 건설공사 비탈면 설계기준의 옹벽 편을 따른다.

6.1.5 옹벽의 형식은 지형조건, 기초지반의 지지력, 배면지반의 종류, 경사, 시공 여유 및 상재하중 등을 고려하고 경제성, 시공성, 유지관리의 용이성 등을 종합적으로 판단하여 결정한다.

해설

6.1.4 옹벽의 형식은 시공현장의 상황, 경제성 및 시공성, 건설완료 후 유지관리 등을 종합적으로 고려하여 현장의 실정에 맞는 가장 적절한 것을 선정해야 한다. 옹벽의 형식으로는 중력식, 반중력식, 캔틸레버식, 부벽식으로 구분하며 이 외에 조적식 벽체, 보강토 옹벽 등이 있다. 중력식 옹벽은 토압을 벽체 자중만으로 저항하도록 설계하고 기초지반이 양호한 곳에 설치한다. 일반적으로 무근 콘크리트이지만 돌이나 벽돌로도 만들어질 수 있다. 콘크리트는 통상 2번 또는 그 이상 나누어 타설하는데, 저판 부분과 벽체 사이에 이음(joint)을 설치하며 쐐기를 설치하기도 한다. 반중력식 옹벽은 콘크리트량을 절약하기 위해 벽체 배면에 약간의 철근을 사용하여 벽체 단면을 더 작게 한 것으로 중력식 옹벽보다는 더 경제적일 수 있다. 켄틸레버식 옹벽은 역T형 옹벽 또는 L형 옹벽이라고 부르기도 하며, 특히 저판의 앞굽판이 뒷굽판에 비해 상대적으로 작은 경우는 L형 옹벽이라고 한다. L형 옹벽은 벽체 전면이 부지 경계면에 접하고 있든지 앞굽판을 크게 설치할 수 없는 경우에 적합하다. 켄틸레버식 옹벽은 옹벽자중과 저판위의 흙의 중량에 의하여 토압에 저항하는 철근콘크리트 구조이다. 옹벽 높이가 좀 큰 경우 필렛(fillet)을 설치하면 더 경제적일 수 있으며, 활동(sliding)저항력을 증가시키기 위한 활동 방지벽인 돌출부(key)를 설치할 때도 있다. 내구성 측면에서 켄틸레버식 옹벽이 중력식 옹벽이나 반중력식 옹벽보다는 못할지라도 통상적인 높이의 옹벽에서는 가장 경제적이어서 옹벽 중 가장 많이 사용된다.

켄틸레버식 옹벽 높이가 높아지면 벽체 하단에서의 휨모멘트가 크게 증가되어 벽체와 저판단면이 너무 커지고 철근이 너무 많이 들어 비경제적일 수 있다. 이 경우 뒷부벽을 설치한 뒷부벽식 옹벽을 이용하거나 돌출부를 설치하는 경우도 있다. 앞부벽식 옹벽은 뒷부벽식 옹벽과 유사하지만 부벽이 벽체 전면에 설치된 것으로서 뒷부벽식 옹벽에 비하면 안정상 불리하므로 현재 거의 사용되지 않는다.

6.1.5 옹벽의 형식은 지형조건, 기초지반의 지시력, 배면지반의 종류, 경사, 시공여유 및 상재하중 등을 고려하여 경제성, 시공성, 유지관리의 용이성 등을 종합적으로 판단하여 결정한다. 옹벽 종류별로 통상 적용하는 옹벽 높이 범위는 해설 그림 6.1.5와 같다.

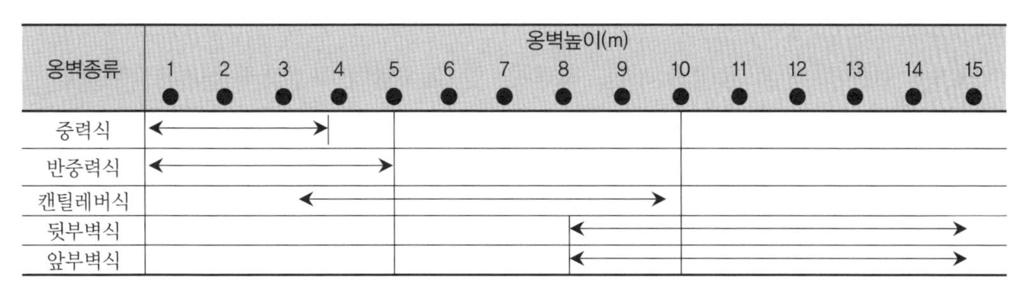

해설 그림 6.1.5 옹벽 종류별 옹벽 높이 범위(일본토질공학회, 1977)

옹벽의 설계는 옹벽 높이 범위(해설 그림 6.1.5 참조)와 종류별 특징을 고려하여 해설 그림 6.1.6과 같은 순서로 행한다.

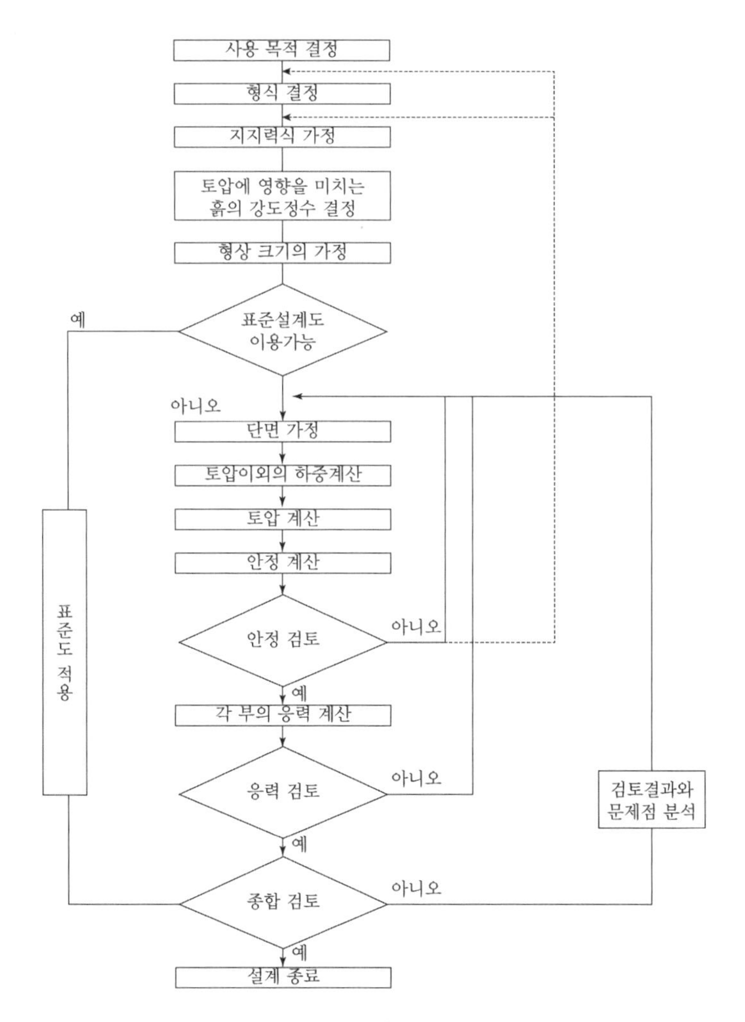

해설 그림 6.1.6 옹벽의 설계 순서

6.1.6 철근콘크리트 옹벽의 저판, 전면벽, 앞·뒷부벽의 구조상세 설계는 콘크리트구조기준에서 정하는 바를 따른다.

해설

6.1.6 옹벽 본체 및 옹벽의 저판, 전면벽, 앞·뒷부벽 등은 철근 콘크리트 구조체이므로 그 설계는 콘크리트구조기준에서 정하는 바를 따른다.

6.2 옹벽에 작용하는 토압

6.2.1 토압계산에 적용하는 흙의 단위중량은 현장조건을 반영하여 결정한다.

해설

6.2.1 토압의 계산에 적용하는 흙의 단위중량 $\gamma(kN/m^3)$는 시공장소에서 채취한 흙시료를 이용하여 구하지만, 규모가 작은 옹벽의 경우에는 해설 표 6.2.1의 값을 이용하여도 좋다.

해설 표 6.2.1 흙의 단위중량(kN/m^3)(도로교 하부구조 설계요령, 1997)

지반	토질	느슨할 때	조밀할 때
자연지반	모래 및 모래자갈	18	20
	사질토	17	19
	점성토	14	18
흙쌓기지반	모래 및 모래자갈	20	
	사질토	19	
	점성토	18	

주) 1) 지하수위 이하에 있는 흙의 단위중량은 해설 표중의 값에서 물의 단위중량($9.8kN/m^3$)을 뺀 값으로 한다.
2) 부순 돌은 자갈과 같은 값으로 한다. 또 슬래그, 암괴 등의 경우에는 종류, 형상, 크기 및 간격 등을 고려하여 정할 필요가 있다.
3) 자갈 섞인 사질토 혹은 자갈 섞인 점성토에 있어서는 혼합비율과 상태에 따라서 적절한 값으로 한다.
4) 지하수위는 시공후의 평균수위를 고려한다.

6.2.2 옹벽 배면의 지표면 하중은 10kN/m^{2}의 등분포 하중을 표준으로 한다. 다만, 도로와 철도 등의 교대 배면에 대해서는 관련기관의 설계기준에서 정하는 바를 따른다.

해설

6.2.2 옹벽 배면의 지표면에 하중이 작용하는 경우의 토압은 재하하중에 토압계수를 곱하여 그 영향을 고려한다. 옹벽 배면의 지표면 하중은 10kN/m^{2}의 등분포 하중을 표준으로 한다. 교대의 경우에도 지표면 재하하중은 일반적으로 교량의 등급에 관계없이 q=10kN/m^{2}으로 할 수 있지만, 이것은 교대와 같이 벽면치수에 대해 재하면적이 큰 경우이고 실제로 하중의 재하면적이 작은 경우에는 깊이가 깊어짐에 따라 토압은 감소한다. 따라서 도로와 철도 등의 교대 배면에 대해서는 관련기관의 설계기준에서 정하는 바를 따른다.

6.2.3 강성옹벽에 작용하는 토압은 일반적으로 주동토압을 사용한다. 다만, 변위가 허용되지 않는 구조물의 경우에는 정지토압을 사용한다. 토압 산정공식과 토압분포는 옹벽의 형태, 지반의 종류, 지층상태, 배면지형, 상재하중 조건 등 현장여건을 고려하여 결정한다.

6.2.4 변위를 거의 허용하지 않는 교대나 보강토 옹벽 등과 같이 시공 시 뒷채움재의 다짐으로 인해 옹벽 배면에 토압이 유발되는 경우에는 이를 고려하여 설계한다.

6.2.5 자립하는 암반 깎기면에 밀착하거나 옹벽과 암반 사이의 공간이 좁은 경우 옹벽 배면 암반 불연속면의 유무, 주향, 경사 및 역학적 특성을 고려하여 토압을 결정한다.

해설

6.2.3 옹벽에 작용하는 하중은 토압이 기본이다. 토압은 크게 정지토압, 주동토압 및 수동토압 3가지로 구분되는데, 그 구별은 전적으로 옹벽의 변위와 관계된다. 변위가 전혀 없다면 정지토압이 되고 벽체가 뒤채움으로부터 멀어지는 방향으로 파괴변위를 일으키면 주동토압, 뒤채움쪽으로 파괴변위를 일으키면 수동토압이 된다. 정지상태를 탄성평형상태라고 하며, 주동 및 수동상태를 소성한계상태라고 한다. 토압계수는 수평유효응력에

대한 연직유효응력의 비(σ_h'/σ_v')로 정의된다.

점성토의 경우에는 주동토압과 수동토압 계산 시에 점착력의 영향을 고려한다. 일반적으로 점성토는 함수비에 의해 현저하게 그 성질이 변화한다. 따라서 구조물이 설치된 후 배면 점성토의 성질을 정확히 추정하기는 어렵다. 즉, 설계 시에 현위치시험 혹은 채취 시료에 의한 실내시험의 결과에서 점착력을 구해도 그 당시의 값을 아는 것에 불과하므로 이러한 이유들 때문에 흙의 점착력을 정확히 추정할 수 없는 경우에는 점착력의 영향을 무시하고 전단저항각을 작게 가정하여 토압계수를 구하는 것이 좋다.

해설 그림 6.2.1은 위의 3가지 토압에 관한 토압계수, 즉 정지토압계수(K_0), 주동토압계수(K_a) 및 수동토압계수(K_p)와 벽체변위와의 관계를 나타낸다. 주동 및 수동상태에 이르는 흙의 종류에 따른 변위량은 해설 표 6.2.2와 같다. 해설 그림 6.2.1과 해설 표 6.2.2에서 보는 바와 같이 수동토압을 발생시키는 변위가 주동토압을 발생시키는 변위보다 크다.

변위를 전혀 허용하지 않는 옹벽의 경우는 정지토압으로 설계되어야 한다. 정지토압계수(K_0)를 구하기 위한 많은 경험식들이 제안되어 있으나, 일반적으로 정규압밀점토나 느슨한 모래질 흙인 경우는 해설 식(6.2.1)이 사용되며,

$$K_0 = 1 - \sin\phi' \qquad \text{해설 (6.2.1)}$$

과압밀 흙인 경우는 과압밀비(OCR)가 클수록 K_0가 증가되는 해설 식(6.2.2)가 많이 이용된다.

$$K_0 = (1 - \sin\phi')\sqrt{OCR} \qquad \text{해설 (6.2.2)}$$

해설 표 6.2.2 흙의 종류에 따른 주동 및 수동상태의 변위(Canadian Geotechnical Society, 1985)

흙의 종류	벽체의 회전변위(y/H)*	
	주동	수동
조밀한 사질토	0.001	0.02
느슨한 사질토	0.004	0.06
견고한 점성토	0.010	0.02
연약한 점성토	0.020	0.04

* y=수평변위, H=벽체높이

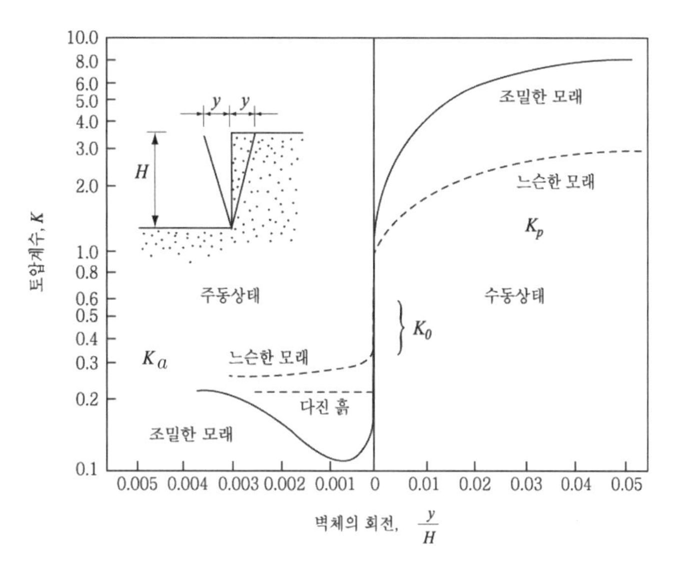

해설 그림 6.2.1 벽체변위와 토압계수와의 관계(사질토인 경우)

옹벽과 뒤채움 흙과의 마찰각(벽면마찰각, δ)과 옹벽 연직변위도 주동토압에 영향을 끼친다. 뒤채움 흙의 종류에 따른 δ값은 해설 표 6.2.3과 같다. δ값에 따른 주동토압 크기의 영향은 옹벽이 연직으로 많은 침하를 일으키지 않는다면 크지 않으나 수동토압에 미치는 영향은 매우 크다. 옹벽이 침하하지 않으면 해설 그림 6.2.1에서 보는 바와 같이 주동토압은 벽면마찰각이 위(+)로 작용하여 감소하고 수동토압은 해설 그림 6.2.1에서와 같이 아래(−)로 작용하여 증가한다.

해설 표 6.2.3 콘크리트의 면상태 및 지반의 종류에 따른 벽면마찰각(NAVFAC, 1982)

면 상태	지반 종류	지반−콘크리트 마찰각(도)
거친 콘크리트	상태가 양호하며 깨끗한 암반	35
	깨끗한 자갈, 자갈~모래, 굵은 모래	29~31
	깨끗한 가는~중간 모래, 실트질 중간~굵은 모래, 실트질 또는 점토질 자갈	24~29
	깨끗한 가는 모래, 실트질 또는 점토질의 가는~중간 모래	19~24
	가는 모래질 실트, 비소성의 실트	17~19
	매우 단단하고 강한 과압밀 점토	22~26
	중간정도 단단한 점토와 실트질 점토	17~19
매끈한 콘크리트	깨끗한 자갈, 자갈~모래 혼합토, 석분을 포함한 입도가 좋은 암 버럭	22~26
	깨끗한 모래, 실트질 모래~자갈 혼합토, 입도분포가 나쁜 암 버럭	17~22
	실트질 모래, 실트 또는 점토가 섞인 자갈 또는 모래	17
	가는 모래질 실트, 비소성의 실트	14

토압공식에는 Coulomb, Rankine, Terzaghi의 공식 등 여러 식이 있지만 실내외 실험 결과 Coulomb의 토압공식이 비교적 측정치에 가까운 값을 보이기 때문에 원칙적으로 Coulomb의 토압공식을 사용한다. 그러나 강널말뚝 등 변형하기 쉬운 구조물에 작용하는 토압은 복잡한 곡선분포를 보이므로 이 경우에는 Coulomb의 토압을 사용해서는 안된다. 그리고 역 T형 옹벽 또는 부벽식 옹벽과 같이 토압이 뒷굽에서부터 위로 연직하게 세운 가상면에 작용할 때에는 Rankine 토압을 사용한다. 그 이유는 옹벽구조물이 회전하거나 밀려나는 경우에도 이 가상면을 따라서 전단이 일어나지 않기 때문이다.

벽면 마찰각의 부호는 주동토압의 경우에는 정(正), 수동토압의 경우에는 부(負)를 취하기로 한다. Coulomb의 수동토압은 $(-\theta)$ 또는 $(-\delta)$의 값이 크면 과대하게 되므로 수동토압 산정시 관련공식의 적용에는 다음과 같은 제한을 둔다. 즉, $(-\delta)$의 값은 배면토의 전단저항각의 1/3 이하로 하고 $(-\theta)$의 값은 최대 20°로 한다.

토압 산정 공식과 토압분포는 옹벽의 형태, 지반의 종류, 지층상태, 배면지형, 상재하중 조건 등 현장여건을 고려하여 결정한다. 몇몇 경우에 대한 토압 산정예는 다음과 같다.

(1) 지표면이 수평이고 하중이 없는 경우

토압을 구하는 이론은 여러 가지가 제안되어 있으나 그 중에서도 Rankine이론과 Coulomb이론이 통상적으로 사용되고 있다. Rankine이론에 의하면 해설 그림 6.2.2와 같이 지표면이 수평인 연속벽체에 뒤채움이 사질토($c=0$)인 경우에 작용하는 전 주동토압은 해설 식(6.2.3)과 같다.

$$P_A = \frac{1}{2}\gamma H^2 K_a \qquad \text{해설 (6.2.3)}$$

여기서, γ : 흙의 단위중량(kN/m^3)

$K_a = \tan^2(45° - \phi/2)$

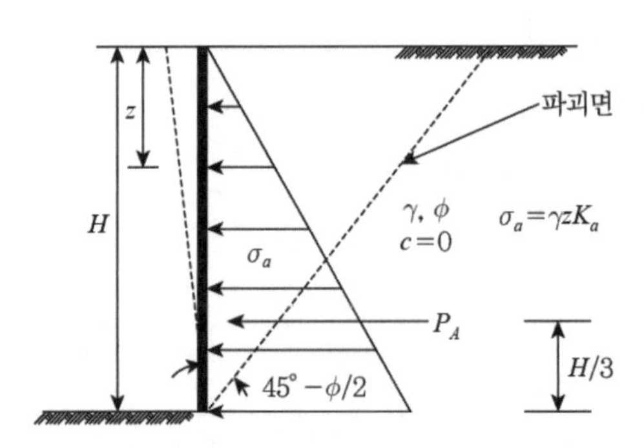

해설 그림 6.2.2 지표면이 수평인 연직벽체에 뒤채움이 사질토($c=0$)인 경우의 주동토압

그리고 전 수동토압은 해설 식(6.2.4)과 같다.

$$P_P = \frac{1}{2}\gamma H^2 K_p \qquad \text{해설 (6.2.4)}$$

여기서, $K_p = \tan^2(45° + \phi/2)$이다(해설 그림 6.2.3 참조).

지표면이 수평인 연직벽체에 뒤채움이 점토($\phi = 0$)인 해설 그림 6.2.4와 같은 경우에 작용하는 전 주동토압은 인장균열이 발생되는 깊이(z_c)까지의 토압을 무시하여 해설 식(6.2.5)와 같다.

$$P_A = \frac{1}{2}\gamma H^2 - 2cH + \frac{2c^2}{\gamma} \qquad \text{해설 (6.2.5)}$$

같은 조건에서의 전 수동토압은 해설 식(6.2.6)과 같다.

$$P_A = \frac{1}{2}\gamma H^2 + 2cH \qquad \text{해설 (6.2.6)}$$

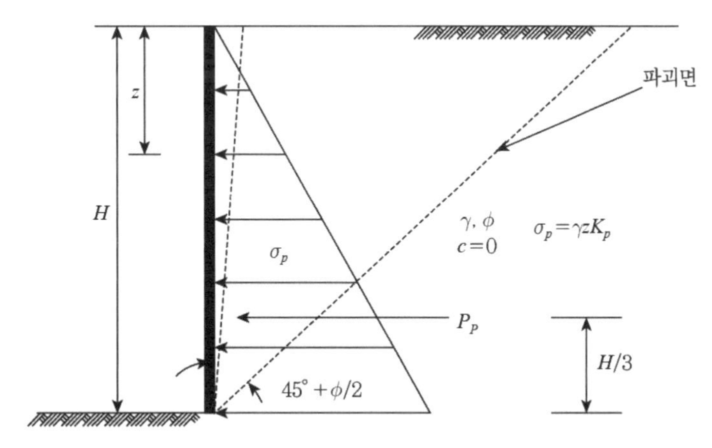

해설 그림 6.2.3 지표면이 수평인 연직벽체에 뒤채움이 사질토($c = 0$)인 경우의 수동토압

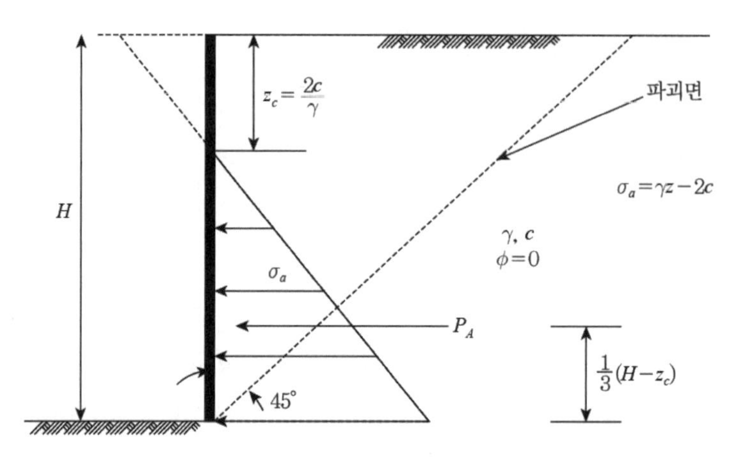

해설 그림 6.2.4 지표면이 수평인 연직벽체에 뒤채움이 점토($\phi=0$)인 경우의 주동토압

지표면이 수평인 연직벽체에 뒤채움이 일반 흙(c, ϕ)인 경우의 전 주동토압은 해설 그림 6.2.5에서 보는 바와 같이 마찬가지로 인장균열 깊이까지의 토압을 무시하여 해설 식(6.2.7)과 같다.

$$P_A = \frac{1}{2}\gamma H^2 \tan^2\left(45° - \frac{\phi}{2}\right) - 2cH\tan\left(45° - \frac{\phi}{2}\right) + \frac{2c^2}{\gamma} \qquad \text{해설 (6.2.7)}$$

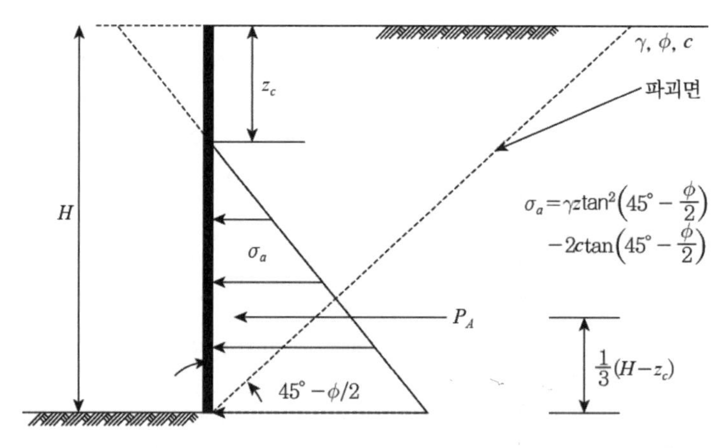

해설 그림 6.2.5 지표면이 수평인 연직벽체에 뒤채움이 일반 흙(c, ϕ)인 경우의 주동토압

같은 조건에서의 전 수동토압은 해설 식(6.2.8)과 같다.

$$P_p = \frac{1}{2}\gamma H^2 \tan^2\left(45° + \frac{\phi}{2}\right) + 2cH\tan\left(45° + \frac{\phi}{2}\right) \quad \text{해설 (6.2.8)}$$

주동토압 산정 시 인장균열이 발생되는 깊이(Z_c)까지의 토압을 무시할 경우 인장균열 내에 수압을 고려한다(Barnes, 2000).

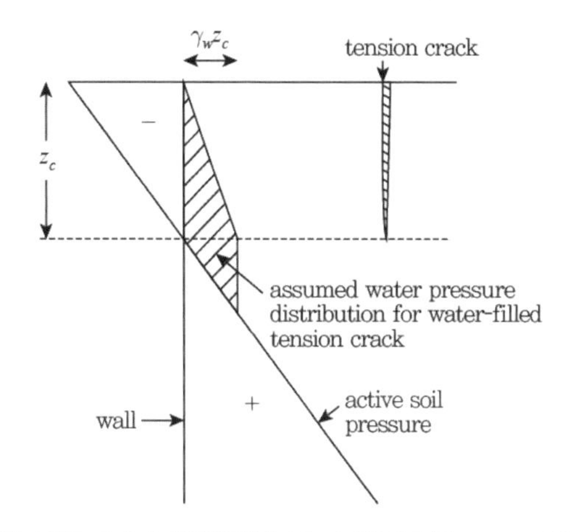

해설 그림 6.2.6 인장균열 내 수압분포(Barnes, 2000)

(2) 지표면이 경사지고 하중이 없는 경우

연직벽체에 지표면이 경사지고 뒤채움이 사질토($c=0$)인 경우 후술하는 Coulomb이론에 근거하되 벽면마찰각(δ)을 무시하면 전 주동토압 및 전 수동토압은 해설 그림 6.2.7에 근거하여 각각 해설 식(6.2.9) 및 해설 식(6.2.10)과 같으며, 뒤채움 지표 경사(β)에 따른 ϕ와 주동토압계수(K_a) 및 수동토압계수(K_p)의 관계를 그림으로 나타내면 해설 그림 6.2.8과 같다.

$$P_P = \frac{1}{2}\gamma H^2 K_p \quad \text{해설 (6.2.9)}$$

여기서, $K_a = \left[\frac{\cos\phi}{1+\sqrt{\sin\phi(\sin\phi - \cos\phi\tan\beta)}}\right]^2$

$$P_P = \frac{1}{2}\gamma H^2 K_p \qquad \text{해설 (6.2.10)}$$

여기서, $K_p = \left[\dfrac{\cos\phi}{1 - \sqrt{\sin\phi(\sin\phi + \cos\phi\tan\beta)}} \right]^2$

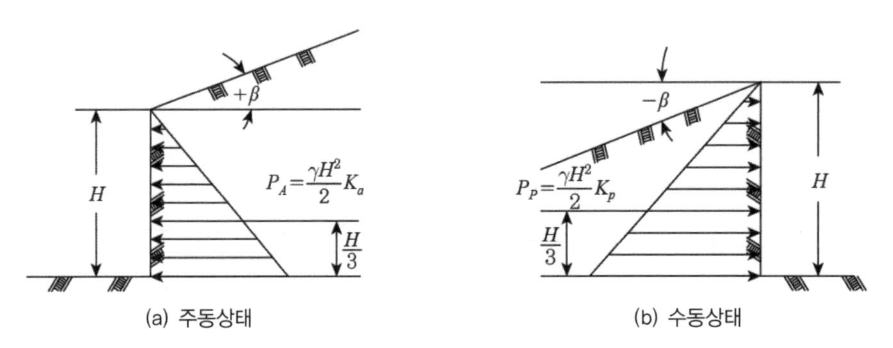

(a) 주동상태 (b) 수동상태

해설 그림 6.2.7 연직벽체에 지표면이 경사지고 뒤채움이 사질토($c = 0$)인 경우의 주동토압 및 수동토압

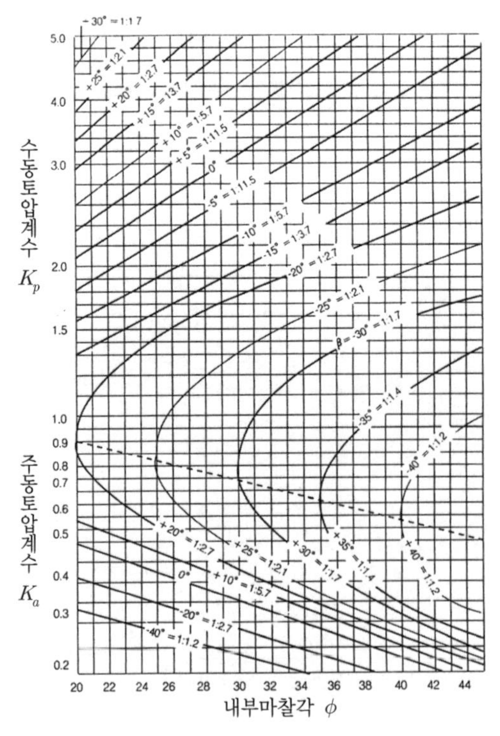

해설 그림 6.2.8 해설 그림 6.3.7의 β와 ϕ값에 따른 K_a와 K_p값(NAVFAC, 1982)

이 경우 주동 및 수동상태의 연직벽체 배면과 파괴면이 이루는 각도는 해설 그림 6.2.9에 근거하여 각각 해설 식(6.2.11) 및 해설 식(6.2.12)와 같다.

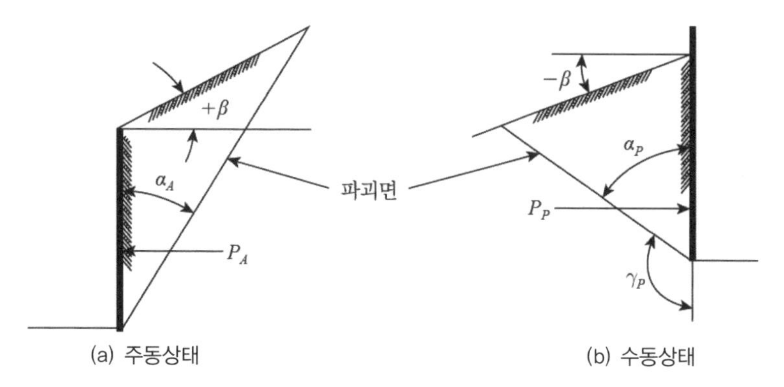

해설 그림 6.2.9 연직배면과 파괴면이 이루는 각도

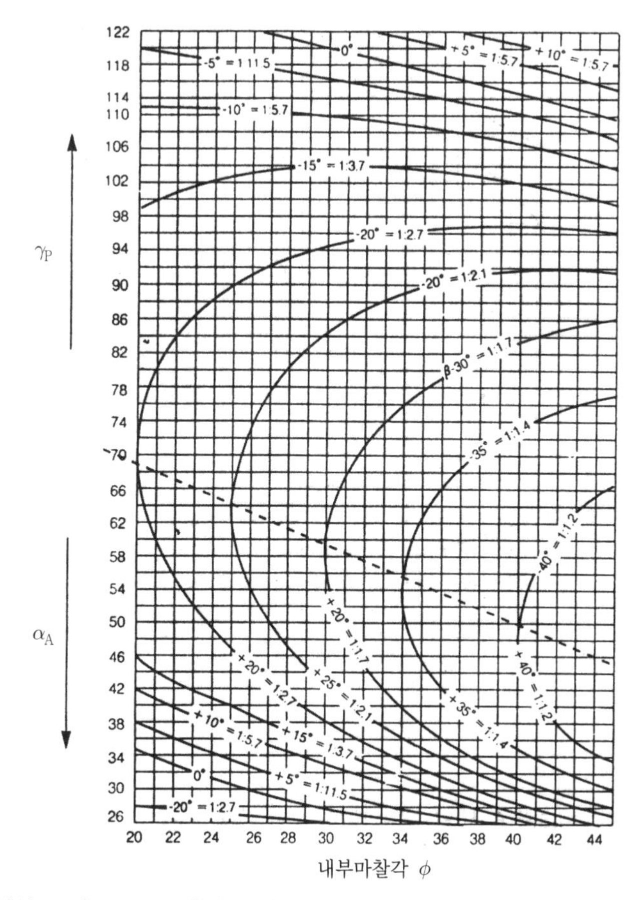

해설 그림 6.2.10 해설 그림 6.2.9에서의 β와 ϕ에 따른 α_A 및 γ_P

$$\cot\alpha_A = \tan\phi + \sqrt{1 + \tan^2\phi - \frac{\tan\beta}{\sin\phi\cos\phi}} \qquad \text{해설 (6.2.11)}$$

$$\cot\gamma_P = -\tan\phi + \sqrt{1 + \tan^2\phi - \frac{\tan\beta}{\sin\phi\cos\phi}} \qquad \text{해설 (6.2.12)}$$

해설 그림 6.2.10은 해설 그림 6.2.9에서의 β와 ϕ에 따른 α_A 및 γ_P의 관계곡선을 나타낸 것이다.

연직벽체에 뒤채움이 일반 흙(c, ϕ)이며 벽면마찰각(δ)을 무시하는 경우의 주동토압은 해설 그림 6.2.11과 같이 흙쐐기에 작용하는 힘들의 평형에 의한 힘의 다각형으로부터 시행오차법을 이용하여 최대에 해당되는 값으로 구할 수 있다. 즉, 흙쐐기의 중량(W)과 가상파괴면에서의 점착력(cL)은 크기와 방향을 모두 알고 가상파괴면에서의 반력(R)과 전 주동토압(P_A)은 방향을 알고 있으므로 힘의 다각형으로부터 P_A값을 구할 수 있다. 여기서 L은 파괴면의 길이이다.

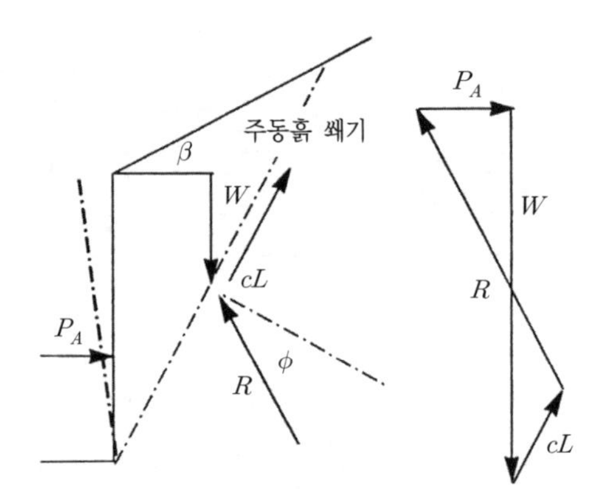

해설 그림 6.2.11 연직벽체에 뒤채움이 일반흙(c, ϕ)인 경우의 힘의 다각형에 의한 주동토압 산정방법

같은 조건하의 수동토압은 주동토압과 같은 방법으로 구하되 다만 시행오차법에 의한 최소에 해당되는 값을 취한다(해설 그림 6.2.12 참조).

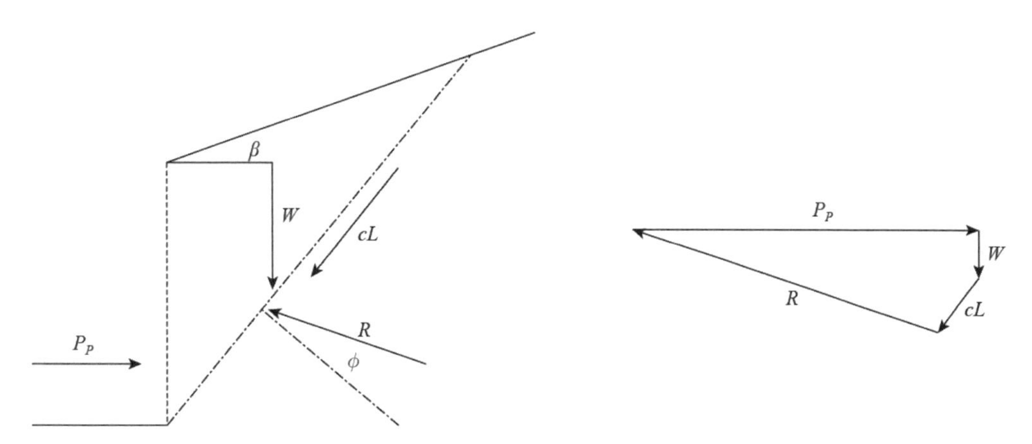

해설 그림 6.2.12 연직벽체에 뒤채움이 일반 흙(c, ϕ)인 경우의 힘의 다각형에 의한 수동토압 산정방법

상기 전술한 내용까지는 벽면마찰각(δ)을 모두 무시한 경우이지만 Coulomb이론은 δ를 고려한 흙쐐기 이론이다. 벽면과 지표면이 경사지고 뒤채움이 사질토인 경우의 주동토압에 대해서는 해설 그림 6.2.13과 해설 식(6.2.13)과 같다.

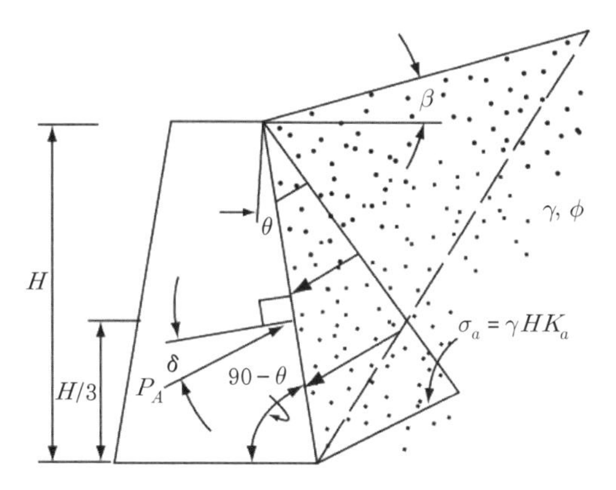

해설 그림 6.2.13 벽면과 지표면이 경사지고 뒤채움이 사질토인 경우의 Coulomb의 주동토압

$$P_A = \frac{1}{2}\gamma H^2 K_a \qquad \text{해설 (6.2.13)}$$

여기서, $K_a = \dfrac{\cos^2(\phi-\theta)}{\cos^2\theta\cos(\theta+\delta)\left[1+\sqrt{\dfrac{\sin(\phi+\delta)\sin(\phi-\beta)}{\cos(\theta+\delta)\cos(\theta-\beta)}}\right]^2}$

단, $\phi < \beta$일 때에는 $\sin(\phi-\beta)=0$으로 가정한다. 그리고 이 경우의 수동토압은 해설 식(6.2.14)와 같다.

$$P_P = \frac{1}{2}\gamma H^2 K_p \qquad \text{해설 (6.2.14)}$$

여기서, $K_p = \dfrac{\cos^2(\phi+\theta)}{\cos^2\theta\cos(\theta-\delta)\left[1-\sqrt{\dfrac{\sin(\phi-\delta)\sin(\phi+\beta)}{\cos(\delta-\theta)\cos(\beta-\theta)}}\right]^2}$

단, K_p를 구할 때 $\delta \le \phi/3$값으로 한다.

Coulomb의 토압이론은 평면파괴로 가정하였으나 실제는 대수나선형 파괴에 가까운 것으로 알려져 있다. 연직벽면에 지표면이 경사지고 뒤채움이 사질토인 경우 Caquot와 Kerisel(1948)에 의해 이를 고려한 주동토압은 해설 그림 6.2.14, 수동토압은 해설 그림 6.2.15와 같은 상태에서 해설 식(6.2.13), 해설 식(6.2.14)로 구할 수 있다. 이때 주동토압계수(K_a) 및 수동토압계수(K_p)는 해설 그림 6.2.16과 같다. 해설 그림 6.2.16은 $\delta/\phi=-1.0$인 경우에 대한 관계곡선이므로 다른 δ/ϕ값에 대한 경우는 해설 표 6.2.4와 같은 감소계수(R)을 이용하여 구한다.

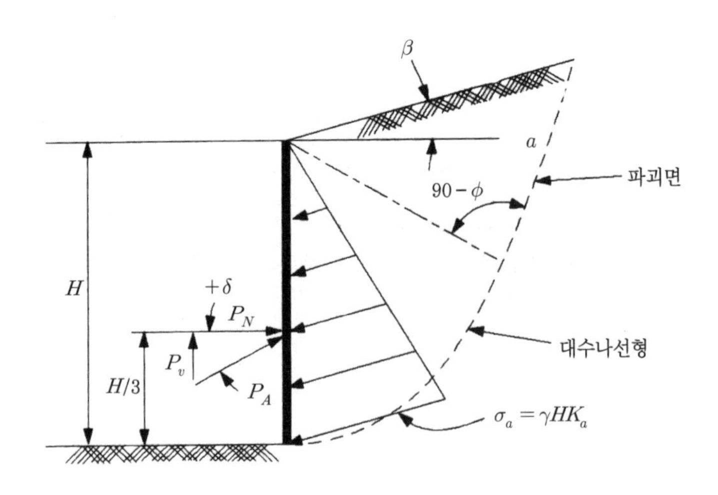

$P_V = P_A \sin\delta$, $P_N = P_A \cos\delta$

해설 그림 6.2.14 연직벽면에 지표면이 경사지고 뒤채움이 사질토인 경우의 주동토압

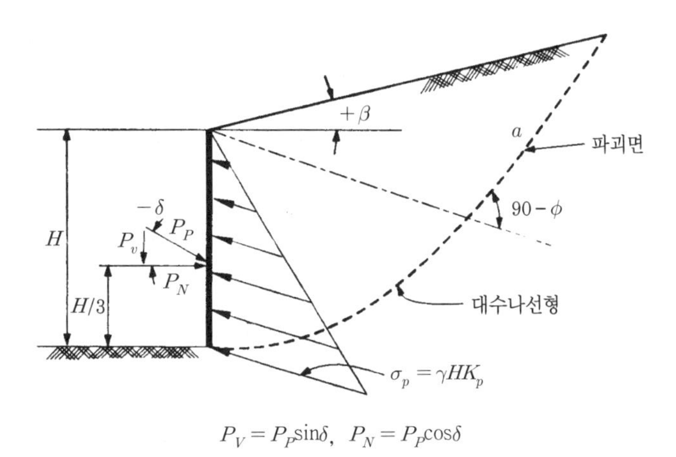

$P_V = P_P \sin\delta,\ \ P_N = P_P \cos\delta$

해설 그림 6.2.15 연직벽면에 지표면이 경사지고 뒤채움이 사질토인 경우의 수동토압

예를 들어 $\phi=25°$, $\beta/\phi=-0.2$, $\delta/\phi=-0.3$인 경우 해설 그림 6.2.16으로부터 $\delta/\phi=-1.0$인 경우의 $K_p=3.02$를 구하고 해설 표 6.2.4로부터 $\delta/\phi=-0.3$에 대해 $R=0.711$이므로, 따라서 $K_p=(3.02)/(0.711)=2.15$이다.

한편 벽면이 경사지고 지표면이 수평이며 뒤채움이 사질토인 경우에는 Caquot와 Kerisel에 의해 주동토압은 해설 그림 6.2.17, 수동토압은 해설 그림 6.2.18에 근거하여 해설 식(6.2.13)과 해설 식(6.2.14)에서의 주동토압계수(K_a)와 수동토압계수(K_p)는 해설 그림 6.2.19로부터 구한다.

해설 표 6.2.4 $-\delta/\phi$값에 따른 감소계수(R)값

ϕ \ δ/ϕ	−0.7	−0.6	−0.5	−0.4	−0.3	−0.2	−0.1	0.0
10	.978	.962	.946	.929	.912	.898	.881	.864
15	.961	.934	.907	.881	.854	.830	.803	.775
20	.939	.901	.862	.824	.787	.752	.716	.678
25	.912	.860	.808	.759	.711	.666	.620	.574
30	.878	.811	.746	.686	.627	.574	.520	.467
35	.836	.752	.674	.603	.536	.475	.417	.362
40	.783	.682	.592	.512	.439	.375	.316	.262
45	.718	.600	.500	.414	.339	.276	.221	.174

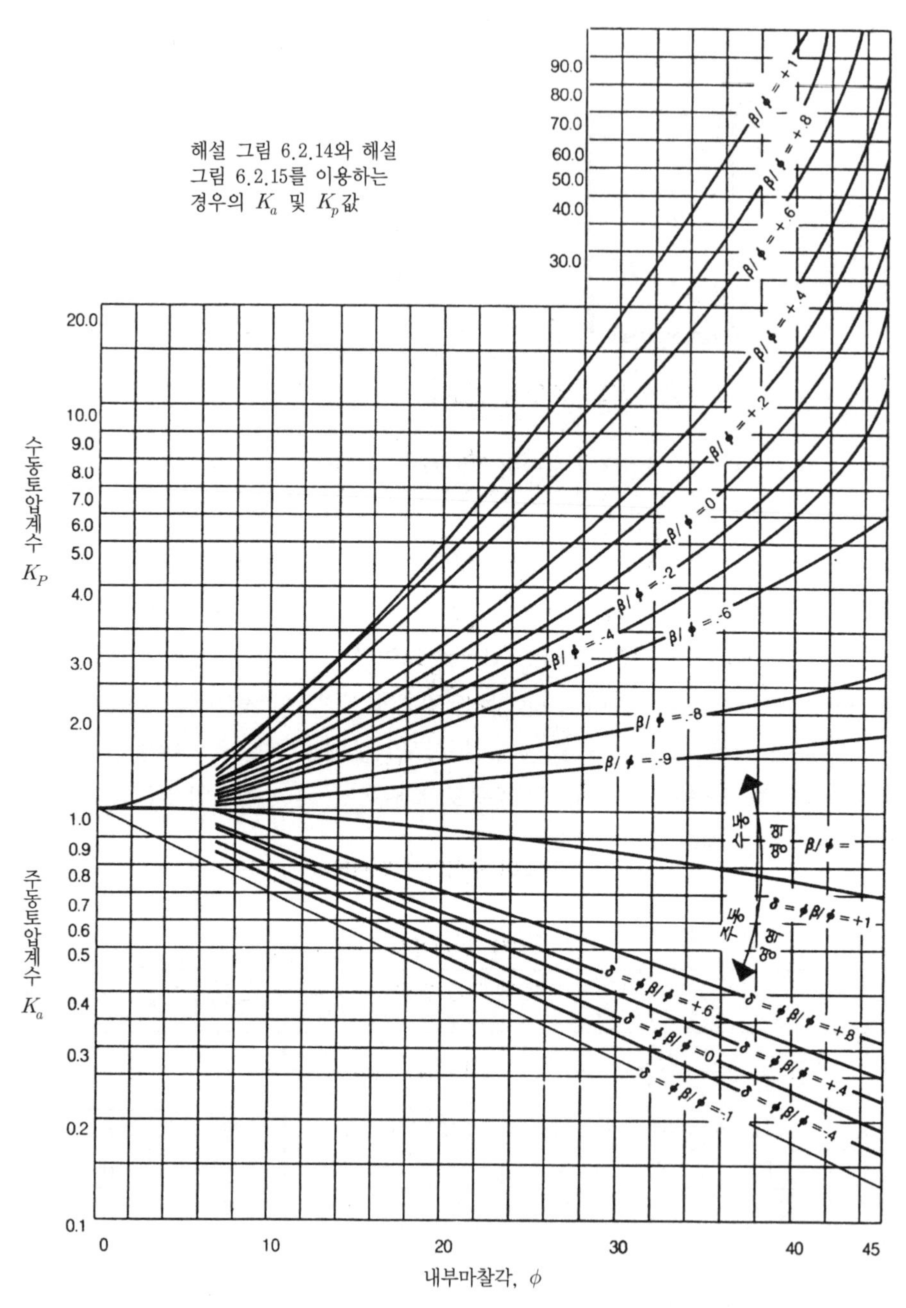

해설 그림 6.2.16 대수나선형 파괴를 고려한 경우의 K_a 및 K_p 값($\delta/\phi=-1.0$인 경우)(Caquot와 Kerisel, 1948)

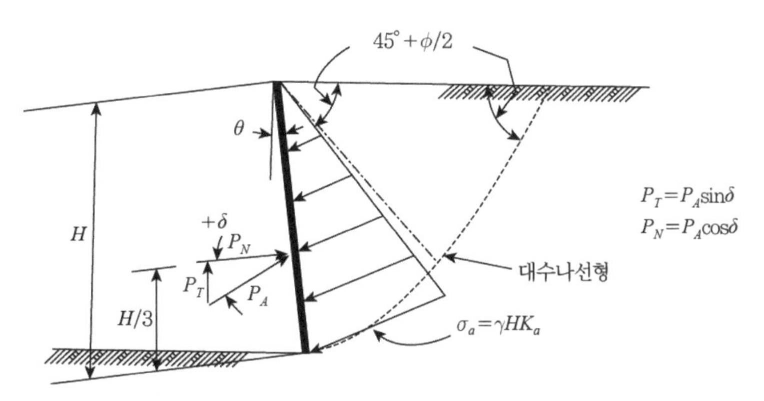

해설 그림 6.2.17 벽면이 경사지고 지표면이 수평이고 뒤채움이 사질토인 경우의 주동토압

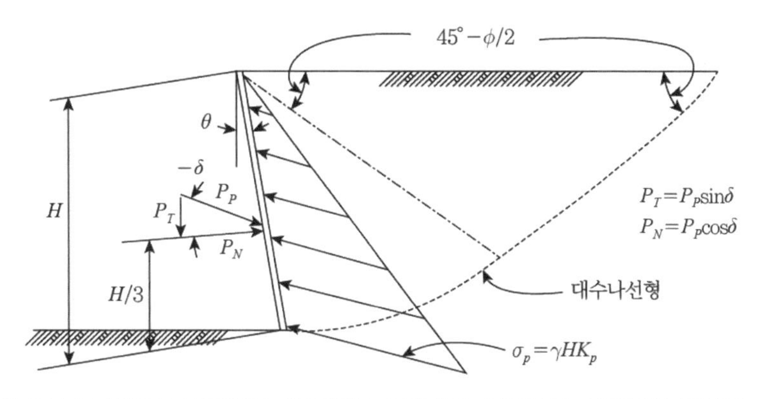

해설 그림 6.2.18 벽면이 경사지고 지표면이 수평이고 뒤채움이 사질토인 경우의 수동토압

해설 그림 6.2.19는 $\delta/\phi = -1.0$인 경우에 대한 관계곡선이므로 다른 δ/ϕ값에 대한 경우는 해설 표 6.2.4와 같은 감소계수(R)를 이용하여 앞과 같은 방법으로 구한다. 켄틸레버옹벽의 경우에는 해설 그림 6.2.20에서 보는 바와 같이 AB선이 벽체를 가로지르지 않는 경우는 Rankine이론에 근거한 토압을 적용시키며 AB선이 벽체를 가로지르는 경우는 Coulomb이론을 적용시켜 토압을 구한다(Hong Kong, 1982). 이 해설 그림에서 ω와 $\sin\epsilon$은 각각 해설 식(6.2.15) 및 해설 식(6.2.16)과 같다.

$$\omega = \frac{1}{2}(90° - \phi) - \frac{1}{2}(\epsilon - \beta) \qquad \text{해설 (6.2.15)}$$

$$\sin\epsilon = \frac{\sin\beta}{\sin\phi'} \qquad \text{해설 (6.2.16)}$$

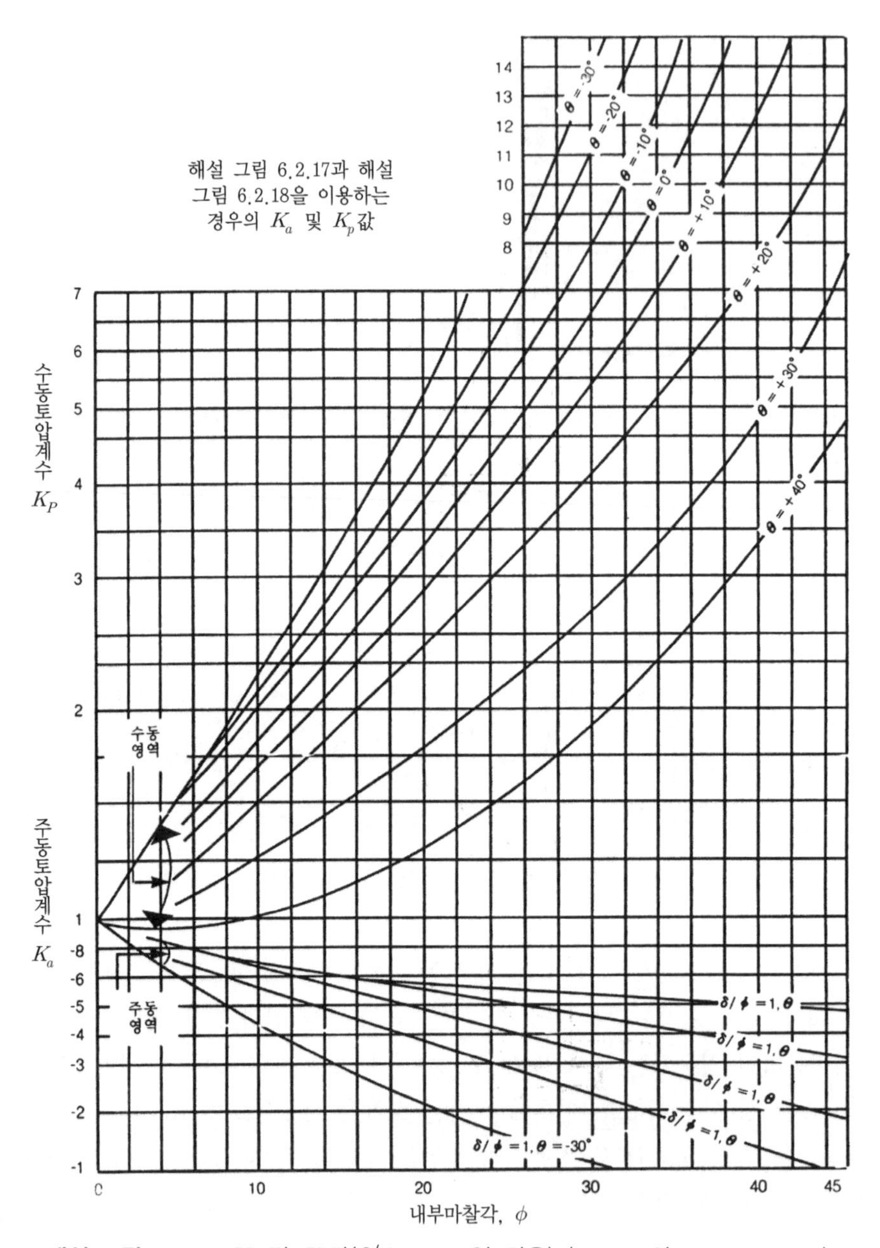

해설 그림 6.2.19 K_a 및 K_p값($\delta/\phi=-1.0$인 경우) (Caquot와 Kerisel, 1948)

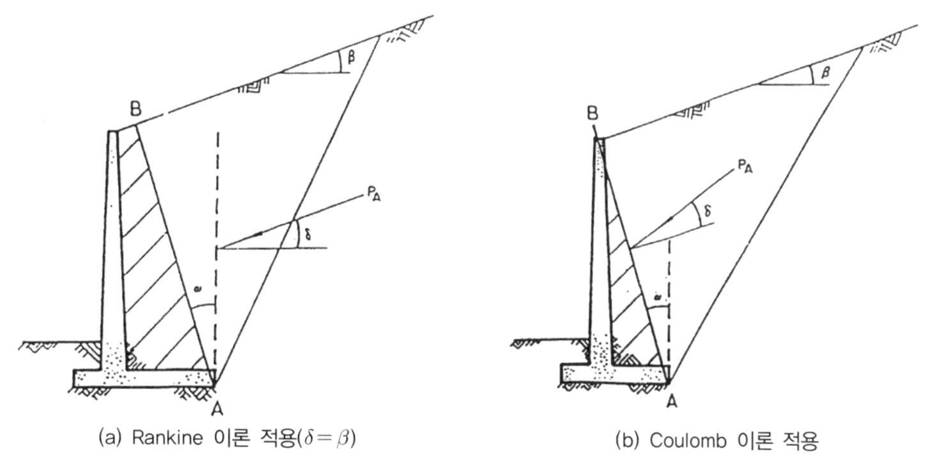

(a) Rankine 이론 적용($\delta=\beta$)　　(b) Coulomb 이론 적용

해설 그림 6.2.20 켄틸레버 옹벽에서의 토압이론 적용

(3) 뒷굽판 길이의 영향

캔틸레버 옹벽의 안정검토시 토압은 캔틸레버식 옹벽의 뒷굽판 길이에 따라 긴 뒷굽판과 짧은 뒷굽판 길이로 나누어 생각할 수 있다.

가) 긴 뒷굽판

뒷굽판의 길이가 충분히 길어서 벽측의 활동면이 지표면을 지나는 경우에는 랭킨의 이론에 따라 해설 그림 6.2.21(a)의 힘의 다각형으로부터 $E_{a1}+G_E=E_{a2}$가 된다. 이때 안정검토는 해설 그림 6.2.21(b)에 $\delta_{a2}=\phi$, 또는 해설 그림 6.2.20(c)에 $\delta_{a1}=\beta$를 적용하는데, 대개 후자를 많이 적용한다.

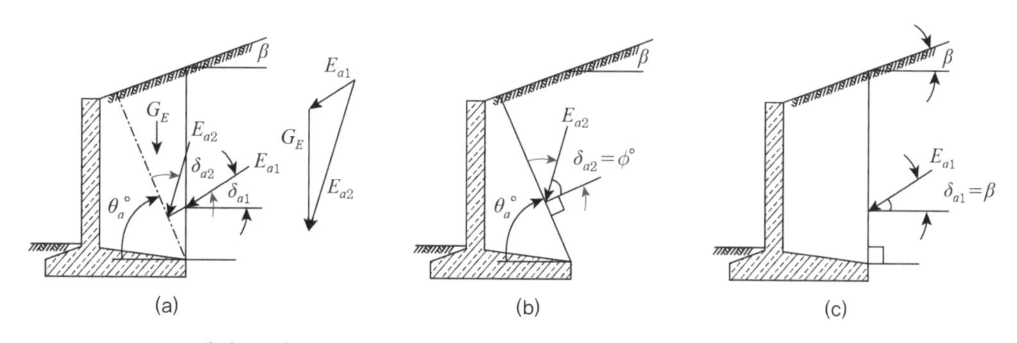

(a)　(b)　(c)

해설 그림 6.2.21 캔틸레버 옹벽에서 뒷굽판이 긴 경우의 토압

나) 짧은 뒷굽판

뒷굽판의 길이가 짧으면 벽측의 활동면은 벽체 뒷면과 A점에서 만나게 된다. 이러한 경우에 점 A 상부의 벽체에는 주동토압 E_a가 작용하며, 이때의 벽마찰각은 벽체의 조도에 따라 다르나 대체로 $\delta_{a1} = 2/3\phi$로 한다(해설 그림 6.2.22(b)). 점 A의 아래에서는 벽측활동면에서 $\delta_{a2} = \phi$를 적용한다(해설 그림 6.2.22(c)). 또한 내측파괴면과 바닥판 사이의 뒷채움흙은 옹벽의 자중에 포함시켜 검토한다. 캔틸레버옹벽이 암반 등의 견고한 지반에 놓여서 전도보다는 수평변위가 일어나는 조건인 경우에는 해설 그림 6.2.22(c)와 같이 연직인 대체면에 $\delta_0 = \phi$로 하여 정지토압을 적용한다.

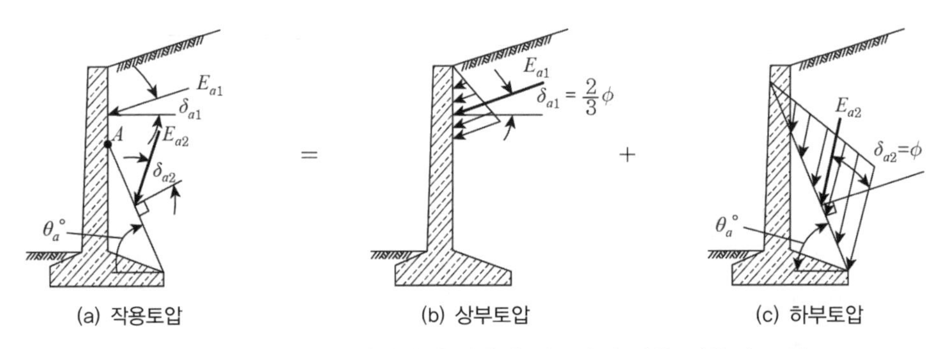

해설 그림 6.2.22 캔틸레버 옹벽에서 뒷굽판이 짧은 경우의 토압

(4) 지표면에 하중이 작용하는 경우

임의의 하중이 작용하는 경우는 (5)항을 참조하고 여기서는 뒤채움이 수평인 연직벽체를 대상으로 각 하중으로 인한 주동토압 증가량을 구하는 방법을 다룬다.

가. 등분포하중이 작용하는 경우

해설 그림 6.2.23과 같이 지표면에 작용하는 등분포하중(q_s)으로 인한 토압은 뒤채움이 사질토($c=0$)인 경우 임의의 깊이에서의 연직응력에 토압계수를 곱하여 주동토압인 경우 해설 식(6.2.17), 수동토압인 경우 해설 식(6.2.18)로 구한다. 이때 전 주동토압은 해설 식(6.2.19), 전 수동토압은 해설 식(6.2.20)과 같다.

$$\sigma_a = \sigma_v \tan^2\left(45° - \frac{\phi}{2}\right) = (\gamma z + q_s)\tan^2\left(45° - \frac{\phi}{2}\right) \qquad \text{해설 (6.2.17)}$$

$$\sigma_p = \sigma_v \tan^2\left(45° + \frac{\phi}{2}\right) = (\gamma z + q_s)\tan^2\left(45° + \frac{\phi}{2}\right) \qquad \text{해설 (6.2.18)}$$

$$P_A = \frac{1}{2}\gamma H^2 \tan^2\left(45° - \frac{\phi}{2}\right) + q_s H \tan^2\left(45° - \frac{\phi}{2}\right) \qquad \text{해설 (6.2.19)}$$

$$P_P = \frac{1}{2}\gamma H^2 \tan^2\left(45° + \frac{\phi}{2}\right) + q_s H \tan^2\left(45° + \frac{\phi}{2}\right) \qquad \text{해설 (6.2.20)}$$

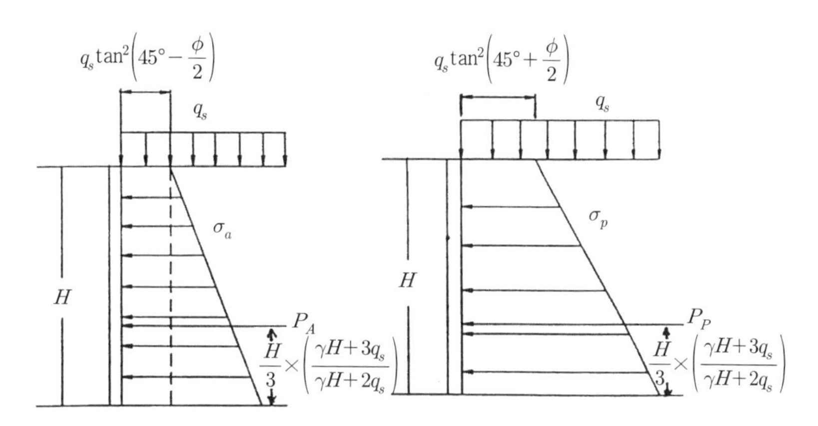

해설 그림 6.2.23 등분포하중이 작용하는 경우의 토압($c=0$)

나. 집중하중이 작용하는 경우

해설 그림 6.2.24과 같은 집중하중(Q_P)이 작용하는 경우 지표면으로부터 $z(=nH)$ 깊이에서의 토압증가량 $\Delta\sigma_a$는 실험에 근거하여 Boussinesq식을 수정한 해설 식(6.2.21) 및 해설 식(6.2.22)와 같다.

$$\Delta\sigma_a\left(\frac{H^2}{Q_P}\right) = \frac{0.28n^2}{(0.16+n^2)^3} \quad (m \le 0.4\text{인 경우}) \qquad \text{해설 (6.2.21)}$$

$$\Delta\sigma_a\left(\frac{H^2}{Q_P}\right) = \frac{1.77m^2n^2}{(m^2+n^2)^3} \quad (m > 0.4\text{인 경우}) \qquad \text{해설 (6.2.22)}$$

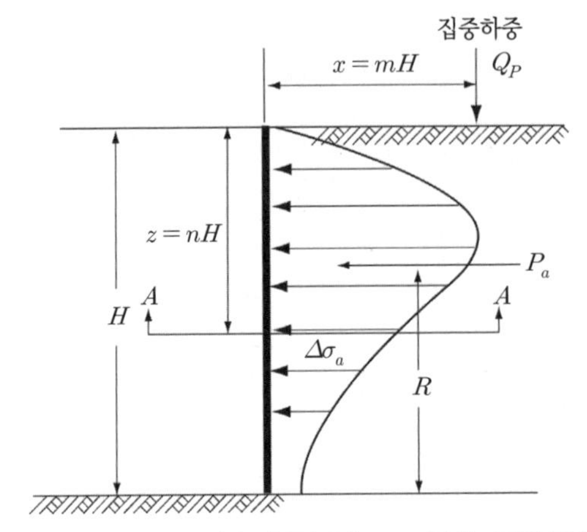

해설 그림 6.2.24 집중하중(Q_P)으로 인한 토압증가량

벽체높이 H에 따른 토압증가량 분포와 벽체 저면으로부터 전 주동토압 증가량(P_H)의 작용위치(R)는 $m(=\mathrm{x}/H)$ 크기에 따라 해설 그림 6.2.25에 주어진 값과 같다.

해설 그림 6.2.26은 해설 그림 6.2.24의 벽체길이 방향에 대한 A-A단면을 나타낸 것으로 작용점으로부터 떨어진 곳에서의 토압응력은 해설 식(6.2.23)으로부터 구할 수 있다.

$$\Delta\sigma_a{}' = \Delta\sigma_a H\cos^2(1.1\theta) \qquad \text{해설 (6.2.23)}$$

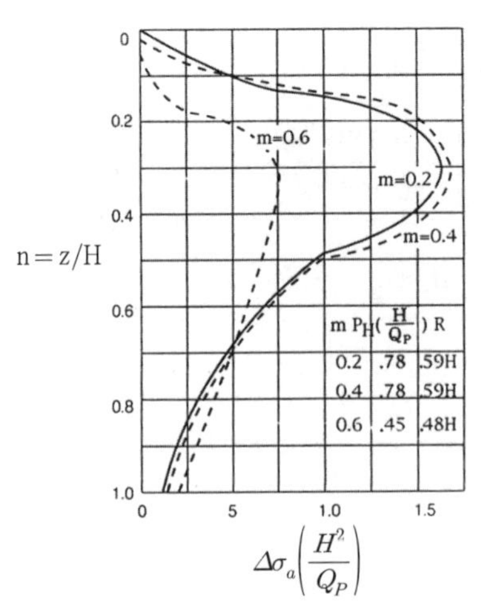

해설 그림 6.2.25 집중하중으로 인한 토압증가량 분포와 전 주동토압 증가량(P_H)의 작용위치 (R) (Terzaghi, 1954)

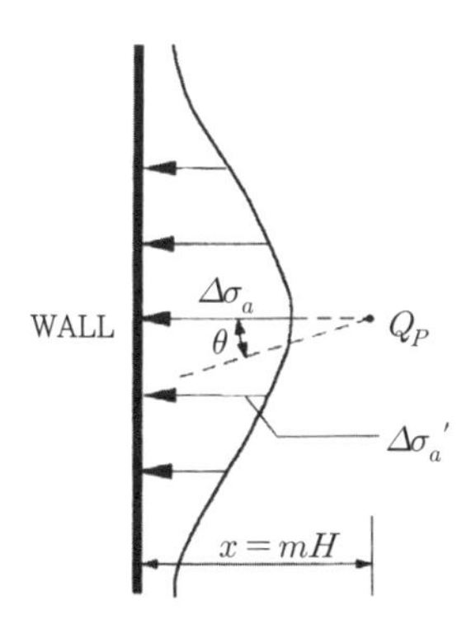

해설 그림 6.2.26 벽체길이 방향에 대한 A－A단면 토압분포(해설 그림 6.3.24 참조)

다. 선하중이 작용하는 경우

선하중(Q_L)이 작용하는 경우 지표면으로부터 $z(=nH)$ 깊이에서의 토압증가량($\Delta\sigma_a$)은 해설 그림 6.2.27에서와 같이 실험에 근거한 Boussinesq식을 수정한 해설 식(6.2.24) 및 해설 식(6.2.25)와 같으며, 전 토압증가량은 해설 식(6.2.26) 및 해설 식(6.2.27)을 사용하여 구할 수 있다.

$$\Delta\sigma_a\left(\frac{H}{Q_L}\right) = \frac{0.20n}{(0.16+n^2)^2} \quad (m \le 0.4\text{인 경우}) \qquad \text{해설 (6.2.24)}$$

$$\Delta\sigma_a\left(\frac{H}{Q_L}\right) = \frac{1.28m^2 n}{(m^2+n^2)^2} \quad (m > 0.4\text{인 경우}) \qquad \text{해설 (6.2.25)}$$

$$P_H = 0.55Q_L \quad (m \le 0.4\text{인 경우}) \qquad \text{해설 (6.2.26)}$$

$$P_H = \frac{0.64Q_L}{(m^2+1)} \quad (m > 0.4\text{인 경우}) \qquad \text{해설 (6.2.27)}$$

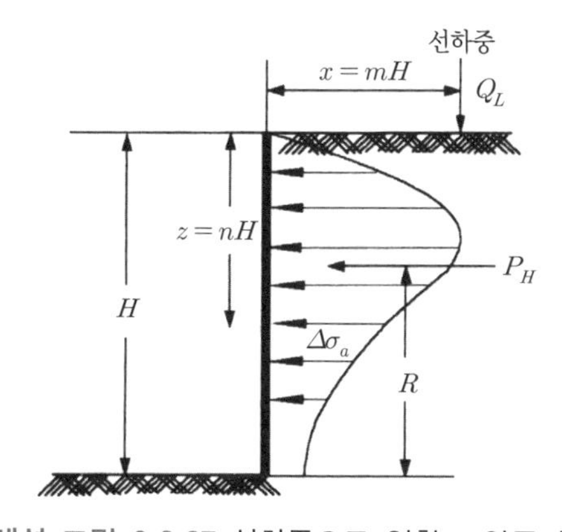

해설 그림 6.2.27 선하중으로 인한 토압증가량

벽체높이 H에 따른 토압증가량 분포와 벽체저면으로부터 전 주동토압 증가량(P_H)의 작용위치(R)를 $m(=x/H)$ 크기에 따라 나타낸 것은 해설 그림 6.2.28에 주어져 있다.

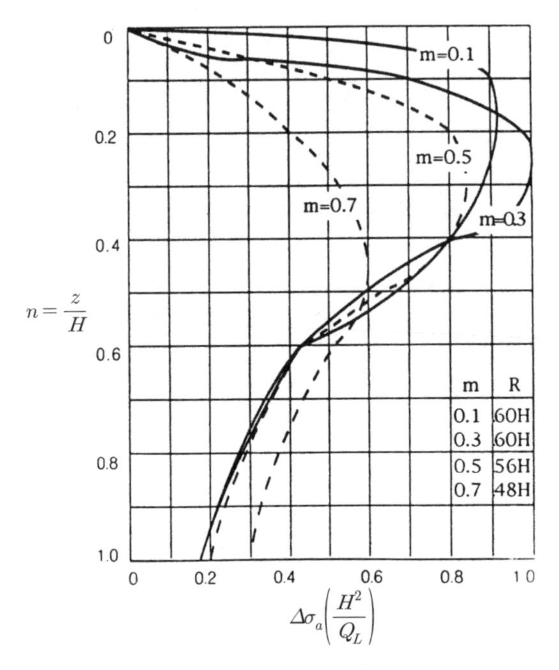

해설 그림 6.2.28 선하중으로 인한 토압증가량 분포와 전 주동토압 증가량(P_H)의 작용위치(R) (Terzaghi, 1954)

라. 구형 등분포하중이 작용하는 경우

해설 그림 6.2.29과 같은 구형 등분포하중(q)이 작용하는 경우 지표면으로부터 z 깊이 되는 곳의 토압증가량은 해설 식(6.2.28)으로 구한다.

$$\Delta\sigma_a = q \times IP \qquad \text{해설 (6.2.28)}$$

여기서, IP는 영향계수로서 해설 그림 6.2.30로부터 구한다.

실제 설계 시 건설 중에는 건설자재 및 기계장비 등을 고려하여 지표면에 14.71kN/m^{2}의 분포하중을 고려하는 것이 일반적이다. 이 하중은 벽체로부터 약 6~9m 내에 작업공간이 있고 무거운 중장비는 6m 밖에 있는 경우를 고려한 것인데, 무거운 중장비가 벽체에 가까이 있는 경우(6.2.4절 참조)는 별도의 하중을 고려해야 한다.

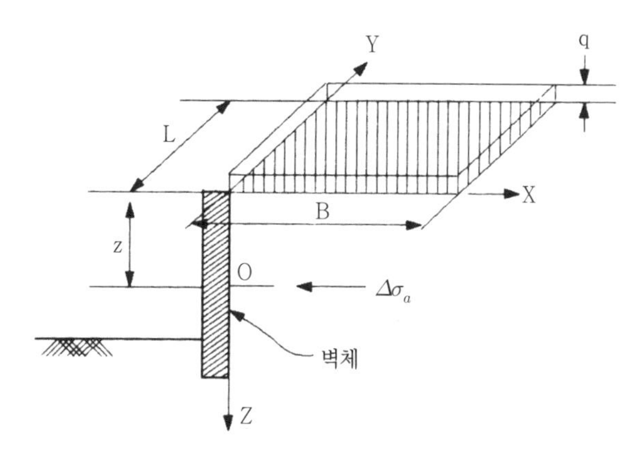

해설 그림 6.2.29 구형등분포하중으로 인한 토압증가량

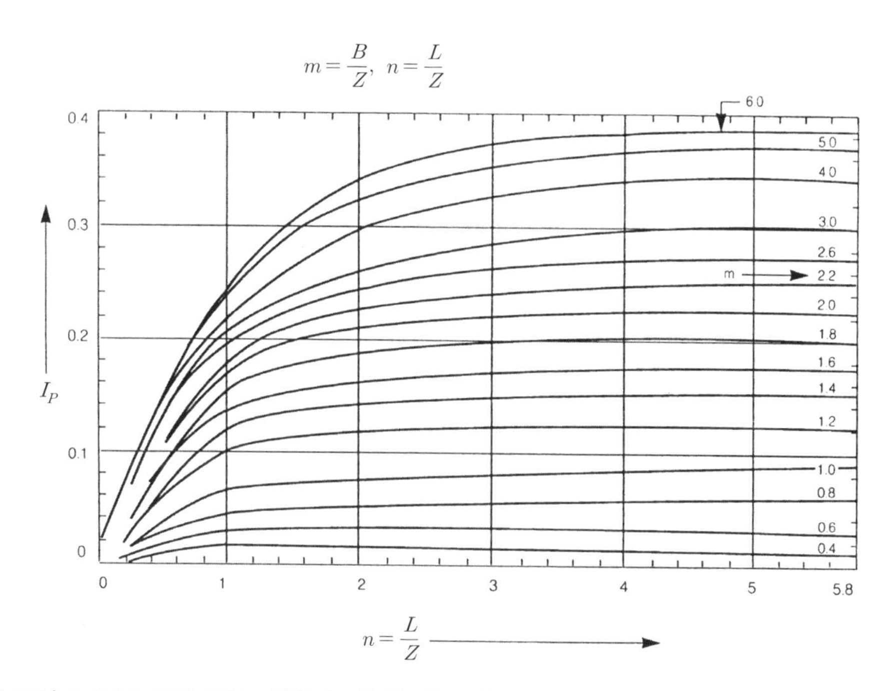

해설 그림 6.2.30 구형 등분포하중이 작용할 때 토압증가량을 구하기 위한 영향계수(IP) (μ=0.05 인 경우) (Goldberg 등, 1976)

(5) 뒤채움 흙이 서로 다른 경우

뒤채움 흙이 불규칙적으로 다른 경우에 대한 토압은 (5)항의 가항을 참조하기로 한다. 연직벽에 지표면이 수평이며 뒤채움 흙이 서로 다른 모래흙인 경우 토압분포는 해설 그림 6.2.31과 같이 위층보다 아래층의 토압계수가 작은 경우는 톱니형태, 큰 경우는 계단형태가 된다.

해설 그림 6.2.31에서 $K_{a1} = \tan^2(45° - \phi_1/2)$이고 $K_{a2} = \tan^2(45° - \phi_2/2)$이다. 이때 전 주동토압 P_A의 작용위치는 중첩의 원리를 이용하여 구할 수 있다.

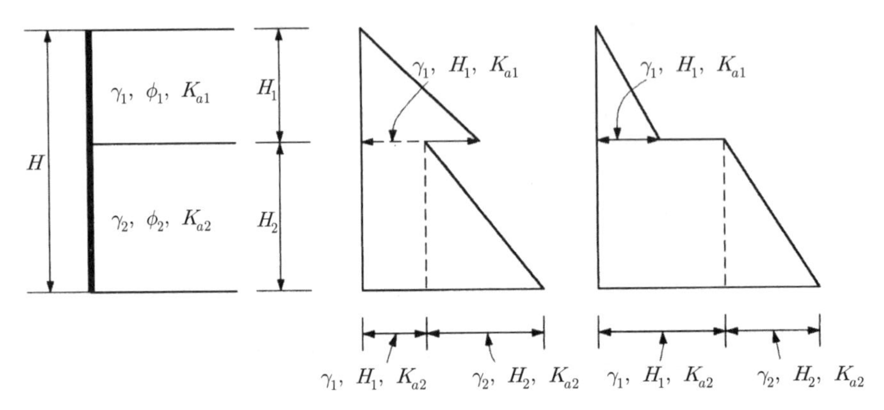

해설 그림 6.2.31 뒤채움 흙이 서로 다른 모래흙인 경우의 주동토압의 분포

(6) 기타

가. 지표면, 재하중 및 수위가 불규칙하고 뒤채움이 서로 다른 층인 일반적인 경우

해설 그림 6.2.32와 같은 불규칙한 지표면에 임의의 재하중과 수위도 일정치 않고 서로 다른 뒤채움 층을 이루고 있는 일반적인 경우의 전 주동토압은 평면파괴로 가정하여 먼저 흙쐐기 I에 작용하는 모든 힘들의 평형을 유지하기 위한 힘의 다각형(해설 그림 6.2.33)으로부터 P_{A1}과 F_1의 크기를 구한다. 즉, 재하중 S_1, 흙쐐기 자중 W_1, 가상면에서의 전 점착력 c_1L은 크기와 방향을 모두 알고 가상파괴면에서의 마찰력 F_1과 흙쐐기 I에 의한 벽체면에서의 주동토압 P_{A1}은 방향을 알고 있으므로 힘의 다각형이 폐합될 때의 P_{A1} 및 F_1 크기를 결정할 수 있다.

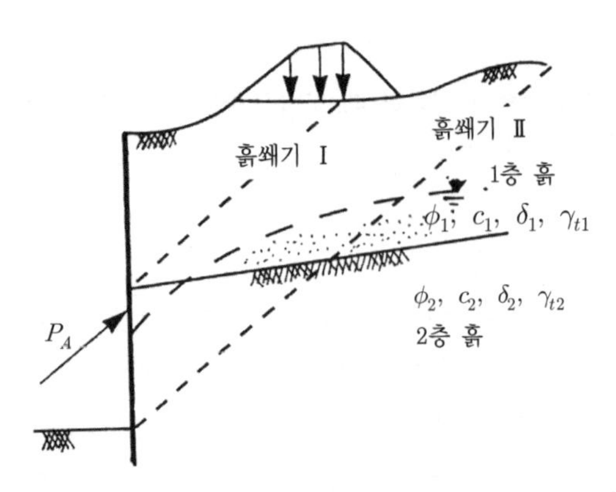

해설 그림 6.2.32 일반적인 뒤채움 및 하중조건에서의 전 주동토압

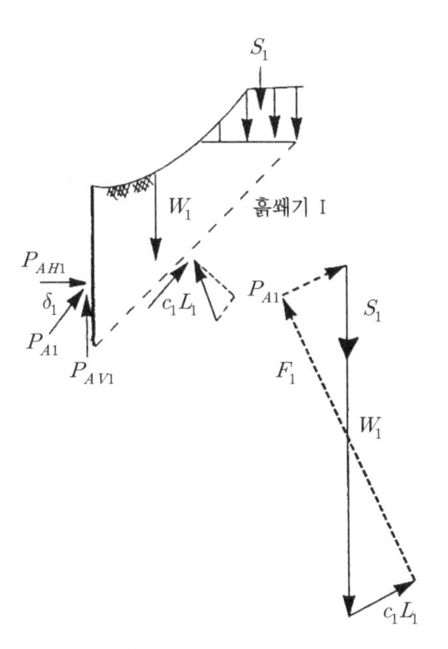

해설 그림 6.2.33 흙쐐기 I에 작용하는 힘 및 힘의 다각형

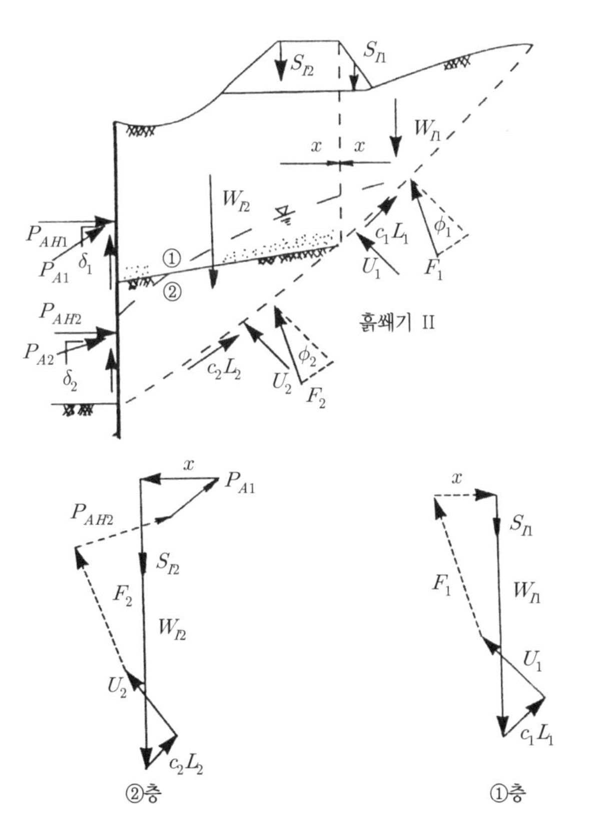

해설 그림 6.2.34 흙쐐기 II에 작용하는 힘 및 힘의 다각형

또한 흙쐐기 II에 대해서는 해설 그림 6.2.34에서 뒤채움 흙 ①층에서의 힘의 다각형을 위에서 설명한 방법과 유사한 방법에 의해 ②층에서의 힘의 다각형으로 P_{A2}를 구할 수 있으며 이로부터 P_{A2}의 수평분력 P_{AH2}를 구한다.
전 주동토압 P_A는 P_{A1}과 P_{A2}의 합이며 P_A의 수평분력 P_{AH}의 토압분포를 그림으로 나타낸 것이 해설 그림 6.2.35이다.

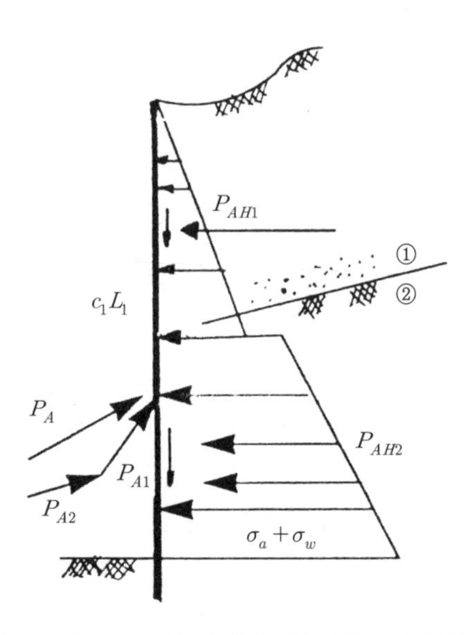

해설 그림 6.2.35 해설 그림 6.2.32의 벽체에 작용하는 전 주동토압의 수평분력분포

실제 벽체에 작용하는 전주동토압 P_A는 여러 가상파괴면을 가정하여 상기 설명한 방법에 의거해서 구한 P_A 중 최대의 P_A값으로 구한다. 이때 가상파괴면은 해설 그림 6.2.11과 해설 그림 6.2.12를 참조하면 좋다.
전 수동토압인 경우 벽면마찰각 δ를 모두 고려하면 Coulomb의 평면파괴는 과대평가되므로 원호와 직선 복합형 파괴면을 가정하여 해설 그림 6.2.36과 같은 조건인 경우, 전 주동토압의 경우와 마찬가지 방법으로 힘의 다각형을 이용하여 구한다(해설 그림 6.2.37 참조).
즉, 해설 그림 6.2.37의 우측 흙쐐기에서의 힘의 다각형으로부터 힘 X와 F_2 크기를 구해 좌측 흙쐐기의 힘의 다각형으로부터 전 수동토압 P_P를 구할 수 있다. 실제 벽체에 작용하는 전 수동토압 P_P는 가상파괴면을 여러 개 가정하여 상기 방법으로 구한 P_P 중 최소의 P_P값이 된다.

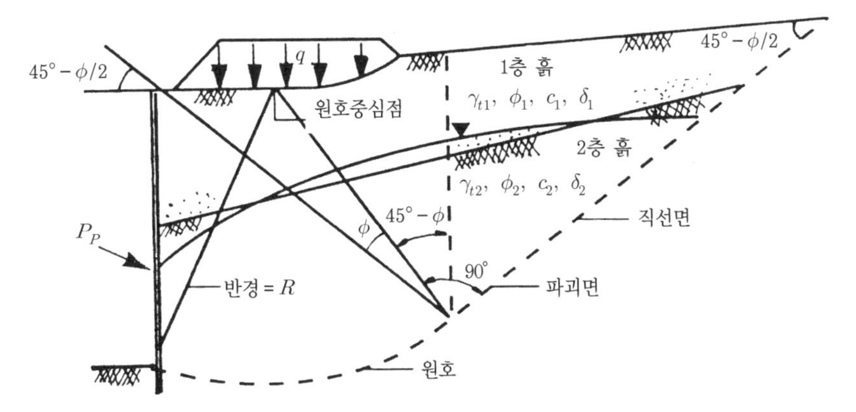

해설 그림 6.2.36 일반적인 뒤채움 및 하중조건에서의 전 수동토압

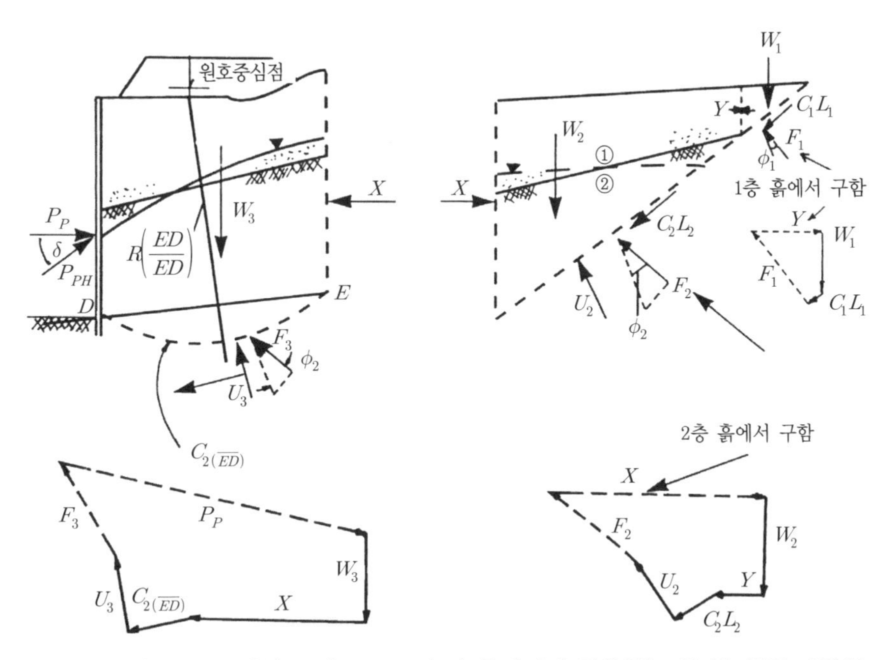

해설 그림 6.2.37 해설 그림 6.3.36의 각 흙쐐기에 작용하는 힘 및 힘의 다각형

나. 옹벽높이가 낮은 경우

옹벽높이가 3.6m보다 낮은 경우 토압은 지표면 경사가 일정한 경우를 고려하여 해설 그림 6.2.38로부터, 그리고 지표면이 어느 정도 경사졌다가 수평인 경우는 해설 그림 6.2.39으로부터 구할 수 있다. 만약 옹벽의 기초가 좋지 않아 침하되는 경우는 토압을 50%까지 증가시킨다(NAVFAC, 1982).

다. 기타 사항

점토와 실트분을 15% 이상 함유한 조립토나 세립토인 경우는 일반적으로 뒤채움 재료로 사용되지 않으나 부득이 사용하는 경우 토압은 정지토압에 근거하여 계산하거나 또는 배수불량, 팽창, 동상작용 등의 가능성이 높기 때문에 보다 큰 토압으로 산정해야 한다(NAVFAC, 1982).

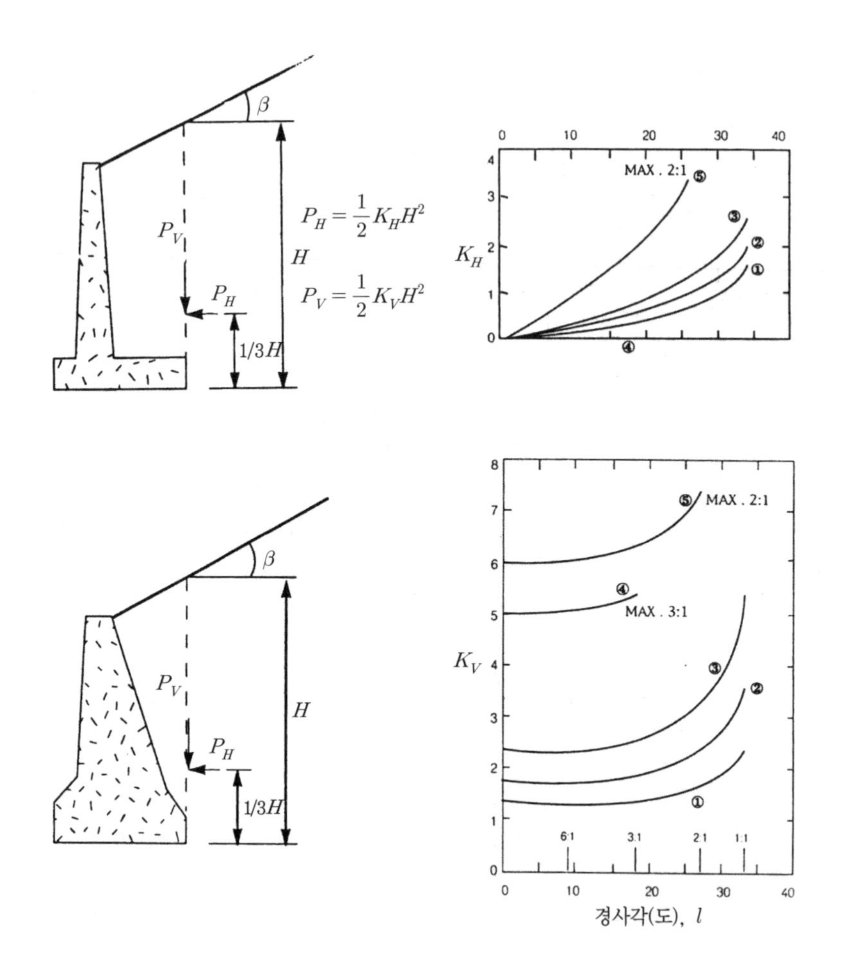

① 세립분이 섞여 있지 않은 배수가 대단히 양호한 조립토(깨끗한 모래, 자갈, 쇄석) : GW, GP, SW, SP
② 단단한 잔적 점토질 실트, 가는 실트질 모래, 점토질 모래 및 자갈 : GM, GM−GP, SM, SM−SP
③ 가는 실트질 모래, 눈에 뜨일 만큼 점토성분이 있는 조립토, 또는 돌이 섞인 잔적토 : CL, ML, CH, MH, SM, SC, GC
④ 연약한, 또는 아주 연약한 점토, 유기질 실트, 또는 연약한 실트질 점토 : CL, ML, OL, CH, MH, OH
⑤ 물의 침투가 거의 되지 않는 중간 또는 굳은 점토 : CL, CH

해설 그림 6.2.38 토압을 구하는 도표(Terzaghi와 Peck, 1967)

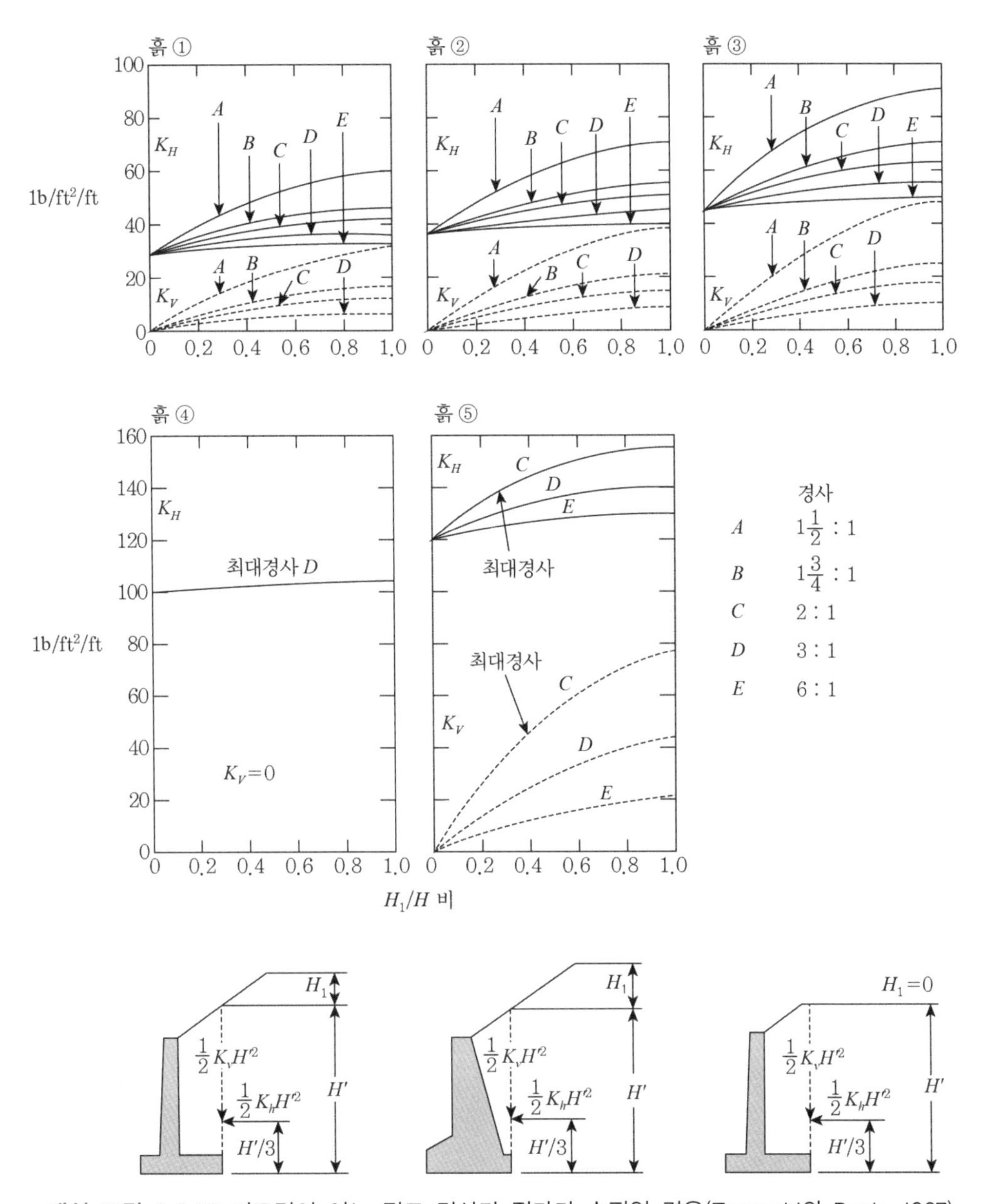

해설 그림 6.2.39 지표면이 어느 정도 경사가 졌다가 수평인 경우(Terzaghi와 Peck, 1967)

6.2.4 시공 시 뒤채움 다짐 영향

실제 옹벽 시공 시 뒤채움 다짐으로 토압이 증가되는데, 조립토인 경우 해설 그림 6.2.40에 근거하여 z 깊이에서의 토압 σ_h'는 해설 식(6.2.29) 및 해설 식(6.2.30)과 같다.

$z_c \leq z \leq d$인 경우

$$\sigma_h{}' = \sqrt{\frac{2P\gamma}{\pi}}\frac{L}{a+L} \qquad \text{해설 (6.2.29)}$$

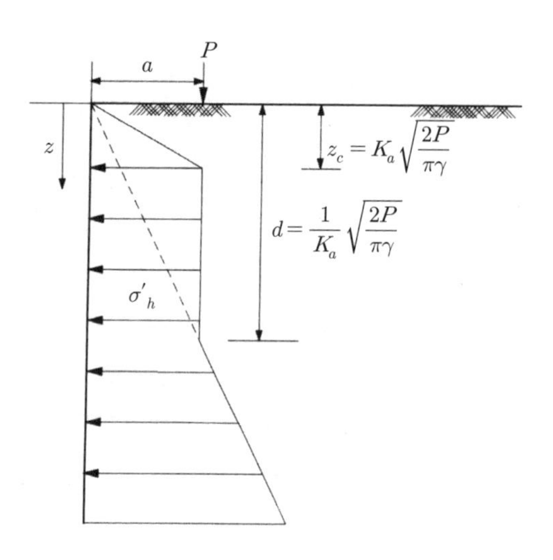

해설 그림 6.2.40 뒤채움 다짐시공으로 인한 토압(Ingold, 1979)

$z > d$인 경우

$$\sigma_h{}' = \gamma z K_a \qquad \text{해설 (6.2.30)}$$

여기서, P : 다짐기계하중=(다짐기계자중+원심력)/다짐기계의 바퀴폭
a : 벽체로부터 다짐기계까지의 거리
L : 다짐기계길이
K_a : 주동토압계수

6.2.5 뒤채움 공간이 제한되어 있는 경우

옹벽 배면의 원지반을 절토한 경우, 즉 원지반의 경사가 45° 이상이고, 옹벽 뒷굽과 원지반 하단의 수평거리가 해설 그림 6.2.41과 같이 1.0m 이하인 경우 옹벽에 작용하는 토압은 그 경계면의 영향을 받기 때문에 일반적인 성토부 옹벽에 작용하는 토압과는 다르게 취급해야 할 경우가 있다. 원지반이 안정되어 있는 것으로 간주되는 경우에도 옹벽과 그 경계면의 위치, 원지반의 경사, 그 표면의 거친 정도 등에 따라 토압이 달라지는데, 보통의 성토부 옹벽에 작용하는 토압과 비교하여 크게 되는 경우가 있으므로 주의해야 한다. 이 경우 토압크기는 해설 그림 6.2.41에 나타난 것과 같은 도해법이나 계산식

으로 구할 수 있으며 토압의 작용위치는 옹벽저면에서 $H/3$(H : 옹벽높이) 되는 곳이다. 활동파괴면과 뒤채움 흙과의 마찰각(δ)의 크기는 원지반의 지질이나 표면상태에 따라 다르지만 통상 $(2/3 \sim 1.0)\phi$로 볼 수 있으며 원지반이 연암보다 좋고 비교적 균일한 평면인 경우는 $\delta = 2/3\phi$, 원지반이 층이 있고 거친 면인 경우 $\delta = \phi$로 간주할 수 있다. 이 δ의 크기에 따라 토압크기에 미치는 영향이 크므로 δ의 결정에는 신중하여야 한다. 원지반의 경사가 해설 그림 6.2.41(a) 및 (b)와 같이 단일 경사인 경우 원지반의 경사각 j가 가상활동파괴면의 경사각 ψ에 비해서 큰가 작은가에 따라서 토압을 달리 구한다. 이때 ψ는 Coulomb의 평면 활동파괴면 가정에 의해 해설 식(6.2.31)로 나타낸다.

$$\cot(\psi - \beta) = \sec(\phi + \delta + \theta - \beta)\sqrt{\frac{\cos(\theta + \delta)\sin(\phi + \delta)}{\cos(\beta - \theta)\sin(\phi - \beta)}} - \tan(\phi + \delta + \theta - \beta)$$

해설 (6.2.31)

여기서, β : 뒤채움 흙의 지표면 경사각

θ : 옹벽 배면의 경사가 연직면과 이루는 각

δ : 벽면 마찰각

ϕ : 뒤채움 흙의 내부마찰각

$j > \psi$인 경우(해설 그림 6.2.41(a))의 최대토압은 활동파괴면이 ac선일 때이다. 따라서 도해법이나 계산식으로 쉽게 토압을 구할 수 있으며 $j < \psi$인 경우는 해설 그림 6.2.41(b)에서 △abd 흙쐐기에 의한 통상의 성토부 옹벽에 작용하는 토압과 원지반 경계면 ac면을 활동 파괴면으로 보는 경우의 토압 P와 비교하여 큰 값을 채용한다. 한편 원지반의 경사가 단일경사가 아닌 경우는 해설 그림 6.2.41(c)에서 보는 바와 같이 흙쐐기를 3각형과 4각형으로 분할하여 토압을 구할 수 있다. 이때 옹벽 뒤꿈치(a점)에서 임의의 파괴면을 여러 개 가정하여 최대의 토압(P_{max})을 구한다. 만약 ac면의 경사각이 보다 완만한 경우에는 일반적인 성토부 옹벽에 작용하는 토압과 P_{max}을 비교하여 큰 값을 채용한다. 한편 ac선의 경사각이 45° 이하, 혹은 af선 경사각이 20° 이하이고 수평거리가 1m 이상인 경우는 뒤채움공간이 제한되어 있지 않는 경우와 동일하다(채영수, 1992). 또한 옹벽 배면 원지반이 불안정한 암반으로 판단되는 경우에는 암반 불연속면의 유무, 주향, 경사 및 역학적 특성 등을 고려하여 토압을 결정하여야 한다.

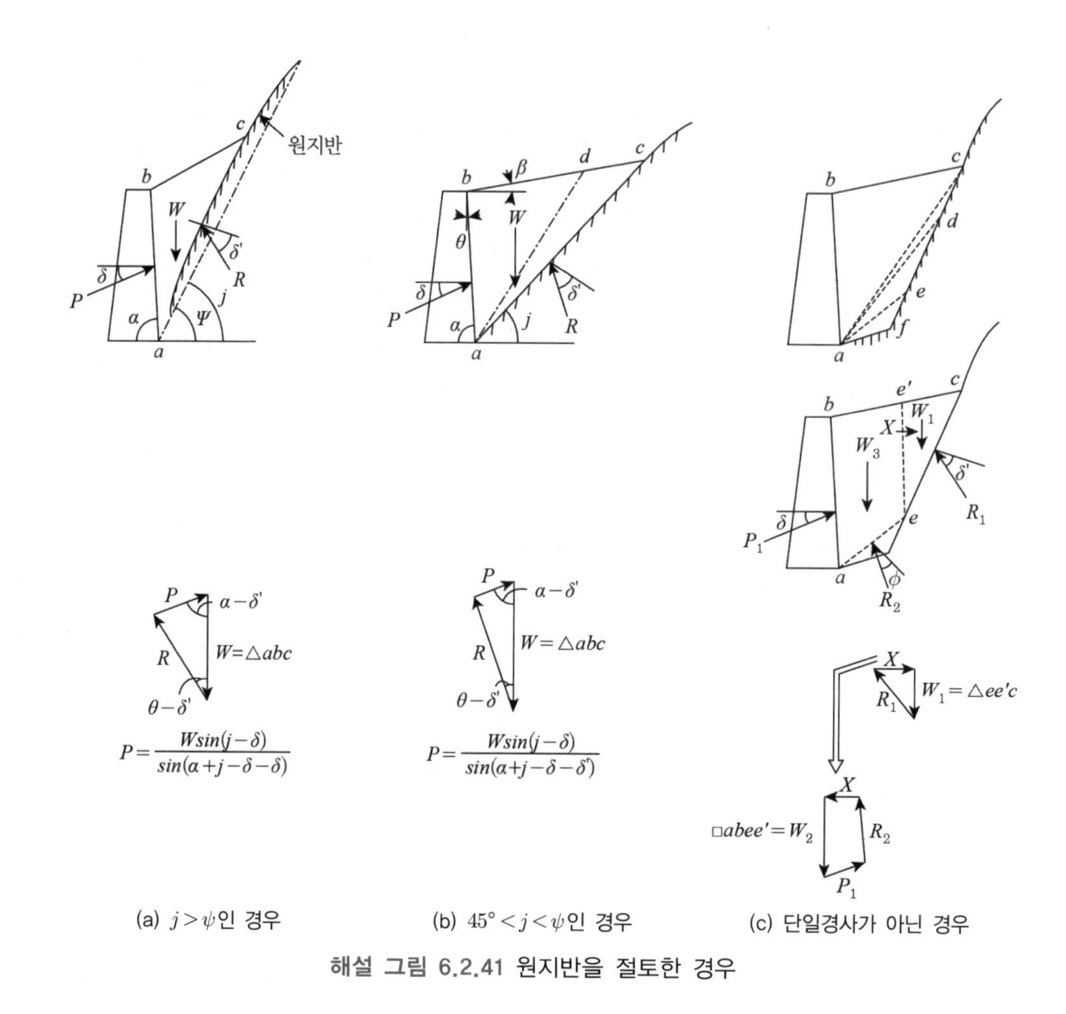

해설 그림 6.2.41 원지반을 절토한 경우

> **6.2.6** 가능한 한 옹벽 배면 지반 내부로 지표수가 유입되지 않도록 대책을 강구한다.
>
> **6.2.7** 옹벽 설계 시 배면 지하수가 원활하게 배수되도록 설계하여 옹벽에 수압이 작용하지 않도록 한다. 다만, 특수한 경우나 공공의 안전에 영향이 있다고 판단될 경우 수압을 고려하여 설계할 수 있다.

해설

6.2.6 연직벽에 지표면이 수평인 뒤채움 모래흙에 배수가 되지 않아 물이 찬 경우의 주동토압분포는 해설 그림 6.2.42(a)와 같다. 이때 수위높이(H_w)의 비(H_w/H)에 따른 물이 전혀 없는 경우의 전토압(P_A)에 대한 수압까지 고려된 전토압($P_A{}'+P_W$)의 비(($P_A{}'+$

$P_W)/P_A$)는 해설 그림 6.2.42(b)와 같다. 해설 그림 6.2.42에 나타난 바와 같이 옹벽 뒤채움 흙에 물이 유입되는 경우에는 수평토압이 매우 크게 증가하므로 비경제적인 옹벽 설계를 초래할 수 있다. 따라서 가능한 한 옹벽 뒤채움 지반 내부로 지표수 등이 유입되지 않도록 대책을 강구하거나 유입된 물이 원활하게 배수되도록 설계하여야 한다.

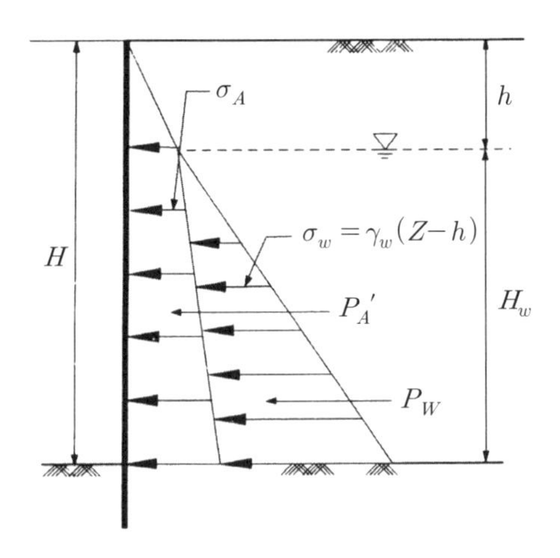

(a) 뒤채움 지반에 물이 찬 경우의 주동토압의 분포

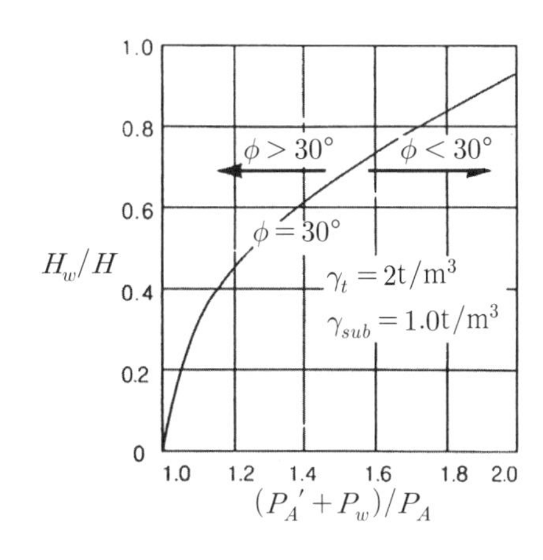

(b) 수위높이(H_W)에 따른 주동토압 증가

해설 그림 6.2.42 옹벽 배면에 물이 찬 경우 토압 증가

뒤채움 흙의 종류별 배수대책은 다음과 같다.

(1) 뒤채움 흙이 조립토인 경우
직경 6~10cm의 경질 염화비닐관이나 기타재료로 형성된 물구멍(weep hole)을 용이하게 배수할 수 있는 높이에서 배수공의 면적을 합하여 2~4m2에 한 개씩 설치(해설 그림 6.2.43(a))하거나 다공 파이프를 옹벽의 길이 방향으로 매설하여 배수를 유도(해설 그림 6.2.43(b))한다. 부벽식 옹벽에서는 부벽사이의 한 구간마다 1개 이상의 물구멍을 설치한다. 옹벽 뒷면의 물구멍 주변에는 필터 역할을 할 수 있는 자갈 또는 쇄석을 채워서 토사가 물구멍을 막는 일이 없도록 한다.

(2) 뒤채움 흙이 세립토를 함유한 경우
배수시설과 더불어 옹벽의 뒷면에 필터재를 설치하여 배수층을 형성한다(해설 그림 6.2.43(c)). 배수층으로는 통상 벽 안쪽 전면에 걸쳐 두께 30cm 정도의 자갈 또는 쇄석층을 두되 배면토에 대한 필터층으로서의 조건이 만족되도록 입도 배합을 한다. 이와 같이 연속적인 배수층을 설치하면 이층에 도달된 물은 가장 가까운 배수공으로 배출되지 않고 아래로 흘러서 최하단의 배수공으로 집중된다. 따라서 배수층 하단에 배수관을 설치하고 안전한 위치로 배수되도록 한다. 또한 유하된 물이 기초 슬래브 바닥에 정체되어 흙을 연화시키지 않도록 그 주변을 불투수층으로 차단하는 것이 좋다.

(3) 뒤채움 흙이 세립토인 경우

필터 역할을 할 수 있는 자갈 또는 쇄석의 배수층을 30cm 두께로 옹벽 뒤의 전면을 따라 설치하거나 경사지게 설치한다(해설 그림 6.2.43(d) 및 (e)). 이때 뒤채움 흙에 대한 필터층으로서의 조건이 만족될 수 있도록 필터재 조성 시 입도분포에 유의한다. 침투된 물은 배수층을 타고 아래로 흘러 내려서 하단 배수공으로 집수되도록 한다. 그리고 배수관은 집수된 물을 원활히 배수할 수 있는 크기로 선정하고, 또한 집수된 물이 저판 아래에 정체되어 주변의 지반을 연화시키지 않도록 그 주변을 불투수재로 차단하는 것이 좋다. 만약 흙이 팽창성 점토질인 경우 침투수가 흙의 팽창을 유발할 수 있으므로 원칙적으로 이러한 흙은 뒤채움재로서 좋지 않으나 만약 부득이 사용할 경우 이중의 블랭킷 배수시설(blanket drain)을 설치한다(해설 그림 6.2.43(e)).

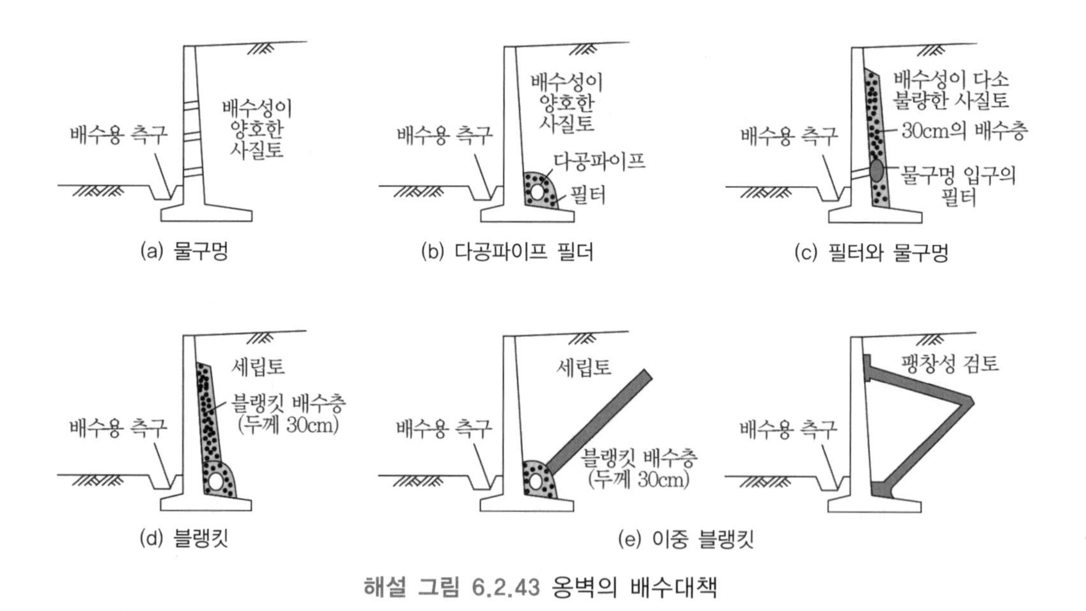

해설 그림 6.2.43 옹벽의 배수대책

6.2.7 뒤채움이 모래질 흙인 경우 강우로 인한 주동토압 크기는 보통 경우의 전토압(P_A)보다 ϕ값에 따라 (20~40)% 증가하는데(해설 그림 6.2.45 참조), 연직벽체 배면에 배수층을 설치한 경우 Gray(1958)에 의하면 해설 그림 6.2.44과 같은 유선망을 작도하여 여러 가지 가상파괴면에서의 전수압량(U)을 고려하여 주동토압을 구할 수 있다. 연직

배면과 가상파괴면이 이루는 각도(α_A)에 따른 전수압량(U)은 해설 그림 6.2.46으로부터 구할 수 있다. 기타 뒤채움 수위가 불규칙한 경우에 관한 내용은 해설 6.2.3 (5)항을 참조한다.

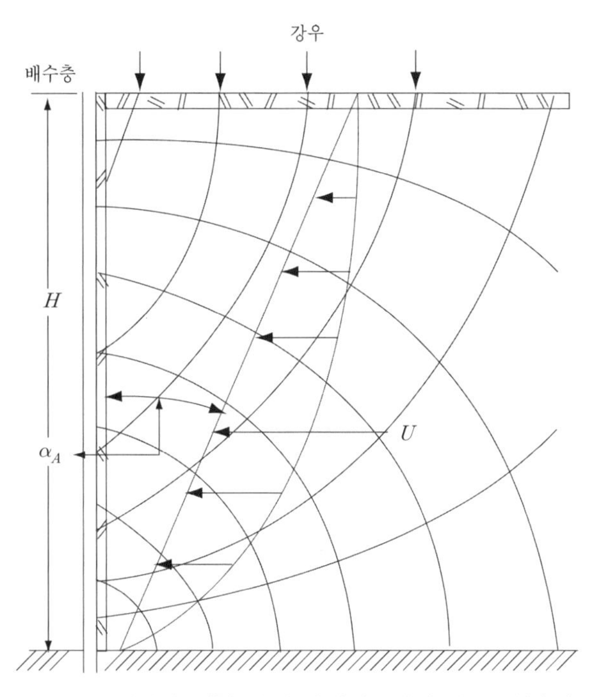

해설 그림 6.2.44 유선망에 의한 가상 파괴면에서의 전 수압(U) (Gray, 1958)

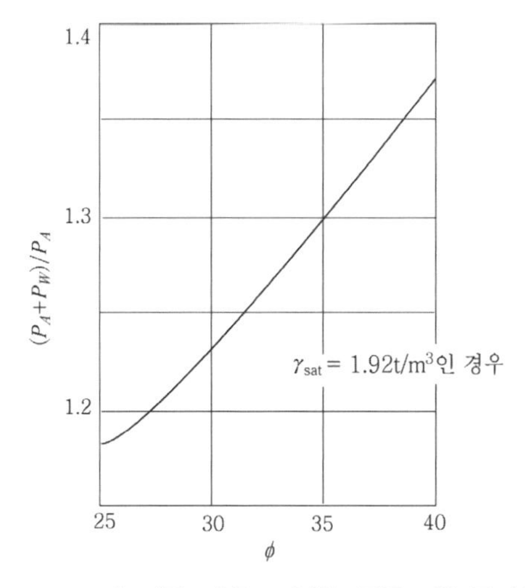

해설 그림 6.2.45 ϕ에 따른 강우로 인한 주동토압 증가(Gray, 1958)

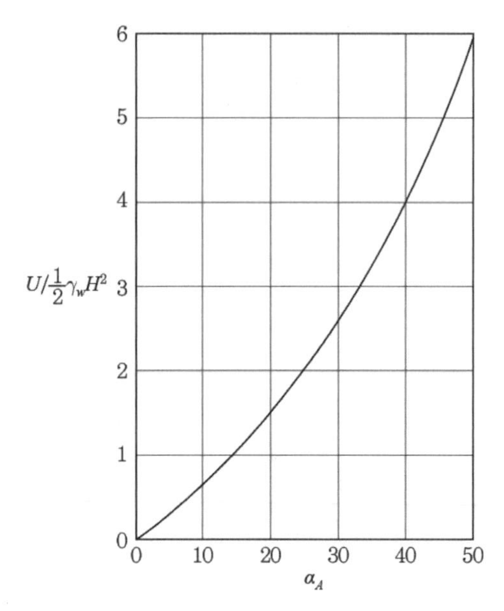

해설 그림 6.2.46 α_A에 따른 전 수압(U) 변화(Gray, 1958)

> **6.2.8** 옹벽의 내진해석은 유사정적해석, 강성블록해석, 수치해석 등을 적용할 수 있다.

해설

6.2.8 지진하중으로 인한 주동토압은 지반가속도로 추가되는 힘을 고려하여 Coulomb 이론에 근거한 Mononobe-Okabe 이론으로 구할 수 있다. 이는 유사정적해석 방법이며 이외에도 강성블록해석 또는 수치해석 등을 적용할 수 있다. 옹벽의 내진해석은 10.10절을 참조한다.

6.3 옹벽의 안정조건

> **6.3.1** 활동에 대한 안전율은 1.5(지진 시 토압에 대해서는 1.2) 이상으로 한다. 다만, 옹벽 전면 흙에 의한 수동토압을 활동저항력에 포함할 경우의 안전율은 2.0 이상으로 한다. 옹벽 저판의 깊이는 동결심도 보다 깊어야 하며 최소한 1m 이상으로 한다.

6.3.2 전도 및 지지력에 대한 안정조건을 만족하지만 활동에 대하여 불안정할 경우 활동방지벽 등을 설치할 수 있다.

해설

6.3.1 옹벽에 작용하는 토압의 수평성분에 의해서 옹벽은 수평방향으로 활동하려는 특성을 지닌다. 이 경우 옹벽 바닥면에서의 저항력이 충분하지 못하면 옹벽이 활동하여 파괴에 이를 수 있다. 따라서 옹벽은 활동에 대해 안전해야 한다. 활동에 대한 안전율은 해설 식(6.3.1)로부터 구한다.

$$F_s = \frac{R_v \tan\delta + c_a B}{R_h} \geq 1.5 \qquad \text{해설 (6.3.1)}$$

여기서, R_v : 모든 연직력의 합

R_h : 모든 수평력의 합

δ : 옹벽 저판과 지지지반 사이의 마찰각(해설 표 6.3.1)

c_a : 옹벽 저판과 지지지반 사이의 부착력(해설 표 6.3.2)

B : 옹벽 저판의 폭

옹벽 저판은 동결심도 아래에 설치되는 것이 원칙이며 동결심도가 얕은 지반이라 하더라도 지표면 아래로 최소한 1m 이상의 깊이에 설치한다. 그리고 비록 저판이 소요깊이를 확보하더라도 다음과 같은 점에서 수동토압에 의한 저항을 무시하는 것이 안전 측이다.

① 수동토압이 발생하기 위해서는 상당한 옹벽의 변위가 필요하다.
② 우수나 유수에 의해 옹벽 앞굽 주변의 흙이 세굴될 수 있다.
③ 옹벽 앞굽 주변은 되메움한 흙으로서 초기에는 충분한 강도를 기대하기 곤란하다.

옹벽 앞굽 앞에 있는 저판 바닥 위의 토피 두께가 그대로 유지될 수 있다면 활동에 대한 안정 검토 시 수동토압을 고려할 수 있으나 이때의 최소 안전율은 해설 식(6.3.2)로 구하며 그 값은 2.0 이상이 되어야 한다.

$$F_s = \frac{R_v \tan\delta + c_a B + P_P}{R_h} \geq 2.0 \qquad \text{해설 (6.3.2)}$$

해설 표 6.3.1 옹벽 저판과 지지 지반 사이의 마찰계수

흙의 종류	저면 마찰각	마찰계수
실트와 점토를 함유치 않은 조립토	29°	0.55
실트를 함유한 조립토	24°	0.45
점토를 함유한 조립토[1]	19°	0.35

주) 1) 이러한 종류의 흙이 존재하는 경우 옹벽이 활동에 대해 불안정하므로, 옹벽 저판 밑의 흙을 두께 10cm의 모래나 자갈로 치환하는 것이 좋다.

해설 표 6.3.2 점토의 종류에 따른 옹벽 저판과 지지 지반 사이의 부착력(c_a)

점토의 종류	점착력(c) (kN/m^2) (kg/cm^2)	부착력(c_a) (kN/m^2) (kg/cm^2)
매우 연약한 점성토	0~12(0~0.12)	0~12(0~0.12)
약한 점성토	12~24(0.12~0.24)	12~24(0.12~0.24)
중간 정도의 견고한 점성토	24~49(0.24~0.49)	24~37(0.24~0.37)
견고한 점성토	49~98(0.49~0.98)	37~46(0.37~0.46)
매우 견고한 점성토	98~196(0.98~1.96)	46~64(0.46~0.64)

6.3.2 만약 저판과 흙 사이의 마찰력이나 부착력에 의한 저항만으로 활동에 대한 안정이 제대로 얻어지지 못할 경우에는 해설 그림 6.3.1(a) 및 (b)와 같이 저판 바닥면에 돌출부를 설치하거나 해설 그림 6.3.1(c)와 같이 말뚝을 설치하여 활동에 대한 저항력을 증대시킬 수 있다.

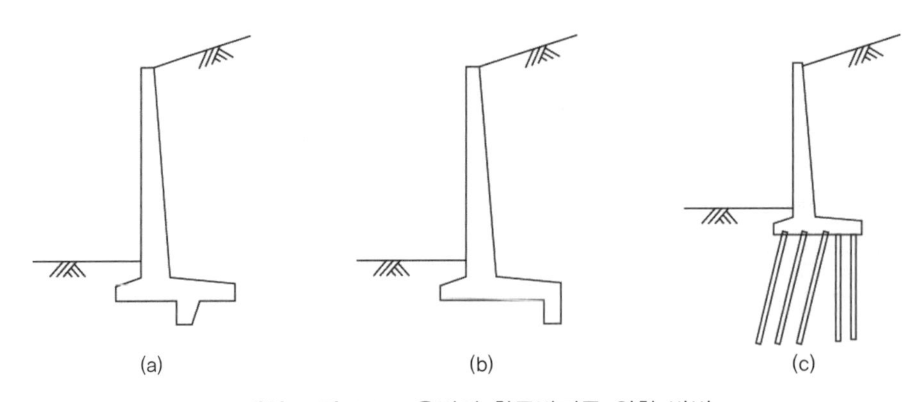

해설 그림 6.3.1 옹벽의 활동방지를 위한 방법

돌출부는 일반적으로 해설 그림 6.3.1(a)와 같이 저판 중앙부에 설치하는 경우가 많지만 해설 그림 6.3.1(b)와 같이 뒷굽에 설치하면 활동저항에 더욱 효과적이다. 돌출부는 단단한 지반이나 암반에 지반을 흐트러뜨리지 않고 주변지반과 밀착될 수 있도록 시공해야만 그 효과를 기대할 수 있다. 돌출부가 있는 경우의 안전율은 해설 식(6.3.3)과 같이 결정한다(해설 그림 6.3.2 참조).

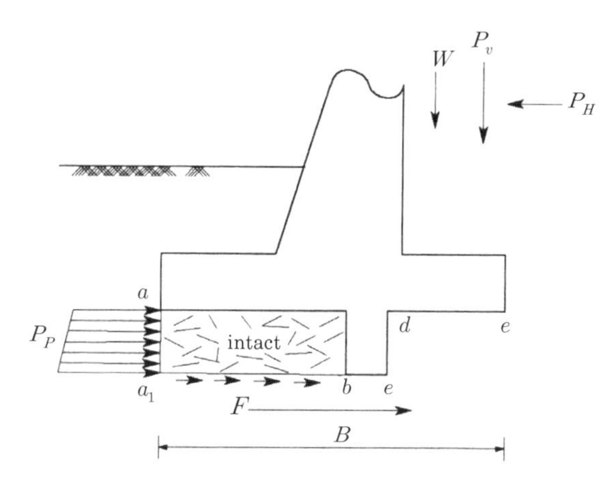

해설 그림 6.3.2 옹벽의 활동방지를 위한 돌출부(NAVFAC, 1982)

$$F_s = \frac{F}{P_H}$$ 해설 (6.3.3)

점성토 : $F = (W + P_v)\tan\delta + c_a(B - \overline{a_1 b}) + c(\overline{a_1 b}) + P_P$ 해설 (6.3.4)

사질토 : $F = (W + P_v)\tan\delta + P_P$

여기서, c : 기초지반의 점착력

c_a : 콘크리트와 기초지반과의 부착력

P_P : 수동토압

δ : 기초지반과 콘크리트의 마찰각

6.3.3 전도에 대한 저항모멘트는 토압에 의한 전도모멘트의 2.0배 이상으로 한다. 작용하중의 합력이 저판폭의 중앙 1/3(암반인 경우 1/2, 지진 시 토압에 대해서는 2/3) 이내에 있다면 전도에 대한 안정성 검토는 생략할 수 있다.

해설

6.3.3 옹벽은 횡방향 토압으로 인해 저판의 앞굽을 중심으로 회전하려는 경향을 갖는데, 만약 이에 대한 저항이 충분치 못하면 전도에 의해 옹벽이 불안정해질 수 있다. 따라서 옹벽은 전도에 대해서도 안정하여야 한다. 전도에 대한 안전율은 해설 식(6.3.5)로 계산하며 2.0 이상이어야 한다.

$$F_s = \frac{M_r}{M_o} \geq 2.0 \qquad \text{해설 (6.3.5)}$$

여기서, M_o : 전도모멘트의 합

M_r : 저항모멘트의 합

즉, 해설 그림 6.1.1에서 전도에 대한 안전율은 해설 식(6.3.6)으로 표현된다.

$$F_s = \frac{W \cdot a}{P_A \cdot d} \qquad \text{해설 (6.3.6)}$$

만일 토압의 합력 P_A가 옹벽 앞굽의 위가 아니라 옹벽 앞굽의 아래를 통과한다면 해설 식(6.3.6)의 안전율도 음이 된다. 따라서 이 경우 옹벽은 전도에 대해 안전하다. 해설 식(6.3.6)에서 주동토압(P_A)을 연직성분(P_v)과 수평성분(P_h)으로 나누면 해설 식(6.3.7)이 된다.

$$F_s = \frac{W \cdot a}{P_h \cdot y - P_v \cdot f} \qquad \text{해설 (6.3.7)}$$

여기서, f : 옹벽 앞굽에서 주동토압(P_A)의 작용점까지의 수평거리

y : 옹벽 앞굽에서 주동토압(P_A)의 작용점까지의 연직거리

한편 모든 힘들의 합력이 저판길이의 중앙 1/3 내에 있다면 전도에 대한 안정성 검토는 생략해도 좋다. 만일 기초지반이 암반인 경우라면 그 합력이 중앙 1/2 이내에 있어도 된다. 이때 암반은 연암 이상을 말한다.

6.3.4 기초지반에 작용하는 최대압축응력은 기초지반의 허용지지력 이하가 되도록 한다.
6.3.5 기초지반의 지지력과 침하에 대한 검토는 제4장 얕은기초와 제5장 깊은기초에서 정하는 바를 따른다.

해설

6.3.4 해설 그림 6.1.1의 기초지반에 작용하는 최대압축응력($\sigma_{\max}$)이 기초지반의 허용지지력(σ_a)을 초과한다면 기초지반의 지지력에 대한 안정을 유지할 수 없다. 즉, 지지력에 대한 안정은 해설 식(6.3.8)에 의해 검토한다.

$$\sigma_{\max} < \sigma_a \qquad \text{해설 (6.3.8)}$$

저판 아래의 압력이 해설 그림 6.1.1과 같이 직선분포를 한다고 가정하면 저판이 받는 최대 및 최소압축응력은 각각 해설 식(6.3.9)와 해설 식(6.3.10)으로 계산할 수 있다.

$$\sigma_{\max} = \frac{R_v}{B}\left(1 + \frac{6e}{B}\right) \qquad \text{해설 (6.3.9)}$$

$$\sigma_{\min} = \frac{R_v}{B}\left(1 - \frac{6e}{B}\right) \qquad \text{해설 (6.3.10)}$$

이때, 편심은 저판의 임의점(옹벽 앞굽 또는 뒷굽)에 대한 모든 힘들의 1차 모멘트를 취하여 이를 합력 R로 나누어 구할 수 있다. 기초지반의 허용지지력(σ_a)은 제4장 얕은기초의 규정에 따라 산정한다.

6.3.5 기초지반의 지지력과 침하에 대한 검토는 제4장 얕은기초와 제5장 깊은기초의 규정에 따른다.

6.4 옹벽 본체 설계

> **6.4.1** 옹벽 후면저판은 그 위에 재하되는 흙의 무게와 모든 하중을 지지하도록 설계한다.
> **6.4.2** 캔틸레버식 옹벽의 저판은 전면벽과의 접합부를 고정단으로 하는 캔틸레버로 가정하여 단면을 설계하고, 전면벽은 저판과의 접합부를 고정단으로 하는 캔틸레버로 가정하여 단면을 설계한다.
> **6.4.3** 부벽식 옹벽의 저판은 부벽 간의 거리를 경간으로 가정하여 고정보 또는 연속보로 설계할 수 있다.
> **6.4.4** 뒷부벽은 T형보로 앞부벽은 직사각형보로 설계한다.

해설

6.4.1 옹벽 후면 저판은 철근콘크리트 구조체이므로 콘크리트구조기준에 정한 바를 따른다. 이때 그 위에 재하되는 흙의 무게와 모든 하중을 지지하도록 설계한다.

6.4.2 옹벽 각 부분의 설계는 옹벽의 종류와 구조배치에 따라 달라지지만 일반적으로 각 부분은 보, 슬래브, 기초판으로 구분된다. 부벽이 없는 옹벽에서 벽체(stem)와 저판은 각각 다른 부분과의 접합부를 고정단으로 간주한 단위폭 당의 캔틸레버로 가정하여 설계한다.

부벽이 없는 옹벽에서 연직방향의 벽체(stem)와 수평방향의 저판 슬래브는 일반적으로 캔틸레버로 가정하여 설계한다. 해설 그림 6.4.1(a)는 캔틸레버식 옹벽에서 각 부위의 전형적인 명칭을, 해설 그림 6.4.1(b)는 전형적인 치수를 나타내고 있다.

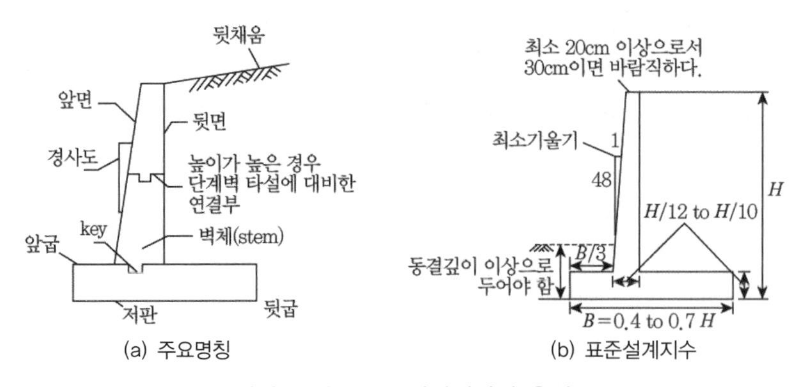

(a) 주요명칭　　(b) 표준설계지수

해설 그림 6.4.1 캔틸레버식 옹벽

6.4.3 부벽식 옹벽의 저판 또한 철근콘크리트 구조체이므로 콘크리트구조기준에 정하는 바를 따른다. 이때 부벽 간의 거리를 경간으로 가정하여 고정보 또는 연속보로 설계할 수 있다.

6.4.4 뒷부벽과 앞부벽 또한 철근콘크리트 구조체이므로 콘크리트구조기준에 정하는 바를 따른다. 이때 뒷부벽은 T형보로 앞부벽은 직사각형보로 설계한다.

6.4.5 뒷채움 재료는 다짐이 용이하고 배수가 잘되는 양질의 토사를 사용한다.

해설

6.4.5 옹벽 뒷채움 재료는 배수와 다짐이 잘 되는 양질의 재료를 사용하여야 한다. 이에 대한 규정은 옹벽이 사용되는 관련기관의 설계기준에 정하는 바를 따른다.

6.5 구조상세

6.5.1 전면벽, 저판, 부벽 등과 같은 철근콘크리트 구조체의 철근배근은 콘크리트구조기준을 따른다.
6.5.2 활동에 대한 효과적인 저항을 위하여 저판에 활동 방지벽을 설치하는 경우 저판과 일체구조로 한다.
6.5.3 피복두께는 콘크리트구조기준의 피복기준을 따른다.
6.5.4 활동 방지벽은 사질토 지반에서는 유효하나 점성토 지반에서는 효과가 작을 수 있으므로 지반공학적인 검토가 필요하다.

해설

6.5.1 옹벽의 높이가 7~8m까지는 캔티레버 옹벽을 사용할 수 있지만, 그 이상이 되면 전면벽 하단에서의 휨모멘트가 크게 증가하고, 전도모멘트가 증가하여 경제적인 설계가 되지 못하므로 중간부분에 옹벽 높이의 1/2~1/3 간격으로 부벽을 설치해서 보강한다. 이때 부벽 사이의 벽체나 저판은 2방향 연속슬래브로 설계한다.

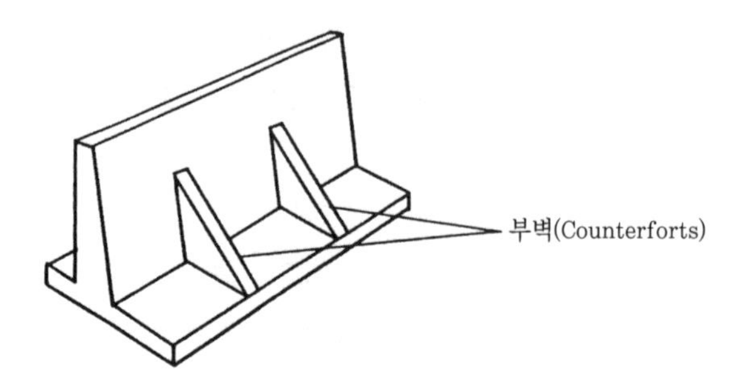

해설 그림 6.5.1 부벽식 옹벽

뒷부벽식 옹벽은 벽체와 저판에 의해서 부벽에 전달되는 응력을 지탱할 수 있도록 필요한 철근을 부벽에 충분히 정착시켜야 한다. 또 벽체와 저판에는 인장철근의 20% 이상의 배력철근을 두어야 한다.

6.5.2 활동에 대한 효과적인 저항을 위하여 저판에 활동 방지벽을 설치하는 경우 저판과 일체구조로 하며 콘크리트구조기준에 따라 설계한다.

6.5.3 옹벽구조물과 관련된 피복두께는 콘크리트구조기준의 피복기준을 따른다.

6.5.4 점성토 지반의 경우 활동방지벽은 점성토 지반의 크립 거동특성으로 인해 효과가 작을 수 있으므로 이를 고려하여 설계할 필요가 있다.

6.5.5 시공 이음부에는 시공이음과 수축변형의 영향을 줄이기 위한 수축이음뿐 아니라 전단면에 걸쳐 일정간격으로 신축이음을 두어야 한다. 다만, 옹벽의 길이가 짧거나, 콘크리트의 수화열, 온도변화, 건조수축 등 부피변화에 대한 별도의 구조해석을 수행한 경우에는 종방향 철근을 연속으로 배근하여 신축이음 및 수축이음을 두지 않을 수 있다. 또한 응력집중이 발생하는 모서리에는 이음을 두지 않아야 한다. 그리고 길이가 긴 옹벽의 경우에는 온도 변화나 지반의 부등침하에 대비하기 위하여 옹벽 길이 방향으로 유연성 재료의 신축이음을 설치하여야 한다.
6.5.6 옹벽의 수평 철근량은 콘크리트구조기준을 따른다.

해설

6.5.5 옹벽은 다음과 같은 연결부를 가질 수 있다.

(1) 시공이음(construction joint)

해설 그림 6.5.2(a)와 같이 시공이음 사이의 연결부에 쐐기를 사용하면 전단저항력을 증가시킬 수 있다. 만약 쐐기를 사용하지 않을 경우에는 한 쪽의 콘크리트 표면을 거칠게 한 다음 다른 쪽 콘크리트를 타설한다. 이때 거친 콘크리트 면을 깨끗하게 유지하는 것이 중요하다.

(2) 수축이음(contraction joint)

해설 그림 6.5.2(b)와 같이 벽체의 전면에 수축이음부를 두면 콘크리트의 수축변형에 의한 영향을 줄일 수 있다. 일반적으로 수축이음부의 홈은 폭 6~8mm, 깊이 12~16mm의 크기로 만들며 옹벽 저판 상부에서 벽체 상단까지 연속시킨다.

(3) 신축이음(expansion joint)

옹벽 설계 시 콘크리트의 수화열, 온도변화, 건조수축 등 부피변화에 대한 별도의 구조해석이 없는 경우에는 신축이음을 설치할 수 있으며, 부피변화에 대한 구조해석을 수행한 경우는 신축이음을 두지 않고 종방향 철근을 연속으로 배근할 수 있다. 길이가 긴 옹벽의 경우 온도 변화나 지반의 부등침하가 콘크리트 구조물에 미치는 영향에 대비하기 위하여 옹벽 길이 방향으로 매 20m마다 해설 그림 6.5.2(c)와 같이 유연성 재료의 신축이음을 설치한다. 이때 신축이음부 양쪽 사이의 일체성을 유지하기 위하여 강철봉을 사용하여 벽체(stem)를 가로지르는 방향으로 보강을 실시한다. 강철봉이 콘크리트에 강하게 부착되면 신축이음의 효과가 상실될 수 있으므로 이러한 일이 없도록 적절한 방법을 적용한다. 윤활유를 강철봉 표면에 바르는 것도 한 방법이 된다.

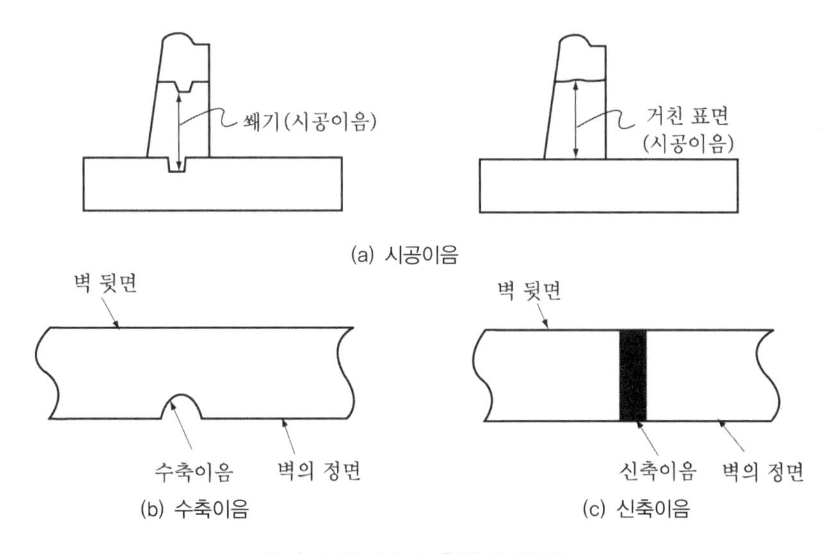

해설 그림 6.5.2 옹벽의 연결부

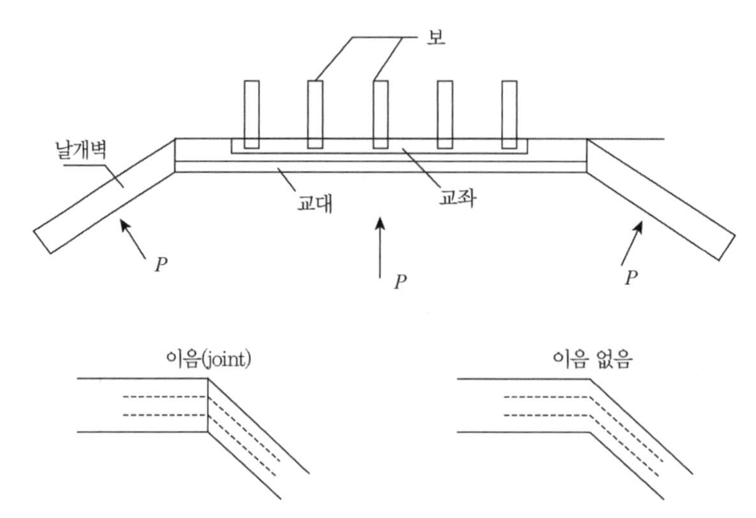

해설 그림 6.5.3 옹벽이 중앙에서 꺾이는 경우에 대한 대처방안 예(교량의 경우)

교대 구조물의 경우 해설 그림 6.5.3과 같이 교대와 날개벽이 만나는 부분에서 옹벽이 꺾일 수가 있다. 이와 같은 경우 토압력의 작용에 의해 이 부분이 벌어지는 경향을 보일 수 있으므로 해설 그림의 '이음 없음' 예와 같이 일체화하는 것이 바람직하며, 만약 이음부(joint)를 둔다 하더라도 수평방향으로 충분히 배근하여 가능한 한 연속적인 일체성을 유지하도록 함으로써 변위의 발생을 최소화하도록 한다.

6.5.6 옹벽의 수평철근량은 콘크리트구조기준에서 규정한 콘크리트 전체 단면적에 대한 최소비를 초과하도록 설계하여야 한다. 최소철근비는 지름이 16mm 이하인 이형철근이고 항복강도가 400,000kN/m^2 이상인 경우 0.002, 그 외의 이형철근에 대하여 0.0025, 지름이 16mm 이하인 용접철망에 대하여는 0.002이다. 또 수평철근의 간격은 벽체 두께의 3배 이하이며, 40cm 이하로 하여야 한다.

6.5.7 배수층에는 조약돌이나 부순돌 등을 사용하는 것이 바람직하다. 이 외에 투수성이 크고 장기간에도 열화되거나 부식되지 않는 건설재료도 사용할 수 있으며 이 경우 배면토가 배수층 내로 침투되는 것을 방지하기 위하여 토목섬유 필터를 사용한다. 옹벽의 전면에는 4.5m 이하의 간격으로 직경 65mm 이상의 배수구멍을 두어야 하며, 뒷부벽의 경우에는 각 부벽 사이에 한 개 이상의 배수구멍을 만들어야 한다. 옹벽의 뒷채움 속에는 배수구멍으로 물이 잘 모이도록 두께 300mm 이상의 배수층을 두어야 한다.

6.5.8 필터재는 배면토에 대한 필터층으로서 조건이 만족되도록 입도 배합을 하거나, 필터조건에 합당한 토목섬유를 사용한다. 배수층 하단에는 배수관을 설치하고 지정된 위치로 배수한다. 또한 유하된 물이 기초판에 정체되어 흙을 연화시키지 않도록 그 주변을 불투수층으로 차단한다.

해설

6.5.7 빗물이 옹벽의 흙 속으로 직접 침투하는 경우나 근처의 빗물 또는 지하수가 옹벽으로 흘러 들어오게 되면 뒤채움 흙의 함수비가 증가하거나 침수상태가 될 수 있다. 이렇게 되면 다음과 같은 문제점으로 인해 옹벽이 불안정해질 수 있다.

① 흙의 단위중량이 증가함으로써 토압이 커진다.
② 세립분을 함유한 흙은 함수비 증가에 의해 전단강도가 저하된다.
③ 수압에 의한 하중이 추가로 발생한다.

따라서 강우 등에 의해 위와 같은 현상이 발생하지 않기 위해서는 적절한 배수처리를 해야 한다. 그리고 이미 침투한 물에 대한 배수도 중요하지만 상황에 따라서는 빗물이 지표면을 타고 옹벽 쪽으로 유입될 수 있으므로 이와 같은 상황이 발생하지 않도록 사전에 이를 집수하여 유도배수하는 것도 검토하여야 한다.

6.5.8 옹벽의 장기적인 적절한 배수를 위해서는 필터층으로서의 조건을 만족하는 필터재를 사용하여야 하며 배수층 하단에는 배수관을 설치하여 지정된 위치에 배수가 되도록 설계한다. 특히 기초판에 배수된 물이 정체되면 기초 지반 흙을 연화시킬 수 있으므로 기초판 주변은 불투수층으로 차단하는 것이 바람직하다.

6.6 보강토옹벽

6.6.1 보강토옹벽은 흙과의 결속력이 큰 보강재를 흙 속에 삽입하여 흙과 보강재가 복합체를 이루게 함으로써 추가적인 구속압을 유발시켜 토체의 안정을 기하는 공법이다. 보강토옹벽은 보강재와 뒤채움 흙 및 전면판(또는 전면 보호재)으로 구성된다.

해설

6.6.1 보강토 공법은 인장에 약한 흙을 성공적인 건설재료로 만들기 위한 개념 중의 하나로서 흙에 다른 재료를 접목시킨 방식이며 오래 전부터 건설공사에 이용되어 왔다. 이와 같은 방식은 흙 속에 다른 재료를 넣어 보강하는 개념을 이론적으로 정립한 프랑스의 건축가 Henri Vidal(1966)에 의해 보강토공법이라는 명칭으로 옹벽, 교대, 도로 등의 여러 구조물의 공사에 적용되어 왔다.

보강토 옹벽은 현장에서 거푸집을 제작하여 콘크리트를 타설하는 기존의 옹벽과는 달리 해설 그림 6.6.1에서 보는 바와 같이 전면판과 보강재의 순차적 조립에 의해 건설되기 때문에 옹벽 구조물의 높이가 높고 공사물량이 클수록 공기의 단축과 공사비의 절감 효과가 좋다.

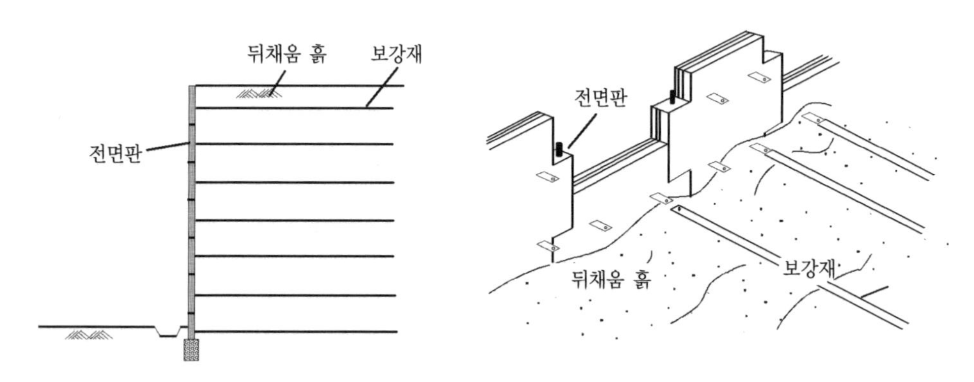

해설 그림 6.6.1 보강토 옹벽의 구조

보강토 공법을 이용한 흙막이 구조물은 종래의 흙막이 구조물에 비해 안정성과 경제성이 뛰어남이 입증되어 왔으며, 지난 수십 년간에 걸쳐 학계나 연구소 등에서 이에 대해 이론적 및 실험적으로 많은 연구가 진행되어 왔다. 흙막이 구조물 축조시 사용되는 종래의 일반적인 공법과 보강토 공법을 비교해 볼 때 보강토 공법은 시공이 간편하며, 기초지반의 부등침하나 지진 등의 위험요소에 대해 안정적이며 종래의 흙막이 구조물보다 더 높은 구조물을 축조할 수 있고, 구조물의 안정성은 물론 외관상의 미관도 훌륭하다는 장점이 있다. 반면에, 보강토 원리에 부합되는 뒤채움재의 공급이 때로는 어려우며, 흙의 화학성분 등으로 인해 보강재의 부식 위험성이 있고, 산악지와 같은 급경사 지역에서는 일반구조물보다 더 많은 양의 절토가 요구되고, 터파기에 보다 깊은 주의가 필요한 등의 단점도 있다.

(1) 보강토 옹벽의 경제성

공법의 경제성에는 재료비, 장비비, 인건비, 운반비 등과 같은 다양한 요소들이 영향을 미치기 때문에 일률적으로 비교할 수는 없으나 옹벽 높이에 따라 다음과 같이 평가되고 있다.

① 높이 3m까지 : 기존의 철근콘크리트 옹벽이 더 경제적임
② 높이 3~9m : 특별한 차이는 없으며 상황에 따라 가변적임
③ 높이 9m 이상 : 보강토 옹벽이 더 경제적임

일반적으로 옹벽 높이가 높아질수록, 공사 물량이 클수록 보강토 옹벽이 경제적이다.

(2) 구성요소와 보강토의 응용

가. 구성요소

보강토 조립식 옹벽은 사질토의 뒤채움 흙에 인장력이 크고 마찰력이 좋은 보강재를 수평으로 삽입하여 흙의 횡방향 변위를 억제함으로서 토체의 안정을 기하도록 한 것으로 보강재, 뒤채움용 사질토(sandy soil for backfill), 전면판 또는 전면 보호재(facing)로 구성된다(해설 그림 6.6.1).

나. 응용분야

보강토 공법은 보강재-흙 간의 마찰작용으로 인해 구조물에 작용하는 토압을 감소시키는 효과가 있으며, 보강토체 전체가 하나의 지지옹벽 역할을 감당하기 때문에 안정성에 있어서도 우수하다고 평가되고 있다. 기 시공된 보강토 공법의 적용사례는 다음과 같다.

① 경사지 도로의 옹벽
② 교대 옹벽
③ 호안 흙막이구조물
④ 제방 구조물
⑤ 대형 반 지중 광물 저장고의 벽체 구조물

(3) 보강방식에 따른 보강토의 구분

보강재와 흙 간의 응력전달의 두 가지 주요기능은 보강재-흙 간의 마찰력(마찰방식)과 보강재-흙의 상대 운동방향에 수직한 돌기에 의한 수동저항(지압방식)이다. 스트립, 봉

상, 쉬트형 보강재는 주로 마찰력에 의하여 하중을 전달하고, 이형봉 및 격자형 보강재와 돌기형 보강재는 수동토압 저항으로 하중을 전달한다. 이와 같은 보강방식과 보강재료의 특성에 따라 보강토 공법을 구분하여 정리하면 다음과 같다.

가. 마찰방식

금속재 또는 플라스틱재 스트립과 흙 사이의 상호 마찰작용을 이용하는 것으로서 보강토 옹벽의 전형적인 방식이다. 마찰력을 얻기 위하여 모래질의 입상 재료가 사용된다.

나. 지압방식

봉상 재료의 끝에 설치된 앵커의 수동토압 저항효과를 이용하는 방식으로서 일종의 배면 정착 구조물과 유사하다.

다. 마찰 및 지압 방식

직조형 강재 봉상 매트를 사용함으로써 마찰 및 지압효과를 함께 이용하는 방식이다. 캘리포니아 도로국에서 개발되었으며 일명 MSE(mechanically stabilized embankment)라고 부른다.

라. 기타

보강재가 수평방향으로 설치되는 상기 방식들과는 달리 짧은 길이의 보강재를 일정한 방향을 두지 않고 삼차원적으로 흙과 혼합하는 방식이다. 보강재로는 식물, 금속 또는 합성섬유의 다양한 재료들이 이용된다.

(4) 설계법

가. 가상파괴면

보강토체 내부의 파괴면은 대수나선(logarithmic spiral)형에 가깝게 형성된다. 대수나선으로 가정된 예상파괴면을 토대로 한 보강토 벽체의 관련 기하학적 체계는 그림 6.6.2와 같다.

보강토 벽체에 있어서, 모멘트 평형조건을 토대로 한 선단파괴에 대한 안전율(FS_m)은 활동모멘트(M_{td})에 대한 저항모멘트(M_{tr})의 비로 정의되며, 평가방식은 해설 식(6.6.1)과 같다.

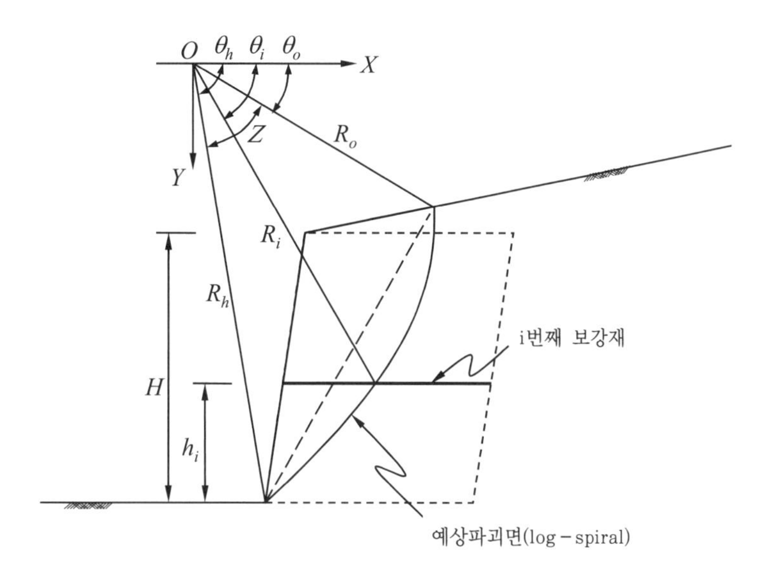

해설 그림 6.6.2 선단파괴면의 기하학적 체계도

$$FS_m = \frac{M_{tr}}{M_{td}} \qquad \text{해설 (6.6.1)}$$

$$M_{td} = M_{dw} + M_{dq} + M_{du} \qquad \text{해설 (6.6.2)}$$

$$M_{tr} = M_{rc} + M_{rt} \qquad \text{해설 (6.6.3)}$$

위 식에서, M_{dw} : 파괴 흙쐐기 자중에 의한 활동모멘트

M_{dq} : 상재하중(q)에 의한 활동모멘트

M_{du} : 파괴면에 작용하는 침투수압에 의한 활동모멘트

M_{rc} : 점착력에 의한 저항모멘트

M_{rt} : 보강재에 유발되는 최대인장력($T_{\max}$)에 의한 저항모멘트

이상에서 설명한 방법은 전산프로그램을 이용하여 계산하는 데는 적용되지만 일반적인 방법으로 계산하기에는 매우 복잡하다. 따라서 계산의 단순화를 위하여 예상파괴면을 직선으로 가정할 수 있다. 또한 저항 영역(resistant zone)의 보강토체가 안정에 기여하는 것으로 가정한다.

나. 실용설계법

1. 마찰쐐기법

반경험적 보강토옹벽 설계법으로는 마찰쐐기법(tie-back wedge method)과 복합중력식법(Coherent Gravity Method)이 있다. 이는 보강재의 특성과 주동파괴 영역 및 토압계수의 분포, 그리고 토압분포를 어떻게 보는가에 따라서 달라진다. 일반적으로 Geotextile, Geogrid 등의 합성섬유 등을 이용한 신장성 보강재를 적용한 보강토 옹벽 설계에는 마찰쐐기법을 적용한다(해설 그림 6.6.3).

마찰쐐기법에서는 예상파괴면을 해설 그림 6.6.3에서와 같이 벽체와 함께 삼각형을 이루는 직선형태로 가정하며, 토압계수를 옹벽 전체 높이에 걸쳐서 일정하게 적용한다.

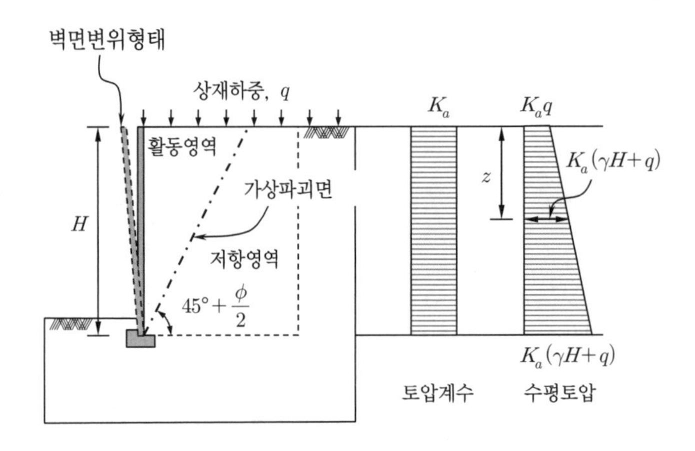

해설 그림 6.6.3 마찰쐐기법

2. 복합중력식법

비신장성인 보강재를 적용한 보강토 옹벽 설계에는 복합중력식법을 주로 적용한다(해설 그림 6.6.4). 복합중력식법에서는 예상파괴면을 해설 그림 6.6.4와 같이 2개의 직선으로 가정하며, 토압계수를 옹벽 상부에서 6m까지는 정지토압계수에서 주동토압계수까지 직선 비례적으로 감소시키며 6m 이하의 부분에서는 주동토압계수를 일정하게 적용한다.

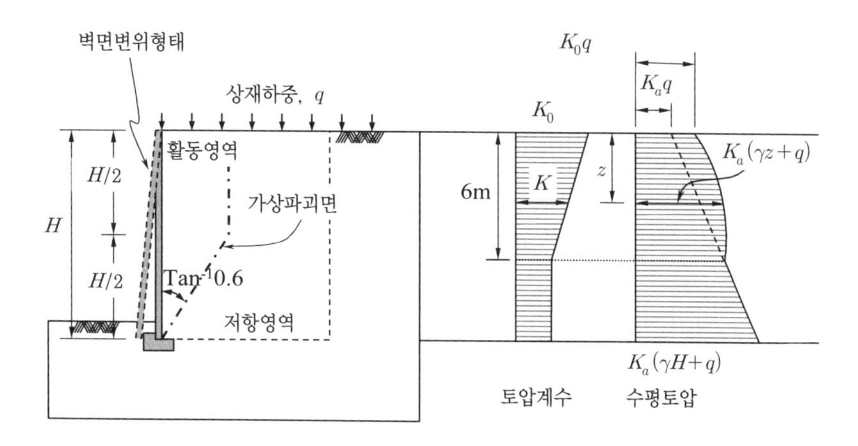

해설 그림 6.6.4 복합중력식법

3. 보강토 옹벽배면이 경사질 경우의 외적안정성 검토를 위한 토압산정

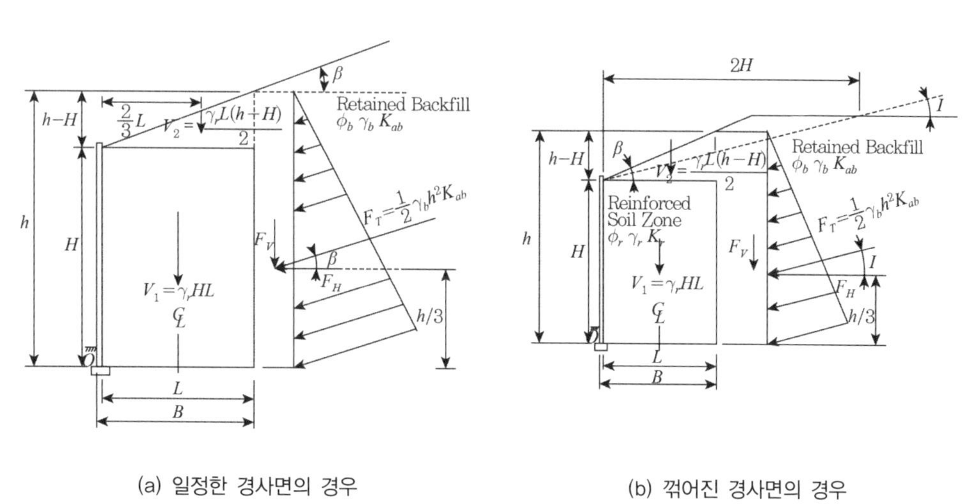

(a) 일정한 경사면의 경우 (b) 꺾어진 경사면의 경우

해설 그림 6.6.5 배면이 경사진 경우의 외적안정성 산정을 위한 토압(AASHTO, 2004; FHWA, 2009)

다. 안전율

1. 일반

보강토 옹벽에 적용되는 안전율은 외적안정성과 내적안정성으로 구분하여 해설 표 6.6.1과 같이 적용한다. 안정해석은 외적안정해석과 내적안정해석으로 구분하여 수행하여야 하며, 외적안정과 내적안정에서 검토하는 항목은 다음과 같다.

(1) 외적안정 : 저면활동, 지지력, 전도, 전체 안정성, 침하에 대한 안정성

(2) 내적안정 : 인발파괴, 보강재 파단, 보강재와 전면벽체의 연결부 파단(블록/보강재 연결부, 앵커체/보강재 체결부 등의 안전성 검토를 포함한다)

해설 표 6.6.1 보강토옹벽 설계 안전율(일반)

구분	검토항목	평상시	지진 시	비고
외적 안정	활동	1.5	1.1	
	전도	2.0	1.5	
	지지력	2.5	2.0	
	전체 안정성	1.5	1.1	
내적 안정	인발파괴	1.5	1.1	
	보강재 파단	1.0	1.0	

* 전도에 대한 안정은 수직합력의 편심거리 e에 대한 다음 식으로도 평가할 수 있다.
  평상시, $e \leq L/6$: 기초지반이 흙인 경우, $e \leq L/4$: 기초지반이 암반인 경우
  지진 시, $e \leq L/4$: 기초지반이 흙인 경우, $e \leq L/3$: 기초지반이 암반인 경우
* 보강재 파단에 대한 안전율은 보강재의 장기설계인장강도를 적용하므로 1.0으로 한다.

주) 1) 침하에 대한 지반공학적 분석결과, 문제가 없는 경우 지반지지력 안전율은 2.0을 사용할 수 있다.

6.6.2 보강토옹벽에 사용되는 보강재는 다음 사항을 고려하여 설계한다.

(1) 보강재와 흙과의 결속력은 경계면의 마찰저항 또는 지지저항에 의하여 결정되므로 보강재는 효과적으로 결속력을 얻을 수 있는 형상이어야 한다.

(2) 일반적인 보강재의 종류는 다음과 같으며 금속보강재는 내구연한을 고려한 부식두께를 고려한다.

(3) 보강재와 전면판을 연결하는 부속물은 충분한 저항을 할 수 있는 구조와 강도를 가져야 하며 응력집중에 의한 전면판의 손상을 주지 않아야 한다.

(4) 보강재는 작용토압에 의하여 파단이 일어나지 않도록 충분한 인장강도를 가져야 한다. 이때 보강재의 허용인장응력 내의 변형률은 극한상태의 토압 작용시 지반의 변형률보다 작아야 한다.

(5) 보강재는 설계 내구년한 동안 화학, 물리 및 생화학적 작용에 대해 내구성을 지녀야 한다.

해설

6.6.2 보강토 옹벽에 사용되는 보강재는 보강토 옹벽의 안정성에 매우 큰 영향을 미치므

로 적절한 형상과 인장강도 및 충분한 내구성을 가진 것이어야 한다.

(1) 보강재의 구비조건

보강재는 흙과의 결속력을 효과적으로 얻을 수 있는 형상을 가져야 하며 기본적으로 보강토 옹벽용 보강재는 다음의 요건을 만족해야 한다.

가. 인장강도 : 작용되는 토압에 대하여 파단이 일어나지 않도록 인장강도가 충분해야 함
나. 변형률 : 변형을 고려하여 일정 변형률(5%) 이내에서 최대 인장강도를 결정함. 이때 일정 변형률(5%) 이내에서 재료의 최대 인장강도가 발현되지 않을 경우 일정 변형률(5%) 이내에서 발현된 가장 큰 인장강도를 최대 인장강도로 결정함
다. 마찰계수 : 상재 유효응력에 의한 보강재의 마찰저항력이 수평토압에 충분히 저항해야 함
라. 내구성 : 화학, 물리 및 생화학적 작용에 대해 내구성을 지녀야 하며, 설계 내구년한 동안은 성능의 열화(degradation)가 생겨서는 안 됨

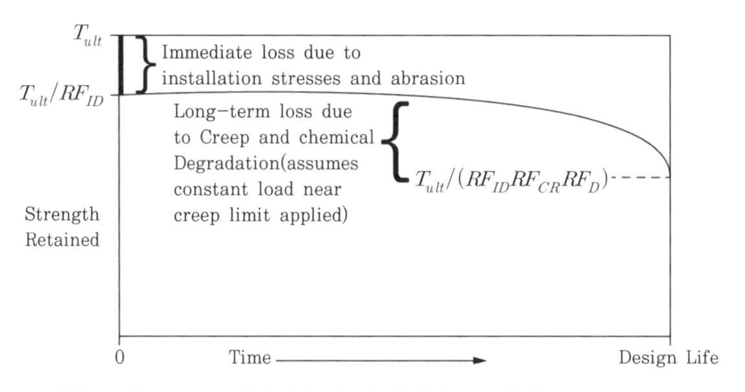

해설 그림 6.6.6 보강재의 장기 인장강도 감소(FHWA, 2009)

(2) 보강재의 종류

보강재의 종류는 크게 뒤채움 흙 내부에 일정간격으로 배치하는 스트립 형식의 보강재와 여러 층으로 구성된 보강토층 각각을 전체적으로 감싸는 토목섬유 계통의 보강재로 구분되어 있다.

① 띠형 보강재 : 아연도강판, 알루미늄합금, 스테인레스강, 섬유띠형 등
② 평면형 보강재 : PP섬유, PET섬유, 직포매트 등
③ 그리드형 보강재 : 철망 그리드, PVC 그리드, 격자형 토목섬유 등

(3) 보강재의 장기설계인장강도

가. 금속 보강재

금속보강재는 용융아연도금으로 방청처리를 확실히 해야 하며, 내구연한에 따른 부식 두께를 제외한 나머지 두께에 대해서 극한강도를 평가한다. 장기설계인장강도는 해설 식(6.6.4)로 구할 수 있다.

$$T_a = \frac{f_y}{F_s} \cdot \frac{A_c}{b} \cdot R_c \qquad \text{해설 (6.6.4)}$$

여기서, T_a : 장기설계인장강도(kN/m)

f_y : 보강재의 항복강도(kN/m^2)

A_c : 장기부식 두께를 고려한 보강재의 단면적(m^2)

b : 보강재 폭(m)

S_h : 보강재 중심축 사이의 수평간격(m)

$R_c = \frac{b}{S_h}$ (평면형 및 그리드형 보강재의 경우는 1)

$F_s = 1.82\left(= \frac{1}{0.55}\right)$: 띠형, (FHWA, 2001)

$\quad = 2.08\left(= \frac{1}{0.48}\right)$: 그리드형

나. 토목섬유 보강재

토목섬유의 감소계수(reduction factor)를 적용한 장기설계인장강도 산출법이 적용될 수 있다. 이는 토목섬유의 내구성에 따른 강도감소 요인을 고려한 것이다. 따라서 설계에 입력되는 토목섬유 보강재의 장기설계인장강도(T_a)는 통상 3가지 항목별 감소계수(RF_d, RF_{id}, RF_{cr})를 고려하여 해설 식(6.6.5)으로 계산한다.

$$T_a = \frac{T_{ult}}{RF_d \times RF_{id} \times RF_{cr}} \cdot \frac{1}{FS_{uc}} \qquad \text{해설 (6.6.5)}$$

여기서, T_{ult} : 토목섬유 보강재의 극한인장강도(kN/m)

T_a : 장기설계인장강도(kN/m)

RF_d : 생·화학성에 대한 감소계수(≥1.1)

RF_{id} : 설치 시 손상에 대한 감소계수(≥1.1)

RF_{cr} : 크리프에 대한 감소계수(FHWA, 2001)

폴리머 종류	크리프 감소계수
폴리에스테르(PET)	2.5~1.6
폴리프로필렌(PP)	5.0~4.0
폴리에틸렌 (PF)	5.0~2.6

상기 항목별 감소계수는 보강재의 재질 및 특성에 따라 다르며 재료별로 특성시험을 거쳐 결정한다. 또한 구조물의 형상과 뒤채움재의 특성, 보강재의 특성, 외부작용하중 등의 불확실성 및 구조물의 중요도를 고려한 안전율, FS_{uc}를 사용하여, 토목섬유 보강재의 장기설계인장강도를 사용하도록 한다. 이 때 안전율 FS_{uc}는 통상 1.5를 적용한다.

(4) 보강재의 내구성에 영향을 미치는 요소

보강재는 설계 내구년한 동안 화학, 물리 및 생화학적 작용에 대한 내구성을 지녀야 하며 보강재의 종류에 따라 내구성에 영향을 미치는 요소는 다음과 같다.

가. 금속 보강재

금속 보강재에서 가장 문제가 되는 것은 부식이며 부식의 원인은 물과 뒤채움재의 수소이온농도(pH), 물의 경도와 포화도, 염류의 함유량, 함유이온의 종류와 양, 미생물학적 활성도, 용해가스 정도, 전기저항, 전위, 유속, 유수의 상황, 지형, 토질 등이다. 금속 보강재 중 돌기 돋은 강철 띠 보강재(ribbed steel strip)가 대표적이다. 이 종류의 보강재는 인장강도면에서는 우수하나 부식의 문제가 있다. 따라서 필수적으로 용융아연도금을 실시하여야 하며, 일반적으로 내구년한을 고려한 부식두께를 추가하여 제작된다. 보통 610g/m^2(85μm)의 용융아연도금(hot dip galvanizing)을 실시한다. 내구년한에 따른 부식두께는 해설 표 6.6.2와 같다.

해설 표 6.6.2 보강재의 내구년한에 따른 부식 두께(mm)

내구년한	5년		30년		70년		100년	
위치	무도금	아연도금	무도금	아연도금	무도금	아연도금	무도금	아연도금
지하수위면	0.5	0	1.5	0.5	3.0	1.0	4.0	1.5
지하수위 아래	0.5	0	2.0	1.0	4.0	1.5	5.0	2.0
해수	1.0	0	3.0	–	5.0	–	–	–

5) 보강재의 최소길이

일반적으로 보강재의 최소길이는 2.4m로 한다.

해설 표 6.6.3 보강재의 최소길이(AASHTO, 2012; FHWA, 2009)

하중 조건	최소 L/H 비
모든 경우	최소 2.4m
정적 하중	0.7
뒤채움 경사면	0.8
지진 하중	0.8~1.1

주) H : 보강토옹벽 높이, L : 보강재 길이

나. 합성섬유 보강재

합성섬유는 금속 보강재보다 내구성이 훨씬 강한 보강재이긴 하지만 자외선에 약하고 또 장기간 하중을 받으면 크리프(creep)현상으로 인해 강도가 저하된다. 일반적으로 합성섬유 보강재에 영향을 미치는 요소로는 균에 대한 저항, 화학성분에 대한 저항, 자외선에 대한 저항, 기계적 마모에 대한 저항(토공 다짐 시 손상), 크리프(creep) 강도 등을 들 수 있다.

부식에 따른 내구성이 금속 보강재의 문제점으로 지적되고 있고 최근 섬유 제조기술의 발달에 힘입어 내구성이 우수한 고인장성의 섬유가 출현함에 따라 섬유 보강재가 더욱 실용화되는 추세에 있다. 섬유보강재는 부식에 따른 내구성면에서는 금속 보강재보다 우수하나 신장률이 금속 보강재보다 상대적으로 크기 때문에 시공 중 또는 시공 후에 금속 보강재보다 상대적으로 큰 변형이 발생할 수 있으므로 주의하여야 한다.

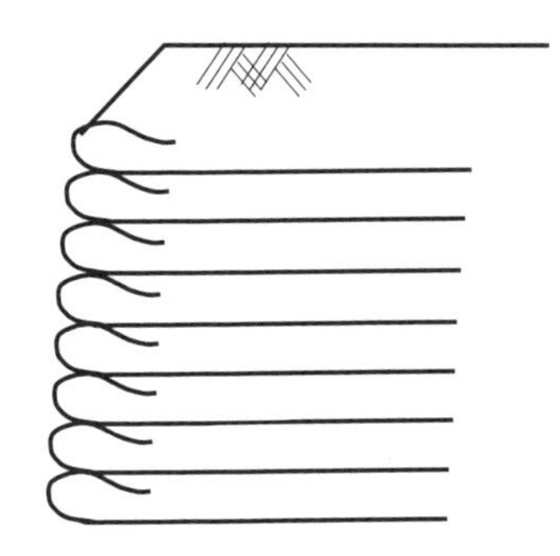

해설 그림 6.6.7 지오텍스타일을 적용한 예

그러나 영구구조물이 아닌 단기 가설구조물이나 뒤채움 지표면에 과대한 상재하중이 재하되지 않기 때문에 역학적인 저항성이 크게 강조되지 않는 단기구조물에서는 경제성 및 시공상의 이점 때문에 해설 그림 6.6.7와 같이 지오텍스타일(geotextile)을 사용하기도 한다.

다. 기타 보강재

PVC보강재의 대표적인 것으로는 지오그리드를 들 수 있다. 지오그리드는 격자망 속에 채워진 흙으로 말미암아 지오그리드가 일종의 앵커작용을 발휘하여 작용하중에 대한 횡방향 저항력을 증대시킨다. 또한 지오그리드의 재료는 부식성의 금속재가 아니기 때문에 내구성에 있어서도 양호한 편이다.

6.6.3 보강토옹벽에 사용되는 뒤채움 재료는 다음 사항을 고려하여 설계한다.

(1) 뒤채움재료는 배수성이 양호하고 함수비 변화에 따른 강도 특성의 변화가 적어야 한다. 이를 위해 균등계수가 크고 입도분포가 양호하여야 한다.

(2) 뒤채움재료는 보강재의 내구성을 저하시키는 화학적 성분이 적어야 한다.

해설

6.6.3 보강토 옹벽에 사용되는 뒤채움 재료는 일반적으로 배수성이 양호하고 함수비 변화에 대한 강도특성의 변화가 적은 재료를 사용하는 것이 좋다. 그러나 미국 도로교시방서(LRFD)에서는 보강토 옹벽의 뒤채움 흙으로서 특별한 규정을 두지 않고 광범위한 토사를 적용할 수가 있는 것으로 명시하였다. 이는 적합한 품질의 재료가 시공현장 부근에서 쉽사리 발견 사용될 수 있으므로 굳이 재료의 범위를 한정시킴으로서 발생하는 비능

률적인 요소를 만들 필요가 없기 때문이다.

(1) 보강토 뒤채움 재료로는 배수성이 양호하고 함수비 변화에 따라 일반적으로 강도특성의 변화가 적은 깨끗한 모래자갈 또는 실트질 모래 및 자갈 등이 사용되어 왔으며 이를 위해서는 균등계수가 크고 입도분포가 양호한 재료가 좋다. 그러나 몇몇 공사에서는 점토질 실트와 같은 재료도 성공적으로 사용되었다. 아직 충분히 검토된 바는 아니지만, 앞으로의 연구조사 및 시공실적을 통하여 이러한 점토질 실트와 같은 유형의 뒤채움 재료 또한 빈번히 사용될 수 있다. 영국 및 일본의 경우에도 양질의 사질토가 많이 없기 때문에 적용 가능한 뒤채움재의 범위를 확대하는 방향으로 연구를 진행 중에 있다. 따라서 참고적으로 프랑스, 미국 등 외국 여러 나라에서 사용되고 있는 뒤채움재의 적용범위를 정리하였다.
보강토 옹벽은 뒤채움 흙과 보강재 사이의 마찰저항효과를 전제로 하는 흙막이구조물이므로 소정의 내부마찰각을 갖는 사질토를 뒤채움재로 사용하여야 효과적이다. 뒤채움 흙으로 적정한 특성은 다음과 같다.

① 흙-보강재 사이의 마찰효과가 큰 사질토
② 배수성이 양호하고 함수비 변화에 따른 강도 변화가 적은 흙
③ 입도분포가 양호한 흙

(2) 뒤채움 재료들 또한 보강재의 내구성을 저하시키는 화학적 성분이 적은 흙을 사용하여야 한다.

(3) 만일 세립분이 섞인 흙을 사용할 경우 소성지수(PI)는 6 이하이어야 하며 해설 표 6.6.4와 같은 기준을 만족해야 한다. 다만 200번체(0.075mm) 통과율이 15% 이상이더라도 0.015mm 통과율이 10% 이하이거나 또는 0.015mm 통과율이 10~20%이고 내부마찰각이 25° 이상이면 뒤채움 흙으로 사용이 가능하다. 또한 이 기준을 만족하지 못하는 경우에도 시험시공을 통하여 뒤채움 재료의 적용성을 결정할 수 있다.
자갈이 섞인 흙의 경우는 200번체 통과율이 25% 이하인 것을 사용하며, 쇄석을 이용할 경우는 해설 표 6.6.5과 같은 기준을 만족하여야 한다.

해설 표 6.6.4 보강토 뒤채움 흙의 입도 분포

체번호	체눈금 크기(mm)	통과 중량 백분율(%)	비고
–	100	100%	
No. 40	0.425	0~60%	
No. 200	0.075	0~15%	
예외규정* (No.200 통과량 15% 이상인 경우)	0.015	10% 이하	
	0.015	10~20%	내부마찰각 25° 이상, 소성지수(PI) 6 이하

해설 표 6.6.5 뒤채움 재료로서 쇄석이 갖추어야 할 조건

최대입경	입경 100mm 이상의 함유율	입경 0.074mm 이하의 함유율	비고
250mm	5% 이하	25% 이하	세립분이 적당하게 혼합되어 충분한 다짐효과를 발휘할 수 있어야 함

주) * 최대입경 사용에 한해서는 현장내시공성 시험을 통하여 조정할 수 있다.

6.6.4 보강토옹벽은 뒤채움 흙의 흘러내림, 우수의 침투와 동결 등에 의한 흙의 이완을 방지하기 위하여 콘크리트, 금속재, PVC, 토목섬유 등의 전면판 또는 전면 보호재로 보호되어야 한다.

해설

6.6.4 보강토 옹벽의 전면부는 채움 흙이 전면으로 흘러내리는 것을 방지해야 할 뿐만 아니라 우수의 침투와 이에 따른 흙의 이완 등으로 인한 국부적 파괴를 방지하기 위하여 콘크리트, 금속, PVC, 또는 지오텍스타일 등의 전면판으로 보호되어야 한다. 현재 금속판이나 PVC는 별로 사용되지 않고 있으며, 지오텍스타일의 경우 앞서 언급한 바와 같이 설계내구연한이 10년 이하인 경우에만 이용하는 것이 바람직하다. 따라서 일반적으로 판넬식과 블록식이 많이 사용되며 판넬식의 경우에는 보통 14~20cm 두께의 프리캐스트 콘크리트 판을 사용하며, 2방향 슬래브개념에 근거하여 설계한다. 콘크리트의 강도는 보통 28일 양생기준으로 30MPa 이다. 블록식 전면판의 경우 크기는 약 높이 20~30cm, 폭 40~60cm, 깊이 40~60cm이며 무게는 약 40~70kgf가 많이 쓰이나 제품의 특징에 따라 달라질 수 있고 다양한 제품이 사용되고 있다. 해설 그림 6.6.8은 각종 프리캐스트 콘크리트 블록 및 전면판의 한 예를 보여주고 있다.

콘크리트 전면판을 평면상 선형계획이 대지의 우각부와 같이 만곡을 이루는 곳에 설치하는 경우에는 뒤채움 흙의 층다짐을 함에 따라 전면판의 변위가 점진적으로 지속되어 전면판에 연직방향 균열이 발생할 가능성이 크므로 만곡부에 설치하는 것은 가급적 피하는 것이 좋다.

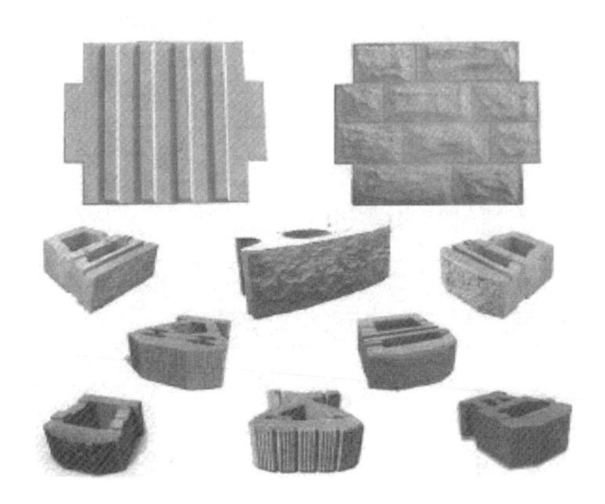

해설 그림 6.6.8 보강토옹벽에 사용되는 각종 프리케스트 콘크리트 블록 및 전면판(예)

6.6.5 보강토옹벽 전면벽의 기초는 적정한 근입깊이에 위치하여야 하고, 전면벽의 형식, 높이, 지반조건 및 경사도 등을 고려하여 기초 형식을 결정할 수 있다.

해설

6.6.5 보강토옹벽 전면벽의 기초는 적정한 근입깊이에 위치하여야 하고, 전면벽의 형식, 높이, 지반조건 및 경사도 등을 고려하여 기초 형식을 결정할 수 있다.

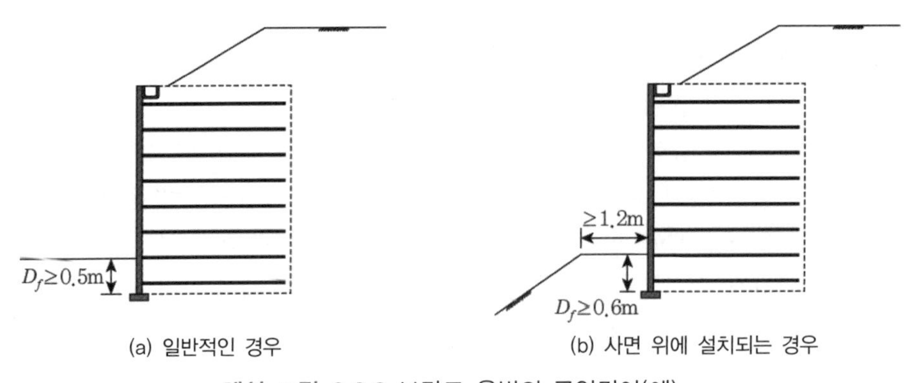

해설 그림 6.6.9 보강토 옹벽의 근입깊이(예)

해설 표 6.6.6 전면판의 최소 묻힘깊이(AASHTO, 2009; FHWA, 2009)

보강토 전면지형의 경사	최소 묻힘깊이1)
모든 지형	최소 60cm
수평 (일반)	H/20
수평 (교대)	H/10
1 : 3	H/10
1 : 2	H/7
1 : 1.5	H/5

1) 최소 깊이는 상기 값과 동결깊이 또는 세굴깊이 중 큰 값으로 함

6.6.6 보강토옹벽의 외적 안정은 보강토체를 일반 옹벽의 콘크리트 구체로 간주하고 일반옹벽과 동일한 방법으로 전도, 활동, 지지력과 보강토체를 포함한 전체 비탈면의 활동파괴의 안정성을 검토한다.

해설

6.6.6 보강토체의 외적 안정은 보강토체를 일반 옹벽의 콘크리트 구조체로 간주하고 일반 옹벽과 동일한 방법으로 전도, 활동, 지지력과 보강토체를 포함한 전체 비탈면의 활동파괴의 안정성을 검토한다.

(1) 외적 안정 조건

보강토 옹벽은 보강재로 보강된 토체 전체가 옹벽 구조물이다. 따라서 보강토체를 옹벽 구조물로 보고 외적 안정을 검토한다. 이때에는 Rankine 토압이 적용될 수 있으며 계산 방법은 일반 옹벽과 동일하다.

보강토 옹벽의 주요 파괴형태는 해설 그림 6.6.10과 같으며, 여기서 (a), (b) 및 (c)는 외적 파괴형태, (d) 및 (e)는 내적 파괴형태이다.

보강토 공법에 의하여 구축되는 조립식 옹벽은 보강된 토체가 일반 옹벽 구조물과 동일한 기능을 한다. 즉, 보강재에 의하여 보강된 토체는 일반 옹벽처럼 강성을 지닌 구조체는 아니라도 일체화된 연성구조물로 간주된다. 따라서 외적 파괴과정에서 구조물의 부분적인 변형이 발생한다 할지라도 일체로 결속된 토체(soil mass)로 거동하므로 외적 안정성 해석은 일반 옹벽 구조물과 동일하다.

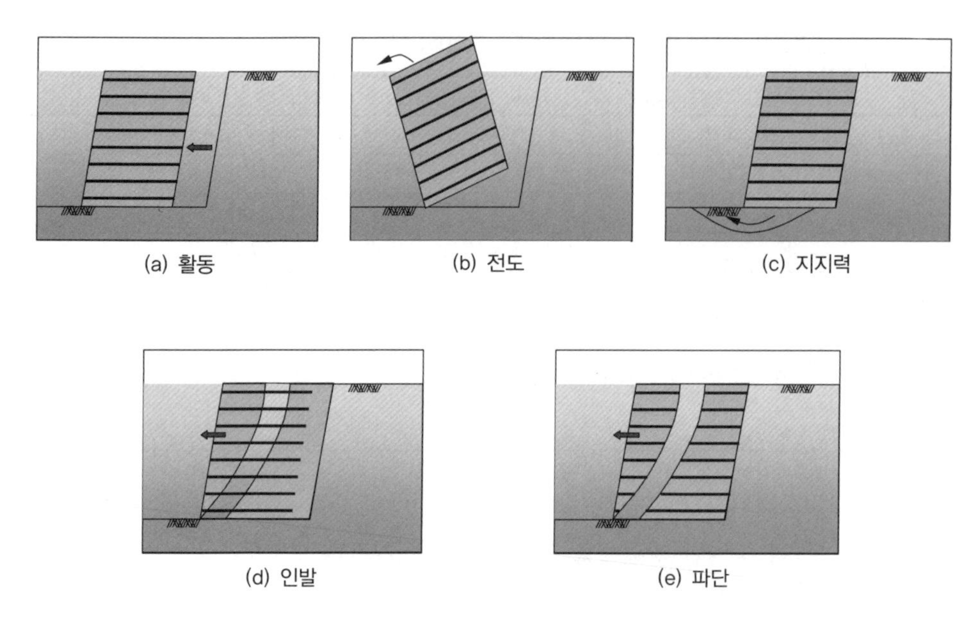

해설 그림 6.6.10 보강토 옹벽의 파괴형태

(2) 보강토 옹벽의 외적 안정성

일반 옹벽은 콘크리트 구조부와 뒤채움 흙으로 구분되기 때문에 활동, 전도, 지지력 및 전체 안정성에 대하여 모두 검토하여야 하지만 보강토 옹벽의 경우 뒤채움 흙이 보강된 것이기 때문에 일반적으로 외적 안정성은 보강토 옹벽의 침하문제를 포함한 지지력과 사면활동에 대한 전체 안정성에 대해서만 주로 검토한다. 그러나 보강토체와 주변 지반 사이의 강성 차이가 현격할 경우에는 활동과 전도에 대해서도 검토할 필요가 있다.

가. 사면활동에 대한 안정 검토

보강토 옹벽을 포함한 지반전체의 사면 활동 파괴에 대한 검토는 6.1.2 해설에 기술된 일반 옹벽의 경우와 마찬가지로 수행될 수 있다. 이 경우 보강재가 설치된 범위는 보강재에 의하여 보강효과가 기대될 수 있기 때문에 가상 활동면은 보강 범위를 벗어나는 것으로 간주한다.

나. 기초지반 침하에 대한 안정 검토

보강토 옹벽은 일반 옹벽에 비하여 상대적으로 큰 침하에도 안정성을 유지할 수 있다. 그러나 침하의 가능성이 큰 지반일 경우는 이에 대한 영향을 검토하여야 한다. 잔류침하량이 해설 표 6.6.7의 한계값 이상일 때는 사용목적 및 설치 지반에 적합한 대책공법을 병용해야 한다.

해설 표 6.6.7 잔류 침하량의 한계값

검토 항목	잔류침하량
교량 등 주요구조물의 접속부에 있는 보강토 옹벽	10~20cm
상기 이외의 경우	15~30cm

기초지반의 부등침하가 예상되는 장소에서는 이 부등침하량이 전면벽체의 안정에 영향을 끼치는가에 대하여 검토해야 한다. 패널식 콘크리트 전면벽체의 경우 패널에 균열 발생 없이 허용될 수 있는 부등침하량(침하량/벽체 길이 = Δ/L)은 1/100이며, 블록식의 경우는 1/200, 연성벽체의 경우 1/50이다(해설 그림 6.6.11).

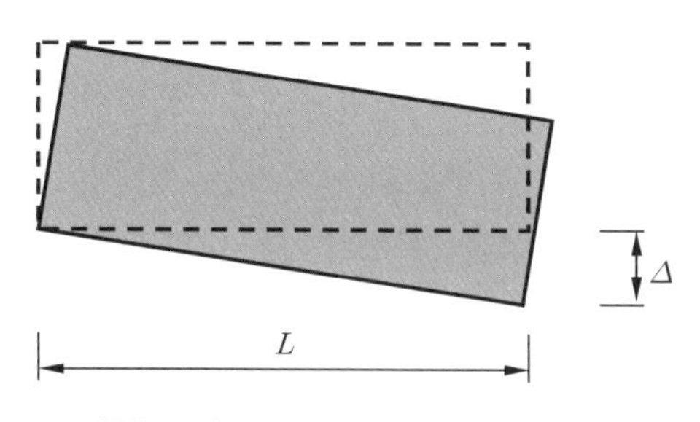

해설 그림 6.6.11 기초지반의 부등침하

보강재 길이방향 부등침하량이 1/10 이상인 경우에는 보강재에 과응력이 발생할 수 있으므로 FEM 해석 등을 통해 보강재 추가응력에 대해 검토해야 한다.

다. 지지력에 대한 안정 검토

보강토 저면의 최대 압축응력은 기초지반의 허용지지력을 초과하지 않아야 한다. 이 경우 안전율 2.5 이상을 적용하여 허용지지력을 산정하여야 한다. 단, 침하에 대한 지반공학적 분석결과 문제가 없는 경우에는 지반지지력에 대한 안전율로 2.0을 사용할 수 있다.

라. 활동에 대한 안정 검토

보강토 옹벽 저면에서의 마찰저항력과 저면에 작용하는 수평 분력을 비교하여 안전율 1.5 이상을 확보하여야 한다.

마. 전도에 대한 안정 검토

일반 옹벽의 전도에 대한 안정 검토방법을 따르며 안전율 2.0 이상을 확보하여야 한다. 보강토 옹벽은 저항모멘트에 기여하는 토체의 자중이 매우 크므로 전도에 대한 안정검토는 토체 높이가 높지 않는 한 생략할 수도 있다.

6.6.7 보강토체의 내적 안정은 보강재의 파단파괴와 인발파괴에 대하여 검토한다. 토체 내부 비탈면 파괴에 대한 안정은 보강토체 내부의 예상 파괴면에 대하여 검토한다.

(1) 내적안정에 대한 검토 시 파괴면은 토체로부터 분리되어 나가려는 영역과 그 힘에 저항하려는 수동영역으로 나누어 고려한다.

(2) 상재하중 고려 시 상재 성토면이 비탈면을 형성하고 있을 때에는 환산 등분포 하중법이나 가상벽고에 의한 방법을 적용할 수 있다.

(3) 보강토체 내부의 수평토압은 주동토압계수를 적용한다. 단, 신장성이 작은 보강재(예, 강철띠형 및 섬유띠형)의 경우에는 벽체의 상단에서 6m까지 정지토압계수에서 주동토압계수로 직선적으로 변화시키고, 6m 이상의 깊이에서는 일정한 주동토압계수를 적용한다.

(4) 파단파괴에 대한 안정성 확보를 위해 보강재의 허용 인장강도는 해당 보강재가 받아야 할 수평토압보다 커야 한다. 각 보강재의 허용 인장강도는 재료에 따라 합리적이고 적정한 안전율을 적용하여 구한다.

(5) 인발파괴에 대한 안정성 확보를 위해 보강재와 흙의 결속 허용 저항력의 크기는 해당 보강재가 받아야 할 수평토압보다 커야 한다. 보강재와 흙의 결속 허용 저항력은 재료에 따라 합리적이고 적정한 안전율을 적용하여 구한다.

(6) 하중계수를 적용하여 설계할 경우에는 해당 설계기준에서 제시하는 저항계수를 적용한다.

해설

6.6.7 보강토 옹벽의 내적 안정성 확보를 위해 보강재의 파단파괴(breaking failure)와 인발파괴(slippage failure)에 대하여 검토한다. 보강재의 파단이나 인발에 대한 검토는 각 보강재가 분담하는 수평토압에 대하여 실시한다. 이들 하중의 합력은 보강재에 작용하는 인장력이 되고 이 인장력으로 인해 보강재의 인장강도 및 흙과의 마찰력에 대한 저항이 충분한가에 대하여 검토한다(해설 그림 6.6.12). 지진 등의 극단적인 경우에 대한 보강토옹벽의 검토 시 FHWA-NHI-10-024 Chapter 7 “DESIGN LF MSE WALLS FOR

EXTREME EVENTS"를 준용할 수 있다.

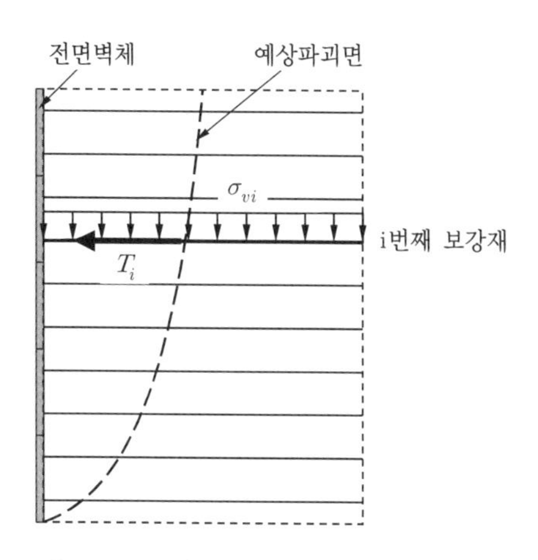

해설 그림 6.6.12 파단파괴에 대한 힘의 평형 개념도

(1) 내적안정에 대한 검토 시 파괴면을 토체로부터 분리되어 나가려는 영역과 그 힘에 저항하는 수동영역으로 나누어 고려한다.

(2) 상재 성토면이 비탈면을 형성하고 있을 때에는 환산 등분포하중법이나 가상벽고에 의한 방법을 적용할 수 있다.

(3) 보강토체 내부의 수평토압은 주동토압계수를 적용하지만 강철띠형 및 섬유띠형 보강재와 같이 신장성이 작은 보강재의 경우에는 벽체의 상단에서 6m까지는 정지토압계수에서 주동토압계수로 직선적으로 변화시키고, 6m 이상의 깊이에서는 일정한 주동토압계수를 적용한다.

i층의 보강재에 작용하는 토압은 해설 식(6.6.6)과 해설 식(6.6.7)로 계산한다.

$$\sigma_{hi} = K_i \sigma_{vi} \quad \text{해설 (6.6.6)}$$

$$\sigma_{vi} = \gamma z_i + q_i \quad \text{해설 (6.6.7)}$$

여기서, z_i : i번째 층의 깊이

σ_{hi} : z_i에서의 수평토압

K_i : z_i에서의 토압계수

σ_{vi} : z_i에서의 연직응력

γ : 흙의 단위중량

q_i : z_i에서 작용하는 상재하중 강도

보강토체 내부의 토압계수는 보강재의 종류에 따라 전술한 복합중력식법과 마찰쐐기법에 의하여 결정된 값을 적용한다.

(4) 파단파괴에 대한 안정검토

파단파괴에 대한 안정은 해설 식(6.6.8)와 같이 검토한다.

$$FS = \frac{T_a}{T_i} \geq FS_{rupture} \qquad \text{해설 (6.6.8)}$$

여기서, T_i : 각 단의 보강재 1개가 받는 수평 인장력

T_a : 보강재의 장기설계인장강도

$FS_{rupture}$: 보강재의 파단에 대한 안전율(1.0)

각 단의 띠보강재 1개에 작용하는 인장력 T_i는 해설 식(6.6.9)으로 산출한다.

$$T_i = \sigma_{hi} S_{vi} S_{hi} \qquad \text{해설 (6.6.9)}$$

여기서, S_{vi} : i번째 층 보강재의 연직 간격

S_{hi} : i번째 층 보강재의 수평 간격(평면보강재는 1.0)

띠형 보강재의 수평 및 연직 간격 또는 평면형 보강재의 연직 간격은 보강재에 작용하는 수평토압의 크기에 대한 보강재의 저항력을 고려하여 결정한다. 단 연직 간격의 경우 흙의 아칭효과를 고려하여 0.8m를 초과해서는 안 된다.

(5) 인발파괴에 대한 안정 검토

수평인장력에 대하여 보강토 옹벽 내의 토체가 미끄러지지 않도록 토체와 보강재 사이에는 충분한 마찰저항이 동원되어야 한다. 인발파괴에 대한 안정성은 해설 식(6.6.10)로 평가한다.

$$FS = \frac{P_{fi}}{T_i} \geq FS_{rupture} \qquad \text{해설 (6.6.10)}$$

여기서, P_{fi} : i 번째 보강재에서 발휘되는 마찰력
$FS_{rupture}$: 인발파괴에 대한 안전율(1.5)

i 번째 보강재에서 발휘되는 마찰력은 해설 식(6.6.11)과 같다(해설 그림 6.6.13 참조).

$$P_{fi} = 2 \cdot b \cdot L_e \cdot \sigma_{vi} \cdot f_i^* \qquad \text{해설 (6.6.11)}$$

여기서, σ_{vi} : 번째 층의 보강재에 작용하는 연직응력
b : 보강재의 폭(평면형 보강재는 1.0)
L_e : 유효 보강재 길이
f_i^* : 보강재－흙 간의 마찰계수

보강재－흙 간의 마찰계수는 공신력이 있는 공공기관의 시험결과를 사용한다. 그리고 소요 보강재 길이는 인발에 대하여 소정의 안전율을 확보할 수 있는 마찰저항을 가지도록 정하고, 마찰저항력은 저항영역 속에 있는 보강재에만 작용하는 것으로 가정한다.
전면 보호재로서 토목섬유를 사용할 경우 전면부의 겹침길이를 최소한 1.0m 이상 확보하여야 한다.

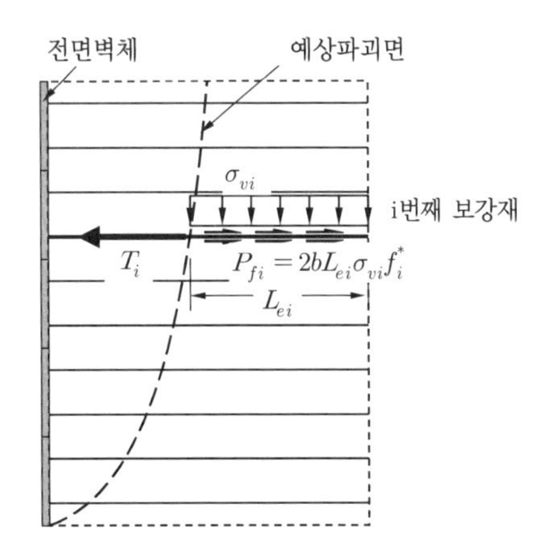

해설 그림 6.6.13 인발파괴에 대한 힘의 평형 개념도

(6) 한계상태설계법에 따라 설계할 경우에는 해당 설계기준에서 제시하는 하중계수, 저항계수, 안전율을 적용한다.

(7) 보강토옹벽 배면이 경사질 경우, 보강재에 작용하는 연직응력

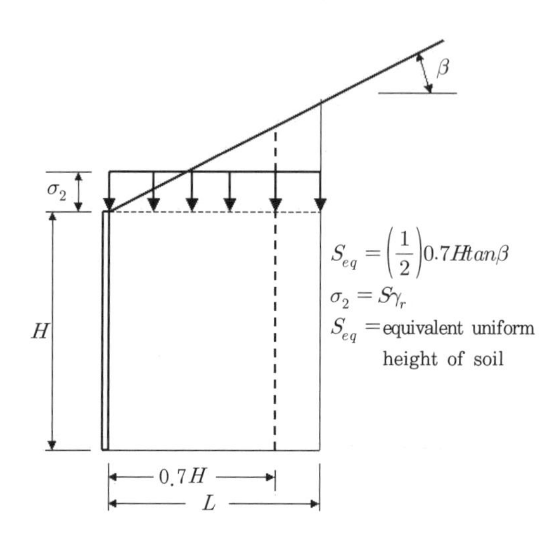

해설 그림 6.6.14 보강토옹벽 배면이 경사질 경우 보강재에 작용하는 연직응력 계산(FHWA, 2009)

> **6.6.8** 보강토옹벽은 보강재와 흙의 상호마찰에 의하여 결속되어 있는 구조체이므로 수압의 지나친 상승으로 인해 유효응력이 감소되는 것을 방지하도록 배수처리한다. 이때 옹벽 배면에 표면 배수시설 또한 고려하여 설계한다.

해설

6.6.8 보강토 옹벽은 보강재와 흙의 상호마찰에 의하여 결속되어 있는 구조체이므로 수위상승으로 인하여 유효응력이 감소하거나 배면 토압이 증가하지 않도록 충분한 배수계획을 수립하여야 한다. 보강토 옹벽은 구조 특성상 전면체를 구성하는 콘크리트 블록 또는 패널 등의 이음매와 토목섬유의 틈새(opening)를 통해서 원활한 배수가 되기 때문에 별도의 배수공을 설치하지 않을 수 있다. 그러나 침수가능성이 있는 지역이라면 수압의 지나친 상승으로 유효응력이 감소하여 뒤채움흙의 전단저항 및 보강재와 흙 사이의 마찰저항이 감소할 수 있으므로 이를 방지할 수 있도록 배수 및 필터 처리를 하여야 하며, 이때 옹벽 배면에 표면 배수시설 또한 고려하여 설계한다.

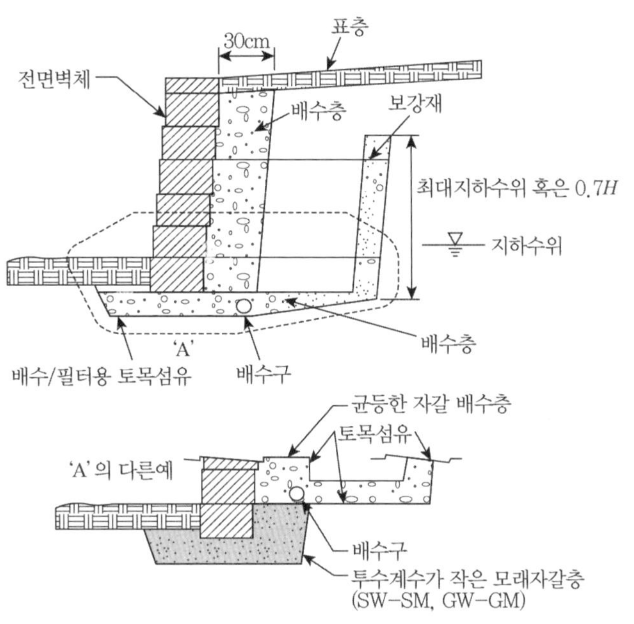

(참고) (a)의 "A" 상세도는 배수구가 벽체 전면의 지표면보다 높은 위치에 설치되는 경우의 적용 예이다. 이 경우 배수구 하부에 투수성이 좋은 일반적인 자갈층을 설치하면, 배수구 하부 자갈층에 물이 고이게 되어 원지반 교란 및 침식의 원인이 된다. 따라서 배수구 하부에 위치하는 전면벽체의 기초공 및 자갈층은 투수계수가 작게 하여, 배면 유입수가 배수구를 통해 외부로 용이하게 유출될 수 있도록 하여야 한다.

(a) 보강토 옹벽의 배수시설

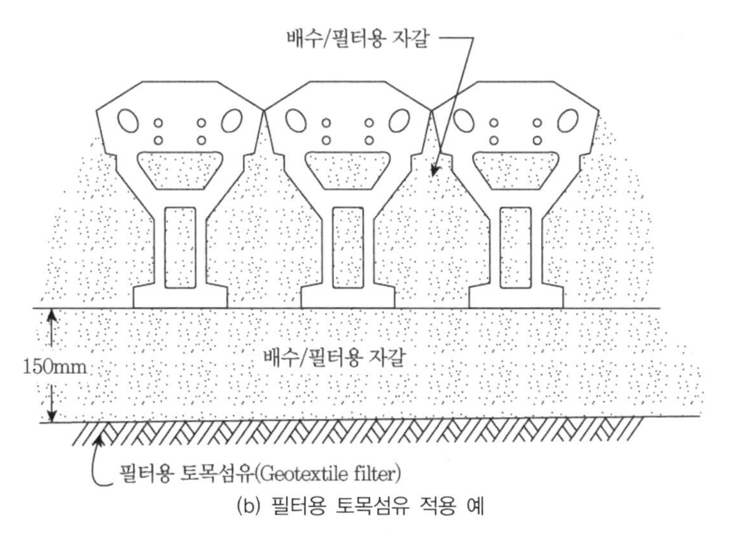

(b) 필터용 토목섬유 적용 예

해설 그림 6.6.15 보강토옹벽의 배수시설(예)

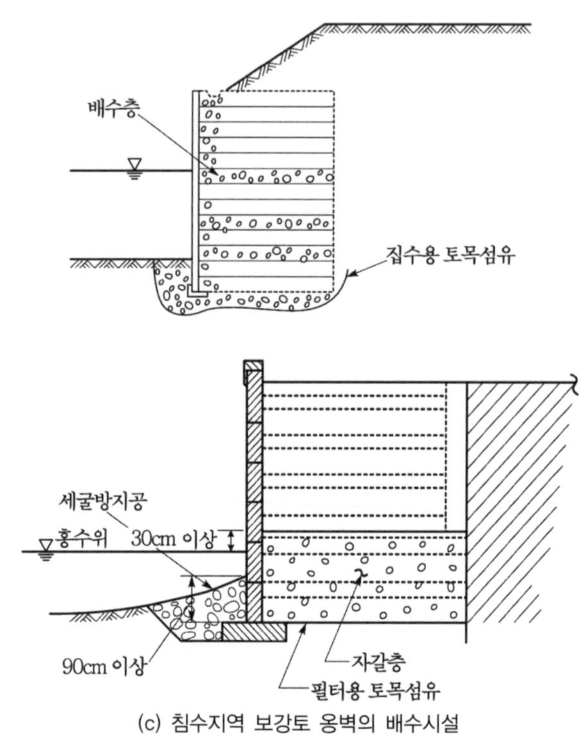

(c) 침수지역 보강토 옹벽의 배수시설

해설 그림 6.6.15 보강토옹벽의 배수시설(예)(계속)

6.6.9 보강토체가 수중에 잠기는 경우, 내외 수면이 같아지도록 투수성이 양호한 뒤채움 재료를 사용한다. 또한 보강토체 전면판의 이음부에도 원활한 배수가 가능하고 토립자 유실을 방지할 수 있는 필터재를 적용한다. 그리고 옹벽기초의 침식 및 세굴에 대해서도 저항할 수 있도록 설계한다. 단, 보강토옹벽은 퇴적층이 두껍거나 유수의 영향을 직접 받는 산의 계곡부에는 원칙적으로 설치하지 않는 것으로 한다.

해설

6.6.9 보강토체가 수중에 잠기는 경우 해설 그림 6.6.16와 같이 수위의 급격한 변동에도 보강토 옹벽 내외 수면이 같아지도록 투수성이 양호한 뒤채움재를 이용하여야 하며, 보강토 옹벽 전면판의 이음부에는 투수성이 좋은 필터재를 설치하여 배수를 원활히 하는 반면 토립자가 유실되지 않도록 하여야 한다.

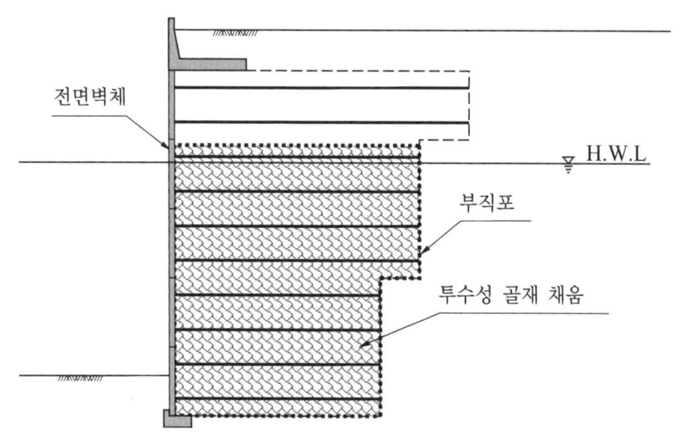

해설 그림 6.6.16 보강토 옹벽의 침수대책

> **6.6.10** 보강토옹벽의 우각부 등의 경우에는 파괴조건 및 보강재에 작용하는 하중조건이 달라질 수 있으므로 이를 고려하여 설계한다.

해설

6.6.10 보강토 옹벽의 우각부 등의 특수한 조건이 형성되는 경우에는 주어진 조건에 따라 파괴형태 및 보강재에 작용하는 하중조건 등이 달라질 수 있으므로 이를 고려하여 설계하여야 한다. 이때 수치해석 등을 이용하여 그 영향을 평가할 수 있다.

(1) 고성토인 경우에는 전면판 자체의 자중과 토압에 의해 작용하는 응력에 대한 전면판 자체의 수직균열 및 벽체 하부의 배부름(bulging) 등에 대한 안정성을 검토한다. 즉, 옹벽높이가 10~15m 이상인 경우 2단 이상으로 검토한다.
(2) 우각부인 경우에는 전면판 또는 블록 사이에 작용하는 수평력에 의해서 벌어짐(opening)에 대한 안정성을 검토한다.
(3) 블록 또는 전면판에 고정용 핀 자체의 안정성 및 핀에 의한 응력 집중으로 블록 또는 전면판의 균열에 대한 안정성을 검토한다.

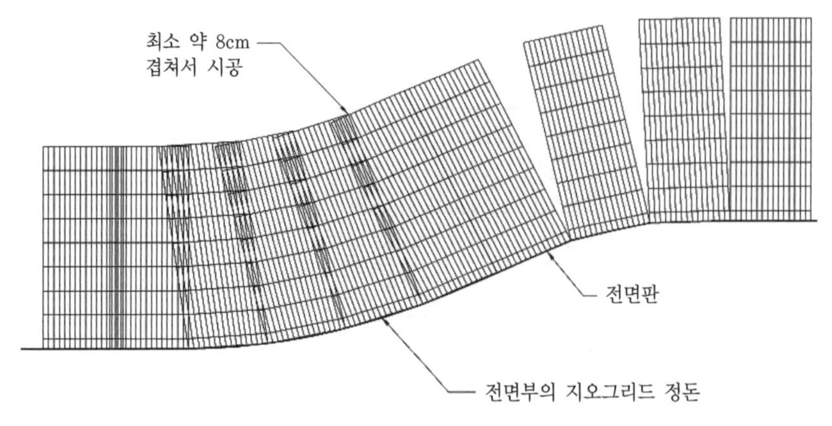

해설 그림 6.6.17 보강토옹벽의 우각부 그리드 배치(예)

> **6.6.11** 식생보강토옹벽의 식생은 내구년한 동안 유지되어야 하며 전면벽체에 균열 유발 등 유해하게 작용하지 않도록 그의 선정 및 유지관리계획을 수립하여야 하고, 가연성 전면벽체 옹벽은 화재에 의한 구조적 손상위험에 대응할 수 있어야 한다.

해설

6.6.11 장기 식생 확보 및 화재 등에 대한 안정성 확보 여부를 검토한다.

(1) 내구연한 동안 식생이 유지될 수 있도록, 현장 여건 등을 고려한 식생설계가 이루어져야 하며, 목재, 섬유재 등 가연성 전면벽체 사용시 화재 등에 따른 구조적 손상위험에 대응할 수 있어야 한다.
(2) 보강토 옹벽의 전면벽체 및 배면에 식생된 식물의 뿌리 성장이 전면벽체의 균열 원인이 될 수 있으므로 이를 고려한 식물종 선정 및 유지관리계획을 수립하여야 한다.

> **6.6.12** 다단식, 절토부, 교대부 등 복잡한 형상을 가진 지반에 보강토옹벽을 적용할 경우에는 각 경우에 적절한 안정성 검토를 수행하여야 한다.

해설

6.6.12 다단식, 절토부, 교대부 등 복잡한 형상을 가진 보강토 옹벽의 설계 방법은 FHWA-NHI-10-024 FHWA GEC 011-Volume 1 Novermger 2009 CHAPTER 6 "DESING OF MSE WALLS WITH COMPLEX GEOMETRICS"를 준용할 수 있다.

(1) 다단식 보강토 옹벽은 하단옹벽의 높이가 상단옹벽의 높이 보다 가급적 크게 하는 것이 바람직하고, 전반활동파괴에 대한 안정검토를 반드시 수행한다.

(2) 깎기비탈면 전면부에 보강토 옹벽을 축조하는 경우, 옹벽 하단부에서 보강재의 소요길이를 충분히 확보하기 어려운 경우에는 비탈면을 더 굴착하여 보강재의 소요길이를 확보하던가 보강재를 비탈면보강공에 정착시킬 수 있는 방법을 병용하여야 한다. 안정화된 지반(혹은 구조물)의 전면부에 설치하는 보강토 옹벽에 대한 설계방법은 FHWA-NHI-10-024 Chapter 6.5 "Shored MSE Walls for Steep Rerrains and Low Volume Roads"를 준용할 수 있다. 또한 깎기면과 쌓기면의 경계부에는 우수, 지하수 등의 침투로 인한 전단저항 감소 및 수압 증가가 발생할 수 있으므로, 반드시 자갈, 토목섬유 등을 이용한 배수/필터층을 설치해야 한다. 한편, 암반과 같이 견고한 지층을 굴착하고 사다리꼴 형태의 보강토 옹벽을 설치하는 경우의 설계방법은 다음과 같다.

① 외적안정 및 내적안정의 파단안정 검토시 가상의 등가사각형(폭 L_0, 높이 H) 설계단면으로 해석 수행(해설 그림 6.6.18 사다리꼴 보강토 옹벽의 설계 예)
② 등가사각형의 폭(L_0)은 $0.7H$ 이상
③ 최소길이는 $0.4H$ 또는 2.5m 이상, 각단의 길이 차이는 $0.15H$ 이하
④ 인발안정 검토는 L_1, L_2, L_3 등에 대해 각각 수행
⑤ 사면안정해석을 통한 전반활동파괴에 대한 안정검토를 실시

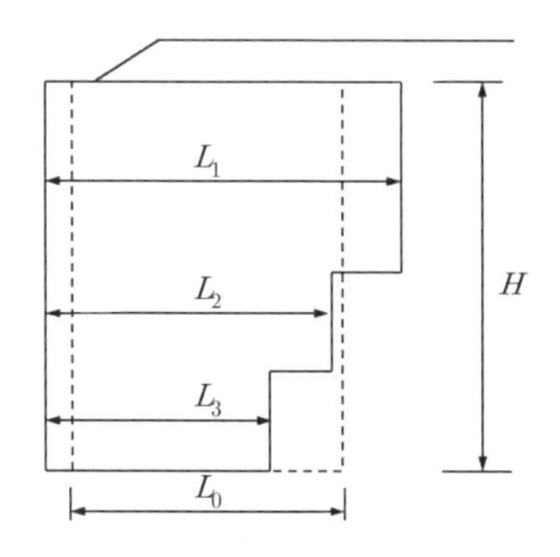

해설 그림 6.6.18 사다리꼴 보강토 옹벽의 설계 예

6.6.13 보강토옹벽 상부에 방호벽이나 방음벽 기초로서 L형 옹벽 등이 설치될 경우에는 보강토옹벽에 차량의 활하중, 성토하중, 옹벽 배면에 작용하는 토압에 의한 수평력, 편심에 의한 수직력 등이 추가로 작용하게 되므로 설계 시 이를 고려해야 한다.

해설

6.6.13

(1) 보강토 옹벽 상부에 방호벽이나 방음벽 기초로서 L형 옹벽 등이 설치될 경우에는 보강토 옹벽에 차량의 활하중, 성토하중, L형 옹벽 배면에 작용하는 토압에 의한 수평력, L형 옹벽의 편심에 의한 수직력 등이 추가로 작용하게 되므로, 설계 시 이를 고려해야 한다.

(2) 보강토 옹벽 상부에 방호벽, 방음벽 등이 설치되는 경우에는 차량 충돌시의 하중을 고려하여, 설계 시 상부 2개열의 보강재에 29kN/m의 수평력을 부가시킨다. 부가된 총 수평력의 2/3(19.3kN/m)는 최상단 보강재가 부담하고, 나머지 1/3(9.7kN/m)은 두 번째 단의 보강재가 부담한다. 한편, 차량의 충돌하중은 일시적으로 작용하기 때문에, 토목섬유를 보강재로 사용한 경우에는 충돌하중 고려시 보강재의 장기설계인장강도 산정에서 크리프 감소계수를 제외한다. 따라서 토목섬유 보강재를 사용한 경우에는, (설계 시 산정된 최상단 및 두 번째 단 보강재의 유발인장력+차량 충돌로 인해 부가된 수평력)과 (크리프 감소계수를 제외한 장기설계인장강도)를 비교하여 설계의 적정성을 평가한다.

(3) 보강토 옹벽 상부에 가드레일, 방음벽 등의 지주(flexible post, beam barriers)를 설치할 필요가 있을 경우, 이 지주는 보강토 옹벽의 전면에서 1m 이상 떨어진 위치에 설치한다. 또한 가급적 보강재에 손상이 가지 않도록 하여야 하며, 지주 설치로 인해 보강재에 손상이 있을 경우 보강재의 파단안정 검토시 이를 고려한다. 한편, 설계 시 상부 2개열의 보강재에는 총 4.4kN/m의 수평력을 부가시킨다. 부가된 총 수평력의 2/3(2.9kN/m)는 최상단 보강재가 부담하고, 나머지 1/3(1.5kN/m)은 두 번째 단의 보강재가 부담한다. 따라서 (설계 시 산정된 최상단 및 두 번째 단 보강재의 유발인장력+부가된 수평력)과 장기설계인장강도를 비교하여 설계의 적정성을 평가한다.

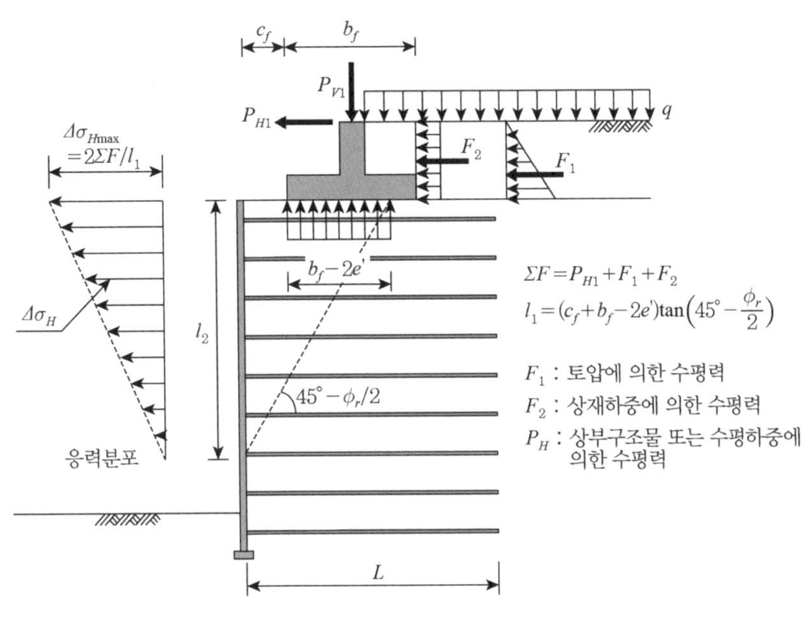

해설 그림 6.6.19 보강토옹벽 상부에 상재하중이 작용 시 수평력

6.6.14 보강토체 내에 부득이 매설구조물이 설치될 경우에는 매설구조물에 보강재를 연결시킨다.

해설

6.6.14 보강토체 내에 매설구조물 등이 설치될 경우에는 매설구조물에 보강재를 연결시킨다(해설 그림 6.6.20 보강토체 내에 매설구조물이 설치된 예). 보강토 옹벽의 상부코핑(coping)이나 교통 방호벽 벽체바닥판, 배수시설 등에 관해서는 FHWA-NHI-10-024 FHWA GEC 011-Volume 1 Novermger 2009 CHAPTER 5 “MSE WALLS DETAILS”를 준용할 수 있다.

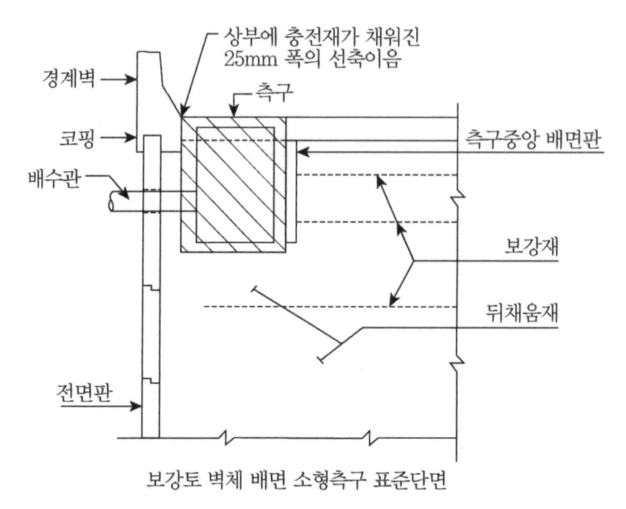

해설 그림 6.6.20 보강토체 내에 매설구조물이 설치된 예

> **6.6.15** 보강토체는 배면 용출수의 유무, 수량의 과다에 따라 적절한 배수시설을 반영하여야 한다.

해설

6.6.15 보강토체에 이용되는 뒤채움재료로는 다짐 특성이 좋은 양질의 토사를 사용하지만, 다량의 배면 유입수로 뒤채움흙이 포화되면 흙의 전단강도가 급격히 저하되어 불안한 상태가 될 수 있으므로 배면 용출수의 유무, 수량의 과다에 따라 적절한 배수시설을 하여야 한다.

보강토 옹벽에 적용하는 배수시설의 종류는 다음과 같다.

〈보강토체 내부 배수시설〉

- 전면벽체 배면의 자갈/쇄석 배수층 및 암거
- 전면벽체 배면의 토목섬유 배수재
- 보강토체 내부의 수평배수층

〈보강토체 외부 배수시설〉

- 보강토 옹벽 상부 지표수 유입을 방지하기 위한 지표면 배수구
- 보강토 옹벽 배면에서 유입되는 용수 처리를 위한 보강토체/배면토체 경계면 배수층

(1) 보강토체의 내부와 뒤채움에는 지하수를 처리하기 위한 모래자갈 수평배수층을 두는 것이 필요하다. 저면 이외에는 지오텍스타일, 지오멤브레인 형의 배수재로 시공할 수도 있다. 특히 계곡부에 설치되는 보강토 옹벽에는 일반 쌓기비탈면과 동일하게 적정한 크기의 암거를 설치한다.

(2) 보강토체가 수중에 잠기는 경우에는 내외수면이 같아지도록 투수성이 양호한 뒤채움 재료를 사용하여야 한다.

(3) 기존 원지반을 깎은 후에 보강토 옹벽을 설치하는 경우는 원지반과 보강토체 사이의 경계에 배수로를 해설 그림 6.6.21와 같이 설치할 수 있다.

(4) 일반적으로 보강토체 내부의 배수대책과 외부의 배수대책을 설명하면 다음과 같다.

① 보강토체 내부의 배수

- 원지반이나 기존 성토지반을 절취하여 보강토체를 설치하는 경우는 굴착면에 지하배수공을 설치하고 원지반 비탈면에 용수 등이 있을 때는 지하배수구나 수평배수공 등을 설치한다.
- 기초부에는 보강토체 내의 간극수압의 상승을 방지하기 위해 배수층을 설치한다.
- 전면벽 부근의 배수처리 및 뒤채움재료의 유실을 방지하기 위해 전면벽 배면에 자갈필터층을 두께 0.3m 이상 설치하여야 한다. 또한 뒤채움재료의 유출을 억제하기 위해 부직포 등의 필터용 토목섬유를 추가 적용할 수 있으며, 이 경우 해설 그림 6.6.22에 보인 바와 같이 자갈필터층의 두께를 0.15m까지 감소시킬 수 있다.
- 시공시기가 강우기인 경우와 함수비가 높은 뒤채움흙을 사용하는 경우에는 일정 쌓기 두께마다 수평배수공을 설치한다.

② 보강토체 외부의 배수대책

- 보강토체 상부표면과 상부 쌓기비탈면은 적절한 차수공 및 배수구를 설치하여 지표수가 보강토체 내부로 유입되는 것을 차단하여야 한다.
- 보강토 옹벽의 주변은 근처로부터의 유입수, 침투수 등의 유입을 막기 위해 그 경계 부근에 유입수 방지공을 설치한다.

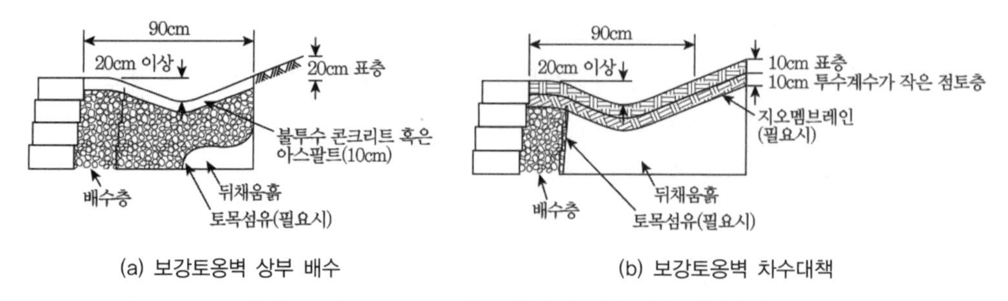

(a) 보강토옹벽 상부 배수 (b) 보강토옹벽 차수대책

해설 그림 6.6.21 보강토 옹벽의 배수시설 적용(예)

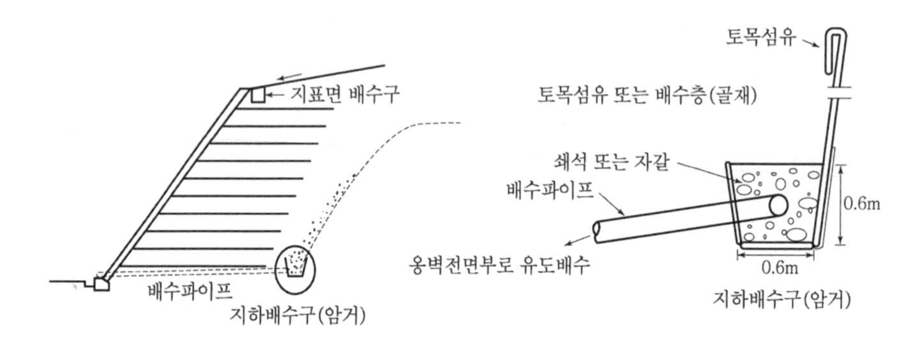

해설 그림 6.6.22 보강토 비탈면의 배수시설 적용(예)

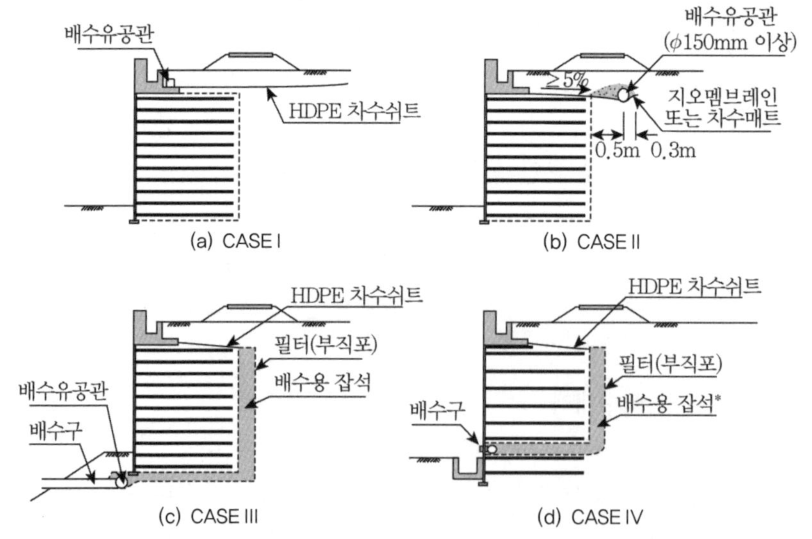

* 배수용 잡석은 50mm 이하 쇄석 또는 자갈로 하며 5mm체 통과율은 5% 이하라야 한다.

해설 그림 6.6.23 보강토옹벽 지표수 유입 차단시설(예)

| 참 고 문 헌 |

1. 김상규(1992), 토질역학, 청문각, pp.223-264.
2. 김팔규 외(1991), 최신토질역학상론, 학연사, pp.355-372.
3. 김홍택, 백영식(1992), 옹벽의 설계 및 발생토압에 관한 고찰, 한국지반공학회지, 제 8권 제 4호, pp.99-117.
4. 대한토목학회(1991), 철근콘크리트설계편람(I), 건설부, pp.487-533, 695-722.
5. 도로교표준시방서 하중-저항계수 설계편(1996), 교대교각 및 옹벽.
6. 일본토질공학회(1977), 土留ぬ 構造物の設計法, 日本土質工學會偏, pp.87-142.
7. 일본토질공학회(1982), 토질공학 핸드북, 일본토질공학회, pp.1077-1098.
8. 채영수(1992), 흙막이 구조물(IV), 한국지반공학회지 Vol.8 No.3, pp.95-115.
9. KICT 연구보고서(1985), Geotextile 및 보강토 공법에 관한 연구, 한국건설기술연구원.
10. 한국도로공사 기술교재(1989), 보강토 공법, 한국도로공사.
11. 한국도로교통협회(1997), 도로교 하부구조 설계요령, 건설정보사, pp.76-135.
12. 한국지반공학회(1997), 사면안정(지반공학시리즈5), 구미서관.
13. 한국콘크리트학회(2000), 콘크리트구조설계기준해설, 기문당, pp.309-316.
14. 이상덕(2000), 기초공학(제3판), 씨아이알, pp.213-214.
15. 한국철도시설공단(2011), 철도설계편람(노반편) (III)흙막이구조물 지하구조물, pp.5-48~5-93, 5-66, 5-77, 5-93
16. 건설공사비탈면설계기준(2011)
17. 국토해양부(2013), 건설공사 보강토 옹벽 설계·시공 및 유지관리 잠정지침, pp.1-11.
18. Barghouthi, A.F.(1990), Active Earth Pressure on Walls with Base Projection, Journal of Geotechnical Engineering, ASCE, Vol. 116, No. 10, pp.1570-1575.
19. Terzaghi, K.(1954), Anchored Bulkheads, Transaction, ASCE, Paper No.2720, Vol. 119.
20. Bowles, J. E.(1988), Foundation Analysis and Design, McGraw-Hill Book Company, 4th Ed., pp.530-577.
21. Canadian Geotechnical Society(1985), Excavations and Retaining Structures, Canadian Foundation Engineering Manual, Part 4.
22. Caquot, A. and Kerisel, F.(1948), Tanles for the Calculation of Passive Pressure, Active Pressure and Bearing Capacity, of Foundation, Gauthier-Villars, Paris.
23. Clayton, C. R.I. and Woods, R.I.(1986), Earth Pressure and Earth-Retaining Structures, Blacke Academic & Professional, London, pp.163-166.
24. Coduto, D.P.(1994), Foundation Design : principles and practices, Prentice-Hall, Inc., New Jersey, pp.699-704.

25. Das, B.M.(1984), Principle of Foundation Engineering, Brooks/cole Engineering Division, Montrey California, pp.242-263.
26. Das, B.M.(1990), Principles of Foundation Engineering, 2nd Ed., PWS- KENT Pub. Comp., Boston, pp.289-290.
27. Goldberg, D.T., Jaworski, W.E., and Gordon, M.D.,(1976), Lateral Support Systems and Underpinning, Vol. I, Design and Consruction(Summary), FHWA-RD-75, Federal Highway Administration.
28. Gray, H.(1958), Contribution to the Analysis of Seepage Effects in Backfills, Geotechnique.
29. Hong Kong(1982), Guide to Retaining Wall Design, Geotechnical Control Office Civil Engineering Services Department, p.107.
30. Huntington, W.C(1957), Earth Pressures and Retaining Walls, John Wiley and sons p.1-15.
31. Ingold, T.S.(1982), Reinforced Earth, Thomas Telford Ltd., London.
32. Ingold, T.S.(1979), Retaining Wall Performance During Backfilling, Journal of the Geotechnical Engineering Division, ASCE, Vol. 105, GT5.
33. Jones, C. J. F. P.(1985), Earth Reinforcement and Soil Structures, Butterworths Co.
34. NAVFAC(1982), Soil Mechanics Design Manual DEPARTMENT OF THE NAVY, NAVAL FACILITES ENGINEERING COMMAND, pp.7.2-59~7.2-85.
35. Seed, H.B. and Whitman, R.V.(1970), Design of Earth Retaining Structures for Dynamic Loads, Lateral Stresses in the Ground and Design of Earth Retaining Structures, ASCE, Cornell University.
36. Teng, W.C.(1962), Foundation design, Prentice-Hall, Inc., p.333.
37. Teng, W.C(1962), Foundation Design, Prentice Hall Inc., Englewood Cliffs, New Jersey, pp.316-317.
38. Terzaghi, K.(1954), Anchored Bulkheads, Transaction, ASCE. Paper No.2720, Vol. 119.
39. Terzaghi, K., and Peck, R.B.(1967), Soil mechanics in Engineering Practice, John Wiley & Sons, Inc., New York.
40. Graham Barnes, Soil Mechanics : Principles and Practice second edition, PALGRAVE,2000, p.341.
41. International Standard ISO 1461 'Hot dip galvanied coating on fabricated iron and steel articles - Specifications and test methods'.
42. British Standard BS 8006 (1995), Strengthened/reinforced soils and other fills.
43. French Standard ISSN 0335-3931 NF p.94~220, Soil Reinforcement, Backfilled structures with inextensible and flexible reinforcing strips or sheets.
44. The French Ministry of Transport, Reinforced Earth Structures.

45. Elias, V., Christopher, B.R. and Berg, R.R.(2001), Mechanically Stabilized Earth Walls and Reinforced Soil Slopes Design and Construction Guidelines, Publication No. FHWA-NHI-00-043 U.S. Department of Transportation Federal Highway Administration.
46. FHWA-NHI-10-024 FHWA GEC 011-Volume 1 Novermger 2009, NHI Courses No.132042 and 132043 "Design and Construction of Mechanically Stabilized Earth Walls and Reinforced Soil Slopes-Volume I," U.S. Department of Trnasportation Federal Highway Administration
47. AASHTO LRFD BRIDGE DESIGN SPECIFICATIONS Customary U.S〉 Units · 2012, pp.11-57~11-58
48. SOIL ENGINEERING, fourth Edition 1984, Merlin G. Spangler · Richard L. Handy Iowa State University, HORPER & ROW, PUBLISHERS, New York ,pp.572-573.

제7장 가설 흙막이구조물

7.1 일반사항

7.1.1 이 장은 지반을 개착식으로 굴착할 때에 작업장의 안정성 확보와 주변구조물의 피해를 방지하기 위하여 설치하는 가설 흙막이구조물의 설계에 적용한다.
7.1.2 가설 흙막이구조물 벽체형식과 지지구조는 지형과 지반조건, 지하수위와 투수성, 주변구조물과 매설물 현황, 교통조건, 공사비, 공기, 시공성 및 환경영향 등을 고려하여 선정한다.
7.1.3 가설 흙막이구조물 설계에서는 굴착공사 단계별로 벽체자체의 안정성을 검토하고 지하매설물과 인접구조물에 미치는 영향을 검토하여 대책을 강구한다.
7.1.4 설계 시 계측 및 분석계획을 수립하여 시공 중 안전성을 확보할 수 있는 방안을 강구한다.

해설

7.1.1 이 장은 지반을 지표면에서 굴착할 경우 굴착면의 붕괴에 따른 주변구조물의 피해 방지와 작업장의 안정성 확보를 위하여 설치하는 흙막이 구조물의 설계에 적용한다.

7.1.2 가설 흙막이구조물 벽체와 지지구조의 형식을 결정할 때에는 굴착면의 붕괴를 유발시키는 인자인 지형, 지반조건, 지하수위, 교통하중, 인접건물하중, 작업 장비하중 등에 대한 것과 지반변형에 의해 야기될 수 있는 주변구조물, 매설물의 피해 가능성 및 공사비, 공기 등의 경제성, 시공 가능성, 환경이나 민원발생 가능성 등을 종합적으로 고려하여야 한다.

7.1.3 지반 굴착은 굴착면이 자립 가능한 위치까지 굴착한 후 지지구조물을 설치하고 굴착을 진행하는 단계적인 굴착방법으로 수행되므로 가설 흙막이구조물 설계에서도 굴착공사 단계별로 벽체자체의 안정성을 검토하고 지하매설물과 인접구조물에 미치는 영향을 검토하여 설계에 반영하여야 한다.

(1) 가설 흙막이구조물 설계 검토항목

가설 흙막이구조물 설계 시에는 해설 그림 7.1.1에 표시된 각각의 항목에 대하여 검토하는 것이 일반적이다. 이 중 흙막이벽의 안정성, 지보공의 안정성, 굴착저면의 안정성은 필수 검토항목이고, 도심지 굴착공사를 위한 흙막이구조물 설계 시에는 이들뿐만 아니라 주변 구조물에 대한 안정성 검토와 지하수 처리에 관한 문제를 반드시 고려해야 한다.

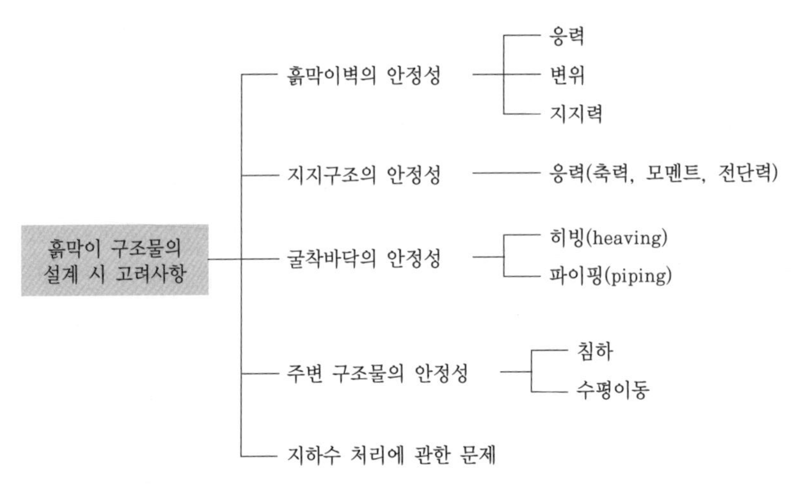

설 그림 7.1.1 굴착공사 시 흙막이벽의 설계 검토항목

(2) 흙막이구조물 설계 시 적용되는 안전율

각 조건에 따라 설계 시 적용하는 안전율은 발주처의 기준을 우선하되, 별도의 기준이 없을 경우 해설 표 7.1.1을 추천한다.

해설 표 7.1.1 흙막이구조물 설계 시 적용되는 안전율

조건		기준치	비고
지반의 지지력		2.0	
사면안정		1.2	필요시 적용
근입깊이 결정		1.2	연약지반에서는 별도 검토
굴착저부의 안정	파이핑	2.0	사질토
	히빙	1.5	점성토
지반앵커	단기(2년 미만)	2.0	
	장기(2년 이상)	3.0	

7.1.4 흙막이 공사 시공 중에 수행되는 계측과 계측결과의 분석계획은 설계자가 설계 시 수립하고, 시공자가 계측수행 과정 중 응력, 변형, 지하수위 등의 계측결과가 설계 시 예측된 값과 다를 경우 설계내용을 재검토하여 시공 중 안전성을 확보할 수 있도록 하여야 한다.

7.2 가설 흙막이구조물 형식

7.2.1 가설 흙막이벽체는 구조적 안전성, 인접건물의 노후화 및 중요도, 지하수위, 굴착깊이, 공기, 공사비, 민원 발생 가능성, 장비의 진출입 가능성, 공사시기 등을 검토하여 가장 유리한 형식을 선정한다.
7.2.2 가설 흙막이벽체의 지지구조는 벽체의 안전성, 시공성, 민원발생 가능성, 인접건물의 이격거리 및 지하층 깊이와 기초형태 등을 검토하여 가장 유리한 형식을 선정한다.
7.2.3 차수나 지반보강 등이 필요한 경우에는 적용목적에 부합하는 보조공법을 선정한다.

해설

7.2.1 가설 흙막이벽체의 형식 선정 시 검토사항으로, 벽체 변형에 영향을 주는 지하수위, 굴착깊이, 토질특성 등의 인자와 벽체가 변형됨에 따라 발생되는 인접건물이나 지하매설물의 피해 가능성, 그리고 장비의 진출입 등의 기계화 시공 가능성, 공기, 공사비 등의 경제성 관련 요소 외에 민원발생 가능성 등을 종합적으로 고려하여 가장 유리한 형식으로 한다.

(1) 가설 흙막이벽체의 형식
가설 흙막이벽체의 형식을 구분하면 해설 그림 7.2.1과 같다.

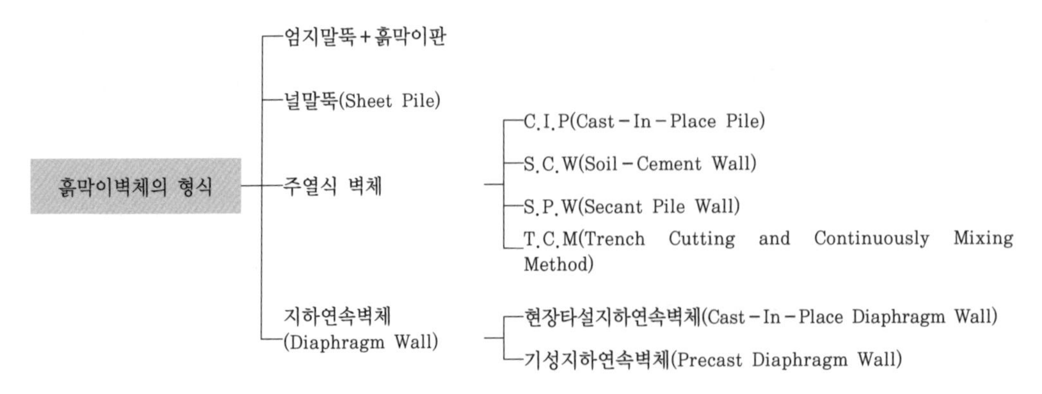

해설 그림 7.2.1 가설 흙막이벽체의 형식

(2) 가설 흙막이벽체의 형식별 특징

가. 엄지말뚝과 흙막이판

굴착 전에 천공에 의하여 설치한 엄지말뚝 사이에 단계적 굴착 중 흙막이판을 끼워서 벽체를 형성시키는 공법으로, 일반적으로 H-형강, 레일(rail)강, 강관 등이 엄지말뚝으로 사용되며 흙막이판으로는 주로 목재를 사용한다(해설 그림 7.2.2 참조). 가장 경제성 있는 공법으로 알려져 널리 이용되고 있는 공법이나, 벽체의 강성이 약하여 벽체의 변형가능성이 크고, 지하수에 대한 별도의 차수대책이 필요하다. 또한 흙막이판을 기존지반과 밀착하여 설치할 수 없으므로 흙막이판과 절취면 사이의 공간에 충실한 되메우기가 필요한 특징이 있다.

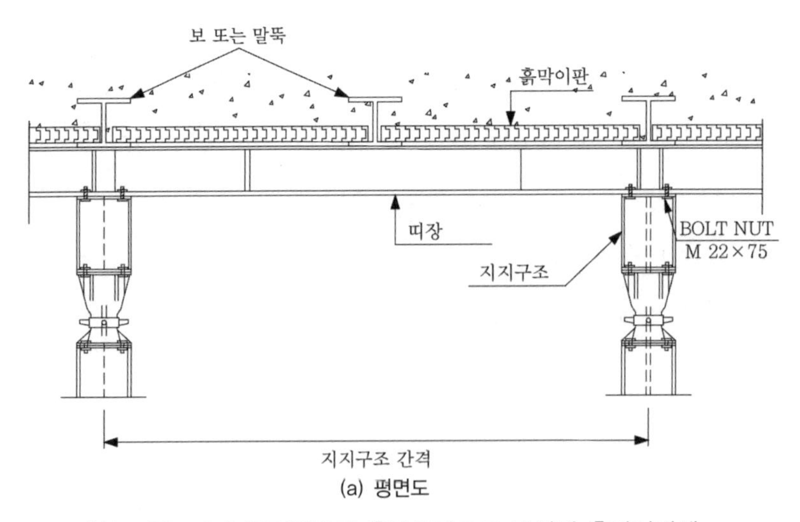

(a) 평면도

해설 그림 7.2.2 엄지말뚝과 흙막이판으로 구성된 흙막이벽체

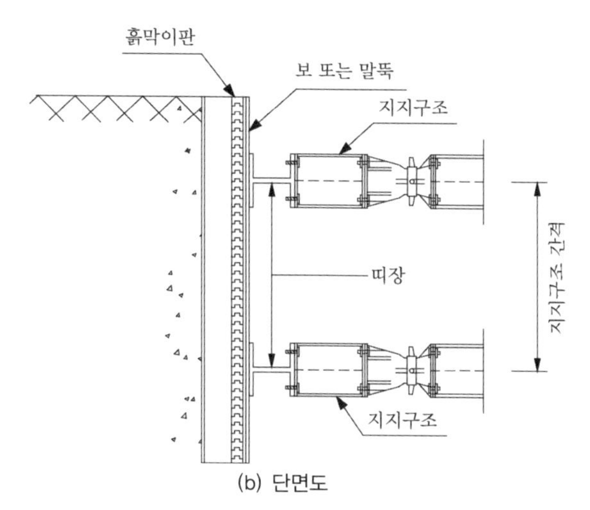

(b) 단면도

해설 그림 7.2.2 엄지말뚝과 흙막이판으로 구성된 흙막이벽체(계속)

나. 널말뚝

널말뚝은 강판 등으로 제작된 기성품을 현장으로 운반하여 이용한다. 굴착 이전에 널말뚝을 지반에 박아 벽체를 형성함으로 굴착 시 배면 토사유실을 방지할 수 있고 재료강도에 대한 신뢰성이나 차수성이 비교적 우수하다. 벽체의 강성이 엄지말뚝 흙막이판보다는 크나 지하연속벽, SPW, 주열식 흙막이벽보다는 작다. 널말뚝을 지반에 박을 때, 해머로 타입하거나 진동하중으로 지반에 근입시킴으로 전석층이나 풍화암층 이상의 암반에는 설치하기가 어려운 면이 있으나 이를 보완하기 위하여 물을 고압분사하여 시공하기도 한다. 널말뚝 공법은 가설벽체 해체 시, 즉 널말뚝 인발시 진동에 의해 주변지반의 침하가 발생할 수 있으므로 주의가 필요하며 해체작업 중에 널말뚝을 뽑아낸 구멍을 메우는 작업이 요구된다.

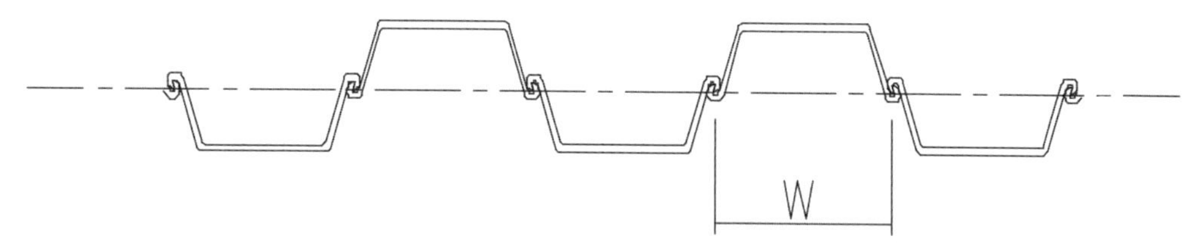

해설 그림 7.2.3 강널말뚝벽체(sheet pile)

다. C.I.P(Cast－In－Place Pile)

CIP란 천공장비로 지반을 천공하고 그 곳에 H－형강이나 철근을 삽입한 후, 현장타설 모르터를 부어 콘크리트말뚝을 형성, 흙막이벽으로 이용하는 공법이다(해설 그림 7.2.4

참조). CIP의 배치방법은 1열 중첩(overlap), 1열 접촉, 엇댐이음 등이 있다. 말뚝을 단순히 접촉시켜 시공하는 경우는 시공 시 말뚝과 말뚝 사이에 공간이 생기기 쉬우므로 투수성 지반의 경우에는 토사가 유출되지 않도록 말뚝과 말뚝 사이에 그라우팅 등의 보조공법을 병행한다.

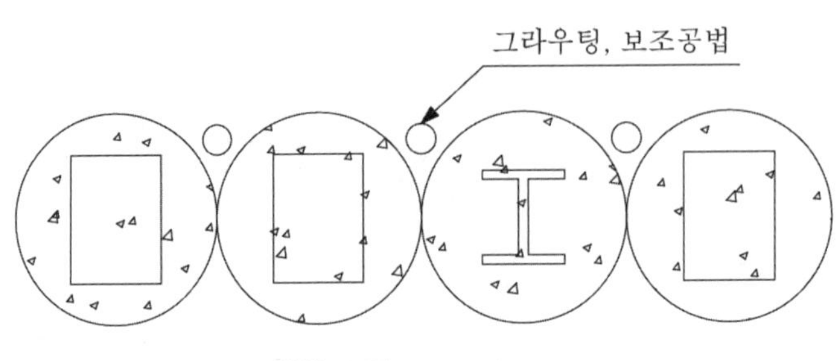

해설 그림 7.2.4 CIP

라. SCW(Soil-Cement Wall)

SCW공법은 천공장비로 지반을 천공하고 그곳에 현장타설 시멘트페이스트를 타설하여 현장 흙과 시멘트페이스트를 혼합시킨 후 H-형강을 삽입하여 벽체의 강성을 증진시키는 공법으로 차수효과가 우수하다.

마. SPW(Secant Pile Wall)

SPW공법은 해설 그림 7.2.5와 같이 천공장비로 굴착 전에 지반을 천공하고 천공구멍에 H-PILE이나 철근망을 삽입한 후 콘크리트를 타설하여 현장타설말뚝 벽체를 형성시키는 공법이다.

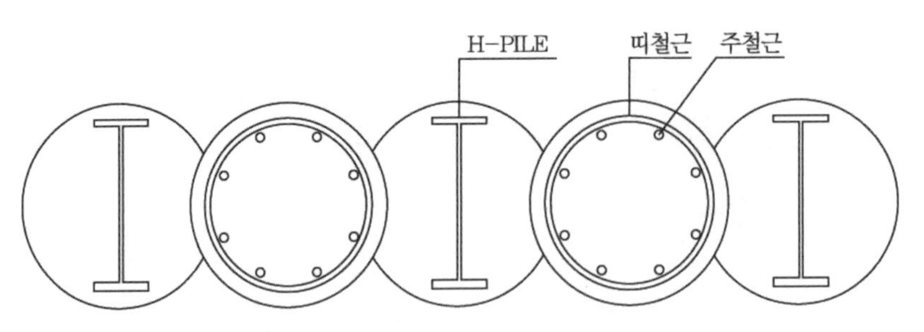

해설 그림 7.2.5 Secant Pile Wall

바. 지하연속벽(Diaphragm Wall)

크럼쉘이나 유압식 드릴 등의 장비에 의해 흙막이 벽체부분의 지반을 굴착하고 철근망을 삽입한 후, 콘크리트를 타설함으로써 지중에 철근 콘크리트 연속벽체를 형성하는 공법이다(해설 그림 7.2.6 참조). 굴착 시 공벽의 붕괴를 방지하기 위하여 안정액을 사용한다. 이 부분에 대하여는 7.7절 지하연속벽을 참고하기 바란다.

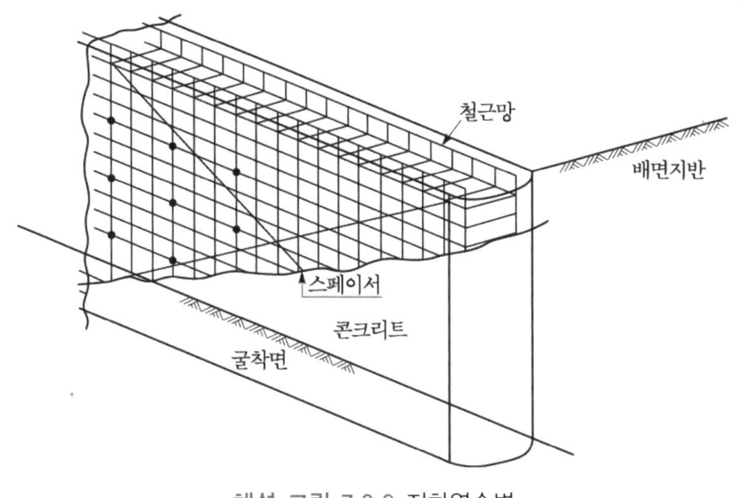

해설 그림 7.2.6 지하연속벽

사. TCM(Trench Cutting and Continuously Mixing Method)

역속벽체 조성으로 차수성이 좋다. 특히 투수층과 불투수층의 Joint처리가 좋고 자갈·전석층에서의 시공속도가 빠르고 비산먼지 발생이 적고 균질한 벽체시공이 되어 품질관리하기가 쉬운 공법으로 보강재도 다양하게 선택할 수 있다. Pile Driver와 TCM장비로 구성되어 있다.

7.2.2 가설 흙막이 벽체의 지지구조 형식은 인접 건물과의 이격거리, 지하층의 깊이와 기초 형태 등을 고려하여 역학적으로 안전한 지지구조형식과 시공용이성, 경제성, 민원발생 가능성 등을 종합적으로 검토하여 가장 유리한 형식을 선정하여야 한다. 지반앵커 지지형식에서는 앵커체의 인접지반 침범과 인접지하구조물 앵커체와의 충돌에 따른 피해 여부 확인과 이에 따른 민원발생 가능성이 검토되어야 한다.

(1) 가설 흙막이벽체의 지지구조에는 자립식, 버팀보, 지반앵커, 소일네일링, 역타공법, 레이커 등이 있으며 흙막이 벽체의 강성만으로 토압 등의 하중을 지지할 수 없을 경우에 지지구조를 설치하여 굴착벽면을 안정시킨다.
(2) 지지구조의 형식 결정은 각각의 지지구조 형식에 대한 장단점과 현장여건(벽체의 안전성, 시공성, 민원발생 가능성, 인접건물의 이격거리, 지하층 깊이와 기초형태 등)

에 대한 종합적 검토 후에 가장 유리한 형식으로 결정한다.

가. 자립식 지지공법

버팀보, 띠장 등의 지지구조를 가설하지 않고 흙막이벽체의 휨 저항력 및 근입 부분 지반의 횡저항에 의해 토압을 부담시키고 굴착을 진행하는 공법으로 벽체의 재료에 의한 저항력이 한계가 있어 깊이가 깊어지면 변위와 흙막이벽의 응력이 급격히 증가하므로 일반적으로 4m 이내의 소규모 굴착에 제한적으로 사용될 수 있다.

나. 버팀보(strut) 지지공법

굴착 외주에 흙막이벽을 설치하고 이것을 버팀보와 띠장 등의 지지구조로 지지하며 굴착을 진행해 가는 공법으로 가장 많이 적용되고 있는 지지구조형식이다.

버팀보에 의한 지지구조는 역학적으로 가장 안전한 지지형식이나, 버팀보 자체가 굴착을 위한 시공장비의 작업과 운행에 방해가 될 수 있는 단점과 굴착면의 좌우 고저차가 클 경우 버팀보를 굴착면에 연직으로 설치할 수 없는 문제가 있으며 굴착단면의 크기가 클 경우 버팀보의 좌굴에 따른 위험성과 하절기 온도변화에 의한 버팀보의 변형이 야기될 수 있는 약점이 있다.

다. 지반앵커(Earth anchor) 지지공법

지반앵커 지지공법의 원리는 앵커체 강선의 인장력을 지반에 전달하여, 토압 등의 하중에 대한 저항응력을 유발시켜 굴착벽면의 안정을 도모하는 것이다. 앵커체와 지반 사이에 마찰력이 작은 연약한 점성토에서는 계산된 앵커력이 발생하지 않는 문제와 자유장, 정착장, 여유장 등으로 구성되는 앵커체 길이가 길 경우 인접대지를 침범할 수 있어 인접지주의 동의가 필요하나, 굴착단면의 규모가 크거나 단면의 좌우 고저차가 클 경우 등에 대하여 적용에 제한이 없고 굴착부지 내에서 장비운용에 제한이 없는 장점이 있다.

라. 역타공법(top-down)

다른 지지형식은 지지구조를 일시적으로 설치하여 굴착을 진행해 가는 방법이나, 역타공법의 지지구조는 건물 본체의 바닥 및 보를 구축한 후 이를 지지구조로 사용하여 흙막이벽에 걸리는 외력을 부담시키면서 굴착해 가는 방법이다.

마. 소일네일(soil nail) 지지공법

소일네일 공법은 인장응력, 전단응력 및 휨모멘트에 저항할 수 있는 보강재(re-bar)를 지반 내에 비교적 촘촘한 간격으로 삽입함으로써 원지반의 전체적인 전단 저항력과 활동 저항력을 증가시켜 비탈면의 안정을 확보함과 동시에 지반의 변위를 억제하는 공법이다.

바. 레이커에 의한 지지형식은 가장 불완전한 지지형식으로 버팀보, 지반앵커, 소일네일 등의 형식에 부분적으로 적용될 수 있다. 굴착 평면이 커서 버팀보로 굴착 할 수 없는 현장에 적용되며 버팀보가 경사로 설치되므로 강성과 효율이 감소되며 변위가 커질 수 있으므로 제한적으로 사용되는 공법이다.

해설 표 7.2.1 각종 지지구조의 개요와 특징

	개요	특성
ⓐ 자립식	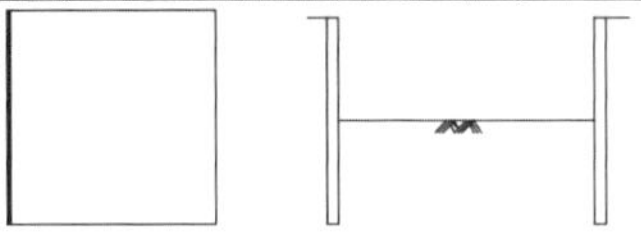	• 근입부 흙의 강도 필요 • 능률적이며 경제적 • 변형이 쉬움 • 비탈면 open cut과 병용 가능
ⓑ 레이커공법	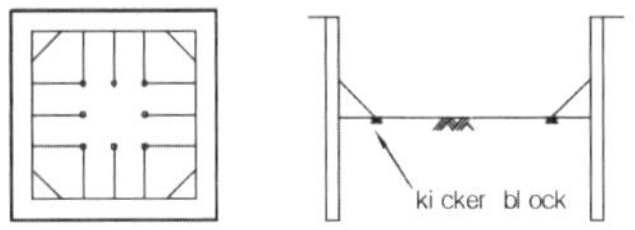 kicker block	• 가장 일반적인 공법 • 적용성이 광범위 • 배면 부위 보강이 용이 • 굴착이 어려움 • 강재 재사용으로 경제적
ⓒ 지반앵커공법	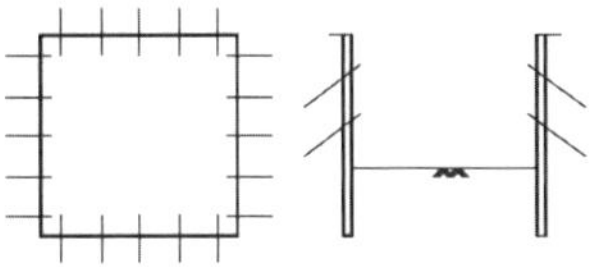	• 앵커 설치 공간과 설치 허가 필요 • 정착 가능한 지반이 요구됨 • 대규모 평면에 유리 • 배면 보강이 어려움
ⓓ 역타공법 (top－down)	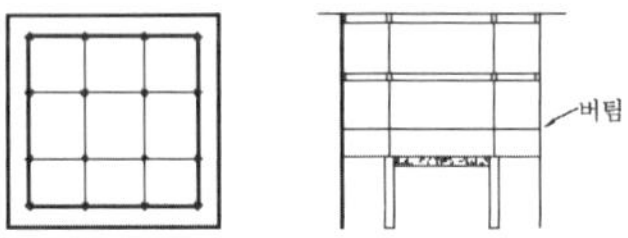 버팀	• 안전성이 최고 • 가설재의 절약 • 부정형 평면도 가능 • 공기 단축 가능 • 선행하중을 가하기 힘듦
ⓔ 소일네일공법	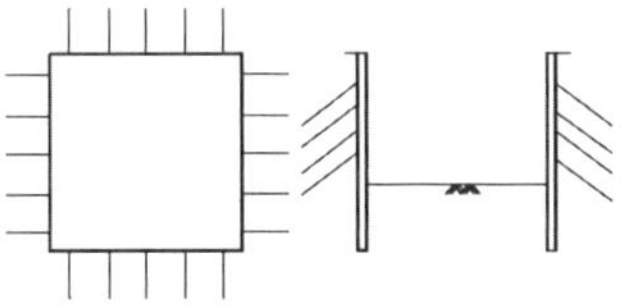	• 배면 공간이 필요 • 앵커에 비해 배면공간 적게 필요 • 소규모인 경우 공사비 고가
ⓕ 버팀보공법	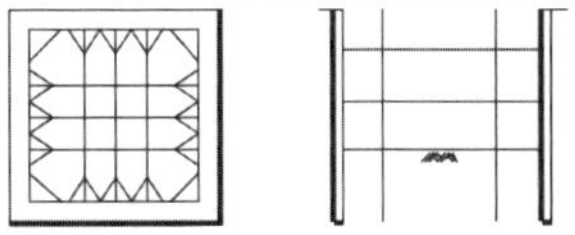	• 능률적이며 경제적 • 기초와 나머지 부분의 이음 시공이 필요 • 대형평면에 유리
ⓖ 타이로드공법	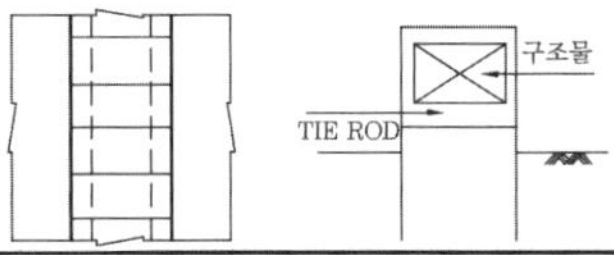 구조물 TIE ROD	• 구조물의 양측을 굴착할 때 사용 • 사이흙의 느슨함을 방지

7.2.3 차수나 지반보강 등의 목적으로 그라우팅 공법이 보조공법으로 이용되고 있으며, 그 종류와 특징은 다음과 같다.

(1) 그라우팅 공법 분류

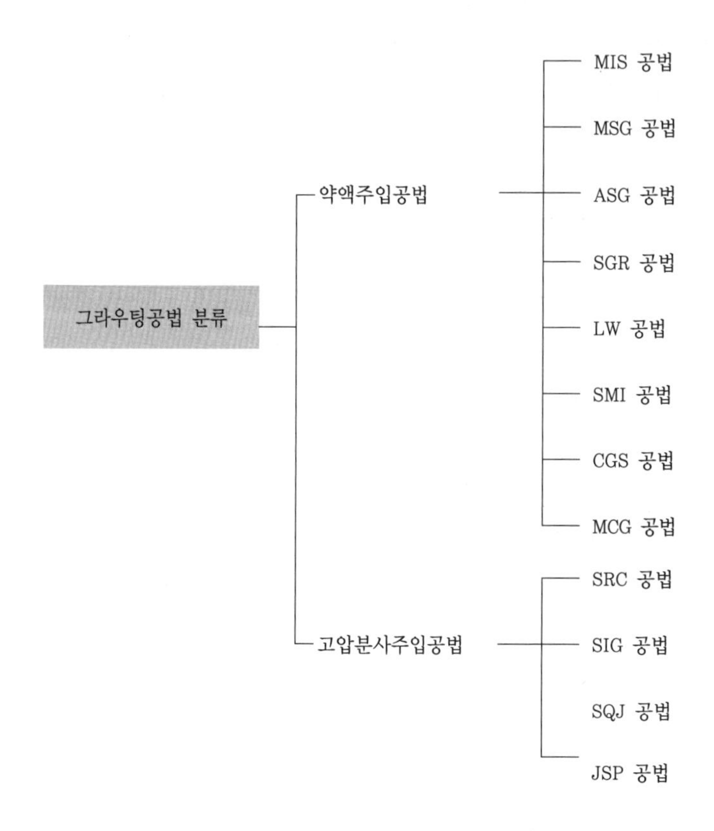

해설 그림 7.2.7 그라우팅 공법의 종류

(2) 그라우팅 공법의 특징

가. 약액주입 공법

1. MIS 공법(Micro Injection－process System)

강한 침투력, 고강도, 고내구성 및 환경친화성을 특징으로 하는 무기질 재료인 초미립시멘트를 지반에 주입하여 연약지반의 강도증가와 차수효과를 기대한다. 단관, 이중관 복상식, 더블패커공법 등 다양한 주입방법이 가능하다.

주입장비가 소규모이고 지반특성이나 사용목적에 따라 1.5 또는 2.0 Shot 방식의 선택이 가능하고 규산소다 사용 없이 겔화시키므로 주입재의 수축 및 용탈현상이 없으며 내구성이 우수하다. 타공법에 비해 고강도가 발현되고, 환경친화적인 장점이 있으나 주입재료비가 다소 높다.

2. MSG 공법(Micro Silica Grouting)

고침투, 고강도, 고내구성 및 환경친화성을 특징으로 하는 마이크로시멘트와 규산소다를 주입재로 사용한다. 토질상태나 현장여건에 따라 2.0 또는 1.5 Shot 방식을 선택할 수 있는 공법이다.

침투효과가 좋은 복합 주입방식 채택으로 주입효과가 양호하며 약액주입공법 중 강도발현성 및 내구성이 우수한 공법이다. 장비가 소규모이며 Gel-Time을 자유로이 조절할 수 있다. 저압주입이므로 지반의 교란 및 인접구조물에 미치는 영향이 적지만 규산소다 사용에 따른 내구성 저하의 우려와 주입재료비의 가격이 고가인 단점이 있다.

3. ASG 공법(Activated Silicate Grouting)

항구적인 활성 실리케이트 약액(ASG)을 현장에서 직접 자동 실리케이트 제조 플랜트를 이용하여 만들어서 차수 및 지반보강용 주입재로 사용하는 공법으로 주입재의 내구성을 매우 높인 주입공법이다. 주입장비가 소규모이며 주입재료로 개질물유리인 실리케이트 약액을 사용하므로 주입 후 지하수에 의한 용탈현상이 적다. 주입재의 초기 점성이 작아 침투주입이 잘되고 내구성이 좋아 장기적인 효과를 기대할 수 있다.

4. SGR 공법(Space Grouting Rocket system)

지반을 천공하여 이중관 주입롯드에 특수선단장치(Rocket)를 결합시켜 대상지반에 유도공간을 형성시켜 주입재를 주입하는 공법으로, 장비가 소규모이며 Gel-Time을 자유로이 조절할 수 있다. 저압주입이므로 지반의 교란 및 인접구조물에 미치는 영향이 적으며 차수성은 양호하나 지반강도 증가 효과는 미흡하다. 조밀한 세립사, 실트질점토, 실트 점토층에 침투주입이 어렵고 맥상 주입된다. 장기간 경과 시 내구성이 저하되는 단점이 있다.

5. LW 공법(Labiless Wasser glass)

지반을 천공하여 Manjet Tube를 삽입한 후 Double Packer를 설치, 주입재를 지중에 주입하는 공법으로 소규모 장비로 시공이 가능하지만 Gel-Time 조절이 용이하지 못하고 투수성이 큰 지반에서는 완벽한 차수효과를 기대하기 곤란하다. 조밀한 세립사 실트질 모래, 실트질 점토층에 맥상 또는 할렬 주입만 가능하며 장기간 경과 시 내구성 저하와 알칼리성 약액(규산소다 3호)이 용해될 경우 지하수에 악영향을 줄 수 있으나 재료비가 저렴하다.

6. SMI 공법(Space－Multi－Injection Grouting Method)
상하로 분리된 분사노즐에서 순결재와 완결주입재를 동시에 분사하는 다공간의 특수주입장치를 이용한 A액 : Silica－sol, B액 : 현탁액(시멘트)과 가용성 알카리재를 조합하여 주입하는 저압력 침투 주입방식의 주입공법이다. 지하수위가 높은 곳에서 용탈현상을 최소화할 수 있는 장점이 있다.

7. CGS 공법(Compaction Grouting System)
대상지반의 토성과는 무관하게 균질한 개량체를 형성 할 수 있는 비배출 치환방식의 주입공법으로서 슬럼프치가 2인치 이하의 비유동성 모르타르를 지중에 압입하여 토중에 방사형의 압력을 가함으로서 주변 지반의 공극을 감소시켜 지반이 조밀화되도록 개량하는 공법이다. 지하철 연도변의 굴착공사 시 주변지반 보강에 많이 사용되고 있다.

8. MCG 공법(Multi－mixing counterflow prevented Grouting)
주입재의 혼합가이드와 역류방지밸브 시스템을 갖춘 특수주입선단장치를 장착한 이중관 롯드에 천공 빗트를 부착하여 지반을 직접 천공한 후 실리카계약액, 시멘트액, 경화재 등을 혼합하여 고강도, 고침투, 고내구성, 친환경성을 목표로 하여 지반의 조건과 주입목적에 적합한 주입재료를 선택하여 저압으로 지중에 침투시켜 불투수화 또는 강도 증대를 목적으로 하는 최신의 저압주입공법이다.

나. 고압분사 주입공법

1. SRC 공법(Slime Reused Column jet)
천공시 압축공기를 동반한 초고압수(40～80MPa)가 가진 높은 에너지를 이용하여 지반을 절삭, 이완시키며 이때 배출되는 절삭 이토를 고화재와 섞어 주입재로 재사용하여 절삭된 공동에 압밀, 충전하는 공법이다. 균등하게 절삭된 개량공에 저유동성 몰탈을 압송, 충전시키므로 균질한 강도의 고결체를 형성하며 고화재의 배합비 조절로 강도조절이 용이하다. 슬라임 처리량을 최소화할 수 있으며 슬라임을 이수와 이토로 분류하여 재사용하므로 환경친화적인 공법이다. 저유동성 몰탈의 주입으로 공동에 압밀·충전되므로 주위 지반이나 주변건물에 대해 악영향을 미치지 않는다.

2. SIG 공법(Super Injection Grout)
공기를 수반한 초고압수를 지반 중에 절삭하고 회전, 분사시켜 지반을 절삭하고 Slime을 지표에 배출함으로써 지중에 인위적인 공동을 만들고 그 공동에 강화재를 충진하는 치환공법이다. Air Lift 작용에 의해 절삭토를 배출시키므로 지반융기나 인접구조물 피해가 없으며 일종의 치환공법 개념을 도입하여 균질한 개량체를 얻을 수 있다. 슬라임량이 많아 과도한 슬라임 처리비용이 필요하며 실트 및 점성토층에서 개량강도 저하를 보인다.

3. SQJ 공법(Square Jet method)
지반을 천공하여 주입관을 설치한 후 주입관 선단부가 일방향으로 굴절하면서 고압수와 고압의 경화재를 분사시켜 절삭된 토사와 경화재가 혼합되어 사각형의 개량체를 조성한다. 개량 후 지반강도가 양호하나 시공 장비가 다소 복잡하다. 협소한 공간에서 작업이 가능하며 유효 개량폭을 용이하게 조절할 수 있다. 공당 개량면적이 크므로 경제적이며 작업속도가 빠르고 공기단축이 가능하다. 지중 개량체 조성상태를 모니터로 직접 확인 가능하므로 시공품질관리가 확실하지만 자갈 밀집층 시공이 곤란하다.

4. JSP(Jumbo Special Pattern) 공법
서울지하철공사의 착공과 함께 처음으로 LW, SGP 공법과 함께 일본의 기술로 도입된 이래 국내외 건설현장에서 다양하게 사용되고 있다. 시멘트 조강혼화재 및 흙을 주재료로 사용하여 차수와 지반보강 목적으로 사용되고 있지만 N>30 이상의 지반엔 적용이 불가하다. 천공 후 땅속에 주입관을 설치하여 200kg/cm^2 이상의 고압분사로 땅속에 개량체를 형성하는 공법이다.

7.3 가설 흙막이벽체의 설계외력

7.3.1 가설 흙막이구조물에 작용하는 설계외력은 토압, 수압, 상재하중(장비하중 포함), 굴착영향 범위 내의 건물하중, 교통하중 등을 포함한다.

해설

7.3.1 가설 흙막이벽체에 작용하는 외력에는 토압, 수압, 장비하중 등의 상재하중과 굴착영향 범위 내에 있는 인접건물하중과 인접도로를 통행하는 교통하중 등이 있으며, 설계 시 이들을 고려한 구조검토가 수행되어야 한다.

(1) 고정하중

복공판 등의 고정하중 산출에 이용되는 재료의 단위중량은 제조회사에서 전문시험기관에 의뢰하여 실시한 시험 값을 적용하는 것을 원칙으로 한다. 해설 표 7.3.1은 많이 사용되는 재료에 대한 표준단위중량을 명시한 것이다.

해설 표 7.3.1 재료의 표준 단위중량

재료	단위중량(kN/m^3)	재료	단위중량(kN/m^3)
강, 주강, 단강	78.50	모래	19.00
주철	72.50	흙(지하수위 이상)	18.00
알루미늄	28.00	흙(지하수위 이하)	17.00~20.00
철근콘크리트	25.00	역청재	11.00
콘크리트	23.00	아스팔트포장	23.00
모르타르	21.50	해수	10.30
석재	26.00	목재	8.00

(2) 활하중

가. 일반적으로 사용되는 자동차 하중은 DB, DL하중으로서 '도로교설계기준(2010)'을 적용한다.

나. 필요에 따라서 대형 시공기기의 중량, 중기에 의한 편심하중 등을 고려한다.

7.3.2 연성벽체에 작용하는 토압을 적용함에 있어서 다음 사항을 고려한다.

(1) 가설 흙막이벽체에 작용하는 토압은 벽체의 종류와 시공방법, 지지구조물의 종류, 설치위치, 설치시기 등에 따라 변화하므로 지반조건, 지하수위, 주변상황 등을 고려하여 시공 단계별 토압분포를 검토한다.

(2) 흙막이 벽체를 설계함에 있어 굴착 및 해체 단계별 검토 시와 굴착 및 버팀구조가 완료된 후의 안정해석에는 경험토압을 적용할 수 있다.

(3) 굴착단계별 토압, 근입깊이 결정 및 자립식 널말뚝의 단면 계산은 Rankine-Resal, Caquot 및 Kerisel 등의 삼각형분포 토압을 적용할 수 있다.

(4) 경험토압 적용 시 고려사항은 다음과 같다.

① 경험토압분포는 굴착과 지지구조 설치가 완료된 후에 발생할 것으로 예상되는 토압분포로서 대부분 굴착 깊이가 6m 이상이고, 폭이 좁은 버팀굴착공법에서, 지하수위가 최종 굴착면 아래에 있으며, 간극수압을 고려하지 않은 상태의 토압분포이다.

② 사질토나 자갈층(투수계수가 큰 지층)지반에서 흙막이벽이 차수를 겸한 흙막이 벽체인 경우에는 경험토압분포에 수압을 별도로 고려한다.

③ 암반층을 포함한 대심도 굴착 시 경험토압을 적용하면 실제보다 과다한 토압이 산정될 수 있으므로, 토압크기 적용 시 신중을 기하여야 한다.

해설

7.3.2 연성벽체에 작용하는 토압 적용 시 고려사항은 다음과 같다.

(1) 단계별 굴착 시 토압의 변화

Bowles(1988)는 단계별 굴착 시 연성흙막이벽체에 작용하는 Rankine 또는 Coulomb의 이론토압이 해설 그림 7.3.1과 같은 개념으로 달라진다는 것을 설명하였다. 해설 그림 7.3.1의 단계 1에서 벽체는 주동토압을 받고 변위를 일으키며, 이때의 횡방향 변위는 흙과 캔틸레버 벽체의 상호작용에 지배된다. 1단 버팀보가 설치되면 단계 2와 같이 되는데, 이때 지지구조에 가해지는 초기하중(설계하중)으로 벽체를 배면측으로 밀게 되고 이로 인하여 토압은 단계 1에서의 주동토압의 크기보다는 증가하며 그 크기는 지보공에 가해진 초기 하중에 좌우된다.

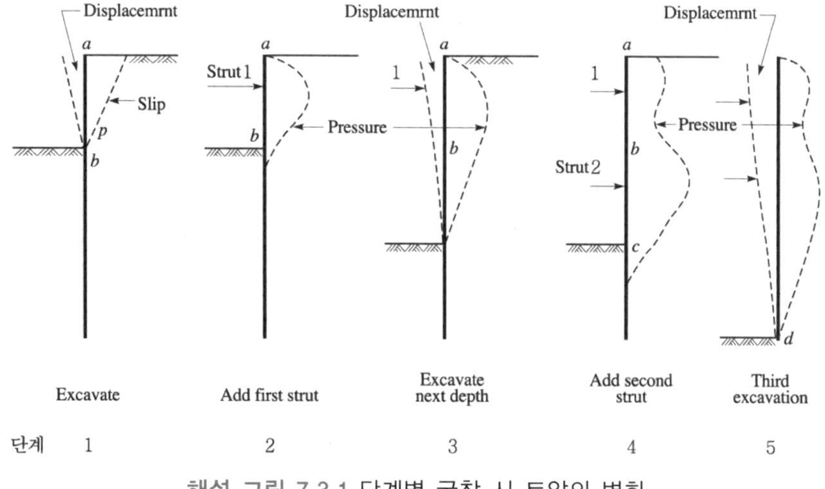

해설 그림 7.3.1 단계별 굴착 시 토압의 변화

3단계에서 계속 다음 굴착을 하게 되면 b와 c 사이에 수평변위가 발생하며, 1단 버팀보 배면의 지반이 하부로 이동하고 또 크리프도 발생하게 되어 1단 버팀보의 축력이 다소 감소 할 수 있다. 4단계에서 2단 버팀보를 설치하고 초기하중을 가하면 1단 버팀보를 설치했을 때와 같은 양상으로 토압이 주동토압보다 증가된다. 4단계에서 다시 굴착하면 c와 d구간에 수평변위가 발생하며 이 과정이 전체 굴착단계까지 진행된다. 따라서 흙막이 벽의 배면에서 토압을 측정한다면 그 크기는 흙막이 벽에 변위를 일으켰던 주동토압이 측정되는 것이 아니라 스트럿 초기 하중에 의한 증가된 토압이 측정되는 것이다.

(2) 시공 중 토압

단계적 굴착에서 연성벽체에 작용하는 토압은 전 단계 지지구조 설치 완료 후와 다음단계 굴착 진행 중인 때 즉, 지지구조 설치를 위한 시공 공간 확보를 위하여 지지구조 위치보다 깊게 굴착한 경우의 토압분포가 경험토압분포와 서로 같지 않을 것이라는 것과 또 후자가 더 큰 토압을 벽체에 작용시키는 것으로 알려져 있으며, Terzaghi와 Peck(1967), Peck(1969), Tschebotarioff(1973) 등은 단계적으로 지지구조를 설치하는 굴착에 있어 파괴시의 거동은 옹벽(강성벽체)의 경우와 크게 다르다는 점에 착안하여 계측한 결과를 토대로 지지구조의 설치가 완료된 경우의 토압분포는 사각형, 사다리꼴 및 삼각형 형태의 경험토압 분포를 제안하였다.

(3) 단계별 굴착 시 적용토압

굴착과 지지구조 설치가 진행되는 동안의 토압분포는 굴착 및 지지구조 설치가 완료된 후의 토압분포와 같지 않다. 국내에서는 단계별 굴착, 근입깊이 결정 및 자립식 널말뚝의 단면 계산은 Rankine-Resal, Coulomb의 삼각형 토압과 Caquot, Kerisel의 삼각형 토압을 사용하고 있다. Coulomb 토압에서 벽체와 지반과의 마찰을 고려할 수 있다.즉, 흙막이 벽체를 설계함에 있어 굴착단계별 검토에는 삼각형 토압분포를 적용하고 굴착 및 버팀구조가 완료된 후에는 경험토압을 적용하는 것이 범례화되어 있으며 굴착단계별 토압분포는 해설 7.4절에서 설명하기로 한다.

(4) 경험토압분포

① 경험토압분포는 계측을 통하여 얻어진 것으로 대부분 굴착깊이가 6m 이상이며, 폭이 좁은 굴착공사의 가시설 흙막이벽을 버팀대로 지지한 경우로서 계측된 현장은 지하수위가 최종굴착면 아래에 있으며, 모래질은 간극수가 없고, 점토질은 간극수압을 무시한 조건으로 해설 그림 7.3.2는 Peck(1969)의 수정토압분포도를 나타낸 것이고 해설 그림 7.3.3은 Tschebotarioff의 토압분포도를 나타낸 것이다.

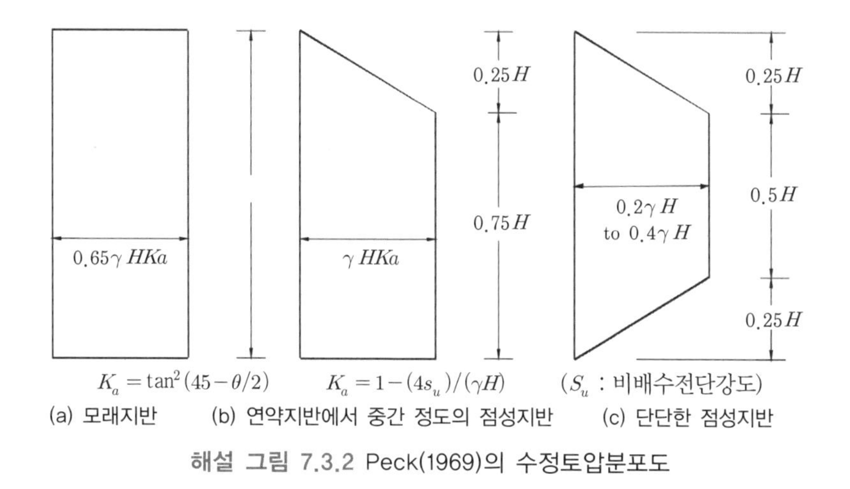

해설 그림 7.3.2 Peck(1969)의 수정토압분포도

해설 그림 7.3.3 Tschebotarioff의 토압분포도

경험토압분포는 지지구조의 설치가 완료된 후, 파괴 시에 발생하는 벽체의 변위를 측정한 결과와 벽체에 분포하는 토압분포임을 확실히 알아야 하며, 설계자가 경험토압 분포이론을 적용 시 위에서 언급된 조건들(지하수위를 무시한 조건 등)과 설계현장 조사 자료를 비교하여 지하수위가 굴착면 상부에 있을 경우 토압 외에 수압을 고려하여 설계하여야 한다.

② 사질토나 자갈층(투수계수가 큰 지층)에서 흙막이벽이 차수를 겸할 경우에는 이들 토압분포에 수압을 별도로 고려하여야 한다.

Peck의 경험토압분포는 차수벽이 설치된 사질토지반[해설 그림 7.3.2.(a)]에서 주동토압 산정 시 수압에 0.65 등의 계수를 곱하여 산정하는 것은 사각형에 0.65를 곱하여 삼각형으로 간주하는 불합리한 형식으로 수압($\gamma_w \cdot H$)은 삼각형 분포로 적용함이 타당하며 상재하중의 경우도 마찬가지($q \cdot K_a$)이다. 또 굴착 단계별 토압계산에서의 H는 전 굴착 깊이이다. 여기서, Peck의 경험토압분포는 엄지말뚝 기초지반의 지지가 충분하고 엄지말뚝이 어느 정도의 강도를 가지고 있는 경우에 적용된 것이다. 한편, 지지구조가 설치 완료되기 전 단계에 적용하는 토압은 명확하지가 않다. 그 이유는 기본적으로 벽체와 지반과의 상호작용 즉 흙-구조물 상호작용 관계에 대한 연구가 충분하지 못하기 때문이다.

③ 암반층을 포함한 대심도 굴착 시 경험토압을 적용하면 실제보다 과다한 토압이 산정될 수 있으므로, 토압크기 적용 시 다음과 같이 두 가지 부문에 대해 신중을 기해야 한다.

첫째, 토압계산 시 각 토층의 토압계수 및 흙의 단위중량은 다음과 같은 2가지 방법에 의해 적용할 수 있다.

- 각 토층별 토압계수 및 단위중량 사용

  지반이 여러 토층으로 구성된 경우 토압계수 및 흙의 단위중량을 해설 그림 7.3.4(a)와 같이 토층별로 적용할 수 있다.

  해설 그림 7.3.4(b)는 3개의 토층으로 구성된 이질토층의 토압계수 및 흙의 단위중량을 각각 적용한 경우로 P_{a1}, P_{a2}, P_{a3}은 해설 식(7.3.1)과 같다.

$$P_{a1} = a(K_{a1} \times \gamma_{t_1} \times H),\ P_{a2} = a(K_{a2} \times \gamma_{t_2} \times H),$$
$$P_{a3} = a(K_{a3} \times \gamma_{t_3} \times H) \qquad \text{해설 (7.3.1)}$$

- 토압작용 깊이까지의 평균값 사용

  지반이 다층지반일 경우 토압계수 및 흙의 단위중량은 해설 식(7.3.2), 해설 식(7.3.3)과 같이 평균값을 적용할 수 있다[해설 그림 7.3.4(b)].

$$K_{a(ave)} = \frac{K_{a_1}h_1 + K_{a_2}h_2 + K_{a_3}h_3 + \cdots + K_{a_n}h_n}{h_1 + h_2 + h_3 + \cdots + h_n} \qquad \text{해설 (7.3.2)}$$

$$\gamma_{t(ave)} = \frac{\gamma_{t_1}h_1 + \gamma_{t_2}h_2 + \gamma_{t_3}h_3 + \cdots + \gamma_{t_n}h_n}{h_1 + h_2 + h_3 + \cdots + h_n} \qquad \text{해설 (7.3.3)}$$

여기서, $K_{a1},\ K_{a2},\ K_{a3},\ \cdots,\ K_{an}$: 각 토층의 토압계수

$\gamma_{t1},\ \gamma_{t2},\ \gamma_{t3},\ \cdots,\ \gamma_{tn}$: 각 토층 흙의 단위중량(kN/m^3)

$h_1,\ h_2,\ h_3,\ \cdots,\ h_n$: 각 토층의 두께(m)

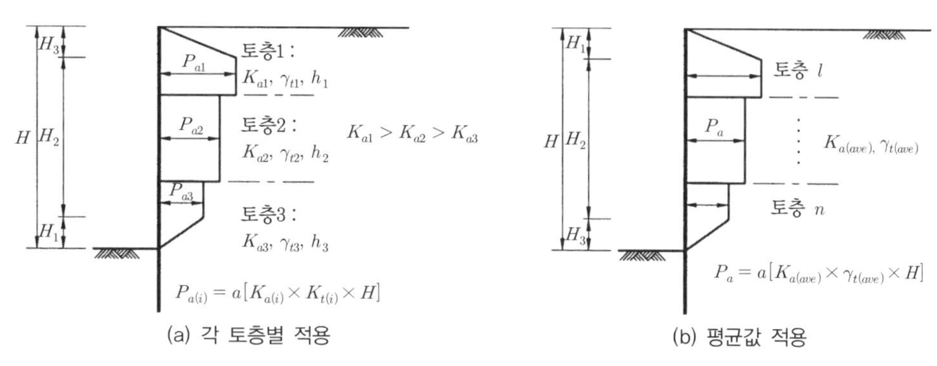

해설 그림 7.3.4 토압계수 및 흙의 단위중량 적용방법

둘째, 경험토압식은 토사지반을 대상으로 제안된 식이므로 토사지반 하부에 암반층이 존재할 경우 전체 굴착깊이에 대한 작용토압은 암반의 단위중량이 커서 큰 토압이 작용하게 되므로 과대평가될 우려가 있다.
따라서 암반지반에 경험토압분포식을 적용할 경우에 대한 몇 가지 방법으로 다음과 같이 고려할 수 있다.

- 토압작용 깊이를 경암층의 약 $\frac{1}{2}$ 깊이까지 적용

  경험토압을 암반지반에 적용 시 토압작용 깊이는 암반전체를 고려하는 것이 아니라 해설 그림 7.3.5와 같이 경암층의 약 $\frac{1}{2}$ 정도까지 고려하여 작용시키는 방법이다. 이 경우 안전하고 합리적인 설계 및 시공을 위해서 NX 규격의 Tripple Core Barrel을 사용하여 채취된 시료의 정밀조사를 시행하고 코어 회수율이 90% 이상, R.Q.D가 60~80% 정도인 암반층이 출현하는 심도까지 고려하는 것이 좋다.

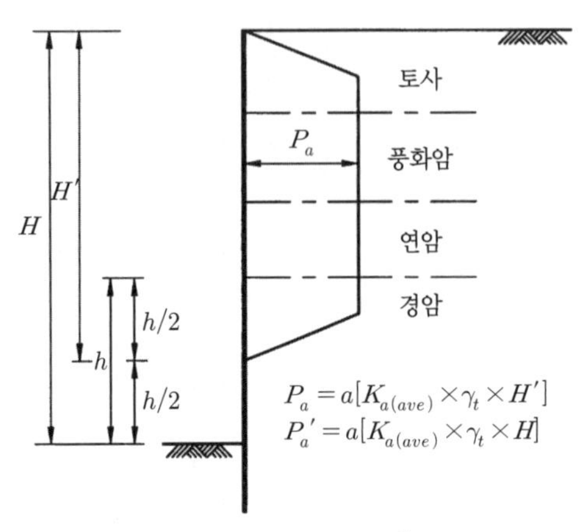

해설 그림 7.3.5 토압작용 깊이를 경암층 $\frac{1}{2}$ 깊이까지 적용시킨 경우

– 암반층의 토압을 고려하지 않는 경우

해설 그림 7.3.6에 나타낸 바와 같이 굴착이 진행됨에 따라 토사구간의 토압은 모두 고려해 주고 암반층(경암층 이상)의 토압은 고려하지 않는 방법으로 이 경우를 적용 시에는 세심한 주의를 요한다. 이는 암반의 굴착 중 조직이 팽창하거나 굴착면측으로 단층 및 절리면이 형성되어 있는 경우 이 면을 따라 암괴가 활동하여 상당히 큰 토압이 작용할 수 있기 때문이다. 또한 이 방법에 의해 토압산정 시 토압적용 깊이는 최종굴착깊이(H)까지 고려하는 경우와 토압을 적용시키는 경암층 최상부까지의 깊이(H')로 고려하는 두 가지 방법이 있으며 안전 측 설계를 위해 토압적용 깊이를 최종굴착깊이(H)까지 고려하는 것이 유리하다.

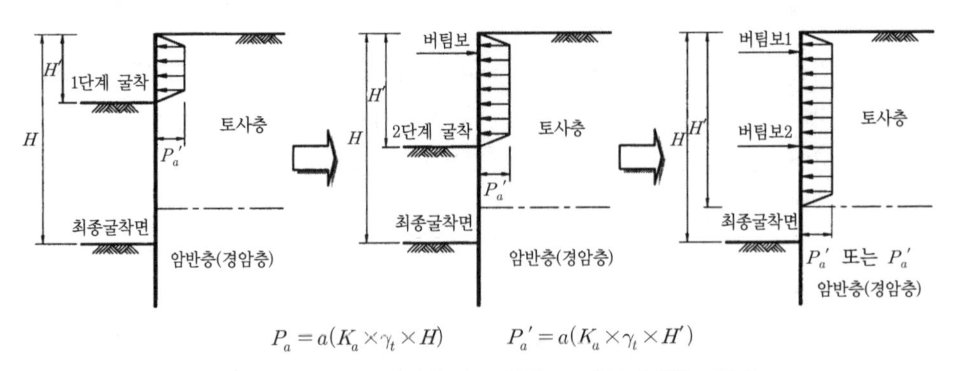

$P_a = a(K_a \times \gamma_t \times H)$ $\qquad$ $P_a' = a(K_a \times \gamma_t \times H')$

해설 그림 7.3.6 암반층의 토압을 고려하지 않는 경우

– 일정크기의 하중을 균등하게 작용시키는 경우
지하철 설계 시 경암에서는 이완된 부분의 토압으로서 해설 그림 7.3.7과 같이 2t/m² 정도를 균등하게 작용시키기도 하는데, 이 경우도 굴착 시 암반의 불연속면(절리, 층리 등)의 존재, 풍화정도, 초기 지중응력, 지하수용출 등에 의해 영향을 받게 되며 특히 불연속면의 규모나 거동은 큰 토압을 유발시키므로 신중한 선택이 요구된다. 또한 이 방법에 의해 토압산정 시 전술한 바와 같이 토압작용 깊이를 최종 굴착깊이(H)와 암반층 최상부까지의 깊이(H')로 고려하는 두 가지 방법이 있다.

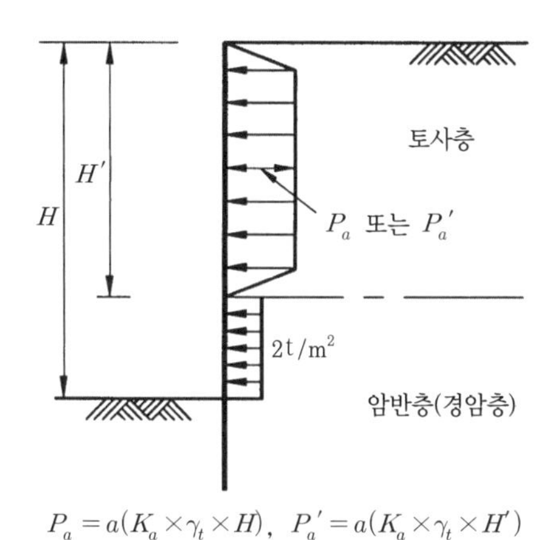

$P_a = a(K_a \times \gamma_t \times H)$, $P_a' = a(K_a \times \gamma_t \times H')$

해설 그림 7.3.7 암반에 일정크기의 하중을 적용시키는 경우

7.3.3 굴착 배면의 지하수위는 강우조건, 굴착심도, 지반의 특성, 흙막이벽체의 종류 등에 따라 변하므로 이를 감안하여 벽체에 작용하는 수압을 결정한다.
7.3.4 지표면에 등분포 상재하중이 작용할 경우에는 등분포 상재하중에 적합한 토압계수를 곱하여 수평토압으로 환산한다. 집중하중이나 선하중 및 국부분포하중이 작용하는 경우에는 탄성이론이나 한계이론에 의하여 수평토압을 구한다.
7.3.5 온도 변화의 영향을 크게 받는 버팀대는 온도 차이에 의한 축력을 고려한다.

해설

7.3.3 굴착배면의 지하수위 높이는 계절과 강우조건에 따라 다르므로 굴착심도와 지반조사 시기, 굴착공사 시기 등을 종합적으로 고려하여 결정하여야 한다. 벽체에 작용하는 수압의 결정은 흙막이 벽체가 차수성 벽체인지, 개수성 벽체인지, 지하수의 흐름을 억지

하기 위한 그라우팅 등의 보조공법이 반영되었는지 등의 여부에 따라 달라지므로 이들을 종합적으로 고려하여 결정하여야 한다.

실제로 어떠한 흙막이벽을 설치하더라도 굴착 중에는 지하수위가 저하되기 마련인데 H형강과 토류판을 설치하는 공법에서는 이러한 현상이 현저하여 굴착 즉시 지하수위도 굴착바닥면 방향으로 하강곡선을 그리므로 굴착 배면측의 수위는 굴착깊이, 지반의 특성, 흙막이벽의 종류 등을 감안하여 결정하여야 한다.

차수벽이 설치될 경우, 투수계수가 매우 작은 암반에서의 수압은 일반적으로 고려하지 않으나, 절리가 많이 발달한 암반에서의 지하수위해석은 정수압을 고려하는 것이 안전측이다. 그 이유는 암반에서도 절리면을 따라 지하수가 유출되어 양압력이 작용될 수 있기 때문이다.

7.3.4 일반적으로 지표면에 균등분포하중이 작용할 경우에는 토압계수(K_a나 K_0)를 곱하여 유효수평토압으로 환산하는 방법을 고려하게 된다. 그러나 집중하중이나 선하중이 상재되는 경우는 이에 대한 엄밀해가 제안되어 있지 않으므로 실험자료를 이용하여 지반탄성계수가 깊이에 따라 선형적으로 증가하는 개념인 수정된 탄성론적인 방법[Terzaghi(1954), Spangler(1968)]을 적용하여 접근할 수 있다.

지표면이나 지중에 가해지는 하중을 수평토압으로 환산하는 방법은 탄성이론이나 한계이론(limit theory)에 의한 방법으로 크게 구분되며, 이들을 적용할 경우 현장의 각종 하중조건에 적합한 방법을 선정하여야 한다.

7.3.5 온도차에 의한 축력

직사 일광을 받는 강재버팀대는 온도가 높아지면 팽창하여 길이 방향으로 신장한다. 그러나 버팀대의 양단은 완전고정은 아니므로 축력의 증가는 열팽창계수를 사용하여 계산한 값보다 작아 이론적인 값에 대해서 18~19% 정도로 알려져 있으며 기온 1°C 상승에 대한 버팀반력의 증가는 통상 $10.8 \times 10^3 \sim 12.3 \times 10^3$N 정도라고 한다.

온도차에 의한 축력의 변화는 흙의 크리프에 일부 영향을 받으며, 1일의 최고와 최저 온도차가 10°C 정도일 경우 축력의 증가량은 약 118×10^3N 정도로 계산될 수 있다.

7.4 해석방법

7.4.1 흙막이벽체의 안정성 해석은 벽체의 종류, 지지구조, 지반조건 및 근접시공 여부 등을 고려하여 실시한다.
7.4.2 흙막이벽체의 안정성을 해석하는 방법으로는 벽체를 보로 취급하는 관용적인 방법과 흙-구조물 상호작용을 고려하여 벽체와 지반을 동시에 해석하는 방법이 있으며 설계자는 현장조건에 가장 적합한 해석법을 적용한다.
7.4.3 지지구조를 가지는 버팀 흙막이 벽체형식에 대해서는 굴착진행과 버팀보 해체에 따라 변화하는 토압에 대하여 단계별로 해석하며 해석방법은 탄소성 지반상 연속보해석법과 유한요소법 및 유한차분법 등이 있다. 이때 자립식 또는 앵커지지, 타이로드로 지지되는 널말뚝 벽체형식에 대해서는 관용법을 적용할 수 있다.
7.4.4 굴착이 끝나고 버팀구조가 완료된 후의 벽체해석에는 경험토압을 적용하며, 단순보해석, 연속보해석 및 탄성지반상 연속보 해석법 등을 적용한다. 이때 수압, 토층분포 등의 현장조건과 해석조건을 고려하여 설계한다.

해설

7.4.1 흙막이 벽체의 안정성 해석은 벽체에 작용하는 힘에 대한 것과 벽체 및 지지구조의 저항력에 대한 것으로 구분되어 벽체에 작용하는 외력에 대하여 벽체 등의 저항력이 안전율을 고려한 값 이상이어야 한다.

7.4.2 흙막이 벽체의 안정성 해석방법

(1) 해석방법 개요

편의상 흙막이 구조물의 해석기법을 관용적인 방법과 컴퓨터를 이용한 기법으로 나누어 언급하기로 한다.

고전적 기법에서는 굴착 중 흙막이 구조물 자체의 안정성에 주안점을 두고 붕괴시의 극한하중조건을 고려한 한계평형이론에 초점을 맞추었기 때문에 굴착 중이거나 굴착 후 배면지반의 정량적 변위거동 예측은 매우 어려운 실정이었다. 즉, Coulomb은 직선적인 토압분포이론을 제시하였으나 계측결과 토압분포는 직선적으로 증가하지 않는다는 사실이 밝혀졌고, 특히 굴착진행중의 토압분포는 추정하기가 어려운 실정이었다. Sokolovsky(1960)는 $c \sim \phi$ 흙에 대하여 소성을 고려한 경계이론(boundary theory)으로 토압분포를 구하였지만 정확한 해는 관련흐름법칙(associated plastic flow rule)에 맞는 재료로 한정되는 문제를 내포하고 있다.
한편, 컴퓨터의 발달은 흙막이 구조해석 분야에도 큰 발전을 유발시켰지만 초기에 적용된 상용프로그램들은 한계평형기법을 응용하여 개발된 것으로 흙-구조물 상호작용문제를 해결하기 위하여 Winkler 모델이나 흙을 연속체 모델로 가정한 것이었다.
Winkler 모델에서는 흙과 흙막이벽체, 그리고 흙막이벽체에 작용하는 토압 등을 해석의 편의상 흙은 이산(discrete)되고 연결되지 않은 직선적 수평 스프링으로 흙막이 벽체에 작용하는 주동 또는 수동토압은 하중으로, 흙막이벽체는 보나 보-기둥요소로 모델링하여 해석하였다. Winkler 이론에 의해 흙을 비선형 스프링으로 가정하여도 실제 스프링 거동을 규명하기 곤란하다는 것 외에 흙속에서 전달되는 전단거동을 정확히 나타낼 수 없다는 문제가 내포되어 있으므로 설계에 적용 시 참고하여야 한다. 또한 지반을 Winkler 모델로 해석하려고 할 때 집중하중이 작용하는 경우에는 흙-구조물 상호작용을 비교적 정확하게 추정할 수 있지만 토압이 흙막이벽체에 분산되어 작용하는 분포하중인 경우 구조적 거동 추정이 어려우므로 많은 주의가 필요하며, 시공 중 계측결과를 분석하여 설계에서 실시한 구조해석 내용과 비교함으로서 해석상의 문제점을 보완할 수 있을 것이다.

(2) 벽체를 보로 보는 해석방법
흙막이벽체를 단순보 또는 연속보로 간주하고, 벽체 배면에 작용하는 횡토압을 하중으로 모델링하는 방법이다. 이 경우 해석과정에서 흙의 파괴 저항력과 벽체의 변형에 따라 변화하는 토압을 파악하기 곤란하여 해석결과에 대한 신뢰성이 저감되는 문제가 있다. 널리 쓰이는 해석법으로는 다음과 같은 방법이 있으며 해설 7.4.4항을 참고하기 바란다.

가. 단순보 해석
나. 연속보 해석
다. 탄소성지반상 연속보 해석

(3) 흙-구조물 상호 작용을 고려한 해석법
흙막이 벽체의 변형과 관련 흙과 흙막이구조물의 상호관계에 대한 연구가 현장 계측을 통하여 이루어져왔고, 실용성 있는 해석모델의 개발노력은 현재에도 활발히 진행되고 있는 실정이다. 굴착공사 중 연성벽체 배면지반의 변위를 계측을 통하여 알아내고, 유한요소법이나 유한차분법 등의 수치해석모델과 연속체모델에 근거한 해석기법을 적용하여 굴착벽면을 중심으로 주변지반에 대한 변위를 정량적으로 추정할 수 있어 가설 흙막이 구조물 해석방법을 진일보시킨 것으로 평가되고 있다.

Clayton etal.(1993)은 이러한 모델들을 적용할 때에 흙과 흙막이구조물이 변화하는 양상을 적절히 해석하기 위한 방법으로 하중-경로기법(load-path techniques)을 응용한 수치해석 모델들의 사용을 주장하였고 특히 정확한 지반정수의 산정이 매우 중요하다고 하였다.
Schweiger(1991, 1997, 1998, 2000)은 수치해석방법에 대한 신뢰성 외에 해석결과의 신뢰성확보를 위하여 해석의 목적과 입력정수를 알아내기 위한 지반조사 계획과 방법, 그리고 조사결과의 해석 등의 중요성을 강조한 바 있다. 즉, 해석 결과의 신뢰성이 확보되기 위하여 해석을 위해 이론식을 만드는 과정에서 가정한 여러 가지 사항들이 적용현장에 대한 적합성 여부의 판단 외에 이론식에 대입되는 지반정수가 적용현장의 토질을 정확하게 나타내어야 해석결과에 대한 신뢰성도 증가할 수 있다는 의미로 해석할 수 있다.

7.4.3 굴착 및 해체 단계별 해석

(1) 일반

굴착 및 해체 단계별 해석은 굴착과 버팀보 해체 진행 중에 변화하는 토압에 대하여 굴착 및 해체단계별로 해석하는 것과 최종 굴착 및 지지구조 설치가 완료된 후에 경험토압과 같이 토압이 재분포된 경우에 대한 해석 등 두 가지 경우가 고려되어야 한다. 해석 시 가장 위험한 현장여건은 다음 단계 지지구조를 설치하기 위하여 굴착을 진행 중일 때이다. 이 경우의 토압분포는 추정하기가 어려울 뿐 아니라 토압의 양상은 벽체의 변위에 지배되므로 벽체의 해석방법에 따라 다르게 된다.
최근에는 컴퓨터의 발달로 반복계산이 가능해져 벽체-지반상호작용에 따라 굴착 진행 단계별로 지지구조 설치 전후의 지반, 벽체, 지지구조 및 인접지반이나 인접구조물의 거동까지 해석이 가능하며 유한요소법과 유한차분법이 대표적인 해석법으로 이용되고 있다. 이 해석방법은 횡토압을 사용하지 않는다는 특징이 있는 반면 탄소성 지반상 연속보 해석법은 굴착 및 해체단계별로 변화하는 횡토압을 고려하여 해석할 수 있다.

(2) 탄소성 지반상 연속보 해석

가. 탄소성 지반상 연속보 해석(beam on elasto-plastic foundation)

탄소성 지반상 연속보 해석이란, 흙막이 벽체에 작용하는 토압이 흙막이 벽체의 변형에 따라 해설 그림 7.4.1과 같이 탄소성 거동을 하며 지반과 흙막이벽체 및 지지구조의 상호작용을 고려하여 굴착단계별로 벽체의 변형과 토압 및 지지구조의 반력을 구하는 방법이다. 해설 그림 7.4.2는 대표적인 탄소성 해석 모델이며 여기서 지반은 탄소성 스프링, 지지구조는 탄성스프링, 그리고 흙막이벽체는 탄성보 요소로 모델화한다.
해석초기에는 정지토압(P_0)을 작용시켜 흙막이벽체의 변위를 계산하고 이 변위에 비례하여 토압을 증감시킨다($P_0 \pm Ks \cdot x$). 증감된 토압으로 수정된 토압은 해설 그림 7.4.1과 같은 한계를 넘지 않으며($P_a \leq (P_0 \pm Ks \cdot x) \leq P_p$), 계속하여 토압을 증감시키며 계산된 토압의 증감치가 설정된 오차 범위에 들 때까지 반복하는 해석방법이다. 해설 식(7.4.1)에서 우변은 증감된 토압에 의해 수정된 토압을 나타내며 이에 대하여 흙막이 벽체와 지지구조의 저항력을 표시한 것이 좌변이다.

$$EI\frac{d^4x}{dy^4} + \frac{A \cdot E_s}{L} \cdot x = P_o \pm K_s \cdot x \qquad \text{해설 (7.4.1)}$$

여기서, E : 흙막이 벽체의 탄성계수

I : 흙막이 벽체의 단면 2차 모멘트

A : 지지구조의 단면적

E_s : 지지구조의 탄성계수

L : 지지구조의 길이

P_o : 초기토압(주로 정지토압이 사용됨)

K_s : 수평 지반반력계수로 구한 지반스프링 상수

x : 깊이 y지점에서의 벽체의 x방향 변위

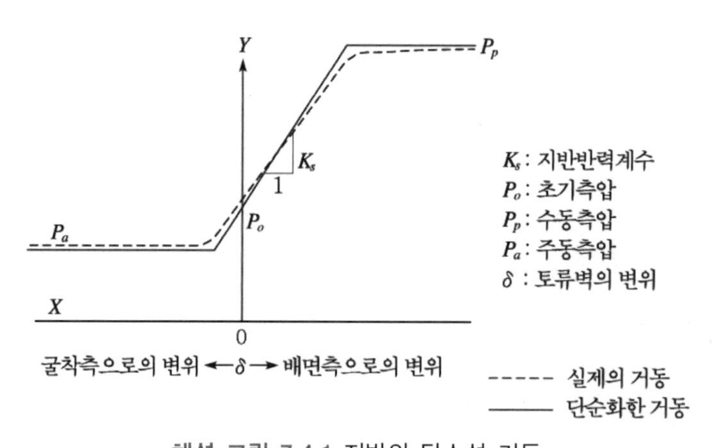

해설 그림 7.4.1 지반의 탄소성 거동

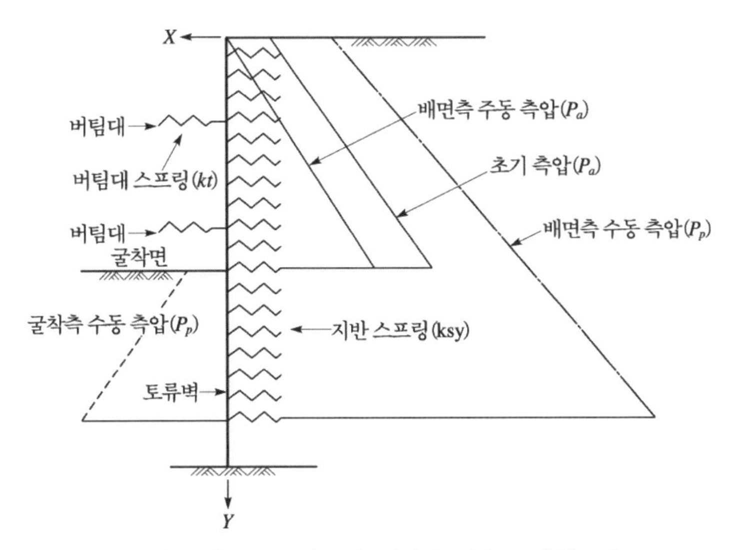

해설 그림 7.4.2 탄소성 지반상 연속보 해석모델

나. 탄소성해석법의 변위에 따른 토압적용

1. 소성변위를 고려하는 경우

해설 그림 7.4.3은 굴착깊이 이상부분 및 이하부분에서의 변위가 주동토압과 수동토압의 범위를 벗어나는 변위가 발생하였을 때 탄소성이론에 의해 지반의 토압-변위곡선을 변환하는 과정을 도식화한 것이다. 만일 벽체의 변위가 증가하여 주동측의 한계소성변위를 초과할 경우 벽체에 작용하는 토압은 주동토압으로 일정하게 작용하며 소성변위가 발생한다. 이때 보강재의 설치 등으로 외력이 작용하여 수동측으로의 변위가 발생할 경우 토압관계곡선은 실선을 따라 거동하는 것이 아니라 점선을 따라 거동하도록 모델링한다. 마찬가지로 수동측의 한계소성변위를 초과할 경우 벽체에 작용하는 토압은 수동토압으로 일정하게 작용하며 소성변위가 발생한다. 이 상태에서 외력이 작용하여 주동측으로의 변위가 발생할 경우에는 토압관계곡선이 실선을 따라 거동하는 것이 아니라 일점쇄선을 따라 거동하도록 모델링하여 소성변위를 고려하는 것이다.

2. 소성변위를 고려하지 않는 경우

흙막이벽 배면측 지반의 거동상태에서 벽체의 변위가 굴착면측 방향으로 증가하여 한계소성변위를 초과할 경우 탄소성 이론에 의한 지반의 토압-변위 곡선관계에 의해 벽체에 작용하는 토압은 주동토압으로 일정하게 작용하여 소성변위가 발생한다. 다음단계에서 보강재 설치 등의 외력이 작용하여 배면 측 방향으로 변위가 발생되어 소성변위를 고려하는 경우 해설 그림 7.4.3 (a)(b)와 같이 점선을 따라 거동하므로 벽체를 배면 측으로 한계소성변위까지 밀어 넣는 데 더 큰 힘이 소요되어 토압이 증가하게 되지만 소성변위를 고려하지 않게 되면 해설 그림 7.4.3 (a)(b)에서 실선을 따라 거동하게 되어 이때 토압의 증가는 없게 된다.

따라서 소성변위의 고려 여부에 따라 흙막이 벽체 및 보강재에 작용하는 응력과 부재력 등에 큰 영향을 미치게 되는데, 소성변위를 고려하는 경우가 실제에 더 근접하는 거동을 나타낸다.

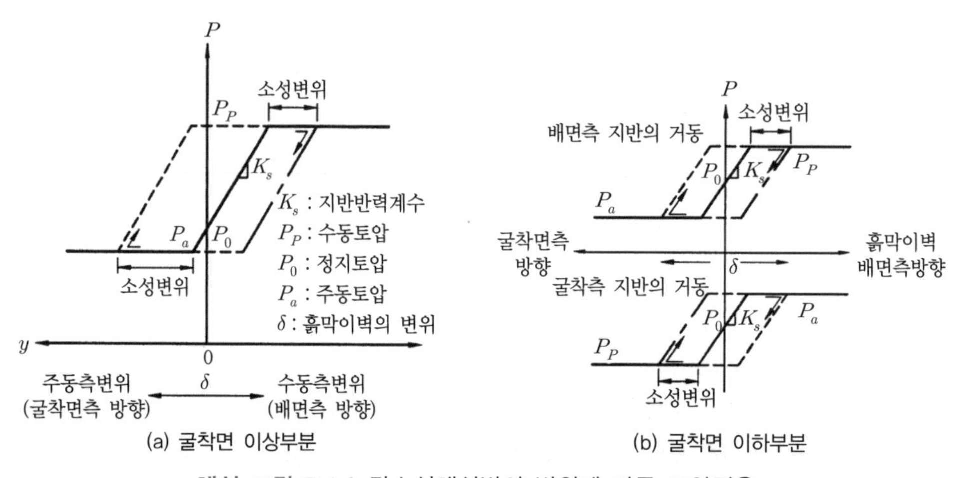

해설 그림 7.4.3 탄소성해석법의 변위에 따른 토압적용

(3) 유한요소법 및 유한차분법에 의한 해석

이 해석법은 횡토압을 사용하는 대신에 지반의 탄소성 특성과 흙막이벽체 및 지지구조의 탄성특성을 고려하여 응력-변형 거동을 해석하는 방법이다. 벽체는 보 요소, 지지구조는 탄성봉 요소로 모델링되며, 벽체와 흙과의 접촉부 거동을 나타내기 위하여 Interface element를 도입한다. 이 방법을 이용하여 해석하기 위해서는 대상지반 및 흙막이 구조물의 거동을 정확히 나타낼 수 있는 응력-변형률 관계가 필수적으로 요구되며 이에 필요한 제반정수들의 정확한 추정이 해석결과의 신뢰성에 큰 영향을 미치게 된다.

일반적으로 유한요소법이나 유한차분법을 이용하여 흙막이구조물의 거동을 해석할 때 영향을 미치는 주요 요소들은 다음과 같다.

- 지하굴착 진행과정을 시뮬레이션하는 방법
- 지반 자체의 거동 모델화
- 지반거동 모델에서 사용된 모델 계수 값들
- 그 외 실제 시공 당시에 발생한 예상치 못했던 변화들

7.4.4 굴착완료 후의 해석

굴착이 끝나고 지지구조가 설치된 후의 해석에 적용되는 하중은 지지구조에 작용하는 하중을 계측하여 제안된 경험토압 분포를 적용하여 해석하며, 이때 수압과 다층지반 등이 고려되어야 한다.

(1) 벽체해석 방법

가. 단순보 해석

벽체는 연성이므로 지지점 사이를 단순보로 가정하고 경험토압을 적용하여 해석하는 방법이다. 매우 간단하나 굴착 및 지지구조 설치 완료후의 해석만이 가능하고 벽체거동을 무시하므로 흙-구조물 상호작용이 반영되지 않는다. 또한 굴착 단계별 벽체 및 지지구조를 검토할 수 없고 굴착고가 깊은 경우 신뢰도가 떨어진다.

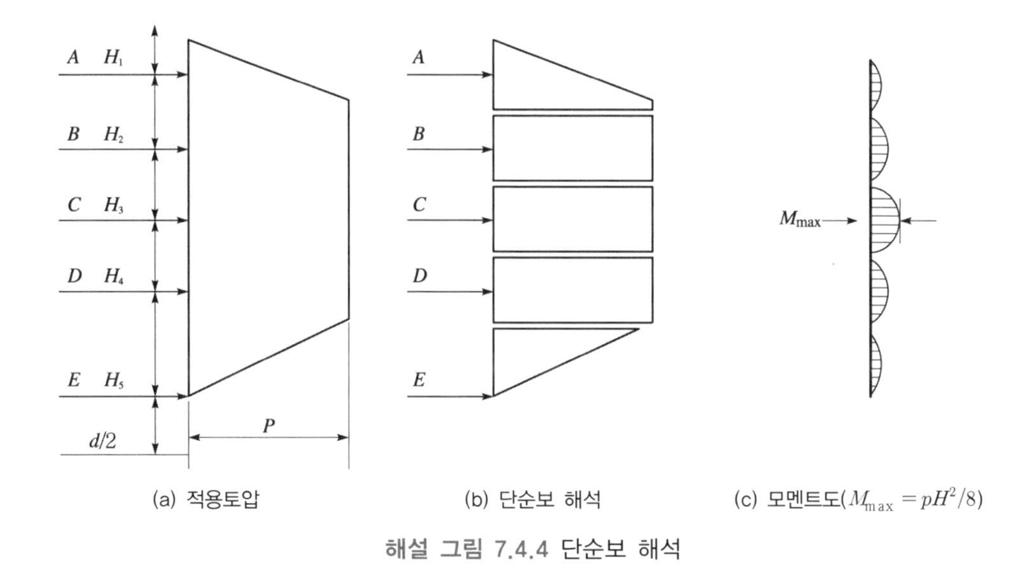

(a) 적용토압 (b) 단순보 해석 (c) 모멘트도($M_{max} = pH^2/8$)

해설 그림 7.4.4 단순보 해석

나. 연속보 해석

벽체를 앵커나 버팀대 지점에 지지된 연속보로 가정하고 계측결과로 산정된 경험토압을 적용한다. 휨 모멘트나 전단력은 단순보법보다 정도가 높으나 벽체 배면 지반에 대한 변위해석, 즉 흙-구조물 상호작용은 반영되지 않는다. 단순보법과 같이 굴착 단계별 벽체 및 지지구조에 대하여 검토할 수 없고 굴착심도가 깊은 경우 신뢰도가 떨어지는 문제가 있다.

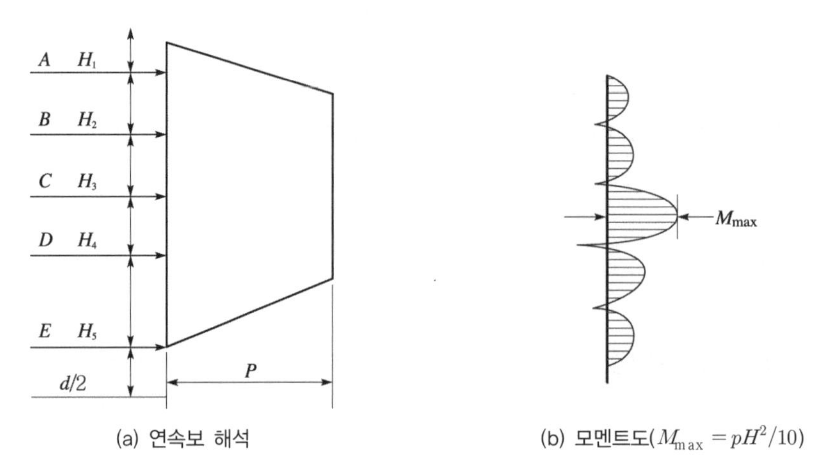

(a) 연속보 해석

(b) 모멘트도($M_{max} = pH^2/10$)

해설 그림 7.4.5 단순보 해석

다. 탄성 지반상 연속보 해석

탄성지반상 연속보 해석법(beam on elastic foundation)은 캔틸레버 또는 앵커로 지지된 널말뚝(다층앵커 포함) 및 버팀대로 지지되는 흙막이 구조 등 모든 경우의 흙막이구조에 적용 가능한 것으로 벽체를 적당한 절점으로 분할하여 벽체의 횡방향 변위, 벽체 전면 수동영역의 절점토압, 각 절점에서의 휨 모멘트 및 앵커 지지력(또는 버팀대 지지력) 등을 구하여 설계에 반영한다.

해설 그림 7.4.6은 탄성지반상 연속보 해석을 위한 구조도로 벽체 배면의 토압을 사각형의 고전적 토압을 적용하여 해석함에 따라 벽체 배면지반에 대한 거동분석이 곤란한 단점이 있다. 해설 그림 7.4.6에서 앵커(또는 버팀대) 강성계수(K_b)와 지반강성계수(K_s)는 다음과 같이 구한다.

– 앵커 또는 버팀대의 강성계수(K_b)

$$K_b = \frac{A \cdot E_s}{S \cdot L} \cos^2 i \qquad \text{해설 (7.4.2)}$$

여기서, S : 버팀대 또는 앵커 간격
A : 버팀대 또는 앵커의 단면적
E_s : 버팀대 또는 앵커의 탄성계수
L : 자유장 또는 길이
i : 앵커의 경사각

– 지반의 수평방향 강성계수(K_s)

$$K_s = K_h \cdot h \cdot B \qquad \text{해설 (7.4.3)}$$

여기서, K_h : 수평 지반반력 계수
B : 스프링 요소의 폭
h : 스프링 요소의 간격

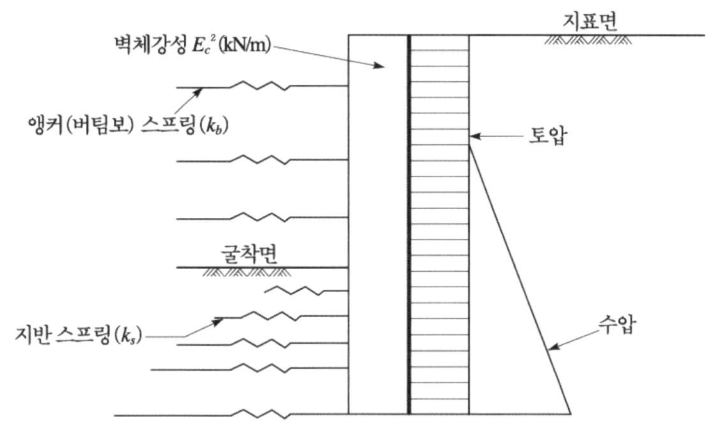

해설 그림 7.4.6 탄성지반상 연속보 해석을 위한 구조도

(2) 수압의 고려

흙막이벽에 작용하는 수압은 지하수위 아래 토층의 투수성에 따라 결정되며 투수성이 있는 토사지반에서는 수압을 적용하고 투수성이 매우 작은 암반층에서는 수압을 적용하지 않는 것이 일반적이다.

토압 산정 시 수압이 작용하는 토층에서 흙의 단위중량은 수중단위중량을 사용하고, 수압을 적용하지 않는 토층에서의 흙의 단위중량은 포화단위중량을 사용한다.

가. 토압 및 수압분포

일반적으로 차수벽이 설치된 사질토 지반에서 배수가 되지 않은 경우의 주동토압분포는 해설 그림 7.4.7(a)과 같이 나타낼 수 있으며, 굴착깊이(H)와 지하수의 수위높이(H_W)의 비(H_W/H)를 종축으로 하고, 지하수가 무시된 전토압(P_A)에 대하여 지하수압이 고려된 전토압($P_A' + P_W$)의 비[$(P_A' + P_W)/P_A$]를 횡축으로 하여 이들의 관계를 나타낸 것이 해설 그림 7.4.7(b)이다.

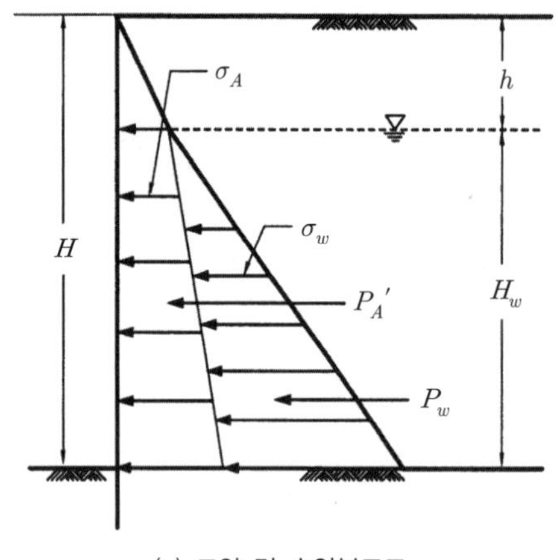

(a) 토압 및 수압분포도

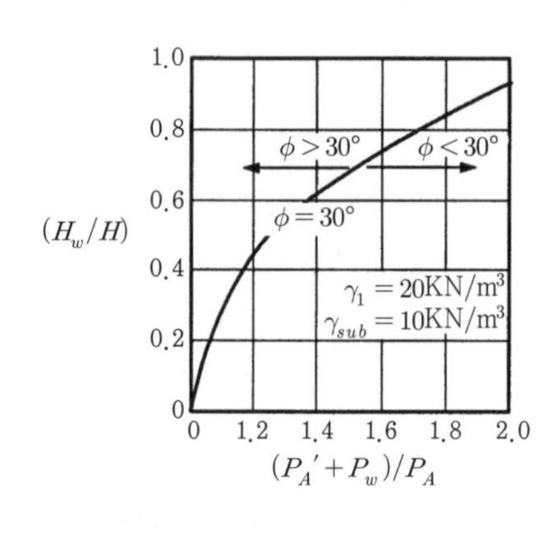

(b) 수위높이(H_W)에 따른 토압증가비

해설 그림 7.4.7 지하수위에 따른 주동토압 변화

나. 차수벽체의 근입 조건에 따른 수압분포

차수성 흙막이벽체가 암반 등의 불투수층까지 설치되어 지하수가 굴착측 방향으로 이동할 수 없게 되어 지하수위의 변화가 없는 갈수기의 경우, 흙막이 벽체에 작용하는 수압을 정수압으로 표시한 것이 해설 그림 7.4.8(a)이다. 실제 현장에서 간극수압계를 설치하여 실측한 수압이 정수압의 70~80% 정도로 감소하는 경우가 있는데, 이는 지하수의 유동성과 불투수층에서의 미세한 투수현상 등의 지반여건에 기인된 것이라 해석할 수 있다. 그러나 홍수기에서는 차수벽체 주변에서 지하수위가 상승하는 현상이 발생되어 양압력이 발생될 수 있다.

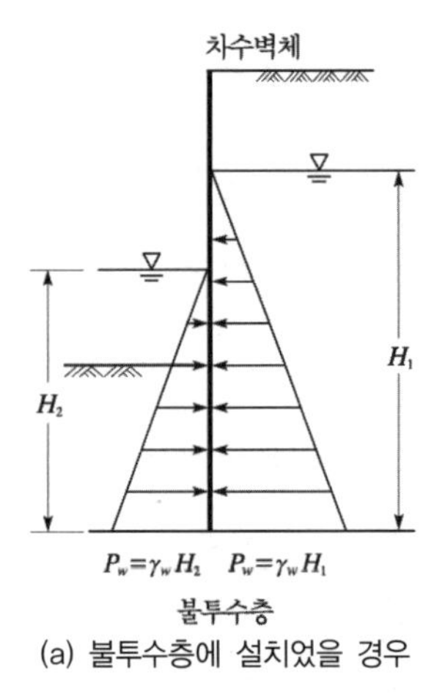

(a) 불투수층에 설치었을 경우

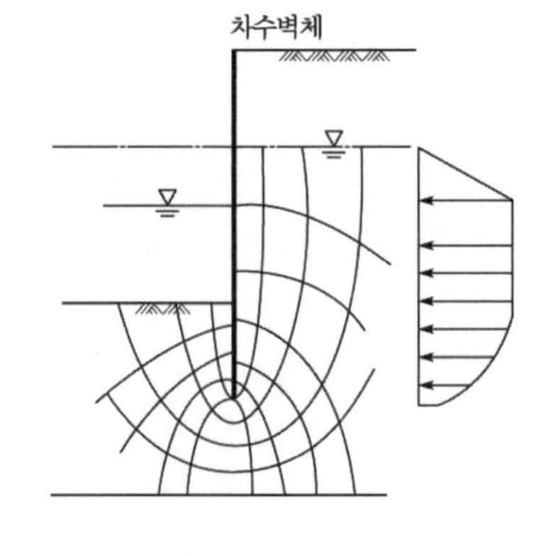

(b) 불투수층에 도달하지 않았을 때

해설 그림 7.4.8 차수성 흙막이벽체에 대한 수압분포 해설 그림 7.4.8(b)의 경우는 차수성 흙막이벽이 불투수층에 도달하지 못한 경우에 흙막이벽에 작용하는 유선망 형태의 수압을 나타낸 것이다. 그림에서 보는 바와 같이 수압은 깊이의 증가에 따라 증가하다가 다시 감소하여 흙막이 벽체의 하단에서는 0으로 된다. 이것을 정수압과 비교해 보면 침투류로 인한 손실로 인하여 수압이 상당히 감소되었음을 알 수 있다. 감소된 수압의 정량적 계산은 유선망의 작도 또는 유한요소법에 의한 침투해석에 의하여 구할 수 있다. 그러나 암반층이 존재하는 경우 절리 등에 따라 크게 달라질 수 있으므로 해석에 의한 수압계산은 해석에 적용한 지반조건이 얼마나 실제와 부합되느냐에 따라 달라진다.

다. 가물막이 강널말뚝에 작용하는 수압

가물막이 강널말뚝에 작용하는 수압은 설계수위 이하의 정수압을 고려하여 삼각형 분포로 한다. 설계수위는 지상부에서는 지하수위로 하고, 하천 중에서는 계획고 수위에 1m 정도의 여유를 예상할 필요가 있다.

해설 그림 7.4.9에서 강널말뚝에 가해지는 수압은 강널말뚝 하단 위치의 수압 $\overline{EB}=\overline{BC}$로 예상한 경우 강널말뚝 외측에 가해지는 수압($\triangle ABC$)과 내측에 가해지는 수압($\triangle OBE$)의 차($\triangle ABD$)에 의한 분포형이 된다.

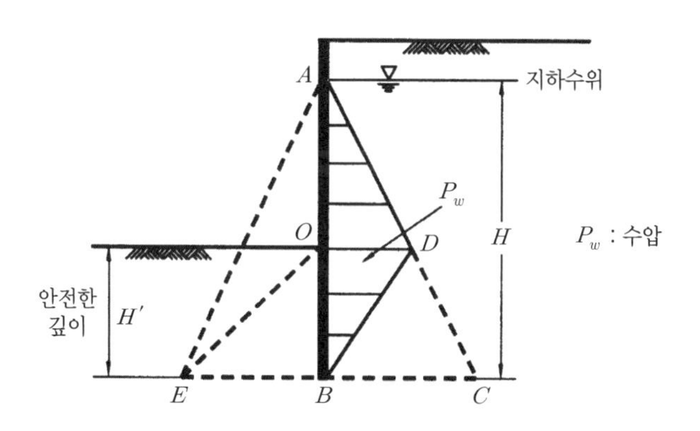

해설 그림 7.4.9 강널말뚝에 작용하는 수압분포도

또 이와 같은 수압분포에 따라 흙의 부력을 뺀 유효중량은 다음과 같다.

$$\gamma' = \gamma - 10.0(\mathrm{kN/m^3}) \qquad \text{해설 (7.4.4)}$$

$$\gamma'' = \left(1 - \frac{n}{100}\right)\left(\gamma_s - \frac{H}{H'}\right) \qquad \text{해설 (7.4.5)}$$

여기서, γ : 부력을 빼지 않은 흙의 단위중

γ' : 물막이벽 외측 부력을 뺀 흙의 단위중량

γ'' : 물막이벽 내측 부력을 뺀 흙의 단위중량

γ_s : 토립자의 비중

n : 흙의 간극률

$H,\ H'$: 해설 그림 7.4.9에 표시한 바와 같음

라. 다층토에서의 수압분포

해설 그림 7.4.10은 투수계수가 다른 2개의 토층에서 작용하는 토압의 분포를 나타낸 것으로 상부토층의 투수계수가 하부토층의 투수계수보다 클 경우 상부토층에서는 손실 없이 거의 정수압이 작용하나 하부토층에서는 지하수가 굴착면으로 이동함에 따라 수두손실이 발생된 것을 보여주고 있다.

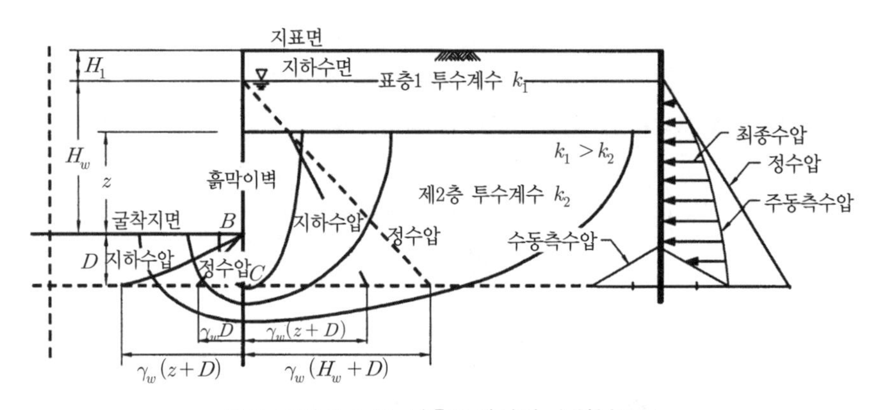

해설 그림 7.4.10 다층토에서의 수압분포도

7.5 안정성 검토

7.5.1 흙막이 구조체 설계 시 굴착저면의 안정성, 부재단면의 안정성과 지하수처리 등을 검토한다.

7.5.2 지반정수는 지반조사 자료와 문헌자료 등을 종합적으로 검토하여 선정하고, 지반조사 자료와 문헌자료가 상이할 경우 지반조사 자료를 우선적으로 적용한다.

7.5.3 굴착저면의 안정성검토는 최소근입장의 확보여부와 히빙 및 파이핑의 발생 가능성에 대하여 실시한다. 단 굴착저면의 지층이 풍화암 이상의 단단한 지반으로 구성되어 있는 경우에는 히빙과 파이핑에 대한 안정성 검토를 생략할 수 있다. 또한 굴착저면 지반의 지하수위 상승으로 인한 양압력 발생 가능성에 대하여 부력 방지 대책방안도 마련할 수 있도록 한다.

7.5.4 굴착현장에 인접하여 건물이나 주요 지하지장물이 존재하는 경우 건물이나 지장물의 침하(부등 및 균등침하)에 대한 안정성을 검토한다. 이때 흙막이벽체 변위는 단계별 굴착에서 지하구조물 시공을 위한 버팀보 해체완료 시까지 누적 변위를 기준으로 한다.

해설

7.5.1 흙막이 구조체 설계 시 벽체와 지지구조 부재 단면의 안정성 검토와 더불어 지하수의 처리와 굴착저면의 안정성 검토가 수행되어야 한다.

7.5.2 안정성 검토과정에서 구조검토에 적용되는 지반정수는 현장 지반조사 자료와 문헌에 의한 자료 등을 종합적으로 검토하여 선정하되 경제성과 안전성을 동시에 고려하여 결정한다. 문헌자료와 지반조사 자료가 현격히 상이한 경우 지반조사 자료를 우선으로 한다. 이는 문헌에 의한 자료는 개략적인 지반정수 값을 나타내나, 현장에서 직접 수행한 지반조사 값은 비교적 현장의 지반여건을 정확히 반영한 값으로 판단할 수 있기 때문이다.

7.5.3 굴착 중, 굴착 바닥면의 안정성 검토

(1) 히빙에 대한 안정

히빙이란 연약한 점토지반에서 굴착이 진행될 때에 굴착되어 배출된 토사체적이 없어지면서 굴착 배면토(굴착 인접토)의 중량과 배면지반의 상재하중(인접건물하중 등)이 하중으로 작용하여 굴착 배면토가 이동하려는 힘이 굴착저면 직하부의 지반지지력보다 크게 될 때 굴착저면 지반 내의 흙이 미끄러지면서 상향으로 부풀어 오르는 현상을 말한다. 히빙 검토방법은 하중－지반 지지력식에 의한 방법과 모멘트 평형에 의한 방법으로 구분된다. 하중－지반 지지력식에 의한 방법의 대표적인 것으로 Terzaghi－Peck(1967)식, Tschebotarioff(1973)방법과 Bjerrum and Eide(1956)방법 등이 있으며, 모멘트 평형에 의한 방법으로 일본 건축기초 구조설계 규준(1974)과 일본 도로협회(1967)의 계산법 등이 있다.

상기 검토식들은 각기 지지력이나 활동면의 전단강도를 취하는 방법 등에서 특징지을 수 있고 적용안전율도 각각 다르다. 또한 흙막이벽체의 종류, 지반조건, 어떤 설계규정에 근거하느냐에 따라 검토 결과는 상당한 차이를 보이므로 여러 가지 방법으로 검토한 후 이들을 비교하여야 한다.

가. Terzaghi－Peck식

1. 단단한 지반이 깊은 경우

해설 그림 7.5.1(a)에서 dd_1 면에는 점착력 c가 작용하므로 $c_1 d_1$ 면에 작용하는 하중 P는 해설 식(7.5.1)과 같다.

$$P = \frac{B}{\sqrt{2}}\gamma h - ch \qquad \text{해설 (7.5.1)}$$

여기서, γ : 흙의 단위중량

c : 흙의 점착력

B : 굴착면의 폭

h : 굴착깊이

따라서 재하하중 강도 P_v는 해설 식(7.5.2)와 같다.

$$P_v = \gamma h - \frac{\sqrt{2}\,ch}{B} \qquad \text{해설 (7.5.2)}$$

여기서, Terzaghi에 의한 점착력 c인 점토지반의 극한지지력($q_d = 5.7c$)을 적용하면, 히빙에 대한 안전율(F_s)은 해설 식(7.5.3)과 같으며 최소안전율은 1.5를 제안하고 있다.

$$F_s = \frac{q_d}{P_v} = \frac{5.7c}{\gamma h - \frac{\sqrt{2}\,ch}{B}} \qquad \text{해설 (7.5.3)}$$

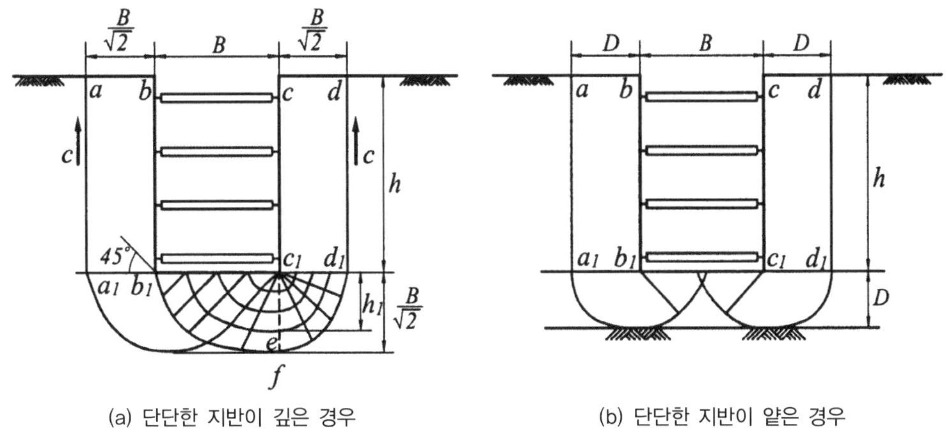

(a) 단단한 지반이 깊은 경우 (b) 단단한 지반이 얕은 경우

해설 그림 7.5.1 Terzaghi-Peck의 히빙 검토 방법

2. 단단한 지반이 얕은 경우

해설 그림 7.5.1 (b)와 같이 단단한 지반이 얕은 경우에는 미끄럼면은 단단한 층에 접하여 발생하는 것으로 생각하여, $c_1d_1 = D$가 되므로 재하하중강도(P_v)는 해설 식(7.5.4)이 되고 안전율(F_s)은 해설 식(7.5.5)가 된다.

$$P_v = \gamma h - \frac{ch}{D} \qquad \text{해설 (7.5.4)}$$

$$F_s = \frac{5.7c}{\gamma h - \frac{ch}{D}} \qquad \text{해설 (7.5.5)}$$

나. Bjerrum, O.Eide의 계산법

Bjerrum, O.Eide는 Terzaghi and Skempton의 공식과 히빙에 의해 파괴된 현장의 조사결과를 기반으로 히빙에 대하여 해설 식(7.5.6)을 제안하였다.

$$F_s = N_c \frac{S_u}{\gamma H + q} \qquad \text{해설 (7.5.6)}$$

여기서, F_s : 히빙에 대한 안전율(1.2 이상)

B : 굴착폭

H : 굴착깊이

q : 지표의 상재하중

S_u : 점토의 비배수전단강도

γ : 점토의 단위중량

N_c : 해설 그림 7.5.2에 도시된 Skempton의 지지력 계수

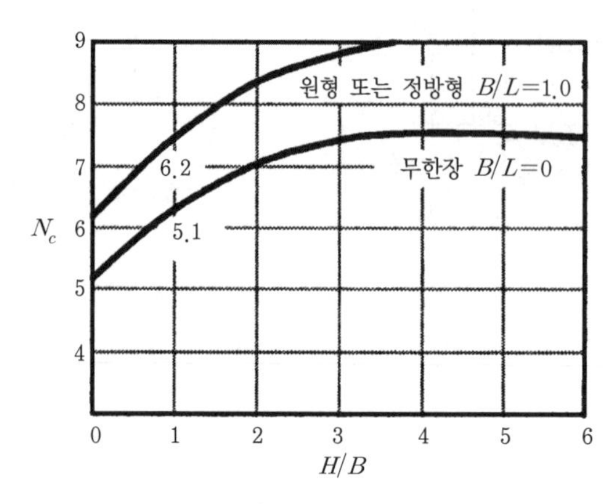

해설 그림 7.5.2 지지력계수 선정용 도표(Skempton)

다. NAVFAC DM-7

NAVFAC DM-7에서는 Terzaghi-Peck식과 Bjerrum, O.Eide식을 병행 적용하여 안정성에 대해 해설 그림 7.5.3과 같이 제안하였다.

1. 점토층 깊이가 무한한 경우($T > 0.7B$)

만약 굴착저면까지만 널말뚝이 있는 경우의 안전율은 Bjerrum, O.Eide의 해설 식(7.5.6)과 같다.

안전율이 1.5보다 낮으면 안전율을 높이기 위해 널말뚝을 굴착저면 아래까지 더 설치하여야 한다. 이때 근입부에 발생하는 작용력(P_H)은 해설 식(7.5.7)로 계산한 후 최하단 버팀보를 기준으로 하여 아래를 자유단지간의 모멘트평형식에 의해 안전율을 결정한다.

$$H_1 > \frac{2}{3}\frac{B}{\sqrt{2}} \text{ 이면, } P_H = 0.7(\gamma_T HB - 1.4cH - \pi cB) \qquad \text{해설 (7.5.7)}$$

$$H_1 < \frac{2}{3}\frac{B}{\sqrt{2}} \text{ 이면, } P_H = 1.5H_1\left(\gamma_T H - \frac{1.4cH}{B} - \pi c\right) \qquad \text{해설 (7.5.8)}$$

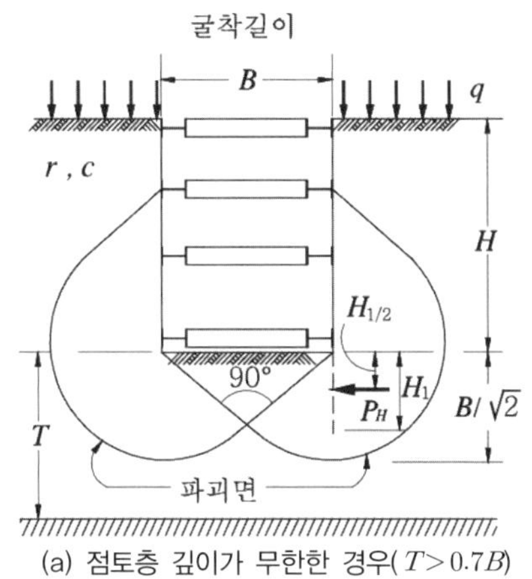

(a) 점토층 깊이가 무한한 경우($T > 0.7B$)

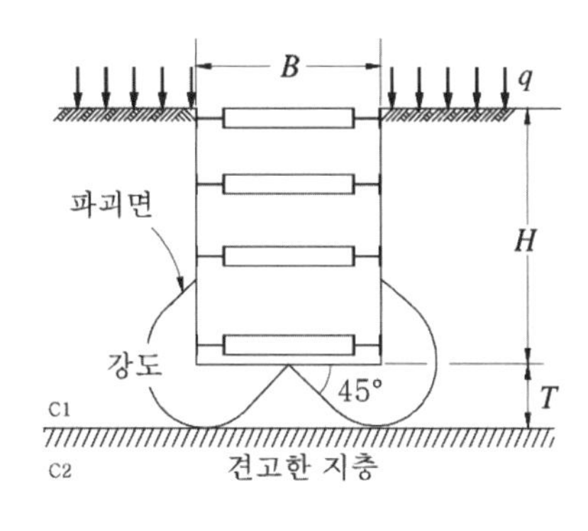

(b) 점토층 아래 깊이가 제한된 경우($T < 0.7B$)

해설 그림 7.5.3 버팀 굴착 저면에서의 안정(NAVFAC DM-7)

2. 점토층 아래 견고한 지층이 있어 깊이가 제한된 경우($T < 0.7B$)

굴착저면까지 널말뚝을 설치하고 이때의 안전율은 해설 식(7.5.9), (7.5.10)과 같다. 각각의 경우 쉬트파일 배면의 마찰력과 점착력은 고려하지 않으며 점토는 파괴면에 걸쳐 균일한 전단강도(c)를 갖는다고 가정한다.

연속굴착의 경우, $F_s = N_{cd}\dfrac{c}{\gamma H + q}$ 　　　해설 (7.5.9)

사각단면 굴착의 경우, $F_s = N_{cr}\dfrac{c_1}{\gamma H + q}$ 　　　해설 (7.5.10)

여기서, N_{cr} : $N_c(1 + 0.2B/L)$

N_c : 해설 그림 7.5.2에 도시된 Skempton의 지지력 계수

N_{cd} : 연속굴착 시의 지지력계수

해설 표 7.5.1 N_{cd}와 N_c과의 상관관계

H/B	0	0.5	1.0	2.0	3.0	4.0
N_{cd}/N_c	1.00	1.15	1.24	1.36	1.43	1.46

라. 말뚝의 강성과 근입깊이를 고려한 히빙검토법

흙의 활동면과 점착력에 의한 활동저항은 해설 그림 7.5.4(a)에 표시한 바와 같이 예상하며 점착력(c)은 해설 그림 7.5.4(b)에 표시한 바와 같이 지표면에서의 깊이 (z)의

함수라고 가정하면 모멘트의 균형안전율은 다음과 같이 계산한다.

$$F_s = \frac{M_\gamma}{M_a}$$

$$M_\gamma = \int_o^\pi c(z)x^2 d\theta + \int_o^h c(z)xdz \qquad \text{해설 (7.5.11)}$$

$$M_a = \frac{1}{2}(\gamma h + q)x^2$$

여기서, F_s : 안전율

γ : 흙의 단위중량(kN/m^3)

h : 굴착깊이(m)

q : 지표의 상재하중(kPa)

$c(z)$: 깊이의 함수로 나타낸 점착력(kPa)

이 계산에서 우선 최소의 안전율을 주는 가능활동 깊이 x_o를 구한다. x_o가 가상지지점보다 낮은 경우 또 그보다 깊더라도 $x = x_o$의 깊이로 안전율 $F_s \geq 1.2$일 때는 히빙에 대해서는 안전하다고 생각된다. x_o가 가상지지점보다도 깊고 또한 안전율 $F_s < 1.2$일 때에는 $x = x_o$의 점에 다시 가상지지점을 가정하여 재차 말뚝단면 및 변위의 계산을 실시한다. 이때 x_o가 극단으로 큰 값이 되면 히빙의 검토로 매우 큰 단면이 필요하고 비경제적이 되므로 x_o의 최대치는 5m로 한다.

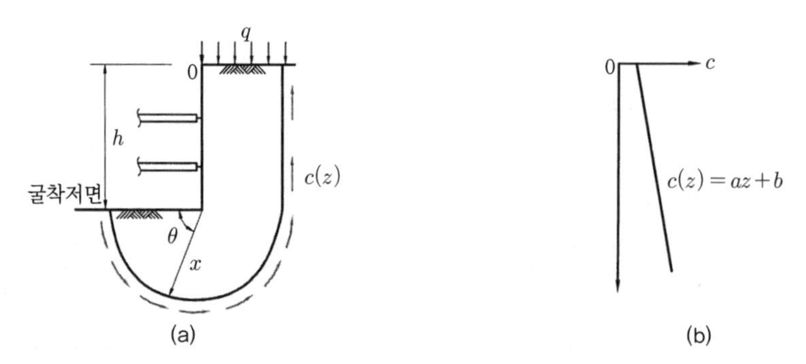

해설 그림 7.5.4 말뚝의 강성과 근입깊이를 고려한 히빙검토법

(2) 파이핑에 대한 안정

파이핑에 대한 검토는 유선망에 의해 해석하는 것이 정확하나 번잡하므로, Terzaghi 간편식과 한계동수구배를 고려한 방법으로 검토하는 것이 일반적이다. 이 두 가지 방법은 보일링 검토에 대한 견해가 다르기 때문에 반드시 두 식을 만족하도록 한다.

가. Terzaghi 간편식에 의한 검토

파이핑을 일으키려 하는 힘은 해설 그림 7.5.5에서 과잉수압 U이며, 저항하는 힘은 흙의 중량 W이다. 안전율을 F_s로 하면 균형식은 $W = F_s U$가 된다.

Terzaghi에 의하면 보일링이 일어나는 폭은 $d_2/2$이다.

$$W = \gamma' d_2^2/2 \qquad \text{해설 (7.5.12)}$$

$$U = \gamma_w h_a d_2/2 \qquad \text{해설 (7.5.13)}$$

여기서, d_2 : 굴착저면에서의 흙막이벽 근입깊이

γ_w : 물의 단위중량

γ' : 모래의 수중단위중량

h_a : 보일링의 평균과잉수두

해설 식(7.5.12)과 해설 식(7.5.13)에서 $W = F_s U$로부터

$$\begin{aligned} \gamma' d_2 &= F_s \gamma_w h_a \\ d_2 &= F_s \gamma_w h_a / \gamma' \end{aligned} \qquad \text{해설 (7.5.14)}$$

h_a는 유선망을 그려서 결정하나 종래의 예에서 안전측으로 보아서 $h_a = H/2$로 하고 $\gamma_w = 10.0\text{kN/m}^3$으로 하면 해설 식(7.5.15)과 같이 된다.

$$d_2 \geq \frac{F_s}{2} \cdot \frac{H}{\gamma'} \qquad \text{해설 (7.5.15)}$$

여기서, 보일링에 대한 안전율은 1.5 이상이며, 현지반에서의 근입깊이 d_1은 고려되지 않는다.

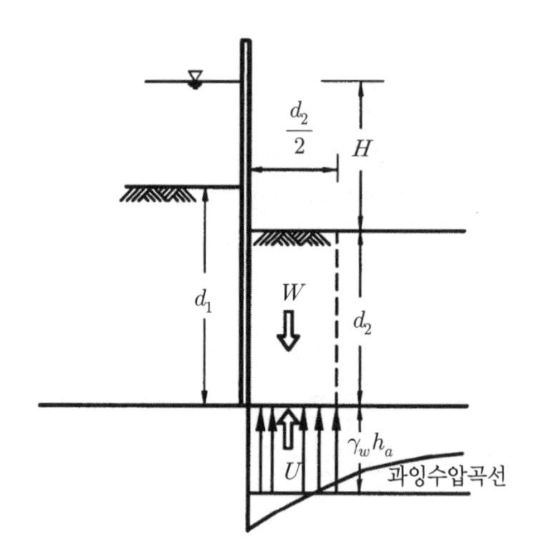

해설 그림 7.5.5 Terzaghi에 의한 보일링의 검토법

나. 한계동수구배를 고려하는 방법

보일링이 발생되는 조건은 흙의 유효응력이 없어진 상태이므로 이때의 동수구배보다 작은 동수구배를 유지하면 보일링이 발생하지 않는다는 원리를 이용한 것이다. 해설 그림 7.5.4에 표시된 그림은 이를 모델링한 그림이다.

$$\overline{p} = z\gamma' - iz\gamma_w \quad \text{해설 (7.5.16)}$$

$$i = H/L \quad \text{해설 (7.5.17)}$$

여기서, $\overline{p}$: ab면 상의 유효응력
z : 모래의 표면에서 ab면까지의 깊이
γ' : 모래의 수중단위중량
γ_w : 물의 단위중량
i : 동수구배
H : A, B면의 수위 차
L : 모래층의 두께(유선길이)

유효응력 $\overline{p} = 0$인 때의 동수구배를 한계동수구배 i_c로 하면 $i_c = \gamma'/\gamma_w$가 된다. $i = i_c$에서 보일링이 발생하며 보일링이 발생하지 않으려면 $i < i_c$가 되어야 한다.

유선길이 L은 $L \geq F_s \cdot H \cdot \gamma_w/\gamma'$가 되며 지하수위면의 위치에 따른 최단유선길이 L 및 한계 동수구배에 의한 근입깊이 산정방법은 해설 그림 7.5.7에 표시하였다.

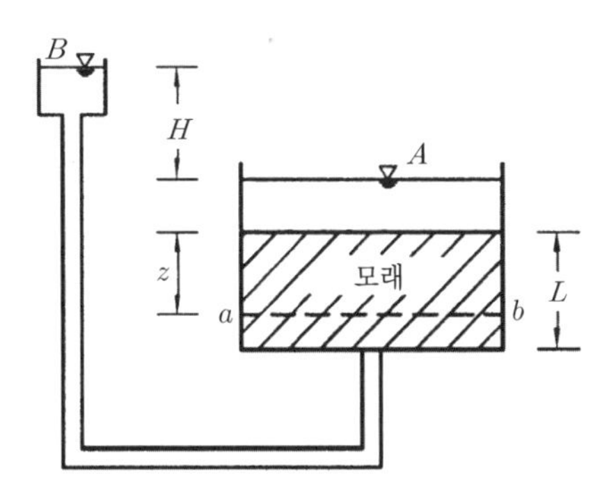

해설 그림 7.5.6 유효응력과 동수구배

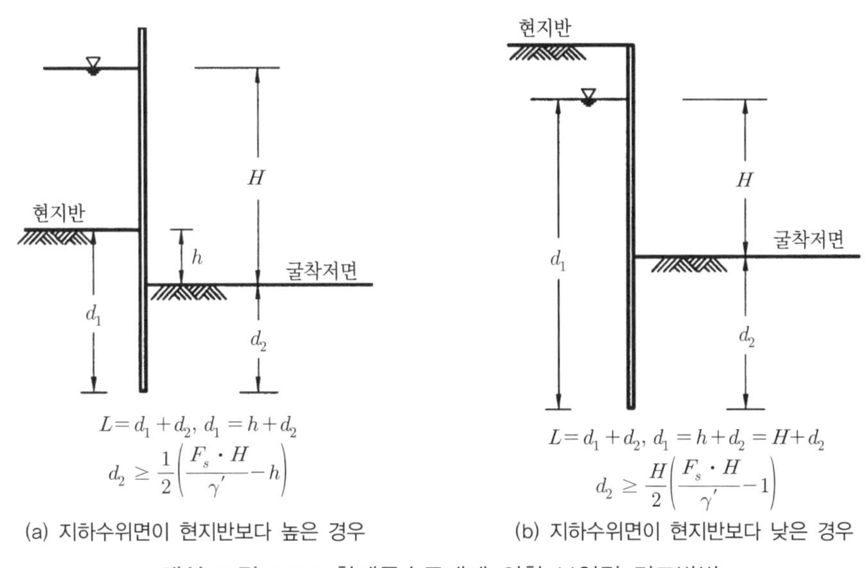

해설 그림 7.5.7 한계동수구배에 의한 보일링 검토방법

7.5.4 지반굴착에 따른 중요한 지반거동은 흙막이벽체 변위에 따른 배면지반의 침하, 굴착저면의 히빙과 파이핑, 흙막이벽 사이로 배면지하수와 함께 유출되는 토사에 의한 지반손실 등이며 굴착현장에 인접한 건물이나 주요지장물에 대하여 근접시공에 따른 안정성 검토가 수행되어야 한다(해설 7.8.7절 참조).

흙막이벽체 변위는 굴착단계뿐만 아니라 버팀대 해체 완료시까지 계속해서 변위가 발생할 수 있으므로 최종 단계의 누적 변위를 적용하여 주변 건물이나 지하지장물의 침하(부등 및 균등침하)에 대한 안정성을 검토하여야 한다.

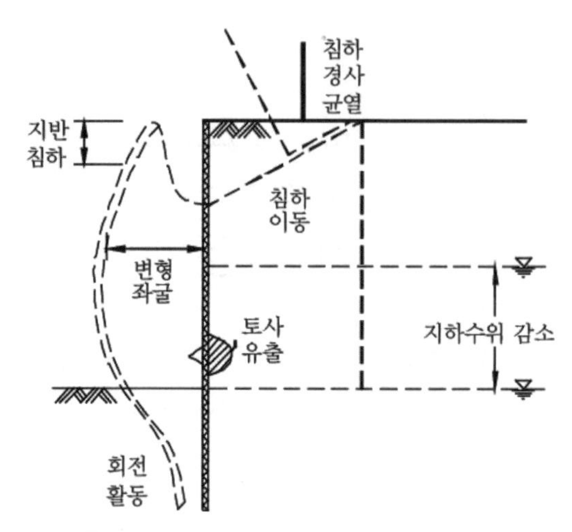

해설 그림 7.5.8 굴착에 따른 지반거동

해설 그림 7.5.8은 지반굴착에 따른 여러 거동을 나타낸 것이다. 주된 지반거동은 흙막이벽체 변위에 따른 배면지반의 침하, 굴착저면의 히빙과 파이핑 문제, 흙막이벽 사이로 배면지하수와 함께 유출되는 토사에 의한 지반손실(ground loss)문제 등으로 굴착공사에서는 이러한 문제들을 해소하거나 최소화하기 위한 대책을 강구하여야 한다. 또 이들은 굴착을 위한 흙막이벽체 및 지지구조 자체의 안정 외에도 인접구조물의 침하, 경사, 균열 등의 피해원인이 될 수 있으므로 설계 시 충분한 검토가 필요하다.

한편, 굴착지반이 연약한 경우에는 배면측의 연직토압에 의하여 근입부에 측방유동이 작용할 수 있고, 이 경우 흙막이벽체 파괴거동은 해설 그림 7.5.8과 반대로 배면으로 변위가 발생되어 파괴에 이를 수도 있음을 유의하여야 한다.

7.6 부재단면설계

7.6.1 가설 흙막이구조물의 단면설계는 허용 응력 설계법을 적용한다. 다만, 지하연속벽과 같은 강성벽체는 강도설계법으로 설계할 수 있다.

7.6.2 가설 흙막이 부재의 허용응력은 다음 사항을 고려하여 정한다.

(1) 강재 및 콘크리트재의 허용응력은 영구구조물에 대한 허용응력보다 50% 큰 값을 적용하며 구재를 사용하는 경우 부재의 재사용이나 단면의 감소에 따른 허용응력 저하를 고려한다.

(2) 공사기간이 2년 미만인 경우에는 가설구조물로, 2년 이상인 경우에는 영구구조물로 간주하여 설계한다. 단 가설구조물이라도 2년을 경과하면 안전점검 또는 안전진단을 실시하여 보수 및 보강대책을 실시하여야 한다.

해설

7.6.1 가설흙막이 구조물의 단면설계는 탄성이론으로 계산된 최대응력이 허용 응력을 초과하는 것을 용인하지 않는 허용응력설계법이 적용되고 있으며, 지하 연속벽과 같은 강성벽체는 하중계수 및 강도계수를 고려한 강도 설계법으로 설계할 수 있다.

(1) 허용응력 설계법

허용응력 설계법이란 설정하중에 의해 계산된 각 부재의 최대응력이 그 부재를 구성하는 재료의 허용응력 이하가 되어야 한다는 설계법이다.

(2) 강도 설계법

강도 설계법이란 하중계수와 강도계수를 사용하여 적절한 강도를 갖도록 설계하는 설계법으로, 지하 연속벽 설계 시 하중계수는 콘크리트구조설계기준 해설편 3.3.2항에 의거 적용하며, 강도계수는 콘크리트구조설계기준 해설편 3.3.3항에 준하여 적용하고 지하 연속벽 설계 시 시공 중 상태 및 영구적 구조물 상태 조건 등을 모두 만족할 수 있도록 설계한다. 즉, 시공 중 벽체 내외의 수두 차와 벽체 작용토압을 계산하여 각 시공 단계별 벽체에 작용하는 휨모멘트, 전단력 및 벽체 변형률을 계산한다. 영국 Ove Arup and Partners 설계법에서는 작용력에 시공 중 할증계수(0.8)을 곱한 값을 부재설계에 사용하기도 한다. 시공이 완료되면 벽체에는 지하수의 변화(증가), 토압의 증가(주동에서 정지토압으로), 벽체와 지지 슬래브의 Creep과 Shrinkage, 그 밖의 구조물 변화에 따른 하중 재분배 등의 변형요인이 발생되므로 이들을 모두 만족시킬 수 있는 설계가 되어야 한다.

7.6.2 부재의 허용응력

(1) 가설 흙막이구조물에서는 일반 시방서에서 규정(해설 표 7.6.1)하고 있는 허용응력에 50% 할증하여 적용토록 하고 있다(지하철 설계 기준 참조). 그러나 이는 신강재에 관한 것이므로 부재의 반복 사용에 따른 응력감소와 단면의 크기가 작아짐에 따른 응력감소는 별도로 고려하여야 한다.

(2) 가설구조물이라도 2년을 경과하면 안정성을 보장할 수 없으므로 안전점검 또는 안전

진단을 실시하여 흙막이벽의 현재 상태를 파악하여야 하며 잔여 공사기간에 따라 적정한 보강 및 안전대책을 수립하여야 한다.

7.6.3 각 부재단면 설계 시 고려사항은 다음과 같다.

(1) 엄지말뚝, 띠장, 흙막이판에 대해서는 토압 등으로 인해 각 부재에 발생되는 모든 단면력에 대한 안정성을 검토한다.

(2) 버팀보는 축력, 모멘트, 전단력에 대해 안정해야한다. 경사버팀보(corner strut)의 경우에는 지지체계의 안정성이 직각 버팀보에 비해 취약하므로 유의하여 설계한다.

(3) 지반앵커는 다음 조건을 만족하여야 한다.

① 인장재의 인장강도는 설계앵커력에 소정의 안전율을 곱한 값 이상이어야 한다.

② 지지구조체가 지반앵커인 경우 정착부는 벽체로부터 가상 활동파괴면 밖에 위치하여야 하며 자유장은 가상 활동면으로부터 1.5m 또는 굴착깊이에 0.15 H(H=굴착깊이)를 더한 값 중 큰 값을 적용하되 4.0m 이상으로 한다.

③ 지반앵커의 정착장은 마찰저항 길이와 부착저항 길이 중 큰 값으로 하고 이때 최소 정착장은 토사층인 경우 4.0m 이상으로 한다.

④ 앵커체 정착장이 10m 이내인 경우 진행성 파괴 검토를 생략할 수 있다. 정착장이 10m를 초과하는 부분에 대해서는 진행성파괴로 인하여 극한 인발력의 증가가 없는 것으로 간주하여 설계한다.

⑤ 지반앵커의 설치각도는 수평면에 대하여 10° 이상으로 한다.

⑥ 매우 느슨한 모래층 혹은 연약한 점성토층에 정착장을 설치하는 경우에는 설계앵커력을 확보할 수 있는 대책을 강구한다.

(4) 경사버팀보로 벽체를 지지할 경우 설치각도를 고려하여 안정성을 검토한다.

(5) 레이커로 벽체를 지지하는 경우 레이커 기초에 대한 설계 및 안정성을 검토한다.

해설

7.6.3 부재단면 설계 시 고려사항

(1) 엄지말뚝, 띠장 및 흙막이판의 부재단면 검토

가. 엄지말뚝

응력산정에서 얻은 모멘트와 전단력에 대해서 다음과 같이 단면을 검토한다. 엄지말뚝의 경우 흙막이벽 전체로서의 $M_{\max}$, $V_{\max}$에 대해서 단일 부재로 설계하고 응력 산정 시 엄지말뚝 간격을 고려하여 설계하여야 한다.
엄지말뚝은 재사용되기도 하므로 실제로 사용하는 것에 대해서 단면 결손이나, 이음 상황을 고려해서 저감된 단면의 허용 응력을 고려해야 하며, 휨과 전단에 대한 검토를 수행하여 부재단면의 크기를 결정하여야 한다.

1. 휨에 대한 검토

$$f_b = \frac{M_{\max} a}{Z} < f_a \qquad \text{해설 (7.6.1)}$$

여기서, f_a : 엄지말뚝의 허용휨응력
f_b : 외력에 의해 발생된 응력
$M_{\max}$: 외력에 의한 최대 휨모멘트
a : 엄지말뚝 간격
Z : 엄지말뚝의 단면계수

2. 복공판 설치에 의한 축방향력과 휨모멘트가 작용할 경우에 대한 검토
엄지말뚝의 단면은 작용토압에 의한 휨에 저항하는 부재로 사용되고 있으나, 복공판에서 수직하중(축력)이 발생하거나 또는 지반앵커의 연직분력이 발생한 경우에는 축방향과 휨을 동시에 받는 부재로서 단면을 계산하여야 하며, 이와 같이 축방향과 휨모멘트를 동시에 받는 부재의 응력검토 방법은 다음과 같이 실시한다.

$$f = \frac{N_{\max}}{A} + \frac{M_{\max}}{Z} \qquad \text{해설 (7.6.2)}$$

해설 식(7.6.2)는 좌굴에 대하여 고려하지 않을 때 식이며, 특히 횡방향과 종방향으로 변위가 구속되지 않을 때는 좌굴에 대하여 고려하며 해설 식(7.6.3)을 만족해야 한다.

$$\frac{f_c}{f_{ca}} + \frac{f_{bx}}{f_{bax}\left(1 - \dfrac{f_c}{f_{eax}}\right)} + \frac{f_{by}}{f_{ba0}\left(1 - \dfrac{f_c}{f_{eay}}\right)} \le 1.0 \qquad \text{해설 (7.6.3)}$$

여기서, f_c : 단면에 작용하는 축방향 압축응력(MPa), $f_c = \dfrac{N}{A}$

f_{bx} : 강축에 대한 휨 압축응력(MPa), $f_{bx} = \dfrac{M_x}{Zx}$

f_{by} : 약축에 대한 휨 압축응력(MPa), $f_{by} = \dfrac{M_y}{Z_y}$

f_{ca} : 허용축방향 압축응력(MPa, 강축방향의 세장비 $\dfrac{l_x}{r_x}$와 약축방향의 세장비 $\dfrac{l_y}{r_y}$ 중에서 큰 값으로 표 7.6.1에서 정한다. 즉, 작은 값의 허용응력이다.)

f_{bax} : 강축에 대한 허용 휨 압축응력(MPa, 표 7.6.1에서 $\dfrac{l}{r}$로 결정한다.)

f_{baO} : 표 7.6.1에서 허용휨압축응력의 상한값 $\dfrac{l}{r}$에 따라 감소되지 않는 값

f_{eax} : 강축에 대한 오일러 좌굴응력(MPa),

$$f_{eax} = \frac{1,800,0000}{\left(\dfrac{l_x}{r_x}\right)^2} \text{ (가설 시 50%가 가산된 값임)} \quad \text{해설 (7.6.4)}$$

f_{eay} : 약축에 대한 오일러 좌굴응력(MPa), $f_{eay} = \dfrac{1,800,0000}{\left(\dfrac{l_y}{r_y}\right)^2}$

해설 (7.6.5)

l_x : 강축방향의 좌굴길이
r_x : 강축방향의 단면2차 반경
l_y : 약축방향의 좌굴길이
r_y : 약축방향의 단면2차 반경

해설 식(7.6.3)에서 첫 번째 항은 축방향압축응력 항목이며 두 번째 항은 강축의 휨압축응력항이다. 세 번째 항은 약축의 휨압축응력항으로써 내부분의 경우 약축방향의 휨모멘트가 없으므로 0이다. 앵커의 띠장과 같이 눕혀서 설치되고 앵커의 수직분력이 약축방향으로 작용하는 경우는 이항을 고려해야 한다.

3. 전단에 대한 검토

$$v_s = \frac{V_{\max} \times a}{A_s} = \frac{V_{\max} \times a}{H \times t_1} < v_a \qquad \text{해설 (7.6.6)}$$

여기서, v_a : 엄지말뚝의 허용전단응력

v_s : 외력에 의해 발생된 전단응력

$V_{\max}$: 외력에 의한 최대전단

A_s : 엄지말뚝의 전단유효단면적

H : 엄지말뚝의 높이

t_1 : 엄지말뚝 웨브(web)의 두께

해설 표 7.6.1 강재의 허용 응력(단위 : MPa)

<table>
<tr><th colspan="2">종류</th><th>일반구조용 압연강재
SS400, SM400, SMA400</th><th>SM490</th><th>비고</th></tr>
<tr><td colspan="2">축방향인장
(순단면)</td><td>210</td><td>285</td><td>140×1.5=210
190×1.5=285</td></tr>
<tr><td colspan="2" rowspan="3">축방향압축
(총단면)</td><td>$\frac{l}{\gamma} \le 18.6$일 경우
210</td><td>$\frac{l}{\gamma} \le 16$일 경우
285</td><td rowspan="3">l(cm) : 유효좌굴장
γ(cm) : 단면 2차반경</td></tr>
<tr><td>$18.6 < \frac{l}{\gamma} \le 92.8$일 경우
$210 - 1.23\left(\frac{l}{\gamma} - 18.6\right)$</td><td>$16 < \frac{l}{\gamma} \le 80.1$일 경우
$285 - 1.94\left(\frac{l}{\gamma} - 16\right)$</td></tr>
<tr><td>$\frac{l}{\gamma} > 92.8$일 경우
$\left[\frac{1,800,000}{6,700 + \left(\frac{l}{\gamma}\right)^2}\right]$</td><td>$\frac{l}{\gamma} > 80.1$일 경우
$\left[\frac{1,800,000}{5,000 + \left(\frac{l}{\gamma}\right)^2}\right]$</td></tr>
<tr><td rowspan="3">휨
응
력</td><td>인장연
(순단면)</td><td>210</td><td>285</td><td></td></tr>
<tr><td rowspan="2">압축연
(총단면)</td><td>$\frac{l}{\beta} \le 4.6$; 210</td><td>$\frac{l}{\beta} \le 4.0$; 285</td><td rowspan="2">l : 플랜지의 고정점 간 거리
β : 압축플랜지 폭</td></tr>
<tr><td>$4.6 < \frac{l}{\beta} \le 30$
$210 - 3.74\left(\frac{l}{\beta} - 4.6\right)$</td><td>$4.0 < \frac{l}{\beta} \le 30$
$285 - 5.87\left(\frac{l}{\beta} - 4.0\right)$</td></tr>
<tr><td colspan="2">전단응력
(총단면)</td><td>120</td><td>165</td><td></td></tr>
<tr><td colspan="2">지압응력</td><td>315</td><td>428</td><td>강관과 강판</td></tr>
<tr><td>용접
강도</td><td>공장
현장</td><td>모재의 100%
모재의 90%</td><td></td><td></td></tr>
</table>

나. 강널말뚝

강널말뚝의 응력과 변형의 계산에 사용하는 단면 2차모멘트(I) 및 단면계수(Z)는 실험 결과 폭 1.0m당의 값 60%로 한다.

1. 휨에 대한 검토

$$f_b = \frac{M_{\max}}{0.6\,Z} < f_a \qquad \text{해설 (7.6.7)}$$

여기서, f_a : 강널말뚝의 허용응력

f_b : 외력에 의해 발생된 응력

$M_{\max}$: 외력에 의한 최대 휨모멘트

Z : 단위 m당 강널말뚝의 단면계

2. 전단에 대한 검토

$$v_s = \frac{V_{\max}}{A_s} = \frac{V_{\max}}{2th/W} < v_a \qquad \text{해설 (7.6.8)}$$

여기서, v_a : 강널말뚝의 허용전단응력

v_s : 외력에 의해 발생된 전단응력

$V_{\max}$: 외력에 의한 최대전단력

A_s : 강널말뚝의 전단유효단면적

h : 강널말뚝의 높이

t : 강널말뚝의 두께

W : 강널말뚝의 폭

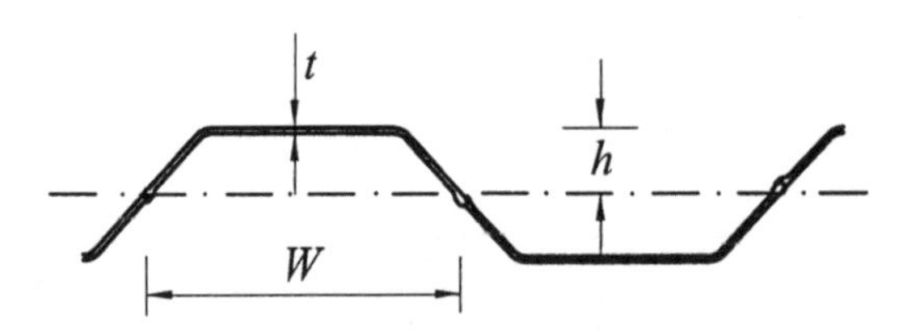

해설 그림 7.6.1 강널말뚝의 전단에 대한 유효단면

다. SCW(Soil Cement Wall)

소일시멘트 벽체의 설계강도에 대한 배합비는 실제 시공 시 현장 토질조건에 맞게 결정되어야 하며, 참고로 일본 토질공학회의 기준안인 "안정처리토의 시험방안"에 의한 토질별 배합비와 압축강도를 보면 해설 표 7.6.2와 같다.

해설 표 7.6.2 S.C.W의 표준배합비

토질	배합비			압축강도 (MPa)
	시멘트(kg)	벤토나이트(kg)	물(l)	
점성토	2,500~4,000	50~100	550~800	1~2
사질토	2,500~3,000	100~200	550~700	2~8
사력토	2,500~3,500	200~300	550~700	6~12

1. 보강재(H형강)의 응력검토

가) 휨에 대한 검토

$$f_b = \frac{M_{\max} \times a}{Z} < f_a \qquad \text{해설 (7.6.9)}$$

여기서, f_a : 보강재의 허용응력

f_b : 외력에 의해 발생된 응력

$M_{\max}$: 외력에 의한 최대 휨모멘트

a : 보강재 간격

Z : 보강재의 단면계수

나) 전단에 대한 검토

$$v_s = \frac{V_{\max} \times a}{A_s} = \frac{V_{\max} \times a}{Ht_1} < v_a \qquad \text{해설 (7.6.10)}$$

여기서, v_a : 보강재의 허용전단응력

v_s : 외력에 의해 발생된 전단응력

$V_{\max}$: 외력에 의한 최대전단력

A_s : 보강재의 전단유효단면적

H : 보강재의 높이

t_1 : 보강재 웨브(web)의 두께

2. SCW에 대한 검토

가) 축력에 대한 검토

축력(axial force)에 대해 검토하면 벽체에 작용하는 축력은 해설 그림 7.6.2 에서와 같이 사선아치 단면에 등분포 하중이 작용하는 것으로 본다.

$$P_H = \frac{wl^2}{8f}, \ P_V = \frac{wl}{2} \qquad \text{해설 (7.6.11)}$$

$$\text{축력}: N = \sqrt{P_H^2 + P_V^2}, \ \text{단면적}: A = \sqrt{H^2 + B^2} \qquad \text{해설 (7.6.12)}$$

$$\therefore \ f_{req(a)} = \frac{N}{A} \qquad \text{해설 (7.6.13)}$$

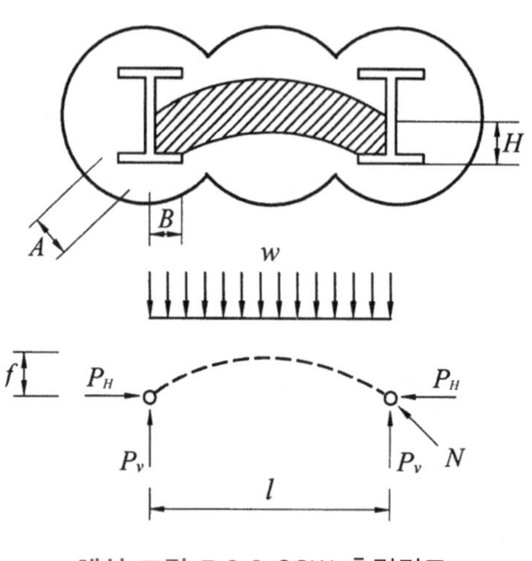

해설 그림 7.6.2 SCW 축력검토

나) 전단력에 대한 검토

전단력에 대해 검토하면 벽체의 전단강도는 일축압축강도의 1/2~1/3로 본다.

$$v = \frac{f}{3} = \frac{P_V}{A} \qquad \text{해설 (7.6.14)}$$

$$P_V = \frac{fA}{3} = \frac{wl}{2} \qquad \text{해설 (7.6.15)}$$

$$\therefore \ f_{req(s)} = \frac{3wl}{2A} \qquad \text{해설 (7.6.16)}$$

따라서 필요한 SCW의 일축압축강도는 $f_{req(a)}$, $f_{req(s)}$ 중 큰 값으로 한다.

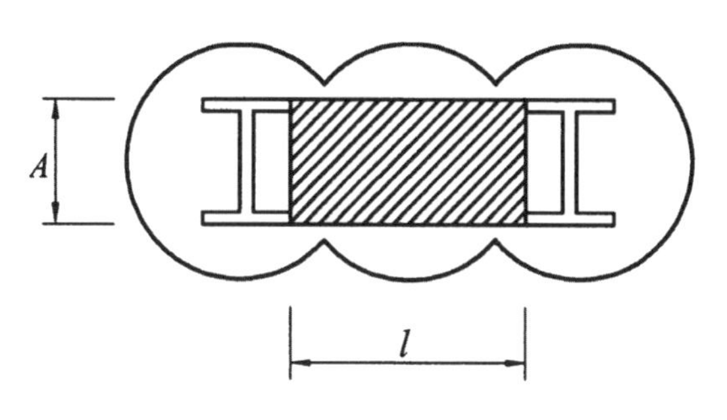

해설 그림 7.6.3 SCW 전단검토

라. CIP(Cast-In place Pile)

일반적으로 많이 적용되고 있는 CIP 단면의 제원은 해설 그림 7.6.4와 같고 CIP 단면 검토는 흙막이벽에 작용하는 휨모멘트와 전단력에 대해 H형강의 안정성과 말뚝본체의 설계로 나누어 실시하고 있으며 H형강의 단면검토는 SCW공법에서 보강재(H형강)의 응력검토와 같은 방법으로 이루어지고 있다. CIP 말뚝본체의 설계는 직경 400mm일 경우 예를 들면 원형단면을 35.4cm×35.4cm의 등가사각형으로 해석하며 이때 안전측 설계를 위하여 30.0cm×30.0cm로 보고 설계하는 경우도 있다.

1. 소요철근량 산정

$$A_s = \frac{M_{\max} \times a}{f_{sa} jd}$$

$$n = \frac{E_s}{4{,}700\sqrt{f_{ck,\ k = \frac{nf_{ca}}{nf_{ca} + f_{sa}},\ j = 1 - \frac{k}{3}}}} \qquad \text{해설 (7.6.17)}$$

여기서, $M_{\max}$: 벽체의 최대휨모멘트

a : CIP 중심간격

E_s : 철근의 탄성계수

f_{ck} : 콘크리트 압축강도

f_{ca} : 콘크리트 허용압축응력

f_{sa} : 철근 허용인장응력

d : CIP 유효높이

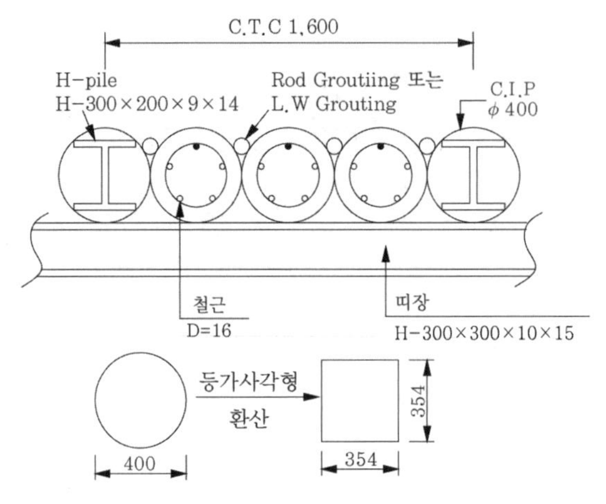

해설 그림 7.6.4 CIP 제원(φ400인 경우)

2. 휨응력 검토

$$f_c = \frac{2M_{\max} \times a}{kjbd^2} < f_{ca},\ f_s = \frac{M_{\max} \times a}{A_s jd} < f_{sa} \qquad \text{해설 (7.6.18)}$$

여기서, $M_{\max}$: 벽체의 최대휨모멘트

f_c : 콘크리트 휨압축응력

f_s : 철근의 인장응력

b : CIP 유효폭

A_s : 사용철근량

3. 전단력 검토

$$v_s = \frac{V_{\max} \times a}{bd} < v_a \qquad \text{해설 (7.6.19)}$$

$v_s > v_a$일 경우 전단철근을 배치하여 보강한다.

$$A_v = v' s \frac{b}{f_{sa}} = (v_s - v_a) \frac{sb}{f_{sa}}$$ 해설 (7.6.20)

여기서, $V_{\max}$: 벽체의 최대전단력

a : CIP 중심간격

A_v : 보강 전단철근량

v_s : CIP에 작용하는 전단응력

v_a : 허용전단응력

b : CIP의 유효폭

s : 전단철근의 배치간격

f_{sa} : 철근 허용인장응력

마. 띠장의 단면검토

1. 띠장에 작용하는 하중계산

띠장에 작용하는 하중은 흙막이벽에 작용하는 토압에 대한 띠장 위치점에서의 반력으로 한다.

가) 엄지말뚝공법(H형강+토류판)의 경우

토압에 의한 강재말뚝(H형강)의 지점반력을 이동하중으로 하고 버팀대(strut) 위치를 지점으로 하는 3경간 연속보로 계산하거나 버팀대 수평거리를 지간으로 하는 단순보로 보고 계산한다(해설 그림 7.6.5 참조).

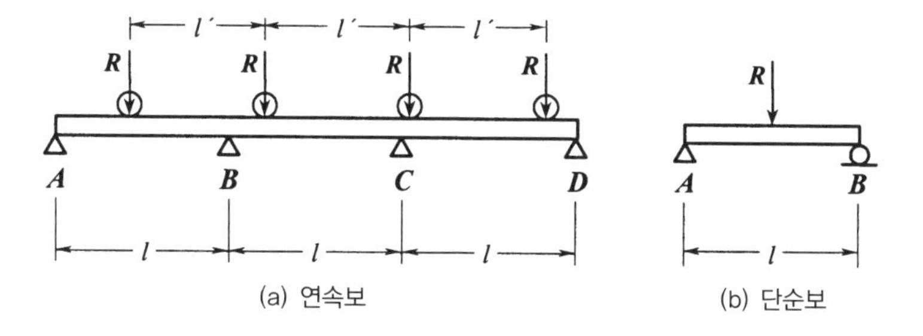

여기서, R : 토압에 의한 강재말뚝의 지점반력 (tf), $A \sim D$: 버팀대 위치
l' : 강재말뚝 (H말뚝)의 간격(m), l : 버팀대의 간격(m)

해설 그림 7.6.5 엄지말뚝공법의 띠장해석

나) 강널말뚝공법, 주열식말뚝공법, 지하연속벽공법의 경우
토압에 의한 띠장위치에서 강재말뚝의 지점반력을 띠장 위에 등분포시키고 버팀대 위치를 지점으로 하는 3경간 연속보로 계산하거나 버팀대 수평거리를 지간으로 하는 단순보로 보고 계산한다(해설 그림 7.6.6 참조).

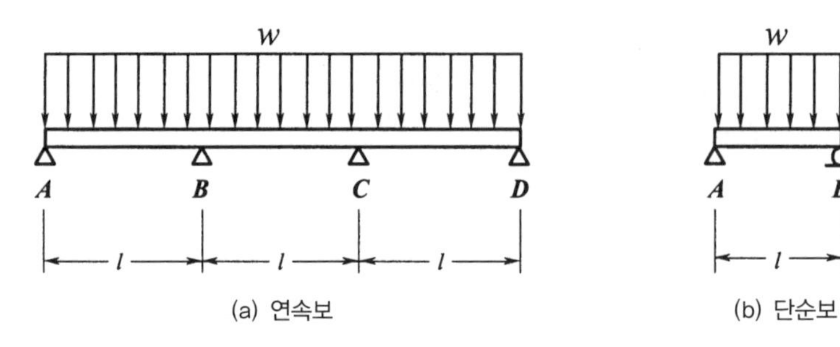

(a) 연속보 (b) 단순보

여기서, $w = \dfrac{R}{l'}$(kN/m), R : 토압에 의한 강재말뚝의 지점반력,
l' : 강재말뚝의 간격

해설 그림 7.6.6 연속벽체의 띠장해석

해설 표 7.6.3 등분포하중작용 띠장 해석 시 적용공식

구분	3경간 연속보	단순보
최대휨모멘트 M_{max}	$\dfrac{wl^2}{10}$	$\dfrac{wl^2}{8}$
최대전단력 V_{max}	$\dfrac{6wl}{10}$	$\dfrac{wl}{2}$
최대반력 R_{max}	$\dfrac{11wl}{10}$	$\dfrac{13wl}{12}$

해설 표 7.6.3는 등분포하중작용 띠장 해석 시 적용되는 공식을 나타낸 것이다.

다) 지반앵커에 의해 지지된 경우
지반앵커에 의해 지지된 벽체에 있어서 띠장의 단면을 검토할 때, 띠장에 가해지는 외력은 지반앵커의 인장력이다. 지반앵커의 인장력은 벽체 해석 시 구해지는 앵커력, 정착 시 감소되는 응력, 릴렉세이션에 의해 감소되는 응력의 합력으로 한다(해설 그림 7.6.7 참조).

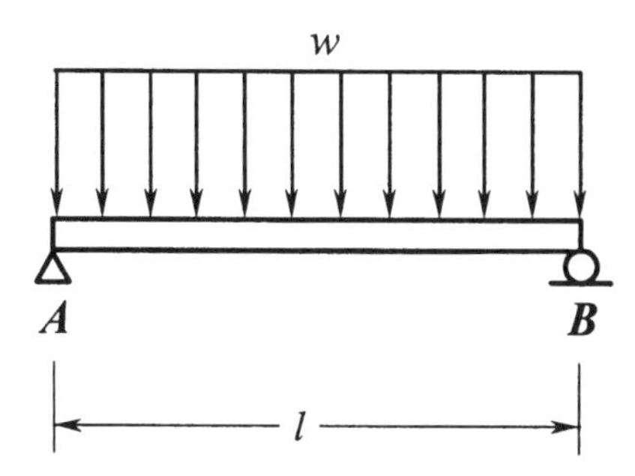

여기서, $w=\frac{R}{l}$(kN/m), R : 지반앵커의 인장력, l : 지반앵커의 수평간격
A, B : 지반앵커의 위치

해설 그림 7.6.7 지반앵커공법 적용 시 띠장해석

2. 띠장의 유효폭 결정 및 단부의 띠장 계산 방법

띠장은 보통 흙막이 벽에 작용하는 토압에 의한 휨모멘트와 전단력에 저항하도록 설치하는 휨부재이다. 휨모멘트 값이 크거나 띠장의 좌굴문제가 예상될 경우에는 버팀대 설치지점에 해설 그림 7.6.8과 같이 사보강재(까치발) 설치를 고려하고, 만약 이 경우에도 만족하지 않는 경우에는 2개의 띠장을 설치할 수 있다. 띠장의 유효폭은 까치발이 있는 경우와 없는 경우로 구분하며 까치발이 없는 경우에는 버팀보의 수평간격 l_0가 유효폭이 되나, 사보강재(까치발)를 45°로 설치한 경우는 아래와 같이 3가지로 분류해서 쓰며 주로 나)방법을 많이 사용한다.

가) l_1과 l_2 중 큰 값

나) l_1+l_2

다) l_0

그러나 60° 이상의 각도로 설치한 경우에는 $l_0=l_2$로 보고 해석한다(해설 그림 7.6.8 참조).

보통 띠장은 휨응력을 부담하는 부재이지만, 해설 그림 7.6.9와 같은 단부의 띠장은 버팀의 작용도 하므로 휨과 압축을 받는 부재로서 계산하여야 한다.

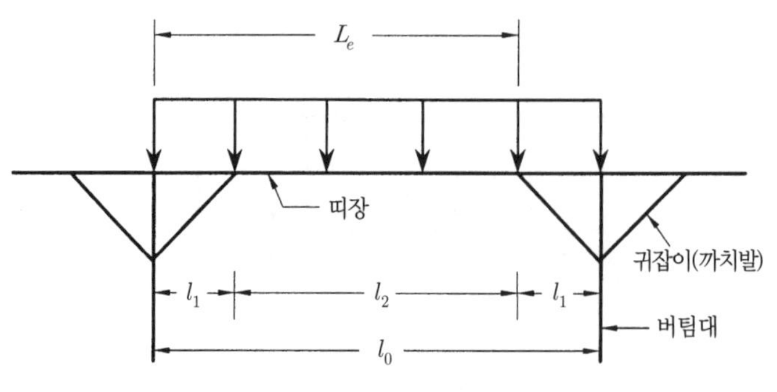

해설 그림 7.6.8 띠장의 유효폭 결정법

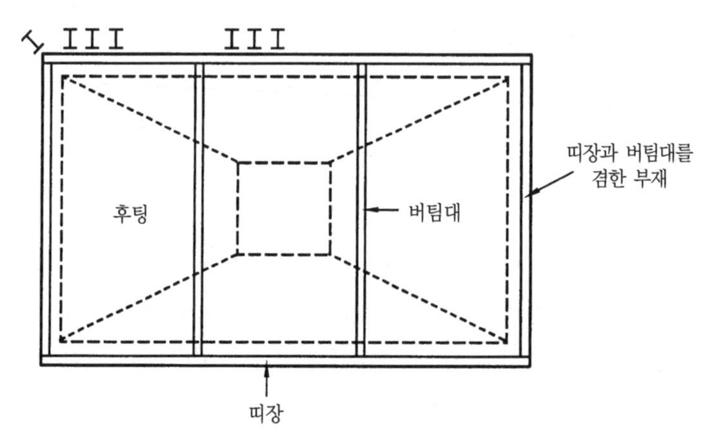

해설 그림 7.6.9 단부의 띠장

3. 띠장의 단면 검토

가) 축력, 연직 및 휨모멘트, 횡방향의 좌굴을 고려할 경우

해설 식(7.6.21)는 좌굴에 대하여 고려하지 않을 때 식이며, 특히 횡방향과 종방향으로 변위가 구속되지 않을 때는 좌굴에 대하여 고려하며 해설 식(7.6.22)을 만족해야 한다.

$$f = \frac{N_{\max}}{A} + \frac{M_{\max}}{Z} \qquad \text{해설 (7.6.21)}$$

$$\frac{f_c}{f_{ca}} + \frac{f_{bx}}{f_{bax}\left(1 - \dfrac{f_c}{f_{eax}}\right)} + \frac{f_{by}}{f_{ba0}\left(1 - \dfrac{f_c}{f_{eay}}\right)} \leq 1.0 \qquad \text{해설 (7.6.22)}$$

여기서, f_c : 단면에 작용하는 축방향 압축응력(MPa), $f_c = \frac{N}{A}$

f_{bx} : 강축에 대한 휨 압축응력(MPa), $f_{bx} = \frac{M_x}{Zx}$

f_{by} : 약축에 대한 휨 압축응력(MPa), $f_{by}\frac{= M_y}{Z_y}$

f_{ca} : 허용축방향 압축응력(MPa, 강축방향의 세장비 $\frac{l_x}{r_x}$와 약축방향의 세장비 $\frac{l_y}{r_y}$중에서 큰 값으로 표 7.6.1에서 정한다. 즉, 작은 값의 허용응력이다.)

f_{bax} : 강축에 대한 허용 휨 압축응력(MPa, 표 7.6.1에서 $\frac{l}{r}$로 결정한다.)

f_{baO} : 표 7.6.1에서 허용휨압축응력의 상한값 $\frac{l}{r}$에 따라 감소되지 않는 값

f_{eax} : 강축에 대한 오일러 좌굴응력(MPa),

$f_{eax} = \frac{1,800,0000}{\left(\frac{l_x}{r_x}\right)^2}$ (가설 시 50%가 가산된 값임)

f_{eay} : 약축에 대한 오일러 좌굴응력(MPa), $f_{eay} = \frac{1,800,0000}{\left(\frac{l_y}{r_y}\right)^2}$

l_x : 강축방향의 좌굴길이

r_x : 강축방향의 단면2차 반경

l_y : 약축방향의 좌굴길이

r_y : 약축방향의 단면2차 반경

나) 전단에 대한 검토

$$v_s = \frac{V_{\max} \times a}{A_s} = \frac{V_{\max} \times a}{H \cdot t_1} < v_a \quad \text{해설 (7.6.23)}$$

여기서, v_a : 띠장의 허용전단응력

v_s : 외력에 의해 발생된 전단응력
$V_{\max}$: 외력에 의한 최대전단력
A_s : 띠장의 전단유효단면적
H : 띠장의 높이
t_1 : 띠장의 웨브(web)의 두께

바. 흙막이 판의 검토

흙막이 판 배면에 발생되는 토압은 흙막이판에 휨모멘트와 전단력을 발생시키므로 이들을 구하여 각각의 응력에 소요되는 두께를 구한다. 흙막이판에 작용하는 배면토압은 아칭현상에 의해 강성이 상대적으로 큰 H－Pile의 배면으로 집중되는 현상을 보이므로 흙막이판의 중앙에 작용되는 모멘트는 감소되는 경향이 나타난다. 또한 두께가 110mm 이상이 되면 인력설치가 곤란하므로 흙막이판의 두께를 계산치보다 10% 내지 15% 정도 감소시키는 것이 합리적이다. 그러나 연약지반에서는 아칭현상을 기대할 수 없으므로 계산치의 두께를 그대로 설치하여야 안전하다.

1. 휨응력에 대한 소요두께 산정

지간 : $l = L - \frac{3}{4}b$

모멘트 : $M = \frac{w_{\max} l^2}{8}$

응력 : $f_b = \frac{M}{Z} = \frac{M}{bt^2/6} = \frac{6M}{bt^2} \le f_a$ 　　해설 (7.6.24)

$\therefore\ t = \sqrt{\frac{6M}{bt_a}}\ ,\ \sigma_a = \frac{S}{bt}$

여기서, f_a : 토류판의 허용휨응력
f_b : 토압에 의해 발생된 휨응력
L : 엄지말뚝 중심간격
b : 엄지말뚝의 플랜지폭
$w_{\max}$: 최대토압
M : 최대토압에 의한 휨모멘트
S : 최대토압에 의한 전단력

t : 토류판의 두께

σ_a : 허용전단강도

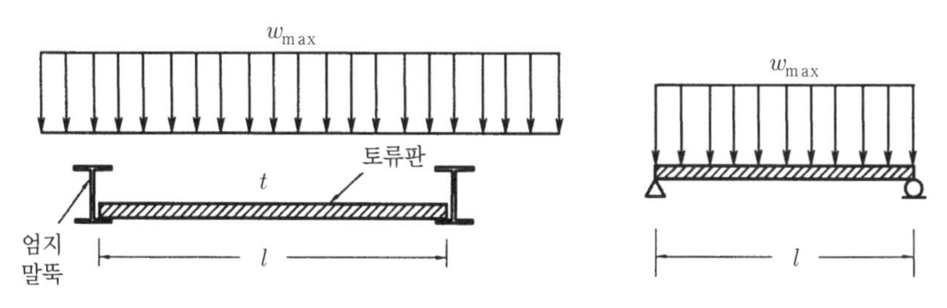

해설 그림 7.6.10 토류판 검토 모델

2. 목재 흙막이판의 허용응력

목재 흙막이판의 허용응력은 해설 표 7.6.4에서 추천하는 값을 사용할 수 있다.

해설 표 7.6.4 목재 흙막이판의 허용 응력(MPa)

허용응력도 종류 \ 목재의 종류		침엽수	활엽수
인장응력도	섬유에 평행	16	20
휨 응력도	〃	18	22
지압응력도	〃	16	22
	섬유에 직각	4.0	7.0
전단응력도	〃 평행	1.6	2.4
	〃 직각	2.4	3.6
축방향 압축응력도	섬유에 평행	$\frac{1}{\gamma} \leq 100$ $14-0.096\left(\frac{1}{\gamma}\right)$	$\frac{1}{\gamma} \leq 100$ $16-0.116\left(\frac{1}{\gamma}\right)$
	〃	$\frac{1}{\gamma} > 100$ $44{,}000\left(\frac{1}{\gamma}\right)^2$	$\frac{1}{\gamma} > 100$ $44{,}000\left(\frac{1}{\gamma}\right)^2$

(2) 버팀보의 단면검토

굴착 시 흙막이벽에 작용되는 토압에 저항하기 위해 버팀보를 설치하게 되는데, 이때 버팀보 부재는 압축력을 받게 된다. 흙막이벽면에 직각으로 설치되는 버팀보는 순전히 압축력을 받지만 경사버팀보는 압축력 외에 띠장 연결부에서 전단력을 받게 되므로 고장력 볼트를 사용하여 이를 부담토록 한다.

가. 버팀보에 작용하는 하중계산

버팀보에 작용하는 하중은 축력, 온도변화에 의한 축방향력, 연직하중, 사보강재

1. 토압에 의한 축력

버팀보에 작용하는 축력(N)은 띠장에 걸리는 하중과 버팀 분담폭의 곱으로 구해지며 해설 그림 7.6.11과 같다.

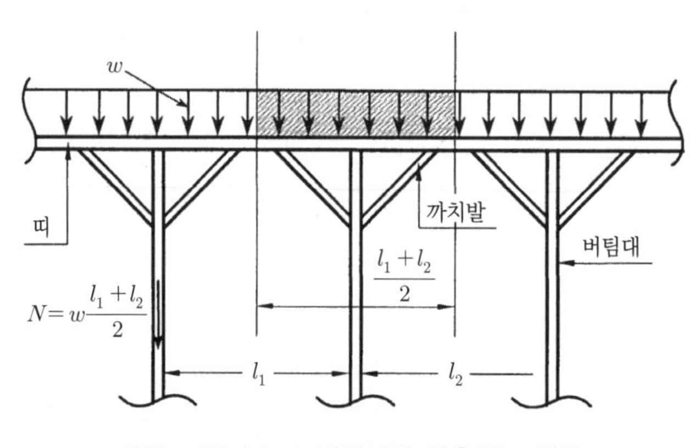

해설 그림 7.6.11 버팀보에 작용하는 하중

2. 온도변화에 의한 버팀보의 축방향력

온도변화에 따른 버팀보 축방향력 증가는 해설 7.3.5절을 참조 바란다.

3. 연직하중

이들 축력 외에 버팀보에는 연직하중이 작용한다. 이 연직하중은 버팀보의 자중뿐 아니라 철근을 달아매거나 발판 등이 설치될 때 발생한다. 이 연직하중이 명확할 때는 그 값을 그대로 쓰고 확실하지 않으면 5kN/m 정도로 고려한다. 이처럼 버팀보는 축력과 연직하중 즉 휨이 작용하는 합성부재로 보고 설계한다.

4. 사보강재(까치발)에 작용하는 축력

까치발의 설치방법은 하중의 밸런스상으로 생각하며 45°로 설치하는 것이 보통이다. 해설 그림 7.6.12 (a),(b)에 있어서 사보강재에 작용하는 축력 $N=\frac{\sqrt{2}}{2}(l_1+l_2)w$ 이다.

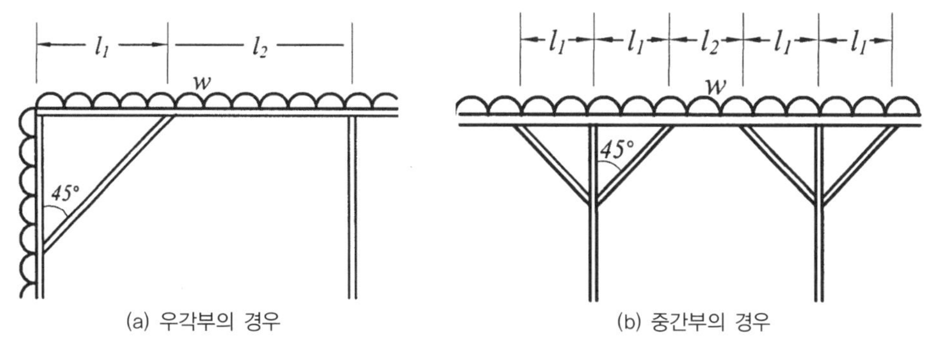

해설 그림 7.6.12 사보강재(까치발)

사보강재의 스팬은 일반적으로 짧기 때문에 자중은 무시해도 되나, 시공 중의 상재하중 등이 예상되는 경우에는 버팀보와 동일하게 취급할 필요가 있다.

나. 버팀보의 좌굴길이를 취하는 방법

축방향 압축력(N)과 휨모멘트(M)를 받는 부재의 응력 계산에서는 부재의 세장비(l/r)가 허용응력을 지배하기 때문에 버팀보의 좌굴길이(l)는 중요한 요소가 된다. 또 N과 M을 동시에 받는 버팀보는 연직·수평 양방향에 대한 안정 검토가 수행되어야 한다.

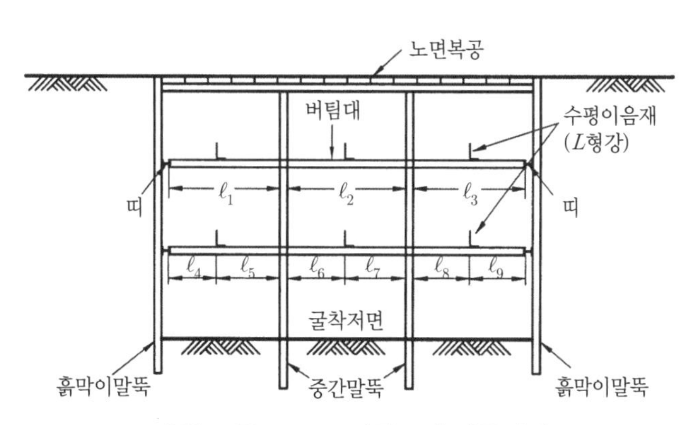

해설 그림 7.6.13 버팀보의 좌굴길이

연직(강축)방향 검토 시 좌굴길이 결정은 해설 그림 7.6.13에 표시한 것처럼 중간말뚝을 사용한 경우에는 각각 l_1, l_2, l_3을 좌굴길이 l로 하면 된다. 중간말뚝이 없는 경우에는 $l = l_1 + l_2 + l_3$(버팀보의 전장)로 하면 된다.

또한 수평(약축)방향 검토 시 좌굴길이는 수평이음재를 사용할 경우 $l_4 \sim l_9$를 좌굴길이 l로 하면 된다. 그러나 일반적으로 이와 같은 경우에 버팀보가 직각방향으로 배치되거나 수평이음재로 결속되는 수가 많으므로 버팀보의 파손, 좌굴에 대한 검토는 필요가 없다.

다. 버팀보의 단면 검토

버팀보의 단면검토에는 장주의 좌굴효과 등에 따라 아래와 같이 3가지 방법으로 이루어진다.

1. 축방향 압축력(N)만 작용할 경우

$$f_c = \frac{N}{A} \le f_{ca} \qquad \text{해설 (7.6.25)}$$

여기서, f_c : 축방향 압축응력
N : 축력
A : 단면적
f_{ca} : 허용축방향압축응력

2. 축방향압축력(N)과 휨모멘트(M)가 작용할 경우

연직(강축)방향과 수평(약축)방향을 따로 해석하며 세장비 λ에 따른 σ_{xa}를 구한 후 작용압축응력 좌굴공식과 비교·검토한다.

$$f_c + f_b = \frac{N_{\max}}{A} + \frac{M_{\max}}{Z} \le f_{ca} \qquad \text{해설 (7.6.26)}$$

여기서, f_c : 축방향 압축응력
f_b : 휨압축응력
$N_{\max}$: 최대축력
$M_{\max}$: 최대휨모멘트
Z : 단면계수
A : 단면적
f_{ca} : 허용축방향압축응력
(만약, 만족하지 않으면 수직, 수평 X-bracing으로 보강이 가능하다.)

3. 축력, 연직 및 수평휨모멘트, 횡방향좌굴을 고려할 경우(조합응력 해석법)
버팀보의 좌굴은 수평방향과 연직방향으로 발생될 수 있다. 해설 그림 7.6.14는 버팀대의 좌굴양상을 나타낸 것으로 수평방향(약축) 압력에 의한 면외 좌굴은 좌우 이동된 모습을 나타내나 연직방향(강축) 압력에 의한 면내 좌굴은 상하 이동된 양상을 나타내고 있다.
해설 식(7.6.26)은 좌굴에 대하여 고려하지 않을 때 식이며, 특히 횡방향과 종방향으로 변위가 구속되지 않을 때는 좌굴에 대하여 고려하며 해설 식(7.6.27)을 만족해야 한다.

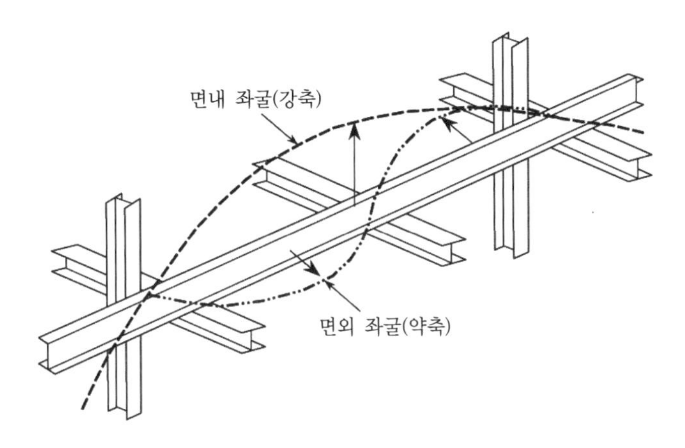

해설 그림 7.6.14 버팀보의 좌굴양상

$$\frac{f_c}{f_{ca}} + \frac{f_{bx}}{f_{bax}\left(1 - \frac{f_c}{f_{eax}}\right)} + \frac{f_{by}}{f_{ba0}\left(1 - \frac{f_c}{f_{eay}}\right)} \leq 1.0 \qquad \text{해설 (7.6.27)}$$

여기서, f_c : 단면에 작용하는 축방향 압축응력(MPa), $f_c = \frac{N}{A}$

f_{bx} : 강축에 대한 휨 압축응력(MPa), $f_{bx} = \frac{M_x}{Zx}$

f_{by} : 약축에 대한 휨 압축응력(MPa), $f_{by} = \frac{M_y}{Z_y}$

f_{ca} : 허용축방향 압축응력(MPa, 강축방향의 세장비 $\frac{l_x}{r_x}$와 약축방향의 세장비 $\frac{l_y}{r_y}$ 중에서 큰 값으로 표 7.6.1에서 정한다. 즉, 작은 값

의 허용응력이다.)

f_{bax} : 강축에 대한 허용 휨 압축응력(MPa, 표 7.6.1에서 $\frac{l}{r}$로 결정한다.)

f_{baO} : 표 7.6.1에서 허용휨압축응력의 상한값 $\frac{l}{r}$에 따라 감소되지 않는 값

f_{eax} : 강축에 대한 오일러 좌굴응력(MPa),

$$f_{eax} = \frac{1,800,0000}{\left(\frac{l_x}{r_x}\right)^2}$$ (가설 시 50%가 가산된 값임)

f_{eay} : 약축에 대한 오일러 좌굴응력(MPa), $f_{eay} = \frac{1,800,0000}{\left(\frac{l_y}{r_y}\right)^2}$

l_x : 강축방향의 좌굴길이

r_x : 강축방향의 단면2차 반경

l_y : 약축방향의 좌굴길이

r_y : 약축방향의 단면2차 반경

(3) 지반 앵커의 부재 단면 검토

가. 앵커인장재의 인장강도

앵커인장재의 인장강도는 인장재의 단면적에 인장재의 허용인장응력(f_{ap})을 곱한 값이며 허용인장응력값은 해설 표 7.6.5와 같은 값의 작은 쪽을 택한다.

해설 표 7.6.5 허용인장력(f_{ap}) 산출기준(일본토질공학회 기준)

구분		f_u	f_y	비고
가설앵커		$0.65f_u$	$0.80f_u$	
영구앵커	상시	$0.60f_u$	$0.75f_u$	f_u : 극한하중
	지진 시	$0.75f_u$	$0.90f_u$	f_y : 항복하중

나. 지반 앵커의 자유장 검토

앵커 자유장(l_f)은 인장재가 관통하고 있을 뿐이고 설계계산상 지반에 대하여 힘의 전달이 행하여지고 있지 않는 부분의 길이이다.

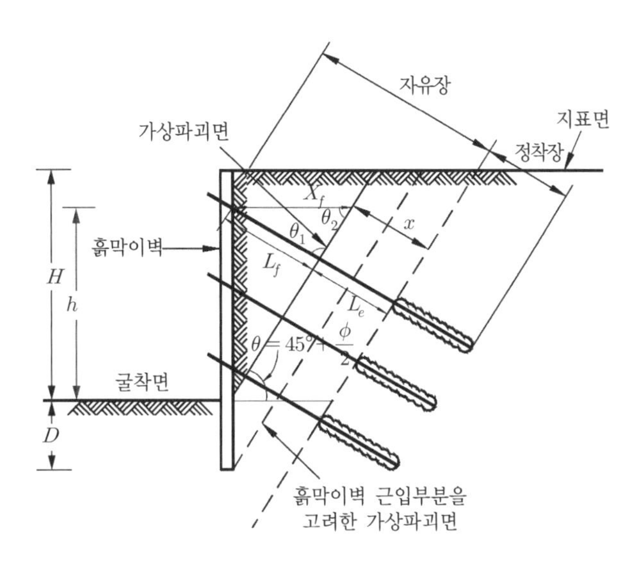

해설 그림 7.6.15 한계평형 평면 파괴 시 앵커의 자유장(Petros P.Xanthakos, 1991)

앵커의 자유장은 가상 활동면으로부터 1.5m 또는 굴착깊이에 0.15H(H=굴착깊이)를 더한 값 중 큰 값을 적용하되 최소 4.0m 이상으로 한다. 최소자유장에 대한 대표적인 외국기준에 근거하여 국내 여러 기관에서 혼용하여 적용하고 있으나 과거보다 다양한 조건하에서 공사가 수행되므로 최소치는 조정하여 적용한다(해설 표 7.6.6).

해설 표 7.6.6 앵커의 자유장(외국기준)

외국기준	자유장
JSF(DI-88)	4m 이상을 표준으로 한다. 단, 앵커체의 위치가 파괴활동면보다 깊도록 한다.
FHWA	암반,토사 : 파괴활동면의 위치로부터 1.5m 이상 옹벽 : 파괴활동면의 위치로부터 옹벽높이의 1/5을 더한 길이

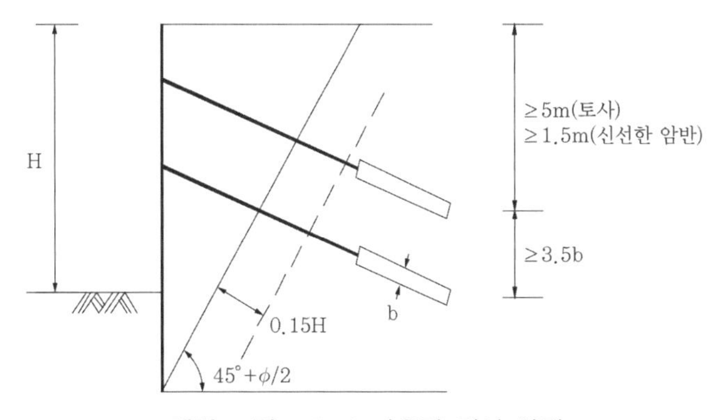

해설 그림 7.6.16 자유장 길이 산정

지반앵커의 정착장은 마찰저항 길이와 부착저항 길이 중 큰 값으로 하고 이때 최소 정착장은 대표적인 외국기준에 근거하여 토사층인 경우 4.0m 이상으로 한다.

해설 표 7.6.7 앵커의 정착장(외국기준)

외국 기준	정착장
JSF(DI−88), BS 8081(1989), FIP(프랑스)	3~10m
FHWA(1999)	4.5~12m
PTI(1972)	4.6m 이상

1.1. 정착장의 계산

$$마찰저항장 = T \times F_s / (\pi \cdot D \cdot z) \qquad 해설\ (7.6.28)$$

$$부착저항장 = T / (U \cdot N \cdot v_b) \qquad 해설\ (7.6.29)$$

여기서, T : 지반 앵커의 설계축력
F_s : 설계 안전율(2.0)
D : 지반 앵커의 천공 직경(cm)
z : 지반과 앵커체의 마찰저항(해설 표 7.6.7)
U : 스트랜드의 주변장(cm)
Z_0 : 스트랜드와 앵커체의 부착력(=0.5MPa)
N : 스트랜드의 수

해설 표 7.6.8 철근의 허용부착응력(British Code)

철근 형태	그라우팅 강도(N/mm²)			
	20	25	30	40 이상
	최대 부착응력(N/mm²)			
원형 철근	1.2	1.4	1.5	1.9
이형 철근	1.7	1.9	2.2	2.6

해설 표 7.6.9 지반별 마찰저항

지반의 종류			마찰저항(MPa)
암반	경암 연암 풍화암		1.00~2.50 0.60~1.50 0.40~1.00
자갈	N치	10 20 30 40 50	0.10~0.20 0.17~0.25 0.25~0.35 0.35~0.45 0.45~0.70
모래	N치	10 20 30 40 50	0.10~0.14 0.18~0.22 0.23~0.27 0.29~0.35 0.30~0.40
점성토			1.0c

* 무가압형 지반앵커(ground anchor)에서는 위 표의 값을 사용하지 말고 별도의 경험치 또는 분석이 필요하다.

2. 긴장력의 계산

 - 긴장력의 감소

• 정착장치에 의한 긴장력의 감소 : $\delta(\sigma p) = E(P) \times \delta L / L$ 　해설 (7.6.30)

$E(P) = 200{,}000\text{MPa}$

$\delta L = 3.0\text{mm}$

$\delta(P_p) = \delta(\sigma p) \times A \times N$ 　해설 (7.6.31)

$A = 98.71\text{mm}^2/\text{ea}$

여기서, A : 앵커 1본의 단면적

N : 앵커 갯수

• relaxation에 의한 긴장력의 감소 : $\delta(\sigma pr) = Tk \times \sigma pt$ 　해설 (7.6.32)

$Tk = 0.05$

σpr(초기 긴장응력) $= 0.80 \times 1{,}550 = 1{,}240\text{N/mm}^2$

$\delta(\sigma pr) = 0.05 \times 1{,}240 = 62.0\text{N/mm}^2$

$\delta(P_{pr}) = \delta(\sigma pr) \times A$ 　해설 (7.6.33)

• 긴장력 : $J(F) = T + \delta(P_p) + \delta(P_{pr})$ 　해설 (7.6.34)

• 늘음량 : $\delta(L) = J(P) \times L / (E(P) \times A)$ 　해설 (7.6.35)

라. 앵커체의 위치에 따른 진행성파괴의 양상을 보면 정착장이 약 10m 이상이 되면 극한인발력은 거의 변화하지 않는 것으로 나타나므로 통상 앵커체 정착장은 10.0m 이하로 제한하는 것이 좋다.

마. 앵커의 인발저항을 크게 하기 위하여 되도록 측압의 작용방향과 평행하게 앵커를 타설하는 편이 좋으나 현장여건, 즉 인발저항을 기대할 수 있는 지반의 위치나 매설물의 위치 및 시공성의 문제 등의 제한사항을 고려하여 허용 가능한 범위에서 결정한다. 설치각도를 크게 잡는다는 것은 힘의 손실과 더불어 흙막이벽에 작용하는 연직방향 분력을 증가시켜 흙막이벽의 변형과 주변지반 침하 촉진요인이 되므로 앵커설치 각도는 10∼45° 범위로 한다.

바. 부득이 매우 느슨한 모래층 혹은 연약한 점성토층에 정착장을 설치하는 경우, 설계앵커력을 확보할 수 있도록 팩커 또는 기타 확장형 앵커 등을 사용하고 인발시험을 통한 설계앵커력 확보 여부 확인이 요구된다.

(4) 경사버팀보로 벽체를 지지할 경우 토압에 의해 작용하는 축력에 설치각도를 고려하여 버팀보 검토 방법과 동일하게 횡방향의 처짐증가를 고려하여 강축방향 및 약축방향에 대한 안정성을 검토하여야 한다.

(5) 레이커로 벽체를 지지하는 경우 레이커 기초에 작용하는 축력에 저항할 수 있도록 기초에 대한 지지력, 활동에 대한 안정성을 검토하여야 한다. 레이커와 띠장의 접합부에는 상향력이 작용하므로 이에 대하여 검토하여야 한다.

7.7 지하연속벽

7.7.1 지하연속벽 설계 시 다음 사항을 고려한다.

(1) 지하연속벽 공법은 현장타설 콘크리트 지하연속벽과 PC 지하연속벽 등이 있으며, 대심도 굴착에서 주변지반의 이동이나 침하를 억제하고 인접구조물에 대한 영향을 최소화히도록 설계한다.

(2) 지하연속벽 벽체는 하중지지벽체와 현장타설말뚝 역할을 할 수 있으며 내부의 지하 슬라브층과 연결 시에는 영구적인 구조체로 설계할 수 있다.

7.7.2 지하연속벽 해석 시 다음사항을 고려한다.

(1) 지하연속벽 벽체에 작용하는 하중은 주로 토압과 수압이며 본체 구조물로 사용하는 경우에는 각종 구조물하중에 대한 검토가 필요하다.

(2) 단계별 굴착 시 주동토압은 Rankine이나 Coulomb 공식이 일반적으로 사용되며 굴착이 완료되고 지지체가 설치된 이후에는 벽체의 사용성에 따라 정지토압과 경험토압을 사용할 수 있다.

(3) 벽체해석 시에 변형과 지반거동에 따른 토압분포를 고려한 탄소성보법이 많이 적용되지만, 얕은 굴착에서는 경험토압을 적용할 수 있으므로 설계자가 현장조건, 지반조건, 굴착방법 등에 유의하여 해석법을 선정한다.

해설

7.7.1 지하연속벽 설계 시 고려사항

(1) 지하연속벽 공법

가. 현장타설 지하연속벽의 공정

안내벽 설치 후 안정액 속에서 클램셸(clamshell)로 판넬 크기의 트렌치(trench)를 굴착한 후 엔드 파일(end-pile)과 철근망을 건입하고 트레미 파이프로 콘크리트를 타설하여 현장타설 철근콘크리트 지하연속벽을 시공한다.

벽체를 형성하는 단위판넬 모양은 해설 그림 7.7.1과 같고 본체구조물이나 가설벽의 형상에 따라 쉽게 조절이 가능하다. 판넬의 모양과 크기의 조절은 설계나 시공조건에 영향을 받으며, 강성이 크기 때문에 현장타설벽체 겸 말뚝역할도 할 수 있어 기둥이 벽체를 형성하는 판넬과 연결 시에는 바레트 기초로 설계할 수도 있다.

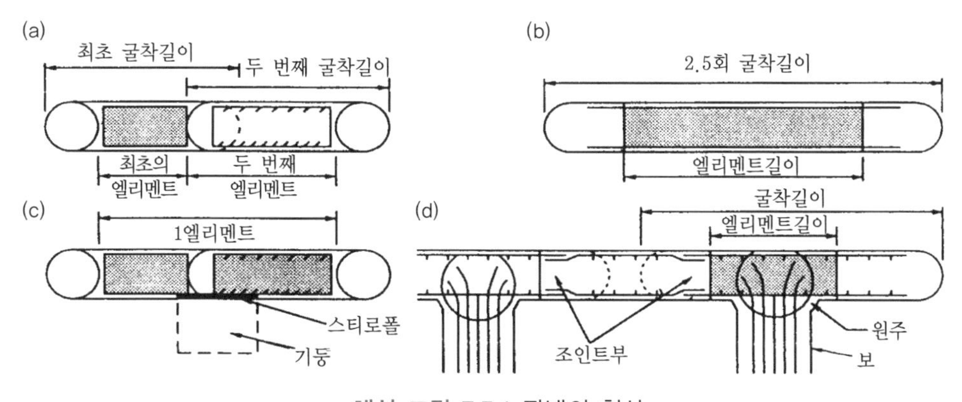

해설 그림 7.7.1 판넬의 형상

나. PC 지하연속벽

PC 판넬식의 지하연속벽은 자경성 안정액을 사용하여 트렌치를 굴착한 후 두께 20~60cm의 지상에서 제작된 PC 판넬을 굴착된 트렌치 내로 근입하여 조립식 지하벽체를 연속적으로 형성한다. PC 판넬 벽체 공법은 콘크리트의 현장타설 공정 없이 얇고, 품질이 양호하며 표면이 매끈한 본체벽을 빠른 속도로 시공할 수 있으나 지하 3층 이상의 심도나 PC 양생현장이 없을 경우는 적용이 곤란하다.

(2) 지하연속벽 벽체는 강성을 크게 하여 연직하중을 지지층에 전달하는 하중지지벽체와 현장타설말뚝 역할을 할 수 있으며 굴착 시에는 가설 흙막이 역할을, 내부의 지하 슬라브층과 연결 시에는 영구적인 구조체로 설계할 수 있다.

7.7.2 지하연속벽 해석 시 고려사항

(1) 지하연속벽에 작용하는 하중은 주로 토압과 수압이며 도로교 설계기준에 근거하여 하중조합계수를 고려하여 적용하며, 본체 구조물로 사용하는 경우에는 각종 본체구조물 하중에 대한 검토가 필요하다.

(2) 적용 토압은 주동토압, 정지토압 및 경험토압이 있으며, 단계별 굴착 시 주동토압은 Rankine이나 Coulomb 공식이 일반적으로 사용되며 굴착이 완료되고 지지체가 설치된 이후에는 벽체의 사용성에 따라 정지토압과 경험토압을 사용할 수 있다. 상세한 사항은 해설 7.3절을 참조하기 바란다.

(3) 해석방법

강성이 비교적 높은 지하연속벽의 해석방법을 대별해 보면 다음과 같다.

가. 이론 및 경험토압을 사용한 자립식 벽체

간이 설계법(해설 그림 7.7.2 참조)으로 벽체 상부의 변위, 근입심도, 최대휨모멘트를 계산할 수 있다.

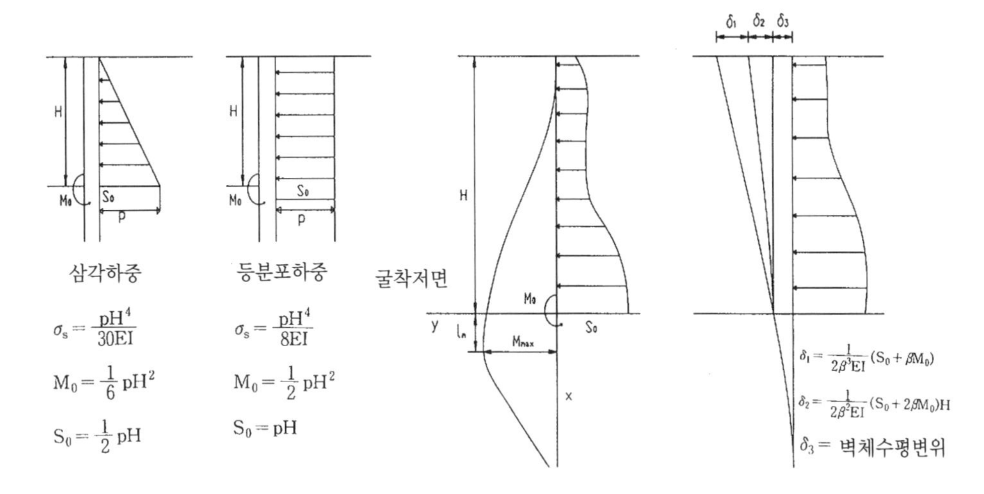

해설 그림 7.7.2 자립식 벽체 간이설계법

$$y = \frac{e^{-\beta x}}{2\beta^3 EI}[S_o \cos\beta x + M_o \beta(\cos\beta x - \sin\beta x)] \qquad \text{해설 (7.7.1)}$$

$$l_m = \frac{1}{\beta}\tan^{-1}\left(\frac{S_o}{S_o + 2\beta M_o}\right) \qquad \text{해설 (7.7.2)}$$

$$M_{\max} = -\frac{1}{2\beta}\sqrt{(S_o + 2\beta M_o)^2 + S_o^2} \cdot \exp\left(-\tan^{-1}\frac{S_o}{S_o + 2\beta M_o}\right) \qquad \text{해설 (7.7.3)}$$

1. 근입심도(L)

: Chang의 공식 인용 시 π/β 이상으로 되어 있으나, 지하연속벽의 경우

$$L = 3/\beta, \ EI \leq 101.2\text{MPa} \qquad \text{해설 (7.7.4)}$$

$$L = 2.5/\beta, \ EI > 101.2\text{MPa} \qquad \text{해설 (7.7.5)}$$

2. 벽체상부변형량

$$\delta = \delta 1 + \delta 2 + \delta 3 \qquad \text{해설 (7.7.6)}$$

여기서, δ_1 : 작용토압으로 인한 캔틸레버상태의 변형

δ_2 : 굴착면에서 변형각으로 높이(H)까지 누적량

δ_3 : 굴착면에서의 수평변위량

나. 관용(경험) 해석법

관용 해석법에 의한 방법은 해설 7.4절에서 언급한 바와 같으므로 참조 바란다.

7.7.3 구조물 계획과 굴착면의 안정을 위하여 검토해야 할 사항은 다음과 같다.

(1) 지하연속벽이 가설벽체인지 또는 영구벽체의 기능인지 설계단계에서 확정하고 그에 적합한 지형 및 지질조사와 인접구조물이나 지하매설물에 미치는 영향 등을 평가한다.

(2) 연약지반이나 지하매설물이 많은 지역, 건물이 밀집한 도심지역, 지형의 굴곡이 심한 지역 등은 아래 사항을 고려하여 계획한다.

① 조사 및 공사 계획
- 지형, 지세의 특징
- 지반 및 지하수 조건
- 본 구조물의 특징, 규모, 굴착깊이 및 범위
- 시공장비 및 시공방법의 제한조건
- 민원발생 가능성

② 인접구조물 및 주변지반 매설물 조사
- 굴착영향범위 내의 인접건물 조사
- 인접건물의 노후도 및 중요도·인접건물의 규모, 지하층의 깊이, 기초형태, 굴착면과의 이격거리
- 지장물도 작성 및 현황조사

(3) 지하연속벽 시공시에 주변지반의 침하 및 거동을 최소화하고 영구벽체로서 안정된 지하구조물을 형성하기 위하여 트렌치 내에 사용하는 안정액의 조건은 굴착면의 안정성을 확보할 수 있도록 한다.

해설

7.7.3 구조물계획과 굴착면 안정을 위한 검토사항

(1) 지하연속벽 설계 시 흙막이벽의 기능을 어떻게 부여하느냐에 따라서 조사방법의 범위가 결정된다. 가시설 흙막이벽 역할만 할 것인지 또는 영구벽체의 기능을 함께 해

야 되는 경우인지를 설계단계에서 확정 후 그에 적합한 지형 및 지질조사와 인접구조물이나 지하매설물에 미치는 영향 등의 평가가 검토되어야 한다.

(2) 특히 연약지반이나 지하매설물이 많은 지역, 건물이 밀집한 도심지역, 지형의 굴곡이 심한지역 등에 대한 설계에서 유의하여야 할 사항은 다음과 같다.

가. 조사 및 공사계획

1. 지형, 지세의 특징
 - 지층의 형성과정, 경사, 지하수 및 피압수, 매립토사의 종류와 규격
 - 지하수의 유동상태

2. 지반조건
 - 지층의 균질성 및 입도분포 상태
 - 지층경사 및 지중장애물

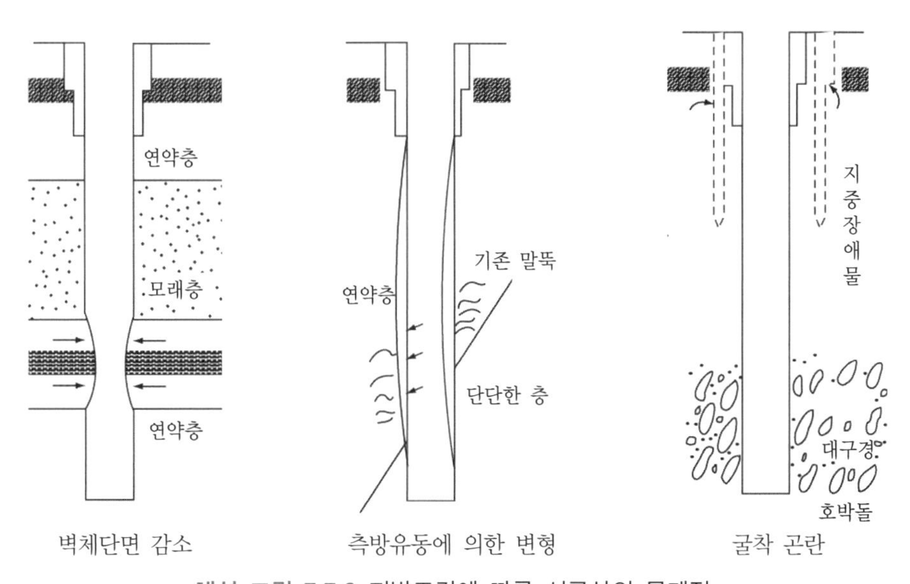

해설 그림 7.7.3 지반조건에 따른 시공상의 문제점

3. 지하수 조건

지반조사보고서의 지하수위에 대한 계절적인 수위변화를 조사하여 공사기간 및 영구적인 경우에도 작용할 수 있는 최대수위를 설계에 적용하여야 한다. 또한 지표면 경사가 심한 지역에서는 선시공된 지하 흙막이벽체가 지하수의 흐름을 차단

하게 되고 이로 인하여 증가될 수 있는 지하수위의 변화도 설계 시 고려해야 될 것이다.

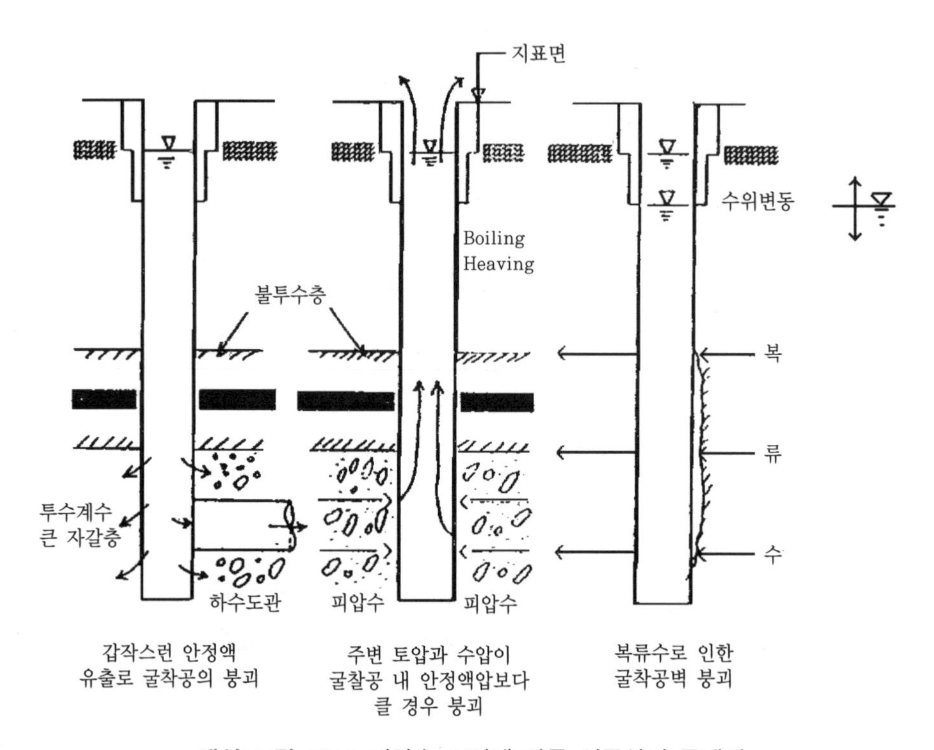

해설 그림 7.7.4 지하수 조건에 따른 시공상의 문제점

4. 지하수질의 영향

염분농도가 심한 해안가, 지하수가 화학적으로 오염된 매립장이나 Ca, Mg, Al 등 염류농도가 큰 염분질 지반은 화학적 오염에 문제가 될 수 있으므로 안정액의 생산은 반드시 맑은 물(오염 안된)을 사용해야 한다.

5. 본 구조물의 규모, 특징, 굴착깊이 및 범위

지하연속벽이 영구구조물로 이용됨에 따라 본구조물과의 관계파악이 필요하며, 시공장비의 선정 및 방법 등과 관련 굴착깊이, 범위 등에 대한 파악이 요구된다.

6. 민원발생 가능성

건물이 밀집한 도심지에서는 민원발생가능성에 대한 검토가 요구된다.

표준관입시험, Cone 관입시험, Sampling 및 실내시험, 입도, 액성과 소성시험, 전단(일축, 삼축)시험, 암반의 경우 TCR과 RQD 평가가 이루어져야 하며, 주로 지층구성과 흙의 물리적, 화학적 분석, 지하수의 상태가 중요시 된다.

나. 인접구조물 및 주변지반 매설물 조사
해설 7.1.3절 참조

(3) 굴착면의 안정
지하연속벽 시공 시 주변지반의 침하 및 거동을 최소화하고 영구벽체로서 안정된 지하구조물을 형성하기 위하여 굴착 중 트렌치 내에 작용하는 안정액 설계와 굴착면의 안정성 확보는 대단히 중요하다. 트렌치 내의 굴착면 안정은 해설 그림 7.7.5에 표시된 안정액(bentonite slurry)이 굴착면에 불투수막(filter cake)을 형성시키고 정수압으로 작용하여 측벽에 작용하는 외측의 토압과 지하수압을 지지함으로서 얻어진다.

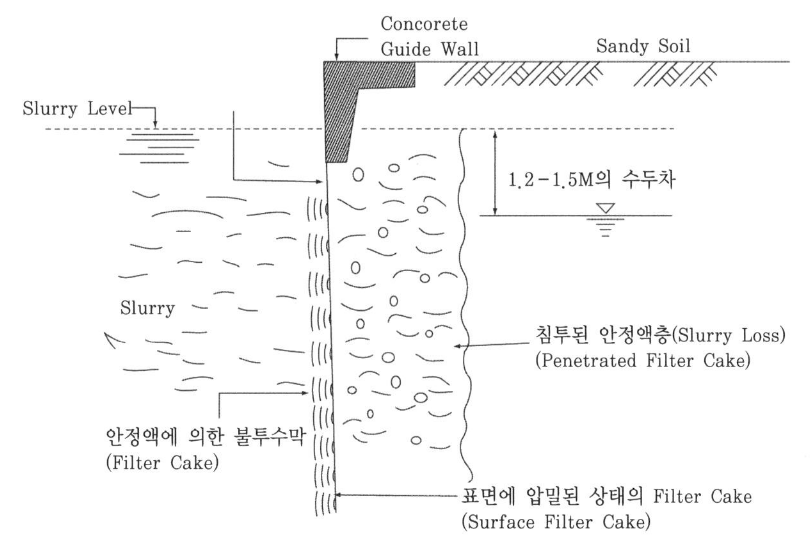

해설 그림 7.7.5 안정액(slurry)의 차수역할

가. 점성토 지반의 안정
Nash와 Jones(1963)는 점성토지반에서 상재하중(q)이 존재하고, 불투수막 때문에 점토내의 함수비나 간극수압에 변화가 없으며, 내부마찰각 $\phi=0$이고 점토의 전단강도(τ_r)는 c_u(비배수 점착력)인 조건에서 Coulomb의 쐐기이론과 한계평형상태 이론을 접목하여 해설 식(7.7.7)을 제안하였다.

$$F_s = \frac{\tau_r}{\tau} = \frac{4c_u}{H(\gamma-\gamma_f)} \quad (\tau_r = c_u)$$ 해설 (7.7.7)

$$\therefore\ H_{cr} = \frac{4c_u - 2q}{\gamma-\gamma_f} \text{ or } \gamma_f = \gamma - \frac{(4c_u - 2q)}{H_{cr}}$$ 해설 (7.7.8)

여기서, γ_f : 안정액의 단위체적중량(kN/m^3)
γ : 점토의 단위체적 중량(kN/m^3)
τ_r : 점토의 전단강도(kN/m^2)
c_u : 점착력(비배수) (kPa)
F_s : 안전율
H_{cr} : 한계높이(critical height)

위 식을 적용하면 흙 단위중량(γ)=18.62kN/m^3, 점착력(c_u)=29.4kPa을 가진 점토층을 15m까지 굴착하였을 때 요구되는 안정액의 단위중량(γ_f)=10.78kN/m^{3}이 된다.

나. 사질토 지반의 안정
사질토 지반에서는 점성토 지반 조건식에서 전단강도를 $\tau_r = \sigma \cdot \tan\phi' + c'$로 수정하고, 한계상태 설계법 적용 모델링을 해설 그림 7.7.6과 같이 평면(2D) 해석으로 단순화하였다.

$$F_s = \frac{P_f \sin\alpha \tan\phi' + W\cos\alpha\tan\phi' - U\tan\phi'}{(W\sin\alpha - P_f\cos\alpha)}$$ 해설 (7.7.9)

여기서, $W = (\gamma H^2 \cot\alpha)/2$
$P_f = \gamma_f (nH)^2/2$
$U = [\gamma_w (mH)^2 \mathrm{cosec}\alpha]/2$

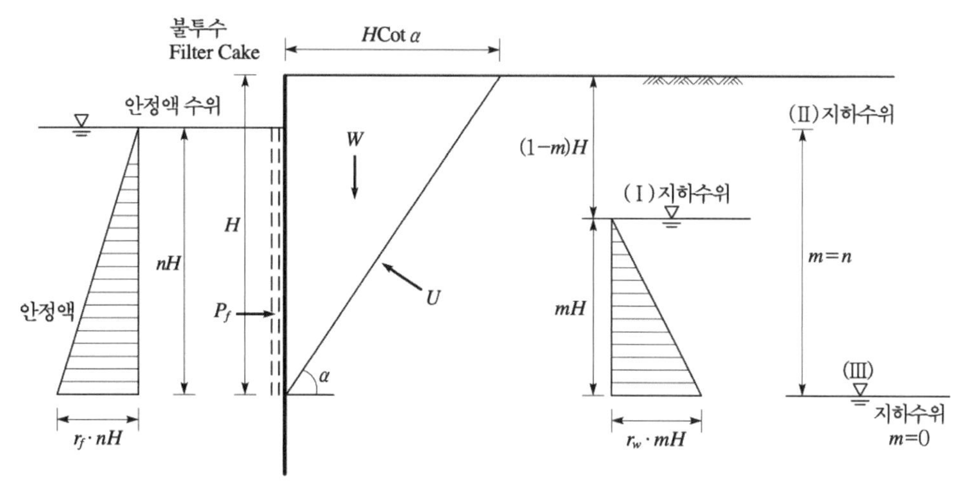

해설 그림 7.7.6 사질토 굴착면의 안정 모델

1. 지하수위가 안정액의 수위와 같을 경우(수중 모래) 위의 공식을 풀면($m=n=1$)

$$F_s = \frac{2\sqrt{(\gamma' \cdot \gamma_f')}}{\gamma' - \gamma_f'} \times \tan\phi' \qquad \text{해설 (7.7.10)}$$

$$(\gamma' = \gamma - \gamma_w,\ \gamma_f' = \gamma_f - \gamma_w)$$

2. 지하수가 없을 경우(건조토) 위의 공식을 풀면($m=0,\ n=1$)

$$F_s = \frac{2\sqrt{(\gamma \cdot \gamma_f)}}{\gamma - \gamma_f} \times \tan\phi \qquad \text{해설 (7.7.11)}$$

예를 들면, 지하수위가 안정액 수위와 같은 경우 F=1, γ'=9.8kN/m^3, ϕ'=32°인 사질토가 필요로 하는 안정액의 단위중량은 12.94kN/m^3 이상 되어야 한다. 그러나 이 값은 콘크리트 타설 시 요구되는 최대의 안정액 요구중량 10.78kN/m^{3}보다 상당히 높다. 그러므로 실제 시공상의 안정액 수위는 지하수위보다 1.2~1.5m 이상 높아야 안정성이 유지된다.

다. 아칭(arching)을 고려한 안정액 설계

지하 연속벽 굴착 시 제한된 판넬 크기에 따라 상당한 아칭효과가 작용함으로 굴착면의 안정을 유지하는 데 도움을 주고 있다. 이러한 영향을 이론적으로 해석한 Janssen(1895)

공식을 인용하여 Schneebeli(1964)와 Hunder(1972)가 제한된 판넬길이를 가진 트렌치 해석법을 해설 그림 7.7.7과 같이 제안하였다.

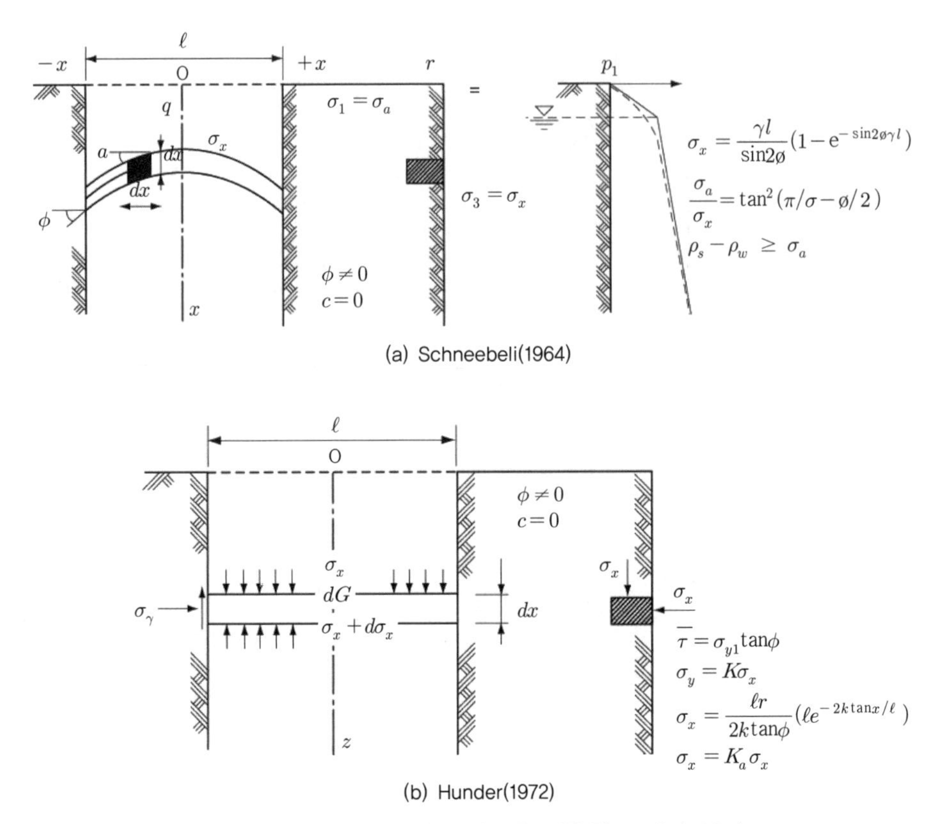

해설 그림 7.7.7 사이로 이론을 적용한 트렌치 안정

가장 일반적으로 사용되는 안정계산방법을 설명하면 아래와 같다.

$$\sigma_v{}' = \frac{\gamma m}{K\tan\phi}\left\{1 - \exp^{-K\tan\frac{z}{m}}\right\} \qquad \text{해설 (7.7.12)}$$

여기서, γ : 흙의 단위중량

m : Hydraulic Radius(면적/주면장)

$K = K_a = (1-\sin\phi)/(1+\sin\phi)$, $\phi_{mob} = \tan^{-1}(\tan\phi/1.2)$

상재하중(q)을 고려한 경우;

$$\sigma_h{}' = \sum \gamma Z \frac{i}{\tan}\phi \cdot \frac{m}{z}\left\{\{1 - \exp^{-K\tan\frac{z}{m}}\right\} \quad \text{해설 (7.7.13)}$$

여기서, $\sum \gamma z$ = 유효상재하중

$$m = (\pi L^2/8) \times (2/\pi L) = L/4$$

$$\sigma_{v_{(q)}{}'} = q\exp^{-K\tan\frac{z}{m}} \quad \text{해설 (7.7.14)}$$

$$\sigma_h{}' = K_a \times \frac{\gamma L}{4K\tan\phi}\left\{1 - \exp^{-4K\tan\frac{z}{L}} + q\exp^{4K\tan\frac{z}{L}}\right\} \quad \text{해설 (7.7.15)}$$

여기서, $\alpha = 4K\tan\frac{\phi}{L}$

$$\sigma_h{}' = K_a \times \frac{\gamma}{\alpha}\{1 - \exp^{-z} + q\exp^{-z}\}$$

라. 안정액 시험

1. 비중측정(Density Measurement)

일반적으로 사용되는 Fresh Slurry의 비중은 약 1.02(4%), 1.04(8%) 정도로 바닷물보다 조금 높다. 안정액의 비중은 굴착토사에 의한 안정액의 오염량과 이들 제거 장비의 능률, 연약 토질에서 굴착면 안정도 검토, Pumping 및 Tremie 콘크리트 타설 시 안정액 회수율에 영향을 준다.

2. 사분측정(Sand Content)

물리적 오염으로 비중이 큰 안정액을 Sieve나 Hydroyclone 등으로 입자를 제거시켜서 안정액의 재사용 능률을 높인다. 200번(B.S) 체 63.5cm에 남는 양을 원래 안정액 분량의 백분율로 나타낸다.

3. 여과시험(Fluid Loss Test)

굴착면에 안정액의 불투수막(Filter Cake) 형성을 측정함으로서 Trench 안정과 주위 지층에 미치는 영향을 예상한다. 이 시험은 특히 화학적 오염에 민감할 뿐만 아니라 Filter Cake가 너무 두꺼우면 굴착능률이 저하되고, 지내력이 요구되는 구조물일 경우 침하하는 문제가 고려되어야 한다.
시험방법은 Filter Paper를 사용하여 100Psi(약 0.7N/mm^2) 압력으로 30분간 측정하며, 이때 4~6% 안정액인 경우에는 15~20ml의 Filtrate Loss가, 그리고 시멘트에 오염될 경우에는 100~200ml의 Filtrate Loss의 증가가 예상된다.

4. PH(Hydrogen Ion Concetration)
안정액의 화학적 오염 측정은 토사나 지하수, Cement에 섞여 있는 Salts로 인하여 안정액의 침하, Filter Cake의 기능 저하, 점성의 증감이 큰 폭으로 변화하는 등의 문제를 방지하기 위하여 실시한다.

7.8 근접시공

7.8.1 근접시공 시에는 가설흙막이구조물 자체의 안정과 인접구조물에 미치는 영향을 검토한다.
7.8.2 근접시공 시에는 지반특성, 횡토압, 지반진동, 지하수위 변화와 지반손실, 굴착이 주변지반에 미치는 영향, 대상구조물의 특성 등을 고려하여 설계한다.
7.8.3 근접시공으로 인한 지하수위 변화가 인접 시설물에 영향을 미치는 경우에는 차수식 벽체로 설계하는 것이 바람직하며, 이때 지하수에 의한 배면수압을 고려한다.
7.8.4 주변 지반 침하 예측 방법은 이론적 및 경험적 추정 방법이 있으며, 이 중 설계자가 현장여건, 지층조건, 굴착방법, 흙막이벽체와 지지체의 형식을 종합적으로 고려하여 선택한다.
7.8.5 굴착에 의한 배면 지반의 변위를 산정한 후, 허용변위량을 기준으로 인접구조물의 손상여부를 분석하고 필요시 대책을 강구한다.
7.8.6 필요시 3차원적인 지반거동도 고려하여 설계한다.

해설

7.8.1 근접시공은 지하층 시공에서 지반을 변형시키고 인접구조물 혹은 지하매설물이나 사람에게 위해를 줄 가능성이 있는 시공을 말하며 근접시공 시에는 가설 흙막이구조물 자체의 안정성과 굴착 및 해체에 따른 인접구조물에 미치는 영향을 검토한다.

7.8.2 근접시공의 문제점은 근본적으로 지반조건과 가설구조물 및 대상인접구조물 상호작용에 관한 문제로서 그들 사이에 불확정 요소가 많이 게재되어 있으며 중요한 부분을 요약하면 다음과 같다.

(1) 지반특성을 파악하는 문제

지반구성이나 지반특성의 정량적 파악이 예측정도에 직접적으로 연결되는 것은 명백하다. 그러나, 통상적 지반조사나 시험은 주로 전단강도를 추정하기 위한 것이 대부분이고 변형해석을 위한 것이 아니기 때문에 이를 위하여 특별한 시험을 통하여 토질정수를 결정하여야 하지만 이는 쉬운 일이 아니다. 또 대부분 토질정수의 추정을 원위치 시험결과에 의존하는 형편인데 시험자체가 많은 문제점을 내포하고 있으므로 추정된 토질정수가 절대적인 값도 아니다. 특히 우리나라와 같이 대부분 지표로부터 매립토, 풍화토(잔류토), 풍화암, 연암 및 경암의 순으로 구성된 다층지반인 경우에는 지반정수의 추정이 매우 어려운 일일 뿐 아니라 하중으로서의 토압이 구조물과 지반상호간의 관계로부터 변화하기 때문에 단순 적용이 반드시 합리적인 것도 아니다. 따라서 근접시공을 해야 하는 지반공학자는 위에서 언급한 여러 측면을 고려하여 합리적인 지반정수를 추정하여야 한다.

(2) 횡토압의 적용

가설 흙막이벽에 대한 토압과 수압의 적용문제는 해설 7.3절에서 언급한 바와 같이 흙막이벽체를 보로 취급하는 해석법에서 특히 중요한 요소가 된다.
근접시공이나 중요구조물의 피해를 예방하는 방법은 벽체의 변위를 최소화하는 것이다. 이를 위하여 토압계수 값이 큰 것을 선택하는 것이 안전 측이나 이로 인하여 경제적 손실이 발생할 수 있으므로 토압계수 선택에 신중을 기하여야 한다. 정지토압계수는 주동토압계수보다 크므로 중요한 구조물이나 노후화된 구조물에 인접하여 시공할 경우 정지토압계수를 사용하여 설계할 수 있고 벽체 변위의 허용정도에 따라서 정지토압계수와 주동토압계수의 평균값 ($(K_a+K_0)/2$)을 적용하거나 주동토압계수를 적용할 수 있다. 이는 벽체의 변위에 의해 발생하는 인접구조물의 피해정도와 관련되며, 인접구조물의 피해는 건물의 강성, 즉 건물의 노후화와 건축재료 등 여러 가지 요인에 의해 결정되므로 인접구조물의 특성을 파악하는 것이 필요하다.

(3) 지반진동

진동이 흙막이벽에 미치는 요인은 크게 차량과 열차등 외부에서 발생하는 동하중과 공사를 위해 발생하는 대형장비운용, 발파등 내부에서 발생하는 동하중으로 구분할 수 있다. 현장조건에 따라서는 진동이 큰 동하중으로 작용하여 예상치 못한 흙막이벽체의 변형이나 안정을 저해할 수 있으므로 설계, 시공단계에서 이에 대한 진동영향평가와 대책을 수립하여야 한다. 진동영향평가에는 진동규제기준, 진동방진대책, 진동저감대책등이 검토되어야 한다(새길이엔시 검토보고서, 2014).

(4) 지하수위 저하와 지반손실

굴착공사 중 굴착면에 유입되는 지하수를 펌핑하여 유도배수할 경우 지하수위 저하에 따라 인접지반의 침하가 발생될 수 있다. 이는 지하수량의 배제에 따른 체적감소와 지하수출이 토사유출을 유발시켜 지반체적을 손실시키기 때문이다. 근접시공에서 인접지반의 침하는 인접구조물에 피해를 야기시켜 민원의 원인이 되므로 설계 시 이를 고려하여야 한다.

(5) 굴착에 의한 주변지반의 영향

해설 그림 7.8.1은 벽체 변위에 따른 인접지반의 침하거동을 보여주고 있는데, 이로 인하여 인접지반에 축조된 구조물이 피해를 볼 수 있으므로 벽체 변위에 따른 배면침하에 대한 영향 검토는 근접시공에서 필수불가결한 요소이다. 배면지반 침하량을 예측하는 방법은 지반조건, 벽체 변위해석 방법 등에 따라 달라지므로 근접시공 설계자는 여러 방법으로 추정하여 합리적인 침하량을 예측하여 피해방지 대책을 강구하여야 한다.

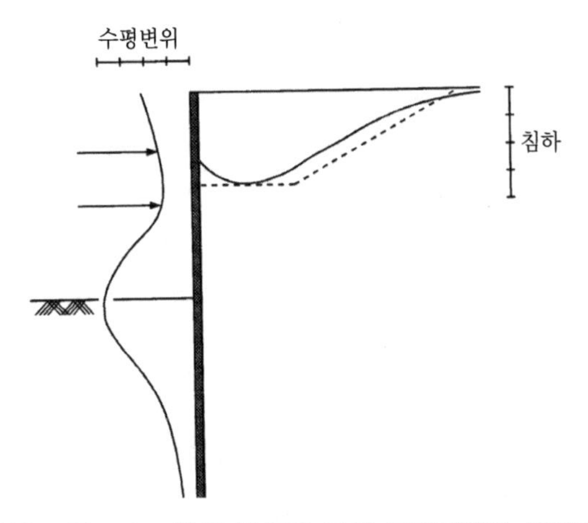

해설 그림 7.8.1 벽체 변위에 따른 인접지반의 침하거동

7.8.3 근접시공으로 인한 지하수위 감소는 토사유출을 동반한 지반 손실이 초래되어 침하를 유발할 수 있으며, 갑작스런 수위 증가는 토압이 증가하여 흙막이 구조물의 안정을 위해할 가능성이 크므로 지반조건, 인접건물 및 주변여건에 따라 가능한 한 차수식 벽체로 설계하는 것이 바람직하며, 이때 토압 이외에 변화하는 지하수에 의한 배면수압을 고려한다.

7.8.4 굴착에 의한 배면 지반의 침하량을 예측하는 방법은 지반조건 및 벽체변위해석 방법 등에 따라 달라지므로 침하량을 합리적으로 산정하여야 하며, 주변지반 침하 예측 방법의 이론적 및 경험적 추정 방법은 해설 7.8.7절에 자세히 언급하였으며, 이 중 설계자가 현장여건, 지층조건, 굴착방법, 흙막이벽체와 지지체의 형식을 종합적으로 고려하여 선택한다.

7.8.5 굴착에 의한 배면 지반의 변위를 산정한 후 설계지침이나 건축기준 등에 규정되어 있는 허용변위량을 기준으로 인접구조물의 손상여부를 분석하고 필요시 대책을 강구한다. 해설 그림 7.8.2는 Bjerrum(1981)이 제안한 인접구조물의 각변위 한계를 나타낸 것이고, 해설 표 7.8.1과 해설 표 7.8.2는 Skempton(1955)이 제안한 구조물 종류별 허용 침하량과 구조물의 손상한계를 나타낸 표이다.

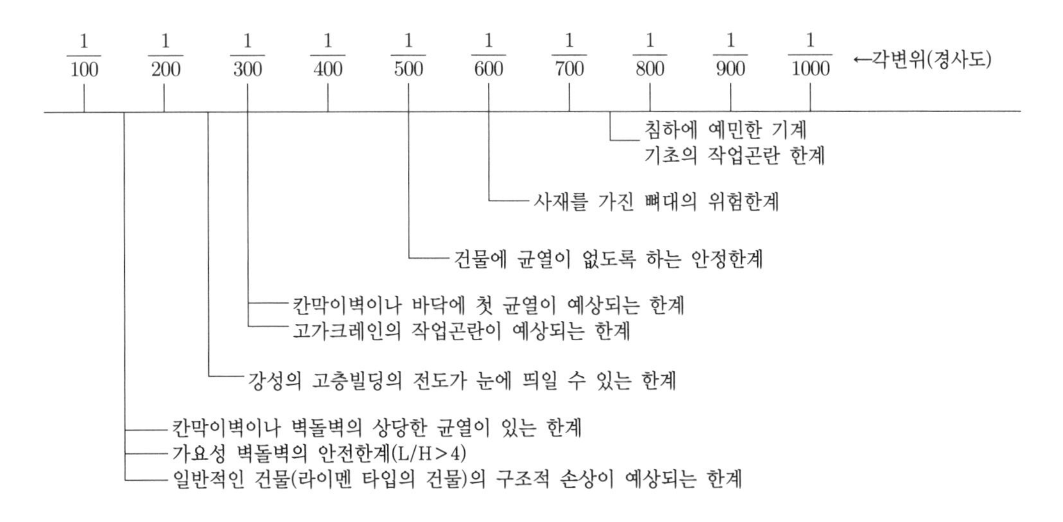

해설 그림 7.8.2 Bjerrum(1981)이 제안한 각 변위 한계(L : 임의의 기둥간격, δ : 부등침하량)

해설 표 7.8.1 구조물의 허용침하량(Sowers, 1962)

침하형태	구조물의 종류	최대침하량
전체침하	배수시설	15.0~30.0cm
	출입구	30.0~60.0cm
	석적 및 조적구조	2.5~5.0cm
	뼈대구조	5.0~10.0cm
	굴뚝, 사이로, 매트	7.5~30.0cm
부등침하	빌딩의 벽돌벽체	0.0005S~0.002S
	철근콘크리트 뼈대구조	0.003S
	강 뼈대구조(연속)	0.002S
	강 뼈대구조(단순)	0.005S

주) S : 기둥 사이의 간격 또는 임의 두 점 사이의 거리

해설 표 7.8.2 구조물의 손상한계(Skempton, 1955) ( ) 내의 값은 추천되는 최댓값임

기준		독립기초	확대기초
각변위(δ/L)		1/300(L : 임의의 기둥간격, δ : 부등침하량)	
최대 부등침하량	점토	44mm(38mm)	
	사질토	32mm(25mm)	
최대침하량	점토	76mm(64mm)	76~127mm(64mm)
	사질토	51mm	51~76mm(38~64mm)

7.8.6 근접도 판단기준은 3차원의 문제를 2차원으로 해석하는 문제 등 많은 요소들이 관련되어 있으므로 필요시 3차원적인 지반거동도 고려하여 설계한다.

7.8.7 배면지반 침하와 인접구조물에 대한 영향 예측

(1) 흙막이벽의 변위에 따른 주변 지반의 침하는 실측 또는 계산에 의하여 구한 흙막이벽의 변위로부터 주변지반 침하를 추정하는 방법과 버팀구조와 주변 지반을 일체로 하여 구하는 유한요소법 또는 유한차분법으로 해석하는 방법이 있다.

(2) 주변 지반 침하 예측 방법은 이론적 및 경험적 추정 방법 중에서 설계자가 현장여건, 지층조건, 굴착방법, 흙막이벽 및 지지체의 형식을 종합적으로 고려하여 선택, 적용하여야 한다.

(3) 인접구조물에 대한 침하, 경사(또는 각 변위) 등에 관한 허용값은 대상 구조물에 따라 관련 설계기준과 건축기준 등을 참고로 하여 결정한다.

해설

7.8.7 배면지반 침하와 인접 구조물에 대한 영향 예측

(1) 흙막이 벽체 변위에 따른 배면지반 침하 예측 방법

흙막이벽의 변위에 따른 주변지반의 침하에 대한 예측은 흙막이벽 변위의 실측 또는 계산에 의하여 구한 값으로부터 주변지반 침하를 추정하는 방법과 버팀구조와 주변 지반을 일체로 하여 유한요소법 또는 유한차분법으로 해석하는 방법이 있다.

가. 유한요소법 및 유한차분법에 의한 배면 지반 침하 예측

굴착 공사에 있어 배면지반의 침하나 수평 변위를 정량적으로 파악하기 위해서는 유한 요소법을 사용할 수 있다. 유한요소법은 지반 전체와 가시설 전체를 일체로 모델화하여 굴착 단계별로 배면지반 침하나 수평변위 등을 구할 수 있다. 이는 흙막이벽체와 지지구조 등을 동시에 고려하여 지반-구조물 상호거동을 고려한 해석이 된다. 그러나 이 해석방법은 벽체와 흙의 관계를 나타내기 위한 계면요소(Interface elemant)가 고려되어야 한다. 또한 대상 지반 및 흙막이 구조물의 거동을 정확히 나타낼 수 있는 응력-변형률 관계를 파악하는 데 필요한 제반 정수들의 정확한 추정이 요구된다.

유한 요소법을 이용하여 흙막이벽체와 배면지반 침하를 동시에 해석하는 방법은 해설 7.4.3 다. 항에서 기술하였으므로 이를 참조하기 바란다.

해설 그림 7.8.3은 유한 요소법을 이용하여 흙막이벽체, 지지구조 및 배면지반의 침하를 동시에 해석한 결과인데 그림에서 점선은 초기의 상태를 나타내고 실선은 단계별 굴착에 따른 배면지반의 침하를 나타낸 것이다.

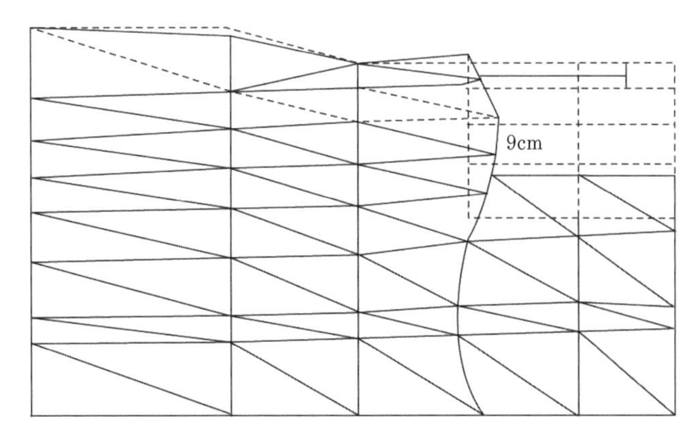

해설 그림 7.8.3 유한요소법에 의한 배면지반 침하 예측

나. 기존 구조물에 미치는 영향의 예측

해설 그림 7.8.4 (a)와 같이 기존의 쉴드터널 바로 위에 굴착 공사를 시행하는 경우를 예로 기존 터널에 미치는 영향을 예측하는 방법을 간략히 제시한다.

- 지반변형에 의하여 기존 구조물이 변형되었다고 가정하고 해석하는 방법
- 지반과 기존 구조물을 일체로 가정하고 해석하는 방법
- 기존 구조물에 굴착으로 변화된 하중조건을 주어 해석하는 방법

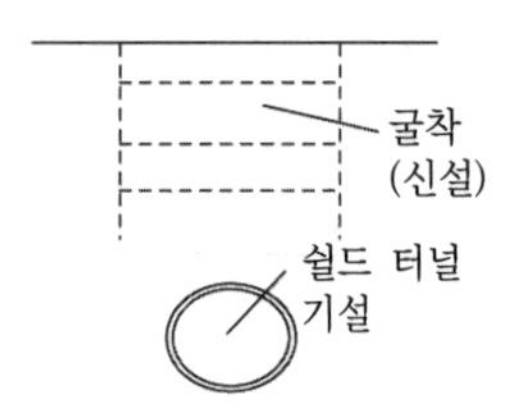

(a) 기본 구조물에 미치는 영향을 예측하는 방법

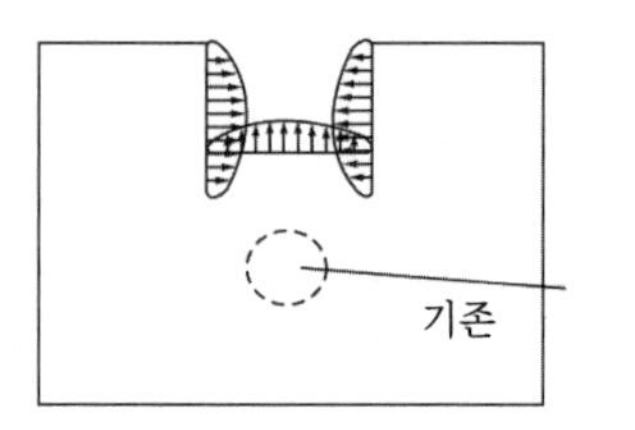

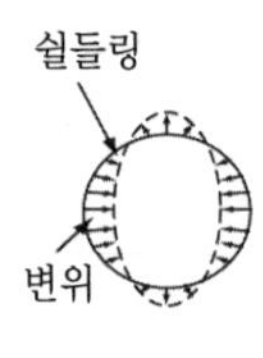

(b) 지반 변형에 의하여 기존 구조물이 변형되었다고 보아 해석하는 방법

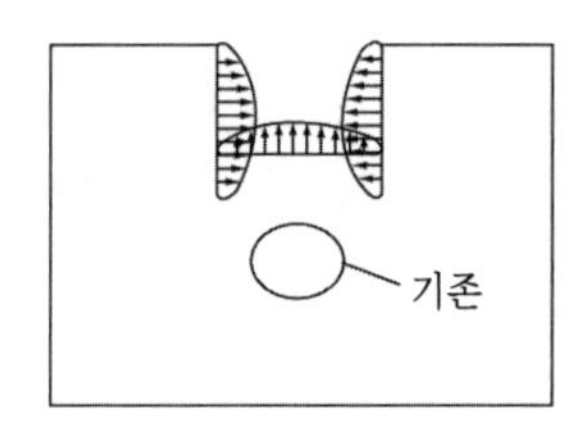

(c) 지반과 기존 구조물을 일체로 보아 예측하는 방법

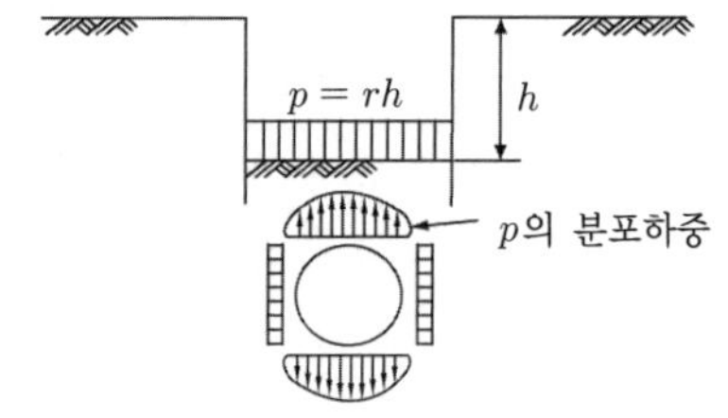

(d) 기존 구조물에 굴착으로 변화된 하중 조건을 주어 해석하는 방법

해설 그림 7.8.4 기존 구조물에 미치는 영향을 예측하는 방법

1. 지반 변형에 의하여 기존 구조물이 변형되었다고 가정하고 해석하는 방법

이 방법은 해설 그림 7.8.4 (b)와 같이 기존 구조물의 규모 및 휨강성이 작은 지반 변형을 해석 할 때 기존 터널을 무시해도 큰 차가 없다고 판단되는 경우 적용할 수 있다. 이때 굴착에 따른 지반 변형은 기존 터널을 무시하고 지반을 2차원으로 모델화하여 유한 요소법으로 구하고 이 변형을 터널에 발생한 변형으로 본다. 다만, 기존 터널의 규모나 강성이 비교적 작지 않은 경우에도 약간의 오차를 허용하여 이용할 수 있다.

2. 지반과 기존 구조물을 일체로 가정하고 해석하는 방법

이 방법은 해설 그림 7.8.4 (c)와 같이 기존 구조물의 규모나 휨강성이 중간 정도

로서 구조물과 지반과의 상호 작용을 무시할 수 없는 경우 이용된다. 이 경우 굴착공사와 기존 구조물을 동일한 2차원 모델로 표현하고 지반과 기존 구조물을 일체로 취급하는데, 이때 지반은 연속체로 하고 구조물은 보로 모델화한 후 면요소와 선요소를 이용한 유한요소법으로 해석하는 경우가 많다. 해설 그림 7.8.4와 같이 쉴드터널 바로 위에 굴착을 실시하는 경우 기존 터널의 규모나 휨강성이 중간정도이고 지반과의 상호작용을 무시할 수 없기 때문에 이 방법으로 해석하는 것이 타당하다고 생각된다.

3. 기존 구조물에 굴착으로 변화된 하중 조건을 주어 해석하는 방법
기존 구조물의 규모 및 휨강성이 크고 근접시공을 실시하더라도 기존 구조물의 변위나 휨 변형이 대단히 작으며 지반과 구조물의 상호작용을 무시할 수 있는 경우 해석하는 방법이다. 해설 그림 7.8.4 (d)의 경우 굴착의 영향을 저면에 작용하는 지중응력의 이완으로 생각하고 저면의 굴착에 상응하는 외력을 작용시켜 그 하중에 의한 터널의 압력변화를 구하여 이를 터널링에 작용시켜 응력-변형을 구한다. 이때 압력변화는 Boussinesq식 등에 의하여 추정한다. 계산에 적용하는 구조모델은 기존 구조물의 해석모델에 준하는 경우가 많다.

다. 이론적 및 경험적 추정방법
이 방법은 여러 사람이 제안하였지만 벽체와 배면지반의 마찰력을 무시하였기 때문에 신뢰성이 결여되는 문제가 있다. Peck(1969)은 서로 다른 지반에 대하여 강널말뚝을 설치한 결과를 계측하여 굴착깊이에 따른 인접지반의 이격거리와 침하량 관계를 도시하였고, Caspe(1966)는 강널말뚝의 변위와 포아송비를 사용하여 굴착심도에 따른 벽체배면의 지반침하량의 관계를 도시하였으며, Clough etal.(1990)는 여러 가지 지반에서 굴착깊이와 배면지반 침하량과의 관계를 측정하고 이를 유한요소법으로 해석하였다. 그의 방법은 엄지말뚝, 널말뚝 및 지하연속벽의 버팀대나 앵커 지지에 관계없이 적용될 수 있는 장점이 있다. Fry etal.(1983)는 지반을 완전탄성 및 포화된 것으로 가정하여 실시한 유한요소해석 결과치를 지반조건에 따라 확장시켜 수식을 산출하였다. 그 외에도 Tomlinson(1986)의 유한요소 적용을 위한 제안, 상대밀도 등을 고려한 Bauer의 방법 및 Roscoe와 Wroch 등의 소성론 개념에 의한 추정방법 등이 있으나 몇 가지 방법에 대해서만 소개한다.

1. Peck(1969)의 곡선

강널말뚝과 같은 강성이 낮은 흙막이 벽체에 대한 계측결과를 분석하여 지반 종류별로 최대굴착고에 대한 이격거리와 최대굴착고에 대한 침하량을 도시하여 해설 그림 7.8.5를 나타내었다.

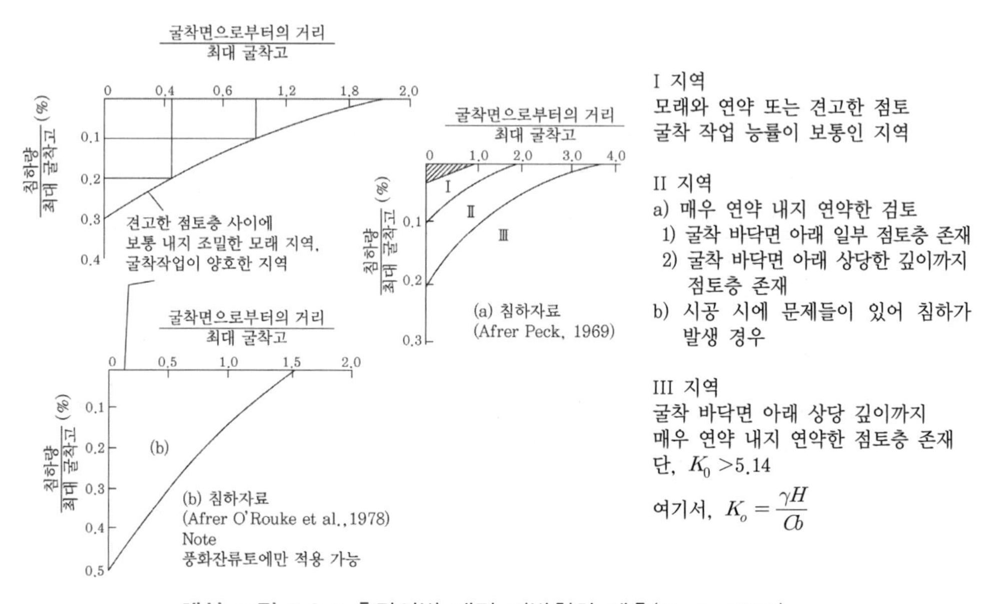

해설 그림 7.8.5 흙막이벽 배면 지반침하 예측(Peck, 1969)

2. Caspe(1966)의 방법

Caspe는 강널말뚝의 변위와 포아송비를 사용하여 벽체배면의 지반 침하량 제안한 바 있으며, Bowles가 재정리하여 다음과 같은 단계로 추정하였다(해설 그림 7.8.6 참조).

- 횡방향 벽체 변위를 계산(예측치 또는 계측치)
- 횡방향 벽체 변위를 합하여 변위 체적 Vs 구함
- 침하 영향권의 횡방향 거리 추정
- 굴착심도 H_w 계산
- 굴착영향 거리 $H_t = H_p + H_w$ 계산

단, $H_p = B(\phi = 0$인 경우)

$$H_p = 0.5B\tan(45° + \phi/2) \qquad \text{해설 (7.8.1)}$$

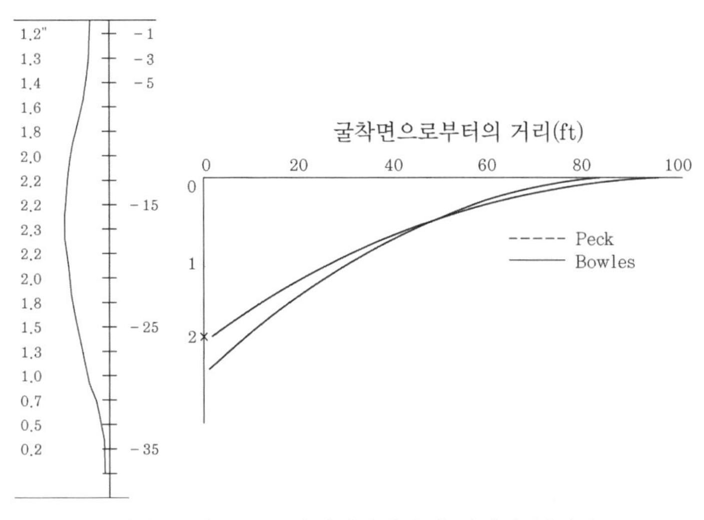

해설 그림 7.8.6 벽체배면에서의 거리별 침하량

– 침하영향 거리 D 계산

$$D = H_t \tan(45° - \phi/2) \qquad \text{해설 (7.8.2)}$$

– 벽체에서의 표면침하량 S_w 계산

$$S_w = \frac{2v_s}{D} \qquad \text{해설 (7.8.3)}$$

– 벽체에서 x 되는 거리별 침하량 S_i 계산

$$S_i = S_w \left(\frac{D - x}{D} \right)^2 \qquad \text{해설 (7.8.4)}$$

3. Clough et al.(1990)의 방법

Clough et al.은 모래 지반, 굳은 점토 지반 및 중간 내지 연약한 점토 지반에 굴착을 시행했을 경우 흙막이벽체 배면에서의 거리별 침하량을 현장에서 측정하고 유한 요소법으로 구하여 해설 그림 7.8.7과 같이 제안하였다. 해설 그림 7.8.7에서 H는 굴착 깊이, d는 흙막이벽체로부터의 거리이며 δ_{vm}은 최대 침하량이고 δ_v는 거리별 침하량이다. 또 이 방법은 흙막이벽체로서 엄지말뚝, 널말뚝 및 지하연

속벽의 버팀대나 앵커 지지에 관계없이 적용한다.

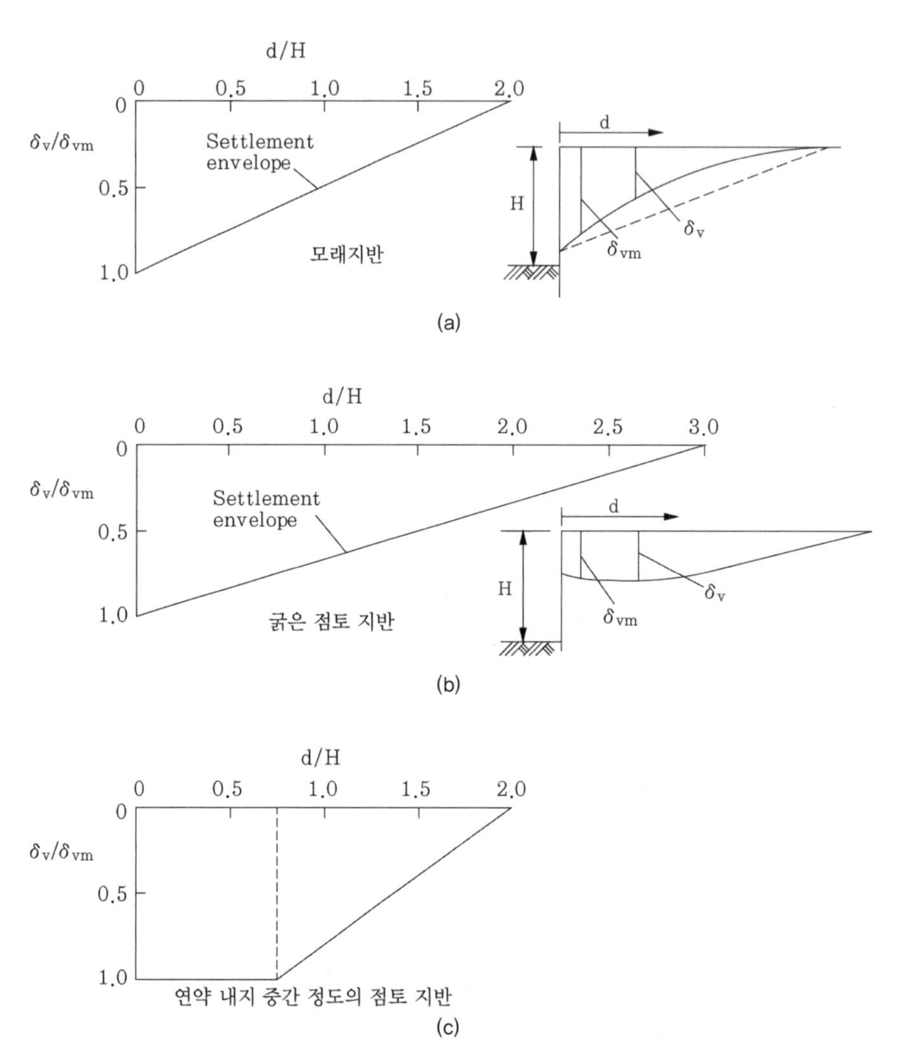

해설 그림 7.8.7 토질 조건에 따른 거리별 침하량(Clough 등, 1990)

다만, 굳은 점토 지반일 때는 어떤 조건에서는 히빙이 일어날 수 있으나 흙막이벽체가 안정하고 정밀 시공을 한다면 안전측으로 고려한다. 한편, 중간정도 및 연약한 점토층에서 거리별 침하량(해설 그림 7.8.7(c) 참조)은 사다리꼴로서 $0<d/H<0.75$인 경우 최대 침하가 발생되며 $0.75<d/H<2.0$인 경우 직선적으로 감소한다고 한다. 해설 그림 7.8.8을 사용하는 경우 문제는 최대 침하량 δ_{vm}을 추정하는 것인데 지반 조건에 따라 다음과 같다고 한다.

가) 굳은 점토, 잔류토 및 모래 지반인 경우

최대 침하량(δ_{vm})에 대하여는 종래 굴착 깊이(H)의 (0.5~1)%H라고 추정하여 왔으나 Clough et al.는 해설 그림 7.8.8과 같이 최대 침하량은 대부분 0.3%H 이내라고 하였으며 평균적으로 0.15%H가 된다고 제안하였다.

이 경우 벽체의 종류에 관계없을 뿐 아니라 소일네일(soil nail) 및 소일시멘트 벽까지 포함된다고 한다. 또 최대 침하량이 0.5%H보다 큰 경우도 있는데, 이것은 수평판 또는 기타 가설 지지 구조가 잘못 설치되었거나 지하수 등이 굴착 내측으로 유입되어 발생하는 것이라고 하였다.

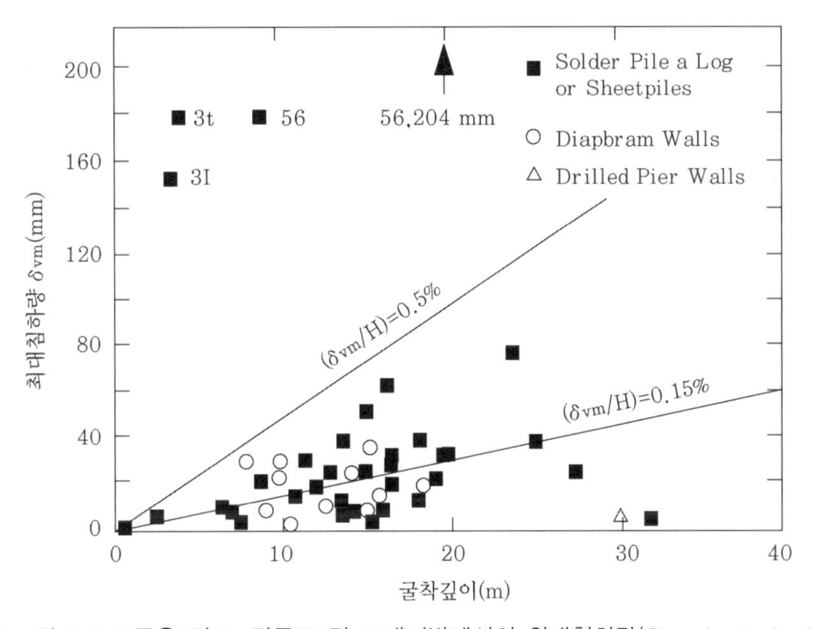

해설 그림 7.8.8 굳은 점토, 잔류토 및 모래지반에서의 최대침하량(Clough et al., 1990)

나) 연약 내지 중간 정도의 점토 지반

점토층에서의 벽체 최대변위(δ_{Lm})와 최대 침하량(δ_{vm})추정은 저면에서의 히빙에 대한 안전율, 가설 구조체의 강성(system stiffness)에 관련되는 것이지만 실용적인 면에서는 배면지반의 최대 침하량(δ_{vm})은 압밀 효과를 고려하지 않는 경우 벽체의 최대 변위와 같다고 보고 해설 그림 7.8.8의 배면 침하량을 계산할 수 있다.

4. Fry et al.(1983)의 방법

Fry et al.(1983)은 지반을 완전탄성 및 포화된 것으로 가정하여 실시한 유한요소

해석 결과치를 지반조건에 따라 확장시켜 해설 식(7.8.5)를 제안하였다.

$$수직변위\ \delta_v = \frac{\gamma H^2}{E}(C_3 K_o + C_4) \qquad 해설\ (7.8.5)$$

여기서, E : 지반의 탄성계수

H : 굴착깊이

γ : 지반의 단위중량

K_o : 지반의 정지토압계수(=1−sinϕ)

C_3, C_4 : 상수(해설 그림 7.8.9 참조)

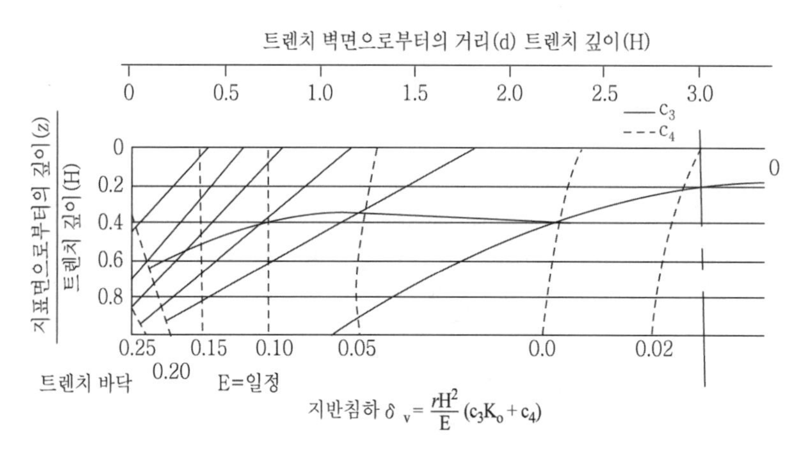

해설 그림 7.8.9 지반 변위의 예측 계수(Fry 등, 1983)

7.9 계측

7.9.1 계측의 주된 목적은 설계 시 고려하지 못한 불확실성과 제한사항 및 시공 시 발생되는 변화 등에 기인된 변동사항을 파악하여 가시설의 안정성을 확인하는 데 있으며, 이를 달성하기 위해 적절한 계측 및 분석 계획을 수립하여야 한다.

7.9.2 계측계획 수립 시 다음사항을 고려하여야 한다.

(1) 계측계획 시에는 발생 가능성이 있는 문제를 미리 예측하여 합리적인 지점을 선택, 계측기기를 배치한다.

(2) 기술적 판단과 역학적 문제의 해석이 가능한 기술자를 배치하여 공사의 안정을 도모한다.
(3) 각종 계측기 센서의 작동방식을 가능한 한 같은 형식으로 선정하여 호환성이 양호한 시스템으로 구성한다.
(4) 계측은 측정 → 수집 → 분석 → 시공반영 → 효과검토와 향후 공사 반영의 유기적인 운영체계가 되도록 설계한다.
(5) 중요 시설물 및 계측자의 안전에 우려가 되는 현장은 자동화 시스템을 적용할 수 있다.

해설

7.9.1 계측관리의 목적

(1) 시공 중 발견한 계측결과를 판독하여 위험요인을 감지하고 예방
(2) 설계 시 불확실한 사항에 대한 확인 및 이와 관련된 설계의 보완
(3) 공사의 진행에 따른 인접구조물 또는 인접지반의 거동을 확인하여 영향거리의 판단 및 안전관리
(4) 공사에 따른 인접 건물들의 피해 민원에 대한 공학적인 자료 제시
(5) 실측자료의 분석을 통하여 차후 공사에 따른 거동의 예측 및 안전 판단

7.9.2 계측계획 수립 시 고려사항

(1) 굴착 시에 발생 가능성이 있는 문제를 미리 예측하여 계측항목, 계측지점 선정 계획에 반영함으로써 지반공학적 거동을 파악할 수 있도록 한다.
(2) 기술적 판단과 역학적 문제의 해석이 가능한 기술자를 배치하여 이상 계측치 발생 시 즉각 대처하여 공사의 안정을 도모한다.
(3) 굴착공사와 관련 가설흙막이 구조물에 설치되는 각종의 계측기는 각각의 계측기가 독립된 정보를 제공하지만 정보제공 원인이 동일한 경우가 있으므로 각각의 계측정보를 종합하여 검토하여야 한다. 따라서 각종 센서의 작동방식을 동일한 형식으로 선정하여 호환성이 양호한 시스템을 구성하도록 계획한다.
(4) 각종의 기기에 대한 성능과 운용방법을 정확히 숙지하고 계측의 목적을 달성할 수 있는 위치에 설치하여 주기적인 측정→수집→분석→시공 반영→효과 검토와 향후 공사 반영의 유기적인 운영체계가 되도록 계획한다.
(5) 도심지의 여러 지장물 또는 중요 시설물이 근접하여 있거나 여건상 계측자의 안전에

우려가 되는 현장은 자동화 시스템을 적용하여 실시간으로 관리할 수 있다.

7.9.3 계측계획서는 다음 사항을 포함하여 작성한다.
(1) 공사개요 및 규모
(2) 지반 및 환경조건
(3) 인접구조물의 배열 및 기초의 상태
(4) 계획공정표
(5) 계측목적에 따른 계측범위, 계측위치 및 계측빈도
(6) 계측기의 종류와 규격
(7) 계측기의 설치와 유지보호 등의 관리방안
(8) 계측인원의 확보
(9) 계측결과의 수집, 보관 및 분류양식
(10) 계측결과의 해석방법
(11) 계측결과를 시공에 반영할 수 있는 체계
(12) 계측시방서
(13) 계측시스템

해설

7.9.3 계측계획단계에서 고려할 사항
(1) 공사개요 및 규모
(2) 지반 및 환경조건
(3) 인접구조물의 배치 및 기초의 상태
(4) 계획공정표
(5) 계측목적 및 이에 따른 계측범위, 계측위치와 계측빈도
(6) 계측기의 종류와 사양
(7) 계측기의 설치와 유지보호 등의 관리방안
(8) 계측요원의 확보와 자질파악
(9) 계측결과의 수집, 보관 및 분류양식
(10) 계측결과의 해석방법
(11) 계측결과를 시공에 반영할 수 있는 체계
(12) 계측시방서

(13) 계측시스템

7.9.4 도심지 굴착현장에 사용되고 있는 계측기의 종류와 사용목적은 표 7.1과 같으며 현장조건을 파악하여 설계에 반영한다.

표 7.1 흙막이벽에 사용되는 계측기

종류	사용 목적
지중경사계	배면 지반의 수평거동
변형률계	엄지말뚝, 버팀보 및 띠장의 변형률과 응력
토압계	벽체에 작용하는 토압
간극수압계,수압계	지하수위 및 간극수압
하중계	버팀보 혹은 지반 앵커의 축력
구조물경사계 균열측정계	인접 구조물의 기울기 및 균열에 따른 피해상황
소음측정기 진동측정기	진동 및 소음
지중침하계	지반의 연직 변위
지하수위계	지하수위 측정

해설

7.9.4 계측기의 종류와 사용목적

(1) 지중경사계(inclinometer)

인접지반의 지중에 설치하여 지반의 횡방향 변위와 변위속도를 측정한다. 지중 횡방향 변위는 굴착벽체의 변형과 지반침하와 관련되므로 지표침하계와 토압계, 변형률계 등과 연계하여 해석하여야 한다.

(2) 변형률계(surface mounted strain gauge)

흙막이구조물의 지지체인 버팀보, 복공구간의 I 빔, 엄지말뚝 및 띠장 등의 표면에 부착하고 그로부터 변형률을 측정하여 부착된 부재의 응력이나 휨모멘트를 파악함으로써 강재 자체의 응력이 허용범위인지를 판단함은 물론 인접된 구조물이나 지반의 거동을 유추하고 나아가서는 추후의 거동을 예측하여 관리치로 삼기 위한 목적으로 사용된다.

(3) 토압계

굴착벽체에 설치하여 굴착공사 중 벽체에 작용하는 토압의 변화를 측정한다. 토압계의 결과는 변형률계와 응력계의 결과와 상호 연관되므로 종합적인 검토가 요구된다.

(4) 간극수압계

지반이 연약할 경우 간극수압의 변화를 측정하기 위하여 설치한다.

(5) 지하수위계

굴착공사에서 지하수 처리와 관련된 공법이 시행되면서 배면지반의 지하수의 수위변화는 굴착벽면의 안전과 배면지반의 침하에 영향을 미치는 요소이다. 따라서 지하수위의 변화를 주기적으로 측정하여 지하수위의 증감이 흙막이 벽체와 배면지반 및 환경에 미치는 영향을 검토한다.

(6) 그라운드 앵커 반력측정계(load cell)

그라운드 앵커의 인장 시 설치되는 본 계기는 그라운드 앵커의 반력을 측정하여 배면지반 및 흙막이구조물의 거동과 정착부의 이상 유무 등 그라운드 앵커 구조체의 전반적인 사항을 살펴볼 수 있는 가장 신뢰성 있는 계측기기이다. 또한 버팀대의 선단에 본 계기를 설치하게 되면 버팀대에 가해지는 축력을 측정할 수 있어 버팀대의 안정관리에 적절하게 이용할 수 있다.

(7) 건물경사계(tiltmeter)

인접건물과 구조물의 바닥 또는 벽에 부착하여 기울어짐을 측정하고 전술한 각종 허용기준치와 비교함으로써 안정한지를 검토하여 적절한 조치를 취하기 위하여 설치한다.

(8) 균열측정계(crack gauge)

굴착공사 전에 발생된 인접건물의 균열위치에 균열측정계를 부착하여 굴착공사 전에 발생된 균열의 크기와 굴착공사 진행중에 발생된 균열의 크기 변화를 파악하여 민원을 해소할 수 있고, 굴착공사에 따른 영향을 예측할 수 있다.

(9) 소음 진동 측정계(vibrating monitor)

지하굴착공사를 위한 말뚝의 항타나 인발, 중장비의 주행, 암반 굴착 시 발파 작업 등으로 소음진동이 발생하게 되며 이는 물적, 인적 피해를 유발시킬 수 있으므로 소음과 진동을 측정하여 허용기준 이내의 크기로 발원을 적절히 조정하여 안전하고 경제적인 시공을 하는 데 그 목적이 있다.

| 참 고 문 헌 |

1. 김학문(2002), “정보화 시공에서 Feed Back Analysis', 한국지반공학회 가을학술발표회논문집,pp.147-179.
2. 대한토목학회(2008), “도로교설계기준 해설”, pp.24-25, pp.122-125.
3. (주)신한(1995), “개착식 지반굴착에 따른 흙막이 벽의 해석기법”, 한국지반공학회 연구보고, pp.33-206.
4. 양구승(1996), “도심지 깊은 굴착시 인접지반 거동에 대한 분석”, 서울대학교 박사학위논문,pp.150-156.
5. 오정환, 조철현(2007), “흙막이공학”, 구미서관.
6. 이종규, 전성곤(1993), “다층지반 굴착시 흙막이벽에 작용하는 토압분포”, 한국지반공학회지, 제9권, 제1호, pp.59-68.
7. 이종규(1996), “근접 깊은 굴착에 따른 거동과 그 문제점”, 96한국지반공학회 가을학술발표회 논문집, pp.25-36.
8. 이종규(2002), “굴착공법의 문제점과 개선방안”, 2002한국지반공학회 가을학술발표회 논문집 pp.55-64.
9. 일본토질공학회(1986), “근접시공”, 토질기초공학 라이브러리 34.
10. 한국구조물진단학회(2006), 지하구조물 안전계측 이론과 실무, 구미서관, pp.104-164.
11. 한국지반공학회(2002), “굴착 및 흙막이 공법”, 지반공학시리즈3, 구미서관, pp.152-169.
12. 한국지반공학회(2001), “정보화 시공”, 지반공학시리즈12, 구미서관, pp.282-295.
13. 새길이엔시(2014),“강서구 마곡지구 지하철 진동영향평가보고서”.
14. Bjerrum, L and Eide, O(1956), “Stability of Strutted Excavation in Clay”, Geotechnique, Vol. 6, No.1.
15. British standard BS 8081(1989), “British standard code of practice for ground anchorages.”
16. Caquot, A and Kerisel, F(1948), “Tables for the calculation of passive pressure, active pressure, and bearing capacity of foundations.” Ganther-Villars.
17. Caspe, M.S.(1996), “Surface settlement adjacent to braced open cuts.” JSMFD, ASCE Vol. 92, SM5, pp.51-59.
18. Clough, G. W. and O'Rourke, T. D.(1990), “Construction induced movement of in-situ walls. Design and performance of Earth Retaining Structures.”, Geotechnical special Bpublication No.25, ASCE, pp.439-470.
19. FHWA(1999) “Ground anchors and anchored systems” Geotechnical engineering circular No. 4.

20. Fry, R. H. and Rumsey, P. B.(1983), Prediction and control of ground movement associated with arench excavayion. Water Research Contre.
21. Lohman, S. W.(1961), "Compression of Elastic Arterian Aquifers", USGS, Prof. Paper 424−B.
22. Peck, R. B.(.....1969), "Deep excavations and tunnelling in soft ground." Proc. of 7th inter. Conf. on soil mech. and Found. Eng., Mexico, Vol. 4 pp.239−290.
23. Potts, D. M. Addenbrook, T. I. and Day, R. A.(1993), "The use of soil berms for temporary support of retaining walls." Proc. Int. Corf, Retaining Structures. Cambrige.
24. PTI(1972) "Pos−tensioning Manual."
25. Terzaghi, K. and Peck, R. B.(1967), "Soil mechanics in Engineering Practice." 2nd Ed., John Wiley and sons. Inc., New York, p.572.
26. Tschebotarioff, G. P.(1973), "Foundations, Retaining and Earth Structures." 2nd Ed., McGraw−Hill Book Co., Inc., New York, p.572.
27. Xanthakos, P. P.(1991), "Ground anchors and anchored structures," John Wiley & Sons Inc.
28. Xanthakos, P. P.(1995), "Bridge Substructure and Foundation Design", Prentice Hall pp.127−142, pp.402−416.

제 8 장 댐과 제방

8.1 일반사항

8.1.1 이 장은 필댐(fill dam), 콘크리트 표면차수벽형 석괴댐(concrete faced rockfill dam), 콘크리트 중력댐, 하천제방 및 가물막이댐 등의 기초설계에 적용한다.

해설

8.1.1 이 장은 댐과 하천제방의 기초설계에 적용한다. 여기서, 댐은 저수·취수 등의 목적을 위해 하천이나 계곡을 가로질러 축조하며, 하천제방은 홍수에 의한 하천의 범람을 예방하기 위해 하천을 따라 축조하는 구조물로서 각각 다음과 같이 분류된다.

(1) 댐

8.1.1절에서 언급한 필댐(fill dam), 콘크리트 표면차수벽형 석괴댐(CFRD, concrete faced rockfill dam), 콘크리트댐(concrete dam)의 정의는 다음과 같다.

가. 필댐

록필댐 또는 흙댐과 같이 자연재료를 층다짐하면서 쌓아올려 축조한 구조물을 필댐이라고 하며, 균일형과 존형(zoned type)으로 크게 구분할 수 있고, 코어형은 다시 중심코어형과 경사코어형으로 나눌 수 있다. 거의 대부분의 존형 댐은 코어존을 가지고 있어 코어형은 존형에 포함하는 경우가 많다.

1. 균일형 댐(homogeneous dam)

제체의 최대단면 중 80% 이상을 균일한 흙재료로 축조한 댐을 지칭하며 비교적 소규모 댐일 경우 유리하다.

2. 존형 댐(zoned dam)

침투수를 제어하기 위해 제체 내에 불투수성부를 두고, 그 주변을 필터와 록필(rockfill)재료 등으로 축조하여 제체가 침투뿐만 아니라 활동(slope failure)에 대해 안정하도록 축조한 댐을 말하며, 대형 댐에 유리하다.

이때, 불투수성부를 코어(core)라 하며, 댐의 중심선(또는 댐의 축)이 전부 코어로서 축조된 것을 중심코어형, 댐 중심선이 코어에서 떨어져 있는 것을 경사코어형이라 한다.

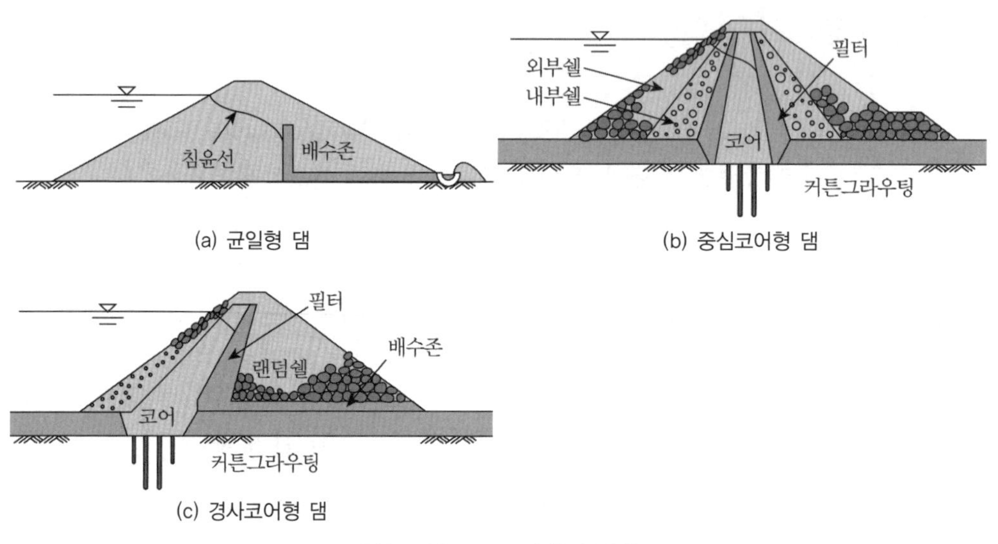

(a) 균일형 댐
(b) 중심코어형 댐
(c) 경사코어형 댐

해설 그림 8.1.1 필댐의 종류

나. 콘크리트 표면차수벽형 석괴댐

콘크리트 표면차수벽형 석괴댐(이하 CFRD)은 해설 그림 8.1.2와 같이 댐 단면이 물과 접하는 상류부의 차수를 위한 프린스(plinth), 콘크리트 표면차수벽(이하 차수벽), 차수벽을 지지하는 차수벽 지지존, 그리고 암석존 등으로 구성되는 댐이다.

ⒾⒿ

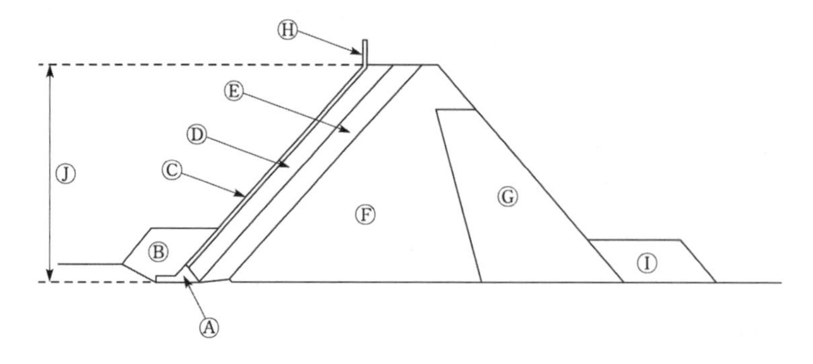

Ⓐ : 프린스 Ⓑ : 불투수존 Ⓒ : 차수벽 Ⓓ : 차수벽지지존 Ⓔ : 선택존 Ⓕ : 주 암석존
Ⓖ : 보조 암석존 Ⓗ : 파라페트 월 Ⓘ : 친환경존 Ⓙ : 댐높이

해설 그림 8.1.2 콘크리트 표면차수벽형 석괴댐

다. 콘크리트 중력댐

콘크리트 중력댐은 제체 콘크리트의 자중으로 외력에 저항하고 암반까지 그 힘을 전달하는 구조물로 구조적으로 댐 높이에 대응하여 암반에 전달되는 힘이 커지기 때문에 최대 단면부의 기초 암반은 매우 큰 전단강도를 가진 견고한 암반이 필요하다. 반면 양안부는 기초 암반에 비하여 요구되는 강도의 수준이 크지 않다. 일반적으로 콘크리트 중력댐의 형식은 댐의 형상계수인 댐마루의 길이와 높이의 비가 4~6 정도인 댐을 의미한다.

(2) 하천제방

가. 하천제방은 유수의 원활한 소통을 유지시키고 제내지를 보호하기 위하여 하천을 따라 흙으로 축조한 평균높이 0.6m 이상의 구조물로서 하구에 설치되는 해안보호제방과는 구별된다(해설 그림 8.1.3 참조).

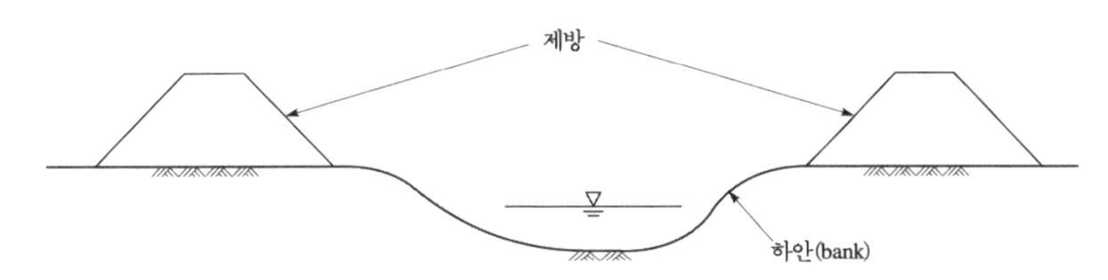

해설 그림 8.1.3 제방과 하안(한국수자원학회, 2005)

나. 일반적인 제방의 구조와 종류는 해설 그림 8.1.4와 같으며, 제방 종류의 경우 기능 및 설치 위치에 따라 본제, 부제, 놀둑, 윤중제, 횡제, 가름둑, 월류제, 역류제 등이 있다(한국수자원학회, 2005).

1. 본제(main levee) : 본제란 제방 원래의 목적을 위해서 하도의 양안에 축조하는 연속제로서 가장 일반적인 형태이다.
2. 부제(secondary levee) : 부제는 본제가 파괴되었을 때를 대비하여 설치하는 제방으로서 본제보다 제방고를 약간 낮게 설치한다.
3. 놀둑(open levee) : 불연속제의 대표적인 형태이다. 제방 끝부분에서 제내지로 유수를 끌어들이기 위하여 제방을 분리하여 윗제방의 하류단과 그 다음 제방의 상류단을 분리하여 중첩시킨 것이다. 홍수지속시간이 짧은 급류하천이나 단기간의 침수에는 큰 영향을 받지 않는 지역에서 홍수조절을 목적으로 설치된다.
4. 윤중제(둘레둑, ring levee) : 특정한 지역을 홍수로부터 보호하기 위하여 그 주변을 둘러싸서 설치하는 제방이다.

5. 횡제(가로둑, cross levee, lateral levee) : 제외지를 유수지나 경작지로 이용하거나 유로를 고정시키기 위해 하천 중앙쪽으로 돌출시킨 제방을 말한다.
6. 가름둑(분류제, separation levee) : 홍수지속시간, 하상경사, 홍수규모 등이 다른 두 하천을 바로 합류시키면 합류점에 토사가 퇴적하여 횡류가 발생하고 합류점 부근 하상이 불안정하게 되어 하천 유지가 곤란하게 된다. 이와 같은 경우에 두 하천을 분리하기 위해 설치하는 제방을 가름둑(분류제)이라 한다.
7. 월류제(overflow levee) : 월류제는 하천수위가 일정 높이 이상이 되면 하도 밖으로 넘치도록 하기 위해 제방의 일부를 낮추고 콘크리트나 아스팔트 등의 재료로 피복한 것이다. 이와 같은 월류제는 홍수조절용 저류지, 일정 크기 이상의 홍수 때에만 흐르는 방수로 등의 유입구로 이용된다.
8. 역류제(back levee) : 지류가 본류에 합류할 때 지류에는 본류로 인한 배수가 발생하므로 배수의 영향이 미치는 범위까지 본류 제방을 연장하여 설치하는데 이를 역류제라 한다.

다. 하천제방설계는 하천규모에 따른 계획홍수량에 적합한 제방 높이, 둑마루폭, 비탈경사 등을 결정하기 위하여 월류, 세굴, 누수, 활동에 대한 안정성 평가를 통한 제방강화 형태 및 구간 선정과 자연환경보전, 생태계보전, 친수공간 확보 등에 대한 방안을 고려함으로써 제방의 신뢰성을 향상시켜야 한다.

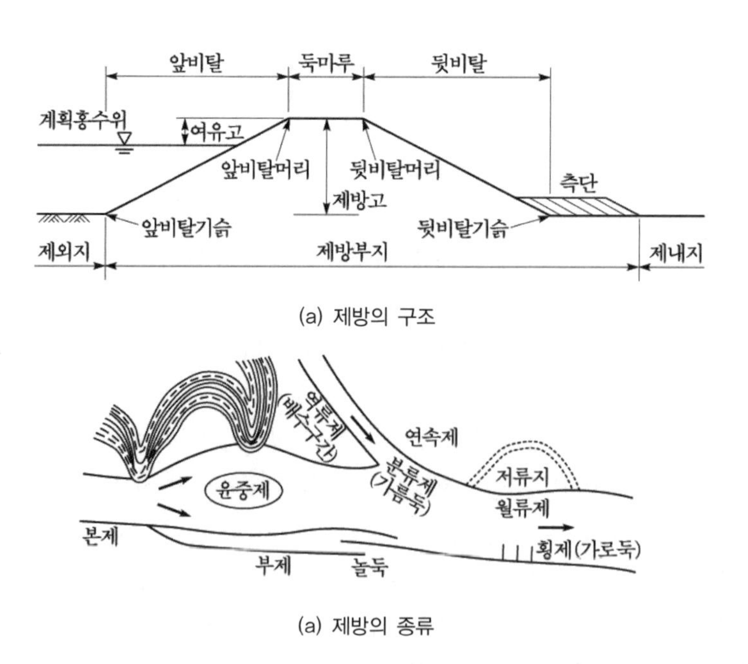

(a) 제방의 구조

(a) 제방의 종류

해설 그림 8.1.4 제방단면의 구조와 명칭(한국수자원학회, 2005)

(3) 가물막이댐

가. 가물막이댐은 하천 또는 해양에서 댐, 교량 또는 갑문 등의 구조물을 축조하는 동안 공사구간 내로 물이 들어오는 것을 방지하기 위해 토사나 구조체를 이용해 임시로 막아놓은 시설물을 말한다. 특히 댐 공사의 경우에는 공사기간 중 하천수의 흐름을 변경시켜서 댐체 건설공사가 지장을 받지 않도록 하기 위하여 가배수터널(diversion tunnel)과 함께 설치하기도 하는 시설물이며, 설계홍수의 규모에 따라서 다르지만 일반적으로 건설공정을 좌우할 정도로 중요하며, 댐 건설비용에도 크게 영향을 주는 경우가 많다.

나. 가물막이댐의 형식 및 종류(한국수자원공사, 2012)

1. 가물막이댐의 형식은 설계홍수량, 지형, 하천경사, 하상퇴적물의 깊이와 종류, 시공기간 및 가물막이의 재료 등을 고려하여 결정한다.
2. 가물막이댐의 형식은 크게 필댐 형식과 구조물 형식으로 구분할 수 있다.

해설 표 8.1.1 필댐 형식의 가물막이댐

구분	토사제방 형식	중심코어형 필댐 형식	필댐+차수매트 형식	필댐+차수벽 형식
모식도	토사/암 퇴적층 기반암	토사/암Core 퇴적층 기반암	차수매 토사/암 퇴적층 기반암	차수벽 토사/암 퇴적층 기반암
특징	• 토사나 암 이용하여 제체 형성 • 시공이 간단, 공정이 단순하여 경제적 • 수위가 높은 경우 침투류 및 파이핑 발생	• 중앙부 코어재로 차수효과 증진 • 코어재 재료 수급이 용이할 경우 경제적 • 축조재별 입도관리 및 다짐관리 필요	• 필댐 형성 후 제외측 법면 차수매트 포설 • 제체 법면 매트 포설로 공정이 단순 • 월류시 장기안정성 확보 어려움	• 필댐 형성 후 제체 상부에서 차수벽 근입 • 차수벽으로 차수효과 우수 • 차수벽 누수 발생 시 보강대책 곤란

해설 표 8.1.2 구조물 형식의 가물막이댐

구분	콘크리트구조물 형식	강구조물 형식		
		2열 Sheet Pile 형식	벽강관 말뚝 형식	원형 셀 형식
모식도	콘크리트 중력식댐 퇴적층 기반암	Sheet Pile 토사/암 퇴적층 기반암	벽강관 토사/암 퇴적층 기반암	원형 셀 퇴적층 기반암
특징	• 중력식 콘크리트댐으로 안정성 우수 • 월류 발생 시 구조물 장기안정성 확보 탁월 • 공사비 고가이며 설치, 해체가 어려움	• 기본 제체 형성 후 2열 Sheet Pile 설치하여 내부에 토사 채움 • 제체 강성이 크고 월류 시 안정성 우수 • 수위급상승 시 낙차 커 월류 안정성 저해	• 제체 형성 후 벽강관 근입으로 차수 효과 • 점용면적 최소화로 유수흐름 유리 • 공사비가 고가이며 기반암 근입 어려움	• 원형 셀식 구조물을 연속적으로 연결 • 공종이 복잡하고 대규모 장비 필요 • 기초부 근입 건전도에 적합여부 따라 누수 우려 큼

8.1.2 댐 기초는 가능한 한 대규모 단층 및 파쇄대 구간을 피하여 설치하며, 소규모 단층 및 파쇄대 구간은 콘크리트로 치환 또는 그라우팅과 같은 처리대책을 강구한다.

해설

8.1.2 댐의 사고 원인 중 기초의 결함이 상당한 비율을 차지하고 있다. 그 이유는 제체는 엄격한 품질관리 하에 시공되기 때문에 상대적으로 품질의 변동 폭이 적으나 기초의 경우에는 지질적 특성에 따라서 투수성이나 강도 등의 공학적 특성의 변동이 클 수 있으므로 댐 준공 이후 침투 및 변형 등에 대한 항구적 안정성 확보를 위한 조사와 적절한 처리가 필수적이다.

댐이 설치되는 계곡이나 하천은 오랜 기간 동안의 복잡한 지질작용에 의해 생겨난 것이기에 단층이나 파쇄대 구간을 피하기가 거의 어려우나 대규모의 단층이나 파쇄대 구간은 피하여 설치하는 것이 안정성 및 경제성 측면에서 바람직하다. 그러나 소규모 단층 및 파쇄대 구간은 일반적으로 콘크리트 치환 또는 그라우팅과 같은 처리대책을 강구하여 댐을 설치한다. 댐 형식별 단층대 및 파쇄대 처리는 다음과 같이 실시한다.

(1) 필댐

가. 기초암반 중에 분포하는 단층 또는 파쇄대는 그 규모나 역학적 성질 등에 따라서는 적절한 기초처리를 하지 않을 경우 지지력 부족으로 부등침하의 원인이 되거나 누수의 원인이 되며 세립물질을 유실시켜 파이핑 현상을 일으키게 하는 등의 위험성이 있다.

나. 소규모의 것은 그라우팅으로 처리할 수 있고 폭 0.5m 이상의 단층 점토는 연약한 부분이 있는 깊이까지 굴착하고 콘크리트로 치환하는 방법이 있다.

다. 필댐에서의 지지력 문제는 콘크리트댐 보다는 중요한 요소가 되지 않으나 단층 점토 표면의 연약화 및 그라우팅 재료의 누출을 방지하며, 코어 접촉면을 주위의 암반과 같은 상태로 하여 다짐을 균일하게 하는 등의 목적으로 코어 트랜치 안에 나타나는 단층의 전 길이에 콘크리트 캡을 설치한다.

라. 굴착 깊이는 폭의 최소 1.5배 이상으로 하고 굴착폭은 단층 점토 및 파쇄대 부분과 양측의 신선한 암까지 접하도록 폭을 잡는다.

USBR 방법(USBR, 2001) 해설 (8.1.1)

- $d = 0.3b + 1.5m$ ($H < 45m$일 때)
- $d = 0.0067bH + 1.5m$ ($H \geq 45m$일 때)
- 굴착면 경사 : 1 : 0.03

여기서, b : 단층대의 폭(m)

d : 주변의 신선한 암반면(sound rock)으로부터 굴착되어야 하는 깊이(m)

H : 댐의 높이(m)

(2) 콘크리트 표면차수벽형 석괴댐

가. 기초 굴착면 부위에 나타난 단층대에 대하여는 단층대의 특성을 조사하여 기초로서 요구되는 조건을 확보할 수 있도록 한다.

나. 프린스 기초부위의 모든 단층, 파쇄대 및 충전된 절리 등은 충분한 깊이까지 굴착하여 깨끗이 청소한 후 콘크리트 등으로 충전하도록 하여야 한다. 프린스 기초로부터 차수벽 지지존 구간 내에 있는 확장된 절리나 침식성 심(seam)은 최소한 이들 폭과 동일한 깊이까지 굴착하여 보강 대책을 강구하여야 한다.

다. 단층대를 치환할 때의 치환심도는 경험적인 방법이 통상 사용되고 있으며, 단층대의 특성에 따라 해설 식(8.1.1)을 기준으로 탄력적으로 적용 보완할 수 있다.

1. 경험적인 방법은 공내재하시험에 의해 D급(해설 표 8.3.1 및 8.3.2 참조) 정도의 탄성계수를 나타내는 구간에 대해 치환한다.
2. 치환심도는 해설 식(8.1.1)을 따라 정한다.

라. 선택존 및 암석존 기초부위의 단층대에 대하여는 단층대의 지질분류를 통해 압축성에 의한 침하량을 계산하거나 현장 재하시험 등을 실시하여 부등침하 여부를 검토하여야 한다.

(3) 콘크리트댐

콘크리트댐의 기초 암반에 단층, 우려할 만한 심(seam), 혹은 불량한 암반이 존재할 경우는 연약부분을 제거하고 콘크리트로 치환하거나 또는 그 상태에 따라 적절한 공법으로 처리하여야 한다. 이러한 연약부분은 특히 누수의 원인이 된다.

가. 단층부분은 일반적으로 파쇄작용을 받고 있으므로 단층의 두께에 따라 깊게 굴착하여 제거하고 견고한 암반이 하중을 받을 수 있도록 쐐기모양의 콘크리트로 치환한다. 파쇄대가 깊은 심도까지 점토화되어 있어 콘크리트로 치환할 수 없을 경우 상·하류측에 보다 깊게 차수벽을 설치해야 한다. 이러한 처리가 끝난 후에는 이 부분에 특히 주의하여 그라우팅을 하고 장래에 누수가 일어나지 않도록 해야 한다.

나. 치환부와 기존 암반부의 접촉부분은 앵커바 등으로 보강하는 것이 좋다. 단층의 규모에 따라 부등침하를 방지하기 위하여 불량 부분을 1개의 블록으로 시공하는 방법도 있다. 단층폭이 2m 이상인 경우에는 치환깊이를 다음과 같이 계산할 수 있다.

$$d=\frac{SF\cdot H-f\cdot V}{2\sqrt{1+m^2}\cdot\tau_0\cdot l}\qquad \text{해설 (8.1.2)}$$

여기서, d : 치환 깊이(m)

SF : 전단 마찰에 대한 안전율

H : (B+2md+2b) 구간에 작용하는 수평력

V : (B+2md+2b) 구간에 작용하는 연직력

B, b : 해설 그림 8.1.5의 길이(b는 보통 0.5~1.0m)

f : 내부마찰계수(콘크리트와 암반의 마찰계수 중 작은 값)

τ_0 : 전단강도(콘크리트와 암반의 전단강도 중 작은 값)

l : 콘크리트의 치환길이

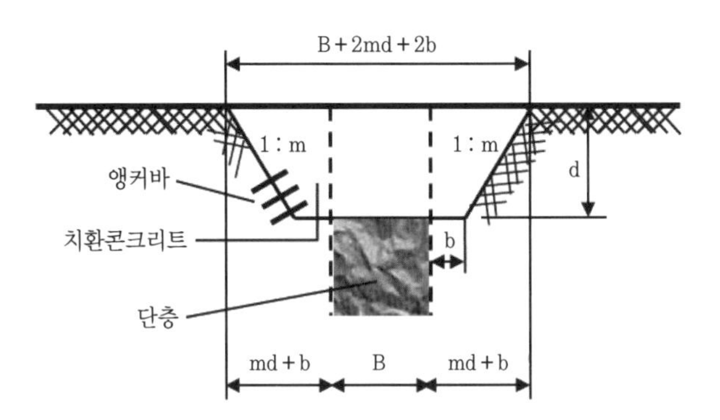

해설 그림 8.1.5 콘크리트댐 기초암반 내 단층에 대한 치환콘크리트 깊이(일본 댐기술센터, 2005)

8.1.3 댐과 제방 기초는 기초지반의 특성 및 조건 등을 고려하여 상시, 홍수 시 및 지진 시에 대하여 누수, 활동, 변형 등에 안전하도록 설계한다. 특히 제방의 경우 하도와 제내지 상황도 고려한다.

8.1.4 댐 또는 제방의 안정성 확보를 위해 하부의 기초지반에는 차수, 세굴방지, 지지력 증가 등을 위한 대책공법을 설계하며, 그라우팅이 필요한 경우에는 다음과 같이 실시한다.

(1) 그라우팅은 커튼 그라우팅, 압밀 그라우팅, 블랭킷 그라우팅, 기타 특수 목적을 위한 그라우팅 등을 병행하고 차수효과를 확인한다.

(2) 그라우팅 시공 시에는 지반조사 결과를 토대로 현장시험 및 시험시공을 실시하고 그라우팅 재료의 환경 유해성 여부를 검토한다.

단, 그라우팅 공법 적용이 부적합한 경우에는 널말뚝 또는 지중연속벽공법 등의 대책공법을 적용한다.

해설

8.1.3 댐과 제방기초는 하천환경 등을 고려하여 누수, 활동, 월류, 지진 및 하중 등에 대하여 안전하도록 댐의 기초에는 투수성, 강도 및 변형성 등 3가지의 공학적 특성에 대해 안정성 검토를 통해 설계를 한다. 제방의 경우 현재 및 장래의 하도, 홍수 시 흐름의 상황, 제내지 토지이용 현황 등을 고려하여야 한다.

해설 표 8.1.3 필댐의 형식에 따라서 기초지반에 요구되는 공학적 성질

형식	투수성	강도	변형성
균일형	수압에 비해 차수 폭이 길기 때문에 침투류의 경로를 유효하게 이용	기초지반의 강도가 제체 재료 이상의 강도일 경우에는 문제되지 않으나 연약지반의 경우에는 상세한 조사가 필요함	상당한 변형에 대응할 수 있으나 연약지반의 경우 압밀에 의한 변형이 문제시 될 수 있음
존형	코어 부분에 대해 유속이 빠른 침투류를 억제해야 하며, 하류의 암축조 부분에서는 안전하게 침투수를 배수해야 함	기초지반의 강도가 제체 재료 이상의 강도일 경우에는 문제가 되지 않으나 연약층은 일반적으로 제거하여야 함	연약지반이거나 제체 내부에 검사용 갤러리가 설치되는 경우 기초의 변형성에 대한 검토가 필요함
표면차수벽형	동수경사가 가장 심하기 때문에 차수그라우팅 주변의 차수가 확실해야 함	침하에 약한 구조이므로 기초지반의 강도 보다는 오히려 변형성을 검토함	표면차수벽에 유해한 변형을 일으키지 않는 기초이어야 함

8.1.4 차수, 세굴방지, 지지력 증가 등을 위한 그라우팅이 필요한 경우에는 다음과 같이 실시한다. 단, 지중 또는 암반 중에는 미처 파악되지 않은 조건이 있는 경우가 많아 그라우팅을 통한 차수의 이론적 접근 및 결과의 분석의 정확도에 한계가 있음을 인식하고 가능한 한 충분한 조사결를 토대로 접근할 필요가 있다.

(1) 그라우팅은 커튼 그라우팅, 압밀 그라우팅, 블랭킷 그라우팅, 기타 특수 목적을 위한 그라우팅 등을 단독 또는 병행하여 실시하고 차수효과를 확인한다. 차수, 세굴 방지, 지지력 증가 등을 위한 그라우팅이 필요한 경우에는 그 목적에 따라 커튼 그라우팅, 블랭킷 그라우팅, 특수 그라우팅 등으로 구분하여 실시한다. 그라우팅 재료 선정 시에는 환경 유해성 여부를 사전에 조사하여 환경에 악영향이 없도록 해야 한다. 댐의 효과적인 그라우팅을 실시하기 위해서는 사전에 충분한 지질조사를 실시함과 동시에 실 시공에 앞서 루전(Lugeon)시험, 그라우팅시험 등을 실시하여 이들 결과를 기초로 시공계획(구멍의 깊이 및 간격, 시공순서, 배합비의 변화, 최대 주입압력 등)을 작성하여야 한다. 그라우팅 계획은 현지 지질조사 성과에 의한 루전도의 작성 후 공의 깊이, 공의 배치를 결정하고 그라우팅 시험성과를 기준으로 주입 계획을 수립해야 한다.

가. 커튼 그라우팅(curtain grouting)

커튼 그라우팅은 차수벽의 연장으로서 기초 지반 내의 균열, 간극 등에 시멘트 점토, 약액 등의 주입에 의한 차수커튼을 형성하여 1루전 이하의 차수효과를 기대하는 것이다.

1. 그라우팅 공의 배치

커튼 그라우팅은 코어 중심 또는 댐 중심에서 약간 상류 부근에 2열의 차수커튼을 만드는 것이 일반적이다. 그러나 경우에 따라서 1열 차수커튼을 하는 경우도 있으며, 이 경우에는 상세 지질도, 시추코어의 상태, 수압시험에 의한 투수계수 분포특성 등을 면밀히 검토하고, 1열 그라우팅 시공 후 검사공을 철저히 실시하여야 한다. 일반적인 경우에 있어서는, 시추구멍의 지름은 코어 채취의 필요성이 없으면 BX 규격 이상, 블랭킷 공은 AX~BX 규격으로 하는 것이 효과적이며, 공 간격은 1~3m 정도가 일반적이다. 각 공은 동일 평면 내에 있도록 하는 것이 중요하며, 한 공이라도 공 간격의 1/3 정도를 벗어나면 차수커튼의 연속성이 불확실해질 수 있으므로 주의를 요한다. 커튼 그라우팅은 해설 그림 8.1.6과 같이 양안 접속부는 연직방향 또는 접속부 비탈면에 직각방향 모두 가능하나 접속부 경사가 급할 경우에는 시추를 길게 한다. 그러나 후자의 경우에도 굴곡부의 공 간격을 좁게 하고 차수커튼의 연속성을 확인하기 위하여 1~2 정도의 횡방향 보조공을 추가하는 것이 바람직하다. 주입시멘트는 1종 포틀랜드 시멘트가 보통이나 암층의 틈이 작을 때에는(0.2mm 이하) 점토 시멘트를 쓴다. 대개 점토 시멘트는 점성이 작고 내구성과 강도가 모두 충분하다.

2. 공의 깊이

댐 설계기준에서 공의 깊이는 구멍 위치에서의 설계수두의 2/3 범위로 하되 최소 15m로 하는 것이 일반적이지만 커튼 그라우팅의 공 깊이는 댐의 종류, 높이, 기초의 암질 등에 따라서 그 필요한 깊이가 다를 것이므로 일률적으로 규정할 수는 없다. 지금까지 시공된 실례로 보면 일반적으로 치밀한 조직의 기초 암에서는 해당수두의 20~30%, 보통 암에서 30~50%의 깊이까지 실시하여 충분히 목적을 달성하고 있다. 그러나 암질이 불량하면 70% 또는 그 이상의 경우도 있다.

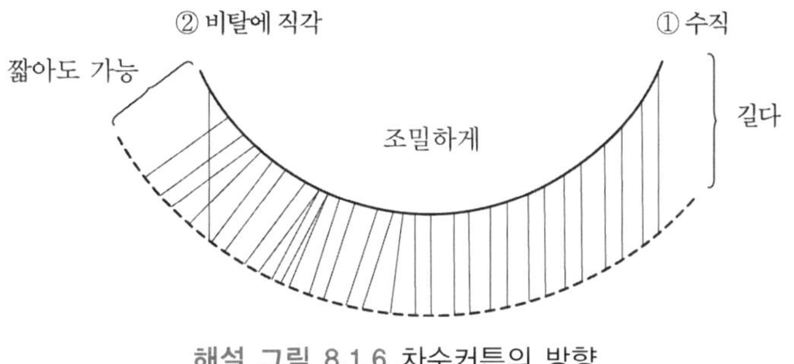

해설 그림 8.1.6 차수커튼의 방향

나. 블랭킷 그라우팅(blanket grouting)

블랭킷 그라우팅은 해설 그림 8.1.7에서처럼 높이가 크지 않은 필댐의 코어 하부에 대해서 커튼 그라우팅에 앞서 시공되며, 커튼 그라우팅의 양측에 비교적 얕은 깊이로 실시하는 그라우팅이다. 목적은 저수량 손실을 막고, 상대적으로 투수성이 높은 표층부에서의 침투속도를 저하시키며, 코어재료가 기초암반으로 유실되는 것을 막는 데 있다(Weaver 등, 2007). 부수적으로 커튼 그라우팅 시 그라우트재의 유실을 방지하는 효과와 주입압을 증가시킬 수 있는 효과가 있다.

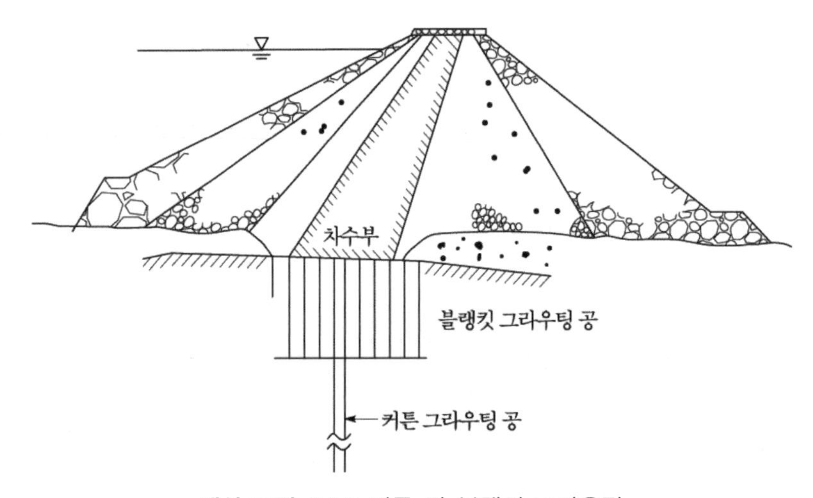

해설 그림 8.1.7 커튼 및 블랭킷 그라우팅

다. 특수 그라우팅(special grouting)

특수 그라우팅은 필요하다고 생각되는 부분에 수시로 시공되는 것으로, 예를 들면 지지력이 부족한 부분, 용수 및 주수 부분의 처리, 단층 및 파쇄대의 처리 등 기초지반으로서 부적당할 경우 개량을 목적으로 실시되는 그라우팅이다.

라. 압밀 그라우팅(consolidation grouting)

압밀 그라우팅은 기초 암반의 표층부를 굳게 하여 투수가 되지 않도록 하는 동시에 지지력도 증가시키기 위해서 실시하는 그라우팅으로 해설 그림 8.1.8과 같이 격자 모양으로 구멍을 배치하여 시공한다. 구멍간격은 3~5m의 예가 많고 지질 상황에 따라 부분적으로 구멍 간격을 2m 정도로 하는 경우도 있다. 시멘트 주입량 혹은 루전값이 개량 목표치를 만족하지 않는 경우에는 인접한 위치에 추가공을 시공한다. 이때 개량 목표치는 3루전 이하를 표준으로 한다. 콘크리트댐의 기초에 쓰이는 것이 보통이지만 필댐에서는 댐 높이가 큰 코어형 댐의 경우 적용한다. 암반의 상부가 느슨한 경우 터파기를 할 것인지 압밀 그라우팅을 할 것인지는 설계를 비교·검토하여 결정한다.

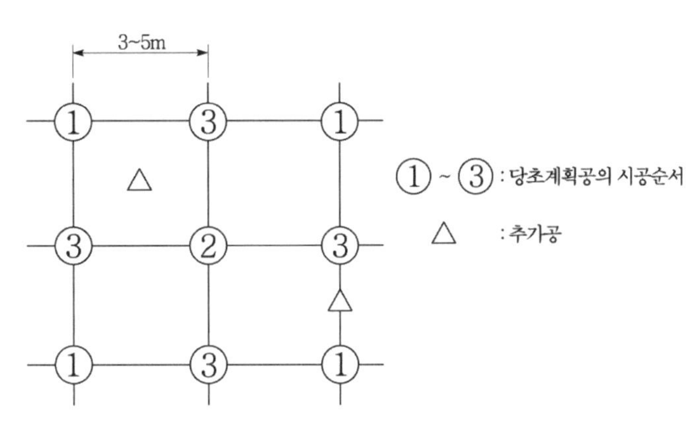

해설 그림 8.1.8 압밀 그라우팅의 구멍배치 및 시공순서의 예

마. 림 그라우팅(rim grouting)
댐의 어버트먼트(abutment) 또는 저수지 주변에 차수대를 연장하기 위해서 실시하는 그라우팅을 말한다.

바. 컨택 그라우팅(contact grouting)
암반 위에 콘크리트 타설 후 콘크리트와 암반부 사이의 공극을 충전하기 위한 그라우팅을 말한다.

사. 그라우팅 계획 시의 일반적인 검토사항은 시공 범위, 주입재료, 공의 배치, 배합, 주입압력, 시공방법 등이 있다. 이들 제반 사항에 대한 해당 지점에 있어서 가장 적절한 판단을 내릴 수 있는 자료를 얻기 위하여 지질조사, 루전시험, 그라우팅 시험 등이 실시되어야 한다.

1. 지질조사
댐 지점의 지하수 분포, 전체의 지질구조, 지층의 종류, 분포상황, 각 지층마다의 암반경도, 풍화정도, 균열상황, 절리가 발달한 지층에서 균열의 폭, 간격, 방향성, 연속성, 상이한 지층 경계면의 성상 등을 충분히 파악한다.

2. 루전시험
일반적으로 암반의 투수성을 파악하기 위한 시험으로 피압대수층 양수법과 루전시험을 실시한다.

가) 루전시험은 수압을 이용하여 기초지반의 투수성을 조사하고 시험 시 주입압력(P)과 주입량(Q)의 관계로부터의 루전값을 구한다. 일반적으로 구경 45~65mm 정도에서 루전값을 구하고자 하는 위치에 팩커를 설치하고 맑은 물을 가압하여 주입함으로써 그 주입량이 정상적으로 될 때의 값을 사용하여 루전값을 산출한다. 루전값은 보링공 주입길이 1m당 1,000kN/m^{2}의 주입압력으로 $1l/\mathrm{min}$의 물이 들어갔을 때 암반의 투수도를 1루전이라 한다.
주입단계에서 길이 L은 일반적으로 5m 정도를 택한다. 팩커 길이는 시추공 지름의 5배 이상을 사용하고 팩커 주변부를 통하여 시추공에 누수가 없도록 하여야 한다.
루전시험은 지하수위 이하 또는 이상에서 가능하며 보링홀이 케이싱 없이 개방된 상태의 지반조건이어야 한다. 루전값은 해설 식(8.1.3)을 이용하여 구할 수 있다.

$$Lu = \frac{1,000Q}{PL} \qquad \text{해설 (8.1.3)}$$

여기서, Lu : Lugeon 값(1Lu $\approx 1 \times 10^{-7}$m/sec)
P : 주입압력(kN/m^2)
Q : 주입수량(l/min)
L : 시험구간(m)

나) 피압대수층의 양수법은 지하수가 유입되는 피압대수층의 두께를 이용하여 해설 식(8.1.4)를 이용하여 투수계수를 구한다. 일반적으로 영향범위의 반경은 우물 반경의 3,000~5,000배로 본다.

$$k = \frac{0.023Q}{2\pi LH} \times \log\left(\frac{L}{r}\right) \qquad \text{해설 (8.1.4)}$$

여기서, k : 투수계수(m/sec)
H : 총수두(m)
Q : 주입수량(m^3/sec)

r : 공반경(m)
L : 시험구간(m)

다) 일반적으로 암반의 투수성 평가에서는 투수계수를 사용하지 않고 루전값을 주로 이용하는데 그 이유는 다음과 같다.

1) 암반 내 심부의 투수성을 조사할 때에는 일반적으로 시추공을 이용하며, 압력수를 주입하여 투수성을 측정하는 루전시험이 가장 간편하다.
2) 보링공에 대한 시험결과로 지반상태 파악 및 보강방법 등의 해석이 용이하다.
3) 지반보강 후 보강 전·후의 지반상태의 비교가 루전값으로 손쉽게 파악할 수 있어 투수계수보다는 루전값을 이용한다.

3. 시험그라우팅
댐 지점에서 시험그라우팅은 그라우팅에 의한 지반개량 효과를 파악하고 그라우팅의 공 간격, 패턴, 주입압력, 재료의 배합 등 시공기준을 정하기 위해 실시한다.

아. 기타사항
기초지반에 용출수가 있는 경우 그 양이 적더라도 반드시 용출수가 차단되도록 해야 한다. 주변 그라우팅으로 차단이 어려운 경우 또는 공사비와 시공 속도면에서 불리한 경우에는 하류부에 배수공을 설치해야 한다.
이것은 기초 지반과 코어 사이의 파이핑이나 침니(chimney)현상에 의한 댐의 파괴를 예방하는 역할을 할 수 있는 것이다. 이 방법은 높이가 큰 댐, 특히 층상으로 된 퇴적암의 경우에 효과적이다. 배수공의 지름은 5~8cm이면 충분하고, 그 위치는 해설 그 8.1.7과 같이 ① 댐 안에도 좋고 ② 비탈 끝도 좋다. ①의 경우는 제체 안정상 유리하고 ②의 경우는 누수량을 측정할 수 있어 편리하다. ③의 경우는 댐 하류측 비탈면 끝에서 경사진 방향으로 시공하면 ①, ② 경우의 장점을 병용할 수 있다. 일반적으로 암반기초인 경우에는 댐 기초의 붕괴는 있을 수 없다고 생각하고 있으나 층상으로 된 퇴적암의 층리 경사가 활동하기 쉬운 방향으로 기울어져 있고, 수평방향의 전단저항이 작을 경우에는 활동의 위험성도 있으므로 충분한 지질조사를 통해 확인해야 한다.

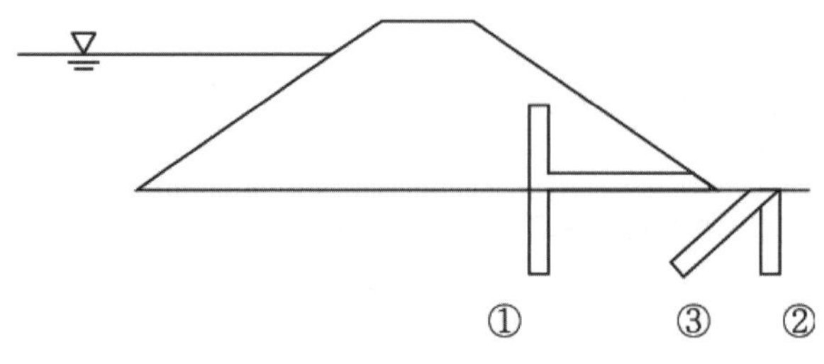

해설 그림 8.1.9 배수공의 위치

(2) 그라우팅 시공 시에는 지반조사 결과를 토대로 현장시험 및 시험시공을 실시하고 그라우팅 재료의 환경 유해성 여부를 검토한다. 댐 지점에서의 시험 그라우팅은 그라우팅에 의한 지반개량 효과를 파악하고 공의 간격, 주입압력, 재료의 배합 등 시공기준을 정하기 위해 실시한다.

8.1.5 이 장에 기술되지 않은 내용은 댐 설계기준 및 하천 설계기준에서 정하는 바를 따른다.

해설

8.1.5 본 설계기준 및 해설은 댐 및 하천제방 설계와 관련된 모든 사항을 기술하고 있지 않으므로 이 장에 기술되지 않은 내용은 댐 설계기준 및 하천 설계기준에서 정하는 바를 따른다.

8.2 안정해석

8.2.1 댐과 제방 구조물의 안정해석은 수위변화와 포화상태에 따른 누수 및 비탈면 안정성 검토 등을 포함한다.

8.2.2 누수에 대한 안정성 검토는 다음과 같은 방법을 따른다.

(1) 침투류 해석은 수위변화 및 구조물 특성을 고려한 정상·비정상 침투해석법으로 수행한다.

(2) 침투류에 대한 수치해석은 이차원 해석을 원칙으로 하며, 필요시 정밀한 분석을 요하는 경우에는 삼차원 해석을 실시할 수 있다.

(3) 파이핑에 대한 검토는 한계동수경사에 의한 방법, 한계유속에 의한 방법, 크리프비에 의한 방법 등을 사용한다. 이때 안전율은 검토방법, 지반특성, 구조물의 중요도를 고려하여 결정한다.

해설

8.2.1 댐과 제방의 안정해석은 수위변화에 따른 침투 및 비탈면 안정성 검토 등을 포함하며, 필요시 제체의 변형에 대한 안정성 검토를 한다. 안정해석 순서는 일반적으로 해설 그림 8.2.1과 같다.

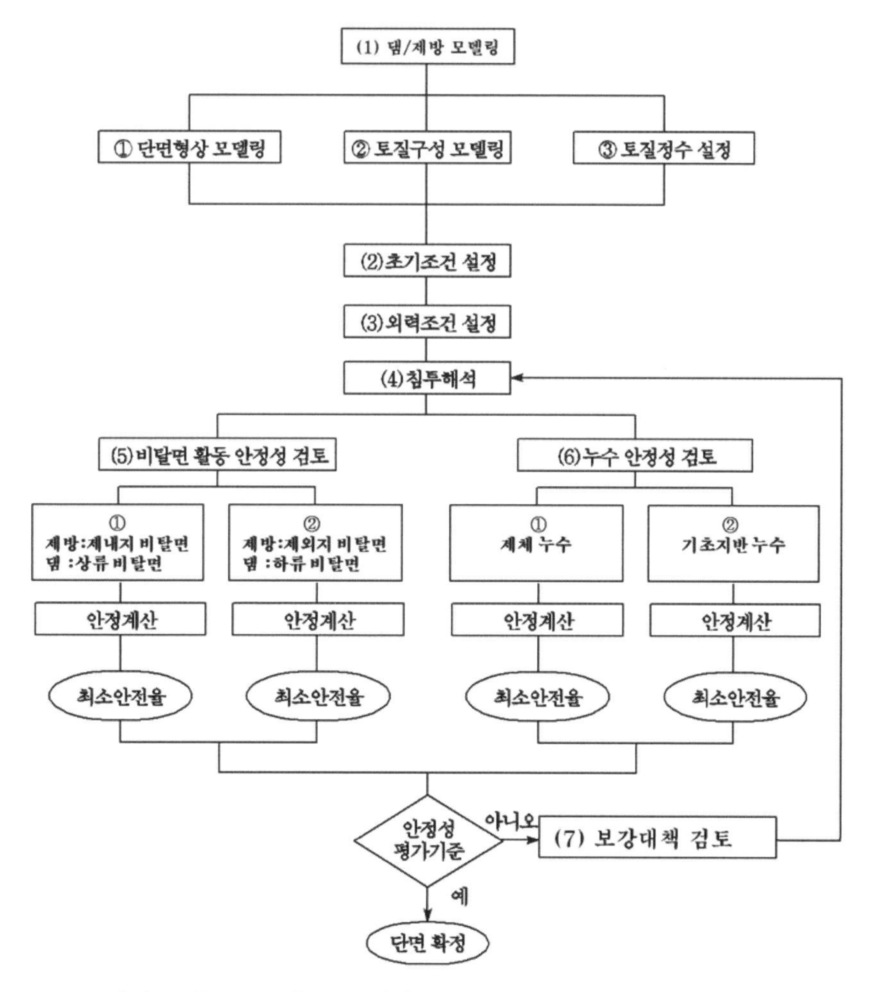

해설 그림 8.2.1 댐 또는 제방 단면 설계를 위한 안정해석 순서

8.2.2 댐과 제방 구조물에서 저류된 물 또는 하천수를 완전히 차단하는 것이 아니라 제체 구조물의 내부 또는 기초지반 내에서 흐르도록 하여 하류로 배수시키되 그 흐름의 위치, 양 또는 속도 등이 허용범위에 있을 때 그 댐 또는 제방은 침투에 대하여 정상적으로 거동하고 있는 것이다. 이와 같이 댐체 또는 제방의 내부에서 적절히 제어되어(controlled) 흐르는 제체 내 또는 기초지반을 통한 흐름을 침투(seepage)라 한다. 그러나 정상적으로 조절되지 않는(uncontrolled) 침투수가 하류 비탈면 또는 제내지측 비탈면에서 유출되는 것을 누수(leakage)라 한다. 누수 현상이 지속될 경우 비탈면에는 유출수에 의한 사면포화, 입자유실에 따른 공극형성, 제체 재료의 전단강도 저하 등이 발생하여 궁극적으로 비탈면의 활동(sliding)이 발생할 수 있으며, 심각할 경우 댐 또는 제방의 붕괴를 야기하므로 설계 시 반드시 침투에 대한 안정성 검토를 수행하고 필요시 누수방지 대책을 강구하여야 한다.

일반적으로 댐 및 제방의 누수는 제체 비탈면에서의 누수와 기초지반 누수 등으로 구분된다. 제체 누수를 일으키는 원인은, 댐의 경우 ① 제체 단면 또는 차수존 단면이 부족한 경우, ② 차수존의 투수계수 부적절, ③ 필터의 부적정 설계 또는 막힘현상, ④ 제체와 기초암반 접촉부에서의 비정상적 흐름, ⑤ 제체 또는 차수존에서의 아칭(arching) 현상에 의한 수압할렬(hydraulic fracturing)에 의한 파이핑(piping), ⑥ 제체와 구조물 접촉부에서의 비정상적 흐름 등이다. 제방의 경우에는 ① 제방의 단면이 너무 작은 경우, ② 제방이 사질토 또는 조립토를 다량으로 포함한 토사로 만들어지고 제외지 또는 중심부에 차수벽이 없는 경우, ③ 제체를 충분히 다지지 않은 경우, ④ 두더지 등의 동물에 의해 구멍이 뚫린 경우, ⑤ 제체 내에 매설되어 있는 구조물과의 접합부에 흐름이 생기는 경우 등이 있다.

한편, 기초지반 누수는 파이핑 현상으로도 불리며 침투압, 누수량 등을 검토하여 필요시 충분한 대책을 강구해야 한다.

기초지반 누수를 일으키는 원인은, 댐의 경우 ① 기초지반의 차수그라우팅이 부적절하게 이루어진 경우, ② 투수성이 큰 모래층 또는 모래 자갈층인 기초지반에서 차수벽(cutoff wall) 설치가 부적절하거나 결함이 생긴 경우, 제방의 경우 ① 지반이 투수성이 큰 모래층 또는 모래 자갈층인 경우, ② 고수부지 부근의 표토가 유수에 의해 세굴되어 투수층이 노출되었을 경우, ③ 제방 제외지 비탈면 부근에서 골재를 채취하여 투수층이 노출되었거나 불투수성 표토의 두께를 얇게 했을 경우, ④ 제내지 비탈기슭 부근에서 골재를 채취하여 투수층을 노출시켰을 경우, ⑤ 지반침하에 의해 하천수위와 제체 지반고의 차이가 커진 결과 침투압이 증가했을 경우 등이 있다.

(1) 침투류 해석은 구조물의 상태나 저수위(혹은 하천수위)의 변동조건 등을 고려한 정상(steady state)·비정상(non-steady state) 침투류 해석법으로 수행한다.

댐의 경우에는 ① 초기 담수 시 제체 또는 점토코어 내에서의 침윤선 발달과정 및 간극수압 발생과정 등의 검토(비정상 침투류해석), ② 상시만수위 등에서의 정상침투 조건에서의 침투수량 평가, ③ 수위 급강하 시의 침윤면 파악, ④ ①~③조건에서의 사면안정해석 등을 위해 침투류해석을 실시한다.

제방의 경우에는 모델화한 제방(제체 및 기초지반)을 대상으로 고수위 지속시간, 시간 변화에 따른 수위조건, 토질정수, 차수벽 설치 유·무 등을 합리적으로 고려하여 수행한다. 이때 침투류 해석조건은 댐의 경우와 마찬가지로 해석결과가 시간에 무관하게 일정한 정상 침투해석과 시간에 따라 변화가 발생하는 비정상 침투해석이 있다(해설 그림 8.2.2 (a), (b) 참조). 또한 수위조건은 해석 조건과 마찬가지로 시간에 무관한 정상 수위조건과 시간에 따라 수위가 변하는 비정상 수위조건이 있다(해설 그림 8.2.2 (c), (d) 참조).

하천제방의 침투류 해석은 비정상 수위조건에 대한 비정상 침투해석을 수행하는 것이 가장 합리적이면서 경제적인 방법이나, 실제 수위조건에 대한 정보가 없을 경우 댐 설계와 동일한 방법으로 적용되는 정상 수위조건을 이용한 정상 침투해석을 수행한다.

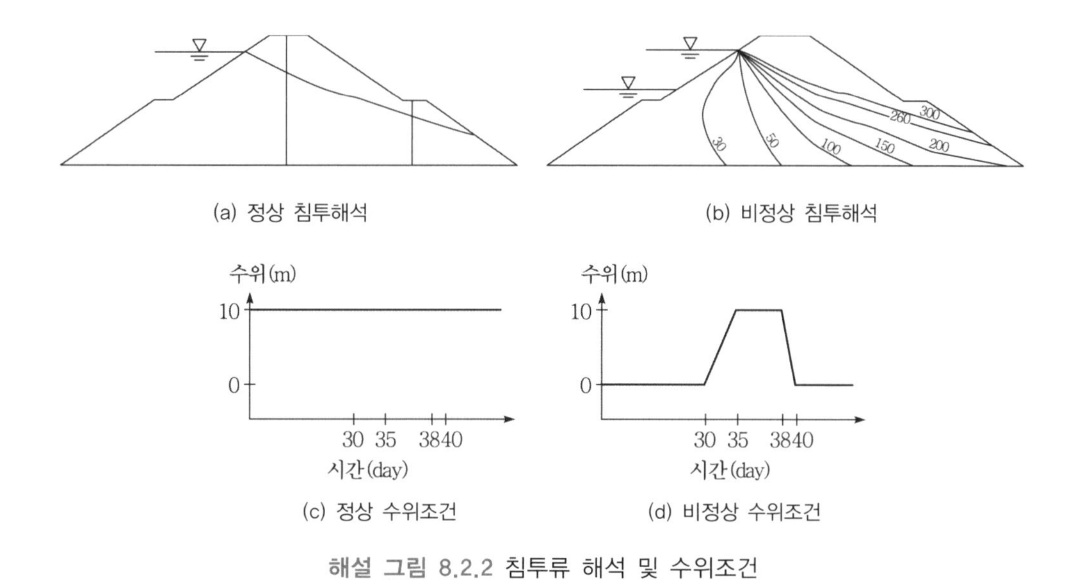

(a) 정상 침투해석

(b) 비정상 침투해석

(c) 정상 수위조건

(d) 비정상 수위조건

해설 그림 8.2.2 침투류 해석 및 수위조건

(2) 파이핑에 대한 검토는 한계동수경사에 의한 방법, 한계유속에 의한 방법, 크리프비에 의한 방법 등을 사용한다. 이때 안전율은 검토방법, 지반특성, 구조물의 중요도를 고려하여 결정한다.

가. 한계동수경사에 의한 방법

파이핑 현상을 일으키는 한계동수경사는 해설 식(8.2.1)로 계산한다. 이때 파이핑에 대한 저항력은 소성지수가 큰 재료일수록 큰 경향이 있으며 점착력이 없는 세립자의 i_c는 0.5~0.8로 본다. 침투류 해석에 의하여 산출한 동수경사가 한계동수경사의 1/2 이하가 되도록 해야 한다.

$$i_c = \frac{\gamma_{sub}}{\gamma_w} = \frac{G_s - 1}{1 + e} = (1 - n)(G_s - 1) \qquad \text{해설 (8.2.1)}$$

여기서, i_c : 한계동수경사

γ_{sub} : 토립자의 수중단위중량(kN/m^3)

γ_w : 물의 단위체적 중량(kN/m^3)

G_s : 토립자의 비중

e : 흙의 간극비

n : 흙의 간극률

나. 한계유속에 의한 방법(Justin 방법)

Justin에 따르면 제체 및 기초의 흙입자의 입경에 대하여 침투수압에 의하여 입자가 밀려나가기 시작하는 한계 침투유속을 해설 식(8.2.2)으로 구하며, 흙입자는 침투유속이 그 한계치를 넘으면 파이핑이 발생하는 것으로 본다. 그러나 실제 현장의 토립자는 다양한 크기의 입자가 혼합되어 있어 입경의 기준을 정하기 어렵고, Justin의 한계유속은 실제보다 과대평가하는 것으로 알려져 있으므로, 일반적으로 침투류 해석에서 얻어지는 침투유속을 Justin의 한계유속(해설 표 8.2.1의 입경에 대한 한계유속)의 1/100 이하가 되도록 하고 있다.

$$V = \sqrt{\frac{Wg}{A\gamma_w}} = \sqrt{\frac{2}{3}(G_s - 1)dg} \quad (Re \leq 1.0\text{인 경우}) \qquad \text{해설 (8.2.2)}$$

여기서, V : 침투 유속

W : 토립자의 수중중량

A : 물의 흐름을 받는 토립자의 면적

d : 입자의 직경

g : 중력가속도

γ_w : 물의 단위체적 중량

해설 표 8.2.1 입경별 한계유속(한국수자원학회, 2005)

재료 번호	입경(mm)	한계유속(cm/sec)
1	4.0~4.8	0.200
2	2.8~3.4	0.170
3	1.0~1.2	0.100
4	0.7~0.85	0.085
5	0.4~0.7	0.070
6	0.25~0.5	0.042
7	0.11~0.25	0.035
8	0.075~0.11	0.025
9	0.044~0.075	0.020

다. 가중 크리프 비에 의한 방법

가중 크리프 비(weighted creep ratio)에 의한 방법은 상하류면의 수두차(ΔH)와 유선이 구조물 하부지반을 흐르는 최소거리(L)를 기준으로 하여 파이핑에 대한 안전율을 검토하는 경험적인 방법으로 가중 크리프 비는 해설 식(8.2.3)과 같다(Lane, 1935). 여기서 가장 짧은 유선이 45°보다 가파르면 연직거리(D)로 간주하고, 45°보다 완만하면 수평거리(L)로 간주하여 유선의 최소거리를 계산한다.

안정성 평가는 계산된 가중 크리프 비가 해설 표 8.2.2의 값보다 크면 안전한 것으로 평가된다. 이때 가중 크리프 비는 흙의 종류에 따라 결정되므로 세립분 함량을 고려할 필요가 있다.

$$C_R = \frac{L_R}{\Delta H} = \frac{\frac{1}{3}L + D}{\Delta H} \qquad \text{해설 (8.2.3)}$$

여기서, C_R : 가중 크리프 비

L_R : 침투로의 길이(m)

ΔH : 최대 전수두차(m)

L : 침투수 흐름방향에 대한 수평 침투유로길이(m)

D : 침투수 흐름방향에 대한 연직 침투유로길이(m)

해설 표 8.2.2 제체 및 기초 지반 토질에 따른 크리프 비

제체 또는 지반의 토질	크리프 비	비고
매우 가는 모래 또는 실트	8.5	제체 또는 기초지반의 토질 중 투수성이 작은 토질을 취한다.
가는 모래	7.0	
중간 모래	6.0	
굵은 모래	5.0	
가는 자갈	4.0	
굵은 자갈	3.0	
연약 또는 중간 점토	2.0~3.0	
단단한 점토	1.8	
견고한 지반	1.6	

한편, 댐 및 하천제방 재료의 토질 설계정수는 현장에서의 조사 및 실험 또는 실내시험을 통해 얻은 값을 사용하여 설계하는 것을 원칙으로 하나 자료가 없을 경우 공사감독자와 상의하여 상대다짐도 및 현장 준공년도 등을 고려한 문헌상의 토질정수들을 참조한다.

이때 하천제방의 다짐도는 2005년 이전 기설 제방인 경우 최소 85% 이상을, 2005년 이후 제방인 경우 90% 이상을 만족하도록 할 필요가 있으며, 준공 연도별 상대 다짐도에 따른 설계정수값을 고려하여 사면안정성 및 침투안정성 등이 만족되는지 여부를 확인할 필요가 있다(해설 표 8.2.3 참조).

해설 표 8.2.3 하천설계기준상의 다짐기준 변화

기준 \ 항목	상대 다짐도	다짐도
하천설계기준·해설(2002)	85%	KS F 2312 A, B
하천설계기준·해설(2005)	90%	

8.2.3 기초지반의 활동에 대한 안정해석은 다음과 같은 방법으로 수행한다.

(1) 파괴면의 형상은 지반조건 등을 고려하여 원호 활동면, 직선 활동면, 복합 활동면으로 가정하고 안정해석을 실시한다.

(2) 활동파괴에 대한 안정 검토는 수위 급강하 및 홍수위 조건 등에 따른 침윤선 변화를 고려하여 실시한다.

(3) 활동파괴에 대한 안전율은 각각의 시설물 기준에 대한 검토방법, 지반특성, 구조물의 중요도를 고려하여 결정한다.

해설

8.2.3 댐 및 하천제방의 활동은 외부하중의 증가, 제체의 전단강도 약화, 침투수, 지반 침하 등에 의해 발생하며, 활동에 대한 안정해석은 다음과 같은 방법으로 수행한다.

(1) 침투류 계산에 의해 산정된 침윤면을 고려한 원호활동법에 의한 최소 안전율을 산출한다. 이때 파괴면은 지반조건 및 현장조건에 따라 원호활동면 이외의 직선 또는 복합 활동면을 가정하여 실시한다(해설 그림 8.2.3 참조).

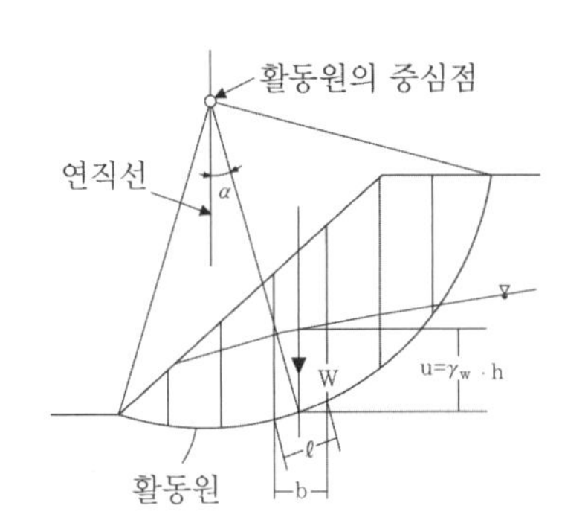

$$Fs = \frac{cl+(W-ub)\cos\alpha\tan\phi}{W\sin\alpha}$$

여기서, F_s : 안전율
u : 경사면의 간극수압(kN/m^2)
W: 분할편의 중량(kN)
c : 경사면 흙의 점착력(kN/m^2)
l : 원호의 길이(m)
ϕ : 경사면 흙의 내부마찰각(°)
b : 분할편의 폭(m)
α : 경사각(°)

해설 그림 8.2.3 원호활동법에 따른 비탈면 활동 안전율 평가 방법

(2) 활동파괴에 대한 안정 검토는 수위 급강하 및 홍수위 조건 등에 따른 침윤선 변화를 고려하여 실시한다. 이때 설계하중은 자중, 정수압, 간극수압, 교통하중 등이 있으며 이를 현장 조건 및 포화상태에 따라 적용해야 한다.

가. 활동파괴에 대한 안정계산에 사용하는 제체의 자중은 제체의 포화상태를 고려하여 실제 사용 재료에 대하여 시험을 실시하고 그 결과에 의해서 결정한다.

나. 수위변화에 따른 정수압은 활동모멘트 쪽으로의 기여분을 어떻게 고려할 것인가에 따라 안전한 값을 주는 방법을 채택하여야 한다.

다. 안정계산 시 고려되는 침윤선 변화에 따른 간극수압은 완공 직후에 있어서의 흙속의 응력변화로 발생하는 간극수압을 초기조건으로 하며, 현장여건 및 수위조건을 고려하여 1) 계획홍수위 시 강우강도 및 홍수 발생 이전 상황을 고려한 합리적인 수위조건이 없는 경우 정상 침투류에 의한 간극수압, 2) 계획홍수위 시 합리적인 수위파형이 있는 경우 비정상 침투류에 의한 간극수압, 3) 수위 급강하 시 비정상 침투류에 의한 간극수압 등을 고려하여 적용한다(해설 그림 8.2.4 참조).

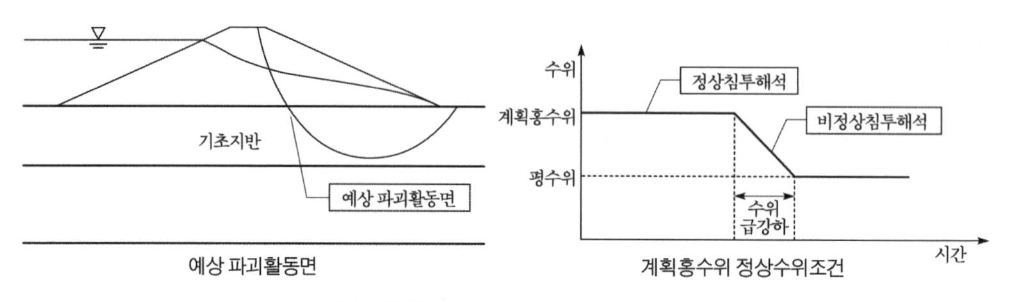

(a) 계획홍수위 정상 침투상태 안정해석

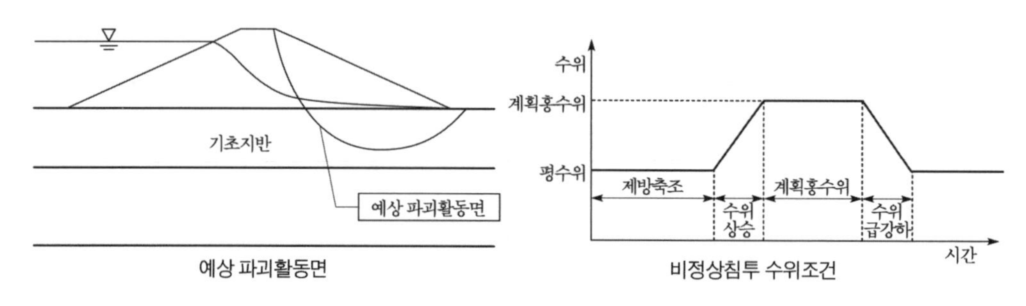

(b) 수위파형 고려 비정상 침투상태 안정해석

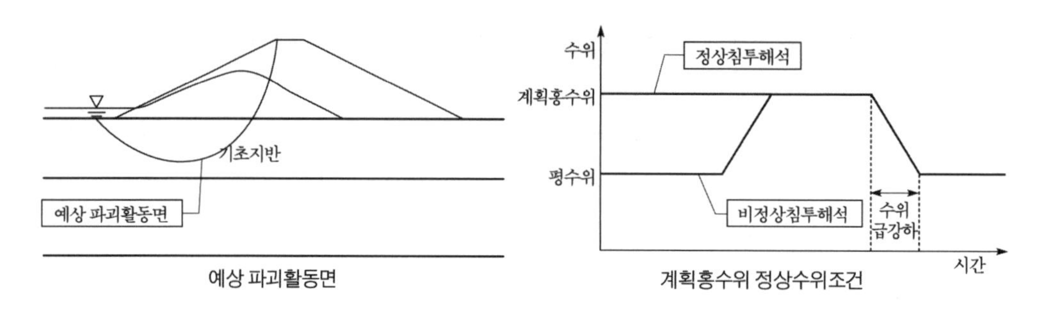

(c) 수위 급강하 시 비정상 침투상태 안정해석

해설 그림 8.2.4 해석조건에 따른 침윤선 변화 및 활동에 대한 안정해석 단면 형태

라. 교통하중은 도로제방 또는 상시 교통량 등을 예상하여 다음 해설 표 8.2.4와 같이 적용한다.

해설 표 8.2.4 사용 용도에 따른 적재하중

주 사용용도	적재하중(kN/m^2)	참고 문헌
도로/간선농도	12.70	• 도로설계기준(2012) • 농업생산기반정비사업계획 설계기준(1996)
농도	10.00	

(3) 활동파괴에 대한 안전율은 각각의 시설물 기준에 대한 검토방법, 지반특성, 구조물의 중요도를 고려하여 결정한다. 이때 하천제방의 경우 제체 상태에 따른 안전율은 제방 둑마루부 종방향의 인장균열 및 제체침투 등의 고려 유·무에 따라 해설 표 8.2.5와 같이 적용한다. 이때 인장균열은 일반적으로 점성토지반에서 발생되고, 전단강도가 없으므로 활동해석 시 이를 고려한 가상 활동면 및 정수압을 가정하여 해석한다.

해설 표 8.2.5 제체 상태에 따른 안전율(한국수자원학회, 2005)

제체상태	간극수압상태	안전율
인장균열(crack) 불고려 시	간극수압을 고려하지 않는 경우 간극수압을 고려하는 경우	2.0 이상 1.4 이상
인장균열(crack) 고려 시	간극수압을 고려하지 않는 경우 간극수압을 고려하는 경우	1.8 이상 1.3 이상

8.2.4 기초지반이 연약한 경우 변형에 대한 안정해석을 실시한다. 즉, 상부 구조물의 축조단계, 기초지반의 압축 또는 압밀 특성 등을 고려하여 침하 또는 전단 변형 등에 대해 검토한다.

해설

8.2.4 기초지반이 사력 또는 토사로 이루어진 연약지반인 경우에는 댐 또는 제방 축조 중 또는 축조 후 과도한 침하가 발생하여 제체에 과도한 변형이 유발되어 불안정해질 수 있으므로 축조단계를 고려하여 변형에 대한 안정성 검토, 액상화에 의한 영향을 검토(제10장 10.7 액상화 평가 참조)하여야 한다. 이때 기초지반에 대해서는 8.3.3 사력기초의 설계 또는 8.3.4 토사기초의 설계를 참조한다.

8.3 필댐 기초

8.3.1 필댐의 기초는 암반기초, 사력기초, 토사기초 등으로 구분하며, 지지력에 대하여 소정의 안전율을 확보하고, 파이핑 등에 의해 대량의 저수손실이 일어나지 않도록 설계한다.

해설

8.3.1 필댐의 기초는 암반기초, 사력기초, 토사기초 등으로 구분하며 지지력에 대하여 안전하고 파이핑과 대량의 저수손실이 일어나지 않도록 설계한다. 필댐의 기초는 기초의 종류와 특징에 따라 적절한 설계를 선택할 필요가 있다.

(1) 필댐 기초

가. 필댐의 기초는 설계 대상에 따라 암반기초, 사력기초 및 토사기초로 구분하며, 암반기초의 경우 콘크리트댐의 건설도 가능하나 경제성이나 국부적인 불량구간의 존재 등으로 인해 필댐 형식으로 하는 예가 많다. 연암기초는 기초에 가해지는 응력이 큰 콘크리트댐의 시공은 어려우나, 필댐은 지지력, 변형성 측면에서 유리하여 시공이 가능하다. 단, 연암기초는 상대적으로 차수성 측면에서 문제가 있을 경우에는 개량하기 어려울 수 있으므로 주의하여야 한다.

나. 사력기초는 지지력, 변형성에 대한 문제는 적지만 투수성 개량이 어렵고 또 모래지반의 경우는 지진 시 액상화 등의 문제가 있어 적절한 대응이 필요하다.

다. 토사기초는 활동파괴, 침하 및 변형에 대하여 안전한 설계를 하여야 한다. 이때 침하나 변형은 대개 여유고(free board)와 비교하여 안전 여부를 판단하는 것이 보통이다. 즉, 기초지반 등 침하에 의해 댐마루고가 여유고 이하로 저하되지 않는다면 안전한 것으로 판단할 수 있다.

(2) 댐 기초지반 분류

가. 댐 기초지반의 분류는 일반적으로 해설 표 8.3.1과 같이 다나까(田中)식 분류방법을 따르고 있으며, 조암광물의 풍화정도와 균열상태에 따라 암질을 분류한다.

나. 암반은 등급에 따라서 전단강도나 변형계수와 같은 물리정수들이 다르며, 일반화시키기는 다소 어려운 점이 있으나 해설 표 8.3.2를 참고할 수 있다. 또한 풍화정도와 균열상태 등은 탄성파의 속도에도 큰 영향을 미치며 해설 표 8.3.3과 같이 탄성파 속도로 암반내의 균열이나 풍화상태 등을 추정할 수 있다.

다. 암반 등급과 댐 기초로서의 적용성은 해설 표 8.3.4와 같다.

해설 표 8.3.1 댐 기초지반의 분류등급(田中, 1964)

암반등급	특징	비고
A	• 아주 신선한 암반으로 조암광물 및 입자는 풍화 변질을 받지 않음 • 균열, 절리는 거의 없고 있어도 밀착됨 • 색은 암석에 따라 다르나 암질은 아주 견고 • 해머로 두드리면 맑은 음을 냄	
B	• 조암광물 중 운모, 장석류, 기타 유색광물의 일부는 풍화하여 다소 갈색을 띰 • 절리는 있으나 밀착해 있고 그 사이에 갈색의 泥 또는 점토를 함유하지 않음 • 해머로 두드리면 맑은 음을 냄	
C_H	• 조암광물 및 입자는 석영을 제외하고 풍화작용을 받고 있지만 암질은 비교적 견고함 • 절리 또는 균열사이의 점착력은 다소 감소하고 있고 해머의 보통정도의 타격에 의하여 갈라진 줄기에 따라 암괴가 박탈되고 박탈면에는 점토질의 박층이 잔류함 • 해머로 두드리면 약간 탁한 음을 냄	
C_M	• 꽤 풍화하고 절리에 둘러싸인 암괴의 내부는 비교적 신선해도 갈색 또는 암록흑색으로 풍화하며, 조암광물도 석영을 제외한 장석류 및 기타의 유색광물은 적갈색을 띰 • 절리의 사이에는 흙 또는 점토를 함유하든가 혹은 다소의 공극이 있어 물방울이 떨어짐 • 암괴 자체는 단단한 경우도 있음 • 해머로 두드리면 다소 탁한 음을 냄	콘크리트댐 기초로 가능
C_L	• 조암광물 및 입자는 석영을 빼고는 풍화작용을 받아서 연질화 되어 있고 암질도 연해져 있음 • 절리 또는 균열 사이의 점착력은 감소하고 있고 해머의 보통정도의 타격에 의하여 갈라진 줄기에 따라 암괴가 박탈하고 박탈면에는 점토질 물질이 잔류함 • 해머로 두드리면 탁한 음을 냄	차수성 확보 시 필댐 코어존 가능
D	• 암석광물 및 입자는 풍화작용을 받아서 심하게 연질화되어 있고 암질도 아주 풍화되어 전체적으로 갈색을 띰 • 절리 또는 균열 사이의 점착력은 거의 없고 해머에 의하여 극히 작은 타격으로도 잘 부서짐 • 해머로 두드리면 아주 탁한 음을 냄	

해설 표 8.3.2 각종 암반등급으로부터 예상되는 역학적 성질의 범위(일본응용지질학회, 1984)

암반등급	변형계수 (kg/cm^2)	정탄성계수 (kg/cm^2)	점착력 (kg/cm^2)	내부마찰각 (도)	탄성파속도 (km/s)	슈미트해머 반발도	공내재해시험결과	
							변형계수 (kg/cm^2)	접선탄성계수 (kg/cm^2)
A~B	50,000<	80,000<	40<	55~65	3.7<	36<	50,000<	100,000<
C_H	50,000~20,000	80,000~40,000	40~20	40~55	3.7~3.0	36~27	60,000~15,000	150,000~60,000
C_M	20,000~5,000	40,000~15,000	20~10	30~45	3.0~1.5	27~15	20,000~3,000	60,000~10,000
C_L	5,000>	15,000>	10>	15~38	1.5>	15>	6,000>	15,000>
D								

해설 표 8.3.3 댐 기초지반에서의 암질과 탄성파 속도의 대비(田中, 1964)

암석명	암질	횡갱 내 속도(km/sec)	횡갱 간 속도(km/sec)
휘록응회암	D, C_L	2.0 이하	2.3 이하
	C_M	2.0~3.0	2.3~3.3
	C_H	3.0~3.5	3.3~4.5
	B, A	4.5 이상	4.5 이상
점판암	D, C_L	2.0 이하	2.3 이하
	C_M	2.0~3.0	2.3~3.3
	C_H	3.0~4.0	3.3~4.0
	B, A	4.0 이상	4.0 이상
화강암	D, C_L	1.5 이하	1.8 이하
	C_M	1.5~2.5	1.8~2.8
	C_H	2.5~4.0	2.8~4.0
	B, A	4.0 이상	4.0 이상
사암	D, C_L	1.5 이하	1.8 이하
	C_M	1.5~2.5	1.8~2.8
	C_H	2.5~3.5	2.8~3.8
	B, A	3.5 이상	3.8 이상

해설 표 8.3.4 암반등급과 댐기 초로서의 적용성(田中, 1964)

암반등급	콘크리트댐 기초로서의 적용성 (H>60m를 대상)	록필댐 기초로서의 적용성 (H>60m를 대상)
A, B	극히 양호	극히 양호
C_H	대체로 양호	내하력에 관해서는 양호
C_M	불량하지만 경질암, 중경질암에 대하여는 개량 가능	내하력에 관해서는 대체로 양호
C_L	불량	댐기초로서 개량 가능한 것, C_M급에 가까운 수밀성이 있는 곳은 가능
D	극히 불량	불량

8.3.2 암반기초는 다음 항목을 고려하여 설계한다.

(1) 암반기초의 굴착 깊이는 지질조사, 현장 및 실내 시험결과를 토대로 활동이나 변형에 대한 안전성 및 시공성을 고려하여 결정한다.

(2) 암빈기초의 굴착 폭은 균일형, 존(zone)형, 코어(core)형과 댐 형식에 따라 적절하게 선택하며, 굴착 형상은 굴착이나 성토의 시공이 용이하고 변형에 의해 제체의 안정성에 형향을 주지 않도록 결정한다.

해설

8.3.2 암반기초는 다음 항목을 고려하여 설계한다.

(1) 암반기초의 굴착은 지질조사, 현장 및 실내 시험결과를 토대로 활동이나 변형에 대한 안전성 및 시공성을 고려하여 결정한다. 암반기초 상에 댐을 축조하는 경우 차수존의 풍화암을 제거하고 암반 청소를 실시하여 그라우팅 시 암반과의 접착이 충분하도록 해야 한다.

가. 암반기초 중 이암 등 팽창성 점토 성분을 함유한 암반기초의 경우에는 댐의 자중과 저수압에 의하여 변형되기 쉽고, 기초굴착 시 상재하중이 제거되어 대기 노출에 따른 슬래이킹(slaking)이 진행되어 강도를 잃기 쉬우므로 이에 대한 대책이 필요하다.

나. 변형특성이 다른 암반이 기초와 양안 접속부에 존재하는 경우 댐의 자중, 저수압에 의해 기초의 침하량이 다르게 나타나 차수존에 균열이 발생할 수 있으므로 암반의 변형특성을 조사하여 설계에 반영하여야 한다.

다. 굴착 깊이

암반기초는 지지력이 충분하나 암반내의 침투수 또는 암반과 축조 재료와의 접촉부를 통과하는 투수에 의하여 파이핑이나 대량의 저수손실이 일어나지 않도록 해야 한다. 암반은 보통 하부로 갈수록 투수계수가 작게 되므로 굴착 깊이는 원칙적으로 표면의 풍화 부분까지로 한다. 특히 경암인 경우에는 그라우팅 효과가 매우 좋으므로 깊이 파는 것은 좋지 않다.

라. 굴착 폭

굴착의 폭이 넓을수록 제체의 불투수성부와 암반과의 접촉면적이 크게 되므로 기초 접착면에 따른 누수량을 적게 할 수 있다.

1. 균일형 댐 : 댐 저폭을 터파기폭으로 한다.
2. 존형 댐이나 코어형 댐 : 불투수성부의 암반 접촉면만큼을 터파기폭으로 한다. 부득이하여 터파기폭을 이보다 좁게 할 경우에는 파이핑 현상이 생기지 않도록 필터를 암반과의 접촉면의 하류부측에 배치하도록 한다.

마. 콘크리트 차수벽

암반과 코어와의 접촉부를 길게 하고 그라우팅 캡을 겸할 목적으로 기초암반 위에 몇 개의 콘크리트 코어를 사용하던 경우도 있으나, 최근에는 평활한 경암 위의 높은 댐 이외에는 거의 사용하지 않는다.

바. 그라우팅

암반기초의 그라우팅은 8.1절과 댐 설계기준을 준용한다.

(2) 필댐 암반기초의 굴착 폭은 균일형, 존형, 코어형과 같은 댐 형식에 따라서 적절한 선택이 필요하며, 굴착 형상은 굴착이나 성토의 시공이 용이하고 변형에 의해 제체에 영향을 주지 않도록 결정한다. 필댐의 경우 각 존별로 적절한 기초처리를 실시한다.

가. 코어존

코어존의 기초는 차수 가능한 암반으로 한다. 기초는 극단의 요철 및 돌출부가 없도록 굴착하고, 단층 및 이완된 층에 대하여는 적절한 처리를 설계에 반영한다.

1. 차수성

코어존의 기초는 상부 코어와 일체가 되어 차수기능을 담당하여야 하며, 특히 제체와 기초의 접촉부에 과다한 침투가 발생하지 않도록 하여야 한다. 일반적으로 암반 표층부는 풍화작용이 일어나고 있거나 이완되어 있어 소정의 차수성을 얻기 어려우므로 코어부의 기초는 풍화암을 제거하고 다른 존의 기초보다 깊이 굴착하여 양호한 기초암반에 착암시키며, 대체로 해설 표 8.3.1의 암반등급에서 C_M급 암반선을 기준으로 처리되나 C_L급에서도 차수성이 확보될 경우에는 기초암반으로 가능하다.

2. 굴착 범위의 결정

암반기초에서 코어부의 기초는 차수성 확보 측면에서 그라우팅 가능 여부로 결정되는 경우가 많다. 일반적으로 차수 가능한 암반 판정의 기준은 루전시험을 통해 2~5루전 정도이며, 루전값이 큰 경우 모두 굴착하는 것은 경제적 측면에서 불리하므로 암반개량을 통한 보강 방법을 모색한다.

3. 양안의 굴착형상

양안 접속부의 굴착 구배는 댐 지역의 지형, 지질에 의해서 결정되나 일반적인 형상으로는 완경사로 매끄럽게 연결 시공하는 것이 바람직하다. 급격한 V자형 협곡 등에서 굴착사면이 급경사인 경우에는 코어부의 침하에 의해 착암부에 전단변위가 생기기 쉽고 침하 시 제약 또는 간섭을 받아 제체 내부에 균열이 발생하고 댐 정상 양안 근처에서 댐 축에 직각 방향의 균열이 발생 할 수 있으므로 이에 대해 검토하여야 한다.

또한 댐 기초 지반의 형상이 볼록한 경우에는 전단변형이 일어나 주변에 인장균열이 발생하여 국부적인 부등침하의 원인이 된다. 따라서 접속부의 수직에 가까운 기초암반은 최대구배를 70°까지 정형 굴착하고 볼록 부위의 구배 변화에 따라 생긴 기초지반의 구배는 최대 20° 이내까지로 하는 것이 바람직하다.

4. 코어부의 기초처리방법

표면처리 방법에는 주로 매트 콘크리트(Mat Concrete), 덴탈 콘크리트(Dental Concrete), 슬러쉬 그라우팅(Slush Grouting), 콘크리트 분사(Concrete Spraying), 차수재에 의한 공극, 개구부 충전 등의 방법이 있다.

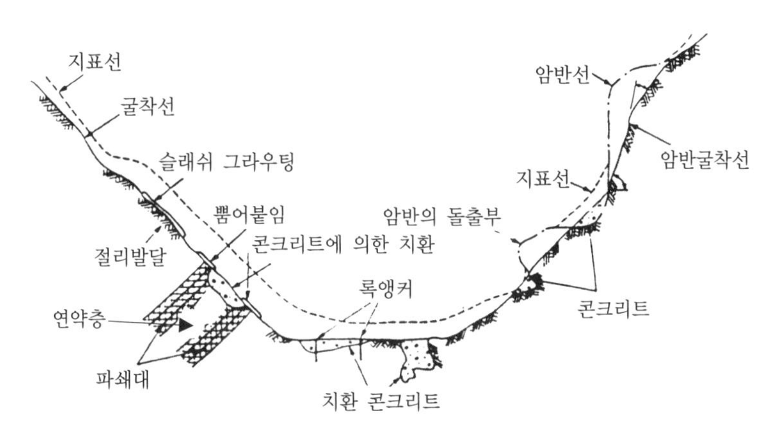

해설 그림 8.3.1 차수존(zone) 기초굴착 및 표면처리

가) 매트 콘크리트(mat concrete)

① 굴착을 마친 암반에서 요철의 범위가 넓은 경우

② 연질암에서 크랙이 발달한 경우

③ 풍화되기 쉬운 암반의 경우

④ 상당한 두께의 콘크리트를 타설

나) 콘크리트에 의한 충전

굴착을 마친 암반에 요철이 매우 많을 경우 양안 접속부의 형상을 미끄럽게 정형하고 돌출(overhang)부는 차수재와의 접착면 구배를 평균화하여 콘크리트로 충전한다.

다) 덴탈 콘크리트(dental concrete)

① 기초 암반부의 불량부 제거, 국부적으로 패인 곳, 계단 상태의 암반 등은 콘크리트나 모르터로 채운다.

② 콘크리트의 암반부착을 기대할 수 없는 암반에는 앵커를 설치한다.

라) 슬러쉬 그라우팅(slush grouting)

① 개구 절리가 발달한 크랙이 많은 암반에 대하여 실시한다.

② 작은 요철을 매끄럽게 하고 내구성이 있는 재료로 개구부를 폐쇄하여 침투류의 침식작용에 대한 저항력을 증가시킨다.

③ 블랭킷 그라우팅 전에 침투수로 인한 세립자의 유출 방지 목적으로 비교적 작은 규모의 다수 균열에 대하여 그 크기에 따라 모르터, 시멘트풀 등을 주입 또는 도포하여 처리한다.

마) 뿜어붙임(spraying)

① 풍화되기 쉬운 암, 표면이 떨어져 나가는 등의 위험성이 있는 암반에 대하여 실시한다.

② 풍화 방지, 안전대책의 일환으로 실시되는 경우가 많고 차수존의 축조 직전에 제거되는 수가 많다.

(a) 슬러쉬 그라우팅

(b) 뿜어붙임

해설 그림 8.3.2 슬러쉬 그라우팅과 뿜어붙임

나. 필터존

필터존의 기초는 원칙적으로 코어부의 기초에 준하여 설계하나 필터존이 넓은 경우에는 외측 절반 정도는 암석존에 준하여 설계하여도 된다. 참고로 해설 표 8.3.5는 일본 댐에서의 코어부에 준한 필터부 기초의 폭을 나타낸 것이다.

1. 필터존은 코어재의 유출을 방지하고 배수기능을 유지시키는 것이 주 목적인 만큼 일반적으로 그 기초에 대하여는 차수성보다는 소요의 지지력과 전단저항이 요구된다. 따라서 활동이나 침하를 유발하는 표토, 충적층까지만 제거하고 풍화암은 제거하지 않는다.
2. 그러나 해설 그림 8.3.3의 A점, B점은 코어 및 기초와 접하고 있으며, 침투수의 경로이기도 하다. 따라서 필터부의 어느 정도의 폭은 코어부의 기초에 준하여 취급할 필요가 있다. 그러나 필터존이 넓은 경우는 절반 정도를 암석존에 준하여 설계하는 것이 가능하다.

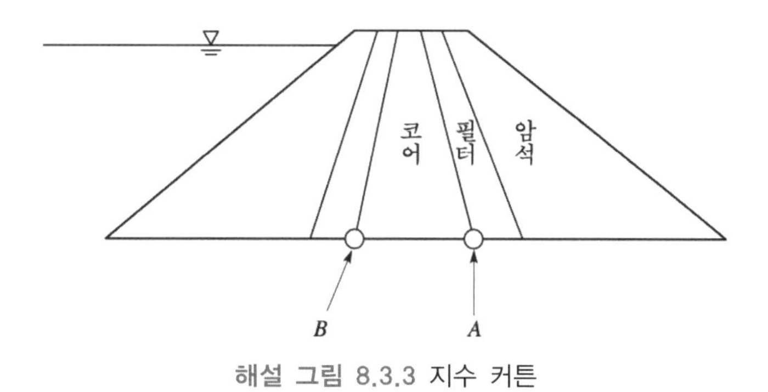

해설 그림 8.3.3 지수 커튼

3. 또한 코어 하류단 부근은 침투수가 집중하기 쉬운 부분이므로 이 부근의 기초가 취약한 경우 필터 기초암반의 균열을 통해 코어 재료가 유출될 수 있으므로 이것을 방지하기 위한 블랭킷, 그라우팅 등의 처리를 검토한다.

해설 표 8.3.5 일본 댐에서의 코어부에 준한 필터부 기초의 폭(한국수자원공사, 2004)

댐 명	코어부의 기초에 준한 필터 기초부의 비율	코어부의 기초에 준한 필터 기초의 하상부에서의 폭
이와야(岩屋)	상류 100%, 하류 50%	상류 10.5m, 하류 10.3m
타이세츠(大雪)	100%	4m
시모코지마(下小島)	50%	6m

다. 암석존

암석존의 기초는 소요의 강도를 가지며 변형성이 작아야하고 그 형상은 상부 구조에 유해한 영향을 주지 않아야 한다.

1. 암석존의 기초는 댐의 역학적 안정을 지탱하는 것이 최대의 목적이므로 기초가 암반이 아니더라도 상재하중에 대한 충분한 지지력을 보유하고, 변형이 작은 것 등 상부 구조에 유해한 영향을 미칠 우려가 없을 경우에는 표토 및 부식토 이외는 구태여 제거할 필요가 없다.
2. 경우에 따라 암석존의 기초는 암반까지 굴착하지 않고 하상 퇴적층 등을 남기는 예도 있으나, 이러한 경우는 하상 퇴적물이 양호한 입도분포를 가진 사력층으로 일정 값 이상의 강도를 가진 경우에 해당된다. 그러나 어떠한 경우도 현장시험 및 실내시험에 의하여 그 지반의 물성치, 내구성 등을 정확하게 파악하는 것이 필요하다.
3. 층상으로 된 퇴적암의 층서가 활동하기 쉬운 방향으로 기울어져 있고, 수평방향의 선단저항이 작을 경우에는 활동의 위험성도 있으므로 충분한 지질조사를 통해 확인해야 한다.

8.3.3 사력기초의 설계는 다음 항목을 고려하여 수행한다.

(1) 사력기초는 지수 트렌치(trench), 널말뚝, 연속벽, 그라우팅, 또는 불투수성 블랭킷(blanket) 공법 등을 병행하여 누수량을 감소시킨다.

(2) 포화된 느슨한 모래 및 실트 등으로 구성되어 있는 기초지반은 액상화에 대한 확실한 검토와 대책을 수립한다.

해설

8.3.3 사력기초의 설계는 다음 항목을 고려하여 수행한다.

(1) 사력기초는 지수 트렌치, 널말뚝, 연속벽, 그라우팅, 또는 불투수성 블랭킷 공법 등을 병행하여 기초지반 내의 침투수량 및 유속 등이 설계치 이내가 되도록 한다. 사력층과 같은 투수성 지반 위에 댐을 축조할 경우에는 지반을 통한 침투류의 유속이 8.2절 8.2.2항의 입경별 한계유속(해설 표 8.2.1 참조)에 대해 만족하여야 하며, 이 침투수를 안전하게 댐 밖으로 흘려보내기 위한 조치를 강구해야 한다.

가. 침투수량을 감소시켜서 제체의 안정성을 확보하려면 해설 그림 8.3.4와 같은 다양한 방법이 있으므로 투수층의 두께, 입경의 대소에 따라 적합한 방법을 사용한다(해설 그림 8.3.4 주) 참조). 물론 이 중에서 두 가지 이상을 혼용할 수도 있다.

투수층의 두께	설계법	약도	비고
얇음	넓은 코어	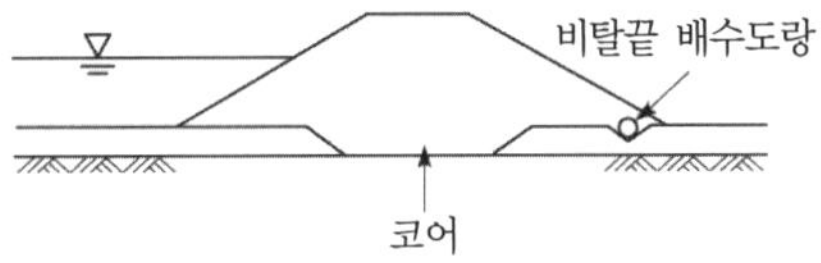 비탈끝 배수도랑 코어	차수효과 양호. 단, 투수층 두께가 댐 높이(원지반위)의 1/3 이내 정도가 한도임
중간	널말뚝	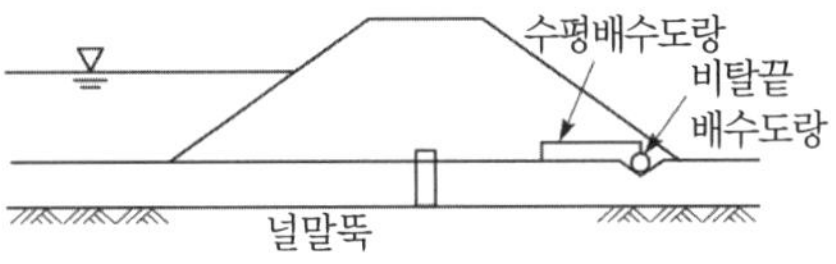 수평배수도랑 비탈끝 배수도랑 널말뚝	차수효과 불완전. 잔모래 실트층에서는 효과적이나 큰 조약돌 또는 전석이 섞인 층에서는 적용이 곤란함
	특수 그라우팅	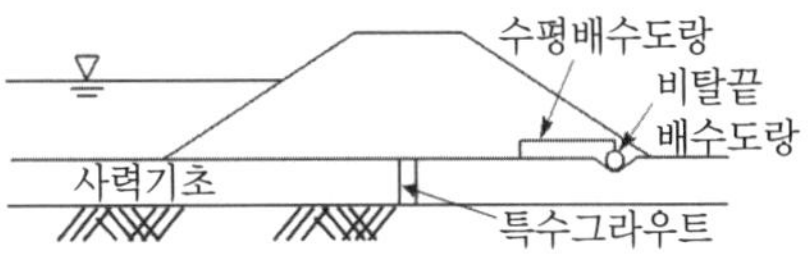 수평배수도랑 비탈끝 배수도랑 사력기초 특수그라우트	160m 깊이까지 주입하여 성공한 예도 있으나 과신은 위험함
	완전 차수벽	 비탈끝 배수도랑 사력기초 완전차수벽	차수효과 양호 공사비가 비쌈
깊음	압성토 쌓기	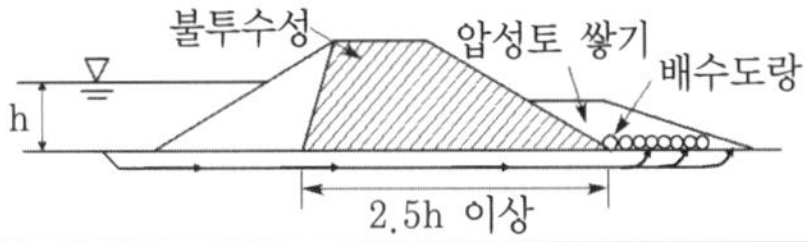 불투수성 압성토 쌓기 배수도랑 h 2.5h 이상	양압력에 대한 저항력 증가에 효과적이며 허용누수량이 클 때 적당
	압력 감소	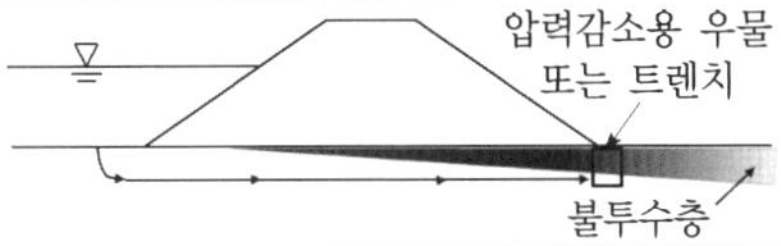 압력감소용 우물 또는 트렌치 불투수층	기초가 투수성, 불투수성의 호층으로 되어 있을 경우 유효
	불투수성 블랭킷	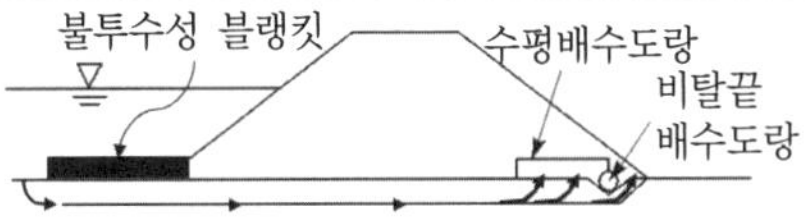 불투수성 블랭킷 수평배수도랑 비탈끝 배수도랑	파이핑 방지에 유효 공사비가 쌈
	전면포장	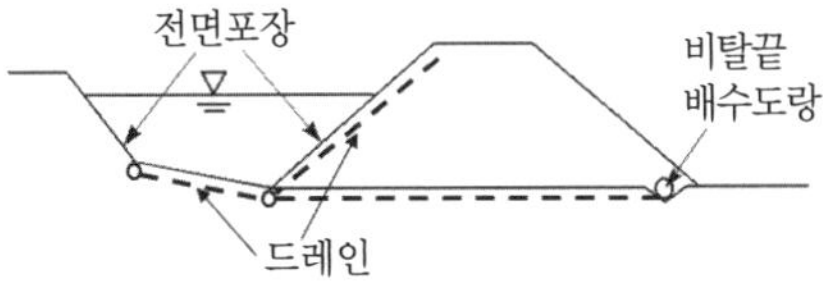 전면포장 비탈끝 배수도랑 드레인	극히 공사비가 높아 허용누수량이 상당히 제한될 경우 이외는 사용되지 않음

주) 일반적으로 '투수성'으로 호칭되는 범위는 투수계수 $>1\times10^{-4}$cm/sec이나 '반투수성'으로 호칭되는 1×10^{-5}cm/sec까지의 기초지반에 대하여는 이 항이 기준이 된다.

해설 그림 8.3.4 침투수량을 감소시키는 공법(한국수자원학회, 2005)

나. 넓은 코어

코어 밑의 투수성 기초를 불투수층에 도달할 때까지 굴착하고 코어 재료로 다짐축조하는 방법이다. 굴착 깊이가 깊으면 지하수 배제나 굴착량 증대 등으로 비용이 많이 든다.

다. 널말뚝

현재는 별로 사용하지 않는다. 균질 기초일 때는 효과가 있고 일시적으로 대량의 누수를 방지할 필요가 있을 때 적용 가능한 방법이다. 차수효과를 얻기 위해서는 제체의 높이를 고려하여 충분한 깊이까지 설치하되 가능한 한 기반암에 근입시키고, 필요시 선단부에는 차수그라우팅을 병행할 필요가 있다.

라. 특수 그라우팅

시멘트는 굵은 입자 사이에만 들어가는 것이므로 최근 각종 특수 그라우팅이 개발되어 있으며, 현장 여건과 유사한 시공사례를 조사·비교하여 적절한 공법을 선정하는 것이 효과적이다.

마. 완전 차수벽

콘크리트 차수벽과 널말뚝의 장점을 겸하여 개량한 형식의 콘크리트 채움 널말뚝, 프리팩트공법, 슬러리 트렌치공법 등이 있다.

1. 콘크리트 채움 널말뚝

기초지반을 굴착하여 콘크리트 벽을 설치하는 것으로 슬러리 트렌치공법과 같은 원리로 불투수재료로 콘크리트를 이용하는 것이다. 여기에는 여러 종류의 공법이 있으나 이는 굴착방법과 배근의 차이에 따른 것이다.

이 공법의 특징은 지하수의 유무에 관계없이 작업할 수 있으며 무진동이고 주변의 지반을 교란하지 않는 장점이 있으며 토질의 제한이 없을 뿐만 아니라 완전한 차수효과를 기대할 수 있다.

2. 프리팩트공법

지중에 스크류 오거를 삽입하여 소정의 깊이까지 굴착한 후 흙과 오거를 뽑아 올리면서 오거 중심부에 있는 선단을 통하여 모르타르나 콘크리트를 주입하여 말뚝을 형성하는 공법이다.

3. 슬러리 트렌치공법

이는 차수존 중앙에서 하부 불투수층까지 트렌치를 파서 벤토나이트를 사용하여 트렌치 내에 스며들게 하여 측벽의 붕괴를 방지함과 동시에 차수효과를 높인다. 그리고 내부에 불투수성 재료를 되메워 차수하는 공법이다.

바. 압성토

균일형 댐에서 침투수의 양압력에 의하여 제체 비탈면이 활동하지 않도록 하는 목적이다. 그러나 누수방지의 역할은 거의 못하므로 기초지반을 통과하는 누수량이 그대로 허용되는 경우에만 사용한다.

사. 압력 감소용 우물

지표면을 덮고 있는 불투수층이 두꺼울 때 또는 층상으로 되어 있을 때는 배수구의 시공이 곤란하므로 압력감소용 우물이 좋다. 이것은 지표에서부터 투수층의 전 깊이를 관통하도록 지름 15~60m의 우물을 8~30m 간격으로 파는 것이다. 이 우물의 약 1/2의 직경을 가진 유공관을 우물 안에 넣고 둘레에 필터를 채운다. 우물 안은 가끔 물을 채워서 씻어야 한다. 그러나 압력감소용 우물은 침투수의 침투유로를 감소시켜 침투수량을 증가시키는 결점이 있으므로 처음에는 개수를 적게 하고 필요에 따라서 신설하도록 하는 것이 좋다.

아. 불투수성 블랭킷

1. 자연 블랭킷

투수성 기초의 표층에 불투수성 흙이 퇴적되어 자연 블랭킷을 형성하고 있을 경우 블랭킷에 의하여 생기는 유효 침투로장 $X_r(m)$은 해설 식(8.3.1)로 구한다.

$$X_r = \sqrt{\frac{(tdk)}{k_1}} \qquad \text{해설 (8.3.1)}$$

여기서, t : 블랭킷의 두께(m)

d : 기초의 두께(m)

k_1 : 블랭킷의 연직방향 투수계수(m/sec)

k : 기초의 투수계수(m/sec)

X_r은 해설 그림 8.3.5에 표시한 바와 같이, 손실수두(Δh_b)를 생기게 하는 데 필

요한 블랭킷에 의한 손실수두는 댐 상류에 완전 불투수성판을 수평으로 X_r 만큼 깐 것과 동일한 것을 의미한다.

2. 인공 블랭킷

기초지반에 비하여 어느 정도 불투수성 재료가 얻어질 경우에는 상류측은 불투수성 수평 블랭킷을 연장하는 편이 불완전 차수벽보다도 유효하다. 해설 그림 8.3.6에서 표시된 블랭킷의 소요길이(x)와 그 때의 기초지반을 통과하는 침투량(q)은 해설 식(8.3.2)으로 계산할 수 있다.

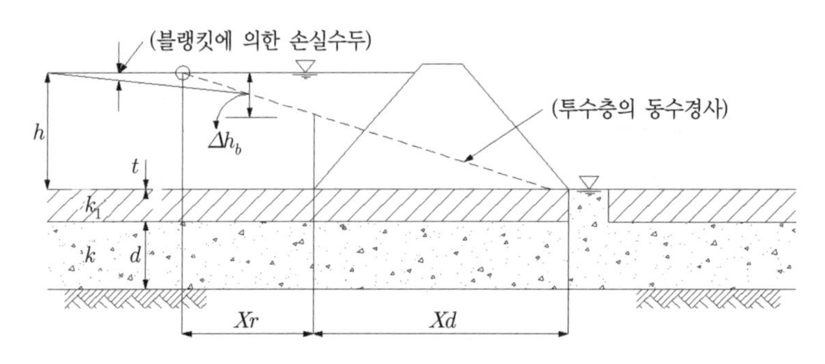

해설 그림 8.3.5 자연 블랭킷(불투수성)

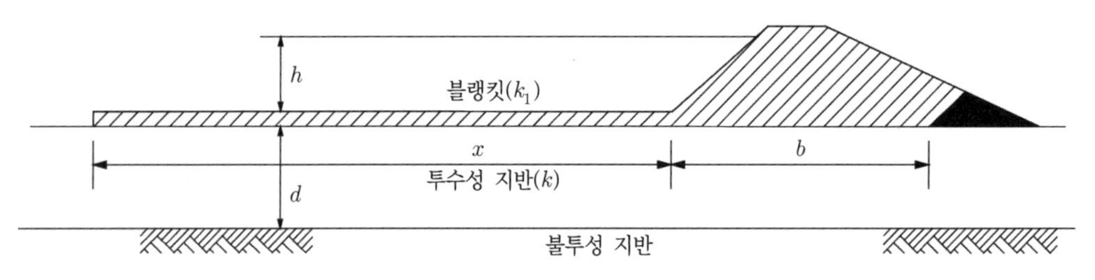

해설 그림 8.3.6 불투수성 블랭킷의 설계법

블랭킷의 길이 $x(m)$는

$$x = \sqrt{\frac{2tdk}{k_1}} \qquad \text{해설 (8.3.2)}$$

기초 침투수량 $q(\mathrm{m^3/s/m})$

$$q = \frac{kdh}{0.63x + b}$$ 해설 (8.3.3)

여기서, h : 블랭킷위의 전수두(m)
t : 블랭킷의 두께(m)
d : 투수성 기초의 깊이(m)
b : 댐 불투수성 부분의 아래 폭(m)
k : 투수성기초의 수평방향 평균 투수계수(m/sec)
k_1 : 블랭킷의 연직방향 평균투수계수(m/sec)

두께는 수두의 1/10을 표준으로 하며, 보통 1~3m가 많고 제체 부근일수록 두껍고 상류로 감에 따라 얇게 한다. 투수성 지반의 바로 위에 얇은 불투수성 지표가 덮여 있을 때는 표면을 평탄하게 하고 다시 다짐하는 정도로 충분하다. 그러나 수평방향 투수계수 k가 큰 지반에서는 블랭킷을 하여도 반드시 파이핑에 대한 충분한 저항성을 주는 것은 아니다

자. 배수공
배수공이라 함은 투수성 기초의 침투수를 안전하게 댐 밖으로 배수하여 댐 하류측 기초의 간극수압을 낮추기 위한 시설을 말한다. 이것은 비탈 끝 배수공과 수평 배수공으로 나눌 수 있다. 비탈 끝 배수공은 위의 어떤 방법을 채용하던 간에 반드시 병용해야 한다. 어느 것이나 기초지반과 댐체와의 경계면에 설치하는 것이므로 파이핑을 일으키지 않도록 필터조건이 맞는 재료이어야 한다.

(2) 포화된 느슨한 모래 및 실트 등으로 구성되어 있는 기초지반은 액상화에 대한 확실한 검토와 대책을 수립한다.

가. 기초지반이 포화된 연약 모래층이나 실트로 되어있을 경우 액상화 현상에 대한 검토가 필요하다. 액상화란 지진 시 거동이나 진동에 의하여 모래의 간극수압이 상승하여 흙의 전단강도가 급격히 저하되거나 없어지는 것을 의미한다.

나. 입도와 액상화 저항력의 관계는 해설 그림 8.3.7과 같다.
액상화 대책 공법에는 다음과 같은 방법이 있으나 단단한 기초까지 굴착하여 필요한 부분을 다른 재료로 대체하는 치환공법이 바람직하다.

1. 흙을 다져서 상대밀도를 높인다.
2. 유효상재하중을 증가시켜 초기구속력을 증가시킨다.
3. 흙을 치환한다.

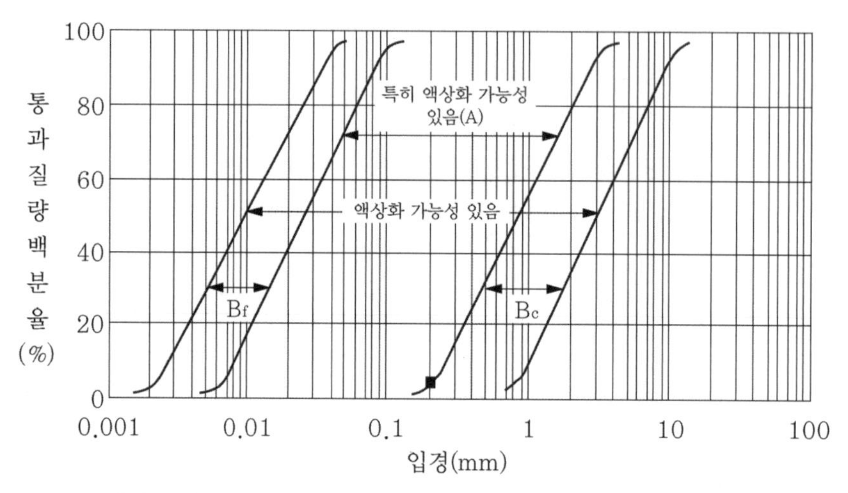

해설 그림 8.3.7 액상화 가능성 흙의 입도(균등계수 작은 모래)

> **8.3.4** 토사기초는 다음 항목을 고려하여 설계한다.
> (1) 점토, 실트, 유기질토 등 연약토질의 경우에는 활동파괴와 지반변형에 대한 안정성을 검토한다.
> (2) 연약지반 위에 댐을 축조하는 경우에는 압밀침하량을 산정하여 제체 여유고 설계에 반영할 수 있도록 한다.
> (3) 연약점토 및 유기질토는 댐 건설 시 기초지반 내부에 계측기를 설치한다.

해설

8.3.4 토사기초는 다음 항목을 고려하여 설계한다.

(1) 점토, 실트, 유기질토 등 연약토질의 경우에는 활동파괴와 지반변형에 대한 안정성을 검토한다. 점토, 실트, 유기질토 등으로 된 연약지반 위에 댐을 축조할 경우에는 특히 활동파괴와 압밀침하에 대하여 충분한 안전율을 고려해서 설계해야 한다.

(2) 연약지반 위에 댐을 축조하는 경우에는 압밀침하량을 산정하여 제체 여유고 설계에 반영할 수 있도록 한다. 연약지반에 있어서의 또 하나의 문제는 압밀침하에 의하여

댐 높이, 여유고 부족을 초래하는 일이 있다. 최종 압밀침하량 ΔH와 90% 압밀에 요하는 시간 t는 해설 식(8.3.4)와 해설 식(8.3.5)와 같이 계산된다.

$$\Delta H = \frac{e_1 - e_2}{1 + e_1} H \qquad \text{해설 (8.3.4)}$$

$$t = \frac{1}{C_v} H^2 T_v \qquad \text{해설 (8.3.5)}$$

여기서, ΔH : 최종압밀침하량(cm)

H : 압밀되는 토층의 두께(cm); 해설 식(8.3.4), 또는 압밀층의 배수거리(cm); 해설 식(8.3.5)

e_1 : 댐 축조 전의 간극비

e_2 : 댐 축조 후의 최종 간극비

t : 90% 압밀에 요하는 시간(sec)

C_v : 압밀계수(cm^2/sec)

T_v : 시간계수

연약지반의 처리법으로서는 해설 그림 8.3.8과 같은 방법 등이 있으므로 때에 따라서 그 중에 어느 한 가지나 또는 둘 이상의 방법을 병행하여 사용한다.

연약층의 두께	설계법	약도	비고
얕음	치환공법	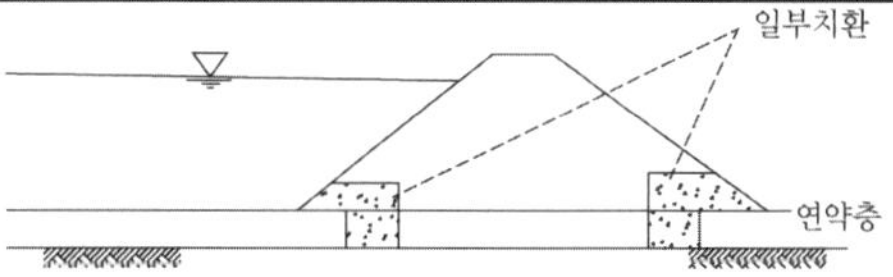 일부치환 연약층	연약층의 전부 또는 일부를 제거하여 안전도가 높은 재료로 치환
중간	급속압밀공법 샌드드레인 웰포인트 페이퍼드레인	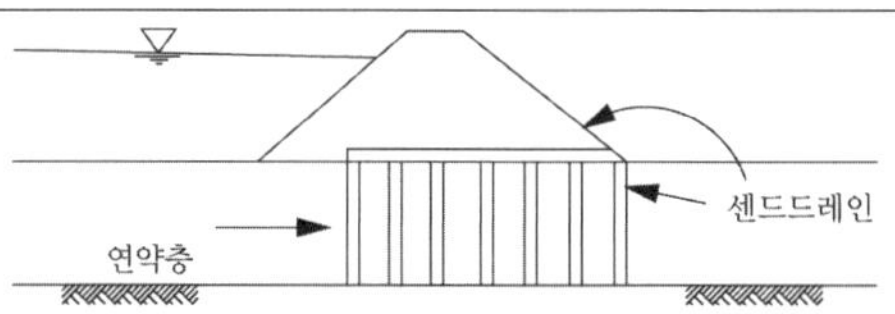 샌드드레인 연약층	기초지반의 압밀을 촉진하기 위하여 수직 또는 수평방향의 모래 배수 도랑을 설치함
깊음	압성토쌓기	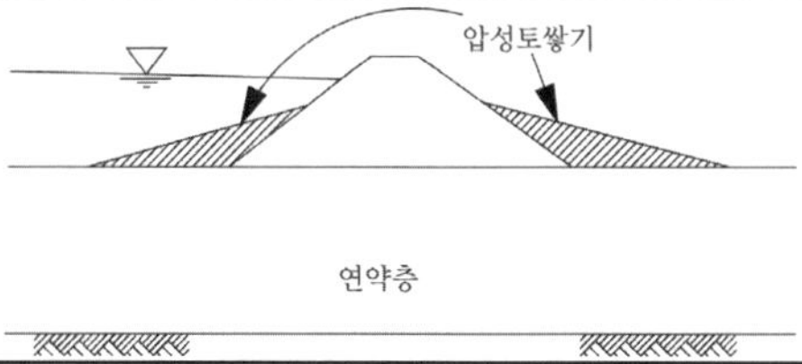 압성토쌓기 연약층	기초면을 통과하는 미끄럼 파괴를 방지하기 위하여 비탈면 끝에 압성토 쌓기를 함

해설 그림 8.3.8 연약지반 처리공법(한국수자원학회, 2005)

(3) 연약점토 및 유기질토는 댐 건설 시 기초지반 내부에 계측기를 설치한다.
필댐의 활동은 대체로 기초지반이 연약하고 소성이 큰 예민성 점토 또는 유기질토일 때 생긴다. 공사 중의 활동의 대부분이 그러한 경우이고 완성 직후보다도 완성 후 수 년이 경과한 뒤에 활동하는 예가 많으며, 댐체 재료가 점토재료일 때는 이 경향이 더욱 현저하다. 연약 기초지반 중에는 반드시 간극수압계를 매설해야 한다.

8.4 콘크리트 표면차수벽형 석괴댐

8.4.1 콘크리트 표면차수벽형 석괴댐은 저수기능 유지측면에서 제체와 기초는 일체가 되도록 하고, 프린스(plinth) 및 트랜지션(transition)존, 암석존, 단층처리 및 그라우팅 등으로 구분하여 설계한다.

해설

8.4.1 콘크리트 표면차수벽형 석괴댐은 저수기능 유지측면에서 제체와 기초는 일체가 되도록 하고, 프린스, 트랜지션존, 암석존, 단층처리 및 그라우팅 등으로 구분하여 설계한다.

(1) 콘크리트 표면차수벽형 석괴댐의 기초설계는 해설 그림 8.4.1과 같이 프린스 기초, 트랜지션존 기초 및 암석존 기초로 나누어진다. 프린스의 위치결정은 기초상태의 확인을 위해 시추조사를 통해 이루어져야 한다. 기초 설계의 주요한 목적은 기초의 요철 등으로 야기될 수 있는 제체의 부등침하에 의한 제체의 변위 및 차수벽의 균열발생을 방지하는 데 있다.

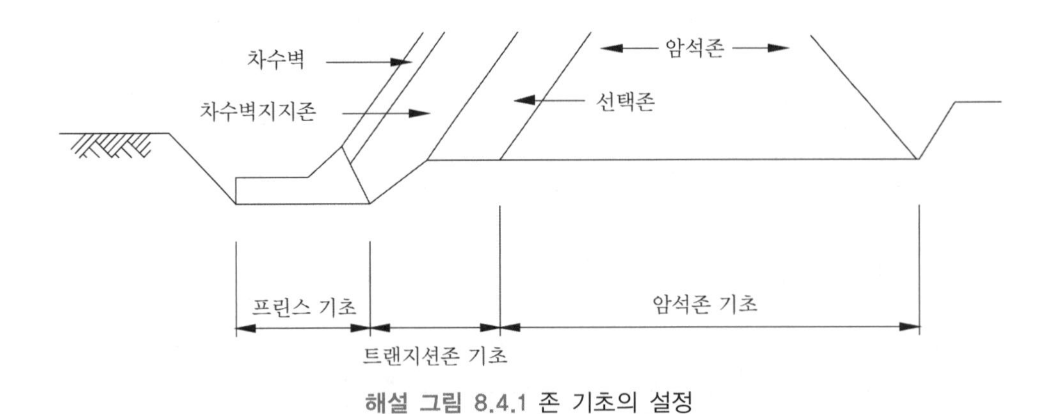

해설 그림 8.4.1 존 기초의 설정

가. 프린스 및 트랜지션존

1. 담수로 인한 수하중은 주로 주변 이음의 벌어짐에 의해 작용하기 때문에 프린스 하상부의 하천 횡단방향의 형상은 크게 중요하지 않다. 큰 전단변형은 주변 이음에서 감당할 수 있도록 설계하여야 한다.
2. 프린스의 기초는 보통 그라우팅이 가능한 견고하고 침식이 되지 않은 신선한 암반이지만 기초지반에 대한 선택기준은 없다. 기초지반의 풍화의 상태를 알기 위하여 지반을 암의 상태에 따라 분류하여야 하며, 다나까식(田中, 1964)의 암반분류 기준에 의할 경우 CM급 이상이면 일반적인 기초처리를 통해 기초지반으로 사용할 수 있다.
3. 다소 신선하지 않은 기초암반에 대하여는 국부적인 결함을 처리하기 위하여 트렌치 굴착 등을 시행하여 보강방안을 강구하여야 한다.
4. 프린스의 하류 측 끝단에서 하류 쪽으로 트랜지션존 기초 구간까지 또는 최소 10m의 수평거리 내에는 프린스 지지층 정도의 암반이 요구되므로 일반적으로 프린스의 기초처리 기준을 따른다.
5. 프린스의 기초부와 댐 축 사이 구간에는 돌출부분으로 인한 응력집중이 발생되지 않도록 가급적 고르게 처리하여야 한다.
6. 프린스 기초가 제체기초와 동일 표고상에 위치하지 않을 경우 차수벽의 지지력에 급격한 변화가 일어나지 않도록 경사구간이 필요하다. 통상 프린스 기초보다 제체기초의 표고가 더 높다면 차수벽의 경사보다 트랜지션존 구간의 기초지반 사면경사를 완만하게 한다. 만약 제체기초가 더 낮다면 차수벽의 지지력 및 주변이음의 변위의 크기를 고려하여 트랜지션존 구간의 기초지반 사면경사는 1 : 1 보다 급하게 하지 않는 것이 적절하다.

나. 암석존

1. 암석존의 기초는 제체의 대부분의 하중을 부담하여 암반분류는 다나까식에 의한 암반 분류기준으로 C_L급(풍화암급) 정도를 기준으로 한다.
2. 암반의 수밀성 증대보다는 제체의 부등침하의 방지, 지지력 등의 부족에 대처할 수 있도록 하여야 한다.
3. 돌출암 등에 대하여는 댐체의 거동분석을 통해 부등침하가 발생되지 않도록 제거하여야 한다.
4. 자갈 이외의 토질인 퇴적층 등은 제체의 자중에 의한 압축에 의해 부등침하의 우려가 있으므로 제거하거나 안정대책을 강구하여야 한다.

(2) 댐 기초지반의 형상은 기초설계에 크게 중요하지 않으나 프린스 기초 암반부의 굴곡은 가급적 급하지 않은 것이 좋다. 양안부에서 프린스의 사면경사의 가파르기는 가급적 1 : 0.25보다 급하지 않게 하여야 한다.
(3) 댐 저폭은 통상 댐 높이의 2.6배 이상이고 모든 수압은 댐 축의 상류부 기초부에 작용하는 것으로 가정하므로 총 활동 안전율(제체하중/수평수하중)이 약 7.5 정도인 CFRD의 경우 제체 하류부 기초굴착 처리기준은 중심 코어형 필댐보다 엄격성이 낮다.
(4) 기초 처리의 기준은 기초부의 침투수로 인한 파이핑이나 침식 가능성을 제거하는 것으로 기초 암반은 견고한 암반이 좋지만 반드시 경암 지반을 요구하는 것은 아니다.
(5) 차수벽의 변형에 영향을 미칠 수 있는 위치에서 기초의 압축성은 중요하다. 정확한 시추 주상도를 이용하여 기초의 압축성을 평가해야 한다.
(6) 일반적으로 제체 기초의 허용성을 평가하는 중요 요소는 강도, 압축성, 침식성, 투수성이다.

가. 강도

기초의 일부분에 있는 충적층이나 풍화암은 제거하지 않는 것이 경제적일 수 있으나 투수에 불리한 방향의 심(seam)이 포함되어 있으면 안정성 검토가 필요하다. 이 경우 기초의 안정성을 확보할 수 있도록 기초보강 공법을 수립하거나 제체 사면경사를 완화하는 것이 필요하다.

나. 압축성

1. 기초지반은 예상되는 댐의 하중을 충분히 지지할 수 있고 가급적 침식, 풍화에 강한 신선한 지반을 선택하여야 한다.
2. 제체 및 차수벽 지지존 기초의 압축성으로 인해 차수벽에 큰 균열을 유발할 수 있는 부등침하를 방지하여야 한다.
3. 프린스 하류 0.3H 또는 0.5H(H : 프린스 단면에서의 댐높이) 내의 기초구간은 가장 높은 수하중을 받으며 이때의 변형은 차수벽의 변형에 크게 영향을 미치므로 압축성이 적어야 하고 균등하게 유지되게 하여야 한다.
4. 기초지반의 압축성에 대한 허용치는 규정할 수 없지만 축조암의 탄성계수보다 큰 탄성계수를 가진 기초재료는 허용될 수 있다. 만약 기초의 압축성이 축조암석존의 압축성보다 크거나 같다면 차수벽의 변형에 미치는 기초침하의 영향을 고려해야 한다.
5. 기초의 압축성에 의한 차수벽의 변형의 정도를 평가하기 위하여 유한요소해석과 같은 수치해석적 분석이 이루어져야 한다.

다. 침식성

1. 프린스 기초의 높은 동수경사로 인한 침식의 방지는 매우 중요하다. 만약 침식성 재료가 적정하게 제거될 수 없다면 동수경사를 줄여 침식으로 인한 재료의 이동과 누수를 방지하여야 한다.
2. 트랜지션존 기초의 폭은 암질(특히 균열의 빈도, 방향성, 충전물의 특성)과 동수경사에 의존된다. 특별한 기초지반인 경우 침식성을 방지하기 위해 그 폭은 최대 댐 높이의 1배까지 연장될 수도 있다.

라. 투수성

프린스 기초는 낮은 투수성을 가져야 하며, 일반적으로 투수성을 낮추기 위해 그라우팅 등이 이루어져야 한다.

8.4.2 프린스 및 트랜지션존은 원칙적으로 신선한 암반 위에 시공하며, 과도한 동수경사에 의한 재료의 이동과 누수방지를 위하여 다음 사항을 고려한다.

(1) 국부적인 지반 결함은 침투유로 연장, 콘크리트 채우기, 그라우팅 등으로 보강한다.

(2) 프린스의 기초부와 댐 축 사이의 돌출 부분은 응력집중이 발생하지 않도록 고르게 처리한다.

(3) 트랜지션존의 기초처리는 댐설계기준에서 정하는 바를 따른다.

해설

8.4.2 프린스 및 트랜지션존은 원칙적으로 신선한 암반 위에 시공하며, 과도한 동수경사에 의한 재료의 이동과 누수방지를 위하여 다음 사항을 고려한다.

(1) 프린스의 강도, 안정성, 경제성 등을 유지하기 위한 최소한의 설계조건을 규정한 것으로서 설계자가 반드시 지켜야 하는 것을 정의하는 것은 아니다. 과거에는 콘크리트 지수벽 공법으로 침투수 방지를 도모했으나 기초암반을 굴착하는 과정에서 기초부위에 대한 충격, 파손 등으로 기반암을 악화시키는 결과가 초래되어 프린스 공법으로 정착되었다. 프린스의 목적은 차수벽과 댐 기초를 수밀상태로 연결하고, 그라우팅 캡으로서의 역할을 도모하기 위한 것이다. 프린스의 설계는 주로 양안부의 기울기, 기초지질 특성과 기초암반의 심도, 프린스 폭에 대한 수두의 비율인 동수경사

의 값 등에 주로 의존한다.

가. 프린스는 차수벽에 작용하는 수하중으로 인해 주변이음이 벌어진다고 예상하고 프린스와 차수벽 사이에는 상호 작용력이 없는 것으로 가정하여 수평으로 작용하는 수압에 저항하는 구조물로서 설계하여야 한다. 프린스의 두께가 클 경우(1.0m 이상)에는 활동에 따른 안정성 해석이 필요하다.

나. 프린스의 단면을 결정하기 위한 안정해석 시 적용하는 수두는 계획홍수위로서 하중 분포는 양압력에 의해 상부 끝단 지점의 최대수두에서부터 시작해서 하류 끝에서는 0까지 선형적으로 감소하여 슬래브 전폭에 걸쳐서 발생하는 것으로 가정한다.

다. 이 기준에서 적용하는 프린스의 각 부분의 명칭은 해설 그림 8.4.2와 같다.

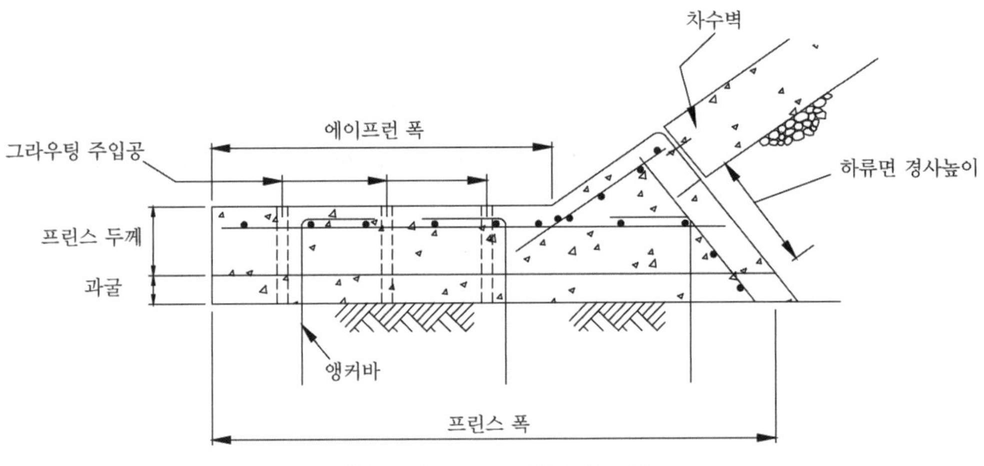

해설 그림 8.4.2 프린스의 제원

라. 프린스의 폭과 두께의 설계는 통상 시공사례(해설 표 8.4.1 참조) 등을 참고하여 경험적으로 정해지고 있다. 프린스는 시공 중 그라우팅 작업 등의 시공의 용이성과 완성 후 유지관리 시 상류사면의 접근성을 고려하여 양안부에서 계단으로 계획 할 수 있다.

해설 표 8.4.1 프린스의 폭 및 두께 설계현황

댐명		설계년도	댐 높이(m)	프린스 폭(m)	프린스 두께(m)	비고
남강댐(보강)		1989	34.0	5.0	0.6	
부안댐		1990	50.0	3.0	최소 0.6	
밀양댐		1991	89.0	8.0 / 5.0	1.0	최대/최소
용담댐		1991	70.0	8.0 / 5.0	1.0	최대/최소
산청 양수	상부댐	1995	97.0	7.0 / 5.0	0.8 / 0.6	최대/최소
	하부댐	1995	67.5	6.0 / 4.0	0.8 / 0.6	최대/최소
장흥댐		1996	53.0	6.0 / 4.0	0.8 / 0.6	최대/최소
영월댐		1997	98.0	8.5 / 7.5	1.0	
대곡댐		1996	52.0	5.0	0.6	
군위댐		2004	45.0	4.5	0.5	
부항댐		2007	64.0	5.0	0.6	

마. 프린스의 폭은 경험적인 방법과 기초암반의 상태와 상류 끝단에 작용하는 양압력에 의한 동수경사를 산정하여 정할 수 있다. 암반상태에 따른 허용 동수경사는 해설 표 8.4.2와 같이 적용하고 있다.

해설 표 8.4.2 암반상태에 따른 허용 동수경사(한국수자원학회, 2005)

암반상태	허용 동수경사	비고
신선한 기초암	20	Salvajina 댐은 18을 적용. Cirata 댐의 경우 각력암과 사암은 20, 이암부는 10을 적용
파쇄대가 없는 기초암	10	
약간 풍화된 암	5	
심하게 풍화된 암	2	

바. 프린스의 기초지반이 대부분 신선한 암반이므로 그라우팅에 의해 별도의 압력이 작용하지 않는다고 보면 폭과 동수경사와의 관계를 다음과 같이 나타낼 수 있다.

동수경사=수두/프린스 폭

여기서, 수두=계획홍수위−프린스의 기초 표고

사. 위의 방법에 의하여 프린스의 폭을 결정할 수 있으나 통상 폭의 결정은 경험적으로 다음과 같이 정한 범위 내에서 적절히 선택하여 결정한다.

1. 기초지반이 양호하고 그라우팅이 가능한 댐에서는 총 수두의 1/15~1/25 정도로 한다.
2. 기초지반이 양호하지 않을 경우에는 총 수두의 1/6까지 적용한다.

아. 댐 수위와 기초지반의 지질 상태가 횡단면을 따라 국부적으로 변동이 심할 때는 폭원은 일정치 않을 수 있다. 저수위 이하와 이상 구간으로 나누어 달리 적용할 수 있다.

자. 프린스의 최소 폭은 기초 처리 시 그라우팅 캡 역할을 하므로 천공과 주교작업 등 그라우팅 작업에 필요한 공간의 확보를 위하여 일반적으로 3m로 한다. 단, 댐 높이가 25m 이하인 경우 2m의 폭도 사용할 수 있다.

차. 프린스의 두께는 차수벽 두께와 거의 비슷하게 시공되며 굴착 시의 여굴과 불규칙한 지형으로 인해 최소두께는 통상 1.3~1.4m 정도로 하지만 두께에 대한 허용기준은 없고 현장 지질조사, 시공기술 수준 등을 고려하여 결정한다. 하상부나 양안 접합부를 구분하여 동일한 두께로 하거나 혹은 달리 적용하여 설계할 수 있다.

1. 두께는 암반과 구조물의 변위를 고려하여 기초처리 시 그라우팅 압력에 저항할 수 있도록 특수한 지반을 제외하고는 250~400kN/m^{2}의 압력이 작용하는 경우로써 해설 식(8.4.1)과 같이 산정할 수 있다.

$$P = S_w + A_f > 250 \sim 400 \mathrm{kN/m^2} \qquad \text{해설 (8.4.1)}$$

여기서, P : 그라우팅 압력에 저항하는 힘(kN/m^2)
S_w : 프린스 자중(kN/m^2)
A_f : 앵커바 인장력(kN/m^2)

2. 주변 이음에 연하여 설치되는 프린스의 하류면 경사방향 높이는 수하중에 의한 차수벽의 거동이 탄성적으로 지지될 수 있도록 설계돼야 하므로 댐 높이가 40m 이상일 경우 차수벽 하단으로부터 직각 방향으로 최소한 500mm 이상 확보되어야 한다.

카. 프린스 철근 보강의 주된 목적은 온도철근으로서의 기능을 유지하고 휨 응력으로부터 진전될 수 있는 균열의 폭을 최소화하고 분산시키기 위함이다.

1. 과거에는 상, 하 2열의 종단철근을 사용하였으나 길이방향으로 이중 종단철근은 프린스를 강성으로 만들고 하부 기초암의 적은 부등침하에도 적응하기 어렵다는 의견도 있었다. 최근 철근은 1열로 상부 철근으로만 사용하여 그라우팅 캡으로서의 역할과 온도응력에 대비하는 경향이 있으나 기초굴착 깊이에 따른 프린스의 높이를 고려하여 철근배치를 2열로 정할 수 있다.

2. 철근비는 통상 폭과 길이방향에 걸쳐 일정한 간격으로 각 방향 슬래브 두께의 0.3% 정도가 사용되고 있으며 철근 위치는 일반적으로 상부표면으로부터 100~150mm 밑에 배근되며 앵커바와 직간접으로 연결된다.

타. 앵커바의 목적은 콘크리트를 암반에 고정시켜 부착력 확보와 그라우팅 작업 시 발생할 수 있는 상향력에 대비하기 위한 것이다.

1. 앵커바의 길이, 간격, 직경은 암반조건과 시공사례, 하중분할에 따른 응력분포에 근거하여 산정되어야 한다. 경험상 앵커바는 직경이 25~35mm로서 각 방향 1.0~1.5m 간격이고 길이는 3~5m로 설계되고 있다.
2. 일반적으로 슬래브를 그라우팅 캡으로 이용하여 그라우팅 작업 시 주입된 시멘트는 암과 콘크리트의 접촉면을 따라 상향력으로 작용하지는 않는다고 본다. 이 경우 그라우팅 시 양압력에 의한 슬래브의 융기에 저항하기 위하여 앵커바가 필요하다는 개념은 적합하지 않을 수 있으나 프린스 바닥 하부의 짧은 구간 내에서 암의 절리 등으로 인해 그라우팅 압력은 상향력을 가질 수 있으므로 이를 고려하는 것이 타당하다.
3. 앵커바는 단순한 철근으로서 암반 근입 깊이까지 그라우팅하고 배근되는 철근에 부착시키기 위하여 180° 또는 90° 갈고리가 일반적으로 사용된다.

(2) 프린스의 기초부와 댐 축 사이의 돌출 부분은 응력집중이 발생하지 않도록 고르게 처리한다.

(3) 트랜지션존의 기초처리는 댐설계기준(2011)에서 정하는 바를 따른다.

8.4.3 암석존의 기초는 제체 대부분의 하중을 분담하므로 수밀성 증대, 제체 부등침하 방지, 지지력 확보가 가능하도록 설계한다.
8.4.4 그라우팅은 8.1 일반사항에 준하며, 압밀그라우팅은 타설심도가 비교적 깊지 않으므로 그라우팅 공간격, 심도, 열간격 등을 신중히 결정한다.
8.4.5 단층대는 8.1 일반사항에 준하여 처리하며 프린스 기초부의 단층, 파쇄대 및 절리는 차수, 지지력 등의 확보가 가능한 깊이까지 굴착하여 보강한다.

해설

8.4.3 암석존의 기초는 프린스 기초지반과 달리 상대적으로 기초지반의 변형성에 대하여 덜 엄격한 편이나 표토는 제거하여야 하며, 특히 사력층이 존재할 경우 축조되는 암석존 재료의 강성(stiffness)과 지나치게 큰 차이를 보이는 경우에는 굴착제거하는 것이 바람직하다.

연약한 단층대가 넓고 깊게 분포하는 경우에는 제체의 장기침하나 부등침하 등이 발생할 수 있으므로 연약층에 대해서는 압밀그라우팅 등을 실시하여 수밀성 증대, 제체 부등침하 방지, 지지력 확보가 가능하도록 설계한다.

8.4.4 연약 단층대에 대한 압밀그라우팅의 경우는 8.1절 일반사항에 준하여 실시하며, 타설심도가 비교적 깊지 않은 경우가 많으며, 특히 단층점토 등이 다량 협재되어 있는 경우에는 그라우트재의 주입이 어려울 수 있으므로 그라우팅 주입압력, 공간격, 심도, 열간격 등을 신중히 결정하여야 하며, 그라우팅 효과를 확인하고 장기적인 변형거동을 계측하기 위하여 침하계 또는 간극수압계 등의 계측기를 설치하는 경우도 있다.

그러나 사력기초지반의 경우에는 압밀그라우팅이 무의미할 수 있으므로 적용 여부를 신중히 결정할 필요가 있다.

8.4.5 단층대에 대해서는 8.1절 일반사항에 준하여 처리하며 프린스 기초부의 단층, 파쇄대 및 절리는 차수, 지지력 등의 확보가 가능한 깊이까지 굴착하여 보강하는 것을 원칙으로 한다. 다만, 비교적 큰 규모의 연약단층대의 처리방법은 그라우팅 외에도 주열식 벽체 또는 말뚝기초 등을 적용하여 지지력 및 침하에 대한 저항성을 확보할 수 있다.

8.5 콘크리트 중력댐

8.5.1 콘크리트 중력댐은 신선한 암반 위에 시공하고 암반의 자중, 암반 내부에 침투한 양압력, 단층, 절리, 균열 등을 고려하여 설계한다.

(1) 기초암반의 전단마찰 저항력 및 탄성계수는 암의 종류, 풍화 균열, 변질, 건습 등의 정도에 따라 다르므로 실내 및 현장시험결과로부터 산출한다.

(2) 기초암빈의 국부적인 응력의 평균값이 주변 암반의 강도에 비하여 크게 나타날 경우 설계의 재검토 및 보강 대책을 강구한다.

해설

8.5.1 콘크리트 중력댐은 신선한 암반위에 시공하고 암반의 자중, 암반 내부에 침투한 양압력, 단층, 절리, 균열 등을 고려하여 설계한다.

(1) 기초암반의 전단마찰 저항력 및 탄성계수는 암의 종류, 풍화 균열, 변질, 건습 등의 정도에 따라 다르므로 실내 및 현장시험결과로부터 산출한다. 기초암반의 전단마찰 저항력은 원칙적으로 현장시험을 실시하고 그 결과 및 암반의 성상을 고려하여 판정한다. 기초의 변형을 고려하여 설계를 실시할 경우 물성치는 원칙적으로 현장시험을 실시하여 결정하는 것으로 한다.

가. 콘크리트 중력댐을 설계할 때 필요한 기초 암반의 전단마찰 저항력 및 탄성계수 또는 변형계수는 암의 종류, 성질 이외에도 풍화, 균열, 심(seam), 변질, 건습 등의 정도에 따라 다르므로 암반이 양호하고 동시에 실내시험 및 기타 적절한 방법으로 값을 추정할 수 있는 경우를 제외하고는 원칙적으로 현장시험을 실시하여 결정해야 한다. 중요한 사항은 댐 지역의 지질 또는 지질 구분이 되어 있는 각 구간 내의 지질 시험치 유무에 따라 시험개소를 선정하고 시험결과의 해석에 있어서는 충분한 주의를 기울여야 한다.

나. 전단마찰 저항력 : 암반의 전단마찰 저항력을 구하는 현장시험에는 일반적으로 블록 전단시험을 사용한다. 암반위에 강도가 높은 콘크리트 블록을 설치하고 그 상면 및 사면에 연직력을 동시에 가하여 저면의 암반에 전단파괴를 일으킨다. 암반면에 작용하는 연직응력을 여러 가지로 변화시켜 해설 식(8.5.1)에 의하여 정수 τ_0 및 f를 산정한다.

$$\tau = \tau_o + f \cdot \sigma \qquad \text{해설 (8.5.1)}$$

여기서, τ_0 : 암반의 전단강도(kN/m^2)

f : 암반의 내부마찰계수

σ : 암반면에 작용하는 연직응력(kN/m^2)

다. 탄성계수 : 암반의 탄성계수를 구하는 현장시험은 일반적으로 탄성파 방법과 같은 동적 방법, 잭(jack) 방법 및 수실(chamber) 방법과 같은 정적방법 등을 사용한다. 탄성계수 또는 변형계수는 해설 식(8.5.2)와 해설 식(8.5.3)에 의해 계산한다.

1. 잭(jack)방법은 보링공벽을 유압잭을 부착한 강성재하판으로 밀어서 재하하는 시험으로서 암반의 변형특성이나 강도특성 측정에 사용된다.

플랫 잭 사용 시

$$E \text{ 또는 } D = \frac{2(1-\nu^2)(r_2 - r_1)(P_2 - P_1)}{W_2 - W_1} \qquad \text{해설 (8.5.2)}$$

강체 원판 사용 시

$$E \text{ 또는 } D = \frac{\pi a(1-\nu^2)(P_2 - P_1)}{2(W_2 - W_1)} \qquad \text{해설 (8.5.3)}$$

여기서, E : 탄성계수(kN/m²)
D : 변형계수(kN/m²)
ν : 포아송 비
r_1, r_2 : 각 다이아프램의 내부반경 및 외부반경(m)
P_1, P_2 : 하중(P) - 변위(W) 곡선 상 2점의 하중(m)
W_1, W_2 : 각 P_1, P_2에 대응하는 변위(m)
a : 강체 원판의 반경(m)

2. 수실방법(chamber)은 암반 내에 원통형의 수밀성인 공간을 만들고 수압을 작용시켜 수실의 반경방향의 변위를 측정하는 것이다. 수실방법은 재하면적이 큰 이점을 가지고 있으나 공사, 공기 등으로 드물게 사용한다. 동적인 방법에 의해 구한 탄성계수 값은 정적인 방법에 의해 구한 값보다도 상당히 큰 값을 나타내는 것이 보통이며 지반 전반의 상태를 파악하는 데 매우 유효하다. 따라서 설계에 사용되는 탄성계수 값은 재하면적을 가능한 한 크게 하여 실시한 잭(jack) 방법을 토대로 하며, 상당히 광범위하게 이르는 탄성파 방법의 결과 등을 참고로 하여 국부적인 영향을 판단할 필요가 있다.

(2) 기초암반의 국부적인 응력의 평균값이 주변 암반의 강도에 비하여 크게 나타날 경우 설계의 재검토 및 다음과 같은 보강대책 등을 강구한다.

가. 해설 식(8.5.4)(한국수자원공사, 2004)에 의한 국부적인 응력의 평균값이 암반 강도에 비하여 클 경우 제체의 상류면에 Fillet을 붙여서 전단 저항에 필요한 길이(l)를 확보하는 방법
나. 상류부를 하류부보다 깊게 굴착하여 하류를 높게 함으로써 댐에 작용하는 합력과 활동면과의 교각을 가능한 한 크게 하는 방법
다. 하류부를 쐐기형태로 파 넣어 쐐기에 의해 활동면을 하류 측에 연장시키는 방법 등이 있다.

8.5.2 댐 콘크리트와 암반의 접촉면 및 기초암반의 취약구간에 따라 발생하는 마찰저항은 수압에 의한 활동력에 대하여 필요 안전율을 확보한다.

해설

8.5.2 댐 콘크리트와 암반의 접촉면 및 기초암반의 취약구간에 따라 발생하는 마찰저항은 수압에 의한 활동력에 대하여 필요 안전율을 확보하고 댐 콘크리트와 기초암반의 접촉면, 시공이음이나 공극, 균열 등에 따라 발생하는 양압력에 대하여 검토해야 한다.

(1) 댐과 기초암반의 접촉면의 전단에 대한 안전율(Henny의 식)을 구한다.

$$F_s = \frac{f \cdot \sum V + \tau \cdot L}{\sum H} \geq \text{허용 안전율} \qquad \text{해설 (8.5.4)}$$

여기서, F_s : 전단마찰 안전율(4 이상)
f : 구조물 저면과 지반 사이의 마찰계수(보통, 0.65~0.8)
$\sum V$: 수직력의 합(kN)
$\sum H$: 수평력의 합(kN)
τ : 콘크리트와 암반의 전단강도(2,000~3,000kN/m^2)
L : 유효 전단저항 길이($=B-2e$, m)
B : 기초저부폭(m)
e : 편심거리(m)

해설 표 8.5.1 활동에 대한 허용 안전율(한국수자원공사, 2004)

구분 \ 조건	상시	지진 시
콘크리트 중력댐	4.0	4.0

가. f의 범위는 0.65~0.8, τ값은 암반과 콘크리트의 전단저항강도 중에서 작은 값을 취한다. 그러나 암반이 좋은 경우에는 콘크리트의 전단저항강도가 기준이 된다.

나. 콘크리트의 전단강도는 실험에 의해서 구해야 하지만 댐 기초의 수평단면 내에 있어서 전단응력의 불균일 분포, 암반의 불균등성, 시공의 불균등성을 고려하여 실험치를 다소 할인한 값을 취해야 한다. 실제로는 실험치의 1/1.5~1/2.0을 τ의 값으로 한 예가 많다.

다. 기초암반 전체의 안정에 관해서는 제체로부터 전달되는 힘, 암반의 자중, 침투수의 내부압력(간극수압) 및 지진력과 기초암반 내부의 단층, 절리, 균열 등으로 인해 약점으로 생각되는 면을 대상으로 해설 식(8.5.4)에 의하여 안전율을 검토한다.

라. 적절한 안전율을 얻기 곤란한 경우에는 암반에 전달된 힘의 방향, 크기, 위치 등을 재검토하거나 혹은 콘크리트치환 등에 의해서 기초암반의 강도를 개량해야 한다. 침투압에 의한 암반강도의 저하를 방지하기 위해서 적절한 배수처리를 해야 한다.

(2) 국소 전단파괴에 대한 안전율 검토

가. 제체와 기초암반의 접촉면, 또는 기초 암반 내에 강도 또는 변형성이 크게 다른 부분이 존재하는 경우 응력에 비해서 암반의 강도가 충분하지 않은 영역이 발생할 수 있으므로 다시 국소 전단파괴에 대한 안전율을 해설 식(8.5.5)에 의해 계산하고 전단면의 위치, 방향, 암반의 성상 등을 고려하여 검토한다.

$$F_S = \frac{\tau_0' + f'(\sigma - u)}{\tau} \geq 2.0 \qquad \text{해설 (8.5.5)}$$

여기서, F_S : 국소 전단마찰안전율(2.0 이상)

τ_0' : 국소 전단강도(kN/m^2)

f' : 국부 내부마찰계수

u : 국소 전단면에 작용하는 간극수압(kN/m^2)

σ : 국소 전단면에 작용하는 연직응력(지진의 경우를 포함)(kN/m^2)

τ : 국소 전단면에 작용하는 전단응력(지진의 경우를 포함)(kN/m^2)

나. 기초암반의 전단강도가 일정하지 않은 경우의 전단마찰 안전율은 통상적으로 활동면을 강도가 다른 각 존으로 분할하여 강도를 계산하고 이를 합산한 후 해설 식(8.5.6)에 따라 평균 안전율을 계산한다. 일반적으로 전단강도가 다르면 변형성도 달라질 수 있으므로 유한요소법에 의해 기초암반을 포함한 응력해석을 실시하고 활동면과 활동면의 국부 안전율을 확인한다.

$$F_s = \frac{\sum_{i=1}^{m}(\tau_{oi} + f_i \sigma_i{}')l_i}{H} \quad \text{해설 (8.5.6)}$$

여기서, F_S : 안전율

m : 분할된 존 수

τ_{oi} : 각 존에서의 암반의 전단강도(kN/m^2)

f_i : 각 존에서의 암반의 마찰계수

$\sigma_i{}'$: 각 존에서의 암반의 평균연직력(kN)

l_i : 각 존의 전단에 저항하는 길이(m)

H : 전 수평력(kN)

(3) 강도가 작고 변형성이 큰 연약층이 댐 기초의 상류측과 하류측에 존재할 경우

가. 댐 기초 암반의 일부가 연약한 암반일 때 제체에서의 힘은 견고한 암반에 집중적으로 전달되어 연약한 암반부분의 응력은 작아지는 경향이 있다.

나. 하류단 부근이 제체에서 가장 큰 힘을 전달받는 곳이며 이 위치에 취약층과 단단한 암과의 경계가 있으면 응력집중에 의한 국부적인 안전율 저하가 발생한다.

다. 댐 기초 중앙 또는 상류 측에 있는 연약층은 일반적으로 문제가 적다.

라. 댐 위치에서 하류에 연약층이 있고 상류는 경암으로 되어 있는 경우, 댐 상류단 부근에 수평방향의 인장응력이 발생한다.

(4) 지지력에 대한 안정

댐 콘크리트와 기초 암반의 접촉면에서 발생하는 최대, 최소압력은 해설 식(8.5.7)~(8.5.9)를 기초로 계산하며 기초암반의 허용지지력 이내여야 한다.

가. $e < \dfrac{B}{6}$일 경우 :

$$q_{\max} = \frac{\sum V}{B}\left(1 + \frac{6e}{B}\right) < q_a \qquad \text{해설 (8.5.7)}$$

$$q_{\min} = \frac{\sum V}{B}\left(1 - \frac{6e}{B}\right) < q_a \qquad \text{해설 (8.5.8)}$$

나. $e > \dfrac{B}{6}$일 경우 :

$$q_{\max} = \frac{2\sum V}{3a} < q_a \qquad \text{해설 (8.5.9)}$$

여기서, q : 지지력(kN/m^2)
$\sum V$: 수직력의 합(kN)
e : 편심거리($B/2 - a$, m)
B : 저폭(m)
a : 앞굽에서 외력작용 위치까지 거리($M/\sum V$, m)
m : 모멘트($M_r - M_0$, kN · m)
q_a : 기초암반의 허용 지지력(kN/m^2)

(5) 양압력

양압력 분포는 해설 그림 (8.5.1)과 같으며 이 양압력은 댐 콘크리트와 기초암반의 접촉면, 시공이음이나 공극, 균열 등에서 일어나는 내부수압이며, 임의의 수평단면에 대한 연직방향으로 작용하는 수압이다. 이 양압력은 댐의 안정성을 감소시키는 외력이 되며, 이것을 경감시키기 위해서 댐의 상류측에 지수벽을 설치하거나 또는 차수 그라우팅을 하고 그 하류에 배수공을 설치한다.

이때 내부수압의 분포는 수평단면의 상류면에서는 상류측 수압과 같고 하류면에서는 하류측 수압과 같으며, 수압의 변화는 직선 변화하는 것으로 본다. 양압력에 대한 공식은 해설 식(8.5.10)과 같다.

$$W_a = W_w CA\left[H_2 + \frac{1}{2}\tau(H_1 - H_2)\right] \qquad \text{해설 (8.5.10)}$$

여기서, W_a : 전 양압력(kN)

W_w : 물의 단위중량(kN/m^3)

A : 양압력을 받는 저부 면적(m^2)

C : 정수압이 작용하는 면적 비율

τ : 차수그라우팅과 배수공의 작용에 의한 순수두($H_1 - H_2$)에 대한 비율

H_1 : 저수지 측 수두

H_2 : 하류 측 수두

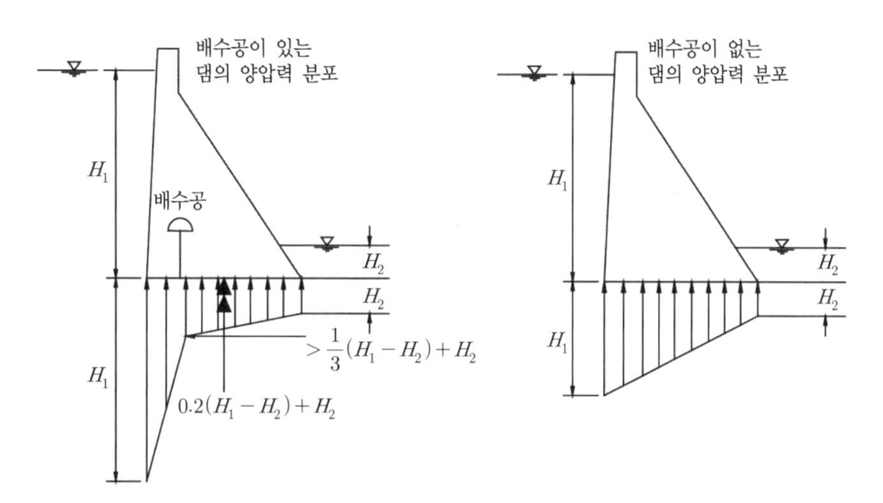

해설 그림 8.5.1 양압력의 분포형상

8.6 가물막이댐

8.6.1 가물막이댐은 수중 또는 유수에 접하여 시공되므로 적절한 차수성 및 안정성이 확보되도록 한다.

(1) 가물막이댐 및 기초지반은 토압, 수압 등의 외력에 견디는 강도 및 수밀성이 요구되고, 물이나 파랑에 의한 기초지반 및 주변 지반의 세굴, 파압 등에 견딜 수 있도록 충분한 지형 및 지반조사를 통해 그에 상응하는 가물막이 형식을 선정한다.

(2) 지반의 특성상 기초지반을 통해 과도한 누수가 예상되는 경우에는 적절한 차수대책을 수립하여 시행한다.

해설

8.6.1 가물막이댐은 8.1.1에 기술한 바와 같이 필댐 형식과 구조물 형식이 있으며 적절한 차수성과 안정성 확보를 위해 설계 시 검토하여야 하는 항목은 해설 표 8.6.1과 같다.

해설 표 8.6.1 가물막이댐의 형식별 안정성 검토 항목

구분	안정성 검토 항목	
필댐 형식	침투에 대한 검토	• 유심부 및 육상부 침투류해석 및 파이핑 검토 • 만수 시와 수위급강하시 검토
	제체의 사면 안정성 검토	침투류 해석에 의한 침윤면을 고려한 원호활동 안정성 검토
	지지력 및 침하에 대한 검토	기초지반의 응력과 침하량 및 부등침하 검토
	연약지반 안정성 검토	연약지반의 압밀 침하량 산정 및 대책공법 선정
	접속부 임시비탈면 안정성 검토	• 토사 비탈면 안정성 검토 • 암반 비탈면 안정성 검토
구조물 형식	침투에 대한 검토	• 유심부 및 육상부 침투류해석 및 파이핑 검토 • 만수 시와 수위급강하 시 검토
	제체의 안정성 검토	전도, 활동, 지지력
		침투류 해석에 의한 침윤면을 고려한 원호활동 안정성 검토
	부재에 대한 검토	부재의 변위, 부재력, 근입장 검토
	지지력 및 침하에 대한 검토	기초지반의 응력과 침하량 및 부등침하 검토
	연약지반 안정성 검토	연약지반의 압밀 침하량 산정 및 대책공법 선정
	접속부 임시비탈면 안정성 검토	• 토사 비탈면 안정성 검토 • 암반 비탈면 안정성 검토

(1) 사면 안정성

가. 필댐 형식

제체의 활동에 대한 안정 검토는 침투해석에 의한 침윤면을 고려하여 원호활동법으로 최소 안전율을 산출하고, 계획홍수위 시 비정상류 침투해석에 의한 침윤면을 고려하여 만수 시뿐만 아니라 수위 급강하 시에도 안정성을 확인하며, 이때 안전율은 해설 표 8.6.2 및 8.6.3과 같다.

해설 표 8.6.2 제체 상태에 따른 원호활동 안전율(하천설계기준, 2009)

제체상태	간극수압상태	안전율
인장균열(crack) 미고려 시	간극수압을 고려하지 않는 경우	2.0 이상
	간극수압을 고려하는 경우	1.4 이상
인장균열(crack) 고려 시	간극수압을 고려하지 않는 경우	1.8 이상
	간극수압을 고려하는 경우	1.3 이상

해설 표 8.6.3 제체의 수위조건에 따른 원호활동 최소안전율(댐설계기준, 2011)

구분	제체조건	저수상태	지진	안전율		비고
				상류	하류	
1	완성 직후	바닥상태	없음	1.3	1.3	1) 상류측 비탈면의 하부존이 암석 등으로 되어 있어 간극압이 발생하지 않을 경우에 한함
2	(간극수압최대)	일부저수[1)]	없음	1.3	–	
3	평상시	급강하	없음	1.2	1.2	
4	평상시	만수	있음	1.2	1.2	2) 수위는 보통 댐 높이의 45~50%를 취하여 계산함
5	평상시	일부저수[2)]	있음	1.15	–	

나. 구조물 형식

구조물 형식 가물막이(2열 Sheet Pile 형식과 셀 형식 등)의 경우에는 사면활동에 대한 검토 외에 전도(속채움재의 전단변형 파괴), 활동, 지지력에 대한 검토와 부재력에 대한 안정성을 검토한다.

2열 Sheet Pile 형식과 셀 형식 가물막이의 외적 안정성에 대한 기준안전율은 각각 해설 표 8.6.4와 8.6.5와 같다.

Sheet Pile의 경우 위험단면에 대하여 전도, 활동 및 지지력에 대한 안정검토를 실시하며, 압성토(berm)가 있을 경우에는 수동파괴면이 굴착경사면과 굴착저면 사이에 교차하는 지점의 위쪽 흙의 중량을 등분포 상재하중으로 치환하여 수동토압을 산출한 후 저감된 수동토압을 적용하여야 한다. 제체 내부의 잔류수위는 상시만수위(High Water Level)와 저수위(Low Water Level) 차이의 2/3로 산정하여 안정성 검토를 수행한다.

해설 표 8.6.4 2열 Sheet Pile 형식 가물막이의 외적 안전율(일본 국토기술연구센터, 2001)

구분		전도(전단변형)	벽체의 활동	지반 지지력
기준안전율	상시(고수위 시)	1.2 이상	1.2 이상	1.2 이상
	지진 시	1.0 이상	1.0 이상	1.0 이상

해설 표 8.6.5 셀 형식 가물막이의 외적 안전율(일본 국토기술연구센터, 2001)

구분		전도(전단변형)	벽체의 활동	지반 지지력
기준안전율	상시(고수위 시)	1.2 이상	1.2 이상	1.2 이상
	지진 시	1.0 이상	1.0 이상	1.0 이상

2열 Sheet Pile 또는 셀 형식 가물막이의 부재에 대한 안정성은 단계별 굴착, 지보공 등에 따른 흙막이 벽체(일반적으로 연성벽체)의 변위, 전단력, 휨모멘트 및 지보공의 축방향력에 대한 안정 여부를 확인한다.

콘크리트 중력식 구조물의 경우 전도, 활동 및 지지력에 대하여 외적 안정 여부를 검토하여야 하며, 해설 표 8.6.5를 준용하여 안전 여부를 판단할 수 있다.

(2) 침투에 대한 안정성
가물막이의 경우 형식에 관계없이 침투에 대한 안정성은 일반 댐 또는 제방의 경우와 동일한 방법과 기준으로 검토한다. 이때 설계홍수위는 최근의 기후변화 등을 고려할 때 2년 빈도뿐만 아니라 보다 강화된 홍수위 조건을 반영하여 검토하는 것이 바람직하다.

8.7 제방 제체 및 기초지반

8.7.1 제체에 대한 누수 방지대책에는 단면확대 공법, 앞 비탈면피복 공법 등이 있다.
(1) 단면확대 공법은 제외지 방향, 제내지 방향, 양자 병용 등으로 보축·성토하여 침투유량을 저감한다.
(2) 앞 비탈면피복 공법은 앞 비탈 하단(기슭)부터 상단(머리)까지 불투수성의 흙 재료나 차수 시트와 같은 인공재료를 포설하여 침투유량을 저감한다.

해설

제방의 누수방지대책은 홍수특성, 축제이력, 토질특성, 제내지 토지이용 상황 및 유지관리 등을 고려한 제방강화대책으로 제체에 대한 누수방지대책과 기초지반에 대한 누수방지 대책이 있다. 이때 누수에 대한 제방강화대책은 1) 전단 강도가 큰 제체 재료 사용, 2) 제체 내 강우 및 하천수 유입 차단, 3) 제체 내 침투수(강우 및 하천수)의 신속 배수 처리, 4) 제체 및 기초지반의 동수경사의 저하 유도 등을 일차적으로 고려한다.

8.7.1 제체에 대한 누수 방지대책에는 단면확대 공법, 앞 비탈면피복 공법 등이 있으며, 공법별 설계원리 및 유의사항은 해설 표 8.7.1과 같다.

(1) 단면확대 공법은 제체 단면확대 방향에 따라 제외지 방향, 제내지 방향, 양자 병용 등으로 적용할 수 있으며, 단면 확대에 따른 침투로 연장 및 동수구배 감소에 의해 침투유량을 저감시켜 누수를 방지하며, 비탈경사를 완만하게 하여 활동파괴에 대한 안전성을 증가시킨다.

단면확대 공법 적용 시 유의할 점은 제외지 방향에 적용할 경우 통수능 확보에 유의하여야 하며, 기초지반이 연약할 경우 기설 제방에 미치는 영향을 검토하여야 한다.

(2) 앞 비탈면(제외지 측 비탈면)피복 공법은 제외지 비탈 하단(기슭)부터 상단(머리)까지 불투수성의 흙 재료나 차수 시트와 같은 인공재료를 포설하여 침투유량을 저감시키는 공법으로 투수성이 큰 재료로 축조된 제체의 누수방지에 적용하며, 피복재료의 활동, 들뜸, 노후화에 따른 기능저하 등에 유의한다.

해설 표 8.7.1 제체에 대한 누수방지대책별 설계 원리 및 유의사항

단면확대 공법	원리/효과	• 제방단면확대에 의한 침투로 연장 도모 및 평균동수구배 감소에 의한 제체 안정성 증대 • 완만한 비탈경사에 의한 활동파괴 안전성 증대 • 제내지 비탈기슭 근방 기초지반의 파이핑 방지를 위한 다짐 성토로서의 기능
	계획/설계상 유의점	• 제외지 통수능 확보에 유의하여야 하며, 제내지 및 제외지 용지 필요 • 축제재료는 제외지측 확대의 경우 기설 제체보다도 불투수성 재료를, 제내지측 확대의 경우 기설제체보다 고투수성재료 사용 • 기초지반이 연약 지반인 경우 기설 제방에의 영향(천단의 크랙 등) 검토
	개념도	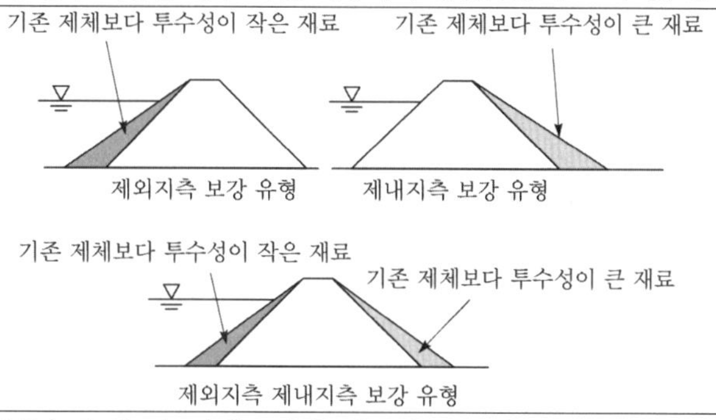 기존 제체보다 투수성이 작은 재료 / 기존 제체보다 투수성이 큰 재료 제외지측 보강 유형 / 제내지측 보강 유형 기존 제체보다 투수성이 작은 재료 / 기존 제체보다 투수성이 큰 재료 제외지측 제내지측 보강 유형
앞비탈면 피복공법	원리/효과	비탈면을 불투수성 재료(토질재료 혹은 인공재료)로 피복하여 고수위 시 비탈면으로부터의 하천수 침투 억제
	계획/설계상 유의점	• 투수성이 큰 역질토나 사질토의 제체에서 효과 기대 • 피복재료(토질재료 혹은 차수 시트 등 인공재료)의 활동에 안정성 검토 필요 • 차수시트의 경우 복토나 콘크리트 블록 등을 설치하여 시트의 들뜸 및 기능저하 방지 대책 필요
	개념도	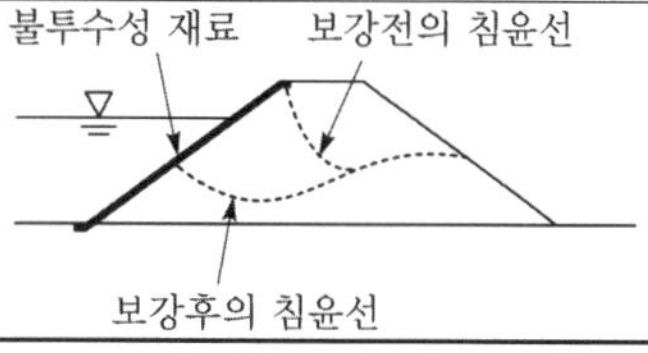 불투수성 재료 / 보강전의 침윤선 보강후의 침윤선

8.7.2 기초지반의 누수 방지대책에는 차수공법, 고수부(둔치) 피복공법 등이 있다.

(1) 차수공법은 앞 비탈기슭, 둑 마루, 소단 부근의 기초지반에 차수벽을 설치하여 기초지반에 침투하는 유량과 침투압을 경감한다.

(2) 고수부 피복공법은 제외지 쪽 고수부 표층을 친환경성 토재료, 차수시트, 아스팔트 포장 등의 불투수성 재료로 피복하여 기초지반 침투압을 저감한다.

해설

8.7.2 기초지반의 누수 방지대책에는 차수공법, 고수부(둔치) 피복공법 등이 있으며, 공법별 설계원리 및 유의사항은 해설 표 8.7.2와 같다.

해설 표 8.7.2 기초지반에 대한 누수방지대책 별 설계 원리 및 유의사항

구분	항목	내용
차수공법	원리/효과	제방 둑마루 및 소단 등에 차수벽을 설치하는 것에 의한 기초지반 침투수량 저감 유도
	계획/설계상 유의점	• 차수벽 재료로는 강철 널말뚝, 경량 강철 널말뚝, 박형 강철판이나 연속지중벽 등을 이용 • 침투수량 저감을 위한 투수층 두께 80~90%까지의 차수벽 관입 필요 • 현장 및 시공 여건, 양압력, 침투유로에 의한 사면안정 및 누수, 경제성 등을 검토하여 현장에 맞는 최적 설치방법 선정
	개념도	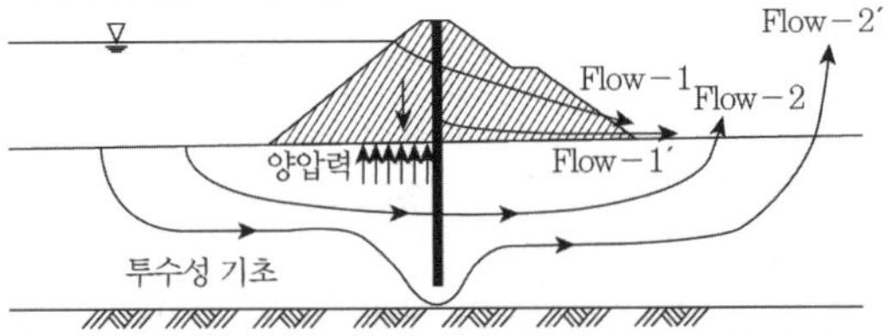 ※ Flow-1 및 2는 차수공법 적용 전, Flow-1′ 및 2′는 차수공법 적용 후의 흐름
고수부(둔치) 피복공법	원리/효과	고수부를 불투수성재료(주로 토질재료)로 피복하여 침투로를 연장함으로써 침투압 저감을 유도
	계획/설계상 유의점	• 고수부 재료가 투수성의 역질토나 사질토인 경우 효과 기대 • 피복길이 30m이상인 경우 세굴방지를 위해 피복두께를 0.5m 이상으로 하고, 붙임 잔디로 피복 필요 • 차수시트를 이용하는 경우 들뜸방지를 위한 호안 또는 복토 필요
	개념도	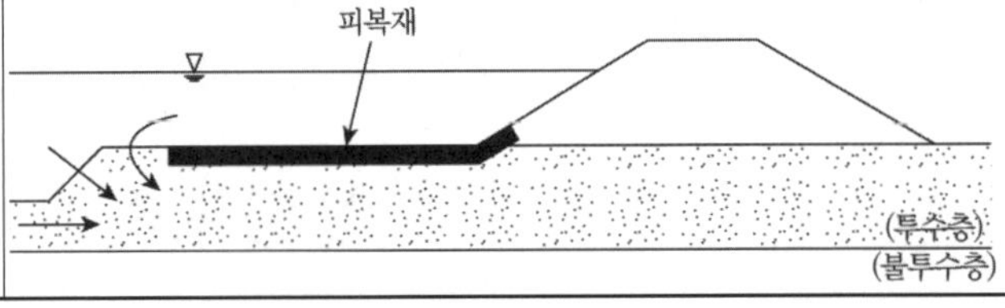

(1) 차수공법은 앞 비탈기슭, 둑 마루, 소단 부근의 기초지반에 차수벽을 설치하여 기초지반에 침투하는 유량과 침투압을 경감한다. 이때 설치 방법의 선정은 현장 및 시공여건, 양압력, 침투유로에 의한 사면안정 및 누수, 경제성 등을 검토하여 현장에 맞는 최적의 방법을 선정한다. 일반적으로 차수벽을 제체의 뒷비탈 소단부에 설치하는 방법은 둑마루부에 설치하는 방법보다 경제성 측면에서 장점이 있으나, 양압력 및 차수벽 상단을 통한 소단부 제체 누수에 대한 충분한 검토가 요구된다.
한편, 차수공법은 크게 시트파일공법, 연속지중벽공법 및 그라우팅공법으로 구별할 수 있으며 각각의 특징 등을 정리하면 해설 표 8.7.3과 같다.
(2) 고수부 피복공법은 제외지 쪽 고수부 표층을 친환경성 흙재료, 차수시트, 아스팔트 포장 등의 불투수성 재료로 피복하여 기초지반 침투압을 저감한다.

해설 표 8.7.3 차수 공법의 종류와 특징

공법	특징
시트파일공법	• 시공성 우수, 많이 쓰이고 있음 • 이음매 부분의 누수가 있고, 특히 역질토를 대상으로 하는 경우에는 이음매가 벌어져 효과가 반감하는 일이 있음
슬러리 트렌치공법	지반에 트렌치를 굴삭하고, 굴삭토에 벤토나이트와 시멘트를 첨가한 혼합액으로 매설하여 차수벽을 만듦
시멘트계 그라우팅공법	기초지반에 시멘트 밀크나 지수성 약액 등을 압입한 것으로, 시공은 용이하지만 지수효과나 내구성에 대해서는 다소 불명확한 점이 있음
약액주입공법	

8.7.3 배수통문 구조물은 차수벽 및 차수공을 설치하여 제방과의 접촉면을 따라 발생하는 침투유로를 길게 하여 침투압을 저감한다.

해설

8.7.3 배수통문 구조물은 '제방을 관통하여 설치한 사각형 단면의 문짝을 가진 구조물'로, 기본구조의 경우 해설 그림 8.7.1과 같다. 일반적으로 배수통문은 말뚝기초로 인한 공동 발생, 구수로 등 저지대 설치, 배수통문 설치에 의한 제방 폭 감소(해설 그림 8.7.2 참조) 등으로 하천제방의 안정성을 저하시키는 구조물로 차수벽 및 차수공을 설치하여 제방과의 접촉면을 따라 발생하는 침투유로를 길게 하여 침투압을 저감하고, 지반조건, 경제성, 시공성 등을 고려하여 적절한 기초형식을 선정하여야 한다.

(1) 차수공의 설치 목적은 제방과의 접촉면을 따라 발생하는 침투수의 침투경로를 길게 하기 위해 배수통문에 설치한다. 차수공은 전술한 기초지반 누수방지대책을 참조하여 경제성, 시공성, 내구성 등을 고려하여 적절한 공법을 선정하며, 그 깊이, 길이, 설치위치의 경우 파이핑 현상이 일어나지 않도록 검토하여 결정한다.

(2) 특히 차수벽은 침투수류에 의해 암거 주변에 파이핑이 생기는 것을 막기 위해 암거의 본체와 일체화된 콘크리트벽으로 1.0m 이상의 폭과 0.35m 이상의 두께를 가져야 하며, 제방단면이 크고 암거의 길이가 긴 경우에는 차수벽을 2개 이상 설치한다.

(3) 배수통문 기초는 지반조건(연약지반 여부, 지반의 잔류침하량 등), 경제성, 시공성 등을 고려하여 적절한 기초형식을 선정하여야 하며, 말뚝기초형식을 사용하는 경우 배수통문 구조물과 주변 지반의 부등침하, 공동발생, 파이핑, 히빙(Heaving), 측방유동, 부마찰력 등에 대한 안전대책을 반드시 강구하여야 한다.

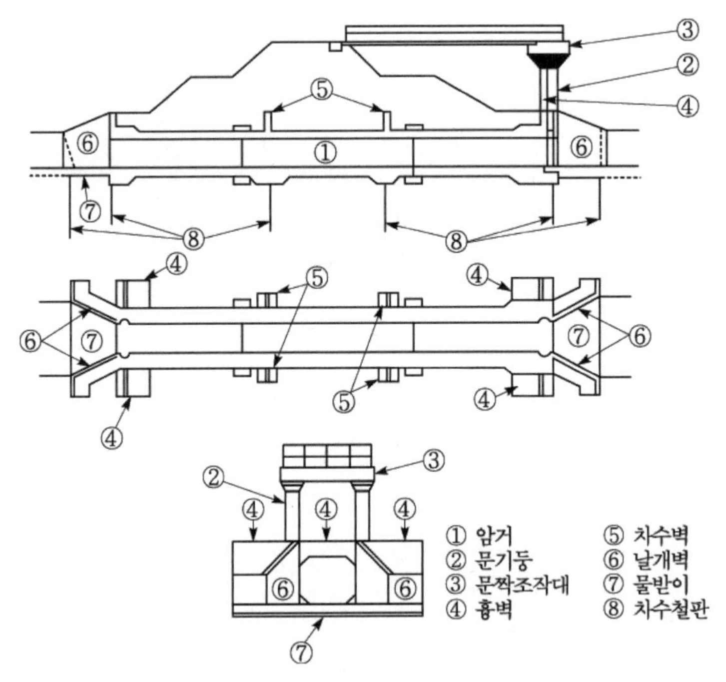

해설 그림 8.7.1 수문 및 배수통문의 기본 구조(한국수자원학회, 2005)

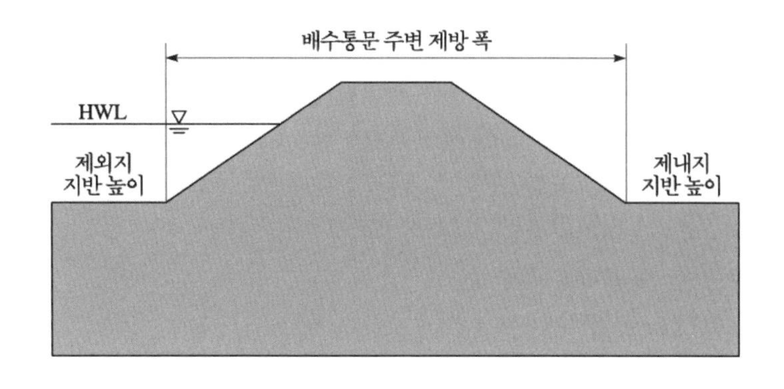

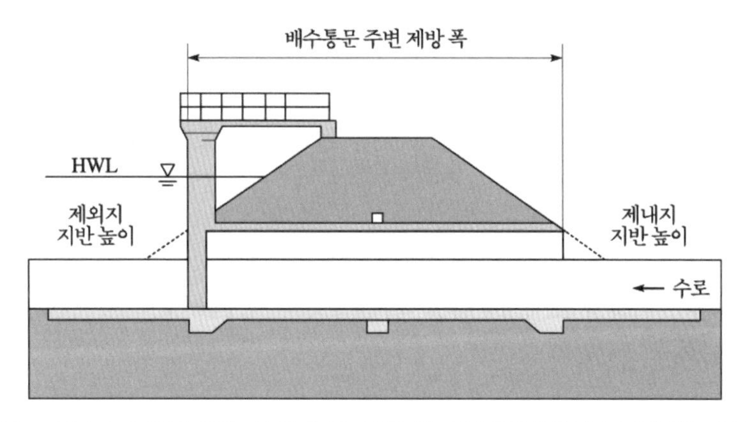

해설 그림 8.7.2 배수통문 설치 위치 제방 폭 감소(한국건설기술연구원, 2005)

> **8.7.4** 연약지반 개량을 위하여 포설된 모래, 쇄석, 수평 드레인재 등의 수평 배수재를 통하여 홍수기간 중 침투유로가 형성되지 않도록 조치한다.

해설

8.7.4 하천제방 축조 시 연약지반의 개량은 지반특성, 흙쌓기 및 구조물조건, 부지조건, 안정성(비탈면 및 기초지반 안정, 장기 및 즉시 침하 등), 시공성, 경제성, 공기 등을 고려하여 적절한 공법을 선정하며, 연약지반처리를 위해 포설된 모래, 쇄석, 수평드레인재 등의 수평배수재는 홍수기간 중 침투유로가 되지 않도록 조치한다.

연약지반 개량공법은 (1) 강도특성의 개선, (2) 변형특성의 개선, (3) 지수성의 개선, (4) 동적특성의 개선 등을 목적으로 하며, 개량 원리에 따라 다음과 같은 공법들이 있다. 이때 연약지반개량공법의 설계는 자중압밀공법(제체의 자중을 이용하여 장기간에 걸쳐 압밀을 유도하는 완속 흙쌓기 시공)을 원칙으로 하며, 완속 흙쌓기 시공으로 충분하지 않을 경우 하천공사표준시방서 및 도로설계편람 등 관련 기준을 참조하여 연약지반

처리공법을 병용할 수 있다.

① 압밀배수 : 자중압밀공법(완속 흙쌓기), 프리로딩공법, 진공압밀공법, 전기침투공법 등
② 다짐 : 샌드컴팩션 파일 공법, 봉다짐 공법, 바이브로플로테이션공법 등
③ 고결열처리 : 표층혼합처리공법, 심층혼합처리공법, 약액주입공법, 소결공법 등
④ 보강 : 복토공법, 표층피복공법 등
⑤ 하중균형 : 압성토 공법
⑥ 하중분산 : 침상공법, 시트넷, 표층혼합처리 등
⑦ 치환 : 굴착치환, 강제치환, 폭파치환 등

8.7.5 대규격제방은 일반 제방구간의 경우 월류, 침투, 활동, 세굴, 침하 등의 안정성을 검토하고, 단지제방구간의 경우 단지 비탈면 침투, 단지 비탈면활동, 측방유동, 침하 등에 대한 안정성 검토를 수행한다.

(1) 대규격제방은 장래 토지이용변경 시 제약되지 않도록 최대한의 토지이용상황을 고려하여 설계한다.
(2) 대규격제방의 비탈경사는 일반제방구간 비탈경사의 경우 1 : 3 이상으로, 단지제방구간 뒷비탈경사의 경우 1 : 30 또는 이보다 완만하게 설치한다.
(3) 단지제방구간 재료는 일반제방구간과 달리 하상토 및 세립토 등을 사용할 수 있으며, 성토재료 품질, 장비운용성, 환경적 유해성 등을 고려하여 적절한 재료를 확보한다.
(4) 주택, 빌딩, 도로, 공원, 농지 등 토지이용에 따른 시민거주공간에 대한 수재해 안전성을 확보하기 위하여 누수모니터링을 위한 계측 계획을 수립한다.

해설

8.7.5 대규격제방은 하천을 따라 특정구간에 치수목적과 단지이용(도로, 주택, 빌딩, 공원, 농지 등의 건설)을 목적으로 건설된 제방으로서 구조와 명칭의 경우 그림 8.7.3과 같다. 이때 관련 용어의 정의는 1) 하천구역의 경우 일반제방구간의 뒷비탈기슭 경계지점까지로, 2) 일반제방구간의 경우 뒷비탈기슭 경계지점부터 단지제방 뒷비탈기슭 경계지점까지로, 3) 단지제방구간의 경우 대규격제방의 성토구간으로서 일반제방구간의 뒷비탈머리부터 단지제방 뒷비탈기슭까지로 한다.

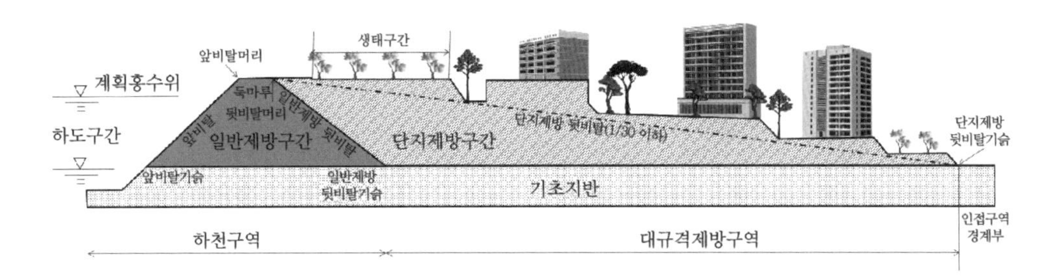

해설 그림 8.7.3 대규격제방의 구조와 명칭

(1) 대규격제방은 단지활용설계 시 장래 토지이용변경이 제약을 받지 않도록 토지이용의 어떠한 형태의 이용 상황에서도 지장에 없도록 최대한의 토지이용상황을 반영한다.

(2) 대규격제방은 일반제방구간 비탈경사의 경우 1 : 3 또는 이보다 완만하게 설치하고, 단지제방구간의 뒷비탈경사는 1 : 30 또는 이보다 완만하게 설치한다. 이때 대규격제방의 제내지측은 그림 8.7.3에서 보듯이 구조물 설치 목적으로 소단 형태의 시공이 가능하다.

(3) 대규격제방의 관리용 도로는 단지제방구간의 규모를 고려할 때 제내지측 측단에 설치할 경우 하천의 순찰, 홍수 시의 방재활동 목적에 어려움이 있으므로, 둑마루 또는 단지제방구간 내에 설치한다.

(4) 대규격제방 재료는 일반제방구간의 경우 일반제방과 동일한 재료 및 다짐을 수행하되, 단지제방구간의 경우 일반제방구간과 동일한 재료를 사용하는 것을 원칙으로 하고, 경제성을 고려하여 하상토, 준설토, 세립토, 순환골재 등을 사용할 수 있다. 이때 대규격제방 재료품질기준은 제방성토 및 구조물 기초 축조 등 하중재하에 따른 전단저항력 확보에 필요한 성토재료품질기준과 시공 중 중장비 운용 시 요구되는 흙의 최소 지지력 확보를 위한 장비 운용성 기준을 만족시켜야 한다.

(5) 대규격제방의 설계는 일반제방구간의 경우 누수(침투), 비탈면활동, 침하에 대한 안정성 검토를 수행하여야 하고 단지제방구간의 경우 단지비탈면침투, 단지비탈면활동, 측방유동, 침하 등에 대한 안정성 검토를 수행한다.

가. 대규격제방은 하천수 및 강우에 의해 형성되는 침윤선이 단지제방구간의 단지비탈면과 접하지 않도록 단면을 설계한다.

나. 대규격제방의 단지비탈면 활동해석의 경우 침투해석과 병행한 활동안전성을 검토한다. 다만, 단지비탈면 활동 안전율은 앞서 언급된 침윤선과 비탈면이 접하지 않는 경우 1.3 이상을 고려한다.

다. 대규격제방 예정지에 인접구조물이 존재하는 경우에는 연약지반상 도로설계에서 활용되고 있는 측방유동지수(F) 방법(도로설계요령, 2009)을 이용하여 대규격제방 시공에 따른 인접구조물의 측방유동 가능성을 평가하고, $F<4$로 허용치 미만인 경우 측방유동 관련 대책을 강구한다.

$$F=\frac{c}{\gamma \cdot H}\times\frac{1}{D} \qquad \text{해설 (8.7.1)}$$

여기서, F : 측방유동지수[$\times 10^{-2}$](m−1)

$F \geq 4$: 측방유동 가능성 없음 $F<4$: 측방유동 가능성 있음

$c/(\gamma \cdot H)$: 안정수(Stability Number)

c : 연약층의 평균점착력(t/m^2)

γ : 쌓기재의 단위중량(t/m^3)

H : 흙쌓기 높이(m), D : 연약층 두께(m)

라. 대규격제방의 연약지반상 허용잔류침하량에 대한 기준은 구조물의 사용 목적 및 중요도, 공사기간, 유지관리 정도, 경제성 등을 종합적으로 고려하여 적용되어야 한다. 원칙적으로 대규격제방은 허용잔류침하량의 경우 10cm를 목표로 하되, 공동사업자가 독자적인 침하량에 관한 기준을 설정하고 있는 경우 혹은 단지제방구간의 토지이용에서 별도의 침하량에 관한 규정을 만들 필요가 있는 경우에는 공동사업자와의 조정을 통해 허용잔류침하량을 설정할 수 있다.

(7) 대규격제방은 주택, 빌딩, 도로, 공원, 농지 등 토지이용에 따른 시민거주공간에 대한 수재해 안전성을 높이기 위하여 간극수압계, TDR(Time Domain Reflectometry), OTDR(Optical Time Domain Reflectometry), 전기비저항 등 누수모니터링을 위한 계측기 매설 계획 등을 수립한다.

8.8 계측

> **8.8.1** 댐 및 제방은 제체 자체의 누수나 변형 외에 기초지반을 통한 누수나 변형에 대한 안전 여부를 확인할 수 있도록 댐 및 제방의 규모와 중요도 등을 고려하여 계측계획을 수립하여 시행한다.

해설

8.8.1 계측은 댐과 제방의 설계나 시공의 적정성을 확인하거나 비정상적 거동이 감지된 경우에는 신속하게 필요한 조치를 하여 구조물의 안정성을 확보하고 나아가서는 인명과 재산피해를 방지하거나 최소화할 수 있도록 하기 위해 실시한다. 또한 향후 댐이나 제방의 거동에 관한 연구개발 데이터를 축적하기 위해 계측을 실시하기도 하며, 공사로 인한 민원 발생 시 분쟁을 방지하기 위해 실시하기도 한다.

일반적으로 계측은 다음과 같은 원칙으로 수행하는 것이 바람직하다.

① 위치
- 설계, 시공 및 유지관리 측면에서 구조물의 거동을 대표할 수 있는 위치
- 중요 구조물이 인접하여 있는 곳
- 시공과정에서 계측이 필요한 곳

② 계측항목
- 설계, 시공 및 유지관리 측면에서 구조물의 거동을 대표하는 항목
- 각 구조물별 계측항목에 대해서는 댐설계기준(2011), 하천설계기준(2009) 등을 참고한다.

③ 수량

계측기의 측정원리, 내구성, 계측기 설치지점의 제반환경 등을 고려할 때 기본 계측기 수량의 1.2배 이상 설치하는 것이 일반적이며, 댐 또는 제방의 중요도 등을 감안하여 산정한다.

④ 계측빈도

시공단계와 유지관리 단계가 상이하며, 유지관리 단계에서도 경과년수에 따라서 구조물이 안정화되어가는 점을 고려하여 계측빈도를 달리하여 계측을 실시한다.

⑤ 계측결과의 분석

계측결과는 시공 및 유지관리 단계에서 구조물이 정상적으로 거동하고 있는지를 확인할 수 있도록 측정되어 수집된 데이터에 대한 신뢰도 평가를 하여야 하며, 분석 시에는 가능한 한 전반적인 경향을 살피고, 관련 계측값들과의 비교분석을 통해 최종적인 판단을 내리는 것이 바람직하다.

| 참고문헌 |

1. 건설교통부(2000), 도로설계편람(II), 건설교통부.
2. 김상규(1998), 토질역학-이론과 응용-, 청문각.
3. 박한규, 신동훈(2013). 댐의 안전관리, 도서출판 씨아이알.
4. 농림수산부(1996), 농업생산기반정비사업계획설계기준, 계획 경지정리편, 농림수산부.
5. 한국건설기술연구원(2004), 하천제방 관련 선진기술 개발, 한국건설교통기술평가원.
6. 한국건설기술연구원(2005), 하천제방 배수통문의 설계 및 안정성 평가기법 연구, 한국건설교통기술평가원.
7. 한국도로공사(2009), 도로설계요령(2009), 제3권 교량, 한국도로공사.
8. 한국도로교통협회(2005), 도로설계기준(2005), 제4장 토공, 한국도로교통협회.
9. 한국수자원공사(2004), 댐설계지침, 한국수자원공사.
10. 한국수자원공사(2012), 가물막이 설계·시공 사례 연구집.
11. 한국수자원공사(2012), 다목적댐의 건설 (설계편)-사내용, 수자원사업본부, 일본 댐기술센터(2005)의 발췌번역본.
12. 한국수자원학회(2002), 하천설계기준, 한국수자원학회.
13. 한국수자원학회(2005), 하천설계기준·해설, 한국수자원학회.
14. 한국수자원학회(2011), 댐설계기준, 한국수자원학회.
15. 한국수자원학회(2007), 하천공사표준시방서, 한국수자원학회.
16. 한국지반공학회(2012), 댐 및 제방의 설계, 시공, 안전관리기술, 지반공학시리즈 15, 한국지반공학회, 구미서관.
17. 田中治雄(1964), 土木技術者ための地質學入門, 山海堂.
18. 國土技術研究センター(2001), 鋼矢板二重仮締切; 設計マニュアル, 山海堂.
19. ダム技術センター(2005), 多目的댐ダムの建設.
20. 日本應用地質學會(1984), 岩盤分類 (應用地質特別号).
21. Kutzner, C.(1996), Grouting of Rock and Soil, A.A. Balkema.
22. Lane, E. W.(1935), Security from Under-seepage-masonry Dams on Earth Foundation, Transactions American Society of Civil Engineering, 100, pp.1235-1351.
23. Lakshmi N. Reddi(2002), Seepage in Soils(Principles and Applications), John Wiley & Sons, INC.
24. USBR(2001), Engineering Geology Field Manual, 2nd Edition, Volume II, Chapter21 Foundation Preparation-Treatment and Cleanup. US Department of the Interior, Bureau of Reclamation, pp.341-345.
25. Weaver, K. and Bruce, D.A. (2007), Dam Foundation Grouting, ASCE Press.

제 9 장 항만구조물 기초

9.1 일반사항

9.1.1 이 장은 각종 항만 및 어항시설물의 기초설계에 적용한다.

9.1.2 이 장에 기술되지 않은 내용은 이 기준의 다른 장 및 항만 및 어항설계기준(해양수산부)에서 정하는 바를 따르고, 두 기준의 내용이 상이한 경우에는 발주자 또는 설계자가 판단하여 결정한다.

해설

9.1.1 항만 및 어항시설은 일반적으로 수역시설, 외곽시설, 계류시설과 하역시설, 화물 또는 수산물 보관시설 등의 기능시설 등으로 분류하고 있으나, 항만기능시설 등은 사실상의 육상시설이고, 외곽시설인 방파제나 호안은 제방시설과, 계류(접안)시설인 안벽은 흙막이 구조물과 유사하며, 역시 계류시설인 잔교는 횡방향 외력이 큰 특수한 형태의 교량과 유사한 기능을 하는 시설이다. 이들 항만시설물들이 육상시설과 구분되는 주된 특징은 주기적으로 수면이 오르내리는 해수 중에 항상 잠겨 있는 수중구조물이라는 점과 파랑에 의한 파력과 아주 무거운 중량의 대형선박에 의한 접안충격력이나 견인력을 받는다는 점이고, 그 외에 구조적으로 다른 점은 거의 없다.

9.1.2 항만시설 및 어항시설은 시설목적과 입지하는 곳의 자연조건, 배후지역 및 그 시설과의 연계성, 건설공사 여건 등 제반조건에 따라 다양한 구조적 형상을 갖게 되는데, 본 장에서는 항만시설로서의 두드러진 특성을 가지면서 외곽시설이나 계류시설로 가장 자주 쓰이는 중력식 구조물과 횡잔교 등 계류시설로 많이 쓰이는 말뚝식 구조물의 기초설계 개요를 기술하고, 기초지반이 연약한 경우 이들 지반을 강화 개량하는 공법에 대하여 기술한다. 중력식이나 말뚝식 이외의 구조형식들은 본 기준의 다른 장과 항만 및 어항설계기준에 기술된 바에 따라 설계한다.

9.1.3 항만 및 어항시설의 기초는 구조물의 중요도와 기초지반의 지반조건을 고려하여 설계하며 구조형식은 구조물의 안전성, 목표기능의 확보, 내구성, 경제성 등을 고려하여 선정한다.

9.1.4 사질토의 전단강도는 배수조건, 점성토의 전단강도는 비배수조건에서 구하는 것을 표준으로 하며, 점성토의 경우 응력이력이나 시공조건에 맞는 전단강도를 산정하여 설계한다.

9.1.5 기초지반이 연약한 점성토 지반인 경우는 기초의 안정성과 침하를 검토하고, 느슨한 모래지반의 경우는 지진에 대하여 액상화 가능성을 검토한다.

9.1.6 구조물의 활동에 대한 마찰저항력 계산에 사용하는 재료별 마찰계수는 대상 구조물과 재료의 특성 등을 고려하여 정한다.

9.1.7 기초구조가 지반의 지지력 부족, 원호활동, 침하 및 지반 액상화 등에 의하여 안정에 지장이 있을 경우는 지반개량 등의 대책을 강구한다.

9.1.8 항만 시설물 기초가 파랑 또는 흐름에 노출되는 경우는 필요에 따라 세굴방지공, 물받이공 등을 설치한다.

해설

9.1.3 항만 및 어항시설이 건설되는 해안역은 구조물 기초부가 들어서는 지층의 생성기구부터가 육지부와는 상당히 다른 이력과 특징을 가지는 것이 보통이고, 특히 퇴적층은 육지로부터 유입되는 각종 퇴적물과 바닷속의 생물 화학적 자생퇴적물 등으로 구성되어 있어 토질의 성상이 주변여건과 위치에 따라 매우 다르기 때문에 구조물 기초를 설계하는 여건이 매우 복잡 다양하다.

또한 해안역에는 일반 기상조건 외에도 파랑, 조석, 조류, 해류 등 정확한 예측이 곤란한 외력이 지속적이고도 복합적으로 작용하여 해안역에 건설되는 시설물과 그 기초에 미치는 영향도 일정한 예측이 곤란한 경우가 대부분이다. 따라서 이러한 해안역에 항만시설을 설계할 때는 외력에 저항하는 구조물의 형식 선정에서부터 부재별 단면을 정해가는 과정까지의 전 과정에서 구조물의 중요성과 특징, 목표 내구연한, 그리고 기초지반의 토질조건은 물론 주변의 해황, 지형 및 지질 등을 충분히 살펴서 예측되는 것보다 더 혹독한 자연현상에도 충분히 대응할 수 있도록 안정성이 다소 여유 있는 구조로 설계하는 것이 좋다.

9.1.4 일반적으로 사질토의 투수계수는 점성토의 $10^3 \sim 10^5$배이어서 시공 중에 간극수가 완전히 배수된다고 볼 수 있다. 따라서 사질토 지반에서는 전단강도를 배수조건에서의

전단저항각 ϕ_d와 점착력 c_d에 의해서 평가하지만, 통상 c_d가 작아 이를 무시하고, ϕ_d만으로 전단강도를 정하는 경우가 많다.

9.1.5 포화된 점성토 지반에서는 투수계수가 작아 배수진행이 아주 느리기 때문에 시공 전후의 변화가 거의 없다. 따라서 점성토 지반의 전단강도는 비배수 전단강도를 쓴다. 또한 점성토 지반은 간극수의 배수정도에 따라 미압밀(압밀진행중), 정규압밀, 과압밀 상태가 되며, 각각의 상태에 따라 구조물 기초지반으로서의 대응여건이 달라 질 수 있기 때문에 응력 이력 등도 파악하여 평가할 필요가 있다.

안정성 검토에 있어 지지력 및 침하에 대해서는 본장 9.3 얕은기초, 9.4 깊은기초를 따르고, 액상화에 대해서는 본 기준 제10장 내진설계와 항만 및 어항설계기준 제2편 제10장 지진 및 지진력과 제11장 지반의 액상화를 따른다. 또한 항만시설 내진설계기준의 일원화 및 항만시설물에 작용하는 지진력 강화를 위하여 2018년 개정고시된 「항만 및 어항 설계기준 내진편(KDS 64 17 00 : 2018)」을 따른다.

특히, 그래브 준설이나 펌프 준설로 형성된 준설토의 경우에는 준설토층 하부 원지반 토층의 침하량도 미리 고려해야 한다. 이 경우 준설토층이나 원지반토층의 지반조사 시 과잉간극수압 등을 측정하여 침하량 검토에 반영할 수도 있다. 준설매립 후 준설토층에 대한 평가는 유실률과 유보율을 고려해야 하며, 펌프 준설 외에도 그래브 준설에 대한 체적변화율도 검토해야 한다. 일부 펌프 준설의 경우 원지반 점토의 N치 외에 일축압축강도를 고려해서 준설방법을 결정할 수도 있다.

9.1.6 항만 및 어항 구조물 전체를 대상으로 활동에 대한 안정검토를 할 때의 마찰저항력은 재료간 정지마찰계수를 써서 계산하는 것을 표준으로 한다. 해설 표 9.1.1은 경험적으로 사용해오고 있는 정지마찰계수 값이며, 여기에 명기되어 있지 않는 경우에 대하여는 실험을 통하여 정하는 것이 좋다.

해설 표 9.1.1 정지마찰계수

재료별	정지마찰계수	재료별	정지마찰계수
콘크리트와 콘크리트	0.5	사석과 사석	0.8
콘크리트와 암반	0.5	목재와 목재	0.2(습)~0.5(건)
수중콘크리트와 암반	0.7~0.8	마찰증대용 매트와 사석	0.75
콘크리트와 사석	0.6		

주) ① 수중콘크리트와 암반의 경우 표준값은 0.8이다. 다만 기반암에 균열이 많거나, 기반암을 덮고 있는 모래의 이동이 심한 경우 등에는 그 조건 여하에 따라 0.7 정도까지 저감시킨다.
② 저판이 없는 셀블록의 활동에 대한 안정계산에 사용하는 마찰계수는 콘크리트부 저면과 사석의 접촉면에 대해서는 0.6, 속채움 사석끼리 또는 속채움 사석과 기초사석이 접촉하는 면에 대해서는 0.8을 사용하여 계산하여야 하나, 편의상 전체 접촉면에 대하여 0.7을 사용해도 좋다.

9.1.7 기초지반이 불량하여 지반의 파괴가 우려되거나, 과대한 침하로 구조물 본연의 기능을 충분히 발휘할 수 없을 때에는 본장 9.6 지반개량 및 항만 및 어항설계기준 제4편 제7장 지반개량공법 등을 참고로 구조물 자체중량 감소, 구조물 기초 저면적 확대, 말뚝기초 등의 이용, 압성토, 기초지반의 압밀촉진, 양질재료의 압입·치환, 약액주입에 의한 고화 등의 방법으로 기초지반 자체를 개량 강화함으로써 안정성을 높여야 한다.

9.1.8 항만시설물의 기초부(말뚝포함)와 지반 등이 접속되는 부위에서 파랑 또는 흐름(선박의 프로펠러 회전에 의한 흐름 포함)이나, 흡출에 의한 세굴이 우려되는 경우에는 토목섬유, 사석, 콘크리트 블록 등으로 이를 방지하는 보호공을 시설하여야 한다.

9.2 외력과 하중

9.2.1 항만 및 어항 시설물의 기초를 설계할 때에는 목표 시설물의 기능별 이용조건 및 당해 시설물이 입지하는 해역(또는 지역)의 주변여건과 자연조건, 시공방법 등을 검토하고, 다음에 열거하는 하중들을 적절히 조합하여 설계함으로써 목표 시설물의 시공 중 및 완공 후의 안정성을 확보한다.

(1) 선박하중 : 접안 충격력, 견인력
(2) 상재하중 : 자동차·건설장비 등의 차량하중, 적치화물·과재 토사 등의 재하하중
(3) 하역기 하중 : 고정식 또는 이동식 하역장비 하중
(4) 파랑하중 : 파력, 양압력
(5) 조석하중 : 정수압, 유압력
(6) 풍압력
(7) 토압 및 수압(잔류수압, 동수압)
(8) 자중 및 부력
(9) 지진력
(10) 기타 : 말뚝에 작용하는 부마찰력, 적설하중, 유목·유빙등 부유물에 의한 충격하중 등

해설

9.2.1 항만구조물의 설계하중 조합은 목표시설물의 건설공사 중이거나 완공 후 이용 중이거나를 막론하고, 앞에 열거된 것은 물론, 열거되지 않은 특수한 하중이 있을 경우에도, 이들 모두를 고려하여 구조물의 목표기능, 소요내구연한, 시설물을 이용하는 과정에서의 유지관리 상태까지를 예측하고, 시설주, 시설관리자 또는 이용자와의 충분한 협의를 거쳐 기준을 설정함으로써 구조물의 안정성을 최대한 확보하여야 한다.

9.3 얕은기초

9.3.1 상부구조물의 하중을 기초저면을 통해 지반에 직접 전달시키는 기초형식을 말하며 지표면으로부터 기초 바닥까지의 깊이가 기초 바닥면의 너비에 비하여 크지 않은 확대기초, 복합확대기초, 벽기초, 전면기초 등이 있다.

해설

9.3.1 항만시설물에서 얕은기초는 상부구조물에 의한 작용하중을 기초저면을 통해 지반에 직접 전달시키는 기초형식을 말하며 지표면으로부터 기초 바닥까지의 깊이가 기초 바닥면의 너비에 비하여 크지 않은 확대기초, 복합확대기초, 벽기초, 전면기초 등이 있다.

(1) 항만 및 어항시설물의 경우는 기초의 단위 구조치수가 큰 경우가 일반적이어서, 근입깊이가 기초폭 정도만 되어도 기초의 측면 저항력을 무시할 수 없을 경우가 많기 때문에, 얕은기초라 함은 기초의 근입깊이 D(m)가 기초의 최소폭 B(m)보다 작은 경우를 말하며, 이러한 경우 측면저항력은 고려하지 않아도 된다.

(2) 항만시설에 있어 중력식 구조물은 옹벽과 같이 자중으로 외력에 저항함으로써 안정성을 유지하는 시설물로, 방파제나 호안과 같은 외곽시설과 안벽과 같은 선박의 계류시설로 흔히 쓰이는 구조양식이다.
이들 중력식 구조물에는 연직하중으로 중력식 벽체의 자중과 수중부분의 부력, 시공중의 공사용 차량 또는 시설물 이용차량이나 건설장비에 의한 하중, 화물 등 적재시의 재하하중, 하역장비 하중 등이 작용하고, 수평하중으로는 내습파랑에 의한 파력, 조류속에 의한 유수압, 구조물 배면의 토압, 선박에 의한 충격력과 견인력, 바람에 의한 풍하중, 벽체 전·후에서 승강하는 조위차에 의한 잔류수압 및 지진하중 등이 상황에 따라 서로 복합적으로 중첩되어 작용한다. 이 때문에 중력식 구조물의 기초면에는 거의 대부분 편심된 경사하중이 합력으로 작용하게 된다.
이러한 중력식 구조물은 그 바로 밑에 적정두께의 기초사석층을 두는데, 이 층을 둠으로써 기초지반에 전달되는 하중을 분산시키고, 구조체를 평탄하게 거치할 수 있게 되며, 단단한 기초지반의 요철에 의한 응력집중현상을 해소시켜 구조체 저면이 손상되지 않게 하며, 통수능력이 큰 사석재를 사용함으로써 벽체 전후간의 수위차에 의한 잔류수압을 저감시키고, 파랑이나 선박의 프로펠러 회전에 따른 흐름 및 조류속 등에 의한 벽체 저면의 세굴을 방지할 수 있게 된다. 이 때문에 중력식 구조물의 기초지반은 2층 이상의 다층 구조를 갖게 되는 것이 대부분이다.
따라서 본 절에서는 중력식 구조의 항만시설물 기초에 대한 안전계산시 특히 고려할 사항에 대하여 기술하고, 더 상세한 부분에 대하여는 본 기준 제4장과 항만 및 어항 설계기준의 해당 조항을 따른다.

9.3.2 기초의 허용지지력은 극한지지력을 소정의 안전율로 나누어 산정한다.
9.3.3 깊이에 따라 전단강도가 증가하는 해안지역 점성토 지반의 경우 기초의 지지력은 지반의 전단강도 변화를 고려한 지지력 공식을 사용한다.

해설

9.3.2 기초에 가해지는 하중이 증가되면, 처음에는 하중에 비례하여 침하가 발생하다가, 하중이 어느 한계 값에 도달하게 되면 침하가 급격하게 증대되면서 지반이 전단파괴에 이르게 된다. 이렇게 지반의 전단파괴가 발생하는 데 필요로 하는 최소의 하중강도를 지반의 극한지지력이라 하고, 기초지반의 허용지지력은 지지력 공식으로부터 얻은 극한지지력을 적절한 안전율로 나누어 산정한다.

9.3.3 또한 깊이에 따라 전단강도가 증가하는 해안지역 점성토 지반의 경우 기초의 지지력은 지반의 전단강도 변화를 고려하여 지지력을 구한다.

가. 사질토 지반의 지지력

1. 극한 지지력

Terzaghi는 사질토 지반의 극한지지력 q_{ult}를 해설 식(9.3.1)과 같이 제시하고 있다.

$$q_{ult} = \beta\gamma_1 B N_\gamma + \gamma_2 D N_q \qquad \text{해설 (9.3.1)}$$

여기서, q_{ult} : 극한지지력(수중부분의 부력을 고려한 값) (kN/m^2)

B : 기초의 최소폭(원형기초인 경우에는 직경) (m)

D : 기초의 근입깊이(m)

γ_1 : 기초 밑면 아래 지반의 흙의 단위중량 (수면 이하인 부분은 수중단위중량) (kN/m^3)

γ_2 : 기초 밑면 윗지반의 흙의 단위중량 (수면 이하인 부분은 수중단위중량) (kN/m^3)

N_γ, N_q : 지지력 계수(해설 그림 9.3.1 참조)

β : 기초의 형상계수(해설 표 9.3.1 참조)

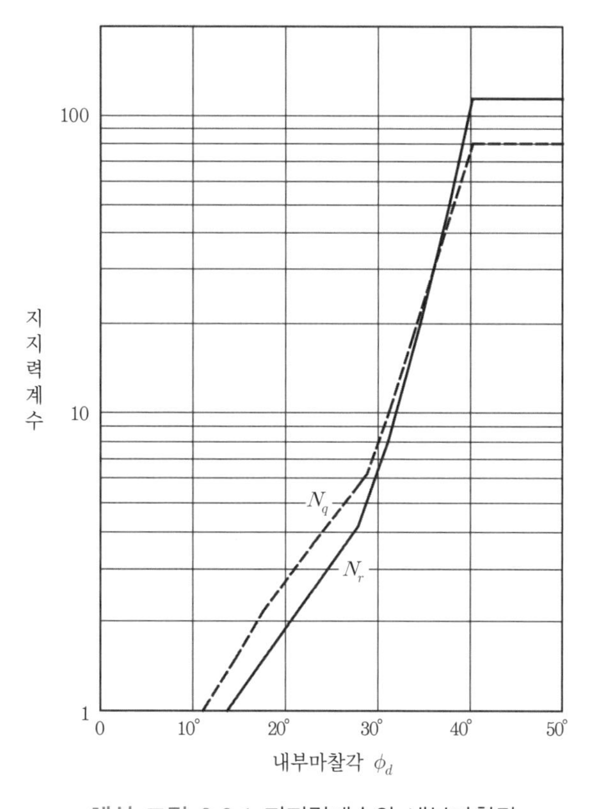

해설 그림 9.3.1 지지력계수와 내부마찰각

해설 식(9.3.1)의 극한지지력 q_{ult}는 기초의 자중 및 재하하중을 포함하는 전하중으로부터 부력을 뺀 전하중 강도이다. 해설 식(9.3.1)의 우변 제1항은 기초밑면의 상부에 누르는 하중이 없을 때, 지반 내 흙의 자중만으로 발휘될 수 있는 지지력이고, 이 항의 지지력 계수를 N_γ라 한다. 우변의 제2항은 기초 밑면 아래의 흙의 중량을 무시하고, 밑면 상부의 누르는 하중만에 의하여 발휘되는 지지력으로 이 경우 지지력 계수는 N_q라 한다. 기초저면에 가해지는 하중강도는 굴착 전 기초저면 위치에 작용했던 유효 토피압보다 크지 않는 한 지반 내에 전단파괴를 일으키지 않는다고 보면 해설 식(9.3.1)의 극한지지력 q_{ult}로부터 유효 토피압을 뺀 순극한지지력은 해설 식(9.3.1)을 변형하여 다음의 해설 식(9.3.2)와 같이 표시할 수 있다.

$$q_{ult} - \gamma_2 D = \beta \gamma_1 B N_\gamma + \gamma_2 D (N_q - 1) \qquad \text{해설 (9.3.2)}$$

해설 표 9.3.1 기초의 형상계수

기초면의 형상	연속형	정방형	원형	장방형
β 값	0.5	0.4	0.3	$0.5-0.1(B/L)$

주) B : 직사각형의 단변길이(m), L : 직사각형의 장변길이(m)

2. 허용지지력

항만시설물 설계 시 사질토지반에서의 기초지반의 허용지지력은 해설 식(9.3.3)을 사용한다.

$$q_a = \frac{1}{\mathrm{F}}(\beta \gamma_1 B N_\gamma + \gamma_2 D_1 N_q) + \gamma_2 D_2 \qquad \text{해설 (9.3.3)}$$

여기서, q_a : 허용지지력(수중부분의 부력을 고려한 값) (kN/m^2)

F : 안전율

기타 기호는 해설 식(9.3.1)과 같음

해설 식(9.3.3)에서 허용지지력 q_a는 기초 밑면에 가해지는 유효토피압($\gamma_2 D$)항을 안전율(F)과 무관하게 별항으로 취급하였다. 이는 기초 밑면에 가해지는 전하중강도가 굴착전의 기초밑면에 가해졌던 유효토피압보다 크지 않는 한, 지반 내에 전단파괴는 일어나지 않는다는 판단에 기초한 것이다.

단, 선박접안을 위하여 구조물 전면을 일정수심 이하로 굴착하는 경우 괄호 안의 D_1은 전면수심에서 기초저면까지의 깊이가 되고 유효토피압 계산에 사용되는 D_2는 원지반에서 기초저면까지의 깊이가 된다(해설 그림 9.3.2 참조).

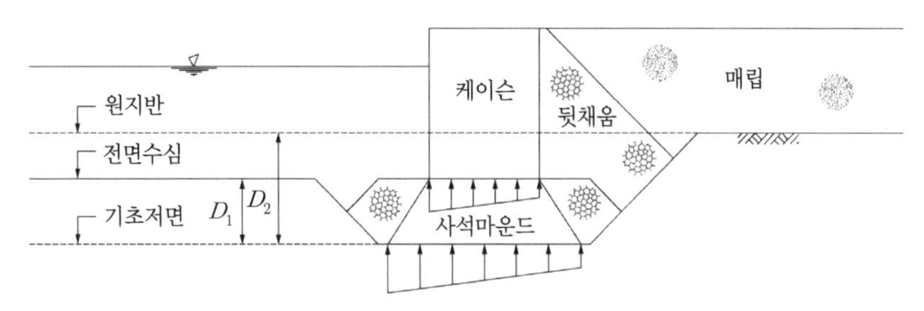

해설 그림 9.3.2 지지력 산정 시 D_1, D_2 적용

3. 안전율

지지력에 관한 안전율은 2.5 이상을 적용한다.

나. 점성토 지반의 지지력

1. 깊이 방향의 강도증가를 고려한 점성토지반의 허용지지력

1) 항만지역의 점성토 지반은 깊이에 따라 비배수 전단강도가 직선적으로 증가하는 경우가 많으므로 점성토지반에서의 기초지지력은 지반 내의 전단강도가 깊이 방향으로 변화한다는 점을 고려한 다음의 해설 식(9.3.4)로 산정한다. 해설 식(9.3.4)의 지지력계수 N_{co}는 해설 그림 9.3.3에서 구한다.

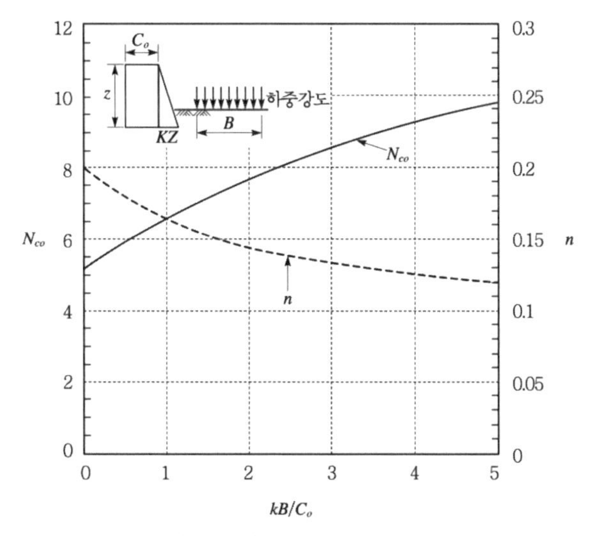

해설 그림 9.3.3 깊이 방향으로 강도가 증가하는 점성토지반의 지지력 계수 N_{co}와 기초의 형상계수 n

$$q_a = N_{co}\left(1 + n\frac{B}{L}\right)\frac{c_{uo}}{\mathrm{F_s}} + \gamma_2 D \qquad \text{해설 (9.3.4)}$$

여기서, q_a : 허용지지력(수중부분의 부력을 고려한 값) (kN/m^2)
N_{co} : 대상기초에 대한 지지력 계수(해설 그림 9.3.3 참조)
n : 기초의 형상계수
B : 기초의 최소폭(m)
L : 기초의 길이(m)
c_{uo} : 기초 밑면 점성토의 비배수 전단강도(kN/m^2)
γ_2 : 기초 밑면보다 상부지반 흙의 단위중량
(수면 아랫부분에서는 수중단위중량) (kN/m^3)
F_s : 안전율
D : 기초의 근입 깊이(m)

해설 그림 9.3.3에 표시된 띠 모양의 재하에 대한 지지력계수 N_{co}는 Davis 등이 Kötter식을 수치적으로 해석해서 구한 값이고, 기초형상계수 n은 균일 지반에서는 0.2, 깊이 방향으로 강도가 증가하는 지반에서는 해설 그림 9.3.3의 점선으로부터 구한다. 원형기초의 경우에는 정방형기초와 같다고 생각하여도 좋다.

해설 그림 9.3.3에서 구하는 지지력 계수는 지반의 전단강도가 깊이에 대해 직선적으로 증가하는 경우에 대해서 원호활동면 해석 결과로부터 구한 것이다. 전단강도가 심도에 관계없이 일정하다고 가정했을 때 지지력계수는 해석방법이나, 저자에 따라 차이가 있으므로 사용 시 유의할 필요가 있고, 그 중 몇 가지 사례를 비교한 것이 해설 그림 9.3.4와 같다.

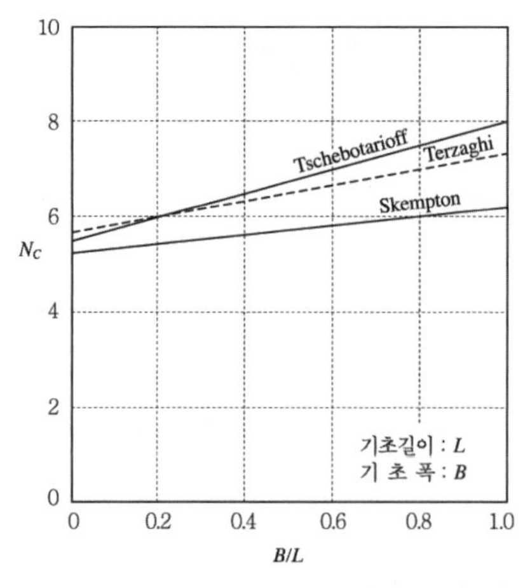

해설 그림 9.3.4 지반의 전단강도가 일정할 때의 지지력 계수

2) 항만지역 점성토 지반의 비배수 전단강도 c_u는 압밀도가 커지면서 증대하고, 압밀하중이 클수록 압밀 후의 c_u 값도 커진다. 따라서 점성토 지반에서는 심도가 깊을수록 토피압, 즉 압밀하중이 커지기 때문에 비배수강도가 커지는 것이 보통이다. 실제 설계에 사용할 때는 해설 식(9.3.5)와 같이 구하여 계산한다.

$$c_u = c_{uo} + kz \qquad \text{해설 (9.3.5)}$$

여기서, c_u : 지표면으로부터 깊이 z인 위치에서의 비배수 전단강도(kN/m²)
c_{uo} : 지표면에서의 c_u 값(kN/m²)
k : 깊이에 따른 전단강도 c_u의 증가계수(kN/m³)
z : 지표면으로부터의 깊이(m)

2. 허용지지력 산정을 위한 실용식
연속기초의 허용지지력은 해설 그림 9.3.3에서 구한 지지력 계수를 써서 다음의 해설 식(9.3.6)을 사용하여 구할 수 있다.

$$q_a = \frac{1}{\mathrm{F}}(1.018kB + 5.14c_{uo}) + \gamma_2 D \quad (\text{단, } kB/c_{uo} \le 4) \qquad \text{해설 (9.3.6)}$$

3. 안전율
지지력에 대한 안전율은 1.5 이상을 적용하고, 크레인 기초 등에서와 같이 지반이 얼마 안 되는 침하나 변형일지라도 상부구조물의 기능을 현저하게 손상시킬 가능성이 있는 경우에는 2.5 이상을 적용한다.

9.3.4 기초지반이 다층구조인 경우에는 기초의 영향범위에 포함되어 있는 각 층상의 영향을 고려하여 지지력을 산정하며 원호활동 해석을 병행하여 안정성을 확인한다.

해설

9.3.4 다층구조인 기초지반에서 기초의 영향범위 내에 포함되어있는 각 층상의 영향을 고려하여 지지력 산정과 원호활동 해석 등으로 안정성을 확인한다.

1. 안정해석 기본식

기초지반이 다층구조인 경우의 지지력에 대한 안정검토를 원호활동 해석에 의할 때에는 해설 그림 9.3.5에서와 같이 기초저면보다 위에 있는 토피압을 상재하중으로 하고, 기초 단부를 통과하는 원호의 파괴면에 대하여 간이 Bishop법에 의한 원호활동 해석으로 안전율을 산정한다(본장 9.5.8항의 안정해석 참조).

한편 점성토의 층두께 H가 기초의 최소폭 B보다 훨씬 작은 $H<0.5B$인 경우에는 재하면과 점토층 저면 사이로부터 점토층이 압착되어 빠져나가는(squeeze) 파괴가 일어나기 쉽다. 이러한 압출파괴에 대한 지지력은 다음 해설 식(9.3.7)로 주어진다.

$$q_a = (4.0 + 0.5B/H)\frac{c_u}{\mathrm{F}} + \gamma_2 D \qquad \text{해설 (9.3.7)}$$

여기서, q_a : 허용지지력(수중부분의 부력을 고려한 값) (kN/m^2)

B : 기초최소폭(m)

H : 점성토의 층두께(m)

c_u : 층두께 H일 때 평균 비배수전단강도(kN/m^2)

γ_2 : 기초저면 윗지반의 단위중량
(수면 아랫부분은 수중 단위중량) (kN/m^3)

F : 안전율

D : 기초의 근입깊이(m)

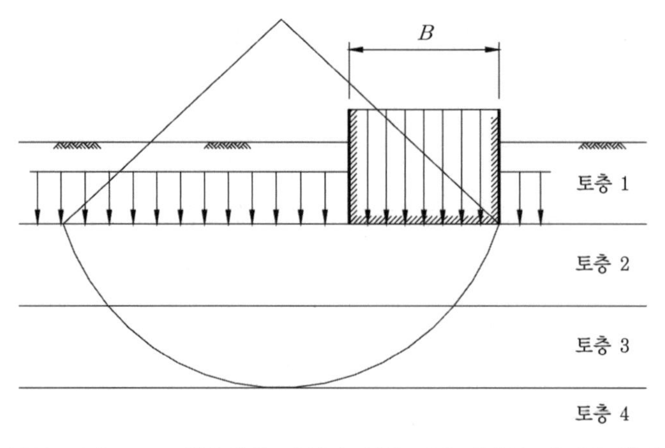

해설 그림 9.3.5 원호활동 해석에 의한 다층지반의 지지력 산정

2. 안전율

지지력에 대한 안전율은 1.5 이상을 적용하고, 크레인 기초 등 침하가 구조물의 기능에 큰 영향을 주는 경우에는 2.5 이상으로 하는 것이 바람직하다.

9.3.5 항만 구조물중 중력식 구조물의 기초지반에 편심, 경사하중이 작용하는 경우의 지지력에 대한 검토는 실제 현상을 잘 재현할 수 있는 Bishop의 간편법에 의한 원호활동 해석법에 의하여 산정하는 것을 표준으로 한다. 다만 동일한 설계조건에 대해서 확실한 지지력 계산의 실적이 있는 경우에는 발주처와 설계자의 판단에 따라 적용할 수 있다.

9.3.6 기초지반 및 구조물 기초마운드에 대한 강도정수와 기초저면에 전달되는 하중형태 등은 시설물의 구조특성 등을 고려하여 적합하게 정한다.

해설

중력식 안벽 및 중력식 방파제에는 자중, 토압, 파력, 지진력 등의 외력이 작용하고, 이들의 합력은 대개 편심되어 경사지게 작용한다. 이 때문에 기초지지력을 검토할 때는 편심경사하중에 대한 지지력을 검토하지 않으면 안 된다.

여기서, 편심경사하중이라 함은 하중 경사율이 0.1 이상인 경우를 말한다.

대개의 중력식 구조물은 기초지반 위에 사석마운드가 있는 2층 구조로 되어 있어서 지지력 검토방법에는 이러한 특성을 충분히 반영할 필요가 있다.

실내모형실험, 현지재하실험, 기존방파제 및 접안시설의 해석 등 일련의 연구결과에 의하면 Bishop법(Bishop간편법)에 의한 원호활동 계산이 실제 현상에서 지지력특성을 잘 표현할 수 있는 것으로 확인되었다. 따라서 지지력 검토는 이 방법에 의하는 것을 표준으로 하되, 지지력 해석결과의 신뢰도가 실증된 방법이 있을 경우에는 설계자의 판단에 따라 그 방법에 따를 수 있다.

1. Bishop법에 의한 원호활동해석으로 지지력을 해석하는 방법

   1) Bishop법은 수평한 모래지반에 연직하중이 작용하는 경우를 제외하고는 통상 수정 Fellenius법에 의한 원호활동 해석보다도 정도가 더 높기 때문에 중력식 구조물에 편심경사하중이 작용하는 경우에 대하여는 다음 해설 식(9.3.8)의 Bishop간편법을 써서 지지력을 검토한다. 여기서 활동면의 시점은 해설 그림 9.3.6 (a)에 보이는 바와 같이 하중의 합력 작용점에 가까운 쪽 기초의 끝과 대칭되는 점으로 한다. 이 경우 기초저면에 작용하는 연직하중은 해설 그림 9.3.6 (b) 및 (c)에서와

같이 벽체 저면의 앞쪽 끝과 활동면의 시점 사이에 작용하는 등분포하중으로 환산하고, 수평력은 벽체 저면에 작용시키되, 지진 시에 대한 계산에서는 사석마운드와 지반에는 지진력이 작용하지 않는 것으로 한다.

$$F_s = \frac{1}{\sum W\sin\alpha + \left(\frac{1}{R}\right)\sum Ha} \sum \frac{(cb + W'\tan\phi)\sec\alpha}{1 + (\tan\alpha\tan\phi)/F_s} \qquad \text{해설 (9.3.8)}$$

여기서, F_s : Bishop 간편법에 의한 원호활동 안전율

W : 단위길이당 분할편의 전체중량(kN/m)

α : 분할편 밑면이 수평면과 이루는 각도(°)

R : 활동원의 반지름(m)

H : 활동원 내의 토괴에 작용하는 수평외력(kN/m)

a : 수평외력 H의 작용점에서 활동원의 중심까지의 팔 길이(m)

c : 점성토 지반에서는 비배수 전단강도, 사질토지반에서는 배수조건하에서의 겉보기 점착력(kN/m^2)

b : 분할편의 폭(m)

W' : 단위길이당의 분할편의 유효중량(흙의 중량과 재하하중의 합, 수면 아랫부분은 수중단위중량) (kN/m)

ϕ : 점성토지반에서는 0, 사질토지반에서는 배수조건에서의 내부마찰각(°)

지반반력이 사다리꼴 분포인 경우 : $q = \frac{(p_1 + p_2)}{4b'}B$

지반반력이 삼각형 분포인 경우 : $q = \frac{p_1 b}{4b'}$

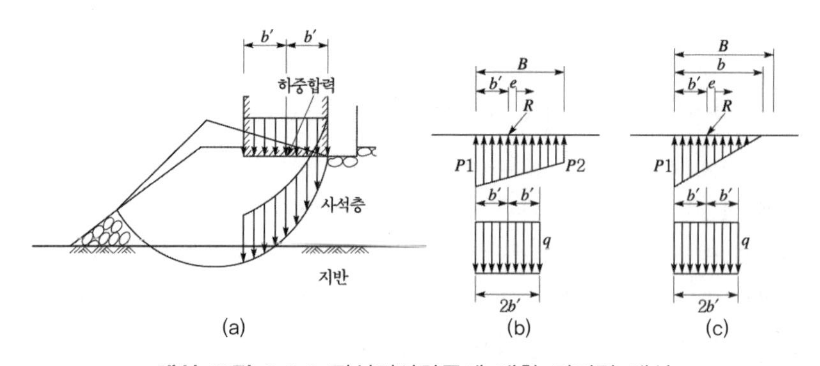

해설 그림 9.3.6 편심경사하중에 대한 지지력 해석

2) 방파제의 경우는 지진에 의하여 재해를 입은 사례가 적고, 피해의 정도도 작다. 그 이유는 지진력이 대부분 항내와 항외측에서 동시에 작용하는 경우가 많고, 단기간 동안만 작용하기 때문에 큰 변위가 발생하지 않는 것으로 밝혀져 있다. 따라서 방파제에서는 지진 시의 지지력을 검토하지 않아도 좋다. 다만, 지진 시의 안정이 크게 문제되는 방파제의 경우는 동적해석에 의한 상세한 검토가 바람직하다.

2. 기초마운드 재료의 강도 정수

1) 편심경사하중을 받는 지지력 모형실험 및 현지실험결과에 의하면 삼축압축시험으로부터 구한 강도정수를 사용하여 Bishop법으로 원호활동해석을 하면 정도가 높은 결과를 얻을 수 있다. 또한 쇄석에 대한 대형 삼축압축시험으로부터 구한 입경이 큰 입상체의 강도정수는 균등계수가 같은 유사한 입도의 재료로부터 구한 값과 대체적으로 같다는 것이 확인되고 있다.

   따라서 사석의 강도정수를 정확하게 추정하기 위해서는 유사한 입도의 시료를 쓴 삼축압축 시험을 실시하는 것이 바람직 하지만, 강도시험을 하지 않을 경우에는 일반적으로 보통의 사석에 대한 표준적인 강도정수로써 점착력 $c_d=20\text{kN/m}^2$, 내부마찰각 $\phi_d=35°$ 값이 사용된다.

   실제의 사석에서는 현지 사석의 밀도여하에 따라 강도값이 서로 다르게 나타날 수도 있으나, 현지에서의 사석상태를 파악하는 것은 아주 곤란한 일이기 때문에 여기서는 보통의 사석에 대한 표준적인 강도정수값을 설정하게 된 것이다. 이 표준값은 쇄석의 대형삼축압축시험결과로부터 구한 어느 정도 안전측인 값이고, 기존 방파제 및 접안시설의 해석결과로 보아도 타당한 값이다. 강도정수 중 점착력 $c_d=20\text{kN/m}^2$는 쇄석의 내부마찰각 ϕ_d가 구속압에 의하여 변화하는 점을 고려한 겉보기 점착력이다.

2) 해설 그림 9.3.7은 각종 쇄석에 대한 삼축압축시험결과를 종합한 것으로 구속압이 크게 되면 그에 따라 쇄석 입자가 파쇄되어 ϕ_d는 감소한다. 해설 그림 중에 실선으로 표시되어 있는 값은 겉보기 점착력 $c_d=20\text{kN/m}^2$, $\phi_d=35°$로 한 값이고, 겉보기 점착력을 고려함으로써 ϕ_d가 구속압에 따라 변화하는 특성을 반영하고 있다.

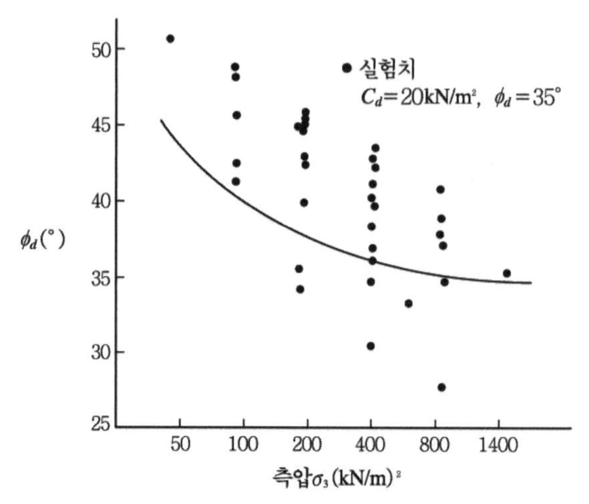

해설 그림 9.3.7 ϕ_d와 측방구속압 σ_3의 관계와 겉보기 점착력

3) 모암의 일축압축강도와 강도정수의 관련성을 조사한 결과에 의하면 이러한 표준값이 적용될 수 있는 것은 모암의 일축압축강도가 30MN/m^2 이상인 석재에 한한다. 모암의 강도가 30MN/m^2 이하인 약한 석재를 사석마운드의 일부에 사용 할 경우에는 강도정수를 c_d=20kN/m^2, ϕ_d=30°로 한다.

3. 기초지반의 강도정수

1) 기초지반의 강도정수를 정하는 경우에도 편심 경사하중을 받는 기초의 경우에는 파괴활동면이 얕은 경우가 많기 때문에 기초지반의 표면부근 강도가 문제가 된다.
기초지반이 사질토 지반에서 기초지반의 강도정수는 실험을 통하여 구한 값을 사용하는 것이 원칙이나 실험이 이루어지지 않은 경우 평상시가 아닌 파압이나 지진 등의 동적외력 작용 시 발생하는 편심경사 하중에 대한 지지력 계산에는 사질기초지반의 ϕ_d 값을 다음과 같이 적용할 수 있다.

- N치가 10 미만인 사질토 지반 ϕ_d=40°
- N치가 10 이상인 사질토 지반 ϕ_d=45°

2) 기초지반이 점성토 지반인 경우에는 점토의 전단강도로 비압밀 비배수 시험에서 구한 전단강도 c_u를 사용하고, 이 비배수 강도는 해설 식(9.3.9)로 구하고, 기타는 해설 식(9.3.5)를 참조하면 된다.

$$c_u = q_u / 2 \quad \text{해설 (9.3.9)}$$

여기서, q_u : 일축압축 강도의 평균치(kN/m^2)

4. 안전율

Bishop 간편법에 의한 편심경사하중의 지지력 해석시 안전율은 다른 원호활동에 대한 안정계산에서와 같이 전단저항에 의한 저항모멘트와 외력 및 흙의 중량에 의한 활동모멘트와의 비로 표시한다.

보통의 흙구조물 설계에서는 1.0보다도 큰 안전율을 사용한다. 그러나 기존 방파제와 접안시설에서 재해를 입은 사례와 재해를 입지 않은 사례를 수집하여 해석한 결과에 의하면 파압이 작용한 방파제, 지진 시의 접안시설 모두 Bishop법에 의한 안전율이 1.0보다 크면 사석마운드 및 지반 지지력에 관한 안정은 충분한 여유가 있는 것으로 확인되었다.

따라서 Bishop법 원호활동 계산에 의한 편심경사하중에 대한 지지력 평가 방법은 정적인 실험에 의하여 그 타당성이 확인되었고, 동적인 하중이 가해지는 파압작용 시나 지진 시에도 여유 있는 안전율이 산정되므로 파압작용 시 및 지진 시에 대한 안전율 기준치는 1.0 이상으로 한다.

그러나 실물크기의 실험결과에 의하면 편심 경사하중이 장기간동안 지속적으로 가해지는 경우에는 시간이 경과함에 따라 기초의 변형이 진행되는 경향이 보이므로 이러한 변형을 피하기 위하여 하중이 장기적으로 작용하는 접안시설의 평상시에 대한 안전율은 1.2 이상으로 한다.

해설 표 9.3.2 Bishop법에 의한 편심경사하중의 지지력에 대한 안전율

시설별	평상시	지진 시	파압작용 시
접안시설 등	1.2 이상	1.0 이상	-
방파제	-	-	1.0 이상

9.3.7 재하하중에 의한 기초지반의 지중응력은 흙을 탄성체로 가정하여 추정한다. 다만 등분포 하중의 경우에는 응력이 직선적으로 분산한다고 가정한 간편법을 사용할 수 있다.

9.3.8 침하량은 4.3 침하량 산정을 따르며 이외의 것은 제4장 얕은기초에서 정하는 바를 따른다.

해설

9.3.7 재하하중에 의한 기초지반의 지중응력은 흙을 탄성체로 가정하여 추정한다. 다만 등분포 하중의 경우에는 응력이 직선적으로 분산한다고 가정한 방법을 사용할 수 있다.

9.3.8 침하량은 본 장 4.3 침하량 산정을 따르며 이외의 것은 제4장 얕은기초에서 정하는 바를 따르며 아래와 같다.

1. 압밀침하량 계산 시 고려사항

기초의 침하는 흙을 탄성체로 가정하고, 기초지반에 가해지는 상재하중에 의한 깊이별 토층의 응력증가를 구한 후, 해당층의 심도별 변형량을 계산하게 된다. 그 구체적 내용은 본 기준 제4장과 항만 및 어항설계기준의 제2편 9-3 흙의 역학적 성질, 제4편 제5장 기초의 침하를 참조하면 된다.

여기서는 항만구조물 설계 시 특히 유념할 필요가 있는 압밀침하량 계산시의 고려사항과 2차 압밀침하, 연약점성토층의 측방변위, 부등침하 및 지반침하에 대한 고려사항을 기술한다.

가) 연직방향 압밀계수 c_v와 수평방향 압밀계수 c_h

흙의 간극수가 연직방향으로 배수되는 경우에는 압밀계수 c_v를 써서 계산하지만, 연직배수재를 타설하여 압밀을 촉진시키는 경우에는 수평방향 배수가 주체가 되기 때문에 수평방향 압밀계수 c_h를 쓰게 된다. 일반적으로 c_h는 c_v의 5~10배 정도 되는 것으로 알려져 있으나, 항만지역 점토에 대한 실험결과의 c_h값은 c_v값의 1.0~2.0배 정도이고, 드레인 시공 시에는 지반을 교란시키는 등의 영향으로 c_h가 저하한다는 점과 지반 내 압밀정수의 불균일성 등을 고려하여 실제 설계 시에는 보통 $c_h \fallingdotseq c_v$로 한다.

나) 과압밀 점토의 압밀계수 c_v

과압밀 상태에 있는 점성토의 압밀계수는 정규압밀 상태에서의 값보다 큰 것이 보통이다. 대상 토층이 명백하게 과압밀 상태에 있는 것으로 생각되는 경우에는 압밀시험 결과로부터 현재의 유효토피압과 최종하중사이의 평균적인 c_v를 쓴다. 그러나 단순하게 응력의 평균치로부터 c_v를 구하는 것보다 침하 값을 고려한 가중평균, 즉 침하량에 대한 평균적인 c_v를 쓰는 것이 좋다.

다) 불균질 지반의 압밀침하 속도

c_v가 다른 층이 번갈아 나타나는 지층에서 압밀침하의 속도를 해석할 때는 층두께 환산법 및 차분법에 의한 수치해석법 또는 유한요소법에 의한 해석법을 쓴다. 층두께 환산법은 간편법으로서 쓰고는 있지만 큰 오차가 발생하는 경우가 있고, 불균질한 정도가 큰 경우나 정밀도가 요구되는 경우에는 유한요소법을 써서 계산하는 것이 좋다.

2. 2차압밀에 의한 침하

가) 점성토의 장기 압밀시험에서의 침하-시간 곡선의 모양은, 압밀도가 약 80% 정도에 달할 때까지는 Terzaghi의 압밀이론과 잘 일치하지만, 압밀도가 그 이상이 되면 침하량은 시간의 대수값에 대하여 직선적으로 증대한다. 이것은 압밀하중에 의하여 점성토층 내에 발생한 과잉 간극수압의 소산으로 침하하는 1차 압밀 외에, 흙 골격의 압축특성 자체가 시간 의존성을 갖고 있음에 따라 2차 압밀이 일어나기 때문이다.

나) 2차압밀에 의한 침하는 피트 (Peat)등 유기질토에서 특히 크다. 일반적으로 충적점토지반에서는 재하에 의한 압밀압력이 지반의 압밀 항복압력의 여러 배에 달하는 일이 많은데, 이러한 조건에서 2차압밀에 의한 침하는 1차압밀 침하량에 비하여 작고, 실제 설계에서는 그다지 중요하지 않다. 그러나 재하에 의하여 지반에 작용하는 압력이 압밀 항복응력을 크게 초과하지 않는 경우에는, 1차압밀에 의한 침하가 적은데도 불구하고, 2차압밀 침하가 장기간 계속되는 경향이 있기 때문에 설계 시에는 이러한 점을 충분히 고려할 필요가 있다.

다) 2차압밀에 의한 침하량은 일반적으로 다음 해설 식(9.3.10)으로 계산한다.

$$S_s = \frac{C_\alpha}{1+e_o} h \cdot \log_{10}(t/t_o) \qquad \text{해설 (9.3.10)}$$

여기서, S_s : 2차압밀에 의한 침하량(m)

C_a : 2차 압축지수

t : 시간(day)

t_o : 2차압밀 개시시간(day)

h : 점토층두께(m)

e_o : 초기간극비

2차 압축지수 C_a는 압밀시험으로부터 구할 수 있는데, 일반적으로 C_a와 압축지수 C_c 간에는 다음 해설 식(9.3.11)과 같은 관계가 있기 때문에 C_c로부터 추정할 수도 있다.

$$C_a = (0.03 \sim 0.05)C_c \qquad \text{해설 (9.3.11)}$$

3. 측방변위

가) 연약 점성토 지반에 건설되는 접안시설이나 호안 등에는 지반의 전단변형에 의하여 발생하는 측방변위가 구조물에 영향을 미치는 경우가 있기 때문에 이러한 때는 측방 변위량을 추정할 필요가 생긴다. 측방변위는 재하직후의 즉시침하에 수반하는 변위와 그 후 시간이 경과함에 따라 계속적으로 발생하는 변위가 있다. 재하하중이 지반의 극한 지지력보다도 충분히 작은 경우에는 지반을 탄성체로 보고 해석하여 즉시침하에 수반하는 측방변위를 예측할 수가 있다.

나) 연약지반에서 많은 문제가 발생하는 것은 지반전체의 안전율이 1.3 정도로 작고, 압밀과 전단에 의한 크리프 변형이 한꺼번에 발생하는 측방변위에 기인한다. 이러한 측방변위의 발생 여부는 경험에 기초한 간편한 정수를 서서 판정하는 방법을 이용하거나, 보다 상세한 해석을 하게 되는 경우에는 점성토 지반에 탄소성 모델 혹은 점탄소성 모델을 적용하여 유한요소 해석에 의한 침하와 측방변위의 경시변화를 구하는 프로그램이 잘 쓰인다.

다) 측방변위의 중요성은 구조물의 기능여하에 따라 크게 다르기 때문에 이 점을 고려하여 적절한 산정법을 선택할 필요가 있다.

4. 부등침하

연약 점성토 지반에 구조물을 건설할 때는 지반의 부등침하 발생을 고려하여 부등침하가 구조물에 영향을 미치게 되는 경우에는 적절한 대책을 강구해야 한다.

가) 부등침하의 원인과 종류

항만 구조물에서 문제가 되는 부등침하는 다음에 열거하는 것들이 있다.

1) 구조물의 기초와 매립지간에 생기는 부등침하

(예) 말뚝으로 지지되는 구조물과 매립지반 사이에 발생하는 부등침하, 말뚝기초 교량과 그 연결부간의 침하

2) 지반개량 구간과 무처리 구간에 생기는 부등침하
(예) 드레인 공법이나 심층혼합처리 공법으로 개량한 지반과 무처리 지반 사이에 생기는 부등침하

3) 지반에 작용하는 하중의 크기가 서로 달라서 생기는 부등침하
(예) 성토부와 그 주변 인접부의 침하, 매설구조물 주변의 침하

4) 지반의 압축성 또는 압밀특성의 불균일성에 기인한 부등침하

이들 종류 중에 (1), (2), (3)은 구조물 또는 지반개량 설계 시 고려하여야 할 항목이고, (4)의 경우는 지반의 불균일성을 고려한 수치해석에 의하여 어느 정도 예측이 가능하다.

나) 부등침하 대책

1) 부등침하에 대한 대책으로는 다음에 열거하는 방안들이 있다.
   ① 구조물과 매설 구조물간에 연성이음(Flexible Joint)을 설치하여 부등 침하에 의한 손상을 방지한다.
   ② 지반에 작용하는 상재하중이 급변하지 않고 점차적으로 완만하게 변화하도록 경량재료 또는 중량이 큰 재료를 써서 하중을 조절한다.
   ③ 지반개량구역과 무개량구역 사이에 완화 구간(Transition Work)을 설치한다.

2) 항만지역의 매립지 내에서 발생하는 부등침하량은 매립지 지반을 다음 네 가지로 분류하여 간편하게 추정하는 방안이 제시되어 있다.
   ① 아주 불균일한 지반
   ② 불균일한 지반
   ③ 보통 지반
   ④ 균일한 지반

3) 해설 그림 9.3.8에서는 위 2)항 각각의 지반에서 평균 부등침하율을 나타내었다. 평균 부등침하율이라는 것은 임의의 2점 사이에서 평균적으로 발생하는 침하량 차이의 전침하량에 대한 비율이다.
   예를 들면 ②의 불균일한 지반에서 2점 사이의 거리가 50m인 경우, 2점 사

이의 평균 부등침하율은 0.12이므로, 어떤 기준시점에서 χcm의 침하가 발생했을 때 2점간 거리가 50m이면 2점 사이에 평균적으로 발생하는 부등침하량은 0.12χcm로 계산된다. 실제문제에 적용할 때는 해설 그림 9.3.8의 값에 기준시간과 침하대상지반의 심도에 관한 보정을 하는 것이 바람직하다.

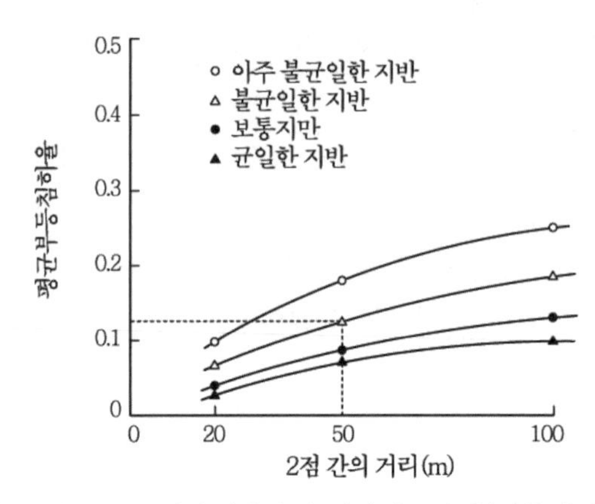

해설 그림 9.3.8 매립지에서의 거리와 부등침하율과의 관계

5. 지반침하

지반이 침하하는 지역에서는 침하상황 및 침하메커니즘을 충분히 조사하여 장래의 침하를 추정하고 적절한 대책을 강구한다.

가) 지반침하의 원인

과거 지반침하 지대에서의 침하현상을 해석한 결과에 따르면 급격한 지하수의 개발에 의한 지하수압 감소에 기인하는 지층의 수축 및 압밀이 지반침하의 주 원인이다. 공업용, 농업관개용, 석유·천연가스의 채취, 융설(融雪)용 목적으로 대량의 지하수를 퍼 올리는 경우에는 대수층(帶水層)안의 수압이 감소한다. 대수층은 사력층인 경우가 많은데, 이 층 내의 수압이 감소하게 되면 사력층의 유효응력이 증대하여 수축하게 된다. 대수층의 수압 감소는 여기에 접한 점토층과의 경계 부근에서 동수구배가 형성되어 그 결과 점토층 안의 물이 대수층으로 흘러들어가면서 압밀이 진행되어 지반 침하로 이어지게 된다.

나) 지반침하 대책

현재까지의 기술로는 침하된 지표면을 침하전의 높이로 되돌리는 일은 불가능하다. 따라서 실행 가능한 대책으로는 침하의 속도 및 장래 침하량을 감소시키는 방안이 있다. 이러한 대책을 강구함에 있어서는 침하상황과 침하기구를 충분히 조사할 필요가 있다. 조사항목에는 다음과 같은 것들이 있다.

1) 지반 침하지역 전체의 침하량 및 침하속도
2) 침하지역의 지질 및 토질
3) 각 대수층에서 지하수압의 시간적 변화
4) 각 층의 층별 압축량

이상의 조사결과로부터 장래의 지하수압 감소를 가정하고, 압밀 및 압축량을 추정할 수가 있다. 구체적인 지반침하 대책으로는 '지하수의 개발 규제'가 성과를 거두고 있다. 미국의 롱비치에서는 지중에 물을 주입함으로써 침하를 정지시키는 데 성공한 예가 있다. 지반침하 지역에 설치하는 구조물의 설계 시에는 본절 해설 [4] 부등침하에 기술된 대책이 필요하다.

9.4 깊은기초

9.4.1 하부구조물 저면으로부터 구조물을 지지하는 지지층까지의 깊이가 기초의 최소 폭에 비하여 비교적 큰 기초형식으로서 말뚝기초, 오픈케이슨기초 등을 말한다.

9.4.2 말뚝기초는 9.5 말뚝기초, 오픈케이슨기초는 5.5 케이슨기초를 따르며, 이외의 것은 제5장 깊은기초에서 정하는 바를 따른다.

해설

(1) 항만 및 어항시설물의 경우는 기초구조의 단위 치수가 큰 것이 일반적이어서, 근입깊이가 기초폭 정도만 되어도 기초의 측면저항을 무시할 수 없을 경우가 많기 때문에 기초의 근입깊이(D)가 기초의 최소폭(B)보다 크면 기초의 측면 저항력을 고려하는 깊은기초로 설계한다.

(2) 깊은기초는 상부구조물에 의한 무거운 하중을 연약한 지층을 관통하여 아래의 견고한 지층에 전달함으로써 상부구조물을 지지하는 것이다. 따라서 연직력은 보통 기초 측면의 마찰저항과 기초밑면의 연직지지력에 의하여 지지되고, 수평력은 기초지반의 수동저항에 의하여 지지된다.

(3) 이 절에 기술된 내용 이외의 것은 본 기준 제5장과 항만 및 어항설계기준을 참고한다.

9.4.3 깊은기초의 연직허용지지력은 구조형식, 시공방법, 지반조건 등을 고려하여, 5.2 말뚝의 축방향 지지력과 변위, 5.5 케이슨기초에서 정하는 바를 따른다.

해설

9.4.3 깊은기초의 연직허용지지력은 구조형식, 시공방법, 지반조건 등을 고려하여 5장의 내용을 따른다.

1. 깊은기초의 연직허용지지력

일반적으로 깊은기초의 연직허용지지력은 다음 해설 식(9.4.1)에서와 같이 기초저면의 허용지지력 외에 기초 측면의 저항에 의한 허용지지력을 가산하여 구한다.

$$q_a = q_{al} + \Delta q_a \qquad \text{해설 (9.4.1)}$$

여기서, q_a : 깊은기초의 연직허용 지지력(kN/m²)

q_{al} : 기초저면의 허용지지력(kN/m²) (본장 9.3.2의 q_a와 같음)

Δq_a : 기초측면의 저항에 의한 허용지지력 가산분(kN/m²)

2. 깊은기초의 측면저항

깊은기초의 측면저항은 구조형식이나 시공방법 여하에 따라 주변지반이 교란되어 주면의 마찰에 의한 지지력을 충분하게 기대할 수 없는 경우도 있으므로 주의할 필요가 있다.

가) 사질토 지반에서 기초측면의 마찰저항

사질토 지반에서 기초측면의 마찰저항에 의한 허용지지력 가산분은 해설 식(9.4.2)로 산정한다.

$$\Delta q_a = \frac{1}{F}\left(1+\frac{B}{L}\right)\left(\frac{D^2}{B}\right)K_a \gamma_2 \mu \qquad \text{해설 (9.4.2)}$$

여기서, F : 안전율(기초저면의 허용지지력 q_{al}에 사용하는 것과 같음)

K_a : 주동토압계수($\delta=0°$)

γ_2 : 기초저면보다 위쪽 흙의 단위체적중량

(수면 아래에서는 수중단위체적중량) (kN/m^3)

D : 기초의 근입 깊이(m)

B : 기초의 폭(m)

μ : 기초측면과 모래와의 마찰계수($\mu = \tan\frac{2}{3}\phi$)

L : 기초의 길이(m)

해설 식(9.4.2)의 Δq_a는 기초의 측면과 사질토의 전체 접촉면적 및 근입깊이 D에 대한 평균 측면 마찰강도 $\bar{f}$로 구해진 전체 마찰 저항을 기초저면적으로 나눈 것을 안전율로 나눈 것이다.

기초의 근입깊이 D에 대한 평균 측면 마찰강도 $\bar{f}$는 일반적으로 해설 식(9.4.3)과 같이 표현된다.

$$\bar{f}=\frac{1}{D}\int_{o}^{D}\gamma z K_a \mu dz = \frac{1}{2}K_a \gamma D \mu \qquad \text{해설 (9.4.3)}$$

기초 측면과 사질토 사이의 마찰각은 흙의 내부마찰각 ϕ보다 작고, 콘크리트와 사질토 사이의 경우에는 이를 (2/3) ϕ로 가정할 수 있다.

나) 점성토 지반에서 기초측면의 점착저항

점성토 지반에서 기초측면의 점착저항에 의한 허용지지력 가산분은 해설 식(9.4.4)로 산정한다.

$$\Delta q_a = \frac{2}{F}\left(1+\frac{B}{L}\right)\frac{D_c}{B}\overline{c_a} \qquad \text{해설 (9.4.4)}$$

여기서, $\overline{c_a}$: 평균부착력(근입부분 평균치) (kN/m^2)

D_c : 기초의 근입깊이(수중부분만 고려) (m)

점성토 지반에서 깊은기초의 경우는 지하수면 윗부분의 흙이 여름철에 건조 수축

할 가능성이 있기 때문에 유효한 접촉면으로 볼 수 없다. 따라서 해설 식(9.4.4)에서 평균 부착력 $\overline{c_a}$도 유효한 접촉부분만의 평균 부착력이다. 점성토지반에서 실용상 부착력으로는 해설 표 9.4.1을 참고로 정할 수 있다.

해설 표 9.4.1 지반 종류별 평균 부착력

측면 지반의 종류	q_u(kN/m^2)	$\overline{c_a}$(kN/m^2)
연약한 점성토	25~50	−
중간 정도인 점성토	50~100	6~12
단단한 점성토	100~200	12~25
아주 단단한 점성토	200~400	25~30
고결 점성토	400 이상	30 이상

주) 연약한 점성토 지반에서는 측면저항을 고려치 않음

다) 안전율

해설 식(9.4.2) 및 해설 식(9.4.4)를 적용하여 설계하는 경우의 안전율은 중요한 구조물에서는 2.5 이상, 기타 구조물에서는 1.5 이상을 적용한다.

라) Skempton의 제안

점성토 지반에서 깊은기초의 저면 허용지지력은 9.3.3항 기초지반의 허용지지력 중 점성토 지반의 지지력에서 제시된 해설 식(9.3.4)로 구한다. 이 식 중의 지지력 계수 N_{co}에 대하여 Skempton은 점착력이 일정한 점성토지반의 경우 해설 그림 9.4.1에서 구할 것을 제안하면서 다음과 같은 실용식을 제시하였다.

1) 지표면 재하일 때($D=0$)

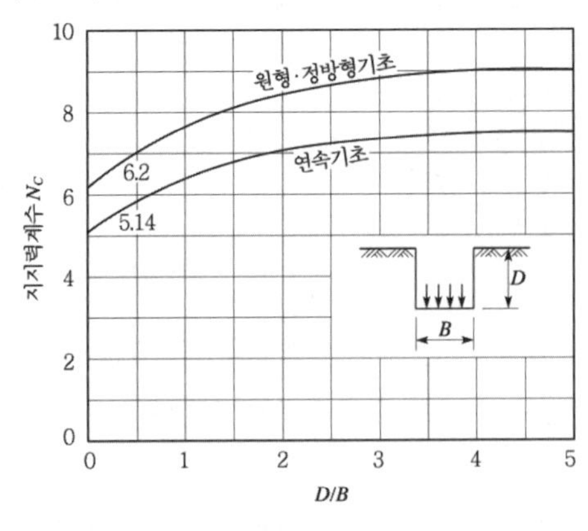

해설 그림 9.4.1 Skempton의 지지력 계수

$$N_{co} = 5.14 \text{ 연속기초}$$
$$N_{co} = 6.2 \text{ 정방형 및 원형기초} \qquad \text{해설 (9.4.5)}$$

여기서, N_{co} : 지표면 재하의 경우에 대한 지지력계수

2) $D/B < 2.5$

$$N_{cd} = (1 + 0.2D/B) \cdot N_{co} \qquad \text{해설 (9.4.6)}$$

3) $D/B > 2.5$

$$N_{cd} = 1.5N_{co} \qquad \text{해설 (9.4.7)}$$

4) 장방형 기초

$$N_c(\text{장방형 기초}) = (1 + 2B/L) \cdot N_c) \ (\text{연속기초}) \qquad \text{해설 (9.4.8)}$$

마) Meyerhof의 제안

Meyerhof는 근입깊이가 있는 경우의 연속기초에 대한 허용지지력 공식을 해설 식 (9.4.9)와 같이 표현하였다.

$$q_a = \frac{1}{F} c_o N_{cq} + \gamma_2 D \qquad \text{해설 (9.4.9)}$$

여기서, c_o : 점성토지반의 전단강도

N_{cq} : Meyerhof가 제시한 지지력계수(해설 그림 9.4.2 참조)

N_{cq}값은 해설 그림 9.4.2에서 구할 수 있다. 이 그림은 기초측면의 점착 저항을 포함한 N_{c_q}값도 표시하고 있다.

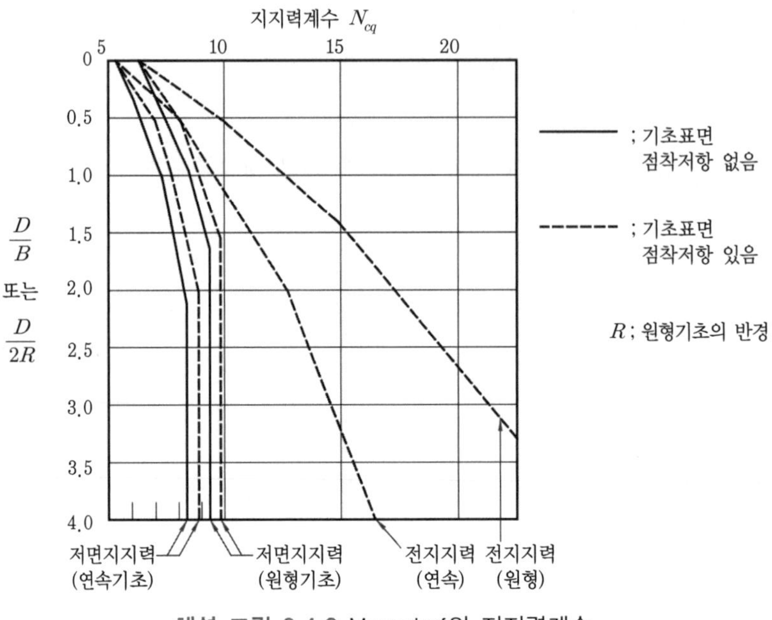

해설 그림 9.4.2 Meyerhof의 지지력계수

Meyerhof는 연속기초 이외의 기초에 대하여는

$$N_{cq}(\text{장방형 기초}) = \left[1 + 0.15\frac{B}{L}\right] N_{cq}(\text{연속 기초}) \qquad \text{해설 (9.4.10)}$$

N_{cq}(원형 기초)=5.7을 제안하였다. 단, 정방형기초는 원형기초와 같다고 간주한다.

바) 부의 주면마찰 고려

기초구조가 압밀이 생기는 지반을 관통하여 지지층에 도달하여야 하는 경우에는 기초구체에 작용하는 부의 주면마찰에 대하여도 검토할 필요가 있다. 이 경우 검토방법은 말뚝기초의 경우와 같다.

9.4.4 깊은기초의 수평 지지력은 지반조건, 구조특성, 시공방법 등을 고려하여, 5.3 말뚝의 횡방향 허용 지지력, 5.5 케이슨기초에서 정하는 바를 따른다.

해설

깊은기초의 수평지지력은 측면의 수평방향 지반반력과 기초저면의 연직방향 지반반력에 의하여 결정되는데, 기초에 전달되는 연직합력의 작용점이 기초저판의 핵 내에 있게 되면 해설 그림 9.4.3과 같이 수평 및 연직방향의 지반 반력분포를 가정한 다음, 최대 수평지반 반력 p_1 및 최대 연직지반 반력 q_1이 각각의 위치에서 수동토압 및 극한지지력에 대하여 충분한 안전율을 갖게 하면 된다.

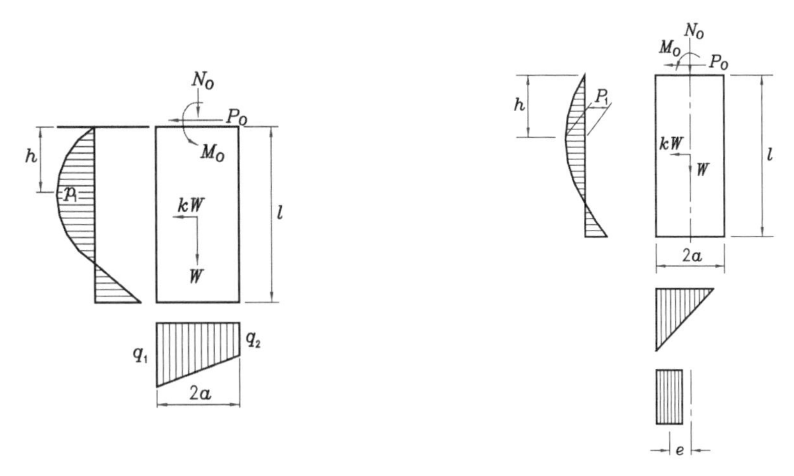

해설 그림 9.4.3 연직합력이 핵 내에 존재　　해설 그림 9.4.4 연직합력이 핵 외에 존재

1. 수평방향 지반반력 분포 가정

깊은기초에 수평력이 작용할 때의 수평지반반력 분포는 해설 그림 9.4.3과 같이 지표면을 0으로 한 2차 포물선으로 가정하고, 기초가 강체로서 회전운동을 할 때에 변위 y와 지반반력 p와의 사이에는 해설 식(9.4.11)의 관계가 있다.

$$p = kxy \qquad \text{해설 (9.4.11)}$$

여기서, p : 지반 반력(kN/m²)
k : 지반 반력계수의 깊이방향 증가율 (kN/m⁴)
x : 깊이(m)
y : 깊이 x에서의 수평변위(m)

한편, 연직방향의 지반 반력분포는 직선적으로 분포한다고 가정하였으므로 기초저판에 작용하는 합력이 핵 내에 있는 경우에는 해설 그림 9.4.3에 보이는 바와 같이 사다리꼴 분포가 된다. 그러나 저판에 작용하는 합력이 핵 외에 있는 경우에는 저판과 지반 사이에 인장력이 작용할 수는 없으므로 해설 그림 9.4.4와 같이 직사각형으로 분포한다고 본다.

2. 연직합력이 핵 내에 있는 조건

기초저판에 작용하는 합력이 저면의 핵 내에 있는 경우의 조건은 해설 식(9.4.12)와 같다.

$$\frac{N_o + w_1\ell}{A} \geq \frac{3aK'(kw_1\ell^2 + 4P_o\ell + 6M_o)}{b(\ell^3 + 24\alpha K'a^3)} \qquad \text{해설 (9.4.12)}$$

이때의 최대 수평 지반반력 p_1(kN/m^2) 및 최대 연직 지반반력 q_1(kN/m^2)는 각각 해설 식(9.4.13), 해설 식(9.4.14)가 된다.

$$p_1 = \frac{3\{kw_1\ell^4 + 3P_o\ell^3 + 4M_o\ell^2 + 8\alpha K'a^3(kw_1\ell + P_o)\}^2}{4b\ell^3(\ell^3 + 24\alpha K'a^3)(kw_1\ell^2 + 4P_o\ell + 6M_o)} \qquad \text{해설 (9.4.13)}$$

$$q_1 = \frac{N_o + w_1\ell}{A} + \frac{3aK'(kw_1\ell^2 + 4P_o\ell + 6M_o)}{b(\ell^3 + 24\alpha K'a^3)} \qquad \text{해설 (9.4.14)}$$

깊은기초의 수평 지지력을 구하는 경우에는 해설 식(9.4.13) 및 해설 식(9.4.14)로 계산된 p_1 및 q_1이 각각 해설 식(9.4.15) 및 해설 식(9.4.16)을 만족시켜야 한다.

$$p_1 \leq \frac{1}{F}p_p \qquad \text{해설 (9.4.15)}$$

$$q_1 \leq q_\alpha \qquad \text{해설 (9.4.16)}$$

여기서, l : 근입 깊이(m)

$2b$: 최대폭 (수평력에 직각방향)(m)

$2a$: 최대길이(m)

A : 저면적(m^2)

P_o : 지표면 윗부분 구조에 작용하는 수평력(kN)

M_o : P_o에 의한 지표면에서의 모멘트(kN · m)

N_o : 지표면 위치에 작용하는 연직력(kN)
k : 수평 진도
K' : $K' = K_2 / K_1$
K_1 : 연직방향 지반반력 계수의 증가율(kN/m^4)
K_2 : 수평방향 지반반력 계수의 증가율(kN/mm^4)
(해설 식(9.4.11) 참조)
W_1 : 단위 깊이당 깊은기초의 자중(kN/m)
a : 저변형상에 따라 결정되는 정수(구형 a=1, 원형 a=0.588)
p_p : 깊이 h에서의 수동토압(kN/m^2).
단, h(m)는 해설 식(9.4.17)로 주어진다.

$$h = \frac{kw_1\ell^4 + 3P_o\ell^3 + 4M_o\ell^2 + 8\alpha K' a^3 (kw_1\ell + P_o)}{2\ell(kw_1\ell^2 + 4P_o\ell + 6M_o)} \qquad \text{해설 (9.4.17)}$$

여기서, q_a : 저면 위치에서의 연직지지력(kN/m^2) (해설 식(9.4.1) 참조)
F : 수평지지력의 안전율

3. 연직 합력이 핵 외에 있는 경우
저판에 작용하는 합력이 해설 그림 9.4.4와 같이 핵 내에 있지 않을 때 전면지반에서의 최대 지반반력 p_1(kN/m^2)은 해설 식(9.4.18)과 같다.

$$p_1 = \frac{3(kW\ell + 4M_o - 4N_oe - 4We + 3P_o\ell)^2}{4b\ell^2(kW\ell + 6M_o - 6N_oe - 6We + 4P_o\ell} \qquad \text{해설 (9.4.18)}$$

해설 식(9.4.18)로 계산된 p_1은 해설 식(9.4.15)를 만족시켜야 한다. 이때 h는 해설 식(9.4.19)로 계산한다.

$$h = \frac{\ell(kW\ell + 4M_o - 4N_oe - 4We + 3P_o\ell)}{2(kW\ell + 6M_o - 6N_oe - 6We + 4P_o\ell)} \qquad \text{해설 (9.4.19)}$$

여기서, h : 최대지반반력이 생기는 깊이(m) (해설 그림 9.4.4 참조)
W : 기초의 자중(kN)

e : 편심량(m)

e는 해설 그림 9.4.4에 표시된 거리로서 길이 $2a$(m), 폭 $2b$(m)의 구형저판의 경우에는 해설 식(9.4.20)으로 구한다.

$$e = a - \frac{W + N_o}{4bq_a} \qquad \text{해설 (9.4.20)}$$

만약, 저판이 원형인 경우에는 해설 식(9.4.21)과 같이 원형을 장방형으로 치환하여 계산하면 된다.

$$2a = \frac{\pi}{3}D, \quad 2b = \frac{3}{4}D \qquad \text{해설 (9.4.21)}$$

여기서, D : 원의 직경(m)

이렇게 치환하여 계산된 수평지지력은 약 1할 정도 여유 있는 안전측이 된다고 생각된다. 그러나 이의 실제 적용은 관련문헌을 참조하여 적절히 판단할 필요가 있다.

4. 안전율

이제까지 기술한 방법으로 설계하는 경우의 안전율은 중요한 구조물에는 1.5 이상, 기타 구조물에서는 1.1 이상을 적용한다.

9.4.5 침하량 계산은 5.2.9 말뚝기초의 침하, 5.5 케이슨기초에서 정하는 바를 따른다.

해설

침하량 계산은 본 기준 제5장과 본 장 9.3.8 침하량 계산을 따르고, 항만 및 어항 설계기준도 참고할 필요가 있다.

9.5 말뚝기초

9.5.1 말뚝의 축방향 허용지지력은 말뚝본체의 허용 압축하중과 지반의 허용 지지력 중 작은 값 이하로 한다. 말뚝의 축방향 변위는 상부 구조물의 허용변위량 이내로 한다.

9.5.2 말뚝본체의 허용압축하중은 5.2.2 말뚝본체의 허용 압축하중에서 정하는 바를 따른다.

9.5.3 지반의 축방향 허용 압축지지력은 5.2.3 지반의 축방향 허용 압축지지력, 5.2.4 재하시험에 의한 지반의 축방향 허용압축 지지력 결정, 5.2.6 무리말뚝의 축방향 압축지지력, 5.2.7 부주면 마찰력, 5.2.8 말뚝의 허용 인발 저항력, 5.2.9 말뚝기초의 침하에서 정하는 바를 따른다.

해설

9.5.1 항만시설물에 있어서 말뚝기초는 안벽뿐만 아니라 야적장 등 임항부지 내 구조물 기초로서도 흔히 사용되고 있다.

안벽시설 중 말뚝기초가 사용되는 대표적인 사례로는 연직말뚝식 잔교, 경사말뚝식 잔교 및 돌핀시설을 들 수 있다. 이 형식의 안벽은 다수의 말뚝기초 위에 상부슬래브와 보를 설치한 구조로서 슬래브나 보를 통하여 전달되는 연직하중이나 수평하중을 말뚝이 지지토록 되어 있다. 이 경우 말뚝은 지상이나 수중에 노출된 부분이 발생하게 되나 적당한 말뚝간 간격을 유지해 주면 근본적으로 무리말뚝이 아닌 단말뚝으로 작용하게 된다.

안벽시설에 독립말뚝이 아닌 무리말뚝이나 널말뚝이 사용되는 경우도 있다. 널말뚝식 안벽은 통상 전면에 널말뚝을 설치하고 배면을 매립한 구조를 가지며, 널말뚝의 휨강성으로 배면토압이나 기타하중을 견디게 된다. 그 외에도 강널말뚝 셀식 안벽, 강관 셀식 안벽 등이 있으나 앞에서 설명한 잔교식 안벽에 비하면 극히 제한된 경우에만 사용되고 있다.

안벽이 아닌 임항부지내에서 말뚝기초를 사용하는 예는 야적장의 조명탑 기초, 화물하역을 위한 크레인 기초, 건축물 기초 등이 있으나 이는 말뚝이 대부분 지중에 묻힌 상태이므로 본 기준 제5장에서 다루는 내용과 그 기능면에서나 구조적 특징면에서 다를 바가 없다.

본 절에서는 이러한 여건을 감안하여 주로 연직말뚝식 잔교나 경사말뚝식 잔교에서 말뚝기초를 설계하는 데 필요한 사항을 다루었다. 본 절에서 다루지 않은 내용은 본 기준 제5장 깊은기초 및 항만 및 어항설계기준 제4편 제4장 말뚝기초의 지지력을 따른다.

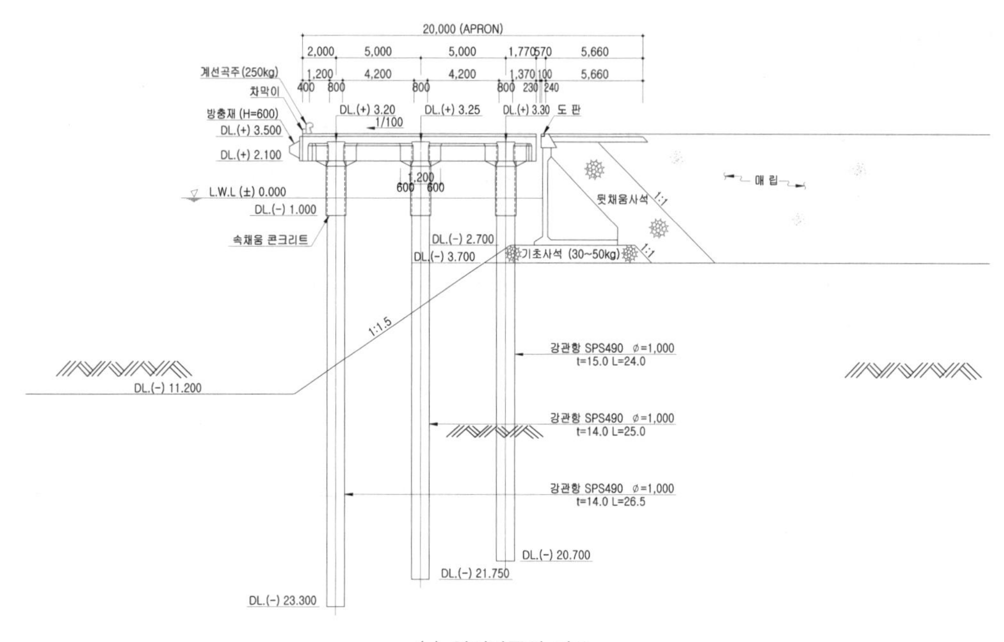

(a) 연직말뚝식 잔교

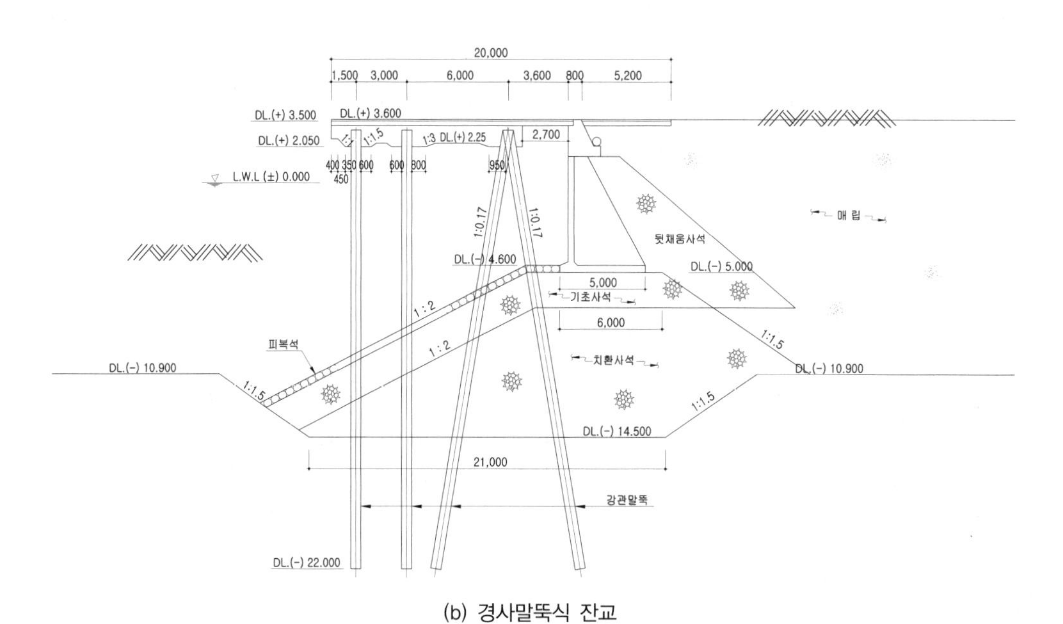

(b) 경사말뚝식 잔교

해설 그림 9.5.1 안벽시설에 사용된 말뚝기초 사례

말뚝기초가 잔교식 안벽에 적용될 경우 임항부지 조성을 위한 배면매립부를 갖게 되어 매립호안의 비탈경사부에 설치되는 경우가 많다. 또한 잔교식 안벽에 적용된 말뚝기초의 경우는 수직력뿐만 아니라 선박의 접안력, 견인력, 상재하중의 수평성분 및 지진력 등 상당한 크기의 수평력도 동시에 받아야 한다.

수평력과 수직력을 동시에 받는 경우 말뚝에 작용하는 축력과 휨모멘트의 정량적 해석을 위해서는 지중부에 설치된 말뚝의 횡방향 저항에 대한 판단이 필수적이며, 그 방법은 설계에 용이하게 적용될 수 있어야 한다. 현재까지 일본과 국내에서 사용되는 방법으로는 각 말뚝이 적절한 깊이까지 매입되어 있다고 가정하고, 잔교를 라멘구조로 바꿔놓고 해석하는 방법(가상고정점법)과 Frame 구조로 바꿔놓고(지반을 탄성체로 평가한 골조구조) 해석하는 방법이 있다.

지반을 탄성체로 평가하는 방법의 경우 그 해석방법은 제5장 깊은기초에 기술된 탄성지반반력법 등을 응용하면 되고 잔교 말뚝의 설계는 항만 및 어항설계기준 제8편 4-1 연직말뚝식 잔교에 기술되어 있는 가상고정점법을 적용한다.

9.5.2 말뚝본체의 허용압축하중은 본 기준 제5장 5.2.2 말뚝본체의 허용 압축하중에서 정하는 바를 따른다. 본 절에서 다루지 않은 내용은 본 기준 제5장 깊은기초 및 항만 및 어항설계기준 제4편을 따른다.

9.5.3 지반의 축방향 허용 압축지지력은 본 기준 제5장 5.2.3 지반의 축방향 허용 압축지지력, 5.2.4 재하시험에 의한 지반의 축방향 허용압축 지지력 결정, 5.2.6 무리말뚝의 축방향 압축지지력, 5.2.7 부주면 마찰력, 5.2.8 말뚝의 허용 인발 저항력, 5.2.9 말뚝기초의 침하에서 정하는 바를 따르며 본 절에서 다루지 않은 내용은 본 기준 제5장 깊은기초 및 항만 및 어항설계기준 제4편을 따른다.

9.5.4 말뚝의 횡방향 허용 지지력은 5.3 말뚝의 횡방향 허용 지지력에서 정하는 바를 따른다.

해설

9.5.4 말뚝의 축직각방향으로 작용하는 말뚝의 횡방향 허용지지력은 다음 방법에 의하여 추정한다.

(1) 재하시험에 의한 방법
(2) 해석적 방법에 의한 방법
(3) 자료에 의한 경험적 방법

항만시설물에 사용되는 말뚝의 횡방향 허용지지력이 문제가 되는 경우는 대부분 말뚝의 근입길이가 충분히 긴 경우이기 때문에 여기에서는 9.5.1의 말뚝의 작용력 해석에 기술되어 있는 가상고정점법의 적용이 가능한 긴 말뚝에 대해서만 기술한다.

1. 재하시험에 의한 추정

축직각방향의 힘을 받는 말뚝의 거동을 재하시험에서 추정하고자 할 경우에는 실제 구조물에서의 말뚝 또는 하중조건과 재하시험에서의 말뚝 또는 하중조건과의 다른 점을 충분히 고려해야 한다. 말뚝의 거동에 영향을 미치는 요소로는 말뚝 본체의 강성, 말뚝의 단면치수, 하중작용점의 높이, 말뚝머리의 고정조건, 지반조건, 하중의 성질 등이 있으므로 이들 요건이 재하시험의 경우와 실제 구조물과 사이에 다른 점이 있을 경우에는 말뚝의 횡방향 허용지지력을 구할 때 이런 차이점을 충분히 고려해야만 한다.

2. 해석적 방법에 의한 추정

가) 기본식

축직각방향에 외력이 작용하는 말뚝의 거동을 해석적으로 추정하는 방법으로 말뚝을 탄성바닥(彈性床) 위의 보로 간주해서 해석하는 방법이 있다.

$$EI\frac{d^4y}{dx^4} = -P = -pB \qquad \text{해설 (9.5.1)}$$

여기서, EI : 말뚝의 휨강성(kN · m²)

x : 지표에서부터 깊이(m)

y : 깊이 x에서의 말뚝의 변위(m)

P : 깊이 x에서의 말뚝의 단위 길이당 지반반력(kN/m)

p : 깊이 x에서의 말뚝의 단위 면적당 지반반력(kN/m²), $p=\frac{P}{B}$

B : 말뚝의 폭 또는 직경(m)

해설 식(9.5.1)에서 지반을 탄성체로 생각하고 P 또는 p를 말뚝의 변위(y)의 1차 함수로 나타내면 다음 해설 식(9.5.2)와 같다.

$$P = E_s y \text{ 또는 } p = \frac{E_s}{B} y = k_h y \qquad \text{해설 (9.5.2)}$$

여기서, E_s : 지반의 탄성계수(kN/m^2)

k_h : 횡방향 지반반력 계수(kN/m^3)

지반의 탄성계수(E_s)의 성격에 대하여는 많은 의견이 있으나, 가장 간단한 것은 창(Y.L. Chang)이 제안한 것으로 '$E_s = k_h B =$ 일정'하다고 가정하여 해석하는 방법이다.

나) 창(Y.L. Chang)의 방법

말뚝의 EI가 일정하고 충분히 길 때 창의 식이 적용되며, 말뚝두부의 고정조건을 경계조건으로 하여 해석할 수 있다.

지반의 탄성계수(E_s)나 횡방향 지지반력계수(k_h)를 결정하는 방법은 여러 가지 경우가 있을 수 있다. 참고로 창의 방법에서 항만 및 어항설계기준에 제시된 탄성계수(E_s) 추정방법에는 다음의 방법들이 있다.

① Terzaghi의 제안에 의한 방법
② Yokoyama의 제안에 의한 방법
③ 수평재하시험 결과에서 구하는 방법

다) 일본 항만연구소 해석 방법

일본 항만기술연구소에서 개발한 말뚝의 횡방향 허용지지력을 해석하는 방법으로서 여기에서는 기본개념만 기술하고, 자세한 내용은 항만 및 어항설계기준의 제4편 4-2-2 해석적 방법에 의한 추정을 참조하면 된다.

이 방법은 지반반력(P)과 말뚝의 변위(y)의 관계에 있어서 비선형 관계를 도입하고 있으며, 지반을 S형 지반과 C형 지반으로 분류한 특징이 있다.

- S형 지반 : $p = k_s \times y^{0.5}$ 해설 (9.5.3)
  (표준관입시험치 N값이 깊이에 따라 직선적으로 증가하는 경우)

- C형 지반 : $p = k_c \times y^{0.5}$ 해설 (9.5.4)
  (표준관입시험치 N값이 깊이에 따라 변하지 않고 일정한 경우)

여기서, k_s : S형 지반에서의 횡저항정수(kN/m$^{3.5}$)
k_c : C형 지반에서의 횡저항정수(kN/m$^{2.5}$)

이 방법은 해설 식(9.5.3)과 해설 식(9.5.4)에서 보이는 바와 같이, 지반반력의 실태에 맞도록 하기 위하여 지반반력 p와 말뚝의 변위 y의 관계에 비선형성을 도입하였기 때문에 복잡한 조건에 대한 응용이 용이하지 않은 것이 큰 결점이나, 실물실험에 의하여 말뚝의 거동이 비교적 충실하게 반영되어 있기 때문에 설계에 필요한 계산으로는 실용적이라 할 수 있다.

라) 기존 자료에 의한 추정
소규모의 구조물이나 횡방향 지지력이 중요하지 않은 구조물의 경우에는 재하시험이나 해석적 방법에 의하지 않고 기존 자료로부터 말뚝의 축직각 방향력을 받는 단일 말뚝의 거동을 추정할 수가 있다.

3. 무리말뚝의 적용에 관한 고려사항
무리말뚝 기초로된 경우 기초에 작용하는 횡방향 허용 지지력의 검토는 무리말뚝의 거동을 고려하여 무리말뚝 해석에 따르는 것이 원칙이다.

4. 경사말뚝의 수평지지력
경사말뚝과 수직말뚝으로 이루어진 구조물 기초에 작용하는 수평력은 모두 경사말뚝에 의하여 지지되는 것으로 하여도 좋다. 이 경우 경사말뚝에 작용하는 수평력은 각 경사말뚝의 축방향 지지력만으로 저항하는 것으로 설계할 수 있다.

5. 하중 성질에 관한 고려
축직각 방향력을 받는 말뚝의 거동 추정에 있어서는 하중성질(반복하중, 장기하중, 동적하중)을 고려해야 한다.

9.5.5 말뚝기초의 설계는 다음사항을 고려한다.

(1) 말뚝기초의 연직하중은 말뚝에 의해서만 지지되는 것으로 간주하며 기초 푸팅의 지지효과는 무시한다. 다만 기초 푸팅의 지지효과를 충분히 신뢰할 수 있는 경우에는 이를 고려한다.

(2) 말뚝기초의 횡방향 하중은 말뚝에 의해서 지지되는 것으로 한다. 다만 말뚝의 근입장이 충분하고 지반의 강도가 횡방향 하중을 분담할 수 있다고 판단될 때에는 기초 측면의 횡방향 지지력을 고려할 수 있다.

(3) 기초에 큰 횡방향 하중이 작용할 때에는 경사말뚝을 배치하여 횡방향 하중을 분담하게 할 수 있다.

(4) 이음위치는 단면에 여유가 있고 부식 등의 영향이 적은 곳에 설치하는 것이 바람직하다.

(5) 강관말뚝의 두께 및 재질변경을 할 경우는 말뚝 단면력의 분포 및 시공성을 고려한다.

(6) 말뚝선단의 구조는 지반상태와 시공방법을 고려하여 결정한다.

해설

9.5.5 말뚝기초의 설계는 다음 사항을 따른다.

(1) 시공이 완료된 후에 말뚝으로 지지되는 상부공의 바닥판은 지반이 바닥면하고 접하고 있어도 시일이 지남에 따라 공극이 생기는 경우가 많기 때문에 안전상 바닥판 아래 지반의 지지력은 무시하는 것이 좋다.
마찰말뚝에 있어서도 말뚝 타입 후 흐트러진 지반이 회복되어가는 과정에서 지반의 압축현상에 의해 지반이 상대적으로 다소 침하하는 현상이 있으므로 바닥판 아래 지반의 지지력은 무시한다.
말뚝과 상부공과의 결합부는 이 부분에 생기는 각종 응력에 대하여 안전하게 설계하여야 한다.

(2) 수평하중은 말뚝만으로 지지하는 것이 원칙이지만 상부공의 근입부 전면에서 수동토압에 의한 저항력을 기대할 수 있다고 판단되는 경우에는 이 저항력을 수평지지력에 가산할 수 있다.
말뚝의 허용횡방향 지지력 계산시의 말뚝머리 변위량에 대응하는 지반의 수동토압이 극한치에 도달하는지 아닌지는 간단히 정할 수 없다. 경우에 따라서는 Coulomb의 식으로 구한 수동토압에 도달할 때까지 상부공이 변위를 일으키면 말뚝이 휨파괴를 일으킬 위험성이 있다. 따라서 이 근입부의 전면 수동토압 저항을 고려할 때는 이런 것을 충분히 검토한 다음, 상부공 근입부의 전면에서 수동토압에 의한 저항을 기대할 수 있다고 판단되는 경우가 아니면 이를 수평저항력으로 가산하면 안 된다.

(3) 설계 시에는 말뚝머리와 상부공과의 결합부를 강결 혹은 힌지 어느 조건으로도 할 수 있지만, 이 결합부 형태는 각각의 경우마다 장·단점이 있으므로 다음사항 등을 신중히 고려하여 선택하고, 결합조건에 적합하도록 설계하여야 한다.

① 연직하중에 대하여는 차이가 없지만, 좌굴을 고려해야 되는 경우에는 좌굴장을 짧게 할 수 있는 강결의 경우가 유리하다.
② 같은 수평하중을 받는 경우 말뚝머리의 수평이동량은 강결쪽이 힌지쪽에 비하여 상당히 적다.
③ 강결한 말뚝에 수평력이 가해지면 말뚝머리에 고정단 모멘트가 발생한다.
④ 결합부를 강결한 경우에는 상부공이 회전할 때 말뚝머리부의 모멘트가 변화한다.
⑤ 역학적으로 보면 힌지로 하는 쪽이 더 명확한 해석을 할 수 있으나, 현장시공관점에서 보면 말뚝머리와 상부공을 완전한 힌지 구조로 하는 것은 어려운 일이다.

(4) 이음은 완성 후에 작용하는 하중에 대해 안전하여야 하고 시공 시에도 충분히 안전할 필요가 있다. 이음위치는 단면에 여유가 있고 부식 등의 영향이 적은 곳에 설치하는 것이 바람직하다.

(5) 말뚝의 단면력은 깊이 방향으로 변화하며 지중부로 깊어짐에 따라 작아지는 것이 일반적이다. 이 때문에 경제적인 관점에서 강말뚝의 지중 깊은 부위 판두께를 얇게 변경시키거나, 재질을 변경시키는 경우가 있다.
강말뚝의 판두께나 재질을 변경시키는 경우, 변경 위치(깊이)는 말뚝에 발생하는 단면력이 커지지 않는 곳으로 하여야 한다. 단, 큰 주면 마찰력이 작용하는 경우에는 이러한 변경방법을 적용할 수 없는 경우가 있으므로 주의하여야 한다. 강말뚝의 판두께 또는 재질을 변경시키는 경우의 접합부는 공장용접으로 제작하여야 한다.

(6) 말뚝선단의 역할은 말뚝에 전달되는 축방향력을 지지층에 확실히 전달하고, 타입 도중 말뚝 자체가 손상되지 않도록 보호하며, 지지층까지 관입이 쉽도록 하는 것이다.

이러한 선단의 역할을 충족시키기 위하여는 필요에 따라 적절한 말뚝선단의 형상이나 구조의 선택, 또는 별도의 보강방안을 강구해야 한다.

9.5.6 구조물 또는 흙의 자중 및 재하하중, 수압, 파력, 지진력 등에 의한 활동파괴에 대한 안정해석은 원호 또는 직선의 파괴 활동면을 가정하여 이차원 문제로 해석하는 것을 원칙으로 하며 안정성이 가장 낮을 것으로 예상되는 단면에 대하여 실시한다.

해설

9.5.6 구조물 또는 흙의 자중 및 재하하중, 수압, 파력, 지진력 등에 의한 말뚝의 활동파괴에 대한 안정해석은 다음을 따른다.

1. 안정해석 일반

가) 활동파괴에 대한 안정해석이란 사면을 구성하는 흙덩어리가 흙의 자중 또는 재하하중 등에 의해서 안정성을 감소시키는 경우 극한 평형의 상태에 대한 안전율을 구하는 것이다. 안정해석에 쓰이는 계산방법은 흙덩어리의 안정성을 조사하는 것이므로 사면의 안정 외에 기초의 지지력계산에도 사용할 수 있다.

나) 활동파괴에 대한 안정해석에 있어서 활동면의 형상에 대해서는, 이론적으로 직선, 대수선 및 원호가 조합된 형상이 생기는 것이 인정되고 있으나, 실용적으로는 원호활동면 또는 직선활동면을 쓴다. 특히 약한 층이 있고 그곳을 통과하는 활동파괴가 예상되는 경우에는, 그 활동면 또는 적당한 형상의 활동면을 가정하는 경우도 있다.

일반적으로 활동면의 모양을 가정하는 경우에는 활동면에 따라 흙덩어리가 원활히 미끄러질 수 있어야 하고, 흙덩어리의 운동이 부자연스러운 곡선이나 급한 절곡선 등을 가정해서는 안 된다.

2. 사질토지반의 사면활동

건조된 모래 또는 포화된 모래사면의 활동파괴는 보통 사면이 허물어져서 기울기가 감소하는 형상을 취하고 원호활동면보다도 직선활동면을 생각하는 편이 좋고, 원호활동면을 생각하는 경우에도 직선에 가까운 것이 좋다.

모래의 사면이 평형상태로 있는 경우 사면의 기운 각도를 안식각이라고 한다. 이 안식각은 그 사면을 구성하는 모래의 간극비에 대응하는 내부마찰각과 같다. 불포화 모래의 경우에는 모래입자 중의 물이 표면장력에 의해서 겉보기 점착력을 갖고, 이때의 안식각은 건조된 모래나 포화된 모래의 경우보다 크다.

3. 점성토 지반의 활동

점성토의 경우, 실제의 활동면은 원호에 가깝다. 모래의 사면에서는 활동면이 사면의 표층에 가깝고 얕은 것이 많은데 반하여, 점성토의 경우에는 저면활동 또는 깊은 활동이 많이 생긴다.

활동파괴에 대한 안정해석은 보통 2차원 문제로 취급한다. 연장이 긴 사면에 실제로 발생하는 활동면은 3차원의 곡면이 되나, 2차원 문제로 하는 편이 안전측이다. 단, 유한길이 재하에 의하여 안정성이 감소된다고 생각되는 경우에는 원통형 활동면으로서 측면의 저항을 고려하기도 한다.

4. 활동파괴에 대한 안정해석에 있어서의 외력

활동파괴가 생기는 원인 중에 중요한 것은 흙의 자중, 재하하중, 수압 등이고, 그 밖에는 지진력, 파력 등의 반복하중을 생각할 수 있다. 활동에 저항하는 요소에는 흙의 전단저항, 압성토 하중 등이다.

전단강도의 시간적 변화에 의한 흙의 안정성 문제는 2개의 경우로 분류된다. 즉, 정규압밀의 상태에 있는 지반에 재하를 하는 경우와 굴착 등 이미 재하되고 있던 하중을 제거함으로써 과압밀 상태에 있는 지반에 재하하는 경우이고, 안정해석을 할 경우에는 이 두 가지 경우에 대한 적합한 이해와 적절한 강도정수를 쓸 필요가 있다.

9.5.7 지반의 조건에 의하여 원호 또는 직선 활동면 이외의 파괴면을 가정하는 것이 적절하다고 판단되는 경우는 복합 활동면을 고려한 안정해석을 실시한다.

해설

9.5.7 지반의 조건에 따라 원호 또는 직선 활동면 이외의 파괴면을 가정하는 것이 적절하다고 판단되는 경우는 복합 활동면을 고려하여 아래와 같이 안정해석을 실시할 수 있다.

(1) 직선면을 가정하는 경우, 직선활동면의 활동파괴에 대한 안전율은 다음 식에 의하여 산정한다(해설 그림 9.5.2 참조).

$$F=\frac{\sum\{c\ell+(W'\cos\alpha-H\sin\alpha)\tan\phi\}}{\sin\alpha\sum W'+\cos\alpha\sum H} \qquad \text{해설 (9.5.5)}$$

여기서, F : 활동에 대한 안전율
c : 흙의 점착력(kN/m^2)
ϕ : 흙의 내부마찰각(°)
l : 분할편의 저변길이(m)
W' : 단위길이당 분할편의 유효중량
(수중부분에 대하여는 수중단위체적중량) (kN/m)
α : 분할편 저면의 기울기(°)
H : 사면에 가해지는 단위길이당의 수평외력
(수압, 지진력, 파압 등) (kN/m)

(2) 활동파괴에 관한 안전율은 상시 1.2 이상, 지진 시 1.0 이상을 표준으로 한다.

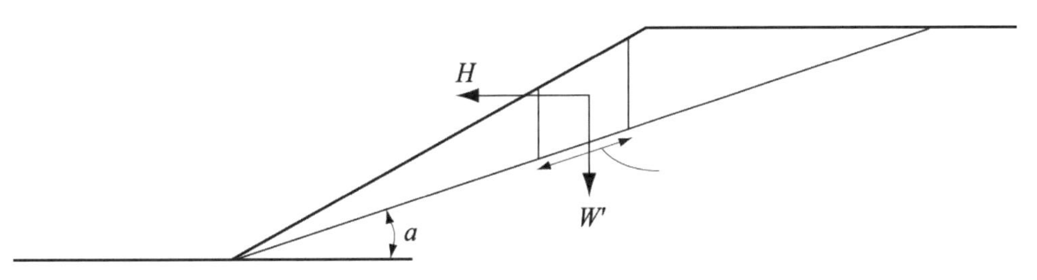

해설 그림 9.5.2 직선 활동파괴에 대한 안정해석

9.5.8 활동파괴에 대한 안정해석에서 확보하여야 할 안전율은 지반 및 상재하중 특성, 구조물의 중요도, 시공단계 등을 고려하여 적합하게 정한다.

해설

9.5.8 활동파괴에 대한 안정해석에서 안전율은 지반 및 상재하중 특성, 구조물의 중요도, 시공단계 등을 고려하여 정하며 다음과 같다.

1. 안정해석

활동파괴에 대한 안정해석에 있어서 활동을 생기게 하는 원인이 되는 것은 흙의 자중,

상재하중, 수압, 파압 또는 지진력 등이고, 활동에 저항하는 요소는 흙의 전단저항 또는 압성토 하중 등이다. 활동파괴에 대한 안전율은 활동을 일으키려는 힘에 대한 흙의 전단저항력으로 가정한 활동면에 생기는 전단력의 비로써 정의되며, 원호활동면을 가정한 경우도 활동원의 중심에 대해서 활동에 저항하는 모멘트에 대한 활동을 생기게 하는 모멘트의 비로써 계산된다.

활동파괴에 대한 안정검토에서 원호활동 해석을 할 경우에는 다음의 간이 Bishop법에 의한다. Bishop(1955)은 분할편의 연직면 내에 활동하는 연직방향 전단력과 수평력을 고려한 안전율의 산정식을 제안하고 있다. 실제의 계산으로는 연직방향 전단력이 균형을 이루고 있다고 가정한 계산법이 자주 사용되고, 수정 Bishop법이라고도 하며 안전율 F_s는 다음과 같이 계산한다.

$$F_s = \frac{1}{\Sigma W\sin\alpha + \left(\frac{1}{R}\right)\Sigma Ha}\Sigma\frac{(cb + W'\tan\phi)\sec\alpha}{1+(\tan\alpha\tan\phi)/F_s} \qquad \text{해설 (9.5.6)}$$

여기서, F_s : 원호활동에 대한 안전율

R : 활동원의 반경(m)

W' : 단위길이당 분할편의 유효중량(흙의 중량과 재하하중의 합이며, 수면 아래인 경우 수중단위체적중량) (kN/m)

W : 단위길이당 분할편의 전중량(kN/m), b : 분할편의 폭(m)

α : 분할편 저면이 수평면과 이루는 각(°)

c : 점성토 지반의 경우는 비배수전단강도, 사질토지반의 경우는 배수조건에 있어서 겉보기 점착력(kN/m^2)

H : 원호활동원 내의 흙덩어리에 작용하는 수평외력
(수압, 지진력, 파압등) (kN/m)

ϕ : 점성토지반의 경우 0, 사질토지반의 경우 배수조건에서의 내부마찰각(°)

a : 외력 H의 작용점과 원호활동원 중심까지의 팔 길이(m)

2. 안정해석법의 적용성

간이 Bishop법은 수평에 가까운 사질토지반에 있어서 하중이 연직으로 재하되는 경우에는 과대한 안전율을 준다는 문제가 있다. 이 방법은 절편분할법에 의한 원호활동 계산법의 하나이고, 보통 원호활동 계산에서 무시되고 있는 분할편 사이의 절편력을 고려하고 있는 것이다. 이 방법은 보통 원호활동 계산법에 비교하면 정도가 높다. 특히,

마운드의 지지력 산출 시 문제가 되는 편심경사하중이 가해지는 경우에는 간이 Bishop법을 표준으로 한다.
또한, $\Phi \neq 0$인 기초지반의 경우 기초의 toe 부근에서 활동원의 절편경사가 급한 경우에는 m_d 값이 0에 수렴하거나 음(-)의 값이 되는 계산오류(numerical error)가 발생할 수도 있으므로, 힘의 평형 방법에 의한 평형 조건을 모두 만족시키는 방법이나 FEM 등의 다른 방법과 병용할 수도 있다.

3. 안전율
활동파괴에 대한 안정검토에 있어서 안전율이란 흙의 전단강도와 가정한 활동면에서 생기는 전단응력과의 비를 말한다. 이 안전율의 값은 가정한 활동면에 따라 다르나, 주어진 조건하에서 몇 개의 활동면을 가정하여 구한 안전율 중, 최소의 것을 그 사면의 활동파괴에 대한 안전율이라 한다.
활동파괴에 대한 안정해석에 있어서 설계상 확보하여야 할 안전율은 1.3이상을 기준으로 하나, 동일지반에서의 실적 등에서 설계에 적용한 각종 강도정수의 신뢰성이 높다고 생각되는 경우나, 시공 중에 지반의 변위 또는 응력을 관측하는 계측시공을 실시하는 경우에는 1.1 이상 1.3 미만의 안전율로 설계하여도 좋다.

9.6 지반개량

9.6.1 연약지반 대책공법으로서 지반개량을 시행할 경우 기초지반의 특성, 구조물의 종류와 크기, 시공기간과 난이도, 경제성, 환경영향 등을 고려하여 적합한 개량공법을 선정한다.

해설

가. 시공할 구조물이 주어진 외력 조건과 원지반 조건에서 안정성 확보가 안되는 경우나, 건설 중 또는 건설 후에 발생되는 변형이 구조물의 기능을 손상시키는 경우의 지반을 연약지반이라 하며, 이에 상응한 어떠한 대책을 강구할 필요가 있다. 새로운 구조물의 안정과 변형에 대한 문제 이외에도 가설단계에서의 안정, 건설 중 또는 건설 후의 지하수처리, 그리고 인접 기존구조물에 대한 유해한 영향의 저감 등을 위해서 대책을 필요로 하는 경우도 있다. 연약지반대책으로서 적합한 방법으로서는 지반개량공법을 포함하여 다음 4가지로 크게 구별될 수 있다.

1. 지반조건에 적합한 구조물의 형식으로 바꾼다.
2. 연약한 지반의 토질을 제거하고 양질의 토질로 치환한다.
3. 연약한 지반의 토질을 개선하고 일시적 또는 영구적으로 구조물에 적합한 지반조건을 만든다.
4. 흙의 부족한 특성을 보완할 수 있는 재료(보강재료)를 연약지반 중에 투입하여 구조물에 적합한 지반조건을 만든다.

나. 지반개량공법의 기본원리는 ① 치환, ② 배수, ③ 압축, ④ 화학적/전기 화학적 고결, ⑤ 열처리, ⑥ 보강 등으로 크게 구별된다(한국지반공학회, 2005; 日本土質工學會, 1982b). 연약지반처리의 기본원리에 의한 공법을 분류, 요약하면 다음 해설 표 9.6.1과 같다.

해설 표 9.6.1 기본원리에 의한 지반개량공법의 분류(日本港湾協會, 1999)

기본원리	공법명	비고
치환	⊙ 치환공법	폭파치환, 강제치환 포함
배수	• 선행재하공법 ⊙ 연직배수공법 • 생석회말뚝공법 • 전기적삼투공법	주로 점성토의 배수에 의한 압밀효과 기대
	• 진공압밀공법 • 웰포인트공법 • 디프웰공법	주로 사질토 배수에 의한 수위저하에 역점을 두었지만 압밀하중 증대에도 이용된다.
	• 쇄석드레인공법	액상화 대책
압축	• 다짐말뚝공법 • 모래다짐말뚝공법 ⊙ 바이브로플로테이션공법 • 중추낙하다짐공법 • 폭파다짐공법 • 전기충격공법	사질토의 압밀증대, 전압포함
화학적 고결	• 약액주입공법 • 생석회말뚝공법	말뚝자체의 고화를 기대한 경우
열처리	• 소결공법 • 동결공법	일시적인 고화가 주류
보강	• 시트공법, 네트공법 • 보강토공법 ⊙ 심층혼합처리공법 ⊙ 고압분사주입공법 ⊙ 저유동성몰탈주입공법 ⊙ 모래다짐말뚝공법	점성토를 대상으로 한 경우

주) ⊙ : 9.6 지반개량에서 기술한 공법임.

9.6.2 치환공법의 설계는 다음사항을 고려한다.

(1) 치환단면의 제원은 원호활동에 대한 안정성, 침하량, 시공성 등을 검토하여 결정한다.

(2) 치환공법 설계는 단면제원(치환 깊이, 치환폭, 굴착경사)의 가정, 안정계산, 침하검토의 순서로 한다.

(3) 단면을 가정하고 안전성을 검토하여 소요 안전율에 가장 가깝게 도달할 때까지 반복해서 단면을 변화시키는 방법으로 최종단면을 정한다.

(4) 부분치환에 널말뚝이나 보조공법이 설치된 경우 단면전체의 복합적인 활동에 대한 안정성을 검토한다. 전면치환인 경우에도 바닥면이 경사진 경우에는 바닥면에서의 활동을 포함한 복합활동을 검토한다.

(5) 치환단면의 하부에 점토가 남아있는 경우(부분치환이나 지반굴착 비탈면의 하부) 압밀침하가 상부 구조물에 미치는 영향을 검토한다.

(6) 치환재료의 내부마찰각은 입자형태, 입도분포, 투입방법, 투입순서, 방치간격, 재하하중 등의 영향을 고려하여 선정한다.

(7) 액상화 가능성에 대한 평가는 입도분포와 N값을 이용하여 검토한다.

(8) 치환이 완료된 후 확인조사를 시행하여 국부적인 연약층의 존재 여부를 확인한다.

해설

치환공법에는 시공방법에 의해 굴착치환과 강제치환으로 분류되고 강제치환에는 성토자중에 의한 강제치환, 폭파치환, 모래다짐말뚝에 의한 강제치환공법이 있다(日本土質工學會, 1988a). 치환단면의 제원은 원호활동 계산에 의한 안정성과 함께 침하량 및 시공성을 검토한 다음 결정하는 것을 원칙으로 한다.

가. 단면가정

치환공법의 설계는 주로 소요 안전율을 만족시킬 때까지 치환단면을 시험적으로 변화시켜 가면서 실시하며 단면의 가정은 다음을 참고한다.

1. 치환깊이

– 연약층이 비교적 얕을 경우 전부 치환한다.

- 연약층이 두꺼울 경우 재하하중에 의한 지중연직응력이 지반지지력보다 작은 깊이를 치환깊이의 목표로 한다.
- 치환깊이의 결정은 시공 능력면에서 검토할 필요가 있다.

2. 치환폭

시공예로부터 치환폭과 깊이와의 관계를 보면 해설 그림 9.6.1과 같다.

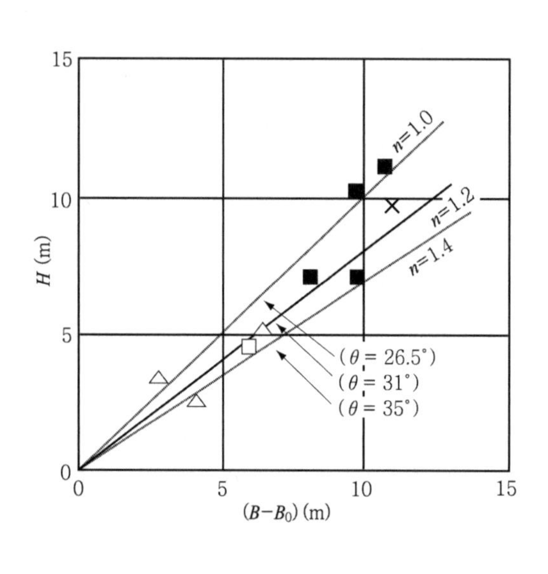

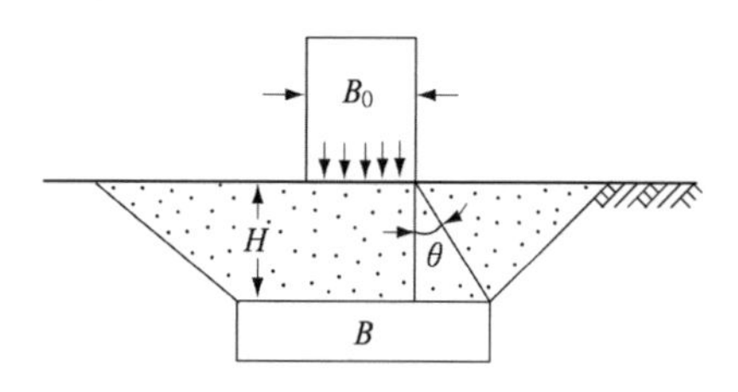

해설 그림 9.6.1 치환폭과 치환깊이와의 관계(日本港湾協會, 1999)

3. 굴착경사

굴착경사는 원지반의 강도와 굴착깊이로부터 정한다. 일반적으로 굴착경사는 1:2로 하는 경우가 많다(日本地盤工學會, 1999).

나. 안정계산

치환단면은 유한폭의 사다리꼴이 일반적이다. 치환단면 내에 널말뚝이나 보조공을 설계하는 경우의 토압산정은 통상의 토압계산 이외에 복합활동의 검토가 바람직하다. 또한 전면치환으로 바닥이 경사되어 있는 경우에도 바닥면에서의 활동을 포함한 복합활동의 검토가 바람직하다.

다. 침하에 대한 검토

치환단면의 하부에 점토가 남아있는 경우(부분치환이나 지반굴착 사면의 하부)에는 압밀침하가 예상되므로 이에 따른 상부 구조물에 대한 영향을 검토할 필요가 있다.

라. 치환모래의 선정과 내부마찰각

치환모래의 내부마찰각은 일반적으로 30° 전·후로 되어 있지만 그 값은 모래의 입자형태, 입도분포, 투입방법, 투입순서, 방치간격, 재하하중 등의 영향을 받으며 대단히 느슨한 상태인 경우도 있으므로 주의해야 한다.

마. 액상화에 대한 검토

액상화 예측은 입도분포와 N치에 의한다. 액상화에서 단면이나 치환모래의 성질이 규제될 경우에는 치환재료의 선정단계에서 이를 반영하는 것이 바람직하다. 또 충분한 N치를 얻지 못할 경우 치환모래의 다짐을 실시할 필요가 있다.

바. 시공 후 확인

치환이 완료된 경우에는 지반조사를 시행하여 국부적인 연약층이 없는지 확인하여야 한다.

9.6.3 연직배수 공법의 설계는 다음 사항을 고려한다.

(1) 지반개량을 위한 목표강도 증가량, 공사기간, 구조물의 장래 허용 침하량, 연직배수공 시공범위 등을 고려하여 설계한다.

해설

가. 토질조건

연직배수의 설계에 관련된 토질자료로는 원지반의 경우는 비배수강도, 강도증가율, 단위체적중량, 압밀계수, 체적압축계수, 선행하중, 압축층의 두께 등이 있고, 흙쌓기의 경우는 전단강도, 단위체적중량 등이 있다.

나. 설계순서

연직배수 공법의 일반적인 설계의 흐름은 해설 그림 9.6.2와 같다.

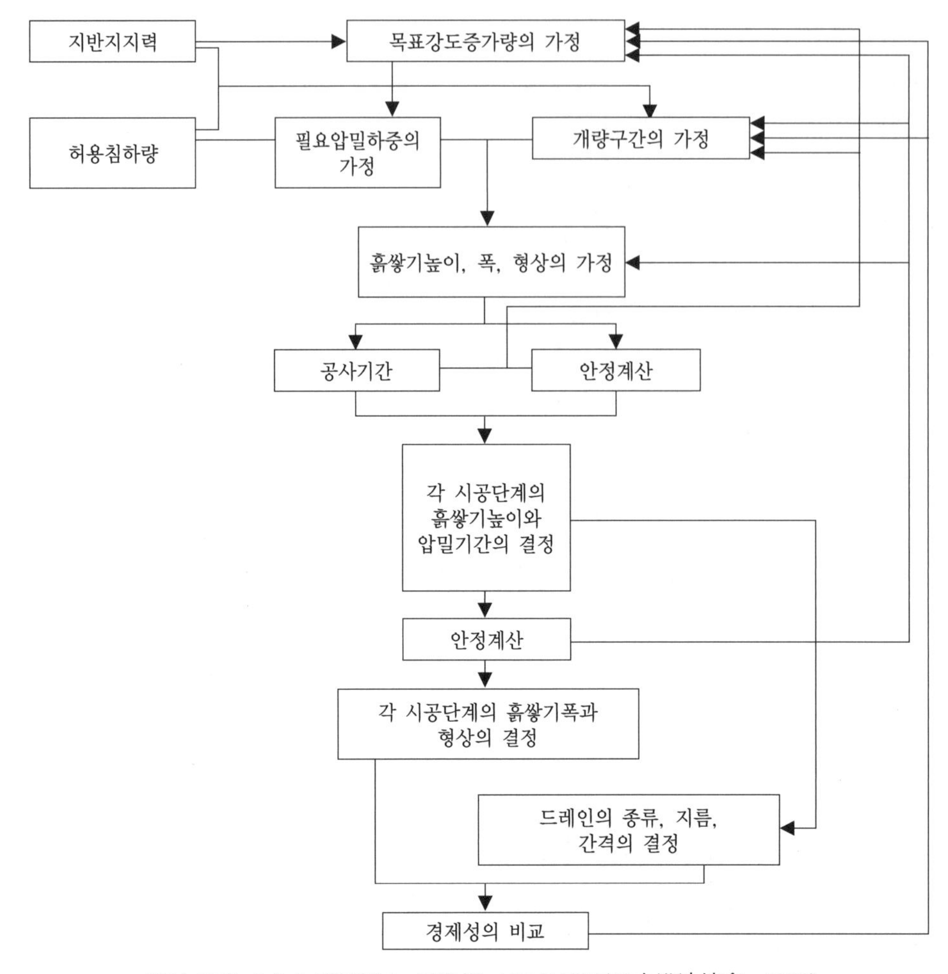

해설 그림 9.6.2 연직배수 공법의 설계흐름도(日本港湾協會, 1999)

다. 시공관리

연직배수에서는 드레인 재료의 선택, 시공심도, 배치간격, 연속성 등의 관리가 중요하다. 흙쌓기 시공 중에는 간극수압의 변화, 강도증가, 침하 및 흙쌓기의 단면형상과 단위체적중량을 필요에 따라 조사하고 예정된 강도증가와 침하가 발생했는지를 검토함과 동시에 흙쌓기의 안정에도 주의해야 한다.

(2) 지반개량에 필요한 흙쌓기 높이와 폭은 시공 중 및 완성 시 흙쌓기의 안정에 필요한 한계 쌓기고, 강도 증가량, 장래 허용 침하량 및 주변의 영향 등을 고려하여 결정한다.

(3) 흙쌓기의 안정에 필요한 흙쌓기 높이와 폭이 결정된 최종단면은 여러 단계로 나누어서 시공하도록 설계한다. 각 시공단계의 단면형상은 그 단계까지의 강도 증가량을 고려하여 그 단계의 흙쌓기 안정성을 검토하여 결정한다.

해설

가. 지반개량에 필요한 흙쌓기 높이와 흙쌓기 폭

흙쌓기 높이와 흙쌓기 폭의 결정은 시공도중 및 완성 시 흙쌓기의 안정에 필요한 강도 증가량, 장래 허용침하량, 주변의 영향 등을 고려한다. 흙쌓기의 상부폭은 지반개량에 필요한 폭 이상으로 하는 것이 바람직하다(해설 그림 9.6.3 참조).

1. 흙쌓기 높이와 흙쌓기 폭의 산정

흙쌓기 높이는 해설 식(9.6.1), 해설 식(9.6.2)를 기본으로 산정할 수가 있다.

$$\Delta c = (\Delta c/\Delta p)(\alpha\gamma h - p_c) \cdot U \qquad \text{해설 (9.6.1)}$$

$$S = m_v(\alpha\gamma h - p_c)HU \qquad \text{해설 (9.6.2)}$$

여기서, Δc : 비배수강도 증가량(kN/m²)

S : 침하량 (m)

$\Delta c/\Delta p$: 강도 증가율

α : 응력분포 계수(분포응력과 흙쌓기 하중강도와의 비)

γ : 흙쌓기의 단위체적 유효중량(kN/m³)

h : 흙쌓기 높이(m)

p_c : 선행압밀하중(kN/m²)

m_v : 체적압축계수(m²/kN)

H : 압밀층 두께(m)

U : 흙쌓기 완료 시의 압밀도(%)

흙쌓기 폭은 평균폭(해설 그림 9.6.3 참조)을 사용하고, 깊이방향의 분포응력은 일정하게 하여 중심깊이의 값을 사용하는 것이 보통이다.

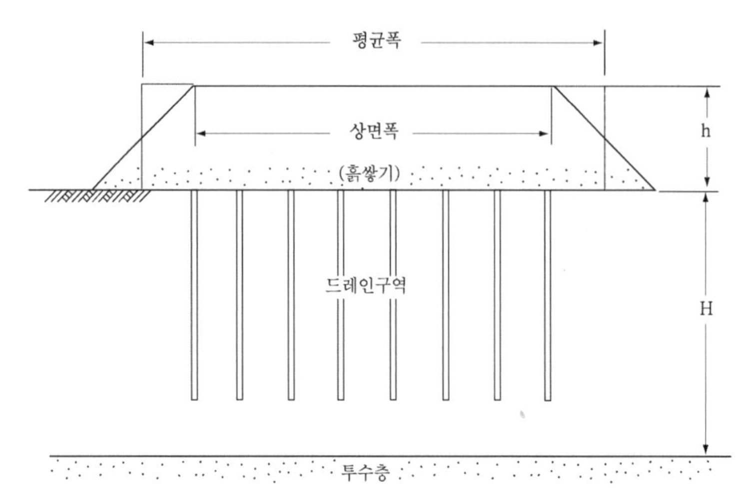

해설 그림 9.6.3 연직배수 공법의 흙쌓기폭(日本港湾協會, 1999)

2. 지층이 균일하지 않은 경우

흙쌓기의 단위체적중량이 일정하지 않거나 하중단계마다 흙쌓기폭이나 압밀도가 현저하게 차이가 나는 경우 또는 압밀층이 균일하지 않은 경우에는 각 하중단계 또는 각 층마다 해설 식(9.6.1), 해설 식(9.6.2)를 적용한다.

3. 흙쌓기의 안정에 필요한 흙쌓기높이와 흙쌓기폭

지반개량에 필요한 흙쌓기높이와 흙쌓기폭을 결정한 후 흙쌓기의 원호활동에 대한 안정 검토를 실시하여 구조물 완성시의 안전성을 확인한다.

나. 각 시공단계의 흙쌓기높이와 흙쌓기폭

흙쌓기의 안정에 필요한 흙쌓기높이와 흙쌓기폭으로 결정한 최종단면은 여러 단계로 나누어서 시공하도록 설계한다. 각 시공단계의 단면형상은 그 단계까지의 강도증가량을 고려하여 그 단계의 흙쌓기안정을 검토해 가면서 순서에 따라 결정한다.

1. 압밀도

압밀도를 높게 설정하면 드레인파일(drain pile)의 간격이 좁아지거나 공기가 길어져 비경제적이다. 한편, 압밀도를 낮게 설정하면 이에 따른 강도증가도 작게 되어 다음 단계의 허용흙쌓기높이가 낮아지므로 하중 단계수가 증가한다.

2. 단면의 재검토

드레인파일의 간격을 결정한 다음 정확한 압밀도를 계산하여 시공단계마다 단면형상을 재검토할 필요가 있다.

3. 선행재하를 제거하는 경우의 유의사항

지반개량 후에 선행재하로서 사용된 흙쌓기의 일부 또는 전부를 제거할 경우에는 시간이 경과함에 따라 점토는 흡수 팽창하고 강도는 저하하기 때문에 설계 시 유의할 필요가 있다.

(4) 연직 배수공 설계는 연직 배수재의 간격과 직경 및 점성토층 상하부의 배수조건, 그리고 연직 배수재 재료의 특성 및 상부 수평 배수층의 특성과 두께를 고려한다.

(5) 연직 배수재 및 상부 수평 배수층은 적합한 배수 기능을 가진 재료를 선택하여 투수저항이 발생하지 않도록 한다.

(6) 연직배수재의 간격과 배치는 교란효과를 고려하여 필요한 공사기간 내에 요구되는 압밀도를 얻을 수 있도록 정한다.

해설

가. 드레인파일 및 샌드매트

1. 압밀속도와 말뚝 직경

압밀속도는 말뚝 직경과 대략 비례하고 말뚝 간격의 제곱에 반비례한다. 모래말뚝(sand pile)의 직경이 너무 작으면 점토로 채워져서 막히기도 하고, 모래말뚝의 중간이 전단파괴될 우려가 있다. 그러나, 팩드레인(pack drain)이나 플라스틱드레인(plastic drain)은 전단파괴의 우려가 적으므로 직경이 작은 연직배수의 시공이 가능하다.

2. 모래말뚝(sand pile)의 재료

모래말뚝용 모래는 투수성이 좋고 막힘현상(clogging)이 발생하지 않는 좋은 입도의 것이어야 한다. Terzaghi에 의하면 모래의 D_{15}(통과중량 백분율 15%의 입경)는 압밀토질의 D_{15}의 4배 이상이고, 압밀 대상토질의 D_{85}(통과중량 백분율 85%의 입경)의 4배 이하이어야 한다.

3. 플라스틱드레인 재료 등 연직배수 재료

부직포 단일체, 합성수지를 코어로 하여 부직포에 의한 자루 모양의 필터(filter)를 가진 복합구조의 것, 폴리염화비닐을 특수 가공한 다공질 단일구조의 것 등이 많이 개발되어 일반적으로 띠모양 드레인 또는 플라스틱 드레인이라 불린다.

4. 샌드매트(sand mat)

샌드매트가 두꺼우면 말뚝의 타입이 어렵고 얇으면 점토가 들어가서 투수성이 나쁘게 되는 경우가 있다. 또 샌드매트의 두께와 관련하여 샌드매트의 배수능력이 적으면 수두손실에 의해 압밀시간 지체가 발생한다. 이 경우의 압밀지연은 샌드매트의 중앙부가 더 심하다. 이 때문에 샌드매트의 재료도 투수성이 양호한 재료로 사용해야 한다.

나. 드레인파일의 간격

1. 일반

연직배수공법은 프리로딩공법에서 일차원 압밀의 진행속도가 공기에 비해서 너무 느릴 경우에 사용된다. 선행재하공법에 의한 점성토의 80% 압밀에 필요한 일수 t_{80}, 점성토 두께 H(m)와 압밀계수 c_v(cm^2/min)와의 관계는 해설 그림 9.6.4에 나타난 자료를 참고로 그 특성을 파악할 수 있다.

2. 드레인파일 간격의 결정

드레인파일의 간격은 해설 그림 9.6.5 또는 해설 식(9.6.3)에 의해 결정하는 것이 바람직하다(中瀨明男, 1964).

$$D = \beta n D_w \qquad \text{해설 (9.6.3)}$$

여기서, D : 드레인파일의 간격(cm)

β : 계수(정사각형배치는 $\beta = 0.886$, 정삼각형배치는 $\beta = 0.952$)

n : D_e / D_w(n은 해설 그림 9.6.5에서 구한다.)

D_w : 드레인파일의 직경(cm)

D_e : 드레인파일의 유효경(cm)

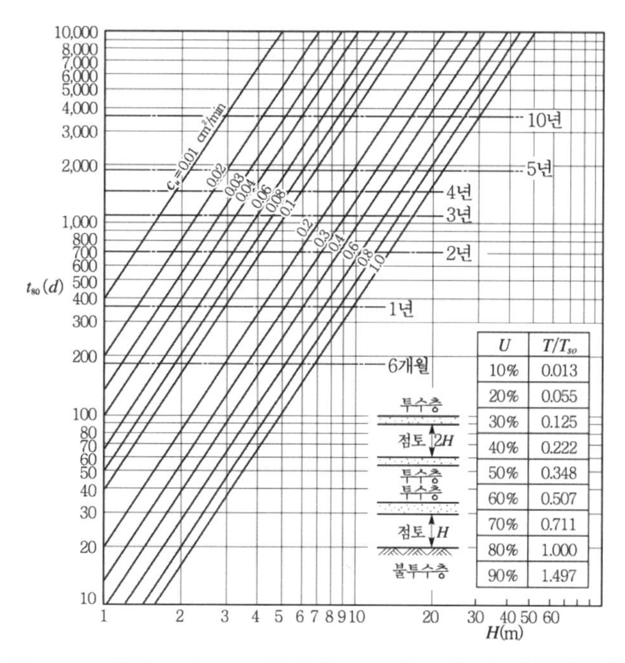

U	T/T_{80}
10%	0.013
20%	0.055
30%	0.125
40%	0.222
50%	0.348
60%	0.507
70%	0.711
80%	1.000
90%	1.497

해설 그림 9.6.4 점성토의 80% 압밀에 소요되는 일수(日本港湾協會, 1999)

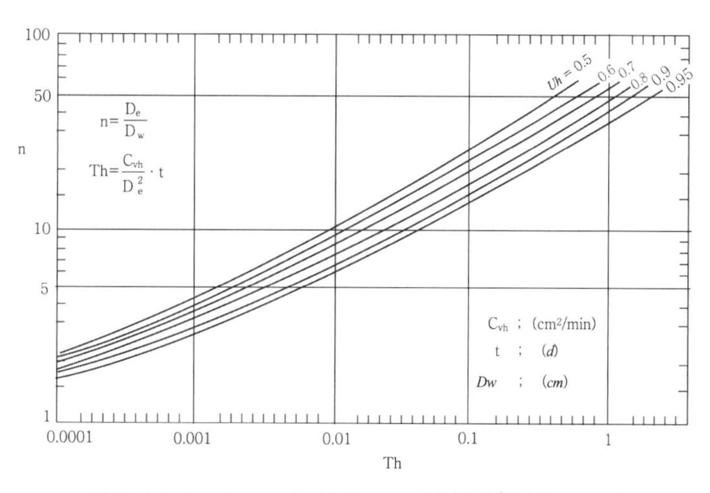

해설 그림 9.6.5 n값 산성 노표(日本港湾協會, 1999)

3. 연직방향 물흐름

연직배수공법은 수평방향의 물의 흐름에 의한 압밀을 기대하는 것이지만 압밀층 두께가 드레인 파일의 간격에 비하여 작을 때에는 연직방향의 물흐름도 고려하여 말뚝 간격은 재조정할 수 있다.

4. 수평방향의 압밀계수
수평방향의 압밀계수에 대해서는 적절한 시험법은 확립되어 있지 않다. 일반적으로 수평방향의 압밀계수는 연직방향의 수배 정도로 보기도 하지만 스미어의 영향, 드레인파일의 수두손실에 의한 겉보기 압밀계수의 저하 등을 고려하면 그 효율이 저하하므로 관련문헌을 참고하거나 안전율을 고려하여 수평, 연직 압밀계수를 거의 동일하게 보는 경우도 있다(小林正樹 外, 1990).

5. 압밀도 산정
드레인파일 간격 결정 후 정확한 압밀도를 구하는 데에는 해설 식(9.6.4), 해설 식(9.6.5)와 해설 그림 9.6.6을 사용하는 것이 좋다.

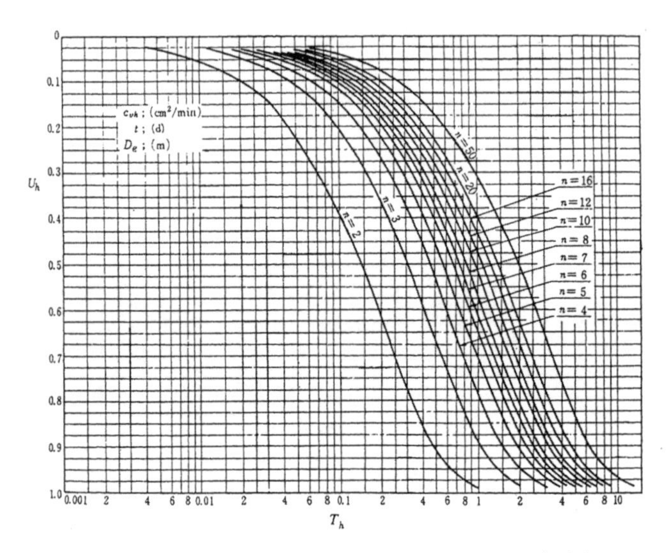

해설 그림 9.6.6 수평압밀계수의 산정 도표(日本港湾協會, 1999)

$$T_h = c_{vh}t/D_e^2 \quad \text{해설 (9.6.4)}$$

$$n = D_e/D_w \quad \text{해설 (9.6.5)}$$

여기서, T_h : 수평 압밀 시간계수
c_{vh} : 수평 압밀계수(cm²/min)
t : 압밀개시 후 경과시간(min)
D_e : 드레인파일 유효경(cm)
D_w : 드레인파일 직경(cm)

6. 유효직경(D_e)

유효직경은 드레인파일의 영향범위를 등가면적의 원으로 치환할 때의 원의 직경을 말하며 드레인 간격 D와의 관계는 다음과 같다.

- 정방형배치인 경우 : $D_e = 1.13D$
- 정삼각형배치인 경우 : $D_e = 1.05D$

7. 자유변형률과 일정변형률

- 자유변형률의 경우 : 지표면에 작용하는 하중은 등분포로 가정하고 침하는 균등하지 않은 경우의 해석방법
- 일정변형률의 경우 : 지표면에 발생하는 침하는 균등하나 응력분포는 균등하지 않다고 가정하는 경우의 해석방법

해설 그림 9.6.5, 해설 그림 9.6.6은 일정변형률의 경우인데, $n<10$이고 또 $U_h<60\%$일 때에는 그 평균압밀도가 자유변형률의 경우와는 차이가 있게 된다.

8. 점증하중에 의한 압밀(Shiffmann, 1960; 日本土質工學會, 1982a)

실제공사에서는 재하에 상당한 시간이 걸리는 것이 보통이고 압밀하중은 시간에 따라 점차 증가한다. 시간 $t=0$에서 재하를 시작하고 $t=t_0$까지 하중이 일정 비율로 증가하고 그 후는 일정 압밀하중 p_0를 취할 경우 연직배수 방향의 수평흐름만에 의한 압밀은 일정변형률의 경우 해설 식(9.6.6)과 같다.

$$\left.\begin{array}{ll} U_t = 1 - \dfrac{F(n)}{T_h} \cdot U_h(n,\ T_h) & t \le t_0 \\ U_t' = 1 - \dfrac{F(n)}{T_{ho}} \cdot U_h(n,\ T_h)[1 - U_h(n,\ T_h - T_{ho})] & t \ge t_0 \\ S_t = 2H \cdot m_v \cdot p_0 \cdot U_t \cdot t/t_0 & t \le t_0 \\ S_t' = 2H \cdot m_v \cdot p_0 \cdot U_t & t \ge t_0 \end{array}\right] \quad \text{해설 (9.6.6)}$$

여기서, U_t : 하중이 점증하는 기간의 평균압밀도(%)
U_t' : 하중이 일정한 기간의 평균압밀도(%)
S_t : 하중이 점증하는 기간의 압밀침하량(cm)
S_t' : 하중이 일정한 기간의 압밀침하량(cm)

$$F(n) = \left[\frac{n^2}{n^2-1} \ln n - \frac{3n^2-1}{4n^2} \right] / 1.152$$

$$T_{ho} = c_{vh} t_0 / D_e^2$$

여기서, c_{vh} : 수평방향의 압밀계수(cm²/min)

t_0 : 재하시간(압밀개시 후 일정한 하중까지) (min)

D_e : 유효경(cm)

$2H$: 압밀층 두께(cm)

m_v : 체적압축계수(cm²/kN)

p_0 : 압밀하중(kN/cm²)

U_h : 일정한 하중 시의 압밀도(%) (해설 그림 9.6.6 참조)

9.6.4 심층혼합처리공법의 설계는 다음사항을 고려한다.

(1) 심층혼합처리공법은 원지반의 연약점성토와 고화제를 강제적으로 혼합하여 지반 중에 견고한 안정처리토를 형성하는 연약지반 개량공법으로서 중력식의 방파제, 안벽 또는 호안의 하부 기초공에 적용한다.

(2) 심층혼합처리공법에 의한 지반개량 설계 시 외부 안정과 내부 안정 및 개량체의 변위를 검토한다. 이때 개량체에 작용하는 외력은 각 검토내용에 따라 적합하게 산정한다.

해설

심층혼합처리공법의 형식으로는 해설 그림 9.6.7과 같이 블록식 혹은 벽식을 대상으로 한다.

심층혼합처리공법에 의한 개량지반의 설계 시에는 외부 안정, 내부 안정 및 개량체의 변위 검토를 기본으로 한다.

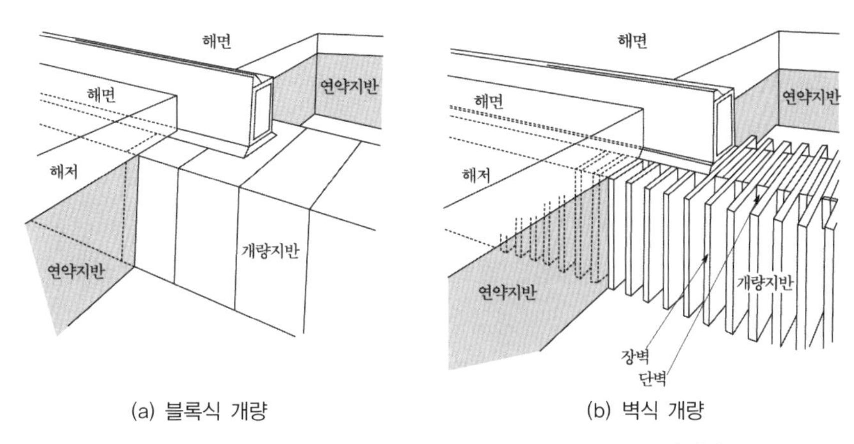

(a) 블록식 개량 (b) 벽식 개량

해설 그림 9.6.7 심층혼합처리공법의 대표적인 형식(日本港湾協會, 1999)

가. 용어

여기서 사용되는 주된 용어는 다음과 같다.

1. 안정처리토 : 심층혼합 처리공법에 의해서 만들어지는 개량토
2. 개량체 : 처리토에 의해 지중에 형성되는 일종의 구조물(벽식개량에서 긴 벽 사이의 미개량토도 포함)
3. 외부안정 : 개량체와 상부구조물이 일체화되어 강성체로서 거동하고 파괴에 이르는 과정의 안정 검토
4. 내부안정 : 외적으로 안정한 개량지반의 내부파괴의 검토
5. 착저형 : 연약지반을 지지층까지 개량하여 외력의 대부분을 지지층에 전달시키는 개량 형식으로 개량체가 지지층까지 도달하는 형식
6. 부상형 : 개량체의 하부에 연약층을 남기는 개량형식으로 개량체가 마치 연약층 중간에 떠 있는 형식

나. 심층혼합처리공법에 의한 처리토는 원지반의 흙에 비해서 강도 및 변형계수가 현저히 크고 파괴시의 변형량은 현저하게 작아진다(寺師昌明 外, 1980). 따라서 처리토에 의해 만들어지는 개량체는 일종의 구조물로 볼 수 있다. 그 때문에 통상 지반의 안정처리 방법과는 달리 구조물 전체로서의 안정(외부안정) 검토와 구조물 자체의 내력(내부안정) 검토 및 개량체의 강성체로서의 침하, 수평변위, 회전 등에 대해 검토한다.

다. 심층혼합처리공법은 개량체의 제원을 한번에 결정하는 방법이 없으므로 설계검토는 안정조건을 만족하고 가장 경제적인 단면이 결정될 때까지 반복해서 계산한다.

라. 벽식은 긴 벽, 짧은 벽의 제원을 결정할 필요가 있다. 벽식 개량의 벽은 처리기계

에 의해서 형성되는 안정처리토의 기둥을 중첩시켜서 만들기 때문에 단면은 임의로 결정되는 것이 아니고 사용될 시공기계에 의해 정해지는 것을 고려한다.

마. 벽식 개량에는 긴 벽 사이의 미개량토가 남아 있어, 내부안정 검토시에는 개량체의 내부응력의 검토 외에 벽사이의 미개량토가 밀려나가는 파괴에 대한 검토가 필요하다.

바. 본체공의 설계조건은 설계진도(設計震度)를 제외하면 개량체의 제원과 무관하게 결정한다.

(3) 안정처리토 배합설계는 현장시공과 동일조건에서 시행하며, 현장시험 또는 실내 배합시험을 실시하여 배합강도를 결정한다.
(4) 개량체의 내부응력 검토를 위해서 적합한 허용응력을 설정한다.
(5) 개량체의 외부안정은 활동, 전도, 지지력에 대해서 안전하도록 설계한다.
(6) 외력에 의해 개량체에 생기는 응력은 안정 처리토의 허용전단응력 및 허용인장응력을 초과하지 않도록 설계한다.
(7) 벽식개량의 경우 긴 벽 사이에 있는 미개량토의 압출에 대해서 검토한다.
(8) 개량체는 원호활동에 대해 안전하도록 설계한다.
(9) 개량체가 부상형 또는 착저형인 경우에도 지지층의 하부에 점성토가 존재하고 있을 때에는 측방이동 또는 압밀에 의한 변위(수평, 연직)를 검토한다.

해설

가. 안정처리토 배합설계

1. 비교설계의 단계에서는 기존의 시공사례에 의해 강도를 설정할 수 있다.
2. 실내 배합시험 결과에서 현장강도를 예측하는 경우에는 실내 배합강도와 현장강도의 상관관계에 관한 기존 데이터를 충분히 검토하여 선정할 필요가 있다(寺師昌明 外, 1983).
3. 시공조건이 엄격한 경우 또는 과거에 사용한 실적이 있는 시공기계를 이용하는 경우는 현장시험을 실시하는 것이 바람직하다.

나. 개량체의 허용응력

1. 허용압축응력 σ_{ca}는 일축압축강도를 기준으로 하고 해설 식(9.6.7)에서 구한다.

$$\sigma_{ca} = \frac{1}{F}(\alpha \beta \gamma q_{uf})$$ 해설 (9.6.7)

여기서, σ_{ca} : 허용압축응력(kN/m^2)

F : 안전율

α : 단면유효계수

β : 중첩 부분의 신뢰도계수

γ : 현장 강도계수

q_{uf} : 현장 처리토의 일축압축강도의 평균치(kN/m^2)

2. 개량체의 내부응력은 허용전단응력 τ_a와 허용인장응력 σ_{ta}로 나타난다.

$$\tau_a = \sigma_{ca}/2$$ 해설 (9.6.8)

$$\sigma_{ta} = 0.15\sigma_{ca} \le 200\,\mathrm{kN/m^2}$$ 해설 (9.6.9)

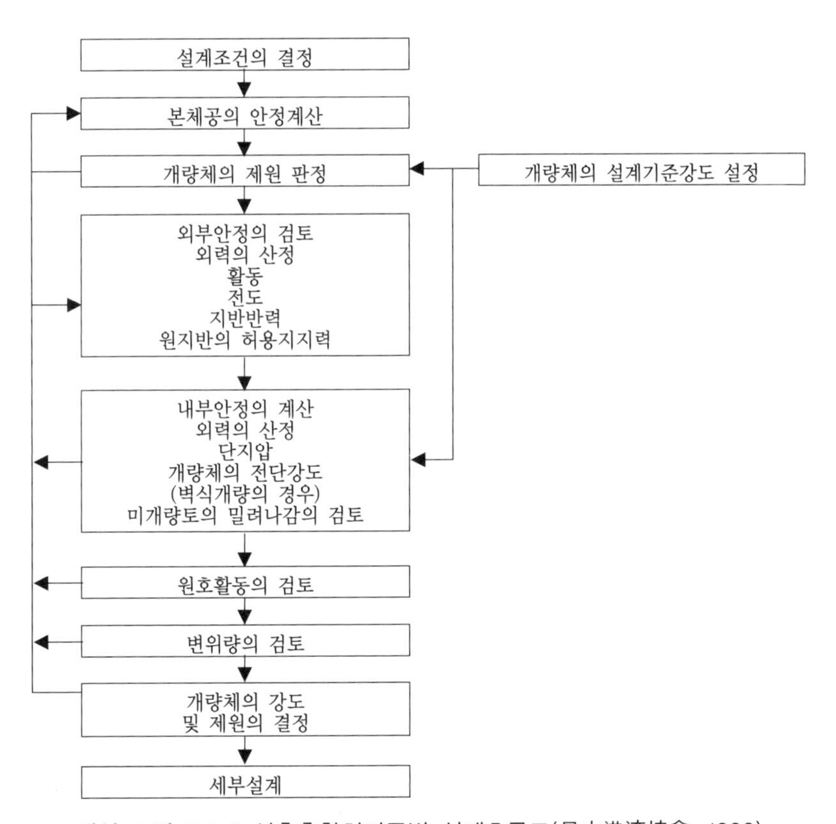

해설 그림 9.6.8 심층혼합처리공법 설계흐름도(日本港湾協會, 1999)

3. 해설 식(9.6.7)에서 안전율 및 각 계수는 안정처리토를 균일한 강도의 지반으로서 고려할 수 있는 저감계수로서 다음 사항을 고려하여 설정한다.

- 재료의 안전율 F

  허용압축응력 σ_{ca}는 일축압축강도를 기본으로 하기 때문에 크리이프, 반복재하의 영향을 고려함과 동시에 구조물의 중요성, 하중의 종류, 설계계산방법 및 재료의 신뢰성을 고려하여 적절한 값을 선정하여야 한다. 안전율 F로서 상시에 3.0, 지진 시에 2.0을 사용하는 경우가 많다.

- 단면유효계수 α

  복수의 교반날개를 갖는 시공기계로 개량을 하는 경우의 개량체에서는 해설 그림 9.6.9와 같이 개량체의 단면은 복수의 원주를 구성하게 된다. 또한 블록식 개량 및 벽식개량에서는 해설 그림 9.6.10과 같이 말뚝 본체의 안정처리토를 중첩시켜서 개량체를 형성하므로 중첩 부분은 다른 곳보다 접합부분이 좁게 된다. 단면유효계수 α는 미처리 부분을 보정하기 위한 계수이다. 이 계수를 구하는 방법은 대상으로 하는 외력의 방향 또는 종류(압축, 인장, 전단)에 따라 다르다.

- 유효폭에 의한 단면유효계수 α_1

  유효폭에 의한 α_1은 해설 식(9.6.10)과 해설 식(9.6.11)에 의해 구한 값 중 작은 값으로 한다.

  • 시공기계에 의해 결정하는 경우

    해설 그림 9.6.9에서 시공기계의 축간폭을 D_x 및 D_y로 하고 원주가 겹쳐진 길이를 ℓ_x 및 ℓ_y로 하면 시공기계에 의해 결정되는 α_1은 해설 식(9.6.10)에 의해 구하며 이들 중 작은 값으로 한다.

$$\alpha_1 = \min\left(\frac{\ell_x}{D_x}, \frac{\ell_y}{D_y}\right) \qquad \text{해설 (9.6.10)}$$

  • 중첩에 의해 결정하는 경우

    해설 그림 9.6.10에서 D는 축간폭, R은 교반날개의 직경, d는 중첩폭으로 하면 중첩에 의해 결정하는 α_1은 해설 식(9.6.11)에 의해 구한다.

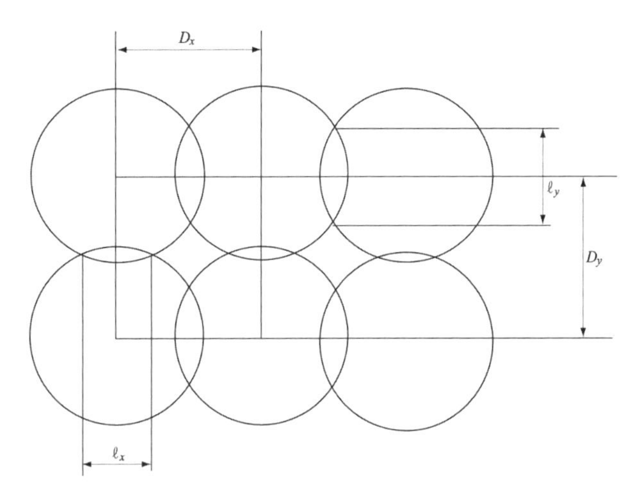

해설 그림 9.6.9 처리기 고유의 유효폭(日本港湾協會, 1999)

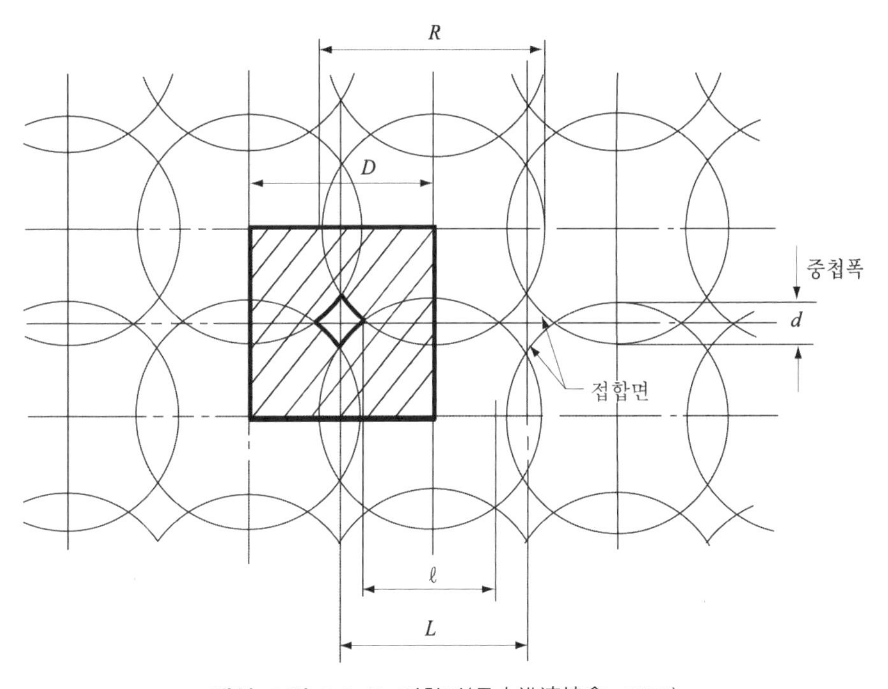

해설 그림 9.6.10 접합면(日本港湾協會, 1999)

$$\alpha_1 = \frac{1}{D}\sqrt{2 \cdot R \cdot D - d^2} \qquad \text{해설 (9.6.11)}$$

– 유효면적에 의한 단면유효계수 α_2

유효면적에 의한 단면유효계수 α_2는 해설 식(9.6.12)에 의해 구한다.

$$\alpha_2 = \frac{A_2}{A_1} \qquad \text{해설 (9.6.12)}$$

여기서, A_1 : 해설 그림 9.6.10의 굵은선으로 표시한 면적

A_2 : 해설 그림 9.6.10의 사선으로 나타나는 면적

- 중첩부 신뢰도계수 β

중첩부 신뢰도계수는 중첩면의 강도와 개량체의 강도의 비이며, 기존의 말뚝본체와 결합시키기까지의 시간간격, 처리장비의 교반능력, 안정재의 토출법 등에 따라 다르지만, β=0.8~0.9 정도로 설정해도 좋다.

- 현장강도계수 γ

현장에서 타설된 안정처리토의 강도를 샘플링에 의한 일축압축강도로 조사해보면 상당한 편차가 확인된다. 현장강도계수는 이 편차를 고려하는 계수이다.

4. 실내배합시험과 현장처리토의 강도

현장안정처리토의 일축압축강도의 평균 q_{uf}는 실내배합에 의한 공시체의 일축압축강도의 평균치 q_{ul}에서 해설 식(9.6.13)에 의해 연관시킨다.

$$q_{uf} = \lambda \cdot q_{ul} \qquad \text{해설 (9.6.13)}$$

보통포틀랜드시멘트 또는 고로슬래그시멘트를 안정재로 한 해상공사에서는 λ=1로 보아도 좋다. 그러나 실내배합시험에서 구한 강도와 현장에서 구한 강도의 관계는 일반적으로 안정재의 종류, 대상토의 종류, 시공조건, 양생환경, 비교하는 재령 등 많은 인자에 의해 좌우된다. 허용압축응력도와 실내강도의 비가 1/6에서 1/10 정도라고 하는 예가 많다.

다. 개량체에 작용하는 외력

개량체에 작용하는 외력의 개념도를 해설 그림 9.6.11에 나타냈다.

해설 그림 9.6.11에 나타낸 기호는 다음과 같다.

V : 본체공의 자중, 상재하중 등에 의해 개량체에 작용하는 연직력(kN/m)

H : 본체공에 작용하는 토압 혹은 지진 시 관성에 의해 발생하는 수평력(kN/m)

P_a : 개량체의 주동측(호안에서 육지측, 방파제에서는 항외측)에 작용하는 토압 합력 (kN/m)

P_{av} : 개량체의 주동측 측면에 작용하는 연직전단력(kN/m)

P_p : 개량체의 수동측(바다쪽 혹은 항내측)에 작용하는 토압합력(kN/m)

P_{pv} : 개량체의 수동측 측면에 작용하는 연직전단력(kN/m)

W_1 : 개량체의 유효중량(kN/m)

HK_1 : 개량체에 작용하는 지진 시 관성력(kN/m)

R : 개량체 저면에 작용하는 전단저항력(kN/m)

T : 개량체 저면에 작용하는 지반반력(kN/m)

t_1, t_2 : 단부의 지반반력강도(kN/m)

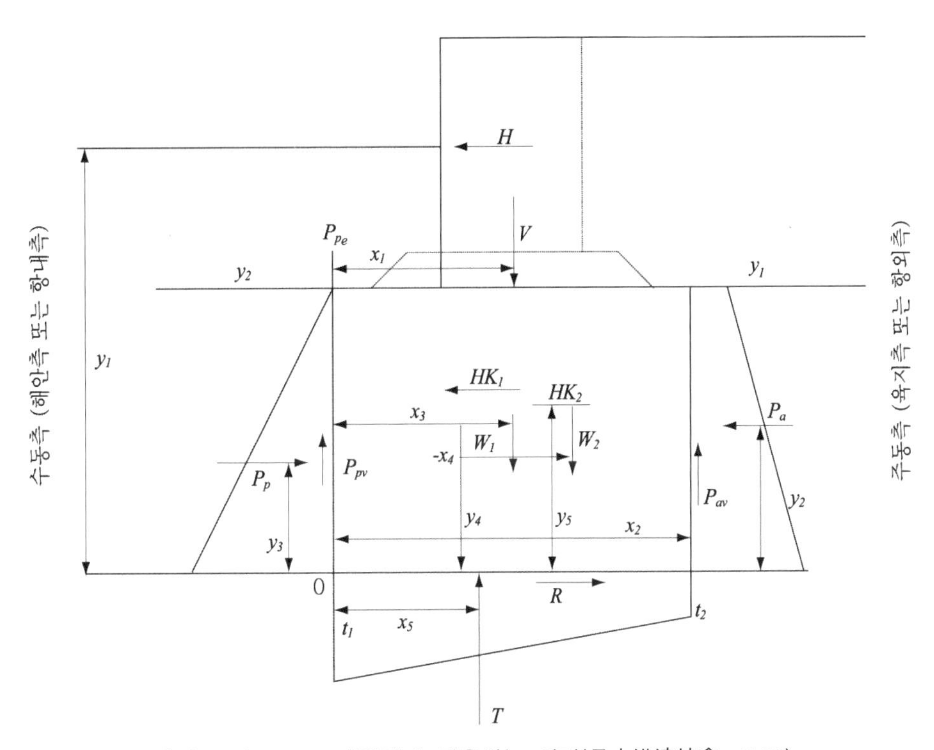

해설 그림 9.6.11 개량체에 작용하는 외력(日本港湾協會, 1999)

다음의 외력은 벽식의 경우만 고려한다.

W_2 : 긴 벽간의 미개량토의 유효중량(kN/m)

K_2 : 긴 벽간의 미개량토의 지진 시 관성력(kN/m)

또 x, y는 각각의 외력의 작용점과 해설 그림 9.6.11에 나타낸 개량체의 좌측하단(O로 표시)과의 거리를 나타낸다.

라. 개량체의 외부안정
개량체의 외부안정을 위해서는 활동, 전도, 개량체 저면의 현지반 지지력에 대해서 충분히 안전해야 한다.

1. 활동에 대한 안정
   - 활동에 대한 안전율은 해설 식(9.6.14)로 구한다.

$$F = (P_p + R)/(H + HK_1 + HK_2 + P_a) \qquad \text{해설 (9.6.14)}$$

   - 활동에 대한 안전율은 상시에는 1.2 이상, 지진 시에는 1.0 이상이다.

2. 전도에 대한 안정
   - 전도에 대한 안전율은 해설 식(9.6.15)로 구한다.

$$F = (P_a y_2 + H y_1 + HK_1 y_4 + HK_2 y_5)/(P_p y_3 + V x_1 + W_1 x_3 + W_2 x_4) \qquad \text{해설 (9.6.15)}$$

   - 전도에 대한 안전율은 상시에는 1.2 이상, 지진 시에는 1.1 이상이다.

3. 지지력에 대한 안정
- 개량체 저면에 작용하는 R과 T로부터 현지반의 지지력을 검토한다.
- 벽식 개량의 경우 지지력 검토는 단부의 t_1, t_2가 해설 식(9.6.16)으로 구한 허용지지력 t_a보다 적게 되는 것을 확인하는 것이다. 하층의 기초지반이 사질토인 경우 지반의 허용지지력을 구하는 방법은 다음과 같다(寺師昌明 外, 1987).

$$t_a = q_{aq} + q_{ar1} \quad (1/\eta \geq 3 \text{인 경우})$$
$$t_a = q_{aq} + q_{ar} \quad (1 \leq 1/\eta < 3 \text{인 경우}) \qquad \text{해설 (9.6.16)}$$

여기서, $q_{aq} = P_0 \cdot N_q / F + P_0$

$q_{ar1} = \gamma' L_1 \cdot N_r / 2F$

$q_{ar2} = \gamma' B \cdot N_r / 2F$

$q_{ar} = q_{ar1} + 0.5(q_{ar2} - q_{ar1})(3 - 1/\eta)$

N_q, N_r : 지지력 계수

P_0 : 기초지반 모래층의 유효 토피압(kN/m^2)

γ' : 기초지반 모래층의 유효 단위체적중량(kN/m^3)

F : 안전율은 평상시 2.5 이상, 지진 시 1.5 이상으로 한다.

L_1 : 긴 벽의 법선방향 길이(m)

L_s : 짧은 벽의 법선방향 길이(m)

η : $\dfrac{L_1}{L_1 + L_s}$

B : 개량폭(m)

마. 개량체의 내부안정 검토

외력에 의해 개량체에 생기는 응력은 안정처리토의 허용전단응력 및 허용인장응력을 초과해서는 안 된다.

바. 흙의 압출 검토

1. 긴 벽 사이의 미개량토의 압출에 대한 안전율은 해설 식(9.6.17)에 의해 구한다. 그러나 F_1이 최소로 되기까지 D_1을 변화시켜서 반복 계산한다.

$$F_1 = [2(L_s + D_1)c_u B + P_p'] / (P_a' + k_h \gamma_2 B D_1 L_s + h_w \gamma_w D_1 L_s) \qquad \text{해설 (9.6.17)}$$

여기서, D_1 : 짧은 벽하단에서 검토단면까지의 깊이(m)

c_u : 미개량토의 평균전단강도(짧은 벽 하단과 검토단면의 중간 깊이)

γ_2 : 미개량토의 단위체적중량(공기 중 중량)(kN/m^3)

k_h : 설계진도(設計震度)

h_w : 잔류수위

γ_w : 해수의 단위체적중량(kN/m^3)

P_a', P_p' : 긴 벽 사이의 미개량토에 작용하는 주동 혹은 수동토압 합력(kN)

(짧은 벽 하면에서 D_1까지의 깊이)

2. 압출 파괴에 대한 상기의 검토방법은 상당히 안전측의 값이 실험적으로 확인되고 있다. 따라서 소요 안전율은 보통 1.2 이상, 지진 시는 1.0 이상으로 한다.

사. 원호활동검토

개량체는 원호활동에 대해 충분히 안전하여야 한다.

1. 검토방법은 일반적 원호활동면에 의한 안정해석에 준한다.
2. 개량체의 강도는 크기 때문에 일반적으로 개량체를 통과하는 원호활동의 검토는 생략할 수 있다.

아. 변위량 검토

1. 개량체가 부상형인 경우 측방이동 혹은 압밀에 의한 변위가 예상되는 데 이들의 변위를 검토하고 이용상 지장을 초래하지 않는 대책을 사전에 검토한다.
2. 개량체의 활동에 대한 안전율 또는 원호활동의 안전율에 여유가 있으면 측방이동 등에 의한 즉시변위량은 일반적으로 적으므로 측방이동에 대한 검토의 필요성은 이들의 안전율에 의해서 판단할 수가 있다. 또 개량체 바로 밑의 미개량토의 층 두께가 일정하고 수평방향의 이동이 이용상 지장이 없는 범위라고 판단되는 경우에는 압밀침하량만을 검토하여도 좋다.
3. 개량체가 착저형으로 되어도 지지층 아래에 점성토층이 존재할 경우에는 재하에 의한 압밀침하 등의 변형이 염려되므로 신중한 검토가 필요하다.

(10) 환경 영향성 평가시험 결과를 통해 지반개량재료를 선정하여, 염분, 유기물 등에 의한 열화현상이 발생되지 않도록 하고, 해수 및 지하수의 오염, 지반 오염 등의 지반환경 문제가 발생하지 않도록 설계한다.

해설

해수에는 염소이온, 황산염이온, 마그네슘이온, 나트륨이온 등 많은 종류의 염류와 장기간 퇴적된 유기물질이 다량으로 함유되어 있으며, 이 염류와 유기물질은 시멘트의 고화작용에 악영향을 미치며 시멘트 그라우팅을 열화, 침식시킨다. 따라서 보통시멘트만을 사용해 이러한 대상토를 고화시킬 경우 이상의 특성으로 인해 충분한 고화효과가 나타나지 않고 강도 발현 성능이 매우 늦다. 그러므로 해성점토지반에서 시반개량 시에는 일반적으로 보통포틀랜드시멘트 대신 내해수성, 화학저항성이 우수한 시멘트를 사용하거나 보통포틀랜드시멘트에 제2첨가제를 사용하고 있다(천병식, 1998).

한편 지반개량재로서 시멘트를 사용함으로써 해수 및 지하수의 오염, 지반오염 등의 지반환경문제가 발생될 수 있으므로, 반드시 Cr^{6+} 용출시험, 어독성시험 등의 환경영향성 평가시험을 실시하여 그라우팅재료를 선별, 사용하여야 하며 그라우팅 시공 시 미반응, 유수에 의한 희석, 유실되는 일이 없도록 품질관리에 유의하여야 한다(천병식, 2001).

9.6.5 고압분사주입공법의 설계는 다음사항을 고려한다.

(1) 고압분사주입공법은 공기나 물의 힘으로 지반을 절삭하여 주입액을 초고속 분사함으로써 그 절삭부분의 토사와 치환하거나 토사와 혼합함으로써 계획하는 방향이나 범위 내에 고결체를 형성하는 공법이다.

해설

가. 공법의 개요

고압분사주입공법은 분사의 메커니즘, 사용기계, 분사압력, 시공방법의 차이에 의해 다음과 같이 공법을 2가지 유형으로 분류하고 있다(해설 표 9.6.2 참조).

1. I유형 : 2중관을 사용하고 절삭을 경화재와 Air로서 행하여 회전하면서 인상함으로써 개량지반을 조성하는 공법이다.
2. II유형 : 3중관을 사용하고 절삭은 물과 Air를 분사·회전하면서 인상함으로써 행하고 하단으로부터 경화재를 충전함으로써 개량지반을 조성하는 공법이다.

나. 공법의 기본원리

고압분사주입공법은 공기나 물의 힘으로 지반을 절삭하여 주입액을 초고속분사함으로써 그 절삭부분의 토사와 치환하거나 토사와 혼합하는 형식으로 주입액을 보내서 고결시키는 것이다. 그 결과 일단 계획하는 방향이나 범위 내에 고결체를 형성할 수가 있다. 여기서 사용하는 젯트는 토출압력이 200~600kgf/cm^{2}으로서 절삭하며, 주입액(slurry)은 노즐에서 대략 30~150kgf/cm^{2}의 압력으로 분출된다(日本材料學會土質安定材料委員會, 1991).

해설 표 9.6.2 각 공법의 차이점 비교표(日本材料學會土質安定材料委員會, 1991)

항목 \ 공법		I유형	II유형
공법의 특징		반치환공법	반치환공법
적용 지반		점성토 $N<5$	점성토 $N<9$
		사질토 $N<50$	사질토 $N<200$
시공사양	상용압력	P=2000kgf/cm^2	P=400kgf/cm^2
	지반절삭방법	초고압경화재(25L/min) +공기(1.5~3m^3/min)	초고압경화재(25L/min) +공기(1.5~3m^3/min)
	사용경화재	시멘트계밀크계	시멘트계밀크계
	모니터 인상시간	16~40min/m	16~25min/m
	롯드형상 (초고압노즐직경)	ϕ=60.5mm(2.8mm)	ϕ=89.1mm(2.4mm)
	롯드 단면	2중관	3중관
	삭공방법(직경)	2중관으로써 직접삭공 (115~150mm)	Casing 삭공 (142mm)
	모니터 회전수	4~10rpm	5~6rpm
개량직경		ϕ1000mm~ϕ2000mm	ϕ1200mm~ϕ2000mm
개량강도	점성토	q_u=5~10kgf/cm^2	q_u=5~10kgf/cm^2
	사질토	q_u=10~30kgf/cm^2	q_u=10~30kgf/cm^2
공법개요		공기를 수반한 초고압경화재액을 지반에서 회전하여 분출하여 지반을 절삭시키고 슬라임을 지표에 배출시킴과 동시에 원주상의 고결체를 형성한다.	공기를 수반한 초고압수를 지중에서 회전하여 분사시켜 지반을 절삭하고 슬라임을 지표에 배출함과 동시에 경화재를 동시 충전하여 원주상의 고결체를 형성한다.

(2) 고압분사주입공법에 의한 지반개량 설계 시에는 아래의 항목에 대한 지반조사와 실내시험이 필요하다.

① 대상지반의 지층구성, 지하수위 등

② 지층의 물리적 특성(함수비, 입도조성 등)

③ 지층의 역학적 특성(N값, 점착력 등)

(3) 지반조건과 시공조건으로부터 대상 지반, N값, 시공깊이 등을 고려하여 공법의 적합성을 검토한다.

(4) 위의 방법에 따라 선정할 수 없는 경우 공사목적, 공사규모, 공사기간, 경제성, 공법의 특성 등을 고려하여 현지조건에 가장 적합한 공법을 선정한다.

(5) 표준 유효경은 토층조건(토질, N값, 투수계수, 입도조성, 점착력 등)과 시공조건(시공심도 깊이, 시공목적, 설계강도, 지하수위 등)에 따라 결정한다.
(6) 설계 시 개량체의 단위체적중량 및 내부마찰각은 원지반과 동등한 것을 가정하며, 개량체의 7일 설계강도는 28일 강도의 30~40%가 되도록 한다.
(7) 지반보강 및 차수를 목적으로 하는 경우 중첩배치를 하며, 지반보강만을 목적으로 하는 경우에는 접점배치를 한다.
(8) 안전율은 시공성과 시공목적을 고려하여 결정한다.

해설

가. 설계상의 고려사항

설계에 필요한 토질조건을 해설 표 9.6.3에 나타내었다. 즉, 대상지반을 파악하기 위하여 아래의 항목에 대하여 상세한 토질조사 등의 실내시험 등을 행할 필요가 있다.

1. 대상지반의 토질구성, 지하수위 등
2. 지반의 물리특성(함수비, 입도조성 등)
3. 지반의 강도특성(N치, 점착력)

해설 표 9.6.3 설계에 필요한 토질조건(日本材料學會土質安定材料委員會, 1991)

항목 / 토질분류	대상토질	세목
일반토질	점성토	N치, 점착력, 함수비
	사질토	N치, 입도조성
특수토질	모래자갈	N치, 투수계수, 자갈크기, 입도조성
	부식토(유기질토)	pH, 유기질함유량, 분해도, 함수비

나. 공법선정의 기준

공법선정은 해설 그림 9.6.12의 흐름도에 따른다.

즉, 지반조건과 시공조건으로부터 대상토질, N치, 시공심도 등을 검토한 다음 공법을 선정한다. 또한 공법이 선정되지 않는 경우에는 유효경의 검토를 행한다. 흐름도에 따라 선정할 수 없는 경우에는 공사목적, 공사규모, 공기, 경제성, 공법의 특성 등을 충분히 고려하여 가장 현지조건에 적합한 공법을 선정한다.

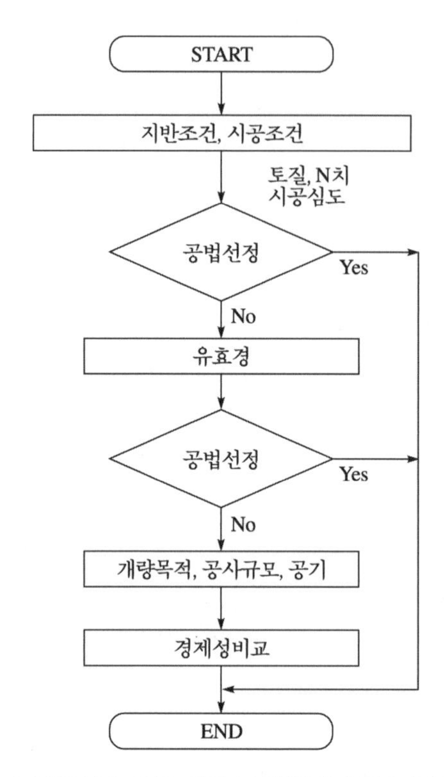

해설 그림 9.6.12 공법선정 흐름도(日本材料學會土質安定材料委員會, 1991)

다. 토질조건과 유효경

유효경은 조성대상 토층 및 시공조건에 의해서 결정되나, 토층조건(토질, N치, 투수계수, 입도조성, 점착력 등)과 시공조건(시공심도, 시공목적, 설계강도, 지하수위 등)에 따라 표준유효경을 해설 표 9.6.4~9.6.6과 같이 결정한다.

해설 표 9.6.4 I 유형-사질토(모래자갈흙)에서의 표준설계수치

항목 \ 토질명	사질토						모래* 자갈
	$N \leq 10$	$10 < N \leq 20$	$20 < N \leq 30$	$30 < N \leq 35$	$35 < N \leq 40$	$40 < N \leq 50$	
표준유효경(m) 심도($0m < Z \leq 25m$)	2.0	1.8	1.6	1.4	1.2	1.0	-
인상속도(m/min)	40	35	30	26	21	17	-
경화재 단위토출량(m^3/min)	0.06						

* 모래·자갈에 대해서는 충분한 검토 후 결정하여야 한다.

해설 표 9.6.5 I 유형 – 점성토(부식토)에서의 표준설계수치

토질명 / 항목	점성토					부식토*
	$N<1$	$N=1$	$N=2$	$N=3$	$N=4$	
표준유효경(m) 심도(0m < Z≤25m)	2.0	1.8	1.6	1.4	1.2	–
인상속도(m/min)	30	27	23	20	16	–
경화재단위토출량(m^3/min)	0.06					

* 부식토에 대하여는 충분한 검토 후 결정하여야 한다.

주 1) 점성토의 N치가 5보다 작아도 점착력이 5tf/m^2 정도 이상의 경우, 소정의 유효경이 확보될 수 없기 때문에 주의해야 한다.

주 2) I유형에서는 최대 N치를 기준으로 한 표준유효경보다도 작은 유효경을 조성하고 싶을 때에는 인상속도의 조정에 의하여 작게 할 수 있다.

해설 표 9.6.6 II 유형 – 사질토, 점성토에서의 표준설계수치(日本材料學會土質安定材料委員會, 1991)

N치	모래자갈	*1					
	사질토	N≤30	30 < N≤50	50 < N≤100	100 < N≤150	150 < N≤175	175 < N≤200
	점성토	-	N≤3	3 < N≤5	5 < N≤7	–	7 < N≤9
유효경(m) 심도 Z(m) 구분*2	0 < Z≤30m	2.0	2.0	1.8	1.6	1.4	1.2
	30 < Z≤40m	1.8	1.8	1.6	1.4	1.2	1.0
인상속도(m/min)		16	20	20	25	25	25
경화재	단위토출량 (m^3/min)	0.18	0.18	0.18	0.14	0.14	0.14

*1 모래자갈에 대해서는 N<50회는 사질토 유효경의 10% 감하는 것으로 한다.
N>50회는 충분히 검토한 후에 결정하여야 한다.
또 모래자갈에 대해서는 원칙적으로 시험시공을 하여야 한다.

*2 시공심도 Z>40m에 대해서는 충분히 검토한 후에 결정하여야 한다.

라. 설계에 사용되는 제 수치

1. 설계기준치

개량에 의하여 얻어진 설계기준치를 해설 표 9.6.7에 나타내었다. 지반강화, 차수 등에 의하여 해설 표 9.6.8과 같은 기본배치로 결정될 수 있으나, 현지반, 개량목적 등 현상태에 맞는 배치로 할 수 있다.

해설 표 9.6.7 개량체의 설계기준강도(日本材料學會土質安定材料委員會, 1991)

경화재	토질	일축압축 강도 (kgf/cm²)	점착력 c (kgf/cm²)	부착력 a (kgf/cm²)	곡인장강도 t (kgf/cm²)	탄성계수 E_{50} (kgf/cm²)	수평방향지 반반력계수 (kgf/cm²)	투수계수 k (cm/s)
1호	사질토	30	5	(1/3)c	(2/3)c	3000	30	1×10^{-7}
	점성토	10	3			1000	10	1×10^{-7}
2호	사질토	20	4			2000	20	1×10^{-7}
3호	사질토	10	2			1000	10	1×10^{-7}
4호	부식토	3	1			300	3	1×10^{-7}

주1) 개량체의 단위체적중량 및 내부마찰각은 원지반과 동등하게 한다.
주2) 모래자갈은 사질토에 준한다.
주3) 7일강도는 28일 강도의 30~40%로 한다.
주4) 경화재의 특성은 다음과 같다.
1호-강도발현형(고강도형), 2호-강도억제형(중강도형),
3호-강도억제형(저강도형), 4호-부식토용

해설 표 9.6.8 기본배치의 패턴을 고려한 방법(日本材料學會土質安定材料委員會, 1991)

	중첩배치	접점배치
적용목적	지반보강+차수	지반보강
배치 형태	D, l_2, l_1	D, l_2, l_1
기본간격	$l_1=(\sqrt{3}/2)D,\ l_2=(3/4)D$	$l_1=D,\ l_2=(\sqrt{3}/2)D$
적용 예	차수, 융기, 보일링	히빙, 지중보

2. 안전율

안전율은 시공성과 시공목적을 고려하여 결정한다. 일반적인 가설 용도로서는 안전율 F_s=1.5로 채용하고 있다. 그러나 토류부 결손부의 개량이나 터널의 막장안정에 대해서는 F_s=2.0으로 하고, 반영구적인 목적에 대해서는 F_s=3.0으로 한다.

(9) 강도열화와 지반환경오염에 대한 대책은 9.6.4의 (10)과 같다.

해설

강도열화와 지반환경오염에 대한 대책에 대한 해설은 9.6.4의 (10)과 같다.

9.6.6 저유동성 모르터 주입 공법의 설계는 다음사항을 고려한다.

(1) 저유동성 모르터 주입 공법은 저유동성의 모르터형 주입재를 지중에 압입하여 원기둥 형태의 균질한 고결체를 형성함으로써 주변 지반을 압축, 강화시키는 공법이다.

해설

가. 공법의 개요

저유동성 모르터 주입공법은 저유동성의 모르터형 주입재를 지중에 압입하여 원기둥 형태의 균질한 고결체를 형성함으로써 주변 지반을 압축, 강화시키는 공법으로 슬럼프치가 50mm 이하의 비유동성 모르터로서 주입재의 소성확보를 위한 세립토(실트질 크기)와 내부마찰력 증대를 위한 조립토(모래질 크기)로 구성되며, 이것은 소일시멘트가 기본 재료이며, 주변지반의 공극 속으로 침투되는 것이 아니라 지중에 원기둥 형태의 균질한 고결체를 형성하여 지중에 방사형으로 압력을 가함으로써 주변지반을 압밀시키고 공극속의 물과 공기를 강제 배출시킴으로써 토립자 사이의 공극을 감소시켜 지반이 조밀화되도록 개량하는 것이다.

주입과정 중 주입고결체의 형성과 팽창으로 인하여 고결체에 인접한 흙은 심각한 변형과 응력을 받으며 그 결과 흙과 고결체 경계면에서 국부적인 피압대가 형성되고 어느 정도 이격된 곳에 있는 흙은 응력분포가 규칙적이고 변형이 탄성적이어서 보다 정성적인 콤팩션을 받는다. 본 공법의 효과를 예측하여 설계에 반영하고 그 적용성을 높이기 위해 지반공동구 확장 메커니즘을 이해할 필요가 있으며 다음과 같다.

1. 흙과 주입재 사이에 뚜렷한 접촉면이 있다.
2. 충전과 소성변형에 의해 가장 연약한 부분을 치환하는 경향이 있다.
3. 주입고결체의 형태는 토질의 물리적·역학적 특성 및 상재구조물의 하중 등 여러 요인에 의하여 불규칙한 형태로 고결될 수도 있으나 균질토에서는 대개 원기둥 형태로 형성된다.

나. 공법의 특징

본 공법의 특징은 다음과 같다.

1. 슬럼프치가 0에 가까운 비유동성 주입재를 사용하기 때문에 주입재가 계획된 위치에서 이탈하지 않고 주입관을 축으로 원기둥의 균질한 고결체 형성이 가능하다.
2. 계획된 위치에 주입된 주입재는 주변 지반을 압축강화시켜 지반을 개량한다.
3. 슬럼프치가 작은 주입재는 강도가 균질한 원기둥 고결체를 형성하므로 말뚝으로 이용가능하며 현장여건에 적합한 재료배합을 선택하여 고결체의 강도를 30~200kgf/cm^2 범위로 조절이 가능하다.

다. 공법의 적용목적 및 범위

저유동성 모르터 주입공법은 다음과 같은 여러 목적과 범위에 이용되고 있다.

1. 지반개량 : 대상지반을 구조물 기초의 복합요소로서 고려하여, 기초바닥으로부터 기반암이나 지지층까지의 전 체적에 대한 개량을 실시하여 기초지반의 지내력을 향상시킨다. 또한 느슨한 사질지반과 같이 하중재하나 장래 지진 발생시 허용침하량을 초과할 가능성이 있는 토층에 대한 국부적인 개량도 가능하다. 가장 일반적인 적용범위로서 기존 구조물의 지반보강에 널리 쓰이며 현재는 신축공사에도 적용되고 있다.
2. 구조요소(말뚝) : 원기둥 형태의 주입고결체는 주변 지반의 조밀화를 통한 지내력 향상과 함께 말뚝으로서 상당한 하중을 지지할 수 있다.
3. 충전 : 폐광이나 석회암 동굴 등의 대공동과 해안구조물 하부 사석매립층 등의 공극을 비유동성 주입재로 충전시킴으로써 상부 구조물과 하부 지반의 안정화를 꾀할 수 있다.

(2) 주입재의 배합설계 시 주입재를 통제할 수 있는 유동학적 특성을 고려하여, 골재와 세립토의 입도조성과 주입재의 슬럼프 및 컨시스턴시, 특히 0.074mm보다 작은 세립분 양의 조절에 주의한다.

(3) 주입압의 상한 값(지표면이나 구조물의 융기를 일으키는 압력)은 현장 여건을 고려하여 설정한다.

(4) 정압주입개념으로 허용 주입압을 통해 조절하도록 설계하며 주입률은 현장의 지반특성에 따라 결정한다.

(5) 주입방식 결정 시 개량 대상지반의 지층구성, 구조물의 구조, 개량목적 등을 고려한다.
(6) 주입공의 배치와 주입순서는 시공목적과 현장조건을 고려하여 경제성과 주입 효과를 극대화하도록 설계한다.
(7) 지반조사를 통하여 각 주입공 및 단계별로 표준 목표체적을 미리 선정하며 지표면 융기를 발생시키지 않아야 한다. 지반개량 목적일 경우, 사전에 목표로 하는 공극률 감소량이나 상대밀도 증가량을 정하여 이를 토대로 주입체적을 산정한다.

해설

가. 주입재의 구성과 배합

본 공법의 재료배합시에는 내부마찰과 응력해방 메커니즘의 복잡한 관계를 바탕으로 주입재를 통제할 수 있는 유동학적 특성을 반드시 고려해야 한다. 주입재의 유동학적 특성은 골재와 세립토의 입도조성과 주입재의 슬럼프 및 컨시스턴시에 의해 좌우되며 특히, #200번 체(0.074mm)보다 작은 세립분의 경우 그 양의 조절에 각별히 주의하여야 한다. 주입재료의 선정, 배합 시에는 반드시 골재 체분석시험을 통하여 입경가적곡선이 ideal line(해설 그림 9.6.13 참조)에 근접하도록 해야 하며, 이는 재료분리, 펌핑한계, 고결체의 형상 및 수압파쇄현상 등에 근거하여 수많은 현장시험을 통해 얻어진 것이다.
주입목적에 따라 주입재의 구성은 달라질 수 있는데, 주변 지반의 조밀화, 즉 지반개량이 주된 목적일 경우, 주입고결체 자체의 강도는 그다지 중요한 요소가 아니므로 시멘트는 섞지 않고 적당한 입도분포와 수분을 함유한 실트질 모래가 유리하다. 반면에 주입고결체를 말뚝 등의 구조요소로서 이용할 경우, 고결체의 강도는 매우 중요한 요소가 되므로 소요강도에 적합한 양의 시멘트와 골재(일반적으로 직경 5mm 이하)를 첨가해야 한다.

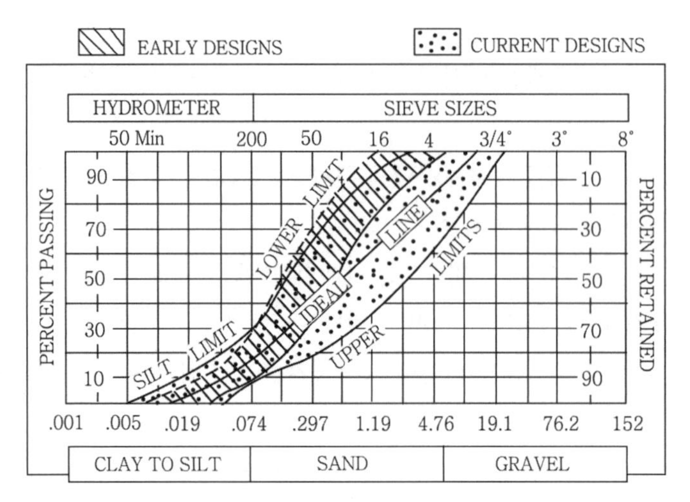

해설 그림 9.6.13 주입재 배합 시 적용되는 ideal line(Vipulanandan, 1997)

그리고 현장의 여건에 따라 플라이애쉬, 벤토나이트, 카올리나이트 등과 화학첨가제를 사용할 수도 있으며, 대표적인 표준배합비는 다음 해설 표 9.6.9와 같다.

해설 표 9.6.9 저유동성 모르터 주입공법의 표준배합비

시멘트	골재와 세립토	물	비고
240kg	$0.84m^3$	$0.4m^3$	m^3당

만일 세립분의 함량이 지나치게 많거나 물의 양이 많으면 주입재 자체의 내부마찰이 부족하여 유동성(슬럼프치 5cm 이상)을 가지게 되므로 그리이스와 같이 거동하게 되고 고결체의 형상 및 주입재의 통제가 어려워지며 수압파쇄가 일어나 주입효과는 크게 떨어지게 된다. 따라서 주입재는 될 수 있는 한 된반죽이 좋다. 그러나 세립분의 양이 너무 적고 골재나 모래의 양이 많으면 주입재의 내부마찰이 커져서 주입시 펌핑이 곤란하게 되고 재료분리가 생겨 고결체의 균질성이 결여되고 주입관 내에 드라이패킹 또는 샌드블록킹 현상이 발생하는 등 주입이 어려워지게 된다.

나. 주입압

주입압은 지반의 최대주응력과 최소주응력 상태를 복잡하게 변화시키며 주입관의 선단에서 최대가 되고 멀어질수록 감소한다. 또한 지반의 토질특성 및 상재구조물 하중 등의 구속응력과 관계되며 지표면이나 구조물의 융기 등은 가장 일반적인 주입시공의 제한 요소이다. 지표면의 융기가 관찰되면 콤팩션의 응력이 구속응력을 초과하고 있음을 나타내고, 지반이 다짐이 되기보다는 파괴되었음을 의미하며 그 이후의 주입이나 최소한 그 단계의 주입은 실제적으로 큰 효과가 없다. 따라서 주입압의 상한(지표면이나 구조물의 융기를 일으키는 압력)은 현장 여건에 맞게 설정되어야 한다.

고결체의 반경을 a, 지표면으로부터의 심도를 h로 하여 주입된 구형의 고결체를 생각해 보면(해설 그림 9.6.14 참조), 주입이 이루어지는 동안 고결체 상부의 원추형 지반은 교란된다. 잠재적인 원추형 전단파괴면은 수평면과 θ의 각을 이루고 Mohr-Coulomb의 파괴기준과 등가이다. 느슨한 사질토의 내부마찰각이 30° 정도이므로, 대략 60°를 이루게 된다. 주입압은 전 주입고결체에 걸쳐 균등하다고 가정하면 주입압이 증가할수록 그 반경 a는 증가한다. 고결체의 팽창에 의해 발생되는 상향력은 원추형 지반의 중량과 잠재적 파괴면을 따라 발생되는 하향의 전단저항력을 더함으로써 계산될 수 있으므로, 상한 주입압 P_0는 다음과 같다.

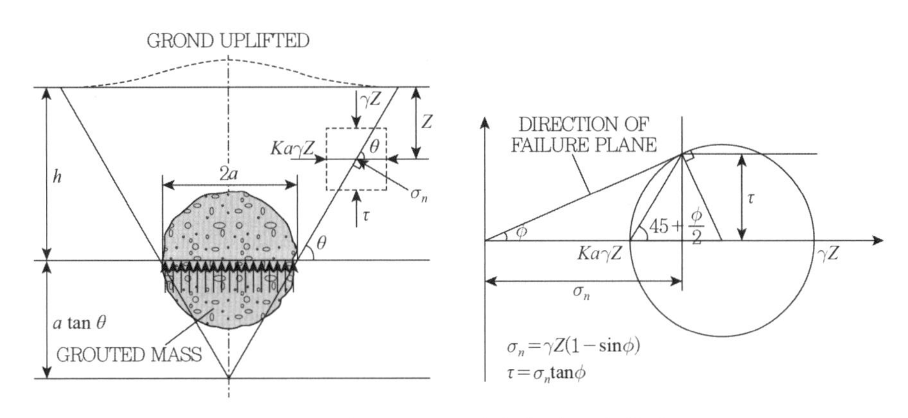

해설 그림 9.6.14 주입압과 지표면 융기

$$P_0 = \gamma h \frac{\left(\frac{h}{a}\right)^2 + 3\left(\frac{h}{a}\right)\tan\theta + 3\tan^2\theta}{3\tan^2\theta}\left[1 + \frac{2(1-\sin\phi)\cos(180-\theta+\phi)}{\cos\phi\cos\theta}\right] \quad \text{해설 (9.6.18)}$$

위의 해설 식(9.6.18)로부터 주입심도(h)와 고결체 반경(a)에 대한 여러 조건에서의 최대허용주입압을 구할 수 있으며 대체로 4~30kgf/cm^2 정도의 범위에 있게 된다(천병식, 1998). 만일 상재구조물 하부의 주입시공일 경우는 구속응력이 그만큼 높아지므로 이를 고려하면 되고, 주입고결체의 직경($2a$)은 주입된 주입재의 양으로부터 결정할 수 있다.

다. 주입량과 주입률

주입량이 많을수록 지반개량으로서의 주입효과는 좋으나 정압주입개념으로 허용주입압을 통해 조절해야 한다. 주입은 어느 정도의 펌핑간격(보통 6~10초)을 두고 행해짐으로 펌핑시 1회 토출량을 미리 계량하여 총 주입량을 계산한다. 주입률은 펌핑간격으로 결정되는 데, 주입률이 낮을수록 현저히 많은 주입량이 주입될 수 있으며, 이는 주입에 따른 지반의 안정과 주입압의 자연소산에 걸리는 시간적 여유가 주어지기 때문이다. 따라서 주입률은 전적으로 현장의 토질 특성에 의존되는 변수이며, 배수성이 나쁘거나 지표근처에서는 0.01~0.03m^3/min의 낮은 펌핑속도가 이용되며, 배수성이 양호하거나 건조토일 경우는 0.03~0.11m^3/min의 중간 펌핑속도가 이용되고, 공극이 큰 느슨한 토질에서는 0.11~0.34m^3/min 또는 그 이상의 빠른 펌핑이 가능하다.
주입률이 대상 지반의 조건에 비해 너무 높으면 주입 초기에 수압파쇄현상이 일어나 주입효과가 크게 떨어진다. 수압파쇄지수(V_g/k)를 주입률(V_g)과 지반의 투수계수(k)와의 관계로 정의하면, 일반적으로 $V_g/k \geq 50m^2$일 때 수압파쇄현상이 발생하는 것으로 알려져 있다.

라. 주입방식

본 공법의 주입방식에는 하향주입방식(top-down)과 상향주입방식(bottom-up) 및 두 방식의 조합형이 있다. 주입방식 결정 시에는 개량 대상지반의 토질 구성과 구조물의 구조 등 모든 현장조건을 고려해야 하며 일반적으로 하향 주입방식은 천층개량(구조물 복원)에, 상향 주입방식은 지반개량에 주로 이용되며 가장 일반적이고 경제적이다.

마. 주입공 배치, 간격 및 주입순서

주입공의 배치나 간격의 결정은 경제성이나 주입효과면에서 매우 중요하다. 일반적인 주입공 배치는 그리드형으로 바둑판 모양의 사각형이나 삼각형이 주가 되며, 주입공 간격은 대개 1.0~3.0m이나 시공목적에 따라 융통성있게 조절되고 흔히 1.5~2.0m를 적용한다. 구조물이나 대상 지반의 주변 둘레를 1차 주입공으로, 각 사각형모양의 주입공 중앙부에 2차 내지 3차의 주입공을 배치, 주입함으로써 목적하는 지반개량효과를 극대화시킬 수 있다. 그러나 미리 설정된 구조물 융기량의 허용치를 주입과정 중 반드시 계측하여 주입작업을 중지하고 다음의 주입공으로 옮겨가는 등의 현장 여건에 적합한 주입순서를 정하여야 한다.

바. 주입체적

시공 전 지반조사를 통하여 각 주입공 및 단계별로 표준 목표체적을 미리 선정해 두는 것이 좋으며 지표면 융기가 일어나지 않는 범위이어야 한다. 지반개량 목적일 경우, 사전에 목표로 하는 공극률 감소량이나 상대밀도 증가량을 정하여 이를 토대로 주입체적을 산정한다.

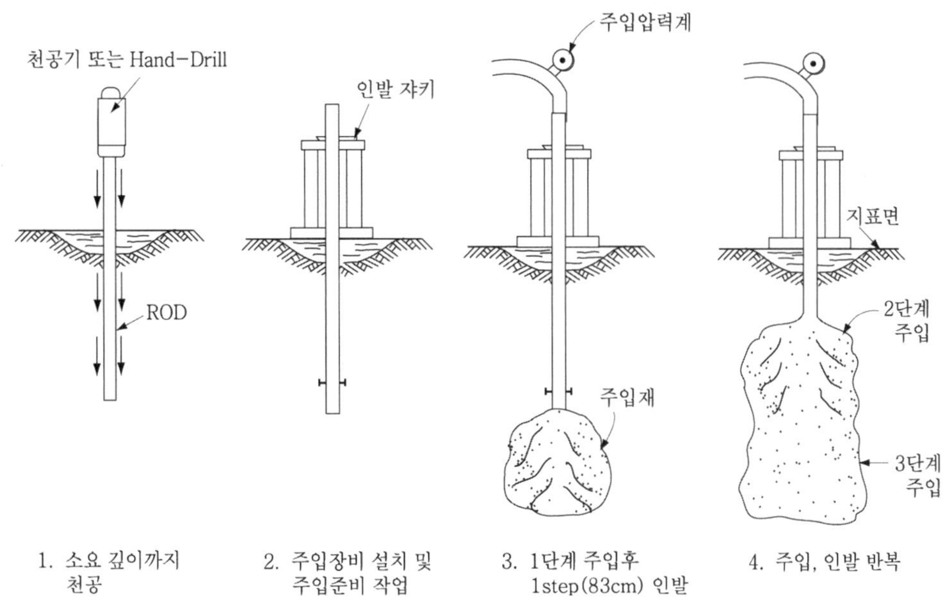

해설 그림 9.6.15 저유동성 모르터 주입공법의 시공순서

(8) 강도열화와 지반환경오염에 대한 대책은 9.6.4의 (10)과 같다.

해설

강도열화와 지반환경오염에 대한 대책에 대한 해설은 9.6.4의 (10)을 참조한다.

9.6.7 모래 및 쇄석다짐말뚝 공법의 설계는 다음사항을 고려한다.

(1) 사질토 지반을 대상으로 하는 경우 대상지반의 특성 및 시공방법의 특징을 고려하고 기존 시공실적 또는 시험시공 결과를 참조하여 설계한다. 신뢰할 만한 기존실적이 없는 경우나 실트를 많이 포함한 흙의 경우 시험시공에 의해 설계를 하며, 시험시공계획은 간극비에 의한 다짐도 검토, 실적 등을 종합적으로 판단하여 결정한다.

(2) 점성토 지반을 대상으로 하는 경우 지반의 복합성과 시공에 의한 영향을 고려한다.

해설

가. 사질토지반을 대상으로 하는 경우

1. 개량의 목적

느슨한 지반의 개량목적은 ① 액상화 방지를 위한 강도의 개선, ② 잔류침하량의 감소, ③ 사면의 안정과 지지력의 개선 등 세가지로 크게 구별된다. 액상화의 예측, 판정은 간단하게는 모래의 N값으로 행하고 그 결과로 판정이 곤란한 경우에는 진동삼축시험결과를 이용한 해석이 가능하다. 그리고 액상화 대책으로써 다짐을 시행할 경우에는 모래지반의 N값이 분명하게 액상화 되지 않는다고 판단되는 값이 되도록 필요한 범위로 다짐한다. 모래지반의 침하량의 저감에 대해서는 탄성론에 근거하여 침하량을 계산한다. 계산에 필요한 지반정수로는 탄성계수와 포아송비가 있다. 포아송비는 통상 1/3 정도의 값이 채용되고 탄성계수는 표준관입시험 결과의 N값, 평판재하시험 결과 또는 더치콘의 q_c값을 써서 추정한다.

2. 다짐 효과에 대한 영향을 미치는 요인

느슨한 사질토의 심층에 이르는 다짐은 표층에서 진동이나 충격을 주어도 충분히 달성되지 않는 것이 많다. 통상적인 방법은 느슨한 모래지반 중에 모래나 돌기둥, 혹은 특수한 진동봉을 압입함과 동시에 주변지반에 진동을 가하는 것이다. 다짐효과에 영향을 주는 요인은 아래와 같다(Mitchell, 1981).

- 대상토의 특성(입도분포 및 입경 74μm 이하 세립분의 함유량)
- 포화도와 지하수위
- 개량전 대상토의 상대밀도
- 개량전 대상토층의 초기지중응력(토피압 등)
- 개량전 대상토층의 골격 구조와 고결의 정도
- 진동을 가한 지점에서의 거리
- 투입모래 또는 쇄석의 성질
- 개량공법의 특성(시공기계의 종류, 기계의 진동능력, 시공방법, 기술자 숙련도, 기타)

나. 점성토 지반을 대상으로 하는 경우

모래 및 쇄석 다짐말뚝공법에 의한 개량지반은 연약한 점성토에 강제적으로 모래 또는 쇄석말뚝을 형성하므로 그 설계는 지반의 복합성 및 시공의 영향을 충분히 고려하여야 한다.

(3) 모래 및 쇄석다짐말뚝공법 설계 시 모래 및 쇄석말뚝의 강도, 말뚝의 치환율, 구조물에 대한 개량범위의 치환관계, 외부조건(크기, 방향, 하중경로, 재하속도 등), 말뚝 사이 지반의 강도와 구속압, 말뚝 타설에 의한 개량범위 내외의 교란의 영향, 말뚝 타설에 의한 지표면의 융기 현상과 그 흙의 특성, 그리고 이용 유무 등을 고려한다.

(4) 모래말뚝재료는 투수성이 좋고, 세립분(0.074mm 이하)의 함유량이 적으며, 입도분포가 좋고, 다짐이 쉬우며, 소정의 강도가 기대되고, 케이싱으로부터의 배출이 용이한 재료가 적합하며, 개량목적과 치환율을 고려하여 선정한다.

(5) 쇄석말뚝재료는 최대직경이 40mm 이하이고 세립분(0.074mm 이하)의 함유량이 적은 재료가 적합하며, 개량목적과 치환율을 고려하여 선정한다.

(6) 모래 및 쇄석말뚝재료의 구득이 용이하지 않을 경우 동등 품질 이상의 순환골재를 사용할 수 있다.

(7) 복합지반의 전단강도의 산출식이나 설계 제정수를 산정할 때에는 각각의 조합에 대한 기존의 시공실적을 참조하여 결정한다.

(8) 설계정수는 원지반의 강도, 안전율, 안정계산방법, 시공속도 등을 고려하여 결정한다.

(9) 항만시설의 안정 계산은 분할법(절편법)에 의한 원호활동 계산을 원칙으로 하며 현장여건에 따라 팽창, 전단, 관입에 대한 검토도 필요시 고려할 수 있다.

(10) 압밀침하량은 안정계산에서 결정된 안전율로부터 말뚝직경, 말뚝배열, 배치(정사각형 또는 삼각형 배치 등)를 구하고 압밀도와 경과시간의 관계를 계산한 후, 계산된 미개량 지반의 최종 압밀침하량에 침하 감소계수를 곱하여 복합지반의 최종 침하량을 계산한다. 압밀경과시간은 시간-침하관계로부터 구한다.

해설

가. 모래 및 쇄석말뚝의 재료

재료는 투수성이 좋고, 세립분(0.074mm 이하)의 함유량이 적고, 입도분포가 좋고, 다짐이 쉽고, 충분한 강도가 기대되며, 케이싱에서의 배출이 용이한 것이 적합하다. 개량범위에서 모래 및 쇄석말뚝이 차지하는 비율(치환율)이 적고, 모래 및 쇄석말뚝으로 점성토의 압밀촉진을 위한 배수층으로서의 기능을 크게 기대할 경우에는 재료의 투수성과 모래 간극에 이토가 끼이는 현상에 대한 배려가 더욱 중요하지만 강제치환에 가까운 경우에는 투수성에 관한 요구사항이 상대적으로 적게 된다. 따라서 재료의 선정에 있어서는 개량의 목적과 치환율의 대소에도 충분히 고려할 필요가 있다.

나. 복합지반의 전단강도

복합지반의 전단강도 산출 공식은 몇 가지가 있지만, 치환율에 상관없이 실적이 많은 산출식은 아래와 같다.

$$\tau = (1-a_s)[c_o + kz + \mu_c \Delta\sigma_z (\Delta c/\Delta p) U] + (\gamma_s z + \mu_s \Delta\sigma_z) a_s \tan\phi_s \cos^2\theta \quad \text{해설 (9.6.19)}$$

여기서, τ : 활동선 위치에서 발휘하는 평균 전단강도

a_s : 모래 또는 쇄석말뚝의 치환율

(1개의 말뚝의 단면적 /1개의 말뚝이 지배하는 유효단면적)

$c_o + kz$: 원지반 점토의 비배수 전단강도

z : 연직좌표

c_o : z =0에서 점토의 비배수 전단강도

k : 깊이 방향의 강도증가율

μ_s : 말뚝의 응력집중계수

$\mu_s = \Delta\sigma_s/\Delta\sigma_z = n/\{1+(n-1)a_s\}$

μ_c : 점토부분의 응력감소계수

$\mu_c = \Delta\sigma_c/\Delta\sigma_z = 1/\{1+(n-1)a_s\}$

$\Delta\sigma_z$: 대상활동선 위치의 외력에 의한 연직응력 증가분의 평균값

$\Delta\sigma_s$: 대상활동선 위치의 말뚝부분의 외력에 의한 연직응력증가분

$\Delta\sigma_c$: 대상활동선 위치의 말뚝 사이 점토의 외력에 의한 연직응력 증가분

n : 응력분담비, $n = \Delta\sigma_s/\Delta\sigma_c$

$\Delta c/\Delta p$: 원지반 점성토의 강도증가율

γ_s : 말뚝의 단위체적중량(지하수면 아래에서는 유효중량)

γ_c : 점성토의 단위체적중량(지하수면 아래에서는 유효중량)

ϕ_s : 말뚝의 내부마찰각

U : 평균압밀도

θ : 활동선이 수평면과 이루는 각도

다. 설계정수

기존의 설계 사례에서 해설 식(9.6.19)에 사용되고 있는 설계정수에는 범위가 있다. 원지반의 강도, 적용안전율, 안정계산방법, 시공속도 등을 고려하여 설정해야 하며 기존의 설계 시공사례를 참고로 선정하는 것이 바람직하다. 기존의 설계 시공사례에서 적용한 대표값은 아래와 같다.

해설 표 9.6.10 기존 설계 및 시공사례 설계정수

항목 / 치환율	응력 분담비	모래말뚝	쇄석말뚝
$a_s \leq 0.4$	$n=3$	$\phi_s=30°$	$\phi_s=35°$
$0.4 \leq a_s \leq 0.7$	$n=2$	$\phi_s=30°$	$\phi_s=35°$
$0.7 \leq a_s$	$n=1$	$\phi_s=30 \sim 35°$	$\phi_s=35 \sim 40°$

더욱이 $0.7 \leq a_s$에서는, 해설 식(9.6.19)의 제1항을 무시하거나 해설 식(9.6.19)에 의하지 않고 개량범위를 $\phi_s=30°$ 또는 35°의 일정한 사질토로 평가하는 것이 많으나 준공 후 안정에 이상이 없었다는 것이 입증된 것이어야 한다.

라. 원호활동 계산

일반적으로 항만시설의 안정계산은 분할법에 의한 원호활동 계산이 사용된다. 이 방법에 의한 원호활동 계산은 지반 또는 상부 구조물을 몇 개의 절편으로 분할하여 분할편간의 부정정력을 무시하고 활동면상의 수직응력을 계산한다(이것을 분할법이라 한다).

현실적으로 지중에서는 외력은 어느 정도 분산한다. 이 응력 분산의 효과를 활동계산에 반영시키기 위하여 지중응력을 계산하는 Boussinesq의 해를 써서 활동면상의 임의 위치의 연직응력증가분 $\Delta\sigma_z$를 구하여 적용하는 방법이 있다(이것을 응력분산법이라 한다).

모래다짐말뚝 공법에 의한 복합지반의 안정계산에는 분할법 또는 응력분산법이 사용되고 있다. 해설 식(9.6.19)의 적용사례로는 시공 중의 안정성의 검토도 포함해서 안전율은 1.2~1.4가 채택되고 있다.

마. 압밀침하량 및 압밀경과시간 계산

복합지반의 최종압밀량을 S_f, 미개량의 경우의 최종침하량을 S_{of}로 하면 각각, 다음 해설 식(9.6.20), (9.6.21)과 같다.

$$S_f = \epsilon_z \cdot H \qquad \text{해설 (9.6.20)}$$

$$S_{of} = m_v \cdot \Delta p \cdot H \qquad \text{해설 (9.6.21)}$$

여기서, ϵ_z : 응력집중이 있을 경우의 점토 중의 연직변형률

H : 압밀층 두께

m_v : 원지반의 체적압축계수

Δp : 평균 압밀하중

여기서, 복합지반의 침하량과 무개량 지반의 침하량의 비를 침하감소계수 β로 한다.

$$\beta = S_f / S_{of} \qquad \text{해설 (9.6.22)}$$

복합지반의 압밀 계산의 순서는 아래와 같다.

1. 안정계산에서 결정된 안전율로부터 말뚝직경, 말뚝배열, 배치(정사각형 배치, 삼각형 배치 등)를 구하고 압밀도 U와 경과시간의 관계를 계산한다.
2. 미개량 지반의 최종압밀 계산 침하량을 침하감소계수 β를 곱하여 감소시켜, 복합지반의 최종침하량을 계산한다.
3. 시간-침하관계를 구한다. 압밀에 의한 말뚝간 점토의 강도증가 Δc의 계산은 해설 식(9.6.19)의 제1항과 같이 구한다.

$$\Delta c = \mu_c \Delta \sigma_z (\Delta c / \Delta p) U \qquad \text{해설 (9.6.23)}$$

계산에서는 다음 항의 기존의 실적을 참고로 하여 압밀시험으로 구해지는 압밀계수 c_v의 수정과 침하감소계수 β, 응력 감소계수 μ_c를 선정한다.

4. 침하량의 계산값과 실측값의 대비

복합지반의 최종침하량은 해설 식(9.6.22)와 같이 미개량 지반의 예측침하량에 침하감소계수를 곱하여 구한다. 침하감소계수 β는 일반적으로 응력감소계수 μ_c와 같은 형태로 표시된다. 실측의 β는 실측침하량의 시간경과에 따라 쌍곡선과 유사하여 개량지반의 최종침하량을 추정하고 원지반의 최종침하량의 계산값과 대비해서 구할 수 있다. 높은 치환율의 경우에 경험적으로 쓰이는 침하감소계수($\beta = 1 - a_s$)도 병행해서 표시하고 있다. 같은 그림에서 개량에 의한 침하감소의 효과가 큰 것, 그리고 그 효과가

치환율에 의해서 영향을 받는 것 또한 실측값의 변동은 크나 응력분담비 n은 4 정도로 되는 것을 알 수가 있다.

5. 압밀 경과 시간의 계산값과 실측값의 비교

모래다짐말뚝 공법에 의한 개량지반의 압밀속도는 Barron의 해에 따른 예측값보다 늦어질 수가 있다. 과거의 시공실적을 기본으로 해서 침하속도의 늦어짐을 압밀계수로 대체시켜 정리한 결과가 해설 그림 9.6.16이다(日本土質工學會, 1988b). 여기서 c_v는 실측한 침하-시간계수로부터 역산되는 압밀계수이고 c_{vo}는 토질시험으로 구한 압밀계수이다. 치환율이 크게 될수록 압밀의 시간 지체가 현저하게 감소되는 경향이 있다.

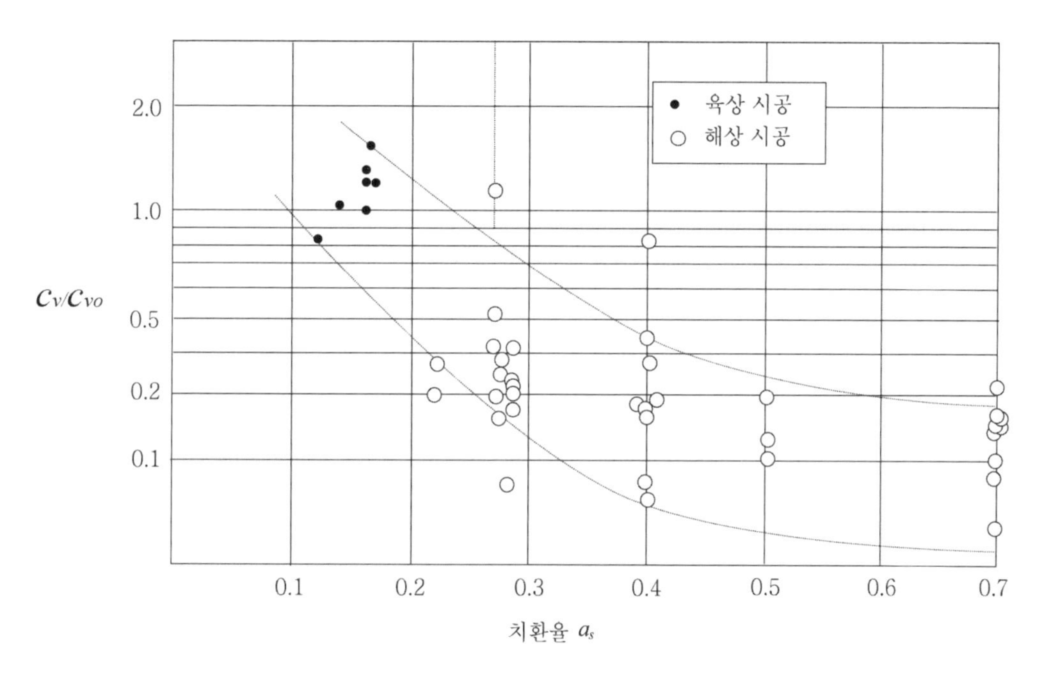

해설 그림 9.6.16 SCP개량 지반의 압밀지연(日本土質工學會, 1988b)

6. 강도 증가량의 계산값과 실측값의 비교

말뚝 사이 점토의 계산상의 강도증가량 Δc_c는 해설 식(9.6.23)으로 계산된다. 말뚝 사이 점토의 강도증가의 실측결과에서 μ_c를 구하고 예측과 비교한 결과가 해설 그림 9.6.17이다.

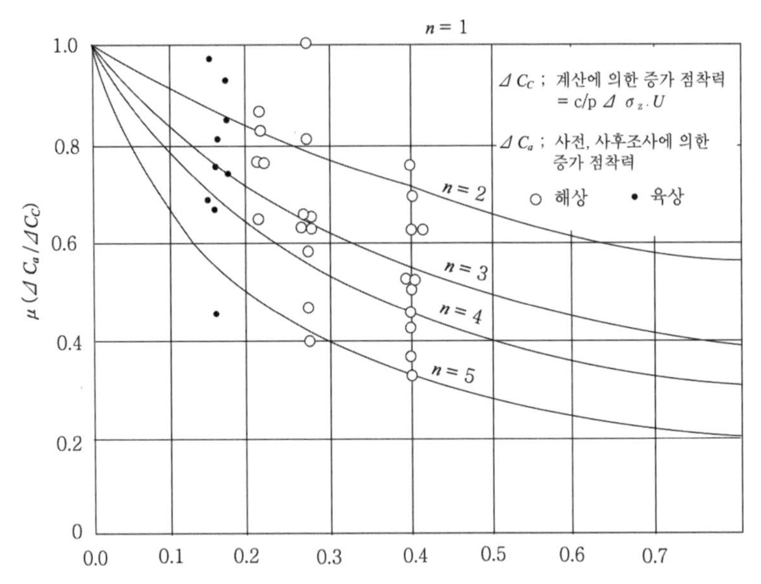

해설 그림 9.6.17 개량지반의 말뚝사이 점토의 강도 증가(一本英三郎, 1983)

SCP 개량지반이 실측값 Δc_a를 무개량지반으로 할 때의 강도증가량의 예측값 $\Delta c_c (= \sigma_z (\Delta c / \Delta p) U)$과 비교해서 실측 $\mu_c (= \Delta c_a / n \Delta c_c)$가 구해진다. 실측값은 응력분담비 n=3~4를 중심으로 변화하고 있다. GCP 개량지반의 강도증가량도 SCP 개량지반에 준하여 설계한다.

바. 팽창, 전단, 관입 검토

이 공법은 깊은기초와 얕은기초의 중간개념으로 구성재료들의 입자들간 움직임이 구속되어 있는 강체상태가 아니므로 일반 콘크리트 말뚝과 다른 파괴양상을 나타내며, 여러 실험결과에 의하면 주요 파괴 메커니즘은 해설 그림 9.6.18과 같이 팽창파괴(bulging failure), 전반전단파괴(general shear failure), 펀칭파괴(punching failure)로 구분할 수 있다. 다짐말뚝의 길이가 말뚝 직경의 2~3배 이상인 긴 다짐말뚝은 팽창파괴(a)가 발생하고, 하단이 단단한 지지층에 지지된 길이가 짧은 다짐말뚝은 지표면 부근에서 전단파괴(b)가 발생한다. 다짐말뚝의 선단이 연약층 내에 위치하고, 길이가 짧은 다짐말뚝은 관입파괴(c)가 발생한다(Barksdale & Bachus, 1983).

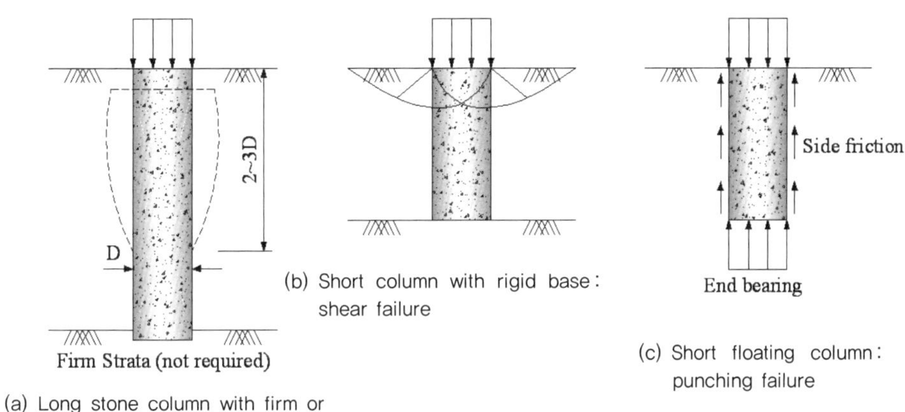

해설 그림 9.6.18 다짐말뚝의 파괴형태(Barksdale & Bachus, 1983)

1, 팽창파괴 범위

McKelvey et al.(2004)은 기초에 작용되는 하중에 따라 다짐말뚝의 거동을 시각적으로 확인할 수 있도록 찰흙(clay-like)과 같은 특성을 가진 투명한 재료를 지반으로 모사하여 실내모형시험을 수행한 결과, 다짐말뚝의 길이가 짧은 경우에는 말뚝 길이 전체에 걸쳐 팽창파괴가 발생하였으며, 길이가 긴 경우에는 지반의 상부에서 팽창파괴가 발생하였다. 이는 다짐말뚝의 길이가 긴 경우에는 말뚝의 상부에서 발생된 팽창으로 인해 말뚝 선단에 하중이 거의 전달되지 않는 것을 의미한다. Hughes et al.(1975)은 전단파괴에 대한 극한지지력과 팽창파괴에 대한 극한지지력이 서로 같은 지점까지의 깊이를 한계깊이로 정의하였으며, 다짐말뚝의 길이가 한계깊이보다 긴 경우에는 팽창파괴 형태가 예상되며, 짧은 경우에는 전단파괴로 간주하였다. 이후 많은 연구자들은 다짐말뚝의 한계깊이를 말뚝직경의 2~5배 정도로 제안하였으며, 대부분의 다짐말뚝은 팽창파괴가 지배적인 파괴형태로 평가하였다. 특히, Hughes and Withers(1974)는 단일다짐말뚝에 대한 모형시험으로부터 한계깊이가 말뚝직경의 4.1배에서 팽창파괴가 발생함을 나타내었으며, Mori(1979)와 Narasimha Rao(1992)는 각각 4배, 4~5배로 한계깊이를 나타낸 바 있다.

2. 팽창파괴에 대한 지지력 이론식

1) Gibson and Anderson의 극한지지력 이론식

Gibson and Anderson(1961)은 프레셔미터 시험을 근거로 마찰이 없는 재료와 무한히 길게 확장된 원통형 공동에 대하여 이상적인 탄소성 이론으로 초기 측방응력

을 고려하여 최대 측방응력을 해설 식(9.6.24)와 같이 나타내었다. Hughes and Withers(1974), Datye et al.(1975)은 이 이론식을 이용하여 다짐말뚝의 구속압을 산정하였으며, 다짐말뚝의 극한지지력을 해설 식(9.6.25)와 같이 표현하였다.

$$\sigma_{rL} = \sigma_{ro} + c_u\left[1 + \ln\frac{E_c}{2c_u(1+\nu_c)}\right] \qquad \text{해설 (9.6.24)}$$

여기서, σ_{rL} : 최대 비배수 측방응력(kN/m^2)

σ_{ro} : 초기 횡방향응력($= K_o(\gamma_c \cdot h + q)$)(kN/m^2)

c_u : 주변지반의 비배수전단강도(kN/m^2)

E_c : 주변지반의 탄성계수(kN/m^2)

ν_c : 주변지반의 프와송비

$$q_u = \left[\sigma_{ro} + c_u\left[1 + \ln\frac{E_c}{2c_u(1+\nu_c)}\right]\right]\frac{1+\sin\phi_s}{1-\sin\phi_s} \qquad \text{해설 (9.6.25)}$$

여기서, q_u : 다짐말뚝의 극한지지력(kN/m^2)

ϕ_s : 다짐말뚝의 내부마찰각(°)

2) Greenwood의 극한지지력 이론식

Greenwood(1970)는 주변토사의 수동저항은 옹벽의 배면에 작용하는 토압의 크기와 같다는 가정 하에 극한지지력을 해설 식(9.6.26)과 같이 제안하였다.

$$q_u = (\gamma_c z K_{pc} + 2c_u\sqrt{K_{pc}})\frac{1+\sin\phi_s}{1-\sin\phi_s} \qquad \text{해설 (9.6.26)}$$

여기서, γ_c : 주변지반의 단위중량(kN/m^2)

z : 팽창파괴가 예상되는 깊이(m)

K_{pc} : 주변지반의 수동토압계수$\left(= \tan^2\left(45 + \frac{\phi_c}{2}\right)\right)$

3) Vesic의 극한지지력 이론식

Vesic(1972)은 흙의 내부마찰력과 점착력을 포함하는 Mohr-Coulomb의 파괴규준과 탄소성이론을 일반적인 원통의 공동확장 해법으로 전개하였다. 주변지반에 유발되는 최대 측방저항력 σ_3는 해설 식(9.6.27)과 같이 표현된다.

$$\sigma_2 = \sigma_3 = \sigma_u F_c{}' + q_{avg} F_q{}' \qquad \text{해설 (9.6.27)}$$

여기서, σ_3 : 흙의 수동저항(kN/m²)

q_{avg} : 등가파괴심도에서의 평균(등방)응력$(= (\sigma_1 + \sigma_2 + \sigma_3)/3)$

F_c, F_q : 공동확장계수(cavity expansion factors)

공동확장계수 $F_c{}'$, $F_q{}'$은 주변지반의 내부마찰각과 강성지수(rigidity index)의 함수로 해설 식(9.6.28)과 해설 식(9.6.29)로부터 구하거나, 해설 그림 9.6.19로부터 구할 수 있다.

$$F_q{}' = (1 + \sin\phi_c)(I_{rr}{}' \sec\phi_c)^{\frac{\sin\phi_c}{1+\sin\phi_c}} \qquad \text{해설 (9.6.28)}$$

$$F_c{}' = (F_q{}' - 1)\cot\phi_c \qquad \text{해설 (9.6.29)}$$

여기서, ϕ_c : 주변지반의 내부마찰각(°)

$I_{rr}{}'$: 감소강도지수(reduced rigidity index)

강도감소지수($I_{rr}{}'$)는 실린더형 공동의 체적변화계수($\zeta_v{}'$)와 강도지수(I_r)의 곱으로 나타낼 수 있으며, 강도감소지수와 강도지수를 해설 식(9.6.30), (9.6.31)에 각각 나타내었다. Vesic(1972)의 극한지지력은 해설 식(9.6.30)~(9.6.31)을 이용하여 해설 식(9.6.32)와 같이 나타낼 수 있다.

$$I_{rr}{}' = \frac{I_r}{1 + I_r \nabla \sec\phi_c} = \zeta_v{}' I_r \qquad \text{해설 (9.6.30)}$$

$$I_r = \frac{E_c}{2(1+\nu_c)(c_u + q\tan\phi_c)} \qquad \text{해설 (9.6.31)}$$

여기서, I_r : 강도지수(rigidity index)

∇ : 소성영역에서의 체적변형률

$$q_u = (c_u F_c' + q_{avg} F_q') \frac{1+\sin\phi_s}{1-\sin\phi_s}$$ 해설 (9.6.32)

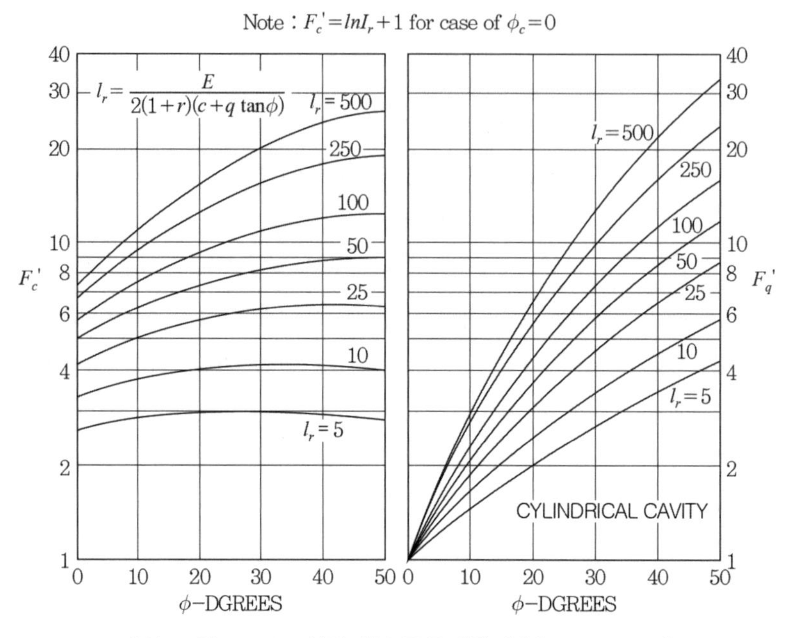

해설 그림 9.6.19 실린더형 공동팽창계수(Vesic, 1972)

점성토 지반에서 원통의 공동확장 해법을 따르는 Vesic(1972)의 극한지지력은 $\phi = 0$이므로 Gibson and Anderson(1961)의 극한지지력과 동일하다.

4) Hughes and Withers의 극한지지력 이론식

Hughes and Withers(1974)는 다짐말뚝이 프레셔미터와 같이 거동하거나, 쇄석재료가 내부마찰각 ϕ_s를 가지고 전단파괴로 접근한다는 가정 하에 팽창파괴의 극한지지력을 해설 식(9.6.33)과 같이 제안하였다.

$$q_u = (\sigma_{ro} + 4c_u) \frac{1+\sin\phi_s}{1-\sin\phi_s}$$ 해설 (9.6.33)

5) Brauns의 극한지지력 이론식

Brauns(1978)는 다짐말뚝의 극한지지력을 해설 식(9.6.34)와 같이 나타내었다.

$$q_u = \left[\sigma_{ro} + 1 + \ln\frac{E_c}{3c_u}c_u\right]\frac{1+\sin\phi_s}{1-\sin\phi_s} \quad \text{해설 (9.6.34)}$$

6) Madhav et al.의 극한지지력 이론식

Madhav et al.(1979)은 다짐말뚝의 극한지지력을 해설 (9.6.35)와 같이 나타내었으며, 지지력계수는 해설 표 9.6.11과 같다.

$$q_u = (4c_u + \sigma_{ro} + K_o q_s)(W/B)^2\frac{1+\sin\phi_s}{1-\sin\phi_s} + [1-(W/B)^2]q_s z \quad \text{해설 (9.6.35)}$$

여기서, B : 하중재하폭(m)

W : 다짐말뚝 열의 등가폭(m)

q_s : 연약지반의 지지력($=(2/3)cN_c$)(kN/m^2)

해설 표 9.6.11 지지력 계수 N_c, N_q(Meyerhof, 1963; Vesic, 1975)

구분		지지력계수 형태
N_c	For $\phi > 0$	$(N_q - 1)\cot\phi$
	For $\phi = 0$	5.14
N_q		$e^{\pi\tan\phi}N_\phi$

* $N_\phi = \tan^2(45+\phi/2)$, ϕ=angle of internal friction

7) Hansbo의 극한지지력 이론식

Hansbo(1994)는 소성이론에 근거하여 실린더형 팽창(cylindrical expansion)의 경우 파괴 시 방사응력(radial stress at failure, σ_{rL})을 해설 식(9.6.36)과 같이 표현하였다.

$$\sigma_{rL} = \sigma_{ro} + c_u\left[1 + \ln\frac{E_c}{2c_u(1+\nu_c)}\right] \quad \text{해설 (9.6.36)}$$

경험적으로 점성토의 탄성계수는 보통 $150c_u \sim 500c_u$의 범위이며, 비배수상태의 프와송비를 0.5라고 가정하면, σ_{rL}는 $\sigma_{ro} + 5c_u$에서 $\sigma_{ro} + 6c_u$의 범위가 되므로 파괴 시 방사 응력은 $\sigma_{ro} + 5c_u$로 가정할 수 있다. 이와 같은 값을 Mohr-Coulomb 파괴

규준에 적용하면 다짐말뚝의 극한지지력은 해설 식(9.6.37)과 같이 표현된다.

$$q_u = (\sigma_{ro} + 5c_u)\frac{1+\sin\phi_s}{1-\sin\phi_s} \qquad \text{해설 (9.6.37)}$$

3. 전단파괴에 대한 지지력 이론식

1) Brauns의 극한지지력 이론식

Brauns(1978)는 해설 그림 9.6.20과 같이 다짐말뚝에 대한 3차원 수동토압이론을 적용하여 점성토 지반에서 다짐말뚝의 극한지지력을 해설 식(9.6.38)과 같이 제안하였다. 다짐말뚝 내의 전단파괴면각은 $\delta_s = 45 + (\phi/2)$이며, 주변지반의 전단파괴각은 해설 그림 9.6.21에서 구할 수 있다. 상재하중이 없는 경우의 초기 극한응력은 그림 9.6.22를 이용하여 구할 수 있다.

$$q_u = c_u\left(\frac{q}{c_u} + \frac{2}{\sin 2\delta}\right) \cdot \left(1 + \frac{\tan\delta_s}{\tan\delta}\right)\tan^2\delta_s \qquad \text{해설 (9.6.38)}$$

여기서, c_u : 주변지반의 비배수전단강도(kN/m^2)

q : 주변지반이 받는 상재하중(kN/m^2)

δ : 주변지반의 전단파괴면 각(°)

δ_s : 다짐말뚝의 전단파괴면 각(°)

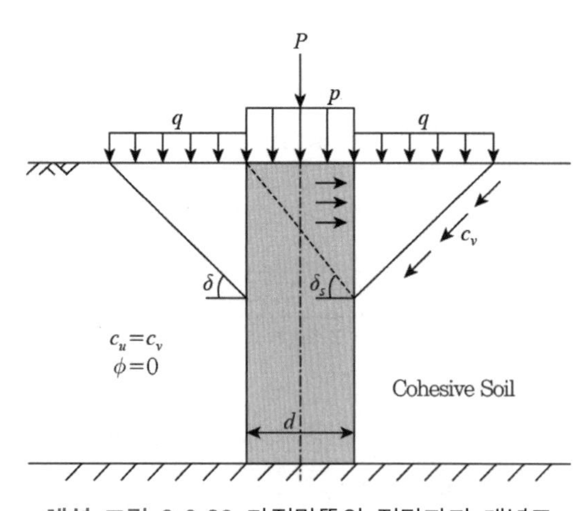

해설 그림 9.6.20 다짐말뚝의 전단파괴 개념도

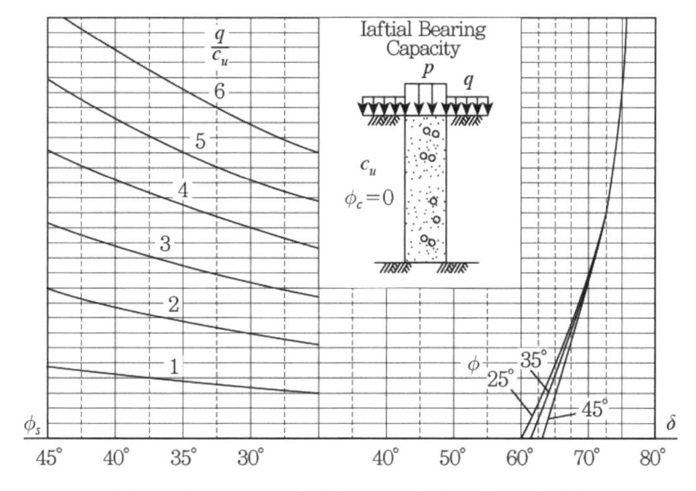

해설 그림 9.6.21 다짐말뚝 주변지반의 전단저항각

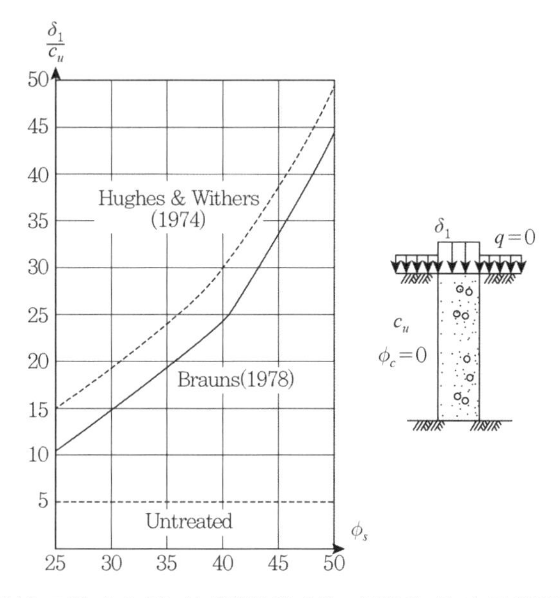

해설 그림 9.6.22 상재하중이 없는 경우의 초기 극한응력

2) Barksdale and Bachus의 극한지지력 이론식

일반적으로 군말뚝의 극한지지력은 다짐말뚝의 점착력과 주변 점토의 마찰각은 무시하고, 다짐말뚝과 점성지반의 전단강도는 유동적이고 강성체에 의한 재하고 가정하였다. Barksdale and Bachus(1983)의 다짐말뚝그룹의 극한지지력은 2개의 직선 파열선을 가진 가까운 파괴면에 의해 결정되며, 극한지지력은 해설 식(9.6.39)~(9.6.40)과 같이 제안하였다.

$$q_u = \frac{1}{2}\gamma_c B tan^3\beta + 2c_u \tan^2\beta + 2(1-a_s)c_u \tan\beta \qquad \text{해설 (9.6.39)}$$

$$\beta = 45 + \frac{\tan^{-1}(\mu_s a_s \tan\phi_s)}{2} \qquad \text{해설 (9.6.40)}$$

여기서, γ_c : 점토의 단위중량(kN/m^3)
B : 하중재하폭(m)
c_u : 주변지반의 비배수전단강도(kN/m^2)
a_s : 다짐말뚝의 치환면적비
ϕ_s : 다짐말뚝의 내부마찰각(°)
μ_s : 다짐말뚝의 응력집중계수

9.6.8 바이브로플로테이션 공법의 설계는 다음사항을 고려한다.
(1) 바이브로플로테이션공법은 수평방향으로 진동하는 진동체를 진동체의 하단에 물을 분출시키면서 소정의 깊이까지 지중에 삽입하여 진동체 주변에 있는 공극에 지표에서 모래나 자갈 등을 보급하면서 끌어 올림으로써 느슨한 모래지반을 심층다짐하는 공법이다.

해설

가. 공법의 개요

바이브로플로테이션공법은 수평방향으로 진동하는 진동체를 진동체의 하단에 물을 분출시키면서 소정의 깊이까지 지중에 삽입하여 진동체 주변에 있는 공극에 지표에서 모래나 자갈 등을 보급하면서 끌어 올림으로써 느슨한 모래지반을 심층다짐하는 공법이다. 그 결과 바이브로 파일(vibro pile)이 조성되어 모래지반의 밀도증대, 간극비의 감소, 지반강도의 증가가 이루어진다(日本材料學會土質安定材料委員會, 1991).

나. 공법의 기본원리

바이브로플로테이션공법은 바이브로플로트라고 불려지는 진동체를 선단에서 분출되는 물과 진동체의 진동을 이용하여 지반 중 계획된 심도까지 삽입하고 계속해서 분출수로 모래지반을 포화시키면서 지반에 진동을 주어 바이브로플로트 주변의 지반을 다진다.
지반의 하부가 다져짐에 따라 상부의 모래는 점차 아래쪽으로 떨어져서 바이브로플로트의 상부 주변에 공동이 발생한다. 이 공동에 모래와 자갈 등을 보급·충전하면서 약 0.5~1.0m 마다 천천히 끌어 올린다. 이와 같은 작업을 반복하여, 하부에서 지표면까지 지반을 다지는 것이다. 이 공법의 원리를 정성적인 개량효과의 측면에서 기술하면 다음과 같다(日本材料學會土質安定材料委員會, 1991).

1. 물다짐 효과

모래에 함유되어 있는 수분이 모래입자 사이의 모세관현상에 의해 구속되어, 모래지반은 덩어리로서 점착력을 가지고 있는 듯한 거동을 나타낸다. 이를 겉보기점착력이라고 하며 겉보기점착력의 존재가 모래지반을 느슨한 상태로 유지시키고 있는 요소이다. 인위적으로 흙 속의 공극을 물로 포화시켜 모세관현상을 없애면, 겉보기점착력이 없어져 모래입자의 이동이 용이하게 되고, 진동으로 모래가 쉽게 다져지게 된다.

2. 진동다짐의 효과

느슨한 모래지반은 모래입자간의 간극이 크기 때문에 이같은 지반에 진동을 작용시키면 모래입자는 중력에 의해 아래쪽의 간극으로 이동하려고 한다. 이 현상을 적극적으로 이용한 것이 본공법이고, 수평방향의 진동에 의해 모래지반에 불안정한 상황을 일으켜 모래입자와 같은 흙을 다지고 발생한 간극에 재료를 보충하여 지반개량의 효과를 기대하고 있다.

3. 적용지반과 개량효과

적용지반과 개량효과에 대한 데이터를 해설 그림 9.6.23~9.6.24에 나타내고 있다. 해설 그림 9.6.23은 대상지반의 유효입경과 시공 후 N치, 해설 그림 9.6.24는 해설 그림 9.6.23과 동일한 대상지반에서의 모래함유율과 시공 후 N치의 관계를 나타내고 있다. 해설 그림 9.6.23~9.6.24로부터 본 공법은 굵은 모래에 효과가 있고 가는 모래에는 효과가 적다는 결과를 얻을 수 있으며, 모래함유율 70% 이상, 유효경 $D_{10} \fallingdotseq$ 0.03mm 이상의 모래지반에 특히 효과적이라는 것을 알 수 있다.

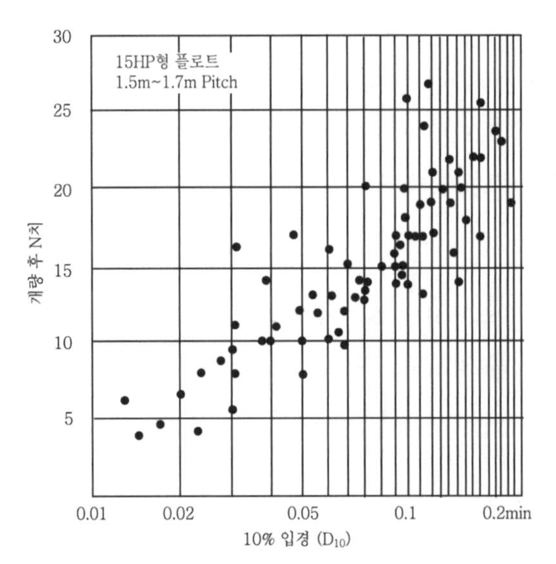

해설 그림 9.6.23 대상지반의 유효입경(D_{10})과 시공 후 N치와의 관계(日本材料學會土質安定材料委員會, 1991)

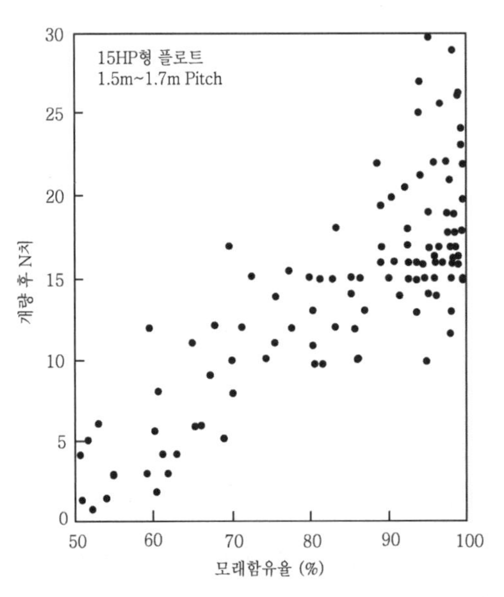

해설 그림 9.6.24 대상지반의 모래함유율과 시공 후 N치와의 관계(日本材料學會土質安定材料委員會, 1991)

다. 공법의 특징

바이브로플로테이션공법의 장·단점은 다음과 같다.

1. 장점

   - 지반을 균일하게 다지는 것이 가능하고 지내력을 증가시키며, 또 지진 시의 지

반액상화 방지에 대해서도 효과적이다.
- 다짐 후의 지반은 압축성이 감소하고 부등침하가 방지된다.
- 상부구조물이 진동하는 기초(예, 기계기초)에 특히 효과가 있다.
- 개량심도는 지표면에서 15m까지 가능하고 지하수위 고저에 영향 받지 않고 시공할 수 있다.
- 진동·소음이 적다.
- 공기가 짧고 공사비가 싸다.

2. 단점
- 실트입자 크기 이하의 세립토가 40% 이상 함유되어 있는 지반에는 적용할 수 없다. 가장 효과를 기대할 수 있는 지반은 세립분 15% 이하의 모래지반이다.
- 개량효과를 N치로 표현하면, 개량한계는 $N=20$ 정도이고, $N=25$ 이상의 지반에 대해서는 진동기의 관입이 곤란하여 개량효과를 기대할 수 없다.
- 개량심도의 한계가 있다.
- 지하수위가 낮고 건조상태인 지반에서는 시공시의 포화상태유지가 곤란해, 진동봉의 관입·인발에 문제가 발생할 수 있다.
- 물을 사용하기 위해, 지반에서 배수처리의 문제가 발생할 수 있다.

(2) 바이브로플로테이션 공법의 설계 시 대상 지반의 특성, 바이브로플로트의 타설 밀도, 바이브로플로트의 능력, 개량 전후지반의 N값과의 상관관계를 고려하여야 하며 신뢰할 수 있는 자료가 없는 경우, 실트가 많은 지반, 사질토층과 점성토층이 서로 반복되는 지반에서는 시험시공 결과에 따라 설계한다.
(3) 원지반에 대한 지반조사를 실시하여 본 공법에 의해 개량되는 지반의 특성이 개량구조물의 성질, 지반에 대한 하중강도, 하중분포 등의 만족여부를 검토한다.
(4) 시험시공을 위한 예비 설계는 9.6.7 모래 및 쇄석다짐말뚝 공법에서 정하는 바를 따른다.

해설

가. 원지반의 입도분포

본 공법은 일반적으로 실트질 지반에는 적합하지 못하다. 한 예로서 해설 그림 9.6.25에서 개량효과는 실트 40%의 흙까지만 적용되나 강력한 바이브로 플로트를 쓴 외국의 경우 실트의 함유량이 25%를 넘으면 효과는 없는 것으로 밝혀지고 있다(Brown, 1977).
해설 그림 9.6.26에 따르면 영역 B내에 입도곡선의 범위에 들어가는 느슨한 모래가 가장 효과적이고, 영역 C 내에 들어가는 모래는 바이브로 플로테이션으로 다짐하는 것이 극히 어려우나 입도곡선의 일부가 영역 C에 들어가면 다짐은 가능하다. 영역 A의 자갈, 고결된 모래, 비교적 조밀한 모래 지반에는 바이브로 플로트의 관입이 어렵다.
원지반의 입도분포를 알면 투입모래의 입도한계와 개량 후 N치를 추정할 수 있다.

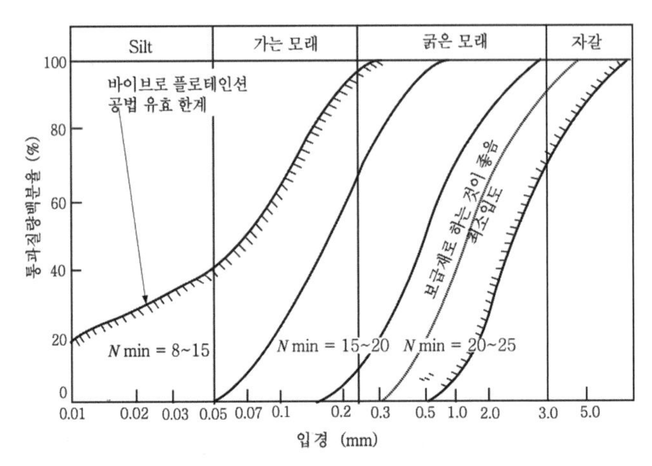

해설 그림 9.6.25 원 지반의 입도와 다짐 후 최소 N치의 관계(渡辺 隆, 1962)

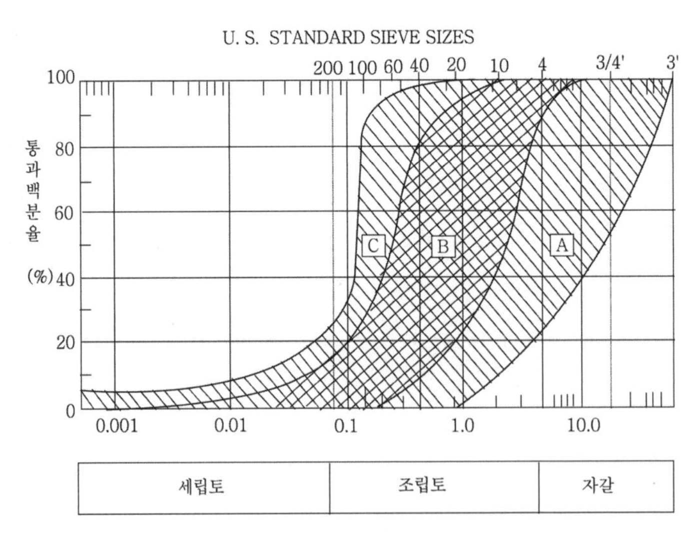

해설 그림 9.6.26 바이브로 플로테이션 공법에 적합한 모래의 입도분포(Brown, 1977)

나. 투입 모래의 입도한계와 투입량

투입할 모래는 자갈, 굵은 모래, 슬래그, 현지 모래 등이 많이 쓰인다. 일반적으로 입경이 클수록 다짐효과도 크나 최대입경이 5cm를 넘으면 오히려 다짐효과가 나빠게 된다. 한편, 입경이 작아서 점토 섞인 물위로 떠오르거나 낙하속도가 작게 되어 다짐이 원활히 이루어지지 않는다. 보충모래로서 적당한 최소 입도 범위를 해설 그림 9.6.20에 점선으로 표시했다.

투입모래의 양은 해설 식(9.6.41)로 구할 수 있다.

$$\nu = \frac{(1+e_1)(e_0 - e')}{(1+e_1)(1+e')} \qquad \text{해설 (9.6.41)}$$

여기서, ν : 원지반 단위체적당 필요보급재의 양(m^3/m^3)

e_0 : 원지반의 간극비

e_1 : 보급재의 간극비

e' : 개량지반의 필요간극비

| 참 고 문 헌 |

1. 박준모(2012), "심층혼합처리 지반의 내부안정에 대한 LRFD 저항계수 분석", 동국대학교 공학박사학위 논문, pp.33-44.
2. 천병식(1998), "최신지반주입", 원기술, pp.217-263, pp.297-300.
3. 천병식(2001), "지반개량재료로서의 시멘트 사용에 의한 지반오염문제 및 대책", 한국지반공학회지, pp.19-22.
4. 한용배(2013), "점성토 지반에서의 단일쇄석다짐말뚝에 대한 LRFD 저항계수 분석", 동국대학교 공학박사학위 논문, pp.7-30.
5. 한국지반공학회(2005), "지반공학시리즈 6, 연약지반", 구미서관, pp.154-381.
6. 한국지반공학회(2005), "지반공학시리즈 10, 준설매립", 구미서관, pp.105-340.
7. 해양수산부(2014), 항만 및 어항설계기준.
8. 해양수산부(1999), 항만 및 어항시설의 내진설계 표준서.
9. (社)日本港灣協會(平成 11年4月), 港灣の 施設の 技術上の 基準·同解說
10. トーマス·ホイテカー(岸田英明譯)(1978), 杭基礎の設計, 彰國社
11. 嘉門雅史(1985), "プラスチックドレーン材料の材質とその特性", 基礎工, Vol.13, No.8, pp.11-16.
12. 鋼管杭協會(1994), 鋼管杭ーその設計と施工ー.
13. 高橋邦夫(1985), 沈下地盤中の單杭の擧動に關する實驗的硏究, 港灣技硏資料 No.533.
14. 菅原 亮, 横田 弘, 竹鼻直人, 川端規之(1998.10) : 鋼管杭式棧橋の終局狀態に關する實驗的檢討, 土木學會第53回年次學術講演會.
15. 菊池喜昭, 高橋邦夫, 鈴木 操(1992), 繰返し荷重下で大変形する砂地盤中の杭の擧動, 港灣技術硏究所報告 第31卷 第4号.
16. 菊池喜昭, 小椋卓實, 石丸 守, 近藤武司(1998.10), 捨石地盤の横方向地盤反力係數, 土木學會第53回年次學術講演會
17. 宮本六男, 澤口正俊(1971), 群杭の横抵抗に對する杭間隔の影響 (第1報) ー縱間隔についてー, 港灣技術硏究所報告, Vol.10 No.4.
18. 瀨川完亮, 內田豊彦, 片山猛雄(1970), 組杭の設計法について(その2) ー頭部をヒンジ結合された組杭の設計法ー 港灣技硏資料 No.110.
19. 渡辺 隆(1962), "バイブロフローテーション工法に關する硏究", 鹿島建設技術硏究所出版部, p.87.
20. 本道路協會(1996), 道路橋示方書·同解說 IV下部構造編.
21. 北島昭一, 片山猛雄, 板本 浩, 鈴木庄二, 堀井修身, 高井俊郎(1968), 港灣構造物設計基準作成にあたっての諸問題について(その2), 港灣技硏資料 No.59.
22. 寺師昌明, 田中洋行, 光本 司, 新留雄二, 本門定吉(1980), "石灰·セメント系安定 處理土の基

本的特性に關する研究(第2報)", 港灣技術研究報告, Vol.19, No.1, pp.33*62.
23. 寺師昌明, 北詰昌樹, 中村 健(1988), "深層混合處理工法による壁式改良地盤の抜け出し破壞實驗", 第18回土質工學研究發表會講演集, pp.1553-1556.
24. 寺師昌明, 布施谷寬, 能登繁幸(1983), "深い地盤改良の實際と問題點を考える, 10.深層混合處理工法の實際と問題點-深層混合處理工法の概要-", 土と基礎, Vol. 31, No.6, pp.57-64.
25. 山原 浩(1969), 鋼管杭の支持力機構と適用例, 土と基礎 Vol.17 No.11.
26. 西田義親, 太田秀樹, 松本樹典, 栗原勝美(1985), 開端杭の內周面摩擦による支持力, 土木學會論文集, 第364号 III-4.
27. 小林正樹, 寺師昌明, 高橋邦夫, 中島謙二郎(1987.6), 捨石マウンドの支持力の新しい計算法, 港灣技術研究所報告 Vol.26 No.2.
28. 小林正樹, 水上純一, 土田 孝(1990), "粘性土の水平方向壓密係數の決定法", 港灣技術研究所報告, Vol.29, No.2, pp.63-83.
29. 篠原登美雄, 久保浩一(1961), 杭の橫抵抗に關する實驗的研究(その1), 運輸技術研究所 報告 第11巻 第6号.
30. 小川充郎, 石堂 稔(1965), "砂質土に對するバイブロコンポーザー工法の適用について", 土と基礎, Vol.13, No.2, pp.77-82.
31. 水上純一, 小林正樹(1991), マウンド用捨石材の 大型三軸試驗による强度特性, 港灣技研 資料 No.699.
32. 水野恭男, 末松直幹(1987), "細粒分を含む砂質地盤におけるサンドコンパクションパイル工法の設計法と改良効果の評價", 土と基礎, Vol.35, No.5, pp.21-26.
33. 野村健司, 早藤能伸, 長友文昭(1968), 斜面安定解析におけるビショップ法とチェボタリオフ法の比較, 港灣技術研究所報告 Vol.7 No.4.
34. 沿岸開發技術研究センター(1997.4), 港灣鋼構造物防食·補修マニュアル(改訂版).
35. 沿岸開發技術研究センター(1999), 港灣構造物設計事例集.
36. 橫田 弘, 竹鼻直人, 南兼一郎, 高橋邦夫, 川端規之(1998.6), 鋼管杭式橫棧橋の地震應答解析結果に基づく設計水平震度の考察, 港灣技術研究所報告 Vol.37 No.2.
37. 日本建築學會(1988), 建築基礎構造設計指針.
38. 一本英三郎, 末松直幹(1983), "サンドコンパクツョンパイル工法の實際と問題點-總括-", 土と基礎, Vol.31, No.5, pp.83-90.
39. 日本地盤工學會(1999), "地盤工學ハンドブック 第4編 第8章".
40. 日本土質工學會(1982a), "土質工學ハンドブック1982年版 第5章", pp.167-168.
41. 日本土質工學會(1982b), "土質工學ハンドブック1982年版 第23章", pp.995-1076.
42. 日本材料學會土質安定材料委員會(1991), "地盤改良工法便覽", pp.343-352, pp.447-463.
43. 日本土質工學會(1988a), "軟弱地盤對策工法-調査·設計から施工まで-第II編 第10章", pp.317-321.
44. 日本土質工學會(1988b), "軟弱地盤對策工法-調査·設計から施工まで-第II編 第3章", pp.119-152.
45. 日本港湾協會(1999), "港湾の施設の技術上の基準·同解說 上巻 第7章", pp.515-568.

46. 莊司喜博(1983), 大型三軸試験による 捨石材のせん斷特性に關する考察, 港灣技術研究所報告 Vol.22 No.4.
47. 中瀨明男(1964), "サンドドレーン設計圖表", 土と基礎, Vol.12, No.6, pp.35-38.
48. 鐵道綜合技術研究所(1997), 鐵道構造物等設計標準·同解說 基礎構造物·抗土壓構造物.
49. 青木雅路, 岸田英明(1979), 開端杭內部に詰った砂の極限抵抗力, 第14回土質工學硏究發表會講演集.
50. 春日井康夫:南兼一郎, 田中洋行(1992), 地盤の側方流動による港灣施設の変形予測, 港灣技研資料 No.726.
51. 土田 孝, 小林正樹, 福原哲夫(1998), 分割法圓弧すべり解析による支持力の計算法, 第33回地盤工學硏究發表會論文集.
52. 土田 孝, 湯怡新(1996.3), 港灣構造物の圓弧すべり解析における最適な安全率, 港灣技術研究所報告 第35卷 第1号.
53. Broms, B.B.(1964), Lateral resistance of piles in cohesionless soils, J. of SMFD, ASCE, Vol.90 No.SM3.
54. Brown, R.E.(1977), "Vibrofloatation compaction of cohesionless soils", Proc. ASCE, GT12, pp.1437-1451.
55. Chang, Y.L.(1937), Lateral pile loading tests, Trans., ASCE., Vol.102.
56. Chellis, R.D.(1961), Pile foundations, McGraw-Hill.
57. Mesri, G.(1973), Coefficient of secondary compression, Proc. A.S.C.E, Vol.99 SM 1.
58. Meyerhof, G.G.(1951), The Ultimate Bearing Capacity of Foundations, Geotechinque 2.
59. Shiffmann, R.L.(1960), "Field application of soil consolidation under time-dependent loading and varying permeability", Highway Research Board, Bull. 248, pp.1-25.
60. Mitchell, J.K.(1981), "State of the art on soil improvement", Proc. 10th ICSMFE, Vol.4, pp.510-520.
61. Peck, R.B., Hanson, W.E., Thornburn, T.H.(1953), Foundation engineering, John Wiley.
62. R.F.Scott(1972), Principles of soil mechanics, Addison Wesley.
63. Sawaguchi, M.(1970), Experimental investigation on the horizontal resistance of coupled piles, 港灣技術研究所報告 Vol.9 No.1.
64. Terazghi, K.(1955), Evaluation of coefficient of subgrade reaction, Géotechnique, Vol.5 No.4.
65. Terzaghi, K., Peck, R.B., Mesri, G.(1995), Soil mechanics in engineering practice, Third Edition, John Wiley.
66. Tomlinson, M.J.(1986), Foundation Design and Construction, Fifth Edition, Skin friction on pile shaft, Longman Scientific & Technical.
67. Tschebotarioff, G.P.(1973), Foundations, retaining and earth structures Second

Edition, McGraw-Hill.
68. Vesic, A.S..(1972), "Expansion of cavities in infinite soil mass", ASCE, Vol.98, No SM3.
69. Vipulanandan, C.(1997), "Grouting:Compaction,Remediation and Testing", Geotechnical Special Publication No.66, ASCE, pp.18-31.

제 10 장 내진설계

10.1 일반사항

10.1.1 이 장은 건설교통부의 내진설계기준연구(II)(1997.12) 결과를 토대로 구조물 기초의 내진설계와 내진성능 평가를 위해 작성된 기준이다.
10.1.2 이 장은 구조물 기초의 내진성능을 확보하기 위한 최소 설계 요구조건으로서 지진으로 인한 구조물 기초의 피해와 이로 인한 경제적 손실을 최소화하기 위한 기준이다.
10.1.3 구조물 기초의 내진성능 평가는 지진의 발생빈도, 지반운동 크기와 구조물 기초의 중요도 등에 따라 기능수행수준과 붕괴방지수준으로 구분하여 실시한다.

해설

10.1.1 이 장은 신설되는 구조물 기초뿐만 아니라 제방, 사면, 옹벽 등 토류구조물의 내진설계 및 지진에 의한 지반의 액상화평가 등에 적용한다. 이 기준은 당초 건설교통부의 내진설계기준연구(II)(1997.12) 결과를 토대로 구조물 기초의 내진설계와 내진성능 평가를 위해 작성된 기준이나, 지진·화산재해대책법에 의해 상위 기준으로 내진설계기준 공통적용사항(국민안전처 2017.07)이 고시되었으므로 해당 기준을 토대로 해설이 수정되었다. 이 기준에 언급되지 않은 내용에 대해서는 국토교통부 주관으로 제정된 제 관련 기준에 준한다.

10.1.2 지진이 발생하면 인명 및 재산의 손실은 지진의 규모에 따라 다르다. 이 설계기준의 목적은 지진에 의해 구조물 기초가 입는 피해와 그로 인한 경제적 손실을 최소화시키기 위하여 필요한 구조물 기초의 최소 목적은 설계요구조건을 규정하기 위함이다.

10.1.3 구조물 기초의 내진성능 평가는 지진의 발생빈도, 지반운동 크기와 구조물 기초의 중요도 등에 따라 기능수행수준과 붕괴방지수준으로 구분한다. 구체적인 내진성능평가는 10.3.1절에서 다룬다.

10.2 기초 구조물의 내진등급

10.2.1 구조물의 내진등급은 특등급, 1등급과 2등급으로 구분하고, 기초 구조물의 내진등급은 해당 구조물의 내진등급을 따른다.
10.2.2 내진 특등급 구조물은 내진 1등급 구조물 중 복구의 난이도가 높고 경제적 측면에서 특별하게 분류되는 구조물로서 관할기관과 협의하여 결정한다.
10.2.3 내진 1등급 구조물은 피해를 입는 경우 많은 인명과 재산상의 손실을 발생시키는 구조물, 지진재해 복구에 중요한 역할을 담당하는 구조물, 국방상의 필요성에 의하여 분류된 구조물 등으로 관할기관과 협의하여 결정한다.
10.2.4 내진 2등급 구조물은 내진 특등급과 내진 1등급에 속하지 않는 일반 구조물 중 관할기관과 협의하여 결정한다.

해설

10.2.1 구조물의 내진등급은 특등급, 1등급과 2등급으로 구분하고, 기초 구조물의 내진등급은 해당 구조물의 내진등급을 따른다. 구조물의 내진등급은 구조, 규모 등에 따라서 일률적으로 적용될 성격이 아니며, 시설물의 사회적·경제적·기능적 측면에 따라서 변화될 수 있다. 내진설계기준 공통적용사항 및 하위기준에서 제시하고 있는 구체적인 시설물별 분류기준을 바탕으로 기초 구조물의 내진설계 및 내진성능평가를 수행한다.

10.2.2 내진 특등급 구조물은 지진 시 매우 큰 재난이 발생하거나, 기능이 마비된다면 사회적으로 매우 큰 영향을 줄 수 있는 구조물로서 관할기관과 협의하여 결정한다. 구조물의 실질적 등급 구분은 교량, 건축구조물, 지하철 등 구조물 형식별 각 설계기준의 내진설계편을 참조한다.

10.2.3 내진 1등급 구조물은 지진 시 큰 재난이 발생하거나, 기능이 마비된다면 사회적으로 큰 영향을 줄 수 있는 구조물로서 관할기관과 협의하여 결정한다.

10.2.4 내진 2등급 구조물은 지진 시 재난이 크지 않거나, 기능이 마비된다 해도 사회적으로 영향이 크지 않은 구조물로서 관할기관과 협의하여 결정한다.

10.3 내진성능목표

10.3.1 구조물의 내진성능수준은 기능수행수준과 붕괴방지수준으로 구분하며, 기초 구조물의 내진성능수준은 구조물의 내진성능수준을 따른다.
10.3.2 기능수행수준은 지진 시 또는 지진 경과 후에도 구조물의 정상적인 기능을 유지할 수 있도록 심각한 구조적 손상이 발생하지 않게 설계하는 것을 성능목표로 한다.
10.3.3 붕괴방지수준은 구조물에 제한적인 구조적 피해는 발생할 수 있으나 긴급보수를 통해 구조물의 기본기능을 발휘하도록 설계하는 것을 성능목표로 한다.
10.3.4 기초 구조물은 〈표 10.3.1〉에 규정한 평균 재현주기를 갖는 지반운동에 대하여 기능수행수준과 붕괴방지수준을 만족하도록 설계한다.

표 10.3.1 지반운동 수준

성능목표	특등급	1등급	2등급
기능수행	평균재현주기 200년	평균재현주기 100년	평균재현주기 50년
붕괴방지	평균재현주기 2400년	평균재현주기 1000년	평균재현주기 500년

해설

10.3.1 내진설계기준 공통적용사항에서 구조물의 내진성능수준은 내진등급에 따라 '기능수행', '즉시복구', '장기복구/인명보호', '붕괴방지' 수준으로 구분한다. 지진에 의한 구조물의 피해는 지진의 규모와 내진설계정도에 따라 다르다. 구조물의 내진성능수준이란 지진이 발생한 후 구조물의 피해를 기능적 측면에서 어느 정도까지 허용할 것인가를 나타내는 내진설계 정도를 의미한다. 구조물의 내진등급별 최소 내진성능수준은 다음 해설 표 10.3.1과 같으며 내진등급에 따라 내진성능 수준 중에서 두 개 이상의 성능 수준을 선택하여 적용할 수 있다. 구조물별 내진설계기준에서 해당 구조물에 적용할 내진성능 수준을 결정할 수 있고, 기초 구조물의 내진성능 수준은 구조물의 내진성능 수준을 따른다.

해설 표 10.3.1 구조물의 내진등급별 내진성능수준

설계지진 재현주기(년)	내진성능 수준			
	기능수행	즉시복구	장기복구/인명보호	붕괴 방지
50	내진II등급			
100	내진I등급	내진II등급		
200	내진특등급	내진I등급	내진II등급	
500		내진특등급	내진I등급	내진II등급
1000			내진특등급	내진I등급
2400				내진특등급
4800				내진특등급

10.3.2 '기능수행' 수준은 설계지진하중 작용 시 구조물이나 시설물에 발생한 손상이 경미하여 그 구조물이나 시설물의 기능이 유지될 수 있는 성능 수준을 말한다. '즉시복구' 수준은 설계지진하중 작용 시 구조물이나 시설물에 발생한 손상이 크지 않아 단기간 내에 즉시 복구되어 원래의 기능이 회복될 수 있는 성능 수준을 말한다.

10.3.3 '장기복구/인명보호' 수준은 설계지진하중 작용 시 구조물이나 시설물에 큰 손상이 발생할 수 있지만 장기간의 복구를 통하여 기능 회복이 가능하거나, 시설물에 상주하는 인원 또는 시설물을 이용하는 인원에 인명손실이 발생하지 않는 성능 수준을 말한다. '붕괴 방지' 수준은 설계지진하중 작용 시 구조물이나 시설물에 매우 큰 손상이 발생할 수는 있지만 구조물이나 시설물의 붕괴로 인한 대규모 피해를 방지하고, 인명피해를 최소화하는 성능 수준을 말한다.

10.3.4 소방방재청은 2013년 설계기간 5년, 10년, 20년, 50년, 100년, 250년, 500년 내 초과발생확률 10%에 해당하는 한반도 전체의 확률론적 국가지진위험지도를 작성하였다. 이들 설계기간과 초과발생확률을 재현주기로 환산하면 각각 48, 95, 190, 475, 950, 2373, 4746년이 된다. 일반적으로는 이들 재현주기의 숫자를 단순화하여 각각 50년, 100년, 200년, 500년, 1000년, 2400년, 4800년으로 하여 근사적으로 사용한다. 이를 바탕으로 내진설계기준 공통적용사항에서 제시하고 있는 설계지진의 수준은 다음과 같다.

(1) 평균재현주기 50년 지진지반운동(5년 내 초과발생확률 10%)
(2) 평균재현주기 100년 지진지반운동(10년 내 초과발생확률 10%)
(3) 평균재현주기 200년 지진지반운동(20년 내 초과발생확률 10%)

(4) 평균재현주기 500년 지진지반운동(50년 내 초과발생확률 10%)
(5) 평균재현주기 1000년 지진지반운동(100년 내 초과발생확률 10%)
(6) 평균재현주기 2400년 지진지반운동(250년 내 초과발생확률 10%)
(7) 평균재현주기 4800년 지진지반운동(500년 내 초과발생확률 10%)

10.4 기초 구조물의 설계 거동한계

10.4.1 기초구조물의 기능수행수준에 따른 설계거동한계는 다음과 같다.
(1) 비탈면이나 옹벽과 같은 흙막이 구조물은 부분적인 항복과 소성변형을 허용할 수 있으나, 주변 구조물 및 부속 시설들은 탄성 또는 탄성에 준하는 거동을 허용한다.
(2) 얕은기초 및 깊은기초는 지진 시 그 주변 지반의 소성거동은 허용할 수 있으나 기초 구조물 자체와 모든 상부 구조물 및 부속 시설이 탄성 또는 탄성에 준하는 거동을 허용한다.

10.4.2 기초 구조물의 붕괴방지수준에 따른 설계거동한계는 다음과 같다.
(1) 비탈면이나 옹벽과 같은 흙막이 구조물의 구조적 손상은 경미한 수준으로 허용하며 이로 인한 주변 구조물 및 부속 시설들의 소성거동은 허용하지만 취성파괴 또는 좌굴이 발생하지 않아야 한다.
(2) 얕은기초 및 깊은기초는 지진하중 작용 시 소성거동을 허용할 수 있으나 이로 인하여 기초구조물 자체와 상부 구조물에는 취성파괴 또는 좌굴이 발생하지 않아야 한다.
(3) 기초 구조물과 그 주변의 지반에는 과다한 변형이 발생하지 않아야 하며, 지반의 액상화로 인하여 상부 구조물에 중대한 결함이 발생하지 않아야 한다.

해설

10.4.1 기초구조물의 기능수행수준에 따른 설계거동한계는 다음과 같다.
(1) 비탈면이나 옹벽과 같은 흙막이 구조물은 부분적인 항복과 소성변형을 허용할 수 있으나, 주변 구조물 및 부속 시설들은 탄성 또는 탄성에 준하는 거동을 허용한다.
(2) 얕은기초 및 깊은기초는 지진 시 그 주변 지반의 소성거동은 허용할 수 있으나 기초 구조물 자체와 모든 상부 구조물 및 부속 시설이 탄성 또는 탄성에 준하는 거동을 허용한다.

10.4.2 기초 구조물의 붕괴방지수준에 따른 설계거동한계는 다음과 같다.

(1) 비탈면이나 옹벽과 같은 흙막이 구조물의 구조적 손상은 경미한 수준으로 허용하며 이로 인한 주변 구조물 및 부속 시설들의 소성거동은 허용하지만 취성파괴 또는 좌굴이 발생하지 않아야 한다.

(2) 얕은기초 및 깊은기초는 지진하중 작용 시 소성거동을 허용할 수 있으나 이로 인하여 기초구조물 자체와 상부 구조물에는 취성파괴 또는 좌굴이 발생하지 않아야 한다.

(3) 기초 구조물과 그 주변의 지반에는 과다한 변형이 발생하지 않아야 하며, 지반의 액상화로 인하여 상부 구조물에 중대한 결함이 발생하지 않아야 한다.

10.5 설계 지반운동 결정과 지반 증폭계수

10.5.1 구조물 기초설계 지반운동을 결정하는 데 고려할 사항은 다음과 같다.

(1) 설계 지반운동은 부지 정지작업이 완료된 지표면에서의 자유장 운동으로 정의한다.

(2) 국지적인 토질조건, 지질조건, 지형조건 등이 지반운동에 미치는 영향을 고려한다.

(3) 설계 지반운동은 기본 지진재해(보통암 지반 기준)로 평가한다.

(4) 설계 지반운동은 진폭, 주파수 내용 및 지속시간의 세 가지 측면에서 그 특성을 합리적으로 정의한다.

(5) 토사지반에 중요도가 높은 구조물을 설치하는 경우, 부지특성 평가기법과 부지 응답해석을 수행하여 해당부지에 적합한 설계 지반운동을 결정한다.

(6) 설계 지반운동은 수평 2축 방향과 연직방향 성분으로 나타낸다.

(7) 설계 지반운동의 수평 2축 방향 성분은 그 특성이 서로 동일하다고 가정할 수 있다.

(8) 설계 지반운동의 연직방향 성분의 진폭은 수평방향 성분의 3분의 2로 가정할 수 있고, 주파수 내용과 지속시간은 수평방향 성분과 동일하다고 가정할 수 있다.

해설

10.5.1 내진설계에서는 지진에 의한 지반운동(진동)을 외적하중으로 작용시켜 구조물 기초를 실계한다. 설계 시반운동은 지반진동을 시간에 따른 진동 가속도 성분으로 나타낸

다. 구조물 기초설계 지반운동을 결정하는 데 고려할 사항은 다음과 같다.

(1) 설계 지반운동은 부지 정지작업이 완료된 지표면에서의 자유장 운동을 적용한다. 지진 시 지반운동에는 해설 그림 10.5.1에 나타난 바와 같이 자유장 운동, 기반암 운동, 암반노두 운동 등으로 나눌 수 있으며 다음과 같이 정의한다.

가. 자유장 운동(free surface motion) : 지표면의 지반운동
나. 기반암 운동(bedrock motion) : 기반암 표면의 지반운동
다. 암반노두 운동(rock outcrop motion) : 기반암이 지표면상에 노출된 노두의 지반운동

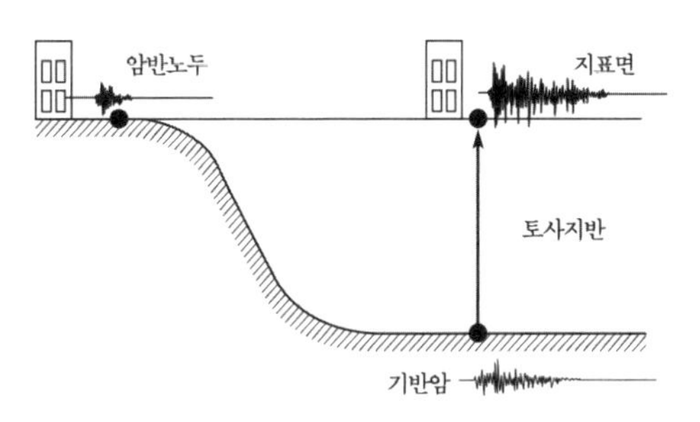

해설 그림 10.5.1 지반운동의 정의

(2) 설계 지반운동에 가장 큰 영향을 주는 요소는 구조물 기초가 설치되는 현장 지반의 국지적인 지반조건이다. 즉, 국지적인 토질조건, 지질조건, 지형조건 등이 지반운동에 미치는 영향을 고려하여 설계 지반운동을 결정한다. 지진 시 구조물의 거동은 구조물 하부 기초 지반에 의해 많은 영향을 받으므로, 지진 관련 지반 공학적 문제들에 대한 이해와 연구는 매우 중요하다. 실제 연약한 점토질 퇴적층 위에 형성된 Mexico City의 경우 1985년 Michoacan 지진 시 지반증폭현상에 의하여 엄청난 피해를 입었다. 또한 1988년 발생한 Armenia 지진의 경우, 진원으로부터 멀리 떨어진 깊은 퇴적층 위에 세워진 도시가 진원 근처에 위치한 도시보다 많은 피해를 입은 사례가 보고되었다. 따라서 국지적인 지반조건에 따라 지신에 의한 지반증폭현상을 평가하여 설계지진력 산정 시 고려하는 것은 매우 중요하다. 또한 탄성파 탐사를 통하여 전단파속도 주상도, 실내시험으로부터 획득한 변형률에 따른 정규화 전단탄성계수, 감쇠비 등 지반의 동적 물성치를 평가하여 지반운동에 미치는 영향을 고려하는 것이 필요하다.

(3) 설계 지반운동은 부지 정지작업이 완료된 지표면에서의 자유장 운동으로 정의된다. 내진설계기준 공통적용사항에서 제시하고 있는 국가지진위험지도는 암반노두 운동으로 정의되어 있으며, 이를 바탕으로 국지적인 토질조건(부지특성)을 고려하여 지표

면 자유장 운동을 결정한다.

(4) 지진발생 시 구조물의 거동에 영향을 미치는 지반운동의 주요 요소는 해설 그림 10.5.2에서 보는 바와 같이 지진의 강도, 주파수 특성과 지속시간 등이다. 이러한 지진파의 요소는 단층의 발생 메커니즘, 지진파의 진행경로, 그리고 국부적인 지반상태에 따라 달라진다. 설계 지반운동은 이러한 세 가지 사항을 고려하여 결정한다. 지진 시 국내 지반의 운동 특성을 반영하기 위해서는 국내 지반 또는 암반에서 계측된 지진기록을 사용하는 것이 이상적이다. 2016년 경주지진과 2017년 포항지진 시 계측된 기록이 활용될 수 있다. 더불어 충분한 수의 설계 지반운동 확보를 위해 대안으로 해외 지진기록을 이용할 수 있으며, PEER(Pacific Earthquake Engineering Research) 센터 등의 데이터베이스를 이용할 것을 추천한다(http://peer.berkeley.edu).

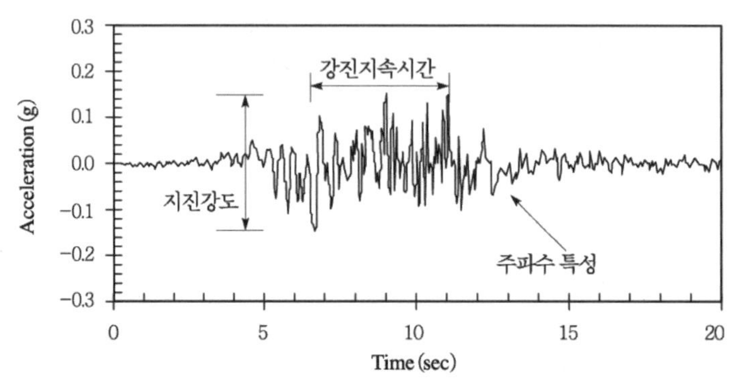

해설 그림 10.5.2 구조물에 영향을 미치는 지반진동요소

(5) 토사지반에 중요도가 높은 구조물을 설치하는 경우는 부지특성 평가기법과 지반응답해석을 수행하여 해당부지에 적합한 설계 지반운동을 결정한다. 설계지반운동을 결정하기 위한 지반응답해석에는 선형해석기법, 등가선형해석기법, 비선형해석기법이 있다.
선형해석기법은 해석이 빠르고 간편하지만 지반의 비선형 거동을 고려하지 못한다. 전단탄성계수와 감쇠비가 지반의 각 층에 일정한 값을 가지므로 이에 상응하는 각 층의 변형률 값을 고려하여 산정하는 것이 중요하다. 지반의 비선형 거동을 고려하기 위한 방법으로 등가선형해석기법이 널리 사용된다.
등가선형해석기법은 미소변형률 영역에서부터 비선형 응력-변형률 거동을 경험하는 지반에 대해 시행착오법으로 일정한 값에 수렴하도록 반복 계산하여, 지진 시 각 층에 발생하는 전단변형률에 해당하는 전단탄성계수와 감쇠비 값을 산정하는 방법이다. 등가선형해석기법은 지반의 거동을 정확하게 묘사하지 못하지만, 보수적인 결과를 제공한다.
한편, 비선형해석기법의 경우 응력-변형률 관계를 설정하는 지반모델을 이용하여 과잉간극수압의 발현 및 소산과 응력 재분배 등과 같은 지반의 동적거동을 상세하게 예측할 수 있는 장점이 있다. 그러나 비선형해석을 이용하여 지반응답특성을 평가할 경우, 많은 실험변수가 필요하여 입력변수 결정을 위한 지반조사가 수행되어야 한다.

(6) 설계 지반운동은 지반진동을 시간에 따른 수평 2축 방향과 연직방향 가속도 성분으로 나타낸다.

(7) 설계 지반운동의 수평 2축 방향 가속도 성분은 그 특성이 서로 동일하다고 가정할 수 있다.

(8) 설계 지반운동의 연직방향 가속도 성분의 진폭은 수평방향 가속도 성분의 0.77배 수준으로 가정할 수 있고, 주파수 내용과 지속시간은 수평방향 가속도 성분과 동일하다고 가정할 수 있다.

10.5.2 설계지진계수(지표면 자유장 최대가속도)는 해당 지역의 보통암 암반 노두 설계지진계수(최대가속도)에 그 지역의 지반(증폭)계수를 곱하여 결정한다.

10.5.3 지반운동에 따른 지반종류는 〈표 10.5.1〉과 같이 5종으로 분류한다.

10.5.4 지반(증폭)계수는 내진설계기준연구(II)(건설교통부, 1997년)을 준용하거나 부지고유의 응답해석을 수행하여 결정한다. 부지고유의 응답해석 결과는 내진설계기준연구(II) 결과의 80% 이상인 경우에 한하여 사용한다.

10.5.5 중요구조물에 대하여 토사지반의 증폭현상을 파악하기 위하여 암반노두와 토사지반에 지진계를 병행설치하는 것이 필요하다고 판단되는 경우 설치여부 등을 관할기관과 협의하여 결정할 것을 권장한다.

표 10.5.1 지반의 종류

지반 종류	지반종류의 호칭	지표면 아래 30m 토층에 대한 평균값		
		전단파속도 (m/s)	표준관입시험, $\overline{N}$ (타격횟수/300mm)	비배수전단강도 $\overline{s_u}$ (kPa)
S_A	경암 지반	1500 초과	–	–
S_B	보통암 지반	760에서 1500		
S_C	매우 조밀한 토사 지반 또는 연암 지반	360에서 760	>50	>100
S_D	단단한 토사 지반	180에서 360	15에서 50	50에서 100
S_E	연약한 토사 지반	180 미만	<15	<50
S_F	부지 고유의 특성평가가 요구되는 지반			

해설

10.5.2 내진설계기준 공통적용사항에서 설계 지반운동의 수준은 암반노두의 수평지반운동수준을 의미하는 유효수평지반가속도(S)에 지반 증폭계수를 곱하여 구조물의 주기별로 결정할 수 있다. 유효수평지반가속도(S)는 국가지진위험지도를 이용하는 방법과 행정구역을 이용하는 두 가지 방법을 사용한다. 이때 소방방재청(2013)이 공표한 '국가지진위험지도 및 지진구역·지진구역계수'를 활용한다. 지반 증폭계수는 국지적 지반특성을 고려하여 결정한다.

(1) 행정구역을 이용한 설계 지반운동 수준 결정

지진의 발생빈도를 기준으로 하여 우리나라를 크게 두 개의 지진구역으로 구분하여 해설 표 10.5.1에 나타내었다. 각 지진구역에서의 평균재현주기 500년 지진지반운동에 해당하는 지진구역계수 Z는 구역 I에서는 0.11, 구역 II에서는 0.07이다.

해설 표 10.5.1 지진구역 및 지진구역계수(Z, 재현주기 500년 기준)(소방방재청, 2013)

지진구역	행정구역		지진구역계수(Z)
I	시	서울, 인천, 대전, 부산, 대구, 울산, 광주, 세종	$0.11g$
	도	경기, 충북, 충남, 경북, 경남, 전북, 전남, 강원 남부*	
II	도	강원 북부**, 제주	$0.07g$

* 강원 남부 : 영월, 정선, 삼척, 강릉, 동해, 원주, 태백
** 강원 북부 : 홍천, 철원, 화천, 횡성, 평창, 양구, 인제, 고성, 양양, 춘천, 속초

지진구역계수는 각 지진구역별로 평균재현주기 500년을 기준으로 결정되었으므로 해설 표 10.5.2의 위험도계수(I)를 이용하여 다른 재현주기에서의 지역별 유효수평지반가속도(S)를 결정한다.

$$(\text{지역별 유효수평지반가속도 } S,\ g\text{값}) = (\text{지진구역계수 } Z) \times (\text{위험도계수 } I)$$

해설 표 10.5.2 위험도계수(소방방재청, 2013)

재현주기(년)	50년	100년	200년	500년	1000년	2400년	4800년
위험도계수, I	0.4	0.57	0.73	1.00	1.40	2.0	2.6

(2) 국가지진위험지도를 이용한 설계지반운동 수준 결정

국가지진위험지도는 어느 장소에서 재현주기에 일어날 수 있는 최대 가속도 값을 중

력가속도(1.0g=980cm/sec^2)의 백분율(%)로 나타낸다. 예를 들어서, 10%g는 0.1g에 해당한다. 피해를 일으킬 수 있는 중진 또는 약진의 지진이 발생했을 때 진원단층의 크기, 진원의 깊이 및 진앙 측정의 오차 등을 감안하면 진앙 근방 10km×10km 범위의 넓이에서는 암반노두 가속도의 값이 비슷하다. 그러므로 국가지진위험지도 계산에서 이 범위의 넓이를 최소 단위로 하여 한 개의 지점으로 간주한다. 이러한 각 장소에서의 가속도의 값을 등고선으로 연결해 놓은 것이 국가지진위험지도이다. 해설 그림 10.5.3에는 각 재현주기별 국가지진위험지도를 나타내었다.

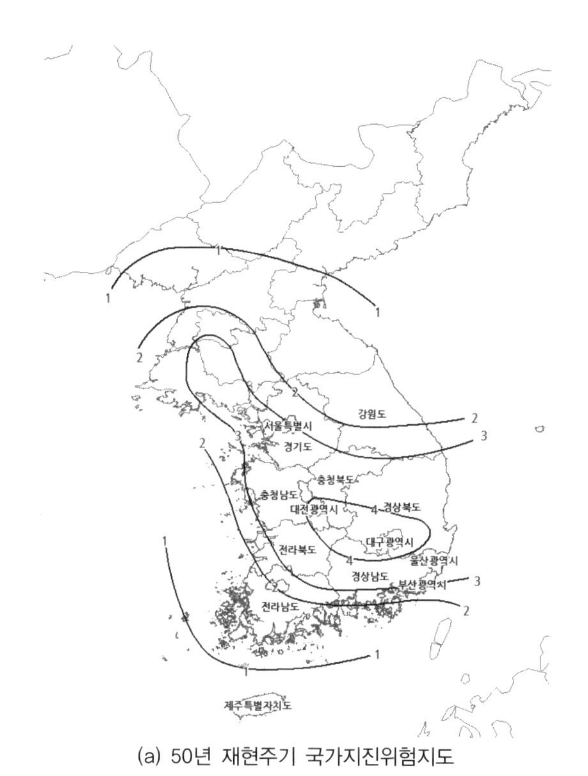

(a) 50년 재현주기 국가지진위험지도

해설 그림 10.5.3 재현주기별 국가지진위험지도

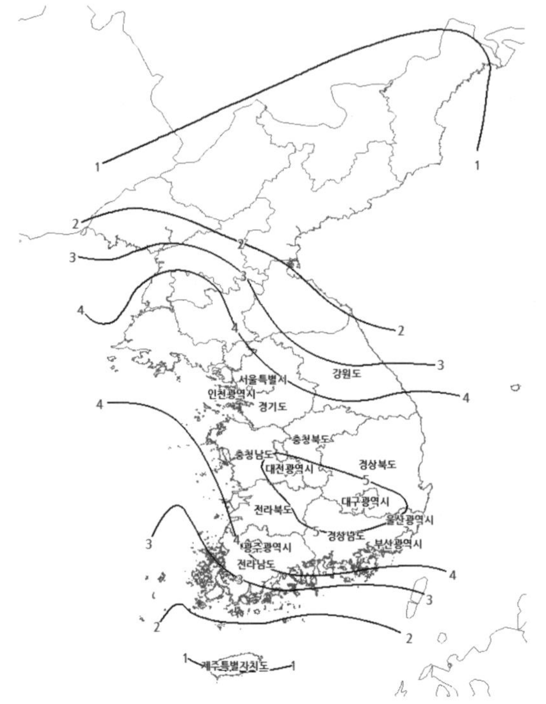

(b) 100년 재현주기 국가지진위험지도

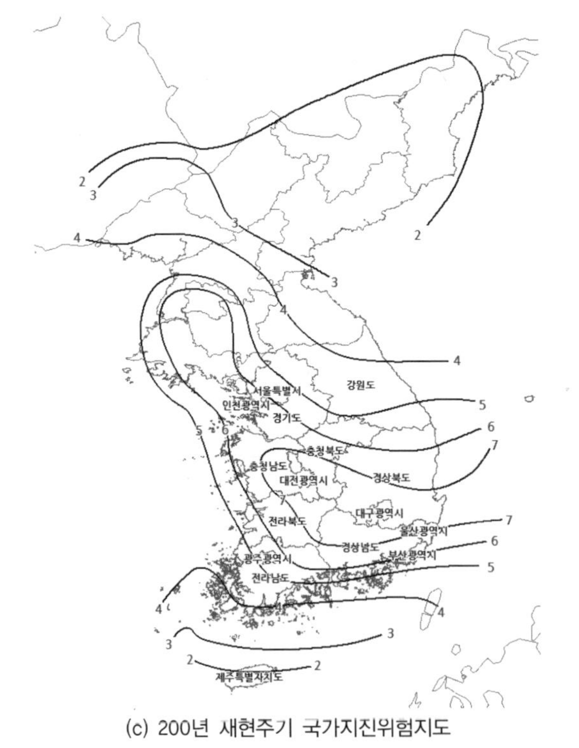

(c) 200년 재현주기 국가지진위험지도

해설 그림 10.5.3 재현주기별 국가지진위험지도(계속)

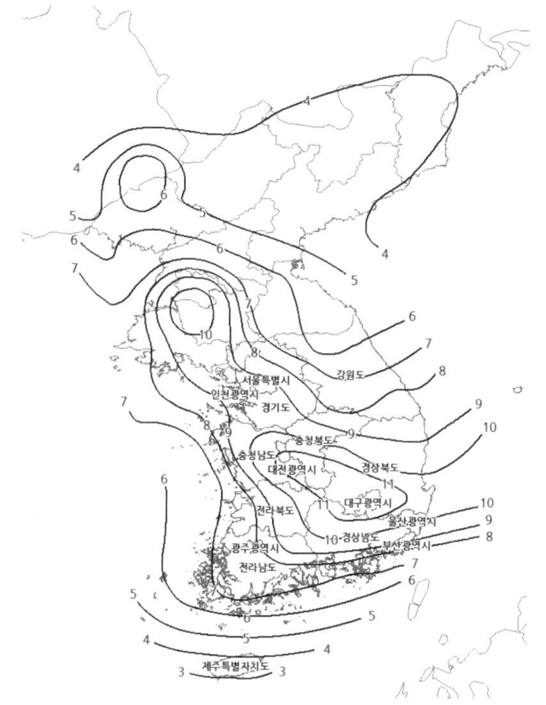

(d) 500년 재현주기 국가지진위험지도

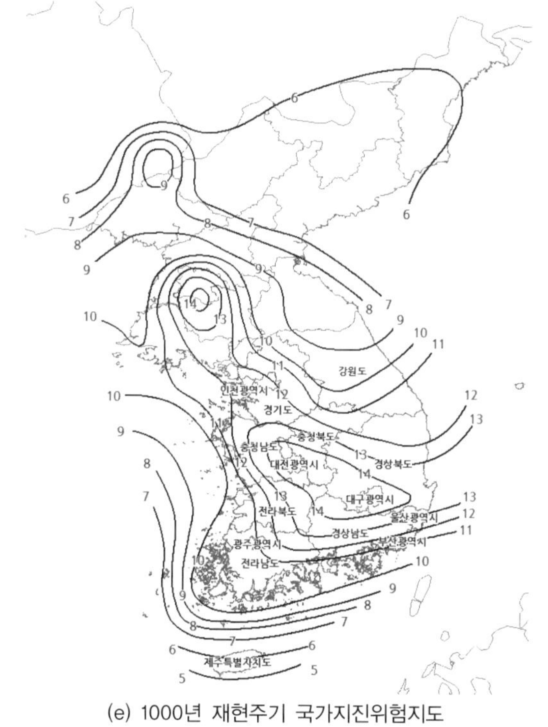

(e) 1000년 재현주기 국가지진위험지도

해설 그림 10.5.3 재현주기별 국가지진위험지도(계속)

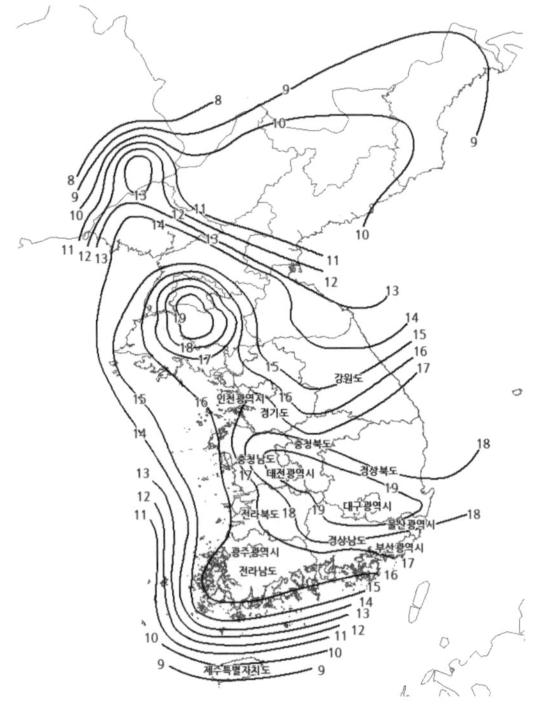

(f) 2400년 재현주기 국가지진위험지도

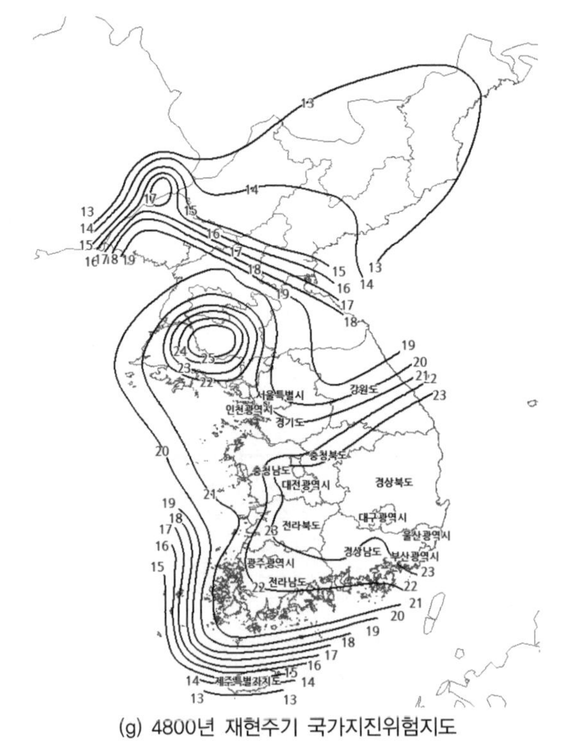

(g) 4800년 재현주기 국가지진위험지도

해설 그림 10.5.3 재현주기별 국가지진위험지도(계속)

10.5.3 지진에 의한 지반운동은 국지적 지반의 특성에 따라 달라지므로 지반의 특성을 반영할 수 있도록 지반을 분류하여 그에 따른 지반 증폭계수를 정의한다. 국지적인 토질조건, 지질조건과 지표 및 지하 지형이 지반운동에 미치는 영향을 고려하기 위하여 내진설계기준 공통적용사항에서는 지반을 해설 표 10.5.3과 같이 S_1, S_2, S_3, S_4 및 S_5의 5종으로 분류하되, 부지고유의 특성평가가 요구되는 지반 S_6을 포함하여 6종으로 분류되게 하였다.

해설 표 10.5.3 지반분류체계

지반종류	지반종류의 호칭	분류기준	
		기반암* 깊이, H(m)	토층 평균 전단파속도, $V_{S,Soil}$(m/s)
S_1	암반 지반	1 미만	-
S_2	얕고 단단한 지반	1~20 이하	260 이상
S_3	얕고 연약한 지반		260 미만
S_4	깊고 단단한 지반	20 초과	180 이상
S_5	깊고 연약한 지반		180 미만
S_6	부지 고유의 특성 평가 및 지반응답해석이 요구되는 지반		

* 전단파속도 760m/s 이상을 나타내는 지층
※ 기반암 깊이와 무관하게 토층 평균 전단파속도가 120m/s 이하인 지반은 S_5 지반으로 분류

여기서, 부지 고유의 특성평가가 요구되는 S_6는 다음 경우에 속하는 지반에 해당한다.

① 액상화가 일어날 수 있는 흙, 예민비가 8 이상인 점토, 붕괴될 정도로 결합력이 약한 붕괴성 흙과 같이 지진하중 작용 시 잠재적인 파괴나 붕괴에 취약한 지반
② 이탄 또는 유기성이 매우 높은 점토지반(지층의 두께>3.0m)
③ 매우 높은 소성을 갖은 점토지반(지층의 두께>7m이고, 소성지수>75)
④ 층이 매우 두껍고 연약하거나 중간 정도로 단단한 점토(지층의 두께>36m)
⑤ 기반암이 깊이 50m를 초과하여 존재하는 지반

지반분류에 필요한 지반특성은 다음과 같이 산정한다.

① 기반암에 대한 정의
기반암은 전단파속도 760m/s 이상을 나타내는 지층이다.

② 토층 평균 전단파 속도($V_{S,Soil}$)

$$V_{S,Soil} = \frac{\sum_{i=1}^{n} d_i}{\sum_{i=1}^{n} \frac{d_i}{V_{si}}} \quad \text{해설 (10.5.1)}$$

여기서, d_i는 기반암 깊이까지의 i번째 토층의 두께(m)이고, V_{Si}는 기반암 깊이까지의 토층의 전단파속도(m/sec)이다.

표준관입시험 관입저항치(SPT-N치)를 전단파속도로 변환하여 적용할 수 있다. 변환에는 국내 지반에 대해 제안된 상관관계식(Sun et al., 2013* 등)을 활용할 수 있다. 표준관입시험 시 단단한 암질에 도달하여 항타수가 50에 이르러도 30cm 깊이를 관입하지 못할 경우 50타수 이상의 N값은 선형적인 비례관계를 토대로 30cm 두께 관입 시 N값으로 환산한다. 이때 환산 N치의 최댓값은 300이다.

* Sun, C. G., Cho, C. S., Son, M., & Shin, J. S. (2013). Correlations between shear wave velocity and in-situ penetration test results for Korean soil deposits. Pure and Applied Geophysics, 170(3), 271-281.

10.5.4 지역적인 특성과 국부적인 지반의 특성을 고려한 설계 지반운동은 기본적으로 응답스펙트럼으로 표현하게 된다. 내진설계기준 공통적용사항에서는 5% 감쇠비에 대한 표준설계응답스펙트럼을 암반지반과 토사지반을 구분하여 나타내었다. 해설 그림 10.5.4와 해설 표 10.5.4에 암반지반의 표준설계응답스펙트럼과 작성에 필수한 계수를 나타내었다. 해설 그림 10.5.5와 해설 표 10.5.5에는 토사지반의 표준설계응답스펙트럼과 작성에 요구되는 단주기 지반 증폭계수 F_a와 장주기 지반 증폭계수 F_v의 값을 유효수평지반가속도(S) 수준에 따라 지반종류별로 주어져 있다. 필요 시 구조물의 구조특성과 설계법을 고려하여 부지 고유의 응답해석을 통해 작성된 응답스펙트럼으로 표준설계응답스펙트럼을 대신할 수 있다. 이때 응답스펙트럼은 표준설계응답스펙트럼의 스펙트럼 가속도 값의 80% 이상인 경우에 한하여 사용한다.

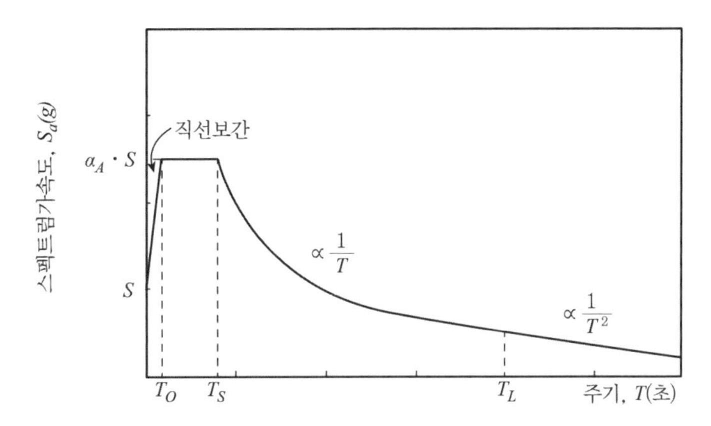

해설 그림 10.5.4 암반지반의 표준설계응답스펙트럼

해설 표 10.5.4 암반지반의 표준설계응답스펙트럼 결정을 위한 계수

구분	α_A(단주기스펙트럼 증폭계수)	전이주기(초)		
		T_O	T_S	T_L
수평	2.8	0.06	0.3	3.0

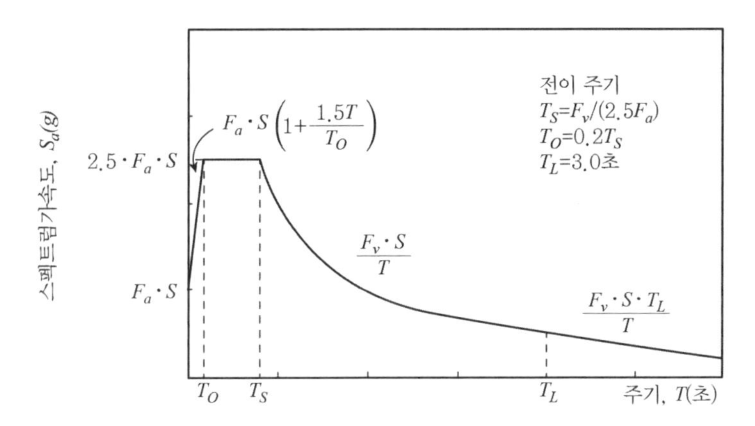

해설 그림 10.5.5 토사지반의 표준설계응답스펙트럼

해설 표 10.5.5 지반 증폭계수

지반분류	단주기 증폭계수, F_a			장주기 증폭계수, F_v		
	$S \leq 0.1$	$S=0.2$	$S=0.3$	$S \leq 0.1$	$S=0.2$	$S=0.3$
S_2	1.4	1.4	1.3	1.5	1.4	1.3
S_3	1.7	1.5	1.3	1.7	1.6	1.5
S_4	1.6	1.4	1.2	2.2	2.0	1.8
S_5	1.8	1.3	1.3	3.0	2.7	2.4

10.5.5 중요구조물에 대하여 토사지반의 증폭현상을 파악하기 위하여 암반노두와 토사지반에 지진계를 병행설치하는 것이 필요하다고 판단되는 경우 설치 여부 등을 관할기관과 협의하여 결정할 것을 권장한다. 이 기준에서는 관할기관과의 판단에 따라 지표면 및 지중에서 지반 조건에 따른 증폭 현상을 평가하는 것을 목적으로 기반암 및 지표에 노출된 단단한 암반노두에서의 계측뿐 아니라 토사층 및 지표면에도 지진계를 매설하거나 또는 downhole seismic array를 설치하여 깊이별 지진동을 계측할 것을 권장한다. 이러한 지진계측기의 설치 및 운동에 따른 구체적인 내용은 "내진설계하위기술기준-지진응답계측기설치·운영(건설교통부, 2000. 10)"을 참조할 수 있다.

10.6 입지조건과 지반조사

10.6.1 구조물의 위치는 활성단층 지역, 활성단층 인접지역, 그리고 액상화 현상 및 과다한 침하 등이 발생할 가능성이 있는 지역은 가급적 피한다. 불가피한 경우에는 지반을 개량하여 지진에 의한 피해가 발생할 가능성을 저하시킨다.

10.6.2 지반조사는 지층의 구성, 각 지층의 동역학적 특성 파악 및 실내시험용 시료채취 등을 수행하는 현장시험과 채취된 시료를 이용한 실내시험을 포함한다.

10.6.3 내진설계에서는 지진에 대한 설계 지반운동을 결정하기 위하여 기준면을 확인할 수 있는 심도까지 시추를 시행한다. 기준면은 보통암 지반(전단파속도 V_s=760m/s 이상)으로 한다.

10.6.4 액상화 저항응력을 평가하기 위한 시추조사는 지표면 아래 20m까지 실시한다.

10.6.5 설계 지반운동 결정을 위하여 지반의 층상구조, 기반암 깊이, 각 층의 밀도, 지하수위, 전단파 속도 주상도, 각 지층의 변형률 크기에 따른 전단탄성계수 감소곡선과 감쇠비 곡선 등을 조사한다.

10.6.6 액상화 평가를 위해서는 시추주상도, 지하수위, 표준관입시험의 N값, 콘관입시험의 q_c값, 전단파 속도 주상도, 지층의 물리적 특성 등을 결정한다. 또한 상세한 액상화 예측을 위해서는 시료를 채취하여 실내 반복시험(cyclic test)를 실시한다. 재성형 시료를 사용할 경우 가능한 한 현장조건과 유사하게 성형한다.

해설

10.6.1 내진설계에서 가장 기본적으로 고려할 사항은 구조물의 입지조건이다. 구조물의 위치는 활성단층 지역, 활성단층 인접지역, 그리고 액상화 현상 및 과다한 침하 등이 발생할 가능성이 있는 지역은 가급적 피한다. 불가피한 경우에는 지반을 개량하여 지진에 의한 피해가 발생할 가능성을 저하시킨다.

10.6.2 지반조사는 지층의 구성, 각 지층의 동역학적 특성 파악 및 실내시험용 시료채취 등을 수행하는 현장시험과 채취된 시료를 이용한 실내시험을 포함한다.

(1) 내진설계를 위한 지반조사는 다음의 사항을 검토하기 위하여 실시한다.
① 내진 설계상의 기반면의 설정
② 지반의 동적 해석을 위한 설계변수의 설정
③ 액상화 및 측방 유동의 판정
④ 연약 점성토의 판정

(2) 설계 지반운동 결정을 위하여 지반의 층상구조, 기반암까지의 깊이, 각 층의 밀도, 전단파속도, 전단탄성계수와 감쇠비의 비선형 특성, 지하수위 및 지반응력상태 등에 대한 정보를 획득해야 한다.

(3) 각 조사 항목에 대한 깊이별 조사 빈도는 해설 표 10.6.1을 참고하여 결정한다.

해설 표 10.6.1 지반조사 항목 및 간격

조사방법	조사항목	획득 결과	지반 종류	조사간격	조사 목표
사운딩	표준관입 시험	SPT-N값	사질토 풍화토	1~1.5m	입도분포와 SPT-N값을 이용한 액상화 예측
		교란시료 채취	사질토 풍화토	1~1.5m	층상구조 및 입도분포 획득
현장 조사	탄성파 탐사*	P파 속도 S파 속도	사질토 풍화토 점성토	1~2m	지반응답해석을 위한 저변형률 영역에서의 전단탄성계수
비교란 시료	액상화 시험	액상화 강도	사질토 매립토	1.5~2m	진동삼축시험이나 진동단순전단시험에서 액상화 강도
	동적변형 시험*	전단 탄성계수와 감쇠비	사질토 매립토 풍화토 점성토	각 층	지반응답해석 중간-대변형률에서 변형특성
	밀도 시험*	단위중량	사질토 풍화토 점성토	각 층	유효상재하중의 계산

주) * 중요도가 낮은 구조물의 경우 전문가와 상의하여 간략화된 경험식을 사용할 수 있음

(4) 지반조사 기법

지반조사 기법은 지반의 층상구조와 관입저항치를 획득하는 관입시험법, 전단파속도 주상도를 획득하는 탄성파시험법, 변형특성 평가를 위한 실내시험법, 액상화 평가를 위한 실내시험법 등이 있다.

가. 현장관입시험

관입시험으로는 표준관입시험과 콘관입시험을 사용할 수 있으며 표준관입시험을 통하여 관입저항값(SPT－N값), 입도분포 및 지반분류 등 물리적 시험을 위한 교란 시료 채취 등을 수행한다. 내진설계를 위한 N값 결정 시 경험적인 상관관계를 사용할 수 있으나, N값이 상재하중과 에너지비에 대한 보정이 필요한지 확인하여 사용하여야 한다. 콘관입시험은 연속적인 지반 주상도를 얻는 장점이 있으며, 시험장비에 진동감지기를 설치하여 다운홀 시험이 가능한 seismic cone을 활용할 수 있다.

나. 현장탄성파시험

지진 시 지반거동평가를 위하여 각 층의 전단탄성계수, 감쇠비, 단위중량의 결정이 중요하다. 지반은 변형률 크기에 따라 탄성계수가 감소하는 비선형 거동을 보인다. 선형한계 변형률 이하의 저변형률 영역($<10^{-4}$%)에서 지반의 선형거동을 측정하기 위하여 현장 탄성파기법이 사용되나, 비선형 거동 및 감쇠비 측정이 불가능하므로 변형률 변화에 따른 탄성계수의 비선형성과 감쇠비 측정을 위해서는 실내시험을 수행한다.

지반의 전단파속도 주상도를 구하기 위하여 현장에서 수행되는 탄성파시험은 크로스홀, 다운홀, 업홀, SPS 검층 등의 공내탄성파시험법과 SASW, HWAW, MASW 등의 표면파기법이 있다. 내진 1등급 이상 구조물의 경우에는 현장에서 수행되는 탄성파시험을 반드시 수행하여야 한다. 탄성파시험이 수행된 지반조사 이후에 구조물이나 성토체의 시공에 의해 지반의 유효상재하중의 변화가 예상되는 경우는 유효상재하중의 변화를 고려하여 전단파속도의 크기를 수정하여 사용한다. 현장 탄성파시험을 이용한 지반의 전단파속도 주상도는 지표면(ground level)부터 시작하여 내진설계를 위한 기반면까지 수행하는 것을 원칙으로 한다. 특정한 현장 탄성파시험법으로 지표면 상부 또는 깊은 지반의 전단파속도 주상도를 획득하지 못할 경우 대체 탄성파시험을 실시하여 기반면까지 전단파속도 주상도를 획득해야 한다. 현장 탄성파시험의 수행이 어려운 경우에는 경험적 상관관계를 포함한 관계식을 적용한다.

다. 실내반복시험

실내반복시험으로는 변형률 크기에 따른 전단탄성계수와 감쇠비의 변화를 얻기 위한 공진주시험(resonant column test), 진동삼축시험(cyclic triaxial test)이나 진동단순전단시험(cyclic simple shear test), 비틂전단시험(torsional shear test) 등이 있다. 이들 시험은 현장에서 채취된 시료를 이용하여 수행하는 것이 원칙이나 흐트러지지 않은 시료 채취가 어려운 경우에는 현장 밀도를 고려하여 재성형된 시료를 사용할 수 있다. 시험 시 변형률 크기가 크지 않은 경우, 시료에 가해지는 교란 정도가 미미하므로, 1개의 시료를 이용하여 여러 개의 구속압 단계의 시험을 실시하는 단계적 시험(staged−testing)이 가능하다. 이때 변형률 범위는 10^{-4}~1% 영역을 추천한다. 이때 시료가 채취된 깊이에서의 구속압 효과를 고려하기 위하여, 최소 3가지 구속압 단계(현장 지반 평균 주응력의 1/2배, 현장 지반의 평균주응력, 현장 지반 평균주응력의 2배)에서 시험을 실시하고 시공 후에 구속압 정도를 고려하여 선택 사용한다. 현장 여건상 부득이하게 실내반복시험을 수행하지 못하여 지반의 비선형 거동의 측정이 불가능할 경우에는 전문가의 자문을 얻어 경험적 상관관계를 포함한 관계식을 적용할 수 있다.

(5) 부지특성 평가 방법

대상지반의 부지특성 평가를 위하여 실시하는 현장 및 실내반복시험방법은 각 시험의 특성에 따라 매우 다양한 종류의 지반물성치를 획득하게 하고, 각 시험에서 결정 가능한 지반물성치는 서로 다르다. 건설되는 구조물의 중요도, 시험장비의 가용성, 지반조사 비용 등을 고려하여 지반조사기법의 조합이 결정되므로, 현장여건에 따라 각 시험에서 결정된 지반물성치를 효과적으로 결합하여 대상지반의 부지특성을 평가하여야 한다.

가. 현장탄성파 및 실내반복시험 결과 이용

본 방법은 가장 신뢰성 있는 방법으로 내진 1등급 이상의 구조물 설계 시 반드시 적용하여야 한다.

1. 현장탄성파시험을 통하여 대상지반의 깊이별 전단파속도 주상도(V_S profile)를 결정한다. 현장탄성파시험 방법으로는 다운홀시험, 크로스홀시험 및 SPS logging test 등의 공내 탄성파시험법과 SASW, HWAW 및 MASW 등의 표면파기법 등을 사용한다.
2. 대상지반을 층으로 나누고 각 층의 질량밀도를 추정하여 현장시험에서 결정

된 전단파속도로부터 저변형률 최대전단탄성계수($G_{\max}$)를 결정한다.

3. 각 층의 중앙에서 흐트러지지 않은 시료를 채취한다. 이때 시료가 흐트러지지 않도록 시료채취 및 운반에 주의하여야 한다. 흐트러지지 않은 시료의 채취가 매우 어려운 경우는 흐트러진 시료를 채취한다.
4. 변형특성 평가를 위한 실내반복시험을 수행하여 변형률 크기에 따른 전단탄성계수와 감쇠비를 얻는다. 이때 공진주시험, 진동삼축시험이나 진동단순전단시험, 비틂전단시험을 사용할 수 있으며 변형률 범위는 10^{-4}~1%를 추천한다.
5. 실내반복시험 결과로부터 현장 구속압 상태를 고려하여 각 층의 대표적인 변형률 크기에 따른 정규화 전단탄성계수($G/G_{\max}$)관계를 도출한다.
6. 현장에서 획득한 최대전단탄성계수($G_{\max}$)와 실내시험에서 구한 비선형관계($G/G_{\max}-\log\gamma$)를 결합하여 각 층에서의 현장 비선형 전단탄성계수를 해설 식(10.6.1)과 같이 결정한다.

$$G_{field} = (G/G_{\max})_{\gamma,\, lab} \times (G_{\max})_{field} \qquad \text{해설 (10.6.1)}$$

7. 현장탄성파시험으로부터 감쇠비 측정이 불가능하므로, 실내반복시험에서 얻은 변형률 크기에 따른 감쇠비($D-\log\gamma$)관계를 사용한다.

나. 현장탄성파시험 결과 이용

시험장비의 가용성 및 지반조사 비용의 제한 등으로 인하여 현장시험만이 가능할 경우, 부지특성을 평가하기 위한 단계별 방법을 정리하면 다음과 같다.

1. "가. 현장탄성파 및 실내반복시험 결과 이용"법에서 주어진 방법을 통하여 현장 전단파 속도 주상도를 획득한다.
2. 각 층의 정규화 전단탄성계수 감소곡선($G/G_{\max}-\log\gamma$)을 구하기 위하여 대상지반의 층상구조와 종류를 분류하여 문헌조사를 통한 상관관계로 적용할 수 있다.
3. 현장에서 구한 최대전단탄성계수와 문헌에서 구한 지반의 비선형 관계를 결합하여 각 층에서의 비선형 전단탄성계수를 해설 식(10.6.2)를 사용하여 결정한다.

$$G_{field} = (G/G_{\max})_{\gamma,\, literature} \times (G_{\max})_{field} \qquad \text{해설 (10.6.2)}$$

4. 변형률 크기에 따른 감쇠비($D-\log\gamma$)관계를 결정하기 위하여 문헌조사를 이용한 상관관계를 사용한다.

다. 경험에 의한 방법

소규모 내진 2등급 구조물의 경우에 한하여 적용할 수 있다. 시험장비의 가용성 및 지반조사 비용의 제한 등으로 인하여 현장 탄성파시험 및 실내 변형특성시험을 수행할 수 없는 경우는 경험적 방법에 의해 지반의 비선형 거동을 평가한다. 대부분의 경험적 상관식이 외국지반에 대한 시험결과를 기초로 유도되었으므로 국내지반 적용 시 상당히 큰 오차를 유발할 수 있으므로 사용에 주의를 기울여야 한다.

1. 지반조사 자료를 바탕으로 지반의 층상구조를 확인하고 각 층에서 지반자료(N값, 단위중량, 지하수위, 간극비, 액·소성한계, 입도분포, 비중 등)를 얻는다.
2. 지반조사 자료와의 경험적 상관관계를 이용하여 각 층의 최대전단탄성계수($G_{\max}$)를 결정한다.
3. "나. 현장탄성파시험 결과 이용"에서 주어진 방법을 통하여 비선형 변형특성을 결정한다.
4. 지반조사 자료와의 경험적 상관관계를 이용하여 구한 최대전단탄성계수와 문헌에서 구한 지반의 비선형 관계를 결합하여 각 층에서의 비선형 전단탄성계수를 해설 식(10.6.3)을 사용하여 결정한다.

$$G_{field} = (G/G_{\max})_{\gamma,\, literature} \times (G_{\max})_{literature} \qquad \text{해설 (10.6.3)}$$

5. 변형률 크기에 따른 감쇠비($D-\log\gamma$)관계를 결정하기 위하여 문헌조사를 이용한 상관관계를 사용한다.

10.6.3 내진설계에서 설계 지반운동은 기반암의 지반운동 수준에 대비하여 결정되므로 기반암을 확인할 수 있는 심도까지 시추를 시행한다. 해설 표 10.5.5에서 기반암은 전단파속도(V_S)가 760m/sec 이상인 지층으로 정의된다. 따라서 구조물 기초의 내진설계를 수행하기 위해서는 시추에 따른 지반조사가 풍화암 지역을 통과하여 기반암까지 수행된다. 그러나 모든 시추를 기반암 깊이까지 수행할 필요는 없으며 상세 지반조사 초기에 설계 지반운동을 결정하기 위하여 대표적 시추위치를 선정한다. 선정된 시추공에서는 기반암 깊이까지 시추하여 표준관입시험 및 현장탄성파시험을 실시하고 실내반복시험을 위한 흐트러지지 않은 시료를 채취한다.

10.6.4 액상화 전단저항응력을 평가하기 위한 시추조사는 지표면 아래 20m까지 실시한다. 지금까지 사례 연구에 의하면 지표면에서 20m 아래에 놓여있는 지반에서는 액상화 현상이 발생된 경우가 보고되지 않았으므로, 액상화 평가를 위한 시추조사는 지표면 아래 20m까지로 제한한다. 액상화 평가는 주로 표준관입시험의 N값과 입도 분포에 의해 실시되며, 필요한 경우 시료를 채취하여 실내반복시험을 수행한다.

10.6.5 설계 지반운동 결정을 위하여 지반의 층상구조, 기반암 깊이, 각 층의 밀도, 지하수위, 전단파 속도 주상도, 각 지층의 변형률 크기에 따른 전단탄성계수 감소곡선과 감쇠비 곡선 등을 조사한다.

10.6.6 액상화 평가를 위해서는 시추주상도, 지하수위, 표준관입시험의 N값, 콘관입시험의 q_c값, 전단파 속도 주상도, 지층의 물리적 특성 등을 결정한다. 또한 상세한 액상화 예측을 위해서는 시료를 채취하여 실내 반복시험(cyclic test)을 실시한다. 재성형 시료를 사용할 경우 가능한 한 현장조건과 유사하게 성형한다. 액상화 평가를 위한 시료 채취는 1.5~2m 간격이 적절하다. 액상화 평가를 위한 흐트러지지 않은 시료를 채취할 때는 SPT-N값이 가장 작은 지역이 액상화에 취약하므로 이를 고려하여 시료를 채취한다. 흐트러지지 않은 시료를 얻기가 어려울 경우는 현장 밀도와 지반형성이력을 고려한 재성형된 시료를 사용할 수 있다. 보다 구체적인 사항은 "10.7 액상화 평가" 해설에서 기술한다.

10.7 액상화 평가

10.7.1 기초 구조물은 지반 액상화의 피해를 입지 않도록 액상화 발생 가능성을 검토한다. 액상화 발생 가능성은 대상현장에서 액상화를 유발시키는 전단저항응력과 지진에 의해 발생되는 지진전단응력의 비로서 정의되는 안전율로 평가한다.

10.7.2 설계 지진 규모는 지진구역 I, II 모두 리히터규모 6.5를 적용한다.

10.7.3 액상화 평가는 구조물 내진등급에 관계없이 예비평가, 간이평가(간편 예측법), 상세평가의 3단계로 구분하여 수행한다.

10.7.4 내진 특등급 및 1등급 구조물인 경우 현장과 실내 시험결과를 적용한 지진응답해석을 수행하여 지진전단응력을 결정하고, 액상화 전단저항응력은 실내반복시험 결과를 이용하여 산정한다.

해설

10.7.1 기초 구조물은 지반 액상화의 피해를 입지 않도록 액상화 발생 가능성을 검토한다. 액상화 발생 가능성은 대상현장에서 액상화를 유발시키는 전단저항응력과 지진에 의해 발생되는 지진(진동)전단응력의 비로서 정의되는 안전율로 평가한다. 전단저항응력은 지진 시 액상화에 저항할 수 있는 지반의 전단응력(강도)을 의미하며 지진전단응력은 지진의 진동으로 발생하는 진동전단응력을 의미한다.

액상화 현상은 주로 사질토층에 발생하며, 다음의 경우에는 액상화 평가를 생략할 수 있다.

(1) 지하수위 상부 지반
(2) 지반심도가 20m 이상인 지반
(3) 상대밀도가 80% 이상인 지반
(4) 주상도상의 표준관입저항치에 기초하여 산정된 $(N_1)_{60}$이 25 이상인 지반
(5) 주상도상의 콘관입저항치에 기초하여 산정된 q_{ci}가 13MPa 이상인 지반
(6) 주상도상의 전단파속도에 기초하여 산정된 V_{s1}이 200m/s 이상인 지반
(7) 소성지수(PI)가 10 이상이고 점토성분이 20% 이상인 지반
(8) 세립토 함유량이 35% 이상인 경우, 원위치시험법에 따른 액상화 평가 생략조건은 다음과 같다.
① $(N_1)_{60}$이 20 이상인 지반
② q_{ci}가 7MPa 이상인 지반
③ V_{s1}이 180m/s 이상인 지반
* $(N_1)_{60}$, q_{ci}, V_{s1}에 대해서는 10.7.5절에서 자세히 설명한다.
(9) 대상 지반의 입도분포곡선으로부터 액상화가 발생 가능한 입도분포영역 외에 분포하는 경우(해설 그림 10.7.1 참조)
(10) 지진구역 II에서의 내진 2등급 구조물
(11) 기타, 경제성을 위해서 내진 2등급 구조물에서는 전문가와 상의 후에 액상화 평가를 생략할 수 있다.

10.7.2 설계 지진 규모는 지진구역 I, II 모두 리히터규모 6.5를 적용하며 붕괴방지수준에서 실시한다. 액상화 평가 시 설계 지진 가속도는 “10.5 설계 지반운동 결정과 지반증폭계수”의 내용에 준하여 결정한다. 대상지반의 주상도와 입도분포자료로부터 액상화 평가가 필요한 지역으로 판단되면 대상지반에 대해 지반응답해석을 수행한다. 이때 지반응답해석은 지진규모($M=6.5$)가 유사한 장주기 및 단주기 특성을 포함한 3개 이상의 가속도 시간이력에 대하여 수행한다.

10.7.3 액상화 평가는 구조물 내진등급에 관계없이 예비평가, 간이평가(간편 예측법), 상세평가의 3단계로 구분하여 수행한다(해설 그림 10.7.2 참조).

10.7.4 기초지반 위의 구조물이 내진 1등급 이상인 경우에는 간이평가에 더해 반드시 현장과 실내 시험결과를 이용한 지반진동특성을 사용하여 지반응답해석을 수행하고 액상화 전단저항응력은 진동삼축시험이나 진동단순전단시험 결과를 이용한다. 기초지반 위에 성토구조물이 놓인 경우 성토부에 대한 액상화 평가를 실시한다.

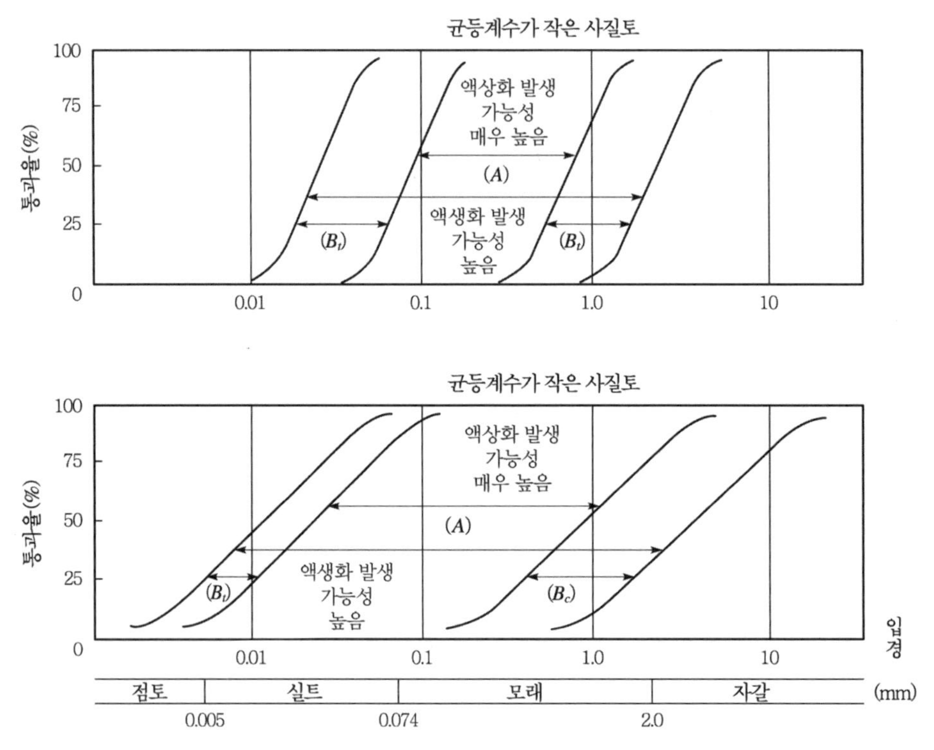

해설 그림 10.7.1 액상화 가능성이 있는 흙의 입도분포(한국지반공학회, 2006)

10.7.5 액상화 평가에는 구조물의 내진등급에 따라 현장시험 결과(N값, q_c값, V_s값 등)를 이용한 간편 예측법 또는 실내 반복시험을 이용한 상세 예측법 등을 적용한다.

10.7.6 간편 예측법에서 액상화에 대한 안전율은 1.5를 적용한다. 안전율이 1.0~1.5일 경우 상세 예측법을 실시하고 안전율이 1.0 미만인 경우 바로 액상화 대책공법 또는 액상화 고려 기초구조물 해석 방법을 실시한다.

10.7.7 상세 예측법에서 액상화에 대한 안전율은 1.0을 적용한다. 안전율이 1.0 미만인 경우 대책공법을 마련하고, 1.0 이상인 경우에는 액상화에 대해 안전한 것으로 판정한다.

10.7.8 액상화로 인한 큰 피해가 예상되는 지역에는 액상화 방지 대책을 계획한다.

해설

10.7.5 액상화 평가에는 구조물의 내진등급에 따라 현장시험 결과(표준관입시험결과의 N값, 콘관입시험결과의 q_c값, 전단파속도 V_s값 등)를 이용한 간편 예측법 또는 진동삼축시험과 진동단순전단시험 등과 같은 실내 반복시험을 이용한 상세 예측법 등을 적용한다. 액상화 평가 절차에 대한 흐름도는 해설 그림 10.7.2에 나타내었다. 액상화 간편 예측법은 (1) SPT결과의 N값 (2) CPT 시험결과 (3) 전단파속도를 이용하고, 액상화 상세예측법은 실내반복시험을 이용한다.

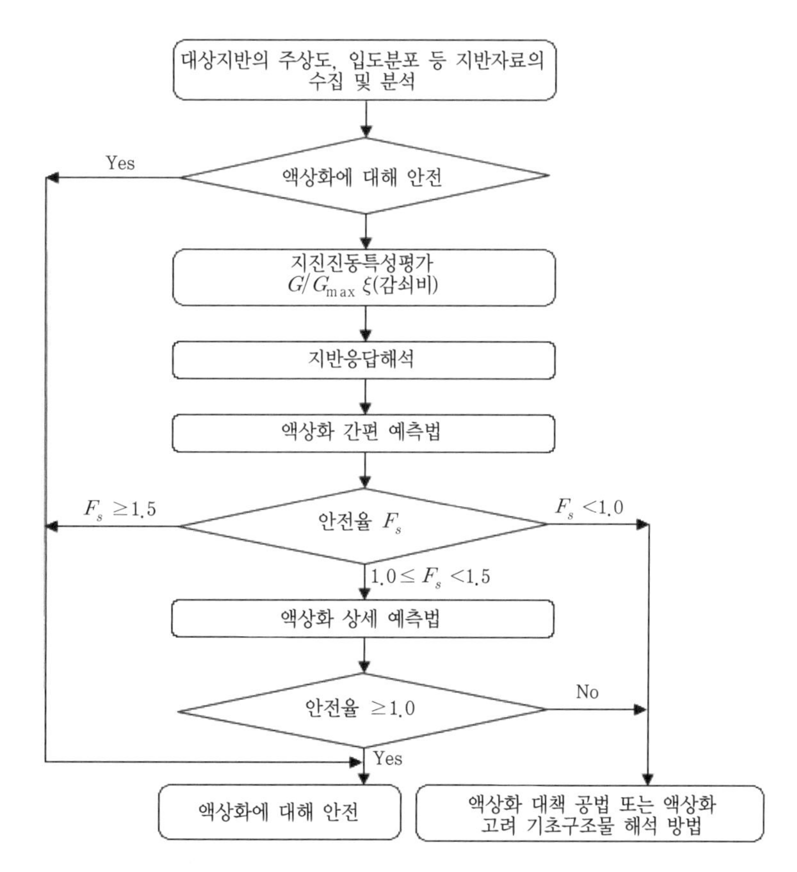

해설 그림 10.7.2 액상화 평가 흐름도

(1) 표준관입시험(SPT) N값을 이용한 액상화 간편예측법

액상화 지역의 지반거동을 해석적이나 물리적으로 모형화하기 어려우므로 Seed and Idriss(1971)의 간편법에 기초한 액상화 간편예측법을 통해 액상화에 대한 안전율을 산정한다. 액상화 안전율은 액상화에 저항할 수 있는 지반의 전단저항응력 τ_l에 대하여 지진 시 지반에 발생하는 지진(진동)전단응력 τ_d의 비로 정의한다.

지진력을 표현한 지진(진동)전단응력비은 해설 식(10.7.1)과 같이 산정한다.

$$\frac{\tau_d}{\sigma_v'} = 0.65\left(\frac{a_{depth}}{g}\right)\left(\frac{\sigma_v}{\sigma_v'}\right) \qquad \text{해설 (10.7.1)}$$

여기서, a_{depth} : 액상화 평가지층의 최대 지반가속도(지반응답해석 수행)

g : 중력가속도

σ_v : 액상화를 평가하고자 하는 깊이에서 총 상재압(kPa)

σ_v' : 액상화를 평가하고자 하는 깊이에서 유효상재압(kPa)

지반의 전단저항응력비을 산정할 때 많은 실내시험 및 현장시험을 토대로 표준관입시험(SPT) 결과인 N값을 이용하는데 그 방법을 살펴보면 다음과 같다.

가. SPT 에너지비 60%에 대한 보정을 한다.

$$N_{60} = \frac{E_r}{60} \times N_m \qquad \text{해설 (10.7.2)}$$

여기서, N_{60}은 에너지비 60%로 보정한 값이고, E_r은 SPT 장비의 에너지 효율, N_m은 현장에서 측정된 타격횟수이다.

나. 유효 상재압을 이용하여 보정계수를 산정한다.

$$C_N = \left(\frac{96}{\sigma_v'}\right)^{0.5} \text{ (Liao and Whitman, 1986)} \qquad \text{해설 (10.7.3)}$$

여기서, C_N은 보정계수이며 σ_v'은 유효상재압(kPa)이다.

다. 해설 식(10.7.2)와 해설 식(10.7.3)의 보정식을 이용하여 표준관입저항치를 보정한 환산치 $(N_1)_{60}$은 해설 식(10.7.4)와 같이 산정한다.

$$(N_1)_{60} = C_N \cdot N_{60} \qquad \text{해설 (10.7.4)}$$

여기서, $(N_1)_{60}$은 에너지 효율 60% 및 상재하중을 고려하여 보정한 값이다.

라. 산정된 보정 $(N_1)_{60}$값으로부터 지진규모 M=7.5 기준의 액상화 전단저항응력비(Cyclic Resistance Ratio, CRR)를 해설 그림 10.7.3을 이용하여 산정하거나, 세립질 함유량≤5%의 사질토에 대해서는 해설 식(10.7.5)을 이용하여 산정할 수 있다. 세립분 함유량이 5% 이상인 경우, 해설 식(10.7.6)을 이용하여 산정된 $(N_1)_{60CS}$값을 해설 식(10.7.5)의 $(N_1)_{60}$ 부분에 대입하여 액상화 전단저항응력비를 산정한다. 이때, 산정된 액상화 전단저항응력비는 지진규모 7.5에 대한 값이다.

$$\left(\frac{\tau_l}{\sigma_v{}'}\right)_{7.5} = \frac{1}{34-(N_1)_{60}} + \frac{(N_1)_{60}}{135} + \frac{50}{[10 \cdot (N_1)_{60}+45]^2} - \frac{1}{200} \qquad \text{해설 (10.7.5)}$$

여기서, $\left(\frac{\tau_l}{\sigma_v{}'}\right)_{7.5}$: M=7.5에서 액상화 전단저항응력비($CRR_{7.5}$). 단, $(N_1)_{60} < 30$

$$(N_1)_{60cs} = \alpha + \beta (N_1)_{60} \qquad \text{해설 (10.7.6)}$$

여기서, 세립질 함유량을 고려한 α와 β값은 해설 표 (10.7.1)에 제시되어 있으며 FC는 200번체 통과율이다.

해설 표 10.7.1 세립질 함유량을 고려한 보정계수(Youd et al., 2001)

구분	FC≤5%	5%≤FC≤35%	FC≥35%
α	0	$\exp[1.76-(190/FC^2)]$	5
β	1	$[0.99+(FC^{1.5}/1,000)]$	1.2

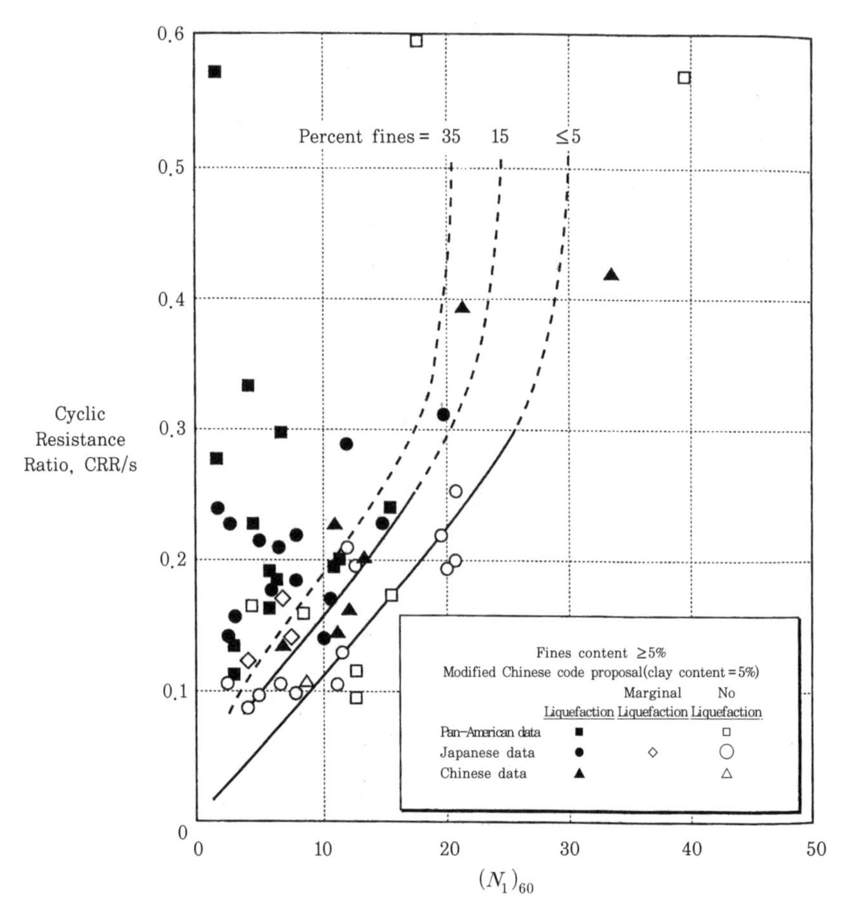

해설 그림 10.7.3 현장의 액상화거동과 표준관입저항 $(N_1)_{60}$의 상관관계(지진 규모 7.5)

마. 기존 설계기준 내에서는 지진의 규모 $M=7.5$에서 구한 값에 지진의 규모에 대한 보정값(MSF)를 곱하여 $M=6.5$로 환산해야 한다.
NCEER(1996) 및 NCEER/NSF(1998) workshop 참여자들은 해설 그림 10.7.4의 빗금친 부분을 MSF로서 제안하고 있다. 해설 식(10.7.7)은 빗금친 영역의 하한값을 나타내고 있고 이를 사용하도록 추천한다(Youd et al., 2001). 따라서 리히터 규모 6.5에 대해서는 MSF=1.44를 사용하는 것이 타당하다.

$$MSF = 10^{2.24}/M_w^{2.56} \qquad \text{해설 (10.7.7)}$$

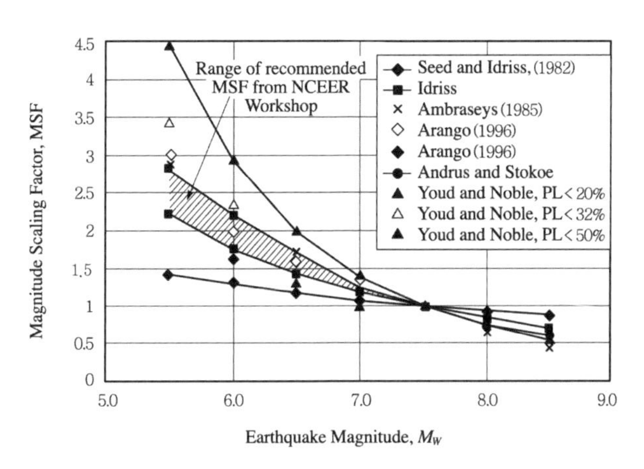

해설 그림 10.7.4 규모보정계수(Youd et al., 2001)

(2) 콘관입시험(CPT) 시험결과를 이용한 액상화 간편예측법

액상화 평가 이전에 시료채취가 이루어져, 평가하고자 하는 흙에 대한 입도분포 및 세립분 함량에 대한 자료를 이미 가지고 있는 경우에 Stark and Olson(1995)의 방법을 이용하여 다음과 같은 순서로 액상화 전단저항응력비(CRR)를 산정한다.

가. 유효 상재압에 대한 보정을 위해 유효 상재압 보정계수를 해설 식(10.7.8)을 이용하여 산정한다.

$$C_q = \frac{1.8}{0.8 + \sigma_v' / P_a} \qquad \text{해설 (10.7.8)}$$

여기서, σ_v' : 액상화를 평가하고자 하는 깊이에서 유효상재압(kPa)

P_a : 대기압(100kPa)

나. 보정계수를 사용하여 콘의 선단지지력 q_c값을 보정한 q_{c1}값을 해설 식(10.7.9)과 같이 산정한다.

$$q_{c1} = C_q \cdot q_c \qquad \text{해설 (10.7.9)}$$

다. 주어진 세립분 함유량 및 입도 분포 특성과 위에서 산정된 q_{c1}값을 Stark and Olson의 도표에 적용하여 $M=7.5$에 대한 액상화 전단저항응력비 $CRR_{7.5}$를 산정한다. Stark and Olson의 도표는 해설 그림 10.7.5와 같다.

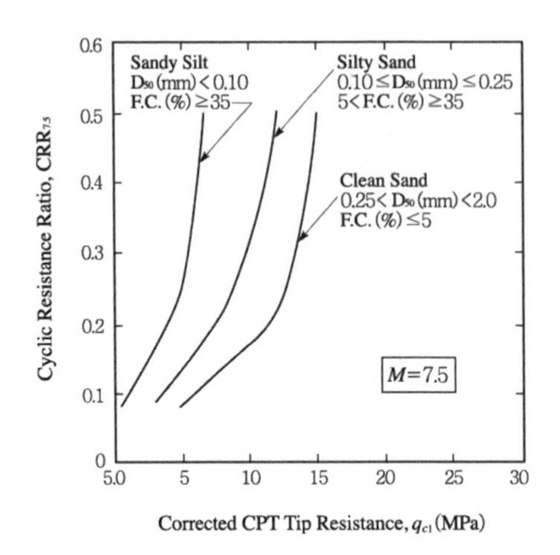

해설 그림 10.7.5 CPT 시험결과를 이용한 액상화 평가(Stark and Olson, 1985)

라. 지진의 규모 M=7.5에서 구한 값에 보정계수 MSF를 곱하여 M=6.5로 환산한다. 이때, 지진규모 환산은 해설 식(10.7.9)와 해설 그림 10.7.4를 이용한다.

마. 지반의 액상화 전단저항응력비가 산출되면 지진력에 의한 지진(진동)전단응력비는 해설 식(10.7.1)과 같이 산정하고 10.7.6절에 따라 액상화를 평가한다.

(3) 전단파속도를 이용한 액상화 간편예측법

지반의 전단파속도를 이용하여 액상화를 간편하게 판별하는 방법은 Andrus and Stokoe(1977)의 방법을 따른다.

가. 유효 상재압에 대해 보정된 V_s값인 V_{s1}을 해설 식(10.7.10)과 같이 계산한다.

$$V_{s1} = V_s \left(\frac{P_a}{\sigma_v{}'} \right)^{0.25} \qquad \text{해설 (10.7.10)}$$

여기서, $\sigma_v{}'$: 액상화를 평가하고자 하는 깊이의 총 유효상재압(kPa)

P_a : 대기압(100kPa)

나. 주어진 세립분 함량을 바탕으로 V_{s1c}값을 산정한다.

세립분 함유량<5%인 경우, V_{s1c}=220m/sec

세립분 함유량>20%인 경우, V_{s1c}=210m/sec

세립분 함유량>35%인 경우, V_{s1c}=200m/sec

다. M=7.5에 대한 액상화 전단저항응력비($CRR_{7.5}$)를 해설 식(10.7.11)로부터 산정한다.

$$CRR_{7.5} = a\left(\frac{V_{s1}}{100}\right)^2 + b\left[\frac{1}{V_{s1c} - V_{s1}} - \frac{1}{V_{s1c}}\right] \qquad \text{해설 (10.7.11)}$$

여기서, a와 b는 curve fitting parameter이며 a=0.022, b=2.8을 사용한다.

라. 지진의 규모 M=7.5에서 구한 값을 M=6.5로 환산한다. 이때 지진규모 환산은 해설 식(10.7.7)과 해설 그림 10.7.4를 이용한다.

마. 지반의 액상화 전단저항응력비가 산출되면 지진력에 의한 지진(진동)전단응력비는 해설 식(10.7.1)과 같이 산정하고 10.7.6절에 따라 액상화를 평가한다.

10.7.6 지반의 액상화 전단저항응력비($\tau_l/\sigma_v{}'$)와 지진 시 발생하는 지진(진동)전단응력비($\tau_d/\sigma_v{}'$)의 비교를 통해 해설 식(10.7.12)와 같이 안전율 F를 산정하여 액상화를 평가한다. 간편 예측법에서 액상화에 대한 안전율은 1.5를 적용한다. 안전율이 1.5보다 작을 경우 상세 예측법을 실시한다. 안전율이 1.5보다 작고 1.0 이상인 경우 상세 예측법을 실시하고, 1.0 미만인 경우 대책공법을 마련 또는 액상화 고려 기초구조물 해석 방법을 실시한다.

액상화 안전율 :

$$F = \frac{\tau_l/\sigma_v{}'(=\text{액상화 전단저항응력비})}{\tau_d/\sigma_v{}'(=\text{지진(진동) 전단응력비})} \qquad \text{해설 (10.7.12)}$$

액상화 안전율 F의 평가기준 :

$F \geq 1.5$: 액상화에 대하여 안전
$1.0 \leq F < 1.5$: 액상화 상세 예측 필요
$F < 1.0$: 액상화 대책공법 적용

10.7.7 대상지반의 액상화 간편 예측법에 대한 안전율이 $1.0 \leq F < 1.5$ 인 경우 지반응답해석과 실내반복시험을 통한 상세 예측법을 실시한다. 상세 예측법에서 액상화에 대한 안전율은 1.0을 적용한다. 안전율이 1.0 미만인 경우 대책공법을 마련하고, 1.0 이상인 경우에는 액상화에 대해 안전한 것으로 판정한다. 해설 그림 10.7.6은 상세예측법에 따른 액상화 평가방법의 순서도를 나타낸 것이며 평가방법은 다음과 같다.

(1) 지반 내 반복전단응력은 지반응답해석을 통해 산정한다.
(2) 액상화 전단저항응력은 흐트러지지 않은 시료에 대하여 실내반복시험을 수행하여 작성된 반복재하회수에 따른 액상화 전단저항응력 변화곡선으로부터 구한다. 흐트러지지 않은 시료의 채취가 불가능한 경우에는 현장조건을 재현한 재성형 시료를 사용할 수 있다. 이때, 반복재하회수에 따른 액상화 전단저항응력의 변화곡선은 실내반복시험 시 최소한 세 점 이상을 구하여 작성한다.
(3) 액상화 전단저항응력 특성곡선을 이용하여 지진규모 6.5에 해당하는 반복재하회수 10회의 액상화 전단저항응력을 깊이별로 산정하여 액상화를 평가한다.
(4) 진동삼축시험이나 진동단순전단시험 결과를 이용하여 액상화 상세예측을 수행할 경우, 지진의 방향성 및 현장응력상태에 대한 보정이 필요하다. 해설 식(10.7.13)을 이용하여 보정한 후 전단저항응력비(CRR)를 산정한다.

$$CRR = C_1 C_2 (CRR)_{TX \text{ or } SS} \quad \text{해설 (10.7.13)}$$

여기서, $C_1 = 0.9$(지진의 방향성에 대한 보정 상수)
$C_2 = (1+2K_o)/3$(현장응력상태에 대한 보정 상수로 진동단순전단시험 결과 보정에는 1을 적용)
K_o = 지진하중 작용전의 정지토압계수
$(CRR)_{TX}$ = 진동삼축시험에서 얻어진 전단저항응력비
$(CRR)_{SS}$ = 진동단순전단시험에서 얻어진 전단저항응력비

(5) 액상화에 대한 안전율 산정은 해설 식(10.7.12)와 같이 실내실험에서 얻어진 전단 저항응력비와 지반응답해석에서 얻은 지진(반복)전단응력비를 비교하여 판단한다. 상세 예측법 평가 시 기준 안전율은 1.0이며, 안전율이 1.0 미만인 경우 대책공법을 마련하고, 1.0 이상인 경우 액상화에 대해 안전한 것으로 판정한다.

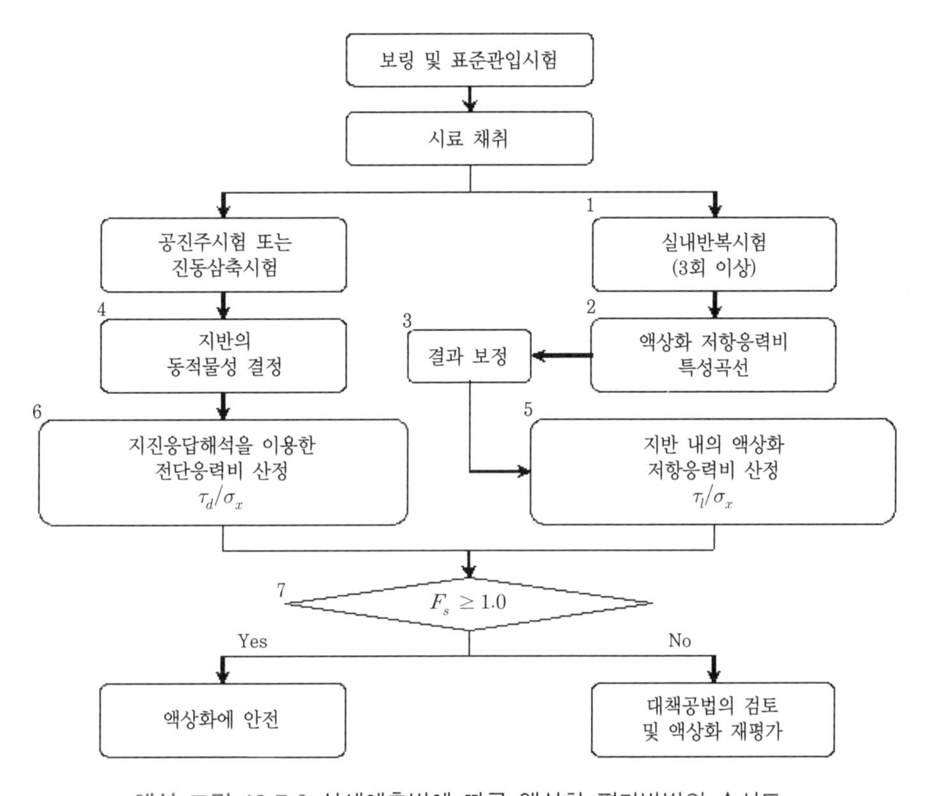

해설 그림 10.7.6 상세예측법에 따른 액상화 평가방법의 순서도

10.7.8 액상화로 인한 큰 피해가 예상되는 지역에는 액상화 방지 대책을 계획한다. 충적층 또는 매립층 지역은 지진으로 인해 액상화가 발생하면 큰 피해가 유발된다. 이러한 피해를 방지하기 위해서 지반조사에 따라 액상화 예측과 대책을 검토한다. 지역 방재계획에 의한 광역적인 예측이 필요한 경우 지반조사를 통하여 시료의 액상화 가능을 검토하고 이 외에도 과거 지진에 의한 액상화 이력 또는 지형 및 지질의 정보를 사전 조사하여야 한다.

(1) 액상화 대책공법을 설계할 경우 결정할 사항은 다음과 같다.

① 대책공법

② 대책공법의 시공범위(평면 및 단면)
③ 대책공법의 구체적 설계

(2) 액상화 대책공법으로 다음과 같은 방법이 있다.
① 과잉간극수압의 발생을 방지하는 방법 : 다짐, 고결, 치환
② 과잉간극수압을 소산시키는 방법 : 배수공법(drain재 설치), 치환
③ 위의 두 방법을 병행 시행하는 방법

10.8 기초 구조물의 내진해석

10.8.1 기초 구조물에 대한 내진해석은 등가정적 해석방법, 응답변위 해석방법과 동적해석 방법 등을 사용한다.
10.8.2 기초에 대한 내진설계는 기초 구조체의 최대응력, 기초지반의 최대반력, 상부구조의 최대변위, 그리고 기초의 전도, 활동 및 지지력 등을 검토한다.
10.8.3 기초 내진설계 시 하중은 구조물의 자중, 상재하중에 의한 관성력, 지진에 의한 동수압 및 토압 등을 고려하여 결정한다. 또한 액상화 지반의 측방유동에 대한 영향을 하중에 고려한다.

해설

10.8.1 기초 구조물에 대한 내진해석은 등가정적 해석방법, 응답변위 해석방법과 동적해석방법 등을 사용한다.

(1) 등가정적 해석방법
등가정적 해석방법은 지진하중을 등가의 정적하중으로 고려한 후 정적설계법과 동일한 방법을 적용하여 구조물의 내진안정성을 평가하는 방법이다. 지진하중은 주로 수평방향이 지배적이므로 상부구조체 도심에 수평하중을 발생시킨다. 이 수평 지진하중에 의해 기초바닥면에는 전단력과 모멘트가 발생하고 연직하중은 정적하중보다 증가하거나 감소하게 된다. 등가정적 해석을 수행할 경우 지지력 등에 대한 안전율은 정적설계보다 작은 값을 적용한다.

(2) 응답변위 해석방법

지진 시 발생하는 지반 변위에 의한 지진 토압과 지중구조물과 주변지반 관계에서의 경계조건을 적절히 모델링하여 정적으로 계산하는 방법을 응답변위 해석방법이라 한다.

(3) 동적 해석방법

동적 해석방법은 일반적으로 응답스펙트럼법, 시간이력해석법 등이 적용되나 재료의 특성, 구조물의 모델링, 입력지진동의 선정 등에 따라 매우 다양하므로 실제 현상을 적절히 재현할 수 있는 방법을 선택하여야 한다.

10.8.2 기초에 대한 내진설계는 기초 구조체의 최대응력, 기초지반의 최대반력, 상부구조의 최대변위, 그리고 기초의 전도, 활동 및 지지력 등을 검토한다. 등가정적 해석방법의 경우 10.8.4절 해설을 참조한다.

10.8.3 기초 내진설계 시 하중은 구조물의 자중, 상재하중에 의한 관성력, 지진에 의한 동수압 및 토압 등을 고려하여 결정한다. 또한 액상화 지반의 측방유동에 대한 영향을 하중에 고려한다.

10.8.4 얕은기초의 등가정적해석은 다음과 같은 기본사항을 만족하여야 한다.

(1) 기초에 작용하는 등가정적하중은 기초지반과 상부구조물의 응답특성을 고려하여 결정한다.

(2) 얕은기초는 지지력, 전도, 활동에 대하여 안전하여야 하고, 변형 및 침하량이 허용치 이하이어야 한다.

(3) 액상화가 발생할 수 있는 기초지반은 적합한 액상화 대책공법을 적용한다.

해설

10.8.4 얕은기초의 등가정적해석은 다음과 같은 기본사항을 만족하여야 한다.

(1) 기초에 작용하는 등가정적하중은 기초지반과 상부구조물의 응답특성을 고려하여 결정한다. 해설 그림 10.8.1은 얕은 기초의 내진성능평가를 위한 흐름도를 나타낸 것으로 각 단계별 설명은 다음과 같다.

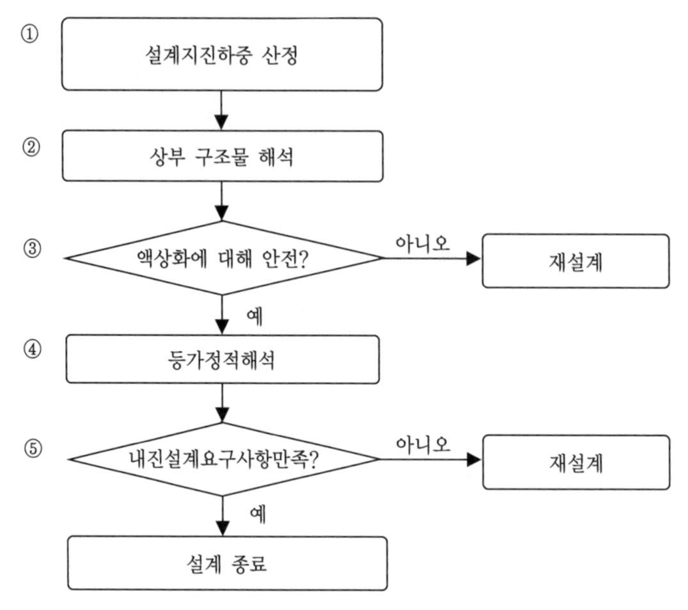

해설 그림 10.8.1 얕은기초의 지진해석 및 내진설계 흐름도

① 구조물의 내진등급(특등급/1등급/2등급), 지진구역(I구역, II구역), 그리고 기초 지반의 분류($S_A \sim S_F$)를 결정한 후 지표면에서의 최대가속도 크기 또는 표준 응답스펙트럼을 구한다. 지반조사 및 입력지진파 자료가 있는 경우 등가선형해석 등의 지반응답해석을 수행하여 지진하중을 보다 엄밀하게 산정할 수 있다.

② 얕은기초에 작용하는 하중은 얕은기초가 지지하는 상부구조물을 고려하여 등가정적해석(구조물 자중×지진계수) 또는 응답스펙트럼 해석을 수행하여 산정한다.

③ 기초지반에 대한 액상화 평가를 10.7절 해설에 따라 수행하고, 액상화에 대해 안전하면 등가정적해석을 수행한다.

④ ②의 상부구조물 해석으로부터 얻은 등가정적 하중을 얕은기초에 작용하여 등가정적해석을 수행한다.

⑤ 얕은기초의 등가정적해석 시 미끄러짐, 지지력, 전도, 침하량에 대한 설계요구사항을 만족해야한다. 또한 얕은기초 본체의 응력도 검토한다. 등가정적해석 후 미끄러짐, 지지력, 전도, 침하량과 얕은기초 본체의 응력에 대해 모두 안전하면 내진성능보강이 불필요하므로 내진성능평가를 종료하고, 불안전하면 상세 내진성능평가를 수행하여 내진성능 보강 여부를 결정한다.

(2) 등가정적해석에서 얻어진 활동, 지지력, 그리고 전도에 대한 안전율과 평가된 침

하량이 허용값을 만족하여야 한다(10.8.4절 (1)⑤항 참조).

(3) 액상화가 발생할 수 있는 기초지반은 적합한 액상화 대책공법을 적용한다. 액상화 대책공법은 해설 10.7.8절을 참조한다.

10.8.5 말뚝기초의 등가정적해석은 다음과 같은 기본사항을 만족하여야 한다.

(1) 등가정적해석에서는 기초지반과 상부구조물의 특성을 고려하여 지진하중을 말뚝머리에 작용하는 등가정적하중으로 환산한 후 정적 해석을 수행한다.

(2) 무리말뚝 기초의 경우 무리말뚝 해석을 통하여 구조물의 하중을 각 단일말뚝에 분배하고, 이때 가장 큰 하중을 받는 단일 말뚝에 대하여 등가정적해석을 수행한다.

(3) 말뚝기초 주변지반에 대하여 액상화 가능성, 말뚝머리의 횡방향 변위 및 침하, 말뚝 본체의 파괴가능성 등을 검토한다. 액상화 가능성이 있는 지반에서는 말뚝의 주면 마찰력을 무시한다.

해설

10.8.5 말뚝기초에 대한 등가정적해석은 다음과 같은 기본사항을 만족하여야 한다.

(1) 말뚝기초의 등가정적해석법은 기초지반과 상부구조물의 특성을 고려하여 지진하중을 말뚝머리에 작용하는 등가의 정적 하중으로 치환한 후 정적 해석을 수행한다. 구조물의 평형조건을 만족하도록 지진 시 기초의 지진하중(즉, 연직반력, 수평반력 및 모멘트)을 결정한다. 해설 그림 10.8.2는 깊은기초의 내진성능 평가를 위한 흐름도를 나타낸 것으로 각 단계별 설명은 다음과 같다.

①, ②, ③은 얕은기초의 해석절차와 같다.

④ 무리말뚝 해석 및 단일 말뚝 해석을 수행하기 위하여 말뚝의 강성, 말뚝단면 및 무리말뚝의 배열에 대한 정보와 지층구성, 지반강도 변형 특성과 같은 지반정보가 필요하다. 단, 단일말뚝으로 지지되는 구조물인 경우에는 ⑤, ⑥단계를 생략하고 ⑦ 등가정적해석 단계로 바로 이동한다.

⑤ ②단계에서 구한 하중을 말뚝두부에 작용시키고 무리말뚝 해석을 수행하여 각 단일말뚝에 작용하는 하중을 산정한다. 무리말뚝 해석은 상용 프로그램을 이용할 수 있다.

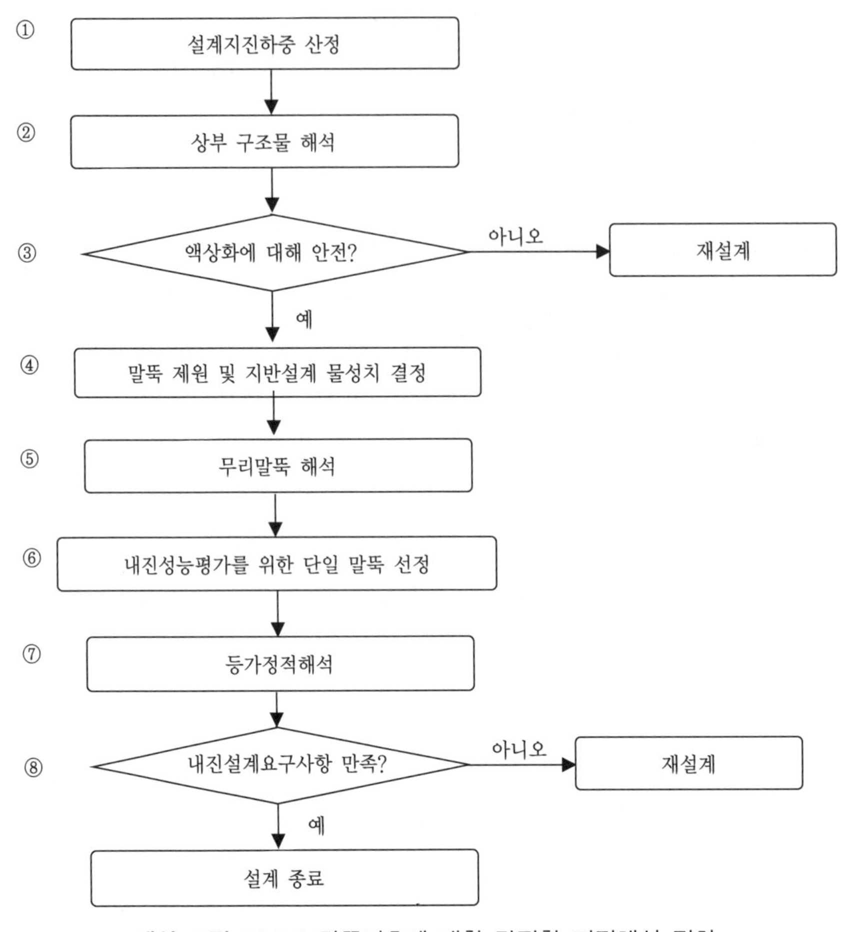

해설 그림 10.8.2 말뚝기초에 대한 간편한 지진해석 절차

⑥ 무리말뚝 해석에서 가장 큰 하중을 받는 단일 말뚝을 내진성능평가를 위한 말뚝으로 선정한다.

⑦ ⑥에서 선정된 단일 말뚝에 대하여 등가정적해석을 수행한다. 깊은기초에 대한 등가정적해석 시 말뚝-지반 상호작용을 해석하는 방법은 지반의 비선형 거동을 고려할 수 있는 p-y 곡선법과 탄성해석법인 Chang 방법(1973)이 주로 이용된다. 이 두 가지 방법 이외에도 Brinch Hansen법(1961), Broms법(1964) 등이 수평저항력을 구하는 데 이용될 수 있다(제5장 5.3.2절 (2)나항, 제5장 5.4.7절 (2)나항 참조).

⑧ 깊은기초의 경우에는 내진성능수준에 따라 내진설계 요구사항이 달라진다. 기능수행수준일 경우에는 말뚝의 변위량을 검토하여야 하며 붕괴방지수준일 경우에는 말뚝의 모멘트와 변위량을 검토하여야 한다. 그러나 말뚝 자체의 응력과 말

뚝두부의 응력은 두 기능수행수준에서 모두 검토하여야 한다. 기초가 내진설계 요구사항을 만족시키면 내진성능 보강이 불필요하므로 평가를 종료하고 만족시키지 못하면 상세내진성능평가를 수행하여 내진성능 보강여부를 결정한다.

(2) 무리말뚝 기초의 경우 무리말뚝 해석을 통하여 구조물의 하중을 각 단일말뚝에 분배하고, 이때 가장 큰 하중을 받는 단일 말뚝에 대하여 등가정적해석을 수행한다. (10.8.5절.(1)⑥, ⑦항 참조).

(3) 말뚝기초 주변지반에 대하여 액상화 가능성, 말뚝머리의 횡방향 변위 및 침하, 말뚝 본체의 파괴가능성 등을 검토한다. 액상화 가능성이 있는 지반에서는 말뚝과 지반 사이의 주면 마찰력을 무시한다. 액상화 평가에 대한 자세한 사항은 "10.7 액상화 평가" 해설을 참조하며, 말뚝머리의 횡방향 변위 및 침하, 말뚝 본체의 파괴가능성 등의 검토는 "제5장 깊은기초" 해설을 참조한다.

10.8.6 지중 벽체 구조물과 같이 지반변위가 지배적인 기초 구조물에 대해서는 응답변위 해석법을 적용한다.
10.8.7 기초 구조물에 대한 동적해석이 필요한 경우에는 기초와 지반의 상호작용을 고려하여 응답스펙트럼법, 시간이력 해석법 등을 사용할 수 있다.
10.8.8 기초 구조물에 대한 동적해석에서는 현장시험과 실내시험으로 얻은 지반의 특성치를 적용하여 해석한다.

해설

10.8.6 지중 벽체 구조물과 같이 지반변위가 지배적인 기초 구조물에 대해서는 응답변위 해석법을 적용한다. 지중 벽체 구조물 및 기초 구조물을 포함한 지하구조물의 경우 구조물의 겉보기 중량이 주변지반의 중량과 비교하여 가볍거나 혹은 같은 정도이고 지하구조물의 대부분이 주위가 지반으로 둘러싸여 있음으로 인하여 발산감쇠(radiation damping)가 커서 진동이 발생하여도 짧은 시간 안에 진정되는 특성을 갖고 있다. 이 때문에 지하구조물의 경우 관성력에 의한 응답의 증폭은 크지 않으며, 주변 지반의 움직임에 따라서 거동하게 된다. 따라서 지중구조물에 발생하는 응력은 관성력에 의한 영향보다도 구조물 주변지반의 상대적인 변위에 의해 크게 영향을 받게 된다. 이와 같은 사실에 근거하여, 지진 시 발생하는 지반의 변위를 구조물에 작용시켜서 지중구조물에 발생하는 응력을 정적으로 구하는 방법을 응답변위법이라고 한다.

응답변위법은 특별히 지하구조물의 내진해석을 위하여 고안된 방법으로써 동적인 지반운동을 정적으로 전환하여 지진해석을 한다는 점은 진도법과 같으나, 관성력을 구하는 것이 아니라 지진운동으로 인한 주변지반의 변위를 먼저 구하고 주변지반의 변위에 의해 지하구조물에도 거의 같은 변위가 발생한다고 가정하여 이 변위에 의한 구조물의 응력 등을 구하는 방법으로써 진도법과는 근본적인 차이가 있다. 응답변위 해석법에 대한 자세한 사항은 기존 시설물(터널) 내진성능 평가 및 향상요령(한국시설안전공단, 2011) 및 도시철도 내진설계 기준(건설교통부, 2009) 등을 참고한다.

10.8.7 기초구조물은 상부구조와 상호관계를 고려하여 설계하므로 교량, 건축구조물 등 구조물 형식별 각 설계기준의 내진설계 편과 상호 부합하도록 해석을 수행한다. 기초구조물에서 독자적인 동적해석이 필요한 경우는 말뚝기초에서 지반-구조물 상호작용을 동시에 고려하는 경우이며, 이때는 동적해석방법 중에서 지반가속도-시간이력관계 해석법을 이용한다.

지진 시 구조물의 동적거동을 보다 정확하게 반영하기 위하여 기초를 고정단이 아닌 스프링으로 치환하여 기초와 지반의 상호작용을 고려하여 해석할 수 있다. 해석의 흐름도는 해설 그림 10.8.3과 같고 자세한 해석방법은 기존 시설물의 기초 및 지반의 내진성능 평가 및 향상요령(한국시설안전공단, 2004)을 참고한다.

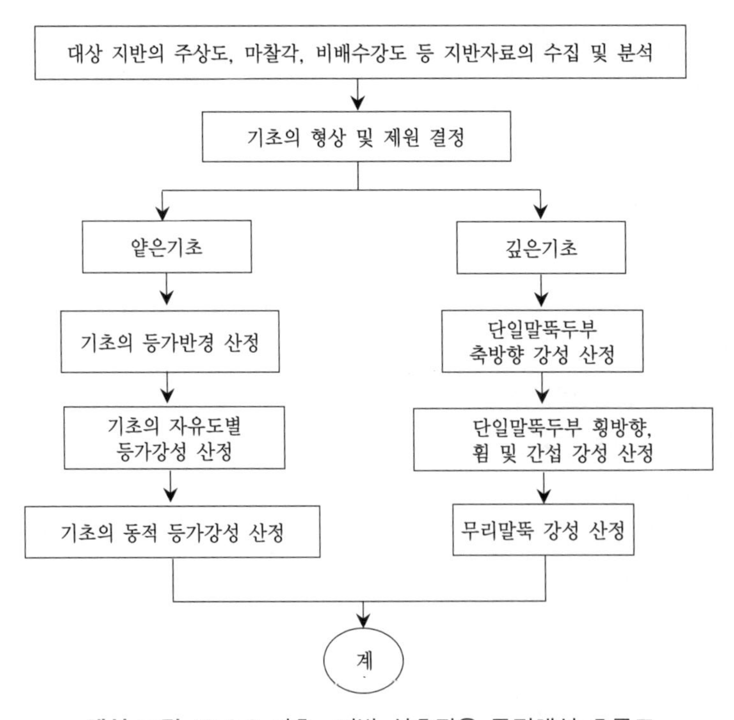

해설 그림 10.8.3 기초-지반 상호작용 동적해석 흐름도

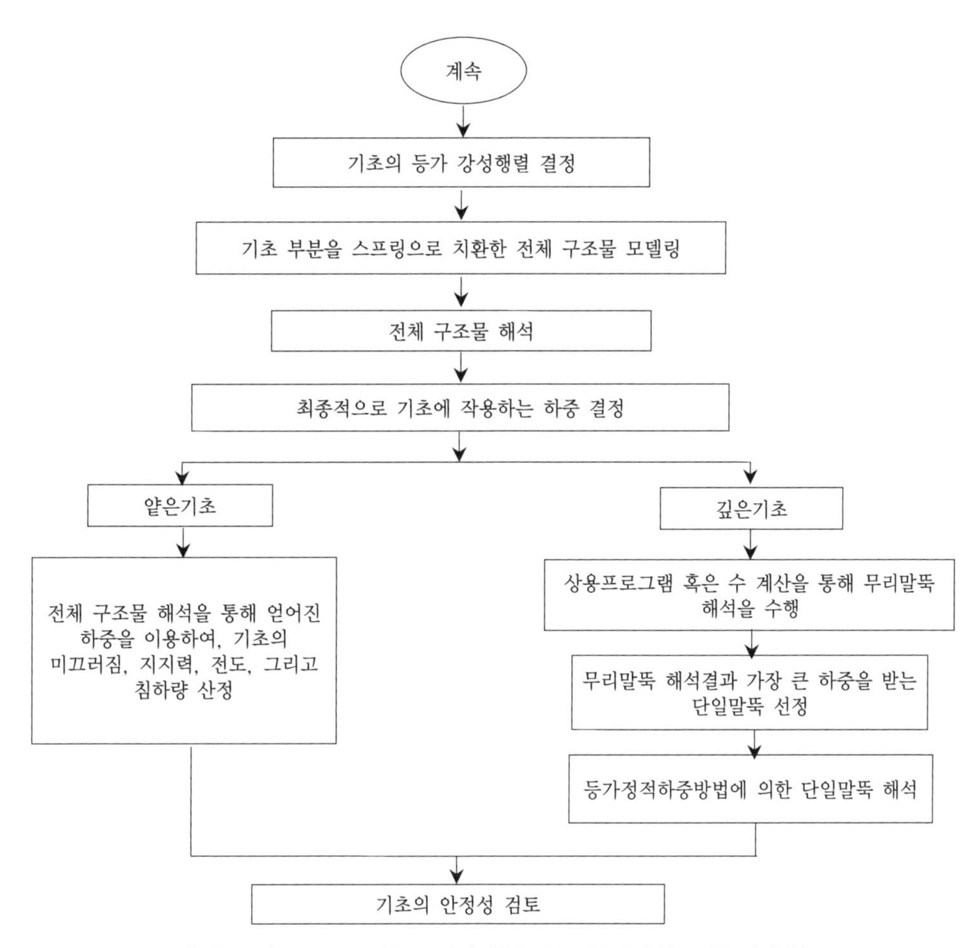

해설 그림 10.8.3 기초-지반 상호작용 동적해석 흐름도(계속)

기초 위에 설치되는 상부 구조물의 지진 하중은 10.5장 설계 지반 운동 결정과 지반 증폭계수에서 설명하였듯이 자유장 설계 지반운동으로부터 결정된다. 그러나 해설 그림 10.8.4와 같이 지반-기초-구조물 상호작용을 고려할 경우, 상부 구조물의 지진하중은 자유장 지표면 지진 기록으로부터 도출된 응답 스펙트럼 가속도보다 감소 또는 증가되어 나타날 수 있다. 이러한 변화는 지반 및 기초의 종류(전면기초, 말뚝기초, 깊은 지하층 등), 상부 구조물의 특성 등에 따라서 달라진다. 지반-기초-구조물 상호작용을 고려하여 설계 하중을 저감할 경우에는 동적해석과 실험적 검증을 통해서 정적 및 동적 안정성을 면밀히 평가한 후 적용하여야 한다.

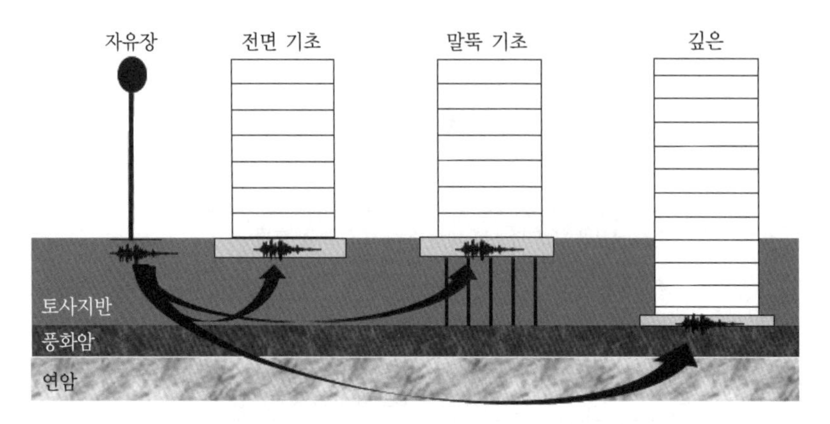

해설 그림 10.8.4 지반-기초-구조물 상호작용의 반영

(1) Eurocode(2008)와 ASCE 7-10(2010)에서는 지반-얕은기초-구조물 상호작용을 스프링으로 치환하여 고려할 때, 유연한 고정 조건을 가지는 시스템의 등가 고유 주기 및 등가 감쇠비를 변화시켜 지진 하중을 산정할 수 있음을 명시하고 있다. FEMA 440(2004)에서 제시된 등가 고유주기 및 감쇠비 증가식은 해설 식(10.8.1)과 해설 식(10.8.2)와 같다. 이는 기초 위 상부 구조물의 등가 밑면 전단력을 산정할 때 이용한다. Stewart et al.(1999)은 현장 계측 기록으로부터 지반-얕은기초-구조물 상호작용에 의한 상부 구조물의 지진 하중 변화를 해설 그림 10.8.5와 같이 관찰하였다.

$$\widetilde{T} = T_n \cdot \sqrt{1 + \frac{k_s}{K_x} + \frac{k_s h^2}{K_\theta}} \qquad \text{해설 (10.8.1)}$$

여기서, k_s : 고정단 조건의 단자유도 구조물의 강성

h : 기초부터 단자유도 구조물 질량의 무게중심까지 거리

K_x와 K_θ : 기초의 수평 및 회전 강성

$$\beta_0 = a_1 \cdot \left(\frac{\widetilde{T_{eq}}}{T_{eq}} - 1\right) + a_2 \cdot \left(\frac{\widetilde{T_{eq}}}{T_{eq}} - 1\right)^2 + \frac{\beta_i}{(\widetilde{T_{eq}}/T_{eq})^3} \qquad \text{해설 (10.8.2)}$$

여기서, $\widetilde{T_{eq}}/T_{eq}$: 등가 고유주기 증가 비

a_1와 a_2 : 기초 감쇠비 계수(FEMA 440)

β_i : 상부 구조물의 초기 감쇠비

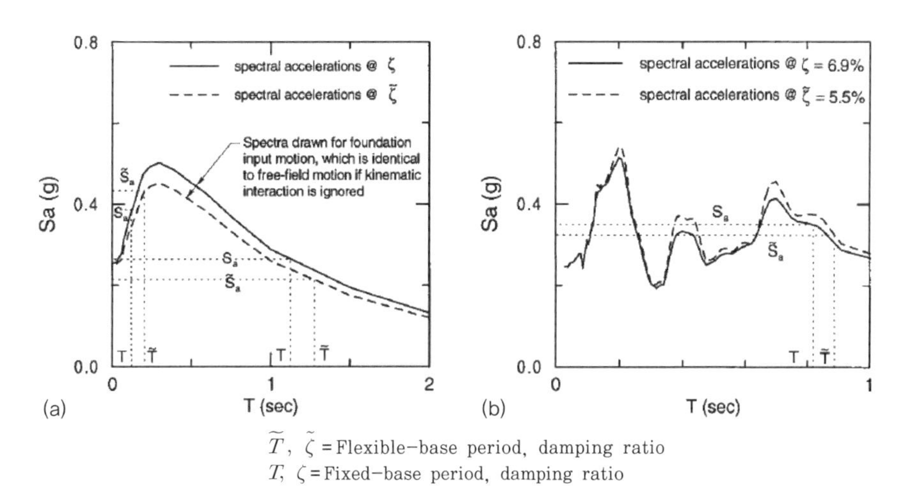

$\tilde{T}$, $\tilde{\zeta}$ = Flexible-base period, damping ratio
T, ζ = Fixed-base period, damping ratio

해설 그림 10.8.5 지반-얕은기초-구조물 상호작용에 의한 응답스펙트럼 변화(Stewart et al., 1999)

(2) 얕은기초의 수직 및 회전운동을 이용하여 기초를 설계 할 경우 기초와 하부 지반 사이의 에너지 감쇠를 통해서 상부 구조물의 지진하중을 감소시킬 수 있다(AASHTO, 2012; FEMA 440, 2004). KAIST에서는 실험을 통해서 얕은기초 위 구조물의 지진하중이 제한될 수 있음을 해설 그림 10.8.6과 같이 보여주었다. 이 때 지진하중 최대값은 FEMA 356(2000)에서 정의된 정사각형 기초의 최대지지 모멘트와 상부 구조물에 의해서 유발되는 전도 모멘트 사이의 관계식을 이용하여 해설 식 (10.8.3)과 같이 정의된다. 기초의 항복거동에 따른 지진 에너지 소산작용은 정밀한 비선형 동적 해석 및 실험적 평가를 통해 특별한 경우에 한해서 적용하여야 한다. 이를 적용한 예로써는 그리스에 위치한 Rion-Antirion 다리 주탑 기초 설계 사례가 있다(Pecker et al, 2004).

$$S_a \le S_{a,\max} = \frac{M_{ult}}{m_s \cdot h} = \frac{1}{2} \cdot \frac{m_t}{m_s} \cdot \frac{L}{h} \cdot \left(1 - \frac{q}{q_c}\right) \qquad \text{해설 (10.8.3)}$$

여기서, S_a : 상부 구조물의 지진가속도

$S_{a,\max}$: 상부 구조물의 최대 지진가속도

M_{ult} : FEMA 356에서 정의된 정사각형 기초의 최대지지 모멘트

m_t : 얕은기초와 상부 구조물을 포함하는 총 질량

m_s : 상부 구조물의 등가 질량
L : 정사각형 얕은기초 한 면의 길이
h : 상부 구조물의 무게중심까지 높이
q/q_c : 얕은기초 최대 지지력 대비 시스템 수직 하중의 비

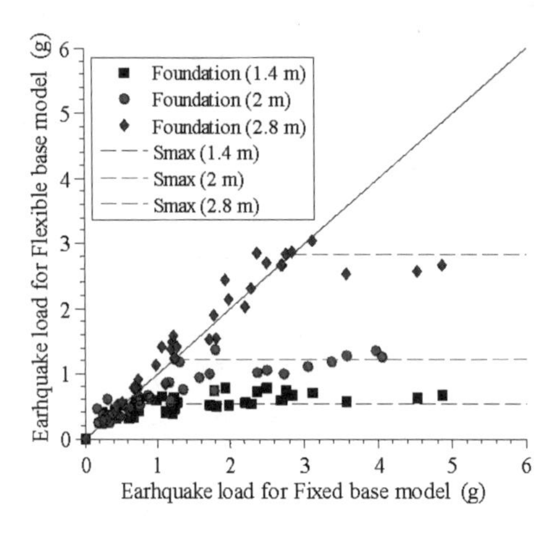

해설 그림 10.8.6 얕은기초 위 상부 구조물 지진 하중 제한 연구(Ha et al., 2014)

10.8.8 기초 구조물에 대한 동적해석에서는 현장시험과 실내시험에서 얻은 지반의 특성치를 적용한다. 구체적인 사항은 "10.6 입지조건과 지반조사" 해설을 참고한다.

10.9 제방 비탈면의 내진해석

10.9.1 제방 비탈면의 내진해석법은 등가정적 해석법 및 동적 수치해석 방법 등이 있다.
10.9.2 동적 수치해석결과 지진으로 인하여 비탈면에 설계 거동한계를 초과하는 변형이 발생하지 않아야 한다.
10.9.3 액상화 현상에 따른 지반 유동파괴가 발생하지 않아야 한다.

해설

10.9.1 제방 비탈면의 내진해석방법으로는 등가정적 해석법, 동적 수치해석 방법 외에도 강성블록해석 등이 있으며 구조물의 중요성에 따라 설계자의 판단에 의하여 해석방법을

선택한다.

(1) 등가정적 해석법 : 파괴토체의 중심에 등가수평가속도와 파괴토체의 무게의 곱인 등가횡방향지진력을 작용시켜 안정성을 평가한다. 이때 지진으로 인한 연직가속도는 사면의 안전성에 미치는 영향이 작으므로 일반적으로 설계에서는 무시한다. 이때 등가수평가속도는 "10.5 설계 지반운동 결정과 지반 증폭계수" 해설을 참조하여 결정한 설계지진계수를 사용한다.

(2) 동적 수치해석 방법 : 지진하중을 받는 사면의 변형량을 구하기 위해서 유한요소법, 유한차분법 등을 이용한 수치해석이 가능하다. 수치해석을 이용한 내진해석의 방법에 대한 일반적인 내용은 다음과 같다.
① 초기 응력 결정
② 입력지진동의 시간이력 선택
③ 암반진동에 대한 제방 비탈면의 응답 산정
- 발생되는 전단응력의 시간이력 산정
- 지반의 동적 물성치 결정이 필요
④ 대표적 시료의 동적 시험
- 흙의 지진강도와 변형특성 결정
⑤ 일정한 변형률 수준을 일으키는 데 필요한 반복전단응력과 지진에 의해 발생되는 전단응력 비교
⑥ 비탈면 단면의 전체적인 변형률 포텐셜, 변형, 안전성 평가

(3) 강성블록해석 : 사면이 항복할 때의 지진가속도를 항복가속도라 하고, 항복가속도가 넘는 지진가속도를 적분함으로써 사면의 변형을 구하는 방법이다. 이러한 변위해석법은 토체의 물성이 균일한 성토체의 변형해석에 주로 사용된다. 즉, 지진하중에 의해 사면에 작용하는 가속도는 시간에 따라 변하는데, 작용 가속도가 항복가속도보다 작아 안전율이 1.0 이상일 때는 사면은 평형상태를 유지한다. 가속도가 항복가속도보다 커져 사면의 안전율이 1.0 미만이 되면 사면내의 힘의 평형은 깨지고 파괴토체의 외부하중에 의해 가속도를 가지고 움직인다. Newmark(1965)는 위의 원리를 이용하여 사면의 파괴토체를 경사진 평면위에 있는 강성블록으로 단순화하여 파괴토체의 변형을 해석하는 방법을 제안하였다.

10.9.2 동적 수치해석결과 지진으로 인하여 비탈면에 설계 거동한계를 초과하는 변형이

발생하지 않아야 한다. 붕괴방지수준에서 제방 비탈면 구조물의 구조적 손상은 경미한 수준으로 제한되어야 하며 구조물의 영구변형으로 인해 주변 구조물 및 부속시설들이 탄성한계를 초과하는 소성거동은 허용할 수 있으나 구조물의 전체적인 붕괴는 허용하지 않는다.

10.9.3 액상화 현상에 따른 지반 유동파괴가 발생하지 않아야 한다. 사면에 액상화가 발생할 가능성이 있는 경우 액상화에 따른 유동파괴해석을 수행해야 한다. 액상화에 대한 해석은 경험적 관계식들을 이용하는 방법과 수치적 방법이 있는데 경험적 방법은 액상화 발생 여부만을 결정하는 방법이다. 수치적 방법은 사면의 변위를 구할 수 있지만 해석이 매우 어려우므로 경험 있는 전문가의 참여가 필요하다. 액상화 발생 가능성이 있는 경우는 액상화 방지대책으로 액상화가 일어나지 않도록 조치를 한 후 설계한다. 액상화 평가에 대한 자세한 사항은 "10.7 액상화 평가"의 해설을 참고한다.

10.10 옹벽의 내진해석

10.10.1 옹벽의 내진해석법에는 등가정적 해석법, 벽체의 영구변위를 허용하는 영구변위 산정법과 수치해석 방법 등이 있다.
10.10.2 등가정적해석에서 옹벽에 작용하는 동적토압은 Mononobe-Okabe 토압 이론을 적용하여 산정한다.
10.10.3 옹벽의 기초 및 기초지반은 미끄러짐 파괴, 지지력 파괴, 전도파괴, 전체 활동파괴 등에 대하여 안전하여야 한다.
10.10.4 앵커시스템은 지진으로 인해 유발되는 토압 및 지반변형에 안전하게 견딜 수 있도록 설계한다.
10.10.5 옹벽 배후 지반에 설치된 구조물의 변형은 설계거동 한계를 초과하지 않아야 한다.

해설

10.10.1 옹벽의 내진해석법에는 등가정적 해석법, 벽체의 영구변위를 허용하는 영구변위 산정법과 수치해석 방법 등이 있다.

(1) 등가정적 해석법 : 파괴쐐기의 중심에 등가수평가속도와 파괴쐐기의 무게의 곱인 등가횡방향지진력을 작용시켜 안정성을 평가한다. 이때 지진으로 인한 연직가속도는 옹벽의 안전성에 미치는 영향이 작으므로 일반적으로 설계에서는 무시한다. 이때 등가수평가속도(kh)는 "10.5 설계 지반운동 결정과 지반 증폭계수"에 의해 결정한 설계 지진계수를 사용하며 일반적으로 옹벽－지반 상호작용 및 옹벽의 변위 허용에 따라 등가수평가속도(kh)를 일정부분 감하여 사용할 수 있다.

Eurocode 8 (2008) 에서는 50mm 이내의 변위 허용 시에는 별도의 변위산정법을 요구치 않으며 설계지진계수를 약 50% 감하여 사용할 수 있다.

중요도가 높은 구조물 혹은 높이 10m 이상의 옹벽구조물의 경우 지반응답해석을 통한 적절한 등가수평가속도(kh) 산정을 고려한다. AASHTO(2012)는 18m 이상의 옹벽에 대해서는 가속도 증폭 및 변화에 대하여 지반－구조물 상호작용을 고려한 동적해석(모형실험, 수치해석)을 수행할 것을 명시하고 있다.

(2) 벽체의 영구변위를 허용하는 영구변위 산정법(강성블록 해석법) : 옹벽의 허용수평변위를 유발시킬 수 있는 수평가속도를 산정한 후 등가정적 해석법을 통하여 옹벽의 안정성을 평가하는 방법이다. 변위를 허용하는 방법이므로 보다 경제적인 설계가 가능하다.

(3) 동적 수치해석 방법 : 지진하중을 받는 옹벽의 거동을 알아보기 위해서 유한요소법, 유한차분법 등을 이용한 수치해석이 가능하다. 이때 벽체와 지반과의 접촉면은 적절한 상호면 요소(interface element)를 이용하여 모사한다. 수치모델의 좌·우측 경계조건을 고정단이나 롤러, 또는 힌지로 하였을 경우 진동이 반사되므로 반드시 자유장 경계조건(free field boundary)으로 설정하여야 한다.

10.10.2 등가정적해석에서 옹벽에 작용하는 동적토압은 Mononobe－Okabe 방법(Okabe 1926; Mononobe and Matsuo 1929)을 적용하여 산정한다. Mononobe－Okabe 방법은 Coulomb 이론을 직접적으로 확장한 것으로 Coulomb의 주동 또는 수동 파괴쐐기에 등가정적 가속도를 적용시킨 다음 쐐기에 작용하는 힘들의 평형방정식으로부터 벽체에 작용하는 동적토압을 구하는 방법이다. Mononobe－Okabe 방법은 Coulomb 방법에 추가로 다음의 조건을 가정하고 있다.

① 뒤채움 지반은 사질토 지반으로 변형이 발생하지 않는 강체로 거동한다.
② 지진 시 뒤채움 지반의 증폭현상은 고려하지 않으며 지진에 의한 가속도는 뒤채움 지반에 균등하게 작용하고, 배면 및 기초지반에서 액상화는 발생되지 않는다.

(1) 동적주동토압

사질토 뒤채움 지반의 주동쐐기에 작용하는 힘은 해설 그림 10.10.1과 같다. 파괴쐐기에 작용하는 정적작용력 외에 추가적으로 쐐기 질량에 수평 및 연직지진계수(K_h, K_v)를 곱하여 수평, 연직방향의 등가정적력을 고려하게 된다. 이때 총 작용력 P_{AE}는 해설 식(10.10.1)에 의하여 산정할 수 있다(Das, 1993).

$$P_{AE} = \frac{1}{2}\gamma H^2 (1-K_v) K_{AE} \qquad \text{해설 (10.10.1)}$$

$$K_{AE} = \frac{\cos(\phi-\theta-\beta)}{\cos\theta\cos^2\beta\cos(\delta+\beta+\theta)\left[1+\sqrt{\frac{\sin(\phi+\delta)\sin(\phi-\theta-i)}{\cos(\delta+\beta+\theta)\cos(i-\beta)}}\right]^2} \qquad \text{해설 (10.10.2)}$$

$$\theta = \tan^{-1}\left(\frac{K_h}{1-K_v}\right) \qquad \text{해설 (10.10.3)}$$

여기서, γ : 뒤채움 지반의 단위체적중량(kN/m^3)

ϕ : 뒤채움 지반의 내부마찰각(°)

i : 뒤채움 지반의 배면경사각(°)

δ : 벽면 마찰각(°)

β : 옹벽의 수직에 대한 경사각(°)

H : 기초 지반고에서 옹벽수직높이

K_h, K_v : 수평 및 수직지진계수(10.5절 참조)

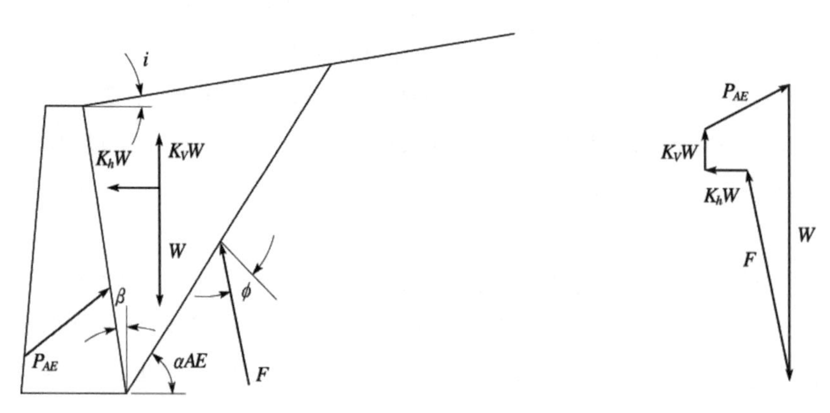

해설 그림 10.10.1 Mononobe－Okabe 방법에서 주동쐐기에 작용하는 힘

해설 식(10.10.2)에서 제곱근 안에 있는 항이 0보다 작아지면 허근이 되어 토압계수를 구할 수 없기 때문에 Mononobe-Okabe 방법을 이용할 때 뒤채움 지반의 배면경사는 해설 식(10.10.4)를 만족하여야 한다.

$$i \leq \phi - \theta \qquad \text{해설 (10.10.4)}$$

$i > \phi - \theta$인 경우에는 해설 식(10.10.2)에서 제곱근 안에 있는 항을 0으로 하여 해설 식(10.10.5)와 같이 토압계수를 산정한다.

$$K_{AE} = \frac{\cos(\phi - \theta - \beta)}{\cos\theta \cos^2\beta \cos(\delta + \beta + \theta)} \qquad \text{해설 (10.10.5)}$$

주동상태의 총 작용토압 P_{AE}는 해설 식(10.10.6)과 같이 정적인 토압 P_A와 동적인 토압 ΔP_{AE}로 나눌 수 있다. 이때 정적인 토압 P_A는 Rankine의 방법이나 Coulomb의 방법을 통하여 구한다.

$$P_{AE} = P_A + \Delta P_{AE} \qquad \text{해설 (10.10.6)}$$

정적인 토압 P_A는 옹벽저판에서 높이 $H/3$ 위치에 작용하며, 동적 토압 ΔP_{AE}의 작용점 h_{AE}는 $H/3 \sim 0.6H$ 사이에 작용한다. 일반적으로 안정해석을 위해 정적토압과 같은 $H/3$ 위치를 사용하며, 경우에 따라 $0.6H$까지 증가시켜 사용한다. 옹벽저판으로부터 작용위치 $\bar{z}$(해설 그림 10.10.2) 해설 식(10.10.7)과 같다.

$$\bar{z} = \frac{P_A(H/3) + \Delta P_{AE}(h_{AE})}{P_{AE}} \qquad \text{해설 (10.10.7)}$$

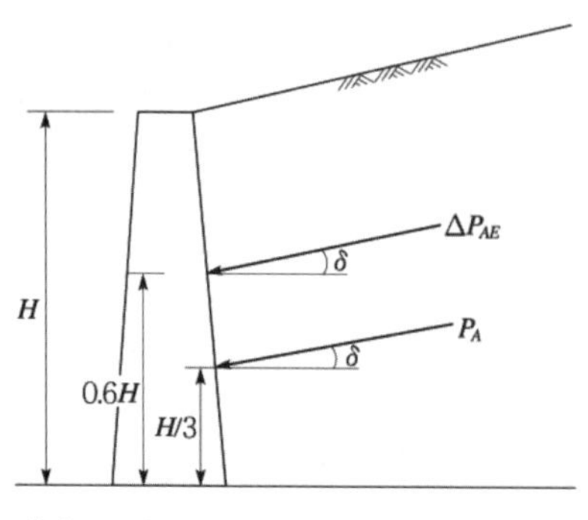

해설 그림 10.10.2 동적토압의 작용점

※ 최근 국내 연구진은 원심모형실험을 이용하여 변위가 제한된 옹벽에 대하여 동적토압의 분포가 역삼각형이 아닌 삼각형 형태에 가까움을 실험적으로 평가하였으며 이미 AASHTO(2012) 에서는 외적 안정 평가 시 동적토압의 작용점을 $H/3$ 지점으로 고려하고 있다. 벽체 강성이 증가함에 따라 토압의 작용점이 증가하고 있으나 $H/2$ 지점을 초과하지 않기 때문에 $H/3 \sim 0.6H$ 사이에서 동적토압의 작용점을 사용하는 것을 추천한다.

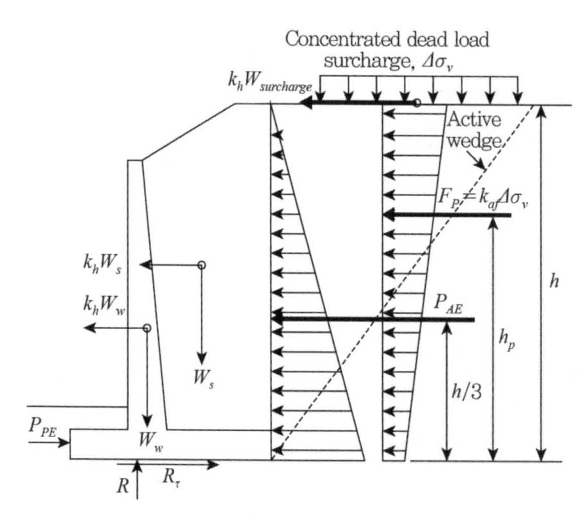

해설 그림 10.10.3 외적안정(External stability) 평가방법(AASHTO, 2012)

※ 최근 연구동향에 따르면(Nakamura, 2006; Al Atik and Sitar, 2010; Jo et al., 2014) 지진 시 동적토압은 벽체 관성력과 위상 차이를 보이며 이로 인하여 Mononobe-Okabe 방법과 같은 유사정적해석방법이 동적 토압을 과다평가 할 수 있음을 실험적 방법으로 평가하였다. Mononobe-Okabe 방법은 지진 시 순간적인 토압의 작용을 유사정

적으로 평가하기 때문에 동적토압을 과다하게 산정할 수 있다. 유사정적해석의 신뢰성을 위해 추후 지속적인 연구가 필요하다.

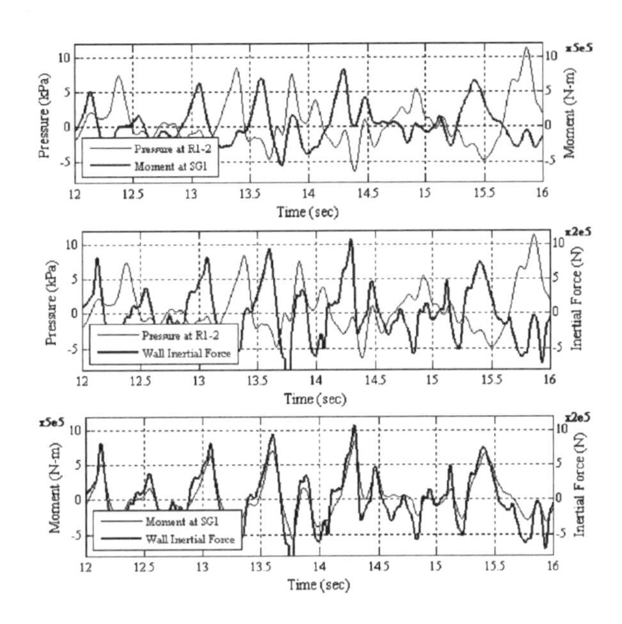

해설 그림 10.10.4 지진 시 벽체 관성력, 토압, 모멘트 간의 위상 차이(Al Atik and Sitar, 2010)

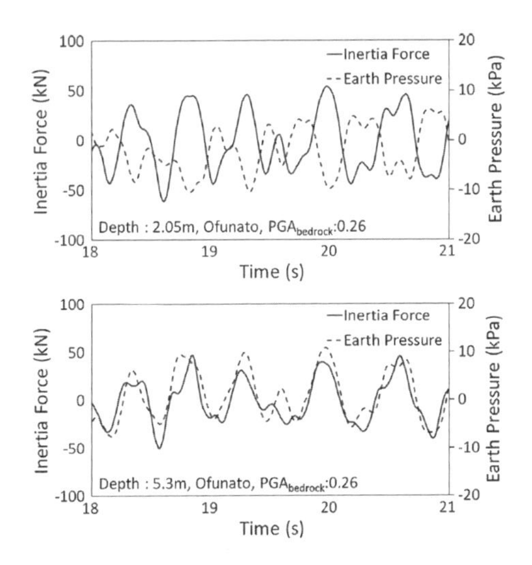

해설 그림 10.10.5 유연한 옹벽에서의 토압과 벽체관성력과의 위상 차이(Jo et al., 2014)

(2) 동적수동토압

수동상태에서 사질토 뒤채움 지반에 작용하는 힘은 해설 그림 10.10.3과 같으며, 이때 옹벽에 작용하는 동적수동토압 P_{PE}는 해설 식(10.10.8)과 같다.

$$P_{PE} = \frac{1}{2}\gamma H^2(1-K_v)K_{PE} \qquad \text{해설 (10.10.8)}$$

$$K_{PE} = \frac{\cos^2(\phi-\theta+\beta)}{\cos\theta\cos^2\beta\cos(\delta-\beta+\theta)\left[1-\sqrt{\dfrac{\sin(\phi-\delta)\sin(\phi-\theta+i)}{\cos(\delta-\beta+\theta)\cos(i-\beta)}}\right]^2} \qquad \text{해설 (10.10.9)}$$

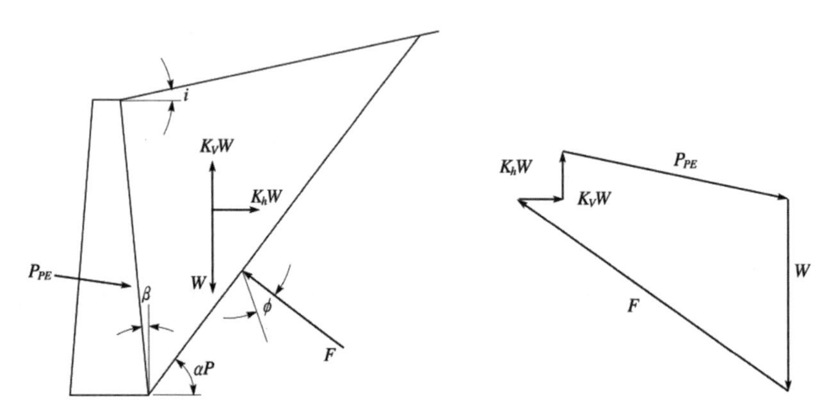

해설 그림 10.10.6 Mononobe-Okabe 방법에서 수동쐐기에 작용하는 힘

동적수동토압 P_{PE}는 동적주동토압에서와 마찬가지로 정적인 토압 P_P와 동적인 토압 ΔP_{PE}로 분리할 수 있다. 동적인 토압 ΔP_{PE}는 정적요소와 반대방향으로 작용하여 수동저항력을 감소시켜 P_{PE}는 P_P보다 작게 되어 해설 식(10.10.10)과 같다.

$$P_{PE} = P_P - \Delta P_{PE} \qquad \text{해설 (10.10.10)}$$

10.10.3 지진에 대한 옹벽의 안정해석은 정적설계기준을 만족하는 옹벽에 대하여 동적토압 및 옹벽 구조물 자중에 의한 관성력을 함께 포함하여 실시한다. 즉, 옹벽의 기초 및 기초지반은 미끄러짐 파괴, 지지력 파괴, 전도파괴, 전체 활동파괴 등에 대하여 안전하여야 한다. 동적옹벽해석은 옹벽파괴로 인하여 인명 및 재산에 큰 피해 발생이 예상되는 옹벽에 대하여 실시한다. 지진이 일어나는 동안 옹벽에 작용하는 배면 토압의 증가,

동수압의 발생, 뒤채움재의 액상화 현상 등에 의해 옹벽의 손상 또는 파괴가 빈번히 발생하므로 벽체의 구조적 요소들의 파괴가 일어나지 않도록 지진지역에서는 옹벽설계 및 시공에 대한 세심한 주의가 요구된다.

Al Atik and Sitar(2010), Jo et al.(2014)에 의하면 중력식 옹벽뿐만 아니라 캔틸레버 형식의 옹벽은 벽체 관성력이 지진 시 옹벽의 거동뿐만 아니라 동적 토압에 미치는 영향이 지대하므로 벽체 관성력을 함께 고려할 필요가 있다. 벽체 하단에서 최대 모멘트 발생 시 동적 토압의 발현이 매우 미비함을 실험적으로 평가하였으며 이는 동적 토압뿐만 아니라 벽체 자중의 관성력이 단면력 증가에 큰 영향을 끼침을 의미한다. AASHTO(2012)에서는 옹벽의 외적 안정해석을 수행할 때 옹벽 구조물의 관성력을 함께 포함하여 실시하고 있다.

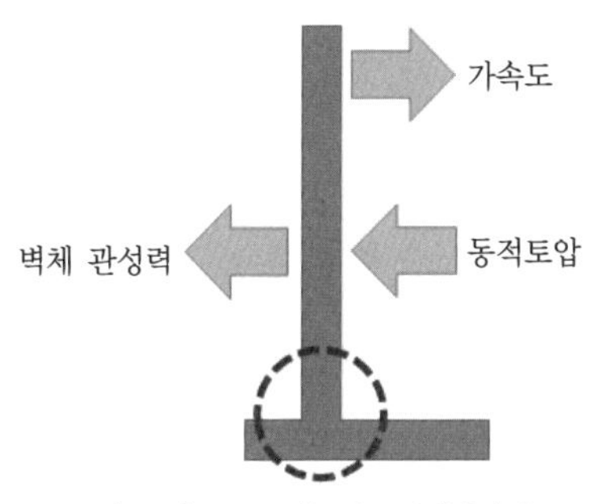

해설 그림 10.10.7 Mononobe-Okabe 방법에서 수동쐐기에 작용하는 힘

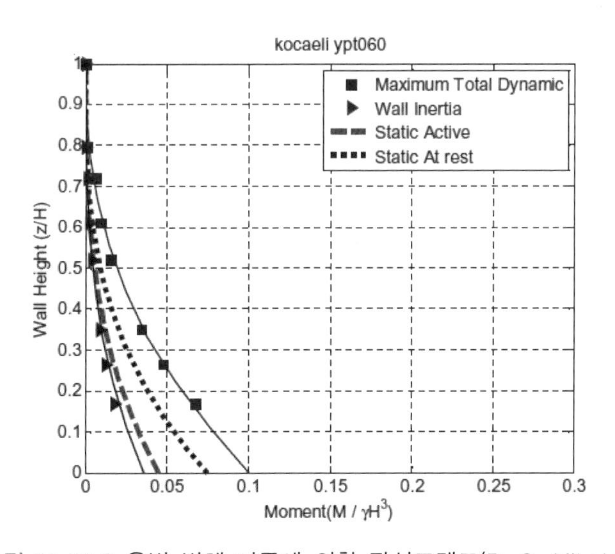

해설 그림 10.10.8 옹벽 벽체 자중에 의한 관성모멘트(R. G. Mikola, 2012)

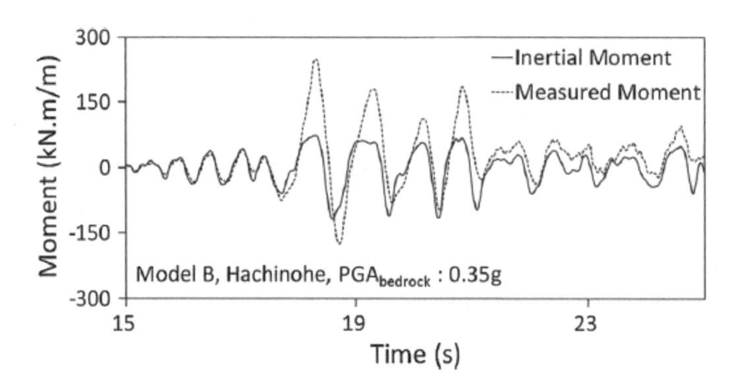

해설 그림 10.10.9 지진 시 벽체 자중에 의한 관성모멘트(Jo et al., 2014)

10.10.4 앵커시스템은 지진으로 인해 유발되는 토압 및 지반변형에 안전하게 견딜 수 있도록 설계한다.

10.10.5 옹벽 배후 지반에 설치된 구조물의 변형은 설계거동 한계를 초과하지 않아야 한다.

| 참고문헌 |

1. 건설교통부(1997), 내진설계기준연구(II) – 내진설계성능기준과 경제성 평가, 한국지진공학회.
2. 건설교통부(2000), 내진설계 기술기준 제정 (지진응답계측기 설치 · 운영), 한국지진공학회.
3. 건설교통부(2009), 도시철도 내진설계 기준.
4. 국민안전처(2017), 내진설계기준. 공통적용사항.
5. 소방방재청(2013), 국가지진위험지도 공표.
6. 한국시설안전기술공단(2004), 기존 시설물의 기초 및 지반의 내진성능 평가 및 향상요령.
7. 한국시설안전기술공단(2011), 기존 시설물(터널) 내진성능 평가 및 향상요령.
8. 한국지반공학회 지반공학 시리즈 8(2006), 지반구조물의 내진설계(개정판), 구미서관.
9. ASCE 7–10.(2010), Minimum design loads for building and other structures.
10. Al Atik, L., & Sitar, N.(2010), Seismic earth pressures on cantilever retaining structures. Journal of geotechnical and geoenvironmental engineering, Vol. 136, No.10, pp.1324–1333.
11. AASHTO 2012 (American Association of State Highway and Transportation Officials)(2012), Load and Resistance Factor Design Bridge Design Specifications, 2012, 11.6.5.1, 11.6.5.2, 11.6.5.3.
12. Bray, J. D., Travasarou, T., & Zupan, J.(2010), Seismic Displacement Design of Earth Retaining Structures.
13. Brinch Hansen, J.(1961), The Ultimate Resistance of Rigid Piles Against Transversal Forces, Danish Geotechnical Institute(Geoteknisk Institute) Bull. No. 12, Copenhagenm, pp.5–9.
14. Broms, B.(1964a), The Lateral Resistance of Piles in Cohesive Soils, Soil Mech. Found. Div., ASCE, Vol.90, No. SM2, March, pp.22–63.
15. Broms, B.(1964b), The Lateral Resistance of Piles in Cohesionless Soils, Soil Mech. Found. Div., ASCE, Vol.90, No. SM3, March, pp. 123–156.9. ICBO (1997), 1997 Uniform building code, Vol. 2 – Structural Engineering Design Provisions, International Conference of Building Officials.
16. Caltrans (California Department of Transportation)(2009), Foundation report preparation for bridges, December 2009, 5.2.2.3.
17. Chang, Y. L.(1937), Discussion on Lateral Pile Loading Tests, ASCE, Vol.102, pp.272–278.
18. Eurocode 8(2008), Eurocode 8 : Design of Structures for Earthquake Resistance. Part 5 : Foundations, Retaining Structures, Geotechnical Aspects. CEN, Brussels, EN 1998–

5, 7.3.2.2.

19. Das, B. M.(1993), Principles of Soil Dynamics, PWS-KENT, Boston.
20. FEMA 356(2000), Prestandard and commentary for the seismic rehabilitation of buildings., Federal Emergency Management Agency : Washington, DC.
21. FEMA 440(2004), Improvement of Nonlinear Static Seismic Analysis Procedures., Federal Emergency Management Agency : Washington, DC.
22. Ha, J. G., Jo, S. B., Yoo, M. T., Lee, J. S., Kim, D. S.(2014), Rocking behaviors of SDOF structures on shallow foundation via centrifuge test, The procedings of 10th US national conference on Earthquake Engineering.
23. Idriss, I. M.(1996), Seed Memorial Lecture, University of California at Berkely.11. Pacific Earthquake Engineering Research Center (PEER), http://peer.berkeley.edu/smcat/search.html
24. Jo, S. B., Ha, J. G., Yoo, M., Choo, Y. W., & Kim, D. S.(2014), Seismic behavior of an inverted T-shape flexible retaining wall via dynamic centrifuge tests. Bulletin of earthquake engineering, Vol. 12, No.2, pp.961-980.
25. Lew, M., Sitar, N., & Atik, L. A.(2010), Seismic Earth Pressures : Fact or Fiction. In Earth Retention Conference 3, pp.656-673.
26. Liao, S.S.C., Whitman, R.V.(1986), Catalogue of liquefaction and non-liquefaction occurrences during earthquakes, Res. Rep., Dept. of Civ. Engrg., Massachusetts Institute of Technology, Cambridge, Mass.
27. Mononobe, N., and Matsuo, M.(1929), On the determination of earth pressures during earthquakes., Proc. World Engrg. Congress, Vol. 9, pp.179-187.
28. Nakamura, S.(2006), Re-examination of Mononobe-Okabe theory of gravity retaining walls using centrifuge model tests., Soils Found., Vol. 46, No.2, pp.135-146.
29. Newmark, N. M.(1965), Effect of Earthquakes on Dams and Embankments, Geotechnique, Institute of Civil Engineering, London, Vol. 4, No. 2, 139.
30. Okabe, S.(1926), General theory of earth pressures., J. Japan. Soc. Civil Eng., 12(1), 123-134.
31. Pecker, A. (2004). Design and construction of the Rion Antirion Bridge, In Proceedings of the Conference on Geotechnical Engineering for Transportation Projects, Geo-Trans, ASCE GeoInstitute, Los Angeles July, pp.27-31.
32. R. G. Mikola(2012), Ph.D. Thesis, Seismic Earth Pressures on Retaining Structures and Basement Walls in Cohesionless Soils, University of California, Berkeley.
33. Seed, H. B., Tokimatsu K, Harder. L. F. and Chung, R. M.(1985), Influence of SPT procedure in Soil Liquefaction Resistance Evaluation, Journal of Geotechnical

Engineering, ASCE, Vol.111, No.12, pp.1425−1446.

34. Seed, and Stokoe, K. H. II(2001), Liquefaction Resistance of Soils : Summary Report from the 1996 NCEER and 1998 NCEER/NSF Workshops on Evaluation of Liquefaction Resistance of Soils, Journal of Geotechnical and Geoenvironmental Engineering, ASCE, Vol. 127, No. 10, pp.817−833.
35. Sun, C. G., Cho, C. S., Son, M., and Shin, J. S. (2013), Correlations between Shear Wave Velocity and In-situ Penetration Test Results for Korean Soil Deposits, Pure and Applied Geophysics, Vol. 170, No. 3, pp.271-281.
36. Stark, T. D. and Olson, S. M.(1995), Liquefaction Resistance Using CPT and Field Case Histories, Journal of Geotechnical Engineering, ASCE, Vol. 121, pp.856−869.
37. Stewart, J. P., Gregory L. F., and Raymond B. S.(1999), Seismic soil−structure interaction in buildings. I : Analytical methods., Journal of Geotechnical and Geoenvironmental Engineering Vol. 125, No.1, pp.26−37.
38. Youd, T. L. and Idriss, I. M.(1977), NCEER Workshop on Evaluation of Liquefaction Resistance of Soils, Technical Report NCEER−97−0022. National Center for Eearthquake Engineering Research, pp.1−40.
39. Youd, T. L. and Nobel, S. K.(1997), Magnitude Scaling Factors. Proc., NCEER Workshop on Evaluation of Liquefaction Resistance of Soils, Nat. Ctr, for Earthquake Eng. Res., State Univ. of New York at Buffalo, pp.49−165.
40. Youd, T.L., Idriss, I.M.(2001), Liquefaction resistance of soils : summary report from the 1996 NCEER and 1998 NCEER/NSF workshops on evaluation of liquefaction resistance of soils, Journal of Geotechnical and Geoenvironmental Engineering, Vol. 127, No.4, pp.297−313.

제 11 장 진동기계기초

11.1 일반사항

11.1.1 이 장은 기계의 원활한 가동과 기계진동에 의해 진동기계 및 기계기초 구조물이 입는 피해와 기초진동으로 인한 주변구조물과 작업자의 피해를 허용기준 이하로 유지하는 데 필요한 최소 설계요구조건을 규정한다.

해설

11.1.1 진동기계기초 기준은 터빈, 터보제너레이터, 회전형 콤프레서, 타격식 해머, 프레스, 내연기관, 엔진, 풍력발전기 등과 같이 진동하중을 기초에 전달하는 기계의 기초 구조물 설계에 적용한다. 기계가 가동할 때 발생하는 크고 작은 진동은 기계하중과 함께 기초구조물과 지반에 전달된다. 이때 기계기초 구조물과 지반은 기계하중과 기계진동으로부터 안전하여야 하고, 또한 주변 구조물은 기계진동으로 인한 피해를 입지 않아야 하며 기계근처의 작업자에게 불편을 끼치지 않아야 한다. 기계의 원활한 가동과 안전을 위하여 기계기초 시스템의 진동과 침하를 최소화하여야 한다. 진동기계기초의 공사비는 상부 진동기계 가격에 비하여 저렴하다. 그러나 기초의 부실로 인하여 기계가동에 문제가 발생할 경우 피해는 막중하므로 기초의 양호한 설계는 중요하다.

11.1.2 진동을 받는 기초의 설계는 작은 변형률의 지반특성, 동하중 특성 및 지반-기초의 상호 작용의 영향을 동시에 고려한 동적거동해석을 바탕으로 한다.

해설

11.1.2 진동을 받는 기초 구조체의 설계는 작은 변형률의 지반특성, 동하중 특성 및 지반-기초의 상호 작용의 영향을 모두 고려해야 하며 이러한 설계인자들을 반영한 동적거동해석을 바탕으로 한다.

(1) 작은 변형률의 지반특성

기초지반의 변형은 기계와 기초 자중으로 인해 생기는 영구적인 정적 변형과 기계와 기초의 진동으로 인한 일시적인 동적변형으로 구분할 수 있다. 기계기초설계는 진동으로 인한 동적변형을 최소화하여 동적변형이 영구변형으로 진행되지 않도록 기초지반이 진동하중에 대해 탄성 범위에서 거동하도록 설계하여야 한다. 따라서 일반적으로 필요한 큰 변형률 지반특성에 더하여 작은 변형률 범위에서의 지반특성에 대한 조사가 추가로 필요하다. 일반적으로 작은 변형률 범위에서의 지반의 강성은 큰 변형률 범위의 그것보다 매우 크며 고유주파수도 커진다. 여기서 작은 변형률은 흙에 영구적인 체적변형이 거의 발생하지 않는 체적 한계 변형률(volumetric threshold strain)보다 작은 경우의 변형률을 의미하며, 대체적으로 사질토 지반에서는 0.01%, 점성토 지반에서는 0.01~0.1% 이내의 전단변형률이 이에 해당된다.

(2) 진동하중 특성

기계진동하중(machine vibratory loads)을 받는 기계기초의 설계는 정하중(static loads)만 받는 일반기초설계의 검토항목에 진동하중에 대한 검토를 추가하여 수행하여야 한다. 여기서 진동하중이란 시간에 따라 크기가 변하는 반복적인 하중으로 일반적으로 기계의 진동하중은 자중 등의 정하중에 비하여 작고 장기간 주기적으로 반복 작용하며, 그에 따른 지반반력은 지지력에 비하여 작아 탄성범위 내에서 발생한다.

가. 기계진동현상

기초 및 구조물의 동적 거동은 진동하중의 크기, 진동수, 작용 방향과 위치, 지반-기초계의 접지형상, 지반과 구조물의 동적 성질 등에 의존한다. 일반적으로 기초 및 구조물에 작용하는 동하중은 기계진동, 지진에 의한 진동 및 충격하중에 의한 진동으로 분류할 수 있다. 이 중 기계진동은 기계의 작동에 의해 발생되는 것으로 진동 현상은 해설 그림 11.1.1 (a) 또는 (b)와 같다. 지진에 의한 진동은 지진에 의해 지반이 움직임으로써 기초 및 구조물에 동하중이 가해지는 것으로 구조물의 설계 수명 동안에 몇 번 발생하거나 발생하지 않을 수도 있으며 그 진동 현상은 해설 그림 11.1.1 (c)와 같다. 한편 충격하중에 의한 진동은 말뚝의 항타, 발파, 동다짐 등에 의해 발생되는 것으로 시간에 따라 소멸되는 진동이며 그 진동 현상은 해설 그림 11.1.1 (d)와 같다. 이 기준은 기계진동만을 대상으로 하며 지진에 대한 고려는 “제10장 내진설계기준” 풍하중과 파랑하중을 받는 기계에 대한 고려는 API나 DNV등 해상구조물과 풍력기에 대한 설계기준을 참조한다.

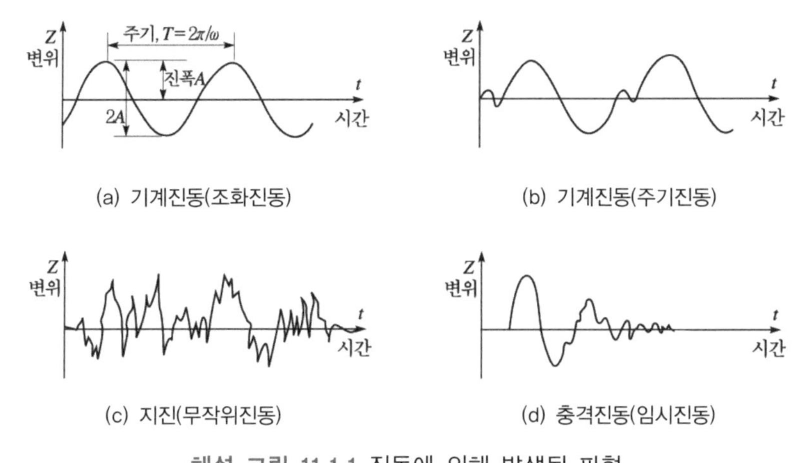

해설 그림 11.1.1 진동에 의해 발생된 파형

나. 기계의 종류에 따른 진동형태

기초설계를 위해서는 정확한 하중원, 하중의 크기, 방향, 위치, 기계의 회전주축 위치와 방향 및 동하중을 유발하는 불균형하중(unbalanced load)에 대한 명확한 자료가 필요하다. 기계기초 설계 시 고려하는 기계의 작동에 의해 발생되는 진동은 주로 다음 세 종류의 수평 및 연직 가진하중에 의해 발생한다. 일반적으로 기계진동은 기초구조물에 설계수명동안에 지속적으로 가해지는 것으로 가정한다.

1. 회전형 기계(rotating machines)

회전체를 갖는 기계들로서 터빈, 터보제너레이터, 회전형 콤프레서 등이 여기에 속한다. 이들은 대체로 운전속도가 매우 빠른 고속기계(high-speed machines)들로서 작동속도는 3,000~10,000rpm이다. 회전 기계에서와 같이 가진력의 크기가 불균형 질량체의 각속도에 의존하는 진동하중이다(해설 그림 11.1.2 참조).

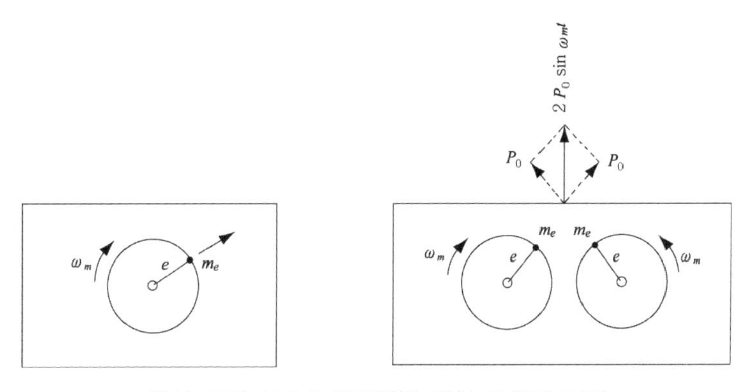

해설 그림 11.1.2 회전체에 의한 동하중 모델

2. 충격형 기계(impact machines)

충격형태의 하중을 유발하는 기계들로서 타격식 햄머나 프레스 등이 있으며 이들은 타격망치와 하부받침(anvil), 그리고 형틀(frame)로 구성되어 있다. 이들의 작업속도는 대체로 분당 60~150의 타격횟수이며, 동하중 형태는 타격 직후 순간적으로 최대치를 기록하고 매우 짧은 기간 지속되며 해머에 의해 발생되는 주기적인 충격진동에서 가진력의 크기는 가진기의 진동수에 무관한 진동하중이다(해설 그림 11.1.3 참조).

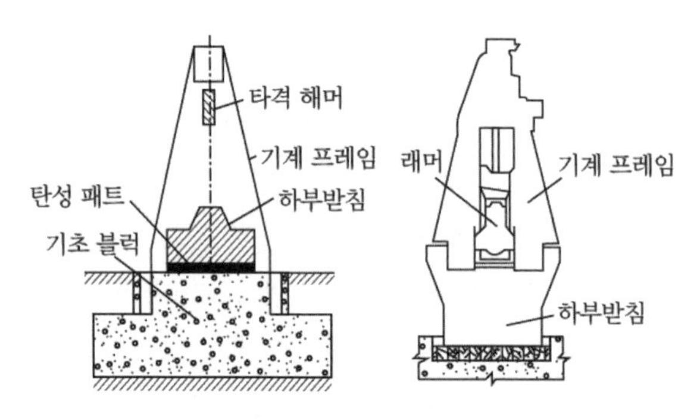

해설 그림 11.1.3 충격형 기계 구조형태

3. 왕복형 기계(reciprocating machines)

왕복형 기계는 왕복운동과 회전운동을 상호 교환시키는 크랭크 메커니즘을 갖고 있으며 내연기관 엔진, 피스톤형 펌프, 콤프레서 등이 속한다. 크랭크 메커니즘은 왕복운동을 하는 피스톤과 회전하는 크랭크 그리고 연결막대로 구성되어 있다(해설 그림 11.1.4 참조). 이들 기계의 작동진동수는 대체로 1,200rpm 이내이다.

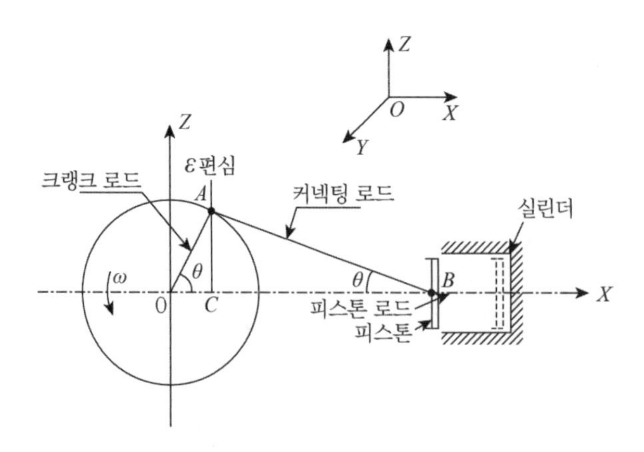

해설 그림 11.1.4 왕복형 기계의 작동 구조

(3) 지반-기초의 상호 작용의 영향을 동시에 고려한 동적거동해석을 통한 기초설계
기계기초의 동적거동해석은 기계-기초-지반으로 형성되는 구조계(structural system) 전체의 고유진동수 및 진동형태를 고려해서 수행한다. 기계기초설계는 건설 분야 뿐만 아니라 기계, 환경 등 폭넓은 지식이 필요하므로 관련 기술자들이 협조하여 설계하여야 한다. 기계기초의 설계과정은 해설 그림 11.1.5와 같다.

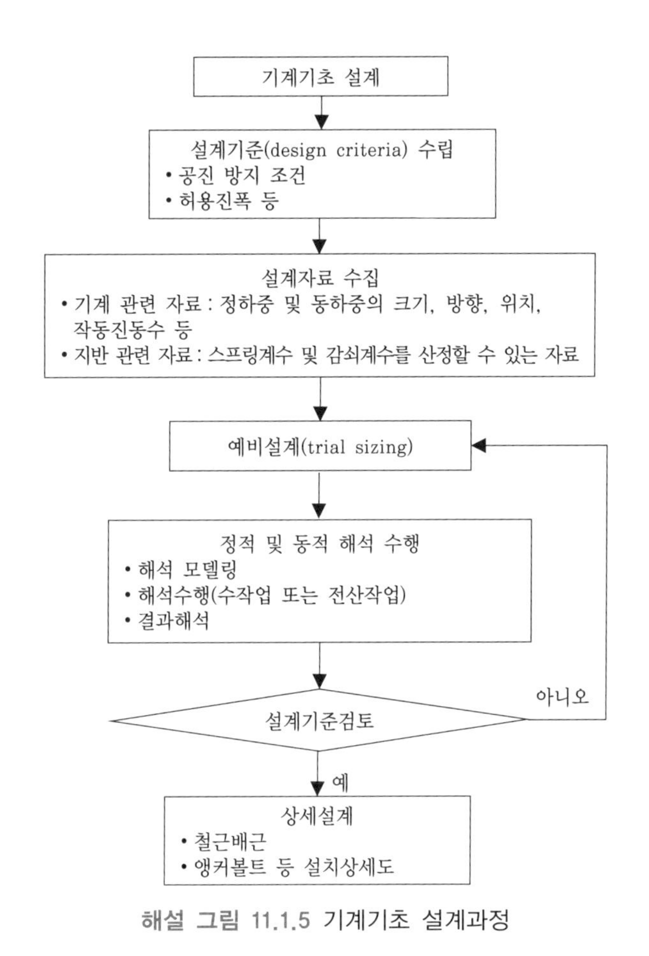

해설 그림 11.1.5 기계기초 설계과정

11.1.3 기초의 형식은 구조물의 특성, 기계의 정하중과 동하중 특성, 지층의 구성 상태, 지지층까지의 깊이 등을 고려하여 선정한다.

해설

11.1.3 기초의 형식은 구조물의 특성, 기계의 정하중과 동하중 특성, 지층의 구성 상태,

지지층까지의 깊이 등을 고려하여 선정한다.

(1) 기계기초의 형태

기계기초의 형태를 분류하면 블록형(block), 상자 또는 케이슨형(box or caisson), 복합 뼈대형(complex frame) 등으로 구분된다. 해설 그림 11.1.6처럼 적합한 기초 형태는 기계의 형태에 따라 선정되며, 일반적으로 왕복형 및 충격형 기계에는 블록형 기초가 채택된다. 블록형의 경우 기초 구조체의 큰 질량으로 인하여 비교적 작은 고유진동수(natural frequency)를 갖는다. 동적해석결과 상대적으로 큰 고유진동수가 요구되면 속이 빈 상자나 케이슨 형태의 기초를 채택한다. 복합뼈대형은 일반적으로 터빈-제너레이터 등 고속회전형기계에 적합하다. 이외에도 경량기계의 경우에는 매트(mat)형 기초 위에 여러 개를 함께 설치하기도 한다.

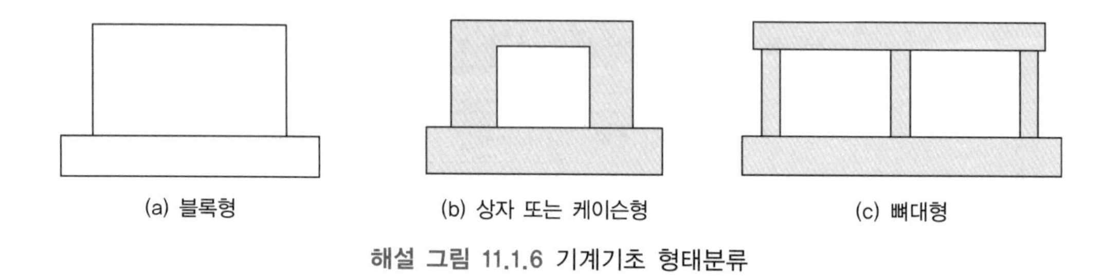

(a) 블록형　　(b) 상자 또는 케이슨형　　(c) 뼈대형

해설 그림 11.1.6 기계기초 형태분류

(2) 기계기초의 분류

지반과의 상호관계에 의한 기초분류로는 일반기초설계에서와 같이 하부 지반조건이 양호하면 얕은 직접 확대 기초형식이 채택되고, 연약 지반층이 두꺼우면 말뚝 등 깊은 기초형식이 채택된다(해설 그림 11.1.7 참조). 기초형식은 주로 동하중보다는 정하중에 의하여 결정된다.

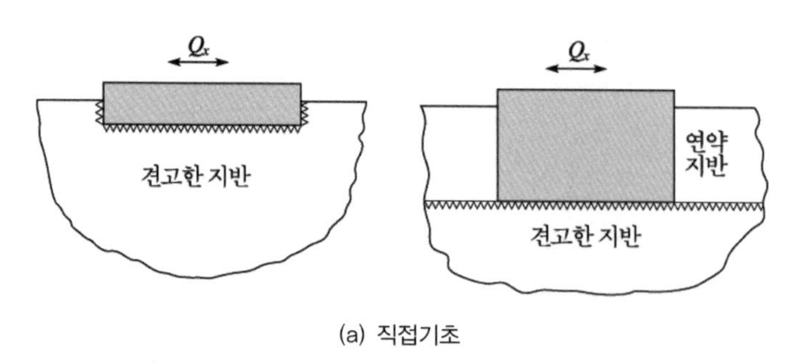

(a) 직접기초

해설 그림 11.1.7 지반조건에 의한 기초형식

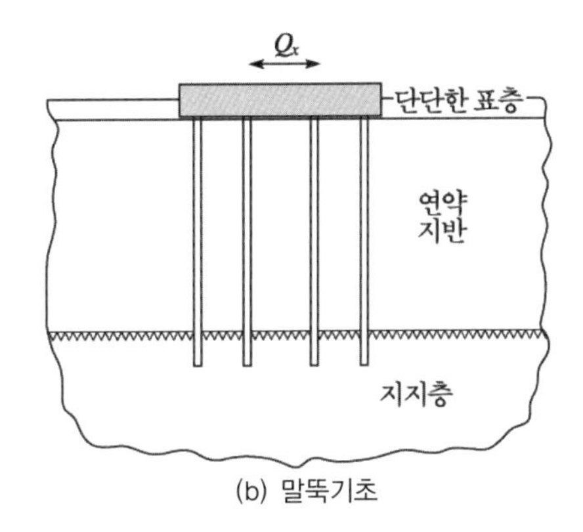

(b) 말뚝기초

해설 그림 11.1.7 지반조건에 의한 기초형식(계속)

(3) 예비설계 (trial sizing)

구체적인 구조해석에 들어가기 전에 예비설계단계로서 기초구조물의 형상과 크기에 대한 가정이 필요하며, 기초구조물 형상은 불필요한 요철이 없이 가능한 단순할수록 바람직하다. 예비설계는 표준단면형식으로 기계제작사에 의하여 주어지는 경우가 많으나 지반 조건이 위치에 따라 다를 수 있으므로 정적 및 동적해석에 의한 검증은 필수적이다. 해석결과 설계기준에 미흡할 경우에는 기준에 부합할 때까지 재조정한다. 예비설계 단계에서 최종설계에 근접한 결과를 얻기 위한 여러 지침들(guidelines)이 있으며, 그 중 Arya et al.(1979) 및 Prakash and Puri(1988)가 기술한 내용은 다음과 같다.

가. 블록형 기초

1. 기초바닥은 지하수위보다 위에 있어야 하고, 되메우기 지반이나 연약지반 상에 직접 위치하는 것은 피하며, 부득이할 때는 말뚝 등 깊은기초형식을 채택한다.
2. 기초 구조체의 질량은 회전형기계 질량의 2~3배이어야 하며, 왕복형기계 질량의 3~5배가 되도록 한다. 기계와 기초를 합한 무게중심은 가능한 낮은 것이 바람직하며 최소한 기초 윗면보다는 낮아야 한다.
3. 기초 윗면은 바닥보다 최소 30cm 이상 높게 하여 만약의 침수에 대비한다.
4. 기초의 두께는 최소한 60cm 이상이고, 앵커볼트 길이 이상이어야 한다. 강성(rigid)으로 간주되기 위해서는 일반적으로 최소변 길이의 1/5 이상 및 최장변 길이의 1/10 이상이어야 한다.
5. 기초면적은 록킹(rocking)진동에 저항할 수 있도록 충분히 폭(width)을 확보하여야 한다. 폭은 기계 받침으로부터 축까지 높이의 1~1.5배 이상이어

야 한다.

6. 폭이 결정되면 소요 질량을 확보토록 길이를 결정한다. 기계받침 끝에서 기초 단까지의 여유(clearance)는 15cm 이상이어야 하며, 공간이 충분하면 유지관리를 의해 30cm 이상이 바람직하다.
7. 폭과 길이가 정해지면 기계와 기초의 무게중심축이 일치하도록 조정하며 또한 전체의 무게중심이 지반 지지중심과 일치하도록 한다.
8. 큰 규모의 왕복형 기계에 대하여는 기초의 매입 깊이를 전체 기초깊이의 50~80%까지 증가시키는 것이 횡방향 지지에 유리하고 또한 감쇠계수를 증가시키는 역할을 한다.
9. 충격형 기초의 최소 두께는 가벼운 햄머의 경우 1.0m 이상이고, 중규모 이상일 때는 2.5m 이상이어야 한다. 이때 기초의 중량은 타격해머의 60~120배이어야 한다.

나. 말뚝에 지지된 블록기초

1. 말뚝 두부 구조체의 질량은 회전형기계 질량의 1.5~2.5배이고, 왕복형기계 질량의 2.5~4배이어야 한다.
2. 두께, 폭, 길이에 대한 지침은 가항 불록형 기초의 경우와 같다.
3. 무리말뚝의 지지중심이 기계와 기초의 무게중심과 일치해야 한다.
4. 횡하중이 우려될 경우에는 경사말뚝을 채택한다.
5. 말뚝두부의 연결은 강결합 또는 힌지결합 등 해석조건에 부합하여야 한다.

다. 뼈대형 기초(elevated frame type)

1. 전반적인 기초의 크기는 설치할 기계와 설비의 규모, 앵커볼트 및 부설 배관작업, 운전, 유지관리 등에 충분한 여유가 있어야 한다.
2. 형상 및 배치는 기계와 기초의 축이 일치하도록 대칭으로 하고, 기계와 구조체를 합한 하중의 중심이 기초바닥면 지지중심과 가능한 일치하여야 하며 편심이 3%를 초과하지 않아야 한다.
3. 기초 바닥 위치는 지반지지력, 지하수위, 동결심도, 바닥높이 등을 종합적으로 고려하여 결정하되 연약층이 깊을 때는 말뚝 등 깊은기초 형식을 채택한다. 기초의 바닥슬래브 두께는 기둥의 평균 순경간이 L(m)이면 $0.07L^{4/3}$ 이상이어야 한다. 대체로 최소두께는 1m 이상이다.
4. 기둥의 크기는 높이와 폭의 비가 2~10 범위에 들도록 한다. 상부 빔과 연결부위에는 충분한 헌치를 두어 응력집중을 방지한다.

5. 기둥은 연직하중에 의한 기둥의 압축응력이 거의 같도록 크기 및 배치를 결정한다. 기둥의 지지능력은 연직하중의 6배 이상 되도록 한다. 기둥 간격은 3.6m(12ft) 이내인 것이 바람직하다.
6. 기둥의 지지중심은 상반부 구조체와 기계를 합한 무게중심과 일치하여야 한다.
7. 빔은 캔틸레버 부분을 피하고, 그 두께가 순 경간의 1/4~1/3의 범위에 들면서 정하중에 의한 처짐은 0.5mm 이내이어야 한다. 빔과 일체로 된 상판(deck)은 두께가 0.6~1.5m 범위에 들도록 하여 강성(rigid)의 판을 형성토록 한다. 이렇게 결정된 상반부 구조체의 질량은 기계의 질량보다 작아서는 안된다.
8. 상세한 해석 전에 개략적으로 개별적인 기둥과 보의 고유진동수를 계산하여 기계의 작동진동수와 비교하여 공진현상을 검토한다. 기둥의 기본고유진동수 f_n는 대략적으로 해설 식(11.1.1)에 의한다.

$$f_n = \frac{44800(f_c')^{1/4}}{\sqrt{pL}} \qquad \text{해설 (11.1.1)}$$

여기서, f_c'는 콘크리트 강도(psi), p는 실제 기둥에 작용하는 압축응력(psi)으로 40~300psi이며 L은 기둥높이(in)이다.

11.1.4 진동기계 기초의 설계를 위해 필요한 기계관련 자료는 다음과 같다.
(1) 정하중의 크기, 작용점 위치 등
(2) 진동하중의 특성, 크기, 가동 진동수 등

해설

11.1.4 진동기계 기초의 설계를 위해 필요한 기계관련 자료는 다음과 같다.

(1) 정하중의 크기, 작용점 위치 등은 제작사로부터 제공받거나 형상에 따라 구한다.
(2) 진동하중의 특성, 크기, 가동 진동수 등은 제작사로부터 제공받거나 기계의 종류에 따라 구한다.

11.2 정하중 조건

> **11.2.1** 진동기계 기초는 기계 진동으로 발생하는 하중이외의 정하중과 지진하중 등 일반 기초에 작용하는 하중에 대하여 우선 안정하여야 한다.
> **11.2.2** 부등침하를 방지하기 위하여 모든 정하중의 무게중심을 통과하는 연직선은 기초 바닥면의 중심과 일치하거나 편심이 기초 평면치수의 5% 이내로 한다.

해설

11.2.1 진동기계 기초는 자중과 같은 정하중과 진동하중에 대해 안전하게 설계되어야 하며, 진동하중 검토에 우선하여 정하중과 지진하중에 대하여 안정성을 먼저 검토하여야 한다. 정하중과 지진하중을 받는 기초는 안정조건으로서 전도(overturning)와 활동(sliding)에 대한 충분한 안전율을 확보함과 동시에, 하중에 의한 지반반력이 허용지지력보다 작고, 절대 및 부등 침하량이 허용치 내에 들도록 설계한다. 기계기초지반의 허용지지력은 진동하중에 의한 영향을 고려하여 얕은기초의 경우 지반반력은 정하중을 받는 기초지반에 대한 허용지지력의 80% 이내이어야 한다. 말뚝기초에서도 같은 비율로 허용지지력을 감소시켜야 한다. 여기서 80%는 상한값이며 진동하중에 의해 영구변형이 발생하지 않도록 지반변형이 탄성범위내에 들도록 설계하는 것이 바람직하다. 정하중에 대한 안정성 검토는 “제4장 얕은기초” 및 “제5장 깊은기초” 해설 부분을 참조한다.

11.2.2 기초구조물의 부등침하는 기계의 원활한 작동에 지장을 주고 고장의 원인이 될 수 있으므로 일반적인 기초의 경우에 비해 보다 엄격한 편심 허용기준을 적용한다. 허용침하량에 대하여는 정하중의 경우에 추가하여 주변 배관 및 설비의 변형 허용치를 종합적으로 검토하여 결정한다. 부등침하에 대비하여 하중의 중심과 기초면적의 중심이 일치하는 것이 바람직하며, 편심은 대응하는 변의 길이의 5% 이내이어야 한다. 11.1.3절 (3) 다항의 뼈대형 기초(elevated frame type)는 편심을 3% 이내로 허용한다. 절대침하량은 파이프 등 주변설비의 허용치를 반영하여야 한다.

11.3 동하중에 의한 공진방지

11.3.1 진동기계 기초는 기계진동으로 발생할 수 있는 공진의 영향이 최소화하도록 설계한다. 공진상태를 파악하기 위해서는 기계-기초-지반계의 고유 진동수를 결정한다.

해설

11.3.1 기계의 작동 진동수와 기계-기초-지반시스템의 고유진동수가 일치하면 진폭이 크게 증가하는 공진(resonance)현상이 발생하여 기계와 기초에 큰 손상을 초래할 수 있으므로 진동기계 기초는 기계진동으로 발생할 수 있는 공진의 영향을 최소화하도록 설계한다. 기계기초에 대한 동적해석은 다음과 같은 절차에 따른다.

① 기계-기초-지반으로 형성되는 구조계(structural system)의 고유진동수(natural frequency) 및 진동형태(mode shape)를 구하며, 계산된 고유진동수가 기계의 작동진동수(operating frequency)와 일치하지 않도록 함으로 공진현상을 방지한다.
② 기계작동에 따른 진동의 최대 진폭(amplitude)을 계산하여 기계의 원활한 운전 및 주변 환경영향에 대한 검토를 수행한다.
③ 이외에도 동하중에 대한 확대계수(dynamic magnification factor)를 구하여 구조물에 실제로 작용하는 하중의 효과를 산정한다.

해석결과에 의하면 동하중에 대하여는 무조건 기초구조물을 키우는 것이 보수적이기 보다는 오히려 불리해질 가능성도 있으므로 특히 유의하여 설계에 임하여야 한다.

(1) 공진을 고려한 설계

가진 진동수가 기초-지반 계의 고유진동수에 가깝게 되어 진폭이 급격히 증가하는 상태를 공진이라 한다. 공진상태에서는 진폭이 과다하게 발생될 수 있으므로 이를 고려하여 설계하여야 한다. 기계진동에 의해 발생된 기초의 움직임과 불균형 가진력의 진폭은 공진상태에서 증가하며 비감쇠진동의 경우는 과다하게 커진다. 따라서 모든 지반에서 공진을 피하도록 설계되어야 하는데, 특히 사질토의 경우가 중요하다. 진동하중에 의한 기계기초의 단면설계는 일반적으로 다음 과정을 따른다. 해설 그림 11.3.1 (a)와 (b) 같은 기초를 해설 그림 11.3.1 (c)와 같은 1자유도계 진동모델로 단순화하고 반무한탄성체이론으로 해석한다.

가. 고유진동수 결정방법

1. 지반-기초를 1자유도계로서 단순화한다.

기초-지반의 동적 거동이 오직 1방향 변위 성분이나 1방향 좌표로부터 결정될 때 이 구조를 1자유도계(single degree of freedom system)라 한다. 일반적으로 기초지반구조를 구성하는 질량이나 지반의 강성도는 여러 개의 변위성분으로 나타내는 다중자유도계(multi degree of freedom system)이지만 한 방향의 변위성분이 우세하여 다른 성분을 무시할 수 있을 때는 기초지반구조를 1자유도계로 단순화시킬 수 있다. 실제 기초형상과 지반의 성질은 스프링상수 K와 감쇠비 D로 이루어진 1자유도계로 단순화하여 예상되는 진동형태에 대한 스프링상수와 감쇠비를 산정한다. 진동형태에 따른 계수들은 해설 표 11.3.1에 의거 산정할 수 있다.

2. 가진하중의 형태를 결정한다.

크기가 일정한 진폭을 가진 가진하중 F는 시간 t의 함수로 해설 식(11.3.1)과 같이 나타낼 수 있다.

$$F = F_0 \sin\omega t \qquad \text{해설 (11.3.1)}$$

여기서, ω : 기계작동 각진동수(rad/sec), $(= 2\pi f)$ 해설 (11.3.2)

f : 작동진동수(cycle/sec)

F_0 : 가진하중의 진폭

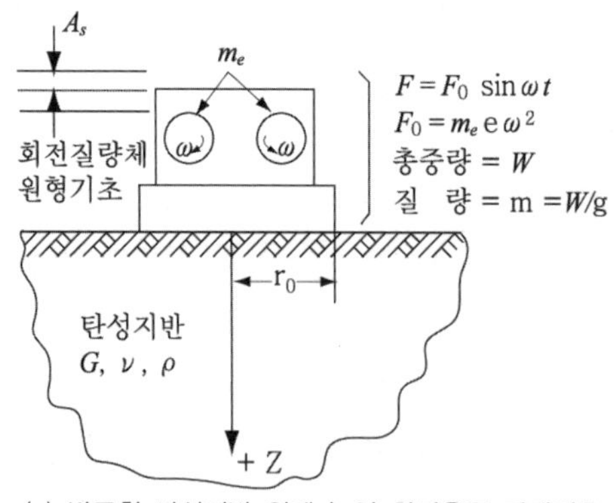

(a) 반무한 탄성지반 위에 놓인 회전운동 기계기초
(기계진동의 크기는 회전 질량체의 진동수에 의존)

해설 그림 11.3.1 가진력에 의한 기계진동

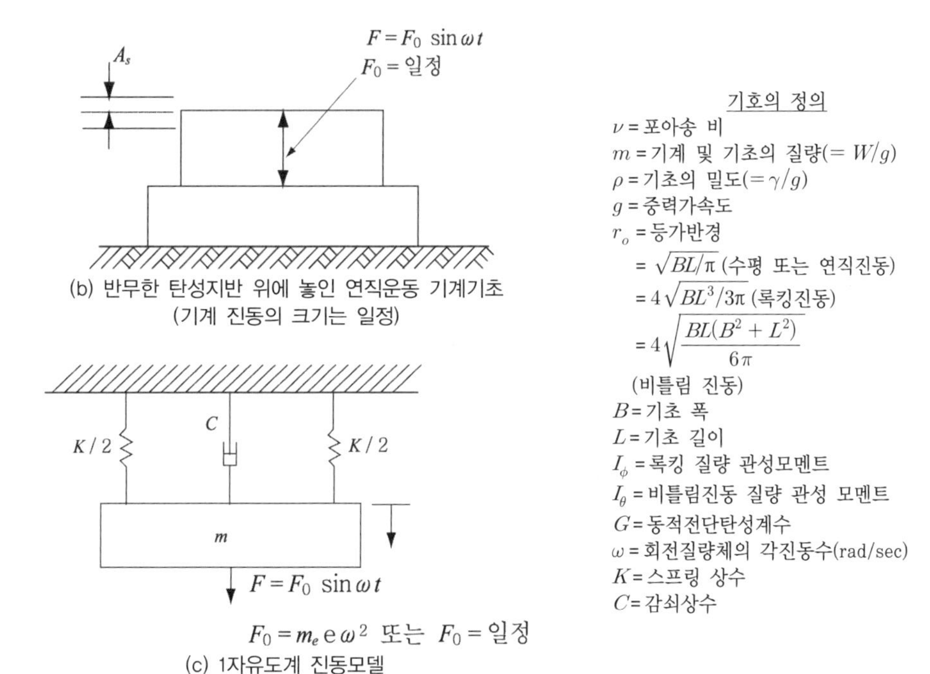

해설 그림 11.3.1 가진력에 의한 기계진동(계속)

편심을 가진 기계체의 경우 가진하중 F는 각진동수(ω)와 편심질량(m_e)에 영향을 받으므로 가진하중 진폭 F_0는 해설 식(11.3.3)과 같이 쓸 수 있다.

$$F_0 = m_e e \omega^2 \qquad \text{해설 (11.3.3)}$$

여기서, e : 회전중심에서 회전편심질량의 중력중심까지 편심반경
[터빈의 경우 : 기계제작자가 제시하는 편심거리 e_0를 사용
콤프레서인 경우(NAVFAC DM-7.3, 1983)] :

$$e = \frac{e_0}{1 - \left(\dfrac{f}{f_c}\right)^2} \quad (\text{단, } f_c\text{: 한계진동수}) \qquad \text{해설 (11.3.4)}$$

3. 기계기초의 크기를 가정한다.

기계기초의 크기를 가정하는 데 직사각형기초의 경우에는 등가반경으로 환산한다(해설 그림 11.3.1 참조).

4. 비감쇠 고유진동수 또는 비감쇠 고유 각진동수를 계산한다.

① 진동형태(해설 그림 11.3.2 참조)에 따른 비감쇠 고유진동수 f_n(cycle/sec).

연직진동(vertical vibration) : $f_n = \frac{1}{2\pi}\sqrt{\frac{K_z}{m}}$

수평진동(horizontal(sliding) vibration) : $f_n = \frac{1}{2\pi}\sqrt{\frac{K_x}{m}}$ 해설 (11.3.5)

록킹진동(rocking vibration) : $f_n = \frac{1}{2\pi}\sqrt{\frac{K_\phi}{I_\phi}}$

비틀림(요잉)진동(torsional(yawing) vibration) : $f_n = \frac{1}{2\pi}\sqrt{\frac{K_\theta}{I_\theta}}$

② 진동형태에 따른 비감쇠 고유각진동수 ω_n(rad/sec)

연직진동 : $\omega_n = \sqrt{\frac{K_z}{m}}$

수평진동 : $\omega_n = \sqrt{\frac{K_x}{m}}$ 해설 (11.3.6)

록킹진동 : $\omega_n = \sqrt{\frac{K_\phi}{I_\phi}}$

비틀림(요잉)진동 : $\omega_n = \sqrt{\frac{K_\theta}{I_\theta}}$

여기서, K_z : 연직진동 스프링상수, K_x : 수평진동 스프링상수
K_ϕ : 록킹진동 스프링상수, K_θ : 비틀림진동 스프링상수
m : 수평 또는 연직진동에 대한 기계 및 기초의 질량
I_ϕ : 록킹진동 질량관성모멘트, I_θ : 비틀림진동 질량관성모멘트

기하학적 형상에 따른 질량관성모멘트(I)는 해설 표 11.3.1을 참조하여 산출할 수 있다.

5. 해석을 위한 강성도 및 감쇠특성을 산정하는 방법 중 하나로 진동 형태에 따라 해설 표 11.3.1에 나타낸 계산식을 이용하여 질량비 B와 감쇠비 D를 산정한다. 이 계산식에 있는 동적지반물성의 결정방법은 “제3장 지반조사’

에 따른다. 이외에도 강성도 및 감쇠특성을 산정하는 다양한 방법이 있을 수 있다.

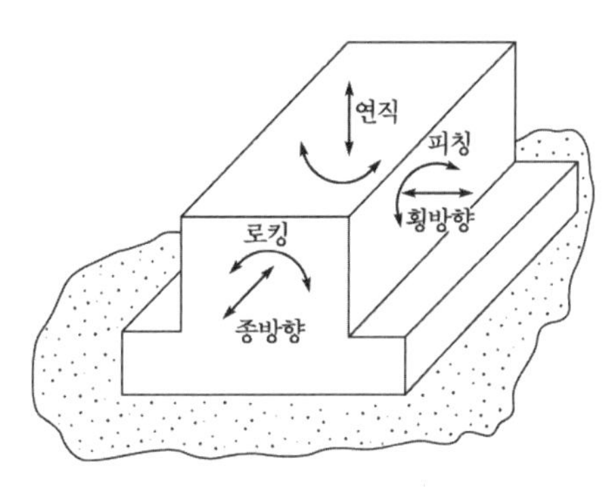

해설 그림 11.3.2 기계진동 형태

해설 표 11.3.1 진동형태에 따른 계수 산정식

진동 형태	질량비 B	감쇠상수 C	감쇠비 $D=\frac{C}{\sqrt{Km}}$	스프링상수 K
연직 진동	$B_z=\frac{(1-\nu)m}{4\rho r_0^3}$	$C_z=\frac{3.4r_0^2}{1-\nu}\sqrt{\rho G}$	$D_z=\frac{0.425}{\sqrt{B_z}}$	$K_z=\frac{4Gr_0}{1-\nu}$
수평 진동	$B_x=\frac{(7-8\nu)m}{32(1-\nu)\rho r_0^3}$	$C_x=\frac{4.6r_0^2}{2-\nu}\sqrt{\rho G}$	$D_x=\frac{0.288}{\sqrt{B_x}}$	$K_x=\frac{32(1-\nu)Gr_0}{7-8\nu}$
록킹 진동	$B_\phi=\frac{3(1-\nu)}{8}\frac{I_\phi}{\rho r_0^5}$	$C_\phi=\frac{0.8r_0^4\sqrt{\rho G}}{(1-\nu)(1+B_{pho})}$	$D_\phi=\frac{0.15}{(1+B_\phi)\sqrt{B_\phi}}$	$K_\phi=\frac{8Gr_0^3}{3(1-\nu)}$
비틀림 진동	$B_\theta=\frac{I_\theta}{\rho r_0^5}$	$C_\theta=\frac{4\sqrt{B_\theta \rho G}}{1+2B_\theta}$	$D_\theta=\frac{0.5}{1+2B_\theta}$	$K_\theta=\frac{16Gr_0^3}{3}$

해설 표 11.3.2 기하학적 형상에 따른 질량관성모멘트

봉	Y, G, X, L, Z	$I_y=I_z=\frac{1}{12}mL^2$
구형판	Y, a, b, Z, G, X	$I_x=\frac{1}{12}m(a^2+b^2)$ $I_y=\frac{1}{12}ma^2$ $I_z=\frac{1}{12}mb^2$

해설 표 11.3.2 기하학적 형상에 따른 질량관성모멘트(계속)

육면체	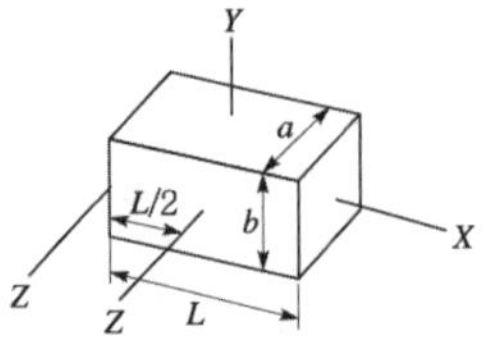	$I_x = \frac{1}{12}m(a^2+b^2)$ $I_y = \frac{1}{12}m(a^2+L^2)$ $I_z = \frac{1}{12}m(b^2+L^2)$ $I_{z'} = I_z + mL^2/4$
원판	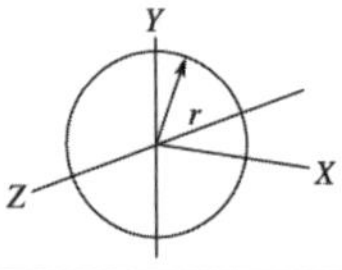	$I_x = \frac{1}{2}mr^2$ $I_y = I_z = \frac{1}{4}mr^2$
원주	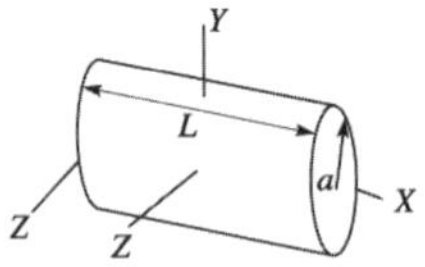	$I_x = \frac{1}{2}ma^2$ $I_y = I_z = \frac{1}{12}m(3a^2+L^2)$ $I_{z'} = I_z + mL^2/4$
원추	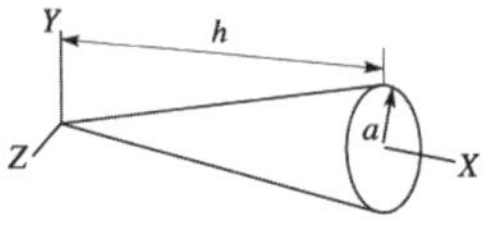	$I_x = \frac{3}{10}ma^2$ $I_y = I_z = \frac{3}{5}m\left(\frac{1}{4}a^2+h^2\right)$
구	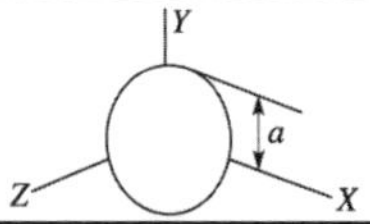	$I_x = I_y = I_z = \frac{2}{5}ma^2$

나. 변위에 대한 진폭의 결정방법

1. 정적변위진폭 A_s를 계산한다.

$$A_s = \frac{F_0}{K} \qquad \text{해설 (11.3.7)}$$

2. 고유진동수에 대한 작동진동수의 비 f/f_n 또는 ω/ω_n을 계산한다.
3. 가진하중의 크기가 일정한 경우에는 해설 그림 11.3.3 (a)에 의해 증폭계수 M을 결정하고 가진하중의 크기가 편심질량과 진동수에 의해서 결정되는 경우에는 해설 그림 11.3.3 (b)에 의해 증폭계수 M_r을 결정한다. 여기서, M_r은 편심질량에 의해서 진동하중이 발생되는 기초의 증폭계수로 해설 식 (11.3.8)과 같다.

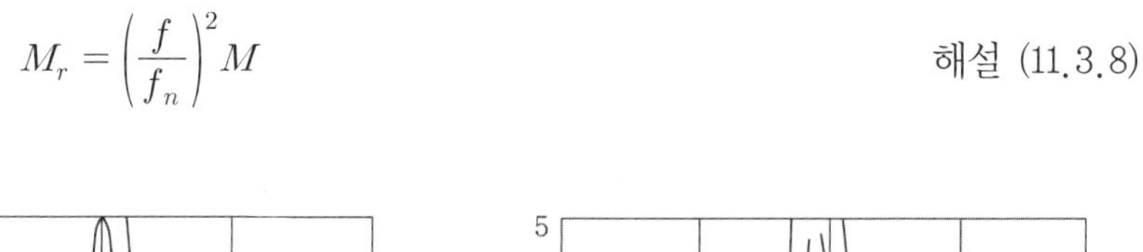

$$M_r = \left(\frac{f}{f_n}\right)^2 M$$

해설 (11.3.8)

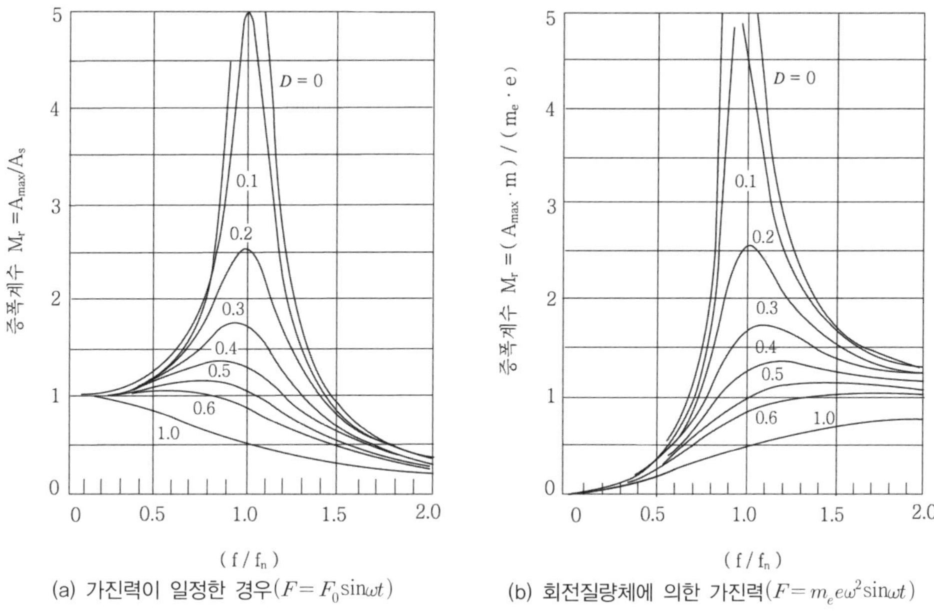

(a) 가진력이 일정한 경우($F = F_0 \sin\omega t$) (b) 회전질량체에 의한 가진력($F = m_e e \omega^2 \sin\omega t$)

해설 그림 11.3.3 1자유도계의 반응곡선

또한, 정확한 증폭계수를 결정하기 위해서 해설 식(11.3.9)를 사용할 수 있다.

$$M = \frac{1}{\sqrt{\left[1 - \left(\frac{f}{f_n}\right)^2\right]^2 + \left[2D\left(\frac{f}{f_n}\right)\right]^2}}$$

해설 (11.3.9)

4. 동적변위를 산정한다.

$$A = MA_s$$

해설 (11.3.10)

다. 동적변위의 검토

동적변위가 허용범위를 초과하는 경우 설계를 변경하여 전술한 가.1.항에서 나.4.항까지 과정을 반복 수행한다. 진동진폭에 대한 허용범위는 기준 제 11장 11.5절을 따른다.

11.3.2 작동속도가 1,000rpm 이상인 기계에 대한 기초는 일반적으로 고유 진동수가 작동 진동수의 1/2 이하가 되도록 설계한다.
11.3.3 작동속도가 300rpm 이하인 기계에 대한 기초는 일반적으로 작동속도의 2배 이상인 고유 진동수를 갖도록 설계한다.

해설

11.3.2 작동속도가 1,000rpm 이상인 고속기계의 기초는 고유진동수가 작동진동수의 1/2 이하가 되도록 설계하며 고속기계에 대한 기초설계는 다음 사항을 고려한다.

(1) 기초체의 중량을 증가시킴으로써 고유진동수를 감소시키고 11.3.1절 (1)항의 해석방법에 의해 진동해석을 실시한다.
(2) 기계는 작동이 시작될 때와 끝날 때 순간적으로 기초의 공진진동수와 같게 되어 공진할 수 있다. 따라서 공진 및 작동진동수에서 발생 가능한 최대변위를 산정하고 이를 허용치와 비교하여 기초의 크기를 변경할 것인가 결정한다.

11.3.3 작동속도가 300rpm 이하인 저속기계의 기초는 적어도 작동속도의 2배 이상인 고유진동수를 갖도록 설계하며, 저속기계에 대한 기초설계는 다음사항을 고려한다.

(1) 확대기초를 설치할 경우, 기초체 중량을 감소시키거나 저부면적을 증가시켜 고유진동수를 증가시킨다.
(2) 다짐 또는 그 외 안정처리를 실시하여 기초지반의 전단강성을 증가시킨다(NAVFAC DM-7, 1982).
(3) 기초의 소요 강성을 얻기 위해 말뚝기초를 사용할 수 있다(Richart, 1960).

11.4 기계기초의 진동해석

11.4.1 기초지반에 상응하는 강성계수와 감쇠계수를 사용하여 진동해석을 실시하며, 해석결과 기계 작동 중 진폭은 허용기준치 이내로 한다.

11.4.2 진동형태가 독립적이지 못하고 다른 진동형태에 영향을 받아 합성진동을 하는 경우 상호 영향을 고려하여 진동해석을 실시한다.
11.4.3 기초의 근입깊이가 증가함에 따라 강성계수 및 감쇠계수가 증가하므로 근입깊이를 고려하여 보정된 강성계수 및 감쇠계수를 사용하여 진동해석을 실시한다.
11.4.4 강성이 큰 암반이 지표에서 비교적 얕은 깊이에 있을 경우 강성계수는 증가하고 감쇠계수는 감소하므로 강성지반의 깊이를 고려하여 보정된 강성계수 및 감쇠계수를 사용하여 진동해석을 실시한다.
11.4.5 기계기초를 지지하는 지반이 불량한 경우 지반을 보강하거나 말뚝기초를 사용할 수 있다. 말뚝기초 설계는 말뚝-지반 체계의 고유 진동수를 평가하여 수행한다.

해설

11.4.1 진동기계기초의 해석결과 기계 작동 중에 진동의 진폭은 허용기준치 이내에 들어야 한다. 진폭의 허용기준치는 "11.5 허용진폭"을 따른다.

11.4.2 진동형태가 독립적이지 못하고 다른 진동형태에 영향을 받아 합성진동을 하는 경우에는 상호 영향을 고려하여 기계기초 진동해석을 한다. 실제 문제에 있어서 연직진동과 비틀림진동은 상호 영향이 적어 보통 독립적인 것으로 가정한다. 그러나 수평진동과 록킹진동 사이의 상호 영향은 기초무게 중심과 기초저면 사이의 거리에 따라 중요한 문제가 될 수 있으며 이 경우 진동해석은 매우 복잡하다(Richart et al., 1970, Beredugi and Novak, 1972). 록킹진동과 수평진동이 동시에 가해지는 합성진동에 대한 제 1 고유진동수 하한치 f_0는 해설 식(11.4.1)을 따른다.

$$\frac{1}{{f_0}^2}=\frac{1}{{f_{nx}}^2}+\frac{1}{{f_{n\phi}}^2} \qquad \text{해설 (11.4.1)}$$

여기서, f_{nx}와 $f_{n\phi}$는 각각 수평진동과 록킹진동에 대한 비감쇠 고유진동수이다.

11.4.3 강성도 및 감쇠는 기초의 근입깊이에 따라 증가하며 되메움 흙의 조건에 민감한 영향을 받는다. 따라서 보정된 강성계수 및 감쇠계수를 진동해석에 사용하여야 한다. 균질지반에서 근입깊이에 따른 보정강성계수는 포아송 비가 0.4일 경우 근사적으로 해설

식(11.4.2)과 같이 쓸 수 있으며(Roesset, 1980) 일반적 조건에서는 상응하는 보정계수를 사용한다(Lam and Martine, 1986, Dobry and Gazetas, 1986).

$$
\begin{aligned}
(K_z)_d &\cong K_z\left(1+0.4\frac{d}{r_0}\right)\\
(K_x)_d &\cong K_x\left(1+0.8\frac{d}{r_0}\right)\\
(K_\phi)_d &\cong K_\phi\left[1+0.6\left(\frac{d}{r_0}\right)+0.3\left(\frac{d}{r_0}\right)^3\right]\\
(K_\theta)_d &\cong K_\theta\left[1+2.4\left(\frac{d}{r_0}\right)\right]
\end{aligned}
\qquad \text{해설 (11.4.2)}
$$

여기서, d는 근입깊이, r_0는 기계기초의 반경이며 K_z, K_x, K_ϕ, K_θ는 기계기초가 지반 위에 놓인 경우의 진동형태에 따른 연직, 수평, 록킹, 비틀림 스프링상수이다. 또한 감쇠도 근입깊이에 따라 증가하지만 해석결과를 보면 되메움흙의 조건에 더욱 민감한 영향을 받는다. 균질한 지반에 근입된 기계기초에서 보정감쇠계수는 근사적으로 해설 식(11.4.3)과 같다.

$$
\begin{aligned}
(C_z)_d &\cong C_z\left[1+1.2\left(\frac{d}{r_0}\right)\right]\\
(C_\theta)_d &\cong r_0^4\sqrt{\rho G}\left[0.7+5.4\left(\frac{d}{r_0}\right)\right]
\end{aligned}
\qquad \text{해설 (11.4.3)}
$$

여기서, $(C_z)_d$와 $(C_\theta)_d$는 근입깊이가 d인 경우에 각각 연직진동과 비틀림진동에 대한 감쇠계수이다.

11.4.4 기초가 놓여 있는 지층 아래 상대적으로 강성이 큰 지반이 비교적 얕은 깊이에 있을 경우의 강성지반의 깊이가 감소함에 따라 강성계수는 증가하고 감쇠계수는 감소하므로 계수를 산정할 때 이를 고려하여 보정한다. 일반적으로 스프링상수는 강성지반위의 기초지반의 두께가 감소함에 따라 증가하는 반면 감쇠계수는 급격히 감소한다. 이때 보정한 스프링상수는 해설 식(11.4.4)와 같이 구할 수 있다.

$$연직진동 : (K_z)_L = K_z\left(1+\frac{r_0}{H}\right), \quad \frac{r_0}{H}<\frac{1}{2}$$

$$수평진동 : (K_x)_L = K_x\left(1+\frac{1}{2}\frac{r_0}{H}\right), \quad \frac{r_0}{H}<\frac{1}{2} \qquad 해설\ (11.4.4)$$

$$록킹진동 : (K_\phi)_L = K_\phi\left(1+\frac{1}{6}\frac{r_0}{H}\right), \quad \frac{r_0}{H}<\frac{1}{2}$$

여기서, $(K_z)_L$, $(K_x)_L$과 $(K_\phi)_L$은 반경이 r_0인 기초 밑 깊이 H에서 강성지반이 있는 경우의 진동형태에 따른 스프링상수이다. 감쇠비 D는 깊이 H에서 강성지반이 존재하기 때문에 감소하게 된다. 즉, 보정감쇠계수 D_z는 $(H/r_0)=\infty$인 경우 $1.0D$이고, $(H/r_0)=4$, 3, 2, 1에 따라 근사적으로 각각 $0.31D$, $0.16D$, $0.09D$, $0.044D$이다.

11.4.5 기계기초를 지지하는 지반이 불량하여 얕은기초를 바로 설치하기에 적절하지 않은 경우 지반을 충분히 보강한 후 설치하거나 말뚝기초와 같은 깊은기초공법을 사용할 수 있다. 깊은기초를 채택하는 경우 이에 대한 설계는 말뚝-지반 계의 복합적인 고유진동수를 평가함으로써 수행한다. 연직 진동기계의 말뚝기초는 주면마찰력을 무시하고 강성지반에 의한 선단 지지력에 의해서 지지되는 것으로 가정하며, 말뚝-지반 계의 고유진동수는 해설 그림 11.4.1로 추정할 수 있다. 수평진동의 경우에는 말뚝 선단변위 및 수평강성에 따라 말뚝-지반 계의 고유진동수는 큰 영향을 받게 된다(Oweis, 1977). 말뚝기초의 상세한 해석은 복잡한 계산과정이 요구되며 중요한 시설물에 대해서는 현장에서 말뚝재하시험을 수행하여 진동해석에 필요한 계수들을 평가할 수 있으며 단일층 말뚝두부강성 설계도표를 사용하는 것이 적절한 경우에는 검증된 도표(MCEER, 1998) 등을 사용할 수 있다.

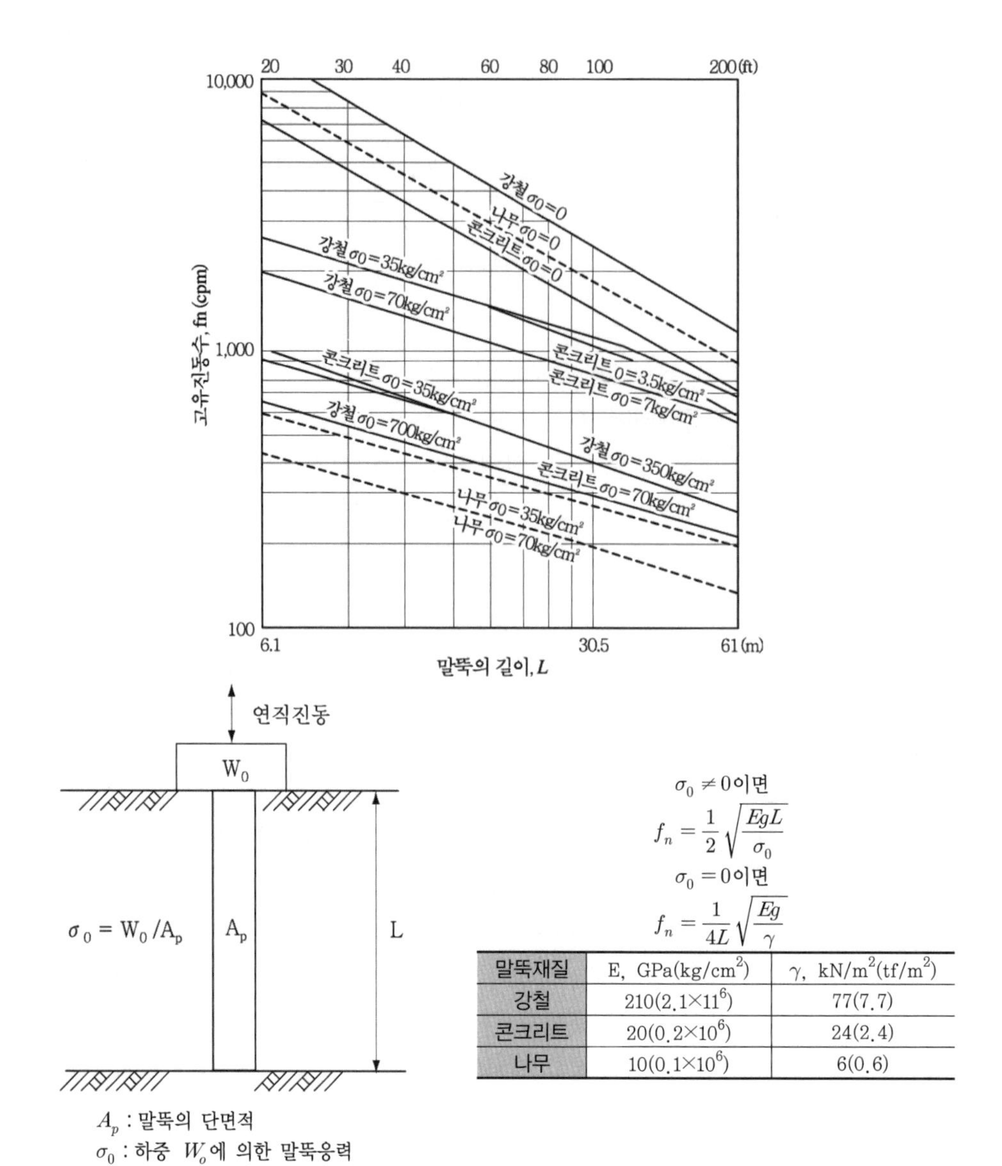

$\sigma_0 \neq 0$이면

$$f_n = \frac{1}{2}\sqrt{\frac{EgL}{\sigma_0}}$$

$\sigma_0 = 0$이면

$$f_n = \frac{1}{4L}\sqrt{\frac{Eg}{\gamma}}$$

말뚝재질	E, GPa(kg/cm^2)	γ, kN/m^2(tf/m^2)
강철	210(2.1×11^6)	77(7.7)
콘크리트	20(0.2×10^6)	24(2.4)
나무	10(0.1×10^6)	6(0.6)

해설 그림 11.4.1 선단지지 말뚝의 비감쇠 고유 진동수([NAVFAC DM-7.3, 1983)

11.5 허용진폭

11.5.1 허용진폭은 일반적으로 변위를 기준으로 하나 속도 또는 가속도를 적용할 수 있다.

11.5.2 허용진폭은 기계제작사의 기준을 따른다. 기계제작사가 제시한 기준이 없으면 일반적으로 〈그림 11.5.1〉 및 〈그림 11.5.2〉의 값을 이용한다. 충격형 및 고속회전형 기계의 허용변위 진폭은 〈표 11.5.1〉과 〈표 11.5.2〉를 따른다.

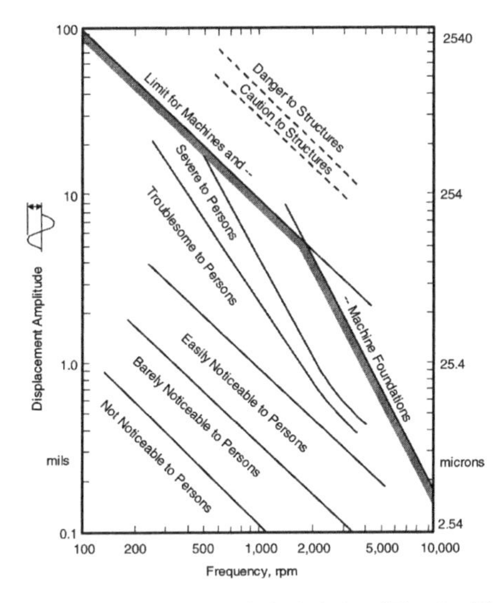

그림 11.5.1 진동수별 연직변위에 대한 진폭한계

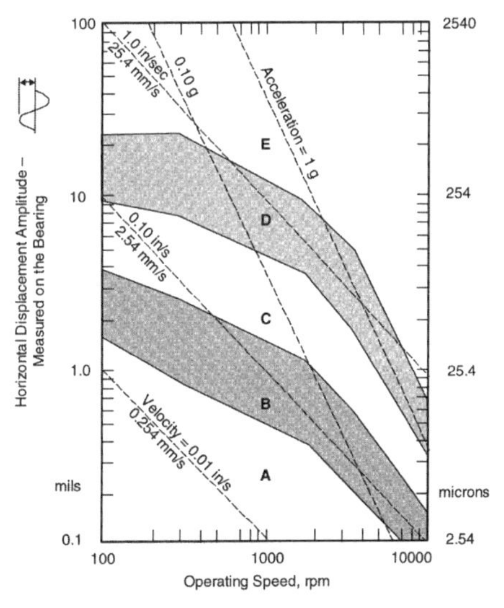

그림 11.5.2 진동수에 따른 회전기계의 수평진폭 허용범위

(A영역 : 정상, 설치초기의 일반적인 상태, B영역 : 가벼운 결함, 보수 불필요, C영역 : 결함, 유지비를 절약하기 위해 10일 이내 보수 필요, D영역 : 파괴임박, 2일 이내에 보수하여야 파손방지 가능, E영역 : 위험, 설비작동 즉각 중지 필요)

표 11.5.1 해머기초의 허용변위 진폭

해머무게 (ton)	최대진동진폭(mm)	
	모루(anvil)	기초블록
1 이하	1.0	1.2
2	2.0	1.2
3 이상	4	1.2

표 11.5.2 고속회전기계에 대한 허용변위진폭

기계속도 (rpm)	허용진동진폭(10^{-6}m)	
	연직	수평
3000	20~30	40~50
1500	40~60	70~90

해설

11.5.1 기계 작동 중에 진동의 진폭이 허용기준치 내에 들어야 한다. 이때의 허용진폭은 변위에 대한 기준이 많으나 속도 또는 가속도로 주어지기도 한다. 허용진폭은 기계의 원활한 작동, 기계기초의 안정성, 주변시설물에 대한 영향 등을 고려하여 결정한다.

11.5.2 허용진폭은 기계제작사의 기준을 따른다. 기계제작사가 제시한 기준이 없으면 일반적으로 기준 〈그림 11.5.1〉 및 기준 〈그림 11.5.2〉의 값을 이용하며 1inch는 25.4mm로 환산하여 적용할 수 있다(Richart et al., 1970). 충격형 및 고속회전형 기계의 허용변위 진폭은 기준 〈표 11.5.1〉과 기준 〈표 11.5.2〉를 따른다. 계산된 진폭치에 기계의 중요도를 감안하여 해설 표 11.5.1의 서비스계수(service factor)를 고려한다. 별도의 속도규정으로는 해설 표 11.5.2의 기준치를 적용한다.

해설 표 11.5.1 기계 중요도를 고려한 서비스 계수[1](Black, 1964)

단독 원심력 펌프, 전기모터, 팬	1
일반적인 화학약품 제조 장비, 일반적일 때	1
터빈, 터빈 발전기, 원심 압축기	1.6
원심분리기, stiff-shaft[2] ; 다중 원심력 펌프	2
복잡한 장비, 특성치를 모르는 장비	2
원심 분리기, shaft-suspended, on shaft near basket	0.5
원심 분리기, link-suspended, slung	0.3

주) [1] 유효 진동(effective vibration) : 서비스 계수를 곱한 상태에서 측정된 진폭. 기계 장비들은 제외되어 있다.
- 주의 : 진동은 bearing housing에서 측정된다(단, [2]는 basket housing에서 수평변위).

해설 표 11.5.2 속도의 진폭별 기계 운전조건(Baxter and Bemhard, 1967)

최대 수평속도(in/sec)	기계 운전
<0.005	대단히 부드럽게
0.005~0.010	매우 부드럽게
0.010~0.020	부드럽게
0.020~0.040	매우 좋음
0.040~0.080	좋음
0.080~0.160	완만하게
0.160~0.315	약간 거칠게
0.315~0.630	거칠게
>0.630	매우 거칠게

(단, 1in/sec=2.54cm/sec)

11.6 동적지지력 및 침하

11.6.1 진동기계 기초의 침하는 기초의 일반적인 허용 침하기준과 기계제작사의 허용 침하기준 이하가 되도록 설계한다.
11.6.2 심각한 진동조건에 대해서는 지반의 허용지지력을 정하중에 대한 허용지지력의 1/2로 감소하여 적용한다.
11.6.3 느슨한 조립토는 진동에 의해 침하가 발생하므로 진동기계를 지지하기 위해서는 다짐을 하거나 또는 다른 방법에 의해 보강한다.

해설

11.6.1 진동기계 기초의 침하는 기초의 일반적인 허용 침하기준과 기계제작사의 허용 침하기준 이하가 되도록 설계한다.

11.6.2 기계진동에 의해 조립토 지반은 조밀하게 되면서 침하가 발생한다. 기계기초 아래에 있는 포화되고 느슨한 조립토는 진동에 의해 액상화 현상이 발생하여 국부적으로 지지력이 상실될 수 있다. 이 경우 지반의 지지력은 정하중의 지지력보다 작게 될 수 있다. 따라서 심각한 진동조건에 대해서는 지반의 허용지지력은 정하중에 대한 허용지지력의 1/2로 감소하여 적용한다.

11.6.3 느슨한 비소성 흙은 진동에 의해 조밀하게 되며 이때 침하가 발생하게 된다. 이 현상은 느슨한 조립토(모래, 자갈)의 경우 더 크다. 이러한 지반은 진동설비를 지지하기 위해 다짐을 하거나 다른 방법에 의해 안정처리를 하여야 한다. 일반적으로 기초지반의 상대밀도가 70~75%이면 기계진동에 의한 다짐침하가 심각하지 않다. 그러나 중량이 큰 기계에 대해서는 이보다 큰 상대 밀도를 갖도록 해야 한다.

11.7 진동 및 충격 차단

11.7.1 진동설비 내외에 발생하는 진동, 충격, 소음 등으로 인해 진동설비 구조물, 인접 시설물 또는 사람에게 피해가 발생하지 않도록 설계한다.
11.7.2 필요한 경우 진동, 충격, 소음 등을 차단할 수 있는 시설물을 설계하고 계측계획도 수립한다.

해설

11.7.1 진동설비 내외에 발생하는 진동, 충격, 소음 등으로 인해 진동설비 구조물, 인접 시설물 또는 사람에게 피해가 발생하지 않도록 설계한다. 구조물 외부로부터의 진동과 구조물 내의 기계로부터 전달되는 진동은 사람에게 지장을 주거나, 구조물에 피해를 줄 수 있으며, 정밀한 계기의 작동에 영향을 미칠 수 있다. 진동원에서 구조물과 사람까지의 거리를 감안하여 진폭이 허용된 기준치 이내가 되도록 설계한다. 진동은 전달과정에서 재료감쇠나 기하학적 감쇠현상에 의해 진폭이 줄어들며 그 정도는 수치해석방법과 경험식으로 추정할 수 있다. 허용진폭은 진동수가 증가함에 따라 감소한다. 지반이 균질하고 진동이 규칙적인 경우 진동원에서 r_1만큼 떨어진 지점의 진동진폭 A_1을 알면, r_2 지점의 진동진폭 A_2는 해설 식(11.7.1)과 같이 근사적으로 구할 수 있다. 보다 일반적인 경우는 수치해석방법에 의한 진동해석이 필요하다.

$$A_2 = A_1 \sqrt{\frac{r_1}{r_2}} e^{-\alpha(r_1 - r_2)} \qquad \text{해설 (11.7.1)}$$

여기서, A_1 : 진동원으로부터 r_1 거리에서 산정된 또는 계측된 진폭
A_2 : r_1보다 먼 r_2에서의 진폭($r_2 \geq r_1$)

α : 지반의 종류와 진동수에 따른 진동감소계수(coefficient of attenuation)
α_{50} : 진동수가 $50cps(=cycle/\sec,\ Hz)$일 때 감소계수

α는 진동수의 함수로 임의의 진동수 f에서 $\alpha_f = \frac{f}{50}\alpha_{50}$로 산정할 수 있다(해설 표 11.7.1 참조).

해설 표 11.7.1 지반종류에 따른 진동감소계수(coefficient of attenuation)

	지반의 종류	α_{50}(1/m)
사질토	느슨한 세립토 조밀한 세립토	0.1969 0.0656
점성토	황토(loess)를 포함한 점성토 조밀 건조한 점성토	0.1969 0.0098
암반	풍화된 화산암 양질의 대리석	0.0656 0.00013

11.7.2 필요한 경우 진동, 충격, 소음 등을 차단할 수 있는 시설물을 설계하고 계측계획도 수립한다.

(1) 진동 및 충격의 차단

가. 일반적인 방법

진동 및 충격차단을 위하여 진동기계를 구조물로부터 물리적으로 분리시키거나, 진동설비와 기초 또는 구조물의 기초와 구조물 바깥의 진동원 사이에 차단재를 삽입하는 방법을 사용할 수 있다. 진동설비에 의해 발생된 진동을 차단하고 진동의 전달로부터 구조물을 격리시키는 일반적인 방법들을 해설 표 11.7.2에 나타내었다. 진동을 차단하는 재료로는 금속스프링 또는 고무, 코르크, 펠트, 납과 석면을 합성한 받침대와 같은 탄력재 등이 있다.

나. 기타 방법

트랜치(trench)를 설치하거나 트랜치에 슬러리를 채우는 방법, 차수벽 또는 콘크리트 벽을 설치하는 방법을 사용할 수 있다.

1. 해석적 결과에 의하면 트렌치가 효과적이며 트렌치의 깊이는 0.67λ이거나 그 이상이 되도록 설치한다. 여기서, λ는 R(Rayleigh)파의 파장으로 각진동수 ω

(rad/sec)와 지반의 전단파 속도 V_s로 나타내면 대략적으로 $\lambda = V_s/\omega$이다.

2. 콘크리트 차단벽은 두께, 길이 및 강성도에 따라 차단효과가 다르므로 이를 고려한다.

(2) 진동의 계측

가. 진동에 의해 발생된 허용진폭은 구조물의 조건, 구조물 내에 설치된 설비의 민감도, 작업원에 미치는 불쾌감 등을 고려하여 선택한다(기준 〈그림 11.5.1〉 참조).

나. 구조물에 영향을 미치는 진동원은 발파, 말뚝항타 및 기계의 작동에 의한 것으로 구조물이 안전하기 위해서는 진폭이 허용범위 이내에 들도록 지반진동을 계측할 필요가 있다.

다. 진동계측장비는 보통 구조물, 부속장치 또는 지반에 부착시키거나 묻고 기록장치에 연결하여 진동을 계측한다. 진동계측장비는 진동표면의 성질 및 진동의 예상 진폭에 따라 적절한 장비를 선정한다.

해설 표 11.7.2 진동차단 방법

차단 방법		적용
진동기 기초블록	구조물로부터 진동설비를 물리적으로 차단하는 방법. 진동기를 콘크리트 블록 위에 설치하거나 주위의 건물바닥이나 구조물과 접하지 않도록 설치	가장 값싸고 간단한 차단 방법이나 효과는 가장 낮다. 구조물에 어느 정도의 진동 전달은 허용되지만 예민한 계기가 포함되지 않은 공작기계나 이와 유사한 진동설비에 자주 이용된다.
차단재	진동설비를 차단재로 지지 또는 둘러싸인 콘크리트 블록 위에 설치하거나 진동설비와 블록 사이에 차단재를 직접 설치하는 방법. 차단재로는 금속스프링, 고무, 코르크, 펠트블록이나 받침대 또는 다른 탄성재를 사용한다. 진동설비와 콘크리트 블럭의 무게중심에 차단재를 설치하는 경우도 있으며, 차단재 위에 지지되어 있는 단진자와 같이 움직이는 블록 위에 진동설비를 설치하는 경우도 있다.	여러 종류의 진동설비에 차단재가 사용된다. 엔진과 압축기에는 보통 고무로 된 차단재가 사용된다. 무거운 햄머나 압연기는 차단재로써 내부에 둘러싼 설치공 주변에 설치하거나 스프링 위에 설치한다. 민감한 계기는 일반적으로 차단재 위에 설치한다.

해설 표 11.7.2 진동차단 방법(계속)

차단 방법	적용
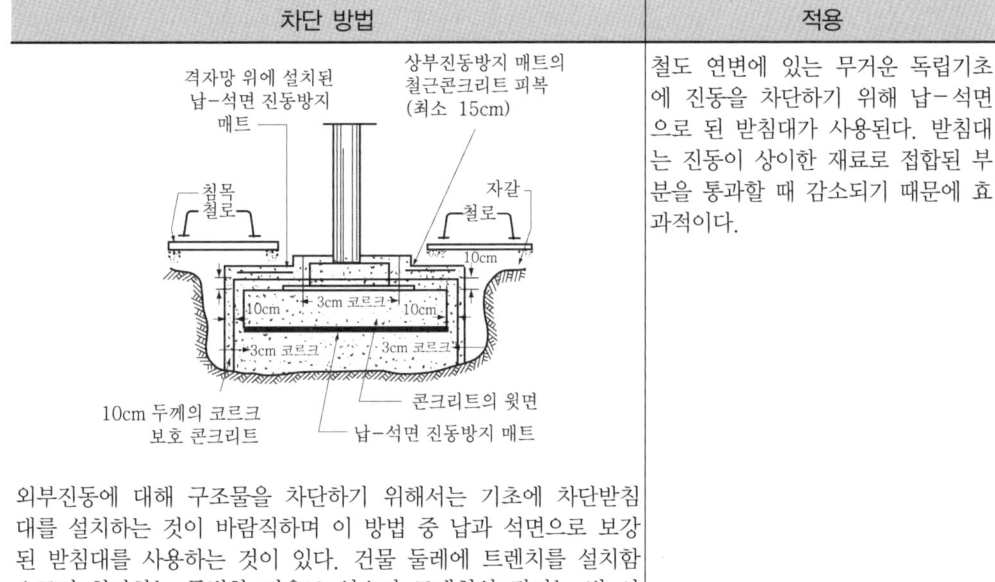 외부진동에 대해 구조물을 차단하기 위해서는 기초에 차단받침대를 설치하는 것이 바람직하며 이 방법 중 납과 석면으로 보강된 받침대를 사용하는 것이 있다. 건물 둘레에 트렌치를 설치함으로써 차단하는 특별한 경우도 있으며 트랜치의 깊이는 벽 사이에 지지대를 설치하지 않고 적어도 4m가 되어야 한다. 지지대를 설치할 경우에는 지지대에 차단재를 설치해야 한다.	철도 연변에 있는 무거운 독립기초에 진동을 차단하기 위해 납-석면으로 된 받침대가 사용된다. 받침대는 진동이 상이한 재료로 접합된 부분을 통과할 때 감소되기 때문에 효과적이다.

| 참고문헌 |

1. Arya, S. C., O'Neil, M. W. and Pincus, G(1979), Design of Structures and Foundations for Vibrating Machines, Gulf Publishing Company Book Div., Houston, London, Paris, Tokyo.
2. Baxter and Bemhard(1967). Vibration tolerances for industry, ASME. Paper 67-PEM-14, Plant Engineering Maintenance Conf. Detroit Michigan.
3. Beredugi, Y. O. and Novak, M.(1972), Coupled Horizontal and Rocking Vibrations of Embedded Footing. Canadian Geotechnical Journal, Vol. 9, No. 4.
4. Black, M. P.(1964) New Vibration Standards for maintenance Hydrocarbon Processing and Patroleum Refiner 43, No. 1 Gulf Publishing Company.
5. Department of NAVY Naval Facilities Engineering Command(1982, 1983), Soil Mechanics Design Manual, NAVFAC DM-7.1/2/3, Alexandria, VA.
6. Dobry and Gazetas (1986), Dynamic Response of Arbitrarily Shaped Foundations. Journal of Geotechnical Engineering, ASCE Vol. 112, No. 2.
7. Lam and Martine (1986), Seismic Design of Highway Bridge Foundations, Vol. II, FHA, USA.
8. MCEER (1998). Modeling of Pile Footings and Drilled Shafts for Seismic Design.
9. Oweis, I. S.(1977), Response of Piles to Vibratory Loads. Journal of the Geotechnical Engineering, Div., ASCE, Vol.103, No.GT2.
10. Prakash, S. and Puri, V. K.(1988), Foundations for Machines : Analysis and Design, John Wiley and Sons.
11. Richart, F. E.(1960), Foundation Vibrations. Journal of the Soil Mechanics and Foundations Div., ASCE, Vol.86, No. SM4.
12. Richart, F. E., Hall, J. R. and Woods, R. D.(1970), Vibrations of Soils and Foundations, Prentice-Hall Inc.
13. Roesset, J. M.(1980), Stiffness and Damping Coefficients of Foundations. Dynamic Response of Pile Foundations, Analytical Aspects, ASCE.

집필진

		성명	직위	소속	담당
■집필진	위원장	유남재	교　수	강원대학교	1, 2장
	위　원	장연수	교　수	동국대학교	3장
		이규환	교　수	건양대학교	
		정승용	대표이사	(주)아임이엔씨	
		이우진	교　수	고려대학교	4장
		이봉렬	전　무	(주)시지이엔씨	
		김낙영	수석연구원	도로교통연구원	
		조천환	지반마스터	삼성물산(주)	5장
		정상섬	교　수	연세대학교	
		이원제	부 사 장	(주)유니콘기연	
		남순성	대표이사	(주)이제이텍	6장
		김두준	교　수	인덕대학교	
		백승철	교　수	안동대학교	
		신승목	대표이사	(주)새길엔지니어링	7장
		오정환	교　수	중부대학교	
		김진만	선임연구위원	한국건설기술연구원	8장
		신동훈	연구단장	K-water 연구원	
		이충호	대표이사	(주)알지오이엔씨	9장
		양태선	교　수	김포대학교	
		김동수	교　수	한국과학기술원	10, 11장
		김진만	교　수	부산대학교	
■자문위원	토질기초	김상규	명예교수	동국대학교	
		김승렬	대표이사	(주)에스코컨설탄트	
		이　송	명예교수	서울시립대학교	
		유건선	교　수	한라대학교	
		장찬수	회　장	(주)지오그룹	
		정형식	명예교수	한양대학교	

국토교통부 제정

구조물기초설계기준 해설

초판발행 2015년 3월 24일
초판 2쇄 2016년 2월 11일
2판 1쇄 2018년 3월 15일
2판 2쇄 2019년 6월 10일
2판 3쇄 2022년 3월 30일

관리주체 (사) 한국지반공학회
주　　소 (05836) 서울특별시 송파구 법원로9길 26, C동 701호(문정동, 에이치비즈니스파크)
전화번호 02-3474-4428, 3474-7865
팩스번호 02-3474-7379

공 급 처 도서출판 씨아이알
등록번호 제2-3285호
등 록 일 2001년 3월 19일
주　　소 (04626) 서울특별시 중구 필동로8길 43(예장동 1-151)
전화번호 02-2275-8603(대표)
팩스번호 02-2265-9394
홈페이지 www.circom.co.kr

ISBN 979-11-5610-616-6 93530
정　　가 39,000원